農文協 編

みんなの有機農業技術大事典

共通技術編

農文協

「ゆうき給食とどけ隊」の田畑を拝見
――長野県松川町より

2020年，町が遊休農地対策として有機栽培の実証圃を設けると，有志の「ゆうき給食とどけ隊」が誕生した。自然農法センターの技術指導を受けながら，年々生産が拡大。2024年現在，松川町の小中学校給食の23.7%が有機給食になった。「とどけ隊」のメンバーも12人に増えた。
（共通技術編76ページ，作物別編736ページ）

スイートコーン畑では，カエルが大活躍

以前はアワノメイガ害に困っていた矢野悟さんだが，ウネ間に生える雑草（アカザ）をすぐには刈らず，腰の高さまでは伸ばすことにした（写真提供：矢野 悟，右，右下も）

すると，雑草の上に登ったアマガエルがスイートコーンの葉に次々移り，アワノメイガの幼虫を待ち構えるようになった。アワノメイガは先端の雄花に卵を産み付けるので，孵った幼虫は雌花を目指して下りてくる。そこを待ち構えてパクッ。1株に何匹もカエルがいる

矢野悟さんと定植したばかりのスイートコーン。ウネ間の草もこのまま生やすが，生育に悪影響はない（写真撮影：尾﨑たまき，以下Oも）

おかげできれいな白粒のスイートコーンが無事収穫。子どもたちにも大人気

アワノメイガの幼虫を次々とたいらげるアマガエル。見ている間に3匹も4匹も食べてお腹がパンパンに膨れた（O）

成苗疎植のイネつくり

久保田純治郎さんは，ポット成苗を植えて雑草に負けないイネを育てる。写真の除草機は，町が有機農業の助成金で購入して希望者に無償で貸し出しているもの。田植え機の植付け部を除草用アタッチメントに交換できるタイプ（写真提供：松川町役場）

ネギやタマネギは混植で

ウィズファームのタマネギ畑では、排水改善もねらってウネ間にエンバクをまいた（O）

寺澤茂春さんは、ネギの両側にソルゴーやオクラ、マリーゴールドを混植。土着天敵のヒラタアブが集まってきて、アブラムシやアザミウマ害のないきれいなネギがとれた（写真提供：寺澤茂春）

いつも給食を食べている子どもたちが、収穫体験にやってきた

ニンジンは、緑肥＋太陽熱処理

「有機栽培で給食用の大きいニンジンをつくるには、緑肥が欠かせない」と牛久保二三男さん。3月にまいたエンバクを、7月まで育ててハンマーナイフモアをかけ、すき込む（O）

8月に太陽熱処理して緑肥を土化させる。年々フワフワの土になり、団粒構造が発達してきた（写真提供：牛久保二三男、以下も）

太陽熱処理がうまくいけば、草丈20〜30cmになるまで草は出ない。以後はニンジンの葉がこんもり茂るので、通路に1回管理機をかけるだけで草は心配ない。除草剤いらず

ここまでわかった菌根菌の世界

◆写真と解説：小八重善裕（酪農学園大学），千徳毅（(株)アライヘルメット）

菌根菌は，耕うんで撹乱されず表面が有機物で覆われ，多様な植物の根が張っている土壌に多い。植物の根に共生し，植物から光合成産物を受け取り，リン酸などの養分を植物に供給する。土壌中に菌糸ネットワークを張り巡らし，団粒形成にも貢献する。（共通技術編190ページ）

これが菌根菌だ

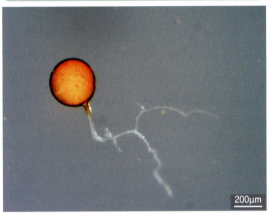

菌根菌のうち，もっとも普通に見られるアーバスキュラー菌根菌の胞子と菌糸。写真はグロムス属の胞子。胞子の色はさまざま（写真提供：千徳毅，以下Sも）

菌根菌は根の細胞内に入り込んで養分のやりとりをする

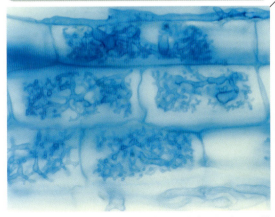

アーバスキュラー菌根菌の菌糸が根の細胞内に入り込み，樹枝状体と呼ばれる細かく枝分かれした構造をつくる（S）

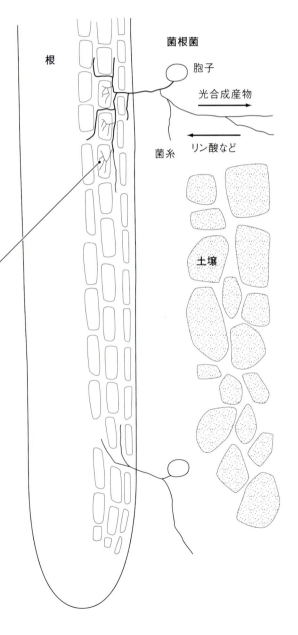

菌根菌の胞子を見る

菌根菌の菌糸は肉眼ではなかなか見えないが，胞子は菌類のなかでも大きく意外と見やすい。大きいものは0.6mm程度あって40倍くらいのカメラでしっかり見える。

胞子の中にツブツブに見えるのが油滴。植物からもらい，胞子の発芽などに使う栄養。写真はヒマワリの根圏土壌で採取した菌根菌の胞子で，油滴はヒマワリからの贈り物といえる（S）

埼玉県で自然栽培を5年以上続ける畑の土にいた菌根菌胞子。雑草のタネや虫の卵との見分けにはジャーミネーションシールドや油滴がカギ（S）

目玉みたいに見えるのがジャーミネーションシールド。胞子の発芽部分。ここから菌糸を伸ばし始める。写真はアーバスキュラー菌根菌の一種，スクテロスポラ属の胞子（S）

菌根菌は土壌団粒もつくる

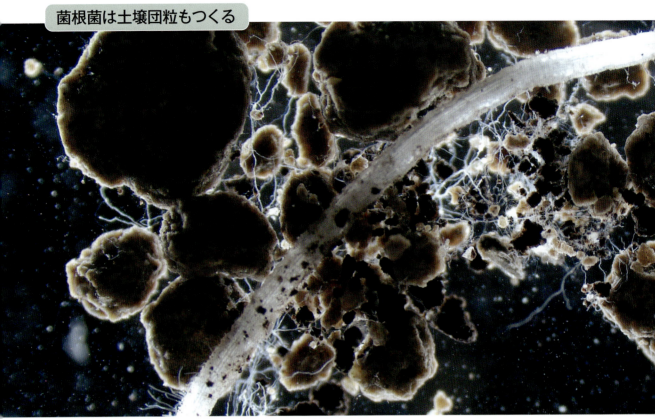

植物の根から出た菌根菌の菌糸が土壌団粒の形成を助けている（写真提供：小八重善裕）

菌根菌の出す分泌物が団粒化を進める

菌根菌の菌糸はグロマリンという糖タンパク質を出し、菌糸の壁から養分が漏れるのを防ぐほか、小さい土の粒（ミクロ団粒）や有機物をつなぎ合わせて大きな土の粒（マクロ団粒）をつくる（S）

根と根をつないで 菌糸ネットワーク

菌根菌は同じ種類の菌糸どうしでつながって畑じゅうに菌糸ネットワークをつくり，養分をかき集めて植物に供給する。ほかの微生物にも作用して，養分の吸収効率を高める。

アーバスキュラー菌根菌が共生しているレタスを畑から採取し，シャーレで水耕栽培（S）

2週間後，拡大して見るとレタスの根のまわりは菌根菌の菌糸だらけ。これは水耕だが，実際の畑地土壌でも同じように密に菌糸を枝分かれさせ，土壌のミクロ間隙にまで菌糸を伸ばす（S）

こちらは畑で採取した根とそのまわりに形成されたアーバスキュラー菌根菌の胞子と菌糸のかたまり。根と根が菌根菌の菌糸でつながっている（S）

埼玉県の自然栽培農家の圃場で菌根菌の胞子と菌糸を調べた。不耕起だけでなく、省耕起でも菌根菌胞子・菌糸とも非常に多かった（写真撮影：依田賢吾）

ヘアリーベッチは育てず、3月に浅く耕起した場所。土5g中の胞子数64個、1g中の菌糸13m

別の有機栽培圃場（耕起あり）だと、胞子は多くて5g中に20〜30個。菌糸の長さは1g中に3〜4m。化学肥料使用、耕起ありだと胞子は10個以下、菌糸の長さは1m以下が多い

ヘアリーベッチは育てず、耕起もしなかった場所。土5g中の胞子数211個、1g中の菌糸14m

冬にヘアリーベッチを育て、5月に浅く耕起した場所。胞子数62個、菌糸21m

不耕起栽培
松澤政満さんの不耕起草生有機栽培

◆写真：赤松富仁

愛知県新城市の松澤政満さんは，40年ほど不耕起草生栽培を続けている。畑は全面不耕起でイタリアンライグラスや雑草で覆われている。（共通技術編284ページ）

不耕起草生で育つ野菜たち

収穫期を迎えたダイコン（左）と引き抜いたダイコン（下）

冬草のなかに育つミズナやカブを収穫する松澤政満さんと妻の妙子さん

ジャガイモも種イモを深く植え，2回ほど草を刈るだけ。ウネ立てや施肥，土寄せも必要ない

草のベッドで育ったカブ

不耕起草生の土壌

松澤さんの畑の土を掘って断面を見てみた。地表面近くは草の根穴と団粒化した土の層で、深いところにはフトミミズの穴が無数にある

イタリアンライグラス1株分の根。この根群が土を耕し、肥沃にしてくれる

不耕起草生の播種，植付け

夏野菜のタネをまく場所には「ドラム缶クリンパー」で草を押し倒す。倒された草はかなりの厚みとなり，長期間夏草を抑えてくれる。押し倒す時期は，草が生殖成長期（出穂期）に入った5月ごろ

秋冬野菜は夏草の上からタネをばらまく

草をかき分けながら苗を植える

レイモンド・エップさんの
大地再生（リジェネラティブ）農業

◆写真：メノビレッジ長沼（M），湯山繁（Y）

「メノビレッジ長沼」のレイモンド・エップさんは北海道長沼町で20年以上，無農薬・無化学肥料栽培を続けてきた。2019年からは耕すことをやめ，ライムギなどの混播で土を覆い（カバークロップ），ヒツジを放牧するようになった。（共通技術編294ページ）

ローラークリンパーで草倒し（夏草を抑え，土壌を保湿）

伸びた緑肥を刃のついたローラーで折りながら押し倒していく。アメリカで開発されたものを自作した（M）

刃が回転するので，約20cm間隔で茎が折れている（Y）

茎を切らず折るのが目的なので，刃先は尖っていない（切ると株元の節からヒコバエが出て，こぼれダネが雑草化してしまう）（Y）

レイモンド・エップさん。ライムギ（12kg/10a播種）のカバークロップ圃場にて（Y）

ミックス緑肥を播種し，ヒツジを放牧

土壌の再生には多様性が大事。カバークロップも，ライムギ，エンバク，ヘアリーベッチ，ソバ，ナタネ，葉ダイコン，ヒマワリなど7〜12種類を混播し，ミックス緑肥にする（M）

不耕起圃場でもまけるドリルシーダーで緑肥播種（M）

緑肥が伸びたらヒツジを放牧。電気柵で囲って毎日移動するやり方。ヒツジに地上部をかじられた草は，根から液体炭素（光合成産物）を出して土の団粒化を促す（Y）

生きた土には生きものがたくさん

混播したカバークロップの圃場の土を掘り上げると，フトミミズが糞を出していた。こうして圃場の有機物がどんどん分解され，団粒構造がつくられる（M）

(13)

混作・混植
1枚の畑にいろいろ混播・混植
（共通技術編436ページ）

◆写真：赤松富仁

広島県神石高原町の伊勢村文英さんの冬のハウス。ところどころにムギが植わる。アブラムシ対策、べと病予防、土壌改良の効果がある

ニンジンはほかの作物で日陰をつくると発芽が促される。写真はコマツナなどと混播（写真撮影：編集部）

葉物を混播した冬のハウス。3〜4種類をわざと密植にする。ここからベビーリーフとして収穫していく

混作・間作の研究から

白クローバ間作やタマネギ・レタス混作でキャベツの虫が減る

キャベツ畑に白クローバ＋タマネギ混作。モンシロチョウやヨトウガ、アブラムシなどの虫害が減る。キャベツのウネにレタスを植える株混作を加えると、虫害はもっと減る（山梨県総合農業技術センター、共通技術編456ページ）

オオムギ間作でタマネギのアザミウマが減る

さまざまな害虫を食べるゴミムシ

タマネギにオオムギを間作すると、ネギアザミウマの殺虫剤散布回数が3分の1に減る（宮城県農業・園芸総合研究所、共通技術編459ページ）

ムギ間作とハゼリソウ温存でネギ畑に天敵を呼ぶ

ネギアザミウマを食べるキイカブリダニ

ヒラタアブ
幼虫がネギアザミウマを食べる

ネギ畑でムギを間作して減農薬栽培すると、アザミウマを食べる土着天敵が増える（千葉県農林総合研究センター、共通技術編462ページ）

緑肥作物としてハゼリソウを育て、一部を畑に残すと、ネギハモグリバエを抑える寄生蜂が増える

天敵活用
天敵温存植物

天敵のえさ（花粉や花蜜）やかくれ場所となる植物を植えると，圃場に天敵を誘引し，定着させたり，増殖させたりできる。
（共通技術編484ページ）

◆写真：安部順一朗（農研機構）

クレオメ
（フウチョウソウ科）
タバコカスミカメが集まって増える。タバコカスミカメはクレオメ，ゴマ，バーベナといった植物をえさに増殖できる

タバコカスミカメ

トマトの葉の上でタバココナジラミを捕食するタバコカスミカメ（写真撮影：中野亮平）

バーベナ
（クマツヅラ科）
タバコカスミカメが増える

ゴマ
（ゴマ科）
タバコカスミカメが集まって増える

カブリダニ類

アザミウマを捕食するスワルスキーカブリダニ（写真撮影：下元満喜）

スイートアリッサム
（アブラナ科）
カブリダニ類やタバコカスミカメ，ヒメハナカメムシ類が増え，ヒラタアブ類の成虫が集まる

スカエボラ
（クサトベラ科）
ヒメハナカメムシ類やカブリダニ類が増える

マリーゴールド
（キク科）
アザミウマ類をえさにヒメハナカメムシ類などが集まる

オクラ
（アオイ科）
茎や葉で分泌される真珠体をえさにヒメハナカメムシ類が集まる

バジル
（シソ科）
ヒメハナカメムシ類，ヒラタアブ類などが集まる

ソバ
（タデ科）
ヒメハナカメムシ類，ヒラタアブ類などが集まる

ハゼリソウ
（ハゼリソウ科）
ヒラタアブ類，寄生蜂などが集まる

ヒメハナカメムシ類

ハダニを捕食するタイリクヒメハナカメムシ（写真撮影：赤松富仁）

ヒラタアブ類

ホーリーバジルの花粉を摂食するヒラタアブ類の成虫。幼虫がアブラムシを爆食する（写真撮影：大野和朗）

露地オクラ
ソルゴーとソバの混作でアブラムシの天敵を呼ぶ

◆写真：赤松富仁

鹿児島県指宿市の前川信男さんが所属するJAいぶすきオクラ部会ではオクラ畑にソルゴーとソバを混作している。ソルゴーにつくヒエノアブラムシをえさにテントウムシが集まり、ヒエノアブラムシを寄生先としてヒラタアブが集まる（ヒエノアブラムシはオクラにはつかない）。ソバには花粉や蜜をえさにヒラタアブが集まる。（共通技術編478ページ）

オクラの害虫のワタアブラムシ
（写真撮影：安達修平）

ソルゴーとソバを混作しているオクラ畑（6月下旬）。ソルゴーに天敵がたくさん集まって活躍してくれるのは7月以降なので、オクラの栽培前半から天敵を呼ぶために秋まきソバを春にまいた。すぐ花が咲き、春〜夏まで長く天敵が来る畑になった

前川信男さん、くみ子さん夫婦。前川さんはJAいぶすきオクラ部会の部会長

テントウムシ

アブラムシを食べるテントウムシの幼虫。10℃以上の気温なら1年中アブラムシを食べる

アブラムシにかぶりつくナナホシテントウ成虫

ソルゴーについたヒエノアブラムシのコロニー（写真撮影：編集部）

ヒラタアブ

アブラムシのコロニーをねらって産卵。孵化した幼虫がアブラムシを食べる

アブラムシを食べるヒラタアブの幼虫。どの種類のアブラムシもよく食べる

農家の有機資材
モミガラ

土に混ぜると団粒化を促進。砂地は水持ちよく，粘土質は水はけがよくなる。（共通技術編714ページ）

ガチガチの粘土質の土を劇的改善

兵庫県丹波市の和田豊さんの青ネギをつくるハウス。畑を耕うんするのはモミガラを入れるときだけで，施肥はEMボカシを表面施用。モミガラは2年に一度，10a当たり軽トラック山盛り10台分入れる（写真撮影：編集部，以下も）

和田豊さん

モミガラと一緒に団粒化した土が混じっている

モミガラを入れてきたハウス内の土と，もとの土質に近いハウス外の土を水に入れてかき混ぜ比較。ハウス内の土はよく泡立ち，団粒化した土が沈んでいる。ハウス外の土は細かい粘土が堆積し隙間がない

ハウス内の土

ハウス外の土

1mm目の茶こしに土をのせ，バケツの中でゆっくり上下させて団粒を見た。ハウス内の土は指で押すとつぶれる小さな土の塊が多数。ハウス外の土は茶こしに土が張り付き，水がなかなか落ちなかった

落ち葉

土着菌の宝庫でもある山の落ち葉だが，集めるのが大変。だが，手間のかかる落ち葉かきをラクにする工夫が各地で生まれている。（共通技術編764ページ）

小型ロールベーラーで集める

岡山県新見市の田中隆正さんは雨よけブドウ70aを栽培（おもにピオーネ）。落ち葉ロールは直径45cm，高さ60cm（写真撮影：赤松富仁）

ブロワーや熊手で斜面の上から下へ落ち葉を寄せ集める（写真撮影：佐藤和恵，以下Sも）

ヤンマーの自走式小型ロールベーラー（約140万円）。軽トラに載せて運べる（S）

新見市豊永地区のブドウ団地。ロールベーラーが普及して，どこの畑にも落ち葉ロールが点々と並ぶようになった（S）

ワラ・カヤ

炭素率（C/N）が高いので，分解がゆっくり。微生物を殖やす効果も長持ち。
（共通技術編742ページ）

カヤ堆肥で有機無農薬の大玉トマト

熊本県宇城市の澤村輝彦さんが3月に定植した7月末のトマト（品種はりんか）。現在6段目に入るところで，見事な成りっぷり。圃場に入れるのは米ヌカ主体のボカシとカヤなどの野草堆肥（反当4〜5t）だけ（写真撮影：赤松富仁，以下Aも）

タケノコと黒砂糖を混ぜてつくる天恵緑汁の瓶と澤村さん（A）

野ざらし3年目のカヤ堆肥。土はいっさい入っていないが，腐植土壌のようになっている。切返しは年1回。堆肥の場所を移動するだけ（A）

トマトの青枯病を抑えるカヤ堆肥

病害が発生しにくい熊本県のカヤ堆肥施用畑を佐賀大学の染谷孝さんが研究したところ，拮抗菌が高密度に含まれていることがわかった。（写真提供：染谷 孝）

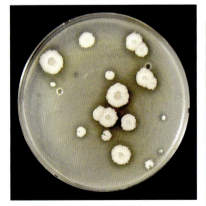

青枯病菌が全体に広がった培地にカヤ堆肥の懸濁液を接種し培養。青枯病菌の発育を阻止する円（コロニー）ができ，拮抗菌が堆肥にいることがわかった

ロールのままでもよいので，天水または人工的にカヤを湿らせて半年以上野外に置くと，拮抗菌のいるカヤ堆肥ができあがる。高温発酵させると拮抗菌が殖えないので切り返さない。湿らせたら乾燥防止のためブルーシートで覆う

竹チップ・竹パウダー

◆写真：佐藤和恵

竹には糖分やケイ酸，ミネラルが豊富。細かく砕くと微生物の大好物になる。
（共通技術編754ページ）

竹パウダーでミニハクサイの元肥半減，収量3倍増

茨城県行方市の稲田満雄さんの直まきのミニハクサイ（2024年2月1日）。秋まきでも夏まきでも生育がビシッと揃うようになった。太陽熱処理のときに豚糞などといっしょに竹パウダーを反当300kg入れた

自宅裏の竹やぶから青竹を切って運ぶ稲田さん

チッパーシュレッダーで竹を粉砕。1日100本ほど粉砕することもある

竹パウダー

10日ほど前に仕込んだ竹パウダーと米ヌカボカシ

(23)

土着菌（土着微生物）

◆写真：田中康弘

山の落ち葉の下や竹林でよく見つかる真っ白な菌糸の塊が土着菌（これを'ハンペン'と呼ぶ）。これをタネ菌にすれば，市販の微生物資材を使わなくても自分オリジナルのボカシ肥や発酵液肥ができる。（共通技術編828ページ）

雑木林で採った土着菌でボカシ肥づくり

雑木林の中で見つけた'ハンペン'を見せる神奈川県南足柄市の千田富美子さんと正弘さん

ボカシ肥のタネ菌をつくるため，米ヌカに'ハンペン'を加えている

土着菌はご飯でも捕まえることができる。雑木林（右）とイネ刈り後の田んぼ（左）にそれぞれパックご飯を1週間置いた。白い菌糸とオレンジ色の菌糸が生え，違うタイプの土着菌が捕まったようだ

野菜は元肥なしで，ボカシ肥の追肥でつくる

カラスウリで採った土着菌で発酵液肥づくり

◆写真：赤松富仁

規格外のトマトやミカンを材料に発酵液肥をつくる、ネパール出身で佐賀県唐津市のラマ カンチャさん。1,200lのタンクにトマトやミカン、水5l、カラスウリから採った土着菌を培養した酵母菌（タネ菌）ひとつまみを入れる。酒のようないい匂いの菌液になる。網目の違うネットで3回ほど濾し、300倍に薄めて灌水チューブで流す

ミカンの裏山で採ったカラスウリ。ネパールではカラスウリの菌でお酒を造る伝統がある

カラスウリの皮をむき、表面を下にしてご飯の上にのせ、フタをする。電気マットなどで約35℃に保つと、3〜4日で白い胞子が一面に広がる。まず糸状菌が殖え、ご飯が糖化してこのあと酵母菌が殖えるようだ

光合成細菌

水田や水たまりにいる菌で、イネの根腐れを起こす硫化水素などをえさに光合成をする。空中チッソを固定してアミノ酸をつくり、作物の味をよくしたりする。（共通技術編862ページ）

北海道愛国町の薮田秀行さんは、ハウス内に約2tのプールを掘り、光合成細菌を大量培養。種イモの植付け直後に、培養した原液を1回、反当100lまいたところ、無施肥にもかかわらずジャガイモが4.5tとれた。
写真は4月植付けのメークイン。生育途中の6月下旬に撮影

赤い色が特徴の光合成細菌培養液
（写真撮影：依田賢吾）

10a換算で4.5tとれたジャガイモ畑（66a）

2tの培養プールと薮田秀行さん。薮田さんは2tプールの水に0.1％（2kg）の米ヌカを入れ、3％のタネ菌を加えて培養する。光合成細菌のえさには、グルタミン酸（だしの素）やビール酵母エキス（エビオス錠）など身近なものが使える（以上、写真撮影：下段丞治）

タンニン鉄

お茶に鉄を入れると真っ黒に変化し，タンニン鉄を含む液体ができる。野菜の株元に灌注すると，葉っぱや果実につやが出て，エグ味は消え，甘味や旨味が生まれる。（共通技術編876ページ）

葉っぱの発色がよく肉厚で，味が濃厚な赤シソ。しば漬けの原料になる（Y）

生でもエグ味のない新谷太一さん（京都市）のピーマン（写真撮影：依田賢吾，以下Yも）

新谷太一さんは500ℓタンクに廃棄茶葉と使い古しのロータリ爪10〜15本を入れてタンニン鉄をつくる（Y）

由良大さん（兵庫県豊岡市）は20ℓタンクに緑茶パック3つと長めの釘10本ほど入れてつくる（写真提供：由良 大）

青柿と鉄でもタンニン鉄はできる（写真撮影：伊藤雄大）

無農薬・減農薬の技術
納豆防除

◆写真：田中康弘

納豆に水を加え，ミキサーなどで撹拌したドロドロの納豆水を希釈して作物にかけると，さまざまな病気の発生や進行を抑える。（共通技術編888ページ）

キクの白さび病が消えた

愛知県田原市の小久保恭洋さんは自動の頭上灌水装置でキクに納豆水を散布。白さび病に効果を実感

納豆をミキサーに入れる（10aに使う納豆は4〜5パック）。水を7分目くらいまで入れてミキサーにかける。キッチンペーパーで濾した納豆水を300〜500*l*/10aの水に溶かして散布

小久保恭洋さん

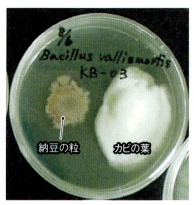

病気に強い納豆菌の見つけ方

納豆もメーカーによって菌が違い，効果も違う。（株）ジャパンバイオファームの小祝政明さんによると，シャーレ内の寒天培地上の一方に納豆の粒，もう一方に灰色かび病などが出た葉を置けば，病気に強い納豆が見つかる。カビを抑える納豆菌はカビとの間に空白域ができるが，効果のないものはカビに覆われてしまう

米ヌカ防除

◆写真：赤松富仁

通路や作物などに米ヌカをふると，病気や害虫の発生を抑える効果がある。米ヌカはカビを殖やすためにまくので少量でよい。（共通技術編896ページ）

通路に米ヌカをふって灰色かび病を抑える

滋賀県八日市市のキュウリ農家，安村佐一郎さんはキュウリハウスに米ヌカをまく

通路に米ヌカを散布。1反に約7kgを5日に1回ふる

右は安村さんが「灰色かび病が抑えられているときに出る」という真っ白いカビ。左は「灰色かび病（下矢印）と真っ白いカビ（上矢印）が闘っているところ」（薄上秀男さん解説）という

米ヌカ葉面散布は虫にも効く

米ヌカは葉面にまいたほうがもっと効くという薄上秀男さん（写真撮影：倉持正実）

左の大きい幼虫には効かなかったが，右の小さい幼虫はミイラ化して死んでいる

石灰防除

◆写真：田中康弘

安くて身近な石灰（カルシウム）を積極的に効かせて病気に強くするやり方。石灰は肥料であり，農薬でないのに効果を実感する人が多い。（共通技術編906ページ）

消石灰をふりかける

福島県の岩井清さんは，花が咲いたころのジャガイモに粉状消石灰をふりかける

苦土石灰をふりかけ，上澄み液もかける

茨城県常陸大宮市の大越望さんは，イチゴの炭疽病対策に苦土石灰を苗の上からかける。実がなり始めてからは上澄み液をかける。これなら実が白く汚れることがない。キュウリの褐斑病，トマトの葉かび病にも効果を実感（写真撮影：倉持正実）

腐れやそうか病のない肌のきれいなイモがとれる。石灰追肥効果か，イモの糖度も増した

炭カルを改造ブロワーで散布する

◆写真：田中康弘

愛知県田原市の小久保恭洋さんはキクのハウスで炭酸カルシウムを改造ブロワーを使って散布。約300坪のハウスに石灰4lをまくのに5分とかからない

入り口から散布すると、石灰は循環扇の風にのって、見る間にハウス全体を広がった

ブロワーの噴筒に取り付けたじょうごに炭酸カルシウムを入れる小久保さん

上が4ストロークのエンジンブロワーを改造したもの。穴（矢印）にじょうごを差し込んで使う

酢除草

酢は作物体内の代謝を進めて作物を病害虫にかかりにくくする「酢防除」効果があるが，イネやネギでは，作物と雑草で酢に対する耐性が異なることを利用して「酢除草」も行なわれている。
（共通技術編918ページ）

水田の後期除草に──コナギ，ホタルイ，オモダカも枯れた

酢除草前

宮城県石巻市の佐々木拓郎さんは，コナギのほか，ホタルイやオモダカも見えるところに昼12時前に酢（酸度15％醸造酢）を散布

1時間後

イネは枯れずにコナギやホタルイ，オモダカも黄色く変色し始めた。イネは草より酢に強い

イネ刈り時

いずれの雑草も茶色く枯れた。一部，酢がかからなかったホタルイが枯れずに残った

長野県坂城町(株)土あげ商店の横山和彦さんによると，ネギが植えてある列のみに散布すると効果的。酸度3％の酢を100〜150ℓ/10a散布

ネギの株間除草ができた

散布前　　散布後

ネギの薬害症状はほとんどなく，高い除草効果。おもに葉肉が薄く，散布液が付着しやすい広葉雑草によく効くようだ

まえがき

　このたび農文協では，『みんなの有機農業技術大事典』を刊行する運びとなりました。

　きっかけの一つは，2021年に発表された「みどりの食料システム戦略」（みどり戦略）です。農水省は2050年までに「農林水産業のCO_2ゼロエミッション化（二酸化炭素の排出を実質ゼロ）」や「化学農薬の使用量（リスク換算）を50％低減」のほか，「有機農業の取り組み割合を全耕地面積の25％（100万ha）に拡大」することを目標に掲げました。

　奇しくも2021年は，日本有機農業研究会（日有研）が結成50年を迎えた節目でもありました。化学農薬による健康被害が社会問題となり，農家や消費者，研究者や指導者が立ち上がった第1次有機農業ブームから半世紀たったわけです。いっぽうでこの間，農薬や化学肥料の使用量は増え，生物多様性は失われつつあります。農業分野における温室効果ガスの排出量も高止まり。有機農業の取り組み面積は，全耕地面積に対してまだ0.7％（3万300ha）です（2023年3月末）。

　しかし今，みどり戦略のおかげで有機農業は大きな注目を集めています。これを，一過性のブームに終わらせるわけにいきません。そのために農文協はなにができるのか。そう考えて，本書を企画いたしました。

　本書は「共通技術編」「作物別編」の2巻セットです。その核を成すのは，全国の農家事例。農家自ら書いた記事も多数あり，取材対象者も含めれば約150名の農家に協力を仰ぎました。創刊100年を迎えた農文協の機関雑誌『現代農業』に登場する農家たちが，試行錯誤して磨き上げた農業技術を，改めて紹介してくれています。

　農研機構が有機農業の研究に本腰を入れたのは，2006年制定の「有機農業推進法」以降。それも稲作が中心で，野菜や果樹は近年ようやく活発に研究されるようになってきました。農家のほうが圧倒的に先を行くのが有機農業の技術です。本書は，その集大成といえます。

　アグロエコロジーやリジェネラティブ農業など，海外の考え方や技術が注目を集めていますが，日本の有機農業もまったく負けていないことが，本書を読めばよくわかるはずです。

　日本の有機農業にも，さまざまな農法や流儀があります。動物性堆肥を使うか使わないか，耕すか耕さないか，固定種かF_1品種か，有機JASで認められた農薬を使うか否か。本書では，それらの違いを乗り越えたいと考えました。

　さらにいえば，無農薬や無化学肥料だけが有機農業ではありません。ベテランも新人も，農法の違いも関係なく，循環型で持続可能で生物多様性で脱炭素を目指す，すべての農家が有機的に繋がる本としたい。そんな思いを，書名に込めました。今，日本の農業は大きな転換点を迎え，近代農業にとって代わる，新しい農業技術体系が構築されようとしています。本書が，その一助となれば幸いです。

　本書の執筆者は，『農業技術大系』からの記事転載も含め，300名近くに上りました。取材対象者も含め，すべての皆様に心より感謝申し上げます。

2025年3月
一般社団法人　農山漁村文化協会

全巻の構成

【共通技術編】

カラー口絵

第1部　有機農業とは何か
　　有機農業の歴史と概念／世界の有機農業

第2部　有機農業と炭素貯留，生物多様性
　　炭素循環・炭素貯留・地球温暖化防止／チッソ固定・自然養分供給システム／アミノ酸吸収と収穫物の品質／有機農業と生物多様性

第3部　有機農業の共通技術
　　不耕起栽培・半不耕起栽培／緑肥・カバークロップ／混植・混作／天敵活用／輪作／有機物マルチ／太陽熱処理・土壌還元消毒／土ごと発酵／土壌診断・微生物診断と減肥／自家採種と育種，品種選び

第4部　農家の有機資材
　　モミガラ／モミガラくん炭／米ヌカ／ワラ・カヤ／竹パウダー・竹チップ／落ち葉／廃菌床／堆肥／ボカシ肥／土着菌（土着微生物）／木酢液／えひめAI／光合成細菌／タンニン鉄

第5部　無農薬・減農薬の技術
　　納豆防除／米ヌカ防除／石灰防除／酢防除・酢除草／高温処理・ヒートショック／病害抵抗性誘導／月のリズムに合わせて栽培／RACコード

第6部　話題の有機栽培

付録　天敵等に対する農薬（殺菌剤・殺虫剤・殺ダニ剤）の影響の目安／有機農業の推進に関する法律／JAS法（日本農林規格等に関する法律）／有機JASで使える農薬一覧

【作物別編】

カラー口絵

水稲
　　農家の技術と経営事例／播種と育苗／有機物施用と減肥／除草剤を使わないイネつくり／除草機の工夫／斑点米カメムシなどの対策

畑作・転作作物
　　ダイズ・ムギ・子実トウモロコシ・ソバ・雑穀

野菜・花
　　農家の技術と経営事例／品目別技術（ナス，トマト，ピーマン，キュウリ，カボチャ，ズッキーニ，スイートコーン，オクラ，エダマメ，インゲン，ソラマメ，エンドウ，ネギ，タマネギ，ニンニク，キャベツ，ブロッコリー，ハクサイ，ナバナ，ホウレンソウ，コマツナ，葉物（春の菜っぱ，夏の菜っぱ），レタス類，ダイコン，カブ，ニンジン，ジャガイモ，サツマイモ，サトイモ，ショウガ，花卉）

果樹
　　農家の技術と経営事例／草生栽培／天敵を利用した防除技術

茶
　　農家の技術と経営事例／農薬以外の防除技術

畜産
　　平飼い養鶏／放牧養豚／放牧酪農

終章　有機農業は普通の農業だ——農業論としての有機農業

索引

みんなの有機農業技術大事典　共通技術編　目次

カラー口絵
「ゆうき給食とどけ隊」の田畑を拝見——長野県松川町より／ここまでわかった菌根菌の世界／不耕起栽培／混作・混植／天敵活用／農家の有機資材／無農薬・減農薬の技術

まえがき …………………………………………………………………………… 1
構成と執筆者 …………………………………………………………………… 10

第1部　有機農業とは何か

有機農業の歴史と概念
有機農業のパラダイム ………………………………………… 谷口吉光 16
ヨーロッパにおける有機農業の誕生と発展 ………………… 西尾道徳 22
アメリカにおける有機農業発展の歴史 ……………………… 西尾道徳 28
日本における有機農業運動の展開 …………………………… 西尾道徳 33
一樂照雄と日本有機農業研究会 ……………………………… 久保田裕子 37
世界的に進む有機農業の組織化と法制化 …………………… 西尾道徳 38
有機農業の基準・認証制度 …………………………………… 本城昇 45
ＪＡＳ法の規制対象となる有機表示，ならない表示 ……… 久保田裕子 53
有機農業と「提携」 …………………………………………… 桝潟俊子 55
日本の有機農業と農業政策 …………………………………… 松本賢英 60
みどりの食料システム戦略が描く日本有機農業の未来 …… 久保牧衣子 63
オーガニック給食から始める有機米産地づくり …………… 鮫田晋 70
遊休農地活用から生まれた「ゆうき給食とどけ隊」の畑 … （長野県松川町）76
有機農業の拡大に不可欠な「有機農業公園」 ……………… 魚住道郎 82
減農薬運動と虫見版と「ただの虫」 ………………………… 宇根豊 84
世界で活躍する小農とアグロエコロジー …………………… 池上甲一 90
世界で注目されるリジェネラティブオーガニック農業と土壌生態系 …… 金子信博 95

世界の有機農業
アメリカ・カリフォルニア州の有機農業とアグロエコロジー …………… 村本穣司 104
ＥＵにおける有機農業政策と技術普及 ……………………… 関根佳恵 108
中国は有機大国，政府と企業がビジネス的に展開 ………… 山田七絵 113
中国より　カニ・ザリガニとのイネ共作どんどん拡大中 … 原裕太 116

第2部　有機農業と炭素貯留，生物多様性

炭素循環・炭素貯留・地球温暖化防止
農家の土壌管理が土壌炭素を増やし地球温暖化を抑制する ………… 白戸康人 122
やまなし4パーミル・イニシアチブ農産物等認証制度とは ………… 長坂克彦 127
果樹園1ha分の剪定枝の炭が，軽トラ1台分のCO_2を相殺⁉ ……… 小林鷹文 130
農地をめぐる炭素循環と有機物施用の意味 ………………… 藤原俊六郎 131
カバークロップ導入による持続的生産と炭素貯留機能 …… 小松崎将一 138
水田と露地畑での有機物施用で炭素貯留量も収量も増える … 鷲尾建紀 152
水田生態系の妙味を活かすメタン抑制法 …………………………… 155

チッソ固定・自然養分供給システム
- チッソ固定細菌の活性化技術 …………………………………………… 杉山修一 162
- 無肥料で反収8～9俵 中打ち八へん農法 ……………………………… 荒生秀紀 165
- 7回耕起とタンニン鉄で無肥料稲作7.5俵 ……………………………… 中村光宏 169
- 水田土壌での鉄還元菌チッソ固定の発見とその増強技術 ……………… 妹尾啓史 172
- 牛糞堆肥長期連用で高まる水田土壌のチッソ固定活性 ………………… 前田勇 178
- 非マメ科作物のチッソ固定エンドファイト …………………………… 南澤究 184
- 菌根菌は植物の根とライブに共生する菌——菌根菌Q＆A ………… 小八重善裕 190

アミノ酸吸収と収穫物の品質
- 秋冬作物は有機態チッソを好む——タンパク様物質を直接吸収
  ……………………………………………………………… 阿江教治／松本真悟 196
- 植物による有機成分の吸収 ……………………………………………… 森敏 201
- 植物のアミノ酸吸収——植物の種類，アミノ酸の種類による違い …… 二瓶直登 214

有機農業と生物多様性
- 水稲の有機栽培技術が生物多様性に与える影響 ………………………… 片山直樹 224
- 農村に棲む生物を保全する圃場デザイン ………………………………… 若杉晃介 229
- トキから始まった，田んぼの小さな命を見つめる農法 ………………… 服部謙次 235
- 「コウノトリ育む農法」は，生きものとイネを一緒に育む ……………… 西村いつき 240
- ダイズ畑のカエルの実力調べ …………………………………………… 宮睦子 244
- 土壌の小動物 トビムシ・ササラダニが畑の病原菌を喰らっている …… 江波義成 246
- ミミズがいると「いい畑」になる理由——あまり知られていないミミズの実力
  ……………………………………………………………（愛媛大学・中村好男さん） 249
- 根部エンドファイトの利用——微生物利用の新たな可能性 …………… 成澤才彦 260
- エンドファイトを胚軸切断挿し木法で接種して病害防除 ……………… 木嶋利男 265

第3部 有機農業の共通技術

不耕起栽培・半不耕起栽培
- 世界で広がる「耕さない農業」…………………………………………… 石井徹 272
- 時代は不耕起，物価高騰にも異常気象にもビクともしない …………… 森本かおり 276
- 不耕起栽培のやり方Q&A ………………（茨城大・小松﨑将一さん／森本かおりさん） 279
- 省力低コストで異常気象に強い——不耕起草生有機栽培 ……………… 松澤政満 284
- 微生物が喜ぶ，土が肥える ローラークリンパーで倒して敷き草に
  …………………………………………………………（北海道・メノビレッジ長沼） 294
- 緑肥は切らずに倒すだけ ローラークリンパーを自作してみた ……… 中野聖太 298
- 手に入りやすい，草倒しの機械たち ……………………………………… 300
- ライムギ押し倒しはロータリでできる——不耕起播種機も自作した ……… 和田徹 302
- 不耕起・省耕起は根粒菌や菌根菌にも優しい …………………………… 臼木一英 306
- 不耕起栽培圃場の健全性と土壌生態系 …………………………………… 小松﨑将一 309
- 長期不耕起直播水田の土壌の特徴と生産性 ……………… 長野間宏／石橋英二／小林新 325
- 不耕起土壌の孔隙構造とその機能 ………………………………………… 佐藤照男 333

緑肥・カバークロップ
- 緑肥にかなうものはない …………………………………………………… 中野春男 346
- 緑肥作物の土つくり・減肥効果 …………………………………………… 唐澤敏彦 350
- 緑肥作物の播種とすき込み，腐熟期間 …………………………………… 唐澤敏彦 363
- センチュウ対抗植物 ……………………………………………… 橋爪健・雪印種苗㈱ 369
- 緑肥作物による土壌病害の軽減 ………………………………… 橋爪健・雪印種苗㈱ 389
- ライムギによるアブラナ科根こぶ病の軽減 ……………………………… カネコ種苗㈱ 407
- 緑肥のカバークロップ機能 ……………………………………… 橋爪健・雪印種苗㈱ 411
- メーカー横断 品種別，緑肥の効果一覧

……(雪印種苗/雪印種苗北海道研究農場/タキイ種苗/カネコ種苗緑飼部) 418
　借りた畑にはまず緑肥 ……………………………………………………武内智 428
　緑肥は短くてもいい ……………………………(北海道・横山琢磨さん,山川良一さん) 432
混植・混作
　一枚の畑にいろいろ混播・混植 ……………………………………………伊勢村文英 436
　混植博士が伝授する野菜がよく育つ組合わせ ………………………………木嶋利男 440
　くず麦リビングマルチ,混作,耕うん改善を活用した有機農法 …………戸松正 442
　スイカ,メロンにおけるネギ混植 …………………………………………成田保三郎 452
　白クローバ間作やタマネギ・レタス混作でキャベツの虫が減る ……………赤池一彦 456
　オオムギ間作でタマネギのアザミウマが3分の1に ………………………関根崇行 459
　ムギ間作とハゼリソウ温存でネギ畑に土着天敵を呼ぶ ……………………大井田寛 462
　キャンディミント混植で虫が減る理由 ……………(東京理科大学・有村源一郎さん) 464
　白クローバのリビングマルチで飼料用トウモロコシの雑草抑制,養分供給
　　　……………………………………………………………………出口新・魚住順 465
天敵活用
　天敵活用 ……………………………………………………………………………… 476
　露地オクラ　ソルゴー＋ソバで土着天敵を集めてアブラムシ防除 ………前川信男 478
　露地ナス　スワルスキー＋土着天敵が予想以上の防除効果 ………………蓼沼優 482
　これは使える天敵温存植物10選 ……………………………………………安部順一朗 484
　ハウスピーマン　タバコカスミカメで黄化えそ病から守る
　　　………………………………………………………………(茨城・原秀吉さん) 488
　ハウスピーマン　アザミウマはタバコカスミカメに,アブラムシは
　　　ミニマムバンカーで抑え込む ………………………………………下前泰雄 490
　ハウストマト　静岡のトマトでも土着タバコカスミカメで殺虫剤半減
　　　……………………………………………………………………斉藤千温 497
　ハウスピーマン　「次元の違う天敵名人」が愛用する土着天敵カブリダニ3種
　　　………………………………………………………(高知・山本康弘さん) 500
輪作
　ラクして病害虫が防げる輪作の組合わせ ……………………………………大内信一 506
　野菜も雑草も輪作する ………………………………………………………桐島正一 509
　化学性からみた輪作の方法 …………………………………………………大久保隆弘 512
　土層改良からみた輪作の方法 ………………………………………………大久保隆弘 516
　ヒマワリやトウモロコシをうまく使おう
　　　——菌根菌から見た効果的な輪作体系 …………………………有原丈二 518
　ウネと通路を1作ごとに入れ替え
　　　——菌根菌と根粒菌が殖える輪作畑 ………………………………森昭暢 522
　土着菌根菌を活用したリン酸施肥削減——再生可能農業への活用 …………大友量 527
　窒素吸収根域の異なる作物の組合わせ ………………………………………三木直倫 533
　茎葉処理の方法と注意点 ………………………………………………………鎌田賢一 537
有機物マルチ
　有機物マルチ …………………………………………………………………………… 542
　畑で堆肥ができる,天敵のすみかも提供
　　　——有機物マルチは一石何鳥!? ……………………………………涌井義郎 543
　調査　有機物マルチの農家圃場で,土壌動物がふえていた
　　　………………………………………………………(愛媛大学・中村好男さん) 545
　ススキ＆カヤでさよならポリマルチ …………………………………………坂本重夫 548
　堆肥マルチに米ヌカふって炭酸ガスがモクモク発生 ………………………窪田陽一 552
　モミガラ,羊毛クズ＆剪定枝,竹パウダー,竹そのまんま,イタドリでマルチ
　　　………………………………………………………………………………… 554

太陽熱処理・土壌還元消毒
- 太陽熱処理・土壌還元消毒 …… 560
- 太陽熱土壌消毒の方法と効果 …… 岡山健夫 561
- 太陽熱消毒による線虫と雑草抑制 …… 片山勝之 568
- 施設の施肥・作うね後太陽熱土壌消毒 …… 白木己歳 573
- 太陽熱処理の効果を見える化する「陽熱プラス」 …… 橋本知義 580
- 土壌還元消毒の方法と効果 …… 新村昭憲 582
- 糖蜜で土壌還元消毒 …… 586
- 低濃度エタノールを用いた土壌還元消毒法 …… 大木浩 587
- トウモロコシ残渣による土壌還元消毒 …… 長坂克彦 592
- 太陽熱養生処理のメカニズムと成功させるコツ …… （一社）日本有機農業普及協会 594

土ごと発酵
- 土ごと発酵 …… 600
- 「土が発酵する」とはどういうことか？ …… 薄上秀男 601
- 未熟有機物を浅くすき込んだら，土も作物も爆発的に変わった …… （宮崎県都農町）606

土壌診断・微生物診断と減肥
- 熱水抽出で地力チッソを測って施肥設計 …… （三重・福広博敏さん）612
- 自分でできる畑の地力チッソ簡易判定法 …… 上薗一郎 618
- 有機栽培露地野菜畑の土壌チッソ診断技術 …… 櫻井道彦 622
- 水田風乾土可給態チッソの簡易・迅速評価法 …… 野原茂樹 630
- 分光光度計とCOD測定用試薬セットによる簡易迅速評価 …… 和田巽 638
- 水田土壌の可給態チッソの簡易・迅速推定法
  ——デジタル画像化したCOD簡易比色値による推定 …… 小野寺博稔 643
- 有機栽培の土壌分析は体積法で …… 小祝政明 647
- SOFIX（土壌肥沃度指標）による農地診断および施肥設計 …… 久保幹 649
- 土壌微生物多様性・活性値診断と改善 …… 横山和成 662

自家採種と育種，品種選び
- 自家採種の基本と心得 …… 船越建明 672
- 自家採種で有機農業経営 …… 林重孝 680
- タネをあやす …… 岩崎政利 687
- 小さい畑でもタネ採りをうまくやるワザ …… 竹内孝功 690
- 農家がつくり続けている　有機栽培におすすめの品種
  …… 林重孝／大塚一吉／佐久間清和／斎藤昭／魚住道郎／大内信一 695
- 自家採種できるジャガイモ——俵正彦さんが残した14品種 …… 竹田竜太 706

第4部　農家の有機資材

モミガラ
- モミガラ …… 714
- ガチガチの粘土質の土がモミガラで劇的改善 …… （兵庫・和田豊さん）715
- 生モミガラを入れてもチッソ飢餓にならない理由 …… （岩手大・加藤一幾さん）718
- 米ヌカを加えてモミガラを堆肥化 …… （福島・東山広幸さん）719
- 石灰水で簡単，モミガラ堆肥づくり …… （福島・芳賀耕平さん）720
- 糖蜜で殖やした菌液でモミガラ堆肥，ゴボウのヤケ症も克服
  …… （千葉・菅野明さん）721
- モミガラを急速分解するには？ …… 原弘道 722

モミガラくん炭
- モミガラくん炭 …… 726
- モミガラくん炭をうまく使う方法 …… 727

くん炭で増えるバチルス菌が病原菌を抑えた …………………… 阿野貴司 730
米ヌカ
　　米ヌカ …………………………………………………………………………… 734
　　緩効性の肥効を活かした米ヌカの使い方 …………………… 東山広幸 735
　　発酵米ヌカでチッソ発現が遅い問題を解決 ………………… 涌井徹 738
ワラ・カヤ
　　ワラ・カヤ ……………………………………………………………………… 742
　　微生物のため，ブドウ園にイナワラを全面マルチ ………（長野・飯塚芳幸さん）743
　　土着菌を活かすカヤの堆肥で有機無農薬の大玉トマト ……（熊本・澤村輝彦さん）745
　　トマトの青枯病を抑えるカヤ堆肥のつくり方 ………………… 染谷孝 748
　　カヤと世界農業遺産 ………………………………………………………… 751
竹パウダー・竹チップ
　　竹パウダー・竹チップ ………………………………………………………… 754
　　竹パウダーでミニハクサイの元肥半減，収量3割アップ
　　　………………………………………………………………（茨城・稲田満雄さん）755
　　竹粉砕機は手づくりできる ………………………………（徳島・武田邦夫さん）758
　　乳酸発酵タケノコ液肥 …………………………………………… 川原田憲夫 759
　　各地から引き合い大，竹チップ堆肥のつくり方 …………… 矢野丈夫 760
　　竹チップ＋腐敗ミカンで堆肥 …………………………………… 砂岡廉 761
落ち葉
　　落ち葉 …………………………………………………………………………… 764
　　畑に雑木林を取り込んだら土に，根に，味に落ち葉効果 ……… 早川憲男 765
　　落ち葉集めに小型ロールベーラー大流行 ……………（岡山・田中隆正さん）768
　　こんな落ち葉の活用法は？ ………… 小川光／水口文夫／薄上秀男／宮田昌孝 771
　　踏み込み温床 ……………………………………………………… 魚住道郎 774
廃菌床
　　廃菌床 …………………………………………………………………………… 780
　　転作田ハウスの土がフカフカ，トマトの青枯病も出なくなった ………… 佐竹成雄 781
　　廃菌床が病害抵抗性を引き出す ………………………………… 尾谷浩 783
　　シイタケ菌が生きたままの廃菌床は肥料にも土壌改良材にもなる ……… 加藤一幾 785
堆肥
　　堆肥 ……………………………………………………………………………… 790
　　堆肥と微生物の関係 ……………………………（元明治大学・藤原俊六郎さん）791
　　堆肥つくりのポイント ……………………………（元明治大学・藤原俊六郎さん）794
　　堆肥栽培実践ガイド ……………………………（元明治大学・藤原俊六郎さん）798
　　堆肥材料の炭素・チッソ・微生物・ミネラル分類と各種堆肥づくり …… 橋本力男 801
ボカシ肥
　　ボカシ肥 ………………………………………………………………………… 812
　　竹やぶのハンペンで土着菌ボカシ ………………………（茨城・松沼憲治さん）813
　　米ヌカなどを低温嫌気発酵させる保田ボカシ ……………… 西村いつき 814
　　発酵肥料のつくり方 ……………………………………………… 薄上秀男 816
　　乳酸菌の分泌物・フェニル乳酸が発根促進 ………………… 眞木祐子 819
　　各種ボカシ肥料の特性比較 …………………………………… 橋本崇 821
土着菌（土着微生物）
　　土着菌（土着微生物）………………………………………………………… 828
　　土着菌ボカシ ……………………………（神奈川・千田富美子さん，正弘さん）829
　　土着菌の採取法と培養法 ………………………………………… 薄上秀男 831
　　天恵緑汁 …………………………………………………（日本自然農業協会）834
木酢液

木酢液 ··· 838
　　木酢液の農業利用の歴史 ·· 岸本定吉 839
　　木酢液の効用と使い方 ···(熊本・中本弘昭さん) 840
　　木酢はなぜ効く，何が効く ··(日本炭窯木酢液協会・三枝敏郎さん) 844
えひめAI
　　えひめAI ··· 850
　　えひめAIで食品残渣・米ヌカ肥料がパワーアップ ················ 小松義人 851
　　堆肥の発酵促進，葉面散布で病害抑制効果も ···················· 前田洋 853
　　えひめAIで野菜の接ぎ木苗にカビが出なくなった ················ 高橋博 854
　　えひめAIで働く微生物 ·· 856
光合成細菌
　　光合成細菌 ··· 862
　　光合成細菌とはどんな微生物か，いかに農業に役立つか
　　　··(国際応用生物研究所・小林達治さん) 863
　　田んぼの泥から光合成細菌を自家培養，少チッソでもイチゴの反収5t以上
　　　··· (佐賀・陣内真彦さん) 866
　　プールで培養，原液散布，無施肥でジャガイモの収量4.5t
　　　··· (北海道・薮田秀行さん) 868
　　作物の耐干ばつ性，耐寒性も高める光合成細菌の力と培養のコツ
　　　··(広島国際学院大・佐々木健さん，佐々木慧さん) 871
　　納豆，豆腐，重曹で培養液 ··· 仁科浩美 873
　　エビオス錠とLED電球で超簡単培養 ································ 山本武宏 873
タンニン鉄
　　タンニン鉄 ··· 876
　　水出し茶に鉄を入れるだけ　タンニン鉄で育てる鉄ミネラル野菜 ········ 新谷太一 877
　　リン酸が効く，光合成能力アップ，微生物バランス改善
　　　――タンニン鉄のマルチな効果 ··································· 野中鉄也 880
　　タンニン鉄のつくり方 ···(京都・新谷太一さん／兵庫・由良大さん) 883

第5部　無農薬・減農薬の技術

納豆防除
　　納豆防除 ··· 888
　　納豆でキクの白さび病を封じ込めた ·································(愛知・小久保恭洋さん) 889
　　灰色かび病に強い納豆菌の見つけ方
　　　··((株)ジャパンバイオファーム・小祝政明さん) 893
米ヌカ防除
　　米ヌカ防除 ··· 896
　　通路に米ヌカをふって灰カビを抑える！ ·····························(滋賀・安村佐一郎さん) 897
　　米ヌカ防除はなぜ効くか？ ··· 薄上秀男 899
　　茶のクワシロカイガラムシにも米ヌカ防除
　　　··· (埼玉・坂本宗司さん／鹿児島・西利実さん) 902
石灰防除
　　石灰防除 ··· 906
　　安くてよく効く石灰防除，炭疽も褐斑も葉カビも抑える
　　　··· (茨城・大越望さん) 907
　　改造ブロワーでラクラク散布 ···(愛知・小久保恭洋さん) 910
　　ネギにエダマメに石灰防除 ··· 山田憲二 912
　　消石灰で防除　品目別事例
　　　··· (熊本・宮村誠さん／茨城・吉田ときいさん)／芳賀耕平 913

葉やけ，石灰過剰の心配はないか？ ……………………………………… 914
　酢防除・酢除草
　　酢防除・酢除草 ……………………………………………………………… 918
　　モモもリンゴも柿酢のおかげで殺菌剤半減 ……………………… 河部義通 919
　　玄米黒酢のイネいもち病に対する効果 ……………………………… 池田武 921
　　酸度と倍率と効果 …………………………………………………………… 924
　　酢をかけるとなぜ病気に強くなるのか …………………………… 薄上秀男 925
　　イネに酢除草，コナギ，ホタルイ，オモダカも枯れた ……… 佐々木拓郎 928
　　ネギの酢除草　酸度3％で株間除草ができた …………………… 横山和彦 930
　高温処理・ヒートショック
　　高温処理・ヒートショック ………………………………………………… 934
　　ハウスキュウリのアザミウマはヒートショックで駆除 ………… 酒見宗茂 935
　　湿度を下げないことがコツ ………………………………………… 山口仁司 938
　　高温処理で高温耐性と病害抵抗性が誘導されるしくみ ………… 佐藤達雄 939
　　ハウス密閉＋被覆でニラのネダニ99％減 ………………………… 八板理 940
　　ハウス密閉または被覆でニラのネギネクロバネキノコバエ9割減 …… 941
　　晴れの日1日ビニール1枚敷きでマメハモグリバエ防除 ……… 西口真嗣 942
　　ハクサイダニは透明ポリのトンネルがけで95％死滅 …………… 東山広幸 943
　　温湯・蒸熱処理に役立つ道具 ……………………………………………… 945
　病害抵抗性誘導
　　病害抵抗性誘導 ……………………………………………………………… 948
　　アミノ酸による作物の病害抵抗性誘導 …………………………… 渡辺和彦 949
　　アミノ酸が病害抵抗性を高める──トマト青枯病を例に ……… 瀬尾茂美 963
　　酵母の細胞壁による抵抗性誘導，増収，微生物相改善効果 …… 北川隆徳 964
　月のリズムに合わせて栽培
　　月のリズムに合わせて栽培 ………………………………………………… 970
　　大潮の最後から3日間が防除適期 ………………………………… 鈴木正人 971
　　ピーマンのヨトウムシ，大潮防除でＢＴ剤がばっちり効く …… 中村一弘 973
　　月のリズムと生育診断 ……………………………………………… 高橋広樹 974
　ＲＡＣコード
　　ＲＡＣコード ………………………………………………………………… 978
　　ＲＡＣコードで，農家も農協職員も農薬がわかる！ ……（群馬・ＪＡ甘楽舘林）979
　　ＲＡＣコードでイネや野菜の脱ネオニコ ………………………… 高林優一 980

第6部　話題の有機栽培

　ＢＬＯＦ理論
　　　　　　──ミネラル先行施肥で炭水化物優先の育ちにもちこむ ……… 小祝政明 984
　菌ちゃん農法
　　　　　　──木質有機物と菌糸ネットワークで無肥料・無農薬栽培 … 吉田俊道 1003
　ヤマカワプログラム
　　　　　　──「土のスープ」と堆肥，緑肥で耕盤を抜く ………………1008
　付録　有機農業に関連する農薬情報，法令など
　　天敵等に対する殺菌剤の影響の目安　1018／天敵等に対する殺虫剤・殺ダニ剤の影響の
　　目安　1022／有機農業の推進に関する法律　1028／ＪＡＳ法（日本農林規格等に関する
　　法律）　1030／有機ＪＡＳで使える農薬一覧　1048

共通技術編の構成と執筆者 （所属，市町村名は執筆時，敬称略）

◆カラー口絵解説
小八重善裕（酪農学園大学）／千徳毅（㈱アライヘルメット）／赤池一彦（山梨県総合農業技術センター）／関根崇行（宮城県農業・園芸総合研究所）／大井田寛（千葉県農林総合研究センター）／安部順一朗（農研機構）

第1部　有機農業とは何か
◆有機農業の歴史と概念
谷口吉光（秋田県立大学）／西尾道徳（元筑波大学）／久保田裕子（元國學院大学）／本城昇（元埼玉大学）／桝潟俊子（元淑徳大学）／松本賢英（農林水産省農産局農業環境対策課）／久保牧衣子（農林水産省大臣官房みどりの食料システム戦略グループ）／鮫田晋（千葉県いすみ市役所）／魚住道郎（日本有機農業研究会）／宇根豊（百姓・思想家）／池上甲一（近畿大学）／金子信博（福島大学）

◆世界の有機農業
村本穣司（カリフォルニア大学サンタクルーズ校）／関根佳恵（愛知学院大学）／山田七絵（日本貿易振興機構アジア経済研究所）／原裕太（東北大学災害科学国際研究所）

第2部　有機農業と炭素貯留，生物多様性
◆炭素循環・炭素貯留・地球温暖化防止
白戸康人（農研機構農業環境研究部門）／長坂克彦（山梨県農業技術課）／小林鷹文（長野県・ＪＡあづみ）／藤原俊六郎（Office FUJIWARA）／小松﨑将一（茨城大学）／鷲尾建紀（岡山県農林水産総合センター）

◆チッソ固定・自然養分供給システム
杉山修一（弘前大学）／荒生秀紀（山形県酒田市）／中村光宏（京都市）／妹尾啓史（東京大学）／前田勇（宇都宮大学）／南澤究（東北大学）／小八重善裕（酪農学園大学）

◆アミノ酸吸収と収穫物の品質
阿江教治（農業環境技術研究所）／松本真悟（島根県農業試験場）／森敏（東京大学）／二瓶直登（福島県農業総合センター）

◆有機農業と生物多様性
片山直樹（農研機構農業環境研究部門）／若杉晃介（（独）農業・食品産業技術総合研究機構農村工学研究所）／服部謙次（新潟県佐渡市）／西村いつき（兵庫県農林水産技術総合センター）／宮睦子（栃木県農業試験場）／江波義成（東北農業試験場）／成澤才彦（茨城大学）／木嶋利男（ＭＯＡ自然農法文化事業団）

第3部　有機農業の共通技術
◆不耕起栽培・半不耕起栽培
石井徹（朝日新聞）／森本かおり（東京都小笠原村）／松澤政満（愛知県新城市）／中野聖太（石川県小松市）／和田徹（北海道小清水町）／臼木一英（北海道農業研究

センター）／小松﨑将一（茨城大学）／長野間宏（農業研究センター）／石橋英二（岡山県農業試験場）／小林新（全農農業技術センター）／佐藤照男（秋田県立農業短期大学）

◆緑肥・カバークロップ
中野春男（長野県塩尻市）／唐澤敏彦（農研機構中日本農業研究センター）／橋爪健（雪印種苗㈱東京本部）／雪印種苗（株）／雪印種苗北海道研究農場／タキイ種苗（株）／カネコ種苗緑飼部／武内智（（株）シェアガーデン）

◆混植・混作
伊勢村文英（広島県神石高原町）／木嶋利男（世界永続農業協会）／戸松正（栃木県那須烏山市）／成田保三郎（北海道立中央農業試験場）／赤池一彦（山梨県総合農業技術センター）／関根崇行（宮城県農業・園芸総合研究所）／大井田寛（千葉県農林総合研究センター）／出口新・魚住順（農研機構東北農業研究センター）

◆天敵活用
前川信男（鹿児島県指宿市）／蓼沼優（群馬県館林地区農業指導センター）／安部順一朗（農研機構西日本農業研究センター）／下前泰雄（鹿児島志布志市）／斉藤千温（静岡県農林技術研究所）

◆輪作
大内信一（福島県二本松市）／桐島正一（高知県四万十町）／大久保隆弘（農業研究センター）／有原丈二（北海道農業試験場）／森昭暢（広島県東広島市）／大友量（農研機構農業環境研究部門）／三木直倫（北海道立中央農業試験場）／鎌田賢一（北海道北見農業試験場）

◆有機物マルチ
涌井義郎（鯉淵学園）／坂本重夫（広島県三原市）／窪田陽一（三重県鈴鹿市）

◆太陽熱処理・土壌還元消毒
岡山健夫（奈良県農林部農産普及課）／片山勝之（農業研究センター）／白木己歳（宮崎県総合農業試験場）／橋本知義（農研機構中央農業研究センター）／新村昭憲（北海道立道南農業試験場）／大木浩（千葉県農林総合研究センター）／長坂克彦（山梨県総合農業技術センター）／（一社）日本有機農業普及協会

◆土ごと発酵
薄上秀男（薄上発酵研究所）

◆土壌診断・微生物診断と減肥
上薗一郎（鹿児島県農業開発総合センター）／櫻井道彦（地方独立行政法人北海道立総合研究機構中央農業試験場）／野原茂樹（富山県広域普及指導センター）／和田巽（岐阜県農業技術センター）／小野寺博稔（宮城県古川農業試験場）／小祝政明（（株）ジャパンバイオファーム）／久保幹（立命館大学）／横山和成（（株）DGCテクノロジー）

◆自家採種と育種，品種選び
船越建明（元広島県農業ジーンバンク）／林重孝（千葉県佐倉市）／岩崎政利（長崎県雲仙市）／竹内孝功（長野市）／大塚一吉（群馬県高崎市）／佐久間清和（千葉県東庄町）／斎藤昭（北海道白老町）／魚住道郎（茨城県石岡市）／大内信一（福島県二本松市）／竹田竜太（長崎県雲仙市）

第4部　農家の有機資材

原弘道（元茨城大学農学部）／阿野貴司（近畿大学生物理工学部）／東山広幸（福島県いわき市）／涌井徹（(株)大潟村あきたこまち生産者協会）／染谷孝（佐賀大学）／川原田憲夫（三重県津市）／矢野丈夫（大分県東国東郡森林組合）／砂岡廉（NPO法人周防大島ふるさとづくりのん太の会）／早川憲男（長野市）／小川光（福島県山都町）／水口文夫（愛知県豊橋市）／宮田昌孝（徳島県阿波市）／魚住道郎（茨城県石岡市）／佐竹成雄（福井県美浜町）／尾谷浩（鳥取大学農学部）／加藤一幾（岩手大学農学部）／橋本力男（堆肥・育土研究所）／西村いつき（NPO法人兵庫農漁村社会研究所）／薄上秀男（薄上発酵研究所）／眞木祐子（雪印種苗北海道研究農場）／橋本崇（和歌山県農業試験場）／岸本定吉（炭やきの会，元東京教育大学）／小松義人（高知県室戸市）／前田洋（三重県伊賀市）／高橋博（山形県寒河江市）／仁科浩美（岡山県高梁市）／山本武宏（京都市）／新谷太一（京都市）／野中鉄也（一般社団法人鉄ミネラル）

第5部　無農薬・減農薬の技術

薄上秀男（薄上発酵研究所）／山田憲二（愛媛県松山市）／芳賀耕平（福島県喜多方市）／河部義通（愛知県新城市）／池田武（新潟大学農学部）／佐々木拓郎（宮城県石巻市）／横山和彦（(株)土あげ商店）／酒見宗茂（佐賀県神埼市）／山口仁司（佐賀県武雄市）／佐藤達雄（茨城大学）／八板理（栃木県農業試験場）／西口真嗣（兵庫県病害虫防除所）／東山広幸（福島県いわき市）／渡辺和彦（兵庫県立農業大学校・東京農業大学）／瀬尾茂美（農研機構生物機能利用研究部門）／北川隆徳（アサヒクオリティーアンドイノベーションズ（株））／鈴木正人（静岡県御前崎市）／中村一弘（宮崎県宮崎市）／高橋広樹（みずほの村市場・植物対話農法学会）／高林優一（北海道安平町）

第6部　話題の有機栽培

小祝政明（(一社)日本有機農業普及協会）／吉田俊道（(株)菌ちゃんふぁーむ）

第1部
有機農業とは何か

第 1 部　有機農業とは何か

有機農業の歴史と概念

有機農業のパラダイム

1. 有機農業とは何か

　有機農業とは何だろうか。それを一言で説明するのはむずかしい。「農薬や化学肥料を使わない農業」が有機農業だと思っている人もいるかもしれない。確かに，有機農業推進法では「化学肥料，農薬，遺伝子組換え技術を使わず，環境への負荷をできる限り低減した農業」と定義されているから，そう思われるのも無理はない。

　でも「有機農業＝無農薬・無化学肥料」というとらえ方は，有機農業のほんの一部分だけを取り上げたもので，有機農業の本質をとらえてはいない。たとえば「人間とは何か」と聞かれて，人間は二足歩行するという事実だけをとらえ「人間は2本足で歩くものだ」と答えるようなものである。有機農業は，もっと広いものだ。

　その証拠に，この事典の目次を見てほしい。生物多様性，消費者，小農，有機給食，不耕起，カバークロップ，輪作・連作，微生物資材，自家採種，畜産など本当に幅広い項目がカバーされている。農業技術に関する項目が多いが，自然や社会に関する項目も載せてある。これらがみんな有機農業に含まれているのだ。

　なぜ，有機農業はこんなに幅広い内容を含んでいるのだろうか。それは，有機農業が近代農業にとって代わる大きな農業の体系だからだ。

2. 近代農業に代わる技術体系

　2021年5月に農林水産省は「みどりの食料システム戦略」（みどり戦略）を策定したが，そこには2050年までに農業から出るCO_2を実質ゼロに削減，化学合成農薬の使用量（リスク換算）を50％削減，化学肥料の使用量を30％削減，有機農業の面積を全農地面積の25％（100万ha）に拡大という目標が書かれていた。近代農業（慣行農業）の常識を覆す，驚くような目標ばかりだ。

　近代農業では「立派な農産物をつくるには農薬と化学肥料は必要だ」といわれてきた。だからみどり戦略で農薬と化学肥料を大幅削減するということは，「農水省は近代農業からの脱却を宣言した」のと同じことである。

　それでは，これからは何を頼りに農業をすればいいのか。多くの農家は悩んでいるだろう。農薬や化学肥料を減らす個別技術はたくさんある。しかし，一人ひとりの農家にとって，栽培技術は単なる個別技術の寄せ集めではないだろう。「体系」といえば大げさかもしれないが，ひとつひとつの技術がお互いに有機的に連携して「体系」をつくっている。そのなかのひとつの技術を変えれば，それは体系全体に影響する。

　そして技術体系の背後には「どんな農業をしたいのか」「どんな作物をつくりたいのか」という農家の考え方（これも大げさかもしれないが「思想」や「哲学」）があるはずだ。その哲学が土台となって，技術の体系があり，作物があり，取引先があり，経営があるはずだ。

　農薬や化学肥料を自由に使えないとなれば，施肥や防除の体系を根本的に見直さなければならない。収穫する作物の品質（見栄えや味）も変わるだろう。取引先はそれを認めてくれるだろうか，消費者は受け入れてくれるだろうか。経営の仕方もこれまでと同じではすまなくなる。このように，多くの農家にとって慣行の近代農業から転換するということは，農業の仕方全体を見直すことにつながるのだ。

　みどり戦略が突き付けているのは，こうした問題である。一言でいえば，新しい農業技術の体系を，農家一人ひとりがつくり上げていかなければならないのだ。そのときに参考になるのが有機農業，それも「農業技術の体系としての

有機農業」である。先ほど「有機農業は無農薬・無化学肥料だけではなくもっと広いものだ」といったが，それはこうした意味である。

今いった「農業技術の体系としての有機農業」という言葉は長いので，これを「有機農業のパラダイム」と言い換えることにしよう。「パラダイム」とは，「ひとつの時代を支配するような根本的な考え方の枠組み」という意味だが，農業の世界では，これまで農業関係者を支配してきた「近代農業のパラダイム」から「有機農業のパラダイム」への転換が始まっている。この事典は，これからの時代の農業の方向性を示す羅針盤として役立つはずだ。

さて，この先は「有機農業のパラダイム」がどんな特徴をもっているかを説明していこう。

3. 自然の力を生かす

「農業は自然の力と人間の力の両方で成り立つ」といわれる。それは近代農業でも有機農業でも変わりはない。でも自然と人間のバランスが違う。近代農業は人間の力に大きく頼っている。それに対して，有機農業は人間の力を減らして自然の力に大きく頼ろうとする。

たとえば，近代農業では草が1本も生えていない畑を美しいと考えるだろう。そのために除草剤をかけて草を枯らす，あるいはトラクタで土を耕して草をすき込む。そして化学肥料を入れて作物を育てる。その結果，草の生えていない畑に立派な作物だけが育つ。多くの農家にとってこれがふつうの畑の風景だろう。でもその風景をつくるために除草剤と化学肥料を使い，それをまく手間とお金をかけている。それがここでいう「人間の力に大きく頼る」ということだ。

このことをもっと一般的にいうと，近代農業は農業資材や機械を駆使して，土の違い，気候や標高など自然条件の違いを抑え込んできた。基盤整備事業によって農地は大規模化し，肥料や土壌改良剤や農薬を大量に使うことで土の性質は均質化された。だから自然環境が違う農地からでも，同じ品種，同じ規格の作物を大量に生産することができたのである。よくいわれる

ように，これは工業生産の論理である。工業の論理を農業にもち込んだのが近代農業だといえる。だから近代化が進むと，農場はだんだん工場に似てくる。自然と隔離された施設のなかで，人間が生産条件をすべてコントロールしようとする。

それでは有機農業がいう「自然の力に大きく頼る」とはどういうことだろうか。先ほどの畑の草の例でいうと，草を枯らさずに大きく育て，それを土にすき込んで緑肥にするという考え方がある。そうすれば除草剤をまかずにすむし，トラクタで土を耕さずにすむし，化学肥料を減らすこともできる。除草剤，トラクタの燃料代と化学肥料を買うお金は節約でき，作業の手間と時間を減らすことができる。これはリビングマルチや草生栽培と呼ばれる立派な有機農業（あるいは自然農法）の技術である（共通技術編の「緑肥・カバークロップ」の項目を見てほしい）。

しかし厄介なこともある。緑肥は化学肥料と違ってチッソ，リン酸，カリの有効成分がはっきりしないから，肥料の効果が化学肥料のようにはっきりとつかめない。作物の育ち具合をよりよく観察して，肥料の効き具合を確かめなければならない。そのためには，作物の観察方法や肥料が足りない場合の追肥方法などを学ぶ必要がある。

もうひとつ厄介なのは，畑が草だらけになってしまうことだ。多くの農家の常識では受け入れられないかもしれない。自分は納得しても，家族が理解してくれるか。周りの農家からあれこれいわれないか。

これは人間の主観にかかわる問題なので，他人の意識を変える方法を考え出す必要がある。たとえば，「草だらけ」ではなく，「草生栽培をしているんだ」といってみたらどうか。興味をもってくれた農家と「草生栽培研究会」をつくって一緒に勉強してはどうか。こうした人間に働きかける技術も，立派な有機農業技術の一部である。

第1部　有機農業とは何か

4. 生きものを増やす

「人間の力を減らして自然の力に大きく頼る」ということは，言い方を変えれば「生きものを増やして，生きものの力を借りる」ということである。

栃木県野木町の有機農家・舘野廣幸さん（作物別編「雑草の緑肥活用，成菌利用，3回代かきによる水稲有機栽培」参照）は「有機農業は虫を増やし，草を増やし，菌を増やす技術だ」といっている。「できるだけ多くの虫たちがバランスよく住める環境を整えることが『害虫』の多発を防ぐのです。『害虫』もカエルにとっては大切な食料ですので必要なのです」という舘野さんの言葉は，有機農業の核心を言い当てている。

すべての生きものを生かそうとするのが有機農業だから，兵庫県のコウノトリや新潟県佐渡島のトキの復活に有機農業が一役買っているのも当然だ。それが地域ブランド米を生みだしたのは有名な話だ。

しかし，近代農業では虫を「害虫」，草を「雑草」，菌を「病原菌」と呼んで敵視してきたから，舘野さんの言葉を理解するのは容易なことではないだろう。「作物が虫に食われるのをただ見ていろというのか」と憤慨する人もいるだろう。

もちろん生きものを増やすといってもただ放任するのではない。おいしくて栄養のある作物を収穫するには，作物の生育をじゃましないように，草や虫や菌を抑えることは必要だ。作物以外の生きものを全部殺すか，まったく放任するかという両極端の話ではない。作物と生きもの全体のバランスを保つ，言い換えると作物と生きもの全体が共生する環境をつくるという発想が必要だ。それを実現するのが有機農業の技術なのだ。

近代農業の技術は農家が作物に直接働きかけるものが多いが，有機農業では作物がうまく育つように，生きものに働きかける技術や環境を整える技術が多い。この事典の第2部「有機農業と炭素貯留，生物の多様性」や第3部「有機農業の共通技術」ではこうした技術をたくさん紹介している。

5. 資材の地域循環を進める

有機農業の二つ目の特徴は，できるだけ地域にある資材を使うことだ。「資材」というと，資材業者から買うというイメージをもたれるかもしれないが，もちろんそうではない。身近に自然の素材があれば，自分で採ってきて利用するのが一番いい。この考え方を「地域循環」と呼ぶことにしよう。

地域循環は，まず肥料について当てはまる。堆肥をつくる材料には米ヌカ，ワラ，モミガラから始まり，農業残渣，畜糞，緑肥，落ち葉やバーク，食品廃棄物，人糞まであるが，できるだけ地域で集めたほうがいい。なにより輸送費がかからないし，CO_2を出さない。

実際には，国内の畜産産地から出る大量の畜糞からつくられた有機肥料が全国で販売されている。どこでつくられたものでも有機肥料に変わりはないし，有機JAS認証でもそこは問題にしない。

しかし，みどり戦略には農業由来のCO_2実質ゼロという目標が入っていることを思い出してほしい。これからは，地域にある有機資材（資源）を利用して肥料をつくることが大事になってくる。本書の第4部「農家の有機資材」では，さまざまな資材を使った有機肥料のつくり方が紹介されているので，参考にしたい。

ただ，有機資材の地域循環を本当に進めようとすると，農家個人の技術だけでは不十分で，良質の堆肥を生産する堆肥センターが必要になるだろう。最近では畜糞だけでなく，樹木（木材チップ）や海藻など地域独自の資源を取り入れた堆肥センターも増えているので，市町村やJAなどと相談して，地域の農家全員が使えるくらいの堆肥を生産する体制をつくってほしい。

地域循環でもうひとつ注目したいのが，微生物である。作物の生育を促進し，抵抗力を高める微生物資材は数多く販売されているが，値

段が高かったり、圃場の自然条件に合わなかったりと、農家が必ずしも使いやすいとはいえない。そこで、自然界にふつうに存在している微生物を活かして、農家自家製の微生物資材をつくってはどうだろうか。本書の第4部「農家の有機資材」では木酢液、天恵緑汁、えひめAI、光合成細菌、タンニン鉄など特色ある資材について詳しく紹介されているから、それらを参考にして自分の圃場に合った資材をつくってもらいたい。

6. 有機農業は農家の「土台技術」を磨く

有機農業は自然の力を借りようとするから、その結果、農家は自然とより真剣に向き合うことが必要になる。

近代農業では、施肥や防除をJAや普及所の指導にもとづいて実施する農家も増えたが、そうなると自分の圃場の様子を真剣に観察しなくてもよくなる。観察したとしても、作物だけを見て「生育がいい」とか「悪い」とか考えるようになる。

しかし、先に述べたように、有機農業は生きものの力を借りる農業だから、農家は作物だけでなく、圃場に生える草、棲む虫や鳥、水田ならカエル、トンボ、ミジンコ、ホタルなども観察できるようにしたい。一口に自然といっても地域によって違うし、細かく見れば圃場1枚1枚ごとに違っている。そこに棲む生きものも土地によって季節によって多種多様である。近代農業の目では見えない多様な生きものを見るためには、宇根豊さん(NPO農と自然の研究所代表)がいう「百姓のまなざし」という考えが参考になる。

農家が自分の圃場の生きものに気がつくと、愛着が湧くようになるだろう。宇根さんは「春に田んぼを耕し始めると、アゼにカエルがずらっと並んで自分を見ている。早く水を入れてくれといっている」という自分の経験を紹介しているが、カエルの視線に気づいた農家は「ちょっと待ってろよ。もう少しで水を入れてやるから」と心の中でカエルに話しかけるかもしれない。そういう感性を大事にしたい。

そういう感性をもつようになった農家を、宇根さんはいい意味を込めて「百姓」と呼んでいる。だから「百姓のまなざし」とは、圃場に棲む生きものを愛おしいと思う感性に裏打ちされた目のことなのである。

宇根さんはこの考えを発展させて「土台技術」という考え方を打ち出している。「慣行農業の技術は生産に結びついたテクニックをまとめた『上部技術』である。上部技術は目によく見えるし、マニュアル化しやすい『カネになる技術』である。しかし、その下には風土に育まれてきた『土台技術』がある。土台技術は農家一人ひとりの経験や思い、判断力、情感などと結びついた個性的・地域的な技術だが見えにくい」と述べている。詳しい説明は宇根さんの本を読んでもらうことにして、二つの技術の関係を第1図に示しておく。

近代農業は、土台技術をどんどん掘り崩して、上部技術に置き換えてきた。だから農作業はマニュアル化され、経験や感性がなくても誰でも機械的にできるようになってきた。それは

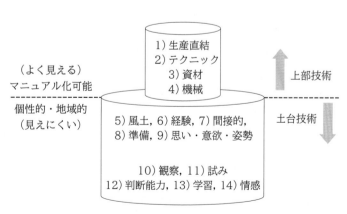

第1図 土台技術と上部技術のイメージ
出典：宇根豊.2007.天地有情の農学.コモンズ，80.

時代の流れもあり、やむを得ない面もあった。しかし、自然の力に大きく頼ろうとする有機農業では、もう一度土台技術の大切さを認識して、それを磨くことが必要になる。

その努力は農家一人ひとりの個性を磨き、消費者を惹きつけるようなおもしろい農家を育てることにつながるだろう。有機農家には個性的でおもしろい人が多いが、それはこの土台技術を磨き上げた結果なのである。

7. 有機農業は多面的な性格をもつ

以上、有機農業の特徴をまとめてきたが、本当にたくさんの面をもっていることを理解できただろう。有機農業の多面性をよく表わす実例として、国際有機農業連盟（IFOAM）が2008年に定めた有機農業の定義を紹介しよう。

「有機農業は、土壌・自然生態系・人々の健康を持続させる農業生産システムである。それは、地域の自然生態系の営み、生物多様性と循環に根ざすものであり、これに悪影響を及ぼす投入物の使用を避けて行なわれる。有機農業は、伝統と革新と科学を結び付け、自然循環と共生してその恵みを分かち合い、そして、関係するすべての生物と人間の間に公正な関係を築くとともに生命（いのち）・生活（くらし）の質を高める」（澤登・小松﨑、2019）。

この定義では、まず持続可能性がもっとも重要とされている（言い換えると、生産性重視ではない）。土と自然生態系と人間の健康が切り離されずに結びつけられている。地域の生物多様性と循環を前提としている。伝統と革新と科学を結びつける。生物と人間の間に公正な関係を築く。生命と生活の質を高めること。そして、これらの条件の一部を満たせばいいのではなく、すべてを考慮しなければならない。

近代農業の単純さ（ある種のわかりやすさ）に慣れた人から見れば、「なんと複雑で面倒な定義だ」と呆れられるかもしれない。「米の収穫量を何kg増やしたければ、この時期にどういう肥料を何kgまけばいい」というのが近代農業のパラダイムだ。確かに単純でわかりやすい。

そのパラダイムには人間と作物しか出てこない。「人がこうすれば、作物はこうなる」「作物がこうなったら、人間はこうすればいい」というように、「人間の働きかけと作物の反応」だけで書かれている。それ以外の水、土、生きものなどは、人間の都合に関係した時だけ、人間の都合に合わせて登場する。この開拓地には水がないから、地下水をくみ上げようとか、この虫は作物を食べる「害虫」だから、農薬で殺せばいいというように。それ以外のものが存在しないのではない。それ以外のものは見ない。それが近代農業のパラダイムである。

それに対して、有機農業のパラダイムは自然をありのままに見る。ありのままに見るから自然のなかにある無数のつながりを直視する。人間に都合のいいものも都合の悪いものもありのままに見てそれを認める。認めるだけでなく、それを活かそうとする。だから、有機農業の技術は近代農業とはまったく違う体系になる。正確にいえば、「体系」という整然とした概念ではとらえきれないだろう。むしろ仏教でいう「曼荼羅」のようなものだと考えたほうがわかりやすいかもしれない。

作物と人間と自然を複雑で多面的なものと考えるのが有機農業のパラダイムだが、その本質を突き詰めて表現すれば、「農薬や化学肥料を使わなくても、自然の力のおかげで作物は立派に育つ」という命題に集約される。これは「農薬と化学肥料がなければ立派な作物は育たない」という近代農業の命題をひっくり返したものだ。有機農業のパラダイムの中心にはこの命題がある。それによって、有機農業のパラダイムは近代農業のパラダイムにとって代わることができるのである。

8. 慣行農家と有機農家が学び合う

以上の説明で、有機農業のパラダイムがどんなものか理解していただけただろうか。このような意味をもつ有機農業のパラダイムを、みどり戦略の目標とすることを提案したい。このパラダイムの核心は「農薬や化学肥料を使わなく

ても，自然の力のおかげで作物は立派に育つ」ということだから，これを目標に据えれば，日本農業はまちがいなく脱農薬化，脱化学肥料化，脱炭素化の方向に進むはずである。

みどり戦略には「有機農業を全農地面積の25％（100万ha）に拡大する」という目標が書かれているが，現状では有機農業の面積は全農地の0.6％しかなく，約40倍に拡大する必要がある。有機農家は現在約2万戸といわれているので，農家数を単純に40倍にすると考えると，80万戸に増やすことになる。

非農家出身で有機農業を始める人（新規参入）もいるだろうが，大部分は慣行農家からの転換（転換参入）になるはずだ。どちらがむずかしいかというと，近代農業の常識にとらわれている分，転換参入のほうがむずかしいといわれている。

慣行農家の気持ちも理解できる。ずっと信じてやってきた近代農業の「何が悪いのか」と疑問をもつのは当然だし，「有機農業で本当に経営できるのか」「病害虫の被害が出たらどうするのか」「関心はあるが，何から始めたらいいのかわからない」など不安は尽きないだろう。

しかし慣行農家には，新規就農者と違って，すでに高い農業技術がある。堆肥を使ったり，作物の生育を見きわめたり，生きものを観察したり，農薬を減らす技術をもつ農家も多いだろう。有機農業への転換は，そうした技術をもっと深めていけばいいのだ。最初は減農薬・減化学肥料から始めてもいい。圃場の一部で試験的に始めて，うまくいったら広げていけばいい。

大事なのは，有機農家と慣行農家が対立しないことだ。有機農業は，近代農業の問題点を批判して生まれた農業である。しかしこれからは，有機農家と慣行農家は一緒に地域農業を支え，発展させていく仲間だという考え方を打ち立てなければならない。

有機農家と慣行農家が仲間となって教え合い，学び合いながら，有機農業を軸に地域農業を持続可能な方向に変えていく。それが全国に広がったときに，はじめて，有機農業100万haは実現するだろう。

執筆　谷口吉光（秋田県立大学）

2024年記

参考文献

舘野廣幸. 2007. 有機農業・みんなの疑問. 筑波書房.
澤登早苗・小松﨑将一編著. 2019. 有機農業大全. コモンズ.
宇根豊. 2007. 天地有情の農学. コモンズ.

ヨーロッパにおける有機農業の誕生と発展

スウェーデンの研究者キルヒマン（Holger Kirchmann）ら（2008）は，ヨーロッパにおける有機農業の創始者として，オーストリアのルドルフ・シュタイナー（Rudolf Steiner），イギリスのレディ・イヴ・バルフォア（Lady Eve Balfour）とサー・アルバート・ハワード（Sir Albert Howard），ドイツのハンス・ピーター・ルッシュ（Hans-Peter Rusch）およびスイスのミュラー夫妻（Hans and Maria Müller）をあげている。

ここでは，キルヒマンらの文献をベースにして，ヨーロッパにおける有機農業発展の歴史を紹介する。

1. ルドルフ・シュタイナー

(1)「バイオダイナミック農業」の提唱

キルヒマンら（2008）は，有機農業はオーストリアの霊的哲学者のルドルフ・シュタイナー（1861-1925）によって開始されたとしている。シュタイナーは，神秘主義の知識を狭いサークルで教えていたが，その後，自然の霊的エネルギー「フォース」が救いをもたらすという，超自然的で霊的な思想の人智学を創設し，人智学を芸術，建築，医学，宗教，教育学，農業などに応用し，社会的に注目された。日本でも，人智学を教育に応用したシュタイナー学校が設立されている。

シュタイナーが農業に関心をもった1920年代のドイツでは，都市化と工業化に反対し，ベジタリアンの食事，自給自足，天然薬品，市民農園，屋外での肉体活動，あらゆる種類の自然保全を理想とする「生活改善運動」が始まり，これがドイツ語圏で有機農業の先駆的な動きの一つとなった。そして，1927～1928年に，最初の「有機」組織である「自然農業・セツルメントコミュニティ」が，化学肥料なしで果実や野菜を栽培するために設立されていた。

こうした背景のもとに，化学肥料を使った農業を行なうことで，食べ物や作物種子の品質劣化や家畜や植物の病気の増加などが生じ，その原因や人智学的にいかに対処するかについて関心をもつ者が増えてきた。

1924年の聖霊降誕祭の6月7～16日に，シュタイナーがコーベルヴィッツ（現在はポーランドのブロツラフ）で約60名の人たちに，8回の講義と4回の質疑応答を行なった。この講義の速記録が，『農業講座』としてのちに刊行された（Steiner, 1924）。

今日，シュタイナーの提唱した農業のやり方は「バイオロジカルダイナミック農業（バイオダイナミック農業）」と呼ばれているが，シュタイナー自身は，この講義やその本のなかではこの名称を使っていなかった。「バイオダイナミック農業」という名称は，のちに，講義に参加した何人かによって使われるようになり，定着していった。この講義がバイオダイナミック農業の誕生とされ，ヨーロッパにおける最初の代替農業（筆者注：化学合成資材に依存した農業に替わるべき，環境と健康にやさしい農業のこと）とされている。

また，1950年代にスイス人の夫婦のミュラー夫妻が，「バイオロジカル有機農業」と称する有機農業の方法を開発したが，これはシュタイナーのバイオダイナミック農業をベースの一つにしたものであった。

(2) シュタイナーの心配ごと

当時を振り返ると，ハーバー・ボッシュ法による，チッソガスと水素ガスからのアンモニア合成が始まった時期で，その実用工場が1913年に完成している。化学合成したアンモニアを硝酸に酸化させることによって，それまでのよ

有機農業の歴史と概念

世界の有機農業前史

1800年代

1800年代には化学合成肥料はまだなかった。流通していた肥料といえば骨粉やグアノ（海鳥やコウモリの糞），チリ硝石など。農薬も除虫菊やタバコなどの天然物，銅剤などが主体で，当時の農業はすべて「有機農業」ともいえる——。

ユストゥス・フォン・リービッヒ
（1803〜1873）

アルブレヒト・テーア
（1752〜1828）

テーアは18世紀末から19世紀にかけて活躍したドイツの農学者。「近代農学の父」と呼ばれる。植物の養分は土壌の「フムス」（腐植）であるとする「有機栄養説」を支持した。

一方，リービッヒは同じくドイツ生まれで「農芸化学の父」。植物が吸収するのは無機質の栄養だとするシュプレンゲルの「無機栄養説」を広く展開した。

ルドルフ・シュタイナー（1861〜1925）

オーストリアの霊的哲学者。ヨーロッパにおける有機農業の創始者の一人とされる。1924年に「バイオダイナミック農業」と呼ばれる理論を構築。霊的エネルギー「フォース」に満ちた農産物を栽培するのに役立つ「調合剤」として，例えば乳牛の角をくり抜き，中に牛糞を詰めて地中に埋め，一冬分解させる方法などを紹介した。

1700年代半ばより	産業革命
1798	マルサス著『人口論』
1809	テーア著『合理的農業の原理』，「有機栄養説」を展開
	チリで硝酸ナトリウム（チリ硝石）発見
1826	シュプレンゲルが「無機栄養説」を主張
1840	リービッヒが「無機栄養説」を展開
1843	過リン酸石灰の工場生産開始
1856	カリ鉱石の発見
1892	フローリッチがトラクタを発明
1911	キング著『東アジア四千年の永続農業』
1913	チッソ肥料の工業生産開始
1924	シュタイナーの「バイオダイナミック農業」誕生

うにチリ硝石に依存することなく，火薬を完全合成できるようになった。そして，第一次世界大戦が終わると，火薬の代わりに無機のチッソ肥料が合成されるようになった。

化学合成農薬が広く普及したのは，肥料より少し時期が遅れる。農薬として，石灰硫黄合剤，硫酸ニコチンなども使われていたが，殺虫剤のDDTが使用され始めたのは1938年以降であった。このためか，シュタイナーは，無機化学肥料の影響を強く懸念していたが，農薬にはほとんど論及していなかった。ただし，人体用の解熱剤やワクチンといった，医薬品の影響は強く懸念していた。

(3) 霊的エネルギー（フォース）

シュタイナーの懸念した作物や食べ物の質の低下は，今日，われわれが問題にしている栄養価，安全性，健康増進効果などに関する品質の低下ではない。

シュタイナーは次のように考えていた。

眼に見える自然の背後には超自然の霊的世界が存在し，この世界は霊的エネルギーに満ちている。霊的エネルギーには地球起源の「地球フォース（力）」と，惑星や月の発する宇宙起源の「宇宙フォース」がある。生物にはフォースが満ちており，生物はお互いにフォースを放出ないし吸収して，相互に反応し合っている霊的存在である。

人類が霊的に成長し，完璧な直観力を獲得するのを助けるのが，霊的なフォースに富んだ食料である。そうしたフォースに富んだ食料の生産を妨害するのが化学肥料のような人工資材であり，人工資材を使用すると自然におけるフォースの流れが撹乱され，作物の「霊的品質」が低下してしまう。シュタイナーが問題にしたのは，この霊的品質である。

(4) フォースを制御する調合剤

シュタイナーは，地球および宇宙のフォースに満ちた農産物を生産する方策として，フォースをコントロールするのに役立つ，圃場調合剤2種（腐植調合剤，シリカ調合剤），堆肥調合剤6種（ノコギリソウの花，カミツレモドキの花，イラクサの地上部全体，細断したオーク樹皮，タンポポの花，カノコソウの花），の計8種類の調合剤を示した（Kirchmann, 1994）。

堆肥や家畜糞尿の条件を，われわれが「リン」物質と呼ぶものと家畜糞尿とが反応するのにちょうどいいようにする。また，温度プロセスをコントロールして，堆肥の山を保護的な温かさで包み込む。

そうした堆肥や家畜糞尿の山に2mの間隔で深さ約50cmの穴をあけ，堆肥調合剤を1〜3gずつその中に入れる。カノコソウの花の抽出液は5lの水で希釈し，堆肥の表面全体に散布する。

ノコギリソウの花，カミツレモドキの花，イラクサ地上部の3つの調合剤は相互に作用し合って，堆肥の山の中で起こる秘密の錬金術によい条件を与え，それによってカリウムとカルシウムがチッソに変換される。

(5) 有害生物の防除

満月が植物の生殖（果実形成）に必要な宇宙フォースを放出しており，金星や水星からのフォースも一部の植物に必要である。金星からのフォースは動物の繁殖に必要である。

圃場から雑草を除くためには，土壌が満月の宇宙フォースを受け取れないようにすれば，雑草が生き残るのがむずかしくなる。

雑草防除は，集めた雑草種子を，木を燃やした炎の上で灰化して行なう。灰はマイナスの月のフォースを含んでおり，こうしてつくった灰をまけば，満月の宇宙フォースの影響を防ぐことができる。雑草の生育に対する月の影響は，少量の雑草の灰によって止められ，枯れる。

有害生物の繁殖は，金星から放出されるフォースの影響を止めて防がなければならない。たとえばノネズミは，金星がさそり座の中にあるときに，ノネズミの皮膚から製造した灰をまくことによって追い払われる。シュガービート（テンサイ）センチュウの攻撃を防除するには，太陽がみずがめ座やうお座を横切ってかに座にいるうちに，センチュウ全体を燃やさなければ

ならない。センチュウの存在は，この宇宙フォースの正しくない方向づけの結果である。

しかし，彼が教示した超自然的世界についての考えは，自然科学とは相容れない。また，前述した調合剤の文末に「カリウムとカルシウムがチッソに変換される」と記しているように，シュタイナーの自然科学についての理解には誤りも多い（Kirchmann et al., 2008a）。

(6) 今日のバイオダイナミック農業

シュタイナーは講義で彼の考えを説明し，その考えにもとづいたバイオダイナミック農業に関する実験を聴衆に求めた。彼に共感した人々がヨーロッパ各地で実験を行ない，バイオダイナミック農業の国際組織である「デメター・インターナショナル」（筆者注：デメターはギリシャ神話の農業の女神，ドイツ語読みはデメートル）が結成され，2022年には世界中の7,000人以上の農家が取り組み，面積は25万5,000haに達しているという（デメター・インターナショナルHPより）。

バイオダイナミック農業は有機農業の一つに位置づけられているが，通常の有機農業と異なり，バイオダイナミック調合剤の使用，家畜の飼養と家畜糞尿を混合した堆肥の使用を必須とし，ローカルな品種や系統の強い奨励を要求している（Turinek et al., 2009）。

そして，デメターの認証を受けるには，EU，アメリカまたはオーストラリアの有機農業基準にもとづいた認証を得ることが前提となっており，そのうえでデメターのバイオダイナミック基準の認証を受け，バイオダイナミック農業のラベル表示をしなければならない。なお，EUの有機農業規則は，バイオダイナミック農業の調合剤の使用を認めている。

2. バルフォアとハワード――「健康な土壌が健康の基礎」と主張

1920年代にシュタイナーの講義があったものの，1940年代に入って，有機の先駆的な波が到来した。その代表が，イギリスのレディ・イヴ・バルフォア（Lady Eve Balfour：1899-1990：イギリスの首相アーサー・ジェームス・バルフォアの姪）とサー・アルバート・ハワード（Sir Albert Howard：1873-1947）で，2人の活動がきわ立っていた。

バルフォアはイギリスの農業実践者かつ教育者で，1943年に"The Living Soil"を執筆した。ハワードはインド在住のイギリスの農学者で，1940年に『農業聖典』（原題：An Agricultural Testament），1947年に『ハワードの有機農業』（原題：The Soil and Health. A Study of Organic Agriculture）を刊行した。

2人は1946年に，健康な土壌が地球上の人間の健康の基礎であるとする，今日でも世界的に著名な「イギリス土壌協会」（British Soil Association）を設立した。

(1) 自然ロマン主義

バルフォアは，土壌肥沃度と人間の健康との間には密接な関係があり，土壌腐植と肥沃度の減少は人間の健康の低下をもたらすとし，ハワードは，完全に健康な土壌が，大地の上の生き物の健康の基盤であると主張した。この2人の思想をキルヒマンら（2008）は「自然ロマン主義」と呼び，「無攪乱の自然は調和を実現している。腐植が土壌肥沃度を保証し，健康をもたらす。健康は生得権」と特徴づけた。

ハワードは，「リービッヒ以来，土壌化学に注意が集中し，化学栄養物質の土壌から植物への移行が強調されて，他の考察が無視されたことを心に留めておかれるとよい」と記している。つまり，化学肥料で供給した無機養分だけで植物が育つかのような論議が流行り，土壌の物理的性質の影響は無視され，菌根菌と根との共生関係による養分の供給など，土壌と生き物との間の共役関係が無視されてしまった。無機化学肥料だけで健康な土壌や作物を育むことはできない，という考えを主張した。

(2) 土壌腐植含量の重視

そしてハワードとバルフォアは，次の主張を行なった。土壌腐植と肥沃度の減少は人間の健

康の低下をもたらし，無機化学肥料によって収穫量は増えるが，生じた収穫量の大幅な増加によって，土壌の腐植が植物養分として利用されるだけでなく，化学肥料の添加によって土壌有機物の消耗が加速されて，土壌腐植含量が減少するとした。

また，堆肥の多量施用によって土壌肥沃度を高めることは可能だが，土壌へのワラや緑肥の添加は，作物に害作用を与えると論じた。

そして，土壌の腐植含量を維持増進させるために，アメリカの土壌学者キング（F. H. King）が，昔の東アジアの国（明治期の日本を含む）で，トイレ排泄物，食品廃棄物，灰，水路の堆積物や他の自然資源を，部分的堆肥化を行なってから農地にリサイクルしていたことの記述（King, 1911）に注目した。そのことから，社会で生じた有機廃棄物の土壌への循環によって，土壌肥沃度を永続的に維持できるという考えをもった。

3. ルッシュとミュラー夫妻 ——「バイオロジカル有機農業」の提唱

ドイツ人の医者兼微生物学者のハンスペーター・ルッシュ（Hans-Peter Rusch：1906-1977）が，スイス人の生物学者のミュラー夫妻（Hans and Maria Müller）の協力を得て，「バイオロジカル有機農業」（Biological Organic Agriculture）を提唱した。

（1）ルッシュの生命観

ルッシュは生命観として，単純な生物から人間まであらゆる生命体は，同じ価値と権利を与えられており，生命体は自然界で自らの目的のために存在するものはなく，全体のために存在するとの考えをもっていた。

そして，科学が専門分化したために，生命体総体についての全体的な見方が失われてしまったとする。つまり，生命体の生活は生物の相互作用の視点からのみ正しくみることができる，という全体論的見方をしていた。また，病気や害虫は自然の破壊プロセスであるが，望ましい性質の生命体とそうでないものの両者が存在していること自体を自然として前提にすべきで，弱い生物を助けるために望まない生物を防除する化学戦争は，危険であるだけでなく馬鹿げているとした。

（2）腐植形成プロセスを重視

ルッシュは，生態学的に理にかなった農業を模索する研究のなかで，自然生態系におけるリター（落ち葉や枯れた植物遺体）の分解，土壌層位形成や腐植蓄積を観察し，自らの観察を，自然を真似た農業の実践方法として応用しようとした。

たとえば，自然での正常な腐植形成は，自然の土壌層位を攪乱しないときにだけ達成される。土壌耕うんはどんなものであれ，自然の土壌層位の攪乱を避けるために最小にしなければならないとした。また，無攪乱の生態系にある典型的な層位の土壌では，無耕うんの土壌表面で有機物濃度がもっとも高くなっている。このことからルッシュは，有機肥料や堆肥は土壌に混和して根域に施用するのでなく，表面被覆にだけ使用すべきであるとした。

ルッシュは，腐植を重視する点ではバルフォアやハワードと同じで，土壌肥沃度をすべての生命体の基盤とみている。しかし，ルッシュが肥沃度のために最重要視したのは，バルフォアやハワードと異なり，形成された腐植ではなく，腐植形成プロセスであった。

4. キルヒマンらによる有機農業の創始者たちに対する見方

キルヒマンらの文献（Kirchmann et al., 2008）をまとめると，前述の有機農業の創始者の考え方として次のことがいえる。

有機農業の創始者とその信奉者は，後述のように，分析的な見方よりも全体論的見方，機械論的よりも有機的な研究，ある場合には論理的思考よりも直観や感覚を好んだ。そして，自然についてのある種の哲学的見方にもとづいて，

有機農業のあり方ややり方を導き出したが，そうしたやり方と科学的証拠の間には，整合性が欠けているケースが多かった。

キルヒマンらによる批判は次のようなことである。

1）人間の観点からすると，自然は，一方で美と秩序，他方でカオス，残虐と荒廃の二元的特性をもっている。それゆえ，自然を理想として礼賛するだけでは危険である。

2）人間は生存のために地球に依存しており，全体として地球を持続できるように自然を養生しなければならない。ウイルスや細菌を含む，すべての形態の生命が同等の価値をもつとすると，病気を起こす生物と闘わないことになる。これは人間の生存の問題を無視することを意味する。こうした位置づけは，最終的には人間社会を破壊することになる。われわれは，人間をほかの形態の生命よりも尊重しつつ，人間のニーズや環境保護を考慮しつつ，技術革新の努力を加えて，管理の持続可能な形態を探すことが大切である。

3）有機農業は，ほかのもっと優れた可能性のある解決策（技術開発を含めた農業のあり方）を排除するので，有機農業が将来の生産システムになりうるかを論議する必要がある。

4）有機農業の創設者は，環境保全の重要性にまったく論及しなかった。環境保全の重要性が認識されたのは，1962年のカーソンによる"Silent Spring"『沈黙の春』の刊行以降である（Carson, 1962）。

執筆　西尾道徳（元筑波大学）　　2024年記
（西尾道徳著『検証　有機農業：グローバル基準で読みとく　理念と課題』（農文協，2019）より抜粋して一部改定）

**「有機」という用語の創始者
ウォルター・ノースボーン**

ハワードは1940年に刊行した"An Agricultural Testament"で，彼の目指す農業を「自然農業」（Nature's farming）と呼んだ（Heckman, 2006）。

「有機」という用語は，イギリスのケントの貴族であったウォルター・ノースボーン（Walter Northbourne）の造語による（Treadwell et al., 2003；Heckman, 2006）。ノースボーンは，彼の農場でバイオダイナミック農業を実践し，1940年に"Look to the Land"『大地に目を向けて』という本を刊行した。このなかで彼は，「有機」とは，「複雑だが，各部分が，生物のものと同様に，必要な相互関係を有する」という意味で，「有機的統一体'organic whole'としての農場」という考えを提唱した。

日本語の「有機農業」は，1971年に一樂照雄が用いたのが最初とされている（「日本における有機農業運動の展開」参照）。

アメリカにおける有機農業発展の歴史

アメリカでの有機農業の発展の概要を，3つの文献（Treadwell et al., 2003；Heckman, 2006；Madden, 1998）をベースに紹介する。

1. 菌類学者ハワード

（1）シュタイナーには懐疑的だった

アメリカの初期の有機農業にもっとも強く影響を与えたのはアルバート・ハワード（Albert Howard）であった。最初にハワードについて，ヘックマンの文献（Heckman, 2006）を踏まえて補足を行なう。

ハワードはイギリスのケンブリッジ大学を卒業した菌類学者で，イギリスの農科大学で教鞭をとったあと，1905～1931年にインドのインドール地方に創設された植物産業研究所（Institute of Plant Industry）の所長を務めながら，作物をいかに健全に栽培するか研究した。

イギリスのほかの有機農業のパイオニアよりは農学の技術的な専門的知識をもち，ほかの人たちのように自然観優先ではなく，具体的な実験にもとづいて，有機農業に必要な概念や技術を構築した。なおハワードは，シュタイナーのバイオダイナミック農業について徹底的に懐疑的であった。

（2）テーアとリービッヒとハワード

植物栄養についてはかつて，ドイツのテーア（A. D. Thaer）の提唱した，植物は腐植を吸収して生育するとした「腐植説」が流布していた。

その後，1840年に出されたリービッヒ（J. F. von Liebig）のイギリスでの講演記録において，植物は養分を無機物質からだけ獲得するとする無機栄養説を主張したことが広く認識されて，腐植説は否定された。

無機栄養説は，化学肥料工業の勃興とそれによる世界の作物生産量の飛躍的向上に貢献した。

ハワードは1947年に刊行した著書 "The Soil and Health. A Study of Organic Agriculture" で，「根毛は土の粒子の間や周辺に広がっている薄い水の膜—この膜は土壌溶液として知られている—の中に溶けている物質を探しあてて，それを植物体中の蒸散流の中に送り込む。その中に溶けている物質は，ガス（主として二酸化炭素と酸素），と，無機塩類として知られている硝酸塩・カリウムおよびリンを含む化合物など一連の物質である。これらの物質はすべて有機物の分解や土壌の鉱物質の破壊によって生じたものである」（訳本『ハワードの有機農業』上巻46ページ）と述べている。このようにハワードは，植物が無機養分を吸収して生育するという，リービッヒの主張の基本的部分を認めている。

しかし，植物の根には菌根菌などの微生物が定着しており，菌根菌が合成した有機化合物も植物は吸収しているし，植物が合成した有機物が土壌に還元されて生じた腐植が分解されて，土壌に生育する植物，動物，微生物の養分源となり，さまざまな生物を育み，土壌の物理性を改善している。こうして腐植が土壌の健康とそこに生える植物の健康を支えている。それゆえ，ハワードは，腐植の重要性を否定し無機塩だけでよいとするリービッヒの考えには猛反対した。

ハワードは有機物が土壌に還元されて腐植が蓄積することから，下水汚泥を含むあらゆる有機物を農地へ還元することの重要性を「還元の法則」として主張した。しかし，無機栄養説の主張は，植物は化学肥料だけで生育するので，有機物還元は不要であり，有機廃棄物の土壌投棄とみなしていた。

有機農業の歴史と概念

世界の有機農業黎明期　1900年代

1908年，大気中のチッソガスと水素ガスを反応させてアンモニアを合成する「ハーバー・ボッシュ法」が確立，1913年にはチッソ肥料の工業生産が始まった。1943年にはDDT（殺虫剤）の生産も開始。農業の化学化が進む一方で，肥料や農薬を使わない農業への関心が高まる。そして1962年，アメリカの生物学者，レイチェル・カーソンが書いた『沈黙の春』が反響を呼び，生態系への負荷が少ない農業として，有機農業が大きな注目を集める──。

- 1908　ハーバー・ボッシュ法が確立
- 1913　チッソ肥料の工業生産開始
- 1924　シュタイナーの「バイオダイナミック農業」誕生

アルバート・ハワード（1873〜1947）
J.I.ロデイル（1898〜1971）

ハワードはイギリス人の菌類学者。リービッヒ以降，土壌の物理性や微生物の重要性が無視されていると主張。アメリカの初期有機農業にもっとも強く影響を与えた。

ロデイルはアメリカの出版会社の経営者。ハワードの考えに感動し，1930年代後半に農場を購入，1947年に研究所を設立。ハワードとともに農業雑誌を発行し，アメリカに有機農業の概念を普及した伝道師。

- 1938　DDT（殺虫剤）の登場
- 1940　ハワード著『農業聖典』
　　　　ノースボーンの著書に「有機」が登場
- 1943　DDT（殺虫剤）の工業生産開始
- 1945　ロデイル著『有機農法』
- 1947　ハワード著『ハワードの有機農業』

- 1962　カーソン著『沈黙の春』
- 1963　コーデックス委員会が設置される

- 1972　IFOAM（国際有機農業運動連盟）設立

レイチェル・カーソン（1907〜1964）

アメリカのペンシルベニア州の家族経営の農場に生まれる。小さなころから自然が大好きで，合衆国漁業局（現在の魚類野生生物局）に就職後，政府刊行物の編集に従事。退職後，55歳のときに書いた『沈黙の春』は化学物質による自然破壊に警告を発した先駆書として，その後の全世界に大きな影響を与えた。

- 1990　アメリカが「有機食品生産法」を公布
- 1991　EUが「有機農業規則」を公布
- 1992　ネオニコチノイド系農薬が初登録
- 1996　アメリカで遺伝子組み換え作物の栽培本格化

29

ハワードは土壌を健康にする有機物として，堆肥の製造方法の処方箋もつくった。ここまでのハワードは，サー（ナイト）にも叙せられた優れた科学者であった。

しかしその後，高齢化したハワードは化学肥料の全面排除という極端な立場に立った。そして，化学肥料の使用をたまには正当化してよいケースがあるとする彼の支持者とも対立するようになった。ただし，有機物施用だけでは不足する養分が生ずることもあるため，天然ミネラル源として，粉砕した岩石の使用は承認した。

こうした，晩年のハワードの極端な立場から，彼はリービッヒと対立する思考をもち，植物が菌根菌を介して有機態化合物を吸収し，無機養分を吸収しないかのような理解をしている，と誤解されているケースもある。過激な姿勢で無機栄養説を主張したリービッヒと，過激なまでに化学肥料を排除したハワードとによって，農学は1940年から1978年まで，有機と非有機の陣営に分かれて対立していた

「無機栄養説」の真の創設者はシュプレンゲル

植物の無機栄養説はリービッヒが初めて提唱した説だと誤解されている方も多いと思うが，じつはリービッヒの講演よりも前に，ドイツのシュプレンゲル（P. C. Sprengel）によって実験的にあきらかにされ，1820年代に公表されていた。リービッヒはシュプレンゲルを引用せずに，あたかも自分1人の業績であるかのように宣伝した。今日では，シュプレンゲルが植物の無機栄養説の真の創設者であって，リービッヒは不屈の闘士として，当該学説が受け入れられるための闘いにおいて尽力したとみなすべきであるとされている。

現在，ドイツは2人の業績を称えて，シュプレンゲル・リービッヒメダルを創設し，農業における傑出した業績をあげたか農業に貢献した者に，定期的に授与している。そうすることによって，シュプレンゲルとリービッヒを同等に認知・記念している（van der Ploeg et al., 1999）。

(Treadwell et al., 2003)。

(3) ハワードによって再評価されたキング

人口密度が低く農地資源が豊富なアメリカでは，開墾した新しい土地で農作物を育て，それまでの草地や林地時代に蓄積されていた土壌肥沃度が消耗したら，新しい土地に移動して新たに開墾し，持続的農業を行なう意識が低かった（Treadwell et al., 2003）。

土壌科学者のキング（F. H. King：1848-1911）は，ウィスコンシン大学の教官からUSDA（アメリカ農務省）土壌保全局に移籍していたが，土地を使い捨てするアメリカ農業に懐疑的になり，極東の伝統的農業のやり方を調べるために，土壌保全局の職を辞して，東アジアの伝統的農業を調査する旅に出た。そして，その観察結果を1911年に出版した（King, 1911）。

キングはとくに，東アジアの国で人糞尿が農地に還元されていることに注目し，これを数千年にわたる持続的稲作の主因として重視した。

しかし，この本がすぐに読まれて大きな反響を得ることはなかったようである。その後，キングを再評価したのがハワードである。土壌肥沃度を維持・再生するために，廃棄物を含めた有機物の土壌還元が大切だというハワードの主張が，キングの調べた東アジアの国々の農業によって裏付けられたのである。

2. 世界大戦の狭間で進んだ農業の化学化

ドイツは第一次世界大戦直前に，ハーバー・ボッシュ法により大気中のチッソガスからアンモニアを製造し，それを火薬原料の硝酸塩に酸化する工場を建設した。戦後，これらの工場はチッソ肥料の原料製造用に転換され，欧米でチッソ肥料の使用が普及していった。

第一次と第二次世界大戦の狭間の1920年代と1930年代は，イングランドやアメリカで農業が主力産業であった。この時代，農業生産性

を向上させるために，政府の後押しで専作化が進められ，化学肥料やトラクタなどの使用によって，労働生産性を高めて，経験に富んだ農業者の数を減らしていった。

1929年に始まった大恐慌に追い打ちをかけるように，1930年代のアメリカ中南部では，干ばつによる風食が続いた。

風食による未曾有の大砂塵について，USDA（アメリカ合衆国農務省，1938）は，コムギ大産地の大平原地帯について，次のように記述している。

この地帯は平年の降雨が続いていれば順調であったが，1930年以降，ひんぱんに干ばつが襲い，穀物や牧草の生育も停止した。

当時の大平原地帯では生産量を上げるために，家畜の飼養密度や作物選択を，好ましい気候と土壌条件のときに合わせていた。このため，干ばつで草が減ったときには多すぎる家畜が草を食い尽くし，また，風食に弱いコムギなどの作物を連作していたため，事態がいっそう悪化した。貯水池も干上がり，大砂塵が土を巻き上げて表土を吹き飛ばし農地を裸地状態にしてしまった。農業者は食いつなぐために牛を手放した。

大平原地帯の総計50万平方マイル（約1億3,000万ha）の農地のうち，約半分は深刻な被害を受けた。そのほぼ半分の農地は，経営を立て直す余力のない小規模経営体のものであったため，小規模経営者や小作人が農地を捨てて大移住するに至った。こうした悲劇は，異常気象に加えて，異常気象の可能性を忘れて誤った土地利用によって生じたのである。

こうしたUSDAの指摘は，生態学的に優しい農業へシフトする必要性を示したものだった。

3. ロデイルが果たした役割——有機と非有機の対極化のなかで

1940年代以降，とくに第二次世界大戦後，石油化学製品としての化学肥料や化学農薬が普及して，農業生産力が飛躍的に向上し，安価な農産物が大量に生産できるようになった。そし

スタインベックの小説『怒りの葡萄』

1930年代のアメリカ中南部では，干ばつによって激しい風食が続き，農業が壊滅的打撃を受けた。地主は生産コストを削減するために，大型トラクタを導入して大量の小作人を解雇した。1940年に映画監督のジョン・フォードが，スタインベックの小説『怒りの葡萄』を，ヘンリー・フォンダを主役に映画化した。

オクラホマ州で50年間40エーカー（約16ha）の農地を小作していたジョード家が解雇されて，カリフォルニア州に職を求めて移住していく。その際，農場管理人が「トラクタ1台あれば14世帯分の働きをする」といっていたのが記憶に残っている。

て，石油化学関連産業はかなりの資金を大学での肥料や農薬分野の研究に提供したが，有機農業はむろん，農業の生態学的研究については資金を提供しなかった。

この結果，化学肥料や農薬の理論と応用に関する研究が加速し，大学の研究者の大部分は化学農業による食料増産こそが必要であるとし，有機農業を徹底的に批判した。こうして大学やUSDAでは有機農業研究がほとんどなされなくなり，有機農業と非有機農業の支持者が激しく対立した（Treadwell et al., 2003；Heckman, 2006）。

この時代，出版会社の経営者ロデイル（Jerome Rodale：1898-1971）は，ハワードの考えに感動し，1930年代後半にペンシルベニア州に農場を購入し，堆肥化と有機農業の実験を開始した。そして，1942年にロデイルは，ハワードを共同編集者とする雑誌"Organic Farming and Gardening"『有機農業と園芸』を刊行し，1945年の"Pay Dirt：Farming & gardening with composts"（Rodale, 1945）『有機農法』（『黄金の土』）など著書の刊行などによってアメリカに有機の概念を普及し，アメリカにおける有機農業の伝道師として機能的に活動した。そして，1947年にロデイル研究所を設立し，堆肥と化学肥料の影響の比較，有機など農業システムの長期試験を行なっている（Treadwell et al., 2003；Heckman, 2006）。

4. カーソンが果たした役割——環境保全運動の高まり

1962年，化学合成農薬の無差別使用を批判したレイチェル・カーソン（Rachel Louise Carson）の"Silent Spring"『沈黙の春』の刊行は，慣行農業の環境に対するマイナスの影響について市民の懸念を喚起した。

農薬工業界からは強烈に批判されたものの，カーソンは市民だけでなく，政策立案者からも注目と支持を得た。そして，彼女の仕事は，アメリカにおいて農薬規制についての調査を急がせ，「環境保護基金」（Environmental Defense Fund：1967年開始：2013年の基金額は1億2000万ドル）と，環境保護庁（Environmental Protection Agency：EPA：1970年開始）の設置に貢献した。

ヨーロッパにおいても，社会の工業化の結果による環境問題のいくつかがすでに確認されていたが，カーソンの指摘は，広範囲な環境問題への市民の意識を向上させて，有機農業の支持者が環境保全の必要性を主張するのを可能にした。そして，有機農業は現代農業によって生じた環境問題に対する解決策としても提示されるようになった。

その後，メドウズ（Meadows, Donella H.）ら（1972）による「ローマクラブ」の"The limits to growth"『成長の限界』は，現代農業の環境への影響を含め，人口増と資源枯渇に焦点を当てた。農薬排除や，肥料製造のためのリン酸や化石燃料のような資源の有限性が，それぞれ現在では有機農業の優越性の論議に使われている。

5. 全米にわたるネットワークの形成

アメリカでは農業の化学化と機械化のいっそうの進展，ハイブリッド多収品種の導入，輸送システムの合理化によって，農場規模を拡大したスケールメリット追求の道が拓かれ，農場の統合が活発に行なわれた。

1940年から2000年までの60年間に，アメリカの農業者は700万人から200万人に減少した。そして，生活がむずかしくなった小規模な家族経営農場が，1950年代中ごろから，生活のできるフェアな生産物価格を要求する農業者団体を組織し始めた。こうした家族農場へのやさしい視点が，有機農業を支持する力にもなった。

一方，有機農産物を求める消費者の要求に応えるために，分散した有機農業者をつなぎ，その生産物のマーケティング活動を支援し，消費者に有機農業に関する情報を提供するための組織として，1953年にテキサス州アトランタに自然食品協会（Natural Food Associates）がつくられた。

その後，多数の類似の組織がつくられた。1971年にメイン州有機農業者・園芸者協会（Maine Organic Farmers and Gardeners Association），1973年にカリフォルニア州認証有機農業者（California Certified Organic Farmers）が設立された。これらはそれぞれ，東海岸と西海岸を中心に全米にわたる有機ネットワークになった。

執筆　西尾道徳（元筑波大学）　　2024年記
（西尾道徳著『検証　有機農業：グローバル基準で読みとく　理念と課題』（農文協，2019）より抜粋して一部改定）

日本における有機農業運動の展開

慣行農業に対抗して，あえて化学資材を使わない農業，その必要性を確信して実施している農業を，有機農業と呼んでいる。この意味で，日本では，宗教家の岡田茂吉（1882-1955）が1935年に「無肥料栽培」を提唱したのが有機農業の端緒ともいえよう。

1. 宗教家 岡田茂吉の「自然農法」

岡田は幼少から病弱であったが，菜食によって健康を得た。そして，のちに家庭菜園を行なった際に，化学肥料で栽培した作物の生育が思わしくなく，害虫も大発生した。岡田は化学肥料の使用をやめ，植物性堆肥や刈敷を用いた「無肥料栽培」を行なったところ，生育もよく，虫もつかず，体によい作物が収穫できた。そこで岡田は，1950年に肥料や農薬を用いない「自然農法」の普及に乗り出した。しかし，戦後の食糧難の時代に，多収を期待できないこの農法は，すぐには理解されなかった（宇田川，1998）。

この農法を推進するMOA自然農法文化事業団は，そのホームページのQ&Aで，日本の法律にもとづく有機農業（JAS有機と呼ぶ）について，「基準は明確ではありますが，一部に使える農薬や化学肥料も含まれ，MOA自然農法（以下，MOA）と考え方や，基準でかなり異なります。まったく，別の農法と考えてください」と記している。

しかし法律では，一部の資材について，有機農業にはふさわしくないが，例外的に使用を認めているのであって，どの国でも安易に認めているわけではない。そして，MOA自然農法ガイドラインによれば，補助資材の有機質資材（分解の速い有機物には米ヌカ，油粕，ダイズ粕，魚粕などがある。遅いものにはバーク：木の皮，オガクズなどがある）の使用に際しては次の注意点を指摘している（MOA自然農法文化事業団，2007）。

・自給資材や，地域で再生可能な資材を使用する。
・土壌診断などで圃場の実態を把握したうえで，適切な資材を選択する。
・使用量は必要最小限にとどめる。
・木の枝や皮を原材料としたものは土壌の中で分解しにくいため，2年以上かけて堆肥化させたものを使用する。

こうして使える養分源はJAS有機と同じである。ただし，MOAが通常の有機質肥料を補助資材として必要最小に使用を限っているのに対して，JAS有機では堆肥や作物残渣を使わずに，有機質肥料だけを使用した場合も是認される。また作付け体系について，JAS有機では病害虫防除のために行なうよう記されているだけなのに対して，MOAでは「作物はマメ科やイネ科などの科の違う作物を組み合わせ，できるかぎり休閑せず栽培する」としている。

このようにMOAは，植物質堆肥や作物残渣，作付け体系を，JAS有機よりも重視しているといえよう。しかし，端的にいえば，MOAの自然農法は，JAS有機に定められた，有機農業の範囲といえる。というのは，JAS有機は実際のやり方について詳細を規定しておらず，認証機関が法律の範囲内でより詳しい規定を設けている。MOAのガイドラインはその一つといえる。

2. 福岡正信の「福岡自然農法」

福岡正信（1913-2008）も「自然農法」と名付けた農法を実践し，その農法の本『わら一本の革命』を1975年に出版した。同書は英訳されて国際的にも有名となった。ここでは「福岡自然農法」と呼ぶことにするが，この農法は，1）不耕起（無耕うんあるいは無中耕），2）無肥料，

3）無農薬，4）無除草の四大原則を掲げている。

福岡自然農法では，収量の非常に多い作付け体系は，水稲（品種は'金南風''伊予力'）とハダカムギ（'日の出早生裸'）の二毛作としている。この方法は次のようなものである。

水稲の収穫期が近くなって落水した田に，10月初旬クローバを播種，10月中旬にハダカムギを播種して，10月下旬に水稲を収穫する。水稲収穫後の11月下旬に，土団子で包んだ水稲種子を播種，水稲種子は休眠状態で越冬する。翌年6月にハダカムギを収穫して，麦稈を圃場に散布する。麦稈の間から，クローバとともに水稲が生育する。幼穂形成期に湛水する。こうしたサイクルで，水稲，ハダカムギ，クローバを栽培する。

養分供給源は，水稲とハダカムギの収穫残渣，緑肥のクローバ，鶏糞3～6t/haのみ。単収は，水稲5.85～12.09t/ha，ハダカムギ5.89～6.5t/haの高レベルであるという（福岡，1976）。日本では無肥料の水稲の単収が1.5t/ha程度と推定されるのと比べれば，きわめて高い収量である。

還元したワラからの無機態チッソの放出は，連用当初マイナスで，連用とともに徐々に増える。すなわち，イナワラの場合は2年目以降，コムギワラの場合は6年目以降になって初めてプラスに転ずる。ハダカムギワラがコムギワラと同様な無機態チッソ放出パターンをとるとすると，最初の10年近くは，前述の単収をあげるのに必要な無機態チッソが確保できるとは思えない。

同氏の著書『自然農法』（1976）には，「麦作には元肥として石灰チッソを10a当たり80kg施せば，除草対策を兼ねて便利である」と記されている（p.167）。また，「クローバ枯草剤としては乾燥剤かシアン酸ソーダ3kg（10a当たり）がもっとも効果的である。雑草の混生状況によっては6kgを用いる」（p.165），「クローバ草生にし，やむをえないときのみDCPA（筆者注　除草剤）を使用するようにかえた」（p.163）とも記されている。これらの記述は，同氏の四大原則に反するものである。

福岡の農法では転換初期の10年間までの養分確保がむずかしく，そこを短期間に乗り越えるために鶏糞や石灰チッソを施用したと考えられる。岡田と福岡の「無肥料」は無化学肥料の意味と理解される（福岡が施用した石灰チッソは化学肥料なので，これは違反である）。

化学肥料を使用しないでも，水田の高い地力チッソ供給力に加えて，ワラや鶏糞からの無機態チッソ供給，さらにクローバの生物的チッソ固定も活用して養分を確保したのであり，養分無施用では決してない。その意味で無肥料ではなく，自然農法とはいえない。有機農業の一つとみなして何ら差し支えない。

3. 一樂照雄と「日本有機農業研究会」

化学合成農薬の普及に伴ってさまざまな弊害が生じたため，日本でも有機農業に転換する者が増えた。そして，一樂照雄（当時，協同組合経営研究所理事長），荷見武敬（農林中央金庫）など，農業経済の視点から有機農業の必要性や意義が広報され，若月俊一（佐久総合病院）が農業者の健康状態や有機農業への意識を調査するなど，有機農業への関心が高まった。

そして1971年に，一樂の呼びかけで，医師の梁瀬義亮，若月，土壌学者の横井利直（東京農業大学）らの参加を得て，塩見友之助（元農林事務次官）を初代代表幹事にして，日本有機農業研究会が発足。国がJAS有機を定めて有機農業の推進をはかる以前においては，同研究会が日本の有機農業推進の中核であった。

同研究会は，生産者と消費者は単なる「商品」の売り買いの関係でなく，生産者と消費者が直接提携をはかって，顔の見える信頼関係のもとに有機農産物の生産と販売を行なっている。しかしJAS有機では，生産物を不特定の消費者に販売することを前提にして，認証組織による生産プロセスの検査を受けることを義務付けている。

日本有機農業研究会は，こうした市場を介した商品販売のようなやり方や，自分らがつくっ

日本の有機農業の夜明け　1900年代

江戸期の循環型農業は海外の研究者からも高く評価されていた。1900年代に入ると，日本でも化学合成肥料の使用が広がる一方で，岡田茂吉の「無肥料栽培」や福岡正信による「自然農法」が誕生。70年代に入ると日本有機農業研究会（日有研）が設立され，有吉佐和子の『複合汚染』もベストセラーとなり，第1次有機農業ブームが起きる。日有研は，生産者と消費者が直接つながる「提携」を重視。生協運動も盛り上がりを見せた。その後，大地を守る会やらでぃっしゅぼーやなども発足。直売所が広がったことで，農家は誰でも有機農産物の栽培，販売に取り組める条件が揃ってきたが，JAS法で有機表示は厳格化された。

岡田茂吉（1882～1955）

世界救世教の創始者。1935年に「無肥料栽培」を提唱。1950年以降は無肥料無農薬が原則の「自然農法」に取り組み，その理念は「MOA自然農法文化事業団」「自然農法国際研究開発センター」「秀明 自然農法ネットワーク」などが，現在まで引き継いでいる。

福岡正信（1913～2008）

農業試験場勤務を通して科学的知識の限界を知り，1947年から「自然農法」に取り組んだ。「不耕起」「無肥料」「無農薬」「無除草」を4大原則とし，著書『自然農法 わら一本の革命』は20か国語以上に翻訳され世界的なベストセラーに。

一樂照雄（1906～1994）

「有機農業」という言葉の生みの親。全国農協中央会の理事や協同組合経営研究所の理事長を歴任し，1971年に佐久総合病院の医師，若月俊一らと「日本有機農業研究会」を設立。国内の有機農業推進の中核を担った。

1912	石灰チッソの国内生産開始
1935	岡田茂吉が「無肥料栽培」を提唱
1947	DDT（殺虫剤）の国内生産開始
1951	日本生活協同組合連合会設立
1961	農業基本法制定
1971	日本有機農業研究会発足
1974	有吉佐和子『複合汚染』新聞連載開始
1975	福岡正信著『わら一本の革命』
1975	大地を守る会発足
1977	パルシステム発足
1984	地力増進法施行
1985	ナチュラル・ハーモニー創業
1988	らでぃっしゅぼーや発足
1989	農水省が「有機農業対策室」を設置
1992	有機農産物及び特別栽培農産物に係る表示ガイドライン制定
1992	「有機農業対策室」が「環境保全型農業対策室」に改組
1999	食料・農業・農村基本法制定
1999	JAS法改定，「有機」表示に認証が必要に
1999	日本有機農業学会設立

たものを他人の認証組織によって有機であることの証明を受け，しかもその代金を自分らが支払わなければならないことは納得できないとして，JAS有機に準拠した有機農業の適用を受けていない農家が多い。このため，有機生産物と表示して販売することはできない。

ちなみに2010年におけるJAS有機農家数は全国で3,815，それ以外が7,865となっている（MOA自然農法文化事業団，2011）。JAS有機農家数はその後減り続けるも，2022年度は持ち直して全国で3,936となっている（農水省，2024）。

4．有吉佐和子の小説『複合汚染』とその後

作家の有吉佐和子が，朝日新聞に「複合汚染」の連載を開始したのは1974年であった。その新聞連載は，集約農業や食品添加物などとして使用されている化学物質の危険性を告発し，広範な人々に影響を与えた（有吉，1975）。

最近では農業後継者不足と耕作放棄地が増えて，若手有機農業者を育成しつつ，地元での営農開始を支援する事業や，コウノトリの繁殖のために有機農業を実施しているといった地方自治体，さらには地域の農業を地元の環境に適合した有機農業に切り替えて，独自の農業と環境を軸に再生をはかっている自治体も出現している。

執筆　西尾道徳（元筑波大学）　　2024年記
（西尾道徳著『検証　有機農業：グローバル基準で読みとく　理念と課題』（農文協，2019）より抜粋して一部改定）

一樂照雄と「有機農業」

(1)「天地, 機有り」の源流は田中正造

　日本の有機農業運動の草分け「日本有機農業研究会」（日有研）が結成されたのは1971年10月17日のことである（当初は「有機農業研究会」という名称で，1976年に改称した）。

　「有機農業」という言葉は，このとき，日本で初めて，社会的な目的意識をもって使われた。なお，欧米で行なわれていたオーガニック・アグリカルチャーを直訳した用語ではない。

　日有研の創立者，一樂（いちらく）照雄は，結成に先立ち，1971年4月24日に千葉に閑居していた黒澤酉蔵（とりぞう）（酪農家で雪印乳業の創立者，政治家）を訪ねている。一樂は，黒澤が創立した「野幌機農学校」（現酪農学園大学）の"機"に着目，その意味を訊いた（『協同組合経営研究月報』No.214）。

　黒澤は，"機"とは，天地経綸というか大自然の運行のこと」と答え，「機を知るは農のはじめにして終りなり」と門に掲げているという。一樂はそれを「天地, 機有り」，すなわち東洋の農業観を表わすと受け取り，研究会の名称に「有機農業」と冠することに確信を得た。

　一樂はまた，黒澤の「健土健民」思想の原点が足尾銅山鉱害を闘った田中正造に師事した4年間にあることを知った。「有機」の源流は，黒澤からさかのぼり「真の文明ハ山を荒さず, 川を荒さず, 村を破らず, 人を殺さゞるべし」と訴えた田中正造まで至ることができるだろう。

(2) 背景には近代化農政による農薬問題

　一樂の起草による結成趣意書は「科学技術の進歩と工業の発展に伴って，わが国農業における伝統的農法はその姿を一変し」で始まる。1971年は，日本農政が「農業近代化」推進へと大きく舵を切った農業基本法（1961年制定）から10年，その破綻はすでにあきらかだった。

　とくに，化学農薬の大量使用による農家の農薬中毒や疾病の頻発，地域住民の健康被害や生きものの死滅，河川や海の汚染はすさまじく，1969年には（農薬汚染されたイナワラを食べた牛の）牛乳から有機塩素系農薬BHCが検出され，大きな社会問題となった。野菜やお茶からの検出も相次ぎ，翌1970年，1971年になると，母乳からも農薬が検出された。

　衝撃を受けた一樂は真摯に反省し，日本農村医学会を立ち上げ活動していた長野県佐久総合病院院長の若月俊一，1959年に『農薬の害について』を著し警告を発していた奈良県五條市の医師梁瀬義亮，東京農業大学教授の横井利直らと準備を進め，日有研を結成したのである。

　設立総会には気概に燃えた30名近くが集まり，代表幹事に塩見友之助（元農林事務次官），常任幹事に一樂など11名を選んだ。

(3) 協同組合精神と「提携10か条」

　一樂は根っからの協同組合人であった。1930年，東京帝国大学農学部を卒業後に産業組合中央金庫（現農林中央金庫）へ入り，戦後は農林中央金庫理事，全国農協中央会常務理事などを歴任し，1966年から(財)協同組合経営研究所の理事長を務めていた。

　同研究所では，協同組合運動の原点『ロッチデールの先駆者たち』を翻訳発行したり，自ら『協同組合とは』を執筆し，協同組合精神「自立・互助」を説いた。

　その精神は，有機農業運動に身を投じたのち，有機農家と消費者グループのつながりを基盤にした「産消提携」として結実した。

　日有研は1978年，産消提携に取り組む各地の農家や消費者を集めて，有機農業運動における「生産者と消費者の提携の方法」（提携10か条）をとりまとめ，「提携」と呼ぶこととした（「有機農業と「提携」」の項参照）。

　その第1条では「生産者と消費者の提携の本質は，物の売り買い関係ではなく，人と人との友好的付き合い関係である。すなわち両者は対等の立場で，互いに相手を理解し，相扶（たす）け合う関係である」と，協同組合精神に立つ農産物の「脱商品化」を打ち出している。

　執筆　久保田裕子（元國學院大学）2024年記

第1部 有機農業とは何か

世界的に進む有機農業の組織化と法制化

1. IFOAM の結成

ヨーロッパでは，1972年にフランスのベルサイユで開催された有機農業会合の際に，フランスの農業団体「自然と進歩」（Nature et Progrès）の会長のシェヴィリオ（Chevriot）が，イギリスの土壌協会の設立者の1人であるイブ・バルフォア（Lady Eve Balfour），スウェーデンのバイオダイナミック協会の代表者アーマン（Arman），南アフリカ土壌協会代表のラフェリイ（Raphaely），アメリカのロデイル出版代表のゴールドスタイン（Goldstein）を招集した。

そして，工業化の拡大に伴う食べ物の品質低下と生存の危機が増大してきており，国境を越えて有機農業に関する情報の収集・交換などを行なって連携をはかるために，国際有機農業運動連盟（International Federation of Organic Agriculture Movements：IFOAM）を設立した。

IFOAMは有機農業が4つの原理にもとづくとしている（IFOAMジャパン「有機農業の原理」より引用）。

健康の原理 有機農業は，土・植物・動物・人・そして地球の健康を個々別々に分けては考えられないものと認識し，これを維持し，助長すべきである。

生態的原理 有機農業は，生態系とその循環にもとづくものであり，それらとともに働き，学び合い，それらの維持を助けるべきものである。

公正の原理 有機農業は，共有環境と生存の機会に関して，公正さを確かなものとする相互関係を構築すべきである。

配慮の原理 有機農業は，現世代と次世代の健康・幸福・環境を守るため，予防的かつ責任ある方法で管理されるべきである。

IFOAM加盟の有機農業グループの農業の仕方は地域によってさまざまであるため，その生産基準の内容も多様であった。IFOAMは1980年代にその明確化や整理を行ない，2005年にIFOAMの基本基準と前述の有機農業の原理を討議のうえ，策定した（Luttikholt, 2007）。

IFOAMは1972年に5か国の5会員（有機農業グループ）で出発し，1984年に50か国100会員に徐々に拡大したが，1992年には75か国500会員に急速に拡大し，現在は名称をIFOAM-Organics Internationalと改め，123か国562会員が所属する大きな組織となっている（IFOAMのHP会員名鑑よりカウント）。

なお，1972年にベルサイユでの最初の会議を主宰したフランスの農業団体「自然と進歩」は，独自路線を歩むようになって，第三者の認証制度を設けないため，EUの有機認定を受けないものになっている（Paull, 2010）。

こうして1970年から1980年代に有機農業運動は団結し，慣行農業に対抗する戦力をもつようになった。生産者協会は，農業者の説明責任を果たせるように，有機食品の統一基準を策定し，認証プログラムを創り出すことが必要になった。

2. アメリカ連邦政府の有機農業への関与

（1）有機農業調査報告書とその拒絶

1970年代に有機生産物の販売額が増加し，有機農業の研究や教育に対する要求が顕著になったため，民主党のカーター政権の時代，バーグランド農務長官のもとで，1979年にUSDA（アメリカ合衆国農務省）のなかにアメリカおよびヨーロッパにおける有機農業の調査チームが組織された。アメリカの有機農場のケース

有機農業の発展と拡大　2000年代

2006年，有機農家らの強い要望で「有機農業の推進に関する法律」（有機農業推進法）が成立。民間主導で引っ張ってきた有機農業に，国が積極的に関与すると宣言した。その後，「自然栽培」ブームが起きたり，各地の名人がメディアに取り上げられるなど，一定の拡大は見られるものの，現在の有機圃場は約3万300ha，全耕地面積の0.7％程度（2022年度）。2017年に同7％（1260万ha）に達したというEUとは大きな差がある。そんななか農水省は2021年に「みどりの食料システム戦略」を発表。2050年までに有機圃場を100万ha，耕地面積の25％に広げるという目標を掲げた——。

- 1999　コーデックス委員会がガイドラインを採択
- 2000　オイシックス創業
- 2000　アメリカが「全米有機プログラム」規則を公表
- 2005　有機JAS規格に畜産物と飼料が追加
- 2006　日本で「有機農業推進法」施行
- 2006　全国有機農業推進協議会設立
- 2007　EU有機農業規則改正
- 2007　農水省「有機農業の推進に関する基本的な方針」策定
- 2007　農水省が「生物多様性戦略」を策定
- 2008　木村秋則氏の自然栽培を紹介した書籍『奇跡のリンゴ』が大ヒット
- 2008　農研機構が「有機農業研究の推進方向」をとりまとめ
- 2008　農水省の「有機農業モデルタウン事業」スタート
- 2009　「有機農業モデルタウン事業」廃止
- 2017　大地を守る会とオイシックスが経営統合
- 2018　続いて，らでぃっしゅぼーやも合併
- 2018　EU有機農業規則改正
- 2020　アメリカが農業イノベーションアジェンダを発表
- 2020　農水省「新たな有機農業の推進に関する基本的な方針」策定
- 2020　EUが「Farm to Fork戦略」を発表
- 2021　農水省が「みどりの食料システム戦略」を発表
- 2022　「みどりの食料システム法」を施行
- 2022　有機JAS規格に酒類が追加

スタディ，有機農業のリーダーへの聞き取り，国内外の文献調査，ヨーロッパや日本の研究所への訪問調査を行なって，1980年に「有機農業に関する報告書と勧告」を公表（USDA, 1980）。これには今後，アメリカで有機農業を推進するための研究，普及，教育，施策に関する勧告が記されていた。

しかし驚くことに，次期レーガン政権（共和党）は，1981年にその報告書を拒絶。勧告にもとづいて設置され，指名された者がすでに着任していた有機研究調整官（Organic Resources Coordinator）のポストも廃止した。

報告書が出されても，大部分の科学者や政策立案者は，有機農業が実際的意味をもちうると信じていないことは事実であった。そして新任の農務長官は，5000万人のアメリカ人が飢えるとして，連邦政府が有機農業を推進することを拒否した（Heckman, 2006）。

このレーガン政権の有機農業拒否の姿勢から，一方で有機農業の支持者は，有機農業重視の思いを込めて「持続可能な農業」（sustainable agriculture）という用語を用いるようになった（Madden, 1998）。こうした用語の変更によって，有機農業をより広い概念に含め，有機農業への攻撃を弱めることはできたが，USDAや州立大学による有機農業研究への対処を遅らせたとの批判もある（Treadwell et al., 2003）。

(2) 「代替農業」への施策変更

ほかにもこの時期に重要な報告書が出された。一つは，全米研究協議会（National Academy Sciences, 1989）の"Alternative Agriculture"「代替農業」と題する報告書である。また，代替農業の実施に対してUSDAの農業政策が妥当か否か，議会から調査を要請されて政府会計局（Government Accounting Office：GAO, 1990）がまとめた別の報告書"Alternative Agriculture"「代替農業」である。

GAOがまとめた報告は2部からなり，実態報告書（GAO, 1990）と，それを踏まえた勧告（GAO, 1992）がある。GAOの報告書は，連邦政府として消費者や農業者が抱いている慣行農業の食品や環境に対する懸念を認め，持続可能な農業に向けて施策変更することを承認した。

(3) LISAとSAREプログラム

全米研究協議会やGAOによる報告書の後押しを得て，1988年に持続可能な農業の推進に関して応募のあった研究，教育，普及についての提案に競争的交付金を支給するプログラム「低投入持続可能な農業」（Low-Input Sustainable Agriculture：LISA）が1985年農業法のなかでUSDAによって開始された。

LISAは技術的問題を対象にしていたが，農業者やコミュニティの生活の質の向上など社会・経済学的問題を含めるために，1990年農業法のなかで「持続可能な農業・教育」（Sustainable Agriculture and Education：SARE）プログラムと名称が変更された。

LISAやSAREプログラムは，代替農業に対する市民の要求の高まりの結果であった。SAREプログラムは，アメリカの有機農業の研究と教育のための連邦資金の主たる資金源となっている。また，応募課題の採択決定には農業者とNGOの代表が参加しており，有機農業に関する国の政策やプログラムの形成に，これらのグループが影響力をもつことを反映している。

(4) 消費者の有機食品へのニーズの高まり

アメリカでは，慣行農法の食品と環境の安全性に対する消費者の懸念を，一段と強める二つの出来事があった。

ダミノザイドの発ガン性問題　一つは，果実の成熟や着色を促進するため果樹に散布されていた，植物成長調整剤ダミノザイドの問題である。

ダミノザイド（ダミノジッド，アメリカでの商品名はエイラー，アラー：Ala）は，リンゴのシャキシャキ感を保ち，傷を減らし，保存期間を延ばすために農業者によって広く使用されていた。

食品医薬品局（FDA）はリスクを軽くみていたが，1970年代中ごろから，この薬剤を分解すると発ガン性の非対称性ジメチルヒドラジンが生じることが問題になった。

1980年にアメリカの環境保護庁（EPA）は検討委員会を開催し，1985年に農薬製剤と非対称性ジメチルヒドラジンの双方が発ガン作用をもつ可能性が高いとの結論を出した。しかし販売を禁止しなかったため，引き続き使用され，ダミノザイドや非対称性ジメチルヒドラジンがリンゴのソースやジュースからたびたび検出された。

1989年2月，マスメディアがこのことを報じ，問題を知った消費者ユニオンがその使用禁止を強く求めて，大きな社会問題になった。メディアの報道後，リンゴの価格は急速に低下し，当該シーズンのリンゴの収益は1億4000万ドル減少したと推定されている。

EPAは1989年5月，すべての食料品に対してダミノザイドを使用するのを止めるよう提案し，メーカーは翌月から食料品に対するダミノザイドの販売と配送を自主的に中止。これを受けて，アメリカのリンゴ価格と収益は翌年から急速に回復した。

この事件は，アメリカの農薬取締に関する法的規制を強化するきっかけの一つとなった。また，消費者の有機リンゴへの関心を高めることにつながった。

遺伝子組換え食品の問題　もう一つは，遺伝子組換え（Genetically modified）食品の問題である（以下，遺伝子組換えをGMとする）。

アメリカ政府は，GM食品にその旨ラベル表示することを許可していない一方で，有機農業規則ではGM生物の使用を禁止している。このため，GM食品を嫌う消費者によって，有機食品の購入が増加した。

とくに，牛成長ホルモン（recombinant bovine somatotropin：rbST）生成遺伝子を細菌に組み込んで利用した酪農製品を嫌い，有機酪農製品への消費者需要を駆り立てている。rbSTを注射して生産能力を上げた乳牛のミルクによる人間の健康への影響が具体的に報道さ

れなかったことから，消費者もその安全性に疑念をもたず，ミルクの消費量も減少しなかったという報告もある（Aldrich and Blisard, 1998）。しかし，有機酪農製品の販売額が1994～1999年の間に500倍超も増えたのは，GM食品を嫌う消費者が多かったことが原因とされている。

1980年代後半以降，アメリカやヨーロッパで有機生産物の販売額が顕著に増加し，これに伴って認証基準制定に対する要求も高まり，国内で草の根運動が始まった。アメリカでは1973年に設立された民間団体「カリフォルニア州認証有機農業者」が有機農業基準をつくったが，これを契機に，やがて遅まきながら州政府の関与が始まり，1980年代後半にいろいろな州の農務部が認証プログラムを始めた。1997年には40の組織（12の州と28の民間組織）が認証業務を行なっている（Treadwell et al., 2003）。

3. コーデックス委員会のガイドライン

（1）国家の法律が求められるようになった

有機農業は，消費者のニーズを受けて民間主導の活動によって発展し，アメリカではそれをいっそう推進するために州が法的整備を行なった。しかし，このやり方では，州が異なれば適合チェックを改めて受ける必要があった。

このため，有機農業を国の農業政策として推進し，有機生産物を他国に輸出するとともに，他国のものを輸入して，消費者の需要を満たす必要が生じた。その際，有機生産物の生産基準を国として定め，他国のものが自国の基準と同等の基準で生産されたことの確認が必要になった。この段階になると，消費者にわかりやすい形で情報を公開しつつ，国の監督下で統一された基準で有機産物を生産・加工・流通する必要があり，そのための国の法律が必要となってきたのである。

大きな引き金の一つは，アメリカが有機産物の生産と取扱い，認定と認証システムの設置などについて基本的枠組みを定めた「有機食品生産法」を1990年に公布したことであった。

もう一つは，EUが1991年に「有機農業規則」（「農業産物の有機生産と農業産物や食品へのその表示方法に関する1991年6月24日付け閣僚理事会規則No.2092/91」）（EU，1991b）を公布したことであった。これらの国の有機農業に関する法律の作成には，IFOAMが検討中だった有機農業基準が参考にされた。

こうして国家が法律を定め，基準を遵守した有機農産物を生産し取引きする時代になった。

(2) コーデックス委員会のガイドライン

消費者の健康を守り，食品貿易における公正な取引きを確保するために，また，食品の国際基準の制定などを行なうために，FAO（国際連合食糧農業機関）とWHO（世界保健機関）の合同機関であるコーデックス委員会（国際食品規格委員会：Codex Alimentarius）が1963年に設置されている。このコーデックス委員会が有機産物に対する需要の高まりを背景に，「有機的に生産される食品の生産，加工，表示および販売に係るガイドライン」（コーデックスガイドライン）を審議し，1999年に採択した（家畜生産と畜産物の条項は2001年に追加）（CODEX，1999）。

コーデックスガイドライン自体は法律ではなく，国際標準である。各国ともこれよりも厳しい基準を定めることができる。しかし，これに定められた基準を遵守して生産された他国の有機産物の輸入を，自国の基準をもって拒否することはできない。

4. 主要国の有機農業法

(1) EUの有機農業規則

EUは，1991年に作物の生産と加工について最初の有機農業規則を公布した。家畜生産についての規則は1995年6月30日までに策定することとしていたが，次の理由で承認が遅れた。

すなわち，EU域内で，たとえば南の暖かい地域と北の寒い地域で家畜の飼養方法に大きな違いがあることや，1990年代のイギリスで深刻化したBSE（牛海綿状脳症）や，1999年にベルギーでPCB（ポリ塩化ビフェニル）を含んだ廃油を混合した飼料により鶏肉のダイオキシン汚染などが蔓延。その対応を考慮した法案を策定することに，時間を要した。

1999年に，コーデックス委員会での議論を参考にして，有機の家畜生産に関する規定が追加され，作物生産と家畜生産を合わせた有機農業規則となった（EU，1999b）。

EUの農業政策の基本的枠組みである共通農業政策が，その後，1992年，1999年と2005年に改正された。このため，最初の「有機農業規則」を改正し，2007年に「有機農業規則」（EU，2007），2008年に「有機農業実施規則」（EU，2008a）ならびに「有機生産物輸入実施規則」（EU，2008b）に分割して公布した。

EUの加盟国は現在27か国（2024年）であるが，2004年以降に旧東欧の国々など12か国が加盟し，経済力や有機農業の展開状況などの加盟国による格差が拡大。EUは2007年の「有機農業規則」改正時に，新たな法律の公布に際しては，積み残した問題点を含めて見直しを行なうこととしていた。

EUの執行機関である欧州委員会は，有機農業基準に原則から逸脱した例外規定が少なからず存在するために，消費者の有機生産物に対する信頼が乏しい側面がある。例外規定を廃止して生産基準を厳しくすることが，消費者の信頼を高めて，域内における有機農業を活性化するのに不可欠であるとの立場にたった。しかしこれに対して，新規加盟国を中心に，生産基準を厳しくしたら，有機農業をやめる生産者が増加して，かえって発展を阻害するとして，激しい対立が生じた。

このため，改正作業は大幅に遅れたが，2017年6月下旬に，改正案の基本骨格が承認されて，新規則は2020年から施行されることが合意された。

欧州委員会は2020年5月に食料産業政策の「Farm to Fork（農場から食卓まで）戦略」を公表。2030年までに農地面積に占める有機農地の割合を25％にするという目標を掲げている。

(2) 全米有機プログラム（NOP規則）

アメリカでは，州や民間による多様な有機認証基準が施行されて生じた煩雑な事態を解消するために，連邦政府による国としての統一基準が求められた。

そこで1990年に「アメリカ有機食品生産法」（U.S. Organic Foods Production Act）が「1990年農業法」の一部として採択された。同法は，有機とラベル表示する食品の生産と取扱い（加工や販売など）について国の基準を策定するための枠組みを定めたもので，具体的規則の名称は「全米有機プログラム」（National Organic Program：NOP）とされた（以下，NOP規則と呼ぶ）。NOPの事務局をUSDAのAMSC（農業マーケティング局）に置き，具体的規則を設定するためNOP事務局にアドバイスする「全米有機基準委員会」（National Organic Standards Board）の設置を規定した。

USDAは，1997年12月に最初のNOP規則案を公表。しかしそれは，有機農業におけるGM食品や下水汚泥，放射線照射の使用を認めるものであった。これらを認めれば，アメリカの有機産物が国内的にも国際的にも消費者から受け入れられなくなってしまう。NOP規則案のパブリックコメントには，27万5,000もの反対コメントが寄せられた。

これを踏まえてUSDAはスタンスを変更，1999年に確定したコーデックスガイドラインも踏まえて，2000年3月に改めてNOP規則を公表し（NOP，2000），2002年10月に発効した。

その後，急成長する有機製品市場の透明性や信頼性を保つため，2023年1月にNOPにより有機執行強化（Strengthening Organic Enforcement：SOE）の最終規則が公表された。SOE規則の制定は，とくにUSDAの有機認証マークに対する信頼を高めることを目的としており，1990年に有機食品生産法が施行されて以来，有機規制に対する最大の改定となった。

(3) 日本のJAS法

全体的枠組み　日本には有機農業に関する独立した法律はない。コーデックスガイドライン案の確定を待って，1999年に「農林物資の規格化および品質表示の適正化に関する法律」（JAS法）の施行規則第40条で，農林物資の区分の一部として有機産物も対象にするように改正。有機農産物，有機加工食品，有機飼料および有機畜産物の区分を設け，各区分別の生産技術基準である日本農林規格を2000年以降に順次公布した（農林水産省，2017）。

JAS法は，厳密には農林水産物や食品といったモノの品質を規制する法律である。これに対して，有機農業は生産プロセスを重視するため，JAS法で有機農業を規制するのには無理があった。このため2017年にJAS法を「農林物資の規格化等に関する法律」に改正し，対象をモノ（農林水産物・食品）の品質だけでなく，生産方法やサービス，試験方法などにも拡大した。

しかし，旧および新JAS法とも，第2条において，法律の対象とする「農林物資」から，「薬事法」に規定する医薬品，医薬部外品および化粧品を除くと規定している（酒類は2022年に対象になった）。

有機農業の推進に関する法律　2006年には「有機農業の推進に関する法律」が施行。この法律は有機農業の推進を強化するために，国が有機農業の推進に関する基本的指針を，都道府県が推進計画を定め，国，都道府県や市町村は有機農業者やそれを行なおうとする者を支援するのに必要な施策を講じ，国および地方公共団体が有機農業の推進に必要な研究開発を行なうことなどを定めたものである。

この法律は2006年12月の臨時国会で，超党派の有機農業推進議員連盟（谷津義男会長，ツルネン・マルテイ事務局長，161名議員加盟）の提案による議員立法でつくられたものである。

この法律で「「有機農業」とは，化学的に合成された肥料及び農薬を使用しないことならびにGM技術を利用しないことを基本として，農業生産に由来する環境への負荷をできる限り低減した農業生産の方法を用いて行なわれる農業をいう」と規定されている。

この条文からは容易には読み取れないが，法律の支援対象には，JAS基準に準拠した生産を行なっているものの，JAS認証を受けていない農業者も含まれている。

その背景には，日本有機農業研究会の活動の経緯がある。世界でもそうであったが，有機農業はまず民間主導で開始され，国内では日本有機農業研究会が中心になって発展してきた。

日本有機農業研究会は，農林水産省が有機産物を単に化学農薬や化学肥料を使用しないものとする表示ガイドラインを1992年に出して，有機農業を高付加価値農業に位置づけたことに猛反対した。それは，同研究会が有機農業を「農業者・消費者のあるべき農業・食べ物や食べ方」であって，本来追求すべき基本的農業として，農政の根幹であり農政全体として推進すべきものと位置づけていたためである。また，生産者と消費者が直結した，産直・共同購入によって「顔の見える」関係（「提携」）を重視しているためでもある。

これに対して，コーデックス委員会のガイドラインや，それを踏まえた各国政府の有機農業の法律は，市場経済のなかで有機農業の「顔の見えない」大量流通や国際貿易を促進するものであるとして，同研究会はJAS法に従った有機認証を受けるのをよしとしなかった。同研究会は自らの生産基準を2000年に改正し，生産の仕方はJAS有機基準と同等であり，かつ，JAS有機基準にはない有機農業の同研究会としての位置づけや目的を加えた生産基準を策定した（日本有機農業研究会，2000）。

同研究会の多くの農産物は，JAS有機基準にもとづいた認証機関による有料の認証検査を受けていないため，「有機」や「オーガニック」という名称を容器や包装などに表示することを許されていない。一方で，JAS有機基準と同等性をもつ生産基準で生産していることから，「有機」や「オーガニック」の名称は付けられないものの，「有機農業の推進に関する法律」の支援対象に位置づけられている。

日本の法律に対する批判 FAOは有機農業に関する法律を国際比較し，そのなかで日本のものについて次の批判を行なっている（Morgera *et al*., 2012）。

1) 1992年の「有機農産物等に係る青果物等特別表示ガイドライン」は，有機認証を必要とせずに，「有機農産物」を，生産プロセスで化学物質を少ししかまたはまったく添加しなかったものとする根強い誤解を引き起こした。

2) 日本の有機農業についての法的フレームワークは非常に断片的で，告示に示した4つの有機産物だけを対象にして，養殖の魚や海藻は対象にしていない。また，農林物資でない繊維や化粧品の有機生産基準を今後つくる際には，まったく別の有機産物の法律をつくらなければならず，有機産物を一元管理しうる法的枠組みになっていない。

*

その後，2021年5月に「みどりの食料システム戦略」が策定され，2022年7月1日には「みどりの食料システム法」が施行された（これらについては第1巻第1章の「みどりの食料システム戦略が描く日本有機農業の未来」をご参照ください）。

執筆　西尾道徳（元筑波大学）　　2024年記
（西尾道徳著『検証　有機農業：グローバル基準で
　読みとく　理念と課題』（農文協，2019）より
　抜粋して一部改定）

有機農業の基準・認証制度

(1) 基準・認証制度導入の経緯

①欧米が先行した基準・認証制度

有機農業の分野における法的拘束力のある基準・認証制度は，1999年7月のJAS法（日本農林規格等に関する法律）の改正により導入された。それ以前は，農林水産省が1992年10月に「有機農産物等の特別表示ガイドライン」を設定し（1996年12月に「有機農産物及び特別栽培農産物に係る表示ガイドライン」に改定），これにより同省が行政指導の形で「有機」の表示の適正化をはかっていた。

このガイドラインが設定された大きな要因は，米国が1990年に有機農産物の基準・認証に関する部分を含んだ「1990年農業法」（当該部分は「1990年有機食品生産法」と呼ばれる）を成立させ，EU（欧州連合）も1991年に有機食品に関する規則を制定し，先進国において，有機農産物の表示規制に関する法制度が整備されたことである。

また国内でも，1988年に公正取引委員会が不当景品類および不当表示防止法にもとづき「無農薬」や「完全有機栽培」と表示された事実と異なる農産物の不当表示を摘発したことがあげられる。

米国やEUでは1970年代ころから有機農業団体が，「有機」の不当表示が横行するのを排除し，真正な有機農産物の販路を確保するため，自主的に表示基準を策定するとともに，併せてその認証も実施してきた経緯がある。米国やEUでは，その自主的な取組みを踏まえて，農産物を始めとする有機食品の基準・認証制度の法制化が行なわれた。

法制化は，有機農業側の働きかけや尽力もあって実現したものだが，この基準・認証制度は，消費者が表示を見るだけで真正な有機農産物の選択がしやすくなるので，流通を介して有機農産物が大量に不特定多数の消費者に販売されるのに都合のよい制度ということができ，当初から，それを想定したものであった。

②国内で発展した「提携」

他方，日本では，有機農業は，1970年代から，有機農家と消費者が流通を介さずに直接結びつき，「顔と顔の見える関係」の中で消費者が有機農産物の継続的な供給を受ける「提携」と呼ばれる形態をとって発展してきた。

この「提携」においては，有機農家と消費者のあいだに信頼関係が形成されるので，欧米諸国のように，詳細な表示基準をわざわざ定め，費用をかけてまでして，その基準に適合していることを認証し，その真正性を証拠立てる必要性は当事者間には感じられなかった。

このため「提携」の有機農家や消費者にとっては，基準はまだしも，認証は，継続的な関係にある当事者間には不適合なものだと受け止められた。むしろ，表示を見るだけで安易に有機農産物を得られるようになるため，「消費者は王様」という従来の消費者の姿勢をそのまま有機農業の世界にもち込み，そのビジネス化を促進すると危惧された。

(2) JAS法改正と基準・認証制度の導入

①WTO協定による義務

農林水産省のガイドラインによる有機農産物表示の行政指導は，1999年7月のJAS法改正により有機農業の分野に基準・認証制度が導入されたことで終わる。

この基準・認証制度が導入された理由は，一つは，食品の国際規格を検討・制定するFAO（国際連合食糧農業機関）/WHO（世界保健機関）合同食品規格委員会（以下，「コーデックス委員会」という）が「有機生産食品の生産，加工，表示および販売に係るガイドライン」と称する有機農産物を含む有機食品の基準・認証制度の国際基準を検討中であり，近いうちに採択する動きにあったことにある。

すでに1995年にはWTO協定（世界貿易機関を設立するマラケシュ協定）が成立しており，その附属書1A（物品の貿易に関する多角的協

第1部　有機農業とは何か

定）の中には，各国の基準・規格や認証手続が貿易障害になることを防止する「貿易の技術的障害に関する協定」があり，日本としても，これを遵守する義務を負う。このため，農林水産省は，基準・認証制度を制定するとすれば，この協定に違反しない制度とする必要があった。

この協定は，中央政府が「強制規格」を立案，制定，適用する場合には，国際貿易に対する不必要な障害をもたらさないよう確保することを求めていて（第2条第2項），中央政府が「強制規格」を必要とする場合においては，「関連する国際規格が存在するとき又はその仕上がりが目前であるときは，当該国際規格またはその関連部分を強制規格の基礎として用いる」ことを義務付けている（同条第4項）。

②コーデックス委員会の規格

米国やEUの有機農産物を始めとする有機食品の基準・認証制度は，中央政府が有機食品の表示基準を定め，有機農家などが農産物などの食品に「有機」と表示する場合，認証機関からその基準に適合したものかどうかの認証を受けることを義務付ける強制的な制度であり，前述の協定でいう「強制規格」に該当する。

そして，コーデックス委員会は，まさに，前述の協定でいう「国際規格」に該当する有機食品の基準・認証制度の国際基準を採択しようとしていたのであり，その基準・認証制度の仕組みや内容は，米国やEUのそれと同じように，中央政府が表示基準を定め，認証機関からその表示基準に適合したものかどうかの認証を受けることを有機農家などに義務付けるものであった。

日本の農林水産省は，コーデックス委員会がこの国際基準を採択することが確実に見通されたので，これに適合した内容の基準・認証制度を導入するJAS法改正案を準備し，その採択が明確になる1999年には，国会に提出し，同年7月に改正JAS法を成立させた。折しも，その同じ月にコーデックス委員会で国際基準が採択された。

③JAS法改正と「有機農業推進法」

その後，農林水産省は，BSE（牛海綿状脳症）が発生し，食品の偽装表示が多発したことから，消費者に軸足を移した農林水産行政を進める必要があるとして，2003年7月1日に食糧庁を廃止し，食品の安全管理や消費者行政を総括して担当する局を新設するとともに，JAS法改正にも着手する。

このときのJAS法改正では，登録認証機関が農林水産大臣に登録申請する際の要件として，新たに「国際標準化機構及び国際電気標準会議が定めた製品の認証を行なう機関に関する基準に適合する法人であること」とする規定を挿入した。

これは，有機農産物などの認証を行なう認証機関も，ISO（国際標準化機構）が定めた，製品の適正な認証を行なう能力をもつ認証機関であることを審査・認定する規格（当時はISOガイド65，その後改定され，ISO17065）に適合していなければならないとするものであった。

このISO規格は，認証機関が公平な審査を実施し，的確に認証を遂行する機関であるために求められる事項を定めた規格であり，客観性と公平性の確保の観点から，認証業務が他者からの影響を受けず，関係者の利害や思惑を排除し，厳格で第三者性のある認証機関であることを求めている。

一方，コーデックス委員会の有機食品の国際基準は，認証機関がこのISO規格に適合した認証機関であることまで求めているわけではない。それにもかかわらず，農林水産省は，欧米の有機農産物などの認証機関がこのISO規格に適合した第三者認証機関になっていることをその大きな理由として，法改正を行なった。

前記1999年のJAS法による基準・認証制度の導入のときから，個人の有機農家に対して厳しい認証を課すのは，社内管理体制が整備された企業とはまったく異なり，酷であると，学識者や有機農家側から強く批判されていた。

これでは，有機農家の営農活動が締め付けられ，有機農業の健全な発展は期待できないという危機感が学識者や有機農家側に急速に広がった。それが日本有機農業学会において，有機農業を推進する法律の試案が作成される動きにな

り，有機農業推進議員連盟がその試案を踏まえて「有機農業の推進に関する法律」の法案を作成することに至る。そして，同法は全党合意による議員立法の形で，2006年12月8日に成立する（本城，2017）。

(3) 有機JAS基準・認証制度の内容

有機食品の基準・認証制度を導入する改正JAS法が，前記のとおり1999年7月に成立したので，農林水産省はまず2000年1月に，有機農産物と有機加工食品の両農林物資の生産方法の基準を定めたJAS規格（日本農林規格）を制定する。次に，それらJAS規格に適合した生産方法であることを検査・認証する登録認証機関や認証の具体的な運営に関する諸規程を整備した。

認証の具体的な運営に関する規程としては，有機農産物と有機加工食品の両「認証の技術的基準」を制定し，認証を取得する者が順守すべき生産行程の管理・把握に必要な事項（圃場や収穫後の管理等の生産行程の管理・把握を適切に遂行する内部規程の整備，生産行程の管理・把握の担当者の資格など）とJAS規格に適合していると判定する際の「格付」の実施方法に関する事項（格付を適切に遂行する内部規程の整備，格付の表示の適切な実施，格付の記録の作成・保存など）を定めた。

そして2000年6月に，農林水産省は，有機JAS基準・認証制度を発足させた。

その後，農林水産省は，2001年にコーデックス委員会において有機畜産物の基準が採択されたことから，有機畜産物とそれに密接に関係する有機飼料のJAS規格を2005年に制定し，2021年には，ワカメやコンブなどの有機藻類のJAS規格を制定した（これらの農林物資の「認証の技術的基準」も併せて制定されている）。

以下，有機農産物について，その基準であるJAS規格を紹介し，続いてその認証を紹介する。

①有機農産物の基準

その基準である有機農産物のJAS規格は，コーデックス委員会の国際基準に適合することを念頭に定められている。このJAS規格は，まず「有機農産物の生産の原則」として，「農業の自然循環機能の維持増進を図るため，化学的に合成された肥料および農薬の使用を避けることを基本として，土壌の性質に由来する農地の生産力を発揮させるとともに，農業生産に由来する環境への負荷をできる限り低減した栽培管理方法を採用した圃場において生産すること」（同規格4a）と定めている。

また有機農産物の「生産の方法」として，圃場については「周辺から使用禁止資材が飛来し，または流入しないように必要な措置を講じて」おり，播種・植付け前2年以上（多年生作物の場合は収穫前3年以上）および栽培中に使用禁止資材を使用しないこと，遺伝子組換え種苗は使用しないこと等を定めている（同規格箇条5）。

「使用禁止資材」とは，農薬や化学肥料などの資材である。その範囲に入る資材であっても，同規格の表A.1の肥料および土壌改良資材，表B.1の農薬，そして，土壌や植物等に施される天然物質，または化学的処理を行なっていない天然物質に由来するその他資材は，その使用が認められる（同規格3.4）。

この使用禁止資材については，JAS規格は，農家自らが使用することを禁止するのみならず，圃場の外部からの飛来または流入に対しても農家が必要な措置を講じることを求めている。このため有機農家は，緩衝地帯を設けるなどの措置を講じる必要がある。

緩衝地帯をどの程度のものとすべきかについては，周辺の一般農家が使用禁止資材をどのように使用するのか，その状況により異なるが，農薬の空中散布が周囲で行なわれるのであれば，緩衝地帯の幅を広げる必要がある。

②有機農産物のJAS規格の問題点

有機農業との関係で，この有機農産物のJAS規格の問題点を指摘したい。

JAS規格は前述のとおり，「化学的に合成された肥料および農薬の使用を避けることを基本として，……農業生産に由来する環境への負荷

第1部　有機農業とは何か

をできる限り低減した栽培管理方法を採用した圃場において生産すること」と定めてはいるが、堆肥などの有機資材を外部からいくら購入して投入しても、前記の使用禁止資材による汚染さえなければ、基本的にその使用は制限されない。

また、生産した有機農産物がいかに遠距離の場所で販売されようとも、その制限はない。

本来の有機農業であれば、農場内の自然循環機能あるいは地域内の自然循環機能が増進されることこそが重要なのであるが、そのことがまったく軽視されているのである。

これは、自然循環機能を豊かに有する優れた有機農業の発展を阻害し、使用禁止資材さえ使わなければそれでよいという「底の浅い有機農業」を促進することにもなる。JAS規格やその準拠するコーデックス委員会の国際基準は、単なる無農薬・無化学肥料主義に陥っていると厳しく批判されるゆえんである。

③認証について

有機農家が農産物に「有機」と表示する場合は、その生産方法が有機農産物のJAS規格に適合していることを登録認証機関により調査され、認証される必要がある。その認証を受けた農産物ついてのみ、有機JASマーク（有機農産物のJAS規格に適合していると判定、格付されたものであることを示す表示マーク。第1図）を貼ることができ、そのマークが付された農産物のみ、「有機」と表示できる。

具体的には、登録認証機関によって、1）圃場が有機農産物のJAS規格を満たしていること、2）同規格に則して生産できるよう管理され、その生産管理が適正に記録されていることが確認される必要がある。

登録認証機関からこの確認の過程を経て認証を受けた場合にのみ、その対象圃場から収穫された農産物に対して有機JASマークを付けることができるのである。それ以外の農産物への「有機」あるいはそれに類する表示は一切禁止される。

この登録認証機関から認証を取得し、かつ、格付表示である有機JASマークの貼付が必要とされる根拠規定は、JAS法第63条にある。同条は、JAS規格にかかわる表示に混乱が見られ、それを放置していては一般消費者の選択に著しい支障を生ずるおそれがあり、表示の適正化がとくに必要であると認められる農林物資について政令で指定するとし、有機農産物はその政令指定を受けている。これにより「有機」と表示する場合は、登録認証機関による認証が義務付けられているのである。

コーデックス委員会の国際基準も、公的に認可された認証機関による認証がある場合に限って「有機的生産方法に言及できる」（第3章第2項（c））と規定している。

次に、有機農産物の認証を有機農家が取得するまでの具体的な流れを見てみよう。この流れについては、筆者が理事長を務めるNPO法人有機農業推進協会の例と、日本農林規格協会（JAS協会）のWEBサイトに掲載の「JAS認証取得ガイド」を参考にして次の表にまとめた（第1表）。

第1図　有機JAS認証マーク。太陽と雲と植物をイメージしている

第1表　有機農産物の認証を有機農家が取得するまでの流れ

〈申請に当たっての有機農家側の事前準備〉

①有機JAS制度の把握、圃場や資材などの管理状況を確認

　有機農家は、農林水産省の「有機食品の検査認証制度」のWEBサイトで、有機農産物の有機JAS規格とその認証の技術的基準の内容を把握して、自己の圃場の状況や収穫後の保管などの工程がそれらに則って、

適正に管理しているかどうか（つまり，有機JAS規格が求める有機性の確保された管理を実施しているかどうか），また，そのことを跡付ける記録をつけて残しているかどうか点検しておく。

とくに，購入して使用する肥料などの資材は，使用禁止資材が入っていないものに限られるので，購入する前に，有機JAS規格に適合した資材か否かを確認しておく。具体的には，農林水産省の前記WEBサイトのなかの「有機JASに使用可能な資材のリスト」を閲覧して確認し，そこに見当たらない資材は，資材メーカーに確認して，適合しているとの回答を得た場合は「有機JAS適合資材証明書」を入手し，原材料や製造工程などを見て，有機JAS規格に適合したものかどうか確認しておく必要がある。

②登録認証機関を選び，講習会を受講

認証を申請する登録認証機関をどこにするか，農林水産省の前記WEBサイトの「有機登録認証機関一覧」などを見て選ぶ。認証手数料は認証機関ごとに異なり，同WEBサイトには認証機関ごとの料金の目安も掲載されている。

認証取得のためには，講習会を受ける必要があるので（前述の「認証の技術的基準」にその旨規定されている），申請する登録認証機関が実施する講習会を受講する。

③申請書を提出

申請書の書式を登録認証機関から取り寄せ，生産行程の管理と格付実施の管理に関する内部規程（その整備が「認証の技術的基準」で規定されている）を作成する。申請書に必要な記載をして，購入資材の有機JAS適合資材証明書などの書類を添付し，登録認証機関に提出する。

〈登録認証機関における審査〉

①申請書の受理

申請者から申請書とその添付書類が提出されると，登録認証機関は，審査開始の前に，それらの書類に不備（必要な書類の欠落，記載の意味不明や間違いなど）がないか，有機JAS認証に関する契約書（的確かつ円滑な認証業務の実施への協力義務等を内容とする）を提出しているかなどをチェックする。必要な書類に不備がなく，すべて整っていれば受理され，審査が開始される。そうでない場合は，申請者に書類の出し直しが求められる（実際，多くの申請者が，書類不備により出し直しを求められている）。

②書類審査と実地調査

登録認証機関は，審査を開始するに当たって，検査員を指名する。指名された検査員は申請された案件について，書類審査と圃場などの申請に関係する箇所の実地調査を通じて，申請内容が有機JAS規格とその「認証の技術的基準」に適合しているかどうか審査する。

検査員は申請者とあらかじめ連絡をとり，実地調査の日時，申請者が準備すべき書類，記録等について打ち合わせておき，調査を円滑に行なう。そして検査員は，実地調査の最後に，申請者との間で会議を持ち，適合性との関係で，改善すべき点があった場合は，その点を是正して，後日，その是正報告を提出する必要がある旨指摘する。そして，検査員は，審査結果の報告書をとりまとめ，登録認証機関に提出する。

その後，登録認証機関は，申請者に対し，検査員からの報告書を踏まえ，調査結果の報告を送付し，検査員の指摘した改善すべき点の是正報告を提出するよう求める。申請者からその是正報告が提出されれば，登録認証機関は，検査員にその是正報告を送り，検査員はそれを審査する。

検査員から，指摘したすべての点について適正に是正された旨の返答が登録認証機関に対してあれば，それで，検査員による審査は終了となる。

③判定委員会による判定

登録認証機関により指名された判定員で構成される判定委員会（当該案件の検査員は判定員になれない）は，検査員の審査結果にもとづき，審査結果の妥当性の確認，認証するか否かの判定を行なう。

登録認証機関に申請書類が提出されてから認証するか否かの判定が出されるまでの標準的な処理期間は，筆者が理事長を務めるNPO法人有機農業推進協会の場合，およそ90日である。

第1部　有機農業とは何か

④認証証明書の交付

認証すると判定された申請者には，登録認証機関から認証証明書が交付される。これにより，交付を受けた申請者は，有機JAS規格に適合していると確認した農産物に有機JASマークを貼付し，農産物に「有機」と表示し，販売することができる。

⑤認証取得後

認証取得者は認証取得後，登録認証機関により毎年1回，継続して有機JAS規格とその「認証の技術的基準」に適合しているかどうか確認する調査（書類審査と実地調査）を受けなければならない。

そのほかにも登録認証機関から確認調査（締結している有機JAS認証に関する契約書に定められている無通知の抜き打ち調査その他の調査）を受けることもあり，その場合，費用負担を含めこれに協力しなければならない。

また認証取得者は毎年6月末までに，登録認証機関に対して，有機JAS認証に関する契約書にもとづき，前年度（前年4月～当年3月）の有機JASマークの貼付実績を報告する必要がある。登録認証機関は，その実績をとりまとめて農林水産大臣に報告することが義務付けられている（JAS法第19条，同施行規則第84条）。

(4) 世界に広がる参加型認証

①小規模農家等に適さない第三者認証

有機JAS認証制度のような第三者認証制度では，有機農家は，有機性の確保された管理の記録を残すこと，肥料などの購入資材に使用禁止資材が入っていないことの確認とその証明書の取得など，煩雑な手間と書類作成などの事務負担が大きい（多品目栽培の場合は，その負担がさらに大きい）。しかも認証機関は助言したり相談に乗ったりすることは，申請者と特定の利害関係をもつ行為に当たり，第三者性が損なわれるため，許されない。

一般に，外国や自国全域の不特定多数の消費者を相手に大量販売する有機農業ビジネスであれば，煩雑な手間と事務作業，認証料を負担しても，販売量が大量なので，その単位当たりの手間や費用は少なくてすみ，認証を得れば，さらに販売量は伸びるので，その経済的な利益は大きい。

一方，地域の消費者との継続的な関係性を重視し，地産地消や地域の自然循環に寄与する有機農業を目指す農家の場合は，生態系の尊重，自然との共生，地域や消費者とのつながりに配慮しながら収入の安定を図るので，概して販売規模も大きくなく，そうしたメリットは小さい。

結局のところ，有機JAS認証制度のような第三者認証制度は，小規模の農家や地産地消を重視する農家，先に述べた日本の「提携」に取り組む有機農家のような，消費者との継続的なつながりを大切にする農家には適したものとはいえない。

②もう一つの保証システムPGS

有機農産物の認証制度は，先行したEUや米国の公的認証制度が厳格な第三者認証の形をとり，それが国際的に広がっていった経緯がある。世界各国の有機農業団体などにより構成される国際有機農業運動連盟（International Federation of Organic Agriculture Movements, 以下IFOAM）も第三者認証を推進してきた。

しかし，アグロエコロジーの運動が盛んなラテンアメリカを中心に，地域に焦点を当てた小規模の農家に手の届く認証制度が求められるようになり，第三者認証によらない認証として，利害関係者が認証過程に直接参加する形の参加型保証システム（Participatory Guarantee Systems，以下PGS）が広がり始めた。

このため，IFOAMは2008年にPGSの定義を採択するとともに，ガイドラインをあきらかにする。IFOAMは，PGSについて，「地域に焦点を当てた品質保証システムである。それは，信頼，社会的なネットワーク，知識の交換の基盤の上に立って，利害関係者達の積極的な参加活動に基づいて生産者を認証するものであ

る」と定義し，そして，PGSを小規模農場や地域での直接取引に適した品質保証のあり方として，第三者認証と並ぶ認証としてPGSを位置づけた。

IFOAMはPGSについて，有機農家のみならず，消費者などの多くの利害関係者が認証活動に積極的に直接参加することによって，文書作成・記録保存の面倒を少なくすることができるとする。また，既存の認証は，農民が認証手続きに従っていることを証明すべきだという思想で始まるのに対し，PGSはその根底に農家への信頼があり，その信頼性は，透明性・公開性をもたせ，位階制（ヒエラルキー）や行政の関与を最小化した環境で維持されるとする（日本有機農業研究会，2010）。

IFOAMは，ガイドラインを改定してきており，PGSの取組みを進める世界の国や地域のグループで，IFOAMに申請したグループについて，PGSを実施する能力のあるグループとして認定する事業も実施している。

このガイドラインに沿ってPGSを紹介すると，まず，認証の対象となる有機農産物に利害関係をもつ多くの関係者（有機農家のみならず，消費者や加工業者・流通業者）がPGSのグループをつくる。その利害関係者が積極的に現地調査メンバーになり，グループに所属する各有機農家の圃場などの現場を訪れ，農家から説明を聞き，その有機農家が提出した書類を見ながら現地を調査する。

そして現地調査メンバーにおいて，調査結果がPGSグループで定めたビジョンや有機の基準などに適合しているかどうかを議論し，その適合性を評価する。

この現地調査と適合性を評価するプロセスを通じて，適合していると判断されれば，有機農家は認証を得ることになる。ただし，このプロセスはPGSの重要な構成要素ではあるが，その一部分である。

PGSでは，そのPGSグループがどのように自然循環を増進し，自然と共生する有機農業を目指すのか，地域の自給と自立，地域の自然と社会の持続性にどのように貢献していくのかなど，まずはグループに所属する有機農家や消費者，その他の利害関係者がビジョンを明確にして，共有することが必要である。

そのビジョンこそが，そのPGSグループが採用する有機の基準と，そのPGSの運営ルールの基本的な考え方となって機能するのである。

③参加型で学び合う認証制度

PGSは，EUや米国，日本の有機JAS制度のような第三者認証制度とは異なり，国が定める有機の基準を順守しているかどうかを単に認証するだけの活動ではない。

自分たちがどのように自然と共生する有機農業に取り組んでいくのか，地域とどうかかわるのかなど，グループに所属する者たちがそのビジョンを共有し，それに沿って活動していくのである。現地調査は，学び合いや交流の場でもあり，有機農家にとっては，ほかの有機農家がどのような農業を営み，工夫をしているのか学び合ういい機会になる。

また，消費者などの利害関係者にとっても，有機農業の現場を深く知り，自然循環や生物多様性と農のあり方について具体的に理解し，農家との交流をいっそう深めていく機会になる。

そしてPGSでは，地域に関することや有機農業の農法，話題になっているゲノム編集などの問題など，学習活動を積極的に展開し，また，地域の消費者などとの交流イベントも開催する。当然，グループ所属の有機農家もそうした集まりへの参加が求められる。

このようにPGSは，多くの利害関係者が現地調査にかかわり，共同に責任をもって対外的・対内的信頼を築いていく活動であり，第三者認証とは異なるアプローチによる有機性の保証・信頼性確保の方法といえよう。

ただ，PGSがIFOAMのガイドラインが描くように運営されればよいのだが，PGSで重視される活動（地域の多くの消費者・利害関係者が参加し，有機農家とともにそのPGSのビジョンを共有して学び合い，学習し，交流していく活動）が軽視されたり，ほとんど実施されないで，PGSの認証の部分のみが利用されていくという実態に陥る場合は，もはやガイドライ

ンで描くような PGS とはいえず，その認証も，単なる安価で信頼性の低い認証と化してしまうおそれがある。

④世界中に広がる PGS

IFOAM によれば，PGS は，ブラジル，ペルー，メキシコなどのラテンアメリカ諸国を始めとして，インド，フィリピン，タイなどのアジア諸国のみならず，米国，フランス，ニュージーランドなどの先進国でも普及し，その他の世界中の国や地域でも広がってきている。

IFOAM と FiBL（スイスなどに拠点を置く非営利の有機農業研究所）の「THE WORLD OF ORGANIC AGRICULTURE」の 2022 年版によると，PGS により有機認証された生産者は，2010 年では 6,000 に過ぎなかったが，2021 年には 120 万 5,050 に達している。また，ブラジル，チリ，ボリビア，コスタリカ，メキシコ，インドといった国が，PGS による有機認証を公的な認証制度として認めていることが確認される（以上の PGS の記述では，IFOAM の PGS についての WEB サイト（https://www.ifoam.bio/our-work/how/standards-certification/participatory-guarantee-systems）内に掲載されている記載，資料を参照した）。

しかし日本では，現行の JAS 法では前述の通り，登録認証機関が ISO17065 に適合した認証機関であることを求めており，PGS 認証を認める余地のない規定になっている。米国や EU でも日本と同様に，第三者認証しか公的な認証制度として認めていない。

繰り返しになるが，コーデックス委員会の有機食品の国際基準は，ISO17065 に適合した認証機関であることまでは求めていない。このため，この現在の国際基準のもとでも，日本が，PGS のような認証を完全に排除し，第三者による厳格な認証しか認めない現行の硬直的な認証制度を改めることは，可能であると考えられる。生態系の尊重，自然との共生，地域の消費者との繋がりに配慮しながら，地域の自然と社会の持続性の確保に寄与する有機農業の営みが発展していくよう，制度が改編・改善されていくことが必要である。

執筆　本城　昇（元埼玉大学）

2024 年記

参 考 文 献

本城昇．2017．有機農業推進法の成果と課題（Ⅰ）：法施行10年を振り返って．有機農業研究．日本有機農業学会．vol. 9（No. 2），6—7．

日本有機農業研究会．2010．参加型有機認定（PGS）とは？．土と健康．No. 418，16—17．

JAS法の規制対象となる有機表示，ならない表示

(1) 有機表示に第三者認証が必要になった

1999年，JAS法（日本農林規格等に関する法律）の一部改定により，有機JAS検査認証制度が導入された。「有機農産物」が「指定農林物資」とされ，その表示が規制対象となった。

農水省のホームページ「有機表示について」では，「有機食品のJASに適合した生産が行なわれていることを登録認証機関が検査し，その結果，認証された事業者のみが有機JASマークを貼ることができる」「この有機JASマークがない農産物，畜産物および加工食品に，『有機』『オーガニック』などの名称の表示や，これと紛らわしい表示を付すことは法律で禁止されている」と説明している。つまり，有機表示に第三者の認証が必要になったとされる。

いっぽう，1970年代に始まった日本の有機農業は主として，生産者と消費者が直につながる「提携」（産消提携）で地域に根付いてきた。そこにはお互いに顔と暮らしの見える親密な関係性があり，第三者認証は必要ない。

そこで日本有機農業研究会では，JAS法一部改正後の2000年に農水省との間で，JAS法の規制対象となる表示と，「提携」の場合などに対象とならない表示（情報提供）の範囲について確認し，照会回答文書を取り交わしている（同年4月28日付）。

さらに2022年には，日本有機農業研究会と有機農業推進協会が共同で，農水省新事業・食品産業部食品製造課基準認証室と，JAS法の運用解釈について改めて協議を行なった。

その結果，農水省の確認を得ることができた内容について紹介したい。

(2) 規制対象となる表示

農林物資，その包装，容器，送り状　まず，JAS法において規制対象となる表示媒体は「農林物資またはその包装，容器もしくは送り状」と規定されている。つまり，農産物や加工品そのもの，それらを入れる袋や段ボール箱，納品書や仕切り書などである。それ以外については，規制対象外である。

(3) 規制対象とならない情報提供

①新聞や雑誌，インターネットでの説明はOK

たとえば新聞や雑誌，インターネット上のホームページなどで，有機農業を行なっていることを説明することは，規制の対象とはならない情報提供とされる。有機農産物の写真やイラストを掲載し，それが有機であると説明するのもかまわない。

②チラシやニュースレター，看板もOK

同様に，消費者に配るチラシやニュースレターでの情報提供も規制の対象外。たとえば有機農産物を宅配している生産者の場合，同封するニュースレターや，農作物の注文リストにおいて，有機を示す記載（写真やイラスト含む）をしても問題はない。

③注文書への記載もOK

注文書において，有機を示す記載も可。

＊

以上の内容は，農水省の「有機農産物，有機加工食品，有機畜産物および有機飼料のJASのQ＆A」（2024年7月現在）の「問34-8」に掲載されている。

さらに，農水省との協議によって，以下についても確認されている。

④農場名や屋号に「有機」と入れるのもOK

たとえば「〇〇有機農園」や「〇〇有機農場」「オーガニック〇〇」といったように，有機農業者が団体名称や会社名に有機という文言を入れるのは自由。

⑤「〇〇有機農場」という屋号を農産物や容器包装に記載するのは規制対象外

さらに，その団体名を農産物本体や，宅配用の段ボール箱に記載するのも自由。固有名詞の表示とみなされる。

第1部　有機農業とは何か

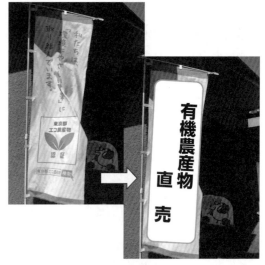

第1図　JAS法に抵触しない有機表示例

⑥直売所などの「有機農産物コーナー」もOK

　直売所の陳列コーナーや販売コーナーに「有機農産物コーナー」や「有機農業コーナー」と掲示したり、軽トラ市やマルシェのテント近くに「有機朝市」や「有機農産物直売」といったのぼりを立てることもJAS法には抵触しない（第1図）。

　なお、農水省のQ＆Aには、「有機である旨を指し示す立て札の有機表示」は、規制対象にあげられている。「立て札」とは「陳列された指定農林物資」の直近にあって、その農林物資が個別具体的に有機である旨を指し示している場合をいう。前述の「有機農業コーナー」や「有機農産物コーナー」はそれに当たらないことを、農水省との間で確認している。

(4) 委縮せず正しい情報提供を

　2006年には有機農業推進法、2021年には「みどりの食料システム戦略」が制定され、有機農業の取組みは増えている。「参加型認証」（PGSなど）への関心も高く、有機に関する表示や情報提供は今後、ますます大きな役割をもつ。

　もちろん、ここで紹介した情報提供の方法については、その農産物が「有機農業で生産された」ことが大前提である。JAS認証を取得していないからといって、有機表示がすべて規制されているわけではない。認証はなくとも、有機農業で生産された農産物であれば、委縮することなく、このような表示方法を活用し、消費者に正しく情報提供してほしい。

執筆　久保田裕子（元國學院大学）　2024年記

有機農業と「提携」

(1) 日本における有機農業運動の始まり

組織的な有機農業運動の始まりは、1971年である。この年に、有機農業を提唱する一樂照雄（当時、協同組合経営研究所理事長）は有機農業研究会（1976年に日本有機農業研究会と改称。以下、「日有研」と略す）の結成を呼びかけて発足させた。

それに先立って日本には、「自然農法」の名のもとに有機農業の実践の歩みがあった。第二次世界大戦前の1930年代中ごろから、宗教家の岡田茂吉や農業哲学者の福岡正信は、それぞれ別個に、農薬や化学肥料に依存せず土と作物の力を引き出すことを基本とした農法を試みていた。

一樂が提唱した有機農業運動は、経済至上主義のもとで近代化が推進され、健康や食べものの安全性、人権までも損なわれることを危惧した農民や消費者の自衛運動であり、近代文明・近代社会の問い直しから始まった。これは、日本だけではなく欧米諸国にも共通する有機農業運動が発生した時代背景である。

有機農業を広めることを目的に設立された日有研は、特定の農法に限定するのではなく、農耕や農業のあり方、食や生活のあり方、現代社会や現代文明のあり方を根本から問い直す幅広い実践をうながしていった。

「有機農業」という言葉を最初にもちいた一樂照雄は、「正しい農業あるいは本当の農業、あるべき農業の形なのだから本当は有機農業という言葉自体がなくなることが望ましい」（一樂照雄伝刊行会編、1996）と考えていた。そこには、有機農業は独自の基準や農法に基づいた特殊な農業ではなく、近代（現代）社会において近代農業とせめぎ合う歴史的意義をもつという認識が込められていたといえよう。

(2) 「あるべき農業」の探究と「提携」

草創期の生産者は、在来・伝統農法に学び、自然や大地と向き合い、試行錯誤を繰り返して栽培技術を高めていくより方法がなかった。当時、近代農業に代わる技術の開発は模索の過程にあった。家畜を飼い、地域に適した作目をなるべく多品目つくりまわす「有畜複合自給農業」が提起され、農業技術だけでなく生活や地域を包括した自給、物質循環が重視された。そして「あるべき農業」「本来の農業」の追求、確立に向けて、各地で実践が繰り広げられた。

ところが、農産物を市場出荷すると、買いたたかれた。慣行農業のものと比べると見た目がよくなかったり、サイズが揃っていなかったりしたからであろう。

こうした経験から、有機農業運動は「経済の論理」に対抗し、「生命の論理」に基づく社会経済システムの組立て直しへ向かう。そして「提携」（産消提携）を軸にした相互変革運動（イノベーション）を展開していく。

「提携」とは、生産者と消費者がじかに結び付き、お互いの信頼関係に基づいて創り上げた有機農産物の流通システムである。

形態はさまざまだが、基本的には生産者（または生産者グループ）から消費者（または消費者グループ）へ、市場などを介さず、有機農産物を直接、継続的に届ける仕組み（組織）である。いわゆる産地直送ではあるが、相互に交流や理解があり、単なる「物の売り買いの関係」と区別して、「信頼を土台にした相互扶助そのものを目的とする人と人との友好的付き合い関係」を表わす。

手本とする仕組み（フードシステムを含む）や事例がないなか、日本の有機農業運動は、農業と暮らしのあり方を見直す、いわば「生活者による"世直し運動"」といえるものであった。

(3) 「提携10か条」で謳ったこと

1970年代半ばまでに蓄積された実践をもとに、日有研は1978年11月に開催された第4回全国有機農業大会で「生産者と消費者の提携の方法についての10原則」（提携10か条）を発表した（後述カコミ）。これは、巨大な流通機構に対抗して、本来の農産物の価値実現を図るた

めの具体的方法（指針）であった。

「提携10か条」には，一楽の理念や協同組合・社会経済思想から導きだされた多分に規範的な側面があった。例をあげると，1）協同原理による公正な社会と「自立互助」，2）農業の立て直しと商業・流通資本からの独立，3）農産物の「商品性からの脱却」，4）生活の商品依存からの脱却（消費者の自主性と学習）と手づくり（食べもの・娯楽・働く喜び）等々が原則・理念として盛り込まれていた。

そして，「提携10か条」は「有機農業に携わる者が依拠すべき規範」であったが，最後に「現状は不十分な状態であっても，（中略）前進向上するよう努力し続ける」と謳う。これらの原則（理想）を満たしていないから「提携」でないと排除するのではなく，現場の生産者と消費者は，「理想と現実の狭間」で自らを問い直し，自らが変わり，社会を変えていく可能性を追求し，原理主義に陥ることのないよう留意して運動を進めていった。

（4）消費者と生産者の「生命共同体的関係性」

当時，都市の消費者の多くは，農業や農村と切り離され，興味や関心を奪われていた。だが「提携」のもと，援農（縁農）などで現場に足を運び，食べものがつくられる過程や消費者に届けられる過程に目を向けることになった。

そして一楽が提唱する有機農業，すなわち「あるべき農業」への転換を可能とする仕組み（フードシステムを含めて）を生産者とともにつくっていった。「提携」とは，一楽思想の根底にある近代化批判や対抗精神に共感した生産者・消費者の運動でもあった。この点は，有機農業の生産者団体の運動から始まった欧米と違い，日本の有機農業運動の特徴といえよう。

現在，地球規模の環境問題が顕在化しSDGs（持続可能な開発目標）が声高に叫ばれている。「提携」では，半世紀も前から，「圃場に食卓を合わせる」（たとえば，届く食材から献立を考える）ことによって，「あるべき農業」すなわち「持続可能な本来農業」を追求する生産者を支援している。

消費者のニーズに圃場が無理やり合わせてきたフードシステムを見直す。それは，生産と消費を自然循環プロセスへ適合させることにほかならない。それにより食の安全を確保し，食文化を取り戻して，消費・生活スタイルのうえでの充足感を達成する（榑澤，2016，92—93）。

このように生産者と結びついた消費者は，その「有機的関係」を育み，実践を積み重ねていった。私はこれを「生命共同体的関係性」（地縁・血縁関係にもとづく旧来の村落共同体とは異なり，身体性をそなえた他者同士による，他者の生・生命への配慮・関心によって形成・維持される新しい関係性）と表現した（桝潟，2008，21）。

初期の有機農業運動は「提携」によって，近代産業社会を支えているシステム（制度）やライフスタイル（近代農業，資本主義，ネオリベラリズム，使い捨て文明，都市的ライフスタイルなど）に対抗して，新しい世界の方向性を提示しつつ，農と食の変革を目指したのである。

（5）有機JAS認証と有機農業の「産業化」

1980年代の後半以降になると，有機農業が市民権を得る。ニーズが増大するなかで，有機農産物は高付加価値商品として市場に出回るようになった。そして有機農産物の「商品化」が進み，有機農業の「産業化」「慣行化」が始まった。

1990年代末になると，国際的な有機認証システムと整合を図るために，日本においても2000年に有機農産物および食品の検査認証制度（有機JAS）が導入され，2006年12月には有機農業推進法が制定されるなど，国レベルの有機農業関連政策，制度の整備が進んだ。

有機JAS規格の制定と検査認証制度によって有機農産物は，特別な基準を満たした「高付加価値商品」として一般市場流通で取り扱われるようになった。すると有機農産物の市場拡大とともに，各国の有機農産物（輸入オーガニック）や有機食品が店頭に並ぶようになった。

そして，近代農業で使われる農薬や化学肥料をノン・ケミカルな有機資材に置き換えただけ

の，有機農業の「産業化」「慣行化」が一部では進み，いわば「工業的有機農業」でつくられた有機農産物が多く流通するようになった。この問題は，2021年に策定された「みどりの食料システム戦略」にもある。

JAS法改定によって有機農産物の市場流通条件が整備されるはずだったが，実際には一般のスーパーや小売店の店頭で見かけることがそれほど増えたとはいいがたい。依然として，産消提携や有機農産物専門の販売業者を経由して手に入れるルートが主要となっている。

さらに検査・認証にかかる生産者の経費負担や事務手続きの煩雑さもあって，有機JAS認証を取得している国内の農家戸数は2014年度の約4,000戸をピークに減少し，今なおそれを超えていない（農林水産省農産局農業環境対策課『有機農業をめぐる事情』2024年5月）。

「持続可能な本来農業」（＝有機農業）への転換を進めるには，「提携」のように生産者と消費者がじかに結びついた関係性の構築が不可欠である。

生産者と消費者の提携の方法についての10原則（提携10か条）

〔相互扶助の精神〕
1. 生産者と消費者の提携の本質は，物の売り買い関係ではなく，人と人との友好的付き合い関係である。すなわち両者は対等の立場で，互いに相手を理解し，相扶け合う関係である。それは生産者，消費者としての生活の見直しに基づかねばならない。

〔計画的な生産〕
2. 生産者は消費者と相談し，その土地で可能な限りは消費者の希望する物を，希望するだけ生産する計画を立てる。

〔全量引き取り〕
3. 消費者はその希望に基づいて生産された物は，その全量を引き取り，食生活をできるだけ全面的にこれに依存させる。

〔互恵に基づく価格の取決め〕
4. 価格の取決めについては，生産者は生産物の全量が引き取られること，選別や荷造り，包装の労力と経費が節約される等のことを，消費者は新鮮にして安全であり美味な物が得られる等のことを十分に考慮しなければならない。

〔相互理解の努力〕
5. 生産者と消費者とが提携を持続発展させるには相互の理解を深め，友情を厚くすることが肝要であり，そのためには双方のメンバーの各自が相接触する機会を多くしなければならない。

〔自主的な配送〕
6. 運搬については原則として第三者に依頼することなく，生産者グループまたは消費者グループの手によって消費者グループの拠点まで運ぶことが望ましい。

〔会の民主的な運営〕
7. 生産者，消費者ともそのグループ内においては，多数の者が少数のリーダーに依存しすぎることを戒め，できるだけ全員が責任を分担して民主的に運営するように努めなければならない。ただしメンバー個々の家庭事情をよく汲み取り，相互扶助的な配慮をすることが肝要である。

〔学習活動の重視〕
8. 生産者および消費者の各グループは，グループ内の学習活動を重視し，単に安全食糧を提供，獲得するためだけのものに終わらしめないことが肝要である。

〔適正規模の保持〕
9. グループの人数が多かったり，地域が広くては以上の各項の実行が困難なので，グループ作りには，地域の広さとメンバー数を適正にとどめて，グループ数を増やし互いに連携するのが，望ましい。

〔理想に向かって漸進〕
10. 生産者および消費者ともに，多くの場合，以上のような理想的な条件で発足することは困難であるので，現状は不十分な状態であっても，見込みある相手を選び発足後逐次相ともに前進向上するよう努力し続けることが肝要である。

（1978年11月25日，第4回全国有機農業大会で発表。ただし項見出しは後日追加。日本有機農業研究会HPより）

(6) ローカルコミュニティ指向のCSA運動

アメリカにおいてもグローバル化が急速に進展するなかで、小規模な家族農場や農家は窮地に追い込まれている。そうした状況のなか、国際的、広域的流通を前提とした連邦レベルの有機認証制度に対抗するローカル、コミュニティ指向の社会運動としてCSA (Community Supported Agriculture) が発生。1990年代に入ると、アメリカだけでなく、国際的にも注目を集めて拡がりをみせた。

CSAは、日本ではしばしば「地域が支える農業」と訳されるが、日本の有機農業運動における「生産者と消費者の提携」に近い農場運営の仕組みであり、フードシステムである。

コミュニティ・ファーム型CSAの有機農産物価格は、慣行栽培の農産物や、「産業化」した有機ビジネスの農産物の小売価格より低価格である。それを支えているのがCSA運動の地域性であり、持続的農業システムであり、農業者と消費者の直結である。そしてこれらは、CSA運動に欠かせない3つの要件となっている。

(7)「提携」の停滞と問題点

有機農業を支援し実現する提携運動はしかし、1980年代後半から停滞傾向にある。たとえば、国内では有機農業の盛んな地域として知られる兵庫県での産消提携団体の参加者（消費者）数の変化をみると、1974年に設立した団体で最盛期（1,300人）の2割を切った事例（215人：2018年）、あるいは最盛期に500人、300人規模だった団体が解散してしまった事例もある（波夛野、2019）。

時代の変化にさらされ、とくに消費者がおかれている社会的状況の変化にうまく対応しきれなかったところに、提携運動の停滞の原因があるようだ。具体的には、前述のように1980年代後半から有機農産物が一般市場でも流通し始め、「提携」が唯一の入手手段ではなくなったこと。加えて、就労構造の変化にともない専業主婦が減少し、その存在を前提とした提携運動の仕組みや活動が困難になったことが考えられる。

有機農業の実践経験をもち提携運動の研究を続けている波夛野は、「提携としてのやりとりにおいて、JAS基準に担保された完成品を求めるようになっては、もはや運動や提携ではありえない」と断言し、「生産者、消費者双方に30年間の実績を踏まえてなお、不満が蓄積したまま残っているように思えてならない」と述べている（波夛野、2019）。

近年では、環境経済学の立場から、日本において産消提携が停滞し、CSAが拡大してこなかった理由に、「公共事業としての農業を安定的・持続的に営んでもらうという視点が弱く、良質の農産品を生産してくれる農業経営体を支える方法を発展させられなかったこと（林、2024、117）、があげられるという指摘もある。

そうしたなかにあって、1973年の設立以来、最盛期の会員数約1,500人規模で、共同購入活動を継続している事例もある。京都の「使い捨て時代を考える会/安全農産供給センター」の全量引き取りに基づいた野菜セットという仕組みは、彼らの活動に何層にも重なる実践を生み出し、それらが相互に補完し合うことによって成立している。

提携運動は今、原則（理想）と現実との乖離をいかに乗り越えていくか、生産者や消費者双方による自省的見直しが迫られている。「提携」が内包する問題（「有機的関係性」の再検討や価格決定と数量調整、提携団体の維持コストや経営など）については、相互の緊密な関係性（生命共同体的関係性）を保持・継続しつつ、多様な形態や仕組み、活動のイノベーションの方向を探っていくことが求められるのではないだろうか。

執筆　桝潟俊子（元淑徳大学）

2024年記

参 考 文 献

波夛野豪．2019．有機農業・産消提携の動向とCSA

の可能性. 波夛野豪・唐崎卓也編著『分かち合う農業CSA—日欧米の取り組みから』. 創森社, 248—270.

林公則. 2024. 農学を市場から取りもどす—農地・農産品・種苗・貨幣. 日本経済評論社.

一樂照雄伝刊行会編. 1996. 一樂照雄伝. 農山漁村文化協会.

楜澤能生. 2016. 農地を守るとはどういうことか—家族農業と農地制度 その過去・現在・未来. 農山漁村文化協会. 92—93.

根本志保子. 2021. 一樂照雄の社会経済思想と日本の有機農産物「産消提携」運動. 経済学史研究. **63**(1), 1—22.

桝潟俊子. 2008. 有機農業運動と〈提携〉のネットワーク. 新曜社.

桝潟俊子. 2008. いま, なぜあらためて〈提携〉なのか—「生産者と消費者が直結すること」の輝きを取り戻そう. 土と健康. No. 400（2008年7・8月合併号）, 4—8.

第1部　有機農業とは何か

日本の有機農業と農業政策

(1) 拡大しつつある有機農業

2006年に「有機農業の促進に関する法律」が成立してから約20年が経過しようとしている。本法律において有機農業とは、「化学的に合成された肥料および農薬を使用しないこと、ならびに遺伝子組換え技術を利用しないことを基本として、農業生産に由来する環境への負荷をできる限り低減した農業生産の方法を用いて行なわれる農業」と定義されている。

農林水産省では、同法第6条にもとづき、2007年に「有機農業の推進に関する基本的な方針」を策定し、有機農業者の支援や消費者の理解と関心の増進などの基本的な方針を定め、有機農業の取組み拡大のための施策を講じてきたところである。ここでは、最近の有機農業の動向について紹介したい。

わが国の有機食品市場は、2009年の1300億円から2022年には2240億円まで拡大。有機農業の取組み面積についても、2012年の2万500haから10年間で約1万ha増加（48％増加）し、2022年には3万300haまで拡大した（第1図）。しかし、耕地面積に占める有機農業の取組み面積割合は0.7％に留まっている状況である。

世界に目を向けると、イタリア、ドイツ、スペインなどでは耕地面積に占める有機農業の取組み面積割合が10％以上となっている。わが国の取組み面積が限定的に留まっているのは、温暖湿潤な気候で除草や病害虫の防除に労力がかかること、化学農薬や化学肥料などを使用する慣行栽培に比べて単収が減少することなどの生産面での課題がある。また、生産量が少なく小ロットでの輸送となるため流通コストが高いこと、有機食品を身近に購入できる販売店が少ないことなどの流通・販売面の課題もあると考えられる。

有機食品の1人当たりの年間消費額を比較してみると、フランスやドイツでは約1万7,000円、アメリカで約1万6,000円となっている一方、わが国は1,000円超と10分の1に満たない状況である。

農林水産省が行なっている消費者アンケート調査では、有機食品の購入について、約3割の消費者が「週に一度以上有機食品を利用」していると回答する一方、過半数以上の消費者は「ほとんど利用（購入・外食）していない」とい

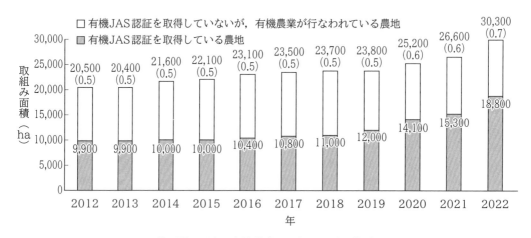

第1図　国内の有機農業の取組み面積の推移

有機JAS認証圃場の面積は農林水産省食品製造課調べ。非有機JAS圃場は農業環境対策課による推計（2012～2014年度まではMOA自然農法文化事業団の調査結果から、または都道府県からの聞き取りにより推計。2015年度以降は、都道府県からの聞き取りをもとに取りまとめた）
　（　）内の数字は耕地面積に占める有機農業取組み面積の割合

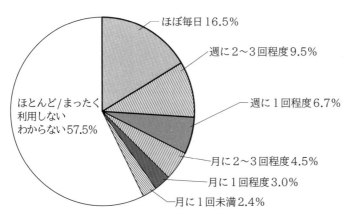

第2図 有機食品に関する消費者アンケート調査の結果（2022年）
有機食品を週に1回以上利用する消費者は計32.6％だった
農林水産省「有機食品市場規模及び有機農業取組面積の推計手法検討プロジェクト」から，農業環境対策課作成

う回答である（第2図）。また，多くの消費者が有機食品は「安全である」や「健康にいい」といったイメージで購入しているという回答であった。今後，環境に配慮した製品を選び，購入する消費者が増えていけば，わが国の有機食品市場についても，さらなる拡大が期待される。

一方，わが国の農林水産物・食品の輸出額は近年，増加傾向にあり，2021年には初めて1兆円を超えた。2025年に輸出額2兆円，2030年には5兆円を目標として，さらなる輸出拡大の推進をはかっているところである。有機農産物や加工品については，有機認証の同等性を相互承認しているアメリカやEU，カナダ，スイスなどの国・地域に対し，同等性の仕組みを利用した輸出が増加傾向で推移している（第3図）。とくに有機茶は海外でのニーズが高く，残留農薬基準をクリアする可能性も高いことから輸出が増加している。

（2）拠点となるオーガニックビレッジ

農林水産省が2021年5月に策定した「みどりの食料システム戦略」では有機農業について，2050年までに，耕地面積の25％に相当する100万haまで有機農業の取組み面積を拡大する意欲的な目標を掲げている。

この目標の達成に向けては，有機農産物などの国内消費の拡大や輸出促進によりマーケットの拡大を進めながら，先進的な農業者や産地の取組みの横展開，つまり個々の農業者の点的な取組みから地域ぐるみの取組みに発展させることが必要である。加えて，新たな品種やスマート農業技術など，革新的な技術の開発・普及を

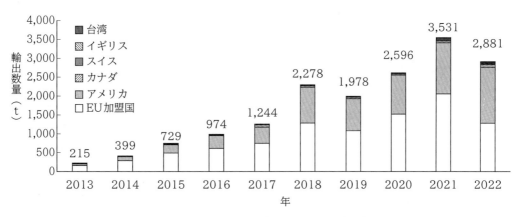

第3図 アメリカ，EU加盟国，イギリス，カナダ，スイスおよび台湾向け有機食品輸出数量（有機認証の仕組みが同等であることを利用した輸出分）の推移
EU加盟国は2020年までは英国を含む

進めていくこととしている。

　農林水産省では2022年から，市町村主導で生産から消費まで一貫した地域ぐるみの取組みを実践する「オーガニックビレッジ」の創出を進めており，2024年8月末までに45道府県129市町村まで拡大している。

　オーガニックビレッジでは，栽培実証による品目選定や技術の体系化，共同出荷や配送，そして地元企業や高校と連携した加工品の開発，学校給食での利用，生き物調査など地域住民が有機農業に触れる機会の創出など，生産から消費まで多様な取組みが展開されている。これらの取組みを先進モデルとして横展開をはかるとともに，2030年までに200市町村のオーガニックビレッジ創出を進める。

　また，市場の創出に向けては，国産の有機食品を取り扱う小売や飲食関係の事業者と連携し，生物多様性保全や地球温暖化防止など，有機農業のもつ価値や特徴を消費者に広く発信し，国産の有機食品の需要喚起に取り組んでいる。

　2020年9月には，国産有機食品を応援する小売業者および飲食サービス事業者のプラットフォームとして「国産有機サポーターズ」を立ち上げた（第4図）。2024年3月末時点で事業者111社が参画し，各社独自の取組みや有機農産物の取扱い情報，生産地と連携したイベント開催などの情報発信を通じて，消費者の理解醸成を進めている。

　こうした取組みを通じて，多くの農業者が経営の1つの選択肢として有機農業に取り組むことのできる環境づくりや，消費者に有機農業の意義を理解してもらい買い支えてもらえるような市場の拡大・創出などを進めていく。

(3) スマート農業と有機農業

　今後，農業者のいっそうの減少が見込まれるなか，農業の持続的な発展や食料の安定供給を確保するうえでは，従来の生産方式を前提とした農業生産から，より生産性の高い生産方式に転換していくことが重要である。このためロボットやAI，IoTなどの先端技術を活用し，作業の自動化やAIのデータ解析にもとづく農業経

第4図　「国産有機サポーターズ」のロゴマーク

営の高度化などを可能とするスマート農業技術の開発・普及が期待される。

　とくに有機農業は，除草作業に多くの労働時間を要すること，病害虫により収量が減少することが拡大の課題となっているため，スマート農業技術を活用したさらなる省力化や単収の向上・安定化をはかることが重要である。

　近年は，高能率除草機や自動抑草ロボット，水管理システムなどの雑草対策技術，土着天敵や光を活用した害虫防除技術，ドローンを利用したリモートセンシング技術など，有機農業でも活用可能な技術開発が進んでいる。

　有機農業の産地には，これらの技術を実証導入するところも出てきた。たとえばソーラーパネルで充電しながら，水田内を自動で動き回って雑草の発生を抑制するアイガモロボット，生育ステージを画像診断で判断，適期に有機質資材を追肥して収量や品質を向上させるセンシング技術，中山間地域の棚田におけるリモコン草刈り機を利用した畦畔の除草など，地域に即した取組みが始まっている。

　有機農業の拡大をはかるうえでは，先端技術を活用したスマート農業技術の開発・普及を進めつつ，地域や品目に即した安定生産技術や技術指導の体制を整備していくことも重要と考えている。

　　執筆　松本賢英（農林水産省農産局農業環境対策課）　　　　　　　　　　　2024年記

みどりの食料システム戦略が描く日本有機農業の未来

(1) 深刻な地球温暖化と農業

農業は、自然への働きかけによる物質循環によって成り立ち、気温、降雨、生物相などの変化に大きく左右される産業である。

わが国では、とくに水田を中心とした農業が連綿と続き、その多面的機能の発揮を通じて国民生活にさまざまな恩恵をもたらしてきた。近年は、経済の発展とともに農業の担い手が減少するなか、化学農薬や化学肥料などの資材を用いて、経験にもとづく栽培技術に支えられた農業が展開されてきた。そして季節ごと、地域ごとに多彩で高品質な農産物が生み出され、国内外で高い評価を得ている。

一方で近年、気候変動が進行し、わが国の年平均気温は100年当たり1.35℃の割合で上昇し、2023年の日本の年平均気温は、統計を開始した1898年以降もっとも高い値となった。

農業は気候変動による影響を受けやすく、災害の激甚化による被害のみならず、米の一等米比率の大幅低下など、温暖化による農産物の生育障害や品質低下などの影響が生じている。このほか、生物多様性の急速かつ大規模な損失、地域によっては病害虫のまん延や地力の低下など、生産現場への影響は深刻化している。

気候変動に関する政府間パネル（IPCC）第6次評価報告書第1次評価報告書によると、人間活動の影響で地球が温暖化していることについては「疑う余地がない」と結論づけられている。

気候変動の原因である温室効果ガス（GHG）の排出量と農業の関係をみると、世界の温室効果ガス排出量のうち農業、土地利用、土地利用変化（森林伐採など）の農林業由来が22％（2019年）を占めている（第1図）。

わが国の温室効果ガスの総排出量に占める農林水産分野の割合は4.2％である（第2図）。その内訳をみると、燃料燃焼に伴う二酸化炭素（CO_2）の排出が30.7％なのに対し、メタン（CH_4）の排出が51.1％、一酸化二チッソ（N_2O）が18.2％と、二酸化炭素以外の温室効果ガスの排出割合が高くなっている（第2図）。

メタンは二酸化炭素の28倍の温室効果をもつが、短寿命なので、排出削減の効果が高い。世界的にも注目が集まっており、アメリカ・EUが主導するグローバル・メタン・プレッジのもとで、世界全体で2030年までに2020年比で30％削減するという世界目標が掲げられている。

一方、わが国ではメタン排出量の82％（2022年）が農業分野からの排出である。カーボンニュートラルの実現に向けて、農業分野でも温室効果ガスの削減など環境負荷の低減が課題とな

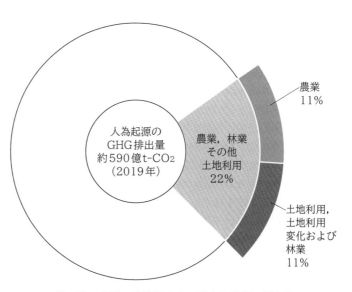

第1図　世界の農林業由来の温室効果ガス排出量
「IPCC第6次評価報告書第3作業部会報告書（2022年）」をもとに農林水産省作成。単位は億t-CO_2換算。「農業」には、稲作、畜産、施肥などによる排出量が含まれるが、燃料燃焼による排出量は含まない

第1部　有機農業とは何か

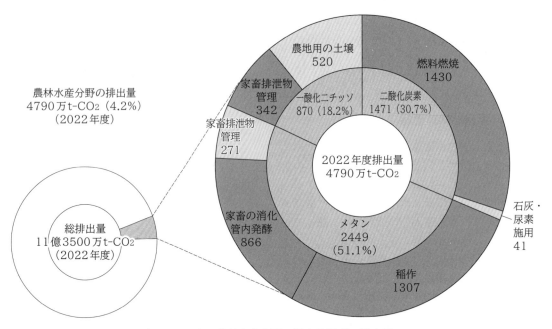

第2図　日本の農林水産分野の温室効果ガス排出量
国立環境研究所温室効果ガスインベントリオフィス「日本の温室効果ガス排出量データ」をもとに農林水産省作成。単位は万t-CO_2換算。温室効果は，二酸化炭素に比べメタンで28倍，一酸化二チッソで265倍。排出量の合計値には，燃料燃焼および農作物残渣の野焼きによるメタンと一酸化二チッソが含まれるが，僅少のため表記していない。よって，内訳の合計とガスごとの排出量の合計値は一致しない

っている。

（2）環境負荷低減は待ったなし

また，わが国は国内農業生産を支えるエネルギーや，化学肥料の原料となる尿素，塩化カリウム，リン酸アンモニウムを定常的に輸入に依存しており，食料安定供給の観点からもサプライチェーン上の課題を抱えている。

世界的にみても，地球の限界を意味する「プラネタリー・バウンダリー」は気候変動や生物多様性，チッソやリンなどの項目ですでに人間が安全に活動できる範囲を超えており，環境負荷低減は国内外において待ったなしの課題となっている。

自然や生態系のもつ力を巧みに引き出して行なわれる農業生産において，その活動に起因する環境負荷の低減を図り，豊かな地球環境を維持することは，生産活動の持続的な発展に不可欠であり，次世代に向けて取り組まなければならない喫緊の課題である。今後，農業者の減少・高齢化が進み，エネルギーや資材の価格高騰や各国間での争奪が現実のものとなるなか，こうしたわが国の農業の強みを将来も発揮し続けていくためにも，食料システムにかかわる環境負荷を減らし，エネルギーや資材の使い方を変えていく必要がある。

（3）「みどりの食料システム戦略」を策定

このため農林水産省では，2021年5月，食料・農林水産業の生産力向上と持続性の両立をイノベーションで実現するための政策方針として「みどりの食料システム戦略」（みどり戦略）を策定した。

同戦略では，2050年に目指す姿として，14のKPI（重要業績評価指標）を掲げた（第1表）。具体的には「農林水産業のCO_2ゼロエミッション化」「化学農薬使用量（リスク換算）の50％低減」「輸入原料や化石燃料を原料とした化

第1表 みどり戦略のKPIと目標（温室効果ガス削減と農業分野のみ）

	KPI	2030年目標	2050年目標
温室効果ガス削減	①農林水産業のCO₂ゼロエミッション化（燃料燃焼によるCO₂排出量）	1484万t-CO₂（10.6％削減）	0万t-CO₂（100％削減）
	②農業機械の電化・水素化など技術の確立	電動草刈機，自動操舵普及率50％	
	③化石燃料不使用の園芸施設への移行	ハイブリッド型施設の割合50％	化石燃料を使用しない施設への完全移行
	④農山漁村における再エネの導入	カーボンニュートラルの実現に向けて，農林漁業の健全な発展に資する形で，わが国の再生可能エネルギー導入拡大に歩調を合わせた，農山漁村における再生可能エネルギーの導入をめざす	
農業	⑤化学農薬使用量（リスク換算）の低減	リスク換算で10％低減	リスク換算で50％低減
	⑥化学肥料使用量の低減	72万t（20％低減）	63万t（30％低減）
	⑦耕地面積に占める有機農業の割合	6.3万ha	100万ha（25％）

学肥料の使用量の30％低減」「耕地面積に占める有機農業の取組み面積の割合を25％（100万ha）に拡大」といった農業生産に深くかかわるもののほか，食品産業や森林・林業，水産・養殖業といった幅広い分野でKPIが定められた。

2022年6月には，中間目標として2030年目標も定められ，これらの進捗状況については，農林水産大臣を本部長とする「みどりの食料システム戦略本部」において毎年点検されている。

みどり戦略の目標達成に向けては，農業生産現場だけでなく，調達，生産，加工・流通，消費の食料システムの各段階の関係者の行動変容とイノベーションが重要である。消費面では，必要以上に外見のきれいさや日付の新しさにこだわる価値観や行動が結果として農薬や包材を必要以上に使ったり食品ロスを招いたりしている実態にも目を向け，環境負荷低減の取組みの「見える化」ラベル（後述）なども参考に，持続可能な消費への取組みが期待される。

（4）みどりの食料システム法の制定

本戦略の実現に向けて，予算・税制・融資・法律による支援策が講じられている。まず，2021年度からみどりの食料システム戦略推進総合対策が予算措置され，調達から生産，加工・流通，消費に至るまでの環境負荷低減と持続的発展に地域ぐるみで取り組むモデル地区の創出および関係者の行動変容と相互連携を促す環境づくりの支援が開始された。

みどりの食料システム戦略推進交付金では，新たな技術を導入した化学肥料・化学農薬の低減や有機農業の拡大，家畜排泄物など地域のバイオマス資源のエネルギー活用などの環境負荷低減に取り組む地域を支援する。この実証事業により化学肥料・化学農薬，メタンなどの削減が可能となれば，地域の栽培暦や栽培マニュアルに反映し，横展開（一般化）することとされている。

さらに，2022年4月には「みどりの食料システム法」（環境と調和のとれた食料システムの確立のための環境負荷低減事業活動の促進等に関する法律（2022年法律第37号））が全会一致で可決・成立し，同年7月に施行された。

同法では，環境負荷低減に取り組む生産者や事業者による機械・施設への投資を促進するた

めの「みどり投資促進税制」とともに，日本政策金融公庫などによる資金繰り支援が講じられている。2022年9月には，同法の運用の考え方などを定めた国の基本方針（2022年農林水産省告示第1412号）が公表され，2023年3月末には，同基本方針にもとづき，すべての都道府県で，生産者の計画認定を行なうための基本計画が作成された。

(5) 生産現場を後押しする仕組み

みどりの食料システム法では，二つの計画認定制度により，生産現場での環境負荷低減の取組みを後押しする仕組みが創設されている。

一つ目は，生産者を対象とする計画認定制度である。土つくりおよび化学肥料・化学農薬の削減，温室効果ガスの排出削減などの環境負荷低減の取組み（環境負荷低減事業活動）を対象とし，認定主体は都道府県である。

都道府県から計画認定を受けた生産者は，無利子融資などの特例措置を受けられるほか，化学肥料・化学農薬の低減に必要な機械や施設を導入する場合は，みどり投資促進税制として，機械32％，建物16％（一体的に整備する場合に限る）の特別償却を受けることができる。たとえば有機農業で使われるポット成苗田植機や水田除草機，カメムシ斑点米に対応可能な色彩選別機なども対象となり，また，補助金との併用も可能となっている。

二つ目は，前述のような生産者を，技術の開発・普及や新商品開発により側面的に支援する機械・資材メーカーや食品事業者の事業（基盤確立事業）を国が認定する計画認定制度である。

計画の認定を受けた事業者は，低利融資の特例措置が受けられるほか，化学肥料・化学農薬に代替する資材（ペレット堆肥や生物農薬など）を製造する資材メーカー・食品事業者などは，これらの製造設備などを取得する場合に，法人税・所得税の特別償却（機械32％，建物16％，一体的に整備する場合に限る）を受けることができる。

(6) 補助金交付に環境負荷低減を義務化

2024年，食料・農業・農村基本法の改正案が国会で可決，成立した。このなかで，食料供給が環境に負荷を与えている側面にも着目し，環境と調和のとれた食料システムの確立が基本理念として位置付けられた。その具体的な施策の一つとして，みどり戦略でも掲げられた，農林水産省のすべての補助事業について，最低限行なうべき環境負荷低減の取組みの実践を義務化する「クロスコンプライアンス（みどりチェック）」が導入されることとなった。

これにより，農林水産省の補助金の交付を受けるためには，みどりの食料システム法の基本方針において示された「適正な施肥」「適正な防除」「エネルギーの節減」「悪臭・害虫の発生防止」「廃棄物の発生抑制や循環利用・適正処分」「生物多様性への悪影響の防止」「環境関連法令の遵守等」という7つの基本的な項目について，取り組む内容を事業申請時にチェックシートで提出。事業実施後には内容を報告，取組み状況を確認することが義務付けられることとなる。

2024年度には，事業申請時のチェックシートの提出に限定して試行実施し，2027年度にはすべての事業において，事業申請時・報告時・事業完了時の実施確認のすべてのプロセス含めて本格実施することとしている。

(7) 温室効果ガスの削減効果を「見える化」

みどり戦略では，調達から生産，加工・流通，消費という食料システムの関係者全体で環境負荷低減に取り組むことがポイントとなっている。このため，農林水産省では，生産者の環境負荷低減の努力を消費者にわかりやすく表示する「見える化」に取り組んでいる。

2022年から，米や野菜，果樹や茶の23品目を対象に，温室効果ガス削減への貢献を星の数で示す等級ラベルを表示して実証販売を開始。その結果も踏まえ2024年3月からは，新たな等級ラベルデザインを用いて，ガイドライン

有機農業の歴史と概念

に沿った本格運用を始めている（「みえるらべる」第3図）。

温室効果ガスの削減については，水田における中干し期間の延長によるメタンの削減，施肥の適正化による一酸化二チッソの削減，施設園芸・農業機械の省エネ推進のほか，堆肥や緑肥などの有機物やバイオ炭の施用などさまざまな取組みが進められている。

このような取組みを消費者に伝達する手法としては，商品やサービスの原材料調達から廃棄・リサイクルに至るまでのライフサイクル全体を通して排出される温室効果ガスの排出量をCO_2に換算して，商品やサービスに表示する「カーボンフットプリント」（CFP）がある。

一方，農業は自然条件に大きく左右され，農産物の売価に比べて算定コストが高ければ取組みは普及しない。農林水産省の「見える化」は，化学肥料や化学農薬の調達から農産物生産までを対象に，地域の慣行栽培における温室効果ガス排出量を基準として，排出削減の貢献度合いを簡易に算定・表示する仕組みとしている（第4図）。

また，生物多様性については，とくに水田が重要な役割を果たしていること，保全の取組みと効果に一定の知見があること，農地面積に占める割合が高く，全国で取組みやすいことなどから，まずは米を対象として，生産者の取組みの「見える化」を行なうこととした（第2表）。

ただし生物多様性については，温室効果ガスと異なり，汎用的に定量評価する手法が確立されていない。そこで取組みの実施数を基本とする点数評価にもとづいて等級を確定することとし，温室効果ガス削減貢献の見える化の追加指標として，併せて表示できることとしている。

また，「見える化」の対象となる23品目をお

第3図 環境負荷低減への貢献を星の数で示す「みえるらべる」

「温室効果ガス削減への貢献」と「生物多様性保全への貢献」の2種類がある。対象品目は米，トマト，キュウリ，ミニトマト，ナス，ホウレンソウ，白ネギ，タマネギ，ハクサイ，ジャガイモ，サツマイモ，キャベツ，レタス，ダイコン，ニンジン，アスパラガス，リンゴ，ミカン，ブドウ，日本ナシ，モモ，イチゴ，チャの23品目。第三者認証が不要で，誰でも無料で取り組める

$$100\% - \frac{\text{対象生産者の栽培方法での排出量（品目別）}}{\text{地域または県の標準的栽培での排出量（品目別）}} = \text{削減貢献率（\%）}$$

排出（農薬，肥料，燃料など）−吸収（バイオ炭など）

第4図 温室効果ガス削減の等級ラベルの算定方法

農水省のHPから入手した「温室効果ガス簡易算定シート」に取組みを記入。図中の計算方法で，削減貢献率5％以上が★1つ，10％以上なら★2つ，20％以上なら★3つ

第2表 生物多様性保全の等級ラベルの星の付け方（取組み一覧）

化学農薬・化学肥料の不使用	2点
化学農薬・化学肥料の低減（5割以上10割未満）	1点
冬期湛水	1点
中干し延期または中止	1点
江の設置など	1点
魚類の保護	1点
畦畔管理	1点

注 表中の取組みを実施して1点なら★1つ，2点なら★2つ，3点以上なら★3つ
現在は稲作に限られる

もな原材料とする加工食品についても，一定の条件のもとで，等級ラベルを貼付することが可能となっている（対象品目については今後拡大予定）。

この「見える化」は第三者認証が不要で，無料で取り組める。ラベル表示を希望する場合，簡易算定シートに栽培データや取組みを入力し，その結果を農林水産省に報告すると，算定結果に登録番号が付与され，農林水産省のホームページで登録番号が開示される。なお，制度の信頼性を確保するため，報告された情報に疑義がある場合には，算定結果の根拠となったデータの提供を求められ，検証・所要の改善指導が行なわれる。

(8) 農業分野におけるカーボン・クレジットの推進

「カーボン・クレジット」とは，温室効果ガスの排出削減・吸収量をクレジットとして認証し，売買を可能とする仕組みである（第5図）。わが国では，農林水産省，経済産業省，環境省の3省により運営される「Jークレジット制度」がある。温室効果ガスの削減・吸収の取組みから生じるクレジットが売買できるメリットがあり，農業分野でもその活用が期待されている。

誰でも参加可能で，温室効果ガスの削減手法ごとに排出削減・吸収量の算定方法およびモニタリング方法を定めた「方法論」と呼ばれる規程に沿って実施する。農業者による実施が想定される方法論は，1) 効率のよい空調設備の導入などの省エネルギー関連，2) 木質バイオマス固形燃料による化石燃料の代替，太陽光発電の導入などの再生可能エネルギー関連，3) 水稲栽培における中干し期間の延長やバイオ炭の施用といった「農業分野」に大別される。

農業分野の方法論は，2024年3月現在，6つある（第3表）。とくに2023年3月に承認され，同年4月から施行された「水稲栽培における中干し期間の延長」については，中干し期間をその水田の直近2年以上の実施日数より7日間延長することで，水田からのメタン排出量が

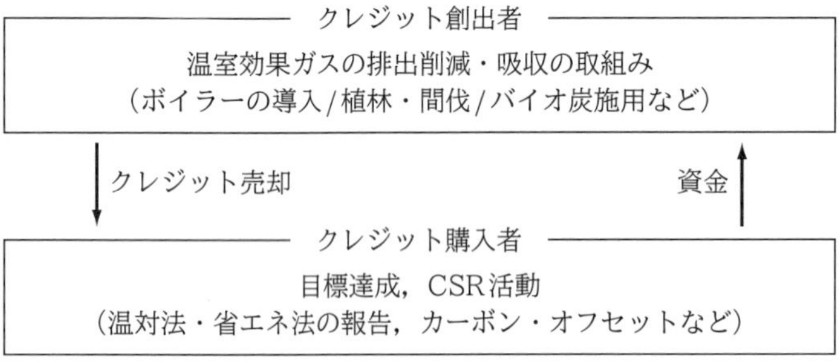

```
┌──────────────── クレジット創出者 ─────────────┐
│     温室効果ガスの排出削減・吸収の取組み        │
│  （ボイラーの導入／植林・間伐／バイオ炭施用など） │
└────────────────────────────────────────────┘
   ↓ クレジット売却              ↑ 資金
┌──────────────── クレジット購入者 ─────────────┐
│          目標達成，CSR活動                     │
│（温対法・省エネ法の報告，カーボン・オフセットなど）│
└────────────────────────────────────────────┘
```

第5図　Jークレジットの仕組み
温室効果ガスの吸収量（削減分）を「クレジット」として国が認証する制度。地球温暖化対策への積極的な取組みとしてPRできるだけでなく，クレジットを企業などへ売却することで，収入を得ることができる

第3表　農業者らによる実施が想定されるおもな方法論

省エネ	ボイラーの導入
	ヒートポンプの導入
	空調設備の導入
	園芸用施設における炭酸ガス施用システムの導入
再エネ	バイオマス固形燃料（木質バイオマス）による化石燃料または系統電力の代替
	太陽光発電設備の導入
農業	牛・豚・ブロイラーへのアミノ酸バランス改善飼料の給餌
	家畜排泄物管理方法の変更
	茶園土壌への硝化抑制剤入り化学肥料または石灰チッソを含む複合肥料の施肥
	バイオ炭の農地施用
	水稲栽培における中干し期間の延長
	肉用牛へのバイパスアミノ酸の給餌

注　農業分野では現在6つある

3割削減できる効果があり，生産現場において比較的容易に取り組めることから広がっている。

　農業分野では，生産者一人ひとりの取組みによる温室効果ガスの排出削減・吸収量は大きくないことから，グループの取組みをまとめてクレジット化する「プログラム型」の活用が期待される。

　今後，農業分野の取組みの拡充に向け，J-クレジット制度の普及やプロジェクト形成の支援のほか，農業分野における方法論の拡充に向け，データの収集・解析を進めていくこととしている。また，2023年10月には東京証券取引所において，カーボン・クレジット市場が開設された。価格公示による透明化および流動化を通じて，取引の拡大が期待されている。

(9) アジアモンスーン地域への展開

　SDGsや環境への対応が急務となるなか，冷涼乾燥な欧米とは異なり，温暖湿潤で小規模な水田が中心という点で，気候や農業構造が類似するアジアモンスーン地域における持続可能な食料システムのモデルとして，みどり戦略を発信していくことが重要である。この考え方のもと，2023年10月の日ASEAN農林大臣会合において，わが国が提唱する「日ASEANみどり協力プラン」が採択された。

　今後は，みどり戦略にもとづき，わが国の食料・農林水産業の生産力向上と環境負荷低減を図るのみならず，わが国の技術を活用して，アジアモンスーン地域における農業の環境負荷低減を図ることが期待されている。

　　執筆　久保牧衣子（農林水産省大臣官房みどりの
　　　　食料システム戦略グループ長）

2024年記

第1部 有機農業とは何か

オーガニック給食から始める有機米産地づくり

(1) 学校給食によって実現した有機米の産地化

千葉県いすみ市（人口約3万5,000人）は，有機農業者がゼロであったにもかかわらず，それまでむずかしいといわれてきた有機米の産地化にわずか4年足らずで成功した。小学校9校，中学校3校（児童生徒数計2,200人）の学校給食に地場産有機米を100％使用したことが最大のポイントであり，もし，学校給食での使用がなかったら，当初の目標であった産地化に到達することはできなかったと思う。

みどりの食料システム戦略（みどり戦略）の施行により，全国各地で新たに有機農業が推進され，学校給食に有機農産物を使用する例も増えている。そのようなときだからこそ，いすみ市の取組みを題材に，学校給食が，単に有機農業の普及に寄与するだけにとどまらず，産地形成という大きな目標の達成に寄与することを検証してみたいと思う。

(2) いすみ市における有機農業推進の経緯

いすみ市における有機農業推進の発端はトップダウンによるもので，2012年に「自然と共生する里づくり連絡協議会」が発足したことを契機としている。兵庫県豊岡市のコウノトリと共生するまちづくりに感銘を受けた太田洋いすみ市長は，価格不振にあえぐ水稲産業の活性化のために，豊岡市と同様の取組みを展開したいと考えた。ただ，協議会を設立した時点では，いすみ市に有機米をつくっている農家は一人もいなかった。

いすみ市職員である筆者は2013年に当事業の担当となり，2014年から有機稲作を本格的に主導した。この年から3年間，いすみ市は有機稲作技術指導の第一人者であったNPO法人民間稲作研究所の稲葉光國氏（故人）を講師に招いた。そして県普及指導員やいすみ農協と三位一体で連携し，いすみ市の土壌や風土にあった有機稲作技術体系を確立するための実証研究「有機稲作モデル事業」を実施した。

2015年，モデル事業に参加した生産者の希望により，いすみ農協の協力のもと有機米を学校給食に初めて導入した。2016年，いすみ市は，公共調達による有機稲作の拡大を意図した学校給食有機米100％使用の目標を打ち立て，新たな生産者の参入と生産拡大を促し，2017年の収穫をもって学校給食の有機米100％使用を達成した。この年から有機JAS認証の取得をはじめ，販路開拓に成功し，いすみ農協を中核とした有機米の産地化が実現した。

2018年，同協議会に小規模有機野菜農家，多くはベテラン農家と新規就農者を組織化し，学校給食に向けた有機野菜の生産振興と域内消費の拡大，将来的に有機野菜の産地化を目指す取組みも開始した。

(3) 学校給食での有機農産物使用の成果

学校給食に有機米を100％使用したことで，以下のとおり，地域に多面的な好影響がもたらされた。

①有機農業者ゼロから4年で産地を形成

学校給食が安定した販路となり，子どもたちへの提供がモチベーションとなって，有機米の農家数，生産量ともに増加した。いすみ市における有機米生産の推移は第1図のとおり。

②残食の減少

学校給食のご飯の残菜率は2017年に18.1％だったが，有機米に100％切り替えのあと，年々減少し，2020年に10％に至った（第2図）。給食全体の残菜率も2017年は13.9％だったものが年々減少し，2020年に9.5％に至った（第3図）。

子どもたちの残食がなぜ減ったのか，具体的な因果関係を示すことはできないが，有機農産物の導入以外，それまでの学校給食と大きな変化はないため，それが残食の減少につながったと考えられる。

有機農業の歴史と概念

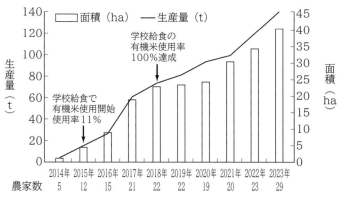

第1図　いすみ市における有機米生産の推移

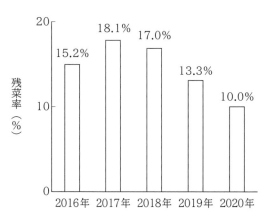

第2図　学校給食主食（ご飯）の残菜率（年平均）

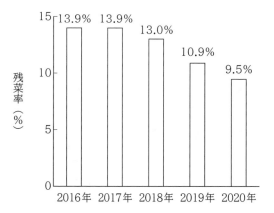

第3図　学校全体の残菜率（年平均）

③認知度向上とイメージアップ

学校給食に有機米を100％使用することは，人口2,000人以上の自治体としては，全国初の試みであり，相当なインパクトをもってさまざまなメディアに取り上げられた。そのため，いすみ市の有機農業やいすみ市そのものに対する認知度向上とイメージアップにつながった。

④移住者の増加

人口減少地帯であるいすみ市は，移住定住政策にも力を入れているが，なかでもオーガニック給食は大きなセールスポイントであり，田園回帰を志向する子育て世代にとって，魅力の一つとなっている。宝島社の『田舎暮らしの本』の人気コーナー「住みたい田舎ランキング」では，いすみ市が全国1位を獲得している（首都圏エリア総合第1位は2024年度で8年連続となる）。

⑤農産物のブランド化

有機米の商品展開においては「いすみっこ」という銘柄でブランド化を図っているが，学校給食での使用が抜群のブランドイメージとなり，消費者と得意先に受け入れられている。その影響で，ありがたいことに今日まで売り先に困ったことがない。

⑥農業所得の向上

学校給食有機米100％使用を目標に打ち立てた当初，有機米づくりに取り組もうとする生産者は，学校給食が受け皿となることで，売り先の心配をせずに有機稲作技術の習得に専念できた。その後，販路開拓に成功し，産地化を果たしたことで，現在も生産者は売り先の心配をまったくすることなく栽培を拡大することができている。生産者の収支をみると有機米づくりについては，あきらかに農業所得が向上している。

⑦新規就農希望者の増加

一般に，設備投資の負担に加え，採算を見込むことがむずかしい稲作への参入を希望する新規就農者は少ない。しかしながら当地においては，有機米づくりを志向する新規就農希望者が

(4) 学校給食を入り口として有機米産地をつくる

① そもそも，なぜ産地化を目指すのか

有機農業を本気で普及したいのであれば，たとえ困難があろうとも，あくまで産地化を目標にすべきと考える。産地が存在しない場合，仮に有機農産物をつくったとしても，個々の生産者は売り先の一つひとつを自力で開拓していかなければならない。有機農業技術の習得に加え，相当な販売努力が同時に求められてしまうのは負担が大きいし，そもそも売り先が見えないものをつくる生産者がどれだけいるかも疑問である。売り先はある，つまり産地化された状態なら，有機農業で営農するハードルはぐっと下がり，チャレンジする人は今よりずっと増えるはずである。

② 産地の中核を担う農協と学校給食

それでは産地化のために地域の農協に有機米の集出荷と販売をお願いしてみたらどうか。お願いしたところで，どの農協も扱いをためらうことが容易に想像できる。世間でいわれているように農協は有機農業に後ろ向きだからそうなのか。いや，筆者はそう思わない。一般米よりずっと高い価格を提示して，生産者から有機米を集荷しても，その先，もっと高く買ってくれる売り先がなければ当然，農協の損失になってしまう。つまり，農協が付加価値米の扱いに消極的なのは，需要の所在や大きさが見えづらいことに加え，売れ残りによる損失というリスクがあるからであって，有機農業が好きとか嫌いとか経営方針に合うとか合わないとか，そういったことではないように思う。

では，学校給食に有機米を使用したいので，生産者から有機米を集荷し，学校給食に向けて販売してほしいと頼んだらどうだろうか。売れ残りの心配もなく代金も確実に回収できるのだから，誘いを断る農協はまずないはずである。

このように，自治体が農協に対して，学校給食という確実な売り先を提示し，農協を中核とした集出荷体制を構築する。つまり学校給食を通じて産地の基礎をつくっていくことが大変有効である。いすみ市では農協との協働がスムーズにいったが，それは市が学校給食への導入を先に持ちかけたからだと断言できる。

③ 学校給食で多くの生産者を育成する

もし，学校給食に向けてまとまった量の生産物が提供できることになったら，そこへ一人，二人の既存の有機農家だけで取り組むのではなく，新たに有機稲作に取り組みたい生産者，それもなるべくたくさんの生産者を巻き込むことが，先に産地化を見据えた場合，とても大事になってくる。各生産者には，はじめはリスクや負担の少ない小さな面積で取り組んでもらい，この段階では，とくに有機稲作技術の習得に専念してもらう。

やがて数年もすると学校給食への提供がいっぱいになり，いよいよ次のステップである外向けの販路開拓に移っていく。商談をしてみればわかるが，最低ロットが十数tとかその半分でも数tと思いのほか大きく，もし，この時点で生産者も少なく，増産に余力がなければ，産地化の夢は遠のいてしまう。

ファーストステップである学校給食への提供段階では，その先に大きな需要があることを見据えて，新たに有機稲作にチャレンジする生産者数をそれなりに増やし，そして十分な技術習得をしてもらわなければならない。学校給食のお米が有機になればそれで終わりではない。その先にどう生かすか，道筋が大事である。

④ 子どもたちへの提供をインセンティブに

十分な売り先があり，生産者にとって再生産可能な価格が保障され，有機稲作技術を習得する機会にも十分に恵まれていれば，新たにチャレンジする生産者は勢いよく増える，と期待したいところだが，実際は，そう甘くない。これまでの話と矛盾していると思われるかもしれないが，一般に稲作農家はとても腰が重いし，ましてや除草剤なしの米づくりともなれば，誰しも雑草対策に相当な苦労があると想像し，なおさら腰が重くなる。

有機稲作への転換を勢いよく促すためには，もう一つ，二つ強力なインセンティブが必要

で、その期待に応えるものが"(学校給食を通じた) 子どもたちへの提供"といえる。

⑤学校給食が「転換期」の受け皿に

有機米の需要は、現在、十分にあると感じている。ただし、これは有機JAS認証を取得したお米に限ったことであり、有機農業によってつくられたお米であっても、有機JAS認証を取得していない場合、まとまった量を買いとってくれる販売先はなかなか見つからない。

有機米の産地振興に取り組み、すべての生産者が有機JAS認証取得を目指すにしても、認証を取得できないお米は必ずできてしまう。有機栽培1年目の田では有機JASに申請できないし、有機栽培2年目の田は申請できても「転換期間中」となるためだ。

せっかく苦労して有機農業でお米をつくっても、買取価格が一般米と同じにしかならなかったら、生産者としてはげんなりである。だからといって、農協などが有機JAS認証未取得（転換期間中）米を少し高い価格で集荷したとしても、その先、有機米相当の価格帯では売りづらく、有機米の産地振興においては、これが悩みになりやすい。

一方で、いすみ市の場合は、この種の悩みはまったくない。有機JAS認証未取得（転換期間中）米の大部分を学校給食に使用しているからだ。学校給食は一般消費者に表示販売するわけではないため、たとえば、特別栽培（節減対象農薬栽培期間中不使用・化学肥料（チッソ成分）栽培期間中不使用）等であっても、生産過程を書類等でしっかり確認できるので、必ずしも有機JAS認証である必要はない。いすみ市では、いすみ農協が有機JAS認証未取得（転換期間中）米を、有機農産物相当の価格で全量、買い取っている。

学校給食以外に、有機JAS認証未取得（転換期間中）農作物の有望な受け皿は、そう多く見当たらない。それだけに、有機JAS認証がなければオーガニック給食ではないかのような、不適切な思い込みが世間に広がることだけはなんとしても避けたいと思っている。

(5) 食材購入費の増加をどう乗り越えるのか

学校給食に有機米を使用するうえで、食材費のコストアップは避けられない。これに対応するにはどうしたらよいか。保護者から徴収する給食費を値上げするのは現実的ではないし、お米以外の食材費を削るといったこともむずかしい。

そこでまずはいすみ農協と協議し、生産者に再生産可能な価格（60kg当たり2万円、有機JAS取得の場合はプラス3,000円）を保証したうえで、納入業者である農協の手数料は最低限に抑えていただくようにした。

またいすみ市では、有機米と一般米との差額に相当する追加的な購入費を市の一般財源で予算化している。年間400万～500万円になるが、その金額以上のメリットがあるため、その予算は問題となっておらず、保護者が負担する給食費の値上げは一度も行なっていない。

学校給食法第11条第2項により、食材料費は保護者負担に定められている。しかし、給食費無償化や一部補助などを実施している自治体の例が示すとおり、保護者負担はあくまで原則であり、自治体独自の判断で柔軟に運用することはできる。国の食育推進基本計画では、学校給食の地場産（都道府県内産）や国産食材の使用を推奨しているが、学校給食に有機農産物を使用することを推奨する項目は見当たらない。学校給食に有機農産物を使用することは、現在のところ自治体独自の判断に委ねられているが、自治体はどのような目的や根拠を見出すことができるだろうか。

第一に、多くの保護者が期待するところの食の安全性向上が考えられる。ただし、有機農産物は一般農産物に比べ、農薬の残留が少ないことには間違いないが、公的に定められた残留基準値以下にある一般農産物に対して、食の安全性が低いという見解を自治体が示すことは公の性格上むずかしい。そのため、学校給食に有機農産物を使用することで食の安全を高めるという自治体の主張は、どうしても控えめな印象である。

第二に，子どもたちが持続可能な農産物の代表ともいえる有機農産物を，学校給食で毎日のように食べるという生きた経験を通して，食生活が自然の恩恵のもとに成り立っていることを理解できるという食育振興が考えられる。

これら第一，第二の目的は，学校給食法に謳われた学校給食の目的に通じる部分であるが，さらに第三として，学校給食で一定量の地場産有機農産物を購入することによる生産振興や域内消費の拡大が考えられる。

いすみ市の場合，これらに加えて，オーガニック給食に，先に述べたような有機農産物のブランド化や移住定住促進，地域イメージの向上など野心的な目的を掲げてきた。筆者は，学校給食に地場産有機農産物を積極的に導入するということは，地域の子どもたちをどのように育てていきたいかということに加え，地域の農業や環境，食文化をどうしたいか，どのような人に支持され，どのような人に気に入って住んでもらいたいかということを掲げることと同義にとらえている。

このような多面的な効果をもたらすオーガニック給食の実現には，追加的負担を保護者だけに求めるのではなく，広範な議論を通して，自治体に創造的な予算運用を求めたいところである。

(6) 有機野菜の産地化も給食が入り口になるか

いすみ市は，2018年から有機野菜も学校給食に使用するようになったが，これは当初，市の構想になかった。途中経過となるが，その取組みを紹介し，有機野菜でもオーガニック給食が産地化の入り口になるか，論じたい。

①きっかけは市内生産グループからの要望

2017年，学校給食有機米100％使用達成のあと，そのことを知った市内の有機野菜生産グループから，グループで生産した有機野菜も学校給食に使用して欲しいという要望が市に寄せられた。グループを構成している農家の大半は高齢であったが，長年，子どもたちへの有機野菜の提供を熱望していた。市としてなにができるか，その時点ではまったくわからなかったが，せっかくご要望いただいているので，できるところから一緒にやりましょうというスタートだった。

市としては，取り組むからには，子想い，孫想いといった奉仕的性格だけにとどめるのではなく，有機米の事業と同じように農業振興にも役立てたいと考えた。そのため，市が事務局を務める前述の協議会内に有機野菜の部会を新設し，ご要望いただいた有機野菜生産グループとともに，市内に点在していた新規就農者にも幅広く声をかけ，有機野菜生産者を組織化した。

そして，有機野菜の学校給食への提供を，ベテラン農家にとっては「生きがいの創出」に，新規就農者にとっては自立化に向けた「経営支援」に位置づけ，新たに市の施策として推進することにした。また，就農希望者に関心が高い有機農業を畑作でも推進することで，新たな畑作従事者を増やし，近年，畑でも顕在化している空き農地（耕作放棄地）問題を解消することを目的とした。

②センター給食における課題

いすみ市の学校給食は，一つの給食センターがすべての小中学校に同じ献立を提供し，調理も民間に委託している。全国によくあるいわゆるセンター・調理委託方式である。こうした合理化の進んだ方式では，地元産野菜，ましてや有機野菜の使用などできるわけがないと考えられてしまうが，なにもはじめから大規模に取り組もうということでなく，できるところからという発想であれば，実現できるはずである。

しかし，これを自校方式に戻さないといけない，あるいはセンターの調理や下処理，食材調達のシステムを大きく変更しなければいけないというような思い込みがあると，いつまでたっても取組みを始められない。将来的に学校給食のシステム変更を期待するにしても，はじめはできるものから，できる範囲でやるしかない。

いすみ市では，どんな品目がセンターに取り入れられそうか，生産者が有機野菜の見本をセンターに持ち寄って重点品目の選定を行なった。その結果，下処理過程の合理化が進んだセ

ンター・調理委託方式では，受け入れできるサイズ（規格）が限られるものの，8品目（ニンジン，タマネギ，ジャガイモ，長ネギ，ニラ，ダイコン，キャベツ，コマツナ）で有機野菜を使用できる見込みがたった。

③流通課題

一日のニンジンの使用量をたとえば50kgと仮定し，そのうち10kgを生産者Aが，20kgを生産者Bが，15kgを生産者Cが，5kgを生産者Dが納品するとする。この場合，それぞれの生産者がセンターに納品すると，センターの荷受けも煩雑化する。そのため，間に青果業者が入り，1日当たりの必要量にまとめて，センターに納品するのが適当であった。

当初は仕組みがなく，一つひとつ手探りで進めていかなければならず，既存の青果業者に連携を呼びかけるのは困難であった。そのため，生産者が日ごろ付き合いのある直売所に協力を求め，一歩一歩，地場産有機野菜の安定供給体制の構築に努めた。

直売所の協力により，供給体制の構築が順調に進んでいったが，いすみ産有機野菜の使用率を高め，直売所の売上げが上がるほど，既存の青果業者の売上げ減少を招くこととなる。その結果，青果業者が給食事業から撤退すると，センターの食材調達力が低下してしまうため，こうした利害の対立をどう解消するか，この問題は現在まで続いている。

④先進農家を外部講師に

経営の自立を目指す新規就農者のなかには，先進農家のもとで実務経験を積んでから就農した方もいれば，ほとんど経験もなく就農した方もいるなど，その技術や経験の水準はじつにさまざまである。技術的な課題はもとより，経営的な課題なども抱えているため，支援の方向性も多岐にわたる。

そのような新規就農者特有の課題，悩みに応えるため，いすみ市は，（一社）次代の農と食をつくる会に協力を要請し，新規参入者から成功し，現在，先進農家として活躍している千葉康伸氏（NO-RA（株）農楽）と白土卓志氏（（株）いかす）を講師に派遣していただいている。2024年現在で指導3年目であるが，この間，新規就農者のレベルアップ，課題解決力の向上がみられている。

⑤オーガニック給食は有機野菜の産地化に寄与するか

前述の取組みにより，現在，経営の自立が目前という新規就農者が少なくとも2戸ある。さらに，新たな新規就農者，それも農家研修を十分に積んだ就農者や，そこに研修生が数名加わってきた現状を考えると，学校給食への導入を中心に据えた現在の支援策を継続していくと，また1戸，また1戸と新規就農者の経営の自立化を促す期待がある。

そうして自立した就農者がおよそ10戸も集まれば，共同で大きな需要にアクセスできる可能性が見えてくる。オーガニック給食を通じた有機野菜の産地化については，現在，鋭意推進中であるが，近い将来，日本における公共調達（学校給食）を生かした産地づくりの模範例として，水稲に加えもう一例，野菜もご報告できるよう引き続き努力したいと思う。

執筆　鮫田　晋（千葉県いすみ市役所）

2024年記

第1部　有機農業とは何か

遊休農地活用から生まれた「ゆうき給食とどけ隊」の畑

長野県松川町・「ゆうきの里」づくり

アマガエルのおかげで、無農薬でもピカピカのトウモロコシ

「有機栽培の野菜づくりは9年目です。以前からアマガエルが畑にいて虫を食べてくれるのは気づいていました。でも、こんなに数が増えたのにはビックリしましたね」というのは矢野悟さん（40歳）。有機農業がやりたいと関西から長野県松川町に移住し、現在は80aほどの畑でトウモロコシ、エダマメ、ジャガイモ、ナス、レタス、キャベツなどを多品目少量栽培、個人産直で販売している。

矢野さんは2020年にできた「松川町ゆうき給食とどけ隊」のメンバーの一人だ。2021年にメンバーに加わり、有機栽培で育てたトウモロコシが町内の小中学校の給食に使われた。

育てているのは白粒品種のトウモロコシ。産直でも人気の品目だそうだが、梅雨明けころからアワノメイガの幼虫が発生し、実を食べてしまうのが悩みだった。そこで昨年、工夫したのが、トウモロコシのウネ間に生える雑草の活用だ。

ウネ間に生えた雑草をすぐには刈らず、あえて腰の高さまで育てる。すると、地表にいるアマガエルが次々と雑草をよじ登って葉の上で過ごすようになった。

アワノメイガはトウモロコシの一番先端にある雄穂にまず卵を産み付け、そこから孵化した幼虫が雌穂を目指して降りてくる。葉の上にたくさん集まったアマガエルは、それを待ち構えるかのように次々とたいらげてくれたのだ。

おかげで無農薬でもきれいなトウモロコシが収穫でき、学校給食にも提供できた。珍しい白いトウモロコシは子どもたちにも好評で、今年も収穫を待ちわびる声があがっている。

草に囲まれたトウモロコシの生育が心配になるが、大きな実が問題なくとれるとか。「むしろ実が草に隠れて、サルの被害も減らないかな」と、矢野さんは今年もその効果に期待する。

「ゆうきの里」づくりはこうして始まった

(1) 遊休農地をどうするか

とどけ隊のメンバーとして有機栽培に取り組む農家は現在8人。それぞれが「生きものと一緒に農業」の工夫をこらしているが、その紹介の前に、松川町の「ゆうきの里」づくりの経緯を振り返っておこう。

長野県下伊那郡松川町は人口約1万2,000人。町の中心部を天竜川が南北に流れ、川の東側は水田が、西側は野菜畑や果樹園が多い。就農人口は1,000人ほどで20～30代の若手農家もけっして少なくない地域だが、担い手の数は減少が続いている。そして、地域の課題となっているのが、200ha以上ある遊休農地。東

第1図　矢野さんのトウモロコシ畑
（写真提供：矢野　悟）
ウネ間の草（アカザ）をあえて大きく茂らせ、アマガエルが登れるようにした。腰の高さを超えたら、上のほうだけ鎌で払い刈りする

第2図　葉の上でアワノメイガを待ち構えるアマガエル
（写真提供：矢野　悟）

第3図　矢野悟さん　（写真撮影：尾﨑たまき）

第1部　有機農業とは何か

第4図　寺澤さんのネギ畑
（写真提供：寺澤茂春）
ネギの左にソルゴー、右にマリーゴールドが植えてある。そこに集まるアブラムシを目当てに、天敵のヒラタアブなどが増える

第5図　寺澤茂春さん
（写真撮影：尾﨑たまき、以下もすべて）

京ディズニーランドを超える面積だ。

この先、遊休農地をどうやって解消するか。農地をどう守り続けるか。その対策を人・農地プランにまとめようと、これまで何度も集落ごとの話し合いが重ねられてきた。その成果として、新規就農の受け入れ支援や法人の農業参入支援、農地の集積といった対策とともに、松川町がたどりついた答えの一つが「ゆうきの里」づくりだった。

(2) 農地の守り手を増やす

「農地を守るには、担い手以外の人を巻き込んでいくしかないって考え始めたことが、一番のきっかけでしたね」。農家とともに人・農地プランづくりにかかわってきた産業観光課職員の宮島公香さんは、そう振り返る。

担い手農家が手を尽くしても、どうしても解消しきれない遊休農地は残る。町の基幹産業である農業への理解者を増やし、地域全体で農地を活かしていくしかないだろう。そんな考えが話し合いのなかから自然と生まれてきたのだという。

そこで2019年に始めたのが、遊休農地を活用した一人一坪農園の推進だった。27aの遊休農地を農業委員会が雑草を刈って整地し、住民から希望を募り、1坪単位で貸し出して野菜づくりを楽しんでもらう。さらに、県の「地域発元気づくり支援金」という制度を利用して、野菜づくりを指南するテレビ番組を制作、ケーブルテレビで放映した。

この取組みが住民から好評を得る。栽培についてイチから学びながら野菜づくりが楽しめると、非農家はもちろん専業の果樹農家からも参加があり、全区画が応募で埋まった。

参加者の意欲も高かった。自家用だけでなく、減農薬で栽培してとれた野菜を直売所で販売したいという声も聞かれるようになり、栽培技術や環境保全型農業に関する勉強会を開催したところ、これも盛況。こうして遊休農地活用の取組みが、しだいに環境保全型農業への関心とつながっていく。

第6図　水田転換畑でタマネギを栽培
ムギを混植することで排水性が改善され、生育が揃う

(3) 環境保全型農業から「ゆうき給食とどけ隊」へ

「はじめは減農薬・減化学肥料の環境保全型農業を推進しようと考えていたんです。でも勉強会でいろいろ話を聞いているうちに、結局は農薬・化学肥料に頼らない有機農業につながっていくなあって思えてきて……」と宮島さん。勉強会に招いた講師の誰もが、土つくりや生きものの力を活かすことの重要性、有機栽培の可能性について話していると気がついたという。また、勉強会では、学校給食に有機農産物を利用する「有機給食」の動きが各地で始まっていることもたびたび聞いた。

有機栽培と給食。この2つのキーワードが勉強会を機に結びついたことで、松川町の遊休農地対策はさらに一歩前進する。遊休農地の田畑を実証圃場にして有機栽培に取り組み、収穫した農産物を学校給食に利用する取組みが始まったのだ。

2020年、有機給食に取り組むメンバーを町民から募ったところ、5人の農家が手を挙げた。そして結成されたのが「松川町ゆうき給食とどけ隊」。学校給食で利用の多い米、ニンジン、ネギ、ジャガイモ、タマネギの5品目について、

第7図　ゆうき給食とどけ隊の副会長を務める牛久保二三男さん
担当作目はニンジン。緑肥を利用した栽培に取り組んでいる（牛久保さんの栽培については作物別編「農家のニンジン栽培」も参照）

1人ずつ担当を決め、5つの圃場で有機栽培に取り組むことになった。栽培技術は、自然農法の普及を行なっている自然農法国際研究開発センター（長野県松本市）から講師を招き、指導を仰いだ。

とどけ隊のメンバーの中には、野菜づくり自体が初めてという農家もいたが、初年度からまずまずの成果が上がり、5品目の合計で学校給

第1部　有機農業とは何か

第8図　久保田さんの田んぼをとどけ隊のメンバーで見学

第9図　アゼの雑草を高刈りする久保田さんの田んぼにはカエルやクモが多い

第10図　久保田純治郎さん

食に使う農産物の年間使用量の7.6%分を収穫し、提供できた。翌2021年には、各自の栽培技術も向上し、5品目合計で使用割合21%を達成した。

ムギ・オクラで増やした天敵がアブラムシを防いだ

とどけ隊のメンバーの圃場を訪ねてみると、それぞれに農業と生きもののかかわりに目を向けている様子がよくわかった。

ベテラン果樹農家の寺澤茂春さん（73歳）は、とどけ隊のネギ担当。野菜づくりの経験は少なかったが、リンゴなどの減農薬栽培に長年取り組んできた。

ネギの植付けは春に行なう。無農薬で育てる場合、アブラムシやアザミウマといった夏場の害虫被害が課題だ。そこで、寺澤さんは自然農法センターに指導してもらい、天敵温存植物を利用した防除に挑戦した。

ネギのまわりに別の植物を植え、そこに集まる虫をえさに、害虫の天敵をあらかじめ増やして作物の被害を防ぐというもので、寺澤さんの場合は、ネギの側にソルゴーというイネ科植物や、オクラ、マリーゴールドを植えた。いずれもアブラムシやアザミウマが大好きな植物だ。

実際、オクラには実がつき始めたころから、寺澤さんの妻が「これでもかってくらいアブラムシだらけだったのよ」と驚いたほど、たくさん集まった。このアブラムシを目当てに、ヒラタアブなどの天敵昆虫が集まる。ヒラタアブの

幼虫は「爆食」するといわれるほどアブラムシが好物だ。アブラムシは天敵に食べられてネギにたどりつけず、被害を免れる。「たしかに、きれいなネギがとれたんだよ」と寺澤さん。生きものの力を借りる防除術の効果に納得の笑顔を見せていた。

斑点米カメムシに困らないのは、カエルやクモのおかげ

久保田純治郎さん（43歳）は、現在とどけ隊の会長を務めている。担当する作目は米だ。妻の実家で就農して6年目の農家で、就農当時から米は有機栽培でつくってきた。

除草剤を使わない米づくりは苦労も多い。田植え後に雑草が繁茂したら、田んぼに入って手押しの除草機を使って草をとらなくてはいけない。就農当初は80aだった耕作面積も、年々増えて今は3ha以上。労力から考えると目いっぱいの面積だという。

「ただ、害虫には意外と困っていません。田んぼでカメムシが増えると、米の汁を吸われて斑点米が出てしまうんですが、わが家は殺虫剤を使わなくても斑点米が少ないんです」という久保田さん。

頼りにしているのは田んぼのアゼに棲むカエルやクモだ。カメムシはアゼから田んぼへ入り込む。天敵のカエルやクモがアゼに棲みついて、カメムシを食べてくれれば被害は防げるという。

殺虫剤を使わない久保田さんの田んぼのアゼには、こうした天敵が集まりやすい。さらに、久保田さんはアゼの草を刈るときにあえて3〜5cmほど残す「高刈り」も行なっている。隠れ家となる草をわずかに残してやることで、生きものにとって居心地のよい場所ができ、アゼによく棲みついてくれるからだ。

いのちを育む農業こそ地域の誇り

松川町で根づき始めたゆうきの里づくり。町としては、その意義をどう捉えているのか。自身も農家としてリンゴ栽培の経験があるという宮下智博町長（42歳）に尋ねると、こんな答えが返ってきた。

「この地域がもつ魅力をまずは町民自らが誇りに思えるようになってほしい。私も先日子どもと一緒に、町にある水路を網で探ったら、たくさんのヤゴが採れました。休耕状態のソバ畑に水が溜まったら、すぐにアカハライモリが棲みついたという話もあります。まるで天然のビオトープですね。それは都市部では触れることのできない、農村だからこそのものなんです」

今年、松川町では実証圃場を中心に生きもの調査の実施も予定している。有機栽培に取り組んだ田畑に棲む生きものの豊かさが明らかになったら、ゆくゆくは学校教育と農業現場の連携も進めていきたいと、宮下町長は期待に胸を膨らませる。

有機栽培に2年間取り組んだゆうき給食とどけ隊のメンバーは、これまでの栽培を振り返り、こんな思いを語る。

「以前は、農薬と化学肥料を使わなければ有機栽培だと思っていました。でも、そんな単純ではないんです」「有機栽培には工夫のしがいがあるんです。コツがわかると面白くて、よけいにやりたくなるんです」

ゆうきの里づくりが進む松川町では、自然を、地域を、農業を見つめるまなざしが変わり始めている。

執筆　編集部
（『季刊地域』2022年夏50号「遊休農地を活かして「ゆうきの里」づくり――有機学校給食も拡大中！」より）

■2023年度の「ゆうき給食とどけ隊」活動状況

給食の食材利用率（主要5品目）　23.7%
隊員数　12人
耕作面積　8.6ha

有機農業の拡大に不可欠な「有機農業公園」

(1) 有機農業公園のモデル

「有機農業公園」とは，有機栽培で管理された田畑や果樹園などを備えた公園である。国や地方自治体が設置する公園で，訪れた市民は園内で有機栽培される作物や，飼育される家畜に触れ，学び，体感することができる。公園内で収穫された農作物を買うこともできる。

そのモデルとなる公園が東京都足立区にある。「都市農業公園」は東京都東部の足立区，荒川のスーパー堤防の一画に造られ1984年に開園した。足立区は都内でも農業が盛んな地域で，設立当時は農家のための農業振興センターの役割も期待されたそうだ。しかし時代が変わり，現在は「自然と遊ぶ，自然に学ぶ，自然と共に生きる」をテーマに，区民に農的環境を感じてもらう場として機能している。

公園の敷地面積は，河川敷も含め約6ha。うち水田が12a，畑が50aで，年間60～80品目の野菜や米，ムギ，ダイズなど作物を栽培している。作物の栽培に化学農薬や化学肥料は一切使っていない。堆肥場もあり，園内で発生する落ち葉や雑草に，米ヌカや魚粉を混ぜて発酵させ，堆肥やボカシ肥をつくって使っている。

(2) 足立区都市農業公園の有機農業化

足立区都市農業公園が田畑の管理を有機栽培に転換したのは2004年である。その前年，2003年に当時の園長から，農業公園の田畑を有機農業で管理するのは可能かどうか，日本有機農業研究会（日有研）に相談があった。来園者の安全のため，農薬を使いたくないという思いだった。

有機農業の実践はどこでも，いつからでも可能である。それは全国の日有研の仲間がすでに証明している。公園のような公的なスペースで，消費者や子どもたちに有機農業を実際に体

第1図 農業公園内のハウスで踏み込み温床づくりを指導する筆者（右端）
（写真提供：平島芳香，すべて）

感してもらえるのは，またとない機会だと受け止め，管理を引き受けることにした。

翌春に慣行栽培からの転換を始め，途中5年間は他の団体が管理したものの，その後は現在に至るまで日有研が，園内の田畑を有機栽培で管理し続けている。

なお，事業受託は以下のような形をとっている。公園全体の指定管理者は，（株）自然教育研究センター（CES）と東武緑地（株）の共同事業体「体験型有機農業パークマネジメント」で，日有研はその傘下に入って田畑の生産管理を担当する。

当初は日有研が随意契約で事業を受託していたが，公園の運営を民間に委託する際に入札制となる。その結果途中5年間は別の業者に管理を任せることになったが，有機農業に関する知識がなく，うまくいかなかった。管理を安定的に続けるために，現在はこのような形に落ち着いている。

(3) 農家と消費者が管理する

田畑の管理を担うのは，東京近郊の有機農家十数名と日有研のアシスタント十数名，公園スタッフ数名である（新型コロナ発生で一時は参加メンバーを極力制限していたが，現在は戻りつつある）。

毎週の水曜日か土曜日に，当番の有機農家1～2名が公園に通い，現場指導に当たる。若手の農家も多く，彼らにとっては情報交換や栽培技術研鑽の場ともなっている。農家にはキャリ

アに応じて日当が支払われる。

　有機農家の指導に従って活動するのは日有研アシスタントと呼ばれる消費者である。日有研の会員となり，活動を理解して，アシスタントとして登録してもらう。ボランティアだが，交通費として半日につき1,000円が支給される。

　さらに公園のスタッフ（パークマネジメントの職員）も毎回2～3人，作業の手伝いやイベントの企画運営に参加している。

（4）消費者参加型のイベント

　イベントは春の花まつりや秋の収穫祭，餅つき，田植えや稲刈り，畑での収穫体験などのほか，野菜のつくり方教室や稲づくり教室など，年間を通して行なっている。イベント情報は区の広報などで発信され，毎年多くの人が参加する。

　化学農薬不使用の田畑では，子どもたちにも安心して土に触れあってもらえることもあってか，毎週の収穫体験には朝早くから親子連れが列をつくる。子どもだけでなく，大人の歓声も響くイベントである。

　家庭菜園のレベルアップや有機農業をめざす人たちには，年間を通じた野菜づくり教室も人気で，定員は毎年すぐ埋まる。そのほか，初心者向けのプログラム（畑のようちえん）や足踏み脱穀機の体験会なども催し，2022年度の実績でいえば，有機農業関連のイベントは年間57回，参加者は延べ1,380人である（自然教育研究センター）。

　また，畑でとれた野菜は園内の直売所「とれたてマルシェ」で販売されるほか，併設されたレストラン「キッチンとれたて」でも使われている。なお，マルシェでは田畑の管理に携わる有機農家の生産物（野菜や苗，米や卵，うどんや醤油など）も販売され，好評を得ている。

（5）有機農業の理解者を増やす

　野菜づくり教室のタイトルは，「有機農家に教わるおいしい野菜のつくり方教室」とし，例年3～7月に月2回ずつ，計10回行なう。播種から収穫まで，農薬も化学肥料も使用せず，ポリマルチや農業機械も極力使わない。踏み込み温床

第2図　秋の収穫祭（サツマイモ掘り）に集まった親子連れの参加者

第3図　収穫した野菜はアシスタントらが袋詰めして公園内のマルシェで販売する

や堆肥枠，各種除草機や植え穴開け器，ダイコン洗い機などの道具類も参加者で手づくりする。

　それでも，作物はちゃんと育ち，マルシェで販売されている。その過程を一緒に体験してもらい，有機栽培で育った作物の力強さを見てもらうことこそが，最大の目的である。

　教室での学びが好奇心と探求心をくすぐるのか，受講生のなかには，そのまま公園管理のボランティアに加わる方も多い。畑で出会った仲間たちは有機的に結びつき，それぞれが農業のよき理解者となる。有機農業の拡大には，消費者の理解が欠かせない。有機農業公園の取組みには，そのヒントがあるように思える。

　公園には，国内外の自治体や農業団体からの視察が増えている。国内には「農業公園」すらまだ数少ないが，このような有機農業公園を全国に設置するよう提案したい。

執筆　魚住道郎（日本有機農業研究会理事長）

2024年記

減農薬運動と虫見板と「ただの虫」

減農薬運動は1978年に開始された。それまでの農業技術を根本的につくりかえる実践と思想運動だった。それは今になって，新しい世界を切り開こうとしている。有機農業の先もここから見えてくる。

1. 技術とは何なのか

田畑は一枚一枚が異なる。村の中でどんなに病害虫が大発生しても，無農薬でも平気な田畑もある。それなのに「予防散布」「共同防除」「一斉散布」が行なわれてきた。減農薬稲作は，自分の田んぼを見もせずに「周りが散布するから私も散布する」のは百姓として恥ずかしい，という感覚を大事にする。「自分の田んぼで，農薬の散布が必要か不要かを判断できないから，指導員の言うままに散布してしまう」という現実を変えることから始まった。

害虫がいる田んぼを目の前にして迷っている百姓がいる。この迷いを解決するには「農薬を散布しないで様子を見る」しかない。ところがこの「見る」方法を指導員は指導しない。「見る」道具がなかったからだ。指導員も「見る」ことができなかったからだ。

さらに困難が待ち受けていた。「見た」として，農薬を散布するべきか，散布しないでいいのか，判断ができないことも多かった。当時も現在も「要防除密度」を提示する指導は希だろう。なぜなら，そもそも「要防除密度」は田畑ごとに異なるからだ。百姓の生き方によっても異なる。

国が提唱しているIPM（総合防除）とは，わかりやすく言えば「田畑の状態を自分でちゃんとつかんで，むだな防除はしない」ということ

第1図　虫見板を使う
意外に虫は逃げない。とくに害虫はじっとしている。よく動き回るのは益虫だ。動きが早くなければ，害虫を捕まえることはできないからだ

だ。ウンカが飛んでくるか来ないかもわからないのに田植え前に「苗箱施薬」を勧めるのは，IPMを否定している。

2. 虫見板の登場

仮に「1株10匹以上なら防除しましょう」という指導が行なわれたとしても，どうやって調べればいいのだろうか。防除密度は「調べる技術」がなければ，絵に描いた餅だ。

当初の私たちの「稲見」では，稲株を叩いて虫を水に落として数えていた。虫はすぐに稲株に飛びついて戻ろうとする。そこで捕虫網を折りたたみ，株間に入るよう斜めに稲株に当ててそこに落としてみたが，使いにくい。すると百姓・篠原正昭は，30cm×15cmほどの針金の枠に学生服の生地を縫い付けてもってきた。これはよい，と私たちは感じた。布でなくても板でもよいのではないかと考え，ベニヤ板を買ってきて，切断し，黒く塗って，それぞれが所持するようにした。

私はこの板を「虫見板（むしみばん）」と命名した。その後，素材は樹脂に変わり，農文協や農と自然の研究所で販売するようになった（2020年時点で販売枚数は20万枚を超えている）。

使い方は簡単だ。虫見板を稲株の水際の少し上に当て，反対側から手のひらで3回ほど，素早く強く叩くと，虫が板上に落ちてくる。イネが大きくなると，実際にいる虫の半数ほどが落ちて乗る。それをそおっと顔に近づけて見るだけである。

3. 虫見板で見えてきた世界

百姓は案外虫の名前を知らない。それは無理もない。「虫を見て防除する」という技術がなかったからだ。そこで，虫の名前を覚えることから減農薬は出発する。虫見板を使ってみると，じつに多くの種類の虫と顔を合わせることになる。ところが，田んぼの虫の簡易な図鑑がない。そこで『田の虫図鑑』（農文協）を作成することにした。

虫見板で仲間の田んぼを見て回ると，まず虫も病気も田んぼごとに大きく異なることに誰もが驚く。「なぜ，この田んぼは多いのだろうか」と考えてしまう。これが減農薬の「研究」のきっかけとなる。

さらに，3，4日おきに見ると，害虫も減っていくことに気づく。孵化したばかりのウンカの幼虫は，10日もたつと10〜20％に減ってしまう。その原因もすぐにわかる。いろいろな益虫がいるからだ。動き回っているクモ類は言うまでもなく，カマバチに卵を産み付けられて瘤ができているウンカや，ウンカシヘンチュウに寄生されたウンカ，ウンカタカラダニに食いつかれたウンカなどが目に入ってくる。

「こんなことが起きていたなんて，これまで知らなかった」とほとんどの百姓が驚く。ここに「農薬散布」という近代技術の大きな欠陥があったのだ。一方で「無農薬だから，虫見板は使う意味がない」と考えている百姓には，「無農薬ですませることができている原因を知るためにも使ったら」と勧めている。

　　　　　　　　＊

「減農薬」は「農薬を散布するにしても，しないにしても，自分自身で見て，自分自身の経

第2図 『減農薬のための田の虫図鑑』は，虫見板と並んで，減農薬の重要なツールとなった

験と生き方として判断して，田畑のことは人任せにしない」という思想だったから，多くの百姓の心に響き，1980年代に燎原の火のように西日本各地に広がっていった。

ところがこの「減農薬」という言葉を，あれだけ批判していた農水省が後年になって採用することになり，私たちの反対意見にも耳を貸さず「慣行の農薬散布の1/2以下とする」と勝手に定義した。このときから，誤解と堕落が始まった。減農薬は，その程度の狭い視野で技術を見てはいない。

4.「防除ごよみ」を変える

多くの防除ごよみ（稲作ごよみ）こそ，農薬多散布の原因となってきた。そこで，減農薬稲作を進めてきた福岡市農協の防除ごよみはどう変化していったかを振り返ってみよう。

1）防除ごよみどおりに農薬が散布されたかどうかを検証した。農薬の出荷実績は農協の販売額から推定できるだろうし，百姓に尋ねてみれば，さらによくわかる。よほどの大発生年でもない限り，防除ごよみのほうが散布回数は多かった。

さらに，虫見板を使い始めると農薬散布は減っていく。そうして減らした百姓のあとを追いかけて，防除ごよみの散布回数は減っていった。

2）減農薬の防除ごよみには，①なぜこの時期に防除するのか，②要防除密度はどれくらいか，③その虫の成長段階ごとの識別法，を必ず明記するようにした。

3）さまざまなレベルの防除ごよみが作成され始める。たとえば，①無農薬を目指すもの，②除草剤だけは使うもの，③必要最小限にとどめるもの，④生きものへのまなざしを重視するもの，などがモデルとして作成された。

4）したがって，防除ごよみの作成は指導員だけで行なうべきではない。百姓が参加すべきだ。場合によっては，出荷先の消費者も参加させるといい。とくに，減農薬米を生協に出荷するようになると，「防除ごよみ」は消費者への

第3図　虫見板上のトビムシ
虫見板を使ったことのない百姓はこういうすごい虫の存在を知らないまま一生を終えるのかと思うと，残念でならない

第4図　ゲンゴロウも「ただの虫」
毎年近くのため池から飛んできて，幼虫が田んぼで育ち，あぜで蛹になり，成虫になってため池に帰っていく

信頼できる情報として位置づけられた。

みどりの食料システム戦略を進めるためには，ぜひとも防除ごよみを大胆に変革してほしい。

5.「ただの虫」という名称

秋になった田んぼでまちがいなく一番多い虫は，1株に100〜500匹もいるトビムシ（跳虫）だろう。翅はないが，腹の下に「跳躍器」を備えているので，それをはじいて跳ぶ。この虫を害虫だと思い込んでいた百姓も多かった。

1983年のことだった。虫見板上のトビムシを「害虫でも益虫でもないから，ただの虫でしょう」と冗談のつもりで言っていたのが，「あ

れは『ただの虫』に分類される」と百姓たちが言い始め，普及していった。

江戸時代までは「害虫」という言葉はなかった。ただ「虫」と言われ，書かれていた。明治期になって，農学者たちはそれまでの「虫」を，「害虫」と「益虫（天敵）」に分けた。本来「作物を食べる虫」「作物を食べる虫を食べたり寄生する虫」と命名し定義するべきだったのに，学者は「害虫」「益虫（天敵）」と命名してしまった。

害虫に分類される虫は，日本の田んぼではおおよそ150種だが，その多くはたいした被害をもたらさない。名前も知らない虫がほとんどだ。作物を少しでも食べるだけで「害虫」扱いをされているのは可哀想な気がする。しかし，それまでなかった「防除」「駆除」という考え方を浸透させるためには仕方がなかったのだろう。

こうした価値観に大きな風穴を開けたのが「ただの虫」だった。「ただの虫」は1980年代に提案された新しい名前（概念）であり，「害虫」「益虫」とちがって，有害とか有益とかいう価値観では見えない生きものなのだ。

さらに「ただの虫」には「有害でも有益でもない」という意味だけでなく，「ありふれた」「特別な価値のない」という意味がある。「ただの虫」の学会での英訳は「neutral insect」（中立的な虫）になっているが，なかなか日本語の「ただの」のニュアンスは表現できていない。

6.「ただの虫」が切り開いた世界

第5図を眺めてみよう。田畑では「ただの虫」が一番多いということは大発見だったかもしれない。こうした図が書かれるようになったこと自体が，2000年代になって「農と自然の研究所」（筆者主宰）が田んぼの生きもの全種リストを作成した成果でもある。田畑という，人間が有用性のまなざしで見るところでもそうだから，自然界では「ただの虫がほとんどだ」と言っていい。

なぜ「ただの虫」が一番多いのだろうか。三つの答え方ができる。

1)「ただの虫」の名前を一番よく知っているからだ。この答え方はルール違反である。「ただの虫」が一番多いからこそ一番名前を知っている。だから当然のことだ。

しかし，案外この答えは大切なことを教えてくれている。名前を呼ぶことは，その人がその生きものにまなざしをよく注いでいる証拠だ。目立つ生きもの，可愛い生きもの，怖い生きもの，珍しい生きものなどは，よく名前を知っているものだ。「ただの虫」へのまなざしは，そういう世界を受け止める土俵として機能してきたのである。

2)「生態学的」「生物学的」に，つまり科学的に答えるならこうなる。害虫は作物を食べる。益虫（天敵）は，害虫を食べたり寄生したりする。「ただの虫」はこれらの死骸だけでなく，あらゆる生きものの死骸を食べる。それだけではない。作物以外の生きものを食べる。草や「ただの虫」も食べる。

作物だって枯れたらトビムシなどの「ただの虫」に食べられる。ようするに，田畑のみならず，自然界には「ただの虫」の食べものが一番多いのである。種類だけでなく，量も「ただの虫」が一番多いわけだ。

3) もう一つの答えは，生きものたちが生きている自然界は，田畑ですら人間の有用性のまなざしが届かない世界が圧倒的に多いということだ。あまりにも広いのだ。百姓は「ただの虫」はもちろんのこと，「害虫」や「益虫」だって，そのごく一部しか見たことはない。もちろん90％ほどは名前も知らない。

したがって，子どもたちのな

害虫 150種	益虫 300種	ただの虫 約1,400種

第5図　田んぼの害虫・益虫・ただの虫
（農と自然の研究所，2009年）

かには「ただの虫が一番多いのは、そこが自然だから」と答える子がいる。この答えの含意は、①いろいろな生きものがいるほうが「自然だ」という感覚の表明であり、②自然界の生きものの構成はそうなっているに違いない、という想像力の豊かさでもあり、③有用性を当てはめようとはしない子どもなりの感覚、であろう。

7.「生物多様性」農法への道

「ただの虫」を入れないと、田畑の世界全体はわからない。つまり「ただの虫」へのまなざしがない人には、田畑の世界のごく一部しか見えていない。

この大転換は、「害虫」「益虫」などという概念がまるでなかった時代の天地自然観を取り戻すことにつながっている。「生きとし生けるもの、つまり生きもの同士」の感覚をよみがえらせる。「害虫」だっていないといけないという感覚こそ、生物多様性農法の土台にすえなければならない。

これからの農が目指す世界は、生きものがお互いに相手が許す範囲で、生きものらしく生きるような田畑にすべきだろう。そのための知恵・手入れを百姓は駆使しなくてはならない。しかし、これは簡単ではない。いくら経験を積んでも、いくら農学が発達しても、天地自然の奥深くまで、まなざしが届くわけではないからだ。

むしろ時代が進めば、人間のまなざし・感覚・知恵・手入れの技能は衰えていく分野も確実にある。だからこそ、「ただの虫」は、新しく登場した警告、警鐘だとも言えるだろう。「世界全体を見なさいよ。人間のその時代の尺度だけを当てはめて見るなら、大事なものを見落とすよ」と言ってくれている。

これからのすべての農業技術は、すべての生きもの（生物多様性）を支えるものであってほしい。百姓は意図して、あるいは意図せずに生きものを殺してしまう。たとえば田畑を耕せば、草をはじめとして多くの生きものが死ぬ。しかし、百姓がこのことを悩まずに済んでいるのは、翌年になれば「また会える」からだ。これこそが「農」という人為と生きものたちが対立することなく、これまで続いてきた「原理」なのである。

8. 技術のどこに「思い」と「まなざし」を見つけるか

最後に、ひとつだけ付け加えておきたいことがある。それは1980～1990年代の減農薬運動が、百姓だけでなく農業改良普及員や農協の指導員も重要な担い手としていたことである。

指導員たちには技術のあり方に対して真剣な「反省」が生まれていた。「あれだけ田畑の土のことはくわしい百姓たちが、病害虫の防除につ

第6図 なんとトビイロウンカの幼虫を、手渡しで巣に運んでいるアリ（トビイロケアリ）を発見した
アリは「ただの虫」？　それとも「益虫」なのか？

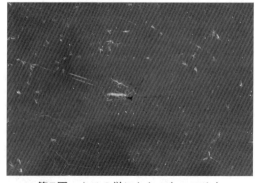

第7図 クモの巣にかかったユスリカ
田んぼの土の中から羽化したばかりなのに、稲株に張られたアシナガグモの巣にもうかかってしまった。「いのち」って何だろう、と考え込んでしまう

いては，なぜ指導員の指導に従うのか」という疑念に答えを見つけたからだ。農業技術のなかでも農薬散布技術は百姓を，いや指導員さえも疎外してしまう，主体性が発揮できる場がないことに気づいたのだ。

減農薬運動はこの大きな欠陥を，指導員が百姓と協力して，この国の歴史のなかで初めて克服した技術運動でもあった。指導員は当時流行った言葉を使えば「自己変革」を行なうことを厭わなかった。むしろそこに生きがいを感じていた。それは，百姓の「百姓らしさを取りもどすこと」とつながって実現できたのだった。

「減農薬」という言葉に，すっかり手垢がつきすぎた現代にあって，農薬散布技術や無農薬技術のどこに目を向けていけばいいのか，もういちど自分自身に問う必要が生まれている。その技術が生きものの生を奪うのか，生かすのか，それをつかむまなざしが自分自身に備わっているのか，問うてみたい。田畑の生きものと目を合わせる時間が，どれほど百姓や指導員にあるのか，問われているのである。

　　　　執筆　宇根　豊（百姓・思想家・福岡県糸島市）
　　　　　　　　　　　　　　　　　　　2024年記

第8図　せっせと土つくりに励むイトミミズも「ただの虫」

江戸時代の書物には，カエルやヘビやミミズも「虫」と表記されている。1株の周りに100匹以上もいるのだから，10aに20万匹以上もいるこの「ただの虫」の力はすごいだろう

参 考 文 献

宇根豊．1987．減農薬のイネつくり．農文協．

宇根豊．1987．「指導」が百姓と指導員をダメにする．農村文化運動．106巻，農文協．

宇根豊・日鷹一雅・赤松富仁．1989．減農薬のための田の虫図鑑．農文協．

宇根豊．1996．田んぼの忘れもの．葦書房．

宇根豊．2001．「百姓仕事」が自然をつくる．築地書館．

宇根豊．2004．虫見板で豊かな田んぼへ．創森社．

宇根豊．2005．農の扉の開け方．全国農業改良普及支援協会．

宇根豊．2007．天地有情の農学．コモンズ．

桐谷圭治編．2009．田んぼの生きもの全種リスト．農と自然の研究所．

第1部　有機農業とは何か

世界で活躍する小農とアグロエコロジー

(1)「小農権利宣言」の採択とその意義

2018年12月17日の第73回国連総会において,「小農と農村で働く人びとの権利宣言（United Nations Declaration on the Rights of Peasants and Other People Working in the Rural Areas, 以下「小農権利宣言」）が, 賛成121か国, 反対8か国, 棄権54か国の賛成多数で採択された。アメリカが反対票を投じたほか, 日本や多くのEU諸国が棄権したように, 経済先進国は概して小農権利宣言に対して後ろ向きだった。とはいえ, 小農権利宣言が国連という国際舞台で採択されたことの意義は大きい。

なによりも, 小農権利宣言は「世界人権宣言」以来, 国連が承認してきた各種の国際人権規約（社会権規約, 自由権規約, 女性差別撤廃条約, 先住民族権利宣言など）の一翼を担うことになった。つまり小農は, 各国政府が権利を保障すべき特定の社会集団として位置づけられたのである。国際法優先の通説に鑑みると, 小農の権利保障は国内農業政策の上位理念として位置づけられなければならない。

今後はこの理念を政策としてどのように具体化し, 実効性を確保していくかが課題となる。ひとつは国際的な態勢整備（条約の制定など）であり, もうひとつはそれぞれの国連加盟国における国内対応である。前者については2023年10月に, 国連人権理事会が小農宣言に実効性を担保するための作業部会設置を採択した。ところが後者については, とくに経済先進国において動きが鈍い。

今後は, 小農権利宣言の採択に向けて主導的な役割を担った, 小農運動の国際的ネットワークであるビア・カンペシーナ（La via Campesina）をはじめ, 各国の小農や市民, 研究者らによる国際機関と各国政府への積極的な働きかけが重要となる。

小農権利宣言は28条からなっている。採択に至る議論の過程で浮き彫りになった対立点は第一に,「小農」を社会的集団として認め, そこに固有の「集合的権利」を付与するかどうかである。この点は小農権利宣言の根幹をなす。ほかの国際人権規約にも同様の「集合的権利」が与えられている。結局, こうした主張が認められたのである。

第二に, この権利宣言が打ち出した「新しい権利」をめぐって激しい議論が行なわれた。とくに, 焦点になったのは食料主権（food sovereignty）, 土地・自然資源に対する権利, 種子への権利, 生物多様性に対する権利, 文化的権利と伝統的知識に対する権利である（第1図）。これらの権利は, ランドグラブ（土地収奪）や生命特許, 国際貿易ルールに象徴される経済先進国や多国籍アグリビジネスの専横に対する小農の生存権を担保する根拠となり得る。

なお, 第11条の「生産, 販売, 流通に関わる情報に対する権利」に関して, 生産や販売に関するビッグデータを使うICT・AI農業が世界全体で政策的に推し進められている状況を考えると, 今後は情報主権（小農の情報に対する

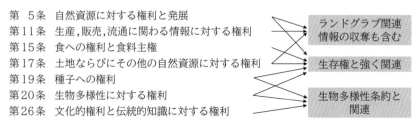

第1図　小農権利宣言における主な権利の相互関係
今後重要性を増すのは情報に対する権利

権利）が重要性を増していくと思われる。

（2）小農が注目される理由

小農が世界的に注目を集めるようになったのは，大規模農場とアグリビジネスが中心の現行フードシステムが栄養不足と肥満による健康被害，不適切な食料分配と社会的不公正の原因になっているだけでなく，地球温暖化・気候変動や生物多様性の低下，水質汚染といった環境問題を促進しているとの認識が広がってきたからである（第2図）。

その過程でひとつの画期をなしたのは，世界銀行とFAO（国際連合食糧農業機関）が主導して2002年に始まった「開発のための農業知識・科学・技術の国際評価」（IAASTD）プロジェクトである。2008年，「岐路に立つ農業」（Agriculture at a Crossroads，筆者仮訳）と題した最終報告書が公表された。同報告書は「小農」という用語こそ使っていないものの，「生産性の向上では高投入・大規模の商業的農業に劣るけれども，生計向上と公正さの面では小規模農業が優っている」ので，小規模農業向けの農業知識・農学・農業技術への投資を進めることが重要であり，とりわけアグロエコロジーを理解することが成否のカギを握るという見解を提示した（IAASTD, 2009：379，筆者仮訳）。

それでは，小農が世界の食料のどれほどを供給しているのだろうか。この問いに応え得る小農対象の推計はないので，小農と共通性の大きい「家族農業」のそれを例示する。30か国の2000年世界農業センサスデータにもとづくFAO（2014）の推計によると，小農（FAOの用語では家族農業）は農業事業体（agricultural holdings）の9割以上を占め，農地の9割弱を保有して，食料生産の8割を供給している。それに加えて小農は，価格の下落や自然災害など，外部環境の変化に対するレジリエンス（回復力，復元力）が大規模経営よりも大きい。つまり，小農は地力をもっているのである。

その理由として，小農が抱く「手間」の考え方がある。「手間」には，生産のための労働だけでなく，作物や家畜に対する愛情を込めた観察と世話，土壌生物を意識した土の手入れなども含んでいる。こうした「手間」は，企業経営のように費用になるのではなく，自分たちの収入（労働報酬）になったりする。落ち葉を集めて有機質肥料にする「手間」が外給の投入財を減らしたりもする。ここに小農が「手間」を大

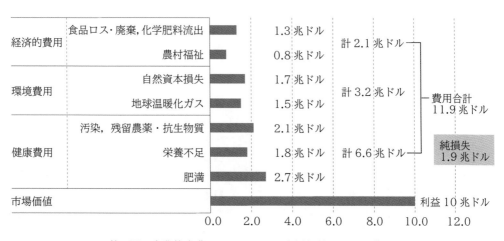

第2図 産業的食農システムによる市場価値と本当の費用

出典：The Food and Land Use Coalition. 2019. Growing Better: Ten Critical Transitions to Transform Food and Land. p.38より作成

食農システムの市場価値は10兆ドルといわれているが，じつはこの価値をはるかに超える費用が発生していて，実際には大幅な赤字である

事にする理由がある。

　小農の食料供給は，エネルギー効率的であることも重要である。カナダに拠点を置くNGOのETCグループは，小農的なフードシステムが世界の食料生産・供給向け資源エネルギー量のわずか25％を使って，世界で消費される食料の70％を供給していることを示した（ETC group, 2017）。逆に，工業的フードシステムは75％も資源エネルギーを使っているのに，食料の30％しか供給できていない。エネルギー生産性の観点からすると，小農の優位性はあきらかである。

　農業におけるエネルギー生産性の低下は，すでに1970年代後半から宇田川武俊や久守藤男によって指摘されていたが，その後も農業におけるエネルギー消費は急増している。国連によると，農地1ha当たりのエネルギー消費量は20世紀の100年間に85倍に達したが，さらに現状維持のまま推移すると2030年までに40％以上増えると推定されている（Lewis, 2019）。

　このことを考えると，小農のエネルギー生産性の高さは非常に重要な意義をもつ。それは，小農が示す高い環境的優位性の好例である。

(3) アグロエコロジーと小農

　アグロエコロジー（農生態学と訳される）は1970年代以降，メキシコを皮切りに中南米において広がった。そこでは「緑の革命」型の農業ではなく，小農に適する新しくて代替的な農法が追求され，国家や資本では生み出せない自治・自律のアグロエコロジーが成長した。その後，アグロエコロジーは食料主権（food sovereignty）運動と連動しつつ，世界中の小農に広がった。

　こうした動きがFAOにも影響を与え，現行の食農システムを転換するためには，小農とアグロエコロジーがカギを握るとの見解をもつに至った。FAOは，国際家族農業年の2014年に「食料安全保障と栄養のためのアグロエコロジー」国際シンポジウムを開催し，続いて5つの地域ごとに地域シンポジウムをもった（2015〜2017年）。地域シンポジウムには，合計で170カ国，1,400人ほどの参加者が集まった。このことを受けて，「FAOはアグロエコロジーによって緑の革命の『殿堂』に風穴を開けた」（FAO, 2018：10）とまで言い切っている。

　その後，FAOは10項目からなるアグロエコロジーの要件を取りまとめた（FAO, 2018）。それは，技術的な側面だけでなく，社会経済的側面や政治的側面にも及んでいることが重要である。

　しかし，世界のどこにでも一律に適用できるような定義はまだ存在しない。アグロエコロジーは，それぞれの地域の生態的・環境的・歴史的・社会文化的条件にふさわしいように，その内容が具体化されるからである。とはいえ，アグロエコロジーをアグロエコロジーたらしめている基本原理は存在する。すなわち，「食料システムを永続可能なものに変革するための科学，実践，社会運動の統合」（Gliessman, 2018）がそれである。

　ここでいうフードシステムの永続可能性は，環境的永続性，経済的実行可能性，社会的公正性を満たさなければならない。また，フードシステムが食料の生産者と消費者をつなぐ流れである以上，農業だけの転換では不十分で，それ以外の構成部分が大きな環境負荷を出したり，不当に利益を蓄積したり，あるいはフードシステムで働く労働者に安い賃金や劣悪な環境を強いたり，さらには食料を必要とする人たちに行き渡らなかったりするフードシステムは，アグロエコロジーとは認められない。

　強調しなければならないのは，アグロエコロジーは技術や農法の域を超えた，社会経済的なパラダイム転換を目指していることである。

　農業の現場におけるアグロエコロジーの実践は，地域の生態系に適合するように農業生態系を構築することが基本となる。そうすると，土壌微生物も含めて生物多様性が増し，生物間の相互作用が活発化する。その結果，外給投入資材に依存しなくても生物保護や栄養補給，そして安定的な収穫を期待することが可能となる。

　こうした実践は，その地域に残る在来知あるいは伝統知に基づく地域性や文化的価値に学ぶ

ことで強化される。しかし，資本主義的な利潤追求を目指す企業型経営では，地域の生態系に合うような農業実践はとうてい不可能である。やはり，小農こそがアグロエコロジーの実践者としてふさわしい。

(4) 日本におけるアグロエコロジーの展望

アグロエコロジーは世界各地で急速に広がっている。中南米はもとより，EUでもアグロエコロジーを政策化する動きが目立つ。とくにフランスが熱心で，2014年にはアグロエコロジー的な生産システムの普及を掲げる農業・食料・森林未来法を制定した。EUの共通農業政策にも，グリーン化支払いの強化や小規模農業支払いなど，アグロエコロジーと親和性の高い手段が盛り込まれた。インドでも，政府が国を挙げてアグロエコロジーの普及に取り組んでいる。また欧米や中国では，少なからぬ大学でアグロエコロジーを教育プログラムに組み込んでいる。

こうした世界の状況に比べて，日本におけるアグロエコロジーの認知と取組みは非常に限られている。しかし，日本には生態系の仕組みを活かした伝統的農業の知恵や（第3図），工業的農業に代わる有機農業や自然農法，主力の流通に代わる産消提携などの長い歴史と経験がある。いずれも，工業的農業の「七つの基本技術」（集約的耕うん，単作，化学肥料の施用，灌漑，化学的病虫害・雑草防除，遺伝子操作，工業的畜産）（グリースマン，2023：22）とは異なる農業である。

具体的には，多品目少量生産，間作・混作，有畜複合経営，地域循環，地域資源の利用などが推奨されている（第4図）。林間放牧や山地酪農のような取組みもある。いずれも，小農的な技術である。こうした個別技術は農の営みのなかで，生命の力を引き出すように組み立てられている。そのことは，生態学の視点から多様性，関係性，循環，総合性を重視するアグロエコロジーと重なり合っている。

代替的農業の目的もアグロエコロジーとの共

第3図 棚田を彩るヒガンバナは救荒作物，または小動物からアゼを守る植物として定着した

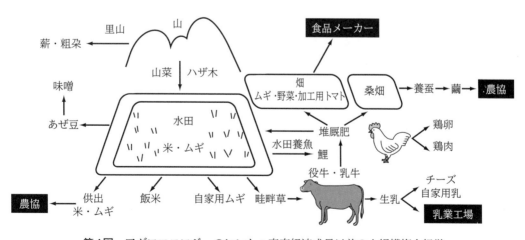

第4図 アグロエコロジーのヒント：高度経済成長以前の小規模複合経営

通点をもつ。代替的農業は，工業的農業が追求する生産量の効率的極大化と利潤最大化ではなく，安全で良質の「食べ物」の安定的供給を目指している。有機農業運動が，「食料」よりも「食べ物」という言葉を好んで使うのも，その立ち位置を象徴している。

とはいえ，とくに「有機農業」において，アグロエコロジーとは反するような動きが顕著になっている。それは，初期の有機農業が不可分のものとして持っていた運動的側面が抜け落ちていく過程と重なっている。たとえば「食べ物」は高付加価値の「オーガニック商品」に転化し，「有機農業」は「化学的に合成された肥料および農薬を使用しないことならびに遺伝子組換え技術を利用しない」(有機農業推進法第2条) 農業として定義され，生命の力に依拠するという有機農業の原理が欠落してしまった。

その結果，有機JASで認められている資材を遠方から大量に購入し，ひとつの作物を大量に生産して大量に流通させる「モノカルチャー型有機農業」が力を得てきている。いわば有機農業のなかに，小農的な本来型有機農業と利潤優先の工業型有機農業の2つが存在しているのである。アグロエコロジーの視点から，有機農業の再定義が求められるゆえんである。

執筆　池上甲一（近畿大学名誉教授）2024年記

参 考 文 献

グリースマン．2023.『アグロエコロジー　持続可能なフードシステムの生態学』農山漁村文化協会．

ETC group, 2017. Who Will Feed Us? The Peasant Food Web vs. The Industrial Food Chain, third edition. https://www.etcgroup.org/whowillfeedus.（最終確認2024年2月26日）

FAO. 2014. The State of Food and Agriculture, Innovation in family farming, Rome, FAO. http://www.fao.org/3/i4040e/i4040e.pdf.（最終確認2024年2月26日）

FAO. 2018. FAO's Work on Agroecology, A Pathway to Achieving the SDGs, Rome, FAO.

Gliessman, S. R. 2018. Defining Agroecology. Agroecology and Sustainable Food Systems. **42** (6), 599—600.

International Assessment of Agricultural Knowledge, Science and Technology for Development. 2009. Agriculture at a crossroads - Global report. https://wedocs.unep.org/20.500.11822/8590.（最終確認2024年2月26日）

Lewis, P. 2019. Climate-Smart Agriculture in action: from concepts to investments, dedicated training for staff of the Islamic Development Bank. Cairo, FAO. https://www.fao.org/3/CA3675EN/ca3675en.pdf.（最終確認2024年2月26日）

世界で注目されるリジェネラティブオーガニック農業と土壌生態系

(1) 土壌劣化と環境再生型（Regenerative）農業の展開

　北米では1930年代からミシシッピ川流域で過度な耕うんによる土壌侵食が深刻となり，土壌保全策が取られるようになった。しかし，不耕起栽培が経営的にも評価され拡大したのは，除草剤と除草剤耐性を付与した遺伝子組換え作物の登場以降である。新しい技術の登場で，長年の懸案であった土壌侵食を抑制する農法として不耕起栽培が急速に広まった（第1図）。

　ブラジルでは南部の湿潤な地域で不耕起栽培とカバークロップを組み合わせる農法が始まり，その後除草剤を積極的に使いダイズを栽培する大型農業が半乾燥地であるセラード（ブラジル内陸中西部に広がる熱帯サバナ地帯）に拡大し，大幅な単収の増加をもたらした（Bolliger et al., 2006）。現在，ブラジルの輸出型大型農業は不耕起栽培によって支えられている。

　2010年代から，環境を保全するだけでなく修復して持続可能にしたいとの考えから「環境再生（Regenerative，リジェネラティブ）」がキーワードとなり，国際貿易開発会議（UNCTAD）の2013年レポートで，「環境再生型農業（Regenerative agriculture）」への転換の必要性が指摘された（Hoffman and UNCTAD, 2013）。

　後半で述べるように，環境再生型農業は不耕起やカバークロップを用いて土壌を保全することを目指しており，この点で「環境によい」との主張がなされているが，実際には多量の除草剤を用いることが前提となっており，慣行農法の一種といえよう。

(2) 基本的な生産基盤としての土壌

　土壌は農業生産を支えるもっとも基本的で，もっとも重要な基盤である。露地栽培（屋外の土壌での作物栽培）と，土壌以外の培地を用いる水耕栽培や植物工場を比較すると，土壌での栽培は生物間の複雑な相互作用に支えられているシステムなのに対し，水耕栽培などはきわめて単純なシステムが構築されている。それぞれのシステムを維持するコストを考えると，露地栽培では土壌の維持コストがほとんどかからず，むずかしい制御に頭を悩ますことがないのに対し，施設内での栽培ではエネルギー，水，そして栄養塩類（肥料）を外から持ち込み，繊細な制御が必要である。外部から投入するエネルギーや水などの確保を考えると，植物工場や水耕栽培だけで人類の食を支えることはできない。

　野外では土壌状態をとくにこまかく考慮することなく作物生産が行なわれているが，世界的には土壌が劣化して作物生産の持続可能性が危ぶまれている。なぜ，このようなことが起こる

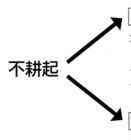

第1図　2つの不耕起栽培

のだろう？

「土つくり」と称して農家はさまざまな資材を投入し，頻繁に耕うんするが，土壌を生きた存在として考えると，このような管理は必ずしも持続可能ではない。一般に，化学肥料として投入されるチッソ肥料のうち作物が吸収するのはせいぜい50％程度と考えられており，日本のチッソ吸収利用率の数値はOECD諸国のなかでも低い（江口ら，2021）。利用されなかったチッソは，環境を汚染する。一方，無肥料栽培と称して肥料を投入せずに一定の生産をあげている農家も存在する。

(3) 土壌生物を攪乱する耕うんと化学肥料

土壌は植物の体を支えるだけでなく，水や栄養塩類を供給している。また，枯死した植物や死んだ動物のからだを分解し，含まれていた栄養塩類を植物が再利用できるようにしている。そのため，森林や自然草原では施肥をしなくても植物が健全に生育している。

土壌には地球の生物種の59％が生息している（Anthony et al., 2023）。また，地上部に比べると一般に10倍の量の動物が土壌のわずか50cm程度の層に生息している（第2図）（金子，2018）。陸上では光合成で生産された有機物の9割以上が，地上部に生息する動物に食べられることなく枯れて土壌へ移動する。その有機物は土壌微生物と土壌動物の共同作業によって分解され，炭素は二酸化炭素として大気に戻り，ほかの栄養塩類は無機化されて植物に利用される。したがって，土壌が農業の基盤である理由は，光と二酸化炭素，酸素以外の植物の生育に必要なものがすべて土壌から供給されるためである。

(4) 耕うんと化学肥料による攪乱

農業はさまざまな技術革新を経て，高い生産力を達成しているが，現在の技術がベストというわけではない。土壌生物の視点からは，耕うんや化学肥料はその生存を危うくする困った攪乱である。

まず，耕うんで土壌は細かく砕かれ，深いところにあったものが地表面に移動させられるが，このような攪乱は自然界には存在しない。耕うんはもともと，雑草を物理的に排除することが目的で行なわれるようになったが，やがて鋤の発明により，土を深く耕すことで作物の根域を拡大するために行なわれるようになった。耕すことで，短期的には土壌の隙間は増えるが，やがてその隙間は減少し，土壌が硬くなる。そうすると，また耕す必要が出てくる。作物を栽培すると土壌が硬くなるのは，じつは耕すことに原因がある。

森林土壌や自然草原では耕うんしないが，植物が生育するのに十分な空隙が土壌の中に保たれている。また最近拡大した不耕起栽培の土壌では，耕さないにもかかわらず土壌空隙が発達

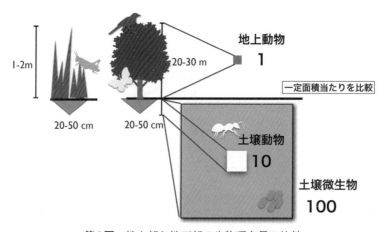

第2図　地上部と地下部の生物現存量の比較

する。土壌空隙を維持しているのは，植物の根や土壌微生物，そして土壌動物である。耕すと土壌が硬くなるのは，土壌空隙を維持する生物の活動が極端に低下するためである。

そして化学肥料は，水に溶けて土壌水の浸透圧を急激に変化させる。土壌生物のうち微生物や原生生物，センチュウなどは土壌水中に生息していたり，土壌水の影響を強く受けたりする。このような生物にとって，化学肥料の散布は大きなストレスとなる。

除草剤は土壌で分解され，土壌生物に影響がないとされているが，地表面の植物を一掃する。農業の盛んな温帯や熱帯地域では，自然の状態で地面が裸出することはない。植物が生えるか，落葉などで地面が覆われている。裸地では土壌温度や水分の日変化が激しくなり，自然に何かで覆われている状態に比べて厳しい環境となる。また，裸地では降雨や強風によって表土が失われる。

現代の農業の基本的な技術である機械を用いた耕うんと化学肥料，除草剤の散布は土壌生物の多様性と数量を大きく損なってきた。それこそが，土壌劣化の真の原因である。

(5) さまざまな保全農業

近代農法による生産力の増加が限界を見せ，燃料費や資材費の高騰，そして農業がもたらすさまざまな環境負荷の増大が明らかとなり，農法の改善が真剣に追求されるようになった。

すでに述べたように，土壌侵食の対策として不耕起栽培が考案され，除草剤と除草剤耐性の作物，そしてカバークロップの組合わせが環境再生型農業（リジェネラティブ農業）として拡大してきた。一方，日本では有機JASや環境保全型農業，あるいは自然農といったさまざまな農法が存在している。また「環境再生型有機農業（リジェネラティブオーガニック農業）」もアメリカで認証が始まっている。

現在，これらさまざまな農法の呼称は中身をよく吟味しないで使われている（Newton et al., 2020）。そこでそれぞれの農法を区別するために，構成する主要な手段を明示することで第1表にまとめた（金子，2023）。

日本の有機JASは，農法というより基準で

第1表　主要な農作業とさまざまな農法の比較　（金子，2023）

農法	農薬	化学肥料	除草剤	耕起	カバークロップ	有機物マルチ	輪作・混作	遺伝子組換え作物
有機JAS	禁止	禁止	禁止	耕起				禁止
環境保全型農業	削減	削減	使用	耕起	推奨			
リジェネラティブ	使用	使用	使用	不耕起省耕起	推奨	推奨		使用
保全農法	削減	削減	削減	不耕起省耕起	必須	必須	必須	
リジェネラティブオーガニック	禁止	禁止	禁止	不耕起省耕起	必須	必須		禁止
自然農	使用しない	使用しない	使用しない	不耕起省耕起	雑草利用	必須	必須	使用しない

絶対的技術　　　　　場に応じた技術

土壌生物は保全できない　｜　カバークロップ活用　｜　耕うんをやめる　｜　除草剤をやめる　｜　農薬，化学肥料をやめる

第1部　有機農業とは何か

あり，化学肥料や化学合成農薬（除草剤や植調剤を含む），遺伝子組換え作物を使用してはいけない，という規定だけがあり，どのように栽培すると無農薬や無化学肥料で作物が栽培できるかという情報は一切ない。環境保全型農業は慣行栽培に比較して化学肥料や農薬を削減したことを表示しているだけで，有機JASと同様，なぜそのような栽培が可能であるかを示してはいない。

不耕起栽培は土壌保全のために導入されたが，休閑期間に裸地状態にすることで，雑草の繁茂が激しく，その抑制のためにさらに除草剤が必要となる。そこで，休閑期間の雑草抑制をねらって不耕起栽培にカバークロップの栽培を組み合わせる農法が北米やブラジルで導入された。この農法ではカバークロップを除草剤で枯らし，そのあとに作付ける。これが，環境再生型農業（リジェネラティブ農業）と呼ばれる方法である。一見，不耕起栽培にすることで土壌が保全されるように見えるが，除草剤の多用によって裸地状態が頻出するので，土壌生物の生息環境としては良好ではない。

(6) FAO提唱の保全農法と日本の自然農

国連食糧農業機関（FAO）は，保全農法（Conservation Agriculture）を提唱している。これは，3つの原則をすべて実行することで土壌保全が実現し，その結果，農業生産が安定するという理論に基づいている（第3図）。

まず，土壌の撹乱を最小限にする必要がある。1) 不耕起あるいは省耕起栽培である。農場全体で耕す割合を3割以下にする。さらに，2) 土壌の表面を作物やカバークロップ，あるいは有機物マルチで3割以上の面積を覆うことを勧めている。最後に，3) 単作ではなく輪作や混作で農地に3種類以上の植物が常時生育している状態を実現する。これらの管理は土壌生態系の保全の点からはきわめて有効である。土壌侵食の防止，土壌炭素量の増加，農地からの温室効果ガス排出の削減，土壌微生物バイオマスの増加，ミミズの増加といった効果が認められている。

保全農法では化学肥料や農薬に関してはとくに指定がないが，資材の投入を減らしても収量が落ちないことが小規模家族農業にとって経営

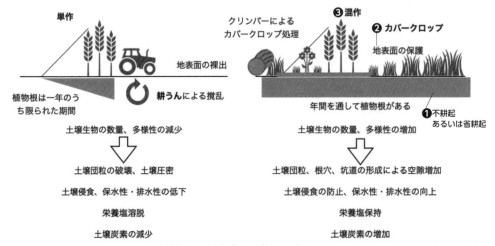

第3図　保全農法の管理と効果　　　　　（金子，2023）

改善に大きな意味をもつ。

これらの知見から環境再生農業に対抗して有機農業を推進する立場から、除草剤を使わないでカバークロップを管理する方法が発明された。ロデール研究所（アメリカ）のモイヤー博士は、ローラーに刃を取り付け、カバークロップを刈り取らずに折る「ローラークリンパー」を開発した（第4図）（Moyer 2021；Mirsky et al., 2012）。

秋に播種したライムギは春先に結実するが、乳熟期にクリンパーで倒すと立ち上がってこない。$1m^2$当たり乾物量で1kg以上の量を栽培すると、厚いマルチとして地面を覆うことができる。また、緑のまま地面に倒されたライムギからアレロパシー物質が放出され、雑草の発芽を抑制する。

たとえば、ライムギを倒しながらダイズを密植すると、ダイズがライムギのマルチを突き抜けて発芽し、雑草より先に葉群で地面を覆うことができる。このようにして、除草剤を使わずに雑草を抑制することができる。

保全的な管理は、耕うんという無駄な行為をやめ、肥料の無駄を削減し、土壌を健康な状態に保つことで、結果的に病虫害の少ない農地を実現する。このような変化はシステムレベルの変化であり、個別の問題に個別の対応を行なってきた近代農法とはまったく違う発想にもとづいている。

このように考えてみると、日本の自然農は雑草を排除せず、FAOの保全農業の原則をみご

①公開されている設計図をもとに地元の鉄工所で農家がつくったローラークリンパー

②トラクタの後ろに取り付けて移動する

③10月に播種したライムギを5月末にクリンパーで押し倒した様子

④押し倒した直後に不耕起で播種したダイズ

第4図　ローラークリンパーによる保全農法（自然農法「無」の会提供）

とに満たしている。ただし雑草との共生は，その種類がさまざまであることから，広く応用することがむずかしい。そこで雑草の代わりに，性質のわかっているカバークロップを利用することで，農作業が安定する。

カバークロップは収入に結びつかないが，不耕起草生栽培を確立する入口として有効である。栽培の継続により一年生の雑草の抑制は容易になるので，農家の判断でたとえばライムギと同様，カバークロップを越年性のコムギやオオムギに切り替え，子実は収穫し，ムギワラでマルチをするといった改善が可能であろう。

第1表を改めて見ると，農薬や肥料といった資材は誰が使っても同じ効果が得られる強い技術であった。一方，耕うん方法，カバークロップ，有機物マルチ，さらには遺伝子組換え作物は，圃場ごとにその効果や挙動が異なる場に応じた技術である。日本の有機農業ではこの場に応じた技術が各地で発達したが，それをマニュアルとして整理することはむずかしい。

農地では環境の影響を受けながら複雑な生物間相互作用が成立している。保全的な農法への転換は，無駄な資材の投入や耕うんをやめて，それぞれの農地で生じている生態学的な現象を理解し，最小限の介入で農業生産を行なうことを可能する。このような考え方は「アグロエコロジー」として体系化されている。

(7) 日本の有機農法への示唆

日本は多くの地域が温帯モンスーン気候のもとにあり，夏季に豊富な降水があり，雑草が繁茂する。除草剤を使わない有機農業では除草が大きな課題であり，畑地，水田ともさまざまな工夫が行なわれてきた。

除草剤を使わない抑草としてよく利用されているのは頻繁な耕うんとマルチである。栽培期間中の条間の耕うん，あるいは特殊な形状の道具で土壌表面を攪乱することは一定の除草効果をもつ。ただし夏季に問題となる雑草の多くは春に発芽する一年生植物である。これらの植物は耕うんという攪乱をきっかけに発芽する。耕うんをやめると多くの雑草種子は休眠状態のまま発芽しない。雑草が繁茂するきっかけは，農家による耕うんである。

また，慣行栽培でもよく使用されるポリマルチは物理的に完全な抑草が可能だが，石油由来で，敷設や撤去，および廃棄のコストがかかる。

保全農法や環境再生有機農業で開発されてきた方法は，これらの問題点を考慮し，根本的な農法の変革を狙っている。

夏季に雑草が繁茂する日本であるが，抑草の原理は変わらない。なるべく雑草が発芽しないように土壌の攪乱を最小限にし，地表を有機物で覆うことで光を遮る。それでも生育した雑草は，耕うんする場合よりは少ないので，雑草が結実する前に刈ることを繰り返す。これによって埋土種子が減少するので，一年生雑草の問題は解消する。

有機農業であっても，頻繁な耕うんと裸地状態をもたらす除草は，土壌の機能を大きく損なっている。耕うんも除草も土壌のもつ生態系機能を活用せず，土壌劣化を引き起こす。自然の力を活用するはずの有機農業が土壌を保全せず，むしろ劣化させ，環境汚染につながっているのである。

執筆　金子信博（福島大学）

2024年記

参 考 文 献

Anthony, M. A., S. F. Bender and M. G. A. van der Heijden. 2023. Enumerating soil biodiversity. Proceedings of the National Academy of Sciences. 120, e2304663120. https://doi.org/10.1073/PNAS.2304663120

Bolliger, A., J. Magid, J. C. T. Amado, Neto F. Skóra, M. de F. dos S. Ribeiro, A. Calegari, R. Ralisch and A. de Neergaard. 2006. Taking Stock of the Brazilian "Zero-Till Revolution": A Review of Landmark Research and Farmers' Practice. Advances in Agronomy. https://doi.org/10.1016/S0065-2113 (06) 91002-5

江口定夫・浅井真康・寶示戸雅之・堤道生・菅野勉・赤松佑紀・郷内武・朝田景・糟谷真宏・森昭憲・澤本卓治．2021．日本のOECD農地の窒素収支の改善方策と耕畜連携の推進方向．日本土壌

肥料学雑誌. **92**, 280—288. https://doi.org/10.20710/dojo.92.3_28

Hoffman, U. and UNCTAD, 2013. Trade and environment review. 2013 Wake up before it is too late: make agriculture truly sustainable now for food security in a changing climate.

金子信博編著. 2014. 土壌生態学. 朝倉書店.

金子信博. 2018. 土壌生態学（実践土壌学シリーズ2）. 朝倉書店.

金子信博. 2023. ミミズの農業改革. みすず書房.

Mirsky, S. B., M. R. Ryan, W. S. Curran, J. R. Teasdale, J. Maul, J. T. Spargo, J. Moyer, A. M. Grantham, D. Weber, T. R. Way and G. G. Camargo. 2012. Conservation tillage issues: Cover crop-based organic rotational no-till grain production in the mid-Atlantic region, USA. Renewable Agriculture and Food Systems. **27**, 31—40. https://doi.org/10.1017/S1742170511000457

Moyer. 2021. Roller/crimper no-till. Greely, co, ACRES, USA

Newton, P., N. Civita, L. Frankel-Goldwater, K. Bartel and C. Johns. 2020. What Is Regenerative Agriculture ? A Review of Scholar and Practitioner Definitions Based on Processes and Outcomes. Front Sustain Food Syst. **4**, 1—11. https://doi.org/10.3389/fsufs.2020.577723

第1部　有機農業とは何か
世界の有機農業

第1部　有機農業とは何か

アメリカ・カリフォルニア州の有機農業とアグロエコロジー

(1) 全米一の有機農業州カリフォルニア

日本全土よりも若干広い面積を持つカリフォルニア州（以下、加州　第1図）は、米国随一の農業州である。とりわけ果実、ナッツ類、野菜の生産が多く、これらの全米産出量の約50％を生産する。州内の多くの農業地帯は地中海性気候下にあり、おおむね10月から4月までが雨期で、夏季に雨がほとんど降らない。したがって夏季の湿度は低く、シエラ山脈からの雪解け水や河川水、地下水を利用したかんがい農業が主体である。平均農場面積は143haに及ぶ。

加州の農業は、日本や米国東海岸の農業と異なり「自給農業」という伝統をもたない。つまり、19世紀のゴールドラッシュ以来、利潤のための大規模単作農業、すなわち、故山下惣一流にいえば「儲からなければ止める」農業が加州の「伝統的」農業なのである。この「伝統」は、後述のように加州の有機農業のあり方にも大きく影響している。

加州は有機農産物の粗販売額、面積、農場数でもダントツ米国ナンバーワンである（第1表）。総農耕地面積に占める有機農地率は4％で、東海岸の小規模農業を主体とする3州に続き、第4位。現在加州政府は、州内有機農業面積の拡大に関する数値目標の策定（原案は「2045年までに全農耕地の20％を認証有機農地とする」）を検討中である。

(2) 8割が購入——米国の有機食品普及

米国は世界最大の有機食品市場である。米国の有機食品需要は1990年代以来増加の一途をたどっており、2020年の有機食品小売販売額は500億米ドル（7兆3000億円）を上回った。従来から果実と野菜が有機食品の販売をけん引してきたが、そのほかの食品も増加しつつある。

ある全米規模の調査によれば、2016年には全家庭の8割以上が有機農産物を購入したという。有機食品を購入した消費者のおもな動機は、食品中の残留農薬や抗生物質を避けたい、環境に配慮した農業をサポートしたい、有機食品は栄養価が高いとの信念などであった。

自然食品店での小売りや地域支援型農業（CSA）、ファーマーズマーケットなどによる直売とオンライン販売に加えて、2015年前後から一般のスーパーマーケットが有機食品を大々的に扱うようになり、現在ではこのスーパーでの販売が全米での有機食品総販売額の約半分を占めている。

(3) 大規模単作の「慣行」的有機農業

第2表に2016年の加州での有機農畜産物上

第1図　米国の各州とカリフォルニアの位置

世界の有機農業

第1表　米国の有機農業トップ5州（2021年，米国農務省）

順位	有機農場数	有機農場面積（千ha）	有機農産物粗販売額（億米ドル）	総農耕地面積に占める有機農地（％）
1	カリフォルニア（3,061）	カリフォルニア（329）	カリフォルニア（35.5）	バーモント（16.9）
2	ウィスコンシン（1,455）	ニューヨーク（134）	ワシントン（11.4）	ニューヨーク（4.7）
3	ニューヨーク（1,407）	モンタナ（129）	ペンシルベニア（10.9）	メイン（4.3）
4	ペンシルベニア（1,125）	ウィスコンシン（99）	テキサス（5.7）	カリフォルニア（4）
5	オハイオ（800）	テキサス（97）	オレゴン（3.9）	ニューハンプシャー（2.7）
全米合計	17,445	4,898	112	1.0*

注　（　）内は実数。＊は全米平均値

第2表　加州における有機農畜産物の農場販売額上位10品目（2016年，億米ドル）

品目	販売額（全体に対する有機の割合）
1．牛乳	2.50（4.2％）
2．イチゴ	2.02（11％）
3．ブドウ（生食用＋ワイン用）	1.81（3.6％）
4．ニンジン	1.61（22％）
5．サツマイモ	0.74（不明）
6．アーモンド	0.72（1.4％）
7．ラズベリー	0.69（18％）
8．サラダミックス（レタスなど）	0.64（不明）
9．鶏卵	0.62（5.3％）
10．加工用トマト	0.56（5.4％）

位10品目の農場販売額を示した。このうちイチゴ，ニンジン，ラズベリーの3品目では，有機の販売額が慣行農産物を含む全体の販売額の10％以上を占めている。

　加州の有機農業は，1960年代のヒッピー文化のなかで生まれ，1970年代の反戦や農業労働者の労働条件改善などの社会運動のなかで成長した。1973年には自らの生産物をまがい物から守るために，生産者が有機認証団体「カリフォルニア認証有機農業者」（CCOF）をつくり，1979年には加州政府がこれを基に「有機食品法」を制定した。のちに連邦政府はおおむね加州の有機食品法に倣って1990年に「有機食品生産法」を制定した（2002年施行）。

　認証制度が法律化され，連邦政府によって統一基準が確立される過程で，米国の有機農業は社会運動的側面が失われ，安全な農産物の供給という一面への矮小化と産業化が進んだ。伝統的な有機農業の特徴である有畜複合経営による農場内での養分循環の促進，輪作や緑肥を含む多品目栽培による農場内の生物多様性を活用した病害虫管理などは取り入れず，加州の「伝統」である大規模単作で有機栽培を行なう，有機農業の「慣行化」が進んできた。

　この「慣行」的有機農業は，農場の大規模単作構造を維持したままで，化学肥料を有機質肥料に，化学合成農薬を有機認証農薬に取り換え，認証有機農業の基準を最低限クリアするにとどまっている農法である（第2図）。肥沃度や病害虫管理の多くを相変わらずさまざまな外部資材の投入に依存していて，必ずしも環境保全的でない場合もある。「大規模単作有機農業」が可能であること自体，日本では想像がむずかしいかもしれない。加州の乾燥した夏場の気候が日本や米国東海岸などに比べて病害虫の発生を少なくし，リンゴを含む多くの野菜と果樹の大規模有機栽培を可能にしている。

第1部　有機農業とは何か

第2図　加州ワトソンビル市の大規模有機イチゴ農場。「Organic（有機）」のサインがなければ慣行農法の畑との区別がむずかしい

第3図　多品目を栽培しファーマーズマーケットなどで直売する中小規模の有機農場も多数存在する

（4）大規模有機農場への富の集中と企業による全米規模での「取込み」

「慣行化」のより大きな問題は，大規模有機農場への富の集中である。たとえば，2021年の加州における有機農畜産物の総農場販売額の94％が，件数にして全体の22％にすぎない販売額50万米ドル以上の大規模農場によって占められていた。そして「富」を持つ大規模農場による中小規模農場の抑圧は，米国農業の歴史において繰り返されてきたパターンで，それが有機農業でも生じている。たとえば，加州クヤマバレーにある世界最大の某有機ニンジン生産農場は，大規模有機ニンジンのかんがいのために，地域集落内にある限られた地下水を独占的かつ過剰に汲み上げている。これが集落内の多くの小規模農家の水利権を脅かしていて，現在同地区住民によりこの大規模農場の有機ニンジン不買運動が展開されている。

有機農業の「慣行化」は加州にとどまることなく，全米規模でも進んでいる。有機農業の伝統的な基本理念よりも利潤の追求を優先するアグリビジネスは，有機食品の需要増を商機ととらえ，潤沢な財力を背景に米国農務省の全国有機基準委員会の大勢を占め，国内の有機農業の基準を徐々に緩和させている。たとえば，米国の現在の有機農業基準は，伝統的有機農業の理念にそぐわない土壌を用いない水耕栽培や，有機農業生産法に規定された動物福祉条項を無視した高密度家畜飼養施設での家畜飼育などを認めるという，世界でも例のない事態が生じている。こうした現象は，アグリビジネスによる有機農業の「取込み」と呼ばれる。

スーパーマーケットでの量販が有機農産物（とくに牛乳と鶏卵）の価格を下げ，より多くの人々への有機食品の提供を可能にしている一方で，これら一部の商品が，米国以外では「有機農産物」とは呼べないものであることを知る消費者は，いまだ多くない。

（5）有機農業の「慣行化」への抵抗運動

一方，こうした動きに抵抗して，土壌の健全性を基本とし，放牧や放飼を主体とした家畜飼育という伝統的な有機農業の農法や理念を順守しようとする運動も全米規模で広まりつつある。「本当の有機プロジェクト（Real Organic Project, https://www.realorganicproject.org）」はその一つで，有機農家が主導しているこの運動は，土壌肥沃度増進，生物多様性の促進，草地における動物の放牧輪作，農場体系の持続可能性の向上，コミュニティの形成を基準とし，希望す

世界の有機農業

第4図　米国・バーモント州バーリントン市におけるコミュニティガーデン。近隣都市住民が自家用野菜を育てるために300区画ほど用意されている

第5図　「Real Organic Project（本当の有機プロジェクト）」の認証マーク

る有機農場を無料で審査，認証している（2023年8月現在全米で967件の有機農家が認証済み。ロゴは第5図）。

同様の動きとして，ペンシルベニア州で有機農業を推進するロデール研究所がアウトドアメーカーのパタゴニアなどと協力して進める「リジェネラティブ・有機認証（https://rodaleinstitute.org/regenerative-organic-certification）」がある。この認証は有料で，前述と類似した条件に加え，農場労働者の生活賃金の保障を必須としている。

前述二つの認証は，いずれも有機認証を受けていることが最低条件で，現行の有機認証を超えた，より厳しい基準となっている。

（6）持続可能な有機農業のためのアグロエコロジー

現在米国やほかの多くの国々の有機農業基準は，生産に用いる資材を規制して，より生態的原則に則った農業を行なうよう定めているが，農場労働者の労働条件などの社会的公正さに関する基準を含まない。農業の持続可能性には，生態的健全性，経済的実行可能性，社会的公平性の三つの柱があり，いずれが欠けても持続可能とはいえない。先のクヤマバレーの一例は，「持続可能ではない有機農業」の最たるものだ。

持続可能性の三つの柱を総合的に検討する手法の一つに「アグロエコロジー」がある。生態学の原理と社会科学の原理，農業者の経験的知識および先住民の知恵などを統合し，持続可能な農業生態系とフードシステムの開発に応用する「科学」であると同時に，持続可能な農法の「実践」と，食の正義の実現を求める「運動」をも含む総合的なアプローチである。

2018年にFAO（国連食糧農業機関）が「アグロエコロジーの10要素」を公表して以来，アグロエコロジーは世界的な潮流となっている。2021年には，国連の持続可能なフードシステムに関する国際専門家パネル，国際有機農業運動連盟，アグロエコロジー・ヨーロッパ，スイス有機農業研究所，リジェネレーション・インターナショナルが共同で「フードシステム変革のための13原則」（リサイクル，外部投入の節減，土壌の健全性，動物の健全性，生物多様性，生態的相乗効果，経済的多角化，知識の共創，文化的・社会的価値に基づく食生活，公平性，生産者と消費者の結びつき，土地と自然資源の公正な統治，市民参加）を発表した。これらは，部分的に順守するのではなくすべての原則を同時に守り進展させることが重要で，有機農業の「取込み」への対抗策という意図をも含めて作成されている。今後日本や加州で真に持続可能な有機農業やフードシステムをつくり上げていくうえで，本原則は重要な指針となるであろう。

執筆　村本穣司（カリフォルニア大学サンタクルーズ校）
2024年記

第1部　有機農業とは何か

EUにおける有機農業政策と技術普及

(1) 環境直接支払と有機農家の大規模化

「欧州連合（EU）では有機農業がさかんだ」というイメージをもつ人が多い。実際、有機農業の面積は過去10年間（2012〜2022年）で78.7％拡大し、2022年には約1690万ha（農地全体の10.5％）になった。

EUの平均でみると、有機農家の平均規模は慣行農家の平均規模より大きく、また経営者が若い傾向にある。スーパーマーケットなどの量販店が扱う有機農産物のシェアが高まっており、ビジネスとして有機農業を始める企業や若い世代が多いためだ。

手厚い環境直接支払も大手参入の一因となっている。EUの直接支払制度は、農業所得を支えるうえで重要な存在である（農業所得に占める補助金の割合は、フランス94.7％、ドイツ69.7％、日本39.1％、アメリカ35.2％、2013年）。現行の直接支払は面積支払いのため、大規模農家ほど多額の補助金を受給できる。

環境直接支払は有機農業面積の急速な拡大につながっている。量販店や輸出市場向けに生産する大規模農家は、複合経営より単作または少数作物に特化する傾向にある。

これに対して、小規模な有機農家は単独で大手量販店と取引きすることがむずかしく、組合やプラットフォームと呼ばれる生産者組織を形成して販売したり、ファーマーズマーケットや地域支援型農業（CSA）、公共調達を利用したりしている。大規模農家に比べて少量多品目、有畜複合、多業（民宿やレストラン、加工などの6次産業化）に取り組むケースも多い。

小規模農家を支援したいEUは、大規模農家ほど多額の補助金を受給できることを問題視し、面積支払の見直しを議論している。小規模農家が多い国ではこの補助金受給の下限面積（国ごとに設定可能）を引き下げ、零細農家も対象に含めて支援している。

(2) EUにおける普及事業改革

EUは有機農業への転換を政策的に後押ししている。最近の動きをあげると、2019年に環境政策パッケージの「欧州グリーンディール」、2020年には「農場から食卓までの戦略」を発表し、2030年までに有機農地面積25％、化学

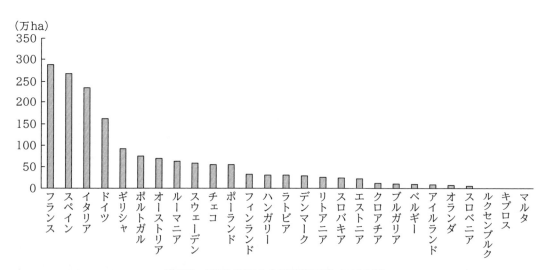

第1図　EU加盟国の有機農業面積（2022年）
Eurostatより作成、移行期間中含む
フランス（EU全体の17.0％）、スペイン（15.8％）、イタリア（13.9％）、ドイツ（9.7％）の順

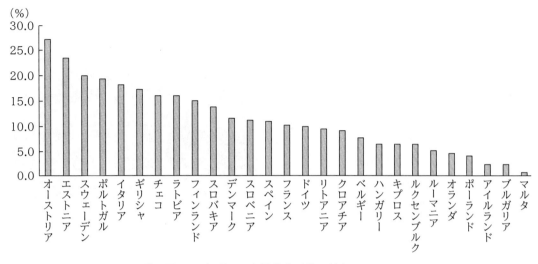

第2図 EU加盟国の有機農業面積の割合（2022年）

全農地面積における割合。Eurostatより作成，移行期間中含む

オーストリア，エストニア，スウェーデン，ポルトガル，イタリアが上位。なお，EUで有機農業面積の割合が高い品目は，永年草地（42％，放牧地など），牧草地（17％），穀物（16％），永年作物（11％，果樹やオリーブなど）。畜産は1～7％（畜種による）だが急速に拡大中

第1表 EUの有機農業支援策の展開

1990年代	公的有機認証や環境直接支払がスタート
2007年	有機農業を推進するEU理事会規則を制定
2018年	EU理事会規則の後継法[1]を制定，2022年に施行
2019年	欧州グリーンディール
2020年	農場から食卓までの戦略（ファームトゥフォーク戦略）
2021年	有機農業行動計画
2023年	新共通農業政策（CAP）の開始

注 1）検査体制の強化，小規模農家への優遇措置，輸入品の規制強化，有機食品の品目拡大などが盛り込まれている

農薬・抗生物質5割減，化学肥料2割以上減などの達成を目指している。

2021年から2027年まで取り組まれる有機農業行動計画では，EUの農林業・農村関係の研究開発予算の最低30％を有機農業関係に配分することになった。

2023年から始まった新たな共通農業政策（CAP）では，持続可能で多様な農業を実現することを目指している。中長期的な食料安全保障を実現しつつ，農村の社会経済を強化し，気候変動対策や生物多様性の保全，自然資源の保護に取り組むために，新たな農業技術の普及のあり方が求められている。

そのため，EUは2022年10月に既存の組織を再編して「欧州共通農業政策ネットワーク」を立ち上げた。同ネットワークで農業技術のイノベーションを担うのは，2012年に設立された「欧州農業革新パートナーシップ」（EIP-AGRI）である。同パートナーシップは，自然と調和した食料・飼料などの生産のための研究開発・普及をワンストップで支援するためのEUの組織である。

興味深いのは，農業技術・イノベーションの普及方法である。「科学者が技術開発をして，農家に一方的に普及する」というモデルは完全に時代遅れになったとして，「知は農家，科学者，普及員，企業，NGOなどにより共につくられる」という考え方を提唱している。この理念にもとづいて，有機農業，保全型農業，炭素農業，IPM（総合的病害虫・雑草管理）などの

研究開発および普及事業が進められている。

同パートナーシップは，「農業の知と革新のシステム」(AKIS) を立ち上げ，EUの農家が時代の要請に応じた新たな実践に取り組めるように支援している。そこでは，大学や政府系研究機関，民間企業などが開発した技術や品種，資材をトップダウンで農家に普及するのではなく，農家同士の知の共有（ピア・ラーニング）や非公式の交流による普及が重視されている。

自らリスクを取る農家が開発・実践して成功した技術に対して，同じ立場の農家は厚い信頼を寄せる。そのため技術の普及スピードも早い。また，有機農業などの技術は，既存の研究機関よりも有機農業者が豊かに蓄積している。

同制度のもとで，国の研究機関と民間組織（農業生産者団体）による共同の研究開発・普及事業が広がっている。たとえば，フランスでは有機農業などの70団体で組織する有機農業・食品研究所（ITAB）が，政府やEUなどの後援を受けて全国各地で品目横断的な農業技術の普及体制を構築しており，フランス国立農業食料環境研究所（INRAE）と共同で有機農業研究のためのプラットフォームも設立している。

ヨーロッパでは，持続可能な農業への転換に向けて，有機農業などの取組みを抜本的に強化しており，そのなかで普及事業の在り方も大きく見直されているのだ。

（3）消費者も理解，価格1.5倍

EUの有機産品の小売市場は過去10年間（2012～2022年）で2倍以上に拡大し，451億ユーロ（2022年）に成長した。消費者の61%がEUの公的有機認証ラベルを認知しており（この割合は過去5年で2倍以上に増加），約80%が有機産品は環境にやさしく動物福祉に合致すると認識している。

有機農産物の生産者販売価格は慣行栽培品よりも5割ほど高く，政府による補助金も手厚いため，有機農業に転換する生産者が増えている。41万9,112経営が有機農業に取り組み，8万5,956社の有機食品加工業者が有機産品を市場に供給している（2022年）。

第3図 フランスの有機学校給食
（写真提供：GAB85）
エガリム法により，公共調達が有機農産物の大きな需要を生み出している

アメリカや中国のように大規模農家の有機農業参入も見られるが，EUはこれを問題視し，小規模な有機農家に対する支援を手厚くするめ政策の改革を進めている。また，EUでは農村地域に就業機会（所得獲得機会）をもたらす農業形態としても有機農業を推進している。農村地域に大規模な有機農家がぽつんと存在してもコミュニティを維持できないため，小規模家族経営の有機農家を増やすことで，地域活性化を目指している。

以下，フランスとイタリアを例に紹介する。

（4）フランス――EU随一の有機大国独自の政策が奏功

フランスの有機農業面積は2020年にスペインを抜き，EU加盟国中トップ（287.5万ha，農地全体の10.06%，2022年）を誇っている。なぜ，これほど急速に有機農業を拡大できたのだろうか。背景として，フランス独自の二つの政策を紹介しよう。

第一に，2014年に施行された「農業未来法」があげられる。これは生態系と調和した持続可能な農業（アグロエコロジー）や有機農業を推進するもので，都市圏ごとに「地域食料計画」を策定して地域内の食料供給・消費の連関を強化しつつ，持続可能な農業への転換を強力に推進している。

第二に，2018年に制定された「エガリム法」は，学校や病院などの公共施設が調達（公共調達）する給食用食材の20％以上（金額ベース）を有機食材とすることを2022年から義務化した。これにより，公共調達における有機食材の割合は急速に高まり，小中校の給食では36％（2022年）となった。さらに，同法ではネオニコチノイド系農薬の使用禁止や動物福祉の向上，プラスチック製品の規制なども定められている。

フランスでは2011年以降に新規就農した新世代で，有機農業に取り組む割合が10年以前に就農した世代の2倍に増えており，小規模零細の菜園を営む割合，CSAに取り組む割合，高学歴者の割合がいずれも上昇している。

（5）イタリア──小規模農家が主体，観光型のアグリツーリズモも

　イタリアは，日本の国土の8割ほどの面積にもかかわらず，EUで第3位の有機農業面積（234.9万ha，18.1％，2022年）を誇る。山地や島嶼部が多く，南北に長い地形や小規模農家が多い点が日本と共通している。

　イタリアでは1990年代からEUの環境直接支払を活用して有機農業を拡大し，環境負荷を抑制しながら農村地域に就業機会（自営業の農業を含む）を創出してきた。政府は2022年に「国産有機法」を制定し，ラベル認証で国産の有機農産物・食品を市場で差別化しようとしている。

　一方で，大規模経営が有機農業に参入し，卸売市場やスーパーマーケットをはじめとする量販店で有機農産物・食品が扱われるようになり，輸出指向型の有機農業も広がってきている。

　他方で，伝統的な食文化や農法を重視する歴史，協同組合やスローフードなどの社会運動，CSA，アグリツーリズモなどと結びついた有機

第4図　イタリアの有機ファーマーズマーケット
有機農家は販売価格の高さ（慣行の1.5倍）と補助金の手厚さで，収量が少なくても慣行農家と比べて同等か優位な農業所得を維持

第5図　イタリアの有機栽培トマトの収穫
多くの有機農家は経済面に加え，持続可能な農業のあり方として有機を選択している

第6図　イタリアの有機酪農家によるチーズづくりのアグリツーリズモ（観光体験型農業）
観光やスローフード運動には，小規模な複合経営農家が積極的に携わる

第1部　有機農業とは何か

農業運動も幅広く支持されている。

(6) 日本でも技術・収入面の支援を

　ヨーロッパでは，持続可能な農業への転換に向けて，有機農業などの取組みを抜本的に強化しており，そのなかで普及事業のあり方も大きく見直されてきた。

　日本では，2006年に有機農業推進法が，2021年に「みどりの食料システム戦略」が策定され，翌年に法制化されたが，農地に占める有機農業の割合は0.7％（2022年）にとどまっている。同時に，慣行農家の5割が，技術的支援と販売市場が確保されれば有機農業に転換したいと考えている（2013年）。また，新規就農者の3割が有機農業を選択しており，6割が有機農業に関心を示している。

　2012年に各都道府県に設置された農業革新支援センターは，新たな課題に取り組むために「先進的な農業者らとのパートナーシップ」を活動の柱の一つにしており，2020年に策定された普及事業の運営指針・ガイドラインにもその旨が明記されている。

　実際，みどりの食料システム戦略の策定以降，有機農業や自然農法の研究開発・普及事業に長年従事してきたNPO法人民間稲作研究所（栃木県）や（公財）自然農法国際研究開発センター（長野県）などの組織に対する問い合わせや普及支援の要請は急増している。しかし，日本における農業技術の研究開発・普及の現場では，いまだに昔ながらのトップダウン型の発想や体制から抜け出せていないケースが少なくないのではないだろうか。

　これからの日本の普及事業は，農家の知，在来の知から謙虚に学び，地域に根差した技術・経営・生活のあり方を農家と共に研究し，普及する方向に転換する必要があるだろう。

　　執筆　関根佳恵（愛知学院大学）

2024年記

参 考 文 献

安達英彦・鈴木宣弘．2020．『日本農業過保護論の虚構』筑波書房．

Commission européenne. 2024. Agriculture biologique au sein de l'Union Européenne. 25 Juillet 2024. https://agriculture.ec.europa.eu/document/download/c67458ed-ec50-4762-ae68-341763ab93c2_fr?filename=factsheet-organic-farming_fr.pdf&prefLang=en（2024年9月20日参照）．

Eurostat. 2024. EU organic farming: 16.9 million hectares in 2022. June 19, 2024. https://ec.europa.eu/eurostat/web/products-eurostat-news/w/ddn-20240619-3（2024年9月20日参照）．

ジロロモーニ・ジーノ著・目時能理子訳．2002．『イタリアの有機農業の魂は叫ぶ―有機農業協同組合アルチェ・ネロからのメッセージ』家の光協会．

岩元泉．2019．「イタリアにおける『ショートフードサプライチェーン』の展開と小規模家族農業」村田武編『新自由主義的グローバリズムと家族農業経営』．筑波書房．257―282．

Olive Oil Times. 2022. Italy Introduces New Legislation to Promote Organic Production. https://www.oliveoiltimes.com/production/italy-introduces-new-legislation-to-promote-organic-farming/106185#:~:text=The%20Italian%20parliament%20has%20approved,social%20development%20and%20environmental%20sustainability.（2023年9月7日参照）．

ペトリーニ・カルロ著・中村浩子訳．2002．『スローフード・バイブル』NHK出版．

関根佳恵．2020．「持続可能な社会に資する農業経営体とその多面的価値―2040年にむけたシナリオ・プランニングの試み―」『農業経済研究』92 (3)，238―252．

関根佳恵．2022．「世界における有機食材の公共調達政策の展開―ブラジル，アメリカ，韓国，フランスを事例として―」『有機農業研究』14 (1)，7―17．

関根佳恵．2024．「トップダウン型の体制から抜け出し，農業者と共同の体制づくりが不可欠―日本の普及体制とEUの普及事業改革―」『ニューカントリー』842号，28―29．

蔦谷栄一．2004．「イタリアの有機農業，そして地域社会農業―ローカルからのグローバル化への対抗―」『農林金融』2004年11月号，36―53．

中国は有機大国，政府と企業がビジネス的に展開

(1) 面積も販売額も輸出額も，世界トップ10入り

日本ではあまり知られていないかもしれないが，中国は世界的な有機農業大国である。IFOAM（国際有機農業運動連盟）の統計を使って，2020年の有機農業の規模を確認してみよう。中国は有機農産物の生産面積で世界第7位（243万5,000ha），国内の小売販売総額で世界第4位（102億1800万ユーロ），輸出額で第6位（8億590万ユーロ）となっている。ほかを見ると，栽培面積の第4位にインドがランクインしている以外は，いずれの項目も古くから有機農業の盛んな欧米諸国，土地資源に恵まれたオーストラリアや南米諸国が上位10か国を占めている。中国はアジア地域では大いに健闘しているといえるだろう。ただし，中国はそもそも広大な農地をもつため，有機栽培面積は農地全体のわずか0.5％にすぎず，EUと比較すると発展の余地は大きい。消費が富裕層や知識階層に偏っているため国民1人当たりの有機農産物消費額も少なく，欧米諸国とは大きな隔たりがある。

第1図に，2013年以降の有機認証の発行件数と取得企業数（国内外）の変化を示した。2013〜2021年の件数は9,957件から2万3,056件へ，企業数は6,051社から1万4,847社（うち国外288社）へと，いずれも2倍以上に成長している。認証機関も23組織から75組織に増えている。2021年の認証発行件数の部門別内訳は（第2図），農産物と加工品が合わせて9割以上を占め，畜産物と水産物はわずかである。農産物（栽培面積ベース）のうち上位品目は穀物（51.6％），マメ類（22.0％），ナッツ類（9.9％）。加工品（生産量ベース）では穀物，乳製品（粉ミルクなど），飼料の合計が全体の65％を占めている。

本稿では有機農産物に絞って解説するが，中国には有機以外に「緑色食品」「無公害農産物」という食品安全認証があり，食の安全向上に貢献している（次ページに解説）。

(2) 認証制度・法制度が早期に整備され，政策支援も

このように短期間に急成長を遂げた中国の有機農業ビジネスの強みとは何だろうか。

第一に，国際基準に適合した認証制度が早い時期に整備された点が挙げられる。中国の有機農業はそもそも，1980年代の市場経済化後に

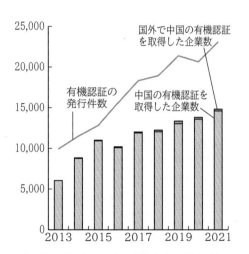

第1図　中国における有機認証の普及状況
「国家認監委：中国有機産品認証与有機産業発展概況」『捜狐』2022年10月12日より

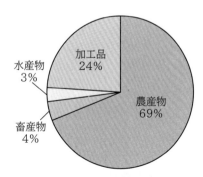

第2図　有機認証の発行件数の内訳（2021年）
「国家認監委：中国有機産品認証与有機産業発展概況」『捜狐』2022年10月12日より

第1部　有機農業とは何か

> **中国の緑色食品，無公害農産物とは**
>
> ▼「緑色食品」は，農業部（2018年に農業農村部に改称，日本の農林水産省に相当）が定めた環境負荷の軽減，食品安全，農家の所得向上を目的とした減農薬基準で，認証機関は中国緑色食品発展センター。AA級とA級の2種類があり，前者は有機食品認証とほぼ同等の基準（合成農薬や化学肥料は一切不使用）。後者は限定的な化学肥料の使用，基準以下の農薬使用が可能。認証コストは有機認証より低く，等級別の内訳は不明だが，2021年の認証発行件数は5万1,071件，取得企業数は2万3,493となっている。
>
> ▼「無公害農産物」は，農業部主導で定められた食品安全性の底上げを目指すもっとも緩やかな認証で，農産物品質安全センターが管理し，省や直轄市の農業庁が認証する。認証コストは無料だが，近年それほど普及していない。

第3図　山東省で有機農業を実践する企業（緑源唯品農業高新技術有限公司）の野菜ハウスの内部（2018年10月29日撮影）

第4図　第3図のハウスの外観
北側に土で厚い壁をつくる，中国北部の寒冷地で広く普及しているタイプの日光温室。夜間はビニール屋根にむしろを被せて保温する。トレーサビリティの観点からハウス一棟一棟に番号が付けられている

沿海部に進出した外資系企業による輸出ビジネスとして始まった。1994年に中国がIFOAMに加入したため環境保護部（日本の環境省に相当）が認証機関として有機食品発展センターを設立し，国際基準に適合した認証制度が整備された。2000年代以降，国内外での食品安全問題の頻発を受けて法制度の整備が急ピッチで進められ，2004年と2005年に有機認証に関する法律と国家基準が定められた。この時期にトレーサビリティの確保や生産管理の徹底のため，輸出向けと国内市場向け食品は厳密に分離されるようになった。2009年には食品安全法が成立，国務院直属の食品安全委員会が設置され，食品安全行政が強化された。

第二に，国内需要の急成長がある。都市部の消費者の所得水準向上と食の安全への関心の高まりにより，2000年代以降国内市場が拡大した。冒頭の国際統計でも輸出額は国内の小売販売総額の7.9％にすぎず，国内の有機農産物の大部分は国内市場向けとなっている。

第三に，政策的な支援がある。有機農業の重要性は政策文書の中でも強調されており，関連省庁は認証制度やモデル農場を生かし技術を普及している。有機農業に特化した全国的な支援政策は存在しないが，地方政府は農業振興や農家の所得向上のため，企業への認証取得支援や税制上の優遇を実施している。中国では経営耕地面積0.7ha以下の農家が2億210万戸（農家数全体の85.1％），大規模とされる3.3ha以上は451万7,000戸（1.7％）と，零細経営が大部分を占める。農地が分散すると，近隣からの農薬のドリフトが問題となるなど有機農業普及の障害となる。近年農地制度の改革や地方政府の補助により，農地（使用権）の賃貸借による規模拡大や小農向けの農作業受委託サービスが普及し，農業経営の実質的な大規模化が進みつつある。大規模農家や受託業者への集中的な技術指

導により，化学肥料や農薬の投入量が大幅に削減されたという報告もある。

(3) 地元政府と企業の存在感が大

ここで，2018年に四川省成都市近郊で開催された社会生態農業CSA連盟と地元政府の共催による，第10回CSA論壇の様子を紹介したい（第5図）。社会生態農業CSA連盟は，2008年に北京の研究者によって組織された団体である。食品安全や環境保全，国内の所得格差の問題を解決するため，都市住民が環境保全型農業の生産者を支援する仕組みであるCSA（Community Supported Agriculture）を推進している。

論壇には環境保全型農業を実践する農業関係者，研究者，学生や市民1,000人以上が参加し，日本有機農業研究会を含む国内外の来賓による報告が行なわれた。印象的だったのは，地元政府と企業の存在感の大きさである。政府は，地域農業を牽引する企業，企業と農家を結ぶ農協や村，サプライチェーン全体の発展による地域ブランドづくりを目指しており，なかでも流通・販売を重視している。論壇でも，中国では政府や企業主導の産地づくりが盛んな一方，消費者団体など市民活動は低調な点が懸念されていた。

(4) 栽培技術のレベルが低い，収益は増えていない

最後に，有機農業の経営者へのアンケート調査に基づく農業農村部の研究を参考に，経営者が直面する課題を整理したい。

まず，多くの経営者が栽培技術レベルの低さを課題として挙げている。44％が天候まかせの伝統的な栽培方法を採用しており，技術不足により慣行栽培より収量が低いと回答している。技術が不十分な理由は，資金不足（45％），人材不足（43％）である。有機農産物の品目が耕種業（とくに米，ダイズ，茶）と加工業に偏っている背景にも，技術的な制約がある。とくに畜産は飼養技術や防疫体制の確立の難易度が高

第5図　CSA論壇で販売されていた有機野菜

く，耕畜連携に取り組んでいる経営体は全体のわずか20％であった。

第二に，販売面でも課題がある。認証を取得する目的について，81％が品質保証と競争力の強化，32％が収益の向上と回答しているが，実際には収益が増えていない経営が44％を占める。原因は認証に対する消費者の理解や信頼が十分でないこと，小売価格が一般の農産物の2～4倍と高価なことである（日本では通常2～3割増程度）。さらに認証機関の監督体制が追いついておらず，回答者の81％が偽物の流通で消費者の信用が損なわれている，53％が違法行為に対する処罰が十分でない，としている。認証コストが高いという意見も多い。

*

以上で見てきたように，中国の有機農業は旺盛な国内需要や農業支援政策に支えられ，近年ビジネスとして急速に成長してきた。中国では生産の担い手も小農ではなく，十分なコスト負担能力のある企業や大規模経営が主体である。ただし，技術普及や販売面での消費者への周知や信頼性の向上など残された課題も多い。今後中国の有機農業がどのように発展していくのか，引き続き注視していきたい。

執筆　山田七絵（日本貿易振興機構アジア経済研究所）

（『現代農業』2023年11月号「政府と企業がビジネス的に展開　有機大国，中国の光と影」より）

第1部　有機農業とは何か

中国より
カニ・ザリガニとのイネ共作 どんどん拡大中

執筆　原 裕太（東北大学災害科学国際研究所）

養殖面積が、日本の水田面積全体の1.5倍

中国では今、コイやカモなど伝統的な水田養殖が衰退するなか、新たに開発された商業的な水田養殖技術が産学官、メディアの注目を集めています。

具体的には、モクズガニ、アメリカザリガニ、スッポン、ドジョウなど換金性の高い動物の水田養殖です。中国語では「稲〇共作」「稲〇共生」（〇には蟹、蝦などが入る）と表現されます。政府統計によると、全国の水産養殖利用田の面積は約203万haで、イネ作付け面積の7％、養殖池全体の28％を占めます。日本のイネ作付け面積が約136万haですから、中国の水田養殖は日本の水稲栽培の、じつに約1.5倍の規模ということになります。

地域別では、チベットや北京などを除くほとんどの省・自治区で水田養殖が採り入れられています。もともと中国東北部の大平原は畑作地帯でしたが、近代以降、寒冷地向けイネ品種の開発、栽培が進み、現在は国内屈指の米産地となっています。砂漠に囲まれた黄河上流の寧夏回族（ねいかかいぞく）自治区でも、かんがい稲作が周辺乾燥地の食料事情を支えています。こうした北方の稲作地帯にも水田養殖は広がっています。

東北部でカニ共作、南方でザリガニ共作が生まれて広がった

「稲蟹共作」は、渤海（ぼっかい）湾に面し野生モクズガニが生息する東北部の遼寧（りょうねい）省盤錦（ばんきん）市で誕生し、1980年代以降の高度経済成長期を通じて育まれました。同農法は「盤錦モデル」と呼ばれ、92年に国連環境計画（UNEP）が表彰すると、

第1図　網を使った水田でのカニの収穫
（新華網、河北省2020年）

第2図　中国の地図

全国に知られるようになりました。現在、盤錦市では44％の水田でモクズガニが養殖され、うち13％（1.5万ha）の水田が国の有機認証を得ています。内陸部の寧夏では2000年代半ばに導入され、東北部とともに代表的な実践地域になりました。

水田ザリガニ（蝦）養殖は、長江中流の湖北省潜江（せんこう）市で2000年代に生まれました。ここは全国のザリガニ出荷量の約7割を占める地域です。当初はイネ（夏）とザリガニ（冬）の二毛作「稲蝦連作」でしたが、研究開発を経て2010年代にイネ一期作・ザリガニ二期作という「稲蝦共作」に改良され、「潜江モデル」と呼ばれるようになりました。潜江市では約7割の水田で「稲蝦共作」が実践され、温暖な南方稲作地帯を中心に広がっています。

肥料供給・雑草防除・害虫防除効果はもちろん、安全性で注目

新しい水田養殖に注目が集まる要因は、大きく三つあります。一つ目は従来の農業・水産養殖業より、土壌・水質汚染を改善できる可能性です。水田養殖では排泄物などによるイネへの栄養供給、カニなどによる水田雑草や害虫の防除・駆除（えさになる）効果があり、農薬と化学肥料、えさの施用量削減による汚染緩和が期待されます。

二つ目は都市部を中心とした食品安全性・健康への意識の高まりです。食品衛生上の国内基準を満たし政府認証（無公害、緑色、有機）を取得した農産物は、2010年代の10年間に認証数で約2.5倍、生産量で約1.5倍に増加しました。

そして三つ目が農村部の貧困問題。沿海部や大都市圏と、内陸部との経済格差です。農村部には2010年代半ばでも、平均収入が国際貧困・準貧困ライン以下の地域が数多く存在していました。水田養殖には水産物からの収入獲得と、減農薬・減化学肥料生産による付加価値の創出が期待されています。

収入増が農家の最大メリット

中国で出版された論文や新聞記事には、水田養殖による農家の増収事例が数多く報告されています。「稲蟹共作で7500元/ha（約15万円）収入が増え、5万元（約103万円）以上の収入になった」「水稲栽培だけに比べて4〜14倍収入が増えた」「周辺の省や市から連日、水産物の仲買業者が注文に来る」「40gサイズのザリガニが1kg60元（約1200円）、50g以上は1kg100元（約2000円）で売れる」などはその一例です（21年における農村住民1人当たり年収は全国平均で約1.9万元〈約39万円〉）。

モクズガニは高級食材「上海蟹」ですし、スッポンは漢方の材料として重宝されてきました。また、アメリカザリガニ食は近年、国内市場が急拡大中で約1.5兆円の市場規模があるといわれており、こうした需要が大きく後押ししていると思われます。

加えて、「肥料や農薬が少なくてすむため、米の味がいい」「米の品質が向上した」といった実感や、ニカメイガ、ウンカなどのイネの害虫や雑草の抑制、化学肥料・農薬コストが5〜8割減らせ

第3図　内陸部での「稲蟹共作」の実践風景。田の周囲に大きな溝があり、水色の脱走防止フィルムを張っている
（China Daily、寧夏回族自治区 2022年）

る、といった支出削減効果も報告されています。

アゼを高くガッチリ固める　周囲に溝を掘る

20年に中央政府が発表した推奨農法を見てみましょう。まず、カニやザリガニを受け入れるために圃場を改修します。アゼを幅（厚さ）50cm～1m、高さ50cm～1mになるよう補強し、脱走防止のためフィルムなどでアゼ際に壁をつくります。壁は地面から50～60cmの高さにし、50～80cmごとに杭でフィルムを固定します。中国の通販サイトでは、さまざまな脱走防止用フィルムが販売されています。

また水田の周囲や周辺に、幅数m、深さ1.5m程度の溝を設けて水を張り、水草を植え、カニなどの一時生育場所とします。

第4図　現地のザリガニ料理。湖北省などを中心に、夏の風物詩として人気が高い

第5図　中国のスーパーに並ぶ「蟹田米」（モクズガニ養殖水田で生産された米）の多様なパッケージ。カニのイラスト付き

モクズガニは低温では冬眠に近い状態になります。春に水温が8℃を超えて活動し始めたころ、成長のため濃厚飼料を給餌。量は体重の0.5～3％とし、給餌過多による水質悪化に注意します。最初は周囲の溝で管理し、モクズガニの密度が一部で高くなりすぎないよう適宜移動させ、田植え後に溝から水田へ移します。水温の変化が大きくならないよう、水源や水を換えるタイミングに注意が必要で、朝晩こまめに様子を確認することも大切です。

ザリガニの場合は、収穫シーズンは年2回（8～10月、3～5月）。同時期に、次の作のため放流を実施します。推奨個体密度は400～500匹/haで、寒さに弱いため、春先には高品質、高タンパクなえさの提供が推奨されます。また、春先は寄生虫や細菌性の病気に感染しやすく、早期発見、早期対応が求められます。

生息地問題、脱走リスク

「稲蟹共作」では、野生種の生息地が沿海部にあることが拡大のネックになっています。内陸・黄河上流の実践地域では、稚ガニの90％以上を遠方からの移入に依存していて、経費が負担になっているのです。実践農家は小規模家族経営が多く、品質や技術の標準化にも課題があります。知名度向上も急務で、「稲蟹共作」栽培の「蟹田米」を認知している人の割合は、上海では依然20％未満との報告もあります。

さらに、コロナ禍によって関連産業が大打撃を受け、「稲蝦共作」農家の多くが飼料不足に陥っており、ザリガニの栄養不足が懸念されています。

脱走による生態系への悪影響も危惧されます。アメリカザリガニはすでに長江の生態系に悪影響を及ぼしていると指摘されており、モクズガニの養殖も本来の生息域を超えて広がっています。潜在力と課題の両方を抱える中国の新しい水田養殖、今後の展開に注目です。

（『現代農業』2023年12月号「作物の力を引き出す世界のビックリ農業3　中国より　超大規模！カニ・ザリガニとのイネ共作」より）

第2部
有機農業と炭素貯留，生物多様性

第2部　有機農業と炭素貯留，生物多様性

炭素循環・炭素貯留・地球温暖化防止

第2部　有機農業と炭素貯留，生物多様性

農家の土壌管理が土壌炭素を増やし地球温暖化を抑制する

(1) 農地への炭素貯留に注目が集まっている

　多くの人が実感していると思うが，気候変動が地球上のいたるところで進行しつつあり，すでにさまざまな影響が出始めている。その影響は将来，いっそう大きくなると予測されている。農業もその影響をすでに受けつつあることを実感している人は多いことと思う。

　そんななか，世界中で，脱炭素社会の実現に向けた動きが急速に進んでおり，多くの国が野心的な温室効果ガス（Greenhouse Gas：GHG）の排出削減目標を公表している。日本政府も，2050年にカーボンニュートラル（CO_2排出の実質ゼロ）を目指すと宣言した。それ以前も，「2050年までに80％減」など大きな削減目標を掲げてはいたが，「80％減」と「実質ゼロ」の違いは非常に大きい。80％減は省エネなどの努力を進めた先にたどり着ける可能性もあるが，省エネをいくら進めても完全に排出ゼロにはできない。「実質ゼロ」とするには，CO_2を吸収する「吸収源」が必ず必要になる。

　吸収源といえば，京都議定書において日本の削減目標の多くを担った森林を思い浮かべる人が多いと思うが，森林だけではなく，農地土壌への炭素貯留にも大きな期待が寄せられている（さらには，陸地だけではなく，藻場などの海も！）。土壌への炭素貯留など，自然を活用した脱炭素技術は，ほかの工業的な方法や技術と比べて低コストで有利な点が多く，今後，期待はどんどん高まるだろう。

(2) 土壌炭素と気候変動緩和の関係とは？

　皆さんは，自分の圃場で穴を掘るなどして，土壌断面を見たことがあるだろうか？　第1図は深さ1mの土壌断面を見た写真である。表面近くの黒い部分には，「腐植」というかたちで炭素が多く存在している。一般的に，腐植は地表近くに多く，深くなるにつれ少なくなり，土は明るい色になっていく。土壌の色は炭素量の目安となり，黒っぽい土壌ほど炭素を多く含む傾向にある（第2図）。

　農地を含む陸域の生態系では，植物が光合成をしてCO_2を吸収し，その植物体が土壌に還り，土壌中の微生物により分解されてCO_2が大気に出る，というように，大気，植物，土壌の間で炭素（C）が循環している（第3図）。このうち「陸上植生」については，たとえば森林では長期的に量が増加していって「吸収源」となることがあるが，イネやムギなど農地の作物の多くは単年性のため，作物体に存在するCの量

第1図　黒ボク土の土壌断面

炭素循環・炭素貯留・地球温暖化防止

第2図　土壌炭素の多い圃場（右）と，少ない圃場（左）。一般的に，炭素が多い土壌は黒っぽく見える

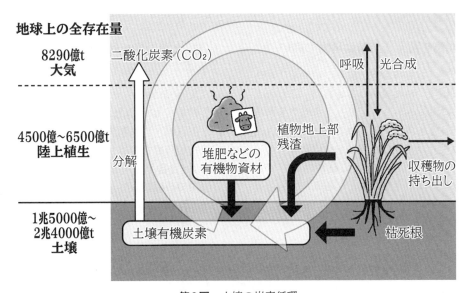

第3図　土壌の炭素循環
土壌への供給量（黒矢印）と分解（白矢印）のバランスで土壌炭素量は増減する

は長期的に変わらないとみなせる（短期的な，たとえば季節変化はするが）。したがって，土壌有機炭素（SOC）が減少するなら大気CO_2が増え，SOCが増加なら大気CO_2が減る勘定になる。このことから，土壌の管理を工夫し，SOCを増やすことが気候変動緩和につながるといえる。

しかも，地球全体で見ると，SOC量は，大気CO_2の2倍，陸上植生の3倍以上あると推定

されており，非常に多量なので，その量の変化が地球全体のC循環に及ぼす影響は大きい。実際，過去に人為により失われた土地由来のC量はこれまでの産業革命以降の化石燃料消費のC総量を大きく上回るとの見積もりもある。これまでに土地から放出してきた量が多いということは，土地を過去の状態に戻すことによる吸収源としてのポテンシャルも大きいことを意味する。すなわち，世界中のあちこちの農地で

SOCを少しずつ増やせば,「チリも積もれば山となる」で非常に大きな吸収源となる可能性を秘めている。

2015年にパリ協定と同時に立ち上がったフォーパーミル(4/1,000)イニシアチブは,「全世界のSOC量を毎年0.4%(つまり4‰:4パーミル)ずつ増加させることができたら,大気CO_2の増加をゼロにすることができる」という試算に基づき,世界中で土壌へのC貯留を推進しようという国際的な大きな動きである。日本政府も当初からこのイニシアチブに積極的な姿勢を表明していたし,2021年には山梨県が「4パーミル・イニシアチブ推進全国協議会」を立ち上げてこの活動を積極的に推進するなど,日本国内でもこの運動が盛り上がりを見せつつある。

(3) 炭素を蓄えた土壌は地力も高い

ここまで,おもに温暖化緩和の点から土壌への炭素貯留について説明してきたが,これだと「自分とは関係がない」「メリットを感じられない」と思う方も多いかもしれない。しかし,炭素貯留に役立つ実際の管理は,有機物のすき込みなど,農家にとって身近な技術ばかりである。農家は,温暖化が問題となるよりずっと昔から,土壌炭素貯留に役立つ営みを当たり前のように続けてきている。

こうした技術を取り入れている理由として,CO_2吸収をあげる農家の方はほとんどいないだろう。目的として大きいのは,土壌肥沃度(地力)の向上にある。地力というとチッソを意識する方が多いかもしれないが,じつは土壌炭素量も,土壌肥沃度の大ざっぱな指標となり得る。炭素が多い土壌ほど,団粒化が進み,養分が多く,養水分の保持能も高いなど,さまざまな物理性,化学性,生物性がよくなり,作物の収量にもよい影響がある。

つまり,土壌への炭素貯留は,CO_2の吸収(温暖化の緩和)と,地力の維持増進による農地の生産力向上の一石二鳥の営みであり,農家にとっても大きなメリットがある。

(4) 土壌炭素を維持増進する土壌管理とは?

SOC量を増加させるためには,土壌にすき込む堆肥や緑肥など有機物の投入量を増やすか,不耕起・省耕起栽培に切り替えるなど土壌有機物の分解を遅くする管理が有効である。第4図は,世界でもっとも古い長期連用試験(同じ圃場で長期間同じ管理を継続する試験)とし

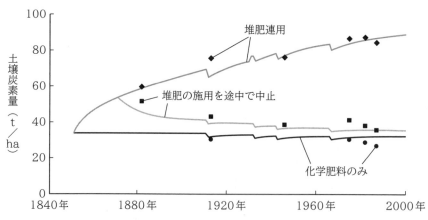

第4図 ローザムステッド農業試験場(英国)での堆肥連用試験における土壌炭素量の変化

150年以上の連用試験の結果。図中の点は実測値,実線はモデルによる計算値。堆肥を連用することで,土壌炭素量は確実に増える

て有名な，英国のローザムステッド農業試験場のデータで，堆肥を施用した畑では土壌C量が増加し続けることを示している。さらに，途中で堆肥施用を止めた圃場では，堆肥を施用しない化学肥料のみの圃場の値に徐々に戻っていく様子もわかる。有機物の施用は，一時的ではなく，継続することが重要であることがわかる。

ただし，堆肥は製造にも散布にも労力がかかるので，園芸など，小面積で高収益が見込める労働集約的な品目に向いているが，大面積の土地利用型農業には向かないという見方もある。また，堆肥の総量が同じであれば，投入を増やした畑があれば投入量が減った畑もあるはずで，前者だけを評価してC貯留を主張するのは認められない（つまり，堆肥が移動しただけで，新たな大気CO_2の吸収は起きていない）ので注意が必要である。

一方，緑肥なら堆肥ほどの労力はかからないので，イネ，ムギ，ダイズなど土地利用型の品目にも向いているし，緑肥作物は確かにその場所で光合成してCO_2を吸収するので前述の「堆肥の移動に過ぎない」問題は生じない。

堆肥や緑肥以外では，最近，「Jクレジット」の方法論になったこともあり，バイオ炭が注目されている。じつは日本は長い炭焼きの歴史があるが，農地に積極的に施用することにより土壌炭素貯留に貢献しようという考え方は最近のものである。堆肥や緑肥のように土壌中で土壌に固有のプロセスで安定な有機物の腐植がつくられるのとは違い，低酸素状態で加熱されて炭化することで炭素が安定化するので，Cの安定化のメカニズムはまったく異なるが，炭化物は非常に安定で分解を受けにくく，多量のCを貯留できる可能性があるため，注目を集めている。今後，炭素貯留と農業生産の安定とが両立するような技術の普及が進む可能性がある。

一方，Cの投入ではなく分解を減らすほうの技術では，不耕起・省耕起栽培が有効といわれている。世界では成功事例が多く報告されているが，日本のような高温多湿の気候では雑草対策など不利な条件もあり，これまでのところ日本ではあまり大きな広がりは見せていない。

(5) トレードオフと総合評価について

環境問題を考える際に考慮すべきこととして「トレードオフ」がある。一方を立てれば他方が立たなくなる，何かを達成するときにほかの何かが犠牲になるということを指す言葉であるが，環境問題では，「風が吹けば桶屋が儲かる」のように，さまざまな事象が複雑に絡み合っているために，物事の一面だけを見ていると思わぬところに悪影響が出るというトレードオフが起こりやすい。

たとえば，前述した土壌へのC貯留を目指して農地への有機物の投入量を増やした場合，土壌C貯留という面だけを見ると確かに土壌C量の増加に伴いCO_2の吸収が促進，あるいは排出が削減されることになるが，同時に，ほかのGHG（メタンや一酸化二チッソ）の排出増加や，化石燃料消費によるCO_2排出の増加を伴うこともある。よって，物事の一面だけを見ずに，総合的に評価することが大切である。

なお，メタンと一酸化二チッソは，気候変動への寄与としてはCO_2に次ぐ2番目，3番目の気体であるが，排出量に占める農業の寄与が大きいため，農業分野においては排出削減の意義が大きい気体である。

前述したようなGHGに関するトレードオフの場合には，異なる種類のガスもすべて地球温暖化係数（GWP：Global Warming Potential）を使ってCO_2に換算することでプラスの効果とマイナスの効果を両方同じ尺度で総合評価することができる。ただし，環境問題には，地球温暖化だけでなく，水質の富栄養化，生物多様性，重金属などの有害化学物質など，種類の違うさまざまな環境へのインパクトがあり，これらを総合評価するには，LCA（Life Cycle Assessment）などの考え方を用いた総合評価の手法が必要となる。地球温暖化は，これらの問題の一部に過ぎない。

(6) 緩和技術の普及のために

土壌管理の工夫による土壌へのC貯留の効果は，同じ管理を行なったとしても気候条件や土

第2部　有機農業と炭素貯留，生物多様性

壌タイプなどの環境条件により異なる。また，前述したようにほかの環境負荷とのトレードオフも考慮しなければならない。これらのことを知り，農法と環境負荷の関係を理解する方法の一つとして，筆者らが開発したWebアプリケーションを紹介する（第5図）。土壌への炭素貯留量やGHGの発生量は，その場所ごとの環境条件や管理で変わるが，それを簡単に計算できる「土壌のCO_2吸収「見える化」サイト」を開発・公開している（https://soilco2.rad.naro.go.jp/）。

このウェブサイトでは，地図上で計算したい場所をクリックし，作物や管理の方法を簡単な操作で選択するだけで，土壌への炭素貯留量を，標準的な管理とユーザーが選んだ「あなたの管理」の場合で比較できるように工夫されている。このウェブサイトを利用すれば，「自分の圃場管理で，土壌炭素の蓄積量がどう変化するか」「管理を変更することで，圃場からの温室効果ガスの発生量がどう変わるか」などを簡単に知ることができる。たとえば，「うちの農産物はこんなに地球にやさしい」というアピールに使うことも可能だと考えている。意思決定を支援するツールとして，生産者や行政の意思決定に活用されることを望んでいる。

＊

もちろん，農地はあくまで生産が第一。土壌炭素を貯めるのが目的となってはおかしいので，食料生産が主，土壌炭素貯留は従と考えるべきである。しかしながら，農家がこれまで地道に続けてきた圃場の有機物管理が，気候変動緩和にも役立つという角度から注目されていることは，大きなチャンスだといえる。この動きが，日々農地を維持管理する農家の皆さんの励みに（励みだけではなく，実際の利益にも）なることを願っている。

執筆　白戸康人（農研機構農業環境研究部門）

2024年記

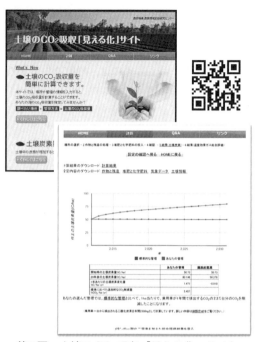

第5図　土壌のCO_2吸収「見える化」サイト
筆者らが作成した数理モデルがベース。堆肥の投入量や作物残渣の処理方法，田んぼなら中干しの有無など，各要因を入力することで，自分の圃場での土壌炭素の長期的な変化が求められる
（https://soilco2.rad.naro.go.jp/）

参 考 文 献

白戸康人．2021．農家の地力アップの営みが，地球温暖化を抑制する．現代農業．2021年10月号，132—135．

白戸康人．2023．食料生産と気候変動緩和の一石二鳥〜土壌は地球を救う！．農業および園芸．98，3—6．

白戸康人．2023．「土壌のCO_2吸収「見える化」サイト」の機能と活用法．グリーンレポート．643，2—3．

やまなし4パーミル・イニシアチブ農産物等認証制度とは

執筆　長坂克彦（山梨県農業技術課）

第1図　ブドウ園にまいた炭

「パーミル」とは、パーセントの10分の1を示す単位です。4パーミル・イニシアチブは、土中の炭素を年間4パーミル、すなわち0.4％増やせば、人間が排出するCO_2の増加分を帳消しにできるという考え方に基づく国際的な活動です。

2015年12月にパリで開かれたCOP21でフランス政府が提案し、2021年6月現在、日本を含む623の国や国際機関などが参画しています。山梨県は2020年4月に日本の自治体で初めて参画しました。ブドウ、モモ、スモモの生産量が日本一の本県は、主要作物の果樹でこれに取り組んでいます。

第2図　認証のロゴマーク

炭で炭素貯留、土壌改良も

土壌に炭素を貯留するには、草生栽培、有機物の施用、果樹剪定枝をチップにして施用するほか、剪定枝を炭にして土壌に投入する方法があります（第1図）。

剪定枝は焼却処分する農家が多いのが現状ですが、炭にして土に還せば焼却するより多くの炭素を貯留できます。また、炭は土壌中での分解がほかの有機物よりも遅いので、長期間炭素を土に閉じ込めることができます。

加えて、炭は地力増進法の政令指定土壌改良資材であり、土壌の保水性や透水性を

認証する具体的な取組み
①草生栽培による雑草などの投入
②堆肥、土壌改良材などの有機物を含む資材の投入
③生産圃場内で発生する剪定枝などの作物残渣の投入
④剪定枝などの作物残渣を原料に製造した炭の投入
⑤そのほか土壌への炭素貯留が確実に見込まれる取組み

認証区分	エフォート（計画の認証）	アチーブメント（成果の認証）
認定基準	①～⑤の取組みで土壌への炭素貯留が確実に見込まれるもの	①～⑤の取組みで1ha当たり年間1t以上の炭素を貯留するもの
有効期限	3年間（3年目に実績を報告）	3年間（毎年実績を報告）
年間炭素貯留量の算定方法	①草生栽培 10a300kg投入で0.4t/ha ②堆肥 10a1t投入で0.5t/ha ③剪定枝チップ 10a300kg投入で0.3t/ha ④剪定枝の炭 10a50kg投入で0.2t/ha	申請書にもとづき、「土壌のCO_2吸収『見える化』サイト」で山梨県が算定

改善するとともに、根粒菌やVA菌根菌など有用な微生物の増殖促進効果があります。したがって炭の施用は、地球温暖化抑制に貢献するだけでなく、土壌もよくするのです。

山梨県独自の認証制度

山梨県では、4パーミル・イニシアチブの取組みで生産された果実などを脱炭素社会の実現に貢献した農産物としてPRするため、2021年5月に「やまなし4パーミル・イニシアチブ農産物等認証制度」を制定しました。表に示したように、「エフォート認証」と「アチーブメント認証」の2つの認証基準があります。

エフォートは、土壌への炭素貯留が確実に見込まれる計画を認証します。申請書には、実施圃場の面積と炭素貯留量について現在の状況と3年後の計画（目標）などを記載します。県では3年後の計画（目標）を審査し、土壌に炭素を貯留することが確実に見込まれる計画だと判断した場合に認証します。炭素貯留量の算出は、表の「年間炭素貯留量の算定方法」に示した定数に基づいて申請者が算定します。

アチーブメントは、炭素貯留量の成果を認証します。申請書には、施用量など圃場ごとの実績を記入し、それがわかる写真などを添付していただきます。たとえば、炭の投入だと製炭中の様子や、炭をバケツに入れてはかりにかけているような投入量がわかる写真などを添付します。

県では申請書と添付資料をもとに、「土壌のCO$_2$吸収『見える化』サイト」（農研機構農業環境変動研究センター）で土壌炭素貯留量を算出し、それが1ha当たり1t以上であることが確認された場合に認証します。

エフォートでも、アチーブメントでも、認証を取得した圃場で生産された果実やその加工品にはロゴマーク（第2図）が使用できます。2021年10月現在、エフォート13件、アチーブメント2件で、そのうち炭を圃場に投入しているのは13件です（追記：2024年現在、エフォート130件、アチーブメント6件で、そのうち炭を圃場に投入しているのは54件）。なお、この認証制度の実施要領や申請書は、本県農業技術課のホームページでも公開しています。

炭化器などに補助も

4パーミル・イニシアチブへの取組みを推進するために、県は「やまなし未来農業応援事業」で剪定枝を炭にする炭化器など必要な機材などに対して経費を助成しています。対象は、農家3戸以上で実施面積30a以上。購入額の2分の1を補助します。

また、国の「環境保全型農業直接支払交付金」には、各都道府県が地域環境などを勘案したうえで独自の取組みを設定できる「地域特認取組」があります。山梨県では農地への炭の投入を設定し、支援対象として国に認められています。この交付金は、地球温暖化防止や生物多様性保全などに効果の高い営農活動に対して国が支援するもので、化学肥料と化学合成農薬を原則5割（モモ、スモモ、ブドウは原則3割）以上低減する取組みが支援対象です。これと併せて炭を投入する取組みも支援していく予定です。

（『季刊地域』22冬48号「やまなし4パーミル・イニシアチブ農産物等認証制度とは」より）

炭素循環・炭素貯留・地球温暖化防止

よく乾いた小枝や段ボールで、おき火をつくる。ガスバーナーなどで着火

燃え始めは白煙が出る

十分に炎の勢いが出てきたら、連続して枝を投入。燃焼に勢いが出てくると、ほとんど煙は出なくなる

容器の8割程度に炭がたまり、燃焼がおさまったところで攪拌

全体が白くなったら終了

水で完全に消火する。消火不十分だと再発火することもある

第3図 無煙炭化器で、剪定枝を炭化する方法

第2部　有機農業と炭素貯留，生物多様性

果樹園1ha分の剪定枝の炭が、軽トラ1台分のCO₂を相殺!?

執筆　小林鷹文（長野県・JAあづみ）

2020年10月、日本は脱炭素社会に向けて「2050年カーボンニュートラル宣言」を発表。JAあづみでも、剪定枝をバイオ炭化し、圃場に施用することで、炭素を土壌中に還す方法を試験した。

十分乾燥させたリンゴ剪定枝を10a分準備し、（株）モキ製作所の「無煙炭化器」を使用して炭化。鎮火後、乾燥させて重量を測定した。10a分の剪定枝は、乾燥前112.6kg、乾燥すると68.0kg。炭化後には28.6kgのバイオ炭が完成。

ここから計算すると、1ha分の剪定枝をバイオ炭化・埋設することで、CO_2 2,800kg相当、おおむね軽トラック1台の年間排出量以上のCO_2を相殺することが期待できることになる。

（『現代農業』2023年12月号「炭化で炭素貯留　1ha分のせん定枝炭化で、軽トラ1台分のCO_2を相殺!?」より）

第1図　炭化中

第2図　完成したバイオ炭（10a分、28.6kg）
バイオ炭とは、燃焼しない程度に制限された酸素濃度のもと、350℃超の温度でバイオマスを加熱してつくられる固形物のことをいう。消し炭も含まれる

計算の手順（試算の一例）

●まず、剪定枝炭化でのCO_2削減量を計算

完成したバイオ炭：28.6kg/10a　①
炭1kg（炭素77％）当たりのCO_2相当量：2.8kg　②
2.8kg②×28.6kg①＝80kg/10a→1haだと約800kg
1ha分の剪定枝を炭化することで800kgのCO_2を削減できると仮定

●次に、軽トラのCO_2排出量を計算

軽トラが5,000km/年走行し、燃費が15km/lと仮定するとガソリンが333l/年　③
ガソリン1l当たりのCO_2：2.3kg　④
2.3kg④×333l③＝765.9kg/年

→軽トラ1台当たりの年間CO_2排出量765.9kgは、1ha分の剪定枝の炭化で相殺できる！

＊炭の炭素率は2019年改良IPCCガイドライン、ガソリン1l当たりのCO_2は燃料種別CO_2排出量（https://www.jikosoren.jp）より引用

農地をめぐる炭素循環と有機物施用の意味

1. 地力と有機物施用

　農耕地の地力低下が話題になることが多い。国の土壌管理の指針となる「地力増進基本指針」が2008年に改正され，その中に，地力について以下の記述がある（農林水産省，2008）。
　「近年，農業労働力の減少等わが国農業を取り巻く諸情勢の変化に伴い，地力増進のための土壌管理が粗放化し，堆肥の施用量が減少するとともに，地力の低下や炭素貯留機能，物質循環機能，水・大気の浄化機能，生物多様性の保全機能といった農地土壌が有する環境保全機能の低下が懸念される事態が生じている。また，畑地や樹園地では，土壌・作物診断に基づかない過剰な施肥等により，有効態りん酸含有量の過剰や塩基バランスの悪化が顕在化した土壌が増加している」
　この指針には，地力増進の対策として，①有機物施用の必要性，②適正施肥の必要性，③的確な耕うんの必要性の3点をあげている。
　このように"地力の低下"の原因としては，化学肥料の多量施用と有機物の施用の減少が必ずあげられる。しかし，これは今に始まったことではなく，大正9年（1920年）に発行された神奈川県の『堆肥のすすめ』には以下の記述がある（神奈川県内務部，1920）。
　「金肥のみで栽培して居りますと，始めは相当に収穫をあげても，年月を経るに従って，追々収穫物の品質が悪くなり，収量が減じて，ついには農家の資本中，最も貴い土地を荒らしてしまうことになるのであります。その訳は，多くの金肥は土地の生産力を養うに必要な有機物を含んで居ないから，金肥ばかりを連用して居ると，年々土中の有機物が減少してゆくからであります」
　この記述にみられるように，100年前から，有機物施用の減少が懸念されている。有機物の施用は，近年では地力維持とともに土壌中への炭素貯留効果も期待されている。これは，京都議定書（1997年）第3条4項に二酸化炭素の吸収源として炭素の貯留を高める農地管理が位置づけられたことに由来する（環境庁，1997）。

2. 炭素の循環

(1) 地球規模の炭素循環

　地球規模での炭素の循環を第1図に示した。炭素は生物の基本元素であり，あらゆる有機物の骨格として有機物の約半分を占めている。さらに炭素は，自然界に二酸化炭素，メタン，炭酸塩，化石燃料，岩石などの無機物としても存在している。それらが，大気，大地，海洋，動植物として存在し，さまざまな物質に変化しながら循環している。
　第1図に示したように，地球全体における存在量は，石灰質の岩石として地殻に存在する炭素がもっとも多く7,500万Pg（1Pgは10億t），次いで水圏（海洋や湖沼）には36,000Pgであり，土壌には2,400Pg，大気は750Pgである。
　地表を覆う植物の炭素量は550Pgであるが，これは古代の動植物の遺体である化石燃料の10分の1にすぎない。地表の植物は年間110Pgの大気中の炭素を吸収するが，呼吸として50Pgを放出するため，炭素の固定量は60Pgである。しかし，落葉や残根など植物遺体として土壌圏に入る量が60Pgあり，さらにそれらは土壌中で分解され大気に放出されるため，地球規模でみると植物体を経由する炭素の量は均衡がとれている。
　このように，地表をわずかに覆うだけの土壌であるが，土壌には多くの炭素が含まれており，さらに蓄積能力もあるため，植物を介して大気中の二酸化炭素を固定し，貯蔵する役割が期待されている。

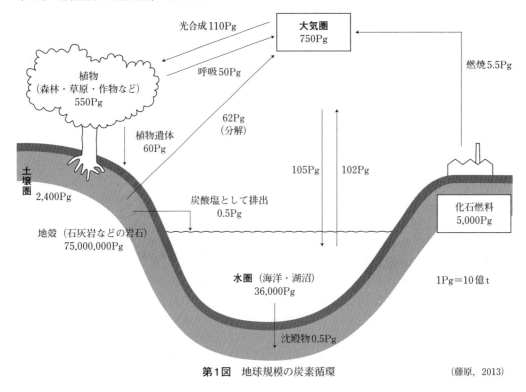

第1図　地球規模の炭素循環　　　　　　　　　（藤原, 2013）

(2) 土壌をめぐる炭素循環

土壌圏を中心に炭素の動態を詳しくみよう。植物の光合成により有機化され固定された大気中の二酸化炭素（CO_2）は、植物体のまま土壌中で分解されるか、動物に食べられエネルギー利用されるなどして、再び二酸化炭素になり大気中に放出される。土壌中では非常に多くの種類の小動物や微生物の働きにより二酸化炭素まで分解され、分解しなかったものは、土壌腐植として土壌中に蓄積される。また、二酸化炭素の一部は炭酸塩や重炭酸塩となって溶出し地殻の構成物となることもある。このように、有機態・無機態と形態変化しながら炭素は循環している（第2図）。

作物を栽培する農地では、生産物は農産物として取り出され土壌に還元されない。さらに耕うんするが、耕うんによる土壌の撹乱は物理的に粗大有機物を分解するとともに、土壌中に酸素を供給することにより土壌微生物を活性化させ、有機物の分解を促進させる。この結果、農耕地では有機物の分解が供給量を大きく上まわる。

炭素は、植物体として存在しているときよりも、土壌中に存在しているときのほうが変化が複雑かつ緩やかであり、炭素の平均滞留時間を計算した例では、植物体として約10年、土壌中で約50年とされている。このことから、土壌が炭素の貯留場所としても注目されている。

(3) 畑と水田における炭素循環の違い

植物は、大気中の二酸化炭素を吸収して光合成により糖に変換するが、吸収量の約半分は呼吸として二酸化炭素を排出している。根も呼吸しており、二酸化炭素を土壌中に放出している。また、施用有機物や落葉・残根などの有機物は分解し、好気状態では二酸化炭素、嫌気状態ではメタンとなる。

畑地では、土壌に入る炭素は、作物の落葉や残根などのほかには有機肥料や堆肥などの有機物資材が主である。そのほか、降雨に含まれる炭酸塩も入るが、その量はわずかである。これ

らは土壌生物による分解を受け，二酸化炭素を発生する。土壌中に生息する生物も死滅すれば同様に微生物により分解される。畑土壌は空気に触れる条件下になるため，好気性菌の活動が活発化し分解がすすみ，その分解残渣が土壌有機物（腐植）となる。また，ごく一部は土壌中の水に溶け，炭酸塩などになって地下水として流出する（第3図）。

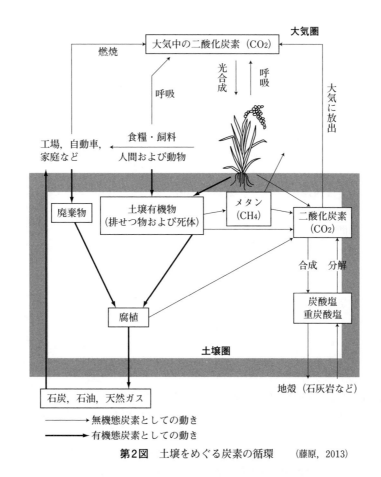

第2図 土壌をめぐる炭素の循環　　（藤原, 2013）

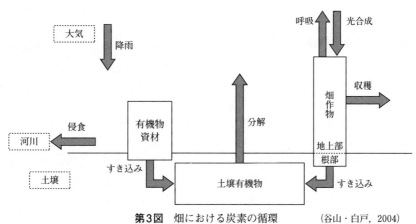

第3図 畑における炭素の循環　　（谷山・白戸, 2004）

第2部　有機農業と炭素貯留，生物多様性

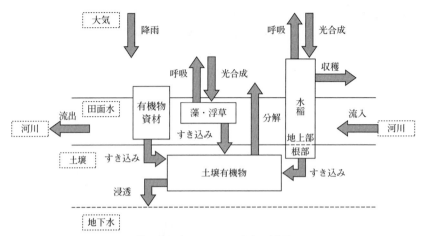

第4図　水田における炭素の循環　　（谷山・白戸，2004）

これに対し，水田では複雑な変化がみられる。水田は，畑と異なり水稲の栽培期間中に水を張るため，そこに浮草や藻類が多数生息し有機物の供給源となる。また，水に溶けている炭酸塩も少量ではあるが炭素の供給源になる。

水田土壌は酸素の供給量が少なく，嫌気状態になりやすいため，好気性菌の活性が緩やかであり嫌気性菌が活躍する。その結果，有機物の分解途中でできた有機酸は，好気分解すれば二酸化炭素になるが，一部は嫌気性菌の働きでメタンに変化して大気に還元される。また，水の移動に伴い，一部の可溶性有機物や炭酸塩類が河川や地下水に流亡する（第4図）。

(4) 作物栽培による土壌炭素の収支

水田（水稲）と畑（コーンおよびダイズ）の作物栽培による炭素収支を第1表に示した。これは，作物栽培に伴う，作物体と土壌中の炭素の固定量および供給量と放出量を綿密に調査し，炭素収支を求めたものである。

水稲では，10a当たり年間1,372kgの炭素が作物体として空気中の二酸化炭素から取り込まれ，この間，呼吸として622kgが消費される。したがって，差し引き750kgの炭素が固定され

第1表　水田と畑における1年間の炭素収支（単位：kg/10a）

（小泉，2000）

炭素の動態	土地利用	水田	畑	
	作物名	水稲	コーン	ダイズ
作物体の炭素収支	A：総生産として固定された量	1,372	548	636
	B：呼吸として消費された量	622	167	305
	純生産としての固定量（A−B）	750	381	331
土壌中の炭素収支	C：リター・刈り株での供給量	206	202	210
	D：藻類の遺体としての供給量	26	1	1
	E：有機物分解に伴う炭素放出量	238	469	477
	土壌中の炭素収支（(C+D)−E）	−6	−266	−266

たことになる。また土壌中には，リター（枯死茎葉）や刈り株からの供給量が206kg，田水面に生息する藻類からは26kgが供給されるが，土壌微生物による有機物分解により238kgの炭素が放出される。その結果，6kgの炭素が土壌中から喪失するが，水田では土壌炭素の収支はほぼ均衡化している。

畑作物はコーンとダイズの事例を示した。作物により異なるが，固定量から呼吸として消費された量を引いた純生産量は300〜400kgで水稲の約半分である。リターや刈り株からの供給量は水田と変わらないが，畑は好気的条件になるため微生物活性が著しく，土壌供給量の2倍以上が放出される。その結果，266kgの炭素が不足することになる。ダイズは根粒菌により空気中の窒素固定は行なうが，炭素は他の野菜類と同様に多量に消費する。この放出される炭素

量は堆肥や有機肥料などで供給しないと土壌炭素の分解がすすむ。

(5) 土壌炭素の減少

堆肥の連用試験が，全国の農業研究機関で行なわれている。そのひとつの事例として神奈川県の連用試験を第5図に示した。灰色低地土の露地畑に1977年から16年間にわたって，①無堆肥，②牛糞堆肥2t/10a，③牛糞堆肥4t/10aを毎年処理し，野菜を年2作（夏作：スイートコーン，冬作：キャベツ）栽培した事例である。堆肥は現物量であり，含水率60％，炭素含量12％とすると，生堆肥2tは乾物800kg，炭素240kg，4tは乾物1,600kg，炭素480kgに相当する。

堆肥無施用区では16年間に土壌の全炭素が1.5％から1.1％に減少傾向がみられるが，2t施用区ではほぼ同等，4t施用区では増加傾向にある。これは腐植の少ない灰色低地土（全炭素1.5〜2％）だから顕著にみられた事例であり，同処理を腐植の多い多腐植質火山灰土壌（全炭素10％）では，土壌炭素量に対し減少量がわずかなため，顕著な減少傾向は把握できなかった。このような現象は，多くの研究機関から報告されている。

土壌管理のためには，1年間に牛糞堆肥を現物（含水率60％）で2t程度投入すれば，おおよそ炭素200kg以上が供給されることになるが，これは，第1表に示した土壌炭素減少量の補完と一致した値となる。

3. 有機物による炭素の供給

(1) 昔の農法にみる土壌炭素の供給

江戸時代のわが国ではいろいろな物質の循環利用が行なわれ，江戸の町は綺麗であったといわれている。農作物の栽培においても下肥（人糞尿）の利用など，身近な資材を肥料として用いていた。下肥の利用は昭和初期まで一般的であった。

その事例として，大正10年（1921年）に神奈川県農事試験場（大船）で行なわれていた園芸作物施肥基準を第2表に示した。この基準には肥料三要素の分析値が記載されていたため，当時の分析値からそれぞれの資材の肥料成分量を計算すると，現代の施肥と類似した量になる。炭素量は分析値がなかったため，それぞれの資材の量を推計し積算した結果，200〜300kgの炭素が施用されている計算になった。この数字も，第1表の炭素不足を補う量とほぼ一致する。

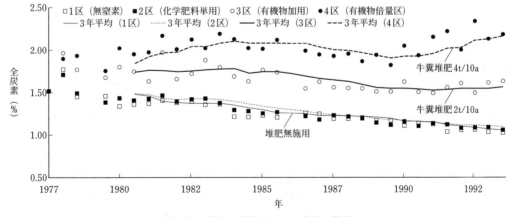

第5図 堆肥16年連用による炭素の蓄積

（神奈川農総研土壌肥料科試験成績書より作成）

第2部 有機農業と炭素貯留，生物多様性

第2表　大正時代の施肥量の例（単位：kg/10a）（尺貫法記載の単位を換算）

(神奈川県農事試験場, 1921)

肥料名	ナス	トマト	キュウリ	キャベツ	ハクサイ	ネギ	タマネギ
堆　肥	1,134	756	1,134	1,134	1,134	945	756
人糞尿	2,268	1,890	1,890	1,890	2,179	1,890	1,890
ダイズかす	76	57	95	95	76	53	76
木　灰	57	57	38	57	76	57	38
硫　安	—	—	19	—	19	—	—
過　石	19	—	38	26	26	19	26
合　計	3,554	2,760	3,214	3,202	3,510	2,964	2,786
T－C（推定）	295	210	298	298	294	241	214
T－N	23.3	18.0	31.1	23.6	26.5	18.9	18.9
P_2O_5	13.9	8.1	16.0	14.5	16.0	12.0	13.0
K_2O	18.0	15.1	16.9	19.0	19.9	16.0	13.0

（2）地力維持のための有機物施用量

炭素200kgを補給するのにどれくらいの有機物が必要かを知るために，各種有機物の炭素含量と炭素率（C/N比）を第3表に示した。多くの資材が40～50％の炭素含量のため，10aの畑には500kg程度の有機物が必要ということになる。この表は乾物当たりの表示であるため，生鮮物ではかなり多くなり，乾燥したわら類は500～600kgでよいが，含水率60％の堆肥では1,200kg，含水率80％の生ごみでは2,500kgが必要という計算になる。しかし，炭素率の低い鶏糞や生ごみでは窒素が20kg程度含まれることになるため，作物によっては窒素過剰になるので，炭素率の低い資材は，炭素率の高い資材と併用することが好ましい。

第3表　各種有機物の炭素量と炭素率

資材名	全炭素%	炭素率	資材名	全炭素%	炭素率
牛　糞	30～40	15～20	剪定くず	50	40～60
豚　糞	30～40	10～15	野菜くず	40～50	10～40
鶏　糞	30～35	8～10	生ごみ	40～50	10～20
馬　糞	30～40	20～25	茶かす	50	10～15
稲わら	40	80	コーヒーかす	55	25
麦わら	45	100	ビールかす	50	15
籾がら	35	100	米ぬか	45	15
バーク	50	150	海藻	30	10

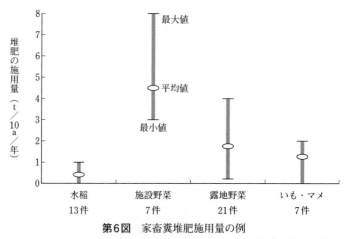

第6図　家畜糞堆肥施用量の例

(宮崎県畜産会, 2008)

また，これらの資材には分解速度の違いがある。大まかにいえば炭素率と分解速度は反比例の関係にあり，炭素率の小さいものほど分解は速いといえる。また，同じ資材でも，生鮮物に比べて，乾燥物は分解が遅れる。さらに堆肥化すると分解はより緩やかになる。堆肥のように分解が遅いものは単年度の炭素供給量が不足するように思われるが，連年施用すれば蓄積効果があるので，問題はない。

土壌の炭素蓄積機能がいわれ，土壌中の炭素

の挙動について，ローザムステッド農業試験場の開発した炭素動態モデル（RothC）を改良したモデルを用いて，農地の土壌炭素量の蓄積についての研究もすすんでいる。また，炭化物にして施用すると土壌炭素が増やせるなどの考えもあるが，基本は植物のもつ炭素固定機能を最大限活用するために，適切な農業生産の考えにもとづいた有機物の適量施用が必要である。

(3) 有機物は適正量を施用する

営農者の高齢化や施用の手間などの影響で，堆肥の施用が減少しているといわれている。農水省の調査によれば，水田では，1984年から2015年の30年間に堆肥の施用量が4分の1になっているとされる。しかし，稲わらの直接すき込み量が増えるなど，有機資源の供給からみると単純に減少しているといいきれない側面もある。

堆肥の施用量は平均値では減少傾向にあるかもしれないが，個々の農家でみると，無施用と多量施用に両極化する傾向にある。その事例を第6図に示した。

家畜糞堆肥の施用量を48件の農家について調査した事例を，最大値と最小値を棒グラフで，平均値を○で示した。13件の水稲では平均0.2tとなるが，うち9件が無施用，施用4件の平均は0.8tであった。施設野菜は平均値4.5tであるが，3tから8tまでばらついた。露地野菜では平均2tであり無施用から4tまでみられ，普通作（いも・マメ）は平均1tであるが無施用から2tまであった。

このように，堆肥の施用量については，個々の農家で大きな違いがある。無施用圃場では地力の衰退が懸念されるが，多量施用圃場では養分の過剰蓄積とアンバランスにより，かえって地力を衰退させる危険性がある。地力維持のために堆肥を施用すればよいのではなく，作物に応じた適正量を連年施用することが必要である。

執筆　藤原俊六郎（Office FUJIWARA）

2021年記

参 考 文 献

藤原俊六郎. 2013. 新版図解　土壌の基礎知識. 農文協.
神奈川県内務部. 1920. 堆肥のすすめ. 2―5.
神奈川県農事試験場. 1921. 園芸部試験一覧.
環境庁. 1997. 気候変動に関する国際連合枠組条約京都議定書. http://www.env.go.jp/earth/cop3/kaigi/kyoto01.html
小泉博. 2000. 農耕地の保全. 藤森隆郎監修「陸上生態系による温暖化防止戦略」. 博友社. 143―162.
宮崎県畜産会. 2008. 宮崎たい肥情報. No.29.
農林水産省. 2008. 地力増進基本指針の公表について. 2008年10月16日.
谷山一郎・白戸康人. 2004. 農業環境技術研究所編　農業生態系における炭素と窒素の循環. 51―75.

第2部 有機農業と炭素貯留，生物多様性

カバークロップ導入による持続的生産と炭素貯留機能

1. はじめに

わが国の畑作の多くは，かつては冬作の麦類と結合しており，地力維持に不可欠な有機物を確保するのと同時に，冬期間の太陽エネルギーの利用率からみても総合生産力の高いものであった。しかし，麦価の低迷によりこれらの体系が姿を消して久しい。畑作での作付け体系の崩壊は，主要作物の連作を招き，土壌養分供給バランスの欠如，土壌有機物の減少に加え，水食・風食による土壌流失などにより畑作生産の持続性は失われつつある。

このなかで，循環型社会構築に向けた国民的議論が進められ，環境保全型農業の実現には多くの注目が集まっている。1999（平成11）年7月に施行された『食料・農業・農村基本法』の第32条には，「自然循環機能の維持増進」が掲げられ，その関連法案として『持続性の高い農業生産方式の促進に関する法律（持続農業法）』が成立し，各都道府県において環境保全的な農業技術の導入が政策として進められている。具体的には「土つくり」「化学肥料の削減」および「農薬の削減」を満たす個別の農業技術の導入が進められ，そこではカバークロップのもつ多面的な機能が注目されている。カバークロップの導入にあたっては，地域環境の保全と農業生産性の維持向上の両立が期待されている。

一方で，温室効果ガス抑制の視点からも，土壌管理などの農業生産活動に対する関心が高まっている。IPCC（気候変動に関する政府間パネル）は2007年2月に，温暖化の主因は二酸化炭素などの温室効果ガスと断定し，その被害は地球全域に及ぶと警告を発し，温暖化は戦争や核の拡散と同じように人類の生存の脅威とみなされつつある。わが国では，京都議定書に定められた温室効果ガスの削減目標の達成が危ぶまれる一方で，二酸化炭素の吸収源として森林管理に加えて，農耕地土壌の炭素吸収機能に注目が集まっている。農耕地における炭素貯留機能を高める手法としては，堆肥の投入と並びカバークロップの導入が注目される。

ここでは，カバークロップ導入による耕地内の土壌炭素の動態と窒素循環の視点から農耕地の持続的生産と炭素貯留機能について述べる。

2. カバークロップの定義とその効果

(1) カバークロップとは何か

カバークロップと似ている用語に，緑肥やクリーニングクロップ（清浄作物）がある。わが国では，カバークロップは圃場面被覆利用による雑草防除効果を期待して作付けする作物をさす場合が多い（江原，1971）。しかし，欧米では，カバークロップは土壌保全や有機物供給，雑草防除，あるいは有害線虫防除など多様なメリットを有するものとして，広い概念で捉えられている（Magdoff, 1998）。緑肥は耕地に対して肥料的な側面を期待するものであり，清浄作物は残留窒素の吸収を期待するものである。しかし，緑肥的効果を期待して作付けした作物は，同時に土壌表面を被覆することで風食防止し，残留窒素を吸収し，かつ休閑期間中の雑草防除など多面的な働きを示している。そこで，とくに収穫を期待する作物ではなく，広く環境および土壌改善に用いられる作物をカバークロップとして捉えたほうが現実的であると考えられている。本稿でも，カバークロップを広い意味で捉えることとする。カバークロップとしては，主としてイネ科およびマメ科の作物が利用され，その効果は作物の種類によって異なる。

(2) カバークロップの種類と特徴

イネ科のカバークロップとしては，ライ

ギ，エンバク，コムギ，イタリアンライグラスなどが用いられる。これらは，耕地に供給できる有機物量が多い。また，これらの窒素の吸収能力も高いことから，耕地内の残留窒素を吸収することで，窒素成分の流出を防止することが可能である。また，C/N比が比較的高いために分解が遅く，地力維持に役立つ。さらに，遅まきに対応できるために作付け体系が組みやすいなどのメリットがある。この一方で，C/N比が高いために後作物栽培時に窒素飢餓を生じやすい問題もある。

第1図に，オカボへの施肥の有無（0および100kgN/ha）と，その後作カバークロップの種類による吸収窒素量の違い（第1図A），4月における土壌無機態窒素含有率の土中分布（第1図B）および下層土（60〜90cm深さ）での土壌無機態窒素の年間の推移（第1図C）を示した。

これによれば，カバークロップの吸収窒素量は，オカボ収穫後，裸地区でもっとも吸収窒素量が少なく，ヘアリーベッチは土壌中の残留窒素レベルにかかわらず高い窒素吸収量を示した。これに対し，ライムギは前作の施肥レベルに応じて吸収窒素量は著しく異なり，土壌窒素が多いほどライムギの吸収窒素量は増加した。土壌中の無機態窒素の分布をみると，施肥区のヘアリーベッチや裸地区では4月において30cm以下の土壌中に無機態窒素含有率が高いのに対し，ライムギでは，土中90cmまで低い値を示している。作物が利用できる土壌中の窒素はおおむね30〜50cm程度とされていることから，ライムギを作付けすることで夏作物の残留窒素の溶脱を防止することが可能である。また，この効果は，ライムギ生育期間中だけでなく，ライムギすき込み後の夏作物栽培期間中にも認められる（Komatsuzaki and Mu, 2005）。

これに対し，マメ科カバークロップの利用でもっとも期待される効果は，生物的窒素固定により後作に供給する窒素量が多く，C/N比が低いためにカバークロップの吸収窒素を後作ですばやく利用できる点である。また，アレロパシー作用など雑草抑制を示すものもある。さらに，reseeding（カバークロップが自ら開花・結実し，その種子が発芽することで植生を再生させること）により，植生維持が可能なものもあり，経営的にメリットが大きい。しかし，C/N比が低いために土壌中での分解が速く，土壌有機物の涵養には役立たないことや，遅まきをすると著しく乾物収量が劣るために作付け体系に組み込むには制限がある。

第2図には，サブタレニアン・クローバのreseedingを利用した作付け体系において，飼料用トウモロコシによるサブタレニアン・クローバの吸収窒素の利用率について調査したものである。これによれば，トウモロコシはサブクローバから50〜70kg/haの窒素の供給を受けている。このことから，マメ科カバークロップの利用によって一定量の施肥量を削減できる（Komatsuzaki, 2002）。

3. カバークロップ導入による耕地への炭素供給と貯留

(1) 種類による炭素固定能力の差異

カバークロップは，比較的粗放で乾物生産量の高い作物を利用することが多く，これらのもつ炭素固定能力はきわめて高い（第1表）。一般的に，一年生植物の炭素含有率は40％前後であり，乾物重に炭素率を換算して，カバークロップによる炭素供給量を算定できる（Bauer and Reeves, 1999）。既往の研究をみれば，カバークロップの乾物重は，作物の種類，土壌養分状態および作付け時期によって著しく異なる。イネ科のカバークロップは，マメ科のカバークロップに比べて乾物重を早期に確保できる。辜（2003）は，同一時期にライムギ，クリムソンクローバおよびヘアリーベッチを播種して乾物増加率を比較したが，播種後20週間後には，ライムギの乾物重はヘアリーベッチやクリムソンクローバのそれぞれ4.8倍および1.3倍多く確保することを報告している（第3図）。

また，イネ科カバークロップの種類に応じて作付け時期やカバークロップのすき込み時期に

第2部　有機農業と炭素貯留，生物多様性

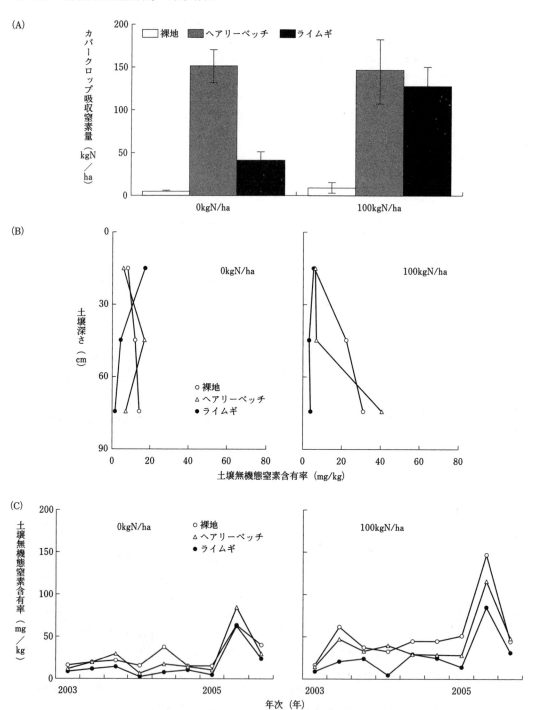

第1図 夏作栽培における異なる施肥投入量が及ぼす影響（0および100kgN/ha）
(Komatsuzaki and Mu, 2005)

オカボ後作カバークロップの吸収窒素量（A），4月における土壌深さ別の土壌無機態窒素の分布（B），および土壌下層（60～90cm）の土壌無機態窒素含有率の年次間推移に及ぼす影響（C）。試験は2002年秋に開始し，（A）および（B）は2004年4月の調査データに基づき作成した。（A）の縦棒は標準誤差を示す

炭素循環・炭素貯留・地球温暖化防止

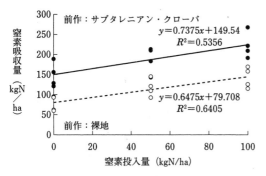

第2図 サブタレニアン・クローバの後作と前作裸地圃場での飼料用トウモロコシの吸収窒素量　(Komatsuzaki, 2002)
試験は，1996年および1997年の2年間実施した

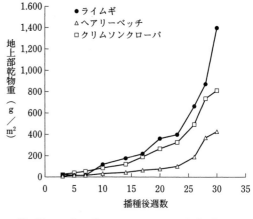

第3図 ライムギ，ヘアリーベッチおよびクリムソンクローバによる乾物重増加の比較
(辜，2003)
1999年11月に休閑圃場において無肥料で播種し，その後乾物重の推移を測定した

よっても乾物重は異なる。11月に水田裏作に播種したイネ科カバークロップの乾物重は，3月ではいずれの種類も0.5Mg/ha以下で，カバークロップ間の差異が少ないが，4月ではカバークロップの種類別に有意な差異が認められ，ライムギがもっとも多くの乾物重を確保し，次いでライコムギであり，コムギとエンバクではライムギの20％程度に留まった。さらに，土壌窒素レベルが増加するにしたがって，カバークロップの乾物重は著しく増大した（第4図）。

また，土壌窒素レベルが低い土壌では，マメ科カバークロップの乾物重がイネ科よりも大きい値を示すが，窒素レベルが高い土壌ではイネ科カバークロップの乾物重が大きくなる（Komatsuzaki and Mu, 2005）。

カバークロップが固定した炭素は，その残渣が圃場に還元されることで土壌中で急速に分解される。カバークロップ残渣の分解速度は，1）カバークロップ残渣のリグニン，ヘミセルロースおよびセルロースなどの組成の違い，2）炭素率（C/N比）の違い，および3）カバークロップ残渣の圃場還元方法による違いにより大きく影響を受ける（Wagger et al., 1998）。

(2) 耕うん様式と土壌炭素の増減

第5図に不耕起，プラウ耕，およびロータリ耕などのカバークロップ残

第1表　カバークロップの種類と乾物重および窒素吸収量

カバークロップ	乾物重 (Mg/ha)	窒素吸収量 (kgN/ha)	資料名
ライムギ (*Secale cereale* L.)	1.5〜5.7 3.4〜6.8	17〜64 44〜87	Ranells and Wagger (1996) 小松崎ら (2007)
エンバク (*Avena sativa* L.)	3.3〜4.3 1.1〜1.5	80〜82 27〜45	Dyck and Liebman (1995) 小松崎ら (2007)
コムギ (*Triticum aestivum* L.)	4.9〜9.8 1.5〜2.0	81〜87 30〜42	Singogo et al. (1996) 小松崎ら (2007)
イタリアンライグラス (*Lolium multiflorum* Lam.)	0.7〜17.5	15〜346	Stopes et al. (1996)
クリムソンクローバ (*Trifolium incarnatum* L.)	4.2〜5.7	151	Abdul-Baki et al. (1996)
ヘアリーベッチ (*Vicia villosa* Roth)	2.9〜4.8 3.0〜6.7	125〜182 104〜257	Ranells and Wgger (1996) Sainju and Singh (2001)
サブタレニアンクローバ (*Trifolium subterraneum*)	5.1〜6.3	51〜65	Komatsuzaki (2002)
白クローバ (*Trifolium repens* L.)	0.6〜25.0	17〜592	Stopes et al. (1996)

第 2 部　有機農業と炭素貯留，生物多様性

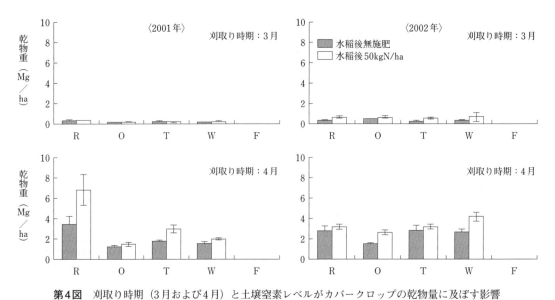

第4図　刈取り時期（3月および4月）と土壌窒素レベルがカバークロップの乾物量に及ぼす影響

（小松﨑ら，2007）

R：ライムギ，O：エンバク，T：ライコムギ，W：コムギ，F：裸地での乾物重の推移に及ぼす影響
縦棒は標準誤差を示す

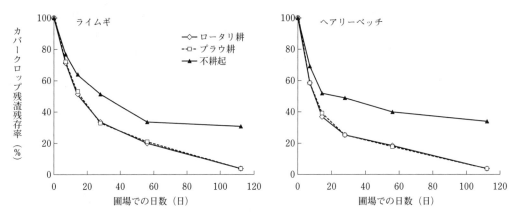

第5図　カバークロップ残渣の圃場での分解率の推移　　（Komatsuzaki, 2008）

カバークロップの乾物収量をもとに，同等量の残渣をリターバックにいれ，不耕起（圃場表層），ロータリ耕（土中10cm）およびプラウ耕（同25cm）条件下において分解率を算定した

渣の還元方法と，ライムギおよびヘアリーベッチの乾物残存率を示した。これによれば，圃場還元後2週間で，ライムギで37〜49％，ヘアリーベッチで48〜63％が分解した。夏作物栽培終期の16週間後には，プラウ耕およびロータリ耕では3.5〜4.2％の残存に留まったのに対し，不耕起ではライムギで30％，ヘアリーベッチで34％残存した（Komatsuzaki, 2008）。

一般に，耕起などによって土壌の表面を攪拌することにより酸素が土壌に供給されるため，微生物活性が高まり，有機物の分解が促進される。これに対し不耕起栽培では，土壌表層での有機物の分解を抑制し，有機物を土壌中に多く残す。カバークロップの利用と不耕起栽培を組み合わせることで土壌炭素を著しく増加させる可能性がある。

炭素循環・炭素貯留・地球温暖化防止

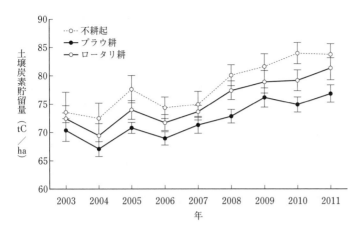

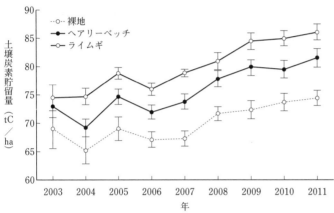

第6図　異なる耕うん方法でのカバークロップ導入による土壌炭素貯留量の推移

耕うん方法は，不耕起，プラウ耕（耕深27cm）およびロータリ耕（耕深15cm）を春と秋に供試し，夏作物にオカボを栽培し，冬作に裸地（雑草放任），ヘアリーベッチおよびライムギを作付けした。2003年から2007年までは夏作にオカボを作付けし，2008年以降はダイズを栽培した。土壌炭素貯留量は，土壌の深さ別の土壌炭素含有率（0〜2.5，2.5〜7.5，7.5〜15，および15〜30cm）の平均値に仮比重を乗じて算定した（Higashi et al., 2014）

牟（2008）は，2002年秋からカバークロップと耕うん方法を組み合わせた長期試験圃場において土壌中の炭素の変化を測定し，農法の違いによる土壌中の炭素の増加・減少量を定量的に評価している（第6図）。ここでは，耕うん方法（不耕起，プラウ耕，およびロータリ耕）およびカバークロップの種類（ヘアリーベッチ，ライムギおよび裸地）を組み合わせ，夏作にオカボ（品種：ユメノハタモチ）を栽培している。

2003〜2011年までの9年間における0〜30cmにおける土壌炭素貯留量の推移を第6図に示した。これによれば，耕うん方法とカバークロップの利用により，土壌炭素貯留が著しく変化した。

不耕起栽培の導入により，9年後ではプラウ耕に比べて5.7t，ロータリ耕に比べて1.1tの炭素が増加した。また，カバークロップの利用は裸地に比べて著しく土壌炭素を増加させており，ライムギおよびヘアリーベッチ利用でそれぞれ7tおよび11t/haの土壌炭素の増加が認められた。このように，不耕起栽培などの耕うん方法による効果もあるが，カバークロップによる有機物供給が土壌炭素増加の大きなカギとなる。

4. 農耕地での炭素貯留と炭素クレジット

植物体は光合成により大気中の二酸化炭素を取り込み，これらの植物遺体が土壌中で分解する過程で「腐植」や「土壌有機物」として，数百年から数千年という長期間にわたって安定的に土壌中に蓄積される。土壌中に蓄積された炭素は，長期間にわたって大気中の炭素循環から隔離されることから，土壌における炭素隔離機能（carbon sequestration）とよばれ，二酸化炭素の吸収源となる。

(1) 土壌中に存在する炭素の量

土壌中に存在する炭素量は，2兆5000億t（有機炭素として1兆5500億t，無機炭素として9500億t）と見積もられ，土壌の炭素貯留は大

気中の炭素量（7600億t）の3.3倍であり，生物界の炭素量（5600億t）の4.5倍に相当する（Lal, 2004）。土壌の炭素貯留量は莫大であり，その増減によって大気中の二酸化炭素濃度の変化に大きな影響を及ぼすことになる。たとえば，Lal（2004）は，産業革命以前までの炭素放出は，農地開発などの土地利用の変化により3200億tのみであったのに対し，産業革命以降の最近200年の間をみると，化石燃料の使用による放出が2700±300億tであり，土地利用の変化による放出が1360±50億tとなることを試算し，土壌管理のあり方によって非常に多くの炭素を放出してきたことを述べている。

このような背景から，1997年12月の気候変動枠組条約・第3回締約国会合（COP3）で採択された京都議定書では，森林や農業などによる「追加的かつ人為的活動」による炭素吸収源を拡大することで，二酸化炭素の数値目標達成のために利用できることを認めた。

しかし，「追加的かつ人為的活動」の定義についてはきわめてあいまいなものであり，議論が多い。まず，グローバルレベルでの陸域生態系の炭素固定量について誤差が大きく，不確実性がきわめて高い（高村・亀山，2002）。また，土壌などに吸収した炭素の永続性についても議論が多い。吸収源活動による炭素吸収が永続的に維持されなければ，将来的に排出源となってしまうリスクも指摘されている（Ciais et al., 2005）。しかし，各国において京都議定書の温室効果ガス削減目標の達成が厳しい状況から，土壌の炭素貯留機能に対する注目が高まり，ドイツのボンで開催されたCOP6（2001年7月）では，「農耕地管理などによる追加的人為的活動（土地利用変化）に限り，その吸収分を削減量として計上できる」ことが暫定的に合意され，その後COP7で正式合意された（マラケシュ合意）。そこでは，2008年から2012年（第一約束期間）の期間は，京都議定書第3条4項に基づく1990年以降の森林経営・農地管理等による純吸収量を総排出量から控除することを認めている（第2表参照）。

(2) 農地を CO_2 吸収源として選んでいる国々

現在，農地土壌を吸収源として選択している国々としては，ポルトガル，スペイン，デンマーク，カナダがある。カナダでは，土壌侵食防止などのための取組みや不耕起栽培の推進により900万CO_2t（1t炭素は，3.67tのCO_2に換算できる）を計上している（Greenhouse Gas Divisions Environment Canada, 2007）。

わが国では，農地土壌の純吸収量の算出に必要なデータが十分でないことから，第一約束期間については農地土壌を吸収源として選択していない。しかし，土壌が有する公益的機能が注目されるなかで，農耕地土壌のもつ炭素貯留機能は改めて注目されつつあり，農水省は地球温暖化対策で2013年以降の新しい国際協定（ポ

第2表 京都議定書3条4項による吸収源の定義

活動名	定　義
植生回復（revegetation）	0.05ha以上の植生回復を行なうことによって炭素蓄積量を増加させる直接人為的な活動。ただし，当該活動は1990年1月1日以降に開始され，上記の植林，再植林の定義に当てはまらないもののみに限定される
森林管理（forest management）	環境（生物多様性を含む），経済，社会的機能を発揮させることができるように森林を持続的に管理する取組み。当該活動は1990年1月1日以降に開始されたものに限定される
農地管理（cropland management）	農作物耕地や農作物の休耕地を管理する取組み。ただし，1990年1月1日以降に開始されたものに限定される
牧草地管理（grazing land management）	植物や家畜生産の量と種類を管理する取組み。ただし，1990年1月1日以降に開始されたものに限定される

注　出典：UNFCCC（2001）

スト京都議定書）の策定に向け，これまで温室効果ガスの排出源に分類していた農地を，二酸化炭素の吸収源として扱う本格的な検討を開始している。

(3) 排出量をめぐる流通・取引の拡大

この一方で，森林や農耕地などの炭素貯留を対象として排出量（炭素クレジット）を企業間や国際間で流通・取引する取組みが広がりつつある。世界銀行は，2006年の世界の炭素クレジットの取引は300億ドルとなり，2005年の110億ドルのほぼ3倍となることを報告している（International Herald Tribune, 2007年5月27日付）。2001年8月米国で設立された世界初のカーボン・クレジット取引市場であるシカゴ気候取引所（Chicago Climate Exchange）では，「農業活動における炭素オフセット（相殺）」の取引を開始している。そこでは，保全耕うん（不耕起栽培，最小耕うんなど）に取り組む農家集団に対して，1) 少なくとも4年以上保全耕うんを実施していること，2) 1エーカの農地（約40a）で年間0.5tの二酸化炭素をオフセットできる，3) このプログラムに参加できるのは，シカゴ気候取引所の登録団体であり，すべてのプロジェクトは独立した認証団体からの調査を受ける，という条件を満たす取組みについて炭素クレジットの売買を実施している（Chicago Climate Exchange, 2007）。

農法の試行による土壌炭素の固定量については，州立大学を中心とする長期にわたる圃場試験結果から見積られている。第3表に，カンサス州の農法の試行と土壌炭素固定量について示した。ここでは，不耕起栽培など保全耕うんの取組みに加えてカバークロップの利用によって土壌炭素固定量の増加を認めている（Kansas State University, Research and Extension, 2004）。

(4) わが国の農地の炭素貯留量

わが国の農地土壌の炭素貯留量（1994～1998年の平均）については，水田で1.85億t，普通畑で1.64億t，および樹園地で0.3億tであり，合計3.8億tと試算されている（農林水産省生産局環境保全型農業対策室，2007）。これらの土壌炭素貯留量は，今後の有機物投入や耕うんなどの管理作業などに応じて変動する。各試験場での有機物の長期連用試験の結果をもとに，全国の農耕地に稲わら堆肥を年間10～15t/ha施用することで，年間約205万tの炭素を新たに貯留すると試算され，これらは京都議定書におけるわが国の第一約束期間における削減目標量の9.9%に相当する（農林水産省生産局環境保全型農業対策室，2007）。

わが国ではカバークロップ導入による土壌炭素貯留量の増加についての検討事例は少ない。牟（2008）のデータより，カバークロップ導入による土壌炭素貯留の増加量を二酸化炭素換算すると，第4表のとおりである。カバークロップとしてライムギを利用し，不耕起やロータリ耕うんにより夏作物栽培を行なう体系で年間の炭素貯留増加量が0.66～0.80tCO$_2$/haともっとも大きく，次いでヘアリーベッチ利用で0.36

第3表 カンサス州における農法の試行と土壌炭素固定量推定値

農法の試行	炭素固定量（tCO$_2$/ha/年）
保全耕うん	0.3～0.5
夏作休閑の禁止	0.125～0.375
カバークロップ	0.125～0.375
施肥管理の改善	0.0625～0.1875
環境修復地の設定	0.375～0.875

注　出典：Kansas State University, Research and Extension, 2004

第4表 カバークロップと耕うん方法別の年間の土壌炭素貯留の増加率（tCO$_2$/ha/年）

（牟, 2008）

カバークロップの種類	不耕起	プラウ耕	ロータリ耕
裸地	▲0.015	▲0.253	▲0.044
ヘアリーベッチ	0.363	▲0.007	0.528
ライムギ	0.664	0.110	0.800

注　試験期間中春と秋の年2回測定した全炭素含有率（%）に仮比重を乗じて深さ30cm当たりの炭素貯留量を求め，この推移を回帰直線に表わし，当該回帰直線の傾きから年間の土壌炭素増加量を求め二酸化炭素に換算した。▲印はマイナスを示す

~0.53tCO₂/haを示した。これに対し，プラウ耕体系では土壌炭素の減少が激しく，裸地でマイナス0.25tCO₂/haとなるのに対し，ヘアリーベッチ利用やライムギ利用で土壌炭素貯留量の減少が抑制される。

5. カバークロップ利用による温室効果ガスの発生

カバークロップや堆肥の利用は，土壌炭素を増加させる一方で，メタンや亜酸化窒素などの温室効果ガスの発生を増加させる可能性がある。これらの温室効果ガスは，二酸化炭素に比べ，亜酸化窒素で296倍，メタンで23倍の影響力がある（IPCC，2001）。

(1) 亜酸化窒素とカバークロップの関係

農耕地からの亜酸化窒素の発生は，好気条件下での微生物による硝化および脱窒過程で生じ，水田に比べて畑地で著しく多い。また，施肥や有機物投入による亜酸化窒素の発生には，直接排出と間接排出がある。直接排出は，主として土壌表層で生じ，その量は土壌型，土壌水分，温度，および無機態窒素含有率などの土壌状態によって著しく異なる。これに対し，間接排出は，高濃度の硝酸や窒素成分が存在する地下水が大気中で減圧され，亜酸化窒素にガス化することにより生じ，農耕地からは施肥窒素などの地下水への溶脱による場合が多い。

第7図に，夏作栽培（オカボ）における異なる施肥投入量（0および100kgN/ha）と，カバークロップの利用が，亜酸化窒素の発生量に及ぼす影響を耕うん方法別に示した。これによれば，年間の亜酸化窒素の発生量は，施肥区で多くなり，かつ不耕起栽培で増加する傾向が認められた。また，カバークロップの種類別では，不耕起ではヘアリーベッチ＞ライムギ＝裸地であったのに対し，プラウ耕およびロータリ耕では，ライムギ＞ヘアリーベッチ＞裸地となった（昭日格図ら，2007）。

これらの結果から，耕うん体系別に投入窒素肥料当たりの亜酸化窒素の排出係数を求めてみると，不耕起体系で大きくなったのに対し，プラウ耕やロータリ耕では畑作の平均値（0.00993kgN₂O－N/kgN：環境省温室効果ガス排出量算定方法検討会，2002）を下回るものとなった。また，カバークロップ残渣に含まれる窒素当たりの排出係数を求めてみると，ヘアリーベッチ利用の不耕起栽培でもっとも大きく，ライムギ利用ではもっとも小さい値を示した。不耕起栽培においてC/N比の高いライムギ残渣の還元は，土壌窒素の有機化などにより圃場表層での無機態窒素含有量の低下が生じ，亜酸化窒素の発生が抑制されたものと考えられる。これに対し，ロータリ耕やプラウ耕では，カバークロップ残渣の分解が促進されることから，ヘアリーベッチだけでなくライムギにおいても亜酸化窒素の発生が多くなるものと考えられる。プラウ耕ではロータリ耕に比べて排出係数は小さくなったが，これはプラウ耕により残渣有機物が土中20cm以下の層に埋没したことで，

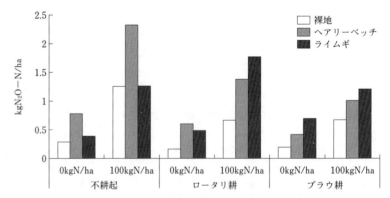

第7図 夏作栽培における異なる施肥投入量（0および100kgN/ha）とカバークロップの利用が亜酸化窒素の発生量に及ぼす影響

(昭日格図ら，2007)

亜酸化窒素の発生量は2006年1月から12月までの積算値

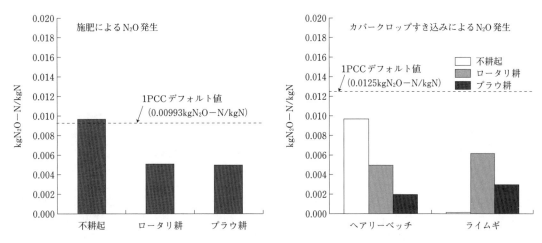

第8図 耕うん方法とカバークロップ利用試験圃場における施肥およびカバークロップ残渣による亜酸化窒素の排出係数

亜酸化窒素の発生量は2006年1月から12月までの積算値（昭日格図ら，2007）。施肥による排出係数は，|（裸地区における施肥区の亜酸化窒素発生量）－（裸地区における無施肥区の亜酸化窒素発生量）|/（施肥量）で求めた。カバークロップ残渣すき込みによる排出係数は，|（施肥および無施肥のカバークロップ区の亜酸化窒素発生量の平均値）－（施肥および無施肥の裸地区の亜酸化窒素発生量の平均値）|/（施肥および無施肥のカバークロップ吸収窒素の平均値）で求めた

表層での亜酸化窒素の発生が少なくなるものと考える。IPCCガイドラインで示されているライムギなどの残渣由来の亜酸化窒素の排出係数 $0.0125 kgN_2O-N/kgN$ と比べると（環境省温室効果ガス排出量算定方法検討会，2002），第8図に示した昭日格図らのデータは，デフォルト値よりもかなり低くなる可能性がある。

(2) CO_2 と亜酸化窒素との両方からみた評価

カバークロップと耕うん方法別の年間の亜酸化窒素の直接排出量について，二酸化炭素を基礎とする温室効果ガスポテンシャルに換算すると，第5表のとおりである。第4表の炭素貯留増加量との相殺を行なうと，裸地では，いずれの耕うん体系でも0.015～0.253 tCO_2/haのマイナス値を示し，またプラウ耕においてはカバークロップ利用によっても0.202～0.211 tCO_2/haのマイナス値を示す。これに対し，不耕起栽培でのライムギ利用，ならびにロータリ耕でのライムギおよびヘアリーベッチ利用で，それぞれ0.486，0.567および0.255 tCO_2/haの増加を示している。

カバークロップの利用による，亜酸化窒素などの温室効果ガスの発生に関する研究事例は少なく，これらのデータの適用は限定的である。しかし，不耕起栽培やロータリ耕などとカバークロップ利用を組み合わせることで，土壌炭素貯留の効果が亜酸化窒素発生との相殺を考慮しても認められることから，これらの農法をベースにした圃場管理による農耕地の炭素貯留機能の有効性がきわめて高い。

さらに，カバークロップの吸収窒素の一部は後作物の生育に活用されることから，カバークロップ導入により施肥窒素の削減が期待でき

第5表 カバークロップと耕うん方法別の年間の亜酸化窒素の直接排出量（tCO_2/ha/年）

カバークロップの種類	不耕起	プラウ耕	ロータリ耕
裸地	0.132	0.008	0.069
ヘアリーベッチ	0.363	0.195	0.273
ライムギ	0.178	0.321	0.233

注 亜酸化窒素の発生量は無施肥区における2006年1月から12月までの積算値（昭日格図ら，2007）を用い，二酸化炭素を基準とする温室効果ガスポテンシャルに換算した

第2部　有機農業と炭素貯留，生物多様性

第6表　カバークロップ吸収窒素の後作物での窒素貢献（kgN/ha）

研究事例	カバークロップ	後作物	カバークロップ吸収窒素（kgN/ha）	窒素貢献量*（kgN/ha）
Wagger, 1989	ヘアリーベッチ	トウモロコシ	NA	3.2
Ranells and Wagger, 1997	ヘアリーベッチ	トウモロコシ	92	16.5
Ranells and Wagger, 1997	クリムソンクローバ	トウモロコシ	30～49	6.3～3.0
Ranells and Wagger, 1997	ライムギ	トウモロコシ	40～111	1.6～5.6
Horimoto et al., 2002	ヘアリーベッチ	トマト	NA	20～60
Komatsuzaki, 2002	サブタレニアンクローバ	飼料用トウモロコシ	51～65	48～76

注　＊：窒素貢献量は，カバークロップ後作と前作裸地とでの後作物の吸収窒素量の差異により算出した
　　　NAはデータなし

る。第6表に，カバークロップ後作物栽培でのカバークロップ吸収窒素の貢献量を示したが，これらの窒素量を削減することで，0.008～0.212tCO$_2$/haの施肥由来の温室効果ガスの削減の可能性がある。

（3）水田での利用とメタンの発生

一方，水田作でのカバークロップ利用については，メタンの発生量増加が問題となる。Yan et al. (2005) は，水田での緑肥と堆厩肥の利用による水田でのメタン発生量を比較したが，緑肥利用で投入量に伴うメタン発生量が著しく多くなることを指摘している。また，新鮮な稲わらの還元によりメタンの発生が増加するのに対し，稲わらの堆肥化によりメタン発生が著しく減少することを報告している。水田でのカバークロップ利用と炭素貯留についての検討は少ないが，水田においてはカバークロップ残渣の易分解性有機物の圃場での動態に注目し，カバークロップ刈取りから代掻き─田植え工程の期間を検討することで，カバークロップ導入によるメタン発生抑制について検討する必要がある。

6. カバークロップ利用と持続的生産

（1）土壌有機物増加（炭素貯留）の効果

農業生産の持続性確保に向けて，土壌有機物を増加させることは，二酸化炭素の吸収源のほかに，投入施肥量削減，長期的な収量の安定などの効果がある。たとえば，Lal (2004) は，劣化した農耕地での1t/haの土壌炭素の増加により，コムギで20～40kg/ha，およびトウモロコシで10～20kg/haの収量増があることを述べている。

欧米などで実施されている長期圃場試験の結果をみると，土壌有機物の増減が作物生産性の持続的な向上にきわめて重要であることが示されている (Weil and Magdof, 2004)。たとえば，米国アラバマ州のOld Rotation圃場では，1986年から耕地生産の持続性とカバークロップの利用について世界でもっとも古い連輪作の試験を実施しているが，カバークロップの作付けにより，綿花の収量が100年にわたって高く維持することが可能であり，化学肥料だけでは得られない効果があることを実証している (Mitchell et al., 1996)。その理由として，土壌有機物含有量がカバークロップ利用により高く維持されることが，生産性持続の鍵となることが指摘している (Mitchell et al., 1996)。輪作やカバークロップの利用により土壌有機物含有量が高まることは周知のことでもある。しかしながら，現実に100年間という土壌管理において土壌そのものが変化し，農作業という人間の働きかけに対して，まったく異なる生産性を示す事実は，わが国の農業生産の持続性を考えていくうえで示唆の多いものと考える。

（2）耕地内の養分循環のマネージャーとして

土壌有機物のもつ農業生産上の役割について

は，土壌養分の供給源と保持能力の強化，土壌水分保持能力と排水性の向上，土壌病害虫の発生抑制，水食・風食などによる土壌流失の抑制などに加えて，耕地内の栄養塩類の利用効率向上に起因する地域の水質改善などの多面的な効果がある（Weil and Magdof, 2004；Komatsuzai and Ohta, 2006）。

しかし，土壌環境基礎調査の結果をみると，たとえば普通畑（黒ボク土）では，1960年から2000年の間に約5％の土壌有機物量が減少しており，地力増進基本指針では年間の堆肥の標準施用量として15～30t/haと定めているが，農業労働力の減少・高齢化などにより有機物投入量は年々減少し，普通畑の4割で土壌中の有機物量にかかわる改善目標を下回っているのが実情である（草場，2001）。

わが国において，農業の持続的発展と多面的な機能の健全な発揮を図るためには，土壌炭素に注目した土壌管理手法はきわめて重要であり，「持続農業法」では，土壌炭素の増加・保全にむけて堆肥などの有機物投入を促している。しかし，土壌炭素の向上と地域の環境保全との両立を考えると，耕地に土壌有機物を投入するという視点に加えて，残留土壌養分を積極的に回収・制御するという視点も重要である。たとえば堆肥などの有機物由来の養分流出などの問題や（越野，1989），畜産系堆肥の過剰施用による野菜の硝酸集積や溶脱などの問題を生じる可能性が指摘されている（Maeda et al., 2003）。このため土壌炭素を積極的に増加させる一方で，土壌養分の溶脱防止など，耕地内の養分循環の最適なマネージメントとを可能にするカバークロップの利用がますます重要となるものと考える。

有機物連用試験による土壌炭素の増加量をみると，黒ボク土で稲わら堆肥15～30tを連年施用した場合の年間の炭素貯留増加量は0.251～0.593t炭素/haと試算されている（農林水産省生産局環境保全型農業対策室，2007）。これに対し，カバークロップ連用による土壌炭素貯留増加量は，ライムギの利用により，約0.2t炭素/haであり，堆肥の投入に比べてやや下回るが，一定の炭素貯留増加量が期待できる。

カバークロップによる有機物供給は，堆肥利用に比べて，1）大量の有機物を容易に農耕地に返すことができる，2）土壌中の残留養分を回収・再利用できる，3）土壌微生物相への活性化程度が堆肥よりも高い，4）団粒化が進みやすく土壌物理性改善効果が高い，5）土壌の侵食を防ぐことができるなどのきわめて多面的な効果がある。しかし，欠点としては，未熟有機物のすき込みによる糸状菌類の増加や有機酸の増加など，すき込み―後作物播種までの期間を十分にとることが必要となるなど，現行の農作業体系・計画の変更が必要となる場合もある。

(3) 農家の健全な土つくりの基本技術に

牛久市の高松求氏は，水田裏作に，カバークロップとしてイタリアンライグラスを栽培し，非灌漑期間中の土壌窒素の回収と，有機物供給の積極的な供給を行なっている。カバークロップの後作水稲を慣行の施肥体系で行なうと，カバークロップ区では減収や農産物の品質低下を招きやすいが，高松氏は，施肥方法や耕うん方法の改善により，稲作の収量の維持と高品質化とを両立することができている（小松﨑ら，2004）。このような「カバークロップを農家の健全な土つくりの基本技術」と位置づける経営が，各地域において広がりつつある。

土壌炭素を増加させる農業システムは，農家にとって短期的に必ずしも経済的な得策となるとは限らない。たとえば，国内企業が自主的に二酸化炭素の排出量を削減して，過不足分を企業間で売買する「自主参加型排出権取引制度」による取引価格は，二酸化炭素1t当たり平均1,212円であり（日本経済新聞社，2007年9月12日付），農耕地の炭素貯留量から試算される1ha当たりの排出権料は年間1,000円程度となる（参考：EUの排出権取引価格では約4,000円となる）。このため，経営面積の小さい日本の農業経営では，農耕地の炭素クレジットの割当てにより直接的なメリットは限定的である。

第2部　有機農業と炭素貯留, 生物多様性

しかし，土壌劣化と気候変動との相互作用により農業の脆弱性が増大することが予測されるなかで，カバークロップの導入により，耕地に生物的な多様性をもたせ，耕地内の炭素供給を増加させることは，農業生産の持続性だけでなく，窒素循環や土壌線虫などの生物相を改善することで農薬・肥料を削減でき，農業生産の健全性を高める可能性がある。カバークロップを導入した農法は石油資源に過度に依存しない生産システムの構築に寄与するものであり，わが国における長期的な食料安全保障の視点からもきわめて重要である。

*

カバークロップを利用して土壌炭素を増加させることは，二酸化炭素の吸収源のほかに，投入施肥量削減，長期的な収量の安定に加え，土壌保全や生物相の健全化など多面的な効果がある。とくに，カバークロップの導入は，土壌炭素を増加させると同時に，積極的に土壌残留養分を回収・ストックする機能をもつことから，堆肥では得られないきわめてユニークな土壌管理手法である。土壌のもつ公益的な機能や，生態系サービスに対する関心が高まるなかで，これらの農法の導入には農家個々人のみが対応するものではなく，地域のサスティナビリティ向上という大きな目標をもって個々の土壌管理活動を改めて見直す必要がある。

執筆　小松﨑将一（茨城大学）

2008年・2022年記

参　考　文　献

Abdul-Baki, A. A., Teasdale, J. R., Korcak, R., Chitwood, D. J. and Huettel, R. N. 1996. Fresh market tomato production in a low-input alternative system using cover crop mulch. HortScience. **31**, 65—69.

Bauer, P. J., and Reeves, D. W. 1999. A comparison of winter cereal species and planting date as residue cover for cotton growth with concervation tillage. Crop Science. **39**, 1824—1830.

Ciais P, Reichstein M, Viovy N, Granier A, Ogée J, Allard V, Aubinet M, Buchmann N, Bernhofer C, Carrara A, Chevallier F, De Noblet N, Friend AD, Friedlingstein P, Grünwald T, Heinesch B, Keronen P, Knohl A, Krinner G, Loustau D, Manca G, Matteucci G, Miglietta F, OurcivalJM, Papale D, Pilegaard K, Rambal S, Seufert G, SoussanaJF, Sanz MJ, Schulze ED, Vesalaand T, Valentini R. 2005. Europe-wide reduction in primary productivity caused by the heat and drought in 2003. Nature. **437** (7058), 529—533.

Chicago Climate Exchange. 2007. Soil Carbon Management Offsets. Amiable online at http://www.chicagoclimatex.com/docs/offsets/CCX_Rangeland_Soil_Carbon.pdf

Dyck, E. and M. Liebman. 1995. Crop-weed interface as influenced by a leguminous or synthetic fertilizer nitrogen source: Rotation experiment with crimson clover, field corn, and lambsquarters. Agric. Ecosyst. Environ. **56**, 109—120.

江原薫. 1971. 第17章　土壌保全と被覆作物. 栽培学大要. 養賢堂. 東京. pp.254—266.

幸　松. 2003. カバークロップを利用した持続的な農作業システムに関する研究. 東京農工大学連合農学研究科. 博士論文.

Higashi, T., M. Yunghui, M. Komatsuzaki, S. Miura, T. Hirata, H. Araki, N. Kaneko and H. Ohta. 2014. Tillage and cover crop species affect soil organic carbon in Andosol. Soil Tillage Res. 138, 64-72. https://doi.org/10.1016/j.still.2013.12.010.

Greenhouse Gas Division Environment Canada. 2007. National Inventory Report Greenhouse Gas Sources and Sinks in Canada 1990—2005. Amiable online at http://www.ec.gc.ca/pdb/ghg/inventory_report/2005_report/2005_report_e.pdf.

Horimoto, S., H. Araki, M. Ishimoto, M. Ito and Y. Fujii. 2002. Growth and yield of tomatoes grown in hairy vetch incorporated and mulched field. Jpn. J. Farm Work Res. **37**, 231—240.

Intergovernmental Panel on Climate Change. 2001. Climate change 2001: the scientific basis (available by the Intergovernmental Panel on Climate Change. Amiable online at http://www.ipcc.ch/

環境省　温室効果ガス排出量算定方法検討会. 2002. 平成14年度　温室効果ガス排出量算定方法検討会農業分科会報告書. Amiable online at http://www.env.go.jp/earth/ondanka/santeiho/kento/h1408/nogyo.pdf

Kansas State University, Research and Extension.

2004. Agriculture's Role In Reducing Atmospheric Carbon Levels. Amiable online at http://www.oznet.ksu.edu/ctec/Outreach/Farmers_briefing.htm.

Komatsuzaki, M. 2002. New Cropping Strategy to Reduce Chemical Fertilizer Application to Silage Corn Production Using Subterranean Clover Reseeding. Japanese Journal of Farm Work Research. **37**, 1—11.

Komatsuzaki, M. 2008. Ecological Significance of Cover Crop and no Tillage Practices for Ensuring Sustainable of Agriculture and Eco-system Service. In: Ecosystem Ecology Research Trends. (eds) Chen, J and C. Guo. Nova Science Publishers, New York

小松﨑将一・甲斐良輝・中村豊. 2007. 水田裏作カバークロップの飼料栄養価. 農作業研究. **42**（2），75—84.

Komatsuzaki. M. and Mu., Y. 2005. Effects of tillage system and cover cropping on carbon and nitrogen dynamics. Proceedings and abstracts of ecological analysis and control of greenhouse gas emission from agriculture in Asia. September 2005, Ibaraki, Japan. pp62—67.

Komatuszaki, M. and Ohta, H. 2006. Soil management practices for sustainable agro-ecosystems, Sustainability Science. **2**, 103—120.

小松﨑将一・森泉昭治・辜　松・安部真吾・牟英輝. 2004. 農家事例にみる緑肥を利用した水稲栽培. 農作業研究. **39**（1），23—26.

越野正義. 1989.「有機農業」と化学肥料. 農業および園芸. **64**（1），117—122.

草場敬. 2001. 土壌診断の現状と将来展望. 農業技術. **56**（11），487—492.

Lal, R. 2004. Soil carbon sequestration impacts on global climate change and food security. Science. **304**, 1623—1627.

Maeda, M., Zhao, B., Ozaki, Y. and Yoneyama, T. 2003. Nitrate leaching in an Andisol treated with different types of fertilizers. Environmental Pollution. **121**, 477—487.

Magdoff, F. 1998. Building soils for better crops. University of Nebraska Press, Lincoln and London.

Mitchell C. C., Arriaga FJ, Entry JA, Novak JL, Goodman WR, Reeves DW, Rungen MW and Traxler GJ 1996. The old rotation. 1896—1996. 100 years of sustainable cropping research, Alabama Agricultural Experiment Station Bulletin, AL, pp1—26.

牟英輝. 2008. カバークロップを利用した農作業システムの評価に関する研究. 東京農工大学連合農学研究科；博士論文.

農林水産省生産局環境保全型農業対策室. 2007. 農地土壌が有する多様な公益的機能と土壌管理のあり方（1）Amiable online at http://www.maff.go.jp/j/study/kankyo_hozen/04/pdf/data2.pdf.

高村ゆかり・亀山康子. 2002. 京都議定書の国際制度. 信山社. 東京.

UNFCCC. 2001. Official Document. FCCC/CP/2001/L. 11/Rev. 1. Jul. **27**, 2001.

Ranells, N. N. and M. G. Wagger. 1996. Nitrogen release from grass and legume cover crop monoculture and biculture. Agron. J. **88**, 777—782.

Ranells, N. N. and M. G. Wagger. 1997. Nitrogen-15 recovery and release by rye and crimson clover cover crops. Soil Sci. Soc. Am. J. **61**, 943—948.

Sainju, U. M. and B. P. Singh. 2001. Tillage, Cover Crop, and Kill-Planting Date Effects on Corn Yield and Soil Nitrogen. Agron. J. **93**, 878—886.

Singogo, W., W. J. Lamont Jr. and C. W. Marr. 1996. Fall-planted cover crops support good yields of muskmelons. HortScience. **31**, 62—64

Stopes, C., S. Millington and L. Woodward. 1996. Dry matter and nitrogen accumulation by three leguminous green manure species and the yield of a following wheat crop in an organic production system. Agric. Ecosyst. Environ. **57**, 189—196.

Wagger, M. G. 1989. Cover crop management and nitrogen rate in relation to growth and yield of no-till corn. Agron, J. **81**, 533—538.

Wagger, M. G., Cabrera, M. L. and Ranells, N. N. 1998. Nitrogen and carbon cycling in relation to cover residue quality, Soil and water conservation. **53** (3), 214—218.

Weil, R. R. and Magdof, F. 2004. Significance of soil organic matter to soil quality and health. In: Magdof F. and Weil R. R. (eds) Soil organic matter in sustainable agriculture. CRC press, Florida. pp1—44.

Yan, X., Yagi, K., Akiyama, H. and Akimoto, H. 2005. Statistical analysis of the major variables controlling methane emission from rice fields. Global Change Biol. . **11**, 1131—1141.

昭日格図・小松﨑将一・太田寛行. 2007. カバークロップと耕うん方法がN_2Oフラックスに及ぼす影響. 農作業研究. **43**（別1）.

水田と露地畑での有機物施用で炭素貯留量も収量も増える

(1) 13年間の長期調査

近年，稲麦二毛作の水田で，ムギワラがすき込まれずに焼却されることが多くなってきた。また，露地野菜畑では堆肥施用量が減少傾向にある。このような土壌管理の継続は，土壌の炭素貯留量を低下させ，地力の低下を招くおそれがある。

そこで，ムギワラおよび堆肥の施用が地力などに及ぼす影響をあきらかにするため，水田と露地畑の両方で異なる有機物施用を13年間（2008～2020年）継続しながら，土壌の炭素貯留量や収量などを調査した。

(2) 水田──イナワラとムギワラ両方のすき込みで地力アップ

水田では，1) 水稲単作でイナワラをすき込む区，2) 稲麦二毛作でイナワラとムギワラをすき込む区を設定。毎年この管理を継続し，土壌中の炭素貯留量ならびに収量を調査した。

その結果，1) 水稲単作に比べて，2) 稲麦二毛作のほうが，水田の表層30cmに貯留される炭素量は多くなった（第1図）。また，稲麦二毛作の精玄米収量は，イネ単作に比べておおむね増加傾向だった。

ただし，イナワラとムギワラを毎年すき込む二毛作区では，地力が高まっているためモミ数は多くなるが，登熟期が日照不足だった2018年などには登熟歩合が低下し，クズ米が増えて減収する場合もあった（第2図）。

(3) 露地畑──多くの堆肥施用で地力アップと増収

露地畑では，ハクサイやキャベツを栽培する野菜畑において，3) 化成肥料のみの区，4) 化成肥料に加えて牛糞堆肥を毎年10a当たり1.5tまたは3t連用する区を設定。毎年この処理を継続し，土壌中の炭素貯留量ならびに収量を調査した（第3図）。

その結果，炭素貯留量は，3) 化成肥料のみで栽培する区に比べて，4) 化成肥料と牛糞堆肥の両方を施用する区で増加し，堆肥施用量が多いほど増加量は多くなった（第4図）。また，ハクサイやキャベツの結球収量は，堆肥施用量が多いほど増収した（第5図）。

(4) 一部の炭素が土に残る

農地に施用されたムギワラや堆肥などの有機物は，多くが微生物により分解され炭酸ガスとなって大気中に放出されるものの，一部が分解

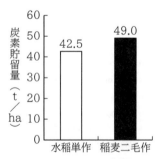

第1図 水田での栽培体系と土壌管理が炭素貯留量に及ぼす影響（2008～2020年の平均値）
イナワラとムギワラの両方を毎年すき込む稲麦二毛作のほうが，炭素貯留量は高まった

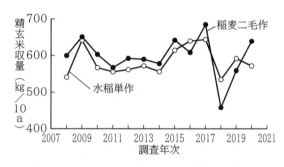

第2図 水田での栽培体系と土壌管理が精玄米収量に及ぼす影響
稲麦二毛作のほうがおおむね高くなったが，寡照年など（2018年など）にはモミ数（地力により増加）に対し登熟不足となり減収する場合もみられた

炭素循環・炭素貯留・地球温暖化防止

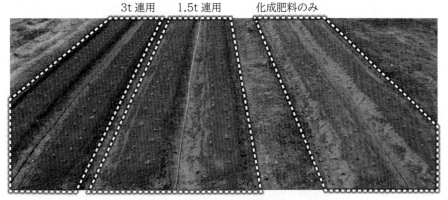

第3図　牛糞堆肥の施用量が異なる畑
堆肥を連用した土壌は連用していない土壌と比較して黒い。この黒色は腐植と呼ばれる肥沃な成分

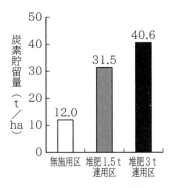

第4図　露地畑での堆肥連用が炭素貯留量に及ぼす影響（2008～2020年の平均値）
堆肥を多く施用するほど，炭素貯留量は高まった

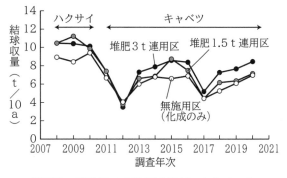

第5図　露地畑での堆肥連用がハクサイ・キャベツ収量に及ぼす影響
堆肥を多く施用するほど，おおむね結球収量は高まった

されにくい土壌有機炭素となり長期間土壌中に貯留される。つまり，有機物の施用などによる土壌炭素の貯留によりCO_2の純排出量を減らすことが可能で，地球温暖化防止につながる。

生産面においても，有機物施用により可給態チッソ量（地力チッソ）が増加することで増収効果が得られ，畑の場合は土壌の物理性（排水性など）が改良されることで，水田よりさらに増収につながりやすいと考えられる。

(5) 地力チッソや塩基バランスの考慮が必要

ただし，ムギワラのすき込みや堆肥施用に関しては留意点がある。

水稲作においては，イナワラとムギワラを毎年すき込むと地力が高まるため，通常のチッソ施肥量で栽培すると過剰施肥になり，玄米の品質低下や寡日照年には減収する場合がある。そこで，高まった地力チッソ量に応じてチッソ施肥量を減らすことが望ましいと考えている。

また，堆肥──とくに家畜糞堆肥を用いる場合，過度な施用によって養分の過剰集積や塩基バランスが悪化する事例もみられる。したがって，家畜糞堆肥の利用にあたっては，土壌中の養分が過剰にならないように土壌診断を実施し，堆肥に含まれる肥料成分を考慮しながら施用していくことが必要と考えている。

家畜糞堆肥の施用に関して詳しく知りたい方

は，岡山県内における家畜糞堆肥の適正施用推進をはかるために作成した「家畜ふん堆肥適正施用の手引き」(https://www.pref.okayama.jp/site/22/388931.html) をご参照いただきたい。

(6) 持続可能な生産のために

2021年に策定された「みどりの食料システム戦略」では，地球温暖化に伴う作物の収量減少や品質低下に対応するため「農林水産業のCO_2ゼロエミッション化の実現」や「輸入原料や化石燃料を原料とした化学肥料の使用量を30％低減」などを目指す，としている。

ムギワラのすき込みや堆肥の施用は，土壌の炭素貯留量を維持・増加させ，CO_2の純排出量の減少につながり，作物の生産性を増大させる。また，有機物に含まれる肥料成分を考慮することで，近年価格が高騰している化学肥料の使用量削減にもつながる。

ただし，持続可能な農業生産を行なうためには，有機物の多量施用は危険性をはらんでいることも理解し，有機物と化学肥料の適正な施用を心がけることが大切だと考えている。

執筆　鷲尾建紀（岡山県農林水産総合センター）
（『現代農業』2023年12月号「有機物施用で炭素貯留　実証　地力も上がる収量も上がる」より）

炭素循環・炭素貯留・地球温暖化防止

水田生態系の妙味を活かすメタン抑制法

　農水省が進める「みどりの食料システム戦略」や「環境保全型農業直接支払制度」で話題の「中干し延長（長期中干し）」。地球温暖化効果の大きいメタンガスを抑制できる一方で、水田の生物多様性保全と両立できない弱点がある。

　水田で発生するメタンを減らす方法は中干し以外にないのだろうか。

なぜ中干しでメタンが減るのか？

　中干しとは、イネの茎（分げつ）が繁茂して、これから茎の中で穂づくりが始まろうとする時期に落水して田面を干すこと（第1図）。イネの茎が過剰に増えるのを抑えるとか、土壌中に空気を入れて根の生長を促進するとか、大型の収穫機械を田んぼに入れるため地耐力を高める、といった効果が期待されている。

　では、なぜ中干しが温暖化対策になるかというと、湛水された土壌からメタンガスが発生するのを抑制するからだ。メタン（CH_4）は温室効果がCO_2の約25倍あることから、水田や牛のげっぷがやり玉にあげられている。

　水田の場合、おもに前年のイナワラや裏作のムギワラが発生源で、酸素がある環境なら微生物による分解でCO_2になるところ、湛水条件では微生物が酸素を使い切って還元状態になるためにメタンが発生してしまう（第2図）。農研機構の実証試験では、中干し期間を平均6日間延ばすとメタン発生が平均30％削減されたという結果が出ている（第3図）。

　中干しは、イネが穂を出す出穂時期のおよそ1か月前までに終える場合が多い。出穂1か月前ころに茎の中で穂づくりが始まると、再び湛水したり、圃場に水がなくなると入水を繰り返す「間断灌水」という水管理に移る。東北地方や北海道では、「やませ」にともなう7月ころの低温から茎の中の「幼穂」を守る冷害対策として湛水管理（深水管理）が推奨されてきた（第4図）。

第1図　中干しで田面がひび割れた田んぼ

第2部　有機農業と炭素貯留，生物多様性

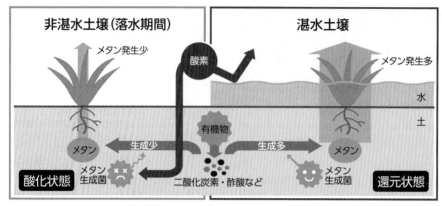

第2図　メタンが水田で発生する仕組み　（農研機構資料より）

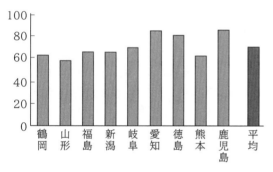

第3図　中干し延長によるメタン発生量の変化（慣行水管理を100とする）
全国9か所の水田で3～14日間の中干し延長（うち5地点は7日間、平均6日間）を行なった結果。平均30％の削減効果が認められた
出典：独立行政法人農業環境技術研究所ウェブサイト

ということは、中干しを延長しようと思えば開始時期を前倒しして、早めに干すことになりやすい。すると田んぼで生まれたヤゴやオタマジャクシが、それぞれトンボやカエルになる前に干上がってしまうことになりやすいのだ。

水田のメタンガスを減らす方法は、中干し以外にも以下のような方法があるが、日本の温室効果ガス排出量全体のなかで水田のメタンがどの程度なのかも知っておきたい。第5図のようにその量は1％（1200万t）に過ぎない。中干し延長で3割減るといっても、その量は日本の温室効果ガス排出量全体のわずか0.3％に過ぎないのである。水田のメタンが、それよりも圧倒的に多い工業活動由来CO_2の隠れ蓑にされている面はないだろうか。

秋耕でも減る

水田から発生するメタンのもとは、イナワラなどに含まれる易分解性の有機物である。そこでメタンの発生を減らすには、前年の秋耕によりその分解を進めておく方法がある。米の収穫後、なるべく気温が高いうちに圃場を耕すのだ。圃場に水がない秋から春にイナワラの分解を進めておけば、CO_2は発生するものの、温暖化効果がCO_2の約25倍といわれるメタンの発生は減る。

では、秋耕によってメタンの発生はどのくらい抑えられるのか？　農水省の「グリーンな栽培体系への転換サポート活用イメージ」という資料（2022年1月6日版）によると、中干しの1週間延長によるメタンの減少が約3割なのに対して、秋耕では約5割減少とある。中干し延長より効果が高そうだ。ただ、福島県農業総合センターの2022年の試験では、秋耕よりも中干しを前倒しして1週間延長したほうがメタンの抑制効果が大きいという結果になっている。中干し延長の効果にも地域差があるように（第3図）秋耕の効果も条件しだいでかなり変わる。

北海道立上川農業試験場による「寒地水田におけるイナワラの分解促進と水管理によるメタ

炭素循環・炭素貯留・地球温暖化防止

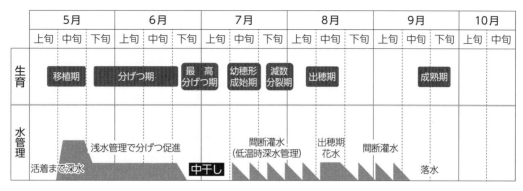

第4図 東北地方のイネ（中晩生品種）の水管理の例

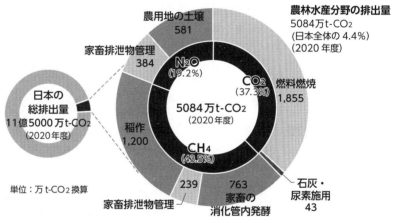

世界の温室効果ガス排出量は520億tなので、日本の排出量11.5億tはその2.2％。稲作の1200万t（多くがメタンガス）は日本排出量の約100分の1、世界の排出量の約5000分の1。また、農林水産分野の排出量のうち燃料燃焼による排出は稲作（水田）を上回る。トラクタなど農業機械の電動化は自動車よりも遅れている

第5図 日本の農林水産分野の温室効果ガス排出量（CO_2換算）

温室効果は、CO_2に比べメタン（CH_4）で25倍、N_2Oでは298倍
出典：国立環境研究所温室効果ガスインベントリオフィス「日本の温室効果ガス排出量データ」をもとに農林水産省作成

ン発生軽減効果」（2004年「日本土壌肥料学雑誌」第75巻第2号）という研究もある。北海道では冷害による障害不稔を回避するため、ちょうど中干しをするころの深水管理が重視されている。そこでこの研究では、中干し延長の代わりに秋に浅く耕してイナワラの分解を促進し、メタンの抑制効果がどの程度になるか調べている。

結果は、春になって初めて耕うんする場合と比べるとメタンの発生は5～7割程度に抑えられた。北海道では低温条件の分解になるので、秋浅耕の際にチッソ肥料や分解促進資材を加え

ると抑制効果が大きくなるという記述もある。さらに、中干しほど圃場を乾かさなくても、落水期間を長めにとる間断灌水を秋浅耕に組み合わせることで、メタン抑制効果が上積みされたという。

不耕起栽培でも減る

また、中干しや間断灌水以外にも、湛水期間中の嫌気状態を緩和できる栽培法がある。不耕起栽培だ。秋にも春にも田んぼを耕さない。耕うんしないまま毎年イネを育てるので、イナワラは土の表面で分解が進む。すると、わずかと

はいえ酸素が溶けている水に直接ふれるので、湛水状態で微生物が増殖しても強い嫌気状態が起こりにくいのだ。

宮城県農業センター（「水管理による水田からのメタンガス抑制効果」東北農業研究、1999年）や秋田県農業試験場（「不耕起栽培による強グライ土水田からのメタンガス発生抑制効果」東北農業研究、1995年）の研究で、不耕起栽培によりメタンの発生が大幅に抑制されることがわかっている。

以上をまとめると、メタンの発生が減る条件は二つ。一つは、前年のイナワラが分解するとき酸欠にならないように嫌気状態を緩和すること。その方法には中干し延長のほかに不耕起栽培がある。もう一つの条件は、水田に湛水したときメタンになる炭水化物が少ないこと。それには、前年秋に耕うんしてイナワラの分解を進めておく。これによりデンプンなどの分解しやすい炭水化物を減らすことができる。

生きものの働き

ここからは生きものの働きでメタンを減らす方法だ。

中干し延長でメタンを減らすことは、トンボのヤゴが羽化できたり、オタマジャクシからカエルになる個体を増やすこといわばトレードオフの関係にある。だが、湛水した田んぼで増える生きもの自身の活躍によってもメタンを減らせることがわかってきた。中干し延長とは正反対。田面を乾燥させないことがメタンの発生を抑えるのだ。

（1）イトミミズ

その生きものの一つはイトミミズ。『季刊地域』2022年秋51号に福島大学の金子信博教授が書いている。前年の切りワラに加え米ヌカなどの有機物をまいた田んぼでは、水中の酸素で呼吸するイトミミズが増殖する。イトミミズが水中に突き出した尻から次々出す糞は、田面に堆積して「トロトロ層」を形成する。トロトロ層は雑草の種子を埋没させ、水田雑草の発芽を抑えることが知られているが、トロトロ層ではメタンを分解してCO_2にするメタン酸化菌が増えることもわかったそうだ。

トロトロ層を手ですくって間近に見ると、細かい土の粒子が水にフワフワ浮いているように見える。金子先生は、この土壌の隙間に水と一緒に酸素が入り込むことで、酸素を使ってメタンを分解するメタン酸化菌が多数生息できるのだろうと考えている。

（2）ザリガニとイネの同時作

中国では生きものによるメタン抑制の研究が盛んなようだ。たとえば、イネを栽培しながらアメリカザリガニを養殖する「蝦稲共作」と呼ばれる方法が揚子江中下流域などに広がっている（世界の有機農業「中国より」の項参照）。

アメリカザリガニは食用だ。この栽培法には、ウンカやニカメイガなどの害虫や雑草の抑制、化学肥料・農薬コストの5～8割削減、農家の収入の増加など多大なメリットがあるうえ、メタンの抑制効果も認められている。

浙江大学環境資源科学学院の崔景蘭先生らが2023年1月に発表した論文によると、蝦稲共作は農家の平均所得を倍増させたうえ、メタンの発生を約20％減らしている。そのメカニズムは、生きものが動くことで水中の溶存酸素レベルが増えるからではないかとしている（"Rice-Animal Co-Culture Systems Benefit Global Sustainable Intensification" Earth's Future 2023）。

第6図 アメリカザリガニ
中国では食用として人気が高い

炭素循環・炭素貯留・地球温暖化防止

第7図　アイガモ稲作の田んぼ

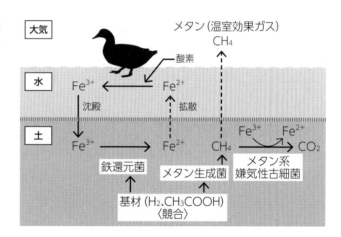

第8図　アイガモ稲作水田では鉄還元菌が活性化、メタンの発生を抑える
「水田におけるFe^{2+}酸化促進によるメタン生成抑制」山本忍・森井宏幸より
Suppression of Mehtane Production via the Promotion of Fe^{2+} Oxidatiton in Paddy Fields
(COMMUNICATIONS IN SOIL SCIENCE AND PLANT ANALYSYS 2020,Vol.51 No.8)

アイガモ稲作では鉄が働く

　前述の崔先生らの論文ではイネとカモの「共作」でもメタンが20％減ったという。じつは日本にも「アイガモ水稲同時作」の水田から発生するメタンについての研究がある。産業医科大学の山本忍助教、森井宏幸元教授により2020年に論文が発表されている。
　水田の土の中にはメタン生成菌がいて、水素と酢酸（イナワラなどの有機物の分解産物）を取り込んでメタンを生成する。しかし酸素が多い環境では、競合関係にある鉄還元菌に水素と酢酸を消費されてしまうため、メタンを生成できなくなるのだ。
　その反応にかかわるのは鉄イオンの働きだ。鉄還元菌は、酸素が多い状態で存在するFe^{3+}（三価鉄）イオンがあると、メタン生成菌のえさ（水素・酢酸）を奪いながらFe^{2+}（二価鉄）イオンに還元する。こうして鉄還元菌が働いているときはメタンは発生しない。さらに、

Fe^{3+}イオンが存在すると、メタン系嫌気性古細菌によってメタンを酸化してCO_2に変える作用も起こるという（第8図）。

問題は、これらの反応ではFe^{3+}がFe^{2+}に変化する一方なので、いずれすべての鉄イオンがFe^{2+}になってしまうということだ。ところが、アイガモ稲作の田んぼでは、アイガモが水を攪拌して酸素を供給するためFe^{3+}が再生する。おかげで鉄還元菌の働きが継続し、メタン発生を抑制していると考えられるそうだ。実際にアイガモを放飼している水田の表層水を調べたところ、Fe^{3+}が一般の水田の270倍含まれていたという測定結果もある。

動物・菌・鉄の関係

メタンの抑制に直接かかわるのは鉄イオンや鉄還元菌だが、アイガモが水に酸素を供給することで、鉄の酸化と還元が循環して継続するところがおもしろい。ひょっとすると、イトミミズやザリガニによるメタン抑制にもこのメカニズムがかかわっているのかもしれない。

なお、Fe^{3+}イオンによるメタンの抑制は、水田を畑作に利用する田畑輪換でも起こることが東北農業研究センターにより発表されている。田畑輪換後の水田でメタン発生量が減ることはわかっていたのだが、いったん畑にした水田では鉄の還元（$Fe^{3+} \rightarrow Fe^{2+}$）がメタン生成を抑えることが明らかになった（「復元田では土壌酸化鉄還元との競合によりメタン発生量が低減する」2008～2010年度の研究）。

また、鉄還元菌は水田土壌でのチッソ固定に大きく寄与していることも東京大学の妹尾啓史教授らの研究であきらかになっている（「水田土壌での鉄還元菌チッソ固定の発見とその増強技術」の項参照）。肥料を入れる代わりに自然の力で田んぼを肥沃にする働きだ。これは水田が湛水されることで起きる。

以上のように、地球温暖化をもたらす水田のメタンを抑制する方法は中干し延長だけではない。中干し延長はメタンを減らすだけだが、イトミミズは有機物をえさにして分解しイネの養分に変え、雑草を抑える働きもある。鉄還元菌を含む生きものの力を活かせば、空中チッソを固定して水田を肥沃にしながらメタンを抑えることもできそうだ。この場合、水田に水を張ることで起きる酸欠、嫌気状態がむしろ必須の条件となる。

水田からのメタンガス発生の抑制を中干し延長だけに頼っていては、水田がもつ生きものを育む力、水田の生態系で起きている自然の物質循環を損なってしまう。田んぼのメタンも減らそうというなら、もっとアグロエコロジー的にやりたい。

執筆　編集部
（『季刊地域』2023年春53号・夏54号「環境保全型農業直接支払『長期中干し』にもの申す」）

第2部　有機農業と炭素貯留，生物多様性

チッソ固定・自然養分供給システム

チッソ固定細菌の活性化技術

(1) 作物栽培の常識が覆った

作物栽培に肥料が不可欠なことは農業の常識である。大学で農学を学んだ筆者も以前はそう信じていた。しかし，2010年に，肥料を使わずに慣行栽培と同程度の収量を上げている稲作農家がいることを知り，その水田をこの目で見ることで，この常識を疑わざるを得なくなった。

それ以降，無肥料で作物栽培が可能になる理由について，研究をしてきた。最近のDNAを使った微生物解析技術の進歩もあり，メカニズムの全容がわかってきた。

結論からいうと，無肥料でイネ栽培に成功している水田では，土壌に棲息する一部の細菌が活発に空中の気体チッソを作物が吸収できるアンモニア態チッソに変換している。このような細菌による気体チッソのアンモニアへの変換を「生物的チッソ固定」と呼ぶ。

しかし，多くの水田のチッソ固定能力は低く，無肥料で多収を実現するには，チッソ固定細菌を活性化させる技術が必要である。

(2) チッソは作物生産を制限する最大の要因

作物の生長には，チッソ，リン，カリウムなどの栄養塩が必要である。そのなかでも，チッソはタンパク質の材料となるもっとも重要な元素である。チッソは気体チッソとして空中に大量に存在しているが，植物が吸収できるのはアンモニアと硝酸という無機態チッソである。無機態チッソは土壌鉱物の構成元素ではないため，土壌ではつねに不足し，作物生産を制限する最も大きな要因になっている。

20世紀初めに，工業的に気体チッソをアンモニアに変換する技術が発明され，チッソ肥料が安価に利用できるようになり，作物生産は飛躍的に増加した。工業的にアンモニアを合成するには，500℃の温度と300倍の大気圧が必要で，そのために大量の化石エネルギーを使用する。

一方，チッソ固定細菌はニトロゲナーゼという酵素を使って，細胞内で気体チッソをアンモニアに変換する。ダイズの根に根粒をつくってチッソ固定をする根粒菌は，チッソ固定細菌の代表的な仲間である。ダイズの根粒菌以外にも，土壌には植物との共生なしに単独でチッソ固定を行なう多様な細菌がいる。

これまでは，土壌のチッソ固定細菌が化学肥料に匹敵するチッソをつくり出せるとは考えられてこなかったが，実際の無肥料水田で達成されている高収量を見ると，土壌のチッソ固定細菌のもつ能力が過小評価されてきたようである。

(3) 生物的チッソ固定を活性化する4条件

さきほど，細菌が細胞内で気体チッソをアンモニアに変換するときにはニトロゲナーゼという酵素が働いていることを述べた。ニトロゲナーゼが働くためには以下の4条件が必要である（第1図）。

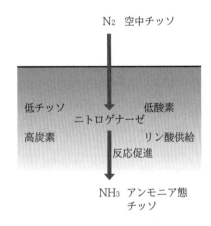

第1図 ニトロゲナーゼが活性化する4条件
チッソ固定反応を進める酵素（ニトロゲナーゼ）は，土壌中のチッソと酸素が乏しく，エネルギー源となる有機物（炭素）とリン酸が多い条件で活性化する

1) チッソ欠乏条件
2) 大量のエネルギー供給
3) 酸素欠乏条件
4) リン酸の供給

　化学肥料が施用された慣行栽培土壌のように，チッソが豊富に存在する条件ではチッソ固定反応は進まない。チッソ固定細菌のもつニトロゲナーゼを活性化するには土壌チッソが欠乏状態になる無肥料条件が必要なのである。

　また，チッソ固定反応を進めるには大量のエネルギーを供給できることも必要である。チッソ肥料の工業的製造には大量の化石エネルギーを使う。細菌によるチッソ固定は，高温と高圧は必要としないが，反応を進めるために工業的製造の4倍のエネルギーが必要と推定されている。このエネルギーは有機物の分解による呼吸を通じて供給されるため，土壌のチッソ固定を促進するには有機物がたくさん必要になる。

　しかし，有機物といっても家畜由来の糞尿や米ヌカなどのチッソ分を多く含む有機物は，土壌中のチッソ含有量を増やすので，ニトロゲナーゼの反応が抑えられ，チッソ固定反応には逆効果である。イネやムギなどのワラや植物由来の堆肥などは，チッソ分が少ないので効果的である。

(4) チッソ固定細菌を殖やすには時間がかかる

　慣行栽培では毎年，化学肥料としてチッソを投入するが，そうすると，土壌中のチッソが増えて，チッソ固定反応が抑えられる。つまり，肥料としてチッソを与えながら，土壌のチッソ固定反応を高めることは両立しない。チッソを外部から与えるか，土壌の内部でつくり出すか，どちらかを選ぶ必要がある。

　土壌のチッソ固定反応は，一般にチッソ固定細菌の量が多いほど大きくなる。土壌には多様な微生物が棲んでおり，微生物間のエネルギーの獲得競争を通じて微生物の置き換わりが進む。チッソ固定細菌は，低チッソ・高炭素条件で有利になるが，土壌環境はすぐには変化しないため，チッソ固定細菌が殖え，土壌のチッソ固定反応が高くなるには時間がかかる。しかし，土壌の生態系が変わり，チッソ固定細菌が殖えた状態になれば，土壌自らがチッソを供給できるようになるので，外部からのチッソの投入は必要なくなり，無肥料栽培が成功する条件ができる。

(5) 水田のチッソ固定反応は日本酒の発酵過程に似ている

　チッソ固定反応を行なうニトロゲナーゼは嫌気条件で活性化するので，水田土壌のチッソ固定能力は潜在的に高くなる。これまでの研究で，光合成をする光合成細菌やシアノバクテリア，鉄を利用する鉄還元菌，水田でつくられたメタンを利用するメタン分解菌が水田での主要なチッソ固定細菌であるとわかっている。

　しかし，地域や生育時期によって優占するチッソ固定菌は変化し，有機物の分解もカビを含めた複数の微生物が関与するので，土壌のチッソ固定をめぐる微生物の生態は大変複雑である。

　チッソ固定細菌が利用できる有機物は，糖類のような低分子の物質で，ワラのような高分子の植物繊維を利用できない。ワラを分解するのはおもにカビの仲間の真菌類だが，真菌類は酸素がある条件を好む。つまり，チッソ固定細菌を活性化させるには，酸素のある条件でワラが低分子の糖類に分解される必要がある。

　この水田土壌でのチッソ固定反応は日本酒の製造と似ている。日本酒の製造にはこうじと酵母の2種類の微生物がかかわる。こうじが米に含まれるデンプンを糖類に分解し，酵母が糖類をアルコールに変換する。同じことが水田でも起きる。こうじの役割をするカビの仲間の微生物がワラのような植物繊維を分解し，その後，分解されてできた糖類をチッソ固定細菌が利用するのである（第2図）。

　しかし，カビの仲間は酸素がある条件を好むので，土壌やワラが空気に触れる乾燥条件でないと分解が進まず，チッソ固定も進まない。私たちの研究では，日本海側の積雪地帯で水田のチッソ固定反応を抑えているのは，田植え前の

第2部　有機農業と炭素貯留，生物多様性

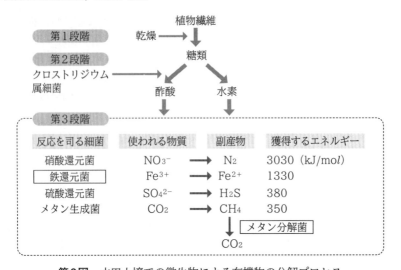

第2図　水田土壌での微生物による有機物の分解プロセス
有機物の分解は植物繊維を糖類に分解する段階，糖を酢酸や水素に分解する段階，酢酸や水素からエネルギーを得る段階の順に進む。最終段階を構成する細菌は，硝酸還元菌，鉄還元菌，硫酸還元菌，メタン生成菌の4種類に大別される。そして，鉄還元菌とメタン分解菌がニトロゲナーゼを使ってチッソ固定を行なう

湿潤条件であることがわかった。収穫後に一度，水田土壌を乾燥状態にし，植物繊維の分解が進む条件をつくることが，チッソ固定反応を高めるうえで重要になる。

(6) 黒ボク土の畑ではリン酸欠乏に注意

一方，畑は土壌に酸素が入りやすいため，ニトロゲナーゼの反応は抑えられるが，畑条件でもチッソ固定が行なわれていることがわかっている。これに関与する細菌は，ダイズの根粒菌と同じグループに属する細菌である。このグループの細菌は，土壌に有機物が多いほど殖えることがわかっているので，有機物を多く投入することが大事になる。

また，リン酸欠乏はチッソ固定反応を抑制するので，黒ボク土などリン酸が金属固定されやすい土壌では，リン酸を吸収して植物と共生関係をつくる菌根菌を活性化させるなどして，リン酸欠乏を解消する必要がある。

以上，化学肥料が高騰するなか，土壌のチッソ固定細菌を利用した無肥料栽培はこれからの一つの栽培技術として注目されてくるであろう。

執筆　杉山修一（弘前大学名誉教授）
（『現代農業』2022年10月号「ここまでわかったチッソ固定細菌を活性化させる技術」より）

チッソ固定・自然養分供給システム

無肥料で反収8〜9俵 中打ちハへん農法

執筆　荒生秀紀（山形県酒田市）

イネは肥料がないと育たない？

「なぜ、人間が食べるものだけに大量の肥料を使うのですか？」

2006年に山形大学農学部の粕渕辰昭教授からいわれた言葉です。山の木々はもちろん、田んぼのアゼに育つ雑草まで人間から肥料を与えられなくても毎年育ちます。しかし、私たちが日々食べている米や野菜、果物には多くの肥料が使われています。同じ植物でも違いがあるのでしょうか？　本当にイネは肥料がないと育たないのでしょうか？　そんな疑問から「無肥料・無農薬」でのイネつくりがスタートしました。

有機栽培でガスわきに悩む

当時私は、有機栽培に取り組んでいました。しかし、田植え後のガスわきにより根の活着が悪く、除草機を押そうにも押せない問題を抱えていました。そうこうしているうちに雑草が繁茂してきます。さらに弱ったイネをねらってイ

第1図　筆者。山形県酒田市、1975年生まれ。鶴岡高専卒業後に就職するも体調を崩し、2000年から実家の農業を継ぐ

ネミズゾウムシが発生し、収量に大きなダメージを与えていました。

粕渕教授と出会い、この問題点を話すと「大学で一緒に研究してみませんか？」との誘いを受けました。正直、農作業と勉強の両立ができるか不安でしたし、もともと勉強は嫌いでしたが、この問題をクリアしないかぎり、私の農業の未来も見えませんでした。

2007年に山形大学農学部の修士課程に入学し「無肥料・無農薬での水稲」をテーマに研究を開始することになりました。「まともな米は収穫できるのか？」「土壌がやせるのではないのか？」「長期的に継続できる農法なのか？」とさまざまな意見があり、周囲から無謀といわれたテーマでした。

中耕8回で犬が餓死する!?

無肥料・無農薬栽培の研究をするにあたり、まだ肥料や農薬が普及する前に書かれた古い書物を読み返すことから始めました。そこで出会ったのが江戸期の農書を集めた『日本農書全集』（全73巻、農文協）で、そこには「中打ちハへん犬を餓死させる」「草はなくても草をとれ」「土を掻き回すだけでよい」など、除草についての興味深い記

第2図　浮くチェーン除草器をカルチにつなげて除草していく

165

第2部　有機農業と炭素貯留，生物多様性

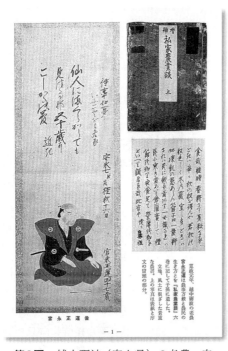

第3図 越中砺波（富山県）の老農、宮永正運が子孫に遺した『私家農業談』（1789年著、『日本農書全集』第6巻所収）に「中打する事八遍なれハ犬を餓殺す」との記述がある

述が数多くありました。

「中打ち」とは「中耕」を意味します。当時、犬にはクズ米を食べさせていました。中耕を多数回行なうことでイネの穂がよく稔り、犬に食べさせるクズ米がなくなってしまう（「犬を餓死させる」）というのです。

田んぼに入っての除草作業は重労働ですから、できるだけやりたくないものです。しかも当時はすべて手作業、田んぼだけでなく畑作業も同時にこなしていたはずです。それでも「草はなくても草をとれ」「土を掻き回すだけでよい」といっています。除草は、たんに雑草を取り除く目的だけでなく、それ以外の大切な理由があるように感じました。しだいに「除草」というより「土壌攪拌」そのものが目的ではないか、とも考えるようになりました。

そこで、私たちは「中打ち八へん」を再現してみることにしたのです。

4回以上の除草で増収

初年度は6月下旬と田植えが遅れましたが、まずは1aの試験圃場で無肥料・無農薬で中耕除草をしない区と、手押し中耕除草機で8回中耕除草する区とで、比較試験をしました。

すると、初期は中耕除草しない区のほうが生育良好でしたが、8月後半からは除草区が追い抜き最後は約3倍の収量となりました。農書の記述が正しかったことを確信しました。

2年目以降は30aの山形大学農学部の圃場（鶴岡市）にてササニシキを無肥料・無農薬で栽培しています（そのほか、酒田市にある2.7haの私の圃場でも実施）。

2、3粒まきのポット苗を田んぼ（露地）で育苗し、4・5葉苗を坪63株で植えています。

除草はミニカルチ（オータケ）を使用し、チェーン除草器を手づくりしてカルチにつなげて引いていきます（田植え直後の1回目だけはチェーンなし。条件をそろえるために、その後はすべてチェーンをつなげて除草）。

除草期間は5月末の田植えの2日後から48日間とし、区画によって1、2、4、8、12、16回と回数を変化させて調べました。4回以上除草を行なうことで雑草量が減少し、米は増収します（第4、5図）。2013～2015年の3年間の結果では4、8回ともに玄米で500kg以

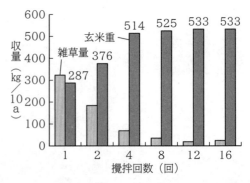

第4図 攪拌回数による雑草の発生量と収量の違い（2013～2015年の平均）

第5図　30aの田んぼを除草回数で区分けして試験した様子

上の収量がありました。また4回と8回との比較では8回のほうがより安定した収量がありました。

光合成細菌がチッソ固定

この「中打ち八へん農法」とも呼べる多数回除草によって、米が増収するのはなぜでしょうか？

水田の表層に生息する光合成細菌が、太陽光を受け大気中のチッソを土壌に取り込むことは以前から知られています。光合成細菌が蓄えた有機態チッソは土壌を攪拌することで土壌中にすき込まれて分解が進み、イネが吸収できるチッソに変換されると考えられます。

攪拌することで、「さら地」になった表層にまた光合成細菌が生まれ、大気中からチッソを取り込みます。これを繰り返すことで土壌中のチッソが増加していきます。

一見すると無肥料栽培は土壌からチッソを収奪していき、収量が徐々に減少するように感じますが、水田では日々有機態チッソが生みだされ、これを活用してイネは生長しているのです。

中打ち八へん農法をスリランカのペラデニア大学でも実践してもらいました。アゼで区切った5m四方の圃場をたくさん用意していただき、除草回数を変えて調べるのです。

圃場の土はレンガの材料になるような赤土で、土壌分析結果ではチッソ量が非常に少ない痩せ土です。無肥料栽培はとうてい無理だと現地の教授にもいわれましたが、結果は8回除草区で10a換算で6俵以上とれました。光合成細菌によるチッソ固定の効果は、気候や土壌条件が違っても期待できそうです。

生長に合わせてチッソ供給

また、中打ち八へん農法には、漸増（ぜんぞう）追肥農法と同様の増収効果があるとも考えられます。これは北海道農業試験場で1970～1980年代にかけて開発されたもので、春先の気温が低い北海道でも10a当たり750kg以上の収量を得ることができる農法です。

漸増追肥とは、イネの生長に合わせて少しずつ追肥量を増やす方法で、イネの葉のチッソ濃度がほぼ一定で推移することで、デンプンが安定的に生産され、増収に結び付きます。

多数回中耕除草でも、5～6月にかけて気温が上がり微生物による分解速度が向上することで、イネが吸収できるチッソも増加していきます。それに合わせてイネも生長するため、漸増追肥農法と同じ効果が出ていると考えられます。

収量増へのカギは分解速度と循環の環

同じ圃場で無肥料・無農薬による実験を9年間継続していますが、経年的な収量の低下は見られませんでした。病害や虫害も発生していません。有機栽培をしていた当時に悩まされたガスわきもなくなりました。生物の多様性が豊かになり、バランスのとれた耕地生態系が形成されたためと考えます。

これまで、除草はもっぱら「雑草を取り除く」作業として行なわれてきました。しかし、中耕除草には微生物によるチッソ固定を促し、有機態チッソの分解速度を速め、イネに速やかに吸収させるという生育促進効果もあったのです。無肥料・無農薬栽培におけるイネの収量は、この物質循環の速度と、循環の環の大きさに比例するのではないか、とも考えています。

ただ、一番の問題点は除草回数が多いため、一人で管理できる圃場の面積に限界があることです。今後は除草の自動化や半自動化、さらに最適な除草タイミングとパターンの検討、循環速度をいっそう速めるための水田土壌の構造の解明など、さまざまな課題に挑戦したいと思います。

（『現代農業』2017年7月号「無肥料で反収8～9俵　中打ち八へん農法」より）

> 鉄還元菌、シアノバクテリアがチッソ固定
> # 7回耕起とタンニン鉄で無肥料稲作7.5俵
>
> 執筆　中村光宏（京都市）

京都・伏見の巨椋（おぐら）池で先祖代々続く米農家の10代目です。もち米（滋賀羽二重もち）を2ha、うるち米（ヒノヒカリ）を2.3ha栽培しています。

もちの製造販売も行ない、店舗のほか、年末には百貨店にも出店販売しています。地域への取組みの一環で、もちつきの実演販売や体験会も開催しています。

収量減、米粒も小さい……

就農して約24年間、化学肥料・農薬を使用した栽培をしていました。知らず知らずのうちに、10a9俵ほどあった収量がどんどん低下して7俵ほどになり、米粒も小さくなったことに疑問をもち始めました。栽培期間中にヒエなどの草もよく生えます。ジャンボタニシが増殖し、ひどい田んぼは8割ほどの苗が食害にあいました。

そんななか、「鉄ミネラル栽培」を広めている野中鉄也先生（「タンニン鉄」の項参照）と出会いました。

最初は半信半疑ながら、1枚20aの田んぼでやってみたところ、二つの変化に気づきました。最大の驚きは、ヒエなどの草がまったく生えなかったこと。もう一つは、毎年7月下旬〜8月上旬にかけて、葉巻き虫（コブノメイガ）やいもち病などの農薬を混合散布するのですが、これをやらずとも虫も病気もつかなかったことです。初年度を終えて確信しました。「これは私が目指す、いや世界が目指さなければならない農法だ」と……。

しかし、収量は約半分の4俵弱。元肥と穂肥の化成肥料をやめて、無肥料に転換したためです。そして、初年度の米やもちの味に愕然としました。「雑味がなく、すっきりして、のどごしがよい」とお客さんからほめられたりしましたが、正直自分的には物足りなく、水っぽさを感じたのです。

耕してグライ層を引っ張り上げる

2年目の2020年、野中先生から稲作にかかわる三つの言葉を教わり、アドバイスを受けました。

「七回耕起は、肥いらず」
「耕土一寸、米一石」
「イネは地力で育てる」

じつは20年ほど前までは田んぼの裏作で九

第1図　無肥料、タンニン鉄栽培の田んぼ

第2図　筆者（48歳）と妻

条ネギを作付けていました。ネギ収穫後にパワーディスクで天地返しをしてから、耕うん、代かきをしていました。ネギ栽培をやめてからは、省力化をはかるために春に2、3回、ロータリで浅く10cm弱起こすだけで代かきし、もち米を植えるようになりました。しかし、年々収量が減っていく……。深く耕したほうがいいのかな、と感じていたところに、前述のアドバイスを受けました。

そこで「七回耕起」と「耕土一寸」を実践しました。

まず、イネ刈り直後にパワーディスクで深さ20〜25cmまで天地返しします。すると鉄分を多く含んだグライ層が表面に現われ、空気に触れて赤くなります。

空気の少ない還元状態の田んぼでは、鉄分が二価鉄になって水に溶けて沈み、地下深くに青みを帯びた灰色の土層ができます。これがグライ層です。沈み込んだ鉄分を引っ掻いて表層に引っ張り上げるイメージで天地返しをしました。

ジャンボタニシが姿を消した

そのまま大寒が終わるまで置いておき、1月下旬から再び2回目のディスクをかけ、天地返しによる谷（窪み）を戻していきます。

3回目は3月で、ここからは通常のロータリ耕です。4月に4回目、5月に5回目と月1回ずつロータリをかけて土を細かくしていきます。土塊が崩れて中にあった鉄分が現われて空気に触れ、赤サビ状の酸化鉄に変わります。

6、7回目は6月の代かきです。代かきはかなりていねいに行ないます。水は少なめにして、土を細かくしてトロトロ層をつくるイメージでゆっくりと2周回り、「七回耕起」が完成。グライ層から起こしたためか、代かきの土はなんともいえないよい色を帯びていて、「これが本来の土の姿だ」と感じました。あんなにいたジャンボタニシは「この田んぼは棲みかでない」と悟ったのか、2年で姿を消しました。

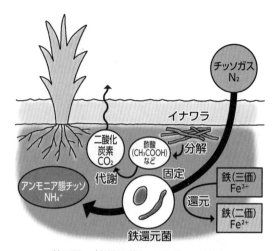

第3図　鉄還元菌によるチッソ固定
酸素のない水田土壌で、鉄還元菌は鉄を還元しつつ（細菌にとっての呼吸）、イナワラ由来の有機物（酢酸など）を代謝する。ここで得たエネルギーを使って、チッソを固定していると考えられる

鉄還元菌がチッソ固定

さて、なぜこんなにていねいに耕起をするのかというと、鉄還元菌に活躍してもらうためです。鉄還元菌は田んぼの土の中にふつうにいて、三価の赤サビを二価の黒サビに変えます。このときのエネルギーを利用して空気中のチッソを固定するそうです（第3図）。

つまり、土の表層に赤サビがたくさんあれば、水を張って酸素の少ない状態になったときに鉄還元菌が旺盛に働くのです。このとき、空気中のチッソを固定してアミノ酸やタンパク質として菌の体内に蓄えます。そして、菌が死んだら有機物として土中にチッソ分が供給され、土が肥えていくというわけです。

「七回耕起は、肥いらず」。昔の人は鉄還元菌の存在を経験的に知っていたのでしょうか？

鉄分供給で雑草の発芽抑制!?

また、代かき3、4日前の入水時には、「鉄ミネラルティーバッグ」を水口付近に仕込んでおきます。これは洗濯ネットに粉末のクズ茶7kgと鉄を入れたものです。お茶に含まれるタンニ

チッソ固定・自然養分供給システム

第4図　鉄ミネラルティーバッグを設置。ダムのように水口を囲うと真っ黒なタンニン鉄が広がる

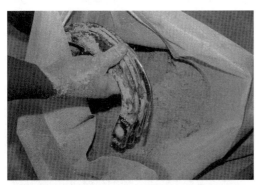

第5図　60×60cmの洗濯ネットに7kgのクズ茶を詰め、ロータリ爪を3～4本入れる
　　　　　　　　　　　（写真撮影：田中康弘）

ンによって鉄がキレート化して水に溶け込み、田んぼ一面に広がります。

　置き方がポイントで、バッグで水口を囲うように設置してダムをつくります。ダムにいったん水を溜めるとタンニン鉄が大量に供給されます。田んぼの水回り時には、ティーバッグの上にのっかり、何回も踏んでタンニン鉄を押し出します。

　田植えは代かきの3、4日後、タンニン鉄がトロトロ層の表面にしっかり供給されてからがベストです。タンニン鉄が一面に回ると不思議と草が生えてこないからです。

　その後、タンニン鉄を供給した田んぼの表面には藻が著しく繁殖します。シアノバクテリアと呼ばれるラン藻で、これもチッソ固定をするそうです。日陰をつくって雑草を抑える効果もありそうです。

甘みものって最高の味に

　鉄ミネラル栽培4年目の田んぼでは、代かき時にワラがまったくない状態になりました。鉄分の供給と「七回耕起」でバクテリアが大増殖し、冬期にワラの分解がどんどん進んだのでしょう。驚きです。

　2年、3年と続けるうちに、米ももちもこれまでにない最高の味になりました。とくに3年目は「すっきりとノドごしのよい食感」に加えて味がのり、しっかりとした甘みを感じました。

　1年目に4俵弱に落ちた収量は、肥料も堆肥も一切やっていないのに7.5俵まで伸びました。まさに、「耕土一寸、米一石」です。鉄還元菌やシアノバクテリアが空中チッソを取り込んで、地力もアップ。「イネは地力で育てる」ものだとわかりました。

（『現代農業』2022年10月号「7回耕起とタンニン鉄で無肥料稲作7.5俵」より）

タンニン鉄を流し込むと草が生えないのはなぜ？

　代かき前後にタンニン鉄をたっぷり供給すると、雑草が生えてこない。なんとも不思議な現象だ。野中鉄也先生に聞いてみると、「土の表層に薄い鉄の膜ができたからでは？」とのこと。鉄をキレート化して溶け出したタンニン鉄は、その一部が鉄イオンとなってリン酸を固定し、雑草のタネがあるごく浅い土の表層でリン酸欠乏が起こる。

　一方、植物の種子にはフィチン酸として大量のリン酸が蓄えられており、これも鉄と反応して発芽時に使えなくなったのかもしれない。

（編集部）

水田土壌での鉄還元菌チッソ固定の発見とその増強技術

(1) 地力チッソを支えるチッソ固定菌

「稲は地力でとり，麦は肥料でとる」と古くからいわれているように，水田でのイネの生育は，土壌そのものがもっているチッソ養分の供給力（地力チッソ）に大きく支えられている。

水田土壌の地力チッソが維持されているメカニズムの一つに，土壌微生物が行なうチッソ固定反応がある。この反応は，空気中のチッソガスが，土壌微生物の一種であるチッソ固定菌に取り込まれて菌体成分になり，やがて菌が死滅・分解してアンモニア態チッソとして土壌に放出されるもので，この反応により水稲がチッソ養分を根から吸収できるようになる。

(2) 鉄還元チッソ固定菌の発見と検証

①鉄還元チッソ固定菌の発見

私たちは最新の土壌微生物解析手法を用いて，新潟県農業総合研究所内の連作水田土壌で，活発に機能しているチッソ固定菌群を網羅的に調べた。

その結果，世界中の水田土壌で優占していることが知られ，鉄還元反応を行なう細菌として有名であり，一方で，これまでチッソ固定への関与がまったく注目されてこなかった鉄還元菌（アネロミキソバクター属，ジオバクター属細菌）こそが，水田土壌でチッソ固定反応を駆動している立役者である可能性が示された（Masuda et al., 2017）。

そこで私たちは，水田土壌からこれらの鉄還元菌を単離して実験室で培養し，チッソ固定能を確かに持っていることを明らかにした（Masuda and Yamanaka et al., 2020）。

さらに，鉄還元菌が，水田土壌でイナワラの分解産物として生成することが知られている酢酸や，水稲根分泌物として知られている糖・有機酸を炭素養分・エネルギー源として利用すること，水田土壌の主要な鉄鉱物の一つであるフェリハイドライトを利用する（酸素の代わりに呼吸に用いて還元する）ことも明らかにした。

②鉄還元チッソ固定菌の働き──「稲は地力でとる」のメカニズム

新潟県農業総合研究所内には，チッソ肥料を施用しない（リン酸やカリウム肥料は施用）で，35年間以上水稲を栽培しつづけている試験圃場がある。このチッソ無施肥の区画では，慣行施肥している区画の約70％の水稲収量が毎年得られている。

土壌のチッソ固定菌を調べたところ，アネロミキソバクター属，ジオバクター属の鉄還元チッソ固定菌がもっとも優占しており，もっとも活発にチッソ固定を行なっていることがわかり，チッソ無施肥での持続的水稲生産に重要な役割を果たしている可能性が示された（Masuda et al., 2023）。

以上のことから，水田土壌において鉄還元チッソ固定菌は，イナワラや水稲根由来の炭素化合物と鉄を利用してチッソ固定を行なうことで，土壌のチッソ供給力（地力）を毎年維持していると考えられる（第1図）。

水稲を栽培すれば，イナワラや根由来の炭素化合物は土壌に供給され，水稲栽培期間中に還元された鉄は，収穫後の落水期に空気に触れて酸化態に戻る。したがって，水稲を毎年栽培していれば，第1図の鉄還元菌チッソ固定が毎年繰り返されて，地力を維持していると考えられる。これが「稲は地力でとる」の重要なメカニズムであるといえるだろう。

(3) チッソ肥料を減らした農業の必要性

世界のチッソ肥料消費量はこの50年間で10倍以上に増加し，食料生産を支えている。しかし，チッソによる環境汚染（地下水汚染，水系の富栄養化，温室効果ガスN_2O発生など）や，肥料の製造・運搬・散布による化石エネルギーの消費，すなわちCO_2の排出が問題になっている。チッソ肥料を減らした，持続的かつ環境調和型の作物生産（低チッソ肥料農業）は，これ

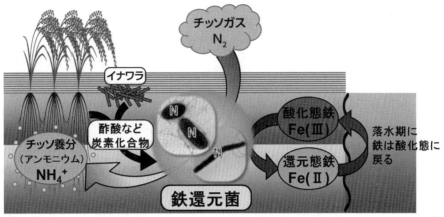

第1図　水田土壌での鉄還元菌によるチッソ固定

からの農業の重要課題である。

私たちは，水田土壌での鉄還元菌チッソ固定を増強することができれば，土壌の地力チッソを高め，チッソ肥料を減らした水稲栽培が可能になると考えた。この可能性を検証するために実施している，水田土壌のモデル系を用いた室内系実験，ならびに日本（新潟県）と中国（江蘇省南京）での圃場試験の結果を次に述べる。

(4) 鉄の施用で鉄還元菌チッソ固定を増強——室内実験

鉄還元チッソ固定菌は，イナワラの分解産物を自身の炭素養分やエネルギー源とし，酸化態の鉄を呼吸に用いてチッソ固定を行なうことにより，チッソ養分を得て生育する。そのため，水田土壌にイナワラと鉄を添加することによって，鉄還元菌のチッソ固定活性が高まることが期待された。

新潟県農業総合研究所内の連作水田から採取した土壌にイナワラを添加し，さらに酸化態の鉄としてフェリハイドライトまたは酸化鉄（Fe_2O_3）を添加して，湛水状態で保温静置し，土壌のチッソ固定活性と土壌RNA解析を行なった。

この実験に先立って，イナワラも酸化態の鉄も添加しない土壌を湛水状態で保温静置したところ，土壌のチッソ固定活性は検出されなかった。これに対し，イナワラを添加した土壌ではチッソ固定活性が検出され，さらにフェリハイドライトまたはFe_2O_3を添加した場合には，土壌のチッソ固定活性が有意に高まった（第2図）。

このとき，土壌から抽出したRNAを用いて，鉄還元チッソ固定菌ならびに一般のチッソ固定菌のチッソ固定遺伝子（*nifD*）転写産物を対象にした定量PCRを行なった。その結果，フェリハイドライトやFe_2O_3を添加した土壌では，鉄還元チッソ固定菌の*nifD*の転写が検出されたが，そのほか一般のチッソ固定菌の*nifD*の転写は検出されなかった（第1表）。

この結果は，土壌のチッソ固定活性の上昇

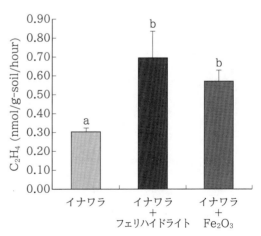

第2図　土壌のチッソ固定活性
チッソ固定活性：アセチレン還元活性

が，鉄還元チッソ固定菌に由来することを示している。イナワラと鉄の添加により，鉄還元菌のチッソ固定を増強できたのである（Masuda et al., 2021）。

(5) 鉄の施用で鉄還元菌チッソ固定を増強①――新潟県での圃場試験

①試験圃場の栽培管理と鉄施用量

現在，新潟県農業総合研究所と共同で，研究所内の水田（長岡市）と十日町市の一般農家の水田で圃場試験を進めている。

両圃場では慣行の栽培管理として，前年に生産されたイナワラは全量土壌にすき込まれている（長岡約700kg/10a，十日町約500kg/10a）。チッソ施肥量は，元肥と追肥を合わせて，長岡5kg/10a，十日町6kg/10aである。

春，水田に水を入れる前に，土壌の表面に農業用純鉄粉（JFEスチール（株）製）を散布した。散布した鉄粉の量は10a当たり500kgであり，これは土壌の遊離酸化鉄量（長岡1.5％，十日町0.8％）を約0.5％高めるのに相当する。

耕起・湛水および代かきをし，水稲（'コシヒカリBL'）を栽培した。

十日町圃場では，鉄粉散布から耕起・湛水までの数日間に，鉄粉が酸化して錆びた様子が目視で観察された。

なお，鉄の施用は圃場試験の初年度1回のみである。

②鉄施用の効果

長岡圃場，十日町圃場ともに，鉄を施用した区画では，鉄無施用の対照区に比べて，土壌のチッソ固定活性が有意に高まった（第3図）。土壌から抽出したDNAの解析から，土壌の全細菌に占める鉄還元チッソ固定菌の割合も，鉄施用区のほうが鉄無施用区よりも高い傾向がみられた。鉄の施用によって，イネの生育（茎数や穂数），チッソ吸収量ならびに精玄米重が増加する傾向が示された。この鉄の効果は，圃場試験の初年度以降5年間継続している。

また，土壌に散布された鉄粉が酸化すると，鉄還元チッソ固定菌が利用できる酸化態の鉄であるフェリハイドライトが生成すること，鉄施用区土壌の遊離酸化鉄量が鉄無施用区土壌よりも多い状況が継続していることも明らかにした（大峽，2023）。

さらに，安定同位体のチッソガス（$^{15}N_2$）を用いた実験によ

第1表 窒素固定遺伝子 *nifD* の転写産物の定量（単位：コピー数/g-soil）

	イナワラ	イナワラ+フェリハイドライト	イナワラ+Fe2O3
鉄還元菌	ND	$(1.6±2.8)×10^5$	$(4.7±4.1)×10^5$
一般のチッソ固定菌	ND	ND	ND

注 ND：検出限界以下

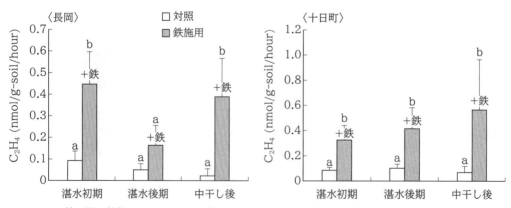

第3図 鉄施用による水田土壌のチッソ固定活性の増強（長岡圃場と十日町圃場）
土壌のチッソ固定活性：アセチレン還元活性

って，もともとの鉄無施用区の土壌で鉄還元菌がもっとも活発にチッソ固定を行なってチッソガスが土壌に固定されていること，鉄の施用によって鉄還元菌チッソ固定がより活発になって土壌へのチッソ固定量がさらに増えることを直接的に証明した（Zhang et al., 2023）。

以上のことから，土壌への鉄の施用によって鉄還元菌チッソ固定が増強され，土壌の地力チッソが高まり，水稲の増収につながったと考えられた。また，鉄は土壌中で還元と酸化を繰り返しながら留まっており，一度施用すればその効果は持続的であると考えられた。

③鉄施用でチッソの減肥が可能

さらに，鉄の施用によりチッソ肥料の施用量を減らした水稲栽培が可能であるかどうかを調べるために，チッソ無施肥区，チッソ無施肥・鉄施用区を設置した。

チッソ無施肥区では慣行施肥区と比べて，水稲の生育，チッソ吸収量，精玄米重が低下したが，鉄の施用によりそれらの低下は緩和された。とくに，十日町圃場では鉄の施用により，チッソ無施肥でも慣行施肥と同等以上の生育，チッソ吸収量，精玄米重が得られる場合があった（大峡，2023）。

④鉄の最少施用量の検討

一方，鉄資材の資材費および施用コストを抑えるため，鉄資材の施用効果が確認できる最少施用量について，ポット試験によって検討した。その結果，十日町土壌では，最少施用量は200kg/10aであることが示唆された（大峡，2023）。

（6）鉄の施用で鉄還元菌チッソ固定を増強②——中国での圃場試験

現在，中国のチッソ肥料消費量は世界一であり，チッソによる環境汚染は深刻な状況にある。そのため，中国でのチッソ肥料を減らした作物生産は重要である。そこで，Shen Weishou（申卫收）博士（Nanjing University of Information Science and Technology）の協力を得て，中国の江蘇省南京で圃場試験を行なっている。

この圃場では水稲（6〜11月）とコムギ（11〜6月）の二期作を行なっている。湛水前に鉄資材（鉄粉）を500kg/10a散布した。水稲作における慣行のチッソ施肥量は31.5kg/10aである。水稲栽培前には前作のイナワラ・ムギワラが50〜100kg/10a，コムギの栽培前には前作のイナワラの約3分の1量が土壌にすき込まれている。

チッソ施肥量を慣行の80％や60％に減らすと玄米収量は減少したが，鉄粉の施用により収量の減少は回復・緩和傾向にあった（第4図）。鉄施用3年目の2021年も同様の結果が得られている。また，チッソ施肥量を減らすと，圃場からのチッソの流出（硝酸溶脱とアンモニア揮散）が低減できることを定量的に示した（第5図）（Shen et al., 2022）。

新潟県と中国でのこれらの結果は，鉄の施用によりチッソ肥料施用量を減らし，チッソ肥料に由来する環境汚染を低減した水稲栽培が可能であることを示している。

（7）鉄資材の施用効果に影響を与える要因

これまで，長岡や十日町圃場のほかにも，国内の農家圃場で鉄資材の施用試験を行なった。その過程で，以下のような，鉄資材の施用効果に影響を与えると思われる要因がいくつか示唆された。

鉄資材の酸化状況 鉄粉を土壌表面に施用し，耕起・湛水までに十分な日数をかけて，十分に酸化させて錆びさせることが重要である。これが不十分だと，鉄の施用初年次のチッソ固定増強効果が十分に得られない（大峡，2023）。

水稲生育初期の気温 田植え後の生育初期の気温が低かった年は，鉄資材の効果が小さい傾向がみられた。鉄還元チッソ固定菌は，水稲根から分泌される糖や有機酸などの炭素化合物も炭素源として利用するが，低温による水稲の初期生育の不良で根量が少なくなり，根からの鉄還元チッソ固定菌への炭素化合物の供給が少なくなったため，チッソ固定活性が十分に高まらず，収量への効果が小さくなったと考えられた

第2部　有機農業と炭素貯留，生物多様性

中国江蘇省 南京圃場

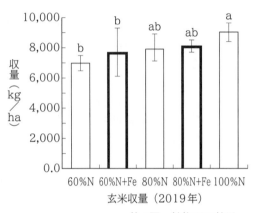
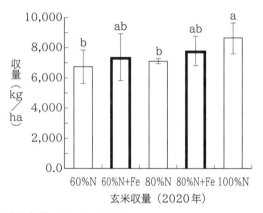

玄米収量（2019年）　　　　　　　　玄米収量（2020年）

第4図　鉄施用の効果——玄米収量（2019・2020）

（中国圃場，Shen Weishou博士による）

チッソ（N）施肥を慣行（100％＝31.5kg/10a）の80％，60％に減らし，鉄（Fe）粉を施用

（大峡，2023）。

チッソ肥料施用の履歴　水稲の品種によっては，前述の長岡や十日町水田と比べて，多量のチッソ施肥が毎年行なわれている場合がある。チッソ施肥量が多いと，土壌のチッソ固定菌の数や活性を低下させることが報告されており，鉄還元チッソ固定菌にもあてはまる可能性がある。この場合，鉄資材の施用効果が出にくいと予想される。

そのほかの要因として，土壌の遊離酸化鉄量（少ない土壌では鉄資材の効果が出やすく，チッソ固定の効果が表われやすい可能性），イナワラの施用量なども考えられる。

なお，前述した新潟と中国での圃場試験結果は，あくまでも一事例であることに留意いただきたい。

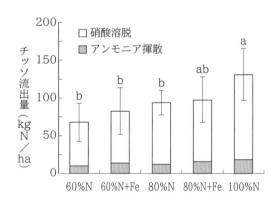

チッソの流出（南京圃場，2020）

第5図　施肥チッソ（N）の削減によるチッソ流出の低減

（中国圃場，Shen Weishou博士による）

Fe：鉄

(8) 今後の展望

　水田土壌への鉄の施用によって，チッソ肥料を減らした水稲生産を可能にする本技術は，チッソによる環境汚染と温室効果ガス排出を低減する，持続的かつ環境保全型の農業技術ということができる。温室効果ガス排出削減の観点からは，世界の最重要課題である「低炭素社会の実現」に貢献することも期待される。

　本技術は農水省が策定した，「みどりの食料システム戦略（みどり戦略）」が目指す方向性に合致するものである。今後は，国内外のさまざまな現場で本技術の効果を調査して，技術を最適化しつつ社会実装を進めたいと考えている。同時に，本技術の科学的土台となる，鉄還元菌チッソ固定の学術的基盤解明も鋭意進めている。

　　執筆　妹尾啓史（東京大学）

2024年記

参　考　文　献

Masuda. Y., H. Itoh, Y. Shiratori, K. Isobe, S. Otsuka and K. Senoo. 2017. Predominant but previously-overlooked prokaryotic drivers of reductive nitrogen transformation in paddy soils, revealed by metatranscriptomics. Microbes and Environments. **32**, 180—183. https://doi.org/10.1264/jsme2.ME16179

Masuda. Y., H. Yamanaka, Z. X. Xu, Y. Shiratori, T. Aono, S. Amachi, K. Senoo and H. Itoh. 2020. Diazotrophic Anaeromyxobacter isolates from soils. Applied and Environmental Microbiology. **86**, e00956-20.doi:10.1128/AEM.00956-20

Masuda. Y., Y. Shiratori, H. Ohba, T. Ishida, R. Takano, S. Satoh, W. Shen, N. Gao, H. Itoh and K. Senoo. 2021. Enhancement of the nitrogen-fixing activity of paddy soils owing to iron application. Soil Science and Plant Nutrition. **67** (3), 243—247.doi:10.1080/00380768.2021.1888629

Masuda, Y., S. Satoh, R. Miyamoto, R. Takano, K. Ishii, H. Ohba, Y. Shiratori and K. Senoo. 2023. Biological nitrogen fixation in the long-term nitrogen-fertilized and unfertilized paddy fields, with special reference to diazotrophic iron-reducing bacteria. Archives of Microbiology. **205**, Article number:291.doi:10.1007/s00203-023-03631-8

大峽広智．2023．鉄還元に伴う窒素固定による水田土壌の地力増強　鉄で土を肥やす！水田圃場での効果．新潟アグロノミー．**56**, 14—20.

妹尾啓史・大峽広智．2023．鉄で土を肥やす：水田土壌の鉄還元菌窒素固定の増強による低窒素肥料水稲生産．作物生産と土づくり．2022・2023年12・1月号，16—20.

Shen, W., Y. Long, Z. Qiu, N. Gao, Y. Masuda, H. Itoh, H. Ohba, Y. Shiratori, A. Rajasekar and K. Senoo. 2022. Investigation of rice yields and critical N losses from paddy soil under different N fertilization rates with iron application. International Journal of Environmental Research and Public Health. **19** (14), 8707;doi:10.3390/ijerph19148707

Zhang, Z., Y. Masuda, Z. Xu, Y. Shiratori, H. Ohba and K. Senoo. 2023. Active nitrogen fixation by iron-reducing bacteria in rice paddy soil and its further enhancement by iron application. Applied Sciences. **13** (14), 8156.doi:10.3390/app13148156

牛糞堆肥長期連用で高まる水田土壌のチッソ固定活性

(1) 土壌のチッソ固定活性によるチッソ肥料減量への着目

①チッソ固定活用の可能性

チッソ肥料の原料であるアンモニアの化学合成には,大量の化石燃料の消費と二酸化炭素の排出を伴う。そのため,温室効果ガスの排出抑制の観点から,化学肥料の使用量削減は持続可能な農業の概念に合致する。また,昨今の化学肥料の価格高騰から,化学肥料を廃棄物である堆肥で代替することは,農業経営の経費削減のうえでも有効である。

なお,チッソ肥料の減量に着目した場合,ある種の細菌が行なう生物学的チッソ固定(以下,チッソ固定)も寄与する可能性がある。たとえば,マメ科植物はチッソ固定活性が高いことが知られており,チッソ固定の人為的な活用例として,マメ科植物を含めた輪作を行なうことで,土壌中のチッソ含量を増加させる取組みがあげられる。

ニトロゲナーゼによって触媒されるチッソ固定は,自然環境下では大気中のチッソガスからアンモニア合成が行なわれる。この反応に必要なエネルギーや電子は,従属栄養細菌では,細胞が炭素源を代謝することで供給される。

②不明な点も多い堆肥施用のチッソ固定活性や細菌叢への影響

マメ科植物の根粒に共生する根粒細菌は,宿主植物の光合成産物である有機酸を代謝してチッソ固定を行なう。このような共生以外にも,根圏土壌などに生息する細菌がチッソ固定を行なっている。

水田では,イネの根から分泌される有機化合物からメタンが生成される。そのような根組織や土壌では,メタンを炭素源にしたメタン酸化細菌によるチッソ固定が生じるとされている (Yoneyama et al., 2017)。

イナワラの微生物分解によって生成される低分子量の有機酸とアルコールは,水田でチッソ固定を行なっている,紅色非硫黄細菌の増殖に適した炭素源である (Maeda, 2021)。このようなことから,水田でもチッソ固定を介して,イネにチッソ源が供給されていると考えられる。

しかし水田土壌に施用した資材が,土壌細菌のチッソ固定活性や細菌叢に,どのような影響を与えるのかは不明な点も多い。そこで,長期の資材連用が,土壌細菌のチッソ固定活性と,土壌細菌群の多様性や構成比率に対して,どのような影響を与えるのかを調査した (Ao et al., 2023)。

堆肥の施用は,イネへのチッソ源供給のほかにも,堆肥に豊富に含まれる有機物や微生物によって,土壌が肥沃になる効果などが期待される。また,前述のように土壌細菌によるチッソ固定活性を高めるためには,炭素源供給が有効であると考えられたため,C/N比が高く農業資材としても活用されている,竹粉施用の効果も検証することとした。

(2) 実験方法と土壌試料の採取・解析

①実験圃場の管理と牛糞堆肥,竹粉の施用

栃木県真岡市にある,宇都宮大学農学部附属農場で水稲を栽培した。品種は宇都宮大学で開発された,'ゆうだい21'を用いた。

黒ボク土の水田 ($1,980m^2$) 2面には,1991年から継続的に化学肥料と牛糞堆肥を施用した。各水田は180m^2ずつ11区画に分けられており,各施用条件につき1区画を割り当て,少なくとも10mの間隔で3～5箇所から土壌試料を採取した。

化学肥料施用区では,元肥は5月の苗移植時に3kgN/10aを側条施用し,追肥は7月に3kgN/10aを手まきで施用した。牛糞堆肥は附属農場で調製し,3月に1t/10a (9.2kgN/10a) をマニュアスプレッダーで施用した。竹粉(栃木県茂木市,美土里館製)は,50kg/10aを12月あるいは3月に手まきで施用した。竹粉は,化学肥料施用区と牛糞堆肥施用区に,それぞれ追加して施用した。

5月に代かきと灌水，苗の移植を行ない，9月下旬に収穫を行なった。

②土壌試料の採取と測定・解析方法

苗移植前の資材の施用時期（3月，4月），資材施用後（5月），分げつ期（6月），出穂期（7月），および収穫後（11月，2月）に土壌を採取した。田植え後の土壌採取は，株間の地点を選択した。高さ5cm，100ml容量の円筒形土壌採取器を使用して，0～15cm層の中央の土壌を採取し，ビニール袋に入れて4℃で保管した。

チッソ固定活性は，土壌試料のニトロゲナーゼ活性を測定して評価した。ニトロゲナーゼは，チッソの還元反応を触媒するとともに，アセチレンの還元反応も触媒する。したがって，土壌試料をグルコース溶液とアセチレンとともに三角フラスコに封入し，アセチレン還元反応により生成したエチレンを，ガスクロマトグラフィーで定量した。

チッソ固定細菌数は，チッソ源を含まない寒天平板培地上に，土壌懸濁液の希釈液を広げて培養することで形成されたコロニー数を計数した。

土壌細菌群の解析は，土壌からビーズ破砕によりDNAを抽出し，このDNAを鋳型としたPCRにより，細菌の16S rRNA遺伝子を増幅して行なった。

遺伝子塩基配列の決定は，メタゲノム解析の受託サービスにより，データ解析はフリーウェアのmothurによりそれぞれ行なった。

(3) チッソ固定活性に対する牛糞堆肥施用の影響

①牛糞堆肥施用でチッソ固定活性が高まる

土壌中のチッソ固定細菌数とチッソ固定活性ともに，イネの栽培期の7月に高くなった（第1図）。これは，灌水後の水田土壌が還元的になることが，おもな原因であると考えられる。チッソ固定を触媒するニトロゲナーゼは，酸素によって容易に失活するため，嫌気条件はチッソ固定に適した環境である。

牛糞堆肥の長期連用区では，化学肥料の長期連用区と比較し，出穂期と収穫後の土壌でもチッソ固定活性が高くなっていた。

一方，竹粉の施用は，化学肥料施用区でも牛糞堆肥施用区でも，チッソ固定活性に影響しなかった。ニトロゲナーゼ活性の測定時にグルコースを加えない場合は，竹粉施用土壌で活性はほとんど検出されなかった。このことから，竹粉の施用は，チッソ固定細菌に対する炭素源供給には結びついていないことが示唆される。

②アンモニア含量が低下しチッソ固定細菌が優先的に増殖

5月には，牛糞堆肥施用区で，化学肥料区より土壌のアンモニア含量は低下した。牛糞堆肥を施用した場合は，堆肥が遅効性肥料であるため，有機物という可給態チッソの含量は高いものの，アンモニアは高含量化することなく，イネの生長期には比較的低い値で推移したと推察される。

ニトロゲナーゼは，チッソガスからアンモニアを合成する反応を触媒するため，その活性はアンモニアによって抑制される。

イネと同様に，土壌細菌にとってもアンモニアは利用しやすいチッソ源である。しかし，無機態および有機態チッソの非存在下では，チッソ固定細菌のみがチッソガスをチッソ源として増殖することが可能である。

したがって，土壌中のアンモニア含量の低下は，チッソ固定細菌の優先的な増殖に結びついたものと考えられる。

(4) 土壌細菌群に対する牛糞堆肥施用の影響

①牛糞堆肥施用と化学肥料施用で土壌細菌群の多様性に違い

牛糞堆肥の長期連用は，化学肥料の長期連用に比べて，土壌細菌群の多様性を増加させた。この傾向はイネの栽培期に顕著に現われたが，収穫後の土壌でも同様の傾向がみられた。

このことから，牛糞堆肥の長期連用区では，細菌群の多様性が定常的に増加していることが推察される。この結果は，堆肥は土壌微生物群の多様性を高めるといった報告によっても裏付けられている（Zhang et al., 2012）。

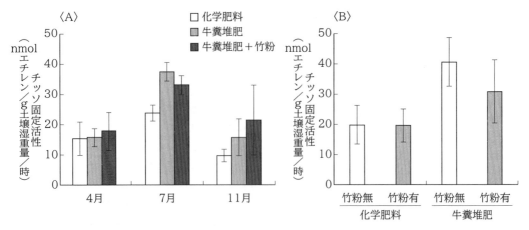

第1図 土壌細菌のチッソ固定活性に対する試料採取月と異なる資材施用の影響
チッソ固定活性は2018年（A）と2019年7月（B）に各施用区から採取された土壌を使用して測定された。
エラーバー付きのカラムは平均値±標準偏差を示す

　一方，化学肥料施用区と牛糞堆肥施用区ともに，竹粉の追加施用は土壌細菌群の多様性には影響しなかった。牛糞堆肥による土壌細菌群の多様性の増加は，土壌のチッソ固定活性の違いに影響している可能性も考えられる。

　この点について化学肥料連用の影響を考えると，先行研究では，化学肥料の施用は，土壌細菌群の種類や比率に影響しないことが示されている。今回の研究では，無肥料土壌との比較で化学肥料を長期連用している土壌でもこのことが再現された。さらに，先行研究では，長期にわたる化学肥料の施用は，土壌細菌の多様性を減少させることを報告している（Sun et al., 2015）。

　これらを合わせて考えると，牛糞堆肥と化学肥料の長期連用土壌での細菌群の種類と比率の違いは，牛糞堆肥連用によりもたらされたものと考えられる。

②牛糞堆肥施用でアンモニア含量が減りα-プロテオバクテリア細菌が増加

　このような，異なる資材施用による土壌細菌群の種類と比率の違いの一因として，異なる資材施用により生じた，土壌中のアンモニア含量の違いがあげられる。

　化学肥料施用区では，イネの栽培期と収穫後に，アンモニアおよび亜硝酸の酸化細菌に分類されるニトロスピロタ門細菌の土壌中の比率が高くなった（第2図）。このことは，化学肥料の施用後に，アンモニア含量が比較的高い傾向だったことと関連しているのではないかと推察される。

　その一方で，多くのチッソ固定細菌が含まれている，α-プロテオバクテリア綱細菌の土壌存在比率は，牛糞堆肥施用区で高くなった（第3図）。このことは，牛糞堆肥施用区でチッソ固定活性が高まった一因になっているのではないかと考えられる。

　牛糞堆肥施用区と化学肥料施用区で，それぞれ栽培されたイネの全体重量，ワラ重量，穀粒重量はほぼ同等であった。その一方で，化学肥料施用区と比較して，牛糞堆肥施用区では栽培期の土壌のアンモニア含量が低下しており，アンモニアや亜硝酸の酸化細菌の比率が低かった。

　これらを考慮すると，牛糞堆肥の長期連用土壌で栽培されたイネでは，内生細菌や根圏細菌のチッソ固定を介した，チッソ源の補完の割合がより大きい可能性がある。

　また，堆肥の長期連用による土壌細菌群の種類や比率の変化は，イネの内生細菌や根圏細菌のチッソ固定活性を高めるための，細菌群の供給に有利に働いている可能性が示唆される。

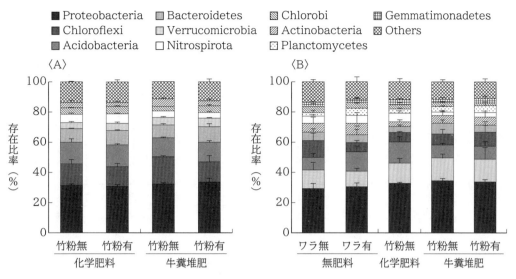

第2図　土壌試料中に存在した細菌門の種類と比率
2019年7月（A）と2023年2月（B）の土壌試料の各細菌門の積み上げを縦棒グラフで示す。エラーバー付きのカラムは平均値＋標準偏差を示す
Proteobacteria：プロテオバクテリア，Chloroflexi：クロロフレクサス，Acidobacteria：アキドバクテリウム，Bacteroidetes：バクテロイデス，Verrucomicrobia：ウェルコミクロビウム，Nitrospirota：ニトロスピロタ，Chlorobi：クロロビウム，Actinobacteria：アクチノバクテリア，Planctomycetes：プランクトミケス，Gemmatimonadetes：ゲンマティモナス，Others：その他

③ニトロスピロタ門細菌が減少し土壌細菌群の多様性が増加

先行研究では，ニトロスピロタ門細菌の存在比率は，pHやアンモニア，水分の影響を受けるとされ（Han et al., 2017），有機肥料の施用量が多い水田では，ニトロスピロタ門細菌の増殖が20〜35％抑制されたとの報告がある（Yang, Wang, & Zeng, 2019）。

このような報告からも，ニトロスピロタ門細菌の存在比率の減少は，牛糞堆肥連用水田の土壌での，アンモニア含量の低下に関連していることが示唆される。

チッソ固定を触媒するニトロゲナーゼの遺伝子の一つである，nifHの水田土壌における存在量が調べられている（Li, Pan, & Yao, 2019）。土壌のnifH比率は，チッソ固定細菌の比率と置き換えることができるが，その比率はα-プロテオバクテリア，β-プロテオバクテリア，δ-プロテオバクテリアおよびシアノバクテリアの比率によって決定されており，チッソ供給が過剰になるとα-プロテオバクテリアの相対的な比率が低下することが示されている。

このことからも，牛糞堆肥の長期連用水田の土壌でのα-プロテオバクテリアの存在比率の増加は，土壌のアンモニア含量の低下によって引き起こされ，土壌の高いチッソ固定活性はチッソ固定細菌が豊富に存在することに起因することが示唆される。

したがって，チッソ固定活性の増加と，細菌群の多様性の増加，細菌群の種類と比率の変化，およびα-プロテオバクテリアなどの特定の細菌の存在量の増加は，イネの根圏土壌や根におけるチッソ固定にとって有利に働く可能性がある。

(5) 牛糞堆肥施用で高まるチッソ固定活性とイネへの補給

本研究では牛糞堆肥や化学肥料といった，異なる資材の水田への長期連用によって土壌のチッソ固定活性と，土壌細菌群の多様性，土壌細

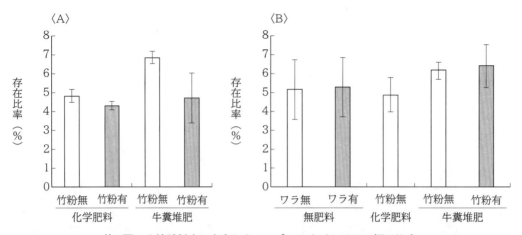

第3図　土壌試料中に存在したα-プロテオバクテリア綱の比率
2019年7月（A）と2023年2月（B）の比率を示す。エラーバー付きのカラムは平均値±標準偏差を示す

菌群の種類と比率がどのような影響を受けるかを調べた。また，土壌チッソ固定細菌の炭素源として，竹粉の有効性についても評価を行なった。

その結果，牛糞堆肥施用は化学肥料施用と比較し，土壌のチッソ固定活性と土壌細菌群の多様性を増加させるとともに，土壌細菌群の種類や比率にも変化をもたらすことがあきらかとなった。一方，竹粉を牛糞堆肥施用区と化学肥料堆肥区に追加投入しても，チッソ固定活性や土壌細菌群に対する影響は認められなかった。

したがって，竹粉の施用はチッソ固定のエネルギー源となるような炭素源の供給には結び付かなかったことが示唆される。それに対して，牛糞堆肥の施用による細菌群の多様性の増加や，種類と比率の変化は，根圏でチッソ固定を介してより多くのチッソがイネに補給される可能性を示唆するものである。

執筆　前田　勇（宇都宮大学）

2024年記

参考文献

Ao, Z., J. Xia, H. Seino, K. Inaba, Y. Takahashi, C. Hayakawa, H. hirai and I. Maeda. 2023. Adaptations of Potential Nitrogenase Activity and Microbiota with Long-Term Application of Manure Compost to Paddy Soil. *Environments*. **10** (6), 103.

Han, S., X. Luo, H. Liao, H. Nie, W. Chen and Q. Huang. 2017. Nitrospira are more sensitive than Nitrobacter to land management in acid, fertilized soils of a rapeseed-rice rotation field trial. *Science of the Total Environment*. **599**, 135—144.

Li, Y., F. Pan and H. Yao. 2019. Response of symbiotic and asymbiotic nitrogen-fixing microorganisms to nitrogen fertilizer application. *Journal of Soils and Sediments*. **19**, 1948—1958.

Maeda, I. 2021. Potential of phototrophic purple nonsulfur bacteria to fix nitrogen in rice fields. *Microorganisms*. **10** (1), 28.

Sun, R., X. -X. Zhang, X. Guo, D. Wang and H. Chu. 2015. Bacterial diversity in soils subjected to long-term chemical fertilization can be more stably maintained with the addition of livestock manure than wheat straw. *Soil Biology and Biochemistry*. **88**, 9—18.

Yang, Y., P. Wang and Z. Zeng. 2019. Dynamics of bacterial communities in a 30-year fertilized paddy field under different organic-inorganic fertilization strategies. *Agronomy*. **9** (1), 14.

Yoneyama, T., J. Terakado-Tonooka and K. Minamisawa. 2017. Exploration of bacterial N2-fixation systems in association with soil-grown sugarcane, sweet potato, and paddy rice: a review and synthesis. *Soil Science and Plant Nutrition*. **63** (6), 578—590.

Zhang, Qi-Chun, I. H. Shamsi, Dan-Ting. Xu, Guang-

Huo, Wang, Xian-Yong. Lin, G. Jilani, N. Hussain and A. N. Chaudhry. 2012. Chemical fertilizer and organic manure inputs in soil exhibit a vice versa pattern of microbial community structure. *Applied Soil Ecology*. **57**, 1—8.

第2部　有機農業と炭素貯留，生物多様性

非マメ科作物のチッソ固定エンドファイト

(1) チッソ肥料の削減と生物的チッソ固定への期待

　大気中のチッソ（N_2）は三重共有結合をもつため，反応性の乏しい分子で，生物は直接利用できない。しかし，チッソ固定プロセスによってN_2はアンモニアに固定され，硝酸，アミノ酸などのチッソ化合物に変換され，生物に利用しやすい形態である反応性チッソになる。

　根粒菌などの一部の土壌細菌は，生物的チッソ固定を行ない，生物圏や農業に反応性チッソをもたらす。しかし，それには多量の反応エネルギーが必要なのと，限られた土壌細菌のみで行なわれるため，農業生態系では反応性チッソ量が律速になっている。

　20世紀初頭に開発された，ハーバー・ボッシュ法による工業的チッソ固定は，化石燃料により好きなだけチッソ肥料が生産できるため，食料生産に革命をもたらし，世界人口の大幅な増加を可能にした。実際，作物へのチッソ肥料の追肥により，生育や品質を高める経験をもたれている方も多いと思う。その一方で，チッソ肥料の農業利用により，深刻なチッソ汚染と，それに伴う多大な経済的損失を引き起こしてきた。

　このような背景から，マメ科作物のもつ生物的チッソ固定の能力を，非マメ科作物にも拡大し，チッソ汚染問題も回避できる持続的食料生産を確立できないかという研究が長らく行なわれてきた。なかでも，もっとも実現性が期待されたのは，チッソ固定エンドファイトである。

(2) 根粒菌とチッソ固定エンドファイトによるチッソ固定の違い

　エンドファイトとは，植物組織内に生息している微生物（細菌と糸状菌）の総称である。ギリシャ語で「エンド」は内生を，「ファイト」は植物を意味する用語である。著者の認識では，おもに植物細胞外の細胞間隙を住みかにしている（第1図C）。したがって，チッソ固定エンドファイトとは，文字通り，生物的チッソ固定を行なう植物組織内の微生物ということになる。

　チッソ固定というと，どうしてもマメ科植物と根粒菌の共生チッソ固定が模範となるので，チッソ固定エンドファイトとの相違点を比較してみた（第1図）。

　根粒菌は，マメ科植物に根粒という「こぶ状」の組織をつくり，根粒内の植物細胞内に感染し共生する（第1図AB）。一方，チッソ固定エンドファイトは，植物組織の細胞間隙に生息している（第1図C）。

　機能からみると，根粒菌は植物由来の光合成産物を使って，チッソ固定酵素ニトロゲナーゼを駆動させ，チッソ（N_2）をアンモニアに固定する（第2図）。光合成産物由来の有機酸と，固定されたアンモニアは，ペリバクテロイド膜を経由して積極的に交換される（第2図）。チッソ固定酵素ニトロゲナーゼは，酸素（O_2）で活性を失うので，根粒内部はレグヘモグロビンという酸素（O_2）結合性のタンパク質の働きで酸素分圧が低くなっている。

　生物的チッソ固定は，三重結合を持つ分子状チッソ（N_2）をアンモニアまで還元するために，大量のエネルギーを，作物の光合成産物に由来するATPと還元力の形で消費する。したがって，根粒菌を除く一般のチッソ固定細菌は，周囲の化合態チッソ（反応性チッソ）が十分である場合は，チッソ固定遺伝子の発現を抑制する（根粒菌の場合は周囲のチッソ環境にかかわらず根粒内ではチッソ固定が起こるが，作物がチッソ固定を一時的に止めている）。

　したがって，後述するように，チッソ固定エンドファイトによるチッソ固定活性（固定チッソの分泌活性）の課題は，酸素とチッソによるチッソ固定の抑制の解除とそれによるチッソ固定遺伝子の発現である（第3図）。

チッソ固定・自然養分供給システム

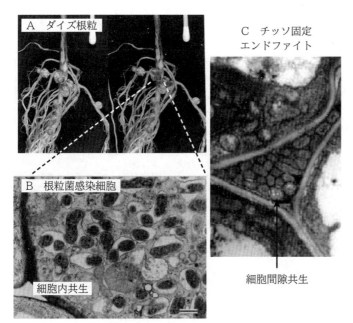

第1図　マメ科植物と非マメ科植物のチッソ固定細菌の比較
A：ダイズ根粒：右側は根粒を切断した
B：ダイズ根粒の感染細胞の透過型電子顕微鏡写真：詳細は第2図を参照
C：野生イネの細胞間隙に生息している，チッソ固定エンドファイト（Herbasprillilum属）の透過型電子顕微鏡写真

(3) ブラディリゾビウム属細菌によるチッソ固定の発見

1980年代，ブラジルのサトウキビは，チッソ肥料が施用されていないにもかかわらず収量が維持されているので，チッソ固定エンドファイトの存在が示唆された。

当初，サトウキビの茎などから，寒天培地による培養法で，アセトバクター（*Acetobacter*）属（現在のグルコノアセトバクター（*Gluconoacetobacter*）属）やハーバスピリラム（*Herbaspirillum*）属のチッソ固定細菌が分離された。しかし，接種実験では，これらのチッソ固定細菌のチッソ栄養としての貢献度は低く，むしろ植物ホルモンなどによる作物の生育促進効果が認められた。

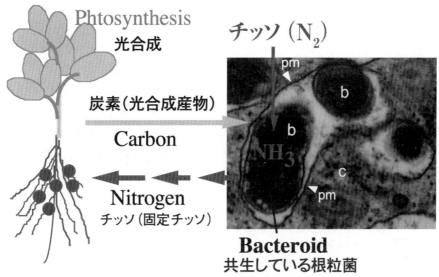

第2図　根粒菌とマメ科植物の栄養共生
b，c，pmは，それぞれ共生状態の根粒菌（bacteroid），植物細胞の細胞質，根粒菌を取り囲む植物由来の膜組織であるペリバクテロイド膜を示す

ところが，近年，培養が比較的むずかしいブラディリゾビウム（*Bradyrhizobium*）属細菌をはじめとする根粒菌の仲間が，真のチッソ固定エンドファイトである可能性が報告された（南澤，2016・2022）。サトウキビ以外に，サツマイモなどの非マメ科作物でも，チッソ固定エンドファイトのさまざまな情報が得られつつある。

著者らも，生育の旺盛なソルガムについて調べたところ，やはりブラディリゾビウム属細菌が，ソルガム根でチッソ固定活性を示していた（Hara et al., 2019）。

（4）水稲根のメタン酸化チッソ固定

肥料削減は，持続的農業の一つの目標である。ここでは，筆者のグループが行なってきた，チッソ肥料を長年施用しない水田での，チッソ固定の研究を紹介したい。

30年以上つづけた，無チッソ施肥区（低チッソ区）と慣行区の水田土壌では，土壌の色や硬さが明らかに異なっていた。低チッソ区の収量は慣行区にはおよばないが，水稲はチッソ欠乏症状を示さなかった。チッソ肥料を施与しなくても，どこからかチッソが供給されていると考えられるが，その理由は不明であった。

筆者らは，その原因の一つが，イネ根のメタン酸化チッソ固定であることを明らかにした（南澤，2016；Minamisawa et al., 2020）。

そのポイントは，1）メタン酸化チッソ固定はチッソ肥料が制限された場合に起きること，2）通常のチッソ固定系は作物の光合成産物がエネルギー源になっているが，メタン酸化チッソ固定では水田環境に豊富にあるメタンガスをエネルギー源にできること，3）水田からの温室効果ガスであるメタン放出を削減できること，があげられる（第4図）。

低チッソ区のイネ根から分離されたタイプⅡ型のメタン酸化細菌（*Methylosinus*）は，培養条件でメタン酸化だけでなくチッソ固定も行なった。さらに，水田において，イネ根内のタイプⅡ型メタン酸化細菌が，チッソ固定活性を示すこと（Hara et al., 2022）が証明された。

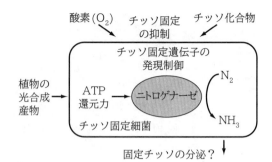

第3図 チッソ固定エンドファイトの課題
酸素，チッソによる抑制によってチッソ固定遺伝子の発現が制御され，固定チッソの分泌も不十分となる。したがって，酸素，チッソによるチッソ固定の抑制解除と固定チッソの分泌促進が課題

具体的には，低チッソ区のイネ根を掘り上げて，標識した重チッソガス（$^{15}N_2$）を投与すると，その重チッソガス由来の^{15}Nが，メタン酸化細菌の菌体に取り込まれた（第5図）。この結果は，イネ根内のメタン酸化細菌がチッソ固定を行ない，生成された^{15}Nアンモニアが，メタン酸化細菌に利用されていることを示している。

不思議なことは，酸素（O_2）が存在する条件でも，タイプⅡ型メタン酸化細菌はチッソ固定を行なっており，第3図に示した酸素による抑制がないようにみえることである。

その結果，低チッソ水田圃場では，タイプⅡ型メタン酸化細菌によってイネ経由のメタン排出は最大50％程度削減され，イネ吸収チッソの最大11％程度がタイプⅡ型メタン酸化細菌のチッソ固定に起因するという，初歩的な結果が得られている（Minamisawa et al., 2016）。

（5）非マメ科作物のチッソ固定細菌の類別化

前述の知見などにより，筆者は非マメ科作物のチッソ固定細菌を，3つに類別できると考えている（第6図）。

1番目は，サトウキビ，ソルガム，サツマイモなど，非マメ科作物に内生してチッソ固定を行なう，根粒菌の仲間（*Bradyrhizobium*属，*Rhizobium*属，*Azorhizobium*属細菌）である。

チッソ固定・自然養分供給システム

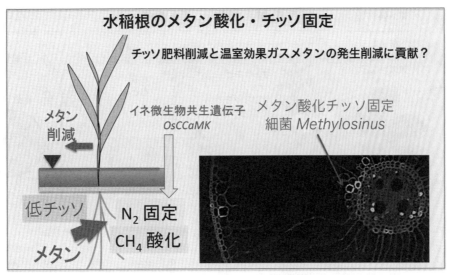

第4図　水稲根のメタン酸化チッソ固定細菌の働き
低チッソ環境では，水田環境に豊富なメタンをエネルギー源として，共生遺伝子 *CCaMK* を保有した野生型イネの根内のメチロシナス（*Methylosinus*）属細菌によって，メタン（CH_4）酸化とチッソ（N_2）固定が活性化され，メタン放出が削減される

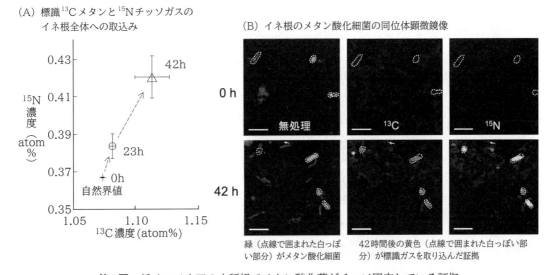

第5図　低チッソ水田の水稲根でメタン酸化菌がチッソ固定している証拠

(Hara *et al.*, 2022)

(A) イネ根に ^{13}C 標識メタン（$^{13}CH_4$）と ^{15}N 標識チッソガス（$^{15}N_2$）を投与後，23時間，42時間後のイネ根への取込み
(B) 写真中央と右は，上記標識ガス投与前後の，イネ根内のメタン酸化細菌の ^{13}C と ^{15}N の同位体顕微鏡像。メタン酸化細菌の細胞（写真上の点線で囲まれている部分）が，投与42時間後（写真下の点線で囲まれた白っぽい部分），メタン酸化とチッソ固定を同時に行なっていることがわかる。左写真は無処理で，蛍光物質を使ってメタン酸化細菌を見やすくしたもの

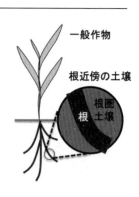

第6図　マメ科，非マメ科作物のチッソ固定菌の種類と特徴

非マメ科作物根のチッソ固定菌の研究を概観すると，根粒菌目（Rhizobiales目）に属する根粒菌の仲間が，チッソ固定エンドファイトとして重要な役割を果たしている可能性が高く，従来の作物根圏の一般のチッソ固定菌とは区別される

Bradyrhizobium：ブラディリゾビウム，*Rhizobium*：リゾビウム，*Azorhizobium*：アゾリゾビウム，*Methylosinus*：メチロシナス，*Methylocystis*：メチロシスティス，*Azospirillum*：アゾスピリルム，*Klebsiella*：クレブシエラ

これらの菌は，根または茎の組織内の細胞間隙に生息しており，マメ科作物の根粒菌と同様に，作物からの光合成産物をエネルギー源にしている（第1図）。

2番目は，土壌有機物からメタンガスが生成される水田環境で，イネ根内でメタンをエネルギー源にしてチッソ固定を行なう，タイプⅡ型メタン酸化細菌である（第4図）。ちなみに，タイプⅡ型メタン酸化細菌は根粒菌の仲間（*Rhizobiales*）である。

3番目は，作物根から土壌に分泌される種々の有機物（糖，有機酸，アミノ酸など）を餌にする，根の周り（根圏）に集まってくるチッソ固定能をもった根圏細菌である（第6図）。

タイプⅡ型メタン酸化細菌も含めた根粒菌の仲間は，作物組織の細胞間隙に生息しており（第4図）（Minamisawa, 2020；南澤，2022），根圏土壌に比較すると他の微生物との競争がほとんどないため，チッソ固定量はマメ科作物の共生チッソ固定量と作物根圏細菌のチッソ固定量の中間であると考えられる（第6図）。

なお，根粒菌の仲間（*Rhizobiales*）が優れている理由は，進化的に植物環境に適応してきた一群の微生物であるためで，ゲノム科学的な証拠もある。

(6) 今後重要になるチッソ固定細菌の農業利用

これまでに見出されたチッソ固定エンドファイトは，作物のチッソ栄養源としての貢献度は低いと考えられている。しかし，アメリカで，合成生物学を作物のチッソ固定細菌に適用し，施肥チッソを削減する動きがある。

化合態チッソがチッソ固定を抑制しているが

（第3図），ピボット・バイオ（Pivot Bio）社はその抑制システムを改変したチッソ固定細菌を作成し，アメリカのコーンベルト地帯のトウモロコシ栽培に大規模に利用している。ただ，施肥チッソの削減分のどの程度が，当該チッソ固定細菌で補っているかという点については，圃場レベルでの今後の評価が必要である。

ピボット・バイオ社が標的としているチッソ固定菌は，おもにクレブシエラ（*Klebsiella*）で「根圏系」に分類され（第6図），今後「根粒菌の仲間」との合成生物学アプローチも考えられる。固定チッソの分泌（第3図）については，チッソ固定エンドファイトのアンモニア分泌を起こす変異株を用いて，コムギなどの作物の収量増加が報告されている。

このようなチッソ固定細菌は，ゲノム編集または遺伝子組換えで作成されたもので，日本での使用には社会的なコンセンサスが必須である。筆者はチッソ固定エンドファイトの農業利用は，作物遺伝型も考慮した，自然界の微生物多様性の中から有用菌を選抜するという，古典的な手法が引き続き重要であると考える。

イネの自然栽培を長年研究してきた杉山氏（杉山，2022）も，別のアプローチから，イネ根のメタン酸化菌が，水田のチッソ肥沃度を維持している原因微生物であるという結論を得ている。

筆者もいままでの研究を通じて，チッソ施肥は作物生産を支えてきた反面，本来の作物と微生物の関係性を弱めてきたという側面もあると考えている（南澤，2016）。チッソ固定エンドファイトも含めた，作物共生微生物の働きに着目した，環境保全型農業の技術開発が今後さらに重要になると考えられる。

執筆　南澤　究（東北大学）

2024年記

参考文献

Hara, S., T. Morikawa, S. Wasai, Y. Kasahara, T. Koshiba, T. Yamazaki, T. Fujiwara, T. Tokunaga and K. Minamisawa. 2019. Identification of nitrogen-fixing *Bradyrhizobium* associated with roots of field-grown sorghum by metagenome and proteome analyses. Front. Microbiol. **10**, 407.

Hara, S., N. Wada, SS. Hsiao, M. Zhang, Z. Bao, Y. Iizuka, DC. Lee, S. Sato, SL. Tang and K. Minamisawa. 2022. *In vivo* evidence of single ^{13}C and ^{15}N isotope-labeled methanotrophic nitrogen-fixing bacterial cells in rice roots. mBio **13**, e01255—22.

杉山修一. 2022. ここまでわかった自然栽培. 農文協.

南澤究. 2016. イネとダイズの共生微生物による窒素代謝. 肥料科学. **38**, 79—108.

Minamisawa, K., H. Imaizumi-Anraku, Z. Bao, R. Shinoda, T. Okubo and S. Ikeda. 2016. Are symbiotic methanotrophs key microbes for N acquisition in paddy rice root ? Microbes Environ. **31**, 4—10.

Minamisawa, K. 2020. Mitigation of greenhouse gas emission by nitrogen-fixing bacteria. Biosci. Biotechnol. Biochem. **21**, 87 (1), 7—12.

南澤究. 2022. 非マメ科作物の窒素固定エンドファイト. 作物生産と土づくり. **54**, 571, 21—25.

菌根菌は植物の根とライブに共生する菌
――菌根菌についての Q & A

執筆　小八重善裕（酪農学園大学）

酪農学園大学の小八重と申します。大学では、作物栄養学の授業をしていますが、土と微生物のことばかり教えています。菌根菌の研究を始めたのは、2008年です。菌根菌は、長い植物との共生の歴史があって、植物の栄養にもよい働きをしていて、世界中どこにでもいるのですが、植物の研究分野でも、それを知っている人はひと握り。なんでこんなにすごいのに注目されないのか、不思議に思ったのがきっかけです。

Q. 菌根菌ってどんな菌？　いつ地球に現われた？

A. 植物の祖先が陸上に上がった4億5000万年前から共生

菌根菌は、肉眼ではほとんど見えないのですが、根に感染してその中にびっしり菌糸をはびこらせ、根から土壌にむけて20cmくらい菌糸を伸ばしています。カビ（糸状菌）なので、もちろん植物にとっては異物のはずなのですが、菌糸が根の細胞の中にまで難なく入り込み、樹枝状体（アーバスキュール）と呼ばれる細かく枝分かれした構造をつくって、そこで養分の交換をしています（第1図）。菌根菌は植物から光合成産物（糖や脂質）をもらい、植物は菌根菌からリン酸などの養分をもらっています。

菌根菌が植物と共生を始めたのは、植物の祖先であるコケが陸上に上がった4億5000万年以上前といわれています。コケには根がありません。土ができる前のやせた土地に、どうやって這い上がることができたのか？　今では植物

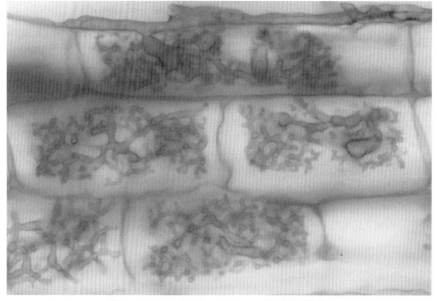

第1図　アーバスキュラー菌根菌の樹枝状体
（写真提供：千徳　毅、以下Sも）

根の細胞内に入り込んで、養分のやりとりをする

は根で養分を吸収するというのが常識ですが、本当は、植物が根をもつようになる3億5000万年前よりずっと以前から、菌根菌との共生は続いていて、植物は土壌から効率よく養分を吸収できていたと思われます。

Q. 菌根菌にもいろいろな種類がいるって聞いたけど？

A. 畑によくいるアーバスキュラー菌根菌だけでも、200種類以上

菌根菌は、文字どおり、根に感染する菌です。根は根でも、生きた根に感染しています。そのような菌には、ランやツツジによく感染する仲間、木の根によく感染する仲間などがありますが、もっとも普遍的にみられるのは、アーバスキュラー菌根菌（AM菌）と呼ばれる仲間です。AM菌はほとんどの植物の根に感染しています。AM菌には200種類以上がいるといわれています。

Q. どういう土の中にいるの？

A. 畑はもちろん、イネ刈り後の水田にもいる

菌根菌は、植物がいれば必ずいます。AM菌はアブラナ科やヒユ科、タデ科などの植物の根とはあまり共生しませんが、それら以外の植物の根には、必ず共生しています。畑はもちろん、水田でも湛水時にはいませんが、収穫後の刈り株（ひこばえ）や、生えてきた雑草にはすぐに感染します。

そして感染した枯死根や、そこで伸びた菌糸や胞子などが、感染源として土に残ります。アブラナやソバのような非宿主作物ばかりを栽培していると、AM菌の数は減ってしまいます。非宿主を栽培すると、1年でその数は目に見えて減るので、基本的に感染源の寿命は1年だと考えられます。

Q. 畑でどんな働きをしている？

A. 植物の必要なときに、必要な分だけ養分を与える。土壌団粒もつくる

養分を植物に届けることが大きな働きだと思

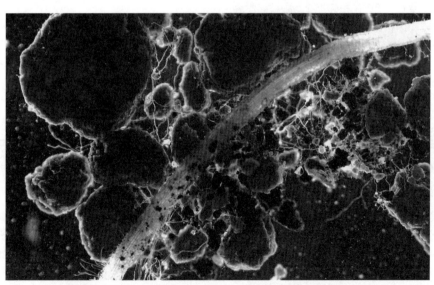

第2図　根から出た菌根菌の菌糸が土壌団粒の形成を助けている
菌根菌は根の伸長を助け、ほかの微生物に有機物を供給する。土壌団粒をまとめ上げる作用も強い

います。しかもライブで。なぜライブかというと、菌根菌の働きが、植物の光合成能力とダイレクトにつながっているからです。菌根菌は、普通のカビ（糸状菌）のように、土壌の有機物を分解してエネルギーを得ることができません。代わりに、生きた植物からできたての光合成産物（糖や脂質など）をもらっています。そしてその光合成産物と引き換えに、土壌に菌糸を伸ばして得た養分を、植物に与えています。植物は養分が欲しいときに、菌根菌に光合成産物を投資します。用もないのに、貴重な有機物を捨てたりはしないはずです。必要なときに、必要な分だけ。だから、ライブ感が強いのです。それ以外の普通のカビ（腐朽菌）も、土壌有機物を分解して、植物に養分を間接的に与えていますが、その時間軸が菌根菌とは異なっています。

あと大事なポイントとしては、菌根菌は土壌の団粒構造をつくります。ほかの糸状菌や微生物も、土壌の団粒化を促進する働きをもっていますが、根の伸長を助け、ほかの微生物へも有機物を供給する菌根菌は、土壌の団粒をより強くまとめ上げる作用をもっています（第2図）。さらに、土の中に根をつなぐ菌糸のネットワークをつくって、その菌糸の上を、根粒菌が高速で動いてマメ科植物の根に感染したり（第3図）、虫に葉っぱをかじられた植物が、その菌糸ネットワークを通じて、周りの仲間に警戒信号を送ったりもします（第4図）。ほかにもいろいろな機能があると思いますが、研究が足りていません。

Q. チッソ固定菌と共生して、作物にチッソを届けてくれる？

A. 可能性はある

現在のところ、そのことを明確に示す証拠は乏しいのですが、可能性はあると思います。チッソ固定が起こるのは、通常、土壌にチッソがきわめて少ないときです。農業上、菌根菌を介したチッソ固定能力が、どれほど作物の生長に寄与するのか（その量は十分なのか）、もっと研究が必要です。

Q. リン酸以外の肥料養分も集めてくれるの？

A. チッソ、鉄、亜鉛などを吸収する仕組みもある。

リン酸は土壌に吸着されやすく、根では吸収が困難なため、菌根菌の効果が常に発揮されや

第3図 菌根菌がつくる菌糸ネットワーク上を根粒菌が高速で移動し、マメ科植物の根に感染する

第4図 葉を虫にかじられた植物は菌根菌のネットワークを通じて仲間に警戒信号を送る

すい養分としてよく知られています。チッソ（アンモニウム態、硝酸態）、鉄、亜鉛などについても、菌根には吸収する仕組みがあることが、実験室の研究ではわかっているのですが、残念ながら、実際の圃場での検証例は少ない状況です。おそらく、ほかの微生物の働きや、土壌の養分や、環境の変化なども関わっていますので、菌根菌がいつも植物に供給しているわけではなさそうです。

Q. 慣行農業の畑にもいるの？

A. 頻繁に耕起したり、裸地管理していると、どんどん減る

強い殺菌作用をもつ農薬をまくことで、菌根菌の数は激減します。リン酸が過度に蓄積した圃場では、菌根菌の種類も減るようです。畑に除草剤をまいて、宿主となる植物を減らしたら、その分菌根菌の数や、菌糸のネットワークは減少します。頻繁に耕起をしたり、裸地管理をしたりしていると、どんどん菌根菌は減ってしまいます。いわゆる慣行栽培では、菌根菌がうまく活用できていないのが実情です。

でも、多少の化学肥料や農薬なら、畑から菌根菌がいなくなるということはありません。単一作物の連作は避け、ときには緑肥などを導入するなどして、菌根菌の数と種類を減らさないようにすることが重要です。

Q. 炭と相性がいいってホント？

A. 胞子の保全場所になる

菌根菌は、硬く、入り組んだ構造物の内部に胞子をつくる傾向があります。そういった場所は、菌根菌を食べる動物から逃れられますので、感染源の保全という意味では、炭と相性がいいと思われます。

また、ヒユ科の植物の中には、殻が硬くて小さな種子を大量にばらまくものがあります。たとえば、イヌビユの種子の中に、菌根菌の胞子がたくさん入っていることがあります（第5図）。菌根形成という意味では、まったく相性が悪い（共生しない）ヒユ科植物ですが、意外な

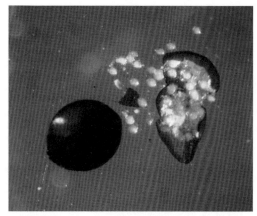

第5図　イヌビユの種子の中に入っていたたくさんの菌根菌の胞子（S）

点で、プラスになっていることもあるようです。

Q. 菌根菌とつながると、異常気象や病害虫に強くなる？

A. はい。団粒構造を発達させ、生物多様性を高めてくれるから

これからの異常気象に打ち勝つには、健全な土つくりを進めて、頑丈な土壌をつくることが第一です。団粒構造がよく発達した土は、水はけがよく（大雨に強く）、水持ちがよく（干ばつに強く）、肥持ちもよい（減肥できる）、優れた物理化学性を発揮します。それを支えるのが、菌根菌をはじめとする微生物です。

土壌の裸地管理を極力避け、いつも何らかの植物が根を張るようにして、そこから菌根菌を通じて、ライブに有機物を土壌に供給し、いつも土壌微生物を元気にしてあげることが重要です。そうすれば土壌はスポンジのような強さを発揮して、大雨でも農作業がしやすくなり、栽培管理も安定します。土壌に有機物が蓄積されれば、温室効果ガスの放出も軽減され、地球温暖化抑止にも貢献します。

また多くの場合、病害虫は養分が過剰に蓄積したり、バランスを欠いたりしている肥満土壌で発生します。もともと、植物による栄養の獲得は養分の少ない土地で、菌根菌と手を結ぶことから始まりました。菌根菌はその成り立ちか

らして、土をつくり、肥沃にし、生物多様性を高めるということと、つながっているような気がします。

　植物が多様になれば、菌根菌の種類も多様になります。植物と菌根菌との間でライブ感をもって養分が動き、それに応じて土壌微生物の多様性や活性が高まると、特定の微生物や小動物が激増することが少なくなります。結果、病害虫の発生も少なくなります。

（『現代農業』2024年10月号「Ｑ＆Ａもっと知りたい菌根菌」より）

第 2 部　有機農業と炭素貯留，生物多様性

アミノ酸吸収と収穫物の品質

秋冬作物は有機態チッソを好む——分子量8,000ダルトンのタンパク様物質を直接吸収

執筆　阿江教治（農業環境技術研究所）
　　　松本真悟（島根県農業試験場）

有機農業とは何か？

リービッヒの無機栄養説以来、植物が無機元素を利用して光合成によって有機物を生成すること、組織を形成することは、作物栄養の常識である。この原理を利用して化学肥料が発明され、実際に作物生産が著しく増大した。

これに対して「有機農業」への関心は、「食」を通しての「健康」への希求である。しかし、「有機農業とは何か？」と考えたとき、これは、科学的な解明の余地を多く残した研究分野でもある。

これまでにも、植物が、有機物としてアミノ酸や高分子の核酸やタンパク質を吸収・利用できることを示す実験例はあるが、これらの実験は無菌的な条件で行なわれている。実際の圃場条件下ではどの程度の核酸やタンパク質が存在し、作物の生産にどのように寄与しているのかは不明である。

われわれは、有機物の施用実験で、有機物に反応する作物と反応しない作物があることをあきらかにした。その実験経過をここに示し、「有機農業」の一助となることを希望する。

ホウレンソウは有機態チッソを好む

最近、資源の循環を前提とした有機物施用に関する試験研究報告が増加している。これらの試験研究報告のなかに、「作物は主として無機態チッソを吸収している」という従来の仮定と相いれない報告が目立つようになってきた。

たとえば、C/N比を20に調製したイナワラ・米ヌカをチッソ源として土壌へ施用した場合、陸稲は化学肥料態チッソよりも旺盛な生育を示した（山縣ら、現北海道農試）という例や、鶏糞ペレット堆肥をホウレンソウに施用したところ、無機化が抑制されるにもかかわらず、ホウレンソウは化学肥料態チッソよりも旺盛な生育を示した例などがある。

われわれが、有機物として菜種油粕をホウレンソウに施用した実験では、次のような奇妙な反応が見られた。結果を第1表に示す。

実験区は、①化学肥料チッソを元肥14kg/10a、追肥8kg/10a施用した区、②

第1図　ホウレンソウは有機態チッソ（分子量8,000ダルトンのタンパク様チッソ化合物）を好んで直接吸収する　　　（写真撮影：赤松富仁）

第1表 菜種油粕を施用した場合のホウレンソウ[1]のチッソ吸収量および土壌中の無機態チッソ

実験区	乾物重 (g/株)	チッソ吸収量 (mgN/株)	硝酸態チッソ (gNO$_3$/kg)	土壌の無機態チッソ (mgN/kg)[2]	そのうち硝酸態
①標準施用区 (22kgN/10a、硫安で施用)	3.99	238	35	257	203
②20%減肥 (18kgN/10a、硫安で施用)	3.74	183	22	187	154
③菜種油粕 (22kgN/10a)	4.28	250	21	151	90

注 1) 播種後50日目収穫期のデータ
  2) 追肥後10日目のデータ

化学肥料を20％削減した区（元肥チッソ11.2kg/10a、追肥チッソ6.4kg/10a）、③化学肥料と同量のチッソを菜種油粕で施用した区（元肥14kg/10a、追肥8kg/10a）の3区である。

化学肥料を20％削減した②区の乾物重は、①の化学肥料区よりも6.3％減少し、チッソ吸収量も23％減少した。また、体内の硝酸態チッソ濃度も37％減少した。すなわち、②の化学肥料削減区のホウレンソウの生育は、土壌中の無機態チッソ量の減少に対応して低下していることを示している。

それに対して、③の菜種油粕区のホウレンソウのチッソ吸収量は、①化学肥料区とのあいだに有意差が認められなかったにもかかわらず、①化学肥料区を上回る生育を示した。また、③菜種油粕区の硝酸態チッソ量は、土壌中の硝酸態チッソ濃度を反映して、②減肥区の硝酸含有量とほぼ同じか、若干下回っていた。

つまり、③菜種油粕区のホウレンソウは、硝酸態チッソは土壌中の無機態チッソを反映して①化学肥料区よりも少ない量を示したにもかかわらず、全チッソ吸収量は①と同量か、若干の増加傾向にあったのである。これは、菜種油粕区に存在する無機態チッソ以外のチッソが吸収されていることを予想させる好例である。

分子量8,000ダルトンのタンパク様チッソ化合物に注目

これまでの研究では、有機物を施用することにより最終的には無機態チッソが供給されるが、その供給源である可給態チッソは、ある種のタンパク様チッソ化合物であることがあきらかにされてきた。

第2図は、そのタンパク様チッソ化合物をさぐったわれわれの実験結果である。少量の土壌を砂に添加した培地に、各種の有機物を施用して、リン酸緩衝液で抽出されるタンパク様チッソ化合物がどのように変化するのかを、計時的にカラムクロマトグラフィーで測定した。Aにはグルコース（ブドウ糖）とチッソ源として硫安を、Bにはイナワラと米ヌカの混合物、Cには卵白アルブミンを加えた。

第2図の横軸はタンパク様チッソ化合物が抽出される時間を示している。抽出カラムより抽出される化合物の分子量が大きければ大きいほど、早くカラムから抽出される。抽出時間が同じであれば、分子量はほぼ同じものである。

有機物を添加した1日目には、さまざまな分子量をもつタンパク質が存在するが、時間の経過にともなって、8.4分の時点に一つのピークをもつタンパク様物質に収斂していくことがあきらかになった。この物質は、8,000ダルトンの分子量をもつタンパク様チッソ化合物である。

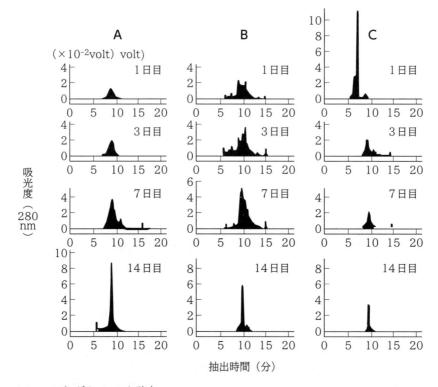

A: グルコースと硫安
B: イナワラと米ヌカの混合物
C: 卵白アルブミン

第2図　少量の土壌を砂に添加した培地に、3種類の有機物を施用したとき、リン酸緩衝液で抽出されるタンパク様チッソ化合物の変化
時間の経過につれて、8.4分のところの均一のタンパク様チッソ化合物に収斂する

微生物に取り込まれた細胞壁由来の物質

　土壌細菌の増殖を抑制する抗生物質を添加すると、この8,000ダルトンの物質の生成が遅れることから、この物質が微生物由来であることが理解できる。また、この物質を加水分解して構成成分を測定したところ、アミノ酸以外にN-アセチルグルコサミンなどが検出されたことから、細菌の細胞壁由来の物質ではないかと考えられる。

　すなわち、土壌へ施用された有機物は、いったん微生物菌体に取り込まれ、その微生物が死滅したあと、細胞質は分解して無機態チッソへと速やかに移行するが、分解に対して抵抗を示す菌体細胞壁成分は、最終的には分子量8,000ダルトンの物質へと移行し、土壌中に蓄積し、あるいは一部は徐々に無機化する。じつは、先に示したホウレンソウが菜種油粕施用で旺盛な生育を示すのは、この8,000ダルトンの物質を吸収するからであることがわかっている。

ニンジン・チンゲンサイもタンパク様物質を直接吸収

　次にわれわれは、作物の種類の違いによる有機態チッソの吸収度合いの違いをみるために、次のような実験を行なった。

　有機物として菜種油粕を、化学肥料として硫

第2表　栽培期間中の無機態チッソ、アミノ酸およびタンパク様チッソの濃度[1]

施用チッソ	無機態チッソ (mgN/kg)	アミノ酸態チッソ (mgN/kg)	タンパク様チッソ (mgN/kg)
無施肥	27.5～50.0	0.1～0.2	18.7～34.7
硫安（化学肥料）	90.5～133.0	0.3～0.4	18.9～31.0
菜種油粕（有機肥料）	41.0～82.5	0.4～0.6	34.6～55.9

注　1）最小値～最大値

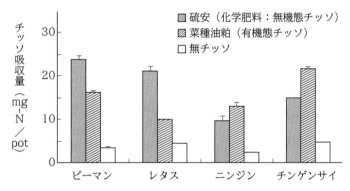

第3図　ニンジンとチンゲンサイは硫安よりも菜種油粕のチッソをよく吸収する

安を施用し、播種後28日目のチンゲンサイ・ピーマン・レタス（リーフレタス）・ニンジンの生育（チッソ吸収量）を観察した。

生育期間中の無機態チッソ・アミノ酸態チッソ・タンパク様チッソを第2表に示した。なお、ここに示すタンパク様チッソは、リン酸緩衝液で抽出したものであり、先に示した分子量8,000ダルトンの物質である。

実験期間中の無機態チッソ量がもっとも多いのは硫安区、次いで菜種油粕区で、無施肥区はもっとも少ないが、それに対応してピーマンやレタスの生育（チッソ吸収量）は、硫安区＞菜種油粕区＞無チッソ区の順となった。しかし、ニンジンやチンゲンサイでは、菜種油粕区でのチッソ吸収量が多く、次いで硫安区、無施肥区がもっとも劣った（第3図）。

栽培期間中の土壌中のアミノ酸生成量はせいぜい0.6mgN/kgであり、とうていニンジンやチンゲンサイの旺盛な生育を説明できる量ではない。つまり、無機態チッソ以外の有機態チッソを吸収しているとしても、アミノ酸の吸収だけでは説明しきれない。菜種油粕区で旺盛な生育を示したニンジンやチンゲンサイは、この土壌に蓄積するタンパク様チッソ化合物を好んで吸収するものと考えられる。

導管の溢泌液に同じタンパク様物質を検出

われわれは、有機態チッソに反応する作物としてチンゲンサイを、無機態チッソにしか反応しない作物としてピーマンを代表として、今度は次の実験を行なった。菜種油粕をチッソ源として栽培したこれら作物の茎を切除して、導管から出てくる溢泌液を、先に示したクロマトグラフィーで分析したのである。

その結果、チンゲンサイからは土壌中に存在する8,000ダルトンの物質と同じ抽出時間（8.4分）をもつ物質が検出された。しかし、ピーマンにはこの物質は検出されなかった。また、タンパク様チッソ化合物を含まない無機

態チッソをチッソ源として、水耕栽培でチンゲンサイを育てて同様に導管液を調べたところ、8,000ダルトンの物質は検出されなかった。

この結果は、チンゲンサイは土壌中に存在している8,000ダルトンの有機物を直接吸収利用していることを示している。溢泌液に検出された8,000ダルトンの有機物は、無機態チッソを吸収して体内で合成されたものではないことがわかる。硫安区のチンゲンサイが、全量を無機態チッソから得ていると考えると、菜種油粕区のチンゲンサイは、全チッソの半分程度をタンパク様チッソから得ていると推察できるが、量的な問題は今後の研究としたい。

秋冬作物は有機態チッソを好む

有機物としてイナワラ・米ヌカなどを施用して、前述の4作物とホウレンソウ・キャベツ・ブロッコリー・カブ・ダイコンなどの生育を観察した結果では、チンゲンサイ・ニンジン・ホウレンソウのほかにキャベツも生育がよかった。これら4作物に共通するのは、比較的冷涼な秋冬作物であることである。

とくに農業現場では、「冬ニンジンには堆肥が効く」ともいわれている。これは、低温時に有機物が施用されればその無機化が抑制され、その結果、タンパク様チッソが多く土壌に蓄積し、それをニンジンが吸収することを表わしているのではないだろうか。しかし地温が比較的高い場合は、有機物の無機化は温度が高いほどその活性が高いから、タンパク様チッソが蓄積しても、速やかに分解され無機化し、タンパク様物質の吸収は少ない。したがって同じニンジンでも、夏作ではその効果が現われにくい。そのため過去に行なわれた実験の結果では、矛盾するデータが得られたのに違いない。

いずれにしても、有機物の施用に効果のある作物とない作物があり、効果のない作物では、有機物の施用と化学肥料の施用とのあいだには本質的な違いはない。作物の起源について、その土壌環境や気候条件を考慮すると、有機態チッソに対する反応がある程度推察できる。あるいは、日本型イネが品種改良の結果、北海道にまで北上できたのも、有機態チッソの吸収と関係があるのではないだろうか……。いろいろ想像はつきない。

(『現代農業』2000年10月号「秋冬作物は有機態チッソを好む 分子量8000ダルトンのタンパク様物質を直接吸収」より)

植物による有機成分の吸収

　植物の切断組織や培養細胞が有機物を吸収することは，いまや常識である。WHITE や MURASHIGE の培地を基本とするさまざまな有機物（イノシトール，チアミン，ピリドキシン，ニコチン，オーキシン，サイトカイニン，グリシンなど）を含む培地によって，われわれは植物の全能性（Totipotency）を自在に発揮させることができるようになっている。したがって本項では，主としてインタクトな植物による有機物の吸収，とりわけ有機態N源の吸収について記述する。

(1) 有機態N源による無菌植物の生育

　リービッヒの無機栄養説に対抗して，その後，有機物が直接植物によって吸収され代謝される，ということを無菌的に証明した研究者は多数存在する。

　それらの研究を総括し，SCHREINER は「土壌中でのタンパクの分解産物は直接植物に吸収され，植物はこれらのユニットを可能なかぎり利用して複雑な自らのタンパク質をつくる。なぜなら，植物が体内で硝酸からタンパク質を構成するアミノ酸類をつくるには多大なエネルギーを消費するので，これらのタンパク分解産物の単位構成分を利用できるときは利用したほうが，硝酸同化に体力を消費するよりは有利である，と考えるほうが理にかなっているからであると述べている。ここではその後の研究での二，三の成果を紹介する。

　BRIGHAM は，無菌および有菌条件下で各種の有機N源でデントコーンを栽培し第1図を得た。アスパラギンやカゼインがよいN源となりうる。日本においては，慎らが小型の無菌装置でイネ幼植物を栽培し，第2図を得た。γ-アミノ酪酸＞グルタミン酸＞グリシン＞フェニルアラニンの順によいN源であったがいずれも硫安に劣った。

　BRACHET (1954) は，タマネギの根冠に外部から与えた RNase が根のRNAを分解し，タンパク合成を抑えることを明らかにした。折谷はこの研究をイネ苗において追試し，第3図を得た。RNase 500ppm処理区は断根処理区以上に，最長根長，発根数が劣り，新葉の発生が抑えられた。これらのことは，高分子である RNase が根からなんらかの方法で吸収されたことの間接的証明である。

　ULRICH (1964) らは，β-ラクトグロブリン（分子量37,000）を無菌的にトマトに吸収させたが，まったく生育を示さなかった。より低分

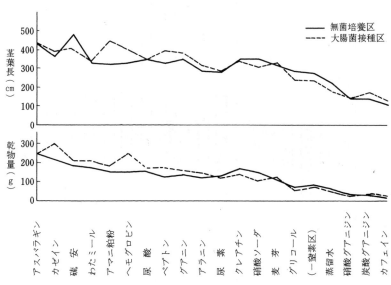

第1図　各種の有機態窒素源で育てたデントコーンの乾物重と茎葉長
　　　　　　　　　　　　　　　　　　　　　　　　　　　　（BRIGHAM, 1917）
無菌培養区と大腸菌接種区について示してある

子のリゾチーム（分子量15,000）を1,000ppm与えると根が太く短く褐色化した。しかし地上部と地下部の乾物重の生育阻害はなかった。そこで変性リゾチームを与えると根の伸長阻害を起こさなかったし、地上部は硝酸と同様の生育を示した。

そこでMCLAREN ら（1960）は、リゾチームを蛍光色素や^{14}Cで標識し、植物根の皮層細胞にこれらの標識が入っていることを光学顕微鏡レベルで確認している。これらの高分子吸収のメカニズムについて、西沢・森（1980）は水耕栽培によるイネを用いて、根からヘモグロビンをとりこませ、それが細胞膜のくびれこみ（Invagination）構造によることを証明した。しかし本項では、高分子吸収メカニズムの詳細については述べないことにする。

(2)各種アミノ酸の肥効（水耕法）

以上に述べてきた研究は、有機N源の種子栄養期または栄養生長期の実験である。そこで森らは、完全無菌ではないが、水耕法で、ハダカムギとイネについて収穫期まで育て、第4図と第5図を得た。この結果をDOOLITTLEの第6図を参考に整理すると以下のとおりである。

ハダカムギのばあい、極端に生育が悪く収穫皆無に近かったアミノ酸は、イソロイシン、メチオニン、ヒスチジンであり、イネのばあいはバリン、ロイシン、メチオニン、ヒスチジンであった。これらは第6図でみるように、ヒスチジン（これについては後述する）以外は強い疎水性をもつアミノ酸であることが特長である。

その次に収量の低かったN源は、ハダカムギのばあい、トリプト

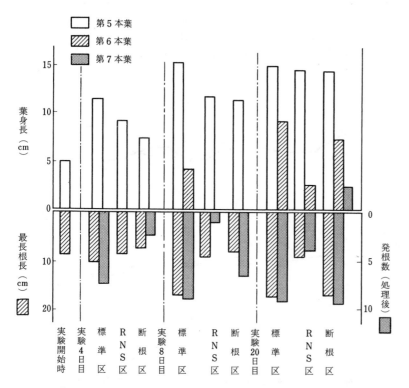

第2図　イネの無菌栽培幼植物の生育に及ぼすアミノ酸の影響
（慎ら、1966）

生育試験日数：無窒素培地で発芽時より17日間生育させたのち処理を施し、10日間生育収穫した
供試物質添加量：Nとして3 mg/l
3連平均値

第3図　根部処理による根の生長と展開葉の生長との関係（折谷、1962）
RNS区はRNase500ppm施用

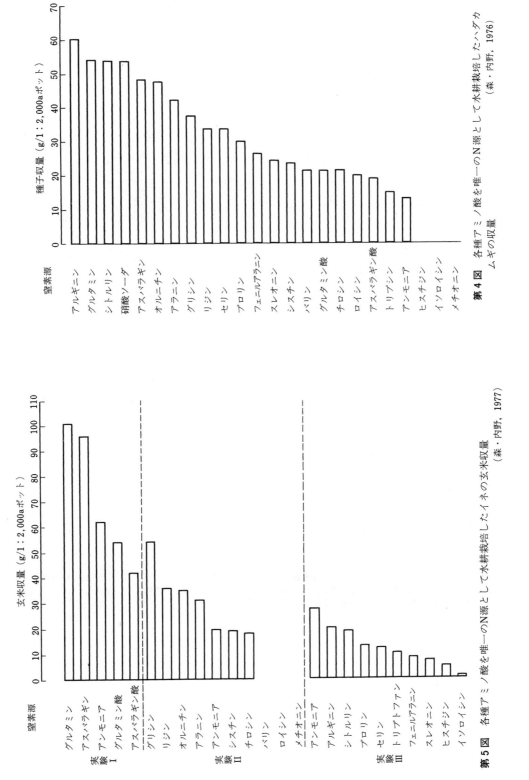

第4図 各種アミノ酸を唯一のN源として水耕栽培したハンダカムギの収量 (森・内野，1976)

第5図 各種アミノ酸を唯一のN源として水耕栽培したイネの玄米収量 (森・内野，1977)

第2部　有機農業と炭素貯留，生物多様性

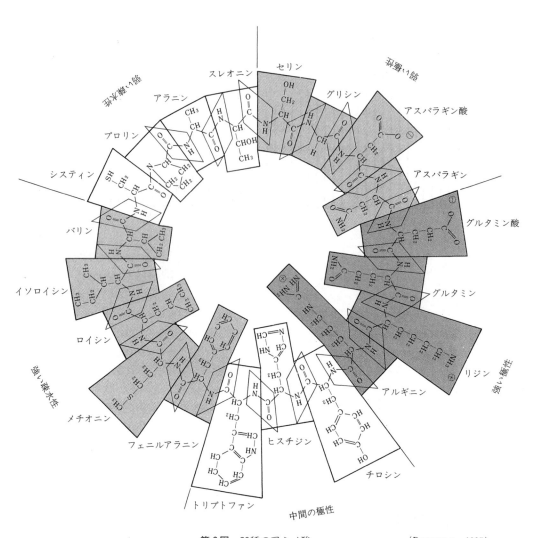

第6図　20種のアミノ酸　　　　　　　　　　　　　（DOOLITLE, 1985）
類似した化学的性質をもつアミノ酸は，リングの中で互いに近くにくるように並べてある。大まかな5つのグループ分けは，アミノ酸側鎖の大きさや，極性の程度に基づいたものである

ファン，ロイシン，バリン，システイン，フェニルアラニン，スレオニンで，イネのばあいはチロシン，システイン，スレオニン，フェニルアラニン，トリプトファンであった。これらの大部分は，強い疎水性，弱い疎水性，および中間の極性に属している。

逆に，収量のよかったアミノ酸は，ハダカムギではアルギニン，グルタミン，アスパラギン，リジン，セリン，グリシン，アラニン，シトルリン，オルニチンであり，イネではグルタミン，アスパラギン，グリシン，アラニン，アルギニン，リジン，シトルリンであった。アラニンを除けば，強い極性か弱い極性のアミノ酸に属している。ハダカムギ，イネともにグルタミン酸とアスパラギン酸はそれぞれグルタミンやアスパラギンの2分の1の収量しか得られていないことが特長である。

以上のことから，アミノ酸の吸収のメカニズムについて，以下の4つの点から整理される。

①細胞壁の通過性

まず，細胞膜の前にある細胞壁の親水性バリヤーをくぐりぬけるためには，疎水性のものは不利である。つまりバリン，ロイシン，メチオニン，フェニルアラニンは不利と考えられる。

②細胞膜表面への吸着

細胞壁の障害を通過すれば細胞膜表面に到達する。細胞膜表層はマイナスに荷電している。したがって膜表面に近づくためには，水耕液（pH5.5）の条件下で，マイナスに荷電するアミノ酸は不利である。すなわち，アスパラギン酸やグルタミン酸がアスパラギンやグルタミンよりもはるかに収量が低いのはこの負荷電の静電反発力による理由が大きいと思われる。逆にアルギニンやリジンは陽荷電であるので，負荷電と引き合うため有利であると考えられる。

③細胞膜の通過性

細胞膜にはアミノ酸の輸送体（キャリアー）が存在すると考えられているので，その存在比によっても吸収の難易が規定されるであろう。残念ながら，高等

第1表 3種の窒素源によって60日間育てたハダカムギの根の可溶性アミノ酸組成

(MORIら，1979)

	硝酸区	アルギニン区	ヒスチジン区
アスパラギン酸	18	26	61
スレオニン	7	12	14
セリン	25	40	46
アスパラギン	149	510	1358
グルタミン酸	121	188	260
グルタミン	59	296	678
プロリン	2	—	10
グリシン	2	8	7
アラニン	89	240	185
バリン	9	23	26
イソロイシン	3	8	10
ロイシン	2	9	9
チロシン	1	3	3
フェニルアラニン	1	5	5
γ-アミノ酪酸	24	256	189
リジン	2	—	6
ヒスチジン	3	3	170*
トリプトファン	2	3	6
アルギニン	0.2	5	3

単位：$\times 10^2$ nmol/g 乾物根重

植物において，このキャリアーが，すべてのアミノ酸について単一のものであるか，複数存在するのかについては，現在までのところ諸説が入り乱れている。このことについては後述する。

④代謝の難易

せっかく，あるアミノ酸が吸収されてもそれ

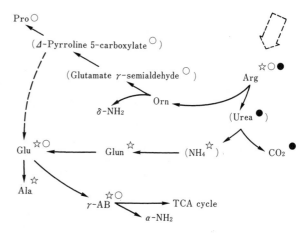

第7図 ハダカムギ根による三重標識アルギニンの代謝
(MORI, 1981)

アルギニンは(ureido-^{15}N)アルギニン(☆)，(ureido-^{14}C)アルギニン(●)，(5-^{3}H)アルギニンの同時投与によって与えた。⇦は外部から標識アルギニンを与えたことを示す。( )内のものは直接検出されたわけではない

がスムーズに代謝のルートに乗らなければ，植物の生育にとって望ましくないであろう。植物の種によって，フリーのアミノ酸のプールサイズは異なるし，それは生育の相を通じてダイナミックに変化している。しかしその成分組成および変化のパターンは年間を通じて一定している。たとえば茶葉のアルギニンやテアニンの年間変動はきわめて周期的である。したがって，このような代謝の恒常性が維持されないような化合物はN源として不適格である。

一例をあげると，ハダカムギ根のばあいは，第1表に示すとおり，グルタミン酸，γ-アミノ酪酸，アラニンが主要なアミノ酸プールとして存在する。グルタミンやアスパラギンはN源の過剰や減少に対応してその存在量が大きく増減する変動の大きいN貯蔵型の成分である。外から吸収されたアミノ酸のうち，そのNが代謝マップ上，トランスアミネーションなどを通じて，これらの主要なアミノ酸プールに迅速にもどってくるような化合物は，ハダカムギの根のN源として利用可能な条件をそなえていると考えられる。

第1表には，アルギニンを唯一のN源としたハダカムギの根のアミノ酸組成を示している。アルギニンのプールサイズが多少ふえているがそれは量的に大したものではなく，アミノ酸全体としてのパターンは変化していない。このことはアルギニンがアルギナーゼによって迅速に尿素とオルニチンに分解され，以後第7図のルートをたどってグルタミン酸を中心とした代謝プールに迅速にNが代謝回転していることによることが証明されている。

これに比べてヒスチジンのばあいには，根中のヒスチジンのプールサイズが異常に増加している。これは，吸収されたヒスチジンの代謝速度が遅く，根にとどまっていることを示している。ヒスチジン区は生殖生長期になって抽台阻害が起こるのであるが，そのとき，幼穂中にも異常にヒスチジンが集積していることが測定されている（森ら，1981）。つまり，ハダカムギにおいてはヒスチジンは滑らかに代謝されていかない成分と考えられる。

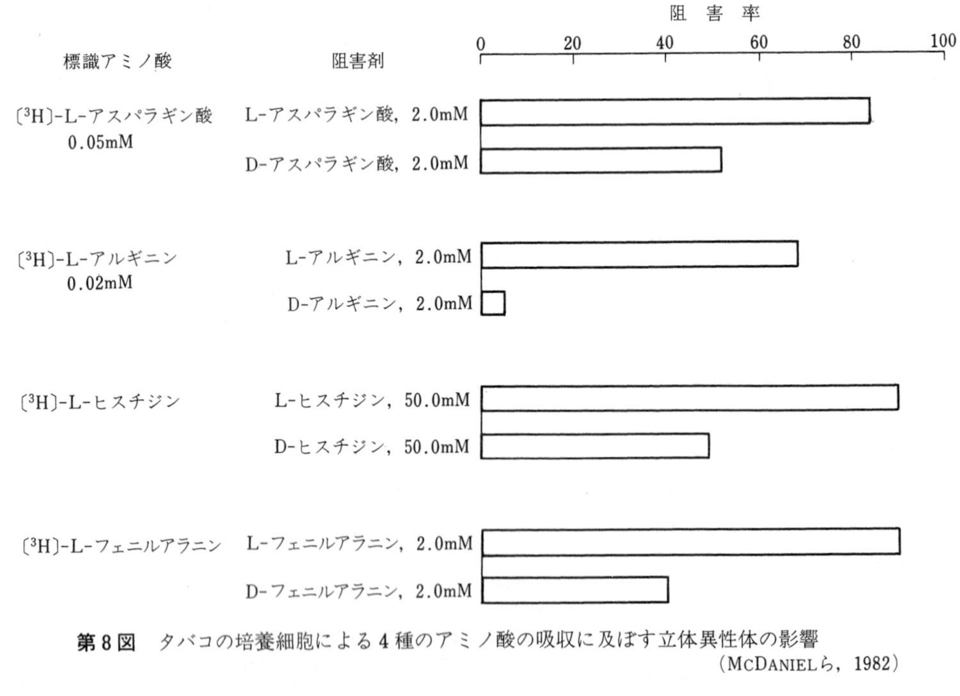

第8図 タバコの培養細胞による4種のアミノ酸の吸収に及ぼす立体異性体の影響
（McDanielら，1982）

(3) 細胞膜のアミノ酸輸送タンパク（キャリアー）の存在について

大腸菌を材料として，ガラクトース（ANRAKU, 1968）やラクトース（EHRING ら，1980）の膜輸送タンパクの研究は近年急速に発展した。これを結晶化し，タンパクの一次構造も決定され，遺伝子解析もなされている。一方，アミノ酸のキャリアーの単離も大腸菌で行なわれている。しかし植物におけるこの方面の研究については，以下に述べる現象論的研究は多いが，キャリアーの実体を精製単離するところまでは行なっていない。

第8図は液体培養したタバコの細胞による4種のアミノ酸の吸収に対する，立体異性体の阻害をみたものである。アルギニンのばあいだけL型とD型は独立のキャリアーをもっていると考えられる。

第9図は，サトウキビの培養細胞におけるL-^{14}C-アルギニンの吸収に及ぼす各種阻害剤の効果を示したものである。呼吸阻害（青酸，NaN_3，2，4 - D），還元阻害（システイン）および脱金属阻害（EDTA）が著しい。このことは，アルギニンのキャリアーがATPまたは，膜の内外の電気化学ポテンシャル（$\Delta\psi$）あるいは，ΔpH勾配を必要とし，SH基を有し，ある種の金属を必要としていることを示唆している。

第10図はクラミドモナスのデータである。L-^{14}C-アルギニンや^{14}C-尿素が，類似化合物によって阻害されたり，ほとんど阻害されなかったりする。たとえばアルギニンとオルニチン，リジン間，あるいは尿素とグアニジン間などは，この植物のばあいほとんど独立のキャリアーを利用していると考えられる。

第11図は，ハダカムギをN源として，オルニチンまたはアルギニンで数日から前日まで前培養した，それぞれの前処理期間区の植物体に，前者に^{14}C-アルギニンを，後者に^{14}C-オルニチンを30分間吸収させたものである。前処理期間が長くなるほど，アルギニンの吸収に対するオルニチンの阻害，オルニチンの吸収に対するアルギニンの阻害がみられる。これは両アミノ酸のキャリアーが共通であり，前処理期間が長くなるほど前処理中のアミノ酸によりキャリアーの吸着座の占有率が高まることを示しているものと考えられる。

以上のような間接的なデータから，植物の細胞膜がアミノ酸に対するキャリアーをもっていることは，いまや疑いをいれない。

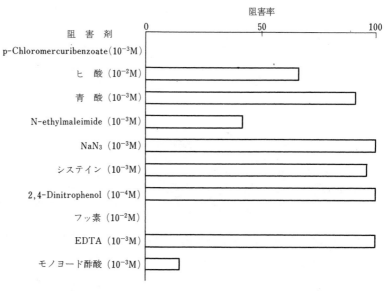

第9図 サトウキビ培養細胞のL-^{14}C-アルギニン吸収に及ぼす各種の代謝阻害剤の影響

(MARETZKIら，1970)

L-^{14}C-アルギニンを投与する前にアルギニンを抜いた培地で前培養した
^{14}C-アルギニンは10分間吸収させた
阻害剤は最初の0.5分間だけ作用させた

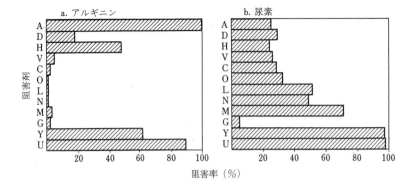

第10図 クラミドモナスのL-^{14}C-アルギニンと^{14}C-尿素の吸収に及ぼす各種類似化合物の影響　　　　　　　　　　　（KIRKら，1978）
A：L-アルギニン，D：D-アルギニン，H：L-ホモアルギニン，V：L-カナバニン，C：L-シトルリン，O：L-オルニチン，L：L-リジン，N：アンモニア，M：メチルアミン，G：グアニジン，Y：ヒドロキシ尿素，U：尿素

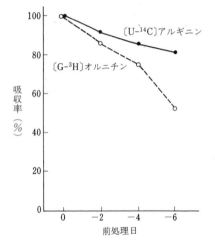

第11図 ハダカムギ根によるアルギンとオルニチンの相互作用　　　　　（森，1983）
・印はオルニチン（N：10ppm）でハダカムギを栽培し，本処理（0日）として〔U-^{14}C〕-アルギニン（N：10ppm）の吸収をみたもの
○印はアルギニン（N：10ppm）で栽培し，本処理（0日）で〔G-^{3}H〕-オルニチン（N：10ppm）の吸収をみたもの

(4) 無機態Nと有機態Nの共存下での吸収の優劣

無機態Nと有機態Nが同時に存在する条件下でいずれがよく吸収同化されるかという研究は意外に少ない。森・西沢は，L-^{3}H-アルギニン，L-^{14}C-グルタミン，^{15}N-硝酸の等モル（各10ppm）存在下で，ハダカムギ幼植物によるこれらの化合物の吸収をみた（第12図）。

その結果，高温（20℃）条件下では，グルタミン＞アルギニン＞硝酸の順に吸収が盛んであり，低温（4~5℃）下では，アルギニン＞グルタミン＞硝酸の順に吸収されることをみた。いずれのばあいも，有機態N源による吸収が硝酸よりもまさっていた。グルタミン，アルギニンともにそのままの化合物のかたちで吸収されたのち，ただちに代謝されていくことも証明されている（MORIら，1979）。

門脇ら（1984）は，ビニールアイソレーターを用いたイネ幼植物の無菌栽培を行なった。その結果，イネはグルタミンを唯一のN源としたばあいにも，無機態Nと共存したばあいと同様に良好な生育を示すことがわかった。また，無機態Nと共存のばあいの10日間の水耕栽培実験では，全N吸収量に対するグルタミン由来のNの割合は，（グルタミン：NH_4^+）共存区では時間とともに増加し，35~36％でほぼ一定となった。一方，（グルタミン：NO_3^-）共存区では多少の変動はあるが，約60％の割合で推移した。

以上の研究から，無機態N源よりも吸収のよい有機態N源が少なくとも存在することが証明されたことになる。

(5) 各種アミノ酸の肥効（土耕法）

土耕実験のばあいは，土壌中の微生物活動の影響が効いてくるので，前記の水耕のばあいのように，与えたアミノ酸の種類と収量とのあいだに直接的な関係を考察することは困難である。

第13図にハダカムギの収量を，第14図にイネの収量を示した。収量の悪い化合物については，ハダカムギのばあいも，イネのばあいもお

およそ、水耕で生育が悪かったアミノ酸と一致するものが多いことがわかる。ロイシンはイネのばあい籾殻形成の異常を示した。ヒスチジンは不稔率が高かったが、水耕のばあいと異なり、イネ、ハダカムギともに一定の収量が得られている。

(6) 低温寡照条件のイネの生育阻害に対するアルギニンの補償効果

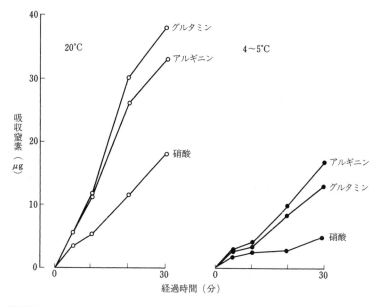

第12図 ハダカムギによる3種の窒素源の等モル(Nとして各10ppm)混合液からの窒素の吸収　　　　　　　　　　　　　　　　　(森・西沢, 1979)

窒素源として〔U-^{14}C〕グルタミン，〔2,3-^{3}H〕アルギニン，^{15}N-NO_3を用いて、それぞれの化合物からの窒素の吸収量を計算した

遮光や水耕液の低温処理という人為的な生育阻害条件下でイネ(ホウネンワセ)を野外で水耕栽培したばあい、有機N源はイネの生育と収量にどのように影響するであろうか。森ら(1985)はNH_4^+、NO_3^-、アルギニン、NH_4^++アルギニン(1：1)、NO_3^-+アルギニン(1：1)などをN源とし、自然光または遮光(47%)と、水耕液の低温または常温の組合わせで、1977年から1980年にかけて4年にわたる実験を行なった。

この間の気象条件は、遅延型冷害(1977)、平年(1978)、平年(1979)、障害型冷害(1980)と順次推移した(第15図)。第16図にはその収量データを示してある。また第17図には1978年の、低温×自然光区の植物体の生育の様相を示している。

以上のデータを総合考察すると、有機N源の効果について暫定的に次のように整理される。すなわち、イネのばあい、本邦において生育の初期は一般に低温寡照である。このときイネは葉の同化産物の一部を根に転流させねばならない。そして、根の生育にみあって養分吸収力を増大させていく。この養分吸収力が逆に光合成能を規定し、したがって地上部の生育も律している。

このように低温または寡照のゆえに光合成速度が生育の律速になっているときに、根から吸収代謝されやすいNとCを同時にそなえた有機N源が与えられれば、それは根の生長にそのまま使われ、したがって、光合成産物(炭素源)の根への転流分を一部代替することができる。同時に、根の活性が増加するので、地上部への養分供給量も増大し、地上部の生育が促進される。

イネのばあい、生育の後半は平年の気象であれば(1978, 1979年)、高温で強い日照条件下におかれることになるので、光合成が律速になっていた無機N区も生育の遅れを急激に取りもどすことになる(第17図)。したがって場合によっては、有機N源の効果をマスクしてしまうこともある。(1977, 1978, 1979年の常温×自然光区を見よ)。

一方、冬作であるハダカムギのばあい、全生育期間の大半を低温寡照で過ごすために、慢性的な光合成産物の欠乏状態を示している。この状態はイネのばあいの初期生育の条件と類似し

第2部 有機農業と炭素貯留，生物多様性

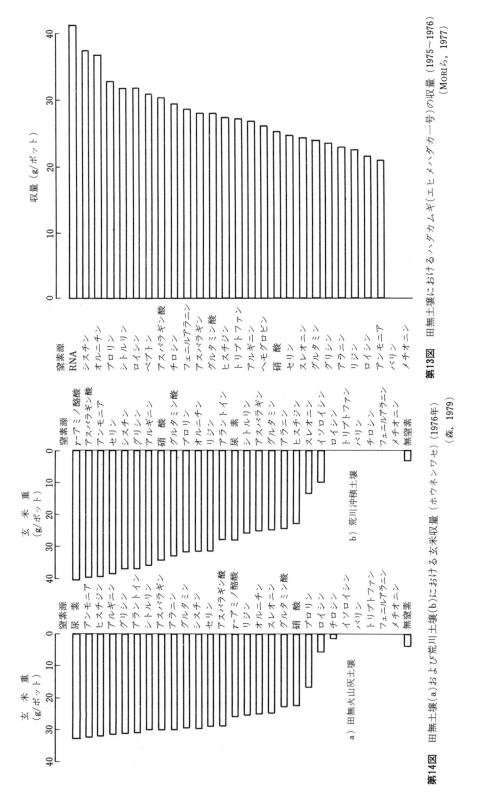

第13図 田無土壌におけるハタケカムギ(エヒメハタカー号)の収量 (1975～1976)
(MORIら，1977)

第14図 田無土壌(a)および荒川沖積土壌(b)における玄米収量(ホウネンワセ) (1976年)
(森，1979)

ているので，この期間に有機N源が根から供給されることは，根自体の生育にとってきわめて有利に働く。同時にそれが，光合成産物の根への転流分を一部代替していることになるので，地上部の生育にそのぶんが回った結果，全体と

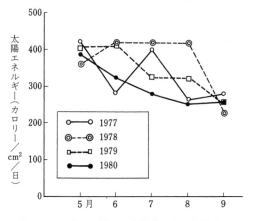

第15図 イネの野外での水耕栽培実験期間中の月別の日平均太陽エネルギー
（MORIら，1985）

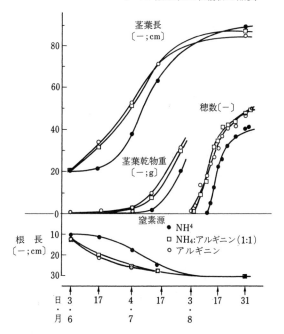

第17図 水耕液低温処理区の，各種窒素源によるイネの生育量（1978年）（MORIら，1985）

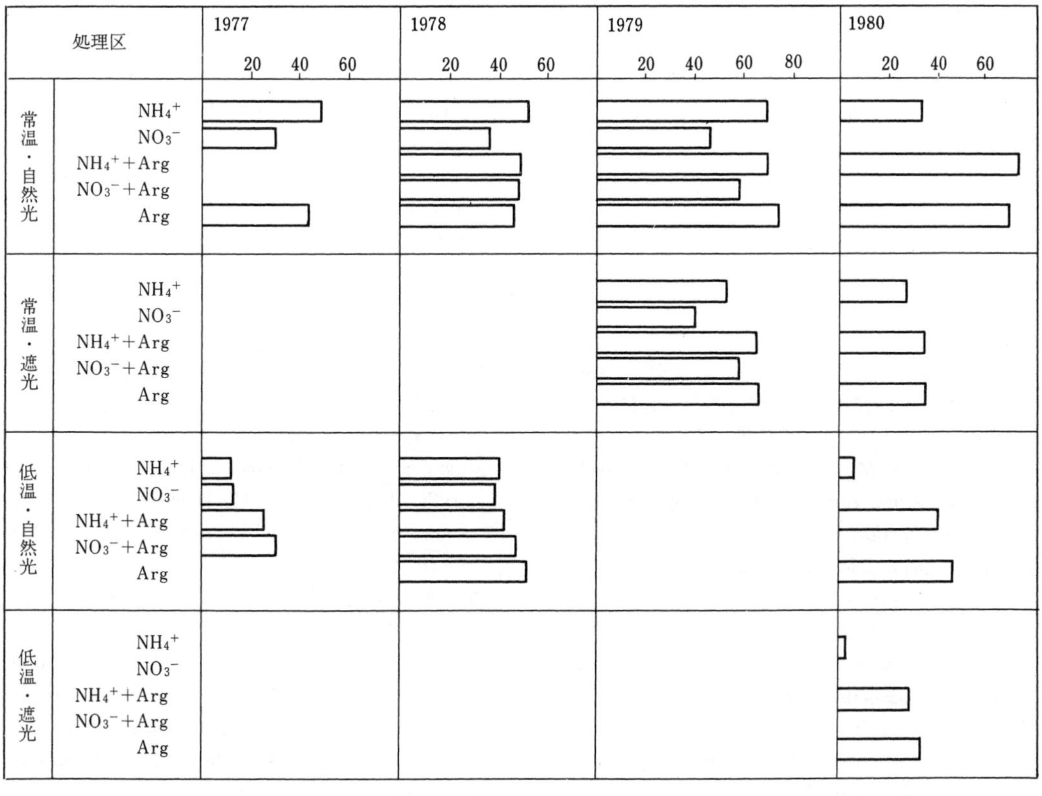

第16図 各年次の水耕液温度・光条件の異なる水耕イネの収量変化に及ぼすアルギニンの効果（単位：g/ポット）
（MORIら，1985）

して，良好な生育を示すことになる（第4図，13図）。

すなわち「有機態N源は，光合成産物の根への寄与を一部代替する。したがって植物はそのぶんを地上部の生育に回すことができる」と結論される。

なお本項では，双子葉植物の有機N源の吸収についての知見を述べなかったが，それはデータが非常に少ないからである。それらはおおむね，畑作物であるハダカムギのばあいから類推してよいと思われる。

執筆　森　敏（東京大学）　　　1987年記

引用文献

ANRAKU, Y. 1968. Transport of Sugars and Amino Acids in Bacteria. J. Biol. Chem. 243, 3116—3122.

BRACHET, J. 1954. Effect of ribonuclease on the metabolism of living root tip cells. Nature. 174, 876—877.

BRIGHAM, R.O. 1917. Assimilation of organic nitrogen by zea mays and the influence of bacillus subtilis on such assimilation. Soil Sci. 3, 155—195.

DOOLITTLE, R.F. 1985. Proteins. Scientific American. 253, 74—83.

EHRING, R., K. BEYREUTHER, J. K. WRIGHT and P. ORERATH. 1980. *In vitro* and *in vivo* products of *E. coli* lactose permease gene are idential. Nature. 283, 537—545.

門脇　信・佐々木瑞雄・工藤雅志・大平幸次. 1984. 無菌栽培水稲幼植物による無機態窒素共存下でのグルタミンの吸収. 土肥要旨集. 30, 80.

KIRK, D. L. and M. M. KIRK. 1978. Carrier-mediated Uptake of Arginine and Urea by *Chlamydomonas reinhardtii*. 61, 556—560.

LIEBIG, J. 1840. Die Organische Chemic in ihrer Anwendung auf Agricultur und Physiologie.

MARETZKI, A and M. THOM. 1970. Arginine and Lysine Transport in Sugarcane Cell Suspension Cultures. Biochemistry. 9, 2731—2736.

MC DANIEL, C.N., R.K. HOLTERMAN, R.F. BONE and P.M. WOZNIAK. 1982. Amino Acid Transport in Suspension-Cultured Plant Cells. III Common Carrier System for the Uptake of L-Arg, L-Asp, L-His, L-leu and L-phe, Plant Physiol. 69, 246—249.

MCLAREN, A.D., W.A. JENSEN and L. JACOBSON. 1960. Absorption of enzymes and other proteins by barley roots. Plant Physiol. 35, 549—556.

森　敏・内野　弘. 1976. 有機態N源による水稲の生長解析. 植物の無機栄養説批判(3). 土肥要旨集. 22, 67.

森　敏・内野　弘. 1977. 各種アミノ態N源による水耕裸麦の成育経過. 植物の無機栄養説批判(5). 土肥要旨集. 23, 61.

MORI, S., N. NISHIZAWA, H. UCHINO and Y. NISHIMURA. Proceedings of the International Seminar on Soil Environment and Fertility Management in Intensive Agriculture. (Tokyo-Japan) p. 612—617.

森　敏. 1979. 植物の無機栄養説批判. 東京大学博士論文.

MORI, S.Y. NISHIMURA and H. UCHINO. 1979. Nitrogen absorption by plant root from the culture medium where organic and inorganic nitrogen coexist. I. Effect of pretreatment nitrogens on the absorption of treatment nitrogen. Soil Sci. Plant Nutri. 25, 39—50.

MORI, S. and N. NISHIZAWA. 1979. Nitrogen Absorption by plant root from the culture medium where organic and inorganic nitrogen coexist. II. Which nitrogen is preferentially absorbed among $(U-{}^{14}C)Gln$, $(2,3-{}^3H)Arg$ and $Na^{15}NO_3$? Soil Sci. Plant Nutri. 25, 51—58.

森　敏・佐合文久・鈴木　悟. 1979. 水稲の低温障害に対する有機窒素の軽減効果. 植物の無機栄養説批判(10). 土肥要旨集. 25, 75.

森　敏・西沢直子・内野　弘. 1981. ヒスチジンによる幼穂の生育阻害, 植物の無機栄養説批判(16), 土肥要旨集. 27, 67.

MORI, S. 1981. Primary assimilation process of triply (^{15}N, ^{14}C, and ^3H) labeled arginine in the roots of arginine-fed barley. Soil Sci. Plant Nutri. 27, 29—43.

森　敏. 1983. イオン吸収と移行. 実験生物学講座. 16. 丸善.

MORI, S., H. UCHINO, F. SAGO, S. SUZUKI and A. NISHIKAWA. 1985. Alleviation effect of arginine on artificially reduced grain yield of NH_4^+-or NO_3^--fed rice. Soil Sci. Plant Nutri. 31, 55—67.

MURASHIGE T. and F. SKOOG. 1962. A Revised Medium for Rapid Growdth and Bio-Assays with Tabacco Tissue Cultures. Physiol. Plant. **15**, 473—497.

西沢直子・森 敏. 1980.「植物の液胞形成」化学と生物. **18**, 527—538.

折谷隆志. 1962. RNase で根を処理した植物体のN代謝と生長反応について. 作物の根の機能に関する研究. 日作紀. **30**, 279—282.

REINHOLD, L. and A. KAPLAN 1984. Membrane Transport of sugars and amino acids. Ann Rev. Plant Physiol. **35**, 45—83.

慎 鏞吉・山口益郎・奥田 東. 1966. 無菌液耕培養下での水稲幼植物の生育に及ぼすアミノ酸の影響. 高等植物の生育に及ぼす有機物の影響（第2報）. 土肥誌. **37**, 311—314.

ULICH, J. M., R. A. LUSE and A. D. MCLAREN. 1964. Growth of Tomato Plants in Presence of Proteins and Amino Acids. Physiol. Plant. **17**, 673—696.

WHITE, P. M. 1963. THe Cultivation of Animal and Plant Cells 2nd, Ed., The Ronald Press. New York.

植物のアミノ酸吸収——植物の種類，アミノ酸の種類による違い

1. 研究の背景

　農業による環境負荷への懸念と，食への安全・安心から，有機農業に対する期待が確実に高まっており，これまで以上に有機質肥料の肥効が注目されている。これまで有機質肥料の養分供給に関する研究では，無機栄養説に基づいて有機質肥料から分解する無機化量（可給態窒素量）を予測する試みが行なわれてきた。現に土壌の可給態窒素は，一定期間培養後の無機化量を測定することで評価されている。しかし，無機化量だけでは生育の説明ができない現象や事例が多々報告されている（山縣ら，1996；Matsumoto et al., 2000）。

　土壌に添加された有機質肥料は，微生物による分解を受けタンパク質，ペプチド，アミノ酸を経て最終的に無機態窒素になる。つまり，土壌中ではさまざまな分子量の窒素化合物が存在していることになり，加えて有機農業では有機質肥料を積極的に施用するため，化学肥料を施用する近代農業より有機態窒素の土壌中の存在割合が高まるものと推察される。有機物連用圃場では，化学肥料のみの圃場より1.3～1.6倍多い遊離アミノ酸が存在するとの報告（佐藤，1985）もある。そのため有機農業での栽培では，とくに，無機態窒素だけではなく有機態窒素の存在も考慮すべきであり，有機態窒素の吸収や無機態窒素との肥効の違いを検討する必要があると考える。

　植物の有機態窒素利用に関してはこれまでにも研究がある。山縣ら（1997）は，C/N比を変えた米ぬかを施用した結果から，低分子有機態窒素に対するイネ（陸稲）の吸収能力はトウモロコシ，テンサイより高いことを示している。Matsumoto（1999）は，有機質肥料施用によって分子量8,000程度のタンパク様窒素が増加し，ニンジン，チンゲンサイ，陸稲，ソルガムはこの分画の窒素を吸収すると報告している。高分子吸収のメカニズムとして，西澤ら（1992）は，根からヘモグロビンを取り込ませ，それが細胞膜のくびれこみ構造によることを証明している。さらに，核酸の生育促進効果も報告されている。

　アミノ酸の植物生育に関する研究としては，根粒菌を接種していないマメ科植物では，アスパラギン酸，グルタミン酸をよく利用するとの報告（Virtanten et al., 1946）や，水稲ではγ-アミノ酪酸，グルタミン酸，グリシンで無機態窒素と同等の生育を示し，フェニルアラニンでは80％程度の生育にしかならないとの報告（槙ら，1966）がある。さらに，野外で生育する植物がアミノ酸を積極的に吸収・利用する例として，アラスカの湿地など，土壌微生物活性が抑制され無機態窒素よりアミノ酸態窒素が多く存在している条件で生育するスゲ属（Chapin et al., 1993；Nasholm et al., 1998），高山植物（Raab, 1999），牧草（Weigelt et al., 2005）などが報告されている。また，近年，アミノ酸が植物細胞を通り抜けることに関与するトランスポーター遺伝子が根表面でも発現している可能性について報告がある（Hirner et al., 2006；Lee et al., 2007）。

　このような研究事例の蓄積から，植物は無機態窒素だけでなく，有機態窒素も吸収，利用していることは確かなことである。しかし，無機態窒素に比べて，有機態窒素の吸収や利用に関する研究はまだ少なく，有機態窒素利用能の植物間差，有機態窒素と無機態窒素の利用上の違いなど大きな研究課題として残されている。ここでは，タンパク質を構成するアミノ酸の吸収特性を詳細に検討することが，有機態窒素研究，有機質肥料効果の解明に有効と考え，植物間の効果の違い，アミノ酸としての直接吸収，

アミノ酸の吸収過程を検討した。

2. 窒素源としてのアミノ酸の吸収特性

(1) 植物の種類とアミノ酸の利用

植物はアミノ酸を窒素源として生育するかを検討するために，タンパク質を構成する20種類のアミノ酸（窒素濃度5mM）を対象に，イネ，コムギ，ダイズ，チンゲンサイ，キュウリの栽培試験を，無菌条件で3週間実施した（二瓶ら，2007a）。

異なるアミノ酸を含む培地で生育した植物の生育を第1図に，地上部の窒素含有量を第2図に示した。また，無機態窒素区の窒素含有量を100として，アミノ酸別の植物体中の窒素含有量比をまとめたものを第3図に示した。その結果，アミノ酸に対する反応は植物の種類によって異なり，イネ，チンゲンサイはアミノ酸の種類による差が大きかった。イネでは，窒素含有量が多いアミノ酸区では生育後の培地に残っているアミノ酸が少なく，かつ培地中には無機態窒素（硝酸，アンモニア）が測定されなかったことから，アミノ酸を窒素源として利用していると考えられる。一方，ダイズは生育量の差が明確ではなかった。ダイズは他の植物に比べて種子が大きく，種子栄養が大きいため外部から吸収する窒素栄養の差が小さくなるとも考えられる。しかし，生長点を残し種子を除いて試験を行なっても，同様の結果であった。

植物種によってアミノ酸に対する反応が異なる要因の解明は今後の課題であるが，植物は窒素成分の利用に関して好アンモニア植物，好硝酸植物に分類されることも知られており，アミノ酸の利用に関しても植物間差が存在すると考えられる。

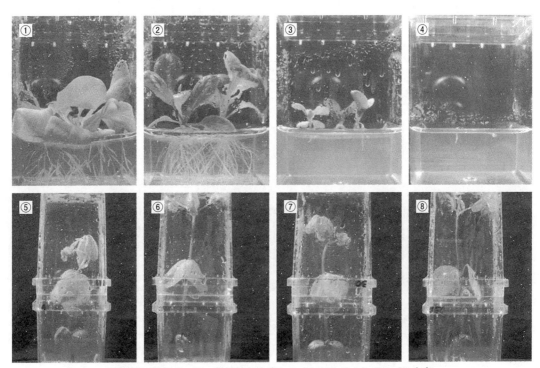

第1図 異なるアミノ酸培地で生育したチンゲンサイとダイズの生育
チンゲンサイ：①硝酸，②グルタミン，③グリシン，④フェニルアラニン
ダイズ：⑤硝酸，⑥グルタミン，⑦グリシン，⑧フェニルアラニン

第2部　有機農業と炭素貯留，生物多様性

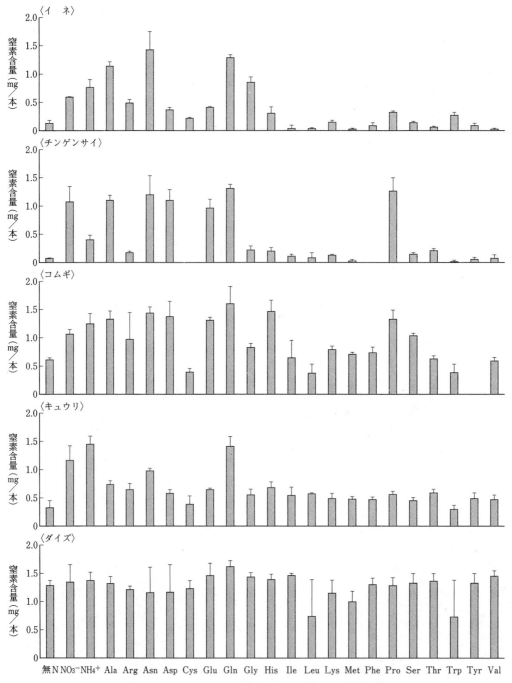

第2図　異なるアミノ酸培地で生育した植物の窒素含有量
エラーバーは標準偏差

	無N	NO₃⁻	NH₄⁺	Ala	Arg	Asn	Asp	Cys	Glu	Gln	Gly	His	Ile	Leu	Lys	Met	Phe	Pro	Ser	Thr	Trp	Tyr	Val
イ ネ	18	77	100	149	64	187	48	28	54	169	112	40	5	5	19	3	12	42	18	8	35	12	4
チンゲンサイ	7	100	37	102	16	112	103	0	90	122	20	19	11	7	12	2	0	118	13	19	1	5	7
コムギ	57	100	118	125	92	135	130	37	123	151	78	138	61	36	75	67	70	125	98	59	36	46	56
キュウリ	28	100	125	63	56	84	50	33	56	122	48	59	47	49	42	42	40	48	39	51	26	43	41
ダイズ	95	100	102	98	90	86	87	91	108	120	106	103	109	55	85	74	96	95	98	101	54	98	108

■0〜39 ■40〜79 ■80〜119 □120〜
無機態窒素(イネでは硫酸アンモニア,その他は硝酸ナトリウム区)を100として表示

第3図　異なるアミノ酸培地で生育した植物の窒素含有量比

(2) アミノ酸の種類と植物の生育

アミノ酸の種類によっても、植物の生育に与える影響は異なり、無機態窒素で栽培した区と同等の生育を示すものもあった。すべての植物で無機態窒素より窒素含有量が促進したのはグルタミン (Gln) で、イネ、コムギ、チンゲンサイの三植物で窒素含有量が増加したのはアスパラギン (Asn)・アラニン (Ala) であった。一方、無機窒素区より生育が劣ったのは、ダイズを除く4植物でトリプトファン (Trp)、ロイシン (Leu)、その他バリン (Val)、チロシン (Tyr)、メチオニン (Met) でも生育の阻害がみられた。植物別で特徴的なものとして、コムギではヒスチジン (His) の生育が他の植物とは異なり良好であった。

(3) 根系発達への影響

アミノ酸の影響は根系発達にもみられた(第4図)。イネでは、アミノ酸を窒素源とすると、根系の発達に伴い窒素吸収量も多い。しかし、アンモニアを窒素源とすると、根系は発達しないが窒素吸収量は多かった。アミノ酸別の影響としては、グルタミン (Gln)、アスパラギン (Asn) では種子根および側根の生長が旺盛であった。アラニン (Ala)、アルギニン (Arg)、グルタミン酸 (Glu) では種子根は生長するが、側根の生長が抑制された。グリシン (Gly)、アスパラギン酸 (Asp)、プロリン (Pro)、イソ

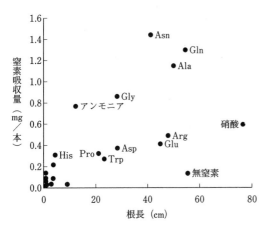

第4図　異なるアミノ酸培地で生育したイネ幼植物の根長と窒素吸収量

ロイシン（Ile）は種子根の生長をやや抑制し，その他のアミノ酸は種子根の生長を阻害した。とくに，トリプトファン（Trp）では根の表面が褐色化し，側根の生長がなかった。これは，トリプトファンが細胞分裂に影響を与えるインドール酢酸の前駆体であることが関係していると考えられる。

3. アミノ酸の直接吸収

植物は無機態窒素を吸収し，光合成で同化した炭水化物を利用してアミノ酸を合成し，生長する。かりに，植物がアミノ酸を直接吸収すれば，無機態窒素と異なった代謝経路をとり，ひいては有機質肥料の肥効メカニズムを解明する手がかりとなる。そこで，植物がアミノ酸を直接吸収するかを解析するため，発芽6日後のイネに，窒素と炭素を安定同位体（^{15}N, ^{13}C）で標識したアミノ酸（^{15}N, ^{13}C-グルタミン）を吸収させ，1時間後の植物体内遊離グルタミンの質量をイオントラップ型質量分析器で測定した。

第5図に地上部と地下部から抽出したグルタミンのマススペクトル（質量別の存在量）を示した（二瓶，2009）。分析時に蛍光試薬（試薬 6-Aminoquinolyl-N- Hydroxysuccinimidyl Carbamate：AQC分子量171，Waters社）で誘導体化するため，グルタミン（分子量146, ^{14}N, ^{12}C-Gln）は分子量が317，窒素と炭素を安定同位体で標識したグルタミン（分子量153, ^{15}N, ^{13}C-Gln）は分子量が324となる。

無窒素で生育したイネ幼植物では，地上部，地下部とも317に大きなピークがみられる。これは種子由来の窒素から成るグルタミン（分子

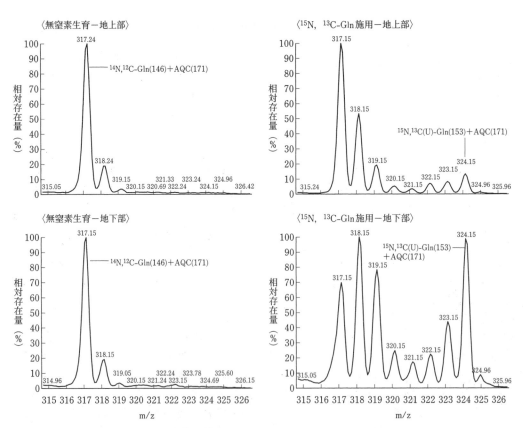

第5図 無窒素生育イネ幼植物と^{15}N, ^{13}C-Glnを1時間吸収させたイネ幼植物のグルタミンのマススペクトル

量146）のピークと考えられる。これに対し，^{15}N，^{13}C-グルタミン溶液を吸収させたイネ幼植物では，地上部および地下部で，324にもピークがみられた。地下部だけの結果では，抽出前に丹念に洗浄しているとはいえ，根表面に付着する溶液中の二重標識グルタミンの存在が懸念される。しかし，地上部でも二重標識グルタミンが確認されたことから，溶液中のグルタミンは分解されずに直接吸収されたと判断できる。

さらに，栽培後の溶液は，グルタミン濃度が低下しており，また溶液中に他のアミノ酸や無機態窒素が検出されないことも，グルタミンが分解されずに直接吸収されたことを示唆している。

4. アミノ酸の吸収過程

植物が養分や水を根から吸収するようすを，従来の技術では可視化することができず，その詳細については不明な点が多い。植物体内における物質の動態解析には，放射性同位体元素や安定同位体を用いたトレーサー実験がおもに実施されてきたが，同一の植物個体を用いて物質の移行や集積の経時的な変化を解析するのは困難である。無機態窒素を用いた試験では，根に与えた窒素がわずか数分後に地上部で観察されており（Nakanishi et al., 1999），低分子であるアミノ酸の動態や吸収特性を検討するためには，植物が生きている状態を維持したまま根からの吸収動態をリアルタイムで解析する必要がある。

近年Rai et al.（2008）は，β崩壊核種のラジオアイソトープ^{14}C, ^{45}Ca, ^{32}Pなどを用いて，植物体中の物質動態を非破壊かつリアルタイムで画像化するシステムを開発した。このリアルタイムオートラジオグラフィシステム（以下リアルタイムシステム）は，放射性同位体トレーサーが崩壊して生じるβ線をCsIシンチレータによって可視光へと変換し，その可視光をフォトンカウンティングに用いられるGaAsPイメージングインテンシファイアで増幅しCCDカメラ（浜松ホトニクス社）で検出するものである。

このリアルタイムシステムを用いてイネ幼植物の^{14}C-グルタミンや^{14}C-アラニンの吸収を検討した（二瓶ら，2007b；Nihei et al., 2008）。第6図には，1時間おきの^{14}C-グルタミン吸収

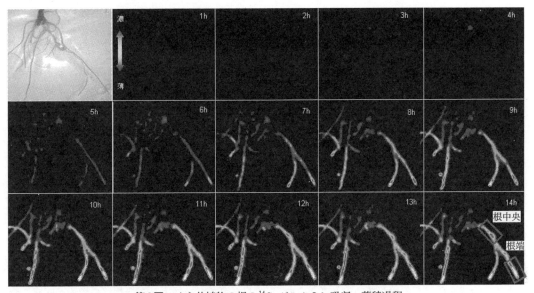

第6図　イネ幼植物の根の^{14}C-グルタミン吸収・蓄積過程
リアルタイムオートラジオグラフィによる撮影

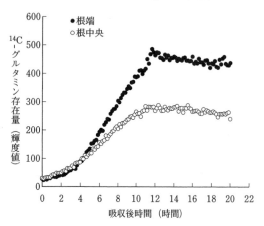

第7図 ¹⁴C-グルタミン吸収におけるイネ幼植物の根端と根中央部の輝度値

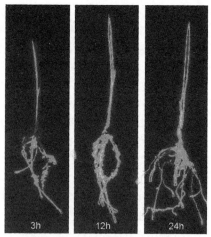

第8図 イネ幼植物の¹⁴C-グルタミンの地上部への移行

画像を提示し，第7図には，根端と根中央部における輝度値の上昇を数値化した。根端は根中央部に比べて濃度の増加が大きく，12時間以降の濃度はほぼ横ばいになっている。根端と根中央部の濃度差は，葉にワセリンを塗布し蒸散を抑制させた条件下で顕著に観察できた。このことから，溶液中のグルタミンは根端で吸収されたあと，導管内に入り蒸散による水の流れとともに地上部へ移行したり，根の生長のため根端で蓄積すると推察される。

第8図には，¹⁴C-グルタミンを吸収したイネの経過時間ごとの¹⁴C分布の全体像を示した（二瓶ら，2007a）。吸収初期には根で濃度が高く，その後，展開葉の先端から濃度が高くなった。吸収されたアミノ酸は，時間の経過とともに他のアミノ酸や有機酸へ代謝され，吸収したアミノ酸として残っているのは一部であると考えられる。直接吸収の検討で用いた第5図より，地上部の二重標識グルタミン量が減少して，質量の少ないグルタミンが観察できることからも代謝が進んでいることが推察される。

つまり，吸収されたアミノ酸由来の炭素は，他のアミノ酸や有機酸などの形状を通して植物内でダイナミックに動いており，植物体内で生長が著しい場所（根端や展開葉）でタンパク質などへの合成を受けて蓄積していると考えられる。

5. 今後の展望・課題

各種の窒素形態で栽培した結果，植物によっては，窒素源としてアミノ酸単独でも生育した。とくに，グルタミンは試験を行なったすべての植物で無機態窒素以上の生育を示したが，これは根で無機態窒素を代謝する際に最初に合成されるアミノ酸であり，吸収後もスムーズに代謝され生育に有利に働いたと推察される。

通常，植物体内で合成するアミノ酸の原料は，光合成によってつくられた炭水化物と根から吸収した無機態窒素である。これに対し，アミノ酸が根から直接吸収されれば，植物体内でのアミノ酸合成を省略できるため，無機態窒素の利用に比べて植物の生育に有利であるといわれている（小祝，2005）。また，低温または寡照など，天候不順で光合成速度が生育の律速となっているときに，根から代謝されやすいアミノ酸が直接吸収されれば，それは根の生長にそのまま使われ，光合成産物（炭素源）の根への転流分を一部代替することもできる。同時に根の活性が増加するので，地上部への養分供給量も増大し，地上部の生育が促進すると推察される。このことが，しばしばいわれる，「化学肥料が育てた植物より有機栽培の植物が旺盛に育つ」という一つの原因ではないかと考えてい

る。

しかし，植物体内で代謝されないアミノ酸は生育を抑制することも確認し，さらに作物の種類によってアミノ酸の効果が異なることも明らかになり，有機質肥料の効果が複雑であることを再認識させる結果でもあった。また，有機質肥料由来の土壌中のアミノ酸含量，窒素吸収に占めるアミノ酸の割合，生育ステージ別のアミノ酸に対する反応，アミノ酸以外の有機態窒素吸収の可能性など解決すべき問題は残されている。科学的合理性に基づいた効率的な有機質肥料の提示には，今後，アミノ酸をはじめとする有機態窒素画分の植物生育に及ぼす影響をさらに検討することが必要である。

執筆　二瓶直登（福島県農業総合センター）

2009年記

参 考 文 献

Chapin, F. S. III, L. Moilanen and K. Kieland. 1993. Preferential use of organic nitrogen for growth by a non-mycorrhizal article sedge. Nature. 361, 150—153.

Hirner, A., F. Ladwing, H. Strnsky, S. Okumto, M. Keinath, A. Harms, W. B. Frommer, W. Koch. 2006. *Arabidopsis* LHT1 Is a High-Affinity Transporter for Cellular Amino Acid Uptake in Both Root Epidermis and Leaf Mesophyll. The Plant Cell. 18, 1931—1946.

小祝政明．2005．有機栽培の基礎と実際．農文協．20—35．

Lee, Y. H., J. Foster, J. Chen, L. M. Voll, A. P. N. Weber and M. Tegeder. 2007. AAP1 transports uncharged amino acids into roots of Arabidopsis. The Plant Journal. 50, 305—319.

Matsumoto, S., N. Ae and M. Yamagata. 1999. Nitrogen uptake response of vegetable crops to organic matrials Soil Sci. Plant Nutr.. 45, 269—278.

Matsumoto, S., N. Ae and M. Yamagata. 2000. M. Possible direct uptake of organic nitrogen from soil by Chingensai (Brassica campestris L.) and Carrot (Daucus carota L.). Soil Biol. Biochem. . 32, 1301—1310.

槙鎌吉・山口益郎・奥田東．1966．無菌液耕培養下での水稲幼植物の生育に及ぼすアミノ酸の影響．高等植物の生育に及ぼす有機質肥料の影響（第2報）．土肥誌．第37号，311—314．

Nakanishi, N., N. Bughio, S. Matsuhashi, N. Ishioka, H. Uchida, A. Tsuji, A. Osa, T. Kume and S. Mori. 1999. J. Exp. Bot. 50, 637—643.

Nasholm, T., A. Ekblad, A. Nordin, R. Giesler, M. Hogberg and P. Hogberg. 1998. Boreal forest plants take up organic nitrogen, Nature. 392, 914—916.

二瓶直登・頼泰樹・西山宏樹・中西友子．2007a．陸稲，チンゲンサイ，キュウリの有機質肥料およびアミノ酸に対する反応．日本作物学会紀事．75（別号2）．

二瓶直登・増田さやか・頼泰樹・中西友子．2007b．アミノ酸がイネ幼植物の根に及ぼす影響と吸収特性の研究．第16巻4号．

Nihei, N., S. Masuda, H. Rai and T. Nakanishi. 2008. Imaging Analysis of Direct Alanine Uptake by Rice Seedlings. Radioisotope. 57, 361—366.

二瓶直登．2009．植物のアミノ酸吸収・利用に関する研究．東京大学博士論文．77—87．

西澤直子．1992．栄養ストレスと作物根の超微細構造に関する研究．土肥誌．63, 263—265.

Raab, T. K. and D. A. Lipson. 1999. Soil Amino Acid Utilization among Species of the Cyperaceae: Plant and Soil Processes. Ecology. 80, 2408—2419.

Rai, H., S. Kanno, Y. Hayashi, T. Ohya, N. Nihei and T. Nakanishi. 2008. Development of real-time autoradiography system to analyze the movement of the compounds labeled by β-ray emitting nuclide in a living plant. Radioisotope in press.

佐藤紀男・菅野善忠．1985．水田における有機物と土壌改良資材の施用効果に関する研究，福島県農業試験場報告．24, 1—15

Virtanen, A. I. and H. Linkol. 1946. Organic Nitrogen Compounds as Nitrogen Nutrition for Higher Plants. Nature. 515—158

Weigelt, A., R. Bol and R. D. Bardgett. 2005. Preferential uptake of soil nitrogen forms by grassland plant species. Oecologia. 142, 627—635.

山縣真人・阿江教治・大谷卓．1996．作物の生育反応に及ぼす有機態窒素の効果．日本土壌肥料学会誌．67 (4), 345—353.

山縣真人・中川建也・阿江教治．1997．^{15}N利用による米ぬか窒素吸収の植物間比較．土肥誌．68 (3), 291—294.

第2部　有機農業と炭素貯留，生物多様性

有機農業と生物多様性

第2部　有機農業と炭素貯留，生物多様性

水稲の有機栽培技術が生物多様性に与える影響

(1) 農地のもつ多面的機能

農地は食糧生産のための場であるが，雨水の貯留，洪水の防止，そして生物多様性の維持などの多面的機能も有している。生物多様性を適切に保全することで，私たちはその自然の恵み，つまり生態系サービスをさまざまな形で享受することができる。

たとえば，天敵による害虫防除や，送粉者による作物の受粉率の向上は調整サービスと呼ばれ，農業生産に直結する（小沼・大久保，2015）。農業生産に直接影響しない生きものも，動植物を見て楽しむなどの国民全体が享受できる文化的サービスに寄与している。こうした生態系サービスを維持・向上させ，食糧生産の持続可能性を高めるために，農地の生物多様性を保全するための研究や取組みが世界中で発展している。

なかでも有機栽培は，もっとも注目を集めてきた取組みの一つである。化学合成農薬および化学肥料を使用しないことで，慣行栽培よりも多くの生きものが保全できることが期待される。実際，有機栽培と慣行栽培の両方の農地で，生きものの種数や個体数を比較するなどの方法によって，科学的な検証が進んでいる。

例えばTuck et al. (2014) は，世界中の事例を集めて統合的な解析を行ない，有機栽培の農地は慣行栽培と比較して，生物の種数が約30％多いことをあきらかにしている。このように有機栽培は，概して生物多様性の保全に有効な取組みと結論づけることができる。

(2) 全国の水田で行なわれた生きもの調査

ただし，こうした先行研究の結論はおもに欧州や北米の農地で得られた知見にもとづく。また，これらの大部分は畑地や果樹園である。

一方，アジアの代表的な農地である水田は，畑地や果樹園とは湛水の有無やそのほかの管理

生物群	栽培方法間の比較	個別の管理法の影響
 レッドリスト植物	慣行＜特栽＜有機	除草剤の成分回数が少ないほど多い
 アシナガグモ属	慣行＜特栽・有機	特定の箱剤を施用しないと多い
 アカネ属	慣行＜有機	特定の箱剤を施用しないと多い 輪作・裏作をしないと多い
 トノサマガエル属	慣行・特栽＜有機	畦畔の植生高が高いほど多い
 ニホンアマガエル	特栽＜慣行	畦畔の植生高が高いほど多い
 ドジョウ科	差なし	輪作・裏作をしないと多い 早く湛水するほど多い
 水鳥	有機栽培の水田が多い地域ほど多い	なし
 陸鳥	差なし	なし

第1図　全国規模の野外調査結果概要

において大きく異なる。またこうした管理の違いに付随して，水田では水生昆虫，両生類，魚類や水鳥類などの湿地性生物が生息するなど，生物相にも大きな違いが見られる。このため有機栽培の有効性についても，結論が異なる可能性があり，別途検証が必要である。

日本の水田においても，有機栽培と生物多様性の関係についてさまざまな研究事例がすでに存在する。ただし，その多くは無脊椎動物（昆虫類やクモ類，ミミズなど）に偏っている。

水田の植物，クモ，トンボ，カエル，魚，そして鳥と幅広い分類群を対象に，有機栽培の有効性を検証した貴重な事例も存在する（Katayama et al., 2019）。この事例では，2013年から2017年にかけて，北は山形県から南は福岡県まで，延べ1,000以上の水田で生きものの調査を行なっている。各地域で慣行栽培，特別栽培（化学肥料・化学合成農薬の原則5割以上低減）もしくは有機栽培の水田を複数選び，生産者の許可を得て，各生物群の種数や個体数を計測するための野外調査を行なっている。こうして記録された生物の数は2万を超える。

この調査から，有機栽培の水田には多くの生物種が豊富であることがあきらかとなっている（第1図）。それは在来植物の種数，アシナガグモ属の個体数，トンボ（アカネ属）の個体数，トノサマガエル属の個体数，そして水鳥類の種数・個体数と多岐にわたる。とくにアカネ属の個体数は，慣行栽培の水田の約5倍と大きな差が見られる。アシナガグモ属の個体数も，約2倍となっている。また特別栽培の水田も，有機栽培には劣るものの，慣行栽培よりも植物の種数やアシナガグモ属の個体数が多い。

これらの結果は，水田における有機栽培，次いで特別栽培が生物多様性の保全に有効な取組みであることを強く示唆している。

なお調査方法の詳細は「鳥類に優しい水田がわかる生物多様性の調査・評価マニュアル」に公開されている（農研機構農業環境変動研究センター，2018）。また農研機構のYoutubeチャンネルにも解説動画がアップロードされている。

これらを参考に，実際に自分の水田の生物多様性を定量的に調べることができる。さらに，調べた生きものの数にもとづいて，生物多様性の豊かさをS，A，B，Cの4段階でスコア化することもできる。このように生物多様性の豊かさを生産者自身が可視化することで，取組みの効果を実感しやすくなることが期待できる。

(3) 生物多様性に対する各種取組みの有効性

農地の生物多様性を保全するための取組みは，有機栽培や特別栽培だけではない。水田では冬期湛水，江（水路）などの深みの設置やビオトープなど，さまざまな取組みが農業現場で実践されている。こうした取組みの有効性について，国内の研究事例を網羅的に収集し，整理したシステマティックレビューが公表されている（片山ら，2020）。

レビューによれば，179件の文献から273件の有用な研究事例が得られている。これらの事例にもとづき，取組みごと，分類群ごとの有効性が判定されている（第2図）。ここでの有効性とは，取組みの実施によって生物の種数や個体数が向上することを意味する。

判定結果によれば，評価対象となった8種類の取組み（有機栽培，冬期湛水，特別栽培・IPM（総合的病害虫・雑草管理），江の設置，ビオトープ，中干し開始時期の遅延，魚道の設置，あぜの粗放的管理）は，いずれも生物多様性の保全に有効である。ただし，取組みごとに有効性の高い分類群は異なる。とくに江の設置とビオトープは，4つ以上の分類群に対する有効性が確認され，多くの生物種を保全しうる。有機栽培は，3つの分類群（植物，無脊椎動物，鳥類）に対して有効だが，両生類と魚類では事例数が少なく，地域や種によって有機栽培の有効性が異なる（第3図）。これらの分類群については，さらなる研究が必要である。

生物多様性に配慮した取組みは，長期的または面的にまとまって実施することでさらに高い有効性が期待できる。

たとえば冬期湛水を最大20年間と長期的に

第2部　有機農業と炭素貯留，生物多様性

実施する水田ほど，アシナガグモの数が多いことが報告されている（Katayama et al., 2023）。また水鳥類の種数や個体数は，有機栽培の水田面積に比例して増加する（Katayama et al., 2019, 2023, 第4図）。このような取組みの時間的・空間的性質に着目した研究は，まだ少ない。さらに知見を蓄積することで，効果的な生物多様性の保全が期待できるとともに，長期的・大規模な取組みを続ける生産者の適切な評価にもつながる。

(4) 保全効果は周辺環境にも左右される

生物多様性に配慮した取組みの有効性は，水田の周辺環境にも左右されることに注意が必要である。そもそも多くの生きものは，水田内で生活史が完結するわけではない。

たとえばアカガエル類であれば，水田で繁殖したのち，周辺の林地などで越冬する。繁殖期のサギ類は，林地などに営巣して付近の水田で採食する。水田

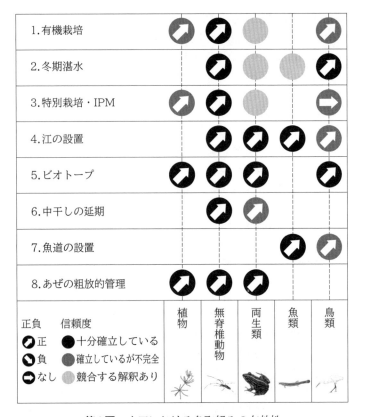

第2図　水田における各取組みの有効性
上向きの矢印は種数や個体数が増えることを，濃い色はその信頼性が高いことを示す。矢印がないマルは事例によって傾向が異なり，一貫した解釈がむずかしい場合を示す

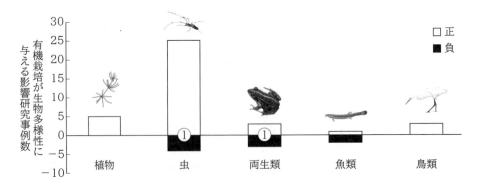

第3図　有機栽培と生物多様性の関係
分類群ごと，効果の正負ごとに事例数を集計した。マル内の数字は明確な効果なしの事例数を示す

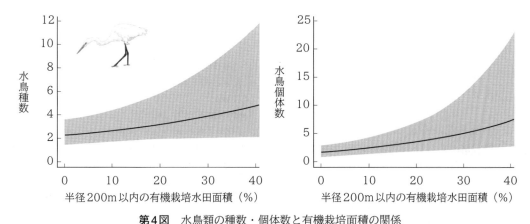

第4図　水鳥類の種数・個体数と有機栽培面積の関係
横軸は各調査地点の半径200m以内にある有機栽培の水田面積率（％）を示す。図中の曲線は統計モデルによって推定された値を示す

で有機栽培や冬期湛水などの取組みを行なったとしても，生活史を完結させるために必要なほかの環境が不足していれば，その種の個体数は向上しない可能性が高い。

日本では，圃場面積が平均約0.3haと非常に小さく，あぜ，水路，休耕田，放棄田，草地，河川といった多様なハビタット（生息地）が，きめ細やかな農地景観を形成している。水田の生物多様性の豊かさは，こうした景観のモザイク性（異質性）によって支えられている。このために，同じ取組みを行なったとしても，中山間地と平野部では得られる保全効果がまったく違うこともある（Katayama et al., 2023）。

このように，水田の有機栽培をはじめとする各種の取組みは，その立地や取組みの在り方に左右されるものの，概して生物多様性の保全に有効である。

(5) 有機栽培と慣行栽培の対立を超える

その一方，生物多様性に配慮した取組みには，化学合成農薬・肥料を削減することによる労働力の増加や，収量の低下・不安定化などの問題がある。こうした生産性の低下を補う方法の一つとして，生物多様性という付加価値を活かした収益性の向上が期待される。

消費者へのアンケートや小売店の調査によると，生物多様性に配慮して生産したことをラベル化したお米は，そうでないお米と比較して20％程度の価格プレミアムがつく（Mameno et al., 2021；Tokuoka et al., 2024）。

生産性の低下を補うもう一つの方法は，生態系サービスの向上である。たとえば中国やタイでは，水田のあぜに在来の蜜源植物種を植えたところ，害虫の捕食者や寄生者が誘引され，殺虫剤の散布回数を減らしつつ収量・収益を向上できた例がある（Gurr et al., 2016）。

日本の水田でも，クモやカエルなどの捕食者がもたらす害虫防除に期待が集まる。たとえば栃木県では，殺虫剤を使用しない特別栽培によってアシナガグモの数が増え，さらにクモの多い水田ほどイネ害虫であるウンカ類が少ないことが報告されている（Baba et al., 2018）。

こうした知見を積み重ねて，生態系サービスを向上させることで，生物多様性に配慮した取組みの持続可能性をさらに高めることができる。

生物多様性に配慮した取組みは，局所的な生物多様性および生態系サービスの向上に高い効果が期待できるものの，現状の取組み面積率は約2％と少ない。このため，日本全体での生物多様性の保全を実現することはむずかしい。

そこで，慣行栽培に生物多様性保全技術を組み込むという視点も大切になる。興味深いことに，過去20年の間に慣行栽培で使用されて

いる農薬の生態リスクは年々減少傾向にある（Nagai *et al.*, 2022）。農薬や生物の種類によって影響はさまざまではあるが，傾向としては慣行栽培も以前より生物多様性に配慮されているといえる。

このように生物多様性の保全という目的において，有機栽培は有効な手段の一つではあるが，有機栽培のみで日本全体の多様な生物相を保全することはできない。その土地の状況に応じて，さまざまな取組みを柔軟に選択することで，日本全体としての生物多様性ならびに生態系サービスの維持向上が可能となる。

21世紀の農業は，有機栽培と慣行栽培の対立を超えて，地域に適した取組みが互いの長所を生かしあいながら，また短所を補いあいながら，日本全体としての食糧生産と環境保全の両立をはかっていく必要がある。

執筆　片山直樹（農研機構農業環境研究部門）

2024年記

参考文献

Baba, YG., Y. Kusumoto and K. Tanaka. 2018. Effects of agricultural practices and fine-scale landscape factors on spiders and a pest insect in Japanese rice paddy ecosystems. BioControl. **63**, 265—275.

Gurr, G., Z. Lu, X. Zheng, et al. 2016. Multi-country evidence that crop diversification promotes ecological intensification of agriculture. Nature Plants. **2**, 16014.

Katayama, N., Y. Osada, M. Mashiko YG. Baba, K. Tanaka, Y. Kusunoto, S. Okubo, H. Ikeda and Y. Natuhara. 2019. Organic farming and associated management practices benefit multiple wildlife taxa: A large-scale field study in rice paddy landscapes. Journal of Applied Ecology. **56**, 1970—1981.

片山直樹・馬場友希・大久保悟. 2020. 水田の生物多様性に配慮した農法の保全効果：これまでの成果と将来の課題. 日本生態学会誌. **70**, 201—215.

Katayama, N., YG. Baba, S. Okubo and H. Matsumoto. 2023. Taxon-specific responses to landscape-scale and long-term implementation of environmentally friendly rice farming. Journal of Applied Ecology. **60**, 1399—1408.

小沼明弘・大久保悟. 2015. 日本における送粉サービスの価値評価. 日本生態学会誌. **65**, 217—226.

Mameno, K., T. Kubo and Y. Shoji. 2021. Price premiums for wildlife-friendly rice: Insights from Japanese retail data. Conservation Science and Practice. **3**, e417.

Nagai, T., S. Yachi and K. Inao. 2022. Temporal and regional variability of cumulative ecological risks of pesticides in Japanese river waters for 1990-2010. Journal of Pesticide Science. **47**, 22—29.

農研機構農業環境変動研究センター. 2018. 鳥類に優しい水田がわかる生物多様性の調査・評価マニュアル. https://www.naro.go.jp/publicity_report/publication/pamphlet/tech-pamph/080832.html（2022年9月27日参照）.

Tokuoka, Y., N. Katayama and S. Okubo 2024. 6, e13091. Japanese consumer's visual marketing preferences and willingness to pay for rice produced by biodiversity-friendly farming. Conservation Science and Practice.（印刷中）

Tuck, SL, C. Winqvist, F. Mota J. Ahnström, LA. Turnbull and J. Bengtsson. 2014. Land-use intensity and the effects of organic farming on biodiversity: A hierarchical meta-analysis. Journal of Applied Ecology. **51**, 746—755.

農村に棲む生物を保全する圃場デザイン

(1) 水田の生物多様性と圃場整備

近年,農村の文化や自然などが見直され,農業体験やグリーンツーリズムが人気を博している。しかし,農村の生態系の質は以前に比べて大きく低下しており,メダカやドジョウ,赤トンボなど,これまで当たり前のようにいた生物が姿を消しつつある。その原因として,農作業の機械化や水田の汎用化を目的とした圃場整備が挙げられている。区画の整形大区画化や河川の付け替え,水田と排水路の不連続化,水路のライニングなどは,生物の生息に必要な水辺空間や生息場所を狭めている。

一方,圃場整備は大区画化や用排水分離,暗渠排水,農道整備などによって,作業効率や土地生産性を大幅に向上させ,わが国の食料自給率向上に大きな役割を果たしている(第1図)。さらに,担い手への農地集積や耕作放棄の防止,農地や農業用水などの地域資源の保全にも欠かすことができない事業である。そこで,今後の圃場整備では生物多様性との両立を図る整備技術の導入が求められ,一方,すでに圃場整備が完了している地区では,効果的に生物多様性を回復する技術を必要としている。

(2) 水田に棲む生物を守る

水辺の生物の多くは流水域と止水域を棲み分けて生息している。水田を利用したビオトープは,止水域に生息・生育する生物を保全するうえで有効な手段となる(第2図)。

①休耕田利用型の水田ビオトープ

休耕田とは「耕作の意思はあるが耕作していない水田」のことをいう。この休耕田の段階から一歩進んで耕作放棄地となっている水田は,全国で約8.4万ha,全水田面積の3.7%(2000年農林業センサス,現在はさらに増加)を占めている。とくに中山間地帯ではこの傾向が強く,休耕田の利活用を含めた対策が望まれる。休耕田をビオトープ水田として利用する利点をまとめると次のようになる。

1) 生物多様性の向上に寄与する。
2) 水田機能を維持しながら休耕ができ,水田のもつ多面的機能を損なわない。
3) 地域住民による環境保全活動として利活用することで耕作放棄の防止につながり,環境教育や都市住民との交流の場にもなる。
4) ビオトープとして位置づけることにより,農家や周辺住民の環境への意識が向上する。

ビオトープ水田の普及には,土地所有者である農家の協力や維持管理作業への地域住民の協力が不可欠である。また,ビオトープから復田するさいの雑草防除や施肥管理についても,有効な技術の蓄積が望まれる。

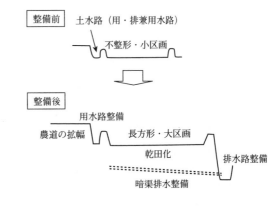

第1図　一般的な圃場整備

第2図　休耕田利用型ビオトープ(茨城県つくば市　農村工学研究所)

②固定管理型の水田ビオトープ

低平地の水田地帯は農作業の効率を高めるために，大区画汎用化水田に改変されつつある。また，担い手への農地集積や田畑輪換も進んでいるため休耕田は少なく，ビオトープ水田の用地確保には困難が伴う。そこで，圃場整備事業時に創設換地を活用して用地を確保する方法がある。

固定管理型のビオトープ水田を設置するさいは，あらかじめ設置場所や間隔，規模，管理方法などについて十分な検討を必要とする。とくに，整備以前から貴重な生物の生息が確認されている場所（ホット・スポット）は現状保存ができるような工夫が求められる。このことによって，圃場整備時の生物の避難場所としても活用できる。

第3図　冬期湛水田（宮城県迫町）

第4図　乾田状態で干からびたアオモンイトトンボ（右上）とギンヤンマの幼虫

③水生生物の生息に配慮した水田管理

圃場整備が行なわれたふつうの水田でも，水生生物に配慮した水田管理を行なうことで生物多様性の維持・回復を図ることができる。

冬期湛水田　冬期の水田に湛水し，水鳥（ガンやハクチョウなど）の越冬地として利用する活動が全国的に取り組まれている（第3図）。

冬期湛水はタマガヤツリやアゼナ，キカシグサなどの水田雑草の繁茂を抑制するとともに，水鳥がコウキヤガラなど雑草の塊茎を食べて個体数を減少させる。一方，水鳥の糞は肥料にもなることから，そこで栽培された米は環境に配慮した有機米，減農薬米として人気を呼んでいる。生物多様性の維持・回復だけでなく農家にもメリットのある取組みとして最近注目されている。

しかし，地区によっては非灌漑期の取水が困難であったり，隣接農地に漏水被害が及んだり，長期間の湛水に伴う地耐力低下でトラクタの走行に影響が出たりするなどの問題がある。そのため，暗渠排水や明渠掘削によって土壌水分を迅速にコントロールできる排水改良や，隣接する農地への漏水を防ぐ畦畔対策が必要な場合がある。

水田に水がない時期の生息場の確保　非灌漑期の乾田化，中干し時や収穫期の落水などは，水田内で生息する水生生物に大きな影響を与える。とくに，乾燥に弱いイトトンボの幼虫（ヤゴ）は1週間程度の乾燥で壊滅的なダメージを受けてしまう（第4図，若杉ら，2005）。

そこで，中干し時や非灌漑期の避難場として，水田の一部を掘り下げて湛水域を確保する取組みが始まっている（第5図）。しかし，水利権や立地条件の制約から水の確保が困難な場合は，排水路や地下からのポンプアップ，あるいは雨水利用などの対策を必要とする。地下水のポンプアップでは，太陽光発電（バッテリーなし）を使うと初期投資が安価になり，ランニングコストもほとんど必要としない。

田面の一部掘削は，降雨を有効に利用する技術である。水生昆虫やメダカなどの小型の魚類は，小面積の越冬地を確保することで保全でき

有機農業と生物多様性

第5図　水田の一部掘り下げ事例
魚類，両生類，水生昆虫などの退避場所確保（コウノトリ野生復帰推進事業・農業農村整備部門，兵庫県豊岡市禅雲寺地区），用地幅3m

第6図　河川の近自然型工法（栃木県河内町）

第7図　魚巣ブロックと魚道（岩手県胆沢町）

る。たとえば，農村工学研究所では，休耕田利用型ビオトープの一部をバックホーで幅1m，深さ1m，長さ50mで掘り下げた結果，メダカや水生昆虫が越冬し灌漑期には多数繁殖した。兵庫県豊岡市禅雲寺地区では2004年から水田に「生き物避難プール」が造られ，中干し延期と冬期湛水をセットにして高い生物保全効果をあげている。

（3）河川・水路に棲む生物を守る

①河川，水路の多自然型工法

河川や水路のコンクリート三面張りは水生植物が生息できず，流速も速くなることから，魚類をはじめとする水生動物の産卵や生息を困難にしていた。そのため，近自然型工法などによって河川を自然の状態に近づける試みが始まっている（第6図）。また，既存の水路に魚巣ブロックや蛇篭を設置し，多孔質な生息環境を造ったり，一部を拡幅して緩流速部を設け，水生植物の生育場を確保したりする整備が行なわれている（第7図）。

②水路内落差の解消

排水路や河川などには，水位を調節する堰や落差工があり，これが魚類の移動を妨げる要因になっており，魚道設置などの対策がとられている（第7図）。排水路は流速が比較的遅く，水田—水路—河川のネットワーク化も図りやすいことから，生物多様性を保全する場に適している。

一方，用水路はパイプライン化や漏水防止のためのコンクリート三面張り，流れが速いことなどから，生物の生息場所としてはあまり適していない。

③河川と水路の連結

農業水路は灌漑期と非灌漑期で流量が大きく変わる不安定な環境であるが，河川とのネットワーク化を図ることで生物多様性を保全することができる。とくに農業排水路は，灌漑期に比較的安定した水量が維持され，河川から水田に遡上して産卵・繁殖する魚類を保全することができる。そのさい，排水路と河川の接続点や水路内の堰，落差工などの段差には魚道を設置する必要がある。

④水路と池と河川の連結

農業水路に止水域である池を組み合わせることによって，魚類を中心とした生物多様性を向

231

上させることができ，非灌漑期に水田や水路が枯渇する場合は池が越冬地として機能する。また，池を流域の末端に設置することで，農地から排出される代かき時の濁水や農薬，肥料分を沈澱，浄化して域外への環境負荷を緩和するといった新たな機能も期待でき，循環灌漑用の施設として活用することで，水資源の有効利用にもつながる（第8図）。

(4) 水田を中心としたビオトープネットワークの創造

灌漑期の水田には，一生水田に生息する生物以外に，多種多様な生物が産卵場所や稚魚，幼虫などの生息場所として一時的に利用する。そのため，水田を中心としたビオトープネットワークを創造する必要がある。また，それによって，地域として効果的かつ安定的に生態系を保全することができる。

①水田と水路のネットワーク

田面と排水路底面は一般的な圃場整備地区では1m以上の落差がある。水田と水路の分断は，メダカやドジョウなどの水田を産卵や仔稚魚（しちぎょ）の生育場所として利用する生物に大きく影響し，さらにそれらをえさとする生物の減少をひきおこす。このため，魚道などの手法によって効率的にネットワーク化を図る必要がある（鈴木ら，2004）。

二段式排水路 非降雨日の地表排水は水田と落差の少ない上部水路（土水路）を利用し，降雨時の地表排水と暗渠排水は地下に埋設した排水管を利用する。この二層構造の排水路は，上部水路と排水路との落差に小規模魚道を設置すれば水田－水路－排水路のネットワーク化が可能である（第9図）。

これによって魚類の水田への遡上，水田からの降下が保証される。また，両生類の移動にも妨げとはならず，さらに上部水路に通年通水を確保すれば魚類と両生類の越冬場，水生植物の保全にも大きく貢献する。

暗渠排水の浅層化 近年の研究成果によると，暗渠排水管を水平に埋設しても効果は変わらないことが明らかとなっている。そのため，暗渠排水管の出口は－70cm程度まで浅層化できる。また，圃場内の地下水位の制御が可能な地下灌漑システム「FOEAS」は－50cm程度まで浅層化でき，排水路を浅くすることで田面の落差が少なくなるため，堰上げや魚道設置が容易となる。

排水路のゲート操作 排水路のゲート操作によって，一時的に排水路の水位を上昇させて落差を解消する手法がある。この場合，転換畑の排水を確保する必要があり，農区単位のブロックローテーションを導入するとともに，排水路法面が高水位や侵食にも耐える構造としなければならない。

第8図 ため池による水質保全対策事業（滋賀県守山市赤野井湾地区南部浄化池）

第9図 二段式排水路（栃木県河内町西鬼怒川地区）

②ビオトープ水田間のネットワーク

通年の湛水維持が可能なビオトープ水田，あるいはビオトープ水路は止水域に生息する生物の保全に大きく寄与する。さらにビオトープ水田間のネットワーク化により，地域の生態系の質の向上と安定的な保全が可能となる。その配置間隔は生物の移動能力や障害物の有無を考慮して決める。たとえば，移動能力の低いイトトンボの移動距離は1.2km程度であることから，この間隔内でビオトープを配置すればよい（若杉ら，2002）。

③水田と隣接する林野のネットワーク

水田に隣接する林野で越冬し，水田灌漑と同時に水田・水路へ産卵にやってくるニホンアカガエル，シュレーゲルアオガエル，ヒキガエル，アカハライモリなどの両生類にとって，高温となるアスファルト舗装やU字溝による開水路は深刻な移動障害となる。そこで，圃場整備の設計では極力，生物の移動を妨げない水田，水路，道路のレイアウトに心がける必要がある。また，ネットワークを分断するおそれがあるときは，次の対策が考えられる。

U字溝の暗渠化 U字溝などのコンクリート製品で開水路を施工するさいは，ふたを設置して両生類・爬虫類などが落下しない対策が有効である（第10図，水谷ら，2005）。また，近年，U字溝に落下したカエルなどを這い上がらせるブロックなどがあるが，それらは水路に対して点状な整備となるため効果は低い。

農道の近自然型工法 通常の農道舗装工法であるアスファルト舗装は，夏期（気温30℃）になると路面温度が60℃程度まで上昇し，カエルなどの匍匐歩行する生物の移動を妨げる要因になっていた。そこで，路面温度を土舗装と同程度に抑えるような近自然型の農道舗装が必要となる。

間伐材などのチップを環境に優しい土壌硬化剤「マグホワイト」で固めたチップ舗装は，透水性と保水性が確保されているため，夏期は水の蒸発に伴う気化熱によって路面温度（40℃程度）が低下し，降雨時に水溜まりもできにくく，トラクタや軽トラックの走行も可能である（第11図）。

*

生物多様性の維持と農地基盤づくりのイメージを第12図にまとめた。地域において，効果的に生物多様性を維持するためには，どのような生物が生息しているか，また，地域住民がどのような環境を求めているかといったことが重要になる。そのためには，地域において十分な話合いが行なわれ，環境保全に対する将来への明確なビジョンが企てられることが重要である。

今後，農村の高齢化や過疎化に伴って，農村環境（水田や水路，雑木林など）の維持は今以上に困難になると思われる。農村の生物は水田や水路などが整然と維持されることによって，生息が可能となる。そこで，農地や水管理の効率化のための圃場基盤の整備を図ることも重要

第10図 水田と林野のネットワーク化に配慮した整備（栃木県河内町西鬼怒川地区）

第11図 チップ舗装（農村工学研究所）

第２部　有機農業と炭素貯留，生物多様性

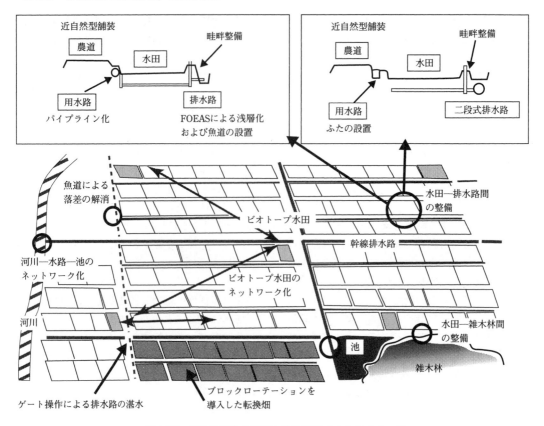

第12図　生物多様性の維持と農地基盤づくりのイメージ

であり，この整備において環境に配慮した整備手法を探ることが重要である。また，整備された地区も維持管理を怠ると一見自然の環境に戻ったようにみえるが，害虫などがはびこり，やがて地域農業が崩壊の危機におちいる。

今後の農村環境の維持においては，NPOや都市住民の協力などの支援システムも必要である。

執筆　若杉晃介（（独）農業・食品産業技術総合研究機構農村工学研究所）

2006年記

参 考 文 献

水谷正一・高橋伸拓ら．2005．U字溝に設置したフタがニホンアカガエルの生息に及ぼす効果．農業土木学会論文集．**235**，77—78．

鈴木正貴・水谷正一ら．2004．小規模魚道による水田，農業水路および河川の接続が魚類の生息に及ぼす効果の検証．農業土木学会論文集．**234**，59—70．

若杉晃介・長田光世ら．2002．アジアイトトンボの移動距離．農業土木学会論文集．**219**，127—132．

若杉晃介・藤森新作．2005．水田の乾田化がトンボの生息環境に与える影響とその対策．農業土木学会誌．**73**(9)，3—6．

トキから始まった、田んぼの小さな命を見つめる農法

執筆　服部謙次（新潟県佐渡市）

田んぼの鳥・トキ

「タア！タア！」

朝、不思議な鳴き声で目を覚ます。佐渡島にある自宅の前には田んぼが広がっていて、トキが毎日えさを採りにやってくる。新潟県佐渡市。この島で一度は絶滅したトキが野生復帰を果たした。2008年の初放鳥以来、順調に増え、2022年末で野生下に537羽が生息すると推計されている。「トキがいる田んぼ」の風景は島の日常となった。かつてこの国からこの鳥が姿を消したという歴史を忘れそうになる。佐渡の水稲作付け面積は約5,000ha。離島でありながら、米の一大産地だ。「トキはどこにいますか？」と聞かれれば、答えは島の田んぼだ。夜を除けば多くの時間を田んぼで過ごしている。まさにトキは「田んぼの鳥」なのだ。

佐渡ではトキが安心して住める田んぼをつくるために、全島をあげて農薬や化学肥料の使用を慣行の半分以下に抑えた特別栽培を実践してきた。ここでは「生きもの目線」を取り入れた佐渡の稲作と、そのなかで私がライフワークとして続けてきた田んぼの生きもの調査の活動支援を紹介したい。

「生きものを育む農法」が農家の心を変えた

佐渡では「朱鷺（とき）と暮らす郷づくり認証制度」を設け、「生きものを育む農法」を実践する田んぼを市役所で認証し、そこで栽培された米は「朱鷺と暮らす郷づくり認証米」として有利販売につなげてきた。こうした努力が結実し、日本で初めて世界農業遺産（GIAHS）に認定された。

これまでさまざまな産地で環境保全型農業が実践されてきたが、多くの場合、農産物の味や安全性など「物としての価値」で評価されてきた。しかし、佐渡では農家が消費者と協働して「トキが暮らす田んぼをつくる」という、人間中心の考え方からの脱却をはかる活動へと発展した。その意味ではこれまでの産地活動とは一線を画するものとなった。

「生きものを育む農法」では、トキのえさ場となる「江（え）」を田んぼの中に設置する（第2図）などの作業を行なう。田んぼや米が認証されると市やJAから補助を受けられる（第3図）。しかし、それらを単なる「労働の対価」として考えると割に合わない部分もあり、実際には、トキの存在が「農家の心」を支えているという部分も大きい。

トキに選ばれるのは「緑のアゼ」

トキとの共生には当初は反対の声もあった。

第1図　佐渡の夏の田んぼの上を飛ぶトキ

しかし、トキが佐渡の空を飛び始めると人々の意識は変わっていった。反対していた農家も、自分の田んぼにトキが降り立つと賛成派に回り、保護活動に加わった。農家にとっては自分の田んぼにトキが初めてやってきたときの感動は何にも代えがたいものだった。生きものが人間を変えていくという奇跡が起こったのだ。

佐渡では草刈りをしてアゼを美しく維持する習慣がある。除草剤でアゼ草を枯らせる産地が増えるなかで、島中で「緑のアゼ」が守られていることがもつ意義は大きい。畦畔は生きものを育む重要な環境だ。トキにとっても、イネが茂って田んぼに入れなくなる夏やえさが乏しくなる冬でも、しっかりとえさが採れる豊かなアゼの存在はきわめて重要だ。

まもなく本州でもトキの放鳥が始まる。定着の成否にはアゼの状態が大きく影響するだろう。トキは空から田んぼを見下ろし、緑のアゼに着地する。トキに選ばれる田んぼと選ばれない田んぼは明確に分かれる。トキが佐渡で起こした奇跡を島外でも再び起こしていくにちがいない。除草剤で枯れた赤茶色のアゼをよしとする農家の心を変えていってほしい。

脱ネオニコの次、次世代にどう伝えるか？

佐渡の長年の取組みのなかで残された課題もまた多い。高齢化や担い手不足で認証米の取組み農家数は近年減り続けており、その田んぼを大規模農家や法人が引き継ぐことで面積を維持している。しかし、それも限界に達しつつある。耕作を放棄するとトキの住みかも失われるという、佐渡ならではの深刻な構造がある。トキは絶滅を免れたが、農家は絶滅に向かっているという笑えない皮肉まで聞こえてくる。

佐渡ではネオニコチノイド系の農薬の使用をいち早く止めた。しかし、代替となる殺虫剤の種類は少ないため、やむを得ずエチプロール剤（キラップなど）を10年間使い続けている。この薬はヤゴに悪影響があるフィプロール剤と同じ系統であり、また、長期の連用で抵抗性害虫

第2図　「江」を設置した田んぼ
中干しで田んぼに水がなくなっても、オタマジャクシなどの生きものたちが待避できる

■**栽培基準**
特別栽培米（農薬・化学肥料を慣行の半分以下）
畦畔に除草剤を散布しない
田んぼの生きもの調査の実施（6、8月）
生きものを育む農法の実施（補助金単価）
・「江」の設置（3,500円/10a）
・ふゆみずたんぼ（500円/10a）
・魚道の設置（1基4,000円）
・無農薬無化学肥料栽培（補助金なし）
・2項目加算（2,000円/10a）上記メニューのうち2つ以上

■**販売要件（コシヒカリ）**
1等米、玄米タンパク質含有量6.2％以下
別途JAから米価加算あり

第3図　朱鷺と暮らす郷づくり認証制度

を発生させる心配もある。反ネオニコの道の向かう先には課題も多い。近年は他産地でも農薬の使用を減らしており、佐渡の農薬がほかより少ないとは決して言えない状態にもなっている。

新しい時代を予感させる明るい話題もある。

みどりの食料システム戦略や有機給食の動きに連動して有機農業を拡大する動きが再燃している。そこに島外から新規就農した若手農家が加わってきている。

トキの放鳥開始から今年で16年目を迎える。しだいに「普通の鳥」になりつつあり、人間との関係も変わっていくだろう。共生の物語を次の世代にどうやって受け渡していくのか。ある意味で一番悩ましい問題なのかもしれない。

多様な生きもの・多様な人——棚田の生きもの調査

佐渡では、トキだけでなく、美しい棚田の存在にも注目してほしい。山の上から海に向かって駆け下りるように広がる水田の風景は息をのむような迫力がある。不利な耕作条件でありながら、地域で助け合って守られている。そして、そこには多種多様な生きものが生息している。

筆者は佐渡で普及指導員として活動するかたわら、各棚田で生きものの写真を撮影し、1枚の図版にまとめた「棚田の生きものたち」というシリーズの資料をつくってきた（第4図）。地域別に制作することで地元の人が自らの棚田に誇りをもってもらうことをめざした。細かく敷き詰めた写真の数々は、「田んぼにはこんなに多くの生きものがいるのか」という素朴な驚きを湧き上がらせる。地道な取組みだが、少しずつ評価され、生きもの調査や食育で活用されている。

6月と8月に「佐渡市生きもの調査の日」が定められている。島内各地で認証米の農家が自ら田んぼに入って生きもの調査を実践し、環境保全の取組みと農法を振り返る。片野尾地区はとくに熱心で、地元の農家、老若男女に加えて、子ども会や棚田保全のボランティア、消費者も巻き込んで生きもの調査に取り組んでいる。生きものだけでなく、人の多様度も非常に高い。単なる生物観察ではない、環境保全、教育、産消交流、やりがい、村の結束力向上など、多面的な効果を生み出している。

第4図　「棚田の生きものたち」の写真パネルをもつ生椿地区の農家・高野毅さん
その土地に生息する昆虫などを写真に収めたパネルが5つの地区分ある

第2部　有機農業と炭素貯留，生物多様性

第1表　伊藤竜太郎さんの田んぼの生きもの調査の結果
この日に見つけた生きものの合計は、104種類

分類	グループ	種名
害虫5種	バッタ類	イナゴ類
		ササキリ類
	カメムシ類	ツマグロヨコバイ
	チョウ・ガ類	イチモンジセセリ
		コブノメイガ
益虫41種	トンボ類	ヤゴ類
		ウスバキトンボ
		シオカラトンボ
		オオシオカラトンボ
		オニヤンマ
		ギンヤンマ
		オオイトトンボ
		キイトトンボ
		アジアイトトンボ
		黒色のトンボ（コシアキトンボ?）
		イトトンボ類（ヤゴ）
	カメムシ類	ヒメアメンボ
		ナミアメンボ
		ミズカマキリ
		マツモムシ
	甲虫類	ヒメゲンゴロウ
		オオヒメゲンゴロウ
		クロゲンゴロウ（幼虫・成虫）
		クロズマメゲンゴロウ
		ゴミムシ類（幼虫）
	カ・ハエ類	ムシヒキアブ類
	クモ類	ドヨウオニグモ
		ナカムラオニグモ
		スジブトハシリグモ
		フクログモ類
		ナガコガネグモ
		コモリグモ類
		キバラコモリグモ
		ヘリジロコモリグモ
		アシナガグモ類
		トガリアシナガグモ
		クモ類
		アシブトヒメグモ
		ニホンヒメグモ
		カニグモ類
		ハナグモ
		ハエトリグモ類
		ヤハズハエトリ
	両生類	ニホンアマガエル（幼生・成体）
		アカハライモリ（幼生）
		モリアオガエル（幼生）
?	哺乳類	ヒト
ただの虫57種	ヒル・ミミズ類	イトミミズ類
		ヒル類（グロシフォニ科）
	ヨコエビ類	ヨコエビ類
	ワラジムシ類	ミズムシ類
	トビムシ類	トビムシ類
	バッタ類	オンブバッタ
		ショウリョウバッタ
		カンタン
		イボバッタ
		トノサマバッタ（幼虫）
		ヒシバッタ類
		ヤチスズ（幼虫）
	カ・ハエ類	マダラガガンボ類
		アシナガバエ類
		ヒラタアブ類
		アブ類
		オオハナアブ
		カ類の幼虫
		ハエ類①～⑤
		ヤブクロシマバエか
		ユスリカ類（成虫）
	カメムシ類	カメムシ類
		ホソヘリカメムシ
		エビイロカメムシ
		ヒメベッコウハゴロモ
		ツマグロオオヨコバイ（幼虫）
		ウンカ類
		シマウンカ
		ケシカタビロアメンボ類
		ケシミズカメムシ
		コミズムシ
	甲虫類	ウリハムシモドキ
		ホタルハムシ
		トゲアシクビボソハムシ
		ハムシ類（ホタルハムシか）
		コメツキムシ類
		ゴミムシ類
		ゾウムシ類
		ミズクサゾウムシ類
		マメコガネ
		チビゲンゴロウ
		マメゲンゴロウ
		ガムシ類（幼虫）
		マルガムシ
	チョウ・ガ類	ツバメシジミ
		チョウ類
		キアゲハ（幼虫）
	ハチ類	クロヤマアリ
		クロオオアリ
		ハチ類
		ヒメバチ類
	甲殻類	ミジンコ類
	軟体動物類	モノアラガイ

注　2022年8月10日（くもり）、佐渡市羽茂大崎において調査
　　ここに示した「害虫・益虫・ただの虫」は、調査者の一つの主観で便宜的に分けたものにすぎません。栽培環境や農法の違い、時代の価値観によって自在に変わるものと理解ください

何よりよいのは、参加者の皆さんがワイワイとにぎやかに楽しんでいること。これこそが生きもの調査の醍醐味だ。みんなで一緒になって田んぼに入り、生きものにふれる活動は豊かな世界の扉を開いてくれる。

「鳥の目」から「虫の目」へ

佐渡米ブランドはトキがいたからこそ生まれたといえる。しかし、トキがいないと、こんな活動ができないのだろうか？ そんなことはない。当然のことだが、田んぼの生きものたちはトキに食べられるために生きているわけではない。小さな虫にもまなざしを向け、命のつながりを実感したい。

毎年私と一緒に生きもの調査を熱心に行なっている若い農家がいる。伊藤竜太郎さんの小さい1枚の田んぼの調査では、1回に100種類以上の生きものを見つける（第1表）。あるとき、彼に「生きもの調査で感動した生きものは何か？」とたずねてみたら、返ってきた答えが印象的だった。

「コナギの葉っぱをかじっていたゾウムシ」

このゾウムシは害虫でも益虫でもない「ただの虫」だが、そんな考え方をも超越した発見だった（第6図）。人が生きるために拓いた田んぼで、長年人知れず生きてきた命の存在に気づき、彼は言葉で表現した。このことがもつ意味は大きい。

これからトキが各地の空を飛び、緑のアゼなどを俯瞰する「鳥の目」が地域を変えていくことだろう。しかし、それだけでは不十分だ。田んぼの生きもの調査を通して「虫の目」を養うことが大切だ。田んぼを守ることは単に食料生産の場所を維持していくことではない。生きものたちとの命のつながりを続けていくことだ。そして米を食べる人とつながり、未来につながっていく。

生きもの調査にぜひ挑戦してみてほしい。

「今日、田んぼに行ったら、こんな生きものがいた。何をしているのだろう？」

素朴な疑問や発見でもいい。足を止めて、しばらく生きものを観察してみてほしい。些細なことでも誰かに伝えてほしい。家族に近所の人に、そして消費者に。あなたの田んぼにも、トキの物語に劣らない深いメッセージが隠されているはずだ。

（『現代農業』2023年8月号「佐渡から　トキが田んぼも人の心も変えた―小さな命を見つめる農法へ」より）

第5図　若手農家の伊藤竜太郎さん（右）と「生きもの調査」
小さい命にもまなざしを向ける

第6図　コナギの葉っぱをかじっているゾウムシ

「コウノトリ育む農法」は、生きものとイネを一緒に育む

執筆　西村いつき（兵庫県農林水産技術総合センター）

　日本の野生コウノトリは1971年に兵庫県北部豊岡盆地で絶滅した。絶滅の要因として農薬と遺伝的多様性の低下による繁殖能力の低下が指摘されている。

　兵庫県北部の但馬（たじま）地域では江戸時代からコウノトリ保護の歴史があり、1965年から飼育下において保護増殖が試みられてきた。長い苦難の末、1985年にロシアから幼鳥を譲り受け、1989年以降、飼育下における増殖が順調に進んだ。その後1992年にコウノトリ将来構想調査委員会が設立され、1999年に野生復帰の拠点施設として「コウノトリの郷公園」が開園した。2001年に飼育数が100羽を超えたのを契機にコウノトリ野生復帰推進協議会が設置され、地域を挙げて野生復帰プロジェクトに取り組んできた。2005年からは試験放鳥が行なわれ、コウノトリも棲める豊かな環境─自然と文化─を創造する取組みが世界的にも注目されてきた。

えさが豊富な田んぼが必要

　野生復帰を進めるうえで重要な課題の一つにえさ場の確保がある。コウノトリは水田地帯で生活する鳥であり、水田や用排水路がえさ場として機能しなければならない（第1図）。

　しかし、試験放鳥を試みようとした2002年時点の環境は、コウノトリが大空を舞っていた約40年前と大きく変化しており、水田のえさ場機能は大幅に低下していた。野生復帰を成功させるため、コウノトリ絶滅の原因になった農業の変革が求められた。

　兵庫県は、2002年からコウノトリが野生復帰後も自立してえさを確保できる水田環境をつくるため、国や県、市の事業を活用して、全国から有機農業の研究者や実践者を招いて勉強会を実施した。さらに、但馬地域の気候風土や地場産業である但馬牛やブロイラーなどの家畜排泄物の有効活用を考慮した技術実証圃を設置し、全国の篤農技術や民間技術、伝統農法を実証検証しながら、地域の篤農家とともに地域に合う技術をセレクトしていった。2005年に定義や要件を設定し栽培暦を完成させて、「コウノトリ育む農法」（以下「育む農法」）と命名した。

　さらに、JAたじまに対し組織化の支援を要請し、2006年にはJAたじまに事務局を置く「コウノトリ育むお米生産部会」（以下「部会」）を設立した。部会の設立により技術の伝達や部会員相互の情報交換も盛んになった。部会では月2回程度現地研修会などを実施し、定期的に技術啓発用の「たより」を発行し、技術の平準化に努めてきた。2008年には部会と関係機関が連携して但馬地域（3市2町）全域に育む農法の普及を始め、生産者が増加していった。

コウノトリ育む農法とは

　育む農法の特長は、動物食であるコウノトリのえさ場を確保するために、農薬や化学肥料を減らすだけでなく、生きものが一年中生息できる水田環境と稲作を両立することである。地元の有機資源である家畜排泄物や米ヌカ（以下「地元有機資源」）などを微生物やイネの栄養

第1図　魚を飲み込もうとするコウノトリ
（写真提供：三上彰規）

源として用い、冬期湛水・早期湛水・2回代かき・深水管理・中干し延期などの技術体系によってコウノトリのえさとなる生きものを育み、抑草と病害虫抑制効果をもたらす（第2図）。

生態系の底辺を支える耕畜連携
——イトミミズ・ユスリカが増加

育む農法では、生態系の底辺を広げるために、地元有機資源を微生物のえさとして活用する技術検証を行ない、併せて、堆肥施設の導入や堆肥散布組合の組織化を図った。これにより、管内の酪農、繁殖和牛、肉用牛農家から供給される堆肥が農地還元されるようになった。

実証試験で冬期湛水前に地元有機資源を施用すると、イトミミズ、ユスリカ、ヒダリマキガイ、ミジンコなどが増加することが確認された。

地元有機資源はイトミミズなどによって分解されてトロトロ層を形成する。トロトロ層は雑草のタネを埋没させ、雑草発生を抑制する。さらに、トロトロ層は春先にかさぶたのように乾くため、土を練ることなく春耕うんができる、これにより有機物の分解が進み、根腐れを起こしにくい土壌環境をつくる。

自然の仕組みを活用した抑草技術

育む農法では、すべての水田雑草を除草剤でなくすという発想を変えて、水稲の収量や品質に悪影響を与える雑草を抑草するという視点に立ち、雑草の生理生態に沿って技術の組立てを行なった。

（1）地元有機資源の投入→（2）冬期湛水→（3）早期湛水→（4）2回代かき→（5）田植え時期と有機酸発生資材の投入→（6）深水管理→（7）中干し延期、といった一連の作業には、それぞれ抑草と生きものを育むという点で意味や効果がある。作業をきちんと行なわないと抑草効果は期待できない。

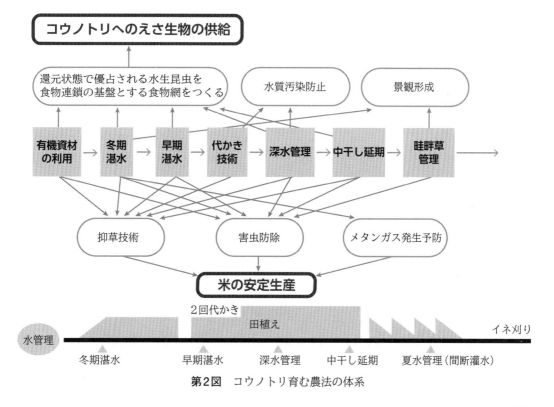

第2図　コウノトリ育む農法の体系

(1) ～ (7) の技術を解説する。

(1) 地元有機資源の投入

微生物のえさの供給源であり、施用がない場合はトロトロ層の厚さが薄くなる傾向がある。投入後は、イネの切り株がひっくり返らない程度に浅く耕うん。

(2) 冬期湛水

水鳥のえさ場となると同時に、地元有機資源やイナワラなどの未熟有機物を分解するイトミミズの発生を促し、トロトロ層を形成して雑草の種子を埋没させる。但馬地域ではトノサマガエルが冬眠に入る前に入水を開始する。その後は3月上旬まで水口を閉めて降雨や積雪を有効利用して湛水状態を維持する。

3月上中旬から水田を乾田化。但馬地域ではこの期間は晴天が多いため、イナワラの分解が促進される。堆積したトロトロ層がかさぶたのようになり短期間に圃場を乾かすことができ、土を練ることなく春耕うんができる。

(3) 早期湛水

4月、有機肥料などを散布したあと、春耕うん。この際もトロトロ層になった部分だけを浅く耕す。おおむね田植えの1か月前から早期湛水を実施。冬期湛水時のトロトロ層が3cm以下と薄い場合は、早期湛水後の代かきの際、ドライブハローの走行速度を抑え、回転数を上げることにより、トロトロ層の再形成を促すことができる。

(4) 2回代かき

雑草密度を下げる効果がある。早期湛水を開始して1週間～10日後に荒代かきを行なう。荒代かきは雑草の発芽を促すためのもので、そのあとは浅水管理をして水温を上げてコナギなどの発芽を促す。田植えの3日前に大水の状態にして仕上げの代かき。発芽したノビエやコナギ、ホタルイなどを一掃する。

(5) 田植え時期と有機酸発生資材の投入

田植えは5月20日ころにやや遅めに行なう。これは、水温が上がり地表面の雑草が発芽したあとに仕上げの代かきと田植えができるようにすることと、イネミズゾウムシの発生ピーク（5月上旬）を避けるという、抑草効果と害虫対策の二つの理由がある。

田植え直後にコナギ対策のために、米ヌカペレットを10a当たり約80kg散布。なお大規模農家には、EM糖蜜活性液（10a当たりの量：糖蜜10l、EM活性液10l、水80lを混合）を10aに100l散布または流し込む省力タイプの方法が普及している。

(6) 深水管理

田植え後は徐々に水位を上げて8cmの深水を40日間保つ。これにより、田植え後に発芽したヒエは水圧に耐え切れず幼折する。

(7) 中干し延期

通常6月中旬から中干しを行なうが、育む農法ではオタマジャクシがカエルに変態する7月上旬ころまで延期。延期した中干しが終わるころになるとイネが繁茂し光を遮るので、そのあとの雑草の発生や生育を抑制できる。

生態系を生かした害虫制御　　　　——クモやカエルが活躍

育む農法の技術体系によって、イトミミズ類のみならずユスリカ類、ミジンコ類も増加する。ユスリカ類は害虫が出現するまでの間のクモなど益虫のえさになり、ミジンコ類は水生生物のえさになり、多様な生きものを育む土台が形成される。

魚道が設置されている水田では、ナマズやフナ、タモロコ、ドジョウが遡上し、水田内の豊富なえさを食べて大きくなる。

また深水管理と中干し延期により、従来なら干上がって死滅してしまうオタマジャクシが生き残り、オタマジャクシから変態を遂げたカエルが、カメムシやウンカなどの害虫を食べてくれる。育む農法無農薬タイプではカメムシによる斑点米が少なく、生態系による害虫制御能力の高さが確認されている。

兵庫県では、このことを農業者や地域住民に認知してもらうため、短時間でできる生きもの調査マニュアルを作成し、年間数回の生きもの調査を農業者や子どもたちと実施している。ま

た、2013年からは生きもの一斉調査を部会員と関係機関が共に行ない、カエルの変態を確認してから中干しに入るようになった。JAたじまは、育む農法の生物多様性効果を消費者に理解してもらうために、出荷の際に生産履歴とともに生きもの調査結果を部会員に提出してもらい、データから効果を可視化する仕組みをつくっている。

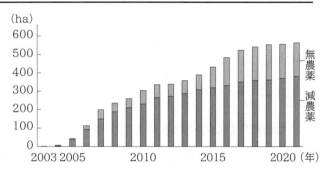

第3図 コウノトリ育む農法の水稲面積推移
減農薬は、兵庫県地域慣行レベルの75％以上低減
データ提供：兵庫県豊岡農林水産振興事務所

米も加工品も売れる！

2005年に育む農法と命名したのに合わせて、米は生産費所得補償方式で再生産できる米価を定めた。高価だが、「このお米を買い支えることがコウノトリのえさ場を確保し、コウノトリの野生復帰に貢献できる」という物語性に後押しされ、順調に売れている。また米以外にも、純米酒や純米吟醸酒、純米大吟醸、焼酎、米粉商品と次々に新しい商品が開発され順調な売上げを示している。2015年にはミラノ国際万博で日本を代表する米として紹介され、2019年には東京オリンピックで使用してもらうためにグローバルGAPを取得した。2021年度には栽培面積が約560haまで広がった（第3図）。

兵庫県では小学校3年生から環境学習が始まる。但馬地域では育む農法を環境学習に取り入れる小学校が多く、生産者の指導のもと実践し、生物多様性を実感する取組みが行なわれている。子どもたちからは「田んぼの中をスイスイ泳ぐ小魚たち。早朝田んぼから一斉に舞い立つトンボたち。クモの巣に朝露がつき白く輝く田んぼ。すべてが幻想的であり感動を誘う。そんな田んぼをつくり出している育む農法の生産者を心から尊敬する」という感想が寄せられている。生物多様性の生きた教材という視点でも育む農法の評価は高まっている。

また、育む農法を学んだ子どもたちが豊岡市長に「学校給食にコウノトリ育む農法のお米を採用してほしい」と提言し、現在、週5日間すべての米飯給食に使われている。

進化を続ける農法
──ネオニコは使用禁止に

2005年に育む農法の要件が設定されてからも技術改善は続いている。2012年には種子消毒に食酢を採用し、オタマジャクシのカエル類への変態確認を含む生きもの調査も必須要件にした。2014年には、給水条件などにより実施不可能な場合を除き、冬期湛水を必須要件に格上げした。さらに、ネオニコチノイド系農薬が鳥類に繁殖障害をもたらすという研究結果から、部会の総意で使用禁止にした。この判断はコウノトリの野生復帰を契機に誕生した育む農法を象徴するものといえよう。

＊

以上の内容は、筆者が担当時の体験をもとに記述したものである。「育む農法に完成版はない」と考えている。飽くなき技術改善が産地振興には不可欠であり、現在も、兵庫県がリーダーシップをとってスマート農業技術の導入などが行なわれている。部会員や市町、JAなど関係機関との連携により現況は刻々と変化していることも申し添えたい。

（『季刊地域』2022年夏50号「みどり戦略に提案　生きものと一緒に農業　コウノトリ育む農法は生きものを育む環境と稲作が両立する農法」より）

ダイズ畑のカエルの実力調べ

執筆 宮 睦子（栃木県農業試験場）

いつの間にかいなくなるハスモンヨトウ

ある夏、G氏からこんな話を聞いた。「試験するのにダイズ畑にハスモンヨトウの幼虫を放したんだけど、次の調査のときにはほとんどいなくなってたんだよねぇ」

これにはいろいろな原因が考えられるが、G氏には一つ気になることがあった。「その畑は妙にアマガエルが多かったんだけど、ひょっとして、アマガエルに食われたんかなぁ？」。

この話を聞いて、われわれも思った。「アマガエルはダイズ畑の天敵として有効かもしれない」。

意外と知られていないアマガエルの食事内容

まず、アマガエルについて調べてみた。正確にはニホンアマガエル。雨が降る前にのどをふくらませ大きな声で鳴く、愛嬌のある可愛いヤツだ（第1図）。彼らの暮らしは、だいたい知られているようだが、具体的に何をどのくらい食べているというデータがほとんどないことに驚いた。こんなに身近な生物のことがわからないなんて！　そこで、アマガエルの胃の中身を調べることにした。

カエル調査は朝6時ころが最適

はじめに、1日のうちで何時ころならアマガエルの胃内にえさが残っているかを調査した。6時間おきに0時、6時、12時、18時の4回、アマガエルを採集して胃の中身を調べた。その結果、0時および6時に採集した個体に未消化の昆虫類が比較的多く確認された。しかし、夜中の0時では採集に照明器具が必要であり、作業効率が悪い。早朝に採集するのが適切であることがわかった。

第1図　ダイズ畑にはアマガエルが本当によくいる

確かにダイズ畑でのカエルの様子を見ていると、日差しの強い昼間は葉の陰に隠れて身を伏せてじっとしている。そして、夕方涼しくなってくると体をおこして動き出すようだ。おそらく、夕方から朝にかけて食事をしているのだろう。

ここでちょっと話は脱線するが、アマガエルの胃の中身をどのように調査したかをご説明しよう。まずはダイズ畑でカエルを採集する。このとき捕虫網を使って葉の上にいるアマガエルをすくい取るとよい。捕まえたカエルはすぐに氷で冷やし、消化を抑制する。そして、涙をのんで冷凍庫へ……。その後ホルマリンに浸けて解剖する。ここまで読んで、なんてひどいことを……と思った人もいるだろう。そのとおり。確かにとても申し訳なくやるせない気持ちであった。

聞くところによると、カエルは口から細い棒（草の茎など）を入れ胃を刺激すると、胃を反転させて中身をきれいに出してくれるらしい。われわれも何度か試してみたが、なかなかうまくいかず、やむを得ず解剖をしたのだが、ぜひそのテクニックをマスターしたい。

ヨトウが多いところではヨトウを食べる

次に実際の胃の中身について。栃木県内の2か所のダイズ畑でアマガエルを20匹ずつ採集し、胃の内容物を調査した（第2図）。1か所はハスモンヨトウ多発生地域、もう1か所は少

有機農業と生物多様性

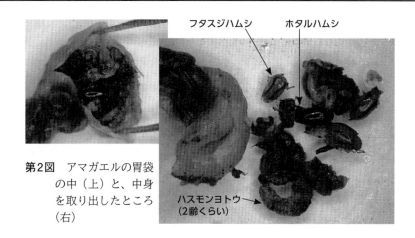

第2図 アマガエルの胃袋の中（上）と、中身を取り出したところ（右）

第1表 ニホンアマガエル1匹当たりの捕食頭数（単位：頭）

採集圃場	調査個体数	胃内容物										
		鱗翅目幼虫	ハムシ	ハネカクシ	鞘翅目	アブラムシ	カメムシ	アリ	ハチ	ハエ	クモ	その他
A市 I	24	2.33 (91.7)	0 (0)	0 (0)	0 (0)	0 (0)	0.13 (12.5)	0.08 (4.2)	0.13 (8.3)	0 (0)	0 (0)	0.21 (16.7)
A市 II	25	2 (96.0)	0.08 (8.0)	0 (0)	0.04 (4.0)	3.12 (24.0)	0.24 (12.0)	0.4 (12.0)	0.08 (8.0)	0.04 (4.0)	0 (0)	1.04 (36.0)
A市 III	23	2.13 (82.6)	0.17 (17.4)	0.04 (4.3)	0.04 (4.3)	0 (0)	0.7 (34.8)	0.22 (8.7)	0.04 (4.3)	0.22 (21.7)	0.17 (13.0)	0.09 (8.7)
B市 I	14	0.71 (57.1)	1.71 (71.4)	0 (0)	0.07 (7.1)	0 (0)	0.64 (57.1)	1.86 (42.9)	0 (0)	0 (0)	0 (0)	0 (0)
B市 II	11	1.09 (81.8)	2.45 (81.8)	0 (0)	0.09 (9.1)	0 (0)	0 (0)	0.82 (45.5)	0 (0)	0 (0)	0.18 (18.2)	0.09 (9.1)

注　（ ）内は調査個体数のうち、その虫が確認された個体数の割合（％）
　　アマガエルはとにかく目の前にいる虫を見境なく食べるようである
　　何を食べているかは、その畑にどんな虫が多いかによる

発生地域である。

　ハスモンヨトウ多発生地域のアマガエルの胃内には、高い確率でハスモンヨトウ幼虫が確認された。アマガエル1匹当たり平均して2頭以上のハスモンヨトウが入っており、もっとも多い個体では9頭のハスモンヨトウが確認された。ハスモンヨトウ少発生地域のアマガエルには、そのほかの鱗翅目幼虫やハムシ、カメムシ、アリ、アブラムシなどが多く確認された。これらの結果から、アマガエルのえさは多様であり、生息場所の昆虫類の発生状況によって食性が異なると考えられる（第1表）。

　では、アマガエルは天敵として有効なのか？ということになるが、今のところまだはっきりとはいえない。しかし、アマガエルが周りの昆虫類（害虫も天敵も見境ないのだが……）を食べているのは事実である。環境保全型農業のなかで、害虫を天敵によって防除する生物防除が注目されているが、われわれの身近にいるアマガエルにスポットライトを当ててみるのもおもしろいかもしれない。

　（『現代農業』2002年6月号「ダイズ畑のカエルの実力は？」より）

第2部　有機農業と炭素貯留，生物多様性

土壌の小動物
―― トビムシ・ササラダニが畑の病原菌を喰らっている

執筆　江波義成（東北農業試験場）

にぎやかな土の中

　土の中にどんな虫（小動物）が生息しているかご存じですか？　作物の葉や茎にアオムシやテントウムシがいればすぐに気づきますし、もっと小さなアブラムシやコナジラミ、ハダニなどがいても結構目につくものです。そして、その虫が作物に被害を与えるならば害虫として認識され、防除が必要になりますし、逆に作物を守るような天敵であれば、その活動を高めるような管理が行なわれるでしょう。

　しかし、作物の大切な根を取り巻く土の中の虫には、なかなか関心がもたれません。そしてどんな虫がいて、どんな働きをしているのかわからないから、適切な土つくりがむずかしいのかもしれません。

代表格はミミズだが

　土の中の小動物（土壌動物といいます）の代表格はミミズです。最近の畑にはミミズがめっきり少なくなってしまいましたが、ミミズは土つくりの名人であることはみなさんご存じでしょう。作物残渣などを土と一緒にバクバク食べ、有機物をたくさん含んだ団粒の糞として土に戻してくれています。でも、土の中にはミミズだけが寂しく暮らしているわけではありません。土の中は言わば、日陰の繁華街です。もし身近に作物残渣や有機資材が投入された不耕起の畑があれば、表土を一握り取ってよく見てください。たくさんの小さな動物がいるはずです（第1図）。

　なかでも多いのがトビムシの仲間で、一握りの表土（約20cm^{2}の表土）から、ふつう数十から数百、多いところでは1,000匹くらい見つかります。名前のとおり飛び跳ねるものが多く、すぐに見分けがつきます。体長は1〜2mm前後ですが、なかには7mmに達するものもいます。体色はふつう乳白〜黒褐色で、ときに桃〜紅色と派手なものもいます。

　トビムシと並んで多いのがダニの仲間です。ダニの仲間は多種多様ですが、そのなかでも個体数と種数が多く、かつ物質の循環という観点から注目すべきダニが、ササラダニの仲間です。畑に生息するササラダニの多くは体長が0.5mm程度かそれ以下しかなく、体色も茶〜黒褐色であるため肉眼ではなかなか気づきませんが、一握りの表土に200〜300匹程度生息しています。

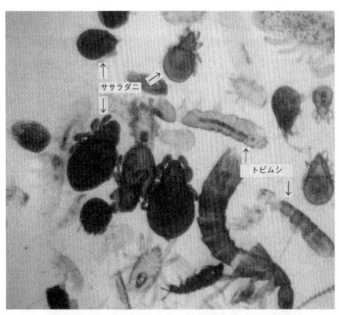

第1図　畑の表土にたくさんいる小さな虫（小動物）
（写真提供：中村好男、以下Nも）
実際の大きさはトビムシが1〜2mm、ササラダニが0.5mm

トビムシは有機物だけでなく菌も食べる

(1) 病原菌もえさにする

土の中の小動物は一般に分解者と呼ばれています。その理由は、彼らが作物残渣などの有機物を食べること、つまり粉砕・消化・排泄することで、その有機物の分解を促すからです。

しかし彼らの食べものはそのような有機物だけではなく、糸状菌（カビ）やバクテリアなどの微生物も食べます。さらに調べてみると、トビムシとササラダニの仲間には作物に病気を起こす糸状菌を盛んに食べる種類がいて、この糸状菌をえさにして十分に繁殖でき（第2図）、その結果、作物を病気から守る可能性をもっていることがわかってきました。

(2) トビムシを入れたら汚染土でも健全に育った

たとえば、トビムシの仲間であるシネラ・カービセータという種は、キュウリつる割病菌をよく食べます。この菌で汚染された土ではキュウリは健全に育ちませんが、このトビムシを入れると、菌で汚染されていない場合と同様に健全に育ちます（第3図）。

またフォルソミア・ヒダカーナというトビムシは、アブラナ科野菜の苗に立枯れを起こす菌、リゾクトニア・ソラニを食べます。この菌で汚染した土にこのトビムシを入れれば、やはりダイコンやキュウリ、キャベツなどの苗は健全に育ちます。

また、このトビムシがホウレンソウの立枯病菌であるピシューム・ウルチマムを食べて発病を抑制することや、別のトビムシ、レピドキルタス・サイアネウスがダイズの白紋羽病菌であるロセリニア・ネカトリックスを食べることも判明してきています。

(3) トビムシは活きた根は食べない

これらのトビムシの摂食力は旺盛で、糸状菌が不足すれば植物残渣などの有機物も食べるようです。しかしトビムシとえさである菌の近くに健全な（活きた）植物の根を置いた実験では、えさの菌が不足しがちになっても、決してトビムシがその根を加害することは観察されていません。

菌核までかみ砕くササラダニ

また、ササラダニの仲間については、アズマオトヒメダニ（第4図）という種が前述のアブラナ科の立枯病菌、リゾクトニア・ソラニを盛んに食べ、ダイコンやハクサイの苗が健全に育つことが確認されています（第5図）。この病

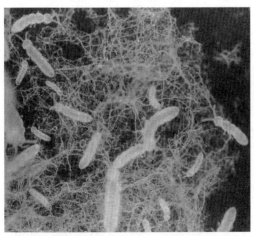

第2図 作物に病気を起こすカビ（リゾクトニア）をえさにして、元気に育つトビムシ（N）

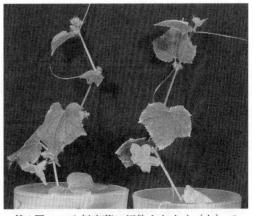

第3図 つる割病菌に汚染された土（右）でも、トビムシの一種を入れれば、汚染されていない土（左）同様にキュウリが健全に育った（N）

原菌は菌糸が集まった塊状の菌核を形成しますが、ダニの強靱な破砕力でかみ砕かれ、食べられてしまいます。今のところ有力なササラダニは本種だけですが、今後さらにいろいろな種の働きがあきらかになるでしょう。

不耕起＋有機物マルチの畑なら、虫の力を活かせそう

これまでに紹介した内容はすべて室内実験で得られたものです。実際の畑でも目に見えない効果はあるのでしょうが、はっきりと目に見える効果を発揮できるか否かは今後の課題です。

　1) 有効な小動物の密度はどの程度か
　2) 野外でどの程度選択的に病原菌を食べているのか
　3) 土の管理にはどんな方法が適切か

といったことを解明していかなければなりません。

1) の生息密度については、有効なトビムシやササラダニの種が実験で用いたほどの高い密度で生息しているところはこれまで見つかっていません。しかし前述したように、一握りの表土にトビムシの仲間全体で数十から数百匹いるのに対し、実験では有効な種を同面積当たり150匹ほど入れれば効果があります。ササラダニの場合も実験で用いた個体数は同面積当たり100匹弱ですが、本種と比較的近縁な種が200匹以上も生息していることもあります。

これらのことから、実際の畑でも管理方法によっては有効な種が十分な密度で生息できることが期待できます。

2) の病原菌を選択的に食べているかどうかを把握することはかなり困難です。野外では多様な種類の微生物が存在しますから、決して病原菌だけを食べているわけではないでしょう。しかし、有効な小動物が病原菌しか食べないならば、その菌が不足すればその動物はいなくなってしまいますから、少々いろいろな物を食べてくれたほうがいいのかもしれません。

3) の土の管理に関する課題は、土壌中の小動物は耕起により生息場所が乱されることを嫌いますから、いかに不耕起栽培に近づけるかという点が課題になってきます。逆に土の表面が有機物で被覆されている状態は、彼らにえさと棲み処をふんだんに与えることから好都合でしょう。今後、目的とする作物の栽培方法と併せて考えていく必要があります。

最近ヨーロッパから、トビムシなどの有効な小動物を組み合わせることによって、発病抑制の効果が増すとの報告がありました。いろいろな生きものがいてこそ健全な土といえるでしょう。

（『現代農業』1997年10月号「土つくり虫　トビムシ・ササラダニが畑の病原菌を喰らっている」より）

第4図　ササラダニの仲間であるアズマオトヒメダニ（N）

第5図　苗立枯れを起こす菌に汚染された土ではハクサイは育たない（左）が、ササラダニの一種を入れれば健全に苗が育つ

ミミズがいると「いい畑」になる理由
——じつは、あまり知られていない ミミズの実力

ミミズ博士・中村好男さんに聞く

ミミズの種類

　僕の名前はフトミミズ。日本の代表的なミミズだよ。これから僕が「知られざるミミズのスゴーイ世界」をじっくり案内しよう。……といっても、教えてくれたのは、愛媛大学の中村好男さん。別名「ミミズ博士」として有名な方だ。

　じつは僕も、これまで自分たちミミズのこと客観的に見てみたことなかったもんで、今回中村さんに教えてもらって、ミミズってスゴイなあって、われながら改めて感心したところなのだ。

　ではまず、ミミズの種類から。田んぼの水生ミミズはイトミミズが有名だけど、畑のミミズのほうは、第1図のように、まず大型ミミズと小型ミミズに分けて考えるといいそうだよ。

　小型のミミズはおもにヒメミミズ。大型はおおまかにいうとフトミミズとツリミミズに分けられる。日本に圧倒的に多いのは僕らフトミミズで、ツリミミズは欧米など外国の畑に多い。でも日本でも、北海道など北に行くにしたがってツリミミズが活躍するところもあるよ。

　いっぽうシマミミズは、分類上はツリミミズの仲間だけど、ちょっと特別なミミズなんだ。堆肥になるような有機物の中でよく増えるから、別名「堆肥ミミズ」。有機物だけを食べて鉱物（土）はほとんど食べないから、畑では普通あまり見かけない。でも有機物マルチしているような人の畑には、いることもあるみたいだ。

　細かく分類していけばキリがないけど、日本の農家がミミズのことを考えるときは、基本的にこのフトミミズ・シマミミズ・ヒメミミズの3種類を頭に入れておけば十分だってさ。

　それにしても日本のミミズは気の毒な境遇だなー。外国ではミミズは「アースワーム（地球の虫）」といわれ大事にされて、いろいろ研究もしてもらってるのに、日本ではミミズの研究がほとんどなくて、詳しいことがわかってないんだ。寿命はどのくらいかとか、1年に何個卵を産むとか、そういう基本的なことさえはっきりしてない。うーん、僕はあとどのくらい生きるんだろう？

　外国の研究はほとんどがツリミミズで、日本のフトミミズとは生態がかなり違うから、参考にならない面もある。僕らフトミミズは気難しくてね、人間がちゃんと飼おうとすればするほ

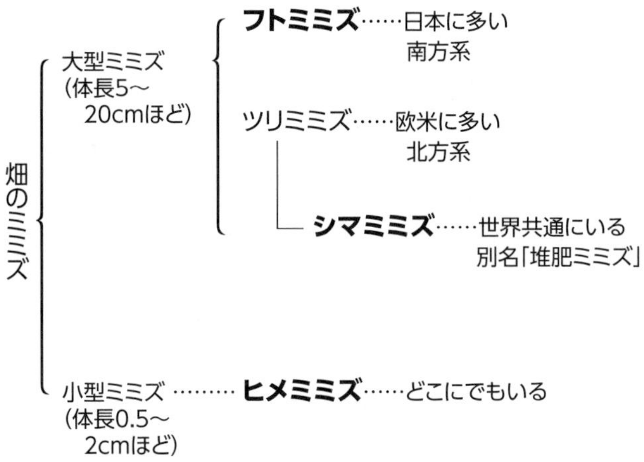

畑のミミズ
- 大型ミミズ（体長5〜20cmほど）
  - **フトミミズ**……日本に多い 南方系
  - ツリミミズ……欧米に多い 北方系
  - **シマミミズ**……世界共通にいる 別名「堆肥ミミズ」
- 小型ミミズ（体長0.5〜2cmほど）……**ヒメミミズ**……どこにでもいる

第1図　ミミズをおおまかに分類すると…

第2図　触ると激しく動くのはフトミミズだ

（写真撮影：倉持正実）

第2部　有機農業と炭素貯留，生物多様性

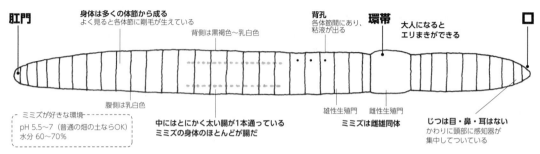

第3図　ミミズの身体

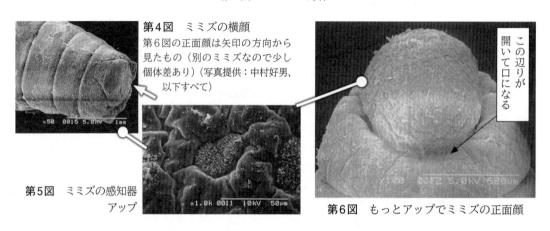

第4図　ミミズの横顔
第6図の正面顔は矢印の方向から見たもの（別のミミズなので少し個体差あり）（写真提供：中村好男、以下すべて）

第5図　ミミズの感知器アップ

第6図　もっとアップでミミズの正面顔

◆畑のミミズは大きく分けて3種類◆

フトミミズ
——土をよくするミミズ

　土と有機物を両方食べながら、どんどん土の中に潜って耕していく「土ごと発酵」の立役者。フトミミズが通ったあとの土はどんどんよくなり、土の中のミネラルも、効きやすい形に変わる。
　シマミミズとの見分け方は、フトミミズのほうが概して太めで、輪切りにしたときに真ん丸。触ってみると、全身をピンピン揺らして筋肉質に跳ねる。いっぽうシマミミズはじめツリミミズの仲間は、触ってもダラーッとしてて反応が鈍い。

シマミミズ
——別名は「堆肥ミミズ」

　名前のとおり、フトミミズより若干シマがハッキリ見える傾向があるが、実際はいろいろいて、見かけだけで判断すると間違う可能性がある。
　生ゴミや堆肥の分解が得意。昔から、釣りのえさにも使われてきた。飼育が簡単なので、人間ともずっと仲良しの歴史がある。
　ワラでも米ヌカでも畜産堆肥でも、何か分解しやすいものが置いてあれば、勝手にどんどん入っていって分解する。有機物マルチなども、置いたままでは作物には吸われないが、シマミミズが細かくかみ砕いて、吸いやすい形にしている。

ヒメミミズ
——どこにでもいる小さい謎のミミズ

　平均5mmほどの小さいミミズ。目立たないし、調査・研究もなかなかなく、わかっていないことばかり。どこにでもいる。
　身体は黄色〜乳白色で、皮は軟らかく、中が透けて見える。身体が切れて分裂して増える種類が注目されるが、それはほんの一部。
　シマミミズのように有機物だけ食べる種類と、フトミミズのように土も食べる種類とがいる。口が小さいので、大型ミミズが食べ残したものでも上手にきれいに食べる。ロータリ耕うんで生き残る確率は、身体が小さいぶん、大型ミミズより高い。

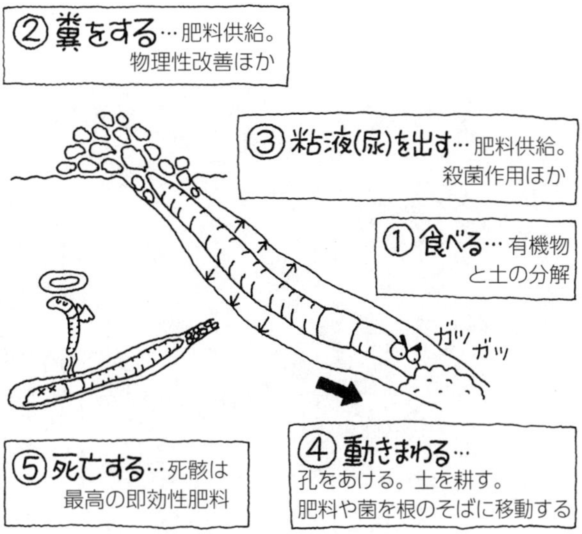

第7図 ミミズの五大寄与

どすぐ死んじゃうから、研究者の人もあんまり研究できないらしいよ。

ミミズの五大寄与──ミミズは、いるだけで畑がよくなる

　ミミズは、存在するだけでもうスゴイんだ。僕もすっかり驚いちゃったけど、「食べる・糞をする・尿を出す・動きまわる・死亡する」というミミズの何気ない毎日の活動そのものが、すべて土や作物に多大な好影響を与えてるらしい。中村さん曰く「ミミズの五大寄与」（第7図）。

　何せ、ミミズがいる畑といない畑では、収量も品質も全然違う。ミミズがいると、アミノ酸やミネラルがたっぷり効くようになるから、あきらかにおいしいもの、ビタミン豊富なものがとれるんだって。

　第8、9図は中村さんの実験の一例だ。ミミズが入るだけで、オオムギの丈の生長が著しいのと、カルシウム含量が上がるのにはビックリするねー。

　ミミズのスゴイところをもう少し細かく見ていこう。まずは糞からだね。

(1) ミミズの糞はスゴイ

ミミズの糞は栄養たっぷり　ミミズ糞はよい肥料になる。成分は何をえさにしてきたかによって全然違うけど、よく販売されてるのは、おいしい有機物をたっぷり食べたシマミミズの糞だよ。それから、畑の表面によくツブツブの団粒状態で散らばってるフトミミズの糞だって、なかなかのもの。

　何せミミズの糞は、周辺土壌に比べてチッソも炭素も多いし、作物に吸いやすい形のカルシウム・マグネシウム・カリ・リン酸が豊富。土も食べるフトミミズの場合はとくに、土の中で作物に吸われにくい形になっているミネラルを、体内で水溶性に変えてしまう。アミノ酸の種類や含量も多いし、いろいろな酵素や植物ホルモンだって含まれてるよ。

　というのも、ミミズの腸内は酵素だらけ。ミミズ自身も酵素を出すし、えさと一緒に飲み込んだいろんな微生物もいっぱい酵素を出してるから、その腹を通ることで、有機物も土も劇的に変化しちゃうわけだ。外国ではミミズの糞は「黄金の土」と呼ばれてるくらい栄養たっぷり！　作物には最高！

　……あれれ、だけど何だか変だな。僕たちは何のためにせっせと食べては糞をしてるんだろう？　作物に奉仕するためか？　おかしいな。

第2部　有機農業と炭素貯留，生物多様性

第8図　ポットにミミズを入れて、無肥料でオオムギを育ててみると……
ミミズの数が増すにつれて草丈・茎数が増し、収量も増加
収量は化成肥料区が一番多かったが、ミミズ8匹区は、肥料なしなのにその82％の収量となった。ミミズ区の草丈が伸びたことにはオーキシンに似たホルモン物質の関与が考えられる
いっぽう茎葉のカルシウム含量は下図のように、ミミズを入れることで明らかに増加した（枯れ草はミミズのえさ用。ミミズ8匹区は1m²当たり100匹に相当。決して多すぎる数ではない）

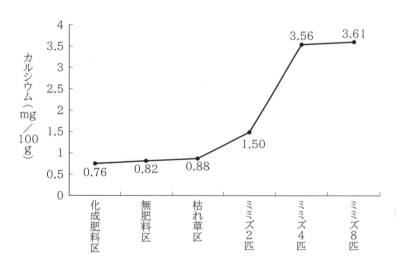

第9図　ミミズを入れると作物のカルシウム含量が上昇

有機農業と生物多様性

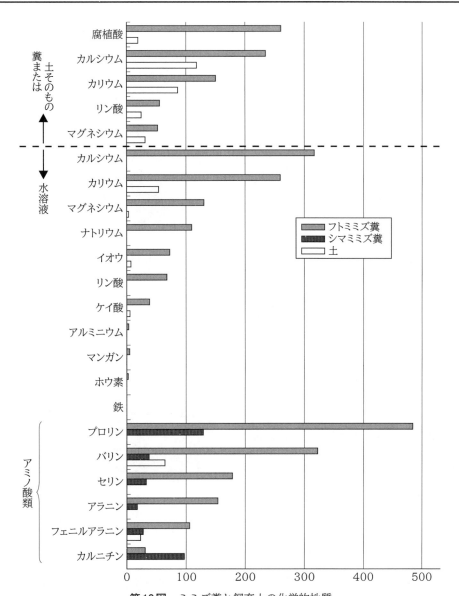

第10図　ミミズ糞と飼育土の化学的性質
（フトミミズはヒトツモンミミズ；板倉・中村未発表　『ミミズと土と有機農業』創森社より）
上5成分は糞または土そのもの、そのほかは水溶液を測定
単位；上から腐植酸はg/100g乾重を100倍、その下4成分はmg/1g乾重を100倍、その下11成分（カルシウムから鉄）はppm、下6成分（プロリンからカルニチン；シマミミズ糞も測定）はμ molg

第2部　有機農業と炭素貯留，生物多様性

フトミミズの糞は重なり合って2～3cmのかたまりになることも。土も食べているのでミネラル分が多い

シマミミズの糞は直径数ミリ。俵形。えさの有機物由来の成分

★糞の量は1日に体重の倍くらい。約2gの体重のフトミミズの場合、4gくらいということになる。腸内通過時間はえさにもよるが、3～24時間
★ミミズの糞は畑の地表面に多いように見えるが、地下のミミズの孔に8割、地表面に出されるものは約2割といわれている

あ～あ、せっかく分解してオレの体に吸収しやすくなったところなのに、もう出しちゃうのか……。しょうがない、また食べよう。食べ続けるのがオレの運命さ

アミノ酸、酵素、ビタミン、水溶性P、Ca、Kがリッチ！

ミミズの糞は排出されたときはベチャベチャ。少したつとかたまって耐水性団粒に。かたまる前に雨に降られるとそのまま溶けて広がる。

ミミズの糞こそ耐水性団粒。フトミミズの糞はとくにかたい

※ちなみに田んぼのイトミミズの糞も同様で、排出されたのが水中なのでかたまらずトロトロ層になる

第11図　ミミズ糞のマメ知識

第12図　ミミズの悲しいサガ

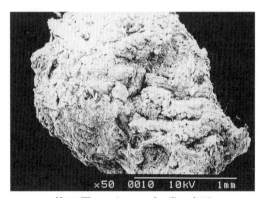

第13図　フトミミズの糞の表面

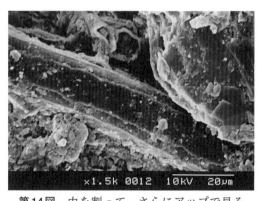

第14図　中を割って、さらにアップで見ると、隙間だらけ
こういうところにいろんな生物がすむ。真ん中の太い線は草の繊維か？

本来はもちろん自分の栄養にするために食べてるだけなのにねぇ、中村さん……？
「ミミズは食欲と分解力は旺盛なのだけど、吸収効率がすごく悪い生きものなんですね。土と有機物をもりもり食べて、最高に吸いやすい状態にまでしたのに、気の毒なことに、自分ではちょっとしか吸収できずにもう排出。それも作物の根のそばに糞を出してくれたりするわけです。まわりの作物や微生物・小動物は、ミミズのおこぼれをちゃっかりいただいて生きています」。えーっ!?　それって僕、お人好しすぎる……。

ミミズの糞は団粒そのもの　それから、ミミズの糞は土の物理性改良にも大きな役割を果たしてる。よく「ミミズがいる畑は排水も保水もよく、土がフカフカだ」っていわれるけど、これはミミズの糞が「団粒」そのものだからなんだって。団粒には大きく分けて、微生物がつくる団粒・植物の根がつくる団粒・ミミズがつくる団粒があるらしいけど、中村さんは「ミミズがつくる団粒が一番スゴイ」っていってくれるよ。嬉しい！

ミミズの糞は「耐水性団粒」なんだって。炭素含量が高いのと、腸の中で練り合わされたせいでしっかりした団粒になっていて、乾いた糞

第15図　フトミミズの孔はこんなふうに土の中に縦横無尽に走る

を水の中に入れて振ってもなかなか崩れない。でも、雨でだんだんに団粒の糊が溶けてくると、植物の根は糞の中まで入っていって利用しちゃうみたいだねえ。

中村さんが顕微鏡でこのミミズの糞の中を覗いてみると、隙間だらけ（第13、14図）。なるほど、だからミミズ糞だらけの畑は気相率が高くなるわけだ。保水力は周りの土より20％アップするってデータもあって、雨にも干ばつにも強い畑になるってわけだ。

さらにスゴイのは、この糞の中の隙間にたくさんの微生物や小動物がすみ着くこと。中村さんが観察したときも、ササラダニやトビムシが本当にたくさんいたらしいよ。ササラダニやトビムシは、立枯病などの病原菌を食べてくれるありがたーい虫だからね（「土壌の小動物　トビムシ・ササラダニが畑の病原菌を喰らっている」の項参照）。

それからこの糞の隙間は、硫化水素などの吸着作用もある。ミミズ生ゴミコンポストが全然におわないのも、このおかげもあるってわけだ。

僕ってウンコするだけで、みんなに喜んでもらえるんだね。嬉しいけど何かフクザツな気持ち……。

ちなみに、「団粒構造の土は軟らかい」ってよくいうけど、中村さんの考えでは「軟らかい」っていうのはちょっと感じが違うんだって。ミミズの糞だらけの畑は「軟らかい」より「もろい」に近い。団粒構造の土っていうのは、まとまっているように見えるけど、中に空気がたくさんあって、崩せば崩れるもの。米粒が集まってできた「おにぎり」みたいなもんだって！これからのキーワードは「もろい畑がいい畑」！

（2）ミミズの尿はスゴイ

バカにならないチッソ量　糞だけじゃなくて、僕らのおしっこもスゴイんだ。

ミミズの体表面は粘液でいつもヌルヌルしてるけど、これがいわばミミズの尿。中村さん曰く「ミミズは毎日、尿を垂れ流しながら土中を動きまわっているわけですね」。

ヌルヌルの主成分はアンモニアで、これがまた作物にはバカにならないチッソ肥料。インドの草地のデータだと、ミミズの尿由来のチッソは年間1haに28kg！　糞由来が15kgだから、それよりかなり多いんだね。

といってもこれは1m²に1,400匹のミミズがいた場合。今の日本の畑にはミミズが全然

第1表　風乾シマミミズの体成分（Yoshida and Hoshii, 1978）

タンパク質	56.44%
脂質	7.84
非チッソ分	17.98
繊維質	1.58
灰分	8.79
カルシウム	0.48
リン酸	0.87
カリウム	0.89
ナトリウム	0.69
マグネシウム	0.21

アミノ酸組成			
アルギニン	6.94%	チロシン	4.40
シスチン	0.82	バリン	5.14
グリシン	5.48	アラニン	5.84
ヒスチジン	4.32	アスパラギン酸	11.38
イソロイシン	4.73	グルタミン酸	14.48
ロイシン	8.74	プロリン	3.84
メチオニン	1.59	セリン	5.34
フェニルアラニン	4.37		
スレオニン	5.20		
トリプトファン	1.24		

第2表　シマミミズ体のビタミン含量
（東ら，1958）

ビタミンB_1（チアミン）	96.0 γ/g
ビタミンB_2（リボフラビン）	27.0 γ/g
ビタミンB_6	3.4 γ/g
ビタミンB_{12}	9.7 γ/g
パントテン酸カルシウム	3.7 γ/g
葉酸	19.0 γ/100g

いないところも多いし、多い畑でもせいぜい1m²100～300匹くらいかも。でも、中村さんが訪れた有機物マルチをしている高知県のナス農家の畑には、1m²1,400匹を軽く超えるくらいのミミズが平気でいたらしいよ（「調査　有機物マルチの農家圃場で、土壌動物が増えていた」の項参照）。山草マルチ＋不耕起ウネで、ミミズにとっては素晴らしい環境の畑だったって。

それから、ミミズの粘液の成分はアンモニアだけじゃないんだ。糞と同じでほかにもいろんな酵素類が入ってるから、ミミズの通ったあとには、それに刺激された微生物が次々増殖するんだって。

殺菌力も侮れない　このヌルヌル粘液には、じつは殺菌力や薬効もある。古くからミミズは「煎じ汁が熱冷ましに効く」と重宝されたり、胆石の溶出や脳血栓の溶血剤にも使われてきた。漢方薬では「地龍」と呼ばれていて、中国では殺精子能力を生かした避妊薬としての利用もあるよ。

農業でもこの殺菌力は生かせるんだ。有名なのは、ショウガやサトイモ類などの貯蔵中に、ミミズを入れておく方法。これはもともと高知県の農家がやっていたことを中村さんたちが追試験したんだけど、ミミズを入れないで2か月保存したショウガには、切り口やキズにカビが生えて、表面もツヤがなかった。ところがシマミミズを入れたほうの保存状態は良好で、表面もなめらか。これは、腐敗菌のカビを、生えたそばから即座にミミズが食べてしまったのと、身体から出た粘液の殺菌力のせいだろうといわれてるよ。

（3）ミミズの孔はスゴイ

孔だらけの畑は排水良好　僕らミミズは、毎日よく動きまわる。このことも、畑にとってとても大事なことだって中村さんはいうんだ。

ミミズがたくさんいる畑には、地下に縦横無尽にミミズの孔があいて、とっても排水のいい畑になる（第15図）。ミミズの多い畑と全然いない畑では、雨の浸透量が5.8倍も違ったという外国のデータもあるんだって。日本の僕らフトミミズの孔は太くて円柱形だから、外国のツリミミズ類より孔の効果は大きいかもしれないってさ。

微生物・小動物の宝庫　それから、このミミズ孔はミミズが通ったあとだから、壁面にミミズの尿（粘液）がびっちりと塗り込められてる。

つまりこの壁面はものすごく栄養が豊富！ 作物は、根を伸ばせばすぐにここから肥料をとれるし、ものすごく多くの微生物が、ここに好んですみ着く。

「ミミズの粘液には殺菌力もあるから、すべての菌が喜ぶわけではないのですが、ミミズの孔には微生物が非常に多いことがわかっています。さらに、その微生物（カビ類）を食べるトビムシやササラダニなどが、またここで大繁殖しているのです。トビムシが増えるとそのほかの小動物も増え……、地面の中に豊かな生命空間が生まれます。病気の原因になる菌も増えるかもしれませんが、トビムシやササラダニがまたそれを喜んで食べたりするわけです」。

へーえ。地上部だと最近、土着天敵が活躍する豊かな生命空間のことが話題になってるけど、地面の中でも同じようなことが起きてるわけだ。その先導役・開拓役が、まずミミズ！ ミミズが通ったあとから、すべてが始まっていく。

チッソ固定菌も繁殖 ところで、ミミズの孔によく増える菌で中村さんが注目してるのが、アゾトバクターなどの好気性のチッソ固定菌。栄養と空気があるせいか、ミミズの孔にはこれが意外に多いんだって。

というのも、ミミズの糞や尿にチッソが多いっていっても、それはもともと、有機物や肥料、残渣などの形でその畑にあったもの。ミミズがそれらを集めて分解・凝縮して、作物に提供してるわけだけど、チッソ固定菌は空気中から新たにチッソを取り込んでくれる。

ミミズがいる畑は、だから年々肥えてくる。ミミズが起爆剤になって、いろんな循環の輪が回り始めるわけだ。

(4) 死してもミミズはスゴイ

僕らは生きているあいだ中、とにかく行動すべてが役に立つわけだけど、なんと、死んでもまだなお、役に立つらしいんだ。

ミミズは「チッソ虫」といえるくらいタンパクが多い。水分を抜いた身体のうち6割がタンパク質。そのほかにもものすごく多種類のアミノ酸や酵素・ビタミン類が含まれている（第1、2表）。消化酵素が強いせいで、死ぬとあっという間に自己消化してドロドロに溶け、跡形もなくなっちゃう。ミミズを飼っている人でも、ちょっと目を放したすきにミミズが死ぬと、その死体を目にすることはなかなかできないくらいだ（乾燥して干からびたときは別だけどね）。

……死してもなお、作物には最高の即効性肥料となってご奉仕申し上げるなんて、なんてエライのだろう。われながら涙が出そう。

そうそう、鶏のえさにミミズを使う人もよくいるけど、なるほど確かに僕たちは良質タンパクとしていいえさになる。カロリーとしては魚粉並みで、人間のタンパク源としても研究はされてるみたいだ。

(5) ミミズが病気を減らす話

それから、日本ではみんなほとんど意識してないみたいだけど、ミミズのいる畑では病気が出にくいはずだよ。外国だと常識らしいけど。

さっきショウガやサトイモ類の貯蔵中の腐敗をミミズで防ぐ話を紹介したけど、中村さんたちの実験でもう一つあきらかになっているのがアブラナ科で大問題の根こぶ病。

「根こぶ病多発土壌にミミズを入れると、根こぶ菌そのものの数が減少したわけではないのに、根こぶ病はほとんど発生しませんでした。これは、根こぶ菌がミミズの腹を通過することで病原性を失ったのでは？と考えられていますが、ポーランドの試験ではミミズ糞を入れただけで根こぶ病が減ったらしいので、糞に何らかの力があるのかもしれません」

そのほかにも、世界にはミミズを病害防除に利用する例はたくさんあるよ。もちろん、直接的にミミズが病原菌を食べたり、殺菌力を発揮したりするほかにも、ミミズが畑にいることでカルシウムやケイ素などのミネラルが作物によく吸収されて耐病性が高まったり……という効果もバカにできない、っていうのが、中村さんの意見だよ。

第2部　有機農業と炭素貯留，生物多様性

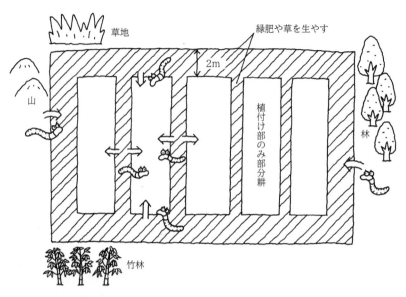

第16図　ミミズを畑に増やす作戦①──ミミズの生き残れる場所をつくる
まわりにミミズの供給源になる林地などがあるとなおよい

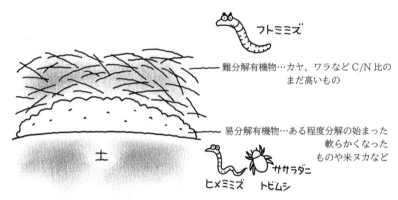

第17図　ミミズを畑に増やす作戦②──二重被覆の有機物マルチ
自然はもともと上に上にと新しい有機物がつもるようになっている。
二重被覆は豊かな生命空間を生み出す

微生物のつくる堆肥・ミミズのつくる堆肥

　普通に「堆肥」っていうと、微生物が関与して高温でつくる堆肥のことを誰でもイメージするよね。いわゆる促成「発酵堆肥」。だけど、ミミズがつくる堆肥は「発酵」はしない。ひたすらミミズが有機物を食べて、そのまま土の中に入れても害が出ないくらいの状態にまで分解しちゃったものが「ミミズ堆肥」。時間はかかるけど、分解の過程で熱も出ず、チッソ分もそのまま残って、カルシウムやリン酸が効きやすい極上肥料になる。

　微生物による「発酵」の堆肥で、いい堆肥が

有機農業と生物多様性

第18図　左は市販のバーク堆肥、右は左に10日間シマミミズを入れたもの。すっかり糞だらけになった

ミミズが嫌いなもの
- 嫌気的・水びたし
- 極端な高pH・低pH（好適pHは5.5～7くらい）
- 乾燥（水分60～70％くらいが好き。ギュッと握っても水が出ないくらいの湿り気）
- アルコールは刺激が強いのでイヤ
- 塩分も濃すぎるのは苦手（生ゴミ堆肥も、ソースとかがかかった残飯は苦手）
- 農薬や肥料はpHが極端に変わるものは苦手
- ロータリによる耕うん作業

　ちゃんとできていれば問題はないけど、「堆肥はとりあえずできても、2年雨ざらしにしないと使い物にならない」なんていう人がたまにいるでしょ。雨ざらしは雨に当てて塩分を流すって意味でいってるんだろうけど、そうやって野天で雨ざらしにしているあいだには、きっとシマミミズが入ってきてるよね。ミミズは高温に弱いから、堆肥の温度が30℃以下に下がってからだけど、まだ未熟な有機物があるようならシマちゃんは喜んで入っちゃうよー。シマミミズが未熟堆肥を中熟堆肥くらいにまで分解したら、今度はそこへ僕らフトミミズが入る。フトミミズが一通り堆肥を糞に変えてくれれば、完熟ミミズ堆肥の完成だ。おっとヒメミミズのことも忘れちゃいかんね。彼らもやっぱり同じように僕らと一緒に働くよ。小さいからなかなか見えないけどね。

　2年の雨ざらし期間には、じつはそんなことも起きてたはず。みんなが気づかないうちに分解の手伝いをしてあげてたんだ。

畑にミミズを増やすには？

　僕たちミミズを畑に増やすには、好物の有機物を土の表面に被覆してくれることと、すみかを破壊しないようなるべく土を耕さないようにしてくれることだね。「有機物マルチ＋省耕起」が一番！

　不耕起栽培が理想だけど、そうはいってもなかなかやる人は少ない。だから、植付け部のみの部分耕にするとか、なるべく浅耕にするとか、ロータリをかけるにしてもなるべくゆっくり回すとかして、ミミズを切り刻まないよう工夫してくれると嬉しいな。それから畑の周囲にはミミズがすめるよう雑草を生やしたり、緑肥をまいて2mくらいの草生ベルト地帯を設けてほしい。通路部分にも草があったりするとなお嬉しい（第16.17図）。

　地上部の天敵を増やすときにも草生が大事だってよく聞くけど、目に見えない地下部でも、草があるとさまざまな生きもの空間が生まれるんだよ。

　そうそう、「ミミズをはじめ、土には生きものがいたほうが、作物はよくできます。美味しくなります」っていうのが、中村さんの考えの一番大事なところみたいだったなー。

　中村さん、今日は本当にどうもありがとう。僕ら自分たちがこんなにスゴイなんて全然知らなかった。ただ毎日動きまわって、食べては出し……という生活にも、これで少しは張り合いがもてるよ。

執筆　編集部
（『現代農業』2004年8月号「もっと知りたいミミズの話」より）

根部エンドファイトの利用
——微生物利用の新たな可能性

(1) エンドファイトと根部エンドファイト

①エンドファイトとは

エンドファイトとは，生きている植物体の組織や細胞内で生活する生物のことである。この生物には，細菌類や菌類などの微生物はもちろんのこと，ヤドリギに代表される寄生植物まで含まれる。

では，どのような植物にエンドファイトが存在するのか。なんと，コケ，シダ，地衣類や，草本植物，木本植物にわたる，大部分の植物にエンドファイトが住んでいることが報告されている。さらにその植物の根，葉，茎，および幹など，さまざまな部位を住みかにしている。これらエンドファイトは，すべての時期を植物体内で過ごすものもあれば，少しの間だけ植物内で生活するものも存在する。

たとえば，草本植物などの生育を促進し，市販もされているアーバスキュラー菌根菌や，高級食材で有名なマツタケやトリフなどの外生菌根菌もエンドファイトである。また，茎葉部を住みかとする，いわゆるグラスエンドファイトも有名で，エンドファイト感染のシバ種子が販売されている。

②根部エンドファイトとは

エンドファイトの中には，とくに低温や貧栄養の森林土壌を住みかとするグループが知られている。このエンドファイトを，とくに根部エンドファイト（DSE）と呼ぶ。

DSEの生態研究は，特異な成立過程を持つ泥炭湿地などで活発に行なわれてきた。泥炭地は，酸性，貧栄養，嫌気的と，植物の生育には厳しい条件になっている。

一般的に植物は，土壌pHが弱酸性〜中性を好み，pHの低い土壌では生育障害が生じる。低pHによる，アルミニウムやマンガンの過剰，リン酸の欠乏，そして微量要素の不溶化などが原因である。ところが，この酸性の強い土壌でも良好な生育ができる，ブルーベリーなどのツツジ科植物が知られている。そして，これら植物の根部には必ずDSEが共生し，その生育を支えている（第1図）。

(2) 植物の生育を促進するエンドファイトは少ない

エンドファイトを農業で効率よく利用するためには，自然環境でのエンドファイトの生態を把握する必要がある。では，これらのエンドファイトはどこにいて，そこでは，どれくらいの割合で存在しているのであろうか。

植物の根部に住むエンドファイト，DSEを例に考えてみよう。まず，化学農薬や肥料を使用している慣行栽培の圃場からの分離を試みたが，いままでに，いわゆる有用なDSEはまったく分離できていない。少なくとも，このような環境に多くいることはないようである。

一方，亜高山帯の森林など，土壌肥料成分や気候などが植物にとってストレスになる条件では，植物の多くがDSEとともにいることがわかっている。筆者の研究室では，いままでに多くのDSEを分離し，病害抑制や高温耐性などの目的にあったDSEを選抜している。

たとえば，森林などに自生している植物の根部や茎葉部など，合計150サンプルからDSEを分離，選抜したところ，植物の生育をあきら

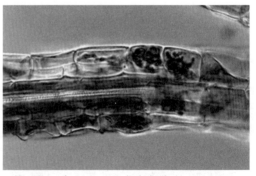

第1図 ブルーベリー根部細胞内に認められるDSEの菌糸
染色されたコイル状の構造物がDSEの菌糸

かに促進するDSEが1菌株得られた。分離頻度は1％以下であった。

また，同じ地域で土壌を採取し，植物を育て，その根部に入ってくるDSEを分離（筆者の著書『エンドファイトの働きと使い方』（農文協刊）の釣餌法を参照）したところ，合計1,600サンプルから，同じく植物の生育をあきらかに促進する11菌株が選抜できた。分離頻度はやはり1％以下であった。

森林などの環境では，植物は多くの種類の菌類とともにいるが，その生育をあきらかに促進するDSEは1％程度しか存在しないようである。農業に利用できる，優秀なDSEの獲得はそう簡単ではないようである。

(3) DSE利用の課題

①落ち葉堆肥を使うとDSEが住みつくか

DSEの有機農業への利活用に関するテーマで講演を行なうと，多くの生産者や企業の方々に興味を示していただき，さまざまな質問をいただく。最近はとくに，好意的な反応が多く，「ぜひ使いたい」「DSEは自分で入手できるのか？」など，すぐにでも利用したいとの要望が多くなった。そこで，有機農業生産者がよく使う，落ち葉堆肥の材料になる茎葉部のDSEの生態をみてみよう。

森林では，樹木の茎葉部に定着しているDSEを含む菌類が，落ち葉に定着して，その分解に関与していることがわかっている。これらの菌類は，葉が光合成を盛んに行なう元気なときは葉の内部に存在するが，落葉後は，その分解初期にかかわることもあきらかになっている。しかし，さらに分解が進むと，落ち葉の分解を専門にする菌類に置き換わっていく。

森林の落ち葉層には，多くの菌類の菌糸がみつかる。この中には，もちろん植物の生育をよくするDSEもいる。しかし，前述のようにその頻度は必ずしも高くないこともわかってきた。

前述のように，有機農業に関する講演を行なうと「DSEを自分で入手したい」との質問をよく受ける。そのとき説明するのだが，森林の樹木でも実生の生存率は，必ずしも高くはない。自然界では，実生が発芽する過程で，DSEなどの有用菌類が定着したものが生き残り，成木になると考えている。そのため，生き残った成木を調べてみると，ほとんどの植物種がDSEと共生しながら生育しているのであろう。

以上の要点をまとめると，以下のようになる。

1) 落ち葉のもとになる植物の地上部と根部では，住んでいるDSEの種が異なる。
2) 森林の落ち葉や植物体から，植物の生育をよくするDSEを得ることは可能だが，その頻度は高くない。
3) 分解の進んだ落ち葉には，DSEではない，おもに分解を担当する菌類が多く住んでいる。

つまり，落ち葉堆肥を育苗や畑に利用するだけでは，栽培する作物の根部に，生育をよくするDSEを定着させることは残念ながら困難である。

②上手に利用するには育苗時がねらい

森林では，多くの種子が発芽するが，実生の段階で選抜され，ほどよい割合で生き残って成木となることが，生態上もバランスがよいのだと思う。しかし農業は産業なので，バランスを維持しながらも，なるべく多くの植物が育つような技術が必要である。そのためには，植物の生育をよくする優秀なDSEを選び，植物に処理することがポイントになる。

繰り返しになるが，落ち葉には優秀なエンドファイトが住んでいるが，その選抜には特別な技術が必要である（『エンドファイトの働きと使い方』参照）。

一般に，落ち葉を育苗培土などに使うことで作物の生育がよくなるのは，DSEの効果ではなく，分解した落ち葉がもたらす肥料効果が大きいのだろうと思う。また，落ち葉を圃場に入れることは，落ち葉の分解を担っている菌類もいっしょに持ち込むことになるので，有機物の分解が進みやすい圃場をつくることにもなると思う。最近，DSEが，生態系において，植物ばかりでなく，これら分解菌ともネットワークをつくり活動していることがわかってきた。こ

の内容の詳細は後述する。

DSEと植物の関係は，土壌中などの環境要因の影響を受ける。とくに，作物生産に利用する場合は，いわゆる森林などの自然環境とは異なるため，上手にDSEの効果を引き出せないこともわかってきた。

DSEを上手に利用するにはどうすればよいのか。いままでの説明で気がついていると思うが，ねらいは育苗時である。では，育苗時にどのようなことをすれば，"よいDSE苗"をつくることができるのであろうか。

(4) エンドファイト利用のポイント

①植物が単独で利用できない有機態チッソの存在が重要

植物栽培にDSEを利用するためには，チッソ源がポイントになる。具体的には，肥料は有機質でかつ植物起源を選ぶとよい。ここでは，DSEからハクサイへのチッソ源供給の例について説明する。

DSEにチッソ源として無機態チッソ（硝酸ナトリウム）かアミノ酸（バリン）のどちらかを与え，菌糸を介したチッソ源の移行を解析した。その結果，アミノ酸処理区でハクサイの生育が優れ，DSEから植物へより効率的なチッソ源の移行が認められた。

このことから，DSEと植物との良好な関係をつくるためには，植物が単独で利用できない，アミノ酸などの有機態チッソの存在が重要であることがあきらかになった。

②土壌のpHは酸性がよい

次にトマトとDSEを使った試験を行なった。一般に，トマトの生育に最適な土壌pHは，弱酸性の5.5～6.5とされており，それ以上の酸性土壌では生育が不良になる。たとえば，土壌pHが3.8の泥炭地土壌では，ほとんど生育できないことが報告されている。この酸性土壌にDSEを処理してみた。

培地のpHを3，4，5の三段階に調整し，室温で，コロニーが培地全体に広がるまでエンドファイトを培養した。そこに発根させておいたトマト苗を静置し，プラスチックポット内で育苗した。3週間後に，地上部と地下部を回収し，根部はDSEの定着確認を，地上部は植物生育量の測定を行なった。

その結果，pH5の培地では，DSE処理区は対照区と比較して生育量に変化はなかった。一方，pH3と4では，DSE処理区が対照区と比較し，有意に生育量を増加させた。

酸性条件でのDSEによる生育促進のメカニズムとして，植物生育促進物質の生産や，アブシジン酸の生産，さらにはミネラルの吸収，とくに酸性土壌におけるカルシウム(Ca)やマグネシウム(Mg)の吸収の促進が報告されている。

つまり，DSEを利用すれば，土壌pHの矯正をせずに，酸性土壌でのトマト栽培が可能であることが示された。

(5) エンドファイト利用の効果

①病害や環境ストレスに対する耐性の付与

農業は産業でもあるため，生産者や消費者に何らかの利益がないと，DSEなどの有用微生物を積極的に利用しようとはならないであろう。以下，DSEを利用するとどんなことができるのかについて述べる。

DSEが定着した苗は，DSEの効果で根の能力が高められ，チッソやリンなどの養分吸収の促進，高温や酸性土壌など環境ストレスに対する耐性が付与される。

とくに，生産者にとって大きな利益であり，また研究例が多いのが，病害防除である。農作物の土壌病害は，連作することから生じ，難防除病害として知られている。

第2図は，イチゴ萎黄病の試験例である。AはDSEを処理していない対照区で，萎黄病が発生している。BからDは異なるDSEを処理した区で，とくにBとDの処理区で，病害が効果的に抑制されることがあきらかとなった。

病害を抑制できることは，化学農薬に依存しない有機農家にとっても重要である。

②花芽形成の誘導――日長・温度に関係なく誘導の可能性

第2図をもう一度ごらんいただきたい。よくみると，BとDにイチゴの果実があるのがわか

第2図 イチゴ萎黄病の試験例
AはDSEを処理していない対照区，BからDが異なるDSEを処理した区

るであろう。

この実験は，イチゴ萎黄病が発病するように，23℃一定で，昼16時間，夜8時間の長日条件で栽培を行なった。

イチゴの花芽形成には温度と日長が関係し，約15℃以下になると日長に関係なく花芽を形成し，15～25℃では短日下でのみで花芽を形成する。また，25℃以上になると日長に関係なく花芽を形成しない。

つまり，通常は花芽形成が起こらない条件で，DSEを接種したイチゴ苗に，花芽および果実の形成誘導が認められたのである。

いままでのDSE研究で発見してきた作物栽培への有用性，すなわち土壌中のチッソやリンなどの養分吸収の促進による生育促進効果，または，病害や高温や酸性土壌などの環境ストレスに対する耐性付与の効果も大切である。

しかし，今回発見された花芽形成の誘導は，いままでにない新知見であり，イチゴ果実の周年収穫を可能とする持続的な栽培技術へとつながると考える。

(6) エンドファイトは有用微生物利用の新たな方向性も提示

土壌中には有用微生物ばかりでなく，病原微生物を含めた植物の生育にマイナスに働く微生物も多様に存在する。いままで述べてきたように，DSEは単独でも植物に対するプラスの効果を発揮するが，前述したようにほかの菌類ともネットワークをつくり活動している。

近年，複数種の細菌類が，DSEの菌糸に付着するように増殖していることがわかってきた（第3図）。これらの細菌類の働きを知るために，DSEから取り除いてみると，植物への生育促進効果が減少した。そこで，再びそれらの細菌類をDSEに付着させると，植物根への定着率が向上し，生育促進効果も高まった。

このことから，DSEの菌糸圏には普遍的に細菌類が存在し，その性質に影響を与えていることが推察された。このことは，宿主菌類と細菌類の組合わせによって，植物の生産性や品質向上などの利点をもたらすことが可能になることを示している。

単独生物に注目するのではなく，植物とDSE，さらに関係する細菌類も含めて一つの系としてとらえ，その相互作用や生態を学び，植物根部の環境微生物叢制御技術を確立することで，これまでに実用化が困難であった，有用微

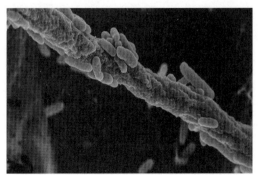

第3図 DSEの菌糸に付着しているバクテリア（走査型電子顕微鏡像）

第 2 部　有機農業と炭素貯留，生物多様性

生物の利用技術に新たな方向性を示すことが可能になると考えている。

　執筆　成澤才彦（茨城大学）

2024年記

参 考 文 献

成澤才彦. 2011. エンドファイトの働きと使い方. 農文協.

有機農業と生物多様性

エンドファイトを胚軸切断挿し木法で接種して病害防除

執筆　木嶋利男（MOA自然農法文化事業団）

　エンドファイトは作物体内に入り込む共生微生物のことで、「内生菌」「植物共生細菌」などともよばれています。エンドファイトが共生すると、作物の生育が促進されたり、病気に強くなったりという現象が見られます——。

無菌のはずの植物体内に微生物が入ると

　健全な植物の組織内は無菌状態にあるといわれています。例外的に、組織内で繁殖できる微生物は病原菌とエンドファイトで、他の微生物は繁殖することはできません。

　エンドファイトは寒冷地の牧草などで組織内に共生する微生物として発見されました。エンドファイトは組織内に生息することから、親から子へと垂直伝播（種子伝染）します。狭義のエンドファイトは垂直伝播できる組織内共生微生物のことですが、その後、垂直伝播しなくとも、組織内に存在する微生物をエンドファイトとよぶようになりました。

　エンドファイトが共生した植物はエンドファイトの刺激を受けて、乾燥や低温などに対する耐性、病原菌や害虫に対する耐性などが誘導されます。このエンドファイトを利用すれば農薬を用いずとも病害虫を防除することができるはずです。しかし、健全な植物の組織内は無菌状態にありますから、エンドファイトを不特定の植物に定着（繁殖）させることはできません。病原菌と植物との関係は厳密で、宿主特異性がしっかりしています。エンドファイトも病原菌と同様に共生できる植物とできない植物はしっかり区別されます。

胚軸切断挿し木法で、エンドファイトを接種

　植物の組織内は無菌状態にあります。しかし例外的に、シクラメンやサツマイモの組織内には病原性をもたないクラドスポリウムやフザリウムなどの糸状菌、エルウニアやキサントモナスなどの細菌が繁殖していることが以前から知られていました。

　シクラメンは種子で繁殖しますが、種子にはこれらの微生物は存在せず、成株になったシクラメンの組織内には微生物が繁殖します。そこで、シクラメンがいつ、どこから微生物を組織内に取り込むのかを調べました。その結果、発芽して子葉が展開し、第1葉が展開すると、胚軸から微生物を取り込むことがあきらかになりました。そこで、病原性をもたない微生物をいろんな植物の胚軸部に接種しましたが、残念ながら、シクラメン以外の植物の組織内に微生物

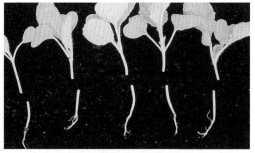

第1図　胚軸切断したハクサイ
アブラナ科は本葉2葉期くらいが適期

第2図　汚染土壌に定植したハクサイ
左：胚軸切断して土着エンドファイトを摂取した苗、右：自根苗

第2部 有機農業と炭素貯留，生物多様性

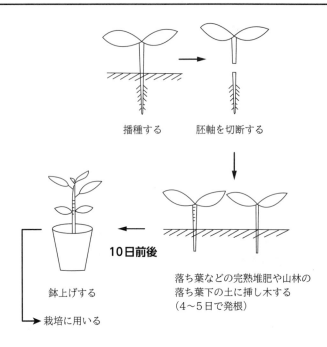

第3図 胚軸切断挿し木法によるエンドファイトの接種方法

を定着させることはできませんでした。

ところで、ウリ類では台木に接ぎ木するときに、接ぎ木した胚軸を切断して挿し木する伝承育苗技術（断根挿し木法）があります。そこで、シクラメンが胚軸から微生物を取り込む現象と、ウリ類で行なわれている胚軸を切断して挿し木する伝承農法を一緒にすることを考えました。すなわち、発芽して本葉が展開した苗の胚軸を切断し、これを微生物の入った液に浸漬して接種し、挿し木する方法です。この結果、病原性をもたない善玉の微生物を組織内に定着させることができるようになりました。

本葉展開後、3枚までの間がチャンス

しかし、挿し木さえすれば微生物は植物内に入り込むのかというとそうでもなく、カーネーションやキクなど、もっぱら挿し木で繁殖する植物でも、組織内は普通、無菌状態です。

そこで、簡単に挿し木繁殖ができるトマトを用いて挿し木の時期と微生物を取り込む関係を調べました。胚軸切断する苗は、1）発芽直後で本葉が未展開期、2）本葉展開～3枚展開期、3）本葉3枚以上に生育した時期、4）腋芽を実験に用いました。

その結果、2）本葉展開～3枚期は微生物を組織内に取り込むことができましたが、それ以外の時期や部位ではできませんでした。すなわち、本葉展開～3枚に胚軸を切断して挿し木すると善玉の微生物（エンドファイト）が植物の組織内に定着できることがあきらかになりました。

胚軸切断挿し木法はウリ科、アブラナ科、マメ科、キク科、アカザ科、タデ科、シソ科など双子葉植物であれば可能です。

野菜の種類によって生理・生態などが異なりますので、挿し木の時期と温度が異なります。キュウリ、メロン、カボチャなどのウリ類では本葉0.5葉期、温度23～28℃、ハクサイ、キャベツ、ブロッコリーなどのアブラナ科は本葉2葉期、温度18～23℃、トマト、ナス、ピー

マンなどのナス科は本葉1.5葉期、温度23～28℃です。

土着微生物からエンドファイトを選抜する

組織内に共生する微生物は、その野菜が生育する環境条件で育った微生物が最適です。そこで、土着微生物を活用します。胚軸切断挿し木法で、土着のエンドファイトを選抜できます（第3図）。

収穫残渣や落ち葉などで作成した完熟堆肥（有機物が土のように完全に分解した状態）や山林の落ち葉下の土を準備します。適期に胚軸を切断した苗を、この微生物に富んだ用土に挿し木し、十分に灌水して切り口と土を密着させます。挿し木後は日陰で管理しますが、ややしおれる程度で、多湿にならないように注意します。4～5日で発根しますので、10日前後で鉢上げして一般栽培苗と同じように育苗します。

出来上がった苗の組織内には土着の微生物が、その野菜が生育する全期間を通じてエンドファイトとして繁殖して、生育促進と病害虫に対する耐性が誘導されます。

非病原性フザリウムなどは実用段階

エンドファイトは農薬を用いずとも病害虫の防除が可能な夢のある技術と思います。エンド

第4図　胚軸切断挿し木の培養キャベツ
左：無接種の苗、右：土着エンドファイト接種の苗

ファイト側からみると、病原菌もエンドファイトの一種と考えられます。病原菌として成立する最大の条件は宿主となる植物で繁殖できることです（親和性がある）。これまでに、病原性をもたない（非病原性）フザリウムやエルウニアなどを用いた生物防除の研究が行なわれ、生物農薬として上梓されています。

植物の葉には葉面微生物、根には根圏微生物が生息して植物と情報を交換しともに適応・進化しています。これらの微生物のなかには、将来エンドファイトとして植物と共栄する微生物が生まれてくるかもしれません。研究の発展が期待される分野です。

（『現代農業』2011年4月号「土着のエンドファイトを胚軸から取り込む方法」より）

第3部
有機農業の共通技術

第3部　有機農業の共通技術

不耕起栽培・半不耕起栽培

世界で広がる「耕さない農業」

耕さない農業が世界的に広がっている。耕起を減らして土を覆うと，土壌の健全性を高められることがわかってきたからだ。除草剤や遺伝子組換え作物を使えば，これまでも耕さない農業は可能だった。この方式を採る農家も多い。だが，やり方次第で農薬を使わずに雑草を管理することは可能だという。日本の「自然農法」や「自然農」にもつながる考えだが，科学的データにもとづいており，機械化や大規模化も可能なところが，これまでと違う。先駆的に取り組む米国の農家を訪ねた。

1.「耕さない農業」の旗手となったブラウンさん

見渡す限りの大平原が広がる。カナダと国境を接する米国中西部・ノースダコタ州（第2図）。面積は全米50州で19位，人口は約80万人で47位だが，コムギやライムギ，マメ類などの生産量は全米トップクラスの農業地帯だ。ここで約2,400haの農場を経営するゲイブ・ブラウンさん（61歳）は，「耕さない農業」の旗手として知られる（第1図）。

ブラウンさんは，2018年に通常の「耕起栽培」から「不耕起栽培」に至った経緯やその後の経験を書いた『泥から土へ　再生農業へのある家族の旅』を出版。全米でベストセラーになり，日本でも2022年5月，『土を育てる　自然をよみがえらせる土壌革命』（NHK出版）として出版された。

「ブラウンの環境再生型農場」という看板が掲げられた農場には国内外から見学者が絶えず，講演で全米を飛び回っている。

ブラウンさんが掲げる「土の健康の6原則」は以下のとおりだ。

1）土をかき乱さない（不耕起栽培）
2）土を覆う（カバークロップ＝被覆作物）
3）多様性を高める（数十種の作物を一緒に育てる）
4）土のなかに「生きた根」を保つ（多年生を含めて年間を通じて植物を育てる）
5）動物を組み込む（畜産や野生動物の棲み処にする）
6）背景の原則（自然条件や経済状況に合わせる）

「重要なのは，農業のやり方が自然環境に沿ったものかどうかです。自然と闘うのではなく，ともに働こうと思ったのです。耕さず，多

第1図　不耕起のトウモロコシ畑で団粒化した土を見せるゲイブ・ブラウンさん

第2図　ノースダコタ州の位置

様な被覆作物を植えることで農業に使うお金が減りました。そして土壌がよくなりました。いいことずくめです。自然をまねしているだけです」とブラウンさんは言う。

土には多くの水分を保持することができるようになり、ミミズなどの土壌生物が増えた。農薬や化学肥料がいらず、農機具に使う化石燃料代も減ったので、単位面積当たりの収益は2割以上高いという。ウクライナ戦争などの影響で肥料や飼料の価格が高騰しているなか、日本の農家にとっても参考になる取組みだ。

2. 米国では減耕起・不耕起が半分以上!?

米国の「耕さない農業」の歴史は意外と古い。欧州から米国に入植した白人農民は西に向けて開拓を続け、耕された地表の土は直射日光で乾燥し、強風にあおられて舞い上がった。1930年代には巨大な土ぼこり（ダストボウル）が東海岸にまで届き、昼間でも電灯をつけなければならないほど暗かった。

土壌侵食によって農業が崩壊し、離農に追い込まれた農家はさらに西に向かった。このあたりの社会状況は、ジョン・スタインベックの小説『怒りの葡萄』にも描かれている。米国では、これらをきっかけに農務省（USDA）に土壌保全局（SCS、現在の天然資源保全局NRCS）が創設され、雨や風で侵食される土壌を守るために、不耕起や減耕起に対するさまざまな支援策が講じられている。USDAの報告書（2018年）によると、不耕起が農地に占める割合は、コムギ45％、ダイズ40％、綿花18％、トウモロコシ27％。減耕起と不耕起を合わせると、四つの作物の農地のうち半分以上をこれらが占めることになる。ただ、現状では、その多くは遺伝子組換え作物と除草剤がセットになっていることが多いとみられる。

3. 欧米や中国、カンボジアでも急拡大

不耕起栽培が広がっているのは米国だけではない。国連食糧農業機関（FAO）によると、過去40年間、耕起による土壌侵食などによって世界の耕作地の3分の1、約4億3000万haが失われたという。FAOは、劣化した土地を再生させ、侵食を防ぐ農業システムとして、各国に「保全農業」の導入を勧めている。保全農業には以下のような3原則がある。

「機械的な土壌攪乱を最小限に抑える」（不耕起や減耕起栽培）

「作物残渣や被覆作物」（30％以上の土地を覆う）

「タネの多様化」（3種類以上の多様な作物を組み合わせる）

FAOの統計などをもとにした研究では、保全農業は2015〜2016年に、世界の総農地面積の約12.55％にあたる1.8億haで実践されていると推定される。7年前より約7割増えている。導入している78か国のうち最大面積は米国で、ブラジル、アルゼンチン、カナダ、オーストラリアなどが大きい。アジアでは普及が遅いが、中国では最近になって急拡大している。フラン

第3図　ロデール研究所のジェフ・モイヤーさん
「ローラークリンパー」の開発者

不耕起有機栽培に欠かせない機械

第4図　ローラークリンパー
刃がついたローラーで緑肥などを押しつぶしていく機械。草を刈るのではなく、折ることがポイントで、生きた根を残すことができる

第5図　バキュームシーダー
表土が緑肥などで覆われている圃場でも使える播種機。ディスクで草を切り分けて浅い溝を掘り、播種する

第7図　アイガモン
刈払い機に取り付けて使う、カバーがついた2枚刃（福岡県久留米市・平城商事（株））。カバーがあるので作物の株元ギリギリまで除草できる

第6図　ウィードザッパー
前面のポールに約15万Wの電気が流れる除草機。一定の高さ以上に育った雑草がポールに触れると、電気が流れて草を枯らすことができる

第8図　オートモア
全自動芝刈り機（ハスクバーナ・ゼノア(株)製）。機械には蓄電池が積まれており、電気が減ると自ら充電場所に帰って充電する

スなどが支援するカンボジアのバッタンバン州では、2019年の約500haから、2021年に約1,400ha、2022年は2,000ha超へと拡大している。緑肥を育てて倒したあとにイネを直まきする栽培方法を取り入れている農家は、肥料代が減り収量も上がっているという。

日本は「耕さない農業」の発祥の地ともいえる。福岡正信氏の「自然農法」や川口由一氏の「自然農」など、半世紀ほど前から自然に根ざした農業を提唱してきた。だが、哲学的、宗教的な側面が強調され、技術的、経営的にむずかしい問題もあり、あまり普及しなかった。現代の不耕起栽培は、最新技術を駆使し、経営的に戦略が練られているところが違う。

4. 不耕起有機栽培に欠かせない機械が続々

有機農業の研究で知られる米ペンシルベニア州のロデール研究所の最高経営責任者（CEO）のジェフ・モイヤーさん（第3図）は「現在の有機農業は、ドローンやロボット、赤外線センサーなどのテクノロジーを使う非常に高度な取組みです。不耕起の場合、たとえ収穫量は減っても、それに伴う労力と経費が削減されるので、個々の農家は儲けが増えるということがよくあります」という。

モイヤーさんは、不耕起有機栽培に欠かせない農業機械「ローラークリンパー」の開発者としても有名だ。トラクタの前や後ろに装着し、ローラーでライムギなどの被覆作物を押しつぶして枯らす。刈るのでなく折ることで、微生物によって分解されるまでの長い期間に雑草が生えるのを抑え、土壌生物や作物に栄養を補給できる。

不耕起栽培では、ほかにも被覆作物を切って浅い溝を掘り、直まきできる「ドリルシーダー」、一定の高さ以上になった雑草を高圧の電気で枯らす「ウィードザッパー」などが使われる。日本国内の小さな範囲での不耕起栽培では、自動で動くロボット芝刈り機「オートモア」や、刈払い機に装着する「アイガモン」を使って、雑草を除去する様子も目にした。創意工夫すれば不耕起有機栽培でのスマート農業化も可能だ（第4〜8図）。

5. 炭素貯留でも不耕起が注目されている

不耕起栽培の広がりを後押しするのが気候変動問題だ。世界の温室効果ガス排出量は、年約520億t（CO_2換算）。このうち農業や林業が4分の1を占める。農業は重大な排出源だ。

一方で、土壌は巨大なCO_2の「貯蔵庫」でもある。地球上の大気には約3兆t、森林などの植生には約2兆tのCO_2が溜まっているとみられているが、土壌にはその2倍以上の5.5兆〜8.8兆tがあるという。不耕起や被覆作物などによって土壌の吸収力を毎年0.4％上げれば、化石燃料によるCO_2排出量を帳消しにして、大気中のCO_2濃度の上昇を止められるといわれている。

このため脱炭素を急ぐ企業などが、農地に注目している。自社の排出するCO_2を相殺するために、土壌の炭素貯留によって生まれたカーボンクレジットを利用しようというわけだ。自主的な排出量取引市場はすでに動き始めており、カーギルやゼネラルミルズ、ネスレなど食品関係の大手も参加している。不耕起などによる脱炭素に取り組む農家を、市場から生まれる資金によって支援するのはいい。だが、土壌の炭素貯留には科学的にかなりあいまいさがあり、企業のCO_2削減の抜け道にならないよう注意する必要もある。

執筆　石井　徹（朝日新聞）
（『現代農業』2023年1月号「世界で広がる「耕さない農業」」より）

時代は不耕起、物価高騰にも異常気象にもビクともしない

執筆　森本かおり（東京都小笠原村）

畑が粘土質で、ドロドロ、カチカチ

先代のあとを継いで、小笠原で本格的に専業農家を始めたのが1996年。当初は慣行栽培でした。先代の森本智道がやっていたとおり、年に1回、1m以上伸びた雑草や幼木を湿地用ブルドーザーで掘り起こし、埋めていました。

小笠原の土壌は、雨が降ると作業機が身動きできなくなるほど粘土質。乾くとロータリが跳ね飛ぶくらいカチカチです。亜熱帯ゆえに有機物がすぐに分解して、1年に1回の補給では間に合いません。堆肥を購入すると、とんでもない経費がかかります。

畑を起こすための重機は、ブルドーザーを1台とバックホーをそれぞれ大小2台所有。もちろん、化学農薬と化学肥料も普通に使用していました。

耕すことに胸が痛む

それでも、土壌改良のために有機物を入れて、少しずつ努力してきました。村や都の作業で出る刈り草や剪定枝チップを畑に敷き詰めたのです。分解した有機物を耕うん機ですき込む作業を繰り返しました。堆肥も油粕や鶏糞とともにすき込みました。赤かった土壌が黒々としてきて、土が団粒化。

ただ、耕うんするたびに、せっかく増えたミミズがかわいそうなぐらいちぎれてしまいます。キノコの菌糸もバラバラに切断してしまい、胸が痛みます。年とともに作業がきつくなり、体力も限界！

しかし、雑草を根絶やしにしなくては、作物の生長が悪くなると思い込んでいたので、耕うんはなかなかやめられません。端から端までせっせと耕して、ウネ立てをしていました。

思いきって、全部不耕起

小笠原では10月から耕うん作業を開始し、露地野菜の農繁期が翌年の6月まで続きます。

第1図　筆者
露地30aでトマトとセロリをメインに、野菜や果樹を少量多品目栽培。島内で直売するほか、内地へも出荷する。堆肥も販売

第2図　ブロッコリー畑
定植前に堆肥を浅くすき込み、定植後に木材チップを敷き詰める

第3図　畑に敷いた木材チップからはキノコが生えている

第5図　不耕起栽培のセロリ

第4図　セロリを定植しているところ
移植ゴテで穴を掘り、苗をポトンと落とし、土を寄せてしっかり押さえる。大雨が降った直後なのに、水たまりができていない

トマトやセロリ、トウモロコシ、インゲンなども冬期に露地で栽培できます。しかし、耕うん時期に雨がよく降るのです！

豪雨のあとはひどいと10日間、畑に入れません。播種や定植が大幅に遅れることも多々ありました。条件が悪いなかで、無理やり耕うん、ウネ立て、植付けをするのは重労働で、通路に板を並べて作業したこともあります。

ある年、どうしても耕うんできず、苗が徒長してしまいました。仕方がないので、ウネに穴をあけて、苗をポイッと放り込んで植え付けましたが、耕うんしたウネとなんら変わらず収穫できたのです。ブロッコリーでした。それまでも収穫の終わったセロリの株間にエダマメを直播していました。タネまきだけでなく、苗の植付けでも、不耕起で大丈夫かも、と思うようになったのです。

さすがに全面積（30a）で不耕起をやる勇気はなく、徐々に広げていきました。そして2022年、思いきって、すべての畑で「耕すのをやめちゃおう」と決めました。

有機物マルチで草抑え

不耕起の場合、肥料や堆肥はすき込みません。株間や条間に配合肥料をポンと置き、その上に堆肥をのせて、刈り草や木材チップなどでマルチします。

木材チップは分解に1年かかるので大量には使えませんが、試しにたっぷり敷き詰めてみました。小笠原亜熱帯農業センターからは、病気が出るのでそういうことはしないようにと厳しく注意されました。チップから出る物質が植物を枯らすとも。木材チップは20年間使っていますが、そんなことは一切ありません。なんの根拠があってそういうのかと聞くと、40年前の本に書いてあるとのこと。自分で実験もせず、昔の資料を信じている頭の硬い研究員からは、新しい最先端の農法は生まれません。

微生物のおかげで水たまりなし

かなり前から、一部の農家が「不耕起栽培を続けると無肥料、無農薬が可能になる」と報告しています。もちろん、すべての不耕起栽培にいえることではなく、カバークロップ（被覆作物）などの計画的手法を用いる必要があります。

植物と微生物のネットワークは横に何十m、深さ何mもの範囲から、いろいろな物質を運搬していることが明らかになってきました。さまざまな菌根菌と共生している植物は、光合成で獲得した炭水化物の30〜40％を自分で使わずに、土壌中の微生物に放出しているという研究もあります。菌根菌は栄養をもらって、土壌を団粒化するグロマリンをつくり出します。それは耕うんしない限り、何十年も変質、分解しない炭素として、地中に留まるそうです。

休耕期に雑草を絶やすために、何度も繰り返し耕起したり、除草剤を散布したりすると、植物と微生物のネットワークが破壊され、せっかくの団粒構造が失われてしまいます。大雨や干ばつで土壌がカチカチになって、水分をスポンジのように吸い込まなくなります。私が慣行栽培で困っていた状況です。

耕す深さを浅くして、頻度を減らすと団粒化が進み、どんどん土に無数の穴があき、踏んだだけでは壊れなくなります。最近も1日に100mmの雨が降る警報が出ましたが、ウネはもちろん、通路も水たまりなし。昔、慣行栽培をやっていたときには、考えられないことです。

肥料もよく効く

もう10年もカリとリン酸の肥料は与えていませんが、ときどき行なう土壌分析では、常に一定の数値が出てきます。おそらく、微生物が不溶性物質のイオン結合を引きはがし、水溶性にして必要な植物に運搬しているものと思われます。

チッソ肥料は、チッソ固定菌がどの程度働くか、かなり不安だったので、油粕と少量の硫安を置き肥としてスポット施用。毎年、減らしても収量が低下しないところを見ると、以前はチッソを投入することでチッソ固定菌の働きを妨害していたんじゃないかと思えてきました。

微生物のために植物の根が必要ならば、畑から雑草を一掃しないほうがいいのです。作物を栽培する場合も1種類ではなく、混作、輪作どころか、畑中を多種類の植物だらけにするべきです。当農園ではさっそく、一年草など邪魔にならない「生えてほしい草」と、大きくなりすぎたりつるが巻きついたりして邪魔になる「生えてほしくない草」の選別にかかっています。

最終目標は、無肥料、無農薬、不耕起です。不耕起栽培は露地が基本なので、資材は最小限。毎年、畑に炭素を閉じ込めて、大雨や干ばつなどの異常気象にビクともしない「究極の最先端」を目指しています。今後の結果が楽しみです。

経費減！ 補助金なんていらない

最近、国や都から出る補助金についての説明会の案内が来ました。内容はこうです。

1）化学肥料の低減に向けて取り組む農業者への肥料費の支援
2）土壌診断を実施し、肥料の一部を堆肥などで代替する農業者への補助金
3）農業資材高騰緊急対策のご案内

どれもこれもすでに当農園がやり終えたことばかり。どの補助金も今、必要ありません。化学肥料は削減しきっています。コロナ禍、ウクライナ危機で肥料が高騰するのは必然的だったので、万が一、必要な分は値上がり前に購入済み。12年前から、堆肥は自給。3年前から、ハウスをできる限り露地栽培に切り替えています。

なにより、不耕起を始めて、経費がかなり減りました。収量は同じでも、燃料代や肥料代、資材代などを削減できれば、手元に残るお金は増えます。

（『現代農業』2023年1月号「時代は不耕起、物価高騰にも異常気象にもビクともしない」より）

不耕起栽培のやり方 Q&A

協力　小松﨑将一さん（茨城大学農学部）
　　　森本かおりさん（東京都小笠原村）

「耕すのが農業」だった人たちが、「耕さない農業」に挑戦するには、わからないことがたくさん。

そこで、不耕起栽培を研究してきた小松﨑将一さん（茨城大学農学部）と、実践農家の森本かおりさんに、作業の実際をＱ＆Ａで教えていただいた。

 小松﨑さん　　 森本さん

Q. 不耕起って、タネまきや植付けが大変じゃない？

A. 穀物では機械利用も進んでいる。野菜は手作業が中心です

　はっきりいって、タネまきも植付けも耕したほうが簡単です。しかし、作物別にさまざまな取組みがあります。

　まず、ムギ、ダイズ、トウモロコシなどではトラクタ装着型の不耕起播種機の利用も進んでいます。不耕起播種機の自重や回転刃などで播種溝をつくり、効率的な播種が可能です。水稲では不耕起用の田植え機もあります。

　いっぽう、野菜苗の移植は今のところ手作業が中心です。園芸用穴掘り機などで植え穴を掘っておくと植えやすいです。不耕起を継続し、有機物が蓄積していくにつれて、土壌が軟らかくなり、播種しやすくなります。

Q. 不耕起でタネをまいても、ぜんぜん発芽しないんですが……

A. 播種機の設定を確認し、覆土の量をチェック

　不耕起播種機を使った場合、種子が覆土されない場合がよくあります。覆土が十分でないと発芽しません。播種機の播種溝の設定と覆土板や鎮圧ロールの設定を慎重に行ないましょう。

　野菜苗を移植した場合、土が硬くて根が張らないときがあります。苗の大きさよりもやや大きく穴をあけて、穴底や苗との隙間に腐葉土などを入れ、根が伸びやすくすることが必要です。

A. 土が乾きやすいのでしっかり鎮圧。水を切らさない

　大きなタネ（エンドウ、エダマメ、キュウリ、カボチャ）は、有機物マルチにまき穴の分だけ隙間をあけてタネをまき、上から土をかけて、よく押さえる。小さなタネなら細かい土を被せてよく押さえておく。不耕起では団粒構造が発達し、土壌に穴があくので表面が乾きがちになる。しっかり鎮圧して毛管現象で下からの水分が届くように、有機物マルチもして、水を切らさない。

　苗の植付けも、ポットの鉢より少し大きい穴をあけてポトン

第1図　不耕起播種機
ナタ状の回転刃で播種溝をつくっていく

Q. 不耕起で緑肥はまけるの？ どうやってすき込むの？

A. 発芽力が強いので雑草や作物の立毛中に散播できる

緑肥は、発芽力が強いので不耕起播種に向いています。不耕起播種機があれば簡単に播種でき、発芽も良好です。

散播する場合は、緑肥の種子が土に直接着地することが大切です。雑草や作物も刈り取って残渣を粉砕したあとでなく、立毛中にそのまままきます。播種後に雑草や作物を刈り取ると緑肥種子が地面に落ちて土壌と接し、発芽できます。

生育した緑肥はすき込まず、地表面に倒してフレールモアで粉砕して土壌を被覆します。粉砕せずにローラークリンパーで根つきのまま倒す方法（世界で広がる「耕さない農業」の項参照）も注目されています。この状態でも不耕起播種機などで播種可能です。

Q. 肥料はどうやるの？ 元肥を土に混ぜ込めないよね？

A. 表面施用。機械で効率的に作業できる

肥料は表面施用です。不耕起播種機を使う場合、機械によっては施肥・播種同時作業が可能です。緑肥のあと播種するのであれば、緑肥の立毛中に施肥し、その後フレールモアで緑肥を粉砕。地表面と緑肥で肥料をサンドイッチ状にする手もあります。

A. 肥料は土にのせて、有機物マルチするだけ。楽ちんです

肥料は土の上にのせて、上からたっぷり刈り草や木材チップで有機物マルチすれば、徐々に効いてくる。楽ちんです。少々未熟の堆肥でも、作物から離せば大丈夫。私は果樹園の中に直接生ゴミをドスンと置いています。根際から離して、根圏のはじに置けば魚のアラでも大丈夫です。ただし、ちょっと臭ってハエがたかってきますが、私の農園の場合は放し飼いのニワトリがウジムシ大好き。ニワトリが毛並みつやつや、元気になります。

ところが、魚の骨が長靴の裏に刺さったり、一輪車がパンクしたりしました。今は魚はすべて堆肥にしてから畑にまいています。これものせるだけ。少々未熟でホカホカしていても、根際にやったり、土に混ぜ込まなければ、害はありません。自然の山林でも、大型動物が死んで腐敗したら、地上に転がったまま分解されていくだけで、植物が枯死することはあり得ません。

Q. 雑草はどうする？ 除草剤も使えないし、中耕培土もできないし

A. 緑肥で圃場表面を被覆。ダイズなら狭畦密植栽培がいい

まず、海外での慣行の不耕起栽培では、播種時にグリホサート系除草剤を利用し

第2図　不耕起土壌は表面が乾きやすいので、播種時には覆土の鎮圧と有機物マルチ、たっぷりの水が必要

ています。こちらは各農業試験場での成果報告があるのでご覧ください。

有機栽培による不耕起の場合は簡単ではありませんが、取組みが進みつつあります。今、私は茨城大学の実験農場でダイズの不耕起有機栽培に取り組んでいます。ここでは、まず、ダイズの播種前に、緑肥を粉砕した残渣で圃場表面を被覆し、雑草を抑制します。その後、狭畦（きょうけい）密植栽培（条間30cm、株間10〜20cm）でダイズを播種し、1週間ごとにアイガモン（世界で広がる「耕さない農業」の項参照）などの除草機でウネ間を除草します。3回くらい除草するとダイズが圃場全面を被覆し、そのあとはダイズの茎葉による被陰効果で雑草が抑制されます（作物別編「ダイズ―有機栽培の安定技術」の項参照）。

A. 段ボールと雑草を使って、どっさりマルチ

草丈の短い一年草であれば、草が見えなくなるまでどっさり有機物マルチをのせてください。枯れます。多年草はこまめに抜いていくか、すごくどっさりマルチしましょう。

私の場合は、段ボール箱を使ったマルチの上に有機物マルチを上乗せ。ここ小笠原村は本土から1,000km、行き止まりの島なので段ボールリサイクル事業は再び貨物船に乗せて、1,000km引き返さなければなりません。そこで、事業者から段ボールをもらって畑に敷き詰めています。3か月で土に戻ります。身近に入手できる資材で工夫しましょう。

Q. 不耕起に向く作物、向かない作物ってある？

A. 生育が早い作物が向く、ジャガイモやサツマイモは向かない

不耕起に向く作物は、生育が早い作物です。夏作物では、ダイズやソバ、飼料用トウモロコシなどです。この場合は、緑肥などとの組合わせで雑草を抑制し、前述の除草機利用などと組み合わせての対応となります。ムギ類やナタネなどの冬の作物では、雑草の生育速度が遅いので比較的多く適用可能です。

不耕起に向かない作物は、ジャガイモやサツマイモなどの根菜類などでしょう。私は、トマトやナス、ピーマンなどの果菜類の栽培にチャレンジしていますが、有機物マルチやリビングマルチ、ポリマルチをうまく使うと十分栽培可能です。

第3図　「ジャックと豆の木」みたいに育ったササゲ

第4図　勝手に育ったトウガン
1株から250個もとれた

不耕起とプラウ耕のダイズ圃場で生育を比較

不耕起

第5図 有機物マルチの上から不耕起播種

プラウ耕

第9図 耕深27cmで耕す

2020年7月

第6図　土壌水分が安定し初期生育を確保

第10図　初期生育はやや緩慢

2021年7月

第7図　集中豪雨でも排水良好

第11図　集中豪雨による滞水。プラウ耕でも冬作の緑肥を組み合わせた区では滞水なし

2022年8月

第8図　高温・乾燥でも生育確保

第12図　高温・乾燥による生育遅延

Q. 不耕起にしたら、収量は落ちるんでしょ？

A. 増収技術ではない。ただ、天候不順の年には慣行より多収する

不耕起は増収技術ではありません。土壌の攪乱を最小限とすることで、土のもっている生態的な機能を向上させ、省エネや省資源に結び付ける技術です。そのため、不耕起ですぐに増収とはいきませんが、まずは「ふつうにとれる！」ことを目指しましょう。

私は次のような問題を経験しました。まず、不耕起状態では圃場に凸凹などがあり、出芽がうまくいかないときがあります。播種時にタネをしっかり覆土するのが大切です。次に生育の初期に作物が雑草との競合に勝つこと。そのためには、播種前に緑肥の残渣などで圃場表面を被覆し、栽培初期の雑草を抑えることです。そのうえで、ウネ間を除草します。雑草は作物に比べて生長速度が格段に速いため、複数回の除草が必要です。その後、作物が圃場表面を十分に被覆できれば、慣行栽培と同じくらいの収穫が望めます。

私の経験では、降雨が多い年では圃場の排水が優れていて水没せずにすんだり、乾燥年では土壌水分が保持され生育が確保できます。天候不順の年には慣行栽培よりも増収することを確認しています。

A. 収量は落ちない。上がる場合もある

収量が落ちるようなら、どこかやり方がまずいかもしれません。私の畑（亜熱帯、沖積土壌）の経験が、すべての地域のマニュアルにはなり得ません。農業は百形態百様いろいろあるので、まず、自分の畑の栽培履歴、有機物含有量、生物相、降水量、露地かハウスかなどを調べ、観察し、研究・実践する。世界には不耕起にして、驚異的に収量を上げている経営者がたくさんいます。

私の場合、かなりの経費削減になりました。燃料費、肥料代、資材費など。収量が同じでも手元に残るお金が増えます。いくら収量を増やしても、赤字ならやめたほうがよいですよね。

毎年、昨年よりよくなっていく畑、生き物がいっぱいいる畑、災害に強い畑。やりたいことがいっぱい次々に思いつく毎日です。今年だけではなく、来年、5年後、10年後、50年後を夢見られる農業の基本があなたの目の前にあります。

Q. 不耕起にすると土の中はどうなるの？

A. 根、菌類、ミミズなどの働きで団粒化が進む

まず、作物の残渣が地表面に集積します。土壌中の好気的な場所に有機物が豊富にあることで、菌類（カビ）の密度が増加します。菌類は土壌の団粒化を促します。不耕起では、団粒化が耕うん区に比べて29％増加することを確認しています。これは、不耕起状態が団粒化を促すことを示していますが、団粒は年間にわたって形成と崩壊を繰り返します。したがって正確にいうと、不耕起にすると団粒が壊れないのではなく、冬の凍結などで壊れても菌類などの活動で再形成されるのではないかと考えています。

また、表層に張った根からの分泌物も団粒化を促進します。表層の豊富な有機物をもとに菌類が増殖し、作物の根からの分泌物とともに団粒形成を促し、さらにミミズなどの土壌改変者も団粒化を促していると考えます。不耕起は作物の根が張ってできた孔隙（根穴）をそのまま残すので、排水性もよくなり、豪雨時の湛水を防ぐ効果や、土壌有機物を貯留する効果も認められます。

（『現代農業』2023年1月号「不耕起なんてホントにできるの？ 気になる作業Q＆A」より）

第3部　有機農業の共通技術

省力低コストで異常気象に強い
——不耕起草生有機栽培

1. 経営の概要

(1) 傾斜畑で有機無農薬40年

　私は1947年に，カキ専業農家の長男として生まれた（第1図）。幼少期から虫や植物に興味があり，採集や飼育を楽しんで，食べられるものは食べた。高校で微生物に関心をもち，静岡大学農学部で応用微生物を学んだ。卒業後は食品会社で14年間，微生物関連の研究開発に従事。1984年春に帰郷し，夫婦2人で有機農家として就農した。

　就農時，慣行農法で農業を続ける両親が健在だったので，私たち夫婦は借地畑約70aと，両親がもて余していた水田35aで有機農業を開始。当初は緩傾斜畑で耕す農業も試みたが，間もなく不耕起栽培へ移行した。

　両親の高齢化に伴い，慣行農法のカキ園から有機栽培の野菜畑に切り替えつつ農地を継承し，2010年からは全私有農地1.5ha（畑1.4ha，水田12a）で不耕起草生有機栽培を続けている（第1表，第2図）。有機農業を志す研修生の受け入れも続け，就農時に借りた圃場は，研修を終えた若い新規就農者に委ねている。

　栽培品目はトマトやナスなど一般的な野菜類が約40種に，水稲やダイズ，カキやクリなどの果樹類，クレソンやフキなど半栽培の野草類など。鶏300羽弱を平飼いしており，有畜複合経営である（第3図）。コンニャクや柿酢，ジャムやジュース，干し芋や干し柿，漬物や餅，

第1表　経営の概要

経営面積	1.5ha（畑1.4ha，水田12a）
栽培品目	トマトやナスなど野菜類約40種 水稲，ダイズ，カキやクリなどの果樹類，クレソンやフキなど野草類 鶏300羽弱 コンニャクや柿酢，ジャムやジュース，干し芋や干し柿，漬物や餅，マムシ酒など

第1図　筆者（77歳）
（写真撮影：赤松富仁，以下すべて）

第2図　畑は全面不耕起で，イタリアンライグラスや雑草で覆っている
おかげで施肥はわずかで，灌水やポリマルチも必要ない。草はいわば「緑のソーラーパネル」と考えている

不耕起栽培・半不耕起栽培

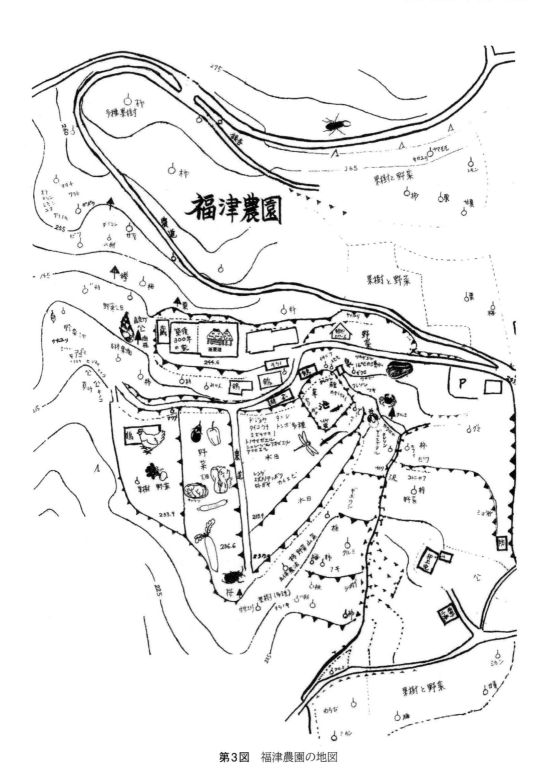

第3図　福津農園の地図

マムシ酒もつくる。

収穫した有機農産物はおもに、朝市で販売している。就農後すぐに豊橋有機農業の会に入り、有機農産物の朝市を提案。4名の生産者で始めて、以来40年、現在は約25軒の有機農家が少量多品目の農産物や加工品を持ち寄り、市内外から集まる消費者に毎週届けている。有機JAS認証は取得していない。長年の信頼関係のうえで成り立つ、いわば「顔認証」のみである。売れ残った品は、農家同士で物々交換することもある。なお、十数人ではあるが、個別配送による販売もある。

2. 技術のとらえ方と特徴

(1) 自然界の植物は耕さない土に育つ

農業＝Agriculture＝耕すというように、農業において、鍬や犂で耕すことは当たり前のことという先入観がある。

しかし自然界では、耕した土にタネが落ち、なおかつ覆土されることなどあり得ない。

一年生植物は秋、耕されていない地面にタネを落とし、自らは枯れてその上を覆い、わが子を鳥などから守る。枯れた地上部はやがて地面に密着し、タネが落ちた地表の湿度を保つ。そして春、適温になればタネが発芽し、根付いて育ち、花を咲かせる。

その積み重ねこそが、生産力豊かな土壌を形成する。これが自然の摂理である。農家の覆土とは、枯れた植物がタネを覆うのを、真似ているに過ぎない。

ベテラン農家は思い出してほしい。アゼ豆と親しまれた水田畦畔でのダイズづくりは、不耕起連作で、毎年豊作で美味である。同じく、アゼや畑の急斜面にこぼれ落ちたダイコンのタネが、驚くほど立派に育つのを見たことがないだろうか。また、アゼ草は年に何回も刈るのに、耕してなどいないのに、また旺盛に再生する。

こうした自然の植物を手本に、耕さずに秋冬野菜を直まきしてみると、これがじつにうまく育つ。農業＝耕作という先入観は、果たして理

第4図 根菜類のジャガイモも不耕起栽培
種イモを深く植え、2回ほど草を刈るだけ。ウネ立てや施肥、土寄せも必要ない

第2表 福津農園と慣行農業での持続性指標の比較

	福津農園	慣行農業
品目数	200	少品目
土壌炭素含有率（％）	4.96	2.13
大型土壌動物多様性分類群数	14	8
大型土壌動物現存量（g/m^2）	22.6	3.9
残渣の還元量（g/m^2）	200	0
農業粗収益（万円）	387.2	602.3
農業経営費（万円）	116.4	368.3
農業所得（万円）	270.8	234

注　慣行農業の経営データは、2017年農業経営費調査での露地野菜作の1経営体当たりの平均に基づく

『有機農業大全―持続可能な農の技術と思想―』澤登早苗・小松崎将一編著（コモンズ）p.304より引用

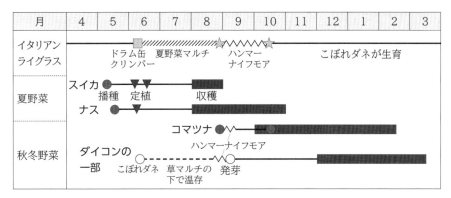

第5図　畑の作型図（一例）

(2) 不耕起草生で農業所得率70％

わが福津農園では，畑作に耕うん機を使わなくなって30年ほどになる。急傾斜地で果樹からの転換畑ということもあって，耕起するデメリットが目立ったこと。当時，環境保護活動の一環として市議会議員になり政治活動が超多忙になったこともあって，それまで少しずつ試してきた不耕起栽培に全面移行した。

耕さなくても，予想以上に作物はよく育ち，味がよい（第4図）。堆肥づくりも不要となり，省力化も著しい。宿根草やつる性雑草の対処はむずかしい面もあるが，耕すのと比べメリットは断然多い。農業資材や投入エネルギーがきわめて少なく，福津農園の農業所得率は70％である。

また，雑草を除草剤で枯らしたり，刈り取ったりもしない。邪魔者ではなく，太陽光をバイオエネルギーに変え，バイオマスとして土に還る，いわば「緑のソーラーパネル」だと考えている。

不耕起にして圃場を草で覆うことで，土壌の生物性，物理性，化学性は年々向上している。このことは，茨城大学の小松﨑将一教授や福島大学の金子信博教授らによる土壌生物調査によって実証されている（第2表）。炭素やチッソの収支が良好となり，生物多様性が豊かになる。

私は基本的に，害虫や病原菌，雑草などを排

第6図　野菜のタネを播種する場所に「ドラム缶クリンパー」をかける妻の妙子
空のドラム缶なので，女性でもラクに転がせる

第7図　倒したイタリアンライグラスをかき分けて苗を植える

第3部 有機農業の共通技術

除しない。そうした生きものといかに共存するか。それが不耕起草生有機栽培であり，地球環境の課題を克服できる農法と考えている。

以下，福津農園の不耕起草生有機栽培について，栽培のコツを紹介したい。

3. 不耕起草生有機栽培の実際

(1) 夏野菜は冬草を倒して播種

1.4haの畑は全面的に，雑草やイタリアンライグラス（以下イタリアン）に膝上くらいまで覆われている。イタリアンは牧草用に先代がまいて，こぼれダネで増え続けている。

作型図の一例を第5図に示す。夏野菜は5月初旬，植付け場所の草（冬草）を「ドラム缶クリンパー」で押し倒し，その茎葉をかき分けながら，土を軽く削って定植（カボチャやマメ類などは播種）する（第6, 7図）。

冬草は生殖生長期（出穂期）に入っているため，足で踏んだり，ドラム缶で押し倒したりするだけで，起き上がってこない。また，倒した草がマルチとなって，夏草もほとんど伸びてこない。

草を強く倒そうと，ドラム缶に水を入れたりする必要はない。重みをかけて草をベタっと地面に張り付けると，下の層の草が接地面からすぐに腐ってしまう。空のドラム缶でふわっと倒せば，雑草が生きながらえて実が熟し，またタネを落としてくれる。ドラム缶は空のほうが，持ち運びもしやすい。

マルチ効果も，強く倒したり刈ったりするよりも，長続きする。ふわっと厚みのあるほうが光を遮ることができ，夏草が発芽しても生育を妨げることができる。刈ってしまうと逆に，早々に分解されて，隙間から夏草が生えてくる。

倒した草の空間にはさまざまな生きものが棲みつき，作物の病害虫も減る。

草にボリュームがあって，苗に影がかかるようであれば，周りを少しだけ削ってやればいい。

ほとんどの野菜は無施肥で，ナスやピーマンなどのナス科野菜（トマトを除く）には植付け時に，鶏糞を少しだけ施す。また，イタリアンの生育が悪い（背丈が低い）場所にも鶏糞をやる。イネ科のイタリアンには根粒菌がつかないため，土の肥沃度をよく表わしてくれる。

あとは，収穫までとくにすることはない。生育中は灌水することもないし，追肥もしない。たとえばカボチャであれば，つるが伸び出すころにまたドラム缶を転がし，つるが伸びる場所を確保してやるくらい（第8図）。大玉トマトやナスなどの果菜類であれば，支柱に誘引するくらいである（ミニトマトは自然生えで，誘引いらず）。

(2) 秋冬野菜は播種後に夏草でマルチ

秋冬野菜は，冬の雑草よりも優勢に育つ。倒れた冬草の間から夏草が伸びて，9月には生殖生長期に入る。その夏草の上からダイコンやハ

第8図 カキ園に植えたカボチャ
つるを這わすためにクリンパーでイタリアンやヨモギ，ワラビの株を倒す。まだまだ生長盛んなヨモギやワラビは，体重をかけて押さえていく

不耕起栽培・半不耕起栽培

第9図　夏草やワラビが生い茂るなか，秋冬野菜のタネをばらまく（9月上旬）

第10図
まいた品種を農園の見取り図に書き込んでおく
ダイコンやマメ類などは自家採種するほか，農園などで固定種のタネを買う

第11図
播種した場所にハンマーナイフモアをかけて夏草を細切
地面に落ちたタネを草が覆って保護する

第12図
ハンマーナイフモアで細切された草が厚い層となり，タネを覆う。表土が保湿され，晴天下でも水やりなしで発芽し生育する。小鳥からも見えない

第13図
細切された草の分解が進む晩秋，ダイコンが元気に生育する。福津農園の畑で突然変異して生まれた品種で，「紅桜ダイコン」と命名した

第14図
ダイコンを引き抜くと，土がついているのは下だけで，大半は草に埋もれるように育ったことがわかる

第15図　草のベッドで育った赤カブ

クサイ，ミズナやカブなどのタネをばらまき，その直後にハンマーナイフモアで草を裁断，上にかぶせてマルチとする（第9～12図）。急斜面や果樹の幹の周りなど，ハンマーナイフモアが使えない場所は刈払い機を使う。

秋冬野菜のなかでは，キャベツやハクサイに元肥鶏糞を少量施す。また，夏草の生育を見て，土が痩せているエリアにも，鶏糞を事前に少量散布しておく。なお，施肥量が少しくらい多くても，周りの雑草や生きものが使ってくれるので問題ない。神経質にならなくてもよい。

あとは収穫まで待つだけ。ウネ立てもていねいな播種も，覆土も灌水も必要ない（第13～15図）。

(3) つる性雑草の叩き方

不耕起草生有機栽培で唯一やっかいなのは，宿根草やつる性雑草である。チョウセンアサガオやユウガオなど，鳥が運んでくるのか，いつの間にか生えてきて，作物を覆うように伸びる。ドラム缶クリンパーでは抑えられない。

ただしこれらも，ハンマーナイフモアを年に2回かけてやれば抑えることができる。6月の生殖生長のタイミングで1回，ほかの草へのダメージを減らすために，ハンマーナイフモアの刈り高さを5～10cm高くしてかける。9月にもう1回かけると，その後にまた伸びても，生長する前に霜が降りて枯れてしまう。

4．不耕起草生有機栽培のメリット

不耕起草生有機栽培は決してむずかしくなく，むしろシンプルでラクな農法ということがわかっていただけただろうか。最後に，長年の実践で気づいたメリットについてまとめたい。

(1) 山間地の条件不利を克服する

私が不耕起栽培に取り組んだ理由でもある。農業をやってみるとすぐわかるが，土を耕す作業が体力を一番必要とし，汗だくになり疲れる。耕うん機を使うとなんとラクで早いこと

か。広い畑はトラクタで耕したくなるわけだ。

しかし，山間地の小さい傾斜畑に大型機械は入れないし，オペレーターには転倒による命の危険も伴う。傾斜畑では，耕すたびに土が下がる（斜面の下のほうへ落ちる）。また，降雨時に土が流れやすくなる問題もある。

平地の四角い管理しやすい田畑と比べ，曲線美豊かな山間地の圃場を農機で耕すのは，時間もエネルギーもよけいに必要となる。これが，山間地農業が条件不利といわれる理由の一つである。山間地では，不耕起栽培こそが合理的な農法なのである。

(2) 石の多い畑でも問題ない

福津農園の畑は，蛇紋岩の層の上にある。石ころだらけで岩盤が浅いので，耕うん機で耕すとロータリの爪の摩耗や損傷が激しい。傾斜地なので，耕すと雨で土が流れやすく，ますます石ころだらけの畑になる。ほかの地層の圃場も重粘土に大小の石がたくさんあり，沖積土や火山灰土のようにラクには耕せず，コストもかかる。不耕起栽培にすることで，こうした問題も解消した。

(3) 果樹の樹冠下の空間が使える

不耕起栽培であれば，落葉果樹の樹冠下に秋冬野菜をつくることができる（第16図）。とくに8月に収穫が終わっているウメやプラムなどの畑は最適である。野菜の播種直後は果樹の葉が強い日射を遮ってくれ，日射量が減る10～

第16図　落葉果樹の樹冠下で秋冬野菜を栽培
冬草の間でミズナやカブなどが立派に育つ

第18図　イタリアンライグラス1株分の根
この根群が土を耕し肥沃にしてくれる

第17図　土壌の断面
地表近くは草の根穴と団粒化した土の層で、深いところにはフトミミズの穴が無数にある。もともとは蛇紋岩主体のアルカリ土壌で、炭素量が少なく重金属の多い、植物が育ちにくい土地だった

11月ころには落葉し、ちゃんと日が当たるようになる。

常緑果樹の下も使える。作物によって、光合成に必要な光の強さは違う（光補償点が異なる）。たとえば夏作物でもコンニャクなどは、強い直射日光と風がさえぎられる果樹園の枝下でこそ順調に育つ。

果樹下での野菜栽培は、単位面積当たりの収益向上はもちろん、リスク分散になる。有機栽培のなかでも果樹はとくにむずかしい。しかし果樹がたとえダメでも、コンニャクや野菜でカバーすることができる。その精神安定効果は大きいと実感している。

こうした栽培は、アグロフォレストリー（森林農法）や賀川豊彦氏が提唱した立体農業にも通じる。

(4) 有機物を堆肥化せず、そのまま活用できる

堆肥をつくらなくていい。じつはこれこそが、不耕起栽培の最大の特徴である。

地表面の落ち葉や敷草が土を保護し、多様な生きものがそこに集まってくる。その過程で作物がよく育ち、土壌が育つ。有機物が土に還った結果ではなく、農業にとっては、その過程こそが大切なのである。

植物や家畜糞を堆肥工場で堆肥にするのは、原材料がもっているエネルギーや機能をムダにするだけでなく、堆肥づくりのエネルギーまで余分にかけることになる。堆肥づくりは有機農業の手間を増やし、重労働で、結果的にエネルギー効率を悪化させる。

農業は本来、植物の光合成能力を利用したエネルギー獲得産業である。不耕起栽培によって耕起作業や堆肥づくりのエネルギーが不要になれば、農業の原点に立ち返ることができる。

(5) 排水性も保水性もよくなる

たとえばダイズを育てると、一般には秋の収穫時に抜き取ったり、汎用コンバインで刈り取ったりする。私は、こだわって、地際で刈り取っている。

残された根株は、トビムシやササラダニなどの土壌小動物や微生物が食い尽くして、1年もたたないうちに分解する。地中に残った根株の跡（根穴）は、空気や水の通り道となり、次に育つ作物の生育を助けてくれる（第17, 18図）。ダイズが生きている間は、土から水を吸い上げる通り道だったのが、死んだあとは雨水を土に返す道となるのだ。畑に生える雑草の大小さまざまな根穴も、同じように働く。

近年は、温暖化の影響で激しい雨が降るようになった。福津農園の圃場は傾斜畑だが、少々

激しい雨が降っても、土で濁った水が流出するようなことはなくなった。

近年はいっぽうで、干ばつもある。不耕起草生有機栽培の畑では毛細管現象が働き、深層水の給水性も目に見えてよくなる。果樹はもちろん、ナスやキュウリのような夏野菜であっても、晴天での移植時以外は水やりを必要としない。水やりをしないことでかえって根がよく伸びて、作物の出来や味をよくする。

一つひとつの根穴は小さいが、無数にあることで、まるでダムのように機能する。人工のコンクリート製巨大ダムのように、自然の生態系を壊すようなこともない。しかし耕せば、この根穴（ダム）は簡単に壊れてしまう。

なお、土壌の保水性に関しては、倒した草も一役買っている。強い日射を遮ること、地表と草との空間は湿度が高くなることで、水分が蒸発しにくい環境になる。

(6) 微生物が活躍し、無肥料でも育つ

植物は自らエネルギーを使って必要な栄養素を土壌から吸い上げるが、一部の栄養素は、微生物が調達してくれる。

微生物は植物の根から離れている栄養素を集めたり、土壌鉱物から溶かし出したり、大気中からチッソを取り込んだりする。微生物はそうした栄養素を自分でも使うが、一部を植物に供給してくれる。植物はその代わりに、微生物に必要なえさ（糖類）を根から分泌し、与える。土壌中に、植物と微生物の共生関係が成立しているのである。

植物が巧妙な仕掛けによって共生菌の働きをコントロールするメカニズムは、最新の科学によって解き明かされつつある。生育地による差は大きいものの、植物がこの仕掛けに使うエネルギー量は、光合成産物の約3割にも達するという。私はこの共生関係が機能するエリアを「共生域」と名付けて、大切にしている。

不耕起栽培を上手に続けると、数年で土地が肥沃になり、少肥栽培や無施肥栽培が可能になる。福津農園では基本的に、肥料もやっていない。これは、植物と共生する微生物のおかげである。耕起は、こうした植物と微生物の共生域を攪乱し、壊してしまう。

(7) 微生物が活躍する場をつくる

植物と共生する微生物や土壌小動物を殖やすには、地表面を有機物で覆う（マルチする）ことが大切である。

自然界では、光合成の仕事を終えた葉や草が、地表近くに集積する。これらは落ち葉や枯れ草となってなお、多様な役割がある。形が残っている間は、さまざまな生きものの隠れ処となったり、土壌を強い雨風や乾燥から守る。

朽ちた落ち葉や枯れ草はやがて、ダンゴムシやワラジムシ、トビムシやダニ類が食べ尽くし、分解する。ミミズは好んでこうした地表と地中を往復し、土を耕し、腐植を食べる。土壌動物の体内を通った有機物は団粒状となって排泄され、土をふかふかにしてくれる。そして最後は微生物が分解し、栄養素となって植物に吸われる。このような落ち葉や枯れ草の多面的機能をいかんなく発揮させ、役立てるには、不耕起栽培が合理的である。

有機物の分解を速くする市販の微生物資材などの投入は避けたい。エネルギーやコストのムダであるだけでなく、その土地の微生物の活躍を妨げてしまう。同じく過剰な施肥も、微生物の活躍の場を奪う行為だ。

繰り返しになるが、植物の健全生育にとって大事なのは、完熟堆肥や腐植ではなく、有機物が分解される過程である。

(8) 病害虫に強く、連作できるようになる

不耕起草生有機栽培では、病虫害がほとんど出なくなり、連作も可能になる。たとえばダイズはもう30年間、同じ場所で栽培し続けているが、連作障害どころか、出来はだんだんよくなっている。

考えてみれば、ダイズの根粒菌など、作物と共生するエンドファイトなどは、栽培するごとに増えるはずだ。そして、そのほかの微生物も増えるので、病原菌の活躍の場は奪われる。

病気が減るのは，草マルチによって雨粒による土跳ねが少ないという理由もある。これは，出荷調製がラクというメリットも大きい。

(9) 開墾や作目の転換にも不耕起栽培

果樹園を新しく山林から開墾する場合と，既存の果樹園の樹種転換でも不耕起栽培にメリットがある。

山林を果樹園にする場合は，もともと生えていた樹木を地際で切り，果樹苗を植える。あとはスギやヒノキと同じように下草刈りをしながら無施肥で育てる。

果樹園の樹種転換の場合も，大変な労力が必要な抜根作業がいらない。果樹の太い根も4〜5年すれば昆虫や微生物のえさとなり，ボロボロの軟らかい土になる。残った根穴は，空気や水を通すだけでなく，新たに植えた果樹の根が伸びる空間ともなる。幼木の生長効率がいい。

山林や果樹園を野菜畑に転換する場合も，抜根や耕うんはもちろん必要ない。せっかくの根穴は，次の植物に利用してもらうほうが合理的である。

執筆　松澤政満（愛知県新城市・福津農園）

2024年記

第3部　有機農業の共通技術

微生物が喜ぶ、土が肥える
ローラークリンパーで倒して敷き草に

北海道長沼町・有限会社メノビレッジ長沼

大量の堆肥散布、ボカシづくり

　北海道長沼町の「(有) メノビレッジ長沼」は、無農薬、無化学肥料による栽培を長年実践。1995年に就農した農場主のレイモンド・エップさんと妻の荒谷明子さんは、山間の水田を購入し、ムギやイネなどを作付けしている。

　お世辞にも肥沃といえない粘土質の硬い土をよくしたい一心で、牛糞堆肥を大量に投入し、飼っていたニワトリの糞や米ヌカ、クズ大豆を使ってボカシもつくってきた。多いときにはフレコン120袋分の自家製肥料を畑に入れ、耕してきた。少しずつ土はよくなっていたけれど、ボカシをつくったり堆肥をまいたりする時間と労力がものすごく、とにかく忙しい毎日。化学肥料を入れないことや、カキガラ入り堆肥を多投したことが裏目に出て、高pHによるジャガイモそうか病に悩まされたこともあった。

7〜12種のカバークロップで土を覆う

　転機は2018年、農場を訪れたフランス人の農家、ピエール・プジョさんが、彼の農場での取組みを話してくれたこと。土は耕さない、多種多様なカバークロップを育てて、つねに地表を覆う。これらを、草食の家畜に食わせることが土をよくする近道だという。そのころ、アメリカ・ノースダコタ州のゲイブ・ブラウンさんが書いた『Dirt to Soil（泥から土へ）』（日本語版は『土を育てる』、NHK出版）がベストセラーになっていた。ブラウンさんも、プジョさんと同様のやり方で約2,400haの農場を営んでいるという。大いに刺激を受けたレイモンド

第1図　レイモンドさん・明子さん夫妻が自作したローラークリンパー
（写真提供：メノビレッジ長沼、以下Mも）
刃のついたローラーが回転し、草の茎に折り目をつけながら押し倒していく

第2図
茎を切らずに折るのが目的なので、刃先は尖っていない（写真撮影：湯山　繁、以下Yも）

さんは、「日本でもできるはず」と、さっそく2019年に不耕起の圃場にムギやカバークロップを播種できるドリルシーダーと、ヒツジ8頭を購入した。

土壌の再生には、とにかく多様性が大事。カバークロップのタネもライムギ、エンバク、ヘアリーベッチ、ソバ、ナタネ、葉ダイコン、ヒマワリなど7～12種類まいて、草が伸びたらヒツジを放牧。といっても、電気柵で1日分の囲いをつくって、翌日は移動するやり方で、草は50％以上食べさせないという（それぞれの草の、下半分は残すイメージ）。

その程度なら、草はケガをしたと思って、根に糖（光合成産物による「液体炭素」）を移動させる。根が再生するとともに、その周囲にも多量の液体炭素が分泌され、根圏微生物が繁殖。団粒構造が形成される。こうして、土中に炭素が貯留されるとともに、地上部も早期に回復し、土がどんどんよくなっていく。一方、たとえば草を90％も食べさせてしまうと、根もほとんど死んでしまい、カバークロップの回復に時間がかかってしまうそうだ。

鉄工所でカットし、自ら溶接

春になるとカバークロップの草丈は1m以上にもなる。これを刈り取るのではなく、倒すための専用道具もつくった。それが、世界の不耕起栽培で広がりを見せる「ローラークリンパー」だ。開発元のアメリカ・ロデール研究所のホームページから設計図をダウンロードし、鉄工所に頼んで部材をレーザーカッターで切断。その後は自ら溶接した。1週間程度で完成し、材料や加工費で約40万円（当時）かかったそうだ。

ローラークリンパーは、中央の筒についた刃が草の茎を折ってダメージを与える仕組み。筒は水を入れられる構造になっており、草の量などに応じて重さを調節できる。目安は「茎が折れて生き残るけれど、切れない重さ」。さらに大事なのは、倒伏作業に入るタイミングで、6月に入ってイネ科のイタリアンライグラスなどの花粉が飛ぶころがよい。早すぎると再び起き上がってくるし、遅いと結実してしまう。後作でコムギをまくので、こぼれダネが野良生えするとやっかいなのだ。

「ベタッとではなく、ふわっとした状態」で倒れた草は1週間ほどで枯れ、生き草マルチの役割を終える。そのまま敷き草となって夏草の発生を抑えつつ、土壌を保湿。日陰になった土

第3図　ローラークリンパーをかけたライムギ（Y）
約20cm間隔で茎が折れていた。切れると、株元の節からヒコバエが出て、こぼれダネが雑草化。ムギ栽培時にやっかい

第4図　レイモンド・エップさん（Y）
1960年、アメリカ・ネブラスカ州の大規模農家に生まれ、カナダやアメリカでCSAを実践したあとに来日。2023年の圃場面積は18ha。ムギ4.2ha、ライムギ1ha、水稲1.3ha、牧草2～3ha、残りでカバークロップや野菜、ダイズなど。ヒツジ49頭、牛1頭。年間売上げ1000万～1500万円

第3部　有機農業の共通技術

第5図　7〜12種を混播したカバークロップ（M）
リジェネラティブ農業を支援するアメリカの種苗会社"Green Cover Seed"のウェブサイトを利用。育てる目的・アメリカの郵便番号などを入力すれば、その地の気候に合った草の種類と播種量が提示される。長沼町はペンシルベニア州アレンタウンとほぼ同じ気候だそうだ

第6図　オーチャードグラス、ヘアリーベッチ、クローバなどが生える圃場にヒツジを放牧（Y）
草は再生時に液体炭素を大量分泌（ときには光合成産物の4割程度）。土壌団粒の形成を促進する

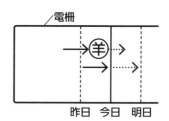

第7図　毎日1辺の電気柵を移動させると、ヒツジは常に新しい草を食べ、ほどよく均等に糞をばらまく
小面積（1日8aに49頭など）で毎日移動するのが大事。大面積だとムラが出る

壌表面の温度は20〜25℃と、微生物や土壌動物にとって最適の環境となり、順次下層から腐植層が堆積されていく。一方、これがむき出しの裸地状態だと、夏場は平気で60℃を超え、雨がダイレクトに当たって団粒構造を壊す結果となる。

2022年には、一部の畑でカバークロップを倒した跡にカボチャを植えた。春に一面に伸びたカバークロップを一列だけクリンパーで倒し、定植位置の土を削って苗を植える。倒していない部分にはしばらく風よけとして働いてもらい、カボチャのつるが伸びたところで倒してマルチにする。秋にはまるまると太った極甘のカボチャがたくさんとれた。

「とにかくラクになった」

リジェネラティブ。日本語で「大地再生」とも、「環境再生型」とも呼ばれるこの農法に変え、「とにかくラクになった」という。大量の堆肥を購入して、散布する労力、ボカシをつくる労力もいらなくなった。土の栄養は微生物が無料でつくってくれる。

以前は毎日やることをメモした「トゥー・ドゥー・リスト」にチェックを入れるのが日課だったレイモンドさん。今は、頭のなかで「ノット・トゥー・ドゥー・リスト」をつくる日々。ロータリはかけなくていい、ボカシはつくらな

第8図 越冬後のコムギを抜いた（M）
ひげ根に土がくっついている。団粒構造が形成されている証拠

くてよい、堆肥はやらなくてよい……。その代わり、毎日草を見て、虫を見て、風の動きを観察するのに忙しい。「スコップは一番大事な農具」と、土を掘り、土壌の状態をチェックするのも欠かさない。

執筆　編集部
（『現代農業』2023年5月号「微生物が喜ぶ、土が肥える　ローラークリンパーで倒して敷き草に」、2023年10月号「カバークロップとヒツジ放牧で大地再生農業」より）

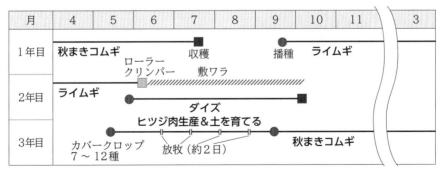

第9図　メノビレッジ長沼の作型の一例（約20aの圃場）
放牧するヒツジは49頭。圃場が小さいので放牧期間が2日と短い。3、4週間で葉が再生したら再放牧を繰り返す
カバークロップやコムギの播種は、モアで葉を短く刈り取り、ロータリで2cmほど根を削ってから不耕起ドリルでまく

緑肥は切らずに倒すだけ
ローラークリンパーを自作してみた

執筆　中野聖太（石川県小松市）

灌水設備がなくて大変

小さいころから農業をしたいという気持ちがあり、大学院を修了したあとで実家の農業を手伝うようになりました。就農したのは2016年ごろです。わが家ではおもに米とトマトを栽培し共選出荷。いくつか空いている畑があったので、直売所に出そうと3aの圃場でトウモロコシを栽培し始めました。

問題は水やりでした。カチカチの粘土質圃場で、雨が降ると表面はドロドロになりますが、地下まで水が浸透しません。畑には灌水設備がないので、ハウスの水を300lタンクに入れて軽トラで運び、ホースで株元に手灌水していました。朝夕2回やっても、夏場の高温乾燥でしばしば葉が巻き、水分不足の症状を呈していました。この状態では実がしぼんでしまいます。それに、規模を大きくした場合に手灌水などやっていられないので、何かよい方法はないかと調べてみました。

不耕起と緑肥で貯水量増！？

そのなかでいきついたのが、不耕起と緑肥を用いる方法でした。緑肥を組み合わせることで、団粒構造の形成が促進されて土が肥沃になり、貯水量も増加するそうです。これが事実であれば使えると思い、実験的に不耕起緑肥利用の栽培を始めてみることにしました。

緑肥のタネは秋にまきます。チッソ補充の観点からマメ科のクローバとヘアリーベッチを、また有機物補充と雑草抑制のためにイネ科のエンバクとイタリアンライグラスを混播しました。タネは手でバラまき。春になるとイネ科緑肥が伸びてきて、初夏に花が咲き、穂をつけます。その後、「ローラークリンパー」（後述）で倒していくと、緑肥が地面を覆い、文字どおり「リビングマルチ」（生きたまま被覆）状態に。そこへ、トウモロコシの苗を定植していきました。

緑肥の茎に折り目をつける

この方法は、海外のユーチューブ動画を見て参考にしました。日本では緑肥は耕うんしてすき込むのが一般的ですが、動画では緑肥をローラークリンパーで倒すだけ。すると根付きのまま枯れていくのです。

ローラークリンパーは、ローラーに一定の間隔で刃がついている機械です。圧力をかけながら緑肥の上を走り、なぎ倒していくことで、緑肥の茎に折り目をつけます。すると茎に養水分が通らなくなり、枯れていくそうです。

日本にはローラークリンパーがなかったので、管理機にアタッチメントとしてつける小型のものを真似て自作してみました（第2図）。部品はホームセンターで揃えました。

溝を切って移植器を押し込む

初めて使ったのは2022年。4月、緑肥が大きくなり、春の植付けに間に合わせようとローラークリンパーを走らせました。走った跡を見ると、きちんと倒れて茎にはローラークリンパ

第1図　筆者
両親は慣行農法でイネ3ha、トマトハウス10a。これを手伝いながら、3aの露地でトウモロコシや直売所向け野菜を栽培

第2図 刃にはL字アングルを利用
ローラーが回転して、緑肥の茎が折れ曲がる。走行時にはフレームの上に重しを置いて圧を調節する

つくり方

① 15cm径の塩ビ管にハウスカーの交換タイヤをはめる。
② 塩ビ管に穴をあけて、幅3cm、長さ30cmのL字アングルを10cm間隔で固定（ローラーが完成）。
③ 2cm角の鉄角パイプに穴をあけて、リベットでローラーを取り付ける。
④ 人力マルチャーがあったので、そのフレームにローラーを取り付けた。
⑤ テーラー牽引ヒッチを購入し、マルチャーを管理機に接続して完成。

第3図 ローラークリンパーで茎についた折り目

ーがつけた折り目も見られました。しかし、1週間ほどすると枯れるどころか起き上がってきました。まだ、穂も出ていなかったので、早すぎたようです（海外では穂が7、8割出た段階で倒す）。

緑肥が青い時期に枯らすことを断念し、穂が出終わって自然に茎が黄色く硬くなるのを待ちました。6月中旬、この状態の緑肥をローラークリンパーで走ると、枯れた緑肥のリビングマルチが思いのほかよくできました。

7月後半、リビングマルチのもとでトウモロコシの夏秋栽培を始めました。畑は不耕起にし

第3部　有機農業の共通技術

第4図　枯れたエンバクとイタリアンライグラスで覆われた不耕起土壌に定植したトウモロコシ苗

第5図　マルチの下の土はコロコロに 以前は雨降り後に長靴がドロドロになったが、今は土がくっつかなくなった

てからまだ3年目で土は硬い状態なので、芝の根切り用のターフカッターで溝を切り、移植器を溝に押し込んで植え穴を広げて苗を落としていきました。不耕起では元肥を入れられないため、肥料は追肥で施用。灌水時、水に尿素と塩化カリを溶かして与えるのに加え、雨前には高度化成などを株元散布するようにしました。

トウモロコシの生育はおおむね順調で、リビングマルチのおかげもあってか、それまで毎年1日2回していた灌水が1回でよくなり、前年までの萎びた姿もありませんでした。

＊

今回、水分貯留と雑草抑制の効果を実感しま

した。緑肥をすき込まないローラークリンパーの成果といえそうです。肥料が少し足らなかったようで果実は若干小さめでしたが、不耕起と緑肥を継続すれば食味の向上もねらえるようなので、大いに期待しています。

ローラークリンパーの使いこなしは、まだまだこれからです。緑肥を思った時期に枯らすには、機械の改善はもちろん、土地環境や緑肥の選択も重要になってきます。これからも試行錯誤を繰り返し、多様な選択肢から私の栽培における最善の方法を模索していきたいと思います。

（『現代農業』2023年1月号「緑肥は切らずに倒すだけ　ローラークリンパーを自作してみた」より）

手に入りやすい、草倒しの機械たち

ローラークリンパー（美善）

不耕起・草倒し栽培の広がりを受け、日本の農機具メーカーも専用機械の開発に取り組み始めている。山形県にある（株）美善はローラークリンパーの開発に取り組んでおり、2024年春から販売も開始した。現在はオーダーメイドで、トラクタに装着する幅3mのタイプや、管理機（耕うん機）に装着する幅1mのタイプ、手押しのタイプなども試作している（第1、2図）。

リボーンローラー（スガノ）

スガノ農機（株）から発売されたのは、「リボーンローラー」（復活・再生ローラー）。ローラーや刃の構造はローラークリンパーと同じだが、こちらは「草を刈らずに押し倒して、マルチ効果をねらう」のではなく、「刈り込んですき込み、腐熟を促す」のが目的の作業機。トラクタの前方に取り付け、後方のプラウと組み合

わせて細断・粉砕・すき込みを一度に行なうのが基本だが、草丈が低めの緑肥は単体で後方に装着することもできる。

フットクリンパー

家庭菜園や小規模の圃場で活躍するのが、自分の足で踏んづける「フットクリンパー」だ。角材にL字のアングルを取り付けただけの構造で、簡単に自作可能。アングルを地面側にして踏むことで、カバークロップを押し倒しつつ、アングルの角で茎に傷をつける。1人用なら40～50cm幅、2人用なら80～90cm幅にして、両端にヒモをつけて踏みながら前進する（第5～7図）。ただし、強く踏んで傷をつけないと、倒した植物がすぐに復活してしまうので注意が必要だ。

執筆　編集部

（『現代農業』2023年5月号「耕作放棄地の雑草、緑肥の細断・粉砕に　リボーンローラー」、「手つくり草倒し器　足で踏んづけるフットクリンパー」より）

ローラークリンパー

第2図　管理機に装着するタイプ

第1図　トラクタに装着して使用するタイプ（写真提供：(株)美善、第2図も）

リボーンローラー

第3図　後方に装着。重さ5.5t、130馬力以上の大型トラクタで、時速6～14kmの高速作業が可能（写真提供：スガノ農機、第4図も）

第4図　ローラー内にホースで水を入れることで、接地圧を調整できる

作業幅は2.5mと3mのタイプがある。価格は2.5m幅タイプで184万8,000円（税込）

フットクリンパー

角材　L字アングルを重ねて固定

第5図　フットクリンパー

第6図　ペアを組んで息を合わせて倒していく（2人用の場合）

第7図　1人での作業。小さな圃場ならこれで十分

（写真提供：金子信博）

ライムギ押し倒しはロータリでできる
——不耕起播種機も自作した

執筆　和田　徹（北海道小清水町）

第1図　ライムギ畑に立つ筆者

ローラークリンパーが手に入らない

経営面積33haで、マメ類を中心に畑の6割ほどを有機栽培で育てています。

「ライムギの押し倒し栽培」を初めて知ったのは、2021年ころにデイビッド・モントゴメリー著『土・牛・微生物』という本に出会ったときです。米ロデール研究所のジェフ・モイヤー氏の有機不耕起栽培の実践について書かれている箇所を読み、「こんなワザがあったのか！」と目からウロコが落ちた思いがしました。

わが家は15年近く前からライムギを育てていましたが、それをそのまま倒してマルチに利用できるなんて、本を読むまでは考えつきもしませんでした。この方法でマメを栽培できれば作業を大幅に省略できるし、わが家の畑がもっと面白いことになると思い、翌年の実験に向けて準備を開始しました。

通常ライムギを倒すときは、ローラークリンパーという専用機械をトラクタに取り付けて押し倒すのが一般的です。しかし、当時は国内販売がなく入手するのはむずかしい。まだ試験栽培の段階なので、鉄工所に作製を依頼するほどの予算は考えていなかったし、自作する技術もありませんでした。

最初はとりあえず、鉄鋼アングルやロープなどを使った簡易の足踏み式クリンパーをつくり、実験することにしました。1aくらいの面積で、クリンパーを踏んでライムギを前方に押し倒し、茎をポキポキ折っていく。アングルは重いし、自分の背丈ほどもあるライムギを押し倒していくのも大変で、1aとはいえなかなか骨が折れました。

ロータリを自転させて踏み倒す

なんとかローラークリンパーを自作しないといけない、と思い始めていたころのこと。レイモンド・エップさん率いる「大地×暮らし研究所」主催の講座を受講していたとき、美幌町の石田さんが、カバークロップのヒマワリを倒す際にロータリのPTOをグランド（トラクタの車速と連動）状態にして引っ張ったところ、うまく倒れたという話をしていました。6月になって出穂したライムギを見ていたとき、「ライムギもロータリで倒せるのでは」と思いつきました。そこで、ライムギの開花が終わって少し経った6月14日、ダメもとでやってみたところ、人の背丈ほどもあるムギがロータリ爪の回転でみごとに倒れていったのです！

自分の場合、PTOシャフト自体を抜き取ってしまって、完全にロータリの自転にまかせた空走りでやってみました。爪がライムギの茎を踏みつけながら回って、最後はカゴローラーでベタッと押さえつけるためか、すぐに起き上がってくるライムギはありませんでした。

数日経つと、倒れたまま色の抜けてきたライムギが目立つようになってきました。それでもところどころ起き上がっているものもあったため、1週間ほどしてからもう一度ロータリで同じように踏んでみました。しかしこのときに

第2図 ロータリでライムギを押し倒す
ロータリの自転まかせ。爪が自転することでライムギが倒れ、茎が折られて再生しにくくなる。ローラークリンパーと同じ理屈

第3図 7月9日の大正金時
ライムギは完全に枯れたが、赤クローバが再生してきており少し心配

は、倒れて根の弱ったライムギが、転がる爪に巻き取られてしまうことがしばしばありました。2回目の草倒しをする際は、もう少し工夫が必要なようです。

ロータリの自転だと爪が滑らかに回らず、ときおり何かの拍子に回転が止まることがありました。もしかすると、石田さんのようにPTOをグランドにしたほうが、うまくいくのかもしれません。課題はあるものの、ローラークリンパーがなくてもロータリである程度代用できることがわかりました。

播種機を自作してライムギ絨毯の上から播種

次に出てくるのは、どうやってマメをまくのかという問題です。耕起栽培であれば、既存の播種機を使ってまくこともできるし、いよいよになれば条（すじ）をつけて手でまくこともできます。しかし、ライムギの絨毯の中でそれは不可能。とはいえ、しゃがんでシャベルで穴を掘り、1粒1粒まくのは気の遠くなる作業です。

そこで思いついたのが、当地で馴染みのあるビートの補植器を利用することでした。これなら立ったまま補植器にマメを落とすだけで、土の中へと入っていきます。そもそも草倒し自体が足踏み式で小面積だったので、2023年までの2年間はこのやり方で実験しました。

しかしながら、これではいつになっても大きい規模では使えない、何とかならないかと考え続けていました。かといって、500万円を超えるような不耕起播種機を買うのも現実的ではありません。それなら自分でつくったらよいのではと思うようになり、2024年5月から製作に取り掛かりました。製作といっても、イチからすべてつくるのは溶接歴2、3年の私にはハードルが高く、播種時期も差し迫っていたので、わが家で余している中古機械を材料に利用することにしました（次ページ左下）。北海道の畑作地帯であればどこにでもあるような機械を組み合わせています。

マメ播種機をベースとし、ディスクコールターを新たに取り付け、ディスクオープナーも新しいものに取り替えました。前方のコールターが麦稈など地表にある硬い有機物を切り裂きつつ溝跡をつけ、後方のオープナー（タネの排出部を挟む）がそこをこじあけて差さり込み、中にタネを落としていく仕組みです。両者がちゃんと同じ場所を通るかどうか想像を巡らしながら、ぶっつけ本番で溶接していきました。

一番のミソは、オープナー部分を上から押し込むのに「バネ式平行リンク」を採用したこと。動画サイトで海外の不耕起播種機を見ていて気付いたのですが、播種部のオープナーを地面にしっかり差し込む仕組みが、日農機製工（株）の除草用カルチベータにあるバネ式平行リンクとよく似ているではありませんか。であれば、

第3部　有機農業の共通技術

第5図　コールターの後ろにオープナーを配置
バネ式平行リンクがコールターでつくった裂け目にオープナーを食い込ませる仕組み。カゴローラーは鎮圧輪代わりで、播種深度調節も兼ねる

不耕起播種機の材料

- **マメ播種機**：機械のベースをなす。サークル機工（株）製の施肥同時播種機。元は4条まきだったが2条に減らした。
- **カルチベータ**：日農機「NCK」にある、バネ式平行リンク機構部分を利用。オープナーを下にしっかり押し付ける役割。
- **ディスクコールター**：元の播種機にはないため新規取り付け。サンエイ工業（株）ビートハーベスターのコールターを使用。地表のごつい残渣を切り裂けるものなら何でもよい。
- **ダブルディスクオープナー（播種部）**：元の播種機のオープナーが古く小さいため取り換え。Junkkari社グレンドリルの施肥部を使用。径が30cmほどと大きくてよい。

第4図　不耕起播種機での播種（6月14日）
機械が走ったあとに溝ができている。コールターが分厚いライムギを切り裂き、できた溝にオープナーが差さり込んだ

この部品さえ組み込めば、オープナーを地面にしっかりと押し込み、安定して作溝・播種できるのではないかと安易に考えたわけです。

ちゃんと溝にタネが落ちた

とりあえずまけそうな状態までできあがったのが6月14日。ライムギを倒すタイミング的にはちょうどよさそうだったのですが、ダイズの播種適期はとうに過ぎていたので、もう少し登熟期間が短くてすむ'大正金時'とアズキをまくことにしました。

ロータリでライムギを押し倒した圃場に、おそるおそる試作機を下ろして作業を開始。ディスクコールターが麦稈を切り裂いて土に差さり込み、その後ろにあるダブルディスクオープナーが沈み込んで、開いた溝にタネを落としているのを確認できたときは感動しました。

10aほどの試験的な播種でしたが、実用上問題なさそうなことはわかりました。専用の鎮圧輪の製作や、コールターにライムギが絡まるなどの問題は次年度への宿題になりました。

草倒し時期と播種適期をどう合わせるか

ライムギ押し倒し栽培の試験をやってみて浮かんできた課題が、倒すのに最適な時期（開花終了後の乳熟期）まで待っていると、ダイズの播種適期に間に合わないことでした。当地では、一般的にダイズは5月中、アズキは6月初旬までにまかないと、減収、もしくは秋の登熟が遅れて収穫できなくなるリスクが出てきます。試験栽培でのダイズ播種は、2022年が6月22日、2023年は6月9日となり、一般栽培より登熟が遅れるし草丈は低く、芳しい結果は出ませんでした。

この問題を回避するために考えられることは以下のような点です。

・より早生のライムギ品種を利用する。
・ダイズの播種を先にしておいて、その後ライムギの乳熟期になり次第押し倒す。
・ダイズは諦めて、'金時豆'など遅まきでも登熟しやすいマメを栽培する。

ライムギ押し倒し不耕起栽培は、日本ではまだまだ実践者が少ない分野です。試験栽培におけるコストは、播種機の自作や機械の工夫次第でかなり下げられると思います。今後取り組んでみたい方の参考になれば幸いです。

（『現代農業』2024年10月号「ライムギ押し倒しはロータリでできる　不耕起播種機も自作した」より）

不耕起・省耕起は根粒菌や菌根菌にも優しい

執筆　臼木一英（北海道農業研究センター）

省耕起の微生物への影響はあまり知られていない

　田んぼや畑のことを「農耕地」と呼ぶことがあるように、農業を営むうえで田畑を耕して作物を植え付けることは当たり前のように考えられています。しかし耕すほうが、不耕起や省耕起（以下、省耕起と統一）より生産性が高いという考え方が必ずしも当てはまらない事例もあります。

　プラウ耕ではすき床の硬盤化が進み、ロータリ耕では生物孔隙や土壌団粒の破壊、土壌有機物の分解促進や有機態チッソの無機化による肥沃度低下などの問題が指摘されています。現在こうした耕起による悪影響が少ないことが、省耕起の利点であるとの理解が深まりつつあります。

　省耕起を導入する動機としては、労働時間の節約、投入エネルギーや資材の節約、土壌侵食の軽減など、経済的な理由や環境保全への関心が考えられます。このようによいことづくしのような省耕起ですが、根圏微生物への影響については情報が乏しく、本稿ではとくに作物と共生する有用な根粒菌やアーバスキュラー菌根菌（以下、菌根菌）の、省耕起による活用方法や有害なセンチュウに与える効果について紹介したいと思います。

根粒の着生をよくする

　冷涼な気象条件下では、チッソの無機化の遅れや根粒の着生不良によってダイズ子実が低タンパクに陥りやすいことが報告されています。しかし根粒の着生に省耕起が及ぼす影響はよくわかっていませんでした。そこでプラウによる耕起の有無がダイズの根粒の着生、生育および収量に及ぼす影響について調査しました。

　その結果、前作の違いにかかわらずプラウ耕を行なわない省耕起（不耕起～浅耕）ではダイズの根粒着生と初期の生育が促進される可能性がありました（第1表）。根粒の着生が向上した省耕起ではチッソの吸収量も多くなっていたことから肥料の節減にもつながる可能性があります。収量にかかわる要因は多岐にわたることから一概に結論を導くことはできませんが、根粒数が増加することが増収にも優位に働くと考えられます。またその後の調査で、省耕起によってダイズの根粒着生が促進された理由のひとつとして、前年秋のプラウ耕を省くことで表層近くの根粒菌の密度が高まることが考えられました。

菌根菌を元気にしてリン酸を効率的に利用できる

　わが国の畑地に多く分布する黒ボク土ではとくにリンが難溶化して利用率が一般的に低いことから、諸外国に比べて日本のリン消費量は相対的に多く、それらを輸入に頼っています。

　いっぽう作物のリン吸収を助ける微生物に菌根菌があります。菌根菌は寒くなると胞子をつくりますが、もし夏の間に共生する宿主作物を栽培しないと、菌根菌は胞子を殖やすことがで

第1表　耕起法の違いが根粒着生およびチッソ含量、地上部重に及ぼす影響

（臼木、2007）

	開花期			最大繁茂期	
	根粒着生数（個/株）	地上部重（g/株）	地上部チッソ含量（%）	地上部重（g/株）	地上部チッソ含量（%）
省耕起	150	10.87	4.18	506.0	4.50
普通耕	99	9.22	4.18	384.8	4.46

注　省耕起：前年秋に不耕起、春に5cmのロータリ浅耕
　　普通耕：前年秋にプラウ耕、春に15cmのロータリ耕

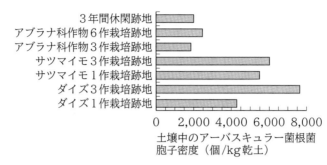

第1図　菌根菌宿主作物と非宿主作物、および何も栽培しなかった（休閑）跡地の菌根菌胞子密度（臼木・山本、2003）

第2表　前作の違いによる菌根菌胞子密度と、後作トウモロコシへの感染率

（臼木ら、2007）

前作作目	可給態リン酸含量 (mg/kg)	胞子密度（個/kg）	感染率（％）	
	トウモロコシ播種前	トウモロコシ播種前	耕起	省耕起
エンバク （登熟期収穫）	303.5	427	48.7	76.4
コマツナ後に エンバク （出穂期収穫）	299.0	432	41.9	54.3
エンバク （出穂前収穫）	294.5	477	20.9	37.4
コマツナ	296.6	345	16.3	28.4

注　耕起は表層15cmのロータリ耕。省耕起は春に播種溝のみ作溝

きずに密度が減少します。菌根菌の共生しない非宿主作物のアブラナ科作物（キャベツ、ダイコン）を栽培した跡地と、宿主作物のサツマイモ、ダイズを栽培した跡地の菌根菌胞子の密度を比べると、宿主作物の跡地のほうが非宿主作物の跡地や何も栽培しない（休閑）跡地より3～4倍に高まる結果を得ています（第1図）。

化学肥料の価格高騰の波が押し寄せている現在、菌根菌を活用して土壌からのリンを効率的に利用する技術は評価が高まっています。その一例として、耕し方の違いによって菌根菌の共生の程度を高める方法があげられます。すなわち土壌が攪乱されず、土壌中に張り巡らされた菌糸のネットワークが維持されていれば、作物に感染してからすぐに菌糸を通じて土壌からリンを作物に送り込むことができると考えられています。

実際にトウモロコシの生育は前年の夏作が菌根菌の非宿主作物の跡地では劣りますが、非宿主作物を栽培した後作に冬作として宿主作物（エンバク）を栽培し、その跡にトウモロコシを不耕起栽培することによって、トウモロコシへの菌根菌感染率が向上するとともに生育も促進されました（第2表）。とくにトウモロコシの播種前まで継続してエンバクを作付けることで菌根菌感染率の向上がはかられました。これはトウモロコシ播種直前の宿主作物の栽培が重要な役割を担っていることを示し、その要因の一つとして菌根菌の外生菌糸ネットワークの保護が関与している可能性が考えられました。先

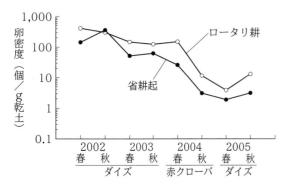

第2図　赤クローバとダイズの栽培に伴うダイズシストセンチュウ卵密度推移（深さ0〜15cm）（田澤ら、2008、一部改編）

に示したダイズの初期生育促進についても同様な理由によって菌根菌の感染が省耕起によって向上したと考えられます。

有害センチュウを少なくする

近年のダイズの作付けの拡大、とくに連作の増加に伴い、ダイズシストセンチュウの被害拡大が懸念されており、耕種的防除法の確立が望まれています。そこで耕起法とダイズシストセンチュウの対抗植物の導入との組合わせが、ダイズシストセンチュウ卵密度の推移に及ぼす影響を調査したところ、省耕起を継続することでロータリ耕に比べ低い密度で推移する結果を得ました（田澤ら、2008）。

この理由として、土壌攪乱が少ないことやシストセンチュウの卵に寄生する天敵微生物の検出率が高いことが考えられます。さらにセンチュウ対抗植物である赤クローバを栽培することにより卵密度は低くなり、後作ダイズによる卵密度の増加も抑えられ、ダイズ収穫時の卵密度は被害許容水準を下回りました（第2図）。

以上のように、対抗植物を前作とする浅耕の継続はそれらのもつダイズシストセンチュウの密度の抑制効果を増進すると考えられます。

（『現代農業』2011年10月号「省耕起は根粒菌や菌根菌にも優しい」より）

不耕起栽培圃場の健全性と土壌生態系

(1) 不耕起栽培の動向

①日本での不耕起栽培の経過と現状

耕すことが農業の基本と考えられているが，じつは日本では，不耕起栽培が今まで何度も注目されてきた。

まず，1970年代のオイルショックのときに，エネルギー価格が上昇し，化石燃料の限界が問題視されたため，省エネルギーの観点から注目された。次に，2000年代には，気候変動への対応策として，農業生産での化石燃料由来の温室効果ガスの削減が焦点になり，不耕起栽培が注目された。さらに，水田の転作対応の一環としても，適期播種の手法として関心を集めた。

これらの関心に応えるために，日本ではさまざまな不耕起播種の機械が開発された。こうした研究を通じて，不耕起栽培技術が一定の収量確保や省力化，省資源化につながる成果も報告されている。しかし残念ながら，日本では農業の生産現場で広く定着することはなかった。

②欧米での不耕起栽培の広がり

一方，欧米では，不耕起栽培が広く採用されている。とくに，ダストボウルなど土壌侵食の抑制対策が求められるなかで，1980年代には，オハイオ州立大学のラタン・ラル（Rattan Lal）教授が，不耕起栽培による土壌の炭素貯留（炭素隔離）の効果を報告した（Lal, 1999）。

この土壌の炭素隔離については，「京都議定書」以降，温室効果ガスの吸収源として位置づけられ，「パリ協定」でも農業分野での温暖化緩和策として重要な位置を占めている。

現在，アメリカでは，畑の輪作作物の少なくとも1作物が不耕起で生産される耕作地が，全体の約87％になっている。

③日本と欧米で異なる不耕起栽培の考え方

筆者が，ノースカロライナ州立大学で持続的農業研究プログラムに参加したとき，日本と欧米では不耕起栽培に対する考え方が大きく異なることに驚いた。日本の研究では，不耕起栽培は省力化や低コスト化として注目されていたが，アメリカでは，不耕起栽培による土壌の健全性改善の効果に着目した視点で研究されていた。

しかし，不耕起栽培がなぜ，土壌改善につながるのだろうか。この点については，すでに金沢（1994）によって詳細に報告されている。本稿では，この報告を踏まえながら，最近の研究成果も含めて，不耕起栽培と自然農法などについて環境再生の視点からあらためてみていきたい。

(2) 不耕起が注目される背景

① EUでの「Soil Health Law」策定の動き

土壌劣化は世界中で生じており，農業生産活動そのものによっても生じている。国連食糧農業機関（FAO, 2015）は，世界の土地の25％が「著しく劣化」していて，「軽微に，あるいは中程度に劣化した」土地は44％，「改良途上にある」土地は10％にすぎないことを報告している。

この状況から，EUでは，食料，生物多様性，環境，水の安全保障の観点から，新しい「Soil Health Law」の策定の動きが活発化している。Soil Healthは，直訳では「土壌の健康」であるが，日本では「病気にかかりにくい土」というイメージがある。

これに対して欧米では，土壌がもつ機能を維持，向上させることを意味し，「活力ある生きた生態系として機能し，植物，動物，人間を支える土壌の継続的な能力」と捉えられている（村本, 2015）。そのため，「土壌の健全性」という表現のほうが適切だと考えられる。では，どのような農業が土壌の健全性向上に役立つのだろうか。

②「環境再生型農業」の提唱と不耕起栽培への関心

その答えの一つが，「環境再生型農業」（リジェネラティブ農業）である。これは，不耕起や草生，輪作や混作などを通じて，土壌の健全

性を回復し，土壌炭素を貯留し，生物的な多様性を取り戻す農業生産の在り方を意味する（Newton *et al.*, 2020；Schreefel, 2022）。

世界的な企業も環境再生型農業の推進に意欲的である。世界的食品会社であるネスレは，2025年までに主要な原材料の20％を環境再生型農業によって調達し，2030年までに50％にすることを目標に掲げている。また，アウトドアブランドのパタゴニアは，環境再生型の有機農業としてリジェネラティブ・オーガニック認証の取組みを開始し，環境を再生する農業を通じて生産された農産物に焦点を当てた食品事業に着手している。

日本の農業関係者には「環境保全型農業」という言葉がなじみ深い。農水省では「農業の持つ物質循環機能を生かし，生産性との調和などに留意しつつ，土づくり等を通じて化学肥料，農薬の使用等による環境負荷の軽減に配慮した持続的な農業」と説明されている（農林水産省，2016, HP）。

では，環境再生型農業と環境保全型農業の違いは何だろうか。環境保全型農業は，従来の農業生産方式がもたらす環境負荷を軽減する取組みである。一方，環境再生型農業は，農業自体の生産方式を変え，生態系に根ざしたアプローチによる取組みで，生産方式を変えるという点で不耕起栽培に高い関心がもたれている。

③日本でも不耕起栽培は有効か？──検証試験の実施

しかし，日本のようなアジアモンスーンの気候条件では，はたして不耕起栽培が土壌炭素貯留に有効なのか疑問である。欧米では科学的確認がなされつつあるが，日本での長期輪作試験は，研究データが不足している状態である。

そこで，筆者らは茨城大学農学部国際フィールド農学センターで，2003年から農耕地の炭素貯留と作物生産性についてモニタリングしている。このモニタリングでは，耕うん方法（不耕起，プラウ耕，ロータリ耕）と冬作のカバークロップ利用（ヘアリーベッチ，ライムギ，裸地）を組み合わせ，さまざまな条件で作物を栽培している（第1図）。本稿では，この実験結果について「長期輪作試験」として紹介する。

また，日本の不耕起栽培による有機農業の代表的な手法として自然農法がある。自然農法についてはいろいろな手法が取り上げられているが，私たちは耕さず，草を一定程度管理する自然農法について注目した（鏡山・川口，2007）。そして，施肥は米ヌカボカシを年間100kg投入するのみで，不耕起で雑草を刈り取りながら栽培する不耕起草生区と，乗用型トラクタによる耕うんを行ない，雑草の繁茂を抑える清耕区の比較圃場試験を，2008年から開始している（第2図）。本稿では，この実験結果を「自然農法比較試験」と略して紹介する。

(3) 不耕起栽培の収量

①欧米での検証

耕さない不耕起栽培の収量はどのくらいなのか。それは必ずしも増収技術とはいえない。

第1図 「長期輪作試験」圃場でのカバークロップ生育状況（左）とダイズ栽培（右）

第2図 「自然農法比較試験」の圃場全景（左）とミニトマトの栽培状況（右）

ピッテルコウら（Pittelkow et al., 2015）は世界中の610の研究事例を分析して，不耕起栽培と慣行耕うん栽培での作物収穫量を比較し，不耕起栽培は一般に収量が低下することを示している。

しかし，作物残渣やカバークロップの利用などを組み合わせ，適正に輪作することで，不耕起栽培の収量減少を最小化できることも指摘している。

②アジアでの検証

前述の研究はおもにアメリカ大陸やヨーロッパを対象としているが，アジアについてみよう。筆者の研究室のハシミ（Hashimi et al., 2023a）は，アジア諸国で報告されている査読済みの出版物から，不耕起と慣行耕うん体系の土壌炭素貯留や作物生産性を比較し，アジアでの不耕起栽培の効果について検証した（第3図）。

この研究では，コムギとダイズの収量は不耕起と耕うんで同等であるが，米の収量は耕うんのほうが高いという結果が得られた。そして，これらの作物を全体的にみると，不耕起栽培と耕うん栽培の作物収量に，明確な差異はないことを報告している。

③日本での試験結果

では，私たちの長期輪作試験ではどうか。ここでも，不耕起栽培と耕うん栽培では収穫量に大きな差異はなかった。しかし，試験を継続して10年以上経過すると，不耕起栽培の収穫量が多くなることが観察された。とくにダイズでは，不耕起栽培による土壌水の排水性と保水性の向上が，増収に寄与する可能性が高いと考えられる。この点は，ダイズ栽培の項を参照いただきたい（作物別編参照）。

自然農法比較試験では，有機野菜を対象に，耕うん栽培と不耕起栽培の収量比較を行なった。この試験では，ウネに黒ポリマルチを利用して栽培した。その結果，ミニトマトやピーマンでは耕うん栽培と不耕起栽培でほとんど差がなく，ナスとスイカでは耕うん栽培の収量が高くなった（第4図）。しかし，不耕起栽培では雑草マルチ（刈敷）の有無がナスの収量に影響し，雑草マルチを組み合わせることで耕うん栽培と同等の収量を得ることができた（第

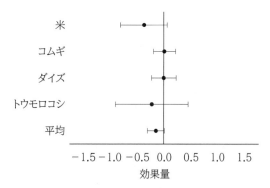

第3図 アジア諸国で報告されている不耕起と慣行耕うん体系の生産性比較

（Hashimi et al., 2023a）

効果量は不耕起栽培の効果を示し，マイナスは耕起の生産性が高いことを示す。コムギとダイズはほぼ同等。米は耕起区の収量がやや高いが，全体平均では明確な有意差はない

第3部 有機農業の共通技術

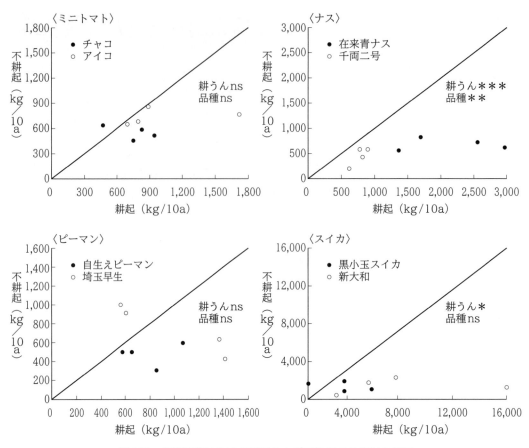

第4図 有機野菜における耕起および不耕起での収量の差異

（松岡・小松﨑，2020）

＊，＊＊，＊＊＊は，それぞれP＜0.05，P＜0.01，P＜0.001の有意差を示し，nsは有意差がないことを示す。ミニトマトやピーマンはほとんど差がなく，ナスやスイカでは耕起区の収量が高かった

5図，茨城大学農場のデータ。Hashimi et al., 2019）。

不耕起栽培は，単に耕さないという管理では，十分な収量がなかなか得られない場合があるが，カバークロップや有機物マルチなどを組み合わせることで，収量が向上しそうである。この結果は，ピッテルコウらの指摘と一致している。

(4) 不耕起栽培の省力・省エネルギー効果

①大きな省力・省エネが可能

不耕起栽培は，耕うん作業を行なわないため，トラクタの燃料消費量が減少する。

農業生産にかかわる全投入エネルギーを100とすると，耕うんに約30％が投入されている（坂井ら，1987）。不耕起で作物栽培が可能であれば，大きな省力・省エネルギー効果を生み出す。

②アメリカでの燃料費削減の試算

不耕起栽培の定義は，アメリカの「保全技術情報センター」（Conservation Technology Information Center, 2015）によると，「圃場のウネ幅の1/3のウネ直上を除いた2/3を，収穫から植付けまでそのまま放置する栽培法」と定義されている。

〈不耕起・草生栽培〉 〈耕起・除草栽培〉

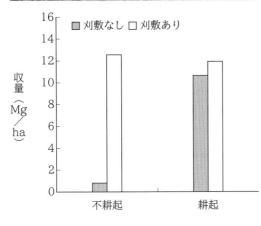

第5図 自然農法比較試験圃場における耕起および不耕起での雑草マルチ（刈敷）の有無がナスの収量に及ぼす影響
(Hashimi *et al.*, 2019)
不耕起区も雑草マルチをすることで，耕起区と同等の収量が得られた

 多くの不耕起播種機では，植付け溝をディスクオープナー，コールター，または回転式耕うん爪を使用してつくる。また，不耕起栽培には，圃場を長期間にわたって不耕起管理する場合だけでなく，輪作体系のなかで一時的に不耕起栽培を行なう場合も含まれる。
 不耕起栽培というと恒久的に耕さないと思われているが，アメリカでは，場合によって不耕起を取り入れるという理解が正しいようである。
 不耕起栽培は，土壌攪乱の減少による環境上の利点に加えて，燃料消費量を大幅に削減し，さらにトラクタ走行による二酸化炭素排出量も削減する。Creech（2022）によれば，畑輪作に不耕起栽培を取り入れると燃料消費量の大幅な削減が可能になる。たとえば，播種前作業だけを対象にすると，慣行栽培体系に比べて33％の燃料消費量を削減でき，さらに通年にわたる不耕起栽培では66％の燃料が削減できるという。
 また，作業時間についても，播種前の土壌の耕うんが不要になるので，耕うんに要する作業時間や労力の削減が可能になる。

③日本でのエネルギー効率と二酸化炭素排出量削減の効果

 筆者らの研究でも，長期輪作試験圃場を対象に，不耕起と耕うんで有機ダイズ栽培を行ない，エネルギー効率と二酸化炭素排出量を比較した（Huang *et al.*, 2023）。
 その結果，不耕起はプラウ耕と比較して，39.6％少ないエネルギー投入量であった（第6図）。
 また，不耕起栽培とライムギカバークロップの組合わせは，土壌有機炭素貯留を3.5％増加させるため，栽培期間中に排出される温室効果ガスを相殺（二酸化炭素換算した重量）し，面

第3部　有機農業の共通技術

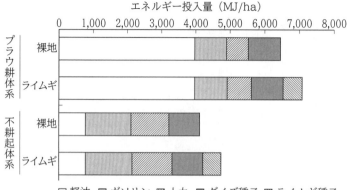

第6図　耕起および不耕起でのカバークロップ（ライムギ）の有無がエネルギー投入に及ぼす影響

(Huang et al., 2023)

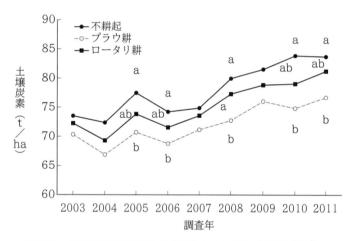

第7図　長期輪作試験圃場での耕うん方法別の土壌炭素貯留の差異　(Higashi et al., 2014)

積当たりの二酸化炭素排出量が最低値を示すと同時に，収量換算の二酸化炭素排出量（農産物を60kg収穫するために排出される温室効果ガスを二酸化炭素に換算した値）も低下した。

このように，不耕起とライムギカバークロップを組み合わせたダイズ栽培は，高いエネルギー生産効率と低いエネルギー投入量を示した。

(5) 不耕起栽培による土壌有機物蓄積と気候変動の緩和

①土壌有機物の蓄積の意義

不耕起栽培が注目されている理由の一つは，土壌有機物の蓄積にある。土壌有機物は土壌の健全性を維持するうえで重要であり，土壌有機物の骨格になる土壌炭素の役割は古くから知られている。有機農業の先駆者であるアルバート・ハワードも，有機物を土壌に戻すことの重要性を強調している（Howard, 2006）。

植物は光合成によって二酸化炭素を吸収し，その遺体は土壌中で分解され，土壌有機物として土壌に蓄積される。土壌有機物は微生物や土壌動物によって分解され，栄養塩を供給する役割をはたす。また，土壌中の有機物の蓄積によって，土壌由来の養分が増加し，作物の生産性向上につながると考えられている。

土壌に蓄積された炭素は，長期間にわたって大気中から隔離され，炭素隔離機能と呼ばれる。土壌は二酸化炭素の吸収源として機能し，土壌中の炭素貯留量は大気中の炭素量の3.3倍に相当する（Lal, 2004）。世界の土壌表層の炭素量を増加させることで，人間の経済活動による二酸化炭素の排出量を，実質的にゼロにする可能性があるといわれている（Moyer et al., 2020）。

②不耕起による長期輪作試験の結果

不耕起＋イネ科カバークロップで土壌炭素が増加　はたして，不耕起栽培で土壌炭素は増加するのか。筆者らの長期輪作試験圃場の結果では，試験開始の最初の数年間は，作物の収量や土壌炭素量に有意な差はみられなかった。しかし，継続3年目からは不耕起区の表層で土壌炭素量が増加し始め，8年後には耕うん区（プラウ耕とロータリ耕）に比べて10〜21％も増加した（第7図）。

とくに大きな変化は，土壌炭素の土中の分布構造に表われた。プラウ耕の圃場では，土壌炭素が地表から30cmまでの層にほぼ均一に分布しているのに対し，不耕起栽培では表層に炭素が集積していることが観察された（第8図）。これは，森林や草地の土壌構造に類似している。

地球温暖化係数も削減　この圃場での温室効果ガスのモニタリングの結果，ヘアリーベッチのカバークロップ利用でも耕うんした場合や不耕起栽培で亜酸化チッソガスの発生が多くなったが，不耕起栽培とライムギのカバークロップ利用の組合わせでは，亜酸化チッソの排出は少なく，かつ土壌の炭素貯留量が著しく増加した。

その結果，地球温暖化係数（GWP：Global Warming Potential）は，不耕起栽培とライムギのカバークロップ利用では－2,324kg CO_2 equivalent/ha/yearとなり，温暖化を緩和することが示された。また，作物収量当たりのGWPは，－1,037kg CO_2 equivalent/Mg soybean yieldとなった。

これに対し，プラウ耕とヘアリーベッチのカバークロップ利用を組み合わせた圃場では，421kg CO_2 equivalent/ha/yearとなり，二酸化炭素の排出が確認された。また，不耕起栽培でもカバークロップを作付けしない場合は，－907kg CO_2 equivalent/ha/yearとなり，ライムギのカバークロップ利用の組合わせより減少量が半減した。

このことから，不耕起栽培とライムギなどのイネ科のカバークロップ利用の組合わせが，GWPをより削減する農法として重要であることが明らかになった。

③アジア地域でも不耕起栽培で土壌炭素が増加

アジア地域でも，耕うん栽培に比べて，不耕起栽培で土壌炭素の蓄積が多く認められる（第9図）。しかし，その効果は，土性や気候帯によって大きく異なる。

粘土質土壌とシルト質土壌では，不耕起区は耕うん区よりも土壌炭素をそれぞれ59.4％と

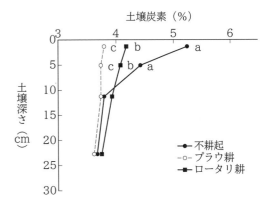

第8図　長期輪作試験圃場での耕うん方法別の土壌炭素の垂直分布

(Higashi et al., 2014)

71.8％増加させた（Hashimi et al., 2023a）。

さらに，温帯気候地域では，不耕起区は耕うん区と比較して土壌炭素を顕著に増加させたが，熱帯および乾燥帯の気候地域ではほとんど影響がなかった。しかし，アジア地域の平均値でみると，不耕起区が耕うん区よりも土壌炭素を69.7％増加させている。

(6) 不耕起畑の土壌生物性

①不耕起と有機物マルチの組合わせで土壌微生物が増加

筆者は，不耕起栽培による土壌改善のカギは，カバークロップや作物残渣などの有機物マルチと組み合わせることであると考えている。それは，土壌に還元された有機物の分解速度は，埋設する深さによって異なるからである。耕うんして有機物を土壌中に埋める場合は比較的速やかに分解されるのに対し，不耕起栽培のように土壌表面に置く場合はゆっくり分解していく。

このゆっくり分解されるプロセスが，微生物バイオマスの土中分布に顕著に表われる。長期輪作試験圃場でみると，耕うん区では，5月にカバークロップの残渣を埋没すると，調査時である10月には，微生物バイオマスの分布への影響はほとんどみられなかった。一方，不耕起栽培では，表層に残存する残渣が炭素を供給し続けることで，10月でも表層部で菌類のバイ

第3部　有機農業の共通技術

第1表　耕うん方法とカバークロップの利用が地球温暖化係数 (GWP) に及ぼす影響　(Gong et al., 2021)

耕うん方法	カバークロップ	メタンGWP	一酸化二窒素GWP	二酸化炭素保持量	正味GWP	作目収量当たりGWP
			(kg CO$_2$ equivalent/ha/year)			(kg CO$_2$ equivalent/Mg soybean yield)
プラウ耕	裸地	−180	295	216	−101	−122
	ヘアリーベッチ	86	236	−99	421	122
	ライムギ	−646	173	−77	−396	−116
不耕地	裸地	−368	275	814	−907	−247
	ヘアリーベッチ	250	384	1,565	−930	−344
	ライムギ	−257	320	2,387	−2,324	−1,037
分散分析結果						
耕うん方法 (T)		ns	*	*	*	*
カバークロップ (CC)		***	ns	ns	ns	ns
T×CC		*	ns	ns	ns	ns

注　*，**，***は，それぞれP＜0.05，P＜0.01，P＜0.001の有意差を示し，nsは有意差がないことを示す

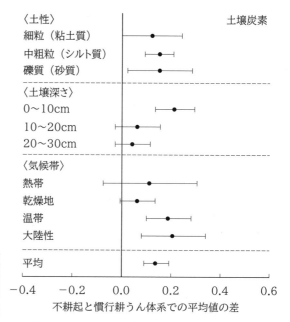

第9図　アジア諸国で報告されている不耕起と慣行耕うん体系の土壌炭素貯留量の比較　(Hashimi et al., 2023a)

プラスになるほど不耕起の土壌炭素貯留量が多いことを示す

オマスが高く維持されていた。

不耕起栽培では，土壌表層に残った有機物が炭素を供給し続けるので，とくに表層部でカビなどの好気性微生物の増加がみられる。これは，地表面に置かれた有機物と土壌表層部の好気的環境があいまって，微生物の増殖を促進するからである。

②微生物によって反応に差異

ただ，筆者らの長期輪作試験圃場の土壌微生物の遺伝子解析の結果からは，菌類はアーキアなどの種数の変化は認められたが (Nishizawa et al., 2008；2010)，バクテリア (細菌) については，農作業方法による種類の差異は明確に認められなかった (第10図)。

このことは，あらためて考えてみると大変興味深いものである。土壌が長期間にわたって生物の歴史を支えてきた存在であり，長い地球の歴史のなかで気候変動や環境変化に対して堅牢性をもっていると理解できる。

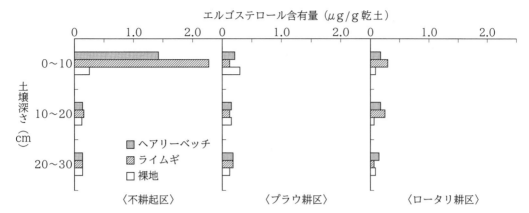

第10図　耕うん方法とカバークロップの違いによる土壌中糸状菌バイオマス（エルゴステロール含有量）の違い　　（Zhaorigetu, et al., 2008）

不耕起でカバークロップを栽培した区の土壌表層だけが突出して高い

③不耕起は土壌生態系の健全性を高め維持する

しかし、土が変わる側面も多々ある。筆者らの調査の結果、不耕起栽培とライムギカバークロップの組合わせが、土壌微生物バイオマスに関連する指標を高め、土壌中の微生物群集構造を改善した。また、この組合わせでは、土壌中の細菌のアルファ多様性が向上し、土壌微生物バイオマスが増加した（第11図）。さらに、土壌炭素貯留量の増加に伴い、土壌呼吸量も増加した。これらは、土壌微生物バイオマスの増加と多様性の向上が土壌呼吸量に寄与し、土壌生態系の健全性を高めたことを示している。

この変化は、土壌酵素についても認められる。ウエンら（Wen et al., 2023）は、耕作方法が土壌微生物バイオマスと酵素活性に与える影響を評価するため、世界中の62件の研究から139件の観察結果を利用してメタ分析を行なった。その結果、不耕起などの減耕が、より大きな微生物群集と、より大きな酵素活性を促進することを明らかにした。このことは、不耕起が土壌生態系の健全性を維持し、土壌の持続可能な生産性を高める重要な方法であることを示唆している。

④不耕起栽培やカバークロップの利用には限界がある

筆者らの長期輪作試験圃場では、不耕起栽培による土壌炭素の蓄積に応じて、土壌微生物バイオマスが増加し多様性が向上するなかで、有機物分解者の相対的存在量も増加した。これは、土壌呼吸量の増加につながっている。このことは、土壌炭素隔離に対する潜在的な脆弱性を示唆している。

簡単にいえば、土壌炭素が増加してくると土壌微生物バイオマスが増加し、活性が向上するが、増加した土壌炭素を維持向上するためには、より多くの有機物供給が必要になることを示唆している。不耕起栽培やカバークロップの利用は、気候変動緩和のための農業システムとなりえるが、一方で土壌炭素の増加には一定の限界があることも理解する必要がある。とくに粘土含量や鉱物学的特性に応じ、各土壌には炭素貯留能力の限界があり、有機物蓄積に伴い、有機物分解も早まることからその効果は限定的になる。より多くの土壌炭素蓄積には、より多くの有機物供給が必要になる。

(7) 不耕起畑の土壌構造の変化

①有機物の表面施用との組合わせで土壌団粒化を促進

注目すべきことは、不耕起土壌での微生物バイオマスの増加は、土壌団粒の発達を促していることである。

中元ら（Nakamoto et al., 2012）は、長期輪

作圃場での土壌微生物活性（SIR）の指標と土壌炭素，土壌団粒の関係について解析した。その結果，土壌炭素の蓄積量の増加に応じて土壌微生物活性が増加し，それに伴って土壌団粒の発達が促されることを明らかにしている。

このことは，土壌炭素の蓄積が，土壌の生物相を変え，それに呼応するように土壌の構造を変えることを示している。つまり，不耕起栽培とカバークロップなどの有機物の表面施用を組み合わせることは，土壌の団粒化を進め，土壌を軟らかくする効果があるということである。

さらに，土壌表面の空隙率の増加は，好気性微生物であるカビの増殖を促し，土壌生物の増加にも寄与する。

②冬作カバークロップは土壌硬度を低下させる

不耕起栽培では，土が硬くなるのではと危惧される。しかし，筆者らの長期輪作圃場の試験では，たしかに，耕うん直後は耕うん区の土壌の乾燥密度が低いが，ダイズの収穫期には不耕起区の土壌乾燥密度のほうが低い値を示している（Wulanningtyas et al., 2021）。

たしかに，不耕起栽培単独では土壌硬度が問題になる。しかし，不耕起栽培に冬作カバークロップの利用を組み合わせることによって，土壌硬度が有意に低下することが確認されている。

冬作のライムギやヘアリーベッチなどのカバークロップは，根を深さ1m以上に広げることができ，その根は土壌中に空隙をつくり，水の流れを確保すると同時に土壌硬度を低下させるのである。

③土壌団粒化で水分保持能力と排水性も向上

土壌の団粒化は，土壌の水分保持能力を向上させる。土壌炭素量が増加すると，土壌がより団粒化するとともに土壌硬度が低下し，土壌の

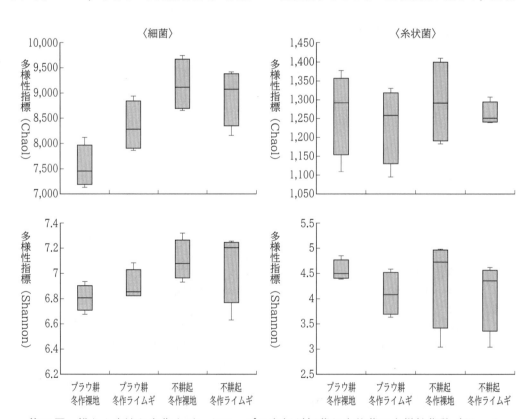

第11図　耕うん方法と冬作カバークロップの有無が細菌と糸状菌の多様性指数（Chao1, Shannon）に及ぼす影響の差異
（Gong et al., 2022）

水分保持能力が向上する（（第12図，Hashimi et al., 2023b）。このような土壌は，水を保持する能力が高い。

さらに，土壌の団粒化は排水性も向上させる。土壌内の団粒と団粒の間の空隙が多いと，過度の水が速やかに下方に排水され，豪雨時にも水が表面にたまることを防ぎ，作物の根腐れを防ぐことができる。

最近の異常気象が頻繁に発生しているなかで，土壌有機物の増加を通じて，豪雨時の排水を確保するとともに，干ばつ時に水分を供給する土壌の機能がますます重要視されている。

なお，不耕起栽培の有機物マルチは，C/N比の高いものが効果的である。ライムギのようなC/N比の高いカバークロップは，秋まで土壌表面被覆が維持され，炭素供給の持続と適度な土壌水分の保持を促進する（第13図）。

(8) 不耕起畑の中・大型の土壌動物と養分循環

不耕起栽培を継続することで，土壌動物の生息が増加することが観察される。とくに，中型の土壌動物や，大型の土壌動物の増加が顕著である。

長期輪作試験圃場の4年目の調査では，中型の土壌動物は，不耕起圃場で9〜12科・目，ロータリ耕で9〜10科・目，プラウ耕で7〜9科・目が観察された。不耕起とライムギによるカバークロップの利用を組み合わせた試験区では，冬期裸地にしたロータリ耕区に比べて，土壌動物バイオマスが約11倍に増加していることも認められた。この豊富な土壌動物相は，有機物の分解に大きく貢献する。

さらに，重チッソ（^{15}N）を吸収させたライムギをマルチして，1か月後にその動きを調べたところ，不耕起区のミミズや土壌センチュウ，ダニ類，トビムシ類で重チッソ（^{15}N）吸収率が有意に高くなった。そして，不耕起区ではその後作の陸稲でも，ライムギ由来のチッソ（重チッソ（^{15}N））の吸収量が高くなった。

このような観察から，有機物供給によって増加した微生物のみならず，土壌中のミミズやト

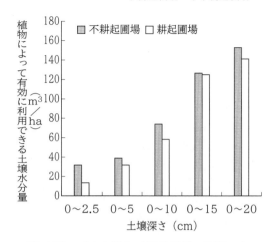

第12図　プラウ耕と不耕起栽培の圃場において作物が健全に生育する可給水分（pF1.5〜3.0のときに保持する水分量）は，土壌炭素が多い不耕起圃場で多くなる

（Hashimi et al., 2023bから改変）
試験は茨城大学の圃場

ビムシ，菌食性のセンチュウなどの土壌動物が，有機物の分解や無機化を促進することが示唆される。また，このプロセスによって，土壌中の可給態チッソが微生物によって利用されるチッソ飢餓を回避し，土壌生態系の健全性が維持されることが期待される。

土壌の有機物には炭素だけでなく，チッソやリンなども含まれている。この土壌（長期輪作試験圃場の4年目の不耕起区の土壌）のC/N比は約11であり，土壌中には十分な量の有機態チッソが存在する（Dewi et al., 2022）。さらに，畑には多数のミミズが存在しており，ミミズは土を食べてその糞から無機態チッソや可給態リンを供給する（三浦ら，2010）。この現象は，ダーウィンがミミズの研究から明らかにしたように，自然農法の畑でも観察される。

(9) 不耕起畑の理化学性

①自然農法（不耕起）の畑の無機態チッソ量と炭素量

不耕起土壌での養分状態についてみていこう。ここでは，施肥を極力さけて作物栽培を行

〈耕深27cmでプラウ耕〉　　　　　〈カバークロップマルチの上から不耕起播種〉

第13図　長期輪作試験圃場でのダイズ栽培の差異。プラウ耕では生育にバラツキがみられた

なう，自然農法の畑での調査結果を紹介する。茨城県阿見町の浅野佑一さんは，耕作を放棄した畑を活用し，草を生やしながら不耕起で作物を栽培している。この畑の土壌を調査した結果，非常に興味深い発見があった。

作付け前に土壌調査を行ない，無機態チッソの量はきわめて少なく，栄養が不足していることがわかった。しかし，無施肥であるにもかかわらず，作物は元気に育っていた。そこで，土壌を層別に分析してみると，土壌表層では，土壌炭素が高く，土が軟らかく，かつ土壌無機態チッソが多いこことが判明した（第14図）。とくに，土壌の炭素量も森林に近い水準であることが示された。

このように，耕作を放棄した養分が不足している畑でも，不耕起栽培で草を生やし，土に還元することによって土壌有機物を増加させ，土壌が提供する栄養分を増やすことができるのである。これによって，施肥を最小限にしても作物を栽培することが可能であり，自然農法の持続可能性と土壌の健全性が示唆された。

②自然農法試験圃場での調査結果と自然農法の可能性

しかし，このような生産の継続性はどうだろうか。大学の自然農法比較試験の耕うん区と不耕起区について，開始後3年目（2012年）と11年目（2020年）の土壌調査データを比較した。2012年と2020年に作物を収穫したあと，0～30cmの4つの異なる深さから土壌を採取し，物理的および化学的特性を測定した。

2012年のデータでは，不耕起区は土壌炭素の増加に伴い，耕うん区に比べて土壌中の陽イオン交換能力や可給態の栄養塩が多くなる傾向が認められた。しかし，2020年にはこの両者の関係は消失している（Dem et al., 2022）。

この圃場は，自然農法試験の開始前は，通常の施肥を行なって作物を栽培していた。そのため，一定程度の栄養塩が土壌に存在し，不耕起区では，土壌炭素の蓄積に伴い，土壌生物の活動によって土壌由来の養分が多くなったものと

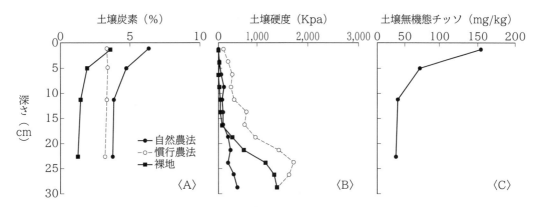

第14図 茨城県阿見町内の自然農法畑（浅野さんの畑），慣行栽培圃場（陸稲栽培），および除草のみの畑（裸地）での土壌炭素（A），土壌硬度（B）の深さ別の分布（小松﨑ら，2012）
自然農法の圃場で土層別に土壌無機態チッソを測定すると，土壌表層で高い値が認められた（C）

考える。しかし，少量施肥（10a当たり2kgのチッソ投入のみ）を継続すると圃場内の栄養塩が減少するため，追加の施肥がない場合は，土壌由来養分はかなり少なくなることもわかった。

施肥をしないという自然農法の場合，恒久的に施肥をしないで栽培できるというものではない。しかし，不耕起での自然農法は耕うん体系に比べると，比較的長期間にわたり養分を供給する能力があるようである。このため，不耕起による自然農法は，土壌養分の点からも省資源の生産システムになり得ると考えられる。

（10）不耕起栽培で土壌の健全性の改善へ──有機物表面施用との組合わせで劇的に向上

環境再生型農業として不耕起栽培が注目されており，期待される効果は土壌の健全性の向上である。

端的にいえば，土壌の健全性とは，土壌のもつ化学性，物理性，生物性が相互に関連しながら，作物生産，炭素隔離，生物多様性保全などの生態系サービス機能が高められるような土壌である，と定義できよう（Yang et al., 2020）。

土壌の健康を評価するには，植物や微生物，そして土壌そのものの相互作用を考える必要がある。これらは，栄養の循環や有機物の分解などの生化学的なプロセスに関与している。耕うんなどの農作業は，これらのプロセスに影響を与え，土壌の健康に影響を及ぼす。そのため，土壌の健康を保つためには，これらの生化学的なメカニズムを理解し，適切な農作業方法を選択することが重要である。

多くの論文では，土壌炭素は，土壌の健全性のきわめて重要な評価軸になり得るとしている（Doran et al., 2000；Liptzin et al., 2022）。そこで，長期輪作試験圃場で得られた土壌分析データを標準化した値を積算し，土壌炭素量と比較した（Wulanningtyas et al., 2021）。その結果，土壌炭素量が増加するにつれて，土壌の化学性，生物性，物理性，生産性が改善されることがわかった（第15図）。

栽培方法でみると，不耕起とライムギのカバークロップ利用が，とくに高い土壌炭素量と土壌評価値を示した。筆者らの20年間にわたる圃場試験の結論の一つとして，不耕起栽培単独では土壌改善には限界があることが示された。しかし，不耕起栽培にカバークロップ利用や雑草による草生などの有機物の表面施用を組み合わせることで，土壌の機能が劇的に向上することが確認された。

（11）耕す有機農業と耕さない有機農業

本稿では，不耕起栽培のもつ魅力を中心に述べさせていただいた。しかし，このことは，耕うんを前提とする有機農業を否定するものでは

第3部　有機農業の共通技術

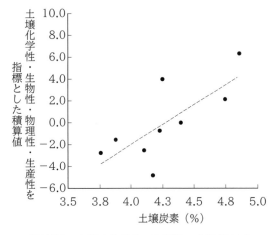

第15図　土壌の化学性・物理性・生物性および作物収量の指数と土壌炭素（SOC）との関係

炭素が多いほど土壌がよく，収量も高い。データはWulanningtyas *et al.*, 2021から作成

ない。

明峯（2015）は，有機農業と自然農法の相違性について正鵠を射た指摘をしている。雑草を抑制するために圃場を何度も耕し，中耕・培土など通じて積極的に土を動かし，土壌有機物の無機化を促すことで土壌由来養分を作物に供給する有機農業では，積極的に土を攪乱すると同時に，失われやすい土壌有機物をせっせと投入し続けることで成立する。これが，耕うんを前提とする有機農業。これに対して，耕さないで，草を生やしたまま栽培を行なうのが自然農法。

この両者の農作業のやり方は，一見，大きな違いがある。しかし，明峯（2015）は，この両者は土壌有機物を涵養し，土壌由来の養分を増加させることで，作物の生産につなげていることは同じであると指摘している。

耕す有機農業と耕さない有機農業，この両者が生産力をあげていくプロセスには共通性がある。中島（2013）によれば，有機農業の特徴は，化学肥料や農薬にたよらない自然に基づいた農法と，その転換から生じる農業技術の二つの柱によって成り立っていると指摘している。

たとえば，化学物質の使用を減らすことを考える。化学肥料の使用は土壌を過剰な栄養分で満たし，土壌の生態系を単純化し，多様性を減少させる。このような土壌でつくられた作物は，生長は速いが品質が低いことがある。しかし，この問題を解決するためには，ただ単に化学物質の使用をやめるだけでは不十分である。化学物質に依存しない農業技術の普及と，それによる自然の生産力の向上が必要である。

多くの有機農業現場で認められているように，人為的な化学物質の多用から脱却することで，低投入で自然に依存した生産力が徐々に形成されてくる。このプロセスを経て成熟する有機農業は，土壌の生物活性が高まり，生物的な多様性が向上し，作物や家畜の健康につながる。農地のまわりの土地利用も改善され，農地と里地里山の関係性も多様化していく。

このような，自然に依存した生産力を強化するためには，耕すだけでなく，耕さない技術もこれからの日本の有機農業に取り入れることが重要である。

執筆　小松﨑将一（茨城大学）

2024年記

参 考 文 献

明峯哲夫. 2015. 有機農業・自然農法の技術. 農業生物学者からの提言. コモンズ. 東京.

Conservation Technology Information Center. 2015. CRM Survey Data. https://www.ctic.org/CRM.

Dewi, R. K., M. Fukuda, N. Takashima, A. Yagioka and M. Komatsuzaki. 2022. Soil carbon sequestration and soil quality change between no-tillage and conventional tillage soil management after 3 and 11 years of organic farming. Soil Science and Plant Nutrition. **68** (1), 133—148.

Doran, J. W., and M. R. Zeiss. 2000. Soil health and sustainability: managing the biotic component of soil quality. Applied Soil Ecology. **15** (1), 3—11.

Elizabeth Creech. 2022. Save Money on Fuel with No-Till Farming. https://www.farmers.gov/blog/save-money-on-fuel-with-no-till-farming

Food and Agriculture Organization of the United Nations. 2015. Status of the World's Soil Resources. Full text available at: http://www.fao.org/3/a-bc602e.pdf.

Gong, Y., P. Li, N. Sakagami and M. Komatsuzaki. 2021. No-tillage with rye cover crop can reduce net global warming potential and yield-scaled global warming potential in the long-term organic soybean field. Soil and Tillage Research. **205**, 104747.

Gong, Y., P. Li, Y. Guo, H. Aso, Q. Huang, H. Araki, T. Nishizawa and M. Komatsuzaki. 2022. Long-term no-tillage and rye cover crops affect soil biological indicators on Andosols in a humid, subtropical climate. European Journal of Soil Science. **73** (5), e13306.

Hashimi, R., M. Komatsuzaki, T. Mineta, S. Kaneda and N. Kaneko. 2019. Potential for no-tillage and clipped-weed mulching to improve soil quality and yield in organic eggplant production. Biological Agriculture & Horticulture. **35** (3), 158—171.

Hashimi, R., N. Kaneko and M. Komatsuzaki. 2023a. Impact of no-tillage on soil quality and crop yield in Asia: A meta-analysis. Land Degradation & Development. **34** (4), 1004—1018.

Hashimi, R., Q. Huang, R. K. Dewi, J. Nishiwaki and M. Komatsuzaki. 2023b. No-tillage and rye cover crop systems improve soil water retention by increasing soil organic carbon in Andosols under humid subtropical climate. Soil and Tillage Research. **234**, 105861.

Higashi, T., M. Yunghui, M. Komatsuzaki, S. Miura, T. Hirata, H. Araki, ... and H. Ohta. 2014. Tillage and cover crop species affect soil organic carbon in Andosol, Kanto, Japan. Soil and Tillage Research. **138**, 64—72.

Howard, A.. 2006. The soil and health: A study of organic agriculture. University Press of Kentucky.

Huang, Q., Y. Gong, R. K. Dewi, P. Li, X. Wang, R. Hashimi and M. Komatsuzaki. 2023. Enhancing energy efficiency and reducing carbon footprint in organic soybean production through no-tillage and rye cover crop integration. Journal of Cleaner Production. **419**, 138247.

鏡山悦子・川口由一. 2007. 自然農・栽培の手引き. 南方新社.

金澤晋二郎. 1994. 不耕起畑の土壌の特性と生物性. 農業技術大系土壌施肥編. 第5—1巻, 畑132の10—畑132の16.

小松﨑将一・山下幸祐・竹崎善政・嶺田拓也・金子信博・中島紀一・太田寛行. 2012. 自然草生利用・不耕起による有機栽培体系に関する研究—茨城県での栽培事例分析—. 有機農業研究. **4**, 53—66.

Lal, R., R. F. Follett, J. Kimble and C. V. Cole. 1999. Managing US cropland to sequester carbon in soil. Journal of Soil and Water Conservation. **54** (1), 374—381.

Lal, R.. 2004. Soil carbon sequestration impacts on global climate change and food security. Science. **304** (5677), 1623—1627.

Liptzin, D., C. E. Norris, S. B. Cappellazzi, G. Mac Bean, M. Cope, K. L. Greub et al.. 2022. An evaluation of carbon indicators of soil health in long-term agricultural experiments. Soil Biology and Biochemistry. **172**, 108708.

松岡拓志・小松﨑将一. 2020. 夏野菜の有機栽培での耕起・不耕起および品種のちがいが収量および土壌炭素貯留量におよぼす影響. 有機農業研究. **12** (2), 16—27.

三浦季子・金子信博・小松崎将一. 2010. 不耕起・草生・低投入栽培下における畑地土壌のミミズを介した可給態リンの供給—茨城県の農家が営む自然農法畑の事例から. 有機農業研究. **2** (2), 30—39.

Moyer, J., A. Smith, Y. Rui and J. Hayden. 2020. REGENERATIVE AGRICULTURE and the SOIL CARBON SOLUTION. https://rodaleinstitute.org/education/resources/regenerative-agriculture-and-the-soil-carbon-solution/

村本穣司. 2015. 土壌の健全性評価：米国の有機イチゴ栽培の現場から. 土と微生物. **69** (2), 65—74.

Nakamoto, T., M. Komatsuzaki, T. Hirata and H. Araki. 2012. Effects of tillage and winter cover cropping on microbial substrate-induced respiration and soil aggregation in two Japanese fields. Soil Science and Plant Nutrition. **58** (1), 70—82.

中島紀一. 2013. 有機農業の技術とは何か 土に学び, 実践者とともに. シリーズ地域の再生. **20**, 農山漁村文化協会. 東京.

Newton, P., N. Civita, L. Frankel-Goldwater, K. Bartel and C. Johns. 2020. What is regenerative agriculture? A review of scholar and practitioner definitions based on processes and outcomes. Frontiers in Sustainable Food Systems. **4**, 577723.

Nishizawa, T., M. Komatsuzaki, M. Kaneko and H. Ohta. 2008. Archaeal diversity of upland rice field soils assessed by the terminal restriction fragment length polymorphism method combined with real time quantitative-PCR and a clone library analysis. Microbes and Environments. **23** (3), 237—243.

Nishizawa, T., M. Komatsuzaki, Y. Sato, N. Kaneko and H. Ohta. 2010. Molecular characterization of fungal communities in non-tilled, cover-cropped upland rice field soils. Microbes and Environments. **25** (3), 204—210.

農林水産省. 2016. 環境保全型農業の推進について. https://www.maff.go.jp/j/seisan/kankyo/hozen_type/.

Pittelkow, C. M., X. Liang, B. A. Linquist, K. J. Van Groenigen, J. Lee, M. E. Lundy, N. van Gestel, J. Six, R. T. Venterea and van C. Kessel. 2015. Productivity limits and potentials of the principles of conservation agriculture. Nature. **517**, 365—368.

坂井直樹・春原亘・米川智司・角田公正. 1987. 不耕起栽培の評価III作物収量と投入エネルギー. 農作業研究. **22** (3), 229—235.

Schreefel, L., R. P. Schulte, I. J. M. De Boer, A. P. Schrijver and H. H. E. Van Zanten. 2020. Regenerative agriculture-the soil is the base. Global Food Security. **26**, 100404.

Wen, L., Y. Peng, Y. Zhou, G. Cai, Y. Lin and B. Li. 2023. Effects of conservation tillage on soil enzyme activities of global cultivated land: A meta-analysis. Journal of Environmental Management. **345**, 118904.

Wulanningtyas, H. S., Y. Gong, P. Li, N. Sakagami, J. Nishiwaki and M. Komatsuzaki. 2021. A cover crop and no-tillage system for enhancing soil health by increasing soil organic matter in soybean cultivation. Soil and Tillage Research. **205**, 104749.

Yang, T., K. H. Siddique and K. Liu. 2020. Cropping systems in agriculture and their impact on soil health-A review. Global Ecology and Conservation. **23**, e01118.

Zhaorigetu, M. Komatsuzaki, Y. Sato and H. Ohta. 2008. "Relationships between fungal biomass and nitrous oxide emission in upland rice soils under no tillage and cover cropping systems." Microbes and Environments. **23** (3), 201—208.

長期不耕起直播水田の土壌の特徴と生産性

水稲生産においては，規模拡大，複合経営における労働競合の緩和，稲作の担い手不足などに対応するために省力的な栽培技術の確立が必要であり，耕起・砕土を省略できる不耕起栽培の可能性を明らかにすることも重要な課題の一つである。そこで，不耕起の継続による土壌の変化と生産性の解明，および不耕起栽培の適地条件を明らかにする目的で，20～30年不耕起乾田直播栽培を継続した農家圃場について，土壌の調査・分析を行なった。

本報告は，岡山県農業試験場，四国農業試験場，農業研究センター，全農農業技術研究センターが分担して行なった調査・分析結果をもとに，まとめたものである。

(1) 調査圃場の位置および栽培法

調査は，長期間不耕起栽培を行なってきた3戸の農家圃場のもので，ここでは，岡山市水門町と丸亀市の2戸の農家圃場の調査結果を中心に述べる。

横山さんの圃場は，岡山市の東南部の水門町にあり，吉井川の河口東岸に開けた平坦水田地帯に位置し，1684年に干拓された幸島新田の一部である。粘質の強グライ土壌が分布し，地下水位の高い地帯である。また，永井さんの圃場は丸亀市川西町南にあり，近くを土器川が流れ，周囲には「ため池」が多く見られる。両農家の不耕起栽培の経歴を第1表に，直播栽培法を第2表に示した。

両農家が不耕起乾田直播を実施した動機は，①耕起直播では，耕起・砕土・播種の作業が雨に影響されるので不耕起にした，②古い干拓地であるので，土壌の乾燥を促進する不耕起により増収すると考えた（横山さん），③機械経費を大きくしない利点がある（特に永井さん），④水稲栽培を省力化してイチゴ栽培のほうに労

第1表 不耕起栽培の経歴と経営面積

農家名	場所	経営面積	不耕起継続年数
横山鹿男	岡山市水門町	水稲100a（アケボノ） 施設イチゴ：4,000m²	22年（昭和45年開始）
永井重一	丸亀市川西町	水稲52a 昭和60年までシイタケ	31年（昭和36年開始） 昭和59年まで稲麦不耕起

第2表 不耕起栽培の概略

	横山：岡山市水門町	永井：丸亀市川西町
品種	アケボノ	コガネマサリ
播種期	5/14	5/25
播種機	オカド式2条（打抜き式）	渡辺式1条播種機
栽植密度	29.8cm×19.5cm（17.2株/m²）	25.8×20.2cm（19.2株/m²）
元肥施肥	5/29：N, P, K＝各8.4kg （被覆尿素入り複合E80号） 対照移植：各7kg施肥	追肥6回（7/3, 7/12, 7/19, 7/29, 8/9, 8/19）： 合計（kg/10a）：N, P, K＝8.9, 6.5, 8.3 対照移植：N, 8.4kg施肥
湛水開始	6/25	6/17
除草	12/19 ┌シマジン水和剤100g 　　　└マイゼット液剤1,000cc 5/6　ラウンドアップ液剤600cc 5/24 ┌サターン乳剤1,000cc 　　　└DCPA乳剤1,000cc 6/27　クサノック粒剤　4kg	2～3月　プリグロックスL液剤＋シマジン水和剤 5/12, 5/19ジクワット液剤 5/31　グリホサート液剤＋プロメトリン・ベンチオカーブ乳剤 6/17　ジメピペレート・ベンスルフロンメチル粒剤 7/4　手取り除草
病害虫防除	7/10, 7/31, 8/31	7/25, 8/22
収穫	11/2	10/13
稲わら排出	12/7	稲わら焼却11月

力をまわせる（横山さん），などである。

（2） 長期不耕起継続田の水稲生育・収量

不耕起継続田は直播であり，対照とした耕起田は移植であるので，直接的な比較はできないが，水稲の生育経過の特徴と収量性について簡単にまとめた（第1図，第3表）。

水門町の不耕起継続田の水稲は，茎数の増加が比較的緩やかで過剰分げつが少なく，有効茎歩合が高かった。耕起移植水稲より最高茎数，m²当たり穂数が少なかったが，1穂籾数，m²当たり籾数が多く，登熟歩合，千粒重にはほとんど差がなかったため，移植水稲よりやや多収となった。聞取りによると，これまで600kg/10a近い収量水準を維持してきた。

丸亀市の不耕起継続田の収量は，535kg/10aで，移植の572kgに比べて約6％少なかった。収量構成要素からみると，不耕起はm²当たり穂数および籾数が移植より少なかったことが減収の要因である。追肥方法の改善で対応が可能であるが，近年はコンバイン収穫を依託しているために倒伏を避けることに重点をおいた施肥を行なっており，収量水準が多少下がってきていることが減収の背景にある。両農家とも，多肥になりやすい不耕起乾田直播栽培において，緩効性肥料の活用，または多数回の追肥により高い収量水準を維持している。

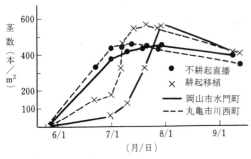

第1図　栽培方法と茎数の推移（1992年）
（岡山農試，四国農試）

第3表　水稲収量と収量構成要素
（岡山農試，四国農試）

場　所	栽培方法	有効茎歩合(％)	穂　数(/m²)	籾　数(100/m²)	登熟歩合(％)	千粒重(g)	玄米収量(kg/10a)
水門町	不耕起直播	76.8	342	334	82.2	23.7	626
	耕起移植	72.5	384	327	82.3	23.5	609
丸亀市	不耕起直播	74.5	329	264	90.8	22.9	535
	耕起移植	71.3	397	311	82.8	22.6	572

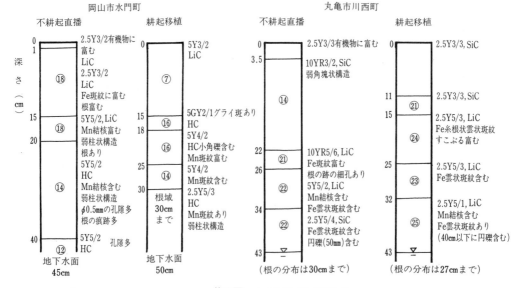

第2図　土壌断面（1992.4）

(3) 長期不耕起栽培圃場の土壌の特徴

①土壌断面調査

土壌断面調査結果を第2図に示した。両圃場とも，不耕起田のほうが酸化的な状態を示す土色であった。水門町の耕起移植田では，耕起，代かきにより耕盤層の透水性が低下しているために還元的になり，作土と耕盤の境目にグライ斑がみられた。また，不耕起田では下層に根の跡の細孔が多くみられ，水門町では深さ40cmまで，丸亀市では26cmまで多数観察された。不耕起田には，土壌構造の弱い発達もみられた。不耕起田の主な根域は，20～22cmと比較的深く，山中式硬度計で測った土壌硬度も，深さ22cmまで根の伸長を妨げる値以下であった。

また，土性は水門町がCL，丸亀市がSiCLで粘土含量は20％程度であった。調査時点の地下水面は，水門町では43～50cm，丸亀市では43cmにあり，かんがい期にはさらに上昇すると想定されることから，土性と併せて考えると不耕起栽培を行なっても，漏水の危険性は少ない場所と判断された。

②土壌物理性

三相分布と土壌孔隙 水門町の圃場では，不耕起田の固相率がすべての層位で耕起田より大きく，ち密であったが，気相率は不耕起田のほうが多く，構造の発達が想定された（第4表）。また，丸亀市の圃場では，対照の耕起水田はすでに耕起が終わっていたため，作土層相互の比較はできないが，不耕起田の8～13cmと耕起田の耕盤層である11～16cmを比較すると，不耕起田の固相率が小さく，気相率が大きかった。

次に，水門町の不耕起田の作土表層の粗孔隙率は8％程度と大きく，深さ11cmまで5～6％と移植田よりも多かったが，深さ15cm以下の土層では2％程度に低下した（第5表）。また，pF1.5～3.0の間で排水される毛管孔隙は耕起田で多かった。丸亀市の不耕起田でも，深さ8～13cmの粗孔隙が多く，pF1.5～3.0の間で排水される毛管孔隙も耕起田よりやや多かった。両圃場の粗孔隙が多いことは，弱い角塊状構造や根の跡

第4表 土壌三相分布（1992.4）
（岡山農試，農研センター）

場所	栽培方法	深さ(cm)	固相(％)	液相(％)	気相(％)	仮比重
水門町	不耕起直播	1～6	44.4	42.7	13.3	1.16
		6～11	44.5	48.0	7.5	1.21
		15～20	57.4	39.4	3.2	1.52
		20～25	58.9	38.8	2.2	1.57
		40～	47.0	51.5	1.5	1.25
	耕起移植	1～5	38.1	58.1	3.8	0.99
		6～11	42.6	54.6	2.8	1.11
		18～23	56.0	39.4	4.6	1.47
		23～28	56.9	40.4	2.6	1.47
		30～35	56.0	41.7	2.4	1.49
丸亀市	不耕起直播	3～8	40.0	55.0	5.0	1.01
		8～13	45.6	46.3	8.1	1.16
		20～25	58.5	38.0	3.6	1.53
		34～39	64.2	34.2	1.6	1.68
	耕起移植	11～16	53.3	43.4	3.3	1.36
		16～21	58.8	38.3	2.9	1.54
		25～30	60.7	37.2	2.1	1.59
		32～37	64.5	33.2	2.3	1.69

第5表 土壌孔隙分布（1992.4）
（岡山農試，農研センター）

場所	栽培方法	深さ(cm)	孔隙分布（％） pF0～1.5	1.5～1.8	1.8～3.0
水門町	不耕起直播	1～6	7.9	3.1	12.1
		6～11	5.6	2.8	12.8
		15～20	2.3	1.2	7.3
		20～25	1.7	1.3	7.8
		40～	1.2	2.4	11.8
	耕起移植	1～5	4.0	7.3	19.7
		6～11	2.8	6.2	18.0
		18～23	4.2	2.0	10.6
		23～28	2.2	1.1	9.4
		30～35	2.2	2.3	9.3
丸亀市	不耕起直播	3～8	4.4	1.7	11.7
		8～13	8.2	1.5	8.1
		20～25	2.8	0.9	3.7
		34～39	1.3	0.5	4.1
	耕起移植	11～16	1.3	0.3	7.3
		16～21	1.0	0.7	4.4
		25～30	1.4	0.5	3.8
		32～37	1.7	0.1	2.8

の孔隙が観察されたことから説明される。

また、不耕起直播田の貫入抵抗は、水門町では作土表層から15cmぐらいの深さまで、丸亀市では20cmまで、5 fkg/cm²程度であり、不耕起継続による著しい硬度の増大はなかった（第3図）。一方、丸亀市の耕起田では、作土直下の貫入抵抗が大きく、ち密な耕盤層が存在した。以上のように、長期間の不耕起栽培が作土のち密化を著しく促進し、根の伸長に悪影響を与えている状況はなかった。

透水性と減水深 採土試料で測定した飽和透水係数は、粗孔隙率の分布とよく対応しており、作土上層では不耕起田の透水性が大きかったが、下層土の透水性が小さく、漏水田となる危険性は少なかった（第6表）。丸亀市では、不耕起直播田の深さ8～13cmの透水係数が、粗孔隙の多いことを反映して10^{-3}オーダーと大きかった。しかし、20cm以下の層は$1.4～1.6×10^{-5}$で漏水の心配はない水準であった。いずれの圃場でもシリンダーインテークレート（不耕起田の作土および耕起水田の耕盤層の透水性を示す）は、土壌構造が発達した不耕起田がまさった。

不耕起田の減水深は、水門町では、入水2日後の縦浸透量は8 mm/日、入水7日後は17mm/日であり、横浸透は観察されなかった。丸亀市では、入水開始直後から4日間は14～26mmの範囲であった。入水7日後からの4日間では13～17mmでやや少なくなる傾向がみられた。一方、移植田は3～13mmであった。なお、両不耕起田とも中干しは実施されなかった。以上のように、いずれも不耕起栽培を継続しても減水深の増加は少ない水田であった。

水稲根の分布 4月の土壌断面調査では、不耕起継続田の下層に根の伸長がみられた。そこで、出穂期にステンレス製の採土器を打ち込んで株間の土壌をとり、深さ5cmごとに含まれる根量を調査した。両方の場所の不耕起継続田で作土表層の根量が多くなる傾向がみられたが、下層土にも耕起田以上に根が多く分布した（第4図）。

③化学性の特徴

土壌pH（第7表） 水門町の不耕起継続田では、耕起田に比べて、作土のpHでは差がないが下層土は高かった。丸亀市の不耕起継続田では、表層、下層土ともに耕起田よりやや低かったが、pH 6以上であった。

腐植および全窒素（第7表） 水門町、丸亀市ともに不耕起田の作土表層では明らかに腐植が集積していた。しかしながら、作土表層の0～1cm層より下の土層では、不耕起田と耕起田とで腐植含

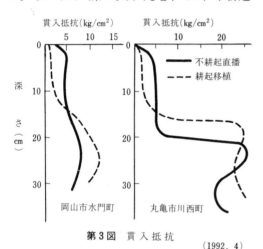

第3図 貫入抵抗 (1992. 4)

第6表 土壌の透水係数と減水深
（岡山農試，四国農試，農研センター）

場所	不耕起直播			耕起移植		
	深さ(cm)	飽和透水係数(cm/sec)	減水深(mm/日)	深さ(cm)	飽和透水係数(cm/sec)	減水深(mm/日)
水門町	1～6	$4.2×10^{-4}$	17	1～5	$4.4×10^{-6}$	(未測定)
	6～11	$1.2×10^{-5}$		6～11	$7.5×10^{-6}$	
	15～20	$2.0×10^{-6}$		18～23	$8.1×10^{-5}$	
	20～25	$3.0×10^{-6}$		23～28	$5.1×10^{-6}$	
	40～	$2.0×10^{-6}$		30～35	$5.5×10^{-6}$	
丸亀市	3～8	$1.2×10^{-4}$	15	11～16	$3.5×10^{-4}$	13
	8～13	$1.4×10^{-3}$		15～20	$3.6×10^{-5}$	
	20～22	$1.4×10^{-5}$		25～30	$9.2×10^{-6}$	
	34～39	$1.6×10^{-5}$		32～37	$8.4×10^{-6}$	

量の差は判然としなかった。全窒素含量も腐植と同様のパターンを示した。両圃場では，稲わらは搬出または焼却されており，刈り株だけが水田に残されてきたが，表層への有機物の集積が認められた。

土壌窒素肥沃度（第8表）水門町の不耕起継続田の乾土効果は深さ20cm程度までは，耕起田と比較して明らかに小さかったが，それより深いところでは両者の間に差はなかった。地温上昇効果は作土表層の0〜1cmでは不耕起田が非常に高い値を示していたが，それより下層では大差なく，耕起田がやや高い傾向であった。アンモニウム態窒素生成量（風乾土，30℃4週間培養）は作土表層0〜1cmでは有機物が集積している不耕起田が高かったが，それより下層では反対に耕起田が高い値を示した。しかし，水門町の不耕起田におけるアンモニウム態窒素生成量の垂直分布をみると，15cmの深さまでは8 mg/100g乾土以上の水準が維持されていた。

丸亀市の不耕起継続田では，表層0〜3cm

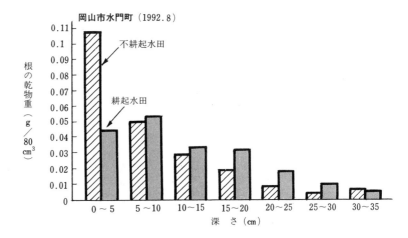

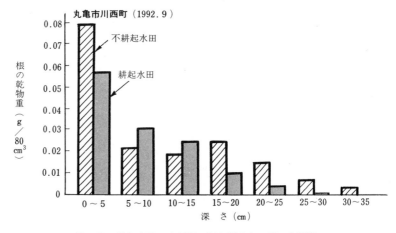

第4図 耕起方法が水稲根の深さ別分布に及ぼす影響

第7表 土壌pHと有機物含量

(岡山農試，全農農業技術研究センター)

場 所	不 耕 起 直 播				耕 起 移 植			
	深さ(cm)	pH(H₂O)	腐植*	全窒素(%)	深さ(cm)	pH(H₂O)	腐植*	全窒素(%)
水門町	0〜1	6.2	7.22	0.42	0〜1	6.2	4.63	0.25
	1〜6	6.5	4.83	0.24	1〜6	6.0	4.30	0.19
	6〜15	7.5	4.12	0.22	6〜15	6.4	4.12	0.19
	15〜20	8.1	1.41	0.08	15〜18	6.4	3.17	0.14
	21〜40	8.3	0.74	0.03	20〜30	7.4	0.62	0.03
丸亀市	0〜3	5.8	7.10	0.67	0〜10	7.0	2.12	0.22
	3〜10	6.1	2.24	0.26	10〜15	7.2	1.71	0.19
	10〜22	6.4	1.81	0.19	15〜25	7.7	0.38	0.05
	22〜26	7.3	0.48	0.06	25〜32	8.0	0.19	0.04
	26〜34	7.6	0.35	0.04	32〜42	8.1	0.24	0.04

注 *腐植含量：丸亀市の値は全炭素含量(%)

第8表　土壌窒素肥沃度

(岡山農試, 全農農業技術研究センター)

場所	不耕起直播				耕起移植			
	深さ(cm)	NH_4-N生成量	地温上昇効果	乾土効果	深さ(cm)	NH_4-N生成量	地温上昇効果	乾土効果
水門町	0～1	36.1	22.0	19.0	0～1	19.5	8.4	18.0
	1～6	9.3	3.2	7.6	1～6	14.6	4.5	13.5
	6～15	7.9	1.9	7.2	6～15	12.6	3.0	11.7
	15～20	2.7	0.7	2.8	15～18	9.2	1.8	8.9
	21～40	0.6	0.0	0.9	20～30	0.7	0.0	0.7
丸亀市	0～3	39.9	13.6	35.8	0～10	11.5	4.6	9.0
	3～10	8.7	3.0	7.1	10～15	6.7	2.2	5.1
	10～22	5.1	1.6	4.0	15～25	1.5	0.3	1.2
	22～26	1.9	0.6	1.4	25～32	0.7	0.3	0.3
	26～34	1.1	0.3	0.7	32～42	0.7	0.2	0.3

注　NH_4-N生成量(mg/100g土壌)＝風乾土30℃ 4週間湛水培養

第9表　土壌中の可給態リン酸およびケイ酸含量

(岡山農試, 全農農業技術研究センター)

場所	不耕起直播			耕起移植		
	深さ(cm)	可給態リン酸	可給態ケイ酸	深さ(cm)	可給態リン酸	可給態ケイ酸
水門町	0～1	48.1	15.9	0～1	18.9	21.6
	1～6	65.2	13.1	1～6	18.9	25.8
	6～15	67.2	24.0	6～15	18.8	24.4
	15～20	11.6	28.0	15～18	18.6	27.1
	21～40	11.7	29.6	20～30	9.8	21.1
丸亀市	0～3	305.8	23.9	0～10	60.8	15.3
	3～10	195.1	11.0	10～15	49.8	8.1
	10～22	90.1	9.6	15～25	13.8	4.8
	22～26	39.0	6.6	25～32	4.5	6.0
	26～34	17.8	5.5	32～42	5.2	7.6

の乾土効果, 地温上昇効果, 窒素無機化量が大きいが, それ以下の層の値も耕起移植田より大きかった。なお, 土壌採取時点の表層の硝酸態窒素含量は5mgであった。

可給態リン酸含量（第9表）　水門町の不耕起継続田では, リン酸の作土表層の蓄積はみられないが, 深さ15cmまで65mg以上含まれ, 耕起田の19mgを大きく上まわった。15～20cmではやや耕起田がまさったが, さらに下層では, 耕起田より多かった。丸亀市では, 作土表層に300mg以上蓄積しており, 深さ26cmまで30mg以上含まれ, さらに下層でも耕起田より多く含まれた。試料の採取深さが異なるが, 丸亀市のほうがリン酸肥沃度は高かった。これまで, 水門町の水田では特別にリン酸資材の施用は行なわれなかった。丸亀市の圃場では, 15年前までケイ酸, およびリン酸資材の施用が行なわれたが, 最近は施用されていない。丸亀市の不耕起継続田では根の跡がみられる土層まで, 水門町でも粗孔隙の多い土層まで多くの可給態リン酸が含まれた。

このことから, 表層に施用されたリン酸が不耕起土壌中を移動しうるものと考えられ, その要因として, 長期継続による根の跡などの孔隙の増加が, 移動しやすくしていると考えられる。

可給態ケイ酸（第9表）　水門町では特にケイ酸資材を施用していなかったために, 不耕起継続田の土壌表層にケイ酸の集積はみられず, 表層（0～6cm）は耕起田より少なく, それ以下は耕起田と差がなかった。丸亀市の長期不耕起圃場では, 表層のケイ酸が多く, それ以下では耕起田とほぼ同程度の有効態ケイ酸を含んでいた。

交換性塩基　水門町の不耕起継続田の交換性塩基の量は, 耕起移植田より多く, 特に交換性石灰, 交換性苦土の含量は表層で高かった。丸亀市では, 表層で不耕起継続田の含量がまさった以外は, 耕起田と差がなかった。水門町は低地にあり, 来歴が干拓地であることから調査場所によってナトリウム含有量が高い地点がみられた。

④土壌の特徴のまとめ

不耕起長期継続田の土壌の特徴は、①長期の不耕起継続によっても作土の硬度は大きくなく、有効土層は厚い。②作土層では粗孔隙が多く含まれ、飽和透水係数は大きいが、下層土はち密で、地下水位も比較的高く漏水の心配はない。③畦畔は漏水の少ない構造で、減水深は適正な範囲である。④作土表層の腐植、全窒素含有量が多く、したがって乾土効果、アンモニウム態窒素生成量も多い。⑤深さ15cm程度までの土層では腐植、全窒素含量の大幅な低下はなかった。作土下層の乾土効果、アンモニウム態窒素生成量は、多少低下した。⑥リン酸は土壌中を移動しにくい養分であるが、有効土層の範囲の有効態リン酸含量は、耕起移植田と同等以上であった。⑦有効土層の範囲のケイ酸、塩基類含量は、耕起移植田と同等であった。

長期間不耕起栽培をつづけることのできた圃場の特徴は以上のようである。土壌のち密化が進行しない要因の一つとして、最近使用され始めた自脱コンバイン以外は大型機械の走行がないことがあげられる。また、根の跡などによる土壌構造の発達がどの程度の早さですすむのかは残された課題である。不耕起の継続により不耕起栽培に適した構造が発達することがあるとすれば、人為的に変化を促進させる方法を工夫する必要がある。

次に、土壌窒素肥沃度については、未攪乱の土壌で湛水培養して評価する必要があるが、ここでは、土層別の窒素無機化量（風乾土30℃4週間培養）と仮比重から根域の範囲の窒素無機化総量（無機化可能総量と表現した）を計算した。水門町の無機化可能総量は、不耕起栽培継続で低下したが、丸亀市の水田では不耕起継続による低下はなかった（第10表）。土壌窒素無機化量の低下が、なぜ不耕起栽培を開始した初期に比較的大きく、その後小さくなるのかは不明であり、今後の課題である。また、不耕起栽培を5年間継続することで、作土下層のリン酸肥沃度が低下した岡山県農業試験場の試験結果が報告されているが、今回の調査では耕起移植田より多くなる結果を得た。土壌中のリン酸の移動と土壌構造の関係についてはさらに検討をすすめる必要がある。

第10表 土壌窒素無機化可能総量の計算

場所	土層	不耕起田				耕起田			
		深さ(cm)	仮比重	無機化量(mg/100g)	無機化量(g/m²)	深さ(cm)	仮比重	無機化量(mg/100g)	無機化量(g/m²)
水門町	1層	0-1	1.00	36.1	3.6	0-1	1.00	19.5	2.0
	2	1-6	1.16	9.3	5.4	1-6	0.99	14.6	7.3
	3	6-15	1.21	7.9	5.7	6-15	1.11	12.6	12.6
	4	15-20	1.52	2.7	2.0	15-20	1.47	9.2	6.8
	計				16.7				28.7
丸亀市	1層	0-3	1.00	39.9	12.0	0-10	1.10	11.5	12.6
	2	3-10	1.01	8.7	6.2	10-15	1.36	6.7	4.6
	3	10-22	1.16	5.1	7.1	15-25	1.54	1.5	2.4
	4	22-26	1.53	1.9	1.2	25-32	1.59	0.7	0.7
	計				26.5				20.3

（4）不耕起栽培技術の確立のための課題

長期不耕起栽培は、いずれの場所でも小型の農器具を用いた手作業により実施されてきた。今後の稲作のなかで、一定の役割を占める技術になるには、機械化された作業体系の確立が必要である。残された課題には、雑草防除、播種作業の機械化などがあるが、ここでは、土壌肥料的な課題を整理する。

①不耕起栽培に適した土壌条件の整理

不耕起栽培の適地として必要な条件を整理し、適地図を作成する必要がある。適地判定の要因となる事項は、①適正な減水深の維持、②不耕起栽培による土壌硬度の増大と根の伸長阻害の程度、③根が自由に伸長できる各種養分に富んだ有効土層の厚さなどである。

②施肥技術

緩効性肥料の選択，組合わせと施肥位置を工夫することにより，効率的な施肥技術を確立する。

③わら処理

いずれの圃場でも，稲わらは搬出（丸亀市の農家は最近は焼却）している。大規模経営のなかでは，搬出が不可能な地域もあると考えられる。わらの表面散布を長期間つづけた場合の土壌の変化については，今後の課題である。

④適切な耕うん間隔と土壌管理方法

大型機械走行による土壌のち密化，わら施用による表層への有機物の集積，作土下層の肥沃度の低下などの問題が生じた場合は，耕うんを行なう必要がある。土壌の種類別に安定した生産が得られる不耕起栽培の継続期間と，数年間に一度行なう耕うんのさいの土壌改良方法を明らかにする必要がある。

以上の課題について試験研究がすすむことにより，不耕起栽培の適地でかつそのメリットを生かせる場所で，栽培面積が拡大することが期待される。

執筆　長野間　宏（農業研究センター）
　　　石橋英二（岡山県農業試験場）
　　　小林　新（全農農業技術センター）

1994年記

不耕起土壌の孔隙構造とその機能

1. X（エックス）線による土壌孔隙構造の観察

　土壌の間隙（すき間）構造は，土の中の通水性や通気性，そして保水性などの重要な機能に重大な関わりをもつ。なかでも，土壌への水の浸入や土中での水や溶質（溶けている物質）の移動は，土壌の間隙構造の状態によって規制され，特に土壌間隙の三次元的連続性の状態が水や溶質移動に大きく影響する。

　最近，X（エックス）線造影法により土壌間隙の立体的形態を投影像として観察することができるようになった（徳永，佐藤）。X線造影法とは土中の間隙構造をX線で立体的に撮影する方法で，人間がバリウムを飲んで胃のレントゲン写真を撮るのと同じ原理である。具体的には土のすき間に土壌用の造影剤（ジヨードメタン，比重3.3）を浸入させ，軟X線装置のなかで撮影する。この方法により非常に細かな土壌のすき間まで立体的にとらえられるのが特徴で，土壌の間隙構造だけでなく，根穴の分布を通じて根の発達具合までよくわかる。

　第1図，第2図は八郎潟干拓地の低湿重粘土水田における土壌間隙のX線写真である。写真で黒く筋状に見えるのがイネの根が腐食分解した後に残った根穴孔隙（根成孔隙とも呼ぶ）である。黒く観察できる孔隙（円管状の間隙を指す）はイネの根の姿を彷彿させる。イネ作15年の間に蓄積された根穴であるが，鉛直方向や斜め方向に走る太い孔隙（孔隙径0.7～1.2mm）は1次根が，水平方向の細い孔隙（孔隙径50～90μm）は2次根以下の側根などが腐朽して形成されたものである。想像以上に土中の根穴の保存は良好，かつ精緻である。この筋状の根成孔隙は円管状で，途中に屈曲や広狭の少ない三次元的連続性をもった立体管路網構造である。

2. イネは生育に必要な土壌環境を根自身がつくりだす

　X線写真（第1図，第2図）の観察の結果，次のようなことがわかってきた。

　イネの根が活性根のときには，1次根から側方に分岐した多数の分岐根は土壌基質の中から溶液を吸収し1次根へと送る。1次根は水分や養分を地上部へ押し上げる通路となっている。そして，活性根が腐朽して根穴となり，孔隙化した後は全く逆の機能を土壌中で果たす。

　つまり，1次根が腐朽して孔隙化した跡は上から下への通気，通水路として，分岐根は1次根から保水孔隙（根毛跡も含む）への通路として働く。まさに「土は生きている」という言葉どおり，土の中には人間の脳神経や血管組織と同じように，太い根穴，そこから分岐した細い根穴孔隙が網目状にあらゆる方向に走り，かつ連絡しあっていることがわかってきた。しかも根穴は第1図，第2図に示すように，水田土層でも濃密に分布しており，土中の水や溶質などの通路として，また空気（酸素）の移動や水の保持といった重要な機能と関わりをもっている。

　八郎潟干拓地にみられるような低湿重粘土水田では，イネの根が腐朽して形成される根穴は干拓ヘドロ土層（第3図）のマトリックス（土壌基質）の構造変化に直接かつ重要な影響を及ぼすであろうこと，また，根成孔隙の形成が干拓地土層の土壌化過程と緊密に連携しているものと思われる。つまりイネの根は根穴多孔質の土壌構造を形成し，この根穴孔隙（根成孔隙）が土壌基質の本質的な構造変化の主体的な役割を果たしているものと考えられる。このことにより干拓地土層の通気，通水，保水機能など土壌化への働きが付与される。これこそ湖底土の土壌化過程の物理的変化のはじまりである。すなわち，イネの根は自ら「土を耕し」，イネの

第1図　八郎潟干拓地重粘質水田土の粗孔隙像
作土層，深さ15cm，不耕起土，水田歴15年
土の間隙（すき間）のエックス線写真
黒く筋状に見えるのがイネの根が腐食分解した後に残った根穴。第2図も同じ

第2図　八郎潟干拓地重粘質水田土の粗孔隙像
心土層，深さ35cm，不耕起土，水田歴15年

不耕起栽培・半不耕起栽培

生育に必要な土壌環境は根によってつくられているものと考えられる。

土の中には無数の微生物が棲息している。細菌，菌類，藻類，原生動物などの棲息環境となるのは土壌中のすき間である。なかでも根穴は，ここへの水や酸素の供給が活発であるから，好気性の土壌微生物はその活性が高められ，動・植物遺体の分解作用が促進されるなど，好気性の土壌微生物を含めた土壌小動物にとっては好適な棲息環境にあるものと考えられる。動・植物遺体の分解作用が促進されることは，同時に化学的変化にも少なからず影響を与えることになる。また，土中にこのように網目状に発達した根穴構造は，物理的に物質のフィルターとしての浄化機能をもちうるものと思われる。

イネづくりでは，一寸一石という言葉がある。これは一石（150kg）増収するのに耕土を一寸（3cm）深くしなければならないという意味で，深耕の大切さをいったものである。しかし，八郎潟干拓地にみられるような低湿重粘土水田における耕起・代かきや深耕は，かえって土壌を練り返すことになって土壌構造を失わせ，イネの根が腐朽して残った根穴構造の連続性を破壊している。このことが圃場の排水不良の一因になる場合が多い。したがって，低湿重粘土水田ではイネの根がつくる根穴などの土壌孔隙構造を活かす農法こそ追求されるべきである。

第3図 八郎潟干拓地重粘質水田土層

3. 団粒構造と同様な機能をもつ根穴構造

第4図は一般にいわれている団粒構造の模式図である。団粒間の大きい間隙（団粒間間隙）は降雨やか

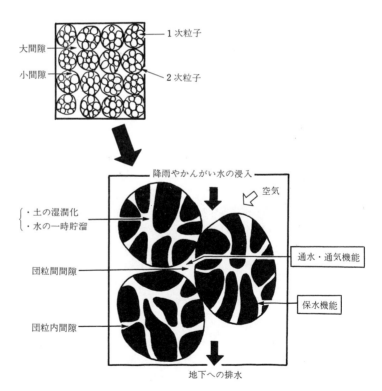

第4図 団粒構造の模式図

第3部　有機農業の共通技術

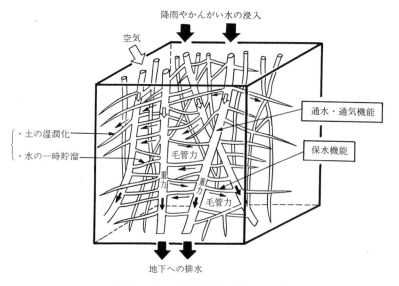

第5図　根穴（根成孔隙）構造の模式図

な条件のひとつでもある（岩田）。

これに対して，第5図はイネの根が腐朽して形成される根穴（根成孔隙）構造の模式図である。根穴は土層中に三次元的連続性をもった立体管路網構造であり，土壌基質全体への水や空気（酸素）を均一に，しかも迅速に送配できるように保障するシステム的機能構造をもつ。特に鉛直方向の太い孔隙（孔隙径1〜2mmを指す）は雨水，かんがい水などの土壌への浸入路として，水平方向の細い孔隙（孔隙径50μm以下を指す）は途中で毛管力の作用によって水を吸収して，土壌の湿潤化を進める保水孔隙として機能するものと考えられる。さらに，過剰水は鉛直方向の太い孔隙を重力によって下方へと移動し排除される。引きつづいてその粗孔隙は空気で満たされる。太い孔隙は通水，通気孔隙として機能する。

第1図や第2図にみるように，土の中では太い根穴，そこから分岐した細い根穴孔隙（根毛の跡も含む）は人間の脳神経や血管組織と同じように，あらゆる方向に走り，かつ網目状に連続しあっている。このように根成孔隙は，多根系が複合された形態であるから，多数の分岐に富み，分岐から先は一段と細くなり根毛の跡にいたる。つまり，保水，排水の両機能を果たすとみられる毛管，非毛管の孔隙網であり，その連続性や太さや屈曲性が透水性を決定づけると思われる。根成孔隙網は土中の間隙の大きさの多様性を保証し，土壌中の通水性や通気性さらには保水性などの重要な機能に重大な関わりをもつはずである。また，根穴は根遺体の存在する孔隙もあれば，空洞化した孔隙もある。イネの根の腐食分解過程の残根遺体は有機物の供給

んがい水が通って速やかに下方に移動する。引きつづいて大きい間隙は空気で満たされる。つまり団粒間間隙は通水，通気機能をもつ。他方，団粒内部の間隙（団粒内間隙）は小さく，かつ大きい間隙と連続しているので（大きい間隙は空気で満たされている），小さい団粒内間隙を水が下方に移動することはない。つまり団粒内の小さい間隙は保水機能をもつ。このように団粒構造にみられる土の中の間隙の大きさの多様性は，「水はけがよい」，「水もちがよい」という相反する性質を同時にかねそなえた土としてすぐれた土壌構造といわれている（岩田）。

また，有機物に富む間隙の多様な団粒土では，細菌の多くは団粒内間隙に，カビや原生動物は，主として団粒間間隙で棲息しているものと思われるが，このような土は腐食含量が高いので，たとえば土壌反応（pH）の急激な変化を緩和する作用，すなわち緩衝能が大きい。このように化学的緩衝作用が高く，加えて有機物に富むのでえさを提供することによる土壌微生物が増殖しやすく，微生物の多様性を保障する土でもあり，このことが病気の出にくい健康な土をもたらしている。さらに，化学性である養分や酸化還元電位の多様性（不均一性）は，健康な根の伸長をうながし，植物が生育するための重要

源でもあり，えさの提供による微生物の多様性を維持することにもなる。

このようにみてくると，土の中に網目状に濃密に発達する根穴構造は，団粒構造の間隙とは全く異なる構造でありながら同様な機能をもつものと考えられる。しかも団粒構造の発達は農地土壌の表層部15～25cmの作土層どまりが一般であるが，根成孔隙は表土層のみならず下層まで広範囲にわたって分布している。

4．不耕起栽培とは

本文の記述で用いる不耕起栽培とは耕起・代かきを省略した田面に，不耕起田植機でイネ苗を移植して栽培することである。第6図は秋田県大潟村の農家，山崎政弘氏が数か年にわたり改良を重ね，ようやく完成させた不耕起田植機による不耕起田での田植えのようすである。

この田植機は8条乗用田植機（8～10馬力）であるが，植付けツメの前に溝切り用の油圧駆動式ディスク（直径25～28cm，歯幅14mm）が取り付けられている。このディスクを前作の稲株や切りわらの残る田面で進行方向に対して正回転あるいは逆回転させることにより，うね間の切り株の近傍にV字形（上幅1.2～1.5cm，深さ4.0～5.0cm）の溝が切られ，この溝に中苗が移植される。また，ディスクとディスクの間にローラーが取り付けられている。このローラーは植付け部の重量を田面にかけて，田面の凹凸を平にしながら苗を植え付け，またディスク溝の深さや植付け深をも一定にするためのものである（第7図）。さらに，植付け精度の向上を図るため，特に移植後の「浮苗」となり欠株が生じるのを防止するため，植付けツメの両側にフロートを取り付け，移植直前にフロートの前部がディスク溝の直上を移動し，やわらかい土を溝の中にもどしながら，イネ苗を植え付けていくように改良が加えられた。

低湿重粘土水田では不耕起栽培を継続すると田面が非常に硬くなり，現在の不耕起田植機では馬力不足により，ディスク溝や植付け深が一定にならず，また欠株などが生じる。このため，

第6図　不耕起田植機による移植作業（山崎氏）

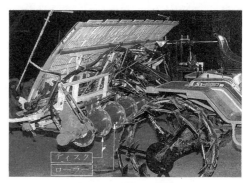

第7図　不耕起田植機

田植えの約7～10日前に水を入れ，あらかじめ田面をやわらかく（移植時に長靴が2～3cm沈む程度）してから溝が切られ，イネ苗が移植される。本文で以後に用いる不耕起栽培とはこの水入れを含めたものを指す。

5．不耕起栽培による低湿重粘土水田の土地改良

①調査圃場の概要

調査圃場は八郎潟中央干拓地の中央部からやや西側に位置するA13圃場内の水田であった。同圃場には昭和52年に吸水きょ（φ65mmコルゲート有孔管，疎水材は籾がら）から小排水路へ直接排水する暗きょが施工された。吸水きょは1筆約1.21ha（長辺155m×短辺78.2m）に長辺方向に約11mの間隔で埋設され，埋設深は上流端で60cm，下流端で100cmであった。さらに昭和63年に吸水きょに直交して深さ35cm，3m間隔で弾丸暗きょ（籾がら充填）が施工さ

第3部　有機農業の共通技術

第8図　試験田

れた。しかしながら，同圃場ではヘドロ層が厚く，地下水位が高く，土性がHC（重埴土）のために，暗きょ施工後も強粘質還元型の排水不良田のままであった。

このため，平成元年度より1筆約1.21haのなかに，面積20a（長辺155m×短辺13.3m）を耕起・代かきを行なわない不耕起田，残りの面積1.01ha（長辺155m×短辺64.9m）を慣行の耕起・代かきを行なう対照田（以後，耕起・代かき田と呼ぶ）の試験田を設定した（第8図）。

平成元年度よりイネの試験栽培を開始し，現在も圃場環境や土壌環境の変化，イネの生育・収量の変化などの実態調査を継続している。

②地下水位

地下水位は小用水路から小排水路へのほぼ中間の圃場中央部に塩ビ多孔管（φ65mm）を約1mの深さまで鉛直に埋設する簡易法によって測定した。

第9図のように非かんがい期の地下水位は，不耕起田では地表面下30cm前後のほぼ定水位で経過している。これに対して，耕起・代かき田では15cmの高い水位を中心にして，降雨などの影響を受けやすく，大きく変動しつつ経過している。八郎潟干拓地にみられるような低湿重粘土水田では，地下排水の改良にとって地下水位の低下は重要課題のひとつである。同様の暗きょ施工がなされているにもかかわらず，不耕起田において地下水位がより低下することは大きな意義があり，特に今後の汎用化と，そこでの輪作体系の確立のうえで，不耕起栽培は有効な土壌管理技術として期待できる。

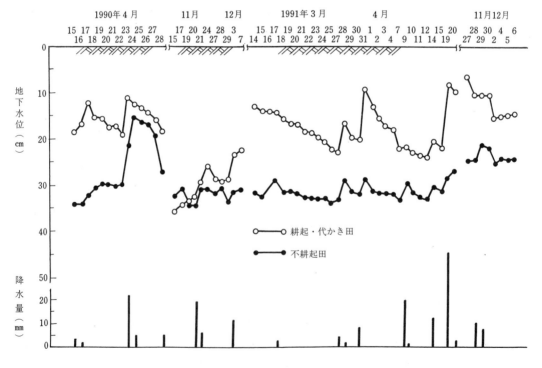

第9図　地下水位の主な経日変化

③ コーン支持力

第10図にみるように深度30cmまでの表土層では，不耕起田のコーン支持力が耕起・代かき田のそれより大きい値を示している。

不耕起田の表土層では年々地耐力の向上がみられ，大型農業機械の走行性や作業性がすぐれ，管理作業やコンバインの収穫作業が容易となる。このように不耕起田にみられる地耐力の向上には，地下水位の低下による影響が大きいと考えられる。

④ 酸 化 層 厚

試験栽培2作後（1991.4）の調査結果をみると，不耕起田の酸化層厚は30～32cmで，青灰色のグライ層の出現位置は地表面下40～43cmにある。これに対して，慣行栽培を継続した耕起・代かき田の酸化層厚は25～27cmで，グライ層の出現位置は地表面下35～38cmにある。不耕起田では酸化層厚の増加とともに，膜状，糸根状の酸化沈積物が多く観察された。

八郎潟干拓地の，耕起・代かきを行なう慣行栽培を長く継続した水田では，乾田化の進行が緩慢であり，酸化層厚が減少する水田もみられる。

当干拓地の低湿重粘土水田では，上述のように不耕起栽培を継続することにより，わずかながら年々酸化層厚が増加し，グライ層の出現位置が低下することで，乾田化を期待できる。乾田化の進行はイネ裏作としてのムギ，ダイズなどの畑作導入，さらに汎用化にも有利な土壌条件となりうる。

⑤ 土壌の物理性

本報告の実験値は試験栽培2作後（1991.4）に採土されて，X線写真の被写体となった試料土についてのもので，X線による立体撮影直前に測定された。

不耕起田の作土層，深さ10cmの圃場含水比は73.7％，乾燥密度は0.86g/cm³である。同深度

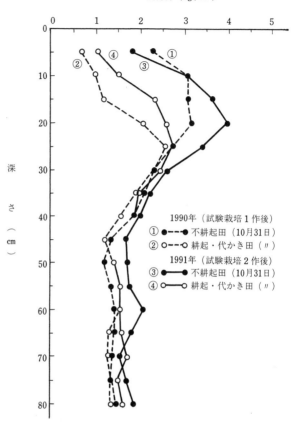

第10図　深度別コーン支持力の年変化

の耕起・代かき田はそれぞれ102.7％，0.71g/cm³である。また，深さ25cmについてみると，不耕起田では圃場含水比が102.7％，乾燥密度が0.69g/cm³，耕起・代かき田はそれぞれ115.5％，0.65g/cm³であり，不耕起田では耕起・代かき田に比べて，圃場含水比の減少，乾燥密度の増加がみられる。このことは不耕起栽培により低湿重粘土水田の乾田化の進行が図られることを意味する。

また，第11図の深さ別の粗間隙量（pF1.8相当の体積率）と飽和透水係数とをみると，たとえば，深さ10cmの作土層では，粗間隙量は耕起・代かき田のほうが不耕起田より多いが，鉛直方向の透水性は不耕起田のほうが耕起・代かき田より大きい。これは後述する粗間隙の立体写真でも明らかなように，不耕起田では円管状の直線的な根穴孔隙（根成孔隙）の発達が多く，

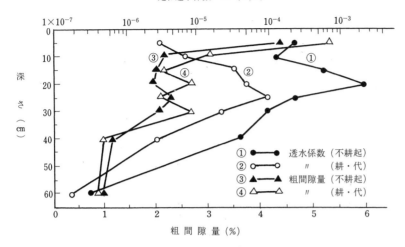

第11図 粗間隙量と飽和透水係数

かつ，その連続性がよいためであると考えられる。深さ25cmについては不耕起田のほうが粗孔隙量もいくぶん多く，透水性も大きい。このような両試験田間の透水性の差は，根穴の発達量，形態および連続性の相違によるものと思われる。

⑥不耕起田と耕起・代かき田の粗孔隙像の特徴

第12～15図はX線造影法でとらえた立体写真である。写真では黒い筋が孔隙像である。この像は実像の約1.5倍のもので，倍率2倍程度の簡易実態鏡で立体視できる。

第12図は不耕起田の作土層，深さ10cmのX線造影像である。間隙の形態よりイネの根が腐食分解した後に残った根穴（根成孔隙）は土中にしっかりと保存されていることがわかる。第14図は同深度の耕起・代かき田の粗間隙像であるが，耕起作業や乾燥収縮などで発生する平面（矢印Ⓐ）ないし半球面状（矢印Ⓑ）の小亀裂と，イネの根が腐朽して残った根穴（矢印Ⓒ）とが混在する間隙構造となっている。耕起・代かき田の根穴の分布量は不耕起田に比べて少なく，また，根穴が屈曲に富み，連続性に乏しいようすも観察される。

第13図は深さ25cmの不耕起田，第15図は同深度の耕起・代かき田の粗孔隙像である。試験栽培2作後の影像であるが，不耕起田のほうが根穴の分布量が多い。つまり，耕起・代かきを省略した不耕起田のほうがイネの根の伸長，発達が良好であることが立体写真からもわかる。なお，根穴は深度40cmでも観察されるが，その分布量は深さ25cmに比べるとはるかに少ない。

⑦暗きょ排水量

試験栽培2作後の非かんがい期（1991.4）およびかんがい期（1991.7）において，暗きょ排水口からの排水量を測定した。暗きょ排水口1本当たりの平均排水量は，非かんがい期では不耕起田は耕起・代かき田の約2.0倍であった。また，かんがい期では耕起・代かきの有無が大きく影響しているものと思われるが，不耕起田の排水量は約7.6倍である。このように不耕起田の排水量が多い理由としては，深さ30cmまでに発達する根穴との関わりが考えられる。つまり，不耕起田では土層に濃密に発達する根穴，弾丸暗きょおよび弾丸暗きょと直交する吸水きょの互いの連続性がよいこと，また，暗きょ直上では根穴の発達が旺盛で，そこでは特に根穴と吸水きょとの連続性がよいことなどが複合した結果として，不耕起田の排水量が多くなると推察される。

⑧不耕起イネの生育と収量

不耕起田の作土層は土壌硬度が大きく，ち密で硬い。このため，イネの根の生育の阻害が懸念された。しかし，実際は第16図にみられるように，不耕起田におけるほうが根の伸長，発達が良好で根株も太い。また，根が白く，若々しくて太いのが特徴的である。これに対して，耕起・代かき田は根は赤く，細く，縮れており，根の発達量も少ない。

このように，両者の根の生育に相違が認めら

> X線造影法による立体写真。黒い筋が孔隙像であり，実像の約1.5倍の像である。写真上面が地表側，倍率2倍程度の簡易実体鏡で立体視してください。

第12図 不耕起田の粗孔隙像（深さ10cm）

第13図 不耕起田の粗孔隙像（深さ25cm）

第3部　有機農業の共通技術

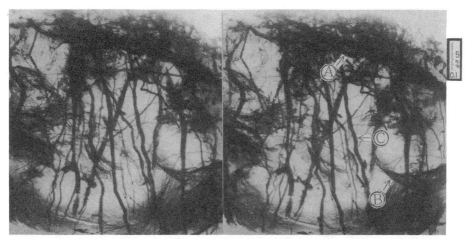

第14図　耕起・代かき田の粗孔隙像（深さ10cm）

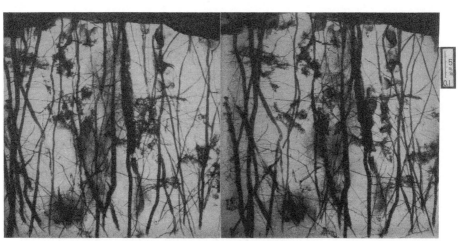

第15図　耕起・代かき田の粗孔隙像（深さ25cm）

れるのは，不耕起田のほうが根穴の跡などの粗孔隙が増加していることによる。この空洞化した根穴は抵抗がゼロであるから，イネの根はこの根穴を利用して下方へ伸びやすく，下層の窒素の吸収も可能である。また，根穴の発達した土層では栽培期間中も根穴を通じて酸素の供給が活発で酸化状態が維持されやすく，根の活性化がもたらされる。不耕起田にみられる土壌硬度が大きく，ち密で硬い土層にもかかわらず，根の伸長，発達が慣行栽培の耕起・代かき田に比べて良好であるこの実例は，土壌硬度と根の生育に関する従来の認識に新たな問題を示唆している。実際の圃場では活性根や老朽根が古い空洞化した根穴に伸長している例が多数観察できる。根系伸長にとっての土壌硬度を考えるとき，根穴などの粗孔隙を含めた硬度評価が今後の問題となろう。

不耕起栽培では慣行栽培より土壌窒素の発現量が少ないために初期生育は劣るが，イネの根が生育後半まで健全で高い活力をもつのでイネの秋まさり的生育が特徴である。試験栽培初年度は倒伏などによる減収をまねくなどの問題点もあったが，第17図に示すように試験栽培2年目からは施肥管理の改善などで，2作目の10a当たりの実収量は不耕起田が575kg，耕起・代かき田が521kgであった。試験栽培3作目の不耕起田ではイネの生育が良好で，相当な収穫量が期待されたが，刈取り直前にイネは平成3年の台風19号の影響を強く受けた。しかしながら，10a当たりの実収量は不耕起田で589kg，慣行栽培の耕起・代かき田で578kgと不耕起田のもののほうがまさった。このように2年連続で不耕起栽培が慣行栽培よりも高い実収量をあげえたこと，また不耕起栽培の収量が年々増加の傾向にあったことは注目に値する。

6．不耕起栽培の利点とその意義

八郎潟干拓地にみられるような低湿重粘土水田をはじめ，東北，北陸地域などの日本海側に広く分布する地下水位の高い，強いグライ土，および強粘質還元型の排水不良田では，不耕起

第16図 最高分げつ期のイネの生育の相違
1991.7.5撮影，品種：ササニシキ

栽培の導入により次のような効果が期待できる。

①耕起・代かきの省略によって労働が軽減される。また，化石燃料の消費が抑えられ，さらに省力化による低コスト稲作農業の確立，耕起・代かき作業とその期間内の他作業との競合の回避が期待できる。

②根穴が破壊されずに土中に保存されるので，それを通しての地下水位の低下と圃場排水の改善，また，それに伴う地耐力の向上による管理

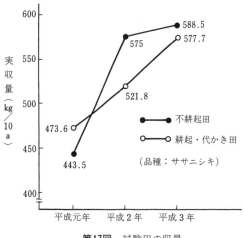

第17図 試験田の収量

作業やコンバインの収穫作業の容易性が図れる。

③排水の進行が困難な地盤の土壌改良, 土地改良など, 主に低湿重粘土の物理性の改善を図るための土壌管理技術の確立, および暗きょの排水機能の向上とその効果の長期化など土地改良効果が期待できる。

④通気性, 通水性, 保水性の向上でイネの根の伸長と根張りがよくなる。また, 中干しによる大亀裂の発生が抑制され, イネの根の切断を防ぐことができる。

⑤大区画水田とする場合でも, 前作の切株で強風による波立ち, 水の片寄りによる幼苗の浮苗, ころび苗の防止ができる。

⑥代かき水を必要としないので, 代かき水の流出に伴う肥料の流亡や懸濁水 (にごり水) の流出による水質汚染も少なく, また切り稲わらが作土層に混入しないので, 発生するメタンガスの量も少なくて環境保全型農業の確立が期待できる。さらに, 土壌微生物を含めた土壌小動物などの生態系にやさしいエコロジー的農業の展開も期待できる。

⑦排水性の向上により, イネ裏作のムギやダイズなどの畑作の導入に有利な条件が形成されることから, 輪作体系の確立に必要な汎用化が図れる可能性が高い。

7. 今後の課題

①前作の秋から春にかけて繁茂するスズメノテッポウなどの冬雑草の防除技術の確立。現在は接触型非選択性除草剤 (ラウンドアップなど) による湛水前の除草が行なわれている。ただし, 不耕起栽培では田面が切り稲わらで均一に被覆されているので, 不耕起移植直後の雑草の発生量は慣行栽培の水田より少ない。今後は雑草の生態的防除方法の確立などによる無農薬自然農法と不耕起栽培をドッキングした農法の確立が課題である。

②不耕起栽培に合致した肥料の開発とその省力施肥管理技術の確立。

③大区画水田に対応できる高精度の不耕起田植機の開発。

④不耕起栽培の連続年数と適応圃場条件の解明, 汎用圃場での作付体系の確立。等々があげられる。

大潟村をはじめ全国各地でのイネの不耕起栽培の早期の実用化が期待される。

執筆　佐藤　照男 (秋田県立農業短期大学)

1993年記

引用文献

徳永光一・竹内正己・林貴峰. 1986. 火山灰下層土における粗孔隙の根成的特徴について―立体視による孔隙の軟X線透写像の観察―. 農土論集. 126, pp.75-80.

Tokunaga, K., 1988. X-ray stereoradiographs using new contrast media on soil macropores. Soil Sci. 146(3), pp.199-207.

佐藤照男. 1992. 八郎潟干拓地重粘質水田土の粗孔隙の発達とその意義. 農業土木学会誌. 60 (1), pp.25-30.

佐藤照男. 1992. 八郎潟干拓地における畑地と草地土壌の粗孔隙の発達とその意義. 農業土木学会誌. 60 (4), pp.9-14.

佐藤照男. 1992. 不耕起栽培による低湿重粘土水田の土地改良と汎用化の展望. 農業土木学会誌. 60 (8), pp.15-20.

岩田進午. 1989年4～6月.「土」を科学する. NHK市民大学.

岩田進午. 1991. 土のはたらき. 家の光協会.

第3部　有機農業の共通技術

緑肥・カバークロップ

第3部　有機農業の共通技術

緑肥にかなうものはない
── すき込みで減肥、センチュウや病害も怖くない

執筆　中野春男（長野県塩尻市）

ワラすき込みや山土客土より、緑肥

2haの畑でレタス、キャベツ、ハクサイ、ナガイモを栽培しています。緑肥を使い始めたのは、『現代農業』でエンバクのヘイオーツの記事を読んでからです。試してみると、レタスの生育が「何かちょっと違う」と手応えを感じました。化学肥料中心の農業では長続きしないと思い、ワラを買って入れたり、山土を客土したりしましたが、金銭面も含めて、緑肥にかなうものはありませんでした。

その後もライムギやオオムギ、ギニアグラス、ソルゴーなどを導入し、今に至っています（緑肥②記事参照）。いたずらでカボチャをちょっとつくっていますが、敷きワラの代わりにオオムギの'てまいらず'をまいたら大成功。

緑肥はとってもおもしろい。68歳になった今、自分の農業も変えていかないと長続きしません。緑肥を使った土つくりで、細々とでも農業が続けられると思っています。

ライムギの肥料効果でチッソ減、レタスは2L

7年前、試験場からライムギを使った肥料試験をやりたいという話がありました。私はライムギを栽培する場合、輪作と土つくりのため、春に穂が出て草丈約1mになってから、モアで細断しロータリですき込んでいました。一方、試験では草丈約30cmで細断せずにすき込んで、肥料として使うというねらいです。その分、レタスの元肥は減肥するやり方なので、最初はレタスが小ぶりにならないか不安でした。それでもちゃんと育ち、いつもと変わらず、2Lサ

第2図　すき込み適期となった草丈30cmのライムギ
10月中下旬播種、4月上旬すき込み
写真提供：長野県野菜花き試験場、第3図、第1、2表も

第1図　筆者

第3図　トラクタで耕うんして、ライムギをすき込む
約1か月腐熟させ、レタスを定植

緑肥・カバークロップ

緑肥①

ライムギの減肥試験の結果

第1表　チッソ減肥のレタス生育への影響

ライムギ有無	チッソ減肥%	2015年			2016年		
		調製重(g/株)	全重新鮮重(kg/10a)	乾物重(kg/10a)	調製重(g/株)	全重新鮮重(kg/10a)	乾物重(kg/10a)
無	0（対照）	542	6,795	329	613	6,933	341
有	30	547	7,089	320	598	7,065	365
	50	576	7,516	349	552	6,766	349
	80	499	6,413	289	493	5,971	315
	100	481	6,135	296	470	5,579	309

注　収量は、ライムギすき込み区のチッソ減肥30〜50％区で、ライムギ無植栽区と同等かやや優れた

第2表　チッソ減肥とレタスの養分吸収量

ライムギ有無	チッソ減肥%	2015年		2016年	
		チッソ含有率(%)	チッソ吸収量(kg/10a)	チッソ含有率(%)	チッソ吸収量(kg/10a)
無	0（対照）	3.11	10.2	3.01	10.2
有	30	3.52	11.2	3.09	11.3
	50	3.32	11.5	2.69	9.4
	80	3.11	8.9	2.48	7.8
	100	3.14	9.2	2.41	7.4

注　レタスのチッソ含有率は、ライムギすき込み区のチッソ減肥80％以上の区であきらかに低下

- 長野県のレタスの標準的なチッソ施用量は10kg/10a。ライムギをすき込めば、チッソを30〜50％（3〜5kg）削減できる
- ライムギの草丈が20cm以上あれば、チッソを10a当たり10kg以上確保できるので、すき込み適期は草丈20〜30cm
- 草丈30cm前後のライムギの炭素率はC/N比20程度と低いため、すき込み後、速やかに分解する。レタスの定植までに半分程度のチッソが無機化。また、草丈30cm前後なら、フレールモアなどの大型機械が必要なく、30馬力のトラクタですき込める

イズを収穫できたのです。ライムギに前作の残肥を吸わせてすき込めば、次作の元肥チッソを30〜50％減らせることがわかりました。

しかし、畑によっては思うようにいかず、レタスが小ぶりになることもありました。その畑の性格が出たのだと思います。

ソルゴーで黒土が増えた

昨年までソルゴーの試験も5年間続けていました。肥料効果はもちろんですが、興味深いのは、ソルゴーをまいたところはまいていないところに比べて、黒土が10cmほど増えていたこと。これは試験場の先生たちが穴を掘って調査してくれた結果です。土が軟らかくなり、レタスの根も伸びていると教えてくれました。

私は緑肥をつくり続けて、「作物がつくりやすくなった」「病気が少ない」と感じていましたが、この試験でそれを確信しました。

水分量の変化がなだらか

一番おもしろかったのは、試験場にマルチの下の水分変化を測ってもらえないかと相談した

ときです。測定器をセットしてもらい、グラフを見たら、土壌関連の本によく書かれている「有機物が水分を保持してくれる」という現象を納得できました。5年間、有機物を入れなかったところは水分量の変化が激しく、ソルゴーをすき込んだところは水分量の変化がなだらかでした。「やっぱりな」と思いました。

有機物を入れず、ひんぱんにロータリをかけている人の畑で夏のレタスがしおれているのを何回も見ましたが、私を含め緑肥を利用している人の畑ではしおれません。

ただ、今春のハクサイは出来が悪く、ロータリですき込むことになりました。原因は水不足と急に30℃以上の高温になったせいだと思います。その畑には灌水設備がありません。「ソルゴーを10年以上つくっているから大丈夫だろう」「そのうち雨も降るだろう」という気持ちで、何回もブームで水をかけたのですが、結局うまくいきませんでした。

緑肥の効果は絶対ではありません。失敗もあり、やってみると毎回疑問が湧いてきますが、おもしろい！ 今年も来年も緑肥は続けます。
（『現代農業』2020年10月号「レタス ライムギに残肥を吸わせて再利用」より）

緑肥②
ナガイモの褐色腐敗病にソルゴー

ナガイモでは褐色腐敗病が大変怖い病気です。産地ではクロルピクリンで全面土壌消毒してつくっています。私はナガイモを栽培して30年近く経ちますが、最初の5年くらいで土壌消毒はやめ、その後は長くて3年で畑を換えるやり方でつくり続けてきました。しかし3年目には必ずといっていいほど、褐色腐敗病が出てしまいます。

ところが、借りた畑で、ソルゴー（カネコ種苗の'ファインソルゴー'）をまいてつくってみたところだけ、褐色腐敗病が出なかったという体験をしました。

借りた畑はぜんぶで15a。周りには人家があり、土壌消毒はやりたくてもできません。3年前、たまたま種いもが不足して5a空いてしまったため、8月にソルゴーを播種。翌年ナガイモを栽培してみると、その部分だけ、100m掘ってわずか2本しか被害が出ませんでした。その翌年もその場所だけはほぼ出ませんでした。

残り10aのうち半分は、4年目にソルゴーを入れ、やはり翌年はきれいなナガイモがとれました。

緑肥をまかなかった残り5aでは5年連作となり、その結果、半分くらいが病気となり、加工用に回さざるをえなくなりました。

第4図　ソルゴーをつくったあとに連作したナガイモ
褐色腐敗病がほとんど出なかった

ソルゴーに褐色腐敗病のフザリウム菌を抑制する効果があるとは聞いたことがありません。試験場の先生にたずねたところ、「土壌消毒をした圃場ではこのような効果は出ないはず。土壌消毒をしていない中野さんの圃場では、土壌微生物の多様性が増して、フザリウムを抑えたのではないか」といわれました。
（『現代農業』2019年10月号「ナガイモの褐色腐敗病がソルゴーで防げた」より）

キャベツ、ハクサイの根こぶ、黒斑対策にライムギ

キャベツ、ハクサイの黒斑細菌病対策として、3月に超極早生ライムギの'ダッシュ'（カネコ種苗）をまきました。私の畑は幸い、根

こぶ病（以下、根こぶ）は出ませんが、地域では根こぶ対策のための作付けと思われます。

ライムギをまいたのは、7月まき・8月出荷のレタス畑。3月20日にまいたところ、6月には1m以上伸びました（6月15日すき込み）。低温期の春にまいても短期間に伸びて、早くすき込めるので、後作の播種や定植に十分間に合います。ふつうのライムギでは、秋にまいてひと冬過ぎなければ生長しません。

ただ、ほかのライムギより茎が細く感じました。隙間からはアカザのような雑草が伸びていました。

その点、茎が太くて気に入っているライムギが極早生の'クリーン'（カネコ種苗）です。こちらは9～10月にまくと、茎が太く葉は横に広がって草を抑えてくれ、3～5月にすき込めます。

これらのライムギは、連作障害を回避するためには絶対に必要な緑肥だと思っています。野菜は年1作で、緑肥を欠かさない私の畑は病気が少ないように思います。

（『現代農業』2019年6月号「根こぶ病対策にライムギ「ダッシュ」」より）

第5図　根こぶ病に感染したキャベツ
（写真撮影：新井眞一）

レタス根腐病、センチュウにギニアグラス

レタス根腐病はレタスとサラダナだけを狙い撃ちする怖い病気です。フザリウム菌を病原とする土壌病害で、感染すると下葉から徐々に枯れ上がってきます。株全体が枯死することを免れたとしても、生育が悪くなってレタスが小玉化したり品質が落ちたりしてしまいます。

対抗策としては耐病性品種の利用と土壌消毒がありますが、長野県では近年、耐病性品種を侵す新レースが確認されているうえに、土壌消毒も効果が期待できず、お手上げ状態です。

でも私は、緑肥のおかげで全然困っていません。それどころか、レタスの品質が年々よくなっています。レタス根腐病に効果がある緑肥なんてありません。私は根腐れの原因はセンチュウ類（キタネグサレセンチュウなど）だと考えています。センチュウがレタスの根に傷をつけて、そこから病原菌が入る。緑肥はそのセンチュウを抑制するため、レタスが根腐れにやられなくなるのではないでしょうか。

私がおすすめしているのはギニアグラスの'ソイルクリーン'（雪印種苗）です。5月上旬～6月上旬に春まきレタスを収穫後、ギニアグラスのタネを反当たり1～1.5kgまいて約2か月で刈り取る（モアをかける）。1～2週間おいて、ギニアグラスが黄色くなったらすき込む。これなら9～10月どりの夏まきキャベツになんとか間に合います。

ギニアグラスは高さ2mくらいまで伸びるので、乾物量も申し分ありません。生育スピードが速いので、陰をつくってほかの草も抑えます。それに加えて根をすごく深く張る。耕盤が抜けて水はけがよくなれば、それでまた根腐れが減ります。

（『現代農業』2014年10月号「レタス根腐病もセンチュウも二重三重に緑肥が効く」より編集部まとめ）

緑肥作物の土つくり・減肥効果

　圃場への堆肥の施用量が年々減少するなか，有機物などを用いた土つくりに対する関心が高まっている。また，2008年の肥料価格の高騰以降，化学肥料の価格が高い状態が続いており，減肥技術の開発も求められている。緑肥は，施用の労力や輸送コストの面で有利な有機物で，古くから作物の肥料として広く栽培されてきた。そのため，今，土つくりと減肥のために緑肥を活用することが期待されている。

　土つくりの目的には，本来，作物への養分供給も含まれているが，ここでは，緑肥の導入で供給される養分によって可能となる減肥については，土つくりとは分けて記載した。また，緑肥の導入による有機物の補給は，土壌微生物の増殖にもつながる。土壌の生物性の改善も土つくりの目的の一つであるが，緑肥で増殖する土壌微生物のうち，作物の養分吸収と関係があるものについては，「(2) 減肥に役立つ効果」で説明する。また，有害センチュウ，土壌病害の制御などの生物性の改善については，「(3) その他の効果」の中で，クリーニングクロップ，土壌侵食の防止，景観の美化といった効果とともに説明する。

(1) 土つくりに役立つ効果

　緑肥をすき込むと，作土には多くの有機物が供給される。緑肥は新鮮有機物（微生物による分解を受けていない有機物）であり，堆肥などに比べて分解しやすい有機物であることから，すき込み時の有機物の量だけでは，土壌への有機物蓄積効果を堆肥などと比較することがむずかしい。そこで，すき込みの1年後に作土に残る炭素の量から，緑肥のもつ土壌への有機物蓄積効果を牛糞堆肥と比較してみた。具体的には，細かくした緑肥，あるいは，牛糞堆肥と土壌を混ぜたものを，ガラス繊維ろ紙という破れにくいろ紙で包み，1年間，圃場に埋めておき，1年後に炭素の残存量を調べた。その結果，たとえば，草丈220cm，地上部乾物重1.3t/10aのソルガムは，1年間での炭素分解率が77％で，すき込んだ炭素の23％にあたる炭素150kg/10a相当の有機物が1年後の土壌に蓄積していた。同じように調べた牛糞堆肥の場合，炭素の分解率は48％であった。そこから逆算すると，ソルガムと同じ炭素150kg/10a相当の有機物を土壌に蓄積させるのに必要な牛糞堆肥は，1.4t/10aであった。このことから，草丈220cm，地上部乾物重1.3t/10aのソルガムであれば，牛糞堆肥1.4t/10aをすき込んだのと同じ量の有機物を土壌に蓄積する効果が期待できる（第1図）。

　緑肥の有機物蓄積効果は，緑肥の種類やすき込み時期によって異なり，マメ科の緑肥などは，ソルガムよりも分解しやすいため，土壌への有機物蓄積効果は少ない傾向にある。また，一般的に，すき込みが遅くなると（大きくしてからすき込むと），緑肥は土壌中で分解しにくくなり，有機物蓄積効果は大きくなる。

　緑肥をすき込む際，その地上部は，耕うんする深さまでの土壌と混合され，その深さにまで地上部由来の有機物が供給される。一方，緑肥の根は，深さ100cmくらいまで伸びることも多いため，地上部がすき込まれる十数cmの作土だけでなく，より深い下層土にも影響を及ぼす可能性がある。緑肥の根が伸びる深さまで耕うんすることは機械でもむずかしいため，通常は，下層土まで耕して，堆肥などの有機物を入れることはない。地下深くまで伸びる緑肥の根には，機械による耕うんや堆肥の施用では届かない深い土層の改良効果も期待できる。

①団粒化の促進

　土壌粒子が陽イオンや粘土鉱物，有機物などの働きによって結合し，小粒の集合体となったものを団粒と呼ぶ。作物栽培上では，水の中でも壊れない団粒（耐水性団粒）が重要とされる。団粒構造が発達した土は，団粒内部に微細な団粒内間隙（毛管孔隙）ができ，団粒外部には団粒間間隙（非毛管孔隙）ができるため，保水性と同時に通気性や透水性にも優れ，作物の生育に好適な状態とされる（第2図）。団粒を発達

緑肥・カバークロップ

第1図 すき込み1年後に炭素150kg相当の有機物を土壌に蓄積させるために必要な牛糞堆肥と緑肥の量

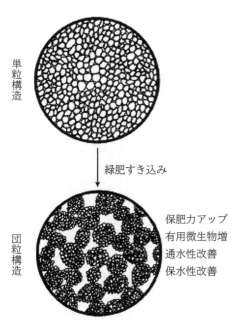

第2図 緑肥すき込みによる団粒構造の増加
（林，1984）

させるためには，有機物の施用や根量・茎葉量の多い作物の導入が有効である。有機物の中では，土壌微生物活性を高める効果が高い，分解されやすいもの（新鮮有機物など）のほうが高い団粒形成能力をもつともいわれる。

　緑肥をすき込むと，作土に多くの有機物が供給される。有機物が増えると，土壌の団粒が形成され，作土が軟らかくなったり，作土の保水性や透水性，通気性などが良好になったりすることで，土壌の物理性が改善される。実際，各種緑肥をすき込んだ圃場と緑肥をすき込まなかった圃場で，耐水性団粒のサイズ別割合を調べた結果，エンバク，シロガラシ，ヘアリーベッチなどのすき込み区で，2mm以上の大きな耐水性団粒の割合が，緑肥なし区に比べて多くなっていた（第3図）。後述するように，下層土についても，緑肥の導入による根の伸長などで，土壌構造が発達すると考えられる。

351

②土壌硬度の改良

各種緑肥を栽培した圃場と緑肥を栽培しなかった圃場に深さ1mの穴を掘り，緑肥作物の根の伸びや土壌硬度を土壌の層位別に調べた。具体的には，各区において，深さ1m，幅50cmの穴を掘り，10cm×10cmのメッシュで区切った木枠（第4図の写真）を土壌断面にあて，メッシュごとに10cm×10cmの範囲内の緑肥の根の数を数え，その後，各メッシュ内の土壌の硬さを山中式土壌硬度計で調べた。その結果，エンバクなどの緑肥では多くの土層で根が多く，深くまで伸びていることが確認された。また，エンバクを栽培した場所では，耕盤と呼ばれる深さ15～30cmの硬い層のち密度が低くなり，下層土が軟らかくなることが示された。

各種緑肥をすき込んだ跡地で，主作物としてコマツナを栽培し，その収穫時に，コマツナの根の伸びと土壌硬度を，再び1mの穴を掘って調べた。その結果，緑肥無作付け区では，耕盤よりも下層にコマツナの根があまり伸びていなかったのに対し，耕盤が軟らかくなったエンバク作付け後には，コマツナの根が耕盤層を超えて深くまで伸びていた（第4図）。さらに，多量の有機物の供給で，軟らかく根が多い表層の土も厚くなり，後作コマツナは，より広範囲に根を伸ばし，そこから養水分を吸収できるようになったと考えられた。

③透水性の改善

緑肥の導入により，作土の団粒化が進んだほか，耕起深よりも深い層の土壌構造も変化した。土壌の構造を壊さないように透明な樹脂で固め，それを薄く切った土壌薄片を観察したところ，緑肥なし区に比べて，エンバクすき込み区では，60～70cm深の下層でも白く見える隙間が多くみられ，土壌構造が発達していると考えられた（第5図）。耕盤の周辺でも，エンバク区のほうが，緑肥なし区よりも，隙間が多くみられ，緑肥導入によって，さまざまな深さの土層の土壌構造が発達していることが示された。

雨が降った場合には，こうした隙間を通して余分な水が流れることから，緑肥導入後のほうが，排水性がよくなる可能性が考えられる。野外で土壌の透水性を調べる方法として広く用いられている負圧浸入計で，耕盤層の透水係数を測定した結果，ヘアリーベッチやクロタラリアなどの緑肥を導入した区で，耕盤層の透水性がよくなっていた。実際，ヘアリーベッチを導入したネギ畑と，導入していないネギ畑で，降雨後の水はけをみたところ，ネギ栽培前に緑肥を導入しなかった圃場ではウネ間に水がたまっているのに対し，ヘアリーベッチを栽培した圃場では水がたまっていない様子が観察され，実際の畑でも，緑肥導入後の透水性の改善効果がみられている（第6図）。

マメ科などを中心に，透水性を改善する効果があるさまざまな緑肥が知られているが，それらの緑肥は，必ずしも耐湿性が強いものばかりではない。セスバニアなどは，透水性を改善する効果が大きく，また，耐湿性も強い一方で，耐湿性が強くない作物を用いて透水性を改善するためには，緑肥作物を十分に生育させる必要があり，導入にあたっては，圃場の排水改良を行なうことが求められる。

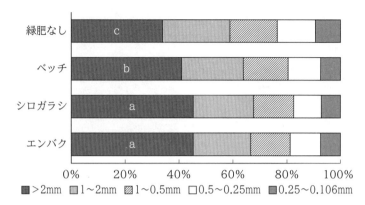

第3図 緑肥が土壌の粒径別団粒割合に与える影響
ベッチはヘアリーベッチ
異なるアルファベット間には有意差あり（$p < 0.05$）

緑肥・カバークロップ

深さ100cmの穴を掘り，10cm×10cmのメッシュごとに，ち密度（mm，土の硬さ）とコマツナの根の数（本/区）を調査
縦100cmは深さ別に10等分し，横50cmも同じ幅でA～Eの5つに分けて調査

ち密度　エンバク作付け

		A	B	C	D	E
0～10cm	1	6	5	7	6	7
10～20cm	2	10	12	12	15	14
20～30cm	3	23	23	26	26	27
30～40cm	4	23	25	24	21	21
40～50cm	5	23	21	25	23	23
50～60cm	6	20	19	22	22	22
60～70cm	7	20	21	20	22	18
70～80cm	8	18	20	20	19	16
80～90cm	9	19	18	15	20	18
90～100cm	10	18	16	16	19	17

ち密度　緑肥無作付け

		A	B	C	D	E
0～10cm	1	7	8	11	10	9
10～20cm	2	21	22	23	22	20
20～30cm	3	22	26	24	29	32
30～40cm	4	18	24	27	27	24
40～50cm	5	20	21	24	21	24
50～60cm	6	18	19	20	19	22
60～70cm	7	17	17	18	19	20
70～80cm	8	19	19	17	18	20
80～90cm	9	17	18	18	16	18
90～100cm	10	18	17	18	17	18

コマツナ根の分布　エンバク作付け

		A	B	C	D	E
0～10cm	1	200	200	200	200	200
10～20cm	2	200	200	200	200	200
20～30cm	3	66	63	53	75	60
30～40cm	4	13	22	13	13	16
40～50cm	5	20	21	6	6	5
50～60cm	6	9	14	36	22	6
60～70cm	7	6	6	20	9	8
70～80cm	8	0	0	4	8	9
80～90cm	9	0	0	0	0	4
90～100cm	10	0	0	0	0	1

コマツナ根の分布　緑肥無作付け

		A	B	C	D	E
0～10cm	1	200	200	200	200	200
10～20cm	2	40	32	32	37	37
20～30cm	3	38	12	31	35	14
30～40cm	4	23	7	10	14	1
40～50cm	5	8	1	13	10	0
50～60cm	6	8	0	4	6	0
60～70cm	7	3	0	7	10	0
70～80cm	8	3	0	4	8	0
80～90cm	9	1	0	2	2	0
90～100cm	10	1	0	1	2	0

第4図 エンバク作付けで耕盤を改良した区と緑肥無作付け区で栽培したコマツナ圃場の土壌硬度とコマツナ根の分布（収穫時）
黒が濃いほど土が硬く，コマツナの根が多い

④**保水性の改善**

緑肥導入による土壌有機物の増加や土壌構造の発達で，土壌の保水性が高まることも期待できる。また，耕盤層の改良により次の作物の根が深く伸びるようになるため，乾燥害の対策としても緑肥の導入が有効であると考えられる。

(2) 減肥に役立つ効果

緑肥などの有機物を施用すると，少しずつではあるが，陽イオン交換容量（CEC）が高まり，保肥力が増える（第7図）。また，土壌の物理性改善により，保水力が向上し，水に溶けた肥料も保持されやすくなる。

また，緑肥などの有機物を圃場にすき込むと，そこに含まれる養分が土壌に供給される。緑肥に含まれるチッソ，リン酸，カリのバランスは，ヘアリーベッチなどのマメ科ではチッソとカリが高く，ソルガムなどのイネ科では，カリが高く，チッソがやや高い傾向にある。一方，家畜糞堆肥のうち，豚糞堆肥や鶏糞堆肥は，リン酸が高く，牛糞堆肥も有効なチッソに比べて，リン酸とカリが高い傾向にある（第8図，作物が吸収できる有効なチッソは，家畜糞堆肥に含まれるチッソのうちの一部）。そこで，家

畜糞堆肥を施用すると，チッソに比べて，リン酸やカリが多く投入されることになる。このアンバランスは，足りない成分を化学肥料で追加することで調節できるが，チッソやカリの濃度が高いマメ科緑肥などを組み合わせることで，有機物だけでも改善できる。家畜糞堆肥の連用でリン酸が蓄積した圃場での有機物の補給にも，リン酸濃度の低い緑肥は有効と考えられる。

緑肥に含まれる養分は，マメ科の根粒のチッソ固定に由来するものか，土壌から吸収したものである。このうち，チッソ固定については，空気中のチッソを用いることから，圃場の外からチッソが富化されることになる。このため，マメ科緑肥をすき込めば，次の作物の吸収できるチッソが土壌中に増え，チッソの減肥につながる。一方，マメ科以外の作物に含まれるチッソや，すべての緑肥に含まれるチッソ以外の養分は，もともとその圃場の土に含まれていた養分を，緑肥が吸い上げたものである。圃場外から富化されたものではないマメ科のチッソ以外の養分が，ど

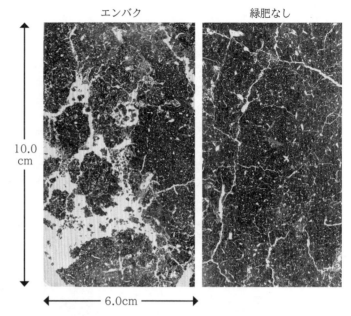

第5図　土壌薄片による緑肥の効果の観察
エンバク後と緑肥なし後の60〜70cm深の結果
白い部分がすき間

のように減肥に役立つのかについて，以下に紹介する。また，すき込まれた緑肥によって土壌中の微生物が増殖し，その中の有用微生物が次の作物への養分供給にも役立っていることもあることから，あわせて紹介する。

①チッソ

マメ科によるチッソ固定　ほとんどの植物

第6図　ヘアリーベッチ作付け後（左）と緑肥作付けなし後（右）におけるネギ圃場の降雨後の様子
前作に緑肥を栽培しなかった圃場でウネ間に水がたまっているのに対し，ヘアリーベッチを栽培した圃場では水がしみ込んでいる

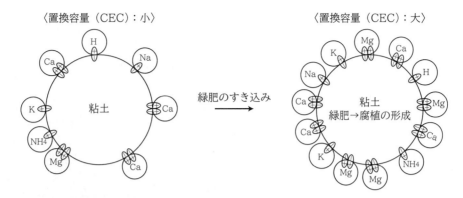

第7図　有機物すき込みと肥料成分（陽イオン）の保肥力の増加
（前田の図を修正）

は，空気中のチッソガスを養分として利用することができない。しかし，マメ科植物は，根に共生する根粒菌の働きで，チッソガスをアンモニアに変換し，養分として利用することができる（第9図）。緑肥に取り込まれたチッソの大部分は有機態で，緑肥すき込み後に土壌中で分解されるが，その多くは，もとのチッソガスにまで分解されるのではなく，アンモニアや硝酸に変わることから，それをチッソ源として，次の作物を栽培することが可能となる。そこで，マメ科緑肥のあとでは，チッソの減肥栽培ができる。

イネ科などによる溶脱チッソの回収と供給

野菜畑や堆肥を多く施用している畑では，作物の収穫時にも土壌に多くの養分が残っている。このうち，とくに，硝酸態チッソは，雨が降ると地下深くに流れやすく，次の作物が吸収できなくなることが多い（溶脱）。このため，野菜などを収穫した後，作付けのない期間がある場合には，イネ科緑肥などを栽培して溶脱前に硝酸態チッソを吸い上げ，それを作土に戻す（吸い上げたチッソとともに緑肥をすき込む）ことで，次の作物にチッソを供給できる。このため，緑肥導入はチッソの減肥とともに，地下水の硝酸汚染低減にも役立つ。

緑肥からのチッソの無機化

緑肥に含まれるチッソには有機態のものが多い。作物の多くは，有機物に含まれる有機態チッソをそのまま吸収できないことから，通常，緑肥をすき込んだ後に土壌微生物によって分解され，無機態などになったチッソが作物に吸収されると考えられている。このため，緑肥に含まれるチ

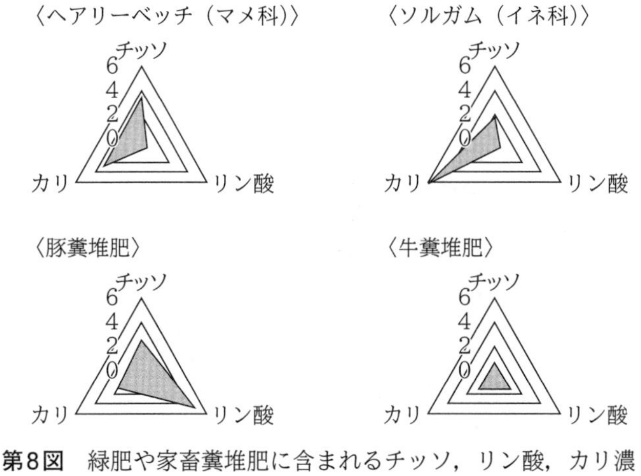

第8図　緑肥や家畜糞堆肥に含まれるチッソ，リン酸，カリ濃度（％）の一例

家畜糞堆肥の成分組成は，西尾（2017）より作図。緑肥の成分組成は，作物の種類だけでなく，栽培環境，すき込み時期などによって変動する

本図は，全量で示している。牛糞堆肥などでは，リン酸，カリに比べて，チッソの有効性が低い

ッソを次の作物が利用するためには，土壌微生物の働きが欠かせない。

緑肥は，新鮮有機物のため，比較的，分解が早いと考えられるが，緑肥に含まれる炭素とチッソの比率によって，チッソの無機化の進み方が異なる。緑肥に含まれる炭素量とチッソ量の比率をC/N比と呼ぶが，これが小さい（チッソが多い）有機物を土に混ぜると，微生物による有機物分解の際に無機態チッソが放出されるのに対し，C/N比が大きいと，チッソは微生物に取り込まれ（有機化），すぐには作物が利用しやすい無機態チッソは出てこない。緑肥作物の種類によって，C/N比が異なるほか（第1表），緑肥をすき込むタイミングや栽培する土壌の条件によってもC/N比が異なることから，減肥可能量にも幅が生じる。

また，緑肥中のチッソの無機化は，土壌微生物の作用であることから，温度（地温）の影響を受ける。低温の時期には，土壌微生物の活性が低いことから，チッソの無機化も遅くなると考えられ，緑肥からのチッソの効きがよくない可能性もある。

バイオマスチッソ チッソは，土壌微生物にとっても重要な養分である。このため，緑肥のすき込みで土壌微生物が増えると，その体内に，チッソが蓄えられる。それをバイオマスチッソと呼び，養分のプールとして作物の養分吸収に有利に働く。土壌中の無機態チッソは，即効性で，作物に吸収されやすい一方で，降雨とともに溶脱しやすい。作物の生育後半などには，施肥チッソが溶脱などで使えなくなる可能

第9図　ヘアリーベッチの根についた根粒

性があるものの，緑肥で増えたバイオマスチッソが，徐々に土壌中に放出されることで，そのチッソが，作物の生育を支えてくれると考えられる。作物の養分吸収に対応しうる緩効的なチッソ供給が，次作物のチッソ減肥につながる可能性がある。

実際の減肥　緑肥に含まれるチッソの肥効は，緑肥作物の収量とC/N比で決まる。北海道施肥ガイドでは，緑肥のC/N比と緑肥の乾物重から，次の作物のチッソ減肥可能量を示している（第2表）。

多くの緑肥作物は，栽培条件やすき込み時の生育ステージで，C/N比が変動する。このため，チッソ減肥可能量を決めるにあたっては，すき込み時のC/N比と乾物重（生育量）を調べる必要がある。一方，ヘアリーベッチなどの一部の緑肥は，根粒の働きによって，広範な栽培条

第1表　各種有機物の炭素率（C/N比）　　　　　　　　　（雪印種苗，1994）

作物：C/N比	作物：C/N比	作物：C/N比	作物：C/N比
トウモロコシ：44	エンバク（出穂）：28	はるかぜ（アカクローバ）：15	チャガラシ：18
ヘイオーツ（未出穂）：18	キカラシ：21	まめ助（ヘアリーベッチ）：12	くれない（クリムソンクローバ）：16
ソルゴー：51	クロタラリア：46	イタリアンライグラス（未出穂）：18	ビートトップ：21
秋小麦稈：72	イナワラ：61	堆厩肥：14	モミガラ：100

注　いくつかの成績を集めて作成したため，目安とされたい

第2表　緑肥すき込み条件と後作物のチッソ減肥可能量（単位：kg/10a）

(北海道, 2020)

緑肥のC/N比 (T-N%)	緑肥の乾物重（kg/10a）			
	200	400	600	800
10（4.0〜4.4）	5.5	11.0	16.0	—
15（2.7〜2.9）	2.5	5.0	7.5	9.5
20（2.0〜2.2）	1.0	2.5	3.5	4.5
25（1.6〜1.8）	0.5	1.0	1.5	2.0

注　減肥量は，テンサイなどの生育期間の長い作物を対象にした最大減肥可能量である

件や生育ステージで，C/N比が低く一定に保たれる。そこで，ヘアリーベッチなどについては，生育量を評価することで，減肥可能量が推定できる。兵庫県などの例では，50cm×50cmの枠をあてて，その中のヘアリーベッチを刈り取り，その重さから減肥可能量を計算して，減肥することが推奨されている。

②カリ

イネ科などによる溶脱カリの回収と供給　イネ科の緑肥などを栽培してすき込むと，作土中の交換性カリが高まることがある。緑肥を栽培しなかった区とエンバクを栽培してすき込んだ区で，土壌の断面調査を行ない，交換性カリの量を深さ別に調べた結果，エンバク後では，下層のカリが減る一方で，表層のカリが増えていた（第10図）。

前述の硝酸態チッソと同じように，カリも，雨が降ると下層に流れ，作物が利用できなくなる。そこで，第10図の結果は，前作物が吸い残したカリを，エンバクなどを導入することによって溶脱する前に吸い上げ，それを表層にすき込むことで，作土の交換性カリを高く維持することができたと解釈できる。カリについても，新たなカリを系外から持ち込むのではなく，系外に溶脱するカリを吸い上げて，作土に留め置くことで，減肥につながるものと考えられる。

緑肥からのカリの放出　緑肥に含まれるカリは，チッソなどと異なり，無機態で存在している。このため，次作の作物は，緑肥中のカリを，そのままの形で吸収できると考えられる。このため，カリを有効化するのには，チッソなどと違って，土壌微生物の作用はあまり必要ではないのかもしれない。しかし，以下のカリ溶解菌やバイオマスカリウムを考慮すると，土壌微生物は，カリの動態に影響を及ぼしている可能性もある。

カリ溶解菌　有機酸などを放出して，カリを有効化する働きをもつカリ溶解菌について，国外などでは検討がなされている（Meena et al., 2016）。後述するリン溶解菌のように，緑肥のすき込みなどでカリ溶解菌が増えたり，それによって次の作物のカリ吸収が増えたりする可能性については，今後の検討が期待される。

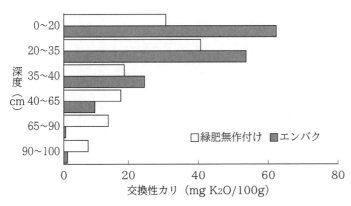

第10図　緑肥無作付け区とエンバク区における深さ別の交換性カリ（すき込み4週間後）

バイオマスカリウム カリウムは，微生物にとっても重要な養分で，細胞外よりも濃度が高い。このため，微生物体内に含まれるカリウム（微生物バイオマスカリウム）も，土壌中の重要なカリの形態と考えられる。米国の畑圃場では，バイオマスカリウムが交換性カリの37％に相当するとされ，わが国の水田では，バイオマスカリウムがカリ施肥量の32％に相当することが示された（浅川・山下，2017）。今後，緑肥すき込み後のバイオマスカリウム量や，その次作物のカリ吸収への効果について，検討が進むことが期待される。

実際の減肥 北海道施肥ガイドでは，緑肥作物の種類ごとにチッソとカリの減肥可能量の目安が示されている（第3表）。土壌の交換性カリが30mg/100g以上の場合には，この目安にしたがってカリ減肥することなどが推奨されている。愛知県では，ソルガムの草高がカリすき込み量と相関が高いこと，緑肥ソルガムのすき込みがカリ減肥につながることなどを明らかにしている。

③リン酸

植物のリン酸吸収メカニズム リン酸は，圃場に施用すると，土壌に固定されて難溶性になったり，微生物の作用を受けて，有機態になったりする。いずれも，作物にとって利用しにくい形態のリン酸で，この形態変化が，施肥リン酸の利用率が低い原因となっている。作物の中には，難溶性リン酸を溶かしたり，有機態リン酸を無機化したりして，利用しにくい形態のリン酸を吸収できるものが知られている。たとえば，ルーピンは，有機酸や酵素を根から放出することで，難溶性や有機態のリン酸を可溶化したり無機化したりして，吸収することができる。こうしたリン酸吸収能に優れた作物を緑肥として利用すれば，土壌からたくさんのリン酸を吸収し，次の作物に，より多くのリン酸を供給できる可能性が考えられる。しかしながら，実際には，リン酸肥沃度が低い土壌においても，ソルガムやエンバクなど，乾物生産能が高い緑肥のほうが，ルーピンなどに比べて，より多くのリン酸を吸収する事例が見られた。以上

第3表　緑肥の減肥可能量　　　　　　　　（北海道，2020）

緑肥作物（作型）	標準的生重（t/10a）	標準的乾物重（kg/10a）	すき込み時 C/N比	減肥可能量 (kg/10a) N[1)]	K$_2$O[2)]
エンバク（後作）	2.5～4.0	400～600	15～25	0～4	10～20
エンバク（休閑）	3.5～5.5	500～800	20～30	0～4	10～20
シロカラシ（後作）	3.0～4.5	350～550	12～20	4～6	10～20
シロカラシ（秋コムギ前作）	3.5～5.0	400～600	15～25	2～5	10～20
アカクローバ（間作）	1.2～2.5	150～350	10～13	2～4	4～8
アカクローバ（秋コムギ前作）	2.5～4.0	350～550	11～15	5～6	8～14
アカクローバ（休閑）	3.0～4.5	400～700	13～16	6～8	8～14
ヘアリーベッチ（後作）	1.5～2.5	150～250	10～11	3～5	6～10
ヒマワリ（後作）	1.5～3.5	200～500	13～20	2～4	6～14
ヒマワリ（秋コムギ前作）	3.5～7.0	500～1,000	20～40	-1～2	20～30
トウモロコシ（秋コムギ前作）	4.5～6.5	600～900	20～30	0～4	15～25
トウモロコシ（休閑）	6.5～8.5	900～1,300	30～35	-1～0	15～25
ソルガム（秋コムギ前作）	4.5～7.0	600～1,000	20～35	-1～4	18～28
ソルガム（休閑）	7.0～9.0	1,000～1,500	30～45	-2～0	18～28

注　1）麦稈とともにすき込んだ緑肥後作のチッソ減肥対応については文献中の3（2）2）—Cを参照すること
　　2）カリ減肥可能量は緑肥に含まれるカリの80％を示す。後作物に対するカリ減肥量は，土壌の交換性カリや後作物の種類にもよるので文献中の3（2）2）—Dを参照すること

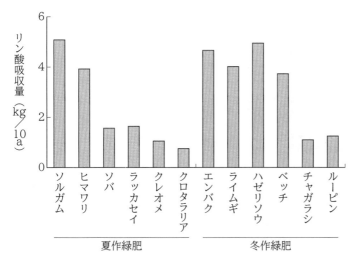

第11図 リン酸肥沃度が低い圃場で栽培した各種緑肥のリン酸吸収量
ベッチはヘアリーベッチ

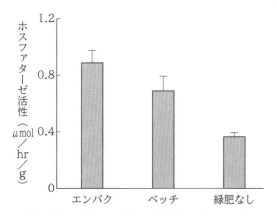

第12図 緑肥のすき込みが土壌のホスファターゼ活性に及ぼす影響
ベッチはヘアリーベッチ
エラーバーは標準誤差を表わす（n＝3）

得機構をもつ作物を緑肥として栽培しても，必ずしも，難溶性リン酸や有機態リン酸を吸収して，ほかの作物よりも多くのリン酸をすき込むことができるわけではない。しかしながら，リン酸肥沃度が低い圃場であっても，緑肥の種類を選べば，10a当たり4kg程度のリン酸をすき込むことができる（第11図）。これは，多くの作物の標準的なリン酸施肥量よりは少ない量であるが，多くの作物が吸収するリン酸の量に匹敵する量である。そこで，緑肥をリン酸源と考えても，ある程度の減肥に結びつく可能性がある。

緑肥などからのリン酸の無機化　緑肥に含まれるリン酸には有機態のものが多く，作物の多くはそれを直接利用できない。通常，有機態リンは，緑肥をすき込んだ後に土壌微生物によって分解され，無機態になってから作物に吸収される。すなわち，緑肥中のリン酸を作物が利用するためには，土壌微生物の働きが欠かせない。

緑肥をすき込むと，有機態リン酸を無機化するホスファターゼと呼ばれる土壌酵素の活性が高まる（第12図）。この働きにより，緑肥や土壌に含まれる有機態リン酸が分解され，効果的に作物に利用されるようになり，リン酸減肥に結びつく可能性がある。

土壌に固定されたリン酸の可溶化に役立つ土壌微生物　緑肥のすき込みで増殖する微生物の中には，有機酸を放出して，土壌中の難溶性リン酸を溶解できる微生物（リン溶解菌）がいる。緑肥のすき込みで，このリン溶解菌が増えることが明らかになった（第13図）。土壌に固定されている難溶性リン酸が溶け，次の作物に利用されやすくなる可能性がある。

リン溶解菌がリン酸を溶かすために有機酸を出すが，そのためには，多くの炭素源が必要となる。緑肥は，リン溶解菌数を増やすのに効果

のことから，乾物生産能が高く，リン酸吸収量が多い緑肥には，それをすき込むことで，後作物のリン酸源として活用できる可能性が示された（第11図）。

緑肥のリン酸源としての効果　リン酸は，チッソやカリと異なり，溶脱しにくい。そこで，緑肥で溶脱するリン酸を吸い上げて，それを作土に戻すことによってリン酸供給を増やす効果はあまり期待できない。また，特別なリン酸獲

第3部 有機農業の共通技術

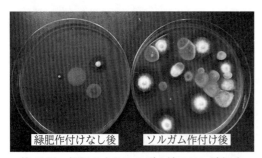

第13図 緑肥のすき込みが土壌のリン溶解糸状菌数に及ぼす影響
周りが黒に見えるコロニーは，周囲のリン酸カルシウムの沈澱を溶かしたリン溶解菌であり（周囲の沈澱が透明になり，下の机の黒色が見える），周りが黒くなっていないものは，リン酸カルシウムを溶解していない糸状菌

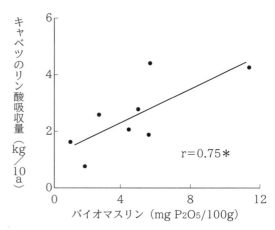

第14図 土壌のバイオマスリンとキャベツのリン酸吸収量との関係
＊は，バイオマスリンとキャベツのリン酸吸収量の間に有意な相関関係があることを示す

があるが，それが有機酸を放出して，リン酸を溶解するためにも，緑肥に含まれている易分解性炭素が重要な役割を果たす。緑肥のすき込みでリン溶解菌が増え，緑肥を炭素源とした有機酸の放出も増えるため，土壌中の難溶性リン酸が可溶化し，作物のリン酸吸収が増え，減肥につながることが期待される。

バイオマスリン 緑肥のすき込みで土壌微生物が増えると，その体内にリン酸が蓄えられる。これが，バイオマスリンで，土壌固定されにくい養分のプールとして，作物のリン酸吸収に有利に働く。

バイオマスリンが増えると，キャベツのリン酸吸収が増えたことから，緑肥で増えたバイオマスリンは後作物に効率よく吸収されると考えられる（第14図）。この事例では，キャベツの収量を減らすことなく，ソルガム後でリン酸を減肥することができた。リン酸は，土壌に速やかに固定され，難溶性リン酸に変化するため，土壌微生物から徐々に放出されるバイオマスリンは，作物にとって，吸収しやすいリン酸といえる。

アーバスキュラー菌根菌（VA菌根菌） アーバスキュラー菌根菌（菌根菌）は，多くの作物の根に共生し，そのリン酸吸収を助けるカビの仲間である。前述のホスファターゼを出す微生物，リン溶解菌，バイオマスリンの多くが，すき込まれた緑肥（植物の遺体）を養分として増える一方，菌根菌は，生きた植物の根に共生することが不可欠で，共生相手である宿主を見つけることができないと，生存することができない。菌根菌の宿主範囲は非常に広く，多くの作物と共生できるものの，一部の作物は菌根菌と共生しない非宿主であるため，畑を裸地にしたり，非宿主作物を栽培したりすると，少なくなってしまう。一方で，菌根菌は，宿主作物の栽培で増殖し，これにより後作物への共生が増え，そのリン酸吸収や生育を改善する。現在使用されているさまざまな緑肥作物のうち，アブラナ科を除く多くの緑肥作物が菌根菌の宿主で，土着菌根菌を増やす効果がある。次に栽培する主作物が菌根菌の宿主であれば，緑肥栽培で菌根菌を増やすことにより，主作物のリン酸吸収能を高め，減肥につなげられると考えられる。

緑肥の導入で，ホスファターゼ活性やバイオマスリンが高まり，リン溶解菌や菌根菌が増える。こうした微生物の機能が，次の作物のリン酸減肥に役立っていると考えられる。

実際の減肥 リンについても，緑肥のすき込みが減肥につながる可能性が示されているが，実際の減肥可能量については，まだ基準が設け

られていない。千葉県では，ソルガムやエンバクのすき込みで，リン酸施肥の20％削減が実証されているが，今後，緑肥の種類やすき込みステージごとに，どのくらいリン酸施肥を減らせるのか，土壌条件も考慮しつつ，減肥可能量を判断できるようになることが期待される。

(3) その他の効果

緑肥には，土つくりに役立つ効果，減肥に役立つ効果のほかに，さまざまな効果があるとされる。有害生物の抑制については，土壌の生物性の改善であり，土つくりの一つである。クリーニングクロップとしての利用は，土壌の化学性の改善であり，これも土つくりの一つといえる。このほか，土壌侵食の防止や景観の美化など幅広い効果があることが示されてきている。ここでは，土つくりに役立つ効果，減肥に役立つ効果以外の緑肥の効果について，簡単に紹介する。

①有害生物の制御

有害センチュウ　緑肥の中には有害センチュウを抑制するものが知られている。そのメカニズムはさまざまで，殺センチュウ物質をつくるもの（マリーゴールドなど），根にセンチュウを侵入させ，そこで生育を止めるもの（エンバクなど）およびシストセンチュウを孵化させるものの，栄養源とはならずに餓死させるもの（赤クローバなど）などがある。

土壌病害　緑肥の導入は輪作作物の種類を増やすため，土壌病害の軽減につながる。また，アブラナ科の緑肥などの中には，土壌にすき込むことで抗菌成分が発生し，土壌病害を抑制するものも知られている。このようなカラシナなどを使った土壌の生物燻蒸による土壌病害の抑制のほか，エンバク（$Avena\ strigosa$，野生種）による土壌病害の軽減などが知られている。

雑草　生育が比較的早い緑肥を栽培し，その茎葉で地面を覆って光を遮ることで，雑草種子の発芽や雑草の生育を抑制することができる。愛知県の事例では，ソルガム導入区の雑草発生量は裸地区のわずか0.4％であった。緑肥を刈り倒して，すぐにすき込まずに土壌表面に敷いておくことにより，雑草の発生を抑える管理をする事例もみられる。ヘアリーベッチやエンバクを用いた雑草抑制についても，効果が紹介されている。

②クリーニングクロップ

ハウスの土壌の塩類除去　長年使ったハウスでは，作物が吸い残した肥料成分が塩類として土壌に蓄積して電気伝導度（EC）や塩基飽和度が高くなりすぎるなど，問題が起きていることがある。こうしたハウスに，ソルガムなどを栽培して過剰な塩類を吸収させ，生育した緑肥をハウスの外へ搬出することにより，土壌に

第15図　ハウスのクリーニングクロップとして最適なソルガム

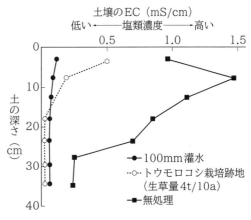

第16図　クリーニングクロップ（トウモロコシ）による除塩効果　　（愛知農総試）

集積した塩類を持ち出すことができる（第15，16図）。このような緑肥は，クリーニングクロップと呼ばれる。

③土壌侵食の防止

風食の防止　土壌を裸地で管理していると土壌が乾燥し，風が強い時期には，それまで土つくりをし，肥沃にしてきた大切な表土が，風で飛散してしまう。そこに，緑肥を栽培することで，作物の栽培にとって重要な作土を守るとともに，住宅地などへの土ぼこりの害を防ぐことができる。

水食の防止　降雨による土壌流亡によっても，表土が流出する。田畑から流れ出た土壌は，海を濁らせるなどの被害ももたらす。梅雨などの雨が多い時期に圃場を裸地にせず，緑肥を栽培しておくことで，土壌侵食を防ぐことができる。

④景観の美化

景観の美化　きれいな花をつける景観緑肥は各地で栽培され，農村の景観を美化したり，観光客を集めたりするのに，役立っている。

　　執筆　唐澤敏彦（農研機構中日本農業研究センター）　　　　　　　　　2024年記

参 考 文 献

浅川晋・山下昴平．2017．植物へのカリウム供給源としての土壌微生物バイオマス．土壌微生物は窒素やリンだけでなくカリウムも抱え込んでいる．化学と生物．55，444—445．

橋爪健．2007．新版　緑肥を使いこなす．農文協．

北海道農政部．2020．北海道施肥ガイド2020（施肥標準・診断基準・施肥対応）．地方独立行政法人北海道立総合研究機構農業研究本部編．https://www.pref.hokkaido.lg.jp/ns/shs/clean/index.html

Meena, V. S., I. Bahadur, B. R. Maurya, A. Kumar, R. K. Meena, S. K. Meena and J. P. Verma 2016. Potassium Solubilizing Microorganism in Evergreen Agriculture: An Overview. In V. S. Meena et al (eds), Potassium Solubilizing Microorganisms for Sustainable Agriculture, pp 1—20, Springer India.

西尾道徳．2007．堆肥・有機質肥料の基礎知識．農文協．

有機質資材コンソーシアム．2020，緑肥利用マニュアル―土づくりと減肥を目指して―．農研機構中央農業研究センター．https://www.naro.affrc.go.jp/publicity_report/publication/pamphlet/tech-pamph/134374.html

緑肥作物の播種とすき込み，腐熟期間

　緑肥作物の導入にあたってポイントとなる緑肥の種類と選び方，播種の時期と方法，すき込みの時期と方法，すき込みから主作物の作付けまでの腐熟期間，主作物の減肥栽培の方法について，概略を示す。これらは，緑肥作物の生育，効果，後作物の生育などに影響を与えることから，緑肥の導入にあたっては，導入する場面にふさわしい緑肥作物を選び，適切な時期に適切な方法で播種，すき込みを行ない，主作物の栽培前には，適度な腐熟期間を設けることが重要となる。緑肥作物ごとの好適な播種時期，すき込み時期や腐熟期間などの具体的な事例については，緑肥作物ごとの減肥栽培の項目に掲載している。

(1) 緑肥の種類と選び方

　現在，さまざまな緑肥作物の種子が入手可能であり，イネ科，マメ科のほか，キク科，アブラナ科，ハゼリソウ科などの作物が緑肥として利用されている。

　栽培適期は緑肥作物の種類によって異なり，大雑把にいえば，ソルガムやクロタラリアのような暑い時期に栽培する緑肥と，エンバク，ライムギ，ヘアリーベッチのように秋まきして越冬させたり，春の早い時期に播種して初夏までにすき込んだりする緑肥がある。ただ，実際には，緑肥作物の種類や栽培する地域によってその栽培適期が異なる。また，品種によっても，早生・晩生などの特徴が異なり，播種時期などが異なる場合がある。

　緑肥作物の種類を選ぶさいには，まずは主作物の栽培時期を考えて，それに合った緑肥の播種とすき込みの時期を決める。もともと圃場が空いている時期を選べば，主作物を休むことなく，緑肥を導入することができる。次に，その時期に栽培できる緑肥作物のなかから，期待する効果が大きいものを選ぶ。

　なお，緑肥の種類・品種，それぞれの栽培適期と機能（緑肥に期待する効果）については，「緑肥作物の機能と種類」の項目に詳しく紹介している。なお，緑肥に期待できる効果には，品種による違いがあるほか，すき込み時期などによっても効果の現われ方が異なる場合がある。

　以上のように，主作物の栽培時期に適合し，ねらいとする導入効果をもつ緑肥作物を選ぶことになるが，そのさい，次の主作物の病害虫を増やさない緑肥，周辺の作物の害虫を増やさない緑肥を選ぶことも重要なポイントである。また，緑肥にも連作障害が発生することがあるため，そうした場合には必要に応じて緑肥の種類を変える。

(2) 緑肥の播種

①播種の方法

　各種播種機を使えば，条播もできるが，小面積の場合は手まきや散粒機，大面積の場合にはブロードキャスターなどを使って散播することもできる。散播した場合には，発芽や初期生育の安定化のために，覆土鎮圧を行なう。

　一般に，覆土の厚さは，種子の大きさの3～5倍とされ，レーキで行なうか，浅くロータリなどをかけるとよい。覆土後は，ローラーで鎮圧することによって，さらに発芽や定着が安定する（第1図）。

②緑肥への施肥

　緑肥を導入する前に栽培していた作物が吸い残した養分が作土にある場合や，養分を多く含む前作物の収穫残渣がたくさんすき込まれた場合などは，緑肥は無施肥で栽培できる。また，マメ科緑肥は，それを播種するときに残存している前作物が吸い残した養分や前作物の残渣に含まれる養分が少なくても，無施肥で栽培できる。一方，裸地管理を続けるなどして土壌中に養分がない場合には，マメ科以外の緑肥には，施肥が必要となる。

(3) 緑肥のすき込み

①すき込み時期

　緑肥作物を長く栽培して大きくすれば，より

第3部　有機農業の共通技術

第1図　緑肥の播種方法
①散粒機による播種，②ブロードキャスターで播種，③ロータリによる覆土，④ケンブリッジローラーで鎮圧

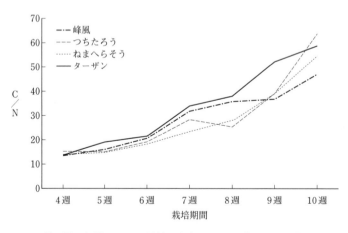

第2図　各種ソルガム品種の生育ステージごとのC/N比

多くの有機物を土壌にすき込むことができる。しかし，生育が進むと緑肥に含まれる窒素に対する炭素の比率（C/N比）が高くなり（第2図），イネ科緑肥は出穂始期，マメ科緑肥は開花始期を過ぎると，すき込み後の土壌中での分解に時間がかかるようになる。

さらに，それとともに，次作での肥料効果が小さくなり，場合によっては，窒素の取り込み

第1表 緑肥の種類，草丈・生育ステージごとのすき込みに利用できる機械

	ソルガム				エンバク		ライムギ			ヘアリーベッチ		クロタラリア（細葉）		クロタラリ（丸葉）	
	50cm	1m	2m	3m	出穂前	出穂期	30cm	出穂前	出穂期	開花前	開花期	開花前	開花期	開花前	開花期
モア[1]	○	○	○	○	○	○	○	○	○	○	○	○	○	○	○
ロータリー	○	○	×	×	○	×	○	○	×	○	△	○	×	×	×
プラウ	○	○	×	×	○	△	○	○	×	○	×	×	×	×	×

注 1）フレールモア，ハンマーナイフモア，ストローチョッパーなど，細断する機械

による窒素飢餓が起きることもある。また，緑肥が大きくなりすぎると，用いる機械によってはすき込みがむずかしくなり，好ましくない。

一般的には，イネ科緑肥は出穂始期まで，マメ科緑肥なども開花始期にはすき込むようにする。また，結実させると野良生えが発生する緑肥の場合には，雑草化を防ぐためにも，結実する前にすき込む必要がある。

②すき込み方法

ロータリを使ったすき込みが一般的であるが，プラウを利用した反転すき込みもできる。緑肥の草丈が腰高までであれば，そのまま，あるいは，トラクタで押し倒すなどして，ロータリなどですき込むことができる。しかし，ソルガムのように草丈が高い場合などには，フレールモア，ハンマーナイフモア，ストローチョッパーなどで細断してからすき込むと，作業の効率がよくなる（第1表）。緑肥の分解を促すために，すき込み後に2回ほどロータリがけを行なうことで，きれいな播種床をつくることができる。

すき込む緑肥の量を減らすため，モアで刈り取り，細断した緑肥を土壌の表面に放置して，乾燥させてからすき込むこともある。これは，緑肥刈取り後の雑草の発生抑制にも役立つ。

出穂したソルガムやトウモロコシなど，C/N比が30以上と高くなった緑肥は分解しにくいが，そうした緑肥をすき込んで，早く分解させたい場合には，硫安などの窒素を施用してすき込むとよい。

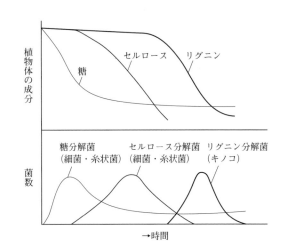

第3図 土壌中における緑肥の分解と微生物の推移（模式図） （橋爪，2011）

（4）緑肥の腐熟期間

①肥料効果を得るために適した腐熟時期

緑肥は，すき込むまで微生物による分解の作用を受けていない新鮮有機物である。このような有機物には，分解されやすい有機物が多く含まれているため，すき込むと直ちに急激な分解が始まる。まず，緑肥に含まれる糖類が土壌中のピシウム菌を主体とした微生物（細菌・糸状菌）により分解され，次いで繊維質のセルロースが分解され，最後にリグニンをキノコの一種であるリグニン分解菌が分解する（第3図）。この分解の進み方は，温度や土壌中の酸素供給量，緑肥のC/N比によって決まる。

マメ科などのC/N比が小さい緑肥からは，すき込み直後からアンモニア態や硝酸態の窒素などの養分が供給される。このような養分は，

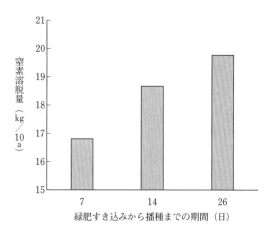

第4図 ヘアリーベッチのすき込みから主作物の播種までの期間が窒素の溶脱量に及ぼす影響

窒素溶脱量は，作物に吸収されず，地下に流亡した窒素の量

降雨などで溶脱しやすいため，効率的に次の作物に吸収させるには，すき込み後，早い時期に次の作物の栽培を始めることが有効である（第4図）。

しかしながら，すき込んですぐに次の作物を栽培すると，植え傷みが起こることがある。その場合，障害が起こらなくなるまで腐熟期間をとって，分解が落ち着くのを待つ必要がある。一方で，次の作物の種類によっては，栽培適期までに多くの時間があり，すぐに次作物を作付けられない場合もある。第4図に示したように，緑肥作物の次の作物は，植え傷みが起きない範囲で，なるべく早く栽培を始めたほうが養分の利用率は高くなる。ただ，それができない場合，すき込み後にマルチなどを全面に張れば，養分の溶脱が抑えられるため，次の作物までの期間が長くなっても養分の利用率は低下しないと考えられる。

②植え傷みが起きる期間

腐熟期間が短すぎると，緑肥の分解過程で急激に増殖したピシウム菌などの微生物や緑肥の分解過程で出てくるフェノール物質などの生育阻害物質が，作物の発芽や生育に障害を起こすことにより植え傷みが起きる可能性がある。とくにC/N比が低いマメ科緑肥ではこの障害が発生しやすく，一般的には，3週間程度の腐熟期間が必要といわれている（第2表）。ただ，この腐熟期間は，地温に大きく影響され，夏季のほうが短くてよい。また，C/N比が高いムギ類などでは，マメ科よりも短期間でよいとされる。

ヘアリーベッチすき込み後のスイートコーンの発芽障害を調べた結果，ヘアリーベッチをすき込んですぐにスイートコーンを播種すると発芽率が非常に低かった。ただ，すき込んだ後の温度が高ければ，1週間後には，発芽率は緑肥を入れていない場合と同等に回復した（第5図）。一方で，すき込み後の温度が低ければ，スイートコーンの発芽率が回復するまでに3週間程度かかった。

腐熟期間が短すぎると植え傷みが起きる可能性があるものの，長すぎると，緑肥の肥料効果

第2表 各種緑肥作物すき込み後の後作への影響 （橋爪，2011）

処理 （緑肥の種類）	前作（緑肥）			後作の生育状況			
	乾物収量		炭素率 (C/N比)	障害発生率 (％)	障害程度[1] (－〜++)	乾物収量	
	(kg/10a)	(％)				(kg/10a)	(％)
無すき込み区	なし	なし	なし	0	－	602	100
ヘイオーツ	637	138	18	43	＋	462	77
キカラシ	461	100	31	45	＋	462	77
トウモロコシ	484	105	26	30	±	507	84
アカクローバ	140	30	14	76	++	568	94
クリムソンクローバ	270	59	16	62	＋	536	89

注　前作の緑肥を6月11日に播種，8月7日にすき込んだ。その後，8月11日（4日目）にヘイオーツを後作として播種した
1）障害程度（++：甚甚，＋：甚，±：やや甚，－：なし），調査日：9月17日

が小さくなる可能性がある。緑肥の種類，すき込み時期などを考慮して，最適な腐熟期間を設けることが望ましい。また，すき込んですぐに主作物を播種・定植すると，粗大有機物の影響で作業性が悪くなることから，主作物の作付けにかかる作業への影響も考慮する。

(5) 主作物の減肥栽培

緑肥には，次の作物に養分を供給する効果がある。このため，緑肥などからの供給が見込まれる養分の量を差し引いて，減肥して次の主作物を栽培することができる。減肥できる養分の種類や量は，緑肥作物の種類のほか，すき込み時の緑肥の生育ステージやすき込みから植付けまでの期間，緑肥を播種するときに土壌に残っていた養分の量などによって異なる。緑肥の種類やすき込み時期などによって，減肥できる養分の量などが異なる理由は以下のとおり。

緑肥に含まれる窒素やリン酸などの養分の多くは有機態で存在する。作物は，おもに無機態の養分を吸収しており，緑肥の次の作物は，それら有機態の養分を直接吸収することができない。このため，分解しやすい緑肥ほど養分の無機化が速く，養分としての効果が高いと考えられる。一般に，イネ科緑肥などよりもマメ科緑肥のほうが分解しやすいため，マメ科緑肥はイネ科緑肥よりも減肥に役立ちやすい傾向にある。また，生育ステージの面からみると，緑肥は生育が進むにつれてC/N比が高まって分解しにくくなることから，一般に，早くすき込んだほうが減肥に役立ちやすいと考えられる（第6図）。また，すき込み時期が遅れると，すき込み後，窒素の取り込みによる窒素飢餓が起きる可能性もある。

一方で，1年後に土壌に残存する有機物の量を換算し，その分の堆肥を減らして栽培するこ

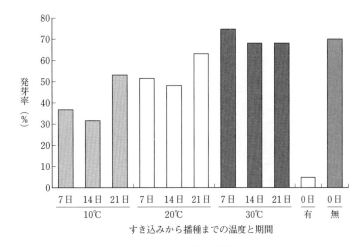

第5図 ヘアリーベッチのすき込み後の日数がスイートコーンの発芽率に及ぼす影響

有0日は，ヘアリーベッチをすき込んですぐに播種，無0日は，緑肥をすき込まずに播種．それ以外は，ヘアリーベッチをすき込んで培養した温度と日数を示す

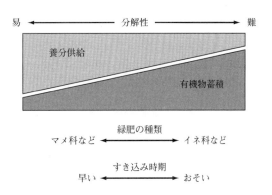

第6図 緑肥の種類，すき込み時期による分解性の違いが養分供給と有機物蓄積の効果に与える影響

とも可能である。養分の供給とは逆に，分解しにくい緑肥ほど有機物の蓄積効果が大きいことから，一般にマメ科よりもイネ科の緑肥で，また，すき込み時期がおそくなるほど，有機物の蓄積効果が大きく，堆肥代替の効果が高いといえる。

緑肥の分解性は，粗飼料の評価に用いられる酸性デタージェント分析でも推定できる。酸性デタージェント液（AD液，酸性洗剤のような

もの）で1時間煮沸して溶解する有機物画分はAD可溶有機物と呼ばれ，それが，土壌中，3か月間で無機化する緑肥中の窒素量の指標になる。一方，AD液で溶解しなかった画分を72％硫酸に浸漬し，それでも溶解せずに残った酸性デタージェントリグニンに含まれる炭素は，緑肥を土壌中に3年間埋設した後に残った炭素（難分解性有機物）と同量となった。これらのことから，酸性デタージェント可溶有機物が多い緑肥は窒素肥効が高く，酸性デタージェントリグニンが多い緑肥は土つくり効果が大きいと考えられる（農林水産省委託プロジェクト有機質資材コンソーシアム，2020b）。

　緑肥によって減肥可能となる量は，「緑肥による減肥の目安」の項目に記載されている。また，具体的な緑肥導入体系ごとの減肥可能量は，緑肥作物ごとの減肥栽培の項目に掲載している。

執筆　唐澤敏彦（農研機構中央農業研究センター）
2021年記

参 考 文 献

農林水産省委託プロジェクト有機質資材コンソーシアム．2020a．緑肥利用マニュアル－土づくりと減肥を目指して－．農研機構中央農業研究センター．https://www.naro.affrc.go.jp/publicity_report/publication/pamphlet/tech-pamph/134374.html

農林水産省委託プロジェクト有機質資材コンソーシアム．2020b．混合堆肥複合肥料の製造とその利用～家畜ふん堆肥の肥料原料化の促進～．農研機構九州沖縄農業研究センター．http://www.naro.affrc.go.jp/publicity_report/publication/pamphlet/tech-pamph/133583.html

橋爪健．2011．緑肥を使いこなす．最新農業技術土壌施肥vol.3．

センチュウ対抗植物

土壌中にはさまざまな種類のセンチュウが生息している。センチュウの頭部の形状を第1図に示す。植物に被害を与えるセンチュウ（植物寄生性センチュウ）には頭部に口針（細長い吸引口）があり，代表的な植物寄生性センチュウとしてネグサレセンチュウ，ネコブセンチュウ，シストセンチュウなどがあげられる。センチュウが作物の根内に寄生すると，センチュウの種類によって細根でのこぶの発生や，組織が壊死してシミや奇形が生じ，根菜類では商品化率が低下する。

マメ類やジャガイモの栽培が多い北海道十勝地方では，キタネグサレセンチュウの頭数が100頭/土25g以上いる場合は，減収要因になると報告されている（第2図）。キタネグサレセンチュウの低減効果の大きい緑肥作物として，'ヘイオーツ'をはじめとするアウェナ ストリゴサ（エンバク野生種）があげられる。

第1表に野菜に被害を与えるセンチュウの種類を示した。センチュウ被害を軽減するためには，センチュウの種類を同定し対抗植物を選定するだけでなく，連作となっている場合は輪作体系に見直す必要がある。

(1) ヘイオーツ（アウェナ ストリゴサ，エンバク野生種）

消費者の高品質かつ安全で健康な農作物への希望が高まるなかで，減農薬の技術が注目を集

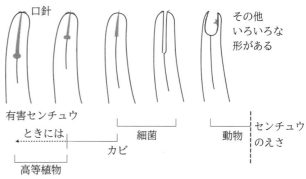

第1図 センチュウの頭部の形状と食性

（三枝，1993）

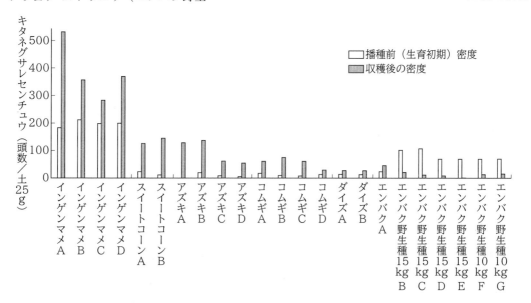

第2図 畑作物栽培前後のキタネグサレセンチュウ密度の変化　（十勝農試，2002）
A〜Gは，それぞれの畑作物，農家事例

第3部　有機農業の共通技術

第1表　野菜などに寄生し，問題になるセンチュウの種類　（上林，1977ほか）

野菜の種類＼センチュウ名	ネコブセンチュウ				ネグサレセンチュウ					
	アレナリア	サツマイモ	キタ	ジャワ	ムギ	ノコギリ	クルミ	キタ	ミナミ	モロコシ
キュウリ	○	○	○	○	○		○	○	○	
カボチャ	○	○		○	○		○		○	
メロン		○	○	○			○		○	
マクワウリ										
スイカ	○	○		○	○		○		○	
ナス	○	○		○	○	○	○		○	
トマト	○	○		○		○	○		○	
トウガラシ	○	○		○			○		○	
オクラ		○								
イチゴ			○	○		○				
エンドウ			○	○	○		○		○	
インゲン		○	○	○	○		○		○	
ジャガイモ	○	○	○	○	○		○	○	○	
サツマイモ		○			○					
サトイモ	○	○		○						
ヤマノイモ		○				○				
ショウガ		○		○			○			
タマネギ	○	○	○	○	○		○	○	○	
ラッキョウ									○	
ネギ	○	○			○		○		○	
ニラ			○	○						
カブ		○					○	○		
ダイコン	○	○	○	○	○	○	○	○	○	
ニンジン	○	○	○	○	○	○	○	○	○	
ゴボウ	○	○	○	○	○	○	○	○	○	
ハクサイ	○	○	○	○	○		○	○	○	○
キャベツ	○	○					○		○	
ハナヤサイ							○		○	
チシャ	○	○					○			
フキ	○						○			
ホウレンソウ	○	○	○	○			○	○	○	
シソ		○	○	○						

めている。とくに土壌に生息する植物寄生性センチュウの防除は，農薬や太陽熱消毒などに頼り，センチュウ対抗植物も開発当時はマリーゴールドしかない状況であった。

'ヘイオーツ'（第3図）は雪印種苗（株）が開発したアウェナ ストリゴサ（エンバク野生種）で，有機物補給としても利用が可能である。またダイコン，ニンジン，ゴボウなどの根菜類の大敵であるキタネグサレセンチュウ（第4,5図），キタネコブセンチュウ対抗植物として，北海道や岩手県で普及奨励事項にとり上げられた。さらに本州のダイコンの産地では，表土の流亡防止を目的にカバークロップとしても使われており，広く普及している緑肥作物である。

①導入による効果

北海道・春まき利用による効果　北海道立中央農業試験場の病虫部が'ヘイオーツ'のセンチュウ抑制効果を確認するために札幌近郊のダ

緑肥・カバークロップ

第3図 アウェナ ストリゴサ（エンバク野生種）のヘイオーツ

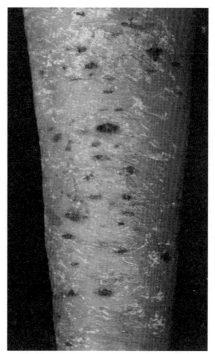

第5図 キタネグサレセンチュウによるニンジンの被害

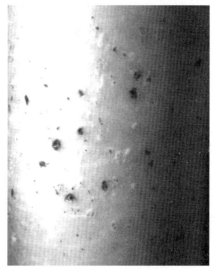

第4図 キタネグサレセンチュウによるダイコンの被害

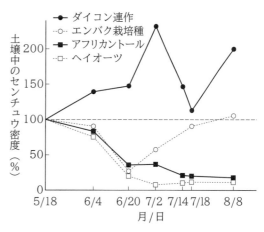

第6図 春まきのヘイオーツ栽培後の土壌中のセンチュウ密度の時期別推移
（北海道立中央農試の成績から作成，1990）
センチュウ密度は5月18日の値を100とした
緑肥播種：5月18日，緑肥すき込み：7月16日，
秋ダイコン播種：8月8日

イコン畑（キタネグサレセンチュウ発生圃場）で実施した結果が第6図である。

'ヘイオーツ'を5月18日に播種，7月16日にすき込み，ダイコンを8月8日に播種し，キタネグサレセンチュウの低減効果を確認した。'ヘイオーツ'は'アフリカントール'（マリーゴールド）とともにセンチュウ密度を減少させた。一方で，エンバク栽培種は根内にセンチュウが侵入することで6月20日時には減少したものの，その後，根内のセンチュウが孵化し，土中に出てきて増加した。

後作ダイコンではヘイオーツ区，マリーゴー

371

第3部　有機農業の共通技術

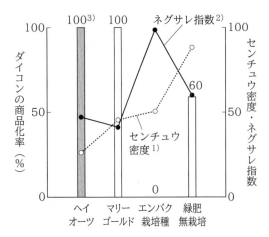

第7図　ヘイオーツのセンチュウ抑制効果
　　　（1作目）　　　（北海道立中央農試，1990）
緑肥栽培期間：5月18日〜7月16日
ダイコン栽培期間：8月8日〜10月16日
1) 緑肥播種時（5月18日）のセンチュウ密度を100としたときのダイコン収穫時（10月16日）の対比で示す
2) ネグサレ指数はダイコン根部の被害程度を階級値0〜4に区分し，個体ごとにこの基準で区別し，以下のように算出した
階級値0：健全
階級値1：一見すると健全だが，よく見ると少数の白斑または褐点が見られる
階級値2：白斑または褐点がわずかに見られる
階級値3：白斑または褐点が全体に散見される
階級値4：白斑または褐点が全体に多数見られ，白斑の中心が黒変するものが多く，肌は一見あばた状を呈すものもある
ネグサレ指数＝Σ（階級値×当該個体数）÷（調査個体数×4）×100
3) 商品化率を示す

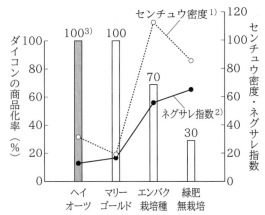

第8図　夏まきヘイオーツのキタネグサレセンチュウ抑制効果と後作ダイコンの商品化率　　（北海道立中央農試，1991）
緑肥栽培期間：1990年8月21日〜10月16日
ダイコン栽培期間：1991年5月20日〜7月24日
1) 緑肥播種時（8月21日）のセンチュウ密度を100としたときのダイコン収穫時（翌年7月24日）の値
2), 3) 第7図と同じ

ルド区ともにセンチュウ被害を示すネグサレ指数は50程度で，その商品化率はともに100％であった。一方，エンバク栽培種では0％，無栽培区では60％の結果となり，'ヘイオーツ'によるセンチュウ被害低減効果が認められた（第7図）。有機物供給の点で，マリーゴールドは'ヘイオーツ'に比べて乾物収量が18％しかなく，地力増進の効果においても'ヘイオーツ'の優位性が認められた（データ省略）。

北海道・夏まき利用による効果　前項の試験と同様に，北海道立中央農業試験場では夏まきでの抑制効果を確認するため'ヘイオーツ'を8月21日に播種し，翌春にダイコンを栽培する試験を実施した（第8図）。

春まきと同様に，'ヘイオーツ'のネグサレ指数は20以下とキタネグサレセンチュウを低減し，ダイコンの商品化率も100％の結果となった。'ヘイオーツ'の生収量は3.7t/10a，乾物収量は500kg/10a確保でき，マリーゴールドの4倍もの値であった（データ省略）。

このように'ヘイオーツ'は，1) 根菜類に被害を及ぼすキタネグサレセンチュウを減少させる，2) ニンジン，ゴボウなどに被害を及ぼすキタネコブセンチュウの非寄主作物であり，栽培後これを減少させる，3) 有機物補給が可能，4) マリーゴールドに比べ播種が容易，などの特徴があることから，1991年春に北海道の普及奨励事項に指定された（北海道立中央農業試験場病虫部）。

都府県・春まき利用による効果　前項の結果からさらに，雪印種苗（株）千葉研究農場で実施した成績を紹介したい。'ヘイオーツ'を5月

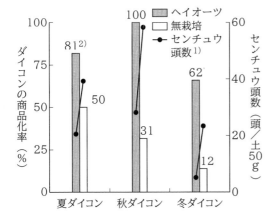

第9図　都府県春まきでのヘイオーツのキタネグサレセンチュウ抑制効果と後作ダイコンの商品化率

（雪印種苗千葉研究農場，1993）
前作ヘイオーツ栽培期間：5月24日〜7月16日
後作ダイコン栽培期間：夏；8月10日〜10月7日，秋；9月4日〜11月5日，冬；9月14日〜12月6日
1）ダイコン収穫時（10月7日，11月15日，12月6日）の土壌50g中のセンチュウ頭数を示す
2）商品化率を示す

24日から7月16日まで栽培し，そのあとに夏・秋・冬ダイコンを栽培した効果を第9図に示した。

いずれの区でもヘイオーツ区は無栽培区に比べ，キタネグサレセンチュウを減少させ，ダイコンの商品化率を高めている。

ただし，冬ダイコンでは効果が認められているものの，商品化率が62％と低かった。そのため，夏場は6月に'ねまへらそう'や'ソイルクリーン''ネマレット'を播種し，冬ダイコンにつなげる作付け体系をすすめたい。

都府県・秋まき利用による効果　千葉県農林総合研究センター（旧千葉県農業試験場）に委託した試験結果では，'ヘイオーツ'を9月17日と10月17日に播種，越冬栽培して土壌中のセンチュウ密度を調査したところ，センチュウ密度の低減効果が認められている。

ヘイオーツの栽培期間とセンチュウ低減効果　'ヘイオーツ'の栽培日数とセンチュウの低減効果を確認するため，雪印種苗（株）北海道研究農場で実施した結果を紹介する。

この結果では，'ヘイオーツ'の栽培日数が夏まきで50から60日では明らかなセンチュウ密度低減効果が認められ，栽培後には播種時の10％になっている。また，春まきでは低温のためセンチュウの活動が鈍く，50日の栽培では当初の10％以下にならない場合があり，センチュウ低減を目的とする場合は60日の栽培をすすめたい。播種量を増やし30kg/10aとした場合の40日の栽培ではセンチュウ密度低減効果が十分ではなかった（第10図）。

ヘイオーツとエンバク栽培種の比較　直径7cmのコップに'ヘイオーツ'とエンバク栽培種の幼苗を栽培し，キタネグサレセンチュウの2期幼虫を1,000頭ずつ接種し，根内のセンチュウの発育を比較した。

エンバク栽培種ではセンチュウが根内に侵入，発育して，74日目には多くの雌成虫と卵の形成が認められた（第11図）。根内の卵が孵化し，後作物に被害を与える。

しかし，'ヘイオーツ'では，卵の形成が少ない。これは'ヘイオーツ'の根内にセンチュウの発育抑制物質がある，もしくは殺センチュウ物質があることが考えられる（第12図）。現在，エンバク野生種でも多くの商品が販売されているが，土壌中のセンチュウ密度ではなく，根内での卵の産卵量がポイントであり，利用にあたっては注意をされたい。

②**品種特性**

1）エンバク栽培種（$Avena\ sativa$）とは異なる種（$A.\ strigosa$）である。

2）種子は比較的大きめで播種量も多く，播種後の株立ちが良好。

3）初期生育がよく，雑草を抑制する。

4）土壌の被覆が早く，表土の流亡防止に利用可能。

5）分げつが多く収量が確保できる。

6）ダイコン，ニンジン，ゴボウ，ナガイモに被害を及ぼすキタネグサレセンチュウの密度を低減。

7）ニンジン，ゴボウの大敵であるキタネコブセンチュウの非寄主作物であることから，栽

第3部　有機農業の共通技術

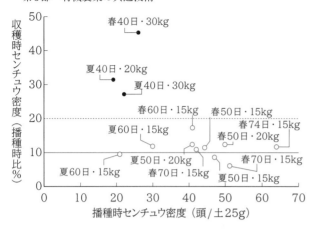

第10図　ヘイオーツの栽培期間・播種量とキタネグサ
　　　　レセンチュウの密度低減程度　　（山田，2006）
　　春：春まき，夏：夏まき，栽培日数・播種量（10a当たり）

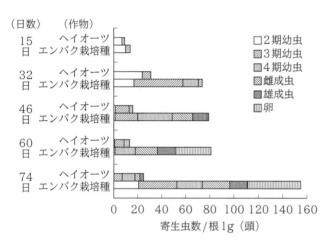

第11図　キタネグサレセンチュウ2期幼虫の接種と
　　　　ヘイオーツおよびエンバク栽培種の発育比較
　　　　　　　　　　　　　　　　　（山田，2006）

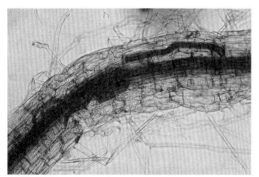

第12図　ヘイオーツの根の中に閉じ込められ
　　　　たキタネグサレセンチュウ

培によりキタネコブセンチュウが減少する。

8）アズキ落葉病，ジャガイモそうか病，アブラナ科野菜根こぶ病，キャベツバーティシリウム萎凋病，ダイコンバーティシリウム黒点病の被害を軽減する。

③栽培方法

播種量　10〜15kg/10a。センチュウ対策では15kg/10a，北海道の9月まきは20kg/10aを目安。

播種方法　散播。播種後は必ず覆土・鎮圧を行なう。

播種期　北海道は4月下旬〜6月中旬（春まき），7月下旬〜9月上旬（夏まき）。都府県の寒・高冷地は4月上旬〜6月上旬，8月中旬〜9月上旬（年内利用）。一般地は3〜5月，8月下旬〜9月中旬（年内利用），10月中旬〜11月上旬（越冬栽培）。西南暖地は2月下旬〜5月上旬，8月下旬〜9月下旬（年内利用），10月下旬〜11月下旬（越冬利用）。

すき込み期　春まき，夏まきおよび年内利用は播種60日後を目安とする。都府県の越冬栽培は出穂前後を目安とする。

④導入にあたっての注意点

1）エンバク野生種には多くの品種があり，センチュウの寄生反応も異なる（第13図）。とくに，センチュウ密度低減効果に劣るものも確認されているため，'ヘイオーツ'と商品名を指定して購入する。

2）雑草が多い圃場ではセンチュウが雑草の根に逃げ込み，密度低減効果が劣る。そのため，播種量を15kg/10aに，チッソで5kg/10a程度施用して，雑草競合に負けない環境をつくる。

3）すき込み後のセンチュウ密度低減効果はダイコン2作目まで確認されている。

4）すき込み後，後作物の播種までに2回程度のロータリ耕で分解を促進する。とくに都府県での浅めのロータリーの場合，ダイコンの枝

緑肥・カバークロップ

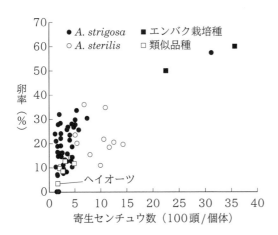

第13図　各種エンバク野生種の根に対する
キタネグサレセンチュウの寄生反応
（雪印種苗北海道研究農場，1996）

第14図　ライムギのR-007

根の発生を避けるため，30日以上の腐熟期間をすすめる。

5）被害が出た根菜類は圃場に戻さない。

6）後作物にはキタネグサレセンチュウの被害が出やすいジャガイモ，マメ類，根菜類（ニンジン，ゴボウ，ダイコン，ナガイモ）が適する。

7）後作ダイコンに被害を及ぼすキタネグサレセンチュウの密度は10頭/土25g，ゴボウ，ニンジンは5頭/土25gが目安となる。栽培時にこの頭数以上いる圃場では被害の可能性がある。

8）都府県での6月過ぎのキタネグサレセンチュウ対策は'ねまへらそう' 'ソイルクリーン' 'ネマレット'で対応する。

9）センチュウ抑制をねらって栽培したのちに，地上部を粗飼料として収穫することで耕畜連携作物としても利用することができる。

(2) R-007（ライムギ）

越冬性のないエンバク野生種を秋まきすると凍害により生育不良となることが課題であり，耐寒性に優れ，越冬できる草種の開発が求められていた。そこで雪印種苗（株）は積雪地帯や6月まきのダイコン栽培で利用できる越冬性を有するセンチュウ対抗ライムギR-007を商品化した（第14図）。秋まきにおいてキタネグサレセンチュウの低減効果を示し，その効果は'ヘイオーツ'に準ずる結果であった。

①導入による効果

R-007は根内のキタネグサレセンチュウの卵率が低い系統であるため（第15図），他品種よりもダイコン収穫後のセンチュウ頭数を減少することができる（第16図）。積雪地帯の青森県のダイコン栽培でも同様の結果が得られている。

②品種特性

1）晩生のライムギで，エンバクよりも越冬性に優れるため気温が低下した時期でも栽培できる。

2）土壌の被覆が早く，表土の流亡防止やカバークロップに利用可能である。

3）ダイコン，ニンジン，ゴボウ，ナガイモなど根菜類に被害をもたらすキタネグサレセンチュウを抑制する。

4）ニンジン，ゴボウなどに被害をもたらすキタネコブセンチュウを抑制する。

③栽培方法

播種量　北海道は10〜15kg/10a（センチュウ抑制を目的とする場合は15kg/10a），都府県は6〜8kg/10a（センチュウ抑制を目的とする場合は10〜15kg/10a）。

播種方法　散播。必ず覆土・鎮圧を行なう。

播種期　北海道は8月下旬〜9月中旬（年内利用），9月中下旬（越冬利用）。都府県の寒・高冷地は3月下旬〜5月上旬，9月上旬〜10月

第3部　有機農業の共通技術

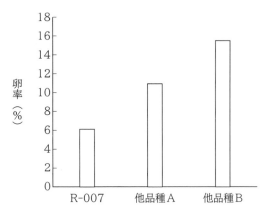

第15図　作物を2か月間栽培した際のキタネグサレセンチュウの卵率の比較（雪印種苗，2009年）

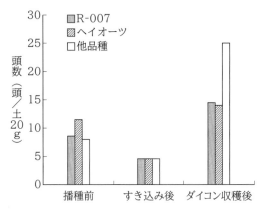

第16図　ライムギ（R-007）栽培によるキタネグサレセンチュウ密度の推移
（群馬県農業技術センター中山間地園芸研究センター，2007〜2008）

第17図　パールミレットのネマレット

中旬。一般地は3月上旬～4月中旬，9月下旬～12月上旬。西南暖地は1月下旬～4月中旬，10～12月。カバークロップ利用時には加えて初夏まきでも栽培ができる。初夏まきにおいては低温に遭遇しないためほとんど出穂しない。都府県の寒・高冷地では5月中旬～6月下旬，一般地では5月上旬～6月上旬，西南暖地では3月下旬～5月中旬。

すべての地域においてキタネグサレセンチュウ抑制効果が得られるのは秋まきのみである。

すき込み期　北海道の年内利用は播種60日後を目安，越冬利用は出穂前後を目安とする。都府県の秋まきは出穂前後を目安，春まきは60日後を目安とする。

④導入にあたっての注意点

秋まき以外の作型ではキタネグサレセンチュウ抑制効果がないので注意する。また，気温が高い時期についてもセンチュウ抑制効果が劣るため注意する。ライムギは発芽率が低下しやすい草種であるため，購入後はすぐに使い切るようにする。

(3) ネマレット（パールミレット）

代表的な夏場の緑肥作物としてソルガムやスーダングラスがあげられ，センチュウ抑制効果を持つものも多い。しかし，これらの緑肥作物を連作すると第2～3葉期に葉身が赤紫色を呈し，生育が停滞し，重症の場合はそのまま枯死してしまう事例がある。この現象を「いや地現象」といい，南九州や関東などの黒ボク土地帯で発生が報告されていた。

ソルガムやスーダングラスの連作地でのいや地現象を回避するためには，パールミレットのネマレットが有効である（第17図）。ネマレットはソルガムやスーダングラスのあとに栽培しても連作障害が起きない。また，pHが4程度の酸性かつ粘土質の土壌でも問題なく生育した実績があり，土壌を選ばず生育する。キタネグサレセンチュウおよびサツマイモネコブセンチュウに対して抑制効果を有する。

①導入による効果

ダイコンやニンジンで問題となるキタネグサ

緑肥・カバークロップ

第2表　パールミレット「ネマレット」のキタネグサレセンチュウ抑制効果（雪印種苗）

圃　場	年	播種日（月/日）	栽培日数	土壌中センチュウ密度（頭/20g）		減少率（%）
				初　期	栽培後	
				頭/20g		
千　葉	2017	6/22	60	3.9	0.5	87.2
芽　室	2018	6/7	72	124.0	43.0	65.3
千　葉	2019	6/21	62	87.3	20.9	76.1
千　葉	2021	6/8	34	8.9	3.1	65.2
平　均						73.4

第3表　パールミレット「ネマレット」のサツマイモネコブセンチュウ抑制効果（雪印種苗千葉県および茨城県試験圃場，2021年）

圃　場	播種日（月/日）	栽培日数	場　所	土壌中センチュウ密度（頭/20g）		減少率（%）
				初　期	栽培後	
				頭/20g		
千葉県	4/28	57	地点A	56.3	31.7	43.7
			地点B	83.7	27.3	67.4
茨城県	6/12	66		49	11	77.6
平　均						62.9

レセンチュウ，また，サツマイモやウリ科作物で問題となるサツマイモネコブセンチュウを抑制する。千葉県と北海道河西郡芽室町においてキタネグサレセンチュウの抑制効果を検討した試験では，4回の試験において平均でセンチュウ密度が73％減少した（第2表）。千葉県と茨城県においてサツマイモの休閑緑肥として'ネマレット'を栽培したところ，栽培前よりもセンチュウ密度が平均で63％減少した（第3表）。

②品種特性

1）キタネグサレセンチュウ，サツマイモネコブセンチュウの抑制効果を有する。

2）ソルガムやスーダングラスの連作地で栽培しても連作障害が起きにくい。

3）酸性土壌や粘土質土壌でも健全に生育する。

4）茎葉が軟らかいためすき込みがしやすく，C/N比が低いため土壌中で分解されやすい。

③栽培方法

播種量　北海道は3～4kg/10a，都府県は4kg/10a。

播種方法　散播。必ず覆土・鎮圧を行なう。

播種期　北海道は6月上旬～8月上旬（露地・ハウス，遅霜を避ける）。都府県の寒・高冷地は6月上旬～7月下旬（露地），5～7月（ハウス）。一般地は5月下旬～8月中旬（露地），5～8月（ハウス）。西南暖地は5月中旬～9月上旬（露地），5～8月（ハウス）。

すき込み期　露地では播種後50～60日，ハウスなどでは播種後40～50日を目安とする。ロータリかプラウなどですき込み，分解期間は3～4週間を目安にする。事前に細断するとすき込みが容易となる。

④導入にあたっての注意点

ソルガムやスーダングラスより茎葉が軟らかく，草丈が大きくなると倒伏しやすいため，在圃期間が長い防風・障壁利用には向かない。

(4) ねまへらそう（スーダングラス）

'ヘイオーツ'などエンバク野生種は気温が高い時期は生育が緩慢となることから，高温期には暖地型草種に切り替える必要がある。前述のネマレット同様，夏のセンチュウ抑制対策として利用できるのがスーダングラス'ねまへら

第3部　有機農業の共通技術

第18図　スーダングラスのねまへらそう

そう'である（第18図）。ねまへらそうはキタネグサレセンチュウおよびサツマイモネコブセンチュウの抑制効果を有する（第19，20図，第4表）。

①導入による効果

ダイコン，ニンジン，ゴボウ，ナガイモなど根菜類の品質低下をもたらすキタネグサレセンチュウを抑制することができる。サツマイモやウリ科で問題となるサツマイモネコブセンチュウも抑制することができる。千葉での6月中旬まきにおいて'ねまへらそう'は'ヘイオーツ'よりもキタネグサレセンチュウの根への侵入が少なく，土壌中のセンチュウ密度を減少させた。北海道の5月下旬まきにおいても'ヘイオーツ'と同等のセンチュウ抑制効果を示した。

②品種特性

1) ギニアグラスより種子が大きく播種が容易。
2) キタネグサレセンチュウ，サツマイモネコブセンチュウの抑制効果を有する。
3) 耐倒伏性・耐病性に優れた晩生品種で，ドリフトガードクロップに利用できる。
4) ハウスのクリーニングクロップに利用できる。

③栽培方法

播種量　5kg/10a。

播種方法　散播。必ず覆土・鎮圧を行なう。

播種期　北海道は6～7月（露地），5～8月（ハウス）。都府県の寒・高冷地は5月下旬～7月下旬（露地），5～7月（ハウス）。一般地は5月中旬～8月上旬（露地），5～8月（ハウス）。西南暖地は5月上旬～8月中旬（露地），5～8月（ハウス）。

すき込み期　北海道で8～

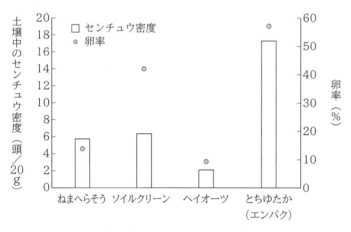

第19図　緑肥作物栽培後の土壌中のキタネグサレセンチュウ密度と卵率（雪印種苗，2002年）

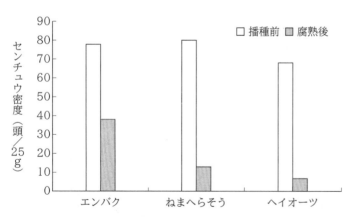

第20図　春まきの緑肥栽培がキタネグサレセンチュウ密度に及ぼす影響（雪印種苗，2003年）

第4表　ねまへらそうのキタネグサレセンチュウ抑制効果（雪印種苗，2003～2004年）

緑肥	千葉研究農場			北海道研究農場		
	土壌中センチュウ密度（頭/土25g）		根内寄生センチュウ数（頭/根1g）	土壌中センチュウ密度（頭/土25g）		根内寄生センチュウ数（頭/根1g）
	播種時	すき込み時		播種時	すき込み時	
ねまへらそう	145.0	26.5	60	80.7	7.0	48
ヘイオーツ	120.3	41.2	227	68.3	5.7	154
ソイルクリーン	115.7	11.0	88	—	—	—
緑肥用エンバク	—	—	—	78.3	49.7	544

注　栽培期間：千葉研究農場（千葉市）；6月18日～8月19日，北海道研究農場（夕張郡長沼町）：5月23日～8月5日

9月（露地），7～10月（ハウス）。都府県は草丈が1.5～2m（播種60日）を目安とする。

④導入にあたっての注意点

除草剤はアトラジン水和剤（100～200ml/10a）の土壌処理が有効であるが，種子が土壌表面にあると薬害が生じるおそれがあるので注意する。

(5) つちたろう（ソルガム）

サツマイモやウリ科作物で問題となっているサツマイモネコブセンチュウの密度を低減するソルガムとしてつちたろうを雪印種苗（株）が商品化した（第21図，第5表）。本種は極晩生で出穂しにくく，こぼれ種のリスクが少ない。

①導入による効果

'つちたろう'はサツマイモネコブセンチュウに対して高い抑制効果があり，千葉県での試験において本種を40日または80日間栽培すると後作トマトにおいてのセンチュウ被害が発生しなかった（第22図）。出穂しにくい特性をもつため，防風やドリフトガード利用として長期間栽培できる。チッソ，カリウムの吸収量が多く，ハウスや畑の残肥の吸収を目的としたクリーニングクロップとして利用できる。

②品種特性

1) サツマイモネコブセンチュウに対して高い抑制効果を有する。

2) 出穂しにくいためこぼれ種のリスクが少ない。

3) 栽培日数50～60日で草丈2m前後まで生

第21図　ソルガムのつちたろう

第5表　つちたろう栽培後のトマトのネコブセンチュウ被害（雪印種苗，1996年）

前作の品種	後作トマトの根こぶ指数	
	前作栽培40日間	前作栽培80日間
トマト	92	100
無栽培	40	0
つちたろう	0	0
ソイルクリーン	8	0

育し，生草重で5～6t/10aの有機物量を確保できる。

4) キタネコブセンチュウの非寄主作物であり，なおかつハウスのクリーニングクロップに

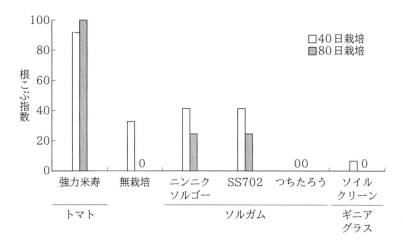

第22図　後作トマトの被害程度　　（山田ら，2000）

も利用可能である。

③**栽培方法**

播種量　5kg/10a。

播種方法　散播。必ず覆土・鎮圧を行なう。

播種期　北海道は6〜7月（露地），5〜8月（ハウス）。都府県の寒・高冷地は5月下旬〜7月下旬（露地），5〜7月（ハウス）。一般地は5月中旬〜8月中旬（露地），5〜8月（ハウス）。西南暖地は5月上旬〜9月上旬（露地），5〜8月（ハウス）。

すき込み期　露地では播種後50〜60日を目安とする。ハウスなどでは播種40〜50日後を目安とする。防風，ドリフトガード利用の場合はこの限りではないが，長期間栽培するとすき込み，分解が困難になるため注意する。ロータリかプラウなどですき込み，分解期間は3〜4週間を目安にする。事前に細断するとすき込みが容易となる。

④**導入にあたっての注意点**

1）出穂しにくいため長期間栽培することができるが，栽培期間が長くなるほどC/N比が上昇し，分解が困難になるため，すき込み後にチッソ飢餓や後作の品質低下を招くおそれがある。後作で根菜類を栽培する場合はとくに注意し，播種後50〜60日ですき込みを行なう。すき込みが遅れた場合は分解期間を長くする，石灰窒素を散布するなどの対応をとる。

2）除草剤はペンディメタリン乳剤（300m*l*/10a）の土壌処理が効果的で，一年生雑草に対応できる。

3）クリーニングクロップとして利用する場合はすき込まず，刈取り後，ハウスの外へ持ち出す。

4）ソルガムはトウモロコシ以上に高温を要求するため，北海道内露地の適応地帯は道央・道南地方に限られる。道内のハウスではビニールをかけて栽培すると短期で多収が得られる。

(6) ソイルクリーン（ギニアグラス）

'ソイルクリーン'（第23図）は，雪印種苗（株）が商品化したイネ科の暖地型緑肥作物のギニアグラスで，サツマイモネコブセンチュウ，ジャワネコブセンチュウ，キタネコブセンチュウ，キタネグサレセンチュウなどを抑制する。高温期の生育が旺盛で，有機物補給による緑肥効果も高い。根菜類や果菜類のセンチュウ対策に利用可能である。'ナツカゼ'に比べ生育旺盛で多収のため，大量の有機物が確保でき，ハウスのクリーニングクロップとしても利用できる。ソルガム類より茎が細くて，細断・すき込みしやすく，分解も早いため，ソルガムの代替としても利用できる。

①**導入による効果**

'ソイルクリーン'はサツマイモネコブセンチュウ，ジャワネコブセンチュウ，キタネコブセンチュウを'ナツカゼ'以上に抑制する効果がある。各種緑肥作物栽培のあとのトマトでは，ソイルクリーン区のセンチュウ被害率が一番低かった（第6表）。'ソイルクリーン'は，キタネグサレセンチュウに対しても，80％以上の密度の抑制効果がある（第7表）。

②**品種特性**

1）各種ネコブセンチュウ（サツマイモネコブセンチュウ，ジャワネコブセンチュウ，キタ

ネコブセンチュウ）抑制効果が非常に高く，キタネグサレセンチュウにもある程度の効果を持つので，果菜類や根物野菜への緑肥に適する。

2）ソルガムに比べ，茎が細く，短期多収型でもあるため，ソルガムの代替として利用可能である。

3）高温期の生育が旺盛で，従来のギニアグラスよりも初期生育が早く，雑草競合にも強い品種である。

4）ハウスのクリーニングクロップに利用可能である

③**栽培方法**

播種量 条播0.3〜0.5kg/10a，散播1.0〜1.5kg/10a。

播種期 発芽には15℃以上が必要であるが，適温は18℃以上。都府県の寒・高冷地は6月下旬〜7月上旬（露地），5〜7月（ハウス）。一般地は6月上旬〜8月上旬（露地），5〜8月（ハウス）。西南暖地は5月中旬〜8月中旬（露地），5〜8月（ハウス）。

すき込み期 露地では播種後50〜70日（出穂始め時期）を目安とする。ハウスでは播種後40〜50日後を目安とする。事前にフレールモアなどで細断するとロータリかプラウなどでの

第23図　ギニアグラスのソイルクリーン

すき込みが容易となる。腐熟分解期間は3〜4週間を目安にする。

④**導入にあたっての注意点**

1）種子が小さく，ムラが生じやすいため，均一に播種する。

2）覆土は浅めとし（1cm前後），必ず鎮圧を行なう。

3）早めに播種すると，気温不足で発芽が遅れて不良になりやすい。

4）ソルガムに比べると，発芽・初期生育が遅いため，生育初期の雑草に気をつける。

5）結実種子が落下すると雑草化するリスク

第6表　ソイルクリーンのサツマイモネコブセンチュウ抑制効果（雪印種苗，1996年）

品種名	土壌中センチュウ密度（頭/土50g）前作栽培中				後作トマトの被害度（0〜100）		
	播種時	40日目	60日目	80日目	40日目	60日目	80日目
ソイルクリーン	134	1	2.3	1.3	8	42	0
グリーンソルゴー	134	5	21	5.3	42	75	25
トマト（感受性品種）	134	696	1541.7	1615.3	92	100	100

注　ポット試験，被害度0が被害なし

第7表　ソイルクリーンのキタネグサレセンチュウ抑制効果（雪印種苗，1996年）

品種名	土壌中センチュウ密度（頭/土50g）前作栽培中				後作ダイコンの被害度（0〜100）		
	播種時	40日目	60日目	80日目	40日目	60日目	80日目
ソイルクリーン	90	4.3	14.7	9.0	25	75	25
グリーンソルゴー	90	13.3	17.3	17.3	58	83	58
スノーデント125	90	10.3	24.7	31.3	75	100	42

注　ポット試験，被害度0が被害なし

第24図　エンバクのスナイパー

があり，止葉から出穂始めの間にすき込むことが重要。

(7) スナイパー（エンバク栽培種）

雪印種苗（株）と九州沖縄農業研究センター（以下，九沖農研）が共同育成した品種（第24図）で，夏まきでサツマイモネコブセンチュウを抑制する（桂・立石，2014）。とくに九州や関東のサツマイモの早掘り跡に導入が期待される。同様にネコブセンチュウの被害を受けるトマトなどのナス科作物やキュウリ，メロンなどウリ科作物との輪作への利用が期待できる。

①導入による効果

センチュウ抑制効果のないエンバク品種を栽培すると土壌中のサツマイモネコブセンチュウが増殖するが，'スナイパー'は根に形成される卵嚢が少なく，センチュウの増殖を抑制することができる（第25図）。翌年に後作として栽培したサツマイモ塊根の収量は，ほかのエンバクの栽培後や休閑後より相対的に高くなることがわかっている（第8表）。

②品種特性

1) 極早生のエンバクで耐病性・耐倒伏性に優れる。
2) サツマイモネコブセンチュウに対して高い抑制効果を有する。

③栽培方法

播種量　8〜10kg/10a（センチュウ抑制が目的の場合は10kg/10a）。

播種方法　散播。必ず覆土・鎮圧を行なう。

播種期　北海道は8月下旬〜9月上旬（露地，ハウス），11月（2重または加温ハウス）。都府県の寒・高冷地は8月中旬〜9月上旬。一般地は8月下旬〜9月中旬。西南暖地は9月，離島や種子島は9月下旬〜10月上旬。

すき込み期　出穂始めが目安となる。

④導入にあたっての注意点

地温が高い時期に活動するサツマイモネコブセンチュウが'スナイパー'の根内に侵入するものの産卵に至らないことからセンチュウの増殖が抑制される。ただし，播種適期より早い時期に播種するとセンチュウが増殖してしまうリスクがあるため注意する。寒・高冷地では生育期間が低温期であるためセンチュウ抑制効果は不安定となる。南九州など秋季温暖な地域では9月中旬〜9月末の播種を推奨する。西南暖地において秋まき（10月下旬〜11月下旬）栽培も可能であるが，センチュウ抑制効果は期待できない。

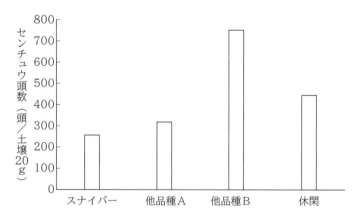

第25図　エンバク栽培後のサツマイモ品種：宮崎紅収穫期のサツマイモネコブセンチュウ頭数（九州沖縄農業研究センター，2010年）

第8表　スナイパー栽培によるサツマイモ品種：宮崎紅の収量（九州沖縄農業研究センター，2010年）

前作	上いも（g/株）	A品相当（g/株）
スナイパー	1,039	518
他品種A	878	427
他品種B	887	374
休閑	868	275

(8) ネマコロリ（クロタラリア ジュンシア）

'ネマコロリ'（第26図）は，雪印種苗（株）が商品化した暖地型マメ科緑肥作物で，サツマイモネコブセンチュウを抑制する細葉タイプのクロタラリアである。丸葉タイプのクロタラリアより初期生育が早い。やせ地でもよく生育し，マメ科作物の特性である空中チッソの固定と有機物の補給ができる。播種後2～3か月で黄色い花が咲き，景観用にも利用できる。

①導入による効果

1) 根粒菌が空中チッソを固定し，土壌を肥沃化する。生草重量3～5t/10a，チッソ吸収量10～20kg/10aが見込まれる。
2) 直根が深く張り，土壌の透水性や通気性の改善が期待できる。
3) キュウリ，メロン，トマトなどの果菜類に被害をもたらすサツマイモネコブセンチュウ抑制効果がある。
4) 生育が早く，園芸作物圃場やサトウキビ畑の有機物補給に適する。

②品種特性

1) サツマイモネコブセンチュウの対抗作物で，'ネマックス'に比べ生育旺盛，短期で乾物多収。
2) クロタラリア属のなかでは初期生育が早い。

③栽培方法

播種量　6.0～8.0kg/10a。
播種期　都府県の寒・高冷地は7月（露地），6～7月（ハウス）。一般地は5月中旬～8月上旬。西南暖地は5月上旬～8月中旬，沖縄・奄美諸島は2月下旬～9月下旬。

第26図　クロタラリア ジュンシアのネマコロリ

すき込み期　露地では播種後50日（草丈1.5m，開花始め）を目安とする。生育が進むと茎が硬くなり，ロータリに巻き付きやすくなるので，事前にフレールモアなどで細断するとすき込みが容易となる。腐熟期間は3～4週間を目安にする。

④導入にあたっての注意点

1) すき込み適期を逸すると茎が硬くなり，作業機に負担をかけるため，早めにすき込む。
2) キタネグサレセンチュウを増やすため，センチュウの被害を受ける作物の前作は適さない。
3) 生育初期からアザミウマ類が寄生しやすいので，周辺圃場の作物栽培に留意する。

(9) ネマックス（クロタラリア スペクタビリス）

'ネマックス'（第27図）は，'ネマコロリ'と同じクロタラリア属であるが，種が異なる。センチュウ抑制効果の幅がもっとも広く，ネコブセンチュウ（サツマイモネコブセンチュウ，キタネコブセンチュウ，ジャワネコブセンチュウ，アレナリアネコブセンチュウ），ネグサレセンチュウ（ミナミネグサレセンチュウ，クルミネグサレセンチュウ），ナミイシュクセンチュウ，ダイズシストセンチュウに高い抑制効果がある。'ネマコロリ'に比べると，晩生で小柄，有機物のすき込み量は少ないが，各種センチュウを抑制し，さまざまな栽培体系に組み入

第27図 クロタラリア スペクタビリスのネマックス

第28図 ダイズシストセンチュウによる黄化症状

れられる。とくに果菜類，サツマイモ，ツツジのセンチュウ対抗作物と土つくりに適している。'ネマックス'は短日条件下で開花が促されるので，6月に播種しても9月下旬〜10月上旬に開花する。遅く播種する場合には，生育量が十分でないうちに開花するので，生草重量があまり稼げない。

① **導入による効果**

サツマイモネコブセンチュウが増殖したサツマイモ圃場では，'ネマックス'栽培前後において作土層である0〜20cm深のセンチュウ密度を低下させた。さらに，20〜40cm深の部分までもセンチュウ密度を減少させた（和田，2017）。また，ツツジの連作で発生するイシュクセンチュウやサツマイモネコブセンチュウも抑制する。

② **品種特性**

1）丸葉タイプのクロタラリアで，根粒菌が空中チッソを固定し，夏場の地力増進に利用可能。

2）短日植物で初秋から開花する晩生品種である。すき込みは播種後60〜80日程度，草丈1.2〜1.5mが目安。

3）センチュウ抑制効果の幅がもっとも広く，ネコブセンチュウ（サツマイモネコブセンチュウ，キタネコブセンチュウ，ジャワネコブセンチュウ，アレナリアネコブセンチュウ），ネグサレセンチュウ（ミナミネグサレセンチュウ，クルミネグサレセンチュウ），ナミイシュクセンチュウ，ダイズシストセンチュウなど各種センチュウへの抑制効果が期待できる。

③ **栽培方法**

播種量 6〜9kg/10a。

播種期 都府県の寒・高冷地は7月（露地），6〜7月（ハウス）。一般地は5月下旬〜8月上旬。西南暖地は5月上旬〜8月中旬，沖縄・奄美諸島は2月下旬〜9月下旬（沖縄・奄美諸島では，播種時期によって播種後30日，草丈30cm程度で着蕾する場合がある）。

すき込み期 すき込みは播種後60〜80日程度，草丈1.2〜1.5mが目安。晩生品種で，早く播いても短日にならないと開花しないため，開花を待たずにすき込み適期になったらすき込みをする。

④ **導入にあたっての注意点**

1）生育適温は20〜35℃，'ネマコロリ'以上に高温を要する。低温期での生育は緩慢なため，播種時期に注意する。

2）茎が硬いので，フレールモアなどですき込み前に細断をする。

(10) くれない（クリムソンクローバ）

ダイズシストセンチュウの被害は関東以北では普遍的に，九州では散発的に，ダイズやアズキに発生する（第28，29図）。ダイズシストセンチュウが多いとアズキ落葉病の被害が大きくなるため，注意が必要である。ダイズの抵抗性品種にもレースの分化が報告されており，注意が必要である。アカクローバが対抗植物として利用されているが，長期栽培が必要となるた

緑肥・カバークロップ

第29図　ダイズシストセンチュウのシスト

第30図　クリムソンクローバのくれない

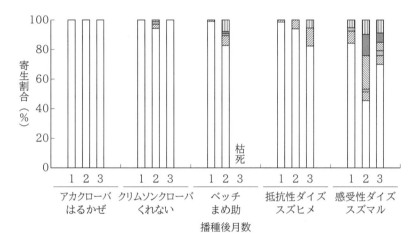

第31図　緑肥作物根部におけるダイズシストセンチュウの齢期別寄生割合

(鵡川町，2000)

め，より短期利用が可能なクリムソンクローバから対抗性品種を選定した（山田ら，2003）。

①導入による効果

さまざまな緑肥作物をダイズシストセンチュウの増殖性に関するスクリーニングに供試し，'ネマキング'（クロタラリア），'はるかぜ'（アカクローバ），'くれない'（クリムソンクローバ）（第30図）など5商品を選定した。

北海道勇払郡むかわ町のセンチュウ被害発生圃場における圃場試験でも，根内に侵入した幼虫とシストを調査したところ，'はるかぜ''くれない'，抵抗性ダイズ'スズヒメ'にシスト形成は認められなかった（第31図）。翌年，センチュウに感受性ダイズの'スズマル'を後作に栽培し，被害を調査した。シストの着生数はこれらの品種では13～18とあきらかに少なく，'スズマル'の収量はくれない区とまめ助区でスズヒメ跡より109，108と多収となった（第9表）。そのあと，コムギ後作でも，まめ助区以上に'くれない'の効果が認められた。

②品種特性

1) 一年生クローバで，再生はしない。
2) 根粒菌による空中チッソの固定と菌根菌によるリン酸の供給が期待できる。
3) ダイズシストセンチュウのおとり作物となり，栽培後センチュウ密度を減らす。
4) 深紅の花がきれいで，景観緑肥にも利用可能である。

③栽培方法

播種量　2～3kg/10a。

第3部　有機農業の共通技術

第9表　ダイズシストセンチュウ汚染圃場で緑肥を栽培した後作のダイズ（品種：スズマル）の収量

(鵡川町，2001)

前作作物（品種）	卵密度[1] (卵/乾土1g)	シスト 着生指数[2]	茎長 (cm)	莢数	子実重 (kg/10a)	比 (%)	千粒重 (g)
アカクローバ（はるかぜ）	5.5	17.5	46	24	80	60	93
クリムソンクローバ（くれない）	4.0	12.5	52	30	145	109	110
ベッチ（まめ助）	7.8	15.0	49	28	144	108	108
抵抗性ダイズ（スズヒメ）	7.7	10.8	49	31	133	100	106
感受性ダイズ（スズマル）	36.7	62.7	37	8	30	23	83
エンバク野生種（ヘイオーツ）	19.8	45.0	38	10	24	18	83

注　1）ダイズ播種時の密度
　　2）シスト着生指数＝Σ（階級値×当該個体数）÷（調査個体数×4）×100，階級値0〜4：0がシストの着生なし

第10表　各種センチュウ対抗

品種[1]	作物	ネコブセンチュウ				ネグサレセンチュウ	
		サツマイモ	キタ	ジャワ	アレナリア	キタ	ミナミ
ヘイオーツ	アウェナ ストリゴサ		◎			◎	○
R-007（品種ウィーラー）	ライムギ		◎			○	
ネマレット（品種ADR300）	パールミレット	○	◎			○	
ねまへらそう（品種スーパーダン2）	スーダングラス		◎			○	
つちたろう（品種ジャンボ）	ソルガム	◎	◎				
ソイルクリーン	ギニアグラス	◎	◎	◎	○	○	
スナイパー	エンバク	◎	◎				
ネマコロリ	クロタラリア ジュンシア	◎	○				○
ネマックス	クロタラリア スペクタビリス	◎	◎	◎	◎		◎
くれない	クリムソンクローバ						
まめ小町（品種Mame-Komachi）	ペルシアンクローバ						
ポテモン	ソラヌム ペルウィアヌム						

注　各センチュウの低減効果について　◎：おすすめ　○：適する
　1）品種名と商品名が異なる場合は，品種名を（　）書きで表記

播種期　北海道は4月下旬〜6月中旬，7月下旬〜8月上旬。都府県の寒・高冷地は4月上旬〜5月上旬，8月中旬〜9月上旬（年内すき込み），9月上旬〜10月上旬（越冬栽培）。一般地は3月上旬〜4月上旬，8月下旬〜9月中旬（年内すき込み），9月中旬〜10月中旬（越冬栽培）。西南暖地は2月下旬〜3月下旬，9月（年内すき込み），9月下旬〜10月下旬（越冬栽培）。

すき込み期　北海道の年内利用は播種60日後を目安とする。都府県は開花期を目安とする。

④導入にあたっての注意点

1）北海道の夏まきおよび都府県の晩夏まきでの年内開花はしない。

緑肥・カバークロップ

第32図　ペルシアンクローバのまめ小町

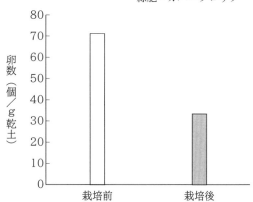

第33図　まめ小町の現地圃場におけるダイズシストセンチュウ密度低減効果（秋田県現地圃場，2020年）

植物の抑制効果

ネグサレセンチュウ	ナミイシュクセンチュウ	シストセンチュウ		北海道		都府県		播種量
クルミ		ダイズ	ジャガイモ	露地	ハウス	露地	ハウス	(kg/10a)
				○	○	○	○	10～15
				○	○	○		6～8
				○	○	○	○	3～4
				○	○	○	○	5
				○	○	○	○	5
						○	○	1～1.5
				○	○	○		8～10
						○	○	6～8
◎	◎	○				○	○	6～9
		◎		○		○		2～3
		◎				○		2～3
			◎	○				0.7～1.0

2）都府県で積雪期間が100日を超える地域では越冬性が低くなる場合がある。

3）ダイズシストセンチュウの抑制効果はダイズ栽培1作のみである。

(11) まめ小町（ペルシアンクローバ）

前述の'くれない'と同様ダイズシストセンチュウ抑制効果を有するため，エダマメ，ダイズ，アズキの後作として利用すると効果的である。耐寒性はクリムソンクローバよりも低く，晩夏まきにて降雪により枯死する特性を利用して，翌春に枯れ草をマルチのようにして使うこともできる。また，耐湿性がやや高いため，水田での栽培も可能である。根粒菌によるチッソ

固定の効果も有し，畑作や水田での減肥に役立つ。秋まき越冬栽培あるいは春まき栽培するとピンク色で芳香性のある花が約1か月咲き，景観美化や蜜源植物としても利用できる（第32図）。

①導入による効果

エダマメなどのダイズシストセンチュウの被害が見られる圃場で栽培すると，センチュウ頭数が減少する。秋田県内のエダマメ圃場で'まめ小町'を8月下旬から9月上旬にかけて晩夏まきし，約60日間栽培したところ，土壌中のダイズシストセンチュウの減少が確認できた（第33図）。秋田県のエダマメは水田で栽培されているケースが多く，'くれない'では湿害を受けてしまう場面でも，耐湿性を有する'まめ小町'であれば健全に生育する。

②品種特性

1) ダイズシストセンチュウ抑制効果を有する。
2) 耐湿性がやや高いため，水田転換畑での栽培に向く。
3) ピンク色で芳香性のある花が約1か月咲き，景観美化や蜜源植物として使用できる。

③栽培方法

播種量 2〜3kg/10a。

播種期 都府県の寒・高冷地は4月上旬〜5月上旬，8月上旬〜9月上旬（年内利用），9月上旬〜10月上旬（越冬利用）。一般地は3月上旬〜4月上旬，8月下旬〜9月中旬（年内利用），9月中旬〜10月中旬（越冬利用）。西南暖地は2月下旬〜3月下旬，9月（年内利用），9月下旬〜10月下旬（越冬利用）。

すき込み期 開花期を目安とする。

④導入にあたっての注意点

1) 都府県の晩夏まきは開花しない。
2) 積雪期間が100日を超える地域では越冬性が低くなる場合がある。

これらのセンチュウ対抗植物について第10表にまとめた。

執筆　橋爪　健（雪印種苗株式会社東京本部）
改訂　雪印種苗株式会社

2011年・2024年記

参 考 文 献

北海道立中央農業試験場. 1991. センチュウ類による野菜（根菜類）の被害と防除対策.

桂真昭・立石靖. 2014. サツマイモネコブセンチュウ増殖抑制エンバク：スナイパー（系統名：A19）の育成とその利用について. 牧草と園芸. 第62巻第3号, 11—14.

北島美津子. 1994. 対抗作物「ヘイオーツ」のセンチュウ抑制効果とダイコン栽培体系への組み入れ. 牧草と園芸. 第42巻第3号, 13—18.

三枝敏郎. 1993. センチュウ　おもしろ生態とかしこい防ぎ方. 農文協.

和田美由紀. 2017. 夏期休閑地にクロタラリア「ネマックス」を播いてセンチュウ害を防ごう！. 牧草と園芸. 第65巻第3号, 14—17.

山田英一. 1998. 緑肥作物「ヘイオーツ」のセンチュウ抑制効果. 牧草と園芸. 第46巻第5号, 8—14.

山田英一・橋爪健・高橋穣. 2003. マメ科緑肥作物のダイズシストセンチュウ密度低減効果およびキタネグサレセンチュウに及ぼす影響. 日本センチュウ学会誌. 33 (1), 1—13.

山田英一・橋爪健・高橋穣・北島美津子・松井誠二・谷津英樹. 2000. 緑肥用ソルガム等イネ科作物のネコブセンチュウおよびネグサレセンチュウに対する密度低減効果. 日本線虫学会誌. 30, 18—29.

緑肥作物による土壌病害の軽減

(1) ヘイオーツによる土壌病害の軽減

エンバク野生種の'ヘイオーツ'(第1図)が普及するにつれ、緑肥作物としての機能性の研究が進み、センチュウが関与する土壌病害であるアズキ落葉病の軽減効果を北海道大学の小林らが報告した(1999)。

植物の根の周りには根から放出されるムシゲルを食べる根圏微生物が繁殖し、植物にも有用なことが多い。

とくに根量が多い'ヘイオーツ'はその有用性が高く(第2図)、雪印種苗(株)は公益社団法人農林水産・食品産業技術振興協会(旧:農林水産先端技術産業振興センター,JATAFF)による補助事業に土壌病害の軽減効果の研究を応募した。その結果、アズキ落葉病とジャガイモそうか病の軽減効果を認めたので、これらの成果をまとめる。

①アズキ落葉病

アズキ落葉病は北海道においてアズキの主要土壌病害の一つで、2009年の発生面積は3,467ha、うち被害面積は799haである(栽培面積の12.2%)。この病原菌はアズキの維管束に侵入し、菌糸が生長すると管の中が詰まって、夏を過ぎたころから地上部が突然枯死する。抵抗性品種'きたのおとめ'などの普及により被害は減少しているが、'きたのおとめ'でも罹病するレース2が発見され、総合的な対策が望まれている。

このような状況のなかで、エンバク野生種の'ヘイオーツ'がこの落葉病を抑制することがわかってきた(小林ら,1999)。

1) 休閑緑肥への導入

試験の概要は以下のとおりである。1999年の春に、北海道河東郡士幌町で以下の5区を設定し栽培した。

1) ヘイオーツ2作区:'ヘイオーツ'を年2

第1図 アウェナ ストリゴサ(エンバク野生種)のヘイオーツ

第2図 ヘイオーツ(左)の根量比較
右:エンバク栽培種

回栽培(休閑利用)。

2) まめ助→ヘイオーツ区:地力を増やし、落葉病を助長するダイズシストセンチュウを減らす目的で春にヘアリーベッチの'まめ助'を播種、その後、夏に'ヘイオーツ'を栽培。

3) スワン2作区:エンバクの'スワン'を2回栽培。

4) 標準区としてスイートコーン区とアズキ連作区:従来から拮抗性をもつ蛍光性細菌(*Pseudomonas*属菌)が増殖して落葉病の被害を減らすことが知られているスイートコーン区とアズキ('エリモショウズ')連作区を設けた。'ヘイオーツ'と'スワン'の播種量は

15kg/10a，'まめ助'は5kg/10a，アズキとスイートコーンは農家慣行栽培とし，緑肥作物播種時に硫安を20kg/10a施用した。

試験結果は以下のとおりである。

緑肥作物の乾物収量　1999年の緑肥作物の乾物収量は，ヘイオーツ2作区では約1.4t/10a確保され，これはスワン2作区の2割増で，堆肥の約5t分に相当した。また，まめ助→ヘイオーツ区はスワン2作区と大差がなかったが，春まきにマメ科緑肥を入れたため，肥効が現われ，夏まきの'ヘイオーツ'がとくに多収であった。

一方，'スワン'は'ヘイオーツ'に比べ乾物率が高く，出穂していたためC/N比も30前後と高くなり，分解しにくい有機物をすき込む結果となった。スイートコーンは収穫時には，すでに枯れており，乾物収量はスワン2作区の6割に留まった。

センチュウの推移　ダイズシストセンチュウはアズキ落葉病の感染・発病を助長するとされ，その対抗植物としてクリムソンクローバの'くれない'がある（山田ら，2003）。この試験区では同じマメ科緑肥作物の'まめ助'を用いたが，本圃場でも栽培前には20卵/g乾土が，アズキを連作した2年後には180卵/g乾土にもなり，病害の助長の一因となっている。そのほかの区での増加は認められなかった。

また，キタネグサレセンチュウも落葉病の感染を助長することがわかってきた（山田ら，2005）。当初の3頭/25g乾土がスイートコーン栽培で69頭/25g乾土にもっとも増殖し，次いでアズキ，'スワン'で増えている。一方'ヘイオーツ'はキタネグサレセンチュウの対抗植物であり，1頭/乾土25gに減った。

落葉病菌の推移　北海道大学の調査によると，落葉病菌の菌数は栽培前に2×10^3CFU/g乾土であったが，アズキを栽培すると秋には3.5×10^3CFU/g乾土まで増加，その後も高めに推移している。

一方，ヘイオーツ2作区，まめ助→ヘイオーツ区の菌数は緑肥作物をすき込んだ1999年の秋には連作区の約1割に抑え（当初の2〜3割），その後もあきらかに低く推移した。落葉病を抑えるとされるスイートコーンは両者の中間で，想定より菌量は下がらず，エンバク'スワン'も2年目の2000年には増加傾向であった。

後作アズキの罹病程度　2000年は好天で，アズキの生育が良好であったが，9月に入り落葉病が突如として発生した。その罹病個体率はアズキ連作区，スワン2作区，スイートコーン区ではほぼ100％であったが，ヘイオーツ2作区では6割，まめ助→ヘイオーツ区は7割の発病にとどまった（第3，4図）。

さらに茎を割って，どの節位まで発病が進展したかを示す褐変率（褐変率＝褐変した節数÷総節数×100）を調査した結果，アズキ連作区が94％とほとんど先端まで，スイートコーン区とスワン2作区はそれぞれ68％と54％で，茎の半分以上の高さまで罹病していた。しかし，まめ助→ヘイオーツ区では42％，ヘイオーツ2作区では29％と，あきらかに低かった。これらの区とスイートコーン区とでは5％水準で統計的な有意差が認められた。

後作アズキの収量　アズキの収量はスイートコーン後作を100とすると，最多収は，まめ助→ヘイオーツ区で132，ヘイオーツ2作区とスワン2作区では118の増収，アズキ連作区は76の減収となった。

'まめ助'は緑肥作物としては肥効が早く，VA菌根菌や根粒菌が着生するため，後作アズキの莢数が増加し，多収になったものと思われる。ヘイオーツ2作区とスワン2作区がスイートコーン以上に多収になったのは，有機物施用の効果と思われる。百粒重がもっとも重かったのはヘイオーツ2作区とスイートコーン区で，連作区の2割増であった。とくにヘイオーツ2作区のアズキは落葉病の発病が少なく，作物が健全に育ったため，大粒で多収になったと思われた。

2）コムギ後作緑肥としての導入

試験の概要は以下のとおりである。

2000年8月17日に北海道河東郡士幌町のコムギ後作に，5種類の緑肥作物をそれぞれ散播した（佐久間ら，2002）。緑肥作物の品種名（作物名）と10a当たり播種量は，'スワン'（エン

バク）15kg，'ヘイオーツ'（エンバク野生種）15kg，'キカラシ'（シロガラシ）2kg，'まめ助'（ヘアリーベッチ）5kg，'ソフィア'（ヒマワリ）2kg，これに無栽培区（ロータリで整地後放置）の6区とした。秋にすき込み，2001年にアズキ（'エリモショウズ'）を播種し，発病程度を調査した。

試験結果は以下のとおりである。

緑肥作物の乾物収量 2か月の栽培期間であったが，'スワン'は出穂，'キカラシ'と'ソフィア'も開花した。

茎葉乾物収量は'スワン'が最多収，次いで'ヘイオーツ'と'キカラシ'が大差なく，'ソフィア'，'まめ助'の順に低収となった。

株と根の乾物収量は'ヘイオーツ'が'スワン'より若干多収，次いで'キカラシ'と'ソフィア'が大差なく，'まめ助'がもっとも低収となった。

両者を合わせた乾物収量は'スワン'を100とすると，'ヘイオーツ'91，'キカラシ'70，'ソフィア'63，'まめ助'33となり，'スワン'と'ヘイオーツ'で約1t/10aであり，堆肥約3t分の有機物をすき込んだ。

罹病程度 春の無栽培区の菌数は1.0×10^3 CFU/g乾土とやや少なく，気象も影響したのか9月下旬になって発病が認められた。無栽培区を含めて，ヘイオーツ区以外は80％以上の罹病個体率であったが，ヘイオーツ区の罹病個体率は68％であった。また，茎の褐変率は34％と無栽培区や他の緑肥作物導入区とあきらかな差が認められた（第5図）。ヘイオーツ区の収穫時（9月23日）の菌数は無栽培区の約半分となった。

後作アズキの収量 'エリモショウズ'の収量を第1表に示した。子実がもっとも多収であったのはヘイオーツ区とソフィア区で，無栽培区の1割増となり，これらの莢数は3割増となった。また，ヘイオーツ区は茎長も高くなった。この原因はこれら2つの緑肥作物がVA菌根菌を増殖させ，後作の'エリモショウズ'のリン

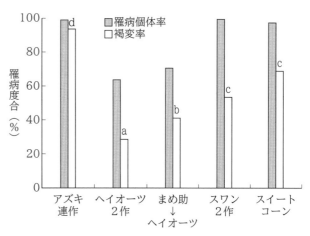

第3図 緑肥の種類と後作アズキの落葉病罹病度合
（雪印種苗，河東郡士幌町，2000）

褐変率＝褐変した節数÷総節数×100
abcdの異文字間に5％水準で有意差あり

第4図 ヘイオーツ栽培跡のアズキ落葉病抑制効果（左）

酸の有効利用を促進したためと考えられた。

3）落葉病軽減の要因

豊富な根群の役割 雪印種苗（株）の技術研究所（江別市）では，'ヘイオーツ'の根圏効果によるアズキ落葉病の軽減効果を比較した。浅い育苗箱に落葉病の汚染土壌を詰め，その末端に'ヘイオーツ'を播種し，根が横に伸びるようにした。ここから10cm間隔でアズキ'エリモショウズ'を'ヘイオーツ'播種の1週間目と4週間目の2回播種した。

この結果，'ヘイオーツ'の株元に近い10cm区の落葉病の菌数は40cm区の約半分となった

（第2表）。また発病軽減効果は'ヘイオーツ'の根の上にアズキを播種する結果となった4週目区で高く、とくに10cm区で顕著であった。これは、'ヘイオーツ'の豊富な根圏が土壌中の微生物相に影響を与え、その結果、落葉病の発生を抑えたためと考えられた。

土壌微生物群集の多様性の変化　農研機構北海道農業研究センターの横山和成氏の協力を得て、土壌微生物の分類や同定に用いるバイオログシステムによる土壌微生物の細菌群集の多様性を比較した（横山、1996）。一般に土壌病害は土壌微生物が多様化するほど抑制され、とくにイネ科作物の豊富な根群が存在するほど好ましい環境になると考えられる。

これら緑肥作物栽培後の後作の土壌微生物の種類と多様性指数をバイオログシステムで調査し、これら細菌群集の構造を比較した。

第6図は、土壌から微生物を抽出し、異なる糖類（えさ）でその種類を識別、おのおのの場所を3次元のグラフで示している。点が少ないほど、重なって種類が少なく、距離が遠いほど種類が異なってくる。'ヘイオーツ'では多くの点が見られるが、距離が近いため種類が近く、'キカラシ'では4つしか見えないものの、距離が遠いために多様性指数が高くなっていると考えられる。どのようなタイプが好ましいかは不明であるが、緑肥作物の根は地上部以上に土壌微生物に大きな影響を与えていることがわかる。

ヘイオーツの根圏効果　'ヘイオーツ'の根圏効果を圃場でも確認するために、北海道河東郡士幌町のアズキ落葉病発生圃場に、アズキ（'エリモショウズ'）、スイートコーン、'ヘイオーツ''スワン'を栽培し、その根圏と非根圏土壌の多様性指数を比較した（第7図）。バイオログで調査した土壌細菌群集の多様性指数は'ヘイオーツ'を除き、ほかの3種類では根圏土壌が非根圏土壌よりあきらかに高くなっていたが、'ヘイオーツ'では根圏と非根圏土壌の差が少なかった。細菌数では'スワン'と'ヘイオーツ'には大差はないが、多様性に差が認められた。'ヘイオーツ'を

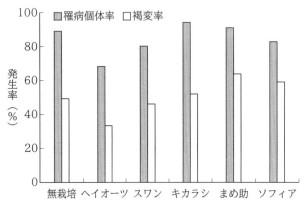

第5図　緑肥作物の違いによるアズキ落葉病抑制効果
（雪印種苗、河東郡士幌町、2001）

第1表　コムギ後作緑肥跡に栽培したアズキ（品種：エリモショウズ）の収量（河東郡士幌町、2001年9月23日調査）

緑肥作物	茎長(cm)	莢数(本/個体)	比(%)	乾物総体収量(kg/10a)	比(%)	子実収量(kg/10a)	比(%)	ダンカン	千粒重(g)	比(%)
無栽培	32.9	14.3	100	336	100	194	100	bc	207	100
スワン	37.0	16.1	112	383	114	202	104	b	208	100
ヘイオーツ	40.5	19.0	133	396	118	215	111	a	207	100
キカラシ	30.9	14.5	102	342	102	188	97	cd	205	99
まめ助	34.0	14.8	104	328	98	175	90	e	207	100
ソフィア	36.3	19.2	134	393	117	219	113	a	211	102

注　abcdeはダンカンの多重検定で統計的有意差があるかないかを意味し、異文字間では有意差があることを示す

第2表　ヘイオーツの根圏効果と落葉病の感染程度　　　　（雪印種苗，2001）

ヘイオーツ播種位置からの距離 (cm)	ヘイオーツ播種からアズキ播種までの経過	感染程度評点		落葉病菌数 ($\times 10^3$/g乾土)
		茎下部	茎上部	
10	1週目	2.2	2.2	2.7
10	4週目	0.8	0.2	2.8
40	1週目	2.0	1.6	4.0
40	4週目	1.6	0.8	5.4

注　感染程度は0：無〜4：甚である

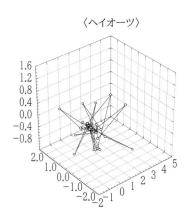

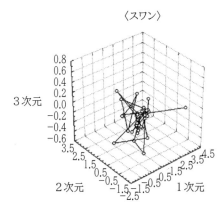

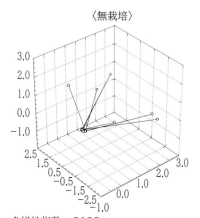

第6図　異なる緑肥作物栽培後の土壌細菌群集の構造
（雪印種苗・河東郡士幌町，2001年6月29日調査）

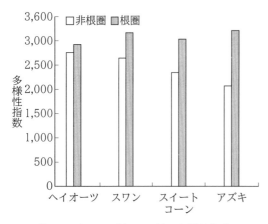

第7図　根圏，非根圏土壌の多様性指数
（雪印種苗・河東郡士幌町，2001年調査）

播種すると，豊富な根量のおかげで，微生物の活性が盛んになると考えられた。

4）ヘイオーツを利用したアズキ落葉病防除法

これらのことから，'ヘイオーツ'がアズキ落葉病の発病を軽減させる要因として次のことが考えられた。

1）'ヘイオーツ'は落葉病を助長するキタネグサレセンチュウを低減する。

2）'ヘイオーツ'を栽培すると土壌に気相が増え，物理性が改善される。

3）'ヘイオーツ'は根量が多いことから，栽培中の土壌細菌群集の多様性が高まる。

4）VA菌根菌が増殖し，アズキの生育が旺盛になり着莢数が増え，多収になる。

また，北海道にて'ヘイオーツ'を利用してアズキ落葉病を防除するための要点をまとめると次のとおりである。

5）'ヘイオーツ'の播種量は15kg/10a前後，播種時期は春まきであれば5月中旬まで，夏まきならお盆までに播種する。この効果はコムギ後作利用でも十分期待できる。

6）対応できる落葉病の菌数は$5×10^3$CFU/g乾土が限度と思われ，極端な汚染圃場では'ヘイオーツ'の休閑利用や抵抗性品種のアズキ（'きたのおとめ'など）などと組み合わせる。

7）'ヘイオーツ'の効果は，従来本病を抑制するといわれたスイートコーンを上まわる。

8）本試験に供試した緑肥作物のなかで'ヘイオーツ'のみ効果がある。

9）ダイズシストセンチュウの発生圃場では春まきで対抗植物の'くれない'（クリムソンクローバ）を播種した後，夏まきの'ヘイオーツ'を導入する。落葉病はアズキ栽培により増殖し，また罹病残渣で潜在的に生存するため，根絶することはむずかしく，'ヘイオーツ'やアズキの抵抗性品種，輪作体系との組合わせで被害を減らしていくことがポイントである。

②ジャガイモそうか病

1）効果がある緑肥作物のスクリーニング

ジャガイモそうか病は北海道の重要病害で（2017年の発生面積は3,641haで，ジャガイモ栽培面積の7.1％，北海道農政部，2017），毎年栽培面積の10％程度発生が認められている。

雪印種苗ではジャガイモそうか病に対する各種緑肥作物の被害軽減効果を検討した。まずスクリーニング試験で，緑肥作物の種類により発病軽減効果が異なり，'ヘイオーツ'と'まめ助'がそうか病の発病を軽減させることがわかった。

そうか病の病原菌には多くの種があるが，この試験では北海道の道東地方で問題になっている*Streptomyces turgidiscabies*を主体に検討した。

2）休閑緑肥として導入（北海道河東郡士幌町，1999～2000年，Y圃場）

試験の概要　1999年に'ヘイオーツ'を春・夏2回休閑利用したヘイオーツ2作区，'まめ助'を春まきし，夏まきに'ヘイオーツ'を導入したまめ助→ヘイオーツ区，エンバク'スワン'を休閑利用したスワン2作区，ジャガイモを連作したジャガイモ連作区を，士幌町のそうか病発生圃場に設置した（佐久間ら，2001）。2000年にジャガイモ'男爵'を栽培し，9月5日に発病程度を調査した。

発病程度と収量　ヘイオーツ2作区の発病度はスワン2作区とジャガイモ連作区の約7割であった（第3表）。ヘイオーツ2作区の全放線菌数はこれら2区よりも若干多く，これとは逆にそうか病菌数は連作区の約半分となった。菌数

第3表 ヘイオーツ栽培後のジャガイモそうか病の発病度といも収量

(河東郡士幌町, 2001)

試験区	全放線菌数 (10^3CFU/g乾土)	そうか病菌数 (10^3CFU/g乾土)	発病度	いも収量 (kg/10a)	同左比 (%)	一個重 (g)
ジャガイモ連作	1,944	8.3	42.9	2,540	91	100
ヘイオーツ2作	2,466	3.9	28.2	3,074	110	109
まめ助→ヘイオーツ	3,204	5.2	23.2	2,697	96	100
スワン2作	2,030	6.9	40.8	2,796	100	92

注　ジャガイモの栽培様式
　ウネ幅：66cm，株間：36cm，3,655本/10a栽培
　施肥量：6.4—20.0—5.6kg/10a
　植付け期：5月10日，収穫期：9月5日，品種：男爵
　発病度＝Σ（発病程度指数×程度別株数）÷（調査株数×4）×100
　発病程度指数：0；病斑なし，1；1〜3個，2；4〜10個，3；11〜20個，4；21個以上

第4表　交換酸度とジャガイモそうか病の発病度に対するヘイオーツとフェロサンドの併用効果

(雪印種苗, 斜里郡清里町, 2002)

試験区	pH	交換酸度	病いも率 (%)	発病度	防除価
ヘイオーツ→コナフブキ	5.80	1.55	49bc[1]	16	44
テンサイ→コナフブキ	5.71	1.38	68c	28	—
ヘイオーツ→コナフブキ＋フェロサンド6分の1量	5.50	3.00	28ab	9	67
テンサイ→コナフブキ＋フェロサンド6分の1量	5.48	1.88	65c	29	0
ヘイオーツ→コナフブキ＋フェロサンド2分の1量	4.94	4.00	15a	5	83

注　調査時期はジャガイモ収穫時期である。品種：コナフブキ。ジャガイモ作付け時のpHは5.2，交換酸度は1.9であった
　1) Tukey（P=0.05）の検定異文字間に有意差あり

と発病度には正の有意な相関が認められ（r=0.91***），Y（発病度）＝3.8X（菌数）＋10.6の一次回帰式が得られた。ヘイオーツ2作区のジャガイモ収量はスワン2作区と比べ1割増加して，連作区よりもあきらかに多収であった。増収要因はいも数の増加とLL，Lの規格の増加，および一個重の増加であった。

3) ヘイオーツとフェロサンドとの併用効果
（北海道斜里郡清里町，2000〜2001年）

試験の概要　2000年に北海道斜里郡清里町で，テンサイ後作を対照として，'ヘイオーツ'2作を休閑緑肥として導入，翌年に土壌酸度を低下させるフェロサンドとの併用区を設けた（佐久間ら，2003）。そうか病菌は土壌中のアルミニウムイオンが多いと抑制され，pHを5.0以下にすると発病が軽減される（水野ら，2003）。このため，pHを5.0に下げるためのフェロサンドの施用量を算出し（360kg/10a），作条処理としたため半量を標準施用量とし，さらに6分の1量区を設定した。20g以上のいもすべてについて発病程度を調査した。ジャガイモの品種は'コナフブキ'である。

交換酸度と発病度　ジャガイモ植付け時のpHは5.2，交換酸度は1.9前後で，処理間に大きな差はなかった。その後，収穫時にはフェロサンド半量を施用した区ではpHが4.94に低下，交換酸度は4.0に上昇した。そのほかの区ではヘイオーツ→コナフブキ＋フェロサンド6分の1量区の交換酸度が3.0と若干高くなった（第4表）。ヘイオーツ2作栽培後のジャガイモの発病度はテンサイ後作の約半分となり，病いも率も低下した（第8図）。これにフェロサンドを6分の1量併用すると，テンサイ後では効果はなかったが，'ヘイオーツ'後では発病度

第8図 ヘイオーツ栽培跡のジャガイモそうか病抑制効果
左：ヘイオーツ栽培跡，右：テンサイ栽培跡

が9とさらに半減した。フェロサンド半量を施用すると発病度は5まで低下し，生食用の許容基準まで下げることができた。

そうか病菌の菌量 テンサイと'ヘイオーツ'後作について，ジャガイモ収穫期に病原菌密度と土壌微生物相を調査した（第5表）。そうか病菌はテンサイ跡地で1.68×10^3CFU/g乾土が検出されたが，'ヘイオーツ'後作では検出されなかった。微生物相を比較すると，'ヘイオーツ'後作では全細菌，全放線菌数が多く，拮抗菌数もテンサイ後作より多く検出された。

ジャガイモの収量 ヘイオーツ2作栽培後のジャガイモ収量はテンサイ後作に比べ，109％とやや多収になり，フェロサンド6分の1量区では116％とあきらかに多収になった。とくに平均一個重の増加が目立った。しかしフェロサンド半量区では93％とむしろ低収になり，pHの低下が原因と考えられた。ジャガイモ連作区ではさらに減収している。ライマン価の低下は処理区間に大きな差はなかった。

4）**ダイズ後作での防除結果**（北海道河東郡士幌町，2001～2002年，I農場）

試験の概要 マメ類後作ではそうか病の発生が少ないことが知られている。そこで，ダイズ後作を標準として北海道河東郡士幌町で再度，圃場試験を行なった（佐久間，2004）。2001年にヘイオーツ2作区とスワン2作区（いずれも播種量15kg/10a），ダイズ'十育235号'区とジャガイモ'農林1号'区を設けて栽培した。その翌年に，ジャガイモ'男爵'を栽培した。施肥量は農家慣行とした。

発病度と病いも率 ヘイオーツ2作区とスワン2作区ではジャガイモ栽培の前年に約1t/10aの有機物がすき込まれる結果となった。圃場のpHは6.0弱，交換酸度が1.5以下の火山灰土壌で，処理間に大きな差はなかった。'ヘイオーツ'を2作栽培すると，後作ジャガイモの発病度は33，病いも率は69％で，他の3区と比べ，病いも率が15％低下した（第6表）。

センチュウ密度とジャガイモ収量 ダイズ後作はキタネグサレセンチュウ密度が155頭/生土25gとなり，ジャガイモに被害が生じる100頭以上の頭数を上まわった（第6表）。一方，'ヘイオーツ'では2頭/生土25gと低下した。そのため，ヘイオーツ区のジャガイモの収量はダイズ区対比で115％と最多収となったが，他の3区は低収となった。各区の発病指数0と1のいもを合計した発病軽度のいも収量を比較すると，ヘイオーツ区はダイズ区対比で123％と最多収になったが，スワン区では86％と，そうか病の発病度も高く低収となった。

5）**ヘイオーツを利用したジャガイモそうか病の防除法**（北海道立総合研究機構十勝農業試験場，北見農業試験場）

第5表 そうか病菌数と微生物相の違い　　　　　　　　　（斜里郡清里町，2001）

前作	pH	交換酸度	そうか病菌	拮抗菌数	全細菌数	全放線菌数
			(10^3CFU/g乾土)	(10^6CFU/g乾土)		
テンサイ	5.46	1.04	1.68	1.30	4.95	1.43
ヘイオーツ	5.37	1.46	ND	2.19	8.27	2.01

注　pHと交換酸度はジャガイモ植付け時，その他は収穫時の値である
　　ND：未検出

第6表　pH・交換酸度・センチュウ密度・ジャガイモ収量の違い

（雪印種苗，河東郡士幌町，2002）

前作	緑肥すき込み時		ジャガイモ収穫時						
	pH	交換酸度	センチュウ密度(頭/生土25g)	発病度	病いも率(％)	ジャガイモ収量(kg/10a)	(％)	発病軽度いも収量(kg/10a)	(％)
ヘイオーツ	5.88	1.25	2	33	69	4,098	115	1,813	123
スワン	5.86	1.17	71	39	85	3,392	96	1,272	86
ダイズ	5.7	1.38	155	41	85	3,552	100	1,477	100
ジャガイモ	5.53	1.17	49	46	86	3,648	103	948	64

注　緑肥栽培前のpHは5.47，交換酸度は1.20であった
　　発病程度指数：0；病斑なし，1；1～3個，2；4～10個，3；11～20個，4；21個以上

北海道立総合研究機構十勝農業試験場，北見農業試験場（旧：北海道立十勝農業試験場，北見農業試験場）の試験でも'ヘイオーツ'栽培がそうか病を軽減することがあきらかになり，2004年春にこの技術が北海道普及指導参考事項となった。

その内容は次のとおりである。

1) そうか病を軽減する効果が安定している緑肥はエンバク野生種であり，この効果は休閑および後作緑肥で認められた。

2) この効果はそうか病の発生が少～中の圃場で認められ（病いも率15％まで），病いも率25％までは土壌酸度矯正資材によるpHの調整やジャガイモ抵抗性品種との組合わせで対応できる。

6) ジャガイモそうか病の総合防除

'ヘイオーツ'を1年に2回栽培することによるジャガイモそうか病の被害減少のメカニズムはまだあきらかになっていないが，次のようにまとめることができる。

1) 'ヘイオーツ'を2作休閑栽培すると，そうか病の発生が少～中の圃場（病いも率15％まで）で，そうか病の被害を軽減できる。

2) さらに多発圃場（病いも率25％まで）では，土壌酸度矯正資材によるpHの調整やジャガイモ抵抗性品種との組合わせで対応できる。雪印種苗の成績では，フェロサンドをpHが5.0になる規定量の半量の作条施用を併用すると，被害がさらに軽減された。ただしこの方法は，pH5.0で交換酸度が1以上増加する圃場に限る。

3) これらの方法は従来指導されているフェロサンド施用に比べてpHの低下が少なく，ジャガイモの減収が少なく，むしろ増収する。

4) ダイズ後作に比べてこの方法は防除価が大きく，またキタネグサレセンチュウを増やさないため，ジャガイモの増収効果が大きい。

5) いずれも発生初期の初期防除とし，'ヘイオーツ'を輪作体系の一つとして組み入れ，ジャガイモの抵抗性品種との組合わせで対応していくことが好ましい。

6) この方法は'ヘイオーツ'1作栽培では効果が低く，2作栽培が好ましい。

7) 'ヘイオーツ'は播種量10kg/10a以下では効果が少なく，雑草対策を考えて15kg/10a

の散播が好ましい。

8)'ヘイオーツ'を2作栽培した後作のジャガイモへの施肥は、早出しでチッソ2kg/10a、デンプン用で4kg/10aとする。カリについては、土壌中カリ含量が30mg/乾土100g以上の圃場の場合は無施用とするので、あらかじめ土壌分析を行ない、施肥量を検討する。

③その他の土壌病害

アブラナ科野菜根こぶ病 'ヘイオーツ'をアブラナ科野菜根こぶ病菌の汚染土壌で栽培すると、土壌中の休眠胞子が発芽して根毛感染するものの、根こぶは形成されず、土壌中の休眠胞子の密度は増加しない。また、根こぶ病菌を接種した土壌で'ヘイオーツ'を栽培すると菌密度が低下することが岩手県農業研究センターによって報告された（第9図）。

このことから、'ヘイオーツ'は根こぶ病菌の休眠胞子の発芽を誘導するが、新たな休眠胞子は形成せず根こぶ病のおとり作物としての働きがあることがわかった。

さらに輪作体系に'ヘイオーツ'を組み込んだ現地圃場で、3年間無農薬で栽培してもこのアブラナ科根こぶ病の被害は軽微であり、'ヘイオーツ'はキャベツなどのアブラナ科野菜の短期輪作体系の輪作作物として有効と考えられる。

注意点として、フルスルファミド粉剤は根こぶ病菌の休眠胞子の発芽を静菌的に阻害する作用があるため、前作で使用されている場合には、根こぶ病菌の休眠胞子が発芽せず、おとり作物の機能が十分発揮されない可能性がある。

キャベツバーティシリウム萎凋病 群馬県農業技術センターはキタネグサレセンチュウとキャベツバーティシリウム萎凋病（*Verticillum longisporum*, *V. dahliae*）との関係をあきらかにし、'ヘイオーツ'による病害軽減効果を検討した（酒井、2004）。

その結果、'ヘイオーツ'による発病軽減効果は*V. dahliae*で顕著であった。*V. longisporum*についても発病軽減効果が認められ、その効果はホスチアゼート粒剤、カズサホスマイクロカプセル剤と大差がなく、群馬県吾妻郡嬬恋村では無処理区の40％以下に抑えている。

ダイコンバーティシリウム黒点病 地方独立行政法人北海道立総合研究機構農業研究本部花・野菜技術センターの小松らは5種類の緑肥を栽培して、ダイコンバーティシリウム黒点病の発病軽減には'ヘイオーツ'がもっとも効果が高かったとしている（小松、2003）。

その後、これを後志農業改良普及センターの山下がダイコンの産地、北海道虻田郡留寿都村で試験した。その結果、'ヘイオーツ'を栽培した後のダイコンバーティシリウム黒点病（*Verticillium dahliae*）の菌核数はジャガイモ後作に比べ、あきらかに減ることがわかった（山下、2005）。さらに後作のダイコンの発病率も低くなった。

トマト半身萎凋病 千葉大学の小長井らはトマトの5種類の土壌病害について'ヘイオーツ'の効果を確認し、半身萎凋病について発病軽減効果を認めている（小長井ら、2005）。また'ヘイオーツ'をすき込んだ試験区では無処理区に比べ、菌生物活性、細菌数や糸状菌数が増加していた。土壌細菌群集の多様性解析ができるDGGE（変性剤濃度勾配ゲル電気泳動）分析においても、'ヘイオーツ'すき込み区と無処理

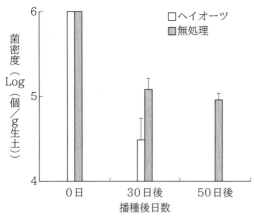

第9図 ヘイオーツ作付けによる根こぶ病菌密度の減少（岩手県農研センター、2000）
播種50日後にはヘイオーツ播種ポットの菌密度は検出限界以下となった。図中の誤差線は標準偏差を示す

区におけるバンドパターンが明らかに異なっていた。そのため，微生物相の質的・量的な変化が発病軽減に関与するとしている。

テンサイそう根病 北海道農業フロンティア研究会の試験では多くの作物の栽培跡地で栽培したテンサイで，そう根病をウイルスの吸光度により測定した（1994）。その結果，'ヘイオーツ'の後作では吸光度がとくに低くなり，ウイルスが減少したと報告している。'ヘイオーツ'の根の浸出液が菌の媒体となるポリミキサ菌の休眠胞子を発芽させることが影響していると考えられるが，圃場試験では明確な差が得られず，普及には至っていない。

コムギ縞萎縮病 コムギ縞萎縮病は秋まきコムギに発生するウイルス病であり，土壌生息菌である*Polymyxa graminis*によって媒介され，コムギに感染する。ウイルス寄主範囲はコムギだけだが，*P.graminis*は'ヘイオーツ'にも感染するため，おとり作物として利用することができ，竹内らの試験では発病程度が低い圃場では発病軽減効果が期待できることを確認された（竹内ら，2005）。

*

'ヘイオーツ'がなぜ土壌病害を軽減するのか不明な点が多いが，センチュウ低減効果や豊富な根群による土壌微生物の活性化，作物と作物の相性など多くの要因が考えられる。現在，多くのエンバク野生種が他社より販売されているが，センチュウ軽減効果やこれら土壌病害の軽減効果は品種や肥培管理で異なるため注意が必要である。'ヘイオーツ'を輪作体系に組み入れることは，センチュウおよび土壌病害対策となり，農薬に頼らない生物的防除手段の一つとなる。

(2) 燻蒸作物による土壌病害の軽減

①海外での燻蒸作物の活用

農薬の多投による環境汚染が問題になり，消費者の安全志向が高まる中で，ヨーロッパでは臭化メチル対策の一つとして，太陽熱消毒や燻蒸作物（Fumigation Crop）の研究が進んでいる。

燻蒸作物が普及している例として，オーストラリアでコムギの前作にアブラナ科のカノーラ（油糧作物）が普及し，後作コムギの立枯病の発生が少なくなった。さらに，アメリカのアイダホ州ではジャガイモの前作に，燻蒸作物のカラシナが使われている。日本ではワサビの残渣でつくったワサビ堆肥がジャガイモそうか病を減らすことが知られている。

これらの原因は，アブラナ科に含まれる辛味の成分グルコシノレートが土壌中で加水分解され，殺菌作用があるイソチオシアネートを生じることにある。

本稿では，雪印種苗（株）が農林水産省の「新たな農林水産政策を推進する実用技術開発事業」で行なった課題「土壌病原菌や有害センチュウを駆除する燻蒸作物の開発と利用方法の開発」で得られた成果および雪印種苗の農場で得られた成果を紹介する。

②燻蒸効果発現のしくみ

アブラナ科の作物には辛味の成分であるグルコシノレートが存在する。これがロータリ耕で細断され，畑にすき込まれると，酵素のミロシナーゼと水分が作用し（加水分解）イソチオシアネートが生じる（第10図）。

このガスには殺菌作用や殺センチュウ作用があることが知られ，とくに花卉のクレオメが発生するメチルイソチオシアネートはダゾメット粉粒剤が発生する主成分である。このガスは作物により辛味成分と含量が異なり，その効果も異なることがわかっている。このような効果がある作物は燻蒸作物と呼ばれている。

雪印種苗（株）では，カラシナの多くの系統を密封容器に入れ，各種病原菌の抑制効果を確認した。その結果，この効果は作物や系統により大きく異なった（第11図）。品種改良によって高グルコシノレート含量の'辛神'を育成した。

③燻蒸作物の種類

このような機作が期待される作物としてシロガラシ（*Sinapis alba*），カラシナ（チャガラシ）（*Brassica juncea*）とクロガラシ（*Brassica nigra*），クレオメ（*Cleome hassleriana*）が挙

げられる（第12，13図）。

　これらカラシ類は種皮の色で区別され，シロガラシのキカラシが北海道で景観緑肥として普及しており，ベンジルイソチオシアネートを生じるが，このガスの燻蒸効果は低い。カラシナは葉菜の一種で，辛味を期待するサラダ菜や，種子は練りガラシやパンに塗るカラシ油の原料に用いられている。クロガラシは香辛料や医薬品として使われていたが，種子が小さく生育が悪いため，現在の栽培は少ない。

　これらカラシナやクロガラシはアリルイソチオシアネート（AITC）を発生し，効果的な殺菌効果が認められている（第14図）。観賞用の花として有名なフウチョウソウ科のクレオメは，ダゾメットと同じメチルイソチオシアネートを生じるので，期待が大きい。

④土壌病害の軽減効果

　燻蒸作物による土壌病害の軽減効果は土壌病原菌の種類によって異なり，一般にはリゾクトニア菌やピシウム菌には効果が大きく，フザリウム菌やバーティシリウム菌の軽減効果は小さい。

　雪印種苗（株）の技術研究所では，春・夏まきのカラシナのバイオアッセイによる病原菌抑制効果を調査した（第15図）。

　この結果によると，夏まきの効果が大きく，テンサイ根腐病（リゾクトニア菌）がホウレンソウ萎凋病菌（フザリウム菌）より抑制されている。また，「キカラシ」では効果が認められなかったが，カラシナのX-001やX-003（試験系統）の効果が大きいことがわかる。この原因は，これらの作物が保有するグルコシノレート含量や成分が異なるためであった。

ホウレンソウ萎凋病　ホウレンソウ萎凋病

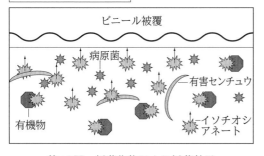

第10図　燻蒸作物による燻蒸効果

第11図　燻蒸作物の抗菌活性による選抜

第12図　カラシナ

第13図　クレオメ

（*Fusarium oxysporum* f. sp. *spinaciae*）は厄介な土壌病害の一つで，産地ではダゾメットなどの殺菌剤で対処している。

北海道のビニールハウスにおいて燻蒸作物の効果を検討した結果を第16図に示す。

5月23日にカラシナ'辛神'を播種，7月9日に細断，ロータリ耕起後，十分に灌水し，ビニール被覆して腐熟させた。8月6日にホウレンソウを播種したが，このさい，処理層を再度ロータリ耕起した区（耕起区）と，処理層を壊さないようにレーキで浅く耕起した区（耕起なし区）を設けた。

萎凋病菌はダゾメット区で明らかに低下し，次いでカラシナ（耕起なし）区で減少している。その結果，病徴指数は耕起なし区で1.55と，ダゾメット区に準じて軽減効果が認められ，ホウレンソウの被害も少なくなった（第17図）。また耕起区では処理層と深部の未処理層が混ざったためか，軽減効果は耕起なし区のほうが大きかった。

兵庫県ではホウレンソウの雨よけハウスでカラシナのすき込み試験を行なっている（前川ら，2011）。カラシナを約2か月間栽培しすき込んだ区（カラシナ区）と，無栽培区（無処理区）を用意し，両区に被覆・灌水して還元状態を維持した後，ホウレンソウを2作栽培した。

ホウレンソウ栽培中の萎凋病の発病株率と，すき込み被覆後の土壌中のフザリウム菌密度を調査したところ，2回の試験のどちらにおいても，カラシナ区での発病株率とフザリウム菌密度は無処理区と比べて低下していた。無処理区でも還元消毒により菌密度が低下したが，カラシナ区はそれ以上に菌密度が低く，還元消毒と合わせることでより効果が発揮されたと考えられる。

岩手県のホウレンソウの雨よけハウスでも同様の試験が行なわれている（目時・佐藤，2006）。この試験では乾物収量500kg/10a（生収量5t/10a）のカラシナを地下20cmまですき込み，30mmの灌水を行ない，ビニール被覆をし，1か月間ハウスを閉め切っている。

その結果，発病株率と発病度がともに低下

〈Allyl isothiocyanate〉
カラシナやクロガラシから生じる
アリルイソチオシアネート

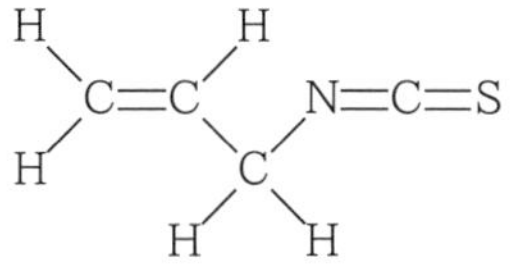

〈Methyl isothiocyanate〉
クレオメに含まれる
メチルイソチオシアネート
（農薬／バスアミドの主成分と同じ）

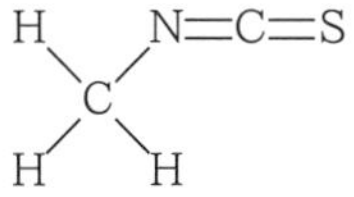

第14図 燻蒸作物から生じるイソチオシアネートの種類

し，ダゾメット粉粒剤に近い効果が得られている。ホウレンソウ2作目でも，効果は若干劣ったが無処理区よりは優れており，低温の4月下旬播種でも効果が大きかった。とくに多発する時期の前の処理が好ましい。

ホウレンソウ萎凋病対策としてカラシナを導入する際の留意事項として，1）萎凋病菌に汚染された土壌との混濁を避けるため，ホウレンソウへの施肥はカラシナすき込み時とし，ビニール被覆処理後1作目は，不耕起でホウレンソウを作付けする。2）カラシナへの施肥はハウスでは無施肥（残肥を利用），露地ではチッソで1kg/10a程度とすると述べている。

テンサイ根腐病　北海道ではキカラシの後作には，テンサイの栽培が多いが，テンサイには根腐病（*Rhizoctonia solani*）という病害があり（発生面積8,300ha（高橋ら，2011）），農家は農薬で対処している。佐久間らはカラシナのすき込みが本病の発病を抑えることを明らかにした（第18図）。前年の秋にカラシナをすき込んださいの，後作テンサイの発病度合と収量を第7表にまとめた（佐久間ら，2009）。

ポット試験の結果ではカラシナすき込み区の発病度が20と無栽培に比べあきらかに低くなり，防除価も74，収量も無栽培区のおよそ2倍，

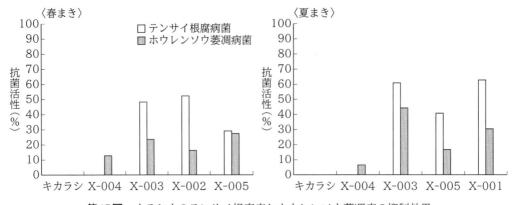

第15図　カラシナのテンサイ根腐病とホウレンソウ萎凋病の抑制効果

(雪印種苗, 2005)

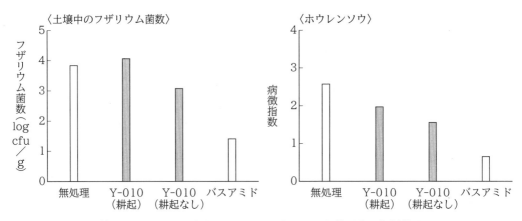

第16図　カラシナすき込みによるホウレンソウ萎凋病の抑制効果

(雪印種苗, 2008)

カラシナの栽培期間：5月23日～7月9日，ホウレンソウ播種日：8月6日，調査日：9月8日
萎凋病の病徴指数：0；無～4；甚

無接種区と大差がなかった。圃場試験の結果も同様で，発病度，発病率ともに低下し，無栽培区よりも3割多収，キカラシよりも優れていた。アマの茎を用いた病原菌の定量でも，感染率があきらかに低下しており，病原菌感染ポテンシャルの低下が認められた。翌年，育成した'辛神'についても同様の圃場試験を行ない，'キカラシ'以上の抑制効果が確認され，修正糖収量も無栽培対比で104％と多収であった。

その他の土壌病害　前田は燻蒸作物のすき込みが，ハウスで問題になっているトマト青枯病を減らす可能性について検討した。ポット試験の結果では，'辛神'とクレオメの夏場のすき込みで，青枯病の菌数はあきらかに減少し，発病度も'辛神'で6.7，クレオメで0と，無処理区の26.7に比べてあきらかに低くなった。翌年はすき込み量や含量の違う材料（凍結乾燥した粉末サンプル）を比較し，処理量が多いほど，そして含量が多いものほど菌量は少なくなり，発病度は低くなった。とくに灌水の併用効果が大きかった。その後，'辛神'と150l/m^{2}の灌水処理との併用で，トマトハウスにおいて青枯病の防除効果をダゾメット以上に認めた。また，'辛神'のすき込み量も生草収量2t/10aでは不十分であり4t/10a以上が必要であった。さらにフスマを用いた還元消毒以上の効果を翌

年認めている（前田，2010）。

藤根らは，ダイコンバーティシリウム黒点病の抑制効果を検討した。その結果，カラシナの系統間で軽減効果に差があり，枠試験ではカラシナすき込みとマルチ被覆の併用が発病軽減に効果的であることがわかった。その後，北海道における圃場での栽培，すき込みを行ない，春まきではダイコンバーティシリウム黒点病に効果があるものの，夏まきではすき込み時期が寒く，AITC効果が不十分であった（藤根ら，2011）。

近藤はダイズ茎疫病とジャガイモそうか病の軽減効果を検討したが，室内実験ではある程度の効果を認めたが，ポットや圃場試験では十分ではなかった。その後，テンサイ根腐病と同じリゾクトニア菌であるジャガイモ黒あざ病を試験し，カラシナでの病害軽減効果を認めている（太田ら，2010；川上・近藤，2010）。

佐久間ら（2002）はジャガイモ粉状そうか病の軽減効果を，細断したカラシナの茎葉をポットの汚染土壌にすき込み（生草収量で3t/10a相当），検定した。その結果，その効果はカラシナの系統間で異なったが，もっとも効果があった系統の発病度が34，'キカラシ'52，クレオメ53，無処理75と，発病の軽減効果が認められた。また，北海道内でコムギの連作が余儀なくされる地域でコムギ立枯病の軽減を目的として'辛神'を導入した試験も行なった。その結果，無栽培区の発病度34.1と発病株93.1％と比べ，生草収量で2.3～2.6t/10aすき込んだ処理区で発病度が8.9，発病率54.8％と軽減する傾向が確認された。

⑤燻蒸作物の栽培方法

'辛神'は種子が小さく，播種量は1kg/10aと'キカラシ'の約半量である。

播種は，増粒剤として熔リンや砂などの資材20kgと種子1kgを混合し，ブロードキャスターや散粒機で畑に均一に播種し，ロータリやハロ

第17図　カラシナすき込み区（左）と無処理区（右）の後作ホウレンソウの生育比較

第18図　カラシナすき込みによる後作テンサイの根腐病防除効果
左：カラシナすき込み区，右：無処理区

第7表　カラシナすき込みによるテンサイ根腐病抑制効果　　　（佐久間ら，2009）

作　物	品　種	ポット試験				圃場試験				アマ茎検定 (%)
		発病度	防除価	テンサイ収量 (g/株)	比	発病度	発病率 (%)	テンサイ収量 (kg/10a)	比	
カラシナ	X-008	20.0	74	407	183	36.9	72.2	5,371	129	2.0
シロガラシ	キカラシ	54.4	30	454	204	41.3	72.2	4,853	116	1.0
無栽培		78.2		223	100	66.2	90.0	4,177	100	34.0
無接種				432	194					

注　発病度には5％水準で有意差あり
　　カラシナは前年秋にすき込み，翌年にテンサイを栽培した
　　アマ茎検定：翌年の8月にアマの茎を用いて病原菌の感染率を確認した

ーで軽く覆土し，鎮圧を行なう。

北海道滝川市の地方独立行政法人北海道立総合研究機構農業研究本部花・野菜技術センターで行なった播種期試験では，開花期の収量を比較すると，6月10日と7月25日播種は開花までの期間が短く低収となり，8月11日と8月24日播種でもっとも多収となった。辛味の成分であるグルコシノレート（GSL）含量は夏まきが明らかに高く，コムギ後作緑肥として'キカラシ'と同様に利用可能である。

都府県では雪印種苗（株）宮崎研究農場（都城市）で9月から3月下旬まで7回播種した。10月27日播種の'キカラシ'は霜害に遭ったが，'辛神'は問題なかった（第19図）。しかし12月から2月の播種は発芽不良と霜害に遭い，最多収は10月27日播種であった。この時期に播種すると抽台し，草丈で2m弱，生草収量10t/10a，乾物収量1tを確保でき，この前後が播種適期と思われた。ただし，越冬ハウスでは冬季播種でも問題はない。春になると，高温になるにつれて虫害の問題が出てくる。

播種適期は北海道では5月，8月であり（夏まきはできるだけ早めに），都府県高冷地では4～5月と8月下旬～9月上旬の年内すき込み，一般地では3～4月と10月中旬～11月上旬の越冬利用，西南暖地では2～3月と10月下旬～11月中旬の越冬利用である。積雪地帯では不向きである。秋に早く播種すると生育しすぎて霜害に遭うが，'キカラシ'よりは寒さに強い。草丈10cm前後で越冬させれば，4月には乾物収量で1t/10a以上を得られる。'辛神'は越冬すると抽台し，草丈が2m以上になるので注意が必要である。チッソ施用と硫黄が含有されている肥料（硫加や成分表示の頭にSがついている銘柄）を使うと，グルコシノレート含量が高くなる。

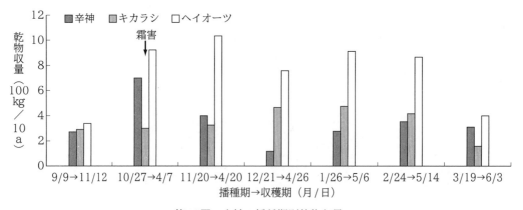

第19図　辛神の播種期別乾物収量　　　　（都城市，2009）

⑥効果的なすき込み方法

雪印種苗(株)では'辛神'の凍結乾燥粉末を60ccのバイアル瓶にホウレンソウ萎凋病菌の汚染土壌を入れ，水分や温度，土壌条件を替えて，アリルイソチオシアネート(AITC)の発生量と病原菌の抑制効果を比較した。

温度と土壌条件では，10℃や15℃でもAITCの発生は認められたが，そのピークは処理48時間後で，25℃，35℃では12時間と前倒しになり，とくに35℃ではAITCの発生が明らかに多かった。処理土壌でも発生量は異なり，有機質が多い土壌では少なく（砂や鹿沼土＞黒土），土壌の種類では黒ボク土での発生が多く，第20図でも雪印種苗技術研究所（黒ボク土）＞北海道大学（黒ボク土）＞雪印種苗千葉研究農場（黒ボク土）＞新潟農総研（褐色低地土）の傾向であった。含水比を比較すると，含水比25での発生はなく，含水比50から100の間では十分発生し，これ以上の値となると水分が多すぎて発生しなかった。粘土質の土壌では含水比が小さくても問題なく，また黒ボク土では含水比が大きくても問題がなかった。

温度の違いによるホウレンソウ萎凋病菌抑制効果は35＞25＞15℃であった。

'辛神'分解時に発生するAITCの量はダゾメットが発する量よりはるかに少なく，土壌微生物のパターンも異なっている。抑制効果があったホウレンソウの萎凋病のハウスでは，処理2作目の土壌微生物の多様性は'辛神'のほうがダゾメット処理区より高くなり，農薬との違いも見られた。

カラシナの部位別AITCの発生量を比較すると，花と種子の部分があきらかに多く，次いで葉＞茎の順である。そのため，'辛神'の栽培は病害が発生している圃場とは別の圃場でもよく，地上部を持ち込んですき込みをすればよい。この方法であれば作物の休閑期が1か月ですみ，すき込み量を増やすことも可能である。

また，このグルコシノレートの含量を高めるには日射量が必要で，北海道の場合，春まきより夏まきであきらかに高くなる。圃場のすき込みはロータリやプラウ耕で直接すき込むより

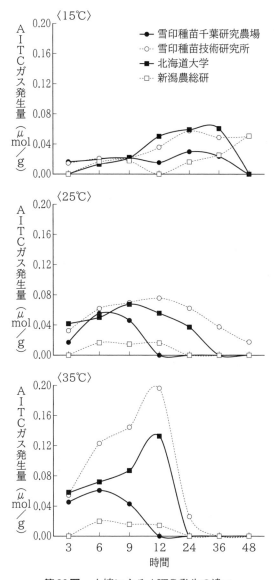

第20図　土壌によるAITC発生の違い

も，フレールモアで細断をした後にロータリですき込む方法が効果的であることもわかってきた。とくに海外では細断後のAITCの揮発を防ぐために，農業機械2台を併走させて処理している。すき込み後は鎮圧処理も行なわれている。ハウスでは灌水・ビニール被覆の効果が大きく，還元消毒との併用もさらに効果を高める。

　執筆　橋爪健（雪印種苗株式会社東京本部）
　改訂　雪印種苗株式会社　　2011年・2024年記

参 考 文 献

藤根統・佐久間太・橋爪健. 2011. ダイコンバーティシリウム黒点病に対するアブラナ科緑肥作物の効果. Jpn. J. Phytopathol. 77 (3), 179.

橋爪健. 2007. 新版 緑肥を使いこなす 上手な選び方. 使い方. 農文協.

北海道病害虫防除所・北海道農政部. 2017. 平成30年度北海道農作物病害虫・雑草防除ガイド（付植物成長調整剤使用ガイド）. 106.

北海道農業フロンティア研究会. 1994. テンサイそう根病. 北海道農業フロンティア研究会報告書. 27—35.

岩手県農業研究センター. 2000. アブラナ科野菜根こぶ病に対するおとりエンバク（ヘイオーツ）の作物としての利用. 平成12年度研究成果情報.

川上愛子・近藤則夫. 2010. ダイズ茎疫病菌に対するイソチオシアネートの効果. Jpn. J. Phytopathol. 76, 77.

北村亨・三堀友子・下地格・佐久間太・橋爪健. 2009. 薫蒸作物（チャガラシ，クレオメ）によるホウレンソウ萎凋病の抑制効果. Jpn. J. Phytopathol. 75, 246.

小林喜六・近藤則夫. 1999. アズキ落葉病に対するトウモロコシなどの根圏効果. 北海道農業フロンティア研究会報告書Ⅱ. 45—55.

小松勉・高林透・山崎博. 2003. 緑肥導入によるダイコンバーティシリウム黒点病の抑制効果. 日植病報. 69, 283—284.

小長井健・坂本一憲・宇佐美俊行・雨宮良幹・宍戸雅宏. 2005. エンバク野生種の栽培・すき込みが土着微生物相とトマト土壌病害発生に及ぼす影響. 日本植物病理学会報. 71 (2), 101—110.

前田征之. 2010. チャガラシの土壌すき込みでトマト青枯病を防ぐ. 現代農業.

前川和正・福嶋昭・竹川昌宏. 2011. カラシナを用いた還元土壌消毒によるホウレンソウ萎凋病の防除. 関西病虫研報. 53, 83—885.

目時梨佳・佐藤正昭. 2006. ホウレンソウ萎凋病に対するカラシナすき込み効果. 岩手県農研研究成果情報.

水野直治・庫爾斑・尼札米丁・南條正巳・吉田穂積・天野洋司. 2003. 粘土鉱物からのジャガイモそうか病多発地帯の予測法と病害の土壌科学的防除法. 土と微生物. 58, 97—103.

農林水産省. 2012. 薫蒸作物 チャガラシ（Y-010）特性と栽培方法. 農林水産省実用化技術普及マニュアル.

農林水産省. 2012. 土壌病原菌や有害センチュウを駆除する薫蒸作物の開発と利用方法の確立. 平成21年度農林水産省実用化技術開発事業成果報告書.

太田愛子・佐久間太・近藤則夫. 2010. 薫蒸作物チャガラシのジャガイモそうか病および黒あざ病に対する効果. Jpn. J. Phytopathol. 76, 76.

佐久間太. 2004. エンバク野生種を用いた各種土壌病害の被害軽減. 土壌伝染病談話会レポート. 146—158.

佐久間太・今地大志郎・橋爪健. 2009. テンサイ根腐病に対するアブラナ科緑肥作物の効果. Jpn. J. Phytopathol. 75, 246.

佐久間太・前田征之・佐藤倫造・副島洋・高橋穣・橋爪健. 2001. ジャガイモそうか病に対する緑肥作物の効果. Jpn. J. Phytopathol. 68, 103.

佐久間太・前田征之・橋爪健. 2003. ジャガイモそうか病に対するエンバク野生種の緑肥利用による効果. Jpn. J. Phytopathol. 69, 79.

佐久間太・前田征之・横山和成・橋爪健. 2002. 野生エンバクの緑肥利用によるアズキ落葉病の防除. Jpn. J. Phytopathol. 68, 203.

高橋宙之・田口和憲・岡崎和之・黒田洋輔. 2011. 2010年の北海道の特異的な気象がテンサイ収量および病害発生におよぼした影響. 北海道農業研究センター研究資料. 第69号.

竹内徹・橋爪健・佐久間太. 2005. 緑肥栽培によるコムギ縞萎縮病の発病軽減効果. 北日本病虫研報. 56, 209.

酒井宏. 2004. 緑肥およびブロッコリーを利用したバーティシリウム病対策. 土壌伝染病談話会レポート. 22, 159—173.

佐久間太. 2014. チャガラシ「辛神」の現地試験紹介. 牧草と園芸. 第62巻第3号, 20—23.

山田英一・橋爪健・高橋穣. 2003. マメ科緑肥作物のダイズシストセンチュウ密度低減効果およびキタネグサレセンチュウに及ぼす影響. 日本センチュウ学会誌. 33, 1—13.

山田英一・佐久間太・橋爪健・高橋穣・福原暢一郎・小林喜六・近藤則夫. 2005. アズキ落葉病の感染に及ぼすキタネグサレセンチュウの影響. 日本センチュウ学会誌. 35, 71—77.

横山和成. 1996. 土壌微生物群集の多様性評価. 土と微生物. 47, 1—7.

山下茂. 2005. バーティシリウム土壌病害回避を目指した輪作改善に向けて. 農家の友. 7, 30—31.

ライムギによるアブラナ科根こぶ病の軽減

(1) アブラナ科根こぶ病の発生要因と対策

①発生要因

アブラナ科根こぶ病は，アブラナ科根こぶ病菌（*Plasmodiophora brassicae*，以下，根こぶ病菌とする）によって引き起こされる土壌伝染性病害であり，本病原菌は生きた宿主植物（＝寄生される植物）の根でしか生存することができない絶対寄生菌である。根こぶ病菌の宿主植物は，換金作物であるハクサイ，カブ，キャベツ，ブロッコリーなどに加え，ナズナなどのアブラナ科植物である。

根こぶ病菌は，土壌中で乾燥や熱に耐性のある休眠胞子として長期間生存し，10～30℃（発芽最適温度18～25℃），pH4.0～7.5（発芽最適pH6.0付近），土壌水分が多い条件下で，宿主植物の根が近傍に伸長してくると発芽して遊走子となり，根毛に感染する（これを一次感染とよぶ）。その後，宿主植物の根表層で再感染（二次感染）が起こり，こぶが肥大しておびただしい数の休眠胞子を形成し，こぶにより養水分の吸収が阻害され減収を引き起こす。

ハクサイやカブでは病根生体重1g当たりの休眠胞子数は約10億個に及び（池上，1979），罹病株を畑に放置しておくと，罹病株の腐敗，耕うん作業や降雨に伴い休眠胞子は土壌中に拡散される。また，根こぶ病汚染土壌からのトラクターの移動などによる人為的な休眠胞子の持ち出しも生じうる。

②対　策

根こぶ病の対策は，化学的防除，物理的防除，耕種的防除により行なう。それぞれの具体的な防除方法は下記のとおりである。

化学的防除　1つ目は，フルスルファミドやアミスルブロム，フルアジナムを含む土壌殺菌剤（化学合成農薬）を用いて休眠胞子の発芽を抑制するか遊走子を殺菌する方法である。殺菌剤の使用方法に応じて，全面土壌混和またはセル苗灌注を行なう。2つ目は，石灰窒素により発芽した遊走子を殺菌する方法である。3つ目は，アルカリ資材（転炉スラグなど）を用いて土壌pHを高めて休眠胞子の発芽を抑制する方法である。

物理的防除　1つ目は，サブソイラーやプラウなどで畑の水はけを良くし，休眠胞子の発芽を抑制する。2つ目は，根こぶ病罹病株の除去であるが，高い効果は見込めるが現場で罹病株を除去することは困難である。3つ目は，罹病苗の畑間での移動を行なわないようにする方法である。4つ目は，薬剤や太陽熱消毒，土壌還元消毒といった土壌消毒により菌密度を低減させる方法である。

耕種的防除　1つ目は，抵抗性品種を使用する方法である。2つ目は，根こぶ病に罹病するアブラナ科野菜を連作しないこと。3つ目は，緑肥を栽培し，排水性を改善することで休眠胞子の発芽を抑制，またはおとり植物を栽培し根こぶ病菌密度を低減させる方法である。

(2) おとり植物による対策

①おとり植物とは

おとり植物とは，根こぶ病菌に一次感染させるが，根のなかで菌を生長させず致死させる植物であり，おとり植物中では休眠胞子が形成されない。このためおとり植物は土壌中の休眠胞子数を低減させる効果がある。根こぶ病菌のおとり植物には，ライムギ，アウェナ ストリゴサ，葉ダイコン，ソルガムが知られている。

②ライムギ品種ダッシュによる菌密度の低減

ここでは，上記のおとり植物のなかで，とくに高い効果を認めたライムギによる根こぶ病対策について詳しく説明する。

根こぶ病菌密度低減効果が確認されているライムギの品種は'ダッシュ'（カネコ種苗）である。日産化学工業（株）が長野県佐久郡川上村の根こぶ病発生圃場で行なった'ダッシュ'を含むおとり植物，およびおとり植物と農薬を併用した防除効果の実証試験を紹介する。

本試験では，第1表のとおり5処理区を設け，

第3部　有機農業の共通技術

第1表　試験区の設定（長野県佐久郡川上村）

処理区		4月8日採取（pH）	7月12日採取（pH）
1	ダッシュ＋オラクル粉剤	6.97	6.45
2	ダッシュ	6.93	6.45
3	ニューオーツ＋オラクル粉剤	6.98	6.51
4	ニューオーツ	6.89	6.51
5	無処理	6.94	6.52

第2表　実証試験での作業工程（2016年，長野県佐久郡川上村）

月　日	内　　容
4月8日	土壌採取
5月上旬	おとり作物播種・オラクル粉剤処理
7月上旬	すき込み
7月12日	土壌採取
8月10日	オラクル粉剤処理（オラクル処理区のみ）
8月10日〜	ハクサイ定植
10月11日〜	収穫
10月15日	調査

第2表の作業工程を行ない，処理前後の根こぶ病菌密度および後作ハクサイでの発病株率・発病度を調査した。第1図のとおり，根こぶ病菌密度は，おとり植物とアミスルブロムを含む土壌殺菌剤（オラクル粉剤）を併用した処理区で55〜57％減少した。おとり植物のみの処理区でもライムギ'ダッシュ'を使用した処理区では菌密度が43％減少し，アウェナ ストリゴサ'ニューオーツ'を使用した処理区では27％減少した。

ハクサイの調査結果は第3表のとおりで，無処理区と比較すると，ライムギ'ダッシュ'のみの処理区でも根こぶ病の防除効果が確認でき，オラクル粉剤を併用すると発病株率および発病度が0となり，さらに高い防除効果を確認できた。

（3）ライムギ品種ダッシュの利用法

①品種の特性

'ダッシュ'は，現在国内で流通しているライムギのなかではもっとも出穂の早い超極早生品種であり，早期に乾物量を確保することが可能である（第2図）。第4表のとおり，群馬県伊勢崎市では4月播種であれば約40日後に出穂し，北海道千歳市では6月播種で播種後36日後に出穂した。このような出穂の早い極早生品種を用いれば，野菜との輪作体系へ組み込みやすくなる。

また，ライムギ'ダッシュ'は，長野県などで問題となっているアブラナ科野菜のアリサレンシスによる黒斑細菌病（$Pseudomonas\ cannabina$ pv. $alisalensis$（シュードモナス・カンナビナ・パソバ・アリサレンシス）以下，Pca）に対して抵抗性がある。アウェナ ストリゴサは根こぶ病菌の密度低減効果はあるが，アリサレンシスにより罹病するので，黒斑細菌病（Pca）が発生している地域では使用できない。これに対して，'ダッシュ'であれば黒斑細菌病（Pca）が発生している地域でも，根こぶ病のおとり植物として使用することができる。

②使用時の注意点

播種　'ダッシュ'の播種時期は第3図に示したとおりである。播種量は8〜10kg/10a（おとり植物としての利用に重点を置く場合は10〜15kg/10a）とする。ブロードキャスターなどで播種後，覆土としてロータリーで浅く耕起し，鎮圧ローラーなどを用いて鎮圧する。クリーンシーダを用いた場合は，上記の工程は不要である。覆土・鎮圧をしっかり行なわなければ十分な発芽は期待できない。

すき込み時期　ライムギのすき込みは，出穂が確認されたら行なう。出穂後，約4週間以上放置してしまうと種が登熟し，後作栽培時などに雑草化するおそれがある。また，出穂後は株全体が褐色化するにつれてライムギの炭素率（C/N比）が上昇していくので，すき込み後分解されにくくなってしまう。

すき込み後の腐熟期間　ライムギすき込み後，約1か月間は後作の播種または定植を行なわず，ライムギを分解させる腐熟期間を設ける必要がある。その理由は次のとおりである。

有機物が土壌中にすき込まれると，まず有機物に含まれる糖類を分解するピシウム属菌を主体とした微生物が増殖する。ピシウム属菌は，

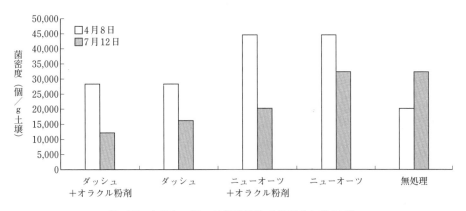

第1図 土壌中の根こぶ菌密度（長野県佐久郡川上村）

第3表 ハクサイでの根こぶ病防除効果（長野県佐久郡川上村）

	処理区	発病株率	発病度
1	ダッシュ＋オラクル粉剤	0	0.0
2	ダッシュ	30	10.0
3	ニューオーツ＋オラクル粉剤	40	13.3
4	ニューオーツ	100	36.7
5	無処理	100	66.7

第2図 超極早生のライムギ（品種：ダッシュ）

換金作物の立枯れ病などの原因となるため，病害が発生する可能性がある。加えて，有機物が分解される過程で，フェノール性酸などの有害物質が放出されることで，後作の発芽不良や生育障害が発生することがある。また，ライムギすき込み後はその残渣が畑にあるため，マルチを張る作業などに物理的な支障をきたす。

こうした理由から，ライムギすき込み後は約1か月の腐熟期間を設け，後作の播種または定植を行なうことを推奨する。また，すき込み時に石灰窒素を施用することで腐熟分解を促進することができる。

積雪地域での利用 ほかのライムギ品種に比べ耐雪性はやや劣るため，積雪地域での越冬利用は推奨しない。しかし，'ダッシュ'の耐雪性がやや劣るという特性は，一部の積雪地域では年内すき込み後，翌春のマルチ張りのさいに復活する個体の減少につながるといった利点や，すき込まずに積雪下で完全に枯死させることで，翌春の作付け準備を容易に行なうことができる利点になる。

根こぶ病への複合的な対策 'ダッシュ'には，おとり植物として根こぶ病の防除効果は期待できるが，化学合成農薬ほどの効き目があるわけではない。とくに，根こぶ病の激発圃場で'ダッシュ'のみを利用しても，十分な防除効果が得られない可能性がある。このような圃場では，'ダッシュ'と合わせて，遊走子を殺菌する殺菌剤と併用することでより高い防除効果が見込まれる。あわせて，可能な限りアブラナ科の連作を避け輪作を行なうなど，化学的防除・物理的防除・耕種的防除に日ごろから取り組む，あるいは複合的に取り入れた根こぶ病対策を講じることが重要である。

初めてライムギを栽培し，根こぶ病対策に取り組む場合は，小規模面積で試験的に防除効果

第3部　有機農業の共通技術

第4表　ライムギ品種ダッシュの出穂と草丈，乾物収量

試験地	播種日	出穂日	出穂日数(日)	調査日	草丈(cm)	乾物収量(kg/a)	乾物率(％)
群馬県伊勢崎市	2017/11/1	2018/3/29	148	2018/4/12	156	67	17.2
群馬県伊勢崎市	2017/2/28	2017/5/ 5	66	2017/5/30	174	77	31
群馬県伊勢崎市	2017/4/ 5	2017/5/15	40	2017/6/ 6	166	90	30
群馬県伊勢崎市	2017/5/17	2017/6/20	34	2017/7/13	133	50	31
北海道千歳市	2014/6/ 5	2014/7/11	36	2014/7/11	121	—	—
北海道南幌市	2014/8/18	2014/10/7	50	2014/10/7	105	—	—

注　—：調査未実施

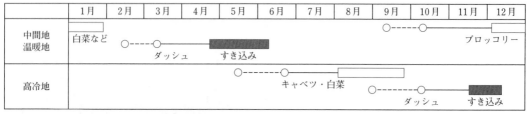

第3図　ライムギ（品種：ダッシュ）を導入した作付け体系の例

を検証してから，大規模面積で栽培することを推奨する。

執筆　カネコ種苗株式会社

2020年記

参 考 文 献

池上八郎．1979．アブラナ科野菜の根こぶ病．化学と生物．**17**（11），714—723．

緑肥のカバークロップ機能

緑肥には減肥・土つくり，センチュウ抑制などの効果のほかに，農薬のドリフトガード，風害軽減，土壌被覆，雑草抑制，地温上昇抑制，表土流亡防止，天敵温存などといったカバークロップ機能がある。品種ごとの特性と使い方を解説する。

(1) とちゆたか（エンバク）

'とちゆたか'は耐倒伏性と耐病性に優れた直立性の品種で，園芸作物の防風作物である。北海道では種子ジャガイモの隔離作物や，テンサイ直播栽培の風害軽減対策として利用されている。また都府県では防風作物のほかに，出穂後に踏み倒してコンニャクや園芸作物の敷ワラにも利用されている（第1図）。

①品種特性

1) 北海道で多く栽培されているエンバクの'スワン'より出穂が1週間遅い中生品種である。
2) 耐病性・耐倒伏性に優れ，茎が硬く太葉・太茎の直立性である。
3) 北海道の春まきでの収量性は'スワン'を上まわる。
4) キタネコブセンチュウの非寄主作物で，栽培後これを低減させる。

②栽培方法

播種量 10～15kg/10a（北海道の休閑・後作緑肥），5～8kg/10a（都府県散播），3～5kg/10a（都府県間作緑肥）。

播種方法 散播の場合は必ず覆土・鎮圧を行なう。間作利用の場合は，手押し播種機などを用いてすじまきとする。

播種期 北海道は4月下旬～6月中旬，7月下旬～8月中旬。都府県の寒・高冷地は4月上旬～6月上旬，8月中旬～9月上旬（年内すき込み）。一般地は3月～5月，8月下旬～9月中旬（年内すき込み），10月中旬～11月上旬（越冬利用）。西南暖地は2月下旬～5月上旬，8月

第1図 エンバク'とちゆたか'

下旬～9月下旬（年内すき込み），10月下旬～11月下旬（越冬利用）。

すき込み期 播種60日後を目安（都府県では出穂始め）。

(2) R-007（ライムギ）

ライムギは寒地型作物に分類され，本来は秋に播種し低温に遭遇することで出穂する作物であるが，ライムギの中でも'R-007'は春まきするとほとんど出穂しない特性を持つ。この特性を活かし，初夏まきにおいてカバークロップとして利用できる。

①品種特性

1) 初夏まきするとほぼ出穂しない状態で越夏する。5月まきであれば草高30cm程度まで生育し，その後は高温のため生育は停滞するが，完全に枯死することはなく一部青みを残して維持する。ゆえに，夏～秋まき作物の植付け準備時のすき込みが容易となる。
2) 土壌の被覆が早く，表土の流亡防止やカバークロップに利用可能である。
3) ニンジン，ゴボウなどに被害をもたらすキタネコブセンチュウ非寄主作物で，栽培後これを低減させる。

②栽培方法

播種量 都府県の初夏まきは10～15kg/10a（播種が遅くなるほど播種量を増やす）。

第2図　ハゼリソウ'アンジェリア'

第3図　ソルガム'短尺ソルゴー'

播種方法　散播。必ず覆土・鎮圧を行なう。
播種期　都府県の寒高冷地は5月中旬～6月下旬。一般地は5月上旬～6月上旬，西南暖地は3月下旬～5月中旬。

キタネグサレセンチュウ抑制効果は秋まき越冬利用のみで発揮し，初夏まきでは効果がないため，根菜類の前作緑肥としては推奨しない。

③導入にあたっての注意点

低温に遭遇すると出穂するため，播種時期に注意する。春まきと初夏まきではキタネグサレセンチュウ抑制効果がないので注意する。ライムギの種子は発芽率が低下しやすいため，低温かつ低湿度の場所に保管することを推奨する。

(3) アンジェリア（ハゼリソウ）

初期生育が良好で土壌を早期に被覆し，表土の流亡や雑草の繁茂を防止するほか，紫色の花が咲くため景観美化にも利用できる（第2図）。また，ネギハモグリバエの天敵である寄生バチが'アンジェリア'の花に飛来するためネギ圃場での利用も効果的である（大井田ら，2017）。

①品種特性
1）発芽，初期生育が旺盛。
2）紫色の花を一面に咲かせる。
3）長ネギの前に栽培するとネギの増収と品質の向上が期待できる。
4）ネギハモグリバエの天敵の寄生バチが花に飛来する。

②栽培方法
播種量　2～3kg/10a
播種期　北海道は5月～6月。都府県の寒・高冷地は4月上旬～5月中旬。一般地は3月～4月，11月（越冬利用）。西南暖地は2月下旬～3月中旬，11月下旬～12月中旬（越冬利用）。
すき込み期　開花期を目安とする。

(4) 短尺ソルゴー（ソルガム）

'短尺ソルゴー'（第3図）は耐倒伏性に優れ，短幹直立性のわい性ソルガムであり，農薬のドリフトガードや園芸作物の防風作物として利用されている。草丈1.5～2.0m前後で刈込みの労力がかからず，出穂したら穂を切り落とすことによって倒れにくくなり長期利用が可能となる。10月中旬以降に，敷ワラおよびすき込み利用ができる。ハウスのクリーニングクロップとしても広く利用できる。

IPM（農薬だけに頼らない，総合的病害虫と雑草防除）の取組みとして，土着天敵を温存することも期待できる。たとえば，鹿児島県では'短尺ソルゴー'の4月まき露地栽培で，アブラムシ類の土着天敵全般（寄生蜂，クサカゲロウ類，ショクガタマバエ，テントウムシ類，ヒラタアブ類など）を温存されることが可能とマニュアル化されている（第1表）。

①品種特性
草丈1.5～2.0m前後で耐倒伏性に優れ，チャの幼木や園芸作物の防風利用に適する。

第1表 アブラムシ類の土着天敵を温存するソルガムの利用方法

利用カレンダー（月）							
4	5	6	7	8	9	10	11
●			■		■		
				●		■	■

注　●：播種時期，■：天敵発生時期
引用文献：鹿児島県農業開発総合センター「天敵温存のための有用植物利用マニュアル」

②栽培方法

播種量　条播1kg/10a（防風利用），散播4～5kg/10a（散播）。

播種期　都府県の寒・高冷地は5月下旬～7月上旬，5月～7月（ハウス）。一般地は5月中旬～8月上旬，5月～8月（ハウス）。西南暖地は5月～8月（ハウスも）。

③導入にあたっての注意点

1) ドリフトガード作物や防風作物として利用した場合，出穂すると鳥害を誘発することがあるため，鳥害が心配される場合には出穂が確認された時点で穂を刈り取る。

2) 出穂後は茎が硬くなるため，すき込み前にフレールモアなどで細断するとすき込みが容易となる。腐熟期間は4週間以上を目安にする。

3) ソルガムを連作すると播種2～3週間後ころから，葉が赤紫色になり，その後生育が停滞する場合がある。そのような時には，ソルガム以外のイネ科を栽培する。

(5) ゾロ（オオナギナタガヤ）

'ゾロ'（旧商品名'雪印系ナギナタガヤ'）は，樹園地の草生栽培に用いられるオオナギナタガヤである。秋に播種したのちに，翌年の春以降，出穂・倒伏して初夏に枯死するので，刈り取る手間が不要となる。枯死した状態で圃場を覆うことから夏の雑草発生を抑える効果がある（第4図）。また，真夏の水分蒸散や地温上昇を防げる効果もある。

①品種特性

1) 早生品種で春先の生育が旺盛である。

2) 翌春の倒伏が早く，雑草抑制効果が大きい。

第4図　オオナギナタガヤ'ゾロ'

3) 枯れて堆積した茎葉は有機物として土壌に還元される。

4) 表土の流亡防止に役立ち，毛細根が30～60cmの深さに伸長し，その後の枯死，分解により土壌の通気性や透水性の改善が図られる。

5) 気温が高い時期に，水分蒸散や地面温度上昇を抑制して，高温乾燥による果樹の根の生育障害を防止する効果もある。

②栽培方法

播種量　散播2～3kg/10a（二年目以降，1～2kg/10aを追播する）。

播種期　都府県の寒・高冷地は9月。一般地は9月中旬～10月中旬。西南暖地は9月下旬～11月上旬。

③導入にあたっての注意点

1) 雑草の競合を防ぐために，播種前には，除草剤散布や中耕作業により地表面をきれいに処理しておく。播種期と量を守り，ムラなく播種したあとは浅く覆土し，鎮圧する。

2) 雑草が発生した場合は，翌年以降に影響がないよう，雑草が種子を落とす前に手取り除草，刈取り，除草剤散布などを行なう。

3) 結実して落下した種子のみに依存するとムラが発生することがあるため，生育の少ない部分に必ず追播する（追播の種子量は1年目の

第3部　有機農業の共通技術

第5図　ヘアリーベッチの寒太郎

半分量程度)。

(6) ヘアリーベッチ

ヘアリーベッチは，耐寒・耐雪性に優れており，越冬が可能で，基本的に秋にまいて春先にすき込むマメ科の1年生緑肥作物である（第5図）。植物体はあまり上に伸長せず，横に匍匐して広がっていくため，地表を被覆し雑草を抑制できる。

根に共生している根粒菌が空気中チッソを固定し，地力増進に適する。

春まきは秋まきほどの生育量とはならないものの，可能である。C/N比が低い（10～12）ためすき込み後の分解が早く，チッソ補給の目的で広く利用できる。

また，ヘアリーベッチにはアレロパシーの原因物質である「シアナミド」が含有されており，すき込んだ後も雑草抑制効果が持続する。2020年にヘアリーベッチの栽培後の土壌から殺虫活性物である「オカラミン」が検出されたことが明らかとなり，ヘアリーベッチによる害虫防除も期待できる（松田ら，2020）。

①品種特性

品種によって開花時期や初期生育が異なる。たとえば，雪印種苗（株）は早生品種として，まめ助と藤えもん，晩生品種として寒太郎と'ハングビローサ'を販売しており，使い分けることで積雪のある地域から暖かい地域まで広範囲での栽培が可能である（第2表）。一般地，西南暖地での秋まきや春まきなど栽培期間が短くなる場合はまめ助か藤えもんを，北海道や寒・高冷地の場合は越冬栽培に向く寒太郎か'ハングビローサ'を選ぶ。

②栽培方法

播種量　5kg/10a（北海道，藤えもんのみ4～5kg/10a）。3～5kg/10a（都府県）。

播種期　北海道は5月上旬～6月中旬，7月下旬～8月中旬（早生品種），9月（晩生品種の越冬利用）。都府県の寒・高冷地は4月上旬～5

第2表　ヘアリーベッチ品種の使い分け

品種名	品種特性
藤えもん（マッサ）	・低温伸長性と耐湿性に優れた早生品種 ・生育，開花が早いため，早期すき込みに適する ・寒太郎との混播利用で長期的な開花リレーが可能となり，ミツバチの蜜源としても利用できる ・水稲・大豆の裏作緑肥や果樹園の草生栽培にも適する
まめ助（ナモイ）	・早生品種で初期生育が旺盛なため，畑地での雑草の競合に強く，高い雑草抑制効果が期待できる ・果樹園の草生栽培にも適する
寒太郎（サバン）/ハングビローサ	・越冬性に優れ，積雪地帯での秋まき越冬栽培に向く ・晩生タイプで生育期間が長いため，早生のヘアリーベッチに比べて長期にわたり雑草抑制効果が期待できる ・水稲・大豆の裏作緑肥や果樹園の草生栽培にも適する

注　'ハングビローサ'は都府県のみの販売

月上旬，8月中旬～9月上旬（年内すき込み），9月上旬～10月中旬（越冬利用）。一般地は3月上旬～4月上旬，8月下旬～9月中旬（年内すき込み），9月下旬～11月下旬（越冬利用）。

③導入にあたっての注意点

1) 水はけの悪い圃場では，生育が不良となる場合があるため，排水対策を十分に行なう。

2) 播種後は必ず覆土と鎮圧を行なう（第6図）。なお，水稲収穫後の土壌水分が高いうちは，荒起こし後に播種するのみで覆土・鎮圧が必要ない。

3) すき込みの時期は，後作物の作付け時期から3～4週間前が基本であるが，チッソ成分量が過多になるおそれがある場合には早めのすき込みを行なう。

4) 北海道を含む積雪地帯での秋まきは越冬性に優れる晩生品種を利用する。また，春まき利用では初期生育が良好な早生品種を利用する。

5) 栽培期間が短い場合は早生品種を，栽培期間が長い場合は晩生品種を利用する。

(7) カバークロップ利用事例

①神奈川県三浦市でのライムギのカバークロップ利用

神奈川県の三浦半島の最南端に位置する三浦市では，春から夏の緑肥として'ヘイオーツ'が導入されている。4～5月播種の場合，播種後2か月程度で出穂するため，結実して落下する種子が雑草化しないように「穂刈り」を行なわなくてはならない。穂刈りの労力をなくすため，低温にあたらない時期に栽培することで出穂しないR-007を夏のカバークロップとして導入試作を行なった。

冬作物の収穫時期を想定して播種期を4月下旬播種，5月下旬播種の2回に分けた。4月下旬播種の場合，遅霜や低温の影響で数本の出穂が見受けられたが，5月下旬播種ではどの畑でも出穂は認められなかった（第7，8図は7月上旬の様子，第9図は8月上旬の様子）。点在する農地を多数所有する農家にとって，穂刈りやすき込みの作業に追われないということは，冬の

第6図　覆土・鎮圧の有無がヘアリーベッチの発芽に与える影響（左は覆土鎮圧あり，右は覆土鎮圧なし）

第7図　4月下旬播種のライムギのR-007（神奈川県三浦市，7月上旬撮影）

第8図　5月下旬播種のライムギのR-007（神奈川県三浦市，7月上旬撮影）

畑づくりに余裕がもてることにつながる。ただし，本作型でのR-007の栽培は，キタネグサレセンチュウの抑制効果がないため，ダイコンの

第3表 リビングマルチがカボチャの生育および収量に及ぼす影響(2016～2020年,北海道夕張郡長沼町)

年度	処理区	カボチャ		緑肥播種日(月/日)	平均1果重(kg)	着果数(個/10a)	良果率(%)	良果収量[1](kg/10a)	突起果率(%)
		播種日(月/日)	定植日(月/日)						
2016年	慣行区	5/16	5/31	—	1.52	907	—	1,395	—
	リビングマルチ区			7/11	1.92	907	—	1,697	—
2017年	慣行区	5/16	5/31	—	1.85	1,113	63	1,301	—
	リビングマルチ区			7/14	2.06	904	71	1,320	—
2018年	慣行区	5/15	6/14	—	2.27	1,100	—	2,493	72.3
	リビングマルチ区			7/12	2.11	1,100	—	2,321	61.3
2019年	慣行区	5/25	6/7	—	2.03	851	41	711	34.7
	リビングマルチ区			7/4	1.93	1,081	40	825	25.8
2020年	慣行区	5/15	6/1	—	2.10	1,013	42	897	17.6
	リビングマルチ区			7/3	1.96	774	43	996	2.6

注 1) 2016年, 2018年は粗収量の値

第9図 5月下旬播種のライムギのR-007(神奈川県三浦市,8月上旬撮影)

前作としての栽培は推奨しない。

②北海道のカボチャ栽培における緑肥作物のリビングマルチ利用

カボチャ栽培の課題の一つにつるの伸長後の雑草管理がある。つるがマルチ上にあるあいだは機械作業による除草作業が可能であるが,栽培期間が長くなるにつれて機械による対策がむずかしくなる。都府県では雑草対策や果実と土壌の接触回避を目的に,敷ワラやリビングマルチが利用されている。リビングマルチでは一般的にオオムギが利用されており,春から夏にかけての気温上昇によって枯れあがる座止現象を利用する。北海道では都府県よりも夏場の気温が低く推移するため,オオムギが十分に枯れきらずにカボチャと養分競合を引き起こしてしまうリスクがあることに注意する。

北海道ではライムギ「R-007」2kg/10a,ヘアリーベッチ「寒太郎」2kg/10a,クリムソンクローバ'くれない'1kg/10aの3種類の緑肥作物を混播利用することで,カボチャの栽培期間中の雑草発生量が少なくなり,慣行区並みのカボチャの収量が確保できることがあきらかとなった(第3表)。

また,*Pseudomonas syringae* pv. *syringae*によって引き起こされるカボチャ果実斑点細菌病による突起果の発生が,リビングマルチ区で低減する傾向がみられた。突起果率の軽減の要因についてくわしくはあきらかになっていないが,緑肥作物がウネ間を被覆することにより,降雨時の土の飛散や流水が軽減されることで,病原菌の伝染が抑制される可能性が考えられる。

執筆 橋爪 健(雪印種苗株式会社東京本部)
改訂 雪印種苗株式会社

2011年・2024年記

参 考 文 献

橋爪健. 2007. 新版 緑肥を使いこなす 上手な選び方, 使い方. 農文協.

鹿児島県農業開発総合センター「天敵温存のための有用植物利用マニュアル」https://www.pref.kagoshima.jp/ag11/yuuki/documents/97445_20220330114036-1.pdf

松田一彦・藤井義晴・櫻井望・杉山暁史. 2020. 根圏における植物の間接誘導防衛機構の最前線 植物根圏共生概念のリモデリング. 化学と生物. 第58巻第6号, 325—329.

大井田寛・河名利幸. 2017. 緑肥作物ハゼリソウにおけるハモグリバエ類（ハエ目：ハモグリバエ科）の土着寄生蜂相とネギハモグリバエ防除のためのバンカープランツおよびインセクタリープランツとしての利用の可能性. 日本応用動物昆虫学会誌. 第61巻第4号, 233—241.

メーカー横断 品種別，緑肥の効果一覧

緑肥は作物ごとに多くの品種があり，効果もいろいろある。たとえば同じエンバクの緑肥でも，品種によってサツマイモネコブセンチュウに効果があったりなかったりする。現在市販されているおもな緑肥用品種を一覧にする（北海

カネコ種苗の緑肥品種一覧

品種名	作物名	科	緑肥タイプ						センチュウ対策				緑肥の効果		
			休閑	短期休閑	後作	間作	越冬	ハウス	サツマイモネコブ	キタネコブ	キタネグサレ	ダイズシスト	有機物の補給	チッソ固定	透水性改善
クリーン	ライムギ	イネ	◎		◎		◎			○	○		◎		○
ダッシュ	ライムギ	イネ	○	◎	○		○						○		○
ライダックスE	ライコムギ	イネ	○		○		○						○		○
ニューオーツ ソイルセイバー	アウェナ ストリゴサ（エンバク野生種）	イネ	○	◎	○					○	◎		◎		○
ヒットマン	エンバク	イネ	○	◎	○		○		◎				◎		○
てまいらず	オオムギ	イネ	○	◎	○	◎	○			○	○		◎		○
スダックス緑肥用	ソルゴー	イネ	◎		◎			○	◎				◎		◎
ファインソルゴー	ソルゴー	イネ	◎					◎					◎		◎
ミニソルゴー	ソルゴー	イネ	○	◎		○		◎					◎		◎
ロールキング	スーダングラス	イネ	◎		◎			○	◎				◎		◎
まめっこ	ヘアリーベッチ	マメ	◎		○		◎						○	◎	
シストル	クリムソンクローバ	マメ	◎		○		◎					◎	○	◎	
クロタラリア	クロタラリア（ジュンセア）	マメ	◎		◎			◎	◎				◎	◎	○
ネマクリーン	クロタラリア（スペクタビリス）	マメ	◎		◎				◎	◎	◎		◎	◎	
エビスグサ	エビスグサ	マメ	◎		◎							◎	◎	◎	
セスバニア ロストアラータ	セスバニア	マメ	◎		◎								◎	◎	
地力	シロカラシ	アブラナ			○	◎							◎		◎
フィールドキーパー	マリーゴールド	キク	◎		◎				○	○	◎		◎		
セントール	マリーゴールド	キク	◎		◎				○	○	◎		○		
めぐみ	ハゼリソウ	ハゼリソウ		◎									◎		

道専用品種を除く）。困っているセンチュウや病気，目的に合わせて緑肥選びの参考にしてほしい。表中の◎は最適，○は適する，△はやや適を表わす。

*
2023年2月時点での情報です。
まとめ　編集部
（『別冊現代農業』2023年6月号「緑肥で土を育てる」より）

緑肥の効果				播種期（月旬）	すき込み時期（草丈）	特　性
塩類除去	土壌保全	防風，隔離作物	景観美化			
	○			9上～11中	翌3下～5中	耐寒性，耐雪性に優れた極早生品種
	○			3上～4中 9中～11中	5上～5中 11中～翌4中	超極早生。低温伸張性に優れ，アブラナ科根こぶ病の低減効果
	○	◎		9上～11中	翌3中～5中	耐寒性に優れ，乾物生産量が多い。敷ワラ利用に
○	◎			3下～5中 8下～9中 10中～11上	6上～7中 10中～11下 翌春	アブラナ科根こぶ病の低減。キスジノミハムシの被害軽減
○	◎	○		3下～5中 9上中 10中～11上	5中～7中 11上～12中 翌春	秋まきしても年内出穂せず，種子落下の心配がない
	◎			4中～6上	立枯れ後すき込み	リビングマルチ大麦。草丈30～50cm程度で自然に枯れて敷ワラ状になる。家庭菜園にも
○	◎	◎		4中～8上	7上～10下	根が深く入り，耕盤を破砕
◎	◎	○		5～8月	7～8	耕盤破砕。黒斑細菌病耐病性
○	◎	◎		4中～8上	7上～10下	草丈1.2～1.5m，倒伏に強い。防風など
○	◎	◎		4中～8上	7上～10下	極晩生。草丈3～4m，防風・障壁効果
	◎		◎	9上～11上	翌5中～6下	アレロパシー効果で雑草抑制。耐寒性
	◎		◎	4下～5中 9上～11上	6中～7上 翌5中～6下	チッソ固定，地力増進
	○		○	4中～8上	7上～10下	地力増進効果
	○		○	5中～7下	8上～10中	根が土中深くまで入り，耕盤破砕
	○		○	6上～7中	8上～9中 （1～1.5m）	アウェナ ストリゴサが適さない夏季のセンチュウ対策に
	○			6上～7中	8上～9下	耕盤破砕能力が高い。草丈3～4m，耐湿性にも優れる
	○		◎	10下～11下	翌春開花期	短期輪作にも利用可。揮発性抗菌物質が土壌病菌低下に効果
	○		◎	4中～6中	7上～11中	生育旺盛で雑草競合に強い。開花時期は遅い
	○		◎	4中～6中	7上～11中	草丈が低く，すき込みやすい
	◎		◎	10中～11中	翌春開花後	花は薄紫。茎葉がやわらかくすき込みやすい

第3部　有機農業の共通技術

雪印種苗の緑肥品種一覧（都府県用）

商品名（品種名と異なる場合は，カッコ内に品種名を記載）	作物名	科	緑肥タイプ						センチュウ対策							緑肥の効果
									ネコブ				ネグサレ			
			休閑	後作	間作	越冬	ハウス	果樹草生	サツマイモ	ジャワ	キタ	アレナリア	キタ	ミナミ	クルミ	乾物収量(kg/10a)
R-007（ウィーラー）	ライムギ	イネ	○	◎		◎	◎				◎		○			600～900
緑春Ⅱ（レンズアブルッツィ）	ライムギ	イネ	○	◎		◎	◎				◎					600～900
ライコッコ4（T100）	ライコムギ	イネ		◎		◎					◎					600～900
ヘイオーツ	アウェナ ストリゴサ（エンバク野生種）	イネ	◎	◎		◎					◎		◎	○		500～800
スナイパー	エンバク	イネ		◎					◎		◎					500～700
とちゆたか	エンバク	イネ	○	◎		◎					◎					600～800
たちいぶき	エンバク	イネ		◎					◎		◎					500～700
つちたろう（ジャンボ）	ソルガム	イネ	◎	◎			◎		◎		◎					700～1,000
短尺ソルゴー	ソルガム	イネ		◎							◎					―
テキサスグリーン	ソルガム	イネ	◎	◎			◎				◎					700～1,000
グリーンソルゴー（スーパーダン）	ソルガム	イネ		◎	◎		◎				◎					700～1,000
ねまへらそう（スーパーダン2）	スーダングラス	イネ	◎	◎			◎		○		◎		○			600～900
エース	イタリアンライグラス	イネ		◎		◎		○			◎					600～900
ソイルクリーン	ギニアグラス	イネ	◎	◎			◎		◎	◎	◎	○	◎			600～800
ナツカゼ	ギニアグラス	イネ		◎	◎		◎		◎	◎	◎	○				500～800
ネマレット（ADR300）	パールミレット	イネ	◎	◎			◎		○		◎		○			1,000～1,500
青葉ミレット	ヒエ	イネ	◎	◎							◎					500～1,000
トップガン	テフグラス	イネ	◎	◎	◎		◎	○								400～500
CY-2（シーワイツー）	クリーピングベントグラス	イネ				◎		○								―
らくらくムギ（ラマタ）	オオムギ	イネ	○		◎						◎					100～200
ゾロ	ナギナタガヤ	イネ						◎			◎					―
ヌーブループラス	ケンタッキーブルーグラス	イネ						◎			○					―

緑肥・カバークロップ

緑肥の効果						播種期（月旬）一般地	草丈(cm)	すき込み期	特性
チッソ固定	透水性改善	塩類除去	土壌保全	防風・草生	景観美化				
○			◎	◎		2下～4下 9下～12上	120～140	～出穂始	秋まきでキタネグサレセンチュウ対策に 春まきで雑草管理や土壌流亡防止に
○			◎	◎		2下～4下 9下～12上	120～140	出穂前後	高原野菜や果樹類の敷ワラに 果樹園の草生栽培
○			◎	◎		10中～11中	110～130	出穂～開花期	野菜類の防風・防砂・敷ワラに
○			◎	◎		3～5月 8下～9中 10中～11上	100～120	出穂前後	ダイコン，ニンジン，ナガイモのセンチュウ対策，キャベツ，ハクサイの根こぶ病対策に
○			◎			8下～9中	100～120	出穂前後	晩夏まきでサツマイモネコブセンチュウ対策に 南九州など秋季温暖な地域では9中下の播種が望ましい
○			◎	◎		3～5月 8下～9中 10中～11上	100～130	出穂前後	コンニャク，高原野菜の防風・敷ワラに
○			◎			8下～9上	100～120	出穂前後	サツマイモのセンチュウ対策に
○	◎	○	◎			5中～8中（露地） 5～8月（ハウス）	280～330	播種50～60日後	サツマイモネコブセンチュウ対策に ハウス，キュウリ，トマト，イチゴ，露地野菜の有機物補給に
○	○		◎	◎		5中～8上（露地） 5～8月（ハウス）	150～200	播種50～60日後	ドリフトガード，防風に
○	○		◎	◎		5中～8上（露地） 5～8月（ハウス）	160～210	播種50～60日後	夏の休閑期の有機物補給に
○	○		◎	◎		5中～8上（露地） 5～8月（ハウス）	160～210	播種50～60日後	夏の休閑期の有機物補給に
○	◎	○	◎	◎		5中～8上（露地） 5～8月（ハウス）	250～300	播種60日前後	根菜類のセンチュウ対策に
○	◎		◎			9下～10下	100～120	出穂前後	晩生品種のため，休閑緑肥や果樹下草として長期利用可
○	○	○	◎			6上～8上（露地） 5～8月（ハウス）	200～250	播種50～70日後	根菜類，果菜類のセンチュウ対策に
○	○	○	◎			6上～8上（露地） 5～8月（ハウス）	220～240	播種50～70日後	根菜類，果菜類のセンチュウ対策に
○			◎			5下～8中（露地） 5～8月（ハウス）	200～250	播種50～60日後	ソルガム類のいや地の影響を受けない キタネグサレセンチュウおよびサツマイモネコブセンチュウ対策に
◎	○		○			5中～7中	100～150	播種50～60日後	水田転作畑や湿害が起きやすい圃場の有機物補給に
○			◎			5中～7中	80～100	最短播種40日後	茶園・果樹園などでのリビングマルチ利用，ウネ間利用に
			◎		○	8下～9中	50～80	永年利用	草生栽培，法面に
			◎			4上～6中	20～30 （自然草高）	8月以降枯死	コンニャクの間作利用，ウリ類の下草利用，遊休地の雑草対策に
○			◎			9中～10中	40～70	自然枯死	草生栽培，刈取り管理不用で省力化に
○		○				3中～4下 9下～10上	50	出穂期に刈払い	リンゴなどの果樹園の草生栽培に

第3部　有機農業の共通技術

雪印種苗の緑肥品種一覧（都府県用）

商品名（品種名と異なる場合は，カッコ内に品種名を記載）	作物名	科	緑肥タイプ					センチュウ対策						緑肥の効果
			休閑	後作	間作	越冬	ハウス	果樹草生	ネコブ			ネグサレ			乾物収量(kg/10a)
									サツマイモ	ジャワ	キタ	アレナリア	キタ	ミナミ	クルミ	
ダイナマイトG-LS	トールフェスク	イネ						◎			○					—
ピラミッドⅡ	バミューダグラス	イネ						◎			○					—
サンティ	センチピードグラス	イネ				○		◎			○					—
藤えもん（マッサ）	ヘアリーベッチ	マメ	◎	◎		◎		◎								300〜600
寒太郎（サバン）	ヘアリーベッチ	マメ	◎	◎		◎		◎								300〜650
雪次郎（ハングビローサ）	ヘアリーベッチ	マメ	◎	◎				◎								300〜650
まめ助（ナモイ）	ヘアリーベッチ	マメ	◎	◎		○		◎								300〜600
レンゲ	レンゲ	マメ		◎		◎										200〜300
まめ小町（Mame-Komachi）	ペルシアンクローバ	マメ	◎	◎		○										300〜600
くれない	クリムソンクローバ	マメ	◎	◎		◎										300〜600
アバパール	シロクローバ	マメ	◎		○	◎		○								500〜700
ネマックス	クロタラリア	マメ	◎	◎			◎		◎	◎	◎		◎	◎		300〜500
ネマコロリ	クロタラリア	マメ	○	○			◎		◎		○		○			400〜600
田助	セスバニア	マメ	◎	◎												400〜600
辛神	カラシナ	アブラナ		◎		◎	◎		○							400〜800
キカラシ（メテックス）	シロガラシ	アブラナ	◎	◎		○										400〜800
サンマリノ（NSデュカット）	ヒマワリ	キク	◎	○												500〜800
NSクルナ	ヒマワリ	キク	◎	○												700〜900
アフリカントール（クラッカージャックダブルミックス）	マリーゴールド	キク	◎	◎					◎	○		○	◎			500〜700
アンジェリア	ハゼリソウ	ハゼリソウ	◎	◎		○										300〜600
ダイカンドラ	ダイカンドラ	ヒルガオ						◎								—
スノーミックスフラワー花壇用	花類		◎			○										—
センセーションミックス	コスモス		◎			○										—

緑肥・カバークロップ

緑肥の効果						播種期（月旬）	草丈	すき込み期	特 性
チッソ固定	透水性改善	塩類除去	土壌保全	防風・草生	景観美化	一般地	(cm)		
	○		○			3中〜4下 9下〜10中	50〜70	出穂期に刈払い	リンゴなどの果樹園の草生栽培に
	○		○			5下〜7中	20〜40	出穂期に刈払い	リンゴなどの果樹園の草生栽培に
	○		◎		○	5下〜8上	20〜30	永年利用	草生栽培，法面に
◎	◎		◎		○	3上〜4上 8下〜9中 9中〜11上	30〜50	適宜 (播種60日後以降)	遊休地の雑草・地力対策，果樹の草生栽培に 水稲，ダイズの前作緑肥に 寒太郎との混播利用でミツバチの蜜源として長期利用可
◎	◎		◎		○	3上〜4上 8下〜9中 9中〜11上	30〜50	適宜 (播種60日後以降)	寒・高冷地での遊休地の雑草・地力対策に 水稲，ダイズの前作緑肥に
◎	◎		◎		○	3上〜4上 8下〜9中 9中〜11上	30〜50	適宜 (播種60日後以降)	寒・高冷地での遊休地の雑草・地力対策に 水稲，ダイズの前作緑肥に
◎	◎		◎		○	3上〜4上 8下〜9中 9中〜11上	30〜50	適宜 (播種60日後以降)	遊休地の雑草・地力対策，果樹の草生栽培に 水稲，ダイズの前作緑肥に
◎	○		◎		◎	9上〜10上	30〜50	田植え3週間前	水田前作緑肥，景観美化に
◎	○		○		◎	3上〜4上 8下〜9中 9中〜10中	30〜80	秋・春まきは 開花期	景観美化，ダイズシストセンチュウ対策に
◎	○		○		◎	3上〜4上 8下〜9中 9中〜10中	30〜60	開花期	景観美化，ダイズシストセンチュウ対策に
◎	○		○		○	3中〜4下 9下〜10中	10〜20	適宜刈払い	果樹園の草生栽培に
◎	◎		○			5下〜8上	120〜150	播種60〜80日後	エダマメ，サトイモ，サツマイモ，果菜類のセンチュウ対策に
◎	◎		○		◎	5中〜8上	120〜200	播種50日後	果菜類，サツマイモのセンチュウ対策に
◎	◎		◎			5下〜7下	150〜200	播種50〜60日前後	水田転作畑の土壌物理性・排水性改善と地力向上に
	○		○		◎	3〜4月 10中〜11上	100〜160	着蕾〜開花始	土壌病害，秋まきでサツマイモネコブセンチュウ対策（茎葉の生草重4t以上必要）に
	○		○		◎	3月，11中〜12上	80〜120	開花期	景観美化，遊休地対策に
	○		◎		◎	5上〜9上	140〜160	開花期	短稈早生種．景観美化に
	○		◎		◎	5上〜8中	160〜190	開花期	やや大柄のヒマワリ．景観美化に
	○		○		◎	5下〜7上 (開花8上〜9中)	50〜60	定植80〜90日後	センチュウ対策に（栽培日数80日前後必要） 景観美化に
	○		◎		◎	3〜4月 11月	60〜80	開花期	景観美化，土壌流亡防止．長ネギの前作緑肥に
	○		○			5上〜7中	10	永年利用	果樹園の難作業場所に
			○		◎	3下〜6下， 9上〜10中 (開花5下〜8下， 4中〜10中)	50〜90	—	景観美化，遊休地対策に
			○		◎	4中〜8上 (開花6中〜9中)	80〜120	—	景観美化，遊休地対策に

第3部　有機農業の共通技術

タキイ種苗の緑肥品種一覧

| 品種名 | 作物名 | 科 | センチュウ対策 ||||||| 生育特性 ||| 環境適応性 |||
| | | | ネコブ |||| ネグサレ ||| 初期生育 | 再生力 | 耐倒伏 | 乾燥 | 湿潤 | 酸性 |
			サツマイモ	ジャワ	キタ	アレナリア	キタ	ミナミ	クルミ						
ライ太郎	ライムギ	イネ			○					◎	△	△	○	○	◎
緑肥用ライ麦（晩生）	ライムギ	イネ			○		◎			○	△	△	○	○	◎
ライトール	ライムギ	イネ			○					○	△	○	○	○	◎
ネグサレタイジ	アウェナ ストリゴサ（エンバク野生種）	イネ					◎			◎	△	△	○	○	◎
九州14号	エンバク	イネ								◎	○	○	○	○	◎
たちいぶき	エンバク	イネ	◎		○					◎	○	○	○	○	◎
極早生スプリンター	エンバク	イネ								◎	○	○	○	○	◎
アムリ2	エンバク	イネ								○	○	○	○	○	◎
前進	エンバク	イネ								○	○	○	○	○	◎
ラッキーソルゴーNeo	ソルゴー	イネ	◎		○					◎	◎	◎	◎	○	○
メートルソルゴー	ソルゴー	イネ								◎	◎	◎	◎	○	○
緑肥用ソルゴー	ソルゴー	イネ								◎	◎	◎	◎	○	○
やわらか矮性ソルゴー	ソルゴー	イネ								◎	◎	◎	◎	○	○
グランデソルゴー	ソルゴー	イネ								◎	◎	◎	◎	○	○
トウミツA号ソルゴー	ソルゴー	イネ								◎	◎	◎	◎	○	○
ベールスーダン	スーダングラス	イネ	○		○					◎	◎	◎	◎	○	○
いつでもスーダン	スーダングラス	イネ	◎		○	○				◎	◎	◎	◎	○	○
ワセフドウ	イタリアンライグラス	イネ								◎	◎	◎	○	○	○
ワセホープ	イタリアンライグラス	イネ								◎	◎	◎	○	○	○
ガルフ	イタリアンライグラス	イネ								◎	◎	◎	○	○	○
タチサカエ	イタリアンライグラス	イネ								◎	◎	◎	○	◎	○

生草収量 (t/10a)	播種期 中間・暖地 (月旬)	出穂開花 時の草丈 (cm)	特　性
3～5	9～11 3～5	180～250	低温条件下でも発芽・生育でき，根こぶ病菌の密度抑制
3～5	9～11 3～5	180～250	越冬性に優れ，黒斑細菌病に罹病しない
3～5	9～11 3～5	180～250	越冬性に優れ，早春の生育が旺盛
3～4	3～11 (7～8月除く)	100～120	キスジノミハムシに効果
3～5	8/下～11 3～5	100～120	晩夏まきで年内出穂，超極早生
3～5	8/下～11 3～5	100～120	サツマイモネコブセンチュウの密度抑制
3～5	8/下～11 3～5	100～120	晩夏まきで年内にすき込める
3～6	9～11 3～5	100～140	耐寒性・耐倒伏性に優れる
3～6	9～11 3～5	100～140	葉幅が広い高収量エンバク
6～8	5～8	200～280	サツマイモネコブセンチュウの密度抑制
2～3	5～8	120～130	草丈が低く，ハウス内緑肥，障壁栽培にも向く
5～7	5～8	200～280	初期生育が旺盛で吸肥力が強い
3～4	5～8	120～150	茎葉がやわらかく，すき込みやすく，バンカークロップにも向く
8～10	5～8	250～350	環境ストレスに強く有機物量豊富
7～9	5～8	250～300	極晩生の超多収タイプ
6～8	5～8	250～320	ネコブセンチュウの密度抑制
6～8	5～8	250～320	すき込み適期が広く，使いやすい
3～5	9～11/上 3～4	100～150	地力増進に，転作に
3～5	9～11 3～4	100～150	直立型，安定多収
3～5	9～11 3～5	80～120	耐湿性に優れ，水田裏作や転作田での利用
3～5	9～11 3～4	100～150	極多収。立性で耐倒伏性が強い四倍体

タキイ種苗の緑肥品種一覧

品種名	作物名	科	センチュウ対策 ネコブ サツマイモ	ジャワ	キタ	アレナリア	ネグサレ キタ	ミナミ	クルミ	生育特性 初期生育	再生力	耐倒伏	環境適応性 乾燥	湿潤	酸性
ホワイトパニック	ヒエ	イネ								○	○	◎	○	◎	○
白ヒエ	ヒエ	イネ								○	○	○	○	○	○
おたすけムギ	大麦	イネ								◎		○	○	○	○
ナギナタガヤ	ナギナタガヤ	イネ								△			◎	○	
フルーツサポーター	寒冷型芝草2種混合	イネ								○			◎	○	◎
まめむぎマルチ2	ライムギ・ヘアリーベッチ	イネ マメ								○			○	○	○
ナモイ	ヘアリーベッチ	マメ								△	△		◎	△	○
ウインターベッチ	ヘアリーベッチ	マメ								△	△		◎	○	○
れんげ	レンゲ	マメ								△			△	○	○
ディクシー	クリムソンクローバ	マメ								○		△	○	○	○
フィア（Rh）	白クローバ	マメ								△	◎		○	○	○
メジウム	赤クローバ	マメ								△	◎		○	○	○
ネコブキラー	クロタラリア	マメ	◎	○		○				△		○	◎	△	○
キザキノナタネ	ナタネ	アブラナ								○			○	△	○
コブ減り大根	ダイコン	アブラナ	○							◎			○	◎	○
黄花のちから	カラシナ	アブラナ	○							○			○	◎	△
いぶし菜	チャガラシ	アブラナ	○				○			○			○	◎	△
ジュニアスマイル	ヒマワリ	キク								◎		○	◎	○	○
エバーグリーン	フレンチマリーゴールド	キク	◎	○	◎	○	◎	○		△	△		○	△	△
グランドコントロール	フレンチマリーゴールド	キク				◎				△	△		○	△	△
高嶺ルビーNeo	ソバ（赤花ソバ）	タデ								◎		○	○	○	○

注　タネの入手はお近くの種苗店で

生草収量 (t/10a)	播種期 中間・暖地 (月旬)	出穂開花 時の草丈 (cm)	特　性
3～5	4/下～7	120～200	耐湿性が強く，転換畑に好適
3～5	4/下～7	100～130	草丈は低く生育が早い
	4～6/中	15～30	早枯れタイプのリビングマルチで雑草抑制
1～2	9/中～11/上	30～60	果樹園の草生栽培。日本在来種
	3/下～5/下 9～10	15～50	トールフェスク＋ケンタッキーブルーグラスの2種混合
	5～6	30～50	ヘアリーベッチで農地を持続
2～4	9/中～11/上 3～4/中	40～50 （ほふく性）	果樹園・転換畑の雑草を抑制
2～4	9/中～11/上 3～4/中	50～70 （ほふく性）	越冬性に優れ積雪地帯の利用に適する
3～4	9/下～11/上	40～60	地力増進に，転作に，景観に
3～5	9/下～11/中 3～4/中	50～100	ダイズシストセンチュウに効果
2～4	9/中～11 3～6/上	20～40	年中緑を保ち，チッソを固定
3～5	9/下～11/中 3～4/中	50～100	ダイズシストセンチュウに効果
3～5	5～8	200～250	ダイズシストセンチュウにも効果
3～4	9/中～11/上	80～120	冷涼地でも栽培可。油がとれる
5～7	9～10 3～6	40～50	おとり作物として根こぶ病に効果。すき込み後にくん蒸効果
3～4	10/下～11 3	100～150	生物くん蒸作物として注目
3～4	10/中～下 2～3	50～140	辛味成分で土壌をくん蒸，清潔に
2～4	5～8	140～180	草丈低く，55～65日前後で開花
3～5	5～7	50～100	花が咲かないマリーゴールド
3～5	5～7	80～100	センチュウ抑制効果が高いフレンチ種
2～3	8/下～10/上	40～50	ヒマラヤ生まれの赤花ソバ

借りた畑にはまず緑肥

執筆　武内　智（千葉県八街市・(株)シェアガーデン）

畑の良し悪しがわからなかった

農業へのかかわりは25年前の1997年、和食レストラン「濱町」や郷土料理店「北海道」などの外食企業を経営する傍ら、群馬県倉渕村（現、高崎市）に山林5haを開墾造成して農場を開設したのが始まりです。店舗で使う有機野菜を自社農場でつくりたい。社員教育の一環として、野菜の知識を深めたい。そんな思いをもって、農家の友人たちの協力で実現した農場です。

その後、ワタミ（株）に呼ばれて、居食屋「和民」などで使う食材を生産するワタミファームを創業。最初は有機農業の仲間が多い千葉県山武市で野菜をつくり始めました。ここは有機農家たちが貸してくれた「よい畑」でした。

そして、農場の全国展開。有機農業の仲間から借りた農地はふつうに野菜ができましたが、行政の誘致で借りた農地はよさそうに見えるものの、作付けしてみると作物がまともに育ちません。農地では作物ができて当たり前、まさか野菜が育たないとは考えてもいませんでした。当時の私には、土壌の良し悪しを判断する力が

第1図　筆者（70歳）
（写真撮影：倉持正実、以下Kも）
(株)シェアガーデンの代表で、社員3人と有機野菜をつくる

第2図　3月上旬、手前は緑肥のライムギ、奥はケール（K）
前年は畑を休ませ、ライムギとソルゴーをすき込んでいるので、どちらも生育がよい

備わっていなかったのです。

畑の状態を上辺だけで判断してスタートし、作付けしてから土の悪さに気がつき、大きな赤字を出した農場も複数あります。野菜ができない農地の土つくりには5年、10年単位の時間と経費がかかります。当時、今のように緑肥で地力を診断する技術を身に付けていたら、もう少し赤字は減らせたと思います。

新規就農者には緑肥がおすすめ

新規就農者はよい畑になかなか恵まれません。私もそうですが、耕作放棄地や化学肥料で疲弊した畑しか借りられない場合も多いようです。そういう人には緑肥がおすすめです。

緑肥栽培は野菜づくりに比べれば簡単で、誰でも畑の良し悪しがわかります。そして、有機農業に欠かせない有機物の補給といった観点でも、緑肥は非常に重要です。

また、緑肥を栽培しておけば、雑草対策にもなります。緑肥は生長が早いため、雑草が日陰になるのです。ヘアリーベッチに至っては、アレロパシー効果（他感作用）で雑草を抑制します。

緑肥の経費は種類にもよりますが、タネ代が

第3図　ソルゴー粉砕中（2021年8月）
生育ムラがあり、矢印部分は草丈が低いので、そこには堆肥を余分にまいてすき込む

▼20年
トウモロコシの生育がばらつく

▼21年
春にライムギを、夏にソルゴーをすき込む（第3図）。秋にケールを定植、畑の一部にライムギを播種

⬇

「緑肥で有機物補給」「ソルゴーの深い根」「堆肥の量の調節」などによって、物理性などのムラが改善され、生育が揃う

第6図　輪作の例

第4図　ソルゴーすき込み後のケール（2021年10月）
甘みがあり、お客さんから人気

第5図　収穫したケール（K）
肥料を入れずに緑肥と堆肥だけにしたら、アブラムシが来なくなった

第3部　有機農業の共通技術

緑肥で畑を診る

3月上旬、武内さんのライムギ畑にて。寒くて草丈はまだ低いけれど、その時点でわかることもけっこうあった。

第7図　手前は青々としているが、奥はどうも様子がおかしい
（写真撮影：すべて倉持正実）

緑肥の生育がいいところ（手前）

第8図　土が軟らかく、掘るのに力がいらない
深さ60cmでやめたが、1mくらいまで簡単に掘れそうだった

第9図　どの深さの土もすくい上げると、指のあいだからすべり落ちていく

緑肥の生育が悪いところ（奥）

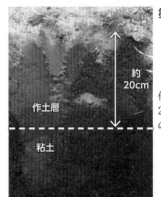

第10図　土が硬くて重く、スコップを刺すのにも一苦労
作土層が浅く（約20cm）、すぐに粘土の層が出てきた

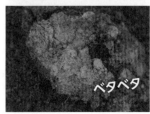

第11図　掘り出した粘土のかたまり
水分が多く、そう簡単には崩せない

1kg当たり500〜800円として、1ha播種しても2〜3万円（播種量は3〜4kg/10a）。肥料代を考えれば安いものです。

土の物理性や地力を診断

今の農場はワタミを退職したあと、若いスタッフに有機農業を教える場として6年前に開設しました。スタートは1.5haで現在は5.2ha。

私は過去の苦い経験から、借りた畑ではすぐに作物を栽培しません。土壌分析もしますが、それは参考程度。まずは1年ほど緑肥で様子を見てから、つくる野菜を決めています。

最初は生育の早いヘイオーツです。これで畑のおおよその状態がわかります。ヘイオーツの生育が思わしくなければ、ほとんどの場合、土の物理性に問題があります。次に根が深く張るソルゴーを栽培して水はけを改善します。物理性の悪さが深刻なら、サブソイラで耕盤を破砕しますが、それでも効果がなければ、バックホーで明渠や暗渠を掘ります。どんな農地であっても、物理性の改善が最重要ポイントです。

緑肥の葉が黄ばむなど、微生物バランスや肥料分に問題があると判断した場合は、植物性の完熟堆肥を多めに投入（3〜4t/10a）。肥料分がほとんどない堆肥でも、微生物が十分にいるものであれば、土中の有機物を処理してくれます。土中にある有機物を可給態チッソに変えてくれるのです。

緑肥の使い分け

農場では新規の畑以外でも「作付け前の緑肥」を原則にしています。ヘイオーツのほか、クロタラリアやソルゴー、ライムギ、ヘアリーベッチなどを野菜の種類や季節によって使い分けています。ニンニクの作付け前には、根粒菌によるチッソ固定やリン酸補給をねらってクロタラリア。冬場に空いている畑ではライムギ。土壌の物理性改善にはソルゴー。ウネ間や株間の雑草対策ではヘアリーベッチといった具合です。

これらの緑肥は花が咲く前の栄養豊富な状態で粉砕します。このとき、作業を効率的に進めるためにも、ハンマーナイフモアが欠かせません。粉砕後は1週間ほど置き、完全に乾燥しないうちにロータリですき込むのがポイントです。そうすることで緑肥の分解を早めます。

アブラムシがつかない

最近は、緑肥の状態がよければ、ほかの肥料を投入しないで野菜を作付けするケースも増えています。

カリーノケールは露地30aとハウス20aで栽培していますが、一昨年までは鶏糞やボカシ肥料を入れて、チッソが多くなってしまったのか、必ずといっていいほどアブラムシが発生していました。そのため、捨てる分が多く、袋詰めなどの調製作業にも手間取っていました。去年は緑肥と完熟堆肥だけで作付けたところ、アブラムシが発生せずに生産性が飛躍的に向上。緑肥栽培を続けることで年々地力が向上し、畑はよい状態を維持できています。

全国の耕作放棄地などで有機農業をやろうとしている若い方々には、絶対におすすめです。

（『現代農業』2022年5月号「借りた畑にはまず緑肥」より）

第3部 有機農業の共通技術

緑肥は短くてもいい

北海道幕別町・横山琢磨さん、山川良一さん

あっという間のすき込み作業

遠目には、緑肥がまかれているとはわからないくらいだ。野生種エンバク（アウェナストリゴサ）のヘイオーツとヘアリーベッチを混播したという畑だが、その丈はまだ芝生くらい。

「これくらいでもう十分なんですよ。じゃあ、すき込んでいきますね」

そういってトラクタに乗り込んだのは横山琢磨さん（36歳）。北海道幕別町でコムギやジャガイモ、ビートなど計75haを栽培する若手畑作農家である。畑が緑肥のおかげで土壌流亡に強くなったというから見に来たのに、生育はご覧のとおり。密度も薄くて、ヘアリーベッチなんて生えているのかどうかわからないほど。なのにもう、すき込んでしまうという。

すき込むといっても、動き出したトラクタが引っ張るのはディスクハロー。ごく浅く耕すだけだから、人が走るよりも速いスピードで、緑のじゅうたんはあっという間に土と混ざって消えていく。

まけなかった緑肥

作業が速いのはけっこうだが、緑肥で大事なのは有機物の量だ。ふつうは大きく育てた緑肥を、粉砕してから土中深くにすき込むはず。

「うちも前はそんな感じでした。当時はエンバクを約70cmまで育てていたので、チョッパーで粉砕してから、ディスクかけて、最後にプラウですき込んでた。まだ収穫で忙しい時期なのに、時間がかかってかなり大変でしたね」

以前は横山さんも、生育期間を確保するため、真夏にまいて、2か月後の出穂期にすき込んでいた。北海道の短い夏に、畑を休ませることになるのもネックだった。

「当然、まける畑は8月上旬に収穫するコムギのあととかに限られますよね」

地上部より長く伸びた根

そんな一般的な緑肥栽培に異を唱えたのが山川良一さん。おなじみ「ヤマカワプログラム」

第1図　9月17日に播種したヘアリーベッチとヘイオーツ

緑肥・カバークロップ

第2図　緑肥のすき込みはディスクハロー1回のみ
　時速10kmで走るので1日に30haこなせる（取材と撮影は2021年10月30日）

第3図　掘り出したヘイオーツ
　地上部より根のほうが長く伸びている

第4図　ヘアリーベッチの根もよく伸びている

第5図　根粒（白い粒）もちゃんとついている

（「ヤマカワプログラム」の項参照）の生みの親で、今回の取材にも同行してもらった。

　まず、播種は9月以降、たとえばジャガイモの収穫後でもよいと説いた。「生育期間が短くて、緑肥が育たなくてもよいから、とにかくまけ」と強くアドバイスしたそうだ。北海道の農家でも、それならまける。その時期、まだ収穫を迎えていないビートも、ウネ間に緑肥をまくよう指導した。

　9月にまいて、すき込むのは10月中下旬（今回の取材は10月30日）。十勝の冬は早く、10月に入ると最低気温が0℃を下まわる日もある。その結果、冒頭のように、緑肥はほとんど育たないわけだが――。

　「地上部だけ見るから、育ってないと思う。掘って根っこを見なさいよ」と山川さん。

　自らスコップを突き刺して、ヘイオーツを1株掘り出した。

　根に付いた土を軽く落とすと、なるほど、確かに長く伸びている。測ってみると、地上部が

24cmなのに対して、根っこは34cm。なんと、地上部より根のほうが長かった。

「ほらみろ。秋は気温がどんどん下がっていくけど、地温はまだそこまで下がらない。地上部は育たなくても、根っこはどんどん伸びているんだ」

ベッチの根には根粒菌

同じく、混播したヘアリーベッチも掘ってみる。ふつうは秋まきする場合、越冬させて、生育が旺盛になるのは翌春から。すき込む初夏には、茎は2m以上に伸びるという。

一方、この日の横山さんのヘアリーベッチはまだ弱々しく、地上部はわずか25cm。しかし掘ってみると、こちらも根っこはそこそこボリュームがあって、よく見れば根粒菌もついている。一丁前に、チッソ固定もしていそうだ。

「根が30cm近く伸びているということは、作物の根域はカバーしてる。根域の土を耕したり、微生物を殖やしたり、緑肥の役割は果たしているわけだ」

土砂降りにも干ばつにも強い畑

イネ科とマメ科を混播するのは、輪作効果をねらうため。根の張り方が違い、根圏につく微生物も異なる。土壌中の微生物相を豊かにするには、混播が一番いいという。

タネはブロードキャスターでばらまくが、山川さんの指導では、その播種量がかなり少ない。通常エンバクだけで10a当たり計15kgまくところ、野生種エンバクが3kg、ベッチが1.5～2kg。つまり3分の1でいいという。

「以前は、さあ緑肥まくぞって感じでしたが、今は量が少ないんでサッとまいて終わり。めちゃくちゃラクですよ」と横山さん。

第6図　左から山川良一さんと横山琢磨さん

有機物量を稼ぐには、もっとたくさんまいたほうがよさそうだが、山川さん曰く、緑肥を密植すると育つのは地上部だけ（徒長する）。肝心の地下部は育たない。横山さんも実際に、密植と疎植のエンバクで根を見比べて、納得したうえで播種量を減らしたそうだ。

去年（2021年）の十勝は、春にはゲリラ豪雨、7月から8月にかけては記録的な高温と干ばつにみまわれた。そのなかでも横山さんは「無傷とはいわないけど、軽症ですんだ」。ヤマカワ緑肥の効果を再確認した1年になったそうだ。

執筆　編集部
（『現代農業』2022年10月号「緑肥は短くていいんだよ」より）

第3部　有機農業の共通技術

混植・混作

一枚の畑にいろいろ混播・混植

執筆　伊勢村文英（広島県神石高原町）

真夏のニンジン、ツケナといっしょなら発芽良好

冬用のニンジンのタネまきは8月の真夏の盛り。散水設備のない畑で水をやるのはたいへんです。高温と乾燥で、水を何回やっても芽が出にくい。昔はどうしていたのだろう？　そう思って何人ものお年寄りに聞いて回ったのは私がまだ若いころのことです。

あるとき、一人のお年寄りから、昔、アワかコキビの中にニンジンのタネをまいていたのを見たことがあるという話を聞きました。それで私もアワやコキビをつくるウネ間にニンジンをまいてみました。確かに芽は出るし生長します。しかし、アワもコキビも倒伏させないよう肥料（堆肥）をあまり施せないのでニンジンが十分に太りません。自家用にはなっても販売用となると話は別でした。

ただ、この経験から、ほかの作物で日陰をつくってやればニンジンの発芽が促されることはわかりました。ほかに代用できるもの、そして、ちょうどこの時期にタネまきするものでニンジンといっしょにつくれるものはないか？　そう考えてみると、8月にまくのは少し早いのですが、ツケナのタネまきがありました。

ツケナなら、暑くて乾燥するときでもちゃんと芽を出してくれます。私の地方では広島菜です。これにニンジンのタネを混ぜ……いや正確には、ニンジンのタネに広島菜のタネを10％くらい混ぜてまいてみたのです。結果は大成功。広島菜も販売でき、これを収穫したあとには立派なニンジンが収穫できました。

冬のハウスは混播・混植で超密植栽培

この方法はじつにおもしろく、現在も続けています。たとえ広島菜が虫に食べられて十分に収穫できなくてもニンジンは育ちます。タネを混ぜてまくことがおもしろくなった私は、ほか

第1図　この畑は、ニンジンにコマツナなどを混ぜてまいた　（写真撮影：編集部）

第2図　6月初めのハウスと筆者
（写真撮影：編集部）
左から順にトマトのウネ、ダイコンのウネ、ホウレンソウとコマツナなどの混播ウネ。混播・混植は、畑の有効利用であり、雑草対策にもなっている。40年間有機農業

混植・混作

第3図　葉物を混播した冬のハウス　　（写真撮影：赤松富仁、以下Aも）
3～4種類のタネを混ぜてまくが、最終的に中心にすえる品目のタネを多めにまく

の野菜でも試すようになりました。

とくに冬のハウス。各種の野菜を、生育期間が長いものと短いもの、あるいは草丈の大きいものと小さいもの、といったように組合わせを考えて混播・混植する。それもわざと密植にするのです。そして間引きした葉物をベビーリーフとして販売する。これでタネ代は確保できます。無農薬・無化学肥料栽培では、収穫までに何があるかわからないので、投資回収はできるところで早めにやっておきます。

ちなみに間引きベビーリーフは、生長点を付けて「命のあるベビーリーフ」として販売しています。土に並べておくと根が出て生長もするようなベビーリーフ。一本ずつ根と地上部の境のあたりをハサミで切って収穫するのです。手間はかかりますが、その代わり乾燥さえさせなければかなり日持ちします。

第4図　間引きした葉物をベビーリーフとして販売（A）
生長点の付いたベビーリーフだ。地上部と根の境のあたりにハサミを入れて収穫する

夏の畑の草は刈り敷く

夏、梅雨が明けて乾燥が始まるころの畑では、梅雨時期に定植したキャベツの間で草も勢いを増し、キャベツが草に埋まるようになって

第5図 刈払い機を前に向けて構えたまま（横に振らない）前進して草を刈っていく

第6図 キュウリの支柱は竹。その右はリーキの苗、右端は青ネギ
（写真撮影：編集部）
リーキ苗はいずれ移植してしまうので、キュウリが大きくなるころには空間が広がる

きます。これは困ったことでもあるのですが、ありがたいことでもあります。というのも私は、この草を刈払い機で刈り、土を被覆するのに使うからです。刈払い機を体の前に構え、そのまま前進しながらウネ間の草を刈っていきます。草が多いほどこの草マルチの効果は高まります。

田植えころに定植したサトイモの畑も、梅雨明けとなると立派な「草畑」となります。サトイモの草丈の倍くらいに伸びた草を刈り、通路にマルチ。草が少ないところは外から持ち込みます。これでサトイモ畑も夏場の乾燥を防げるのです。

土着菌が豊かな畑で草マルチは草肥料になっていく

暑い夏の盛り、草を刈ってみると、キャベツやサトイモはいたって元気。ところどころには葉に水滴も見られます。草マルチは、野菜を乾燥から守り、その後に生える雑草を防いで、土に接した下のほうから分解しながら土に帰り、肥料（追肥）となっていきます。

私の栽培法の基本は「山を見習え」ということです。山には誰かが肥料を施すことはありません。それでも木々が育ち、山の植物が病気にかかりにくいのは、菌類のバランスがとれているからだと思います。それをそのまま耕作地につくり出そうと考えてきました。地元・神石（じんせき）高原の山から集めた落ち葉を牛に踏ませ、土着菌を堆肥の中で培養して施しています。そのため、草マルチの草も早く土に帰るのです。

草や落ち葉には、種類ごとに少しずつ異なる養分・物質が含まれていると思われます。草マルチと落ち葉の堆肥のおかげか、私の畑では30年間、これといって微量要素資材のようなものを使ったことはありません。

クマザサや竹の殺菌効果も活かす

　また、7月下旬ころはソバのタネまき時期です。ソバは一枚の畑に一度に全面まくことはしません。昔の人は、「3日ほど間を開けて何回かに分けてまけ」と言ったと聞き、私は一圃場を3日おきに3回のタネまきで危険分散します。それにより確実に1回分は十分な実を収穫することができます。

　このソバにも、いたずらでコマツナのタネを少々混ぜてみるのもおもしろい。ひょっとすると硝酸の少ないコマツナがとれるかもしれません。ちなみに私のところでは、ソバの茎も必要です。昔ながらのコンニャクの凝固剤としてソバガラ灰を使うからです。

　コンニャクイモをつくるときも乾燥を防ぐために草マルチ。材料はクマザサです。コンニャクは葉が1枚しかありません。その葉を病気から守るためにクマザサを使うのです。葉が病気になっては玉が太らず腐ってしまいます。ササには殺菌作用があると聞いて昔から使ってきました。

　キュウリの場合は支柱に竹を使うことで殺菌作用を期待しています。化学製品のネットもありますが、風でやられて傷が付いたとき、そこから病気が入りやすい。その点、竹の支柱だと、風で揺れても傷が付きにくいうえ、付いたとしても殺菌作用があるので安心です。

柴刈り、落ち葉集めの効用

　昔話では、おじいさんは山へ柴刈りに出かけます。私の地方で柴とはササのことをいいます。今ではササを刈る人がほとんどいなくなりました。ササを刈ったり落ち葉を集める山が少なくなりました。人が入らない山には獣も入れません。獣は畑を目指します。私のところにもイノシシ・サル・シカはみんないますが、ほとんど被害がありません。それは、ササを刈ったり落ち葉を集めたりすることで、獣は山でえさをとることができるからではないかと思っています。

　化学肥料や農薬に支えられた農業の歴史はたかだか60年余り。何千年もの時間とともに培われてきた昔の農業は、少々手はかかりますが今の農業に役立つヒントがたくさん詰まっています。

　　（『現代農業』2011年8月号「山の自然を畑に取
　　　り込んで　作物はもちろん草も「混植」」より）

第7図　ハウス内にはところどころにムギの株（A）
このムギは農薬代わりになる。べと病予防、アブラムシ対策、土壌改良対策と役割は大きい

混植博士が伝授する野菜がよく育つ組合わせ

執筆　木嶋利男（世界永続農業協会専務理事）

組合わせの勘どころ3点

コンパニオンプランツ（共栄作物）としておもに病害虫防除に用いる混植や間作は、野菜を病害虫から守るだけでなく、同一面積から限界以上に野菜を生産する技術でもあります。おもな野菜の株元やウネ間に種類の異なる野菜を植え、畑を立体的に利用し、多種の野菜を収穫する方法です。

しかし、ただ単に混植するだけでは雑草と同じになり、生産性を悪くします。そこで、混植＝多品目栽培となる組合わせを考えてみます。

自然生態系では、同じ植物だけが単独で繁殖することはほとんどなく、何種類かの植物によって群落を形成します。荒地に最初に根を下ろすのは、空中チッソを固定できる根粒菌を根に共生するマメ科植物です。

次に、マメ科によって豊かになった土には栄養分を好む植物が繁殖するなど、植物の種類は次々と遷移し、やがて極相（これ以上遷移しない安定した状態）になります。農耕地では、カボチャ－タマネギ、ムギ－ラッカセイ、コンニャク－エンバクなどが安定系の例です。多品目栽培を行なう混植の原点はこの極相にあります。

ただし、野菜同士の極相はほとんどありませんので、次のような点を考慮して混植や間作します。1）深根野菜には浅根野菜、2）単子葉野菜には双子葉野菜、3）光要求性の高い野菜には耐陰性野菜。

集団を好む野菜、単独を好む野菜

（1）キャベツの仲間は混植向き

植物は原産地の土壌や気候条件などに順応し、適応できた植物だけが生き残ってきました。地中海や中央アジアを原産地とする同じアブラナ科のキャベツとハクサイを比べてみると、面白いことに気がつきます。

キャベツの苗づくりは簡単ですが、ハクサイはややむずかしい。これは、キャベツは雑草を含め集団を好み、ハクサイは孤立を好むためです。この性質はキャベツやその仲間のブロッコリー、カリフラワー、ケールが混植に向き、ハクサイやその仲間のキョウナ、カブが混植を嫌うことを意味します。

（2）ブロッコリーとレタスで害虫忌避

共栄を好むブロッコリー、キャベツ、カリフラワーなどには株間に玉レタスやサニーレタスを混植します。

混植密度は野菜の利用頻度によって決めます。すなわち、ブロッコリーとレタスが同程度に利用される場合は交互に植え付けます。また、ブロッコリーの利用が多い場合には、ブロッコリー5〜10株にレタス1株を植えます。レタスの利用が多い場合はその逆にします。

レタスはアブラナ科野菜を食害するモンシロチョウ（アオムシ）、ヨトウガ（ヨトウムシ）、コナガ（コナガの幼虫）の忌避作用があります。

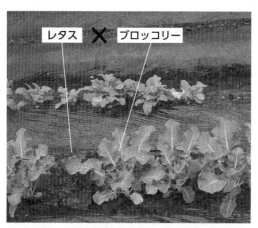

第1図　レタスを混植するとブロッコリーのアオムシやヨトウムシ、コナガの幼虫の食害が少なくなる

第2図 ミズナのウネ間にニラをまくと、キスジノミハムシやダイコンサルハムシを寄せ付けない

第3図 南北ウネにトウモロコシとエダマメを混植すると、お互いの害虫を寄せ付けない

(3) サトイモの下のショウガはよく育つ

サトイモやショウガは本来樹林に生育していた野菜なので、雑草を含めほかの植物との共栄を好みます。

サトイモを東西ウネに植え、サトイモの北側にショウガを植えます。サトイモはショウガに日陰を提供し、ショウガはサトイモの株元を乾燥から守り、お互いに生育がよくなります。

ネギ・ニラと双子葉野菜

ネギ、ニラの根に拮抗菌

単子葉野菜と双子葉野菜では利用する栄養分が異なります。また、根圏微生物や病害虫も大きく異なります。混植に利用される単子葉野菜としてはニラやネギがあります。

ネギ属野菜の根には拮抗菌が生息し、土壌病原菌を抑える働きがあります。

また、ニラの混植で抑えることができる病害虫にはトマト、ピーマン、ナスの萎凋病や半身萎凋病、疫病などの土壌病原菌と、ミズナ、コマツナなどを食害するダイコンサルハムシ、キスジノミハムシがあります。

光を好む野菜、耐陰性の野菜

トウモロコシや葉ネギは光を好む野菜であり、パセリ、ミツバ、ショウガは日陰でも育つ耐陰性の野菜です。これらを同じ畑に立体的に植えると、単位面積当たりの収量が増加します。

(1) トウモロコシとエダマメで害虫忌避

トウモロコシを南北ウネに2条、そのウネ間にエダマメを3条播種します。

トウモロコシは2条であるため、東西から光を受け、単作より生育がよくなります。また、トウモロコシが日陰をつくりますが、エダマメは耐陰性が強いため、トウモロコシの日陰でも影響を受けず、単作と同じように生育します。また、トウモロコシがエダマメを食害するカメムシを、エダマメがトウモロコシを食害するアワノメイガを忌避するといわれています。

(2) ナスとパセリ、ショウガ

ナスの株元にパセリを混植します。ナスはパセリに日陰を提供し、パセリはナスを乾燥から守ります。同様にショウガも混植します。ナスはショウガに日陰を提供し、ショウガはナスを乾燥から守ります。

(『現代農業』2009年8月号「混植博士が伝授！野菜がよく育つ組み合わせ」より)

くず麦リビングマルチ，混作，耕うん改善を活用した有機農法

今でも多くの農家は無農薬では野菜がつくれないと思っているが，リビングマルチ，コンパニオンプランツ（混植・混播），耕うん方法の改善，土つくりによって，有機農業でも慣行農法並みの収量が得られるようになりつつある。私（帰農志塾）の行なっているこれらの技術は，有機農業だけでなく一般の農法でも大いに役立つ技術である。すなわち，除草剤や農薬をあまり使用しなくても雑草防除ができ，土壌の物理性などの土壌改善ができて，結果として多収になる技術である。

農業では多収ばかりを求めるのではなく，有機農法で長く持続する安定的な生産技術，価値ある食べものをつくることが大切である。農薬の多量散布により害虫も変異し，適応し子孫を増やし続けている。輪作や土つくり，生物の多様性やコンパニオンプランツの利用，畑の周囲に草を生やし周辺緑地をつくる（天敵の住み処）など，自然の生態系に近づく農法の確立が急務である。

ここでは，私の実施している技術のなかから，くず麦を利用したリビングマルチを中心に，混作による害虫被害の軽減，耕うん方法の改善，自家採種について紹介する。

(1) くず麦リビングマルチ

①カボチャから始まって夏野菜全般に利用

マルチ麦をカボチャに導入して25年以上が経過した。以前市販のマルチ麦の種子を2年間利用したが，種苗会社の表示のとおり播種（3〜5kg/10a）してもまきムラができ，草が生えて敷わらとしての効果は確認できなかった。その後10年くらい，マルチ麦の使用は中断していた。

有畜複合経営を実践するなかでトウモロコシやダイズなどの遺伝子組換えの問題が起こり，えさのトウモロコシの代替としてくず小麦を大量に入手するようになった。そして，このくず小麦をマルチ麦に利用してはどうかと考え，カボチャといっしょにくず小麦の大量播種をした。その結果敷わらの必要はなくなり，労働軽減に大きく役立った。

私の農業は有機農業であり旬の栽培のため，トンネルやハウスはほとんど使用していない。しかし，夏の果菜類やイモ類には雑草対策としてビニールマルチを使用している。その理由は，ビニールマルチの使用区と株元の敷わらだけの区を比較すると，高温性作物の果菜類はビニールマルチを利用したほうが草丈や収量が格段に優れるため，多くの夏野菜に利用している。しかしその通路は，耕うん機や管理機，立ち鎌などで月に1〜2回除草せざるを得ず，手間がかかる。そこで，カボチャに実施していたくず麦マルチを，ナス，ピーマン，キュウリ，ズッキーニ，インゲン，オクラ，ナガイモ，サツマイモなど多くの夏野菜にも利用するようになり，雑草対策として大きな効果を上げている。

②くず麦の利用方法

くず麦はコムギをおもに利用しているが，一部オオムギを使用している。コムギのほうが草丈は若干低いが（10cm程度），密植すると軟弱に育ち倒伏しやすい。オオムギのほうが硬く草丈は高いが，そのままでは倒伏しにくく刈払いが必要である。

播種は定植準備のマルチ張り直後（数日以内）に行なうことが大切である。おそくなると草が発芽し，雑草とコムギの競合になり，生えてくる雑草の量も多くなる。当地では遅霜のおそれのない5月10〜15日に果菜類やサツマイモを定植する。その前後2〜3日以内にくず麦を通路に播種する。

10a当たり30kg以上を通路全面に均一にばらまく（1〜2cm間隔）。播種後は熊手で簡単に覆土する。種子の下部が1/3〜1/4くらい土に触れる程度でよい。

ムギは1週間程度で発芽し，通路全面がコムギで覆われ，徐々に緑の絨毯になり，美的景観にもなる（第1，2図）。野菜の芽かき，誘引などの通常の管理のさいに踏みつけることになる

第1図 ナスの通路に生えたコムギ

第3図 ナスの収穫が始まり刈り払ったコムギ

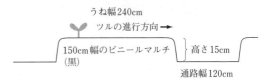

第4図 スイカのうねと通路

第2図 果菜類生育期間中の雑草抑制（ナス）

が，ムギ類なのでまったく問題はない。

③各作物での利用実例

ナス，ピーマン類 7月初旬，コムギは大部分倒伏しているが，収穫果の見落とし防止のため刈払いを行なうほうがよい（第3図）。敷わらになり，雑草の発芽を防止する。その後，8月中〜下旬に一部コムギの間から生き残った草が繁茂するので，簡単な通路刈払いを行なう。追肥は適宜マルチの片側に実施する。その後も除草は不要である。

ムギを利用していなかったころはアブラムシの大量発生のため，ときどきつぶしたりホースで洗い流すなどの作業をしていたが，今はその作業はなくなっている。

ズッキーニ ズッキーニの倒伏防止のためシノダケを三方から支柱としてさすだけで，8月初〜中旬の収穫終了まで除草も含め管理作業はなくなり，大きな労力軽減になった。コムギは自然倒伏のみに任せ，収穫はコムギを踏みつけながら行ない，刈払いはまったくしない。肥料もそれほど必要ではないため，追肥などの管理はしなくてよい。

スイカ オオムギを播種する。スイカはうね幅2.4m，150cmのビニールマルチを張って定植（通路120cm），4本仕立て一方整枝で栽培する（第4図）。スイカのつるがビニールマルチからはみ出し始めたころ，逆方向につるを向けオオムギを全面刈り払い，敷わらとして利用する（第5図）。刈払い後つるをもとに戻す。コムギ利用で刈払いを行なわない場合，つるがコムギの間に入り損傷しやすい。その後収穫まで除草管理はしない。

カボチャ うね幅3m，150cmのマルチを利用する（通路180cm）。カボチャはスイカに比べつるが太いので，コムギの上にのり倒伏を助長する（第6図）。また，コムギの間につるがのびても問題はまったくない。コムギは放任し，無除草で収穫を始める。

オクラ 5月中旬135cmのマルチを利用

第3部　有機農業の共通技術

第5図　スイカのオオムギ刈払い

第6図　カボチャの通路で倒伏し始めたコムギ

第7図　オクラのうねと通路

第8図　直播のオクラなど草丈の低い野菜ではコムギが伸長したら押し倒して抑草

第9図　サツマイモの通路に大量に播種しているコムギ

し，両隅に3～5粒直播する（マルチベッド100cm，通路80cm，第7図）。6月初旬コムギがオクラに覆いかぶさるためコムギを倒伏させるか（第8図），オクラのそば20～30cmを刈り払う（倒伏を考えるとオオムギの利用も検討）。

オクラは例年本葉1～2枚のときアブラムシが大量に発生し，指で潰していたが，その作業がまったくなくなった。その後オクラが伸長し，日陰になるためムギの間に一部生き残った草を刈り取るくらいである。収穫終了まで除草管理はほとんどしない。オクラの草丈も2m以上（裸地栽培より20～30cm長い）に育ち，背の低い人には最後の収穫が少し大変になるほどである。生育旺盛になり収量も増加する。

キュウリ，インゲン　6月下旬，収穫開始時に株ぎわ50cmくらいを刈り払う。キュウリネット用アーチ中央部はそのままでもよい。

サツマイモ，ナガイモ，ヤマトイモなど　従来何度も通路を除草していたが，8月中～下旬まで除草作業は必要なくなった。サツマイモは5月中旬から6月中旬に何回かに分けてマルチを張り定植するが，マルチ張りと同時にコムギ

をまく（第9図）。

以上が各作物での利用実例である。マルチ穴の株元や株ぎわに生える草は多少手でとるが，要するにムギのまきムラがないことが最大の条件である。市販のマルチ麦のキロ単価は700円くらいであるが，くず麦は20円以下と安価なので，まきすぎと思われるくらいまけばよい。

(2) ムギによるリビングマルチの利点と留意点

①マルチの利点

ムギによるリビングマルチの第一の効果はこれまで述べたように抑草効果であるが，ほかにも多くの利点がある。

通路を何回も除草する裸地と異なりさまざまな虫が生息し，生物多様性が実現し，アブラムシなどの害虫被害が減少する。また，ムギは地下1m，横60cmに根が伸長し，枯死したあとは細い無数の穴になり，通気・排水・保水性を高め，土壌を膨軟にし，土壌の気相・液相が増え団粒構造の生成に役立つ。

その結果，収量は間違いなく1～2割増える。多品目栽培であり，ピーマン以外の収量データはとっていないが生産量過剰になってきており，果菜類の作付け本数を減らしている。

通路にムギをまくリビングマルチは現時点でも抑草効果，害虫被害の軽減，収量増の3点を利点として挙げることができる。その他，環境汚染軽減などの効果もあるようであるが，専門家に依頼した研究結果の一部を後述する。

②裸地栽培との生育・収量比較

例年すべての果菜類はリビングマルチの利用のみで栽培するが，2012年は一部の作物で裸地の試験区をつくり観察することにした。ナス，ピーマン，オクラの3品目に裸地区を設けて観察した。また収穫回数の少ないピーマンの収量のデータをとった。収量比較の試験区としてコムギ区15株，裸地区15株を設定した。月別収量の推移は第10図のとおりである。栽培方法や施肥は例年どおりであったが，原発事故の影響で堆肥に放射性セシウム134，セシウム137が40bq/kg含まれていたため，堆肥散布は中止した（例年2～3t/10a散布）。

無堆肥の条件下でのリビングマルチは初めてであったが，ナス，オクラの生育は比較的順調で裸地区とコムギ区の差はあまり見受けられなかった。しかし，ピーマンは7月初旬収穫時，コムギ区は草丈が20cm程度低く，葉色も淡く，6月中旬に追肥が必要と思われた。しかし，今回はコムギ区と裸地区の収量データをとるため，一切の追肥は行なわない方針で経過を観察した。草丈は8月初旬でもまだ裸地区のほうが10cm以上高かったが，8月下旬から双方の草丈の差はほとんどなくなった。

以上の結果から，コムギの多量播種は一時的に大きな肥料競合をきたし，作物の生育に影響を与える。しかしその後コムギが枯死し，8月初旬から肥料の放出が始まり，徐々に追肥的効果や土壌構造の改善などの効果があったと考えられる。したがって，リビングマルチは有効な栽培技術ではあるが，土壌が肥沃であり，施肥量が適切であるということが利用のための条件となるだろう。

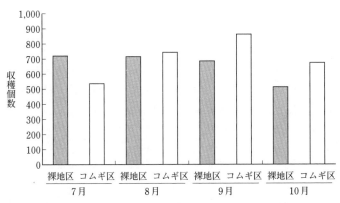

第10図 コムギリビングマルチの有無がピーマンの月別収量に及ぼす影響（15株当たり）

総量：裸地区；2,630個，コムギ区；2,813個
比：裸地区；100%，コムギ区；106.9%

第11図　カブのキスジノミハムシ幼虫対策として混播したシュンギク

第13図　キュウリの株元で生育する二十日ダイコン

第12図　キスジノミハムシの被害の少ないきれいなカブと残ったシュンギク（奥）

第14図　ヤマトイモのうね間に定植されたマリーゴールド
右のナガイモはコムギのリビングマルチ

(3) 混作による害虫被害の軽減

　私の有機農業の技術のなかで，混作による害虫被害の軽減は特筆すべきものである。その一つはコンパニオンプランツの利用である。

　カブとシュンギクの混播　カブの播種時にシュンギクを5〜10％混ぜることによって，キスジノミハムシの被害が軽減する（第11，12図）。とくに春は混播しないと被害が甚大になる（春はダイコンにも利用する。カブは春・秋ともに混播する）。

　キュウリと二十日ダイコンの混作　キュウリの定植時に二十日ダイコンの種子を株元に3〜5粒まく。キュウリは年4回播種する。5月中旬定植の栽培では不要であるが，6月中旬から定植する2回目以降の栽培はウリハムシの発生期と重なるので二十日ダイコンの株元播種は欠かせない。ウリハムシの幼虫がキュウリの幼根を食害し，ひどいときは3分の1以上が枯死することもある。二十日ダイコンをまくことによって今は被害がまったくなくなった（第13図）。

　ヤマトイモのうね間にマリーゴールド　ナガイモはセンチュウの被害をほとんど受けないが，ヤマトイモは大きな被害を受け，全滅に近く出荷できないこともあった。ヤマトイモのうね間にマリーゴールドをまいたり定植することで，その被害はなくなった（第14図）。

　バンカープランツの利用　ナスは8月中〜下

旬になるとチャノホコリダニの被害を受けることがよくあった。発生するとその被害は徐々に広がり、9月初〜中旬に収穫を終了せざるを得ない年も多かった。そこで、障壁作物としてナスの周囲にソルガムをナス定植と同時に播種する（うね幅1m、30cm間隔3条）。チャノホコリダニの発生時期にはソルガムは2m以上になり、障壁作物になると同時に天敵の住み処にもなり、多くの虫たちが見られる。バンカープランツの利用によって、ナスは降霜まで収穫が可能になった。

私たち有機農業者は農薬をまったく使用しない。このため、有機農業開始当初から多くの害虫に悩まされてきた。害虫はいつ、どこに発生し、どういう被害を与えるかという、発生から終息までを観察し、自然から学び作物に教えられ、害虫からも学ぶことができた。最近はキャベツのシンクイムシの被害に苦慮しているが、今は全滅するような作物はほとんどない。

多収を求め窒素肥料を多肥することが病害虫を呼び、野菜の栄養価を低下させ、まずい野菜生産にもなっている。あまり大きな収量を求めず、七分作、八分作でもよいのではないだろうか。虫にもえさをやり、その分、必要量の1〜2割多く作付けすればよいだけである。

自然と共存し、人は生かされている。自然のなかには虫もいれば鳥もいる。ミミズやネズミ、モグラなど、また昆虫や目に見えない小動物、微生物もいる。それらの恩恵を受け、人も自然のなかの一員として暮らすことが肝要ではないだろうか。

(4) 畑の耕うん方法の改善

耕うん方法もここ数年変更している。以前は冬季のプラウ耕で凍結による団粒構造の促進を考え実施してきたが、サブソイラとチゼルプラウを利用するようにし、ロータリー耕は極力ひかえている。ロータリーによって土は膨軟になったように思えるが、降雨により間隙が減少し排水が悪くなる。最低限のロータリー利用（浅耕10cmくらい）により、10cm以下の下層土（10cmから30cmの層）はチゼル耕によるゴロ土状態である。耕うん方法を改善したことで、長雨が続いても作物の生育への影響は以前より相当少なくなった。

(5) 自家採種への努力

種子はほとんどがF_1になり、半分以上が外国で生産され、大部分が農薬でコーティングされている。揃いがよく一斉収穫できる品種や耐病性・多収性の品種に置き換えられてきた。昔は多くの種子は自家採種されていたが、今や自家採種はイモ類やマメ類以外は消えつつある。地域の伝統的な野菜の種子も、特産化されたもの以外大部分が消失しようとしている。

そういうなかにあって、私たちは自家採種を行ない、種子を農家のものに取り戻し、新たな自分の種や地域の種、仲間の種をつくる必要性を感じている。私は一部を自家採種し、有機農業者にも配布している。

インゲン（大平） 300年以上続いた平ざやインゲンを30年以上自家採種している。平ざやは一般的に売れないといわれているが、このインゲンは味が良いということで小売店にもたくさん出荷している。

ナス、キュウリ、オクラ 自家採種を18年間続けている。F_1から種子を採種し、F_1と比較栽培を行なってきたが、結果が良好なので今ではすべて自家採種の種子になった。ナスはもとのF_1に比べ早期収量は低いが、その後の生育はF_1に劣らない。また、吸肥力はF_1より良くなったように感じる。

F_1から種子を採ると、F_2は一方の親の形質が出て問題になると思われているが、大部分はF_2から利用できる。比較栽培を続けながら自家採種を行なうことにより、自分の農法や地域の気象条件に少しずつ変異させながら良い種子を採ることができる。

トマト 自家採種歴は18年である。F_1から種子を採ったが、4分の3が奇形果や病気になった。そのなかで残った良い株から、3〜4年継続して採種し徐々に自分の種として固定した。梅雨期の疫病抵抗性をおもなねらいとして固定化したため、味はあまりよくない。今は3

年かけて味の良い株から選抜し改善中である。

梅雨期の疫病に非常に強く、雨よけハウスを利用しない有機農業者や家庭菜園に向けて種子を提供している。品種名を「雨ニモ負ケズ」とした。

コマツナ、ダイコン、ニンジン これらもF_1から種子を採種し固定化している。少しずつ他の品種も検討している。

その他イモ類など サツマイモ4種、ジャガイモ3種、サトイモ、ダイズなど自家採種している。

自家採種は労力としては大変な面もあるが、数年で自分の農法にあった種に変わっていく。農業本来の大切な種を自分たちのものにしていき、安定した生産や自分の宝物をつくり、仲間や地域の種子として農家自身の種を取り戻すことが大切ではないだろうか。

(6) リビングマルチ効果の調査結果

私の実践している有機農業技術の普及を考え、2011年は日本有機農業研究会のメンバーによる見学会を実施した。また2012年は、日本有機農業学会のメンバーに技術を公開した。これを契機として、2012年から学会の人の協力を得て雑草および土壌の観点から研究調査していただいた。以下、その研究調査の結果について一部を紹介する。

①調査の方法

調査作物はナスとした。例年、果菜類はすべてリビングマルチを行なっているが、比較のために裸地区を3列つくり、2列目を試験区とした。収穫開始の7月11日までリビングマルチ区はムギが発芽生育し、除草管理は一切しなかった。裸地区では1回立ち鎌による除草を実施した。ナスの収穫時は伸長したムギによる収穫果の見落としを防ぐため、リビングマルチ区、裸地区とも草刈機で刈払いを行なった。

定植するまでに、サブソイラ（深さ50cm）、チゼルプラウ（深さ30cm）による深耕・排水など物理性を改善したあと施肥し、マルチ張りなどの定植準備を行なった。うね間1.5mのうち定植うね70cmにマルチを張り、裸地通路は80cmとした。

定植は5月8日で、植え穴にボカシひとにぎりを入れて定植、同時にくず小麦を通路全面に播種した。播種量は1～2cm間隔の75kg/10aで、草の生える余地がないように播種した。調査は6月5日、6月26日、9月13日に行なった。

②通路の植生

通路の雑草およびリビングマルチくず小麦の発生状況を調査した。

その結果、裸地区は17種類、リビングマルチ区は10種類の雑草が生育していた。6月5日と26日のリビングマルチ区は100％の植被率で、コムギが旺盛に生育していた。裸地区も草が生育し、6月5日は60％の植被率で雑草が覆っていたが、26日には100％になり、地面は全面雑草で覆われた。リビングマルチ区でも雑草は発芽するが、早期に発芽し密生したコムギによって大部分の雑草は枯死し、ごく一部残る程

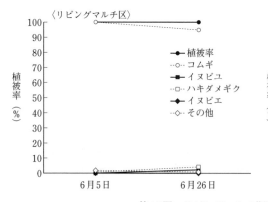
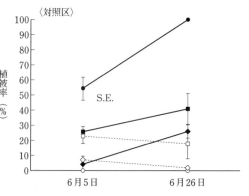

第15図 リビングマルチ期間の雑草と植被率の推移

混植・混作

第1表 リビングマルチ区と裸地区の雑草発生密度の比較
（単位：本/m²）

	6月5日		6月26日	
	雑　草	コムギ	雑　草	コムギ
リビングマルチ区	323±84	4,771±533	25±13	2,383±461
裸地区	639±98	6.7±6.7	407±31	20±0
リビングマルチ区/裸地区	0.5	712.1	0.06	119.1

注　表中の値は平均値±標準誤差を示す

度で，除草の必要性はなくなる（第15図，第1表）。

以上のように，収穫直前にはムギの刈払いを行なうが，大部分が倒伏するため刈払いは収穫管理の都合上やったほうがよいという程度である。しかし，裸地区は雑草が大量に繁茂し生い茂る。通常年のリビングマルチは8月中旬まで，刈払い以外の除草はしない。そのころでもコムギの間から一部生えた草が大きくなるが，簡単な草刈り程度でよい。一般の裸地栽培では通常数回の除草か敷わらが必要になる。

③土壌の化学性

アンモニア態窒素はリビングマルチ区，裸地区とも明確な差は認められなかったが，硝酸態窒素は6月5日，26日は裸地区に比べ非常に低い数値であった（12～40％）。しかし9月13日の調査では，表層（0～2.5cm）で裸地区の硝酸態窒素2,114mg/kgに対して，リビングマルチ区4019mg/kgと，高い値を示した（第16図）。

土壌の化学性から見ると，リビングマルチ区は裸地区と比べて硝酸態窒素の下層溶脱が顕著

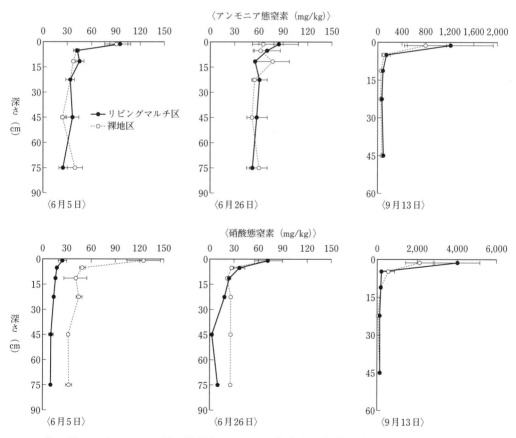

第16図　リビングマルチ区と裸地区のアンモニア態窒素・硝酸態窒素の土壌垂直分布の推移

第2表　土壌無機態窒素量の推移
(単位：kgN/10a, 深さ0〜30cm)

	6月5日	6月26日	9月13日
リビングマルチ区	12.2	17.3	120.1
裸地区	19.0	20.0	95.8

に抑制された。これはコムギ播種後49日目（6月26日）に28.2kg/10aと旺盛な窒素吸収をしたためである。

有機農法でも堆肥やボカシ肥などを多投してしまう場合があり，作物に吸収されなかった土壌窒素はいずれ下層へ溶脱し，地下水を汚染する。しかし，リビングマルチによって吸収された窒素は生育後期にコムギ残渣が表層で分解され，窒素が土壌に還元され生育後期の追肥的効果が認められた（第2表）。

④土壌の物理性

土壌の間隙率の両区の差は6月5日ではあまり認められなかったが，6月26日には明確な差が認められた（第17図）。

土壌硬度は全体的にいずれの深さでも裸地区よりも低く抑えられた。土壌の物理性はコムギの根群が間隙率を増加させ土壌を膨軟に保ち，雨水の浸透を抑制し，土壌侵食を防ぎ硬度も低下させる効果がある。多量に生育したコムギの根が地下1m，横60cmに縦横に伸び，いずれ枯死し，保水性や排水性を高め，土壌構造を改善し，土壌の固相を少なくし気相，液相の比率を高くしていると考えられる。

⑤土壌の生物性

土壌センチュウについても2回調査した。その結果，長年の有機物使用の効果があり，調査圃場では植物寄生性センチュウの密度がきわめて低いことが認められた。土壌センチュウの群集構造は有機物の施用や作付け体系などにより長期的に変化するため，リビングマルチの有無による土壌センチュウの群集構造の変化については，今後長期的な調査が必要である。

⑥生物多様性

以上がリビングマルチの調査研究の一部である。病害虫についての研究も望んだが，2011年は実験的に一部行なわれたのみで，2012年は昆虫の専門家に依頼したが調査時期が若干遅れたため顕著な差は見られない。しかし圃場では，アブラムシやチャノホコリダニなどの被害が軽減し，作物の生育にとって問題にならなくなっている。

また，研究グループの公表論文には入っていないが，昆虫の調査が一部行なわれている。それを公開すると次のようである。

定植後ナスの株ぎわに，虫が粘着する黄色のホリバーを6月1日から5日まで設置し昆虫の個体数を比較した（第18図）。第19図にその結果を示したが，大きな差はないように見える。これは，最近近くに大規模畜産が入植し，ハエが一部生活苦となっている面があるが，このハエの個体数が大きく影響しているためで，ハエの数値を除いてこの表を見ると顕著な差があ

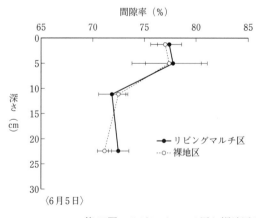
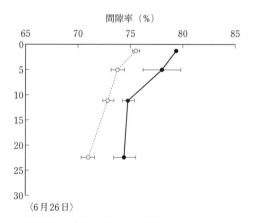

第17図　リビングマルチ区と裸地区における間隙率の土壌垂直分布の推移

第18図　黄色ホリバーを5日間設置
（2012年6月1～5日）

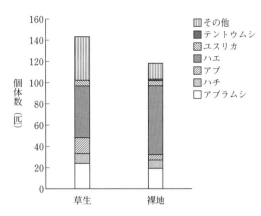

第19図　リビングマルチの有無と地上部の生物相

る。すなわち裸地区に比べ2.5倍以上の昆虫が5日間で発見できたのである。

コムギによって生物多様性が確認でき，アブラムシなどの害虫は存在するが作物に被害を与えることが少なくなり，天敵など多様な昆虫が生息する環境になっている。

農業では周辺の緑地を整え，リビングマルチや混植，草生栽培などを利用して生物と共存し，畑で可能な限り動・植物の多様な機能を活用すること（総合的生物多様性管理IBM）が大切である。

　　　　　　　＊

謝辞　今回の調査研究をしていただいた茨城大学農学部・小松﨑将一，農村工学研究所・嶺田拓也，東京農工大学大学院連合農業研究科・八木岡敦，伊藤崇浩，の各氏の研究および論文より協力をいただきました。心より御礼申し上げます。

　執筆　戸松　正（栃木県実際家）

2014年記

参 考 文 献

八木岡敦・伊藤崇浩・戸松正・嶺田拓也・小松崎将一．2014．屑コムギによる畝間リビングマルチ利用の有無が耕地生態系に及ぼす影響─栃木県有機野菜農家の栽培事例分析─．有機農業研究．（印刷中）

スイカ，メロンにおけるネギ混植

（1） ネギとの混植のねらい

作物は生育中，特に伸長期の根から土壌中へいろいろな物質を分泌している。それが土壌中に生育する微生物を繁殖させ，微生物相の変化を促すが，その影響として他の作物の根に及ぼす効果は大きい。

第1表に植物の根からの浸出液の成分を調べた結果を示してみたが，これによると根からは各種の炭水化物，アミノ酸，有機酸，酵素，生長促進または抑制物質が分泌されるほか，糸状菌，細菌，および線虫の生育を促進または抑制する未同定物質が多数分泌される。これらはいずれも低分子の化合物で，根の近傍（根圏）で生息している微生物の繁殖を促すことになる。

その数がどの程度ふえるかを第2表に示した。それによると根圏およびそれを取り巻く土壌中の細菌と放線菌の数は作物によって差があるものの，非根圏土壌に比べ，たとえば植物移植後16日目でみると，エンバクで7.7倍，アルファルファで約50倍になっている。これらの差は作物によって根が多いか少ないか，また作物の根による分泌物の成分と量の違いにもよるが，いずれにせよ根からの分泌物で増殖した微生物は作物の生長を促進する有益な物質を分泌したり，また，他の微生物，たとえば土壌病害菌の増殖を抑制する抗菌物質を分泌したりする。

したがって，混植する作物の根にふえる菌が土壌病害菌に抗菌力をもつ場合，異種作物を混植することにより，病害の軽減が期待できる。ここで述べるネギとの混植はネギの根の近傍で増殖する微生物の抗菌作用を利用して土壌病害を抑制することをねらったものである。

（2） ネギ混植の実際

①栃木県のユウガオ栽培

栃木県は長くユウガオの大産地で，その多くは連作，またはそれに近い短期輪作で栽培されている。ユウガオ畑には昔からの伝承技術としてネギが植えられているが，栃木農試の木嶋利男研究員が調査した結果，ネギの根とその近傍で，つる割病菌に抗菌力をもつシュードモナス・グラジオリ菌が繁殖するため両作物の根を交錯させると抗菌作用が起こり，つる割病が発

第2表 根圏とこれをとり巻く土壌中の細菌と放線菌数(乾土1g当たりの計測数×10^6)

（チモニン）

移植後日数	根圏土壌				非根圏土壌
	コムギ	エンバク	アルファルファ	エンドウ	
3	250	245	255	460	30
6	1,000	240	760	500	30
10	300	244	1,200	750	40
16	510	270	1,760	900	35

表1表 根浸出液中の成分

（ロビラ）

炭水化物	グルコース，フラクトース，ショ糖，キシロース，マルトース，ラムノース，アラビノース，ラフィノース，オリゴ糖
アミノ酸	ロイシン，イソロイシン，バリン，γ-アミノ酪酸，グルタミン，α-アラニン，アスパラギン，セリン，グルタミン酸，アスパラギン酸，シスチン，システイン，グリシン，フェニルアラニン，スレオニン，チロシン，リジン，プロリン，メチオニン，トリプトファン，ホモセリン，β-アラニン，アルギニン
有機酸	クエン酸，リンゴ酸，酢酸，プロピオン酸，酪酸，吉草酸，コハク酸，フマール酸，グリコール酸，酒石酸，シュウ酸
酸素活性	ホスファターゼ，インベルターゼ，アミラーゼ，プロテアーゼ，ポリガラクチュロナーゼ
生長促進または抑制物質	ビオチン，チアミン，パントテン酸，ナイアシン，コリン，イノシトール，ピリドキシン，p-アミノ安息香酸，n-メチルニコチン酸
その他糸状菌，細菌および線虫の生育を促進または抑制する未同定物質多数	

混植・混作

第1図　鉢上げ時にネギを混植する

生しないことを示した。また，ネギとの混植の効果は，ユウガオのつる割病以外でも認められ，トマトの根腐萎ちょう病，イチゴの萎黄病，キュウリの萎黄病，コンニャクの根腐病など，さまざまな野菜の土壌病害にも効果的であることを明らかにした。

ところで，ネギとの混植をせずに抗菌性の微生物のみを土壌へ施用しても，その効果は安定しないと同氏は述べている。このことは土着あるいは人為的に接種した微生物を活用する場合，その菌の生育にふさわしい栄養分を与える必要のあることを示しており，ネギとの混植のさいには栄養分として，ネギの根から分泌される低分子の有機物が働いていることを裏づけている。

②道内におけるスイカ，メロンへの応用

道内における平成3年度のスイカの作付面積は，共和町を中心に約680ha，メロンの作付面積は夕張市とそれに次ぐ共和町を大産地として約1,930haある。スイカ，メロンの連作による

第5表　混植スイカ，メロンの根の褐変症の程度

処　理	スイカ		メロン
	7月2日	8月17日	7月2日
無処理	0.5	2.4	0.3
混　植	0.2	1.0	0.1

注　0（健全）〜5（枯死）

生産性阻害要因を明らかにするために調査を行なった結果，根の褐変症が養分吸収を阻害し，地上部の生育を圧迫していることが判明した。根の褐変部からフザリウム・オキシスポラム菌が分離されたこと，およびその接種試験の結果から，スイカ，メロンの連作障害の主原因は本菌による土壌病害であると推定された。

栃木県におけるユウガオとネギとの混植栽培を参考にして，ユウガオと同じウリ科のスイカ，メロンにネギとの混植を導入し，連作障害の解消を期待できるか否かの試験を実施した。第1図に示したように播種後60日以上経過したネギ苗を，本圃へ定植する1週間から10日前のスイカ，メロンの鉢へ混植し，完全に活着させる。ただし，その後の試験によるとネギ苗はスイカ，メロンの鉢上げ時に混植したほうがネギの根の伸長がよく，本圃での混植効果も高いことが明らかになった。

定植後の生育・収量を第3，4表に示したが，混植は無処理に比べ，つる長，最大葉長，葉数，地上部の茎葉乾物重および1果重など調査項目のすべてにおいて優っていた。根の褐変程度を示した第5表をみると混植は無処理に比べ生育初期から褐変症は軽く，その差はスイカでは生育がすすむにつれて大きくなり，第2図に示したとおり混植で根は健全になっている。これはネギの根から分泌される有機物が土壌微生物中の，つる割病菌に対する抗菌微生物を増殖させ病害を軽減しているためと考えられ

第3表　混植スイカの生育・収量

処　理	つる長（cm）		最大葉長（7月27日, cm）		地上部茎葉乾物量（g/2株）		平均1果重（kg）
	6月25日	7月27日	縦	横	7月2日	8月17日	
無処理	214	371	20.1	20.6	256	875	6.8
混　植	222	388	21.5	22.6	316	905	7.2

第4表　混植メロンの生育

処　理	つる長（cm）		葉数 6月25日	地上部茎葉乾物重（7月2日, g/2株）	平均1果重（kg）	糖　度
	6月25日	7月27日				
無処理	146.9	279.5	21.6	110	1.28	14.8
混　植	146.9	282.0	22.9	118	1.32	15.0

第3部　有機農業の共通技術

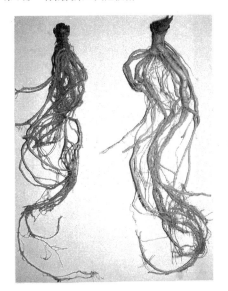

第2図　無処理と混植の根の違い
　　左：無処理，右：混植

第3図　スイカとネギとの混植

第4図　メロンとネギとの混植

る。
　第6，7表にスイカ，メロン両作物の養分含有率，吸収量を示したが，無処理区と比べて生育量の差が大きくあらわれたスイカでは各種養分とも含有率，吸収量の両者で混植のほうが無処理より高い。無処理区との生育量の差があまりなかったメロンではネギによる養分吸収の影響のためか窒素，カルシウム，マグネシウムの含有率で混植が無処理より低かった。ネギの混植では，根の褐変症が軽くなることにより養分吸収が高まる面とネギ自身による養分吸収の影響を受ける面とがあり，この両者を勘案して施肥を配慮する必要があると思われる。いずれにせよ，スイカ，メロンの連作による生産性の低下として指摘されたフザリウム・オキシスポラム菌による根の褐変症が養分吸収を阻害し，地上部の生育を悪化させ，収量・品質の低下をまねいているという事態はネギとの混植でおおむね解消されたと考えられる。スイカおよびメロンとネギとの混植状況を第3，4図に示した。
　ところで一般につる性の作物の根はつる先ま

第6表　混植スイカの養分含有率および吸収量（7月2日）

処理	含有率（乾物%）					吸収量（g/株）				
	N	P_2O_5	K_2O	CaO	MgO	N	P_2O_5	K_2O	CaO	MgO
無処理	2.08	0.62	2.75	3.19	0.80	5.32	1.59	7.04	8.17	2.05
混植	2.12	0.67	2.94	3.41	0.80	6.70	2.12	9.29	10.78	2.53

第7表　混植メロンの養分含有率および吸収量（7月2日）

処理	含有率（乾物%）					吸収量（g/株）				
	N	P_2O_5	K_2O	CaO	MgO	N	P_2O_5	K_2O	CaO	MgO
無処理	4.68	0.71	4.17	6.39	2.37	5.15	0.78	4.59	7.03	2.61
混植	2.29	0.80	4.42	3.99	1.79	3.53	1.23	6.81	6.14	2.76

第5図　ナガイモとネギとの混植
(樫田, 1990)

第6図　イチゴとネギとの混植

で伸長するといわれているが，1年ネギの根の伸長はというとスイカやメロンのつる先までは期待できない。そのためつる先と株もとの中間にもネギを混植することが考えられ，現実に実施して成果を上げている生産者もいる。

以上の結果から，スイカ，メロンに対するネギの混植はネギの根から分泌される特有の有機物である糖，アミノ酸，ビタミン，ホルモンなどの種類と量を栄養とする土壌微生物が根の近傍で増殖しスイカ，メロンのつる割病菌であるフザリウム・オキシスポラム菌に抗菌作用を及ぼすものと考えられる。こうして同じ根圏域にあるスイカ，メロンの根の病害を防ぎ，スイカ，メロンは健全に育つものと考えられる。

なお，北海道ではナガイモやイチゴでもネギ混植の効果が認められており，それを第5，6図に示した。ネギ混植はさらに多くの作物への適用が可能と考えられる。前述した栃木農試の木嶋研究員によると，ネギ属のニラ，アサツキにもネギ同様混植の効果が認められるとし，トマトとニラの混植例などが紹介されている。今後，多くの作物への導入を期待したい。

執筆　成田保三郎（北海道立中央農業試験場）

1993年記

白クローバ間作やタマネギ・レタス混作でキャベツの虫害が減る

執筆　赤池一彦（山梨県総合農業技術センター）

春作キャベツの有機栽培農家の実践から

キャベツやブロッコリーなどのアブラナ科野菜は、チョウ目害虫やアブラムシによる被害を受けやすく、化学合成農薬を用いない有機栽培はむずかしいとされる品目です。山梨県では八ヶ岳南麓に位置する北杜（ほくと）市を中心に有機栽培を実践している生産者が多く、これらの農家はアブラナ科野菜を上手につくっています。これには、作物同士の混作や自然雑草のウネ間被覆、適期作付けなどが重要な役割を果たしているものと考えました。

そこで春作キャベツを対象に、有機栽培の条件で、これらの栽培法の有効性をあきらかにするための実証試験を行ないました。圃場に自然発生する雑草でそのままウネ間を被覆した栽培法や白クローバをウネ間に作付けた間作法、さらにチョウ目害虫などが嫌うと有機栽培農家が用いているネギ類やレタスの混作法などを試みました。

試験1──自然雑草のウネ間被覆と白クローバ間作

まず、ウネ間被覆の効果について比較しました。試験区は、「自然雑草のウネ間被覆」「白クローバ間作」「間作なし」の3区としました（第2図試験1）。雑草は圃場に自生するものをそのまま利用しました。白クローバは前年の10月中旬に1kg/10aほどウネ間（通路になる部分）に散播し軽く耕うんしておきます。いずれも定植時に草丈が5～10cmであることが望ましく、その後は15～20cmを維持できるように適宜刈り込みます。

この作型で問題となる虫害は、モンシロチョウ、タマナギンウワバ、ヨトウガ類などチョウ目害虫による結球部の食害とダイコンアブラ

第1図　「タマネギ混作＋白クローバ間作」をしたキャベツ畑

混植・混作

試験1　白クローバ間作をすると虫害がぐんと減った

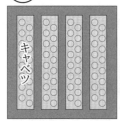
自然雑草のウネ間被覆

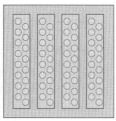
白クローバ間作

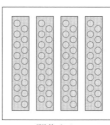
間作なし

■ ＝自然雑草
░ ＝白クローバ

被害度＝（1A＋2B＋3C＋4D）÷4N×100。被害程度は0（無）〜4（甚）の5段階。A〜Dは被害程度の分類による各被害株数、Nは調査株数（N＝50）

可販株率		66%	＝	67%	≫	0%
被害度	チョウ目	29		22		33
	アブラムシ	28		19		78
結球重		870g		977g		850g

試験2　白クローバ間作に混作を加えると、さらに虫害が少なく、売れるキャベツが増えた

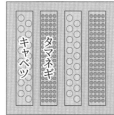
タマネギ混作＋白クローバ間作

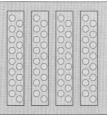
単作＋白クローバ間作

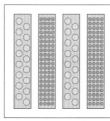
タマネギ混作＋間作なし

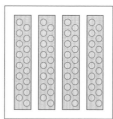
単作＋間作なし

可販株率		78%	＞	66%	≫	34%	＞	0%
被害度	チョウ目	19		22		27		32
	アブラムシ	5		22		49		81
結球重		1,051g		1,048g		878g		715g

試験3　白クローバ間作に株混作を加えると、もっと虫害が少なくなった

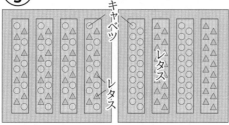
レタス株混作＋白クローバ間作　　　レタスウネ混作＋白クローバ間作

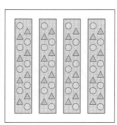
レタス株混作＋間作なし

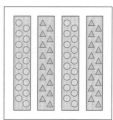
レタスウネ混作＋間作なし

可販株率		80%	＞	68%	≫	38%	＞	18%
被害度	チョウ目	17		30		38		54
	アブラムシ	4		8		38		50
結球重		1,022g		950g		967g		907g

第2図　春作キャベツの間作・混作試験

シ付着による結球部の汚れです。そこで、これらを対象に結球部の被害を調査し、圃場全体の可販株率と結球重をあきらかにしました（第2図試験1）。なお、最小限の防除として、BT水和剤をいずれの区とも結球初期に1回だけ散布しました（試験1～3共通）。

キャベツの可販株率は「間作なし」がゼロ％に対し、「自然雑草のウネ間被覆」が66％、「白クローバ間作」が67％と同程度でした。

「間作なし」のキャベツはチョウ目害虫の被害がやや多く、アブラムシの寄生が顕著に多くなりました。結球重は「白クローバ間作」が977gともっとも重い結果となりました。

試験2——白クローバ間作と混作

次に、キャベツに対してほかの作物を混ぜて植える混作と、ウネ間を被覆する間作の効果について比較しました。第2図試験2のように、タマネギ混作と白クローバ間作の有無を組み合わせた4つの試験区を用意しました。

キャベツの可販株率は「タマネギ混作＋白クローバ間作」が78％で一番高くなりました。間作なしの区は、虫害のなかでもアブラムシの寄生が顕著に多くなりました。虫害軽減に対する効果は間作が混作と比べるとより大きかったですが、両方を組み合わせた栽培法がもっとも虫害が少なく結球重も重い結果となりました。

試験3——白クローバ間作と株混作

さらに、混作方法について同一ウネ内で株ごとに交互に作付けた「株混作」と、ウネごとに交互に作付けた「ウネ混作」の効果を比較しました。試験区は、第2図試験3のようにレタスの混作2種類と白クローバの間作の有無とを組み合わせた4区を用意しました。

キャベツの可販株率は「レタス株混作＋白クローバ間作」が80％で一番高くなりました。混作法の違いでは、株ごとの混作のほうがウネごとの混作と比べて虫害が少ない傾向でした。4つの区のなかでは、レタスを株ごとに混作し白クローバを間作した栽培法がもっとも虫害が少なく結球重も重い結果となりました。

混作・間作で虫害が分散、天敵にも快適

混作や間作をすることでキャベツの虫害が軽減する仕組みの1つは、「資源分散効果」と呼ばれています。本試験での「資源」はキャベツにあたります。キャベツのみでなく、タマネギ、レタス、白クローバ、自然雑草などと組み合わせて圃場内に分散させながら作付けすることで、虫害が軽減したとする考え方です。混作や間作が、害虫に対する物理的な障害、視覚的なカモフラージュ、化学物質の攪乱、忌避作用として働いたと考えられます。

もう一つの仕組みが「天敵温存効果」と呼ばれています。多様な植生下では害虫を捕食したり、害虫に寄生する土着昆虫類の密度が高くなり、害虫の増殖が抑制されるという考え方です。キャベツの圃場内の土着天敵を調査するために、落とし穴トラップを設置したところ、自然雑草や白クローバがある圃場では、チョウ目害虫やアブラムシの天敵であるゴミムシ類、クモ類、ナナホシテントウなどの捕食性昆虫類の落下頭数が多い傾向となりました（データ略）。

そのほか、圃場内にはニホンアマガエルやヒラタアブの幼虫、寄生蜂など多くの捕食者や寄生者が確認されたことから、天敵となる土着昆虫類がこれらの植生管理によって生息しやすくなったと考えられます。

混作、間作、自然雑草を利用した栽培方法は、かつては国内でも日常的に行なわれていた伝承的な農法の1つであり、病害虫による甚大な被害や気候変動による作況不良などを最小限に止めるための知恵でもありました。

今後、多くの野菜品目で、植生管理の工夫による有機栽培を期待したいと思います。

（『現代農業』2013年7月号「キャベツの有機栽培でも　白クローバ間作やタマネギ・レタス混作で虫が減る」より）

オオムギ間作でタマネギのアザミウマが3分の1に

執筆　関根崇行（宮城県農業・園芸総合研究所）

農地やその周辺環境を多様化させれば、病害虫の被害を抑制できることは古くから知られています。そこで、われわれは農地の空いている部分（通路部分）で主作物以外の植物を育てることで、農業生態系を多様化させて病害虫を抑制する研究を進めてきました。

タマネギ栽培の大敵ネギアザミウマ

宮城県では、稲作からの転換品目として、晩秋あるいは早春に播種して、3月から4月上旬に定植、7月上旬に収穫する作型のタマネギが普及しています。そこで問題となるのがネギアザミウマです。

この害虫は成虫でも1.2mmほどと小さいうえ、葉の付け根部分に潜んでいることが多く、発見が遅れがちになります。また、細菌によるタマネギ腐敗病の発生との関連も指摘されています。さらに化学合成農薬が効かない事例も多く報告されており、防除がむずかしくタマネギ栽培の大敵となっています。宮城県の場合、ネギアザミウマの初発生時期は5月中旬ごろで、6月以降、急激に密度が上昇するので、何の対策もしないと収穫はほぼ望めません。

オオムギ間作で殺虫剤は1回のみ

オオムギを間作した試験区とオオムギを間作しない試験区（除草剤で通路部分を除草）を殺虫剤無散布の条件で比較しました。

ネギアザミウマのタマネギへの寄生数は、オオムギ間作区で無間作区の3分の1程度に抑えることができます。さらに本種の発生初期である5月中旬に効果の高い殺虫剤（宮城県ではトクチオン乳剤を推奨）を散布して初期密度の低下をはかることで、作期を通してネギアザミウマを低密度に抑制できます。

宮城県のタマネギ生産者の多くが3～5回、ネギアザミウマ対策で殺虫剤を散布しますが、オオムギ間作を導入すれば、殺虫剤使用は1回のみになります。散布労力や薬剤費の軽減のみならず、新たな薬剤抵抗性害虫の出現を抑制することにもつながります。

なぜオオムギ間作でネギアザミウマが減る？

オオムギ間作でネギアザミウマが減る理由はまだ十分には解明されていません。しかし、通路部分でオオムギを育てることで、ネギアザミウマがタマネギに辿り着けなくなる「障壁効果」、畑全体が緑色（タマネギとオオムギ）で覆われることによる「視覚的攪乱効果」、「畑やその周辺に存在している天敵（土着天敵）の保護強化」などの可能性が指摘されています。実際にはこれら複数の要因によってネギアザミウマが抑制されるものと考えられます。

第1図　オオムギ間作を導入したタマネギ圃場

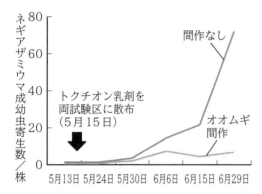

第2図　オオムギ間作によるタマネギのネギアザミウマ抑制効果
初期の殺虫剤併用。オオムギ間作区はタマネギを収穫するまでずっとアザミウマが少ない

なかでもわれわれは「土着天敵の保護強化」に着目しています。ここではネギアザミウマの抑制に貢献していると考えられる2つの土着天敵を紹介します。

土着天敵の活躍

（1）ゴミムシ類

ゴミムシというと、その名前からいい印象を抱かない人が多いかもしれません。しかし、第3図のように多くのゴミムシは肉食性で畑の中ではさまざまな害虫を捕食してくれる重要な天敵です。このゴミムシはほとんど飛翔することがなく、畑の中をひたすら歩きまわってえさを探します。オオムギの間作でゴミムシの数が間作なしの場合よりも10倍程度増えることを確認しています。どうやらオオムギはゴミムシにとって絶好の隠れ家のようです。

（2）ヒラタアブ類

ヒラタアブの幼虫はアブラムシを捕食する天敵として有名です。しかし、このヒラタアブ、じつは雑食性でタマネギ圃場ではネギアザミウマをよく捕食します。オオムギを間作すると、タマネギ株上でヒラタアブがよく観察されます。どうやらヒラタアブはオオムギに産卵して、その後孵化した幼虫（第4図）がタマネギに移動してネギアザミウマを捕食しているようです。

オオムギ間作のポイント

オオムギ間作の導入手順はとても簡単です。しかし、土壌条件によってはオオムギの過繁茂や栄養競合によってタマネギの収穫物が小玉化する可能性もあります。以下はオオムギ間作の手順と注意点です。

・オオムギをタマネギの定植前後に通路部分に5〜10kg/10a（通路部分面積換算）播種して軽く覆土します。覆土しないとオオムギの発芽率が低下します。

・オオムギは草丈の低い品種を使うと、日射阻害による収穫物の小玉化を軽減できます。‘シンジュボシ’（カネコ種苗の「マルチムギワイド」）は草丈が比較的低く、お勧めです。

・オオムギがタマネギの草高の半分を超えると、収穫物の小玉化リスクが高まります。そのような場合には、オオムギを15cmほどの高さで刈り込むことが有効です。オオムギを刈り込んでもネギアザミウマの抑制効果は維持されます。

・宮城県の場合だと、間作したオオムギは7月初めには倒伏して座死することから、収穫作業への影響はさほどありません。ただ、機械収穫をする場合には、オオムギの根により作業に支障が出る可能性も考えられます。

・ウネのマルチは白よりも黒のほうがネギアザミウマを抑制します。オオムギ間作と黒色生分解性マルチを併用して、栽培終了時には一緒にすき込んでしまいましょう。

キャベツの害虫も減る

オオムギの間作は、タマネギのネギアザミウマ対策以外にも利用可能です。たとえば、キャベツでもタマネギ同様にネギアザミウマの寄生が抑制されます。さらに、モンシロチョウ、アブラムシ類、タマナギンウワバも抑制。しかし、残念ながらコナガは抑制できません。

IPM（総合的病害虫・雑草管理）の基本は、「あらゆる防除手段を適切に組み合わせて病害虫を低密度に管理すること」です。オオムギ間

混植・混作

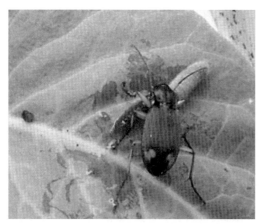

第3図 アオムシを捕食中のオオアトボシアオゴミムシ
宮城県にはよくいる

第4図 ヒラタアブ類の幼虫
10mm程度

作はすべての害虫に効果があるものではありませんし、効果があっても発生をゼロにする技術でもありません。圃場をこまめに観察して、適切なときに適切な防除方法を選択することが「害虫管理」の基本です。害虫管理のひとつの選択肢として、オオムギ間作を試してみてはいかがでしょうか？

　　　　　　　　＊

本研究の一部は「戦略的国際共同研究推進委託事業（JPJ008837）」の助成を受けたものです。
（『現代農業』2023年5月号「大麦間作でタマネギに来るアザミウマが3分の1に」より）

第5図 ホソヒメヒラタアブの成虫
7mm程度

ムギ間作とハゼリソウ温存でネギ畑に土着天敵を呼ぶ

執筆　大井田寛（千葉県農林総合研究センター）

近年、畑の内外の植生管理がもたらすさまざまな効果が注目されています。

本稿では、秋冬どり栽培の根深ネギでの調査結果を踏まえ、天敵の増殖源としての効果をねらったネギの植生管理について解説します。

減農薬プラス植生管理で天敵が活躍

ネギでは、出荷形態により許容できる病害虫被害の程度が異なります。調製して出荷する根深ネギの場合、出荷時に古い葉を除去するため、新葉での被害が少なければ外観品質上の問題がなく、減農薬などの工夫が可能です。そこで千葉県では、減農薬や植生管理でネギ害虫の土着天敵を保護・強化し、その力で害虫の密度を下げる方法を検討しました。

土着天敵を保護・強化したネギ畑では、おもに地表で活動するゴミムシ類、コモリグモ類、ヒメオオメカメムシ、葉上で活動するクモ類、カブリダニ類などの捕食者、ハモグリバエ類の寄生蜂（以下、寄生蜂）など、多様な天敵が発生します。種類により傾向は違いますが、減農薬だけよりも植生管理を組み合わせたほうが土着天敵の数が増えるようです。

ムギ間作──捕食性の天敵がアザミウマを抑える

ネギ畑でムギを間作して減農薬管理を行なうと、繁茂したムギの株元に、アザミウマを食べるヒメオオメカメムシなどの土着天敵が多く発

第2図　ムギを増殖源にするキイカブリダニ

第1図　ネギのウネ間にムギを間作

第4図　寄生蜂
ハゼリソウの花を一時的なえさにする

第3図　定植直後のネギ（左）と開花中のハゼリソウ（右）

生します。秋冬どり栽培の根深ネギでは通常9月ごろから土寄せが始まりますが、それまでに枯死するリビングマルチ用のムギ品種なら土寄せの邪魔になりません。また、ネギ1ウネ分を空けてそこにムギを植栽しておくと、枯死後も引き続き土着天敵の隠れ家となります。

その後は、殺虫剤散布を限りなく減らしたところ、晩秋にネギアザミウマを食べるキイカブリダニが多発し、アザミウマの被害が抑えられました。カブリダニの発生を安定化できれば、定植時の殺虫剤処理のみでアザミウマに対応できる可能性があります。

ハゼリソウ温存——寄生蜂がハモグリバエを抑える

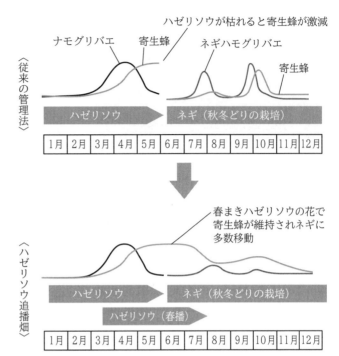

第5図　ハゼリソウの一部温存と追いまきによるネギ畑への寄生蜂の呼び込みのイメージ

千葉県内のネギ栽培圃場では、連作障害を回避する目的で緑肥作物としてハゼリソウが利用されています。ハゼリソウは花蜜や花粉が多く、海外では天敵のえさ資源として注目されています。

千葉県では、一部をすき込まずに温存し、ネギ定植後に天敵の供給源やえさ資源として用いる方法を検討しています。ハゼリソウでは、ネギへの実害がないナモグリバエが発生し、これらを寄主として多種類の寄生蜂が活動しています。そのうち数種類はネギハモグリバエに寄生できるほか、花がえさとなって寄生蜂の生存期間が延びることも確認できています。

ただし、ハゼリソウの寄生蜂の供給源やえさ資源としての効果を発揮させるためには課題があります。温暖地でのハゼリソウの播種時期は10～11月ごろと3～4月ごろの2回で、緑肥用には通常秋まきされます。これをすき込まずに維持すると5～6月ころ開花し、その後急速に枯死するため、その前後に定植される秋冬どりのネギでネギハモグリバエが発生する前に花がなくなり、寄生蜂が減少してしまうのです。

しかし春にハゼリソウを追いまきし、7月に開花させれば開花期間が連続し、ネギ畑への寄生蜂の呼び込みに利用できる可能性があります。

（『現代農業』2012年6月号「ムギ間作とハゼリソウ温存でネギ畑に土着天敵を呼ぶ」より）

キャンディミント混植で虫が減る理由

東京理科大学・有村源一郎さん

農家のあいだでは、作物の近くや通路にハーブなどの香りの強い植物を植えて、害虫が減ったと感じている人が少なくない。トマトにバジル、マリーゴールド。トマトやキャベツにミントなど。これらの植物の香り（匂い）成分が天敵を呼び寄せ、害虫抵抗性も強化することがわかってきた。

キャンディミントはタバコカスミカメを強く呼び寄せる

東京理科大学の有村源一郎さんは以前、ハダニの天敵としてイチゴ栽培に使われるチリカブリダニがミントの香りに惹きつけられることを見つけた。その経験から、今回、ミントのなかでもキャンディミントが、アザミウマやコナジラミなどの天敵のタバコカスミカメを惹きつけることを見つけた。

タバコカスミカメは食害を受けたナスの葉の匂いに強く惹きつけられることがわかっているそうだが、キャンディミントは、ハスモンヨトウの幼虫に食べられたナスの葉と比べて同じくらいタバコカスミカメを惹きつけた（大きなフラスコのような容器2つに、ハスモンヨトウ幼虫に食べられたナスの葉とキャンディミントを別々に入れて、それぞれの容器に集まるタバコカスミカメの数を調べた）。

さらに、ナスの葉のそばにキャンディミントを置き、タバコカスミカメにキャンディミントの香りをあらかじめ嗅がせておくと、ハスモンヨトウ幼虫に食べられたナスの葉よりキャンディミントのほうに多く惹きつけられるようになった。キャンディミントを作物の脇で育てるだけで、タバコカスミカメを強く呼び寄せることができるということだ。

しかも、誘引されたタバコカスミカメはそのままナスの葉に定着してハスモンヨトウの幼虫を、キャンディミントがない場合に比べて2倍も捕食した（第1図）。キャンディミントのおかげで、害虫の捕食能力も倍増したのだ。

香り成分のテルペン類がカギ

ミントの香りにはさらなる能力が秘められている。キャンディミントは作物の害虫抵抗性を活性化させ、キャンディミントがあるだけで害虫が食べにくくなることもわかった。ダイズとコマツナの1mまでの近い距離でキャンディミントあるいはペパーミントを栽培したところ、オンブバッタやコナガなどの害虫による被害が半分にまで低下した。

有村先生によると、これらの結果は、ほかのミント種にはなく、キャンディミントやペパーミントが特異的にもつ香り成分（1.8-シネオール、メントン、メントールなどのテルペン類）がカギ物質になっていると考えられるという。

ただしミント類は繁殖力が強く、管理がラクな反面、放置しすぎると雑草化するので、使うときには鉢植えにするなど注意が必要とのこと。

執筆　編集部

（『現代農業』2020年6月号「新発見！キャンディミントはタバコカスミカメの食欲を倍増させる」、『農業技術大系土壌施肥編』第2巻「ミントの匂いによる害虫抵抗性強化、天敵の誘引」より抜粋）

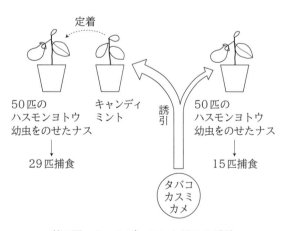

第1図　キャンディミント誘引の試験

混植・混作

白クローバのリビングマルチで飼料用トウモロコシの雑草抑制，養分供給

(1) 飼料用トウモロコシの無農薬栽培を目指して

2005年10月に「改正JAS法」，2006年12月に「有機農業の推進に関する法律」が制定され，日本型有機畜産の制度的な枠組みが整った。また，社会の有機畜産への関心も高まってきていることから，今後，畜産物の有機生産への取組みが本格化してくると考えられる。

しかし，今のところ飼料作物，とくに飼料用トウモロコシ（以下，見出し以外はトウモロコシと略す）を無農薬で栽培する技術は成立していない。広ウネで多肥栽培されるトウモロコシは，雑草の侵入を許しやすい作物であり，除草剤を用いることなく栽培することは，コスト的にも技術的にもむずかしい。そのため，自給飼料による有機畜産物の生産は容易ではない。

われわれの研究チームでは，トウモロコシの無農薬栽培技術の開発を目指して，リビングマルチ栽培（第1図）に注目してきた。リビングマルチとは，主作物と同時か主作物の播種の前に播種し，主作物の生育期間中も生育させつづける被覆作物のことであり（Hartwig and Ammon，2002），リビングマルチ栽培はそのような被覆作物を活用する栽培方法である。おもな目的は，主作物の休閑期間中の土壌侵食を防止することにある。

シロクローバを被覆作物として利用したリビングマルチ栽培で，トウモロコシが除草剤を用いることなく雑草を抑制できるとともに，チッソやリン酸を主作物に供給する効果が認められた。

(2) シロクローバのリビングマルチによる飼料用トウモロコシ栽培の概要

盛岡地域を例にとれば，シロクローバのリビングマルチによるトウモロコシの栽培は，以下のような方法で行なう。

1) トウモロコシの播種前年の8月に，シロクローバを10a当たり1～2kg播種する。11月ないし12月の降雪前までに，シロクローバの群落が形成される。

2) 翌春の融雪時にはシロクローバの地上部が枯死するが，その後再生し，再び畑がシロクローバで被覆される。そのシロクローバ群落の中に，5月下旬に不耕起播種機を用いてトウモロコシを播種する（第2図）。

3) トウモロコシ播種の3～4日後（トウモロコシの出芽前）に，ディスクモアでシロクローバの地上部を刈り払い，残渣を畑に放置する。その後，シロクローバは一時再生するが

第1図 シロクローバのリビングマルチによるトウモロコシ栽培の様子

（写真撮影：魚住　順）

第2図 リビングマルチ栽培でのトウモロコシの播種作業　（写真撮影：魚住　順）
シロクローバの群落の中に不耕起播種機JD-1750で播種

(第3図)，トウモロコシの生育とともに被陰され，最終的には枯死する。トウモロコシは，慣行栽培と比較して生育初期にやや徒長する傾向にあるが，その後の生育には問題はない。

このような方法でトウモロコシを栽培することで，除草剤を用いることなく雑草の繁茂が抑制できる。

(3) 飼料用トウモロコシの播種期と雑草抑制効果

①リビングマルチ栽培では被覆作物の制御法が課題

これまでリビングマルチ栽培では，主作物の播種後にも被覆作物が生育しつづけてウネ間を被陰するので，雑草の抑制が可能なことが示されている。この場合，雑草は抑制するが，主作物の生育を阻害しないように，被覆作物を制御することが必要である。

たとえば野菜類では，定植前年の秋に平ウネの両肩部分にヘアリーベッチを播種し，伸長した翌春に人力で引き倒して土壌を被覆する方法が考案されている（藤原・吉田，2000）。またスイートコーンでは，シロクローバをスイートコーンの生育中に刈り払ったり中耕して制御する方法が考案されている（三浦・渡邊，2000）。しかし，これらの制御法は，トウモロコシには労力的に導入できるとは考えられない。

②飼料用トウモロコシの5月末播種が効果的

そこで，野菜類やスイートコーンよりも生長速度が速いトウモロコシの特性を活かし，トウモロコシの播種時にシロクローバの地上部を刈り払うことのみによるシロクローバ制御の可能性を，トウモロコシの播種期別に検討した。

第1表に，前年の8月に播種し定着させたシロクローバを，トウモロコシの播種直前に刈払い不耕起播種した「リビングマルチ栽培区」と，除草剤なしで栽培した「耕起栽培区」の乾物収量と雑草の現存量を示した。

耕起栽培区では，トウモロコシの播種期にかかわらず，雑草の発生量が多く収量が低くなった。これに対して，リビングマルチ栽培区では，トウモロコシの播種時期が遅いほど収量が増加し，5月末に播種すれば耕起栽培区より多収になった。

シロクローバの生育適温はトウモロコシより低く，トウモロコシの播種期（シロクローバの刈払い期）の違いは，両者の競合関係に大きな影響を及ぼす。5月2日播種区のように，低温期（盛岡市の平均気温11℃程度）にトウモロコシを播種すると，シロクローバの再生速度がトウモロコシの伸長速度を上回り，シロクローバは雑草だけでなくトウモロコシの生育も抑制してしまう。

その後，気温の上昇とともにシロクローバは自然に衰退するが，生育不良になったトウモロコシには，その後の雑草を抑制する力はなく，

第3図　リビングマルチ栽培でのトウモロコシの初期生育の様子（6月上旬）

（写真撮影：魚住　順）

第1表　シロクローバのリビングマルチ栽培でのトウモロコシ播種期による収量と雑草への影響（単位：kg/10a） （魚住ら，2004から作成）

	トウモロコシの乾物収量				雑草の乾物現存量			
トウモロコシ播種期	5/2	5/11	5/21	5/31	5/2	5/11	5/21	5/31
耕起栽培区	1,163	1,232	1,286	1,196	268	118	185	206
リビングマルチ栽培区	378	1,205	1,435	1,619	635	89	66	49

広く空いたウネ間や株間を埋めるように新たな雑草が急速に侵入し，結果的にトウモロコシの収量は低下してしまう。

一方，5月31日播種区のように，十分に気温が上昇（盛岡市の平均気温15℃程度）してからトウモロコシを播種すると，トウモロコシの伸長速度がシロクローバの再生速度を上回る。そのため，シロクローバの群落から芽を出したトウモロコシは，ウネ間や株間を隙間なくシロクローバに覆われた状態で，雑草害を受けることなく生長する（第3図）。

この場合も気温の上昇とともにシロクローバは衰退するが，トウモロコシが十分に生育しているので，その後の雑草の侵入が抑制でき，高い収量が確保できる（第4図）。

(4) シロクローバの播種期と雑草抑制効果

①越年性雑草の抑制が課題

群落を完成させたシロクローバは，越冬後も早春から地表を速やかに被陰することで，低温期から発芽しはじめるタデ類，ヒユ類，シロザ，アカザなどの春〜夏雑草の発芽を抑え，さらにこれらが発芽した場合でも遮光により枯死させる。また，トウモロコシの播種時に実施される刈払いの後も，速やかに再生することで，生き残った前述雑草の再生芽や晩春から初夏に発芽盛期をむかえるヒエ，メヒシバ，イチビなどの夏雑草も抑制する。

しかし，このような雑草抑制力は，完成されたシロクローバの群落が，その下で発芽する雑草に対して発揮するものであって，シロクローバと同時に発芽する雑草に対してはほとんど抑制力をもたない。このような雑草には，ナズナ，ハコベ，スカシタゴボウ，オオアレチノギク，ヒメジョオンなどの越年性雑草があげられる。

これらの越年性雑草は，冬期間はロゼット状態でシロクローバと共存しているが，春になると急速に伸長し，背の低いシロクローバはもとより，トウモロコシをも抑圧してしまう。

無農薬栽培を行なうかぎり，これら越年性雑草の発芽自体を抑えるのは不可能である。したがって，シロクローバと混在するこれらの雑草を，なんらかの手段で群落から排除しておかなければならない。

②シロクローバの播種期と越年生雑草抑制力

シロクローバと混在する越年性雑草の排除には，シロクローバの早めの播種と定着後の刈払いが有効であると考えられる。そこで，シロクローバの播種期と雑草抑制力の関係を検討した。

8月中下旬播種が効果的　シロクローバの播種期別のトウモロコシの収量と雑草の現存量を第2表に示した。この結果から，シロクローバの播種期を「8月23日」とすることにより，雑草の現存量が減少したことがわかる。しかし，これ以降の播種期では雑草を抑制できず，結果的にトウモロコシの収量が低下した。

盛岡では8月中下旬にシロクローバを播種すると，速やかに定着し，旺盛な伸長を始める。同時に雑草も発芽するが，ヒエなどの夏雑草は日長に感応して，すぐに出穂して再生力が低下するため，9月末までに1〜2回刈り払えば容易に消滅する。また，越年性雑草も年内に生殖生長に移行して，再生力が低下することが多く，夏雑草よりやや遅めの刈払いでほぼ排除で

耕起栽培　　　　　　　リビングマルチ栽培

第4図　リビングマルチ栽培による雑草抑制効果（8月中旬）

（写真撮影：魚住　順）

除草剤を使うことなくトウモロコシを栽培した場合，耕起栽培（左）では雑草が繁茂するが，リビングマルチ栽培（右）では雑草を抑制できる

第2表 シロクローバのリビングマルチ栽培でのシロクローバの播種期によるトウモロコシ収量と雑草への影響（単位：kg/10a）

	シロクローバの播種期（月/日）	トウモロコシの乾物収量	雑草の乾物現存量（収穫期）
耕起栽培区	—	1,446	54
リビングマルチ栽培区	8/23	1,763	7
	9/3	1,028	162
	9/13	817	198
	4/3	954	206

きる。

さらに，翌春のシロクローバの草勢も強いので，年内刈りで排除できなかった越年性雑草が徒長ぎみに生育するため，トウモロコシ播種直前に行なわれる，刈払いによる排除効果も高まる。

遅い播種や翌春まきでは効果がない 一方，シロクローバの播種期が遅くなると，年内に可能な刈払い回数が減ってくる。また，翌春のシロクローバの草勢が低下し，雑草の徒長も起こりにくくなるため，春の刈払いによる排除効果も低下する。

さらに，翌春までシロクローバの播種を遅らせると，越年性雑草の春発芽個体に加え，ヒユ類やシロザなど春〜夏雑草が同時に多数発芽してくる。

早春にシロクローバと同時に発芽したこれらの雑草は，トウモロコシの播種時までは，草丈の低い栄養生長期のまま過ごすので，刈払いでの排除は期待できない。その結果，雑草が繁茂しトウモロコシの収量は大幅に低下してしまう。

第3表 シロクローバのリビングマルチ栽培でのシロクローバ刈払い残渣の処理方法とトウモロコシの収量，雑草への影響（単位：kg/10a）（魚住ら，2006から作成）

	トウモロコシの乾物収量	雑草の乾物現存量
刈払い残渣放置区	1,792	42
刈払い残渣除去区	1,143	167

(5) シロクローバ刈払い残渣の管理方法と雑草抑制効果

以上のように，シロクローバのリビングマルチ栽培のためには，シロクローバの早めの播種（盛岡であれば8月中）と，トウモロコシの遅めの播種（同じく5月下旬）が必要であることがわかる。しかし，シロクローバのもつ雑草抑制効果を十分に発揮させるには，さらにシロクローバを管理するうえでの注意点がある。

シロクローバの地上部現存量は，トウモロコシ播種時には乾物で300〜400kg/10aに達するが，これを集草利用したのでは，リビングマルチの雑草抑制効果が損なわれてしまう。第3表には，トウモロコシの播種時に，シロクローバの刈払い残渣をそのまま放置した「刈払い残渣放置区」と，除去した「刈払い残渣除去区」のトウモロコシの収量と雑草の現存量を示した。

残渣の除去は，雑草現存量を増加させ，トウモロコシの収量を大きく低下させることがわかる。つまり，シロクローバの刈払い残渣は，再生による雑草抑制効果が発揮されるまでのあいだ，地表を被陰して雑草の発芽を抑える役割を果たしていると考えられる。

(6) シロクローバのチッソ供給効果

①シロクローバからトウモロコシへのチッソ供給量

マメ科植物が，土壌のチッソ肥沃度を向上させることは広く知られている。シロクローバを被覆作物として利用することにより，リビングマルチ栽培にも主作物へのチッソ供給効果が期

待される。

リビングマルチによるトウモロコシへのチッソ供給量をあきらかにするために、シロクローバを用いた「リビングマルチ栽培区（チッソ無施肥）」と、複数水準のチッソの施肥量を設定した「耕起栽培区」を設けた（Deguchi et al., 2014）。トウモロコシ播種時のシロクローバの地上部乾物重は442kg/10aであり、地上部チッソ吸収量は17.3kg/10aであった。

このような条件でトウモロコシを栽培したところ、チッソ無施肥のリビングマルチ栽培区の収量やチッソ吸収量は、耕起栽培区でチッソを5kg/10a施肥した場合をやや上回った（第4表）。すなわち、シロクローバの地上部乾物重が400kg/10a程度の場合には、リビングマルチとして、トウモロコシに5kg/10a程度に相当するチッソ供給効果があると考えられた。

②シロクローバの刈払い残渣がチッソ供給源

しかし、リビングマルチ栽培を行なったからといって、常にチッソ供給効果が得られるとはかぎらない。逆に、シロクローバの状態によっては、リビングマルチがトウモロコシのチッソ欠乏の原因になることもある。

シロクローバの残渣の管理が、雑草抑制に影響を与えることは前述のとおりであるが、トウモロコシへのチッソ供給効果にも大きな影響を与える。シロクローバの刈払い残渣を放置した「刈払い残渣放置区」と、これを除去した「刈払い残渣除去区」を設け、トウモロコシの栽培試験を行なった。

第5表に示すように、シロクローバの刈払い残渣を放置することで、トウモロコシのチッソ吸収量と収量が増加した。この結果から、シロクローバの刈払い残渣（地上部）がトウモロコシの重要なチッソ肥料源であることがわかる。

③シロクローバの播種期の遅れはチッソ不足を助長

第5図には、シロクローバの播種期とトウモロコシの収量の関係を示した。

「耕起栽培区」ではチッソ施用により収量が増加しているので、供試土壌では地力チッソが不足していることがわかる。このような圃場でも、シロクローバを8月23日に播種した場合は、チッソを施用しなくても高い収量が得られており、リビングマルチからトウモロコシへのチッソの供給効果があることがわかる。

しかし、シロクローバを9月に播種した場合は、チッソ無施用では大きく減収するうえ、耕起栽培区のチッソ無施用よりも低くなっている。この結果から、シロクローバの播種期が遅くなると、トウモロコシへのチッソ供給効果が認められないばかりか、リビングマルチ栽培が逆にチッソ不足を助長することがわかる。

この原因は次のように考えられる。被覆作物から主作物に供給されるチッソは、その大部分が枯死した地上部に由来するとされている（Michell and Teel 1977）。そのため、播種期の遅れは、トウモロコシ播種時のシロクローバの

第4表 シロクローバのリビングマルチ栽培でのチッソ施肥によるトウモロコシ収量とチッソ吸収量への影響（単位：kg/10a） （Deguchi et al., 2014から作成）

	チッソ施肥量	乾物収量	チッソ吸収量
リビングマルチ栽培区	0	1,771	16.9
耕起栽培区	0	1,597	13.7
	5	1,763	16.2
	10	1,880	19.8
	20	1,855	24.0

注　トウモロコシ播種時のリビングマルチ栽培区のシロクローバ地上部乾物重は442kg/10a、チッソ吸収量は17.3kg/10aであった

第5表 シロクローバのリビングマルチ栽培でのシロクローバ残渣の処理方法によるトウモロコシ収量とチッソ吸収量への影響（単位：kg/10a） （魚住ら、2006から作成）

	乾物収量	チッソ吸収量
刈払い残渣放置区	1,841	17.9
刈払い残渣除去区	1,427	13.8

注　雑草の影響を排除するために適宜除草し、チッソは無施肥とした

現存量，すなわち刈り払われてチッソ源となる残渣の量を減少させる。また，遅まきでは根粒菌の発達が悪く，シロクローバが土壌中のチッソに頼った生育をする。

これらの原因が複合して，トウモロコシとシロクローバのあいだに強いチッソ競合が生じるため，耕起栽培よりも深刻なチッソ欠乏が生じると考えられる。

④トウモロコシ品種の早晩性も影響

また，トウモロコシ品種の早晩性も，チッソ供給効果に影響を与えると考えられる。前述の試験（第4表）ではRM125の品種を用いたが，より早生の品種を用いた場合は，シロクローバから十分なチッソ供給がみられないことがある。

これは，早生品種のチッソ吸収パターンに対して，シロクローバの残渣の分解が遅く，十分な量のチッソがトウモロコシに供給されないためであろうと考えている。

(7) シロクローバのリビングマルチ栽培によるリン酸供給効果

①トウモロコシのリン酸欠乏症状が軽減

リン酸は，チッソ，カリとともに肥料の三要素といわれる成分である。リン酸は土壌中のアルミニウムや鉄などと速やかに結合して不可給態化するため，施肥されたリン酸の利用率は低い。このような土壌の改良策として，リン酸の多量施用が基本とされてきた。しかし，近年，肥料価格が高騰していることから，今後はリン酸施肥量を減らした栽培技術の開発が必要になってくる。

トウモロコシはリン酸が欠乏すると草丈が低くなり，アントシアニンが蓄積して，葉が赤紫色になる。ところが，シロクローバのリビングマルチ栽培では，リン酸無施肥条件でもトウモロコシのリン酸欠乏症状が軽減されれた（第6図）。リビングマルチ栽培したトウモロコシは，リン酸を施肥しない場合にも赤紫色にならず，十分な初期生育が確保できた。

この原因を解明することで，トウモロコシ栽培の，リン酸施肥量を低減できる可能性があると考えられる。

②アーバスキュラー菌根菌の働き

シロクローバの刈払い残渣処理にかかわらずリン酸吸収が促進 シロクローバのリビングマルチ栽培が，トウモロコシのリン酸欠乏に与える影響をあきらかにするために，リン酸の肥沃度が著しく低い圃場で，シロクローバの「リビングマルチ栽培（リン酸無施肥）区」として「(シロクローバの) 刈払い残渣放置区」と「(シロクローバの) 刈払い残渣除去区」，「耕起栽培区」としてリン酸の施肥量を0kg/10aから100kg/10aまで3段階の処理区を設定し，トウモロコシを栽培した（Deguchi et al., 2007）。その結果を第6表に示した。

耕起栽培区では，リン酸施肥量が多いほど生育初期の草丈とリン濃度が高く，乾物収量が多くなった。つまり，この圃場でトウモロコシの十分な収量を確保するためには，リン酸の施肥が不可欠であることがわかる。

一方「リビングマルチ栽培

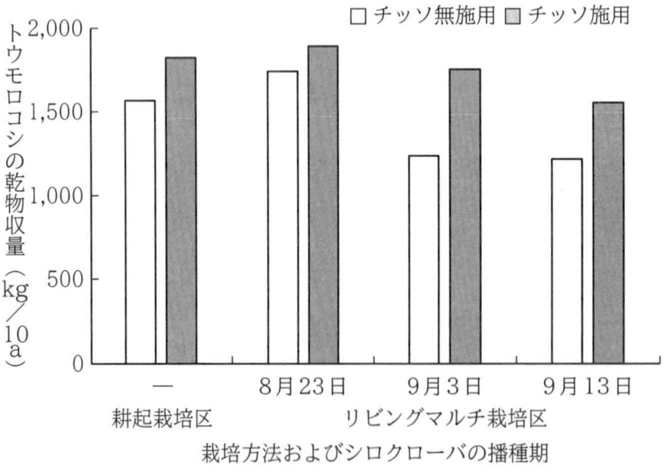

第5図 シロクローバのリビングマルチ栽培でのシロクローバ播種期によるトウモロコシへのチッソ供給効果の影響
チッソ施用区への施肥量は20kg/10aとした。雑草の影響を排除するために適宜除草した

混植・混作

区」では，残渣の処理方法にかかわらず，生育初期の草丈とリン濃度が高く，収量もリン酸を100kg/10a施肥した耕起栽培区と同程度になった。

これらのことから，シロクローバを用いたリビングマルチ栽培では，リン酸無施肥であっても，トウモロコシはリン酸を十分に吸収できたと考えられた。また，シロクローバの刈払い残渣を除去しても，除去しなかった場合と同程度の収量が確保できたことから，リビングマルチ栽培でのリン酸吸収の促進は，チッソとは異なり，シロクローバの残渣には起因しないと考えられた。

菌根菌の働きがリン酸吸収を促進

リン酸吸収促進の要因の一つとして，リビングマルチが土壌の生物性に及ぼす影響が考えられる。一般に，土壌中にはアーバスキュラー菌根菌が存在している。

アーバスキュラー菌根菌は，植物の根とともに菌根といわれる共生体を形成する。この菌根からは，外生菌糸が植物の根が伸びていない範囲にまで伸長し，リンなどの無機養分を吸収し，菌根と共生している植物（宿主植物）に供給することで，その生育を改善することが知られている。

そこで，シロクローバを用いたリビングマル

第6図　リビングマルチ栽培によるトウモロコシのリン欠乏症状の軽減　　　　　　　　　　　　（写真撮影：魚住　順）
リン酸無施肥のトウモロコシは赤紫色（写真の黒色部分）になって生育不良になるが，リビングマルチ栽培では正常な生育をする

チ栽培のリン酸吸収促進の要因として，アーバスキュラー菌根の可能性を検討した。トウモロコシ生育初期（播種34日後）の，アーバスキュラー菌根の形成率を第6表に示した。

耕起栽培区の菌根形成率は，リン酸施肥量にかかわらず低かった。一方，リビングマルチ栽培区では，残渣処理方法にかかわらず菌根の形成率が有意に高かった。したがって，リビングマルチ栽培によるトウモロコシのリン酸吸収促進は，生育初期における菌根形成の促進に起因すると考えられた。

第6表　シロクローバのリビングマルチ栽培でのトウモロコシの初期生育時の草丈，リン濃度，菌根形成率，乾物収量　　　　　　　　　　　　　　　　　　　　　（Deguchi et al., 2007から作成）

	シロクローバ残渣処理/施肥処理	草丈(cm)	リン濃度(%)	菌根形成率(%)	乾物収量(kg/10a)
調査日時		播種34日後			播種115日後
リビングマルチ栽培区	刈払い残渣放置区	78.4	0.40	88.3	1,599
	刈払い残渣除去区	78.4	0.37	89.2	1,465
耕起栽培区	リン酸0kg/10a区	36.9	0.20	14.6	703
	リン酸50kg/10a区	45.0	0.22	30.9	1,208
	リン酸100kg/10a区	52.7	0.27	27.3	1,499

③菌根形成が促進された原因

リビングマルチ栽培によって、トウモロコシの菌根形成が促進された原因は、おもに2点が考えられる。

一つは、リビングマルチ栽培が不耕起栽培であることがあげられる。耕起栽培は、不耕起栽培に比較して、アーバスキュラー菌根の形成が抑制されることが知られている（O'Halloranら，1986）。リビングマルチ栽培では、シロクローバ播種後に土壌を耕起しなかったことが、菌根形成促進の原因の一つとして指摘できる。

第7図　カリ無施肥で発生したリビングマルチ栽培でのトウモロコシのカリウム欠乏症状　　　（写真撮影：出口　新）
カリ無施肥では下位葉の辺縁部が黄化するカリウム欠乏症状がみられた

二つめには、シロクローバが、アーバスキュラー菌根菌の宿主としての役割を果たしたことである。これまでに、冬期間に菌根菌の宿主になる植物を導入することで、後作物の菌根形成が促進されることが知られている（Boswell et al., 1998）。リビングマルチ栽培では、シロクローバが冬期間も作付けされているため、春のトウモロコシの播種時には、すでにシロクローバの根に菌根が形成されている。シロクローバが、冬期間に菌根菌の宿主植物として機能したと推察できる。

(8) リビングマルチ栽培にはカリの供給効果はない

リビングマルチ栽培が、トウモロコシのカリ栄養に与える影響も検討した（Deguchi et al., 2010）。「リビングマルチ栽培区」と「耕起栽培区」のそれぞれに、カリ施肥とカリ無施肥の処理をし、トウモロコシを栽培した。その結果、カリ無施肥のリビングマルチ栽培区では、下位葉の辺縁部が黄化するカリ欠乏症状がみられ（第7図）、耕起栽培区やカリを施肥したリビングマルチ栽培区と比較して、絹糸抽出期の着雌穂葉のカリウム濃度と乾物収量が低かった（第8図）。

このことから、リビングマルチ栽培にはカリを供給する効果はなく、トウモロコシの十分な収量を確保するには、カリ施肥が不可欠であると考えられる。

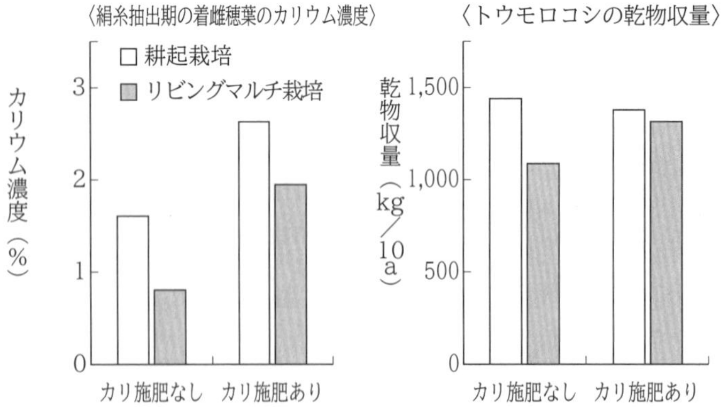

(9) 飼料用ムギとトウモロコシを組み合わせた2年2作の輪作体系

①トウモロコシは2年1作の作付け体系に

以上のように、シロクローバをリビングマルチに用いることで、トウモロコシを無農薬で栽培することが可能である。さらに、チッソとリン酸がトウモロコシに供給されることから、施肥量を節減できる可能性がある

第8図　シロクローバのリビングマルチ栽培でのカリ施肥によるトウモロコシの着雌穂葉カリウム濃度と収量への影響
（Deguchi et al., 2010から作成）

ことも示された。

しかし，この栽培技術を現場で普及させるためには，作付け体系について検討する必要がある。前述したように，東北北部（盛岡市）でシロクローバを用いたリビングマルチ栽培を行なうには，8月中にシロクローバを播種することが必要である。しかし，同地域でのトウモロコシの収穫期は通常9月下旬である。つまり，トウモロコシの収穫期とシロクローバの播種期が重なってしまうために，同一の圃場ではトウモロコシを2年に1回しか作付けることができない。

したがって，リビングマルチを活用してトウモロコシを連作する場合は，トウモロコシを収穫した9月から翌年の8月のシロクローバの播種までの，長い休閑期間のある2年1作の作付け体系になってしまう。

②飼料用コムギとの輪作で2年2作が可能―TDN（可消化養分総量）収量も高まる

そこで，シロクローバを用いたリビングマルチ栽培の活用法として，トウモロコシと飼料用ムギを組み合わせた，2年2作の輪作体系（第9図）が提案されている（魚住，2005）。

この輪作体系の収量性などをあきらかにするため，飼料の有機栽培に取り組んでいる青森県の現地圃場で，シロクローバを導入した「リビングマルチ栽培区」と「耕起栽培区」を設け，トウモロコシとライコムギを無農薬・無化学肥料で栽培した（Deguchi *et al.*, 2015）。なお，肥料源として，牛糞堆肥のみをシロクローバとライコムギの播種前に施用した。

その結果，トウモロコシは，耕起栽培区と比較してリビングマルチ栽培区のほうが雑草の繁茂が抑制され，収量が高まることが確認された（第10図）。ライコムギも，いずれの栽培区でも雑草は繁茂せず，収量はリビングマルチ栽培区のほうが耕起栽培区よりも多くなった。これは，リビングマルチによるチッソ供給効果が，トウモロコシだけではなくライコムギにも持続したためと考えている。

また，リビングマルチ栽培区の輪作体系全体（2年間）のTDN収量は，トウモロコシの耕起栽培を2年間連続した場合に推定されるTDN収量よりも多かった（第11図）。すなわち，リビングマルチ栽培を活用した輪作体系により，無農薬・無化学肥料栽培による飼料作物の収量性が高められた。

一方，シロクローバを9月下旬以降に播種できる，東北南部～北関東まで南下すると，トウモロコシの収穫期とシロクローバの播種期が重

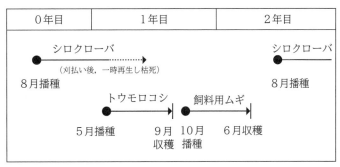

第9図 トウモロコシと飼料用ムギの輪作によるリビングマルチ栽培の作付け体系

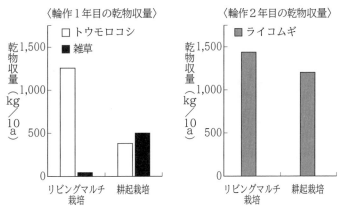

第10図 現地圃場でのシロクローバのリビングマルチ栽培と耕起栽培の輪作各年の乾物収量

（Deguchi *et al.*, 2015から作成）

第3部　有機農業の共通技術

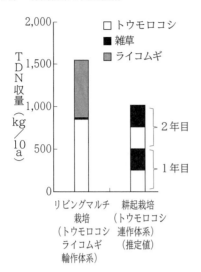

第11図　シロクローバのリビングマルチ栽培でのトウモロコシ・ライコムギ輪作体系と耕起栽培でのトウモロコシ連作体系のTDN収量の比較

輪作体系のTDN収量は実測値。連作体系のTDN収量は，第10図の耕起栽培でのトウモロコシおよび雑草のTDN収量を2年間分を合算した推定値

複しないため，トウモロコシの年1作が可能になると考えられる。

　本来，リビングマルチ栽培は，比較的温暖でありながら冬作を導入するには作期がやや不足する，これらの地域に最適な栽培法である。今後は，これらの地域向けに作付け体系を組み立てることも，重要な課題であると考えられる。

　執筆　出口　新・魚住　順（農研機構東北農業研究センター）

2010年・2024年記

参 考 文 献

Boswell, E.P., R.T.Koide, D.L.Shumway and H.D. Addy. 1998. Winter wheat cover cropping, VA myccorhizal fungi and maize growth and yield. Agriculture, Ecosystems and Environment. 67, 55—65.

Deguchi, S., Y. Shimazaki, S. Uozumi, K. Tawaraya, H. Kawamoto and O. Tanaka. 2007. White clover living mulch increases the yield of silage corn via arbuscular mycorrhizal fungus colonization. Plant and Soil. 291, 291—299.

Deguchi, S., S. Uozumi, E. Touno and K. Tawaraya. 2010. Potassium nutrient status of corn declined in white clover living mulch. Soil Science and Plant Nutrition. 56, 848—852.

Deguchi, S., S. Uozumi, E. Touno, M. Kaneko and K. Tawaraya. 2014. White clover living mulch controlled only by mowing supplies nitrogen to corn. Soil Science and Plant Nutrition. 60, 183—187.

Deguchi, S., S. Uozumi, M. Kaneko and E. Touno. 2015. Organic cultivation system of corn-triticale rotation using white clover living mulch. Grassland Science. 61, 188—194.

藤原伸介・吉田正則. 2000. 被覆作物ヘヤリーベッチのアレロパシーとマルチ資材としての利用に関する研究. 四国農業試験場報告. 65, 17—32.

Hartwig, N.L. and H.U. Ammon. 2002. Cover crops and living mulches. Weed Sci. 50, 688—699

Michell, W.H. and M.R. Teel. 1977. Winter-annual clover crops for no-tillage corn production. Agronomy Journal. 69, 569—573.

三浦重典・渡邊好昭. 2000. 播種時期の違いがリビングマルチ栽培したスイートコーンの生育に及ぼす影響. 日本作物学会東北支部会報. 43, 55—56.

O'Halloran, I.P., M.H. Miller and G. Arnold. 1986. Absorption of P by corn (*Zea mays* L.) as influenced by soil disturbance. Can J Soil Sci. 66, 287—302.

魚住順・出口新・伏見昭秀. 2004. シロクローバを用いたリビングマルチ栽培における飼料用トウモロコシの播種適期. 東北農業研究センター研究報告. 102, 93—100.

魚住順. 2005. シロクローバを用いたリビングマルチ―トウモロコシに対する雑草防除と地力向上効果―. 畜産の研究. 59, 247—252.

魚住順・出口新・田中治・河本英憲. 2006. 飼料用トウモロコシ栽培へのリビングマルチ導入による雑草の抑制とチッソ肥沃度の向上. 東北農業研究センター研究報告 106, 15—26.

第3部　有機農業の共通技術

天敵活用

天敵活用

　自然界はもともと食う食われるの関係を基盤に成立しており、作物を加害する困った害虫にも必ず天敵が存在する。この天敵を活用した防除には、資材化されている購入天敵を利用する場合と、地域にもともといる土着天敵を呼びよせたり捕まえたりして利用する場合がある。

　施設栽培では作物に自然発生する土着天敵が少ないため、購入天敵を中心に利用されることが多く、露地栽培では購入天敵も利用できるが土着天敵の利用が基本となる。

　天敵をうまく利用するためには、天敵を放つ（増殖させる）タイミング、天敵に影響の少ない農薬選びなどが欠かせない。自然界では害虫が増加したあとを追うように天敵が増加するが、栽培の場面ではそれでは間に合わず、被害が出てしまう。そこで害虫発生前や作物の生育初期から、天敵を殖やしたり温存する作物・植物（バンカープランツまたは天敵温存植物）を圃場で育てておき、十分な量の天敵を維持しながら害虫を待ち伏せする方法が各地で広がっている。

　露地では、ナスやオクラなどの周囲にソルゴーを植える方法が有名だ。ソルゴーでヒメハナカメムシやテントウムシ、ヒラタアブなどの土着天敵が殖え、それがアザミウマやアブラムシなどの害虫を食べてくれる。

　ハウスでは、ナスやピーマンのハウスの谷下などに、よくムギを植える。ムギにつくムギクビレアブラムシをえさにして、購入天敵のコレマンアブラバチを増殖させる方法だ。天敵を温存する植物にはほかにも、ソバ、ゴマ、クローバ、バーベナ、マリーゴールド、クレオメなどが利用されている。

　日本における天敵活用は古く、1980年代、ナスに猛威をふるったミナミキイロアザミウマを、白クローバなどにもともといるヒメハナカ

第1表　農薬登録されているおもな天敵昆虫

対象害虫	天敵の種類	天敵名
アザミウマ類	捕食性昆虫	アカメガシワクダアザミウマ、タイリクヒメハナカメムシ、タバコカスミカメ、アリガタシマアザミウマ
	捕食性ダニ	ククメリスカブリダニ、スワルスキーカブリダニ、リモニカスカブリダニ、キイカブリダニ
アブラムシ類	寄生蜂	ギフアブラバチ、コレマンアブラバチ、チャバラアブラコバチ
	捕食性昆虫	ナミテントウ、ヒメカメノコテントウ、ヤマトクサカゲロウ
コナジラミ類	寄生蜂	オンシツツヤコバチ、サバクツヤコバチ、チチュウカイツヤコバチ
	捕食性昆虫	タバコカスミカメ
	捕食性ダニ	スワルスキーカブリダニ、リモニカスカブリダニ
ハモグリバエ類	寄生蜂	ハモグリミドリヒメコバチ、イサエアヒメコバチ、ハモグリコマユバチ
ハダニ類	捕食性ダニ	チリカブリダニ、ミヤコカブリダニ
チャノホコリダニ	捕食性ダニ	スワルスキーカブリダニ、リモニカスカブリダニ
ケナガコナダニ	捕食性ダニ	ククメリスカブリダニ

注　『新野菜つくりの実際第2版』天敵の利用の項（大井田、2023～2024）を参考に編集部作成
　　適用害虫や適用作物は天敵の種類やメーカーによって違うので、最新の情報（各製剤のラベル）にしたがう

メムシが食べてくれることがわかり、土着天敵に注目が集まった。

その後、1990年代、トマトのコナジラミなどを対象にしたオンシツツヤコバチ、イチゴのハダニなどを対象にしたチリカブリダニが資材化。ここから日本の天敵資材利用が始まったとされる。

2000年代初頭には、ハダニやアザミウマ、コナジラミなど害虫を幅広く食べるタイリクヒメハナカメムシが資材化。このころ、高知県ではハウスナス、ピーマンで購入天敵を含めた土着天敵利用が大きく進み、先進県として広く知られることになった。その後、ハダニやアザミウマ、コナジラミなど害虫を幅広く食べて、かつ作物の花粉や蜜などもえさにできるミヤコカブリダニ（2003年）とスワルスキーカブリダニ（2009年）が資材化され、天敵活用は前進した。

2010年代には、アブラムシやコナジラミ、アザミウマを食べるヒメカメノコテントウが資材化。スワルスキーとミヤコカブリダニが露地にも適用拡大された。

化学農薬にすぐ抵抗性がつき、「農薬に頼る栽培」の限界があきらかになっている昨今、日本の野菜農家は天敵をあたりまえに栽培に活用しだしている。イチゴ農家ではミヤコカブリダニ＋チリカブリダニの体系が部会単位でふつうに導入されるようになった。作物の幅も広がり、これまで葉が細くて天敵が定着しづらいと見られていたアスパラガスでも成功例が出てきている。

近年は、コナジラミやアザミウマを食べる土着天敵のタバコカスミカメの利用がハウスナスやピーマンなどで急拡大。食害のおそれがあるからむずかしいだろうといわれていたトマトでも、適正密度なら問題ないことがわかり、利用が進んでいる。クレオメで簡単に殖やせるし、肉眼で確認できる大型の天敵なのでその活躍ぶりを実感できて農家の人気も高い。もともと西日本の土着天敵だったが、利用は東日本まで広がりつつある（2021年には資材化）。

執筆　編集部

第2表　おもな土着天敵昆虫

対象害虫	天敵の種類	天敵名
アザミウマ類	捕食性昆虫	ヒメハナカメムシ、タバコカスミカメ、クロヒョウタンカスミカメ、ヒメカメノコテントウ、ヒラタアブ、ゴミムシ、徘徊性クモ
	捕食性ダニ	キイカブリダニ、ヘヤカブリダニ、コウズケカブリダニなど
アブラムシ類	寄生蜂	ギフアブラバチなどの寄生蜂
	捕食性昆虫	ヒラタアブ、クサカゲロウ、ヒメカメノコテントウ
コナジラミ類	捕食性昆虫	タバコカスミカメ、クロヒョウタンカスミカメ、ヒメカメノコテントウ
	捕食性ダニ	ヘヤカブリダニ、コウズケカブリダニ
ハモグリバエ類	寄生蜂	ハモグリミドリヒメコバチ、イサエアヒメコバチ、ハモグリコマユバチ
ハダニ類	捕食性昆虫	クロヒョウタンカスミカメ
	捕食性ダニ	コウズケカブリダニ、ニセラーゴカブリダニ
チャノホコリダニ	捕食性ダニ	ヘヤカブリダニなど
チョウ目（コナガなど）	捕食性昆虫	ゴミムシ、徘徊性クモ
	寄生蜂	コナガコマユバチなどの寄生蜂

注　編集部作成。土着天敵は地域性があり、他県では使用できない

露地オクラ ソルゴー＋ソバで土着天敵を集めてアブラムシ防除

執筆　前川信男（鹿児島県指宿市）

取組み面積は80倍に拡大

オクラ（ハウス20a、露地30a）のほか、スナップエンドウやソラマメ、ブロッコリーなどを栽培しています。

当地は暖かく、年平均気温は約17℃。無霜地帯も多く、冬場のハウスオクラも無加温で播種できます。指宿地域にオクラ生産者は約1,500人。栽培面積は約320haで日本一を誇ります。冬場のスナップエンドウ、ソラマメの生産量も日本一です。

鹿児島県農業開発総合センターの研究員に、オクラでのIPM（総合的病害虫管理）を勧められ、当時数名の農家で土着天敵利用の現地試験を開始したのが2015年。露地オクラでの試験を重ね、その後、2018年にハウスオクラでも天敵利用を開始（市販の天敵を活用）。当初50aで始めた天敵活用は2021年、80倍の計約40haまで拡大しました。

防除経費が7割減

ここまで広がったのは、土着天敵によって防除の負担が軽減され、経費も削減できるからです。

まず、天敵温存植物（バンカー植物）を植えれば、天敵代はタダ。テントウムシ類やヒラタアブ、アブラバチ（寄生バチ）やクサカゲロウ類など土着の天敵が勝手に殖えて活躍してくれます。

バンカー植物のタネ代は10a当たり約1,000円ですみます。播種作業はタネまき器の「ごんべえ」やオクラ播種器を利用でき、あっという間に終わります。天敵栽培に取り組むことで防除回数が減り、労働費と農薬代を合わせると約7割削減できました。

第1図　筆者夫婦。オクラを露地で30a、ハウスで20a栽培（写真撮影：赤松富仁、以下Aも）

第2図　オクラ畑の端で天敵温存植物のソルゴーとソバを栽培（6月下旬、A）

天敵活用

露地オクラ①

ソルゴーやソバ（天敵温存植物）でアブラムシが防げるしくみ

第3図　ソルゴーを通路に植えた畑
（薩摩地域振興局、以下Sも）

第4図　ソルゴーについたヒエノアブラムシ（S）

第5図　ヒラタアブ幼虫
それほど機動力はないが、幼虫がアブラムシを爆食する（S）

第7図　テントウムシ幼虫（A）

第8図　ヒメカノノコテントウ成虫
成虫も幼虫もアブラムシのほか、コナジラミやアザミウマなどを食べる（A）

第6図　ヒラタアブ成虫
ソバの花粉や蜜をえさにし、アブラムシのコロニーをねらって産卵。孵化した幼虫がアブラムシを食べる（A）

　まずオクラの圃場にまいたソルゴー（ソバ）にアブラムシ（ヒエノアブラムシ）がつく。それを食べにテントウムシやヒラタアブ、クサカゲロウ、ヒメハナカメムシなどの土着天敵が集まってきて、そのあとオクラのアブラムシ（ワタアブラムシ）も食べてくれる。農薬をかけなければ、これらの天敵が活躍してくれる。ちなみにヒエノアブラムシはオクラにはつかないので、害虫にはならない。
　前川さんによると、ソルゴーで殖える土着天敵でよく目につくのは、①テントウムシ類、②ヒラタアブ、③クサカゲロウの順だそうだ。

バンカー植物はソルゴーとソバ

　圃場に天敵を呼び寄せるための植物にはソルゴーを使っていましたが、その後も数種類の植物を試して、現在はソバも併用しています。

　ソルゴーは、天敵のえさとなるヒエノアブラムシを多く寄せつけます。品種は雪印種苗の'短尺ソルゴー'で、樹高が低く（130～150cm）、倒伏に強く、オクラの邪魔にもなりません。

　しかし、ソルゴーに土着天敵が集まるのは7月以降となるので、オクラの栽培前半（5～6月）に天敵を呼び込むために選んだのがソバです。使用するソバは秋まきの在来種。これを春にまくとすぐに花が咲き、しかも長期間咲き続け、花粉や蜜に天敵が集まってきます。

ソルゴーとソバの育て方

　露地栽培の場合、バンカー植物を植える場所に決まりはなく、圃場の形状によってさまざまです。管理作業の邪魔にならないよう、外周に植えることが多いですが、ウネ間にまくこともあります。播種は4月上旬から6月にかけて。生育が遅いソルゴーを先に播種し、発芽してからソバをまきます。栽植の目安は10a当たりそれぞれ約100m、すじまき（1条まき）します。播種量はソルゴーが約500gでソバは300g程度。アブラムシを殖やすため、オクラと同程度に施肥します。

　ハウス（連棟）栽培の場合は、谷下に「ヘイオーツ」（アウェナストリゴサ）を数か所、計50mまきます。えさとなるムギクビレアブラムシをつけて、殖えたタイミングで寄生バチ（アフィパール）を放飼、第2段としてヒメカメノコテントウ（カメノコS）を放します。

　これらバンカー植物のおかげで、オクラにつくワタアブラムシは天敵がほぼ退治してくれます。チョウ目害虫の防除には農薬を使いますが、ハスモンヨトウの孵化直後の幼虫を、数種のテントウムシ（成虫）が食べることも確認しています。

後作のマメ類でも土着天敵大活躍

　ソルゴーとソバによる天敵活用は、秋冬作のスナップエンドウ栽培でも始まっています。背の高いソルゴー（タキイ種苗の'ウインドブレイク'）を圃場の外周にまいてアザミウマの侵入を防ぎつつ、オクラと同じようにソルゴーの株元にソバをまいて、天敵を呼び寄せる方法です。

　マメ類はアザミウマが花の中に潜り込み、農薬による防除が困難です。スナップエンドウでは、アザミウマ類の被害による白ぶくれ症が問題になっていましたが、土着天敵を導入した試験では被害を8割以上軽減することができました。

　オクラ（春夏作）の天敵をマメ類（秋冬作）に繋ぐ方法として、取り組む農家が増えています。JAいぶすき管内ではほかに、ピーマン農家とバンカー植物や天敵をお互いにシェアする試みも始めました。

　土着天敵による防除は、農薬選びが非常に重要です。害虫が殖えてしまった場合は殺虫剤を使うこともありますが、選択性の剤を選ぶことで、天敵への影響を最小限に抑えています（第1表）。

　また、以前は「予防的農薬散布」が主流だったのが、害虫の発生を確認してから、被害が広がる前の初期防除へと、農家の意識も少しずつ変わってきました。

　そして天敵栽培は部会だけでなく、産地全体で取り組んで地域の天敵密度を高める必要があります。部会では2022年度の導入面積約50haを目標に、一人でも多くの農家に周知しようと取り組んでいます。

（『現代農業』2017年6月号「日本一のオクラ産地　ソルゴー＋αでアブラムシを長く抑える」、2022年6月号「オクラ畑にソルゴー＋ソバ2本柱でアブラムシ防除を強化」、2023年6月号「露地オクラ　ソルゴーとソバの混作でアブラムシの天敵をずーっと呼ぶ」より）

露地オクラ②

ソルゴーのまき方

第9図　ソルゴーは畑の状況に合わせて臨機応変にまけばいい。目安としては1条すじまきで10a当たり100m以上

第10図　オクラとソルゴーをこれからまく圃場。この圃場では周囲ではなく、広めにとった通路（ウネ幅260cm、前川さんが手を広げているところ）にソルゴーをまく予定。通常のウネ幅は180cm

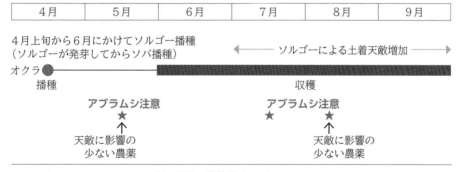

第11図　農薬散布のポイント

アブラムシが最初に発生するのは5月ころ。ソルゴーに天敵が殖えてくるのは7月以降。5～6月に土着天敵を集めるのがソバ。間に合わない場合は農薬を散布

第1表　天敵にやさしい農薬

アブラムシが出た場合	ヨトウムシ類が出た場合
チェス顆粒水和剤、エコピタ液剤、粘着くん液剤	プレオフロアブル、フェニックス顆粒水和剤、デルフィン顆粒水和剤、プレバソンフロアブル5、ジャックポット顆粒水和剤

露地ナス
スワルスキー＋土着天敵が予想以上の防除効果

執筆 蓼沼 優（群馬県館林地区農業指導センター）

第1表　試験の概要

	スワルスキー併用区	土着天敵温存区
品種：くろべえ 台木：トレロ	定植：5月7、14日 （550株/10a）	定植：5月9日 （250株/5a）
マリーゴールド	品種：フレンチマリーゴールド	
ソルゴー	品種：大きいソルゴー	
スワルスキー	放飼：5月26日	―

露地でも天敵をうまく使いたい

　群馬県では、2010年ころから施設ナスを中心に天敵製剤を利用した防除体系が導入され、アザミウマ類やコナジラミ類などの有効な防除対策として定着しています。この効果があきらかになると、露地ナス農家からは「ハウスでは天敵が使えるから防除がラクでいいね。露地でも使えればよいのに」という声が聞かれるようになりました。

　一方で露地ナスでも土着天敵を活用する取組みがあり、ヒメハナカメムシ類（以下、ヒメハナ）などによる防除効果も報告されましたが、効果が不安定な事例もあり、全面的な技術導入推進は躊躇される状況にありました。

　2015年に天敵製剤スワルスキーカブリダニ（以下、スワルスキー）が露地ナスへ適用拡大されたことに伴い、スワルスキーと土着天敵を併用した露地ナスでの防除効果について現地調査を実施しました。

スワルスキー＋土着天敵で試験

　調査は、1）スワルスキー併用区（スワルスキー＋土着天敵温存）と、2）土着天敵温存区とし、スワルスキーを放飼する以外の条件はすべて同一としました（第1表）。定植したナスは5月末まで不織布によるトンネル被覆を行ない、スワルスキー併用区ではトンネルを除去する前にスワルスキーを10a当たり5万頭放飼しました。

　どちらの圃場も土着天敵を温存するものとして、圃場外周へソルゴーを播種したほか、フレンチマリーゴールドの苗をナスの株間やベッドの両端（10a当たり4ベッド分）、ソルゴーの内側に植えました。

　そしてナスの開花節直下の葉（15株60葉）の見取りと、果実のアザミウマ被害果などについて調査しました。

アザミウマ被害での廃棄はゼロ

　スワルスキー併用区の見取り調査では、調査開始直後からスワルスキーおよびヒメハナの定着が確認され、アザミウマ類、コナジラミ類の発生は期間を通して実害のない範囲に抑えることができました（第1図）。とくにアザミウマ類による被害果の抑制効果は予想以上に高く、9月から10月にかけて10日間隔で実施した収穫果実全量調査では、小さな食害痕（出荷可能）が平均3％発生しただけで、アザミウマ類被害による果実の廃棄数はゼロという結果になりました。

　さらに、対照とした土着天敵温存区でも、アザミウマ類やコナジラミ類の抑制効果が認められました（第2図）。アザミウマ類の被害果数についても天敵併用区に比べやや多いながら、被害果率は平均5％未満、被害果の廃棄率は1％未満にとどまりました。

スワルスキーとヒメハナが、株の上と下で棲み分けていた

　スワルスキー併用区の見取り調査では面白いことがわかりました。スワルスキーとヒメハナは、調査開始直後はほぼ同数確認されましたが、その後ヒメハナによるスワルスキーの捕食行動が確認され、徐々にスワルスキーが減少し

ていきました。株元に近い下葉でも調査を行ないましたが、そこではヒメハナがほとんど確認されず、スワルスキーが高い密度で生息しており、同じ株の上と下で棲み分けしていることがわかりました。

そして7月下旬以降、ヒメハナが世代交代によって減少すると、下葉にいたスワルスキーが株全体に広がり、防除の主役を引き継いでいることがわかりました。また、8月下旬以降にヒメハナの次世代幼虫が増加しましたが、スワルスキーが十分増加していたために、調査終了までヒメハナ以上の個体数を維持していました（第1図）。

露地作物では常に複数の天敵昆虫が混在するため、天敵昆虫同士でも捕食する側とされる側の関係があるようです。しかし複数の天敵を同時に温存すれば、優位に立つ天敵昆虫の密度が低下しても、それに次ぐ種が優位に立ち防除効果を維持することができます。

今回の調査では、土着天敵温存区でも予想以上の防除効果が得られましたが、スワルスキー併用区のほうがより高く安定した効果を得られた理由として、優位に立つヒメハナの端境をスワルスキーがカバーし、後半は両種が害虫を抑えた結果だと考えられます。

すべてを農薬に頼る以上の効果へ

今回調査に協力していただいた生産者の藤倉正樹氏は「天敵によって害虫の増加が抑えられていたので、余裕をもって作業ができました。今後も栽培環境の改善と選択性農薬の情報整理をすすめて、より効果的な天敵利用技術を身につけたい」と、天敵利用防除の感想を語ってくれました。

露地ナスでの天敵製剤を利用した防除技術はまだわからない部分が多く、今回紹介した調査結果も一事例にしかすぎません。単に天敵製剤

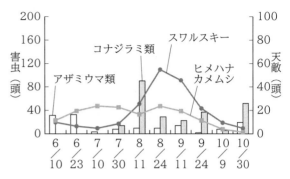

第1図　スワルスキー併用区

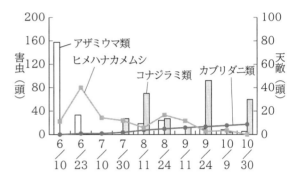

第2図　土着天敵温存区

スワルスキー併用区は、土着天敵温存区に比べ、アザミウマ類もコナジラミ類も安定して抑えた。また、スワルスキー併用区では初期にヒメハナカメムシが活躍し、8月に入ってからはスワルスキーが活躍したことがわかった

さえ導入すればいつでも同じ効果が得られるわけではないと思います。

しかし、藤倉氏が語るように、天敵昆虫の活躍しやすい環境を整え、天敵に影響の少ない農薬を使用するなど、天敵製剤と土着天敵をうまく活用する技術を身につければ、やがてすべてを農薬散布に頼る防除方法以上の効果を得ることも可能になるのではないでしょうか。

引き続き、露地ナスIPM技術の向上と安定化に向けて調査をしていきたいと思います。

（『現代農業』2016年6月号「これはいけそう　スワルスキーが露地ナスでも使えるようになった」より）

これは使える天敵温存植物10選

執筆　安部順一朗（農研機構西日本農業研究センター）

果菜類栽培では、施設・露地ともに天敵利用の取組みが広まりつつあります。これに欠かせないのが天敵温存植物です。本稿では生産現場で害虫抑制に役立つ10種の天敵温存植物を紹介していきます。

天敵の力を発揮させるために

多くの天敵は、活動のための栄養源として植物質のえさを食べます。とくに花粉や花蜜は、天敵（とくに成虫）の活動にとって重要な役割を果たしています。ところが、農作物を栽培する圃場には、栄養源となる花粉や花蜜が少ないことが多く、そのために天敵が本来の力を発揮できないことがわかってきました。

そこで、農作物と一緒に天敵のえさとなる植物を植え、天敵の働きを強化する試みがなされています。ここで使われる植物が天敵温存植物です。天敵温存植物は天敵のえさとなるだけでなく、隠れ場所として天敵を保護する役割を果たすこともあり、天敵を活用するうえで重要な役割を果たします。

とはいえ、天敵温存植物さえあれば、すべての害虫を抑制できるわけではありません。天敵温存植物で対応できない害虫や病気には化学農薬の散布が必要です。しかし、天敵を殺してしまうような剤を使ってしまっては本末転倒。天敵にたっぷり働いてもらうには、天敵に影響の少ない選択性農薬を使って天敵を保護する必要があります。

このように、一方で天敵の働きを強化しつつ、一方で天敵が減らないように保護することが、天敵を上手に使いこなす秘訣です。こうした取組みをまとめて「天敵の保護・強化」といいます。ここでは便宜的にこれを「天敵温存」と呼びます。

見た目がきれいな天敵温存植物

多くの天敵が、花粉や花蜜を食べることから、花を多く咲かせる植物が天敵温存植物として注目されています。こうした植物にはガーデニング用として園芸店で販売されているものが多く、圃場に植栽すればきれいな花を咲かせます。そのため、天敵を保護・強化するだけでなく、作業環境を美しく改善する効果も期待できます。まずはそのような見た目にきれいな植物を、実際に導入する際の注意点も踏まえながら紹介します。

第1図　クレオメ（フウチョウソウ科）

(1) クレオメ——タバコカスミカメが大好き

クレオメには、タバコカスミカメを温存する効果があります。タバコカスミカメはクレオメの花や生長点に多く集まりますが、茎や葉だけでも十分に増殖します。温暖な地域では、露地でクレオメを栽培すると、土着のタバコカスミカメが自然に発生し、増殖します。クレオメは比較的低温に強く、促成栽培施設でも生育します。

ただし、大きくなると高さ2mを超えることがあるうえ、横にも広がりますので、圃場に植栽する場合は比較的広いスペースを選ぶ必要があります。1株で維持できるタバコカスミカメの数が非常に多いため、たくさん植える必要はありません。

(2) スイートアリッサム——低温に強い

スイートアリッサムの花には、カブリダニ類やタバコカスミカメ、ヒメハナカメムシ類、ヒラタアブ類の成虫を温存する効果があります。スイートアリッサムは高さ30cm程度の小山のような形に生育するため、圃場に植栽する際に場所をとりません。寒さに強く、温暖な地域であれば露地でも冬期に生育・開花し、促成栽培施設でも十分に生育します。

ただし、暑さに弱いため、高温になると生育が悪くなります。また、アブラナ科であるため、品種や環境によってはアブラナ科野菜類の害虫が発生するおそれがありますので注意が必要です。

第2図　スイートアリッサム（アブラナ科）

(3) スカエボラ——場所をとらずに植えられる

園芸店などでは「ブルーファンフラワー」として苗が販売されています。スカエボラの花には、ヒメハナカメムシ類やカブリダニ類を温存する効果があります。匍匐性の草花で、生育すると横に広がり、縦方向には伸びません。そのため、農作物と同じウネ上に混植することができます。

露地では春から秋にかけて開花が続きます。促成栽培施設では日当たりのよい場所であれば、作期を通して生育、開花しますが、日当たりが悪いと育ちません。スカエボラは苗でしか販売されていませんので、圃場へ導入する際には定植作業が必要になります。

第3図　スカエボラ（クサトベラ科）

(4) ハゼリソウ——ヒラタアブが大好き

ハゼリソウの花にはヒラタアブ類の成虫を温存する効果があります。草丈は50cm程度になりますが、1株当たりの開花数が少ないため、十分な効果を得るためには、広いスペースを確保したうえで、すじまきにすると効果的です。

春先に播種しても開花しないことが多いため、冬のうちに播種しておくことがポイントです。そのため、施設栽培より露地栽培に適しています。もともとは緑肥植物として利用されていますので、緑肥としても使えます。

第4図　ハゼリソウ（ハゼリソウ科）
写真は鹿児島県農業開発総合センター・井上栄明氏撮影

(5) バーベナ——タバコカスミカメが喜ぶ

バーベナにはタバコカスミカメを温存する効果があります。タバコカスミカメは花や生長点に集まりますが、茎や葉だけでも増殖します。バーベナにはさまざまな品種がありますが、効果が確認されているのは、'バーベナ・タピアン'です。

バーベナは匍匐性で横に広がり、縦方向には生育しません。露地ではゴマやクレオメほどタバコカスミカメが集まりませんが、施設ではよく定着します。スカエボラ同様、苗でしか販売されていませんので、圃場に植栽する際には定植作業が必要になります。

第5図　バーベナ（クマツヅラ科）

(6) マリーゴールド——ヒメハナカメムシの能力アップ

マリーゴールド（キク科）の花にはヒメハナカメムシ類を温存する効果があります。マリーゴールドにはさまざまな種類がありますが、これまでに効果が確認されているのはフレンチマリーゴールドです。草丈は30〜50cmになります。効果はおもに露地栽培で確認されています。

収穫できる天敵温存植物

農作物として栽培される植物のなかにも天敵温存植物として使えるものがあります。これらの植物には、天敵を保護・強化する機能に加えて、収穫できるというメリットもあります。少量多品目で野菜をつくる場合、これらを一つや二つ入れておくのも面白いと思います。

(1) オクラ——ヒメハナカメムシが寄ってくる

オクラにはヒメハナカメムシ類を温存する効果があります。ヒメハナカメムシ類はオクラの生長点付近の蕾に多く集まります。また、オクラの茎や葉には真珠体と呼ばれる透明な粒があり、これがヒメハナカメムシ類の栄養源になることがわかっています。

品種によっては高さ2m以上になりますので、圃場に導入する際にはスペースが必要です。そのため、露地栽培に向いています。

第6図　オクラ（アオイ科）

(2) ゴマ——タバコカスミカメが大好き

ゴマにはタバコカスミカメを温存する効果があります。温暖な地域の露地でゴマを栽培すれば、土着のタバコカスミカメが自然に発生し、増殖します。タバコカスミカメはゴマの生長点

付近に多く発生します。ゴマは最大で高さ1～1.5mになりますが、横には広がりません。

促成栽培では厳冬期に生育が悪くなって枯れてしまいますので、促成栽培の前半や露地栽培での利用に適しています。また、露地でゴマを栽培してタバコカスミカメを定着させ、枝ごと切り取って施設内に移すこともできます。

(4) ソバ——天敵とは相性がいい

ソバの花にはヒメハナカメムシ類、ヒラタアブ類の成虫を温存する効果があります。ソバは生育すると高さ1m近くになります。1株当たりの開花数が少ないため、十分な効果を得るためには、広いスペースを確保したうえで、すじまきにすると有効です。また、ソバは倒伏に弱いため、倒伏防止の対策が必要です。

第7図　ゴマ（ゴマ科）

第9図　ソバ（タデ科）

(3) バジル——ヒメハナカメムシなどが好き

バジルの花にはヒメハナカメムシ類、ヒラタアブ類の成虫を温存する効果があります。バジルにはさまざまな種類がありますが、天敵に対する効果が多く報告されているのはスイートバジルです。スイートバジルは高さ50～80cm程度になり、横にも広がりますので、混植する際はスペースが必要です。促成栽培では日当たりが悪いと十分に開花しないことがありますので、注意が必要です。

地域ごとに技術を磨く

「天敵の保護・強化」という面に注目すれば、天敵温存植物は非常に便利な植物です。ただ実際に利用する際には注意も必要です。露地栽培では、同じ天敵温存植物を使っても、利用する地域や時期によってその効果が大きく異なったり、天敵温存植物上で害虫が発生したりすることもあります。ですから実際に使う場合は、生産者、指導員、普及員が一体となって（ときには研究者やメーカーを巻き込んで）、選択的殺虫剤やほかの防除技術と組み合わせながら、試行錯誤する必要があります。そうすれば必ず上手な使い方が見えてきます。

（『現代農業』2016年6月号「景観植物も作物もこれは使える天敵温存植物10選」より）

第8図　バジル（シソ科）

ハウスピーマン
タバコカスミカメで黄化えそ病から守る

茨城県神栖市・原秀吉さん

アザミウマに薬が効かない

原さんがピーマンを生産している地域は、全国的にも有名な一大ピーマン産地です。現在も200人以上の農家が周年栽培をしています。しかも安全でおいしいピーマンを生産しようと、栽培者全員がエコファーマーを取得している。ピーマン栽培が始まって、もう50年以上が経つという古い産地なのです。

近年、アザミウマに農薬が効かなくなってしまいました。単に、アザミウマの食害だけならさしたる問題にはなりませんが、なかにウイルスを保毒しているアザミウマがいて、蔓延するとピーマンが黄化えそ病に感染し、株を抜く羽目になるのです。

ヒメハナやスワルスキーだけではむずかしかった

9月に定植して、本来は6月末までもっていく作型です。しかし黄化えそ病が広がってしまうと、1月には植替えしなくてはいけないこともあります。原さんも、10年ほど前にハウス2棟（5a）を全滅させたことがあったといいます。

エコファーマーも取得していて、農薬に頼らず天敵利用を進めている原さん。タイリクヒメハナカメムシやスワルスキーカブリダニなどの購入天敵に頼ってきていたのですが、思うような成果が出せず。そんなときにアザミウマをバクバク食べるという土着天敵のタバコカスミカメが各地で活躍しているのを『現代農業』で知った。付き合いのある資材屋兼アドバイザーの高橋広樹さん（(株)みずほアグリサポート代表取締役）に相談したところ、「ウチにいるよ」ということで譲り受け、ハウスに導入したのです。

周辺にタバコカスミカメを定着させる天敵温存植物のクレオメもなかったので、花屋から800円もするクレオメを買ってきてハウスに植えたそうです。

お金のかからないタバコカスミカメ

導入して4年目になる原さん、天敵としてのタバコカスミカメの活躍に確かな手応えを感じ

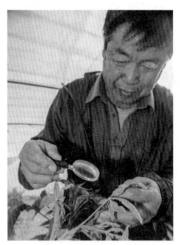

第1図　クレオメで増殖するタバコカスミカメを見て頬が緩む原秀吉さん
（写真撮影：赤松富仁、以下も）

第2図　交尾しているタバコカスミカメの成虫（矢印、体長は4mmほど）。肉眼でもよく見える

ています。「もうスワルスキーなどの購入天敵もやめて、タバコカスミカメ一本でいこうかなあ」とも。何でも、購入天敵に使っているお金が馬鹿にならない。30棟（約1ha）あるハウスに対し、スワルスキーカブリダニだけでも100万円以上毎年買っています。タバコカスミカメはクレオメを植えておけば勝手に増えるし、ピーマンは周年栽培なので一年中飼える。

4年で産地の半分以上に広がった

ハウスのピーマンの花をつぶさに見ていると、緑色の幼齢のアザミウマは結構います。しかし成虫の密度がとても低い。これなら大丈夫なのだろうか？　原さんいわく、10aのハウスにピーマンを1,000本植えていて、今でも20本前後は黄化えそ病で抜くことがある。でも全体の2％ほどならやっていけると。

近所でアザミウマの害に悩んでいる人にはハウスの中のクレオメの枝を折って、「ピーマンのウネにこの枝を挿しておきな」といって渡すという原さん。

お金もかからず、タバコカスミカメのついている枝をハウスに入れるだけで天敵の効果が出るので、産地では瞬く間に広がり、今では半数近くの農家がタバコカスミカメを取り入れているそうです。

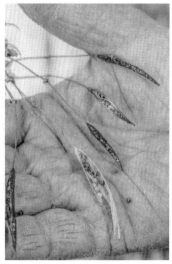

第3図　クレオメのタネ。自家採種して苗をたくさん育てる

夏の暑いとき、汗と薬散でびしょ濡れにならなくてもすみ、高いお金を払って天敵を買わなくてもすむ。タバコカスミカメは、今後の原さんのピーマン栽培の大きな力になってくれることでしょう。

写真・文　赤松富仁
（『現代農業』2024年6月号「タバコカスミカメで黄化えそ病からピーマンを守る」より）

ハウスピーマン
アザミウマはタバコカスミカメに、アブラムシはミニマムバンカーで抑え込む

執筆　下前泰雄（鹿児島県志布志市）

100年以上前から天敵!?

『ファーブル昆虫記』のなかに何か所か天敵に関する記述があることを小学生の孫に最近教わりました。アブラムシの天敵としてヒラタアブ、クサカゲロウ、テントウムシが出てきます。キャベツにつくモンシロチョウの幼虫の天敵であるタマゴバチ、アオムシコマユバチ、アオムシコバチの記述もあります。刊行されたのは100年以上前です。

農薬さえ使わなければ、土着天敵の働きで害虫を抑えられることはままあるようです。宮崎大学の大野和朗先生からハモグリバエの土着天敵はたくさんいるのに、農家が農薬を散布するのでかえって被害を大きくしているという話を聞いたことがあります。日本一のオクラ産地である鹿児島県指宿市では、天敵を保護・強化する仕掛けだけでほぼ無農薬になりました（「露地オクラ　ソルゴー＋ソバで土着天敵を集めてアブラムシ防除」の項参照）。

私は鹿児島県志布志市で、10月定植、11～5月収穫の促成ピーマンを栽培しています。1963年生まれ。大学生協の書籍部で店長をしていましたが、39歳のとき、くも膜下出血で倒れたのをきっかけに農業を志し、志布志市農業公社に拾っていただきました。JAそお鹿児島ピーマン専門部会（100人、27ha）に所属し、IPM研究班員（6人）として天敵利用の技術開発に取り組んできました。

主要3害虫の対策

(1) アザミウマ防除はタバコカスミカメに任せる

ピーマンのハウス栽培では、害虫のアザミウマが問題になります。代表的なミナミキイロアザミウマは外来種で、1979年に日本にやってきたそうです。幼虫と成虫はピーマンの樹上にいますが、卵は植物の組織内だし、サナギは土中なので、農薬で防除するのはきわめて困難。地上で全滅できたとしても土中から羽化した成虫が湧き出します。ピーマンの花の中にある幼果は傷だらけになり、商品価値がなくなります。

最近、ミナミキイロアザミウマやチャノキイロアザミウマ、ヒラズハナアザミウマなどの土着天敵として全国的に利用されているのがタバコカスミカメです。夏に露地でゴマを育てると集まってきて、秋口には大増殖します。私はゴマを栽培するまでタバコカスミカメが近くに潜んでいることに気づかず、あまり効果のない農薬を一生懸命散布していました。タバコカスミカメのおかげでアザミウマに対する薬剤防除はほぼ必要なくなりました。

第1図　筆者
（写真撮影：編集部）
手前は土着天敵のタバコカスミカメが好むクレオメ

第2図　ハウスまわりでゴマを栽培
8月下旬、セルトレイに播種、10～14日後定植。タバコカスミカメが集まってくるので、吸引器で捕まえてハウス内に放す

第3図　ハウス内の谷下でクレオメを栽培10本/10aほど育て、タバコカスミカメを増殖。花が白い種類もある
（写真撮影：編集部）

(2) コナジラミにはスワルスキー

アザミウマ以外にタバココナジラミという厄介な害虫がいます。1か月も放置すれば、ピーマンの実も葉もベタベタになり、すす病で真っ黒になり、全滅。ハウス内は廃墟のようになります。

タバココナジラミは1989年にバイオタイプB（シルバーリーフコナジラミ）が海外からやってきました。これらの防除を天敵に任せられるようにしないと慣行防除から生物的防除への移行はできません。

2009年にアリスタライフサイエンス（株）から天敵のスワルスキーカブリダニが発売されたのは画期的でした。10月下旬ころ放飼するとシーズンの終わりまでタバココナジラミ、チャノホコリダニの増殖を抑えてくれます。ちなみに、タバココナジラミを全滅できる選択的農薬はありません。

(3) フェロモン剤で蛾の交尾阻害

残された主要な害虫は蛾の幼虫です。オオタ

第4図　クレオメにいたタバコカスミカメ（矢印）　（写真撮影：編集部）
害虫のアザミウマを食べてくれる

バコガ、ハスモンヨトウの幼虫は、果実の中や灌水パイプの下など、農薬の届かないところに潜んでいることが多く、また、大きくなると農薬も効かなくなります。サナギになるまで育つとほぼ成虫になり、大量に産卵。新たに多くの幼虫が生まれ、ピーマンの葉も実も食べ散らかします。そのため、大量の「捨て実」が発生します。

ハウスピーマン下前さん①

ヒエノアブラムシの増殖

第5図 ソルゴーをハウスまわりで20mほど栽培。ヒエノアブラムシがついたら、スコップで掘り起こしてハウス内に移植

バンカーの設置

①8月10日ころ、露地にソルゴーを播種。穂が出るころからヒエノアブラムシが来る
②10月上旬、ハウス内にソルゴーを播種（ミニマムバンカー）
③10月下旬、ヒエノアブラムシがついた露地ソルゴーをハウス内に移植
④11月、まずは③、次に②のソルゴーに購入天敵のコレマンアブラバチとヒメカメノコテントウを放飼
⑤12月以降も随時、ソルゴーを追加播種

第6図 ハウスに移植したソルゴー
谷下に10a当たり2mほど

第7図 ハウス内の谷下に播種したソルゴー（播種40日後）。1か所2mで、10a当たり6か所12m（1谷3か所）。これがミニマムバンカー。ソルゴーの区画はそれぞれ10mほど間隔をあける

天敵活用

第8図 ハウスに移植して1週間ほどのソルゴー。ヒエノアブラムシのコロニーが目立つようになる

第10図 ピーマンの葉裏
コレマンアブラバチ（天敵）に寄生されたモモアカアブラムシ（害虫）のマミーがいっぱい。アブラムシの体内でアブラバチの幼虫が育っている。天敵のタバコカスミカメの成虫やヒメカメノコテントウの卵も見える

第9図 移植2～3週間後、コロニーがかなり殖えた。ヒエノアブラムシはハウス内に播種したソルゴーにも移り、増殖し続ける。アブラバチの寄生先にもテントウムシのえさにもなる

見つけて捕殺する、薬剤散布する以外に、コンフューザーVというフェロモン剤を利用しています。交尾を阻害する効果があり、次世代が生まれるのを防いでくれるのです。

残る標的はアブラムシ

（1）バンカー法はほかではあまり普及していないが……

最後の標的はアブラムシです。これを防除するには、バンカー法というやり方があります。ピーマンに無害なアブラムシを天敵のえさとしてソルゴーやムギなどで繁殖させることで、天敵のアブラバチやテントウムシを安定して殖や

493

ハウスピーマン下前さん②

ムギでギフアブラバチを殖やす

バンカー植物には、コムギやオオムギ、エンバクなどもありますが、出穂すると品質が低下すること、枯れやすいこと、自立しないことなど、耐久性の面で問題があります。ムギ類に寄生するのは、ムギクビレアブラムシやトウモロコシアブラムシなどです。

先日茨城県つくば市の農研機構で研修を受ける機会があり、イチゴのハウスでオオムギ（カネコ種苗の'てまいらず'）を栽培し、代替寄主としてトウモロコシアブラムシを増殖させ、コレマンアブラバチを放飼してバンカーを構成しているところを見せていただきました。オオムギは草丈が低いのですが、空間に占めるイチゴの植物体とのバランスがよく、これが最適だなと思いました。

ピーマンの害虫であるジャガイモヒゲナガアブラムシに対する寄生蜂、ギフアブラバチの代替寄主として販売されているムギヒゲナガアブラムシもオオムギで殖やすことができます。

第12図　ムギヒゲナガアブラムシ（矢印）
（写真撮影：編集部）
土着天敵のギフアブラバチが集まり、害虫のジャガイモヒゲナガアブラムシにも寄生する

第11図　手前はバンカー植物のオオムギ（11月中旬播種）
（写真撮影：編集部）
天敵のえさのムギヒゲナガアブラムシが接種してある

第13図　ムギヒゲナガアブラムシは写真のヒメカメノコテントウ（幼虫）のえさにもなる

し、害虫のアブラムシを抑制する方法です。

しかし、バンカー法はあまり普及していないようです。理由として、アブラムシがシーズン中2、3回しか発生しないこと、1回の薬剤散布でほぼ全滅すること、技術として確立されておらず失敗率が高いこと、ハウス内で天敵のえさのアブラムシを飼うので家族に反対されること、バンカーを設置するスペースがないことなどがあげられます。

天敵が普及している産地では、害虫のアブラムシが発生した時点で、購入した寄生蜂やテントウムシを放飼するのが一般的になっていると聞きます。

（2）ヒエノアブラムシが鍵

　私たちはバンカーを年内に完成させて、年明けからはアブラムシ防除を天敵に任せています。1月以降はピーマンの樹が大きく育ち、果実が多くて収穫も大変で、農家にとっては一番忙しい時期です。薬剤散布をするにしても、薬液をまんべんなく枝葉に付着させるのはむずかしく、作業も重労働。一方、年内にバンカーを設置することは、それほどむずかしくありませんし、軽作業ですみます。経費もたいしてかかりません。

　まずは露地でソルゴー（タキイ種苗の'メートルソルゴー'）を育てて、天敵のえさであるヒエノアブラムシ（以下、ヒエノ）を呼び寄せます。10月下旬、ヒエノつきのソルゴーをハウス内に移植（温存ヒエノ）。2〜3週間で、ヒエノは快適なハウスの中で爆発的に増殖します。移植2週間後に購入天敵のコレマンアブラバチとヒメカメノコテントウを放飼します。

　一方、ハウスの谷下にも10月初めにバンカー用のソルゴーを播種しておきます。温存ヒエノが増えてバンカーへ移動するまでに、播種から40日ほど経っているのが理想です。温存ヒエノの移動を確認したら、その2週間後にも天敵資材のコレマンアブラバチとヒメカメノコテントウを放飼して完了です。土着天敵のニホンアブラバチもやってきます。これらがピーマンの害虫であるワタアブラムシやモモアカアブラムシなどを防除してくれるのです。

　私たちが取り組んでいるバンカー法は、従来の「バンカー植物と天敵のえさ（代替寄主）と寄生蜂」にヒメカメノコテントウも加わります。天敵は時期ごとに中心となって活躍する種類が変わります。このため私たちは代替寄主を寄生蜂の産卵先としてだけでなく、テントウムシのえさとしても活用します。ハイブリッド・バンカー法といって、（株）Field Styled Lab. の柿元一樹氏が考案したとても優れたやり方です。

（3）ソルゴーを追加播種

　バンカー法のポイントは、バンカー植物であるソルゴーと天敵のえさであるヒエノ、天敵であるアブラバチやテントウムシのバランスをとることです。天敵のいない環境でソルゴーとヒエノだけになれば、1か月もしないうちにソルゴーは枯れ上がり、ヒエノも全滅します。

　バンカーの規模が大きくなるほどコントロールがむずかしくなります。二次寄生（アブラムシの体内で育つアブラバチの幼虫に別種の寄生蜂が寄生すること）の問題をクリアし、コントロールしやすい規模を探求する必要があります。

　2019年、私たちは二次寄生の対策で、バンカーの規模を大きくして10a当たり100mを目標にしました。3人が挑戦して、3人とも成功。8年間試行錯誤してひどい目にあってきた私たちにとって初めての成功でした。

　その後、さらに技術を整理して、100mを少しずつ減らしていきました。最初に「必要最小限のバンカー」をつくりあげ、天敵を定着させることができれば、あとはソルゴーを播種するだけで「追加のバンカー」が自動的に完成することに気がつきました。ヒエノもアブラバチもテントウムシも自主的に引っ越しをするのです。このやり方を「ミニマムバンカー法」と名づけ、今年の秋から始まる作で提案しようと考えています。「ハイブリッド・ミニマムバンカー法」ということになります。

　まずミニマムバンカーが成功すれば、天敵防除は間違いなく成功すると思います。しかも、たいして手間もかかりません。

ハウスの中に新たな生態系

　慣行防除は害虫防除と化学的防除を同一視する考え方です。私が高校生だった1978年ころまでは、5月になると田の用水路でふつうにホタルが乱舞していました。たぶん、除草剤がまだ普及していなかったためだと思います。

　ミナミキイロアザミウマが国内に侵入したころから化学的防除がふつうになっていったのではないかと想像します。薬剤散布によるあらゆるリスクを生産者は背負います。最近は化学的

防除だけで害虫管理が完結することはほとんどなくなりました。薬剤の効果は不確実性が常につきまといます。促成栽培のハウスの中は17〜30℃で、虫たちにとっては天国のような環境です。放っておくと害虫は作物が全滅するまで殖えます。

一方、生物的防除は生態学的な性格をもっています。天敵で害虫を抑えることは、ハウス内に新たな生態系をつくり出すことです。害虫は全滅するわけではありませんが、天敵のえさとして生態系のなかに新しく位置づけられます。作物に被害を与えない程度に害虫が存在するのです。

農薬は緊急事態のときにしか利用しません。目的は生物的防除が成り立つレベルまで害虫の密度を減らすことです。その際、皆殺し農薬ではなく天敵に影響の少ない選択的農薬である必要があります。選択的農薬のおかげで生物的防除が成り立つ側面もあるので、抵抗性がつかないように大事に使っていかなければなりません。

天敵の技術を広めたい

当産地では、非常に多くの種類の害虫に攻撃を受けるハウス栽培で、ほぼ生物的防除だけでピーマンを栽培する技術が確立しました。2010年に部会全員でスワルスキーカブリダニを導入してから13年。鹿児島県職員や研究者、天敵製剤メーカーなど、多くの人たちと協力しながら技術をつくりあげてきました。指導、協力をいただいた方々は、今でも生物的防除の第一線で活躍されています。そういった出会いがあったことは、産地にとってとても幸運でした。感謝します。

天敵の利用技術を開発するよりむずかしいのは、その技術を普及することです。技術はそれを使いこなした人のものです。辛抱強く努力して、技術をわがものとした人を私は尊敬します。

（『現代農業』2023年6月号「促成ピーマン　手間をかけないミニマムバンカーで最後の標的のアブラムシを抑え込む」より）

ハウストマト
静岡のトマトでも土着タバコカスミカメで殺虫剤半減

執筆　斉藤千温（静岡県農林技術研究所）

第1図　タバコカスミカメ

タバコカスミカメが手に入りやすくなった

　タバコカスミカメは、体長3～4mmのカメムシの仲間で、西日本を中心に生息しています。タバココナジラミなど小さな害虫の天敵として働き、成虫1頭当たりコナジラミの幼虫を1日最大40～50頭も食べます。

　また、特定の植物をえさにして増殖することも可能です。この植物を「天敵温存植物」と呼び、タバコカスミカメの場合はクレオメやゴマ、バーベナなどがあります。天敵温存植物とタバコカスミカメをセットにハウスへ導入することで、害虫密度が低いうちから放飼できます。

　タバコカスミカメは2021年に「生物農薬」として登録され、購入できるようになりました（「バコトップ」100頭入り5,000円程度）。購入したタバコカスミカメは施設トマトと施設ミニトマトには適用がありますが、露地トマトや露地ミニトマトには使用できません。さらにハウス間の移動や前作から天敵を引き継いでの使用は、農薬取締法上認められていません。

　ところが、静岡県内で採集した土着天敵を自分で増殖して同県内で使用する場合は、前述の縛りはなく、自己責任において使用可能です。土着のタバコカスミカメによるアザミウマ類などの防除は、高知県のナスなどで顕著な成果を上げています。今回は静岡県で始まった、8月に定植し翌年の7月初めまで収穫するトマトのタバココナジラミ防除に、タバコカスミカメを使う取組みを紹介します。

殺虫剤が半減

　ここで示すのは生産者ハウスで購入天敵を使用したときの試験結果ですが、土着天敵でも同様の効果が見込めます。

　2本仕立てのトマトの場合、9月上旬にタバコカスミカメを1本当たり0.5頭の割合で放飼し、同日天敵温存植物のバーベナのプランターを10a当たり3個の割合でハウス内に導入しました。導入した農家2軒とも定着し、その結果、殺虫剤の使用回数は半減でき、収穫間際によくみられるコナジラミの爆発的増加を防ぐことができました（第2図）。

簡易ハウスで土着のタバコカスミカメを増殖

　しかし、購入天敵は10a当たり約3.2万円の導入コストがかかります。また、毎作買い直す必要があります。西日本はタバコカスミカメが多く生息しているので捕まえやすいですが、関東地域では生息数が少ないため、導入が困難でした。

　そこで、捕獲したタバコカスミカメを簡易ハウスで増殖してからトマトハウスに導入するやり方を試験しました（第3図）。

　春、クレオメやゴマを野外に数株まとめて植えます。クレオメは地面に直接植えるととても大きくなるので、鉢ごと地面に埋め、ゴマは数か月で枯れるので、時期をずらしてまいて枯れ

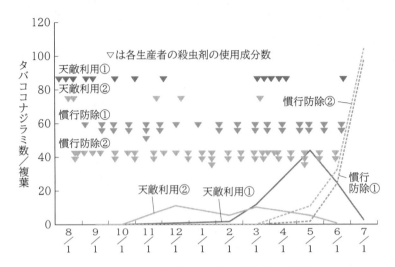

第2図　タバココナジラミの数と殺虫剤の成分数
天敵を利用したハウスでは、少ない防除回数、成分で3～5月のタバココナジラミの急増を抑えられた

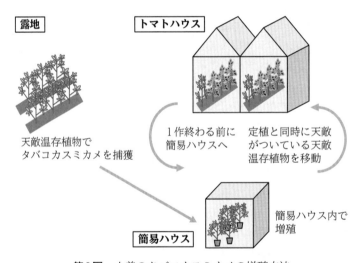

第3図　土着のタバコカスミカメの増殖方法

る前に植え継ぎます。8～9月になると土着のタバコカスミカメが捕まります。

　捕まる数は少ないので、簡易ビニールハウスを設置し、あらかじめ用意した鉢植えのクレオメなどの天敵温存植物を植え継ぎながら翌年の8月まで維持増殖します。かなり長丁場なので、クレオメにほかの害虫や病気がつかないように気をつけてください。冬が暖かい静岡県の場合は無加温でも大丈夫ですが、ほかの地域の方はハウス内の気温が低くなりすぎないように二重被覆するなどカスタマイズしてください。

　トマトの定植と同時に、10a当たり1鉢タバコカスミカメがついた天敵温存植物をハウス内に分散して定植します。クレオメを使う場合は

根域制限して定植しましょう。天敵温存植物はトマトの作が終わるまで適宜播種し、枯れる前に植え継いでいきます。トマトの作が終了する前に、タバコカスミカメを回収して簡易ハウスで維持増殖し、次作でまた使用します。手間はかかりますが、これで天敵代は無料です。

失敗しやすい原因は三つ

タバコカスミカメを導入してもうまくいかないことがあります。今までの経験から、失敗しやすい三つの要因とその対処法をまとめました。

（1）タバコカスミカメに影響のある薬剤を誤って使い、殺してしまう

使用できる薬剤は、静岡県農林技術研究所などがまとめた「天敵の利用を核とした施設トマトの新たな害虫防除体系マニュアル」内の「天敵に影響のない農薬・影響のある農薬」一覧で確認してください。たとえば、ネオニコチノイド系はいずれも大変強い影響があります。また、購入苗の農薬の使用履歴にも注意が必要です。

（2）影響のない薬剤を使い切ってしまう

3〜5月ころはコナジラミの増殖を許しやすいので、天敵と害虫を注意深く観察し、必要があれば天敵用のえさやタバコカスミカメに影響のない殺虫剤も使用しましょう。この時期に使用できるよう各剤の総使用回数に注意します。

（3）天敵温存植物を枯らしてしまう

天敵温存植物は高設ベッドやトマトの陰にならないように、日当たりがよい場所に設置し、枯れる前に次の株を植えます。

土着天敵でも購入天敵と同じようにトマトに定着し、防除できることがわかってきました。土着天敵を利用する生産者からは「コナジラミの増加を気にする必要がなくなり気がラクになった」との声をいただいています。

＊

本研究の一部は、戦略的イノベーション創造プログラム（SIP）「次世代農林水産業創造技術」（管理法人：生研支援センター）によって実施されました。

（『現代農業』2022年6月号「静岡のトマトでも！　土着のタバコカスミカメに手ごたえあり」より）

ハウスピーマン
「次元の違う天敵名人」が愛用する土着カブリダニ3種

高知県土佐市・山本康弘さん

化学農薬を使わず20t以上どり

高知県土佐市でピーマンを57a栽培する山本康弘さんは、この3年（2011～2013年）ほど殺虫剤や殺菌剤などの化学農薬を使わなくなった。害虫防除はすべて天敵まかせ。しかもそのほとんどが地域にいる土着天敵だ。それでいて、促成ピーマンの収量は全国平均が12tのところ、20t以上とっている。

もともと高知県は天敵栽培の先進県。天敵使いがたくさんいるのだが、山本さんも地域の先輩に教わっているうちに、天敵がおもしろくなってしまった。そうしてかれこれ20年。今では県内の天敵仲間から「次元が違う」などといわれることもある天敵名人だ。なにせ土着天敵としては活用がむずかしいカブリダニを年中飼いならしている。

スワルスキーは強すぎた――天敵はバランスが大事なんですよ

山本さんが飼いならしている土着のカブリダニは3種類いる。ヘヤカブリダニ、コウズケカブリダニ（以下、コウズケ）、ニセラーゴカブリダニ（以下、ニセラーゴ）。

「前はこの辺りの人も土着のカブリダニを使ってたと思うんですけど、スワルスキーが出てからは、みんなやめちゃいました」

スワルスキーカブリダニ（以下、スワルスキー）は2009年に販売開始されたカブリダニ。コナジラミの捕食力が抜群で、夏場に問題になるチャノホコリダニを抑える力も強く、なにより定着率がよい。だから全国各地で一斉に使われるようになった。

でも山本さんはスワルスキーにはよいイメージをもっていない。5年前に試験導入したが、スワルスキーが繁殖しすぎてクロヒョウタンカスミカメ（土着天敵、以下クロヒョウタン）が減り、クロヒョウタンで抑えていたアザミウマが大発生してしまったのだ。

「天敵はバランスが大事なんですよ。とくにカブリダニは害虫を抑えるだけじゃなくて、ほかの天敵のえさにもなる。そこがいいんだけど、スワルスキーは繁殖力が強すぎて主役になっちゃう」

土着カブリダニを3種類

山本さんが使っている3種類の土着カブリダニの特徴は以下のとおり。

(1) 攻撃力のあるヘヤカブリダニ

まず体が真っ赤で見つけやすい。1頭では弱いが、群れになったときの攻撃力がすごい。チャノホコリダニも食べるし、ピーマンでは問

第1図　山本康弘さん
（写真撮影：赤松富仁、以下Aも）
手にもっているのが土着のカブリダニを殖やす米ヌカを入れた発泡スチロール

題のアザミウマも食べる。そして、ケナガコナダニが大好物だから、通路に米ヌカやふすまをふってケナガコナダニを殖やせば簡単に殖やせる。さらに花粉も食べるからえさがなくても定着する。

ただ、休眠性があって厳寒期にはいなくなってしまうのが欠点。

(2) ものすごく足が速いコウズケ

ヘヤカブリダニが活動をやめてから活躍してもらう。特徴は足が速いこと。人間に例えると「100m6秒くらい」。葉や実の上を走り回るからよくわかる。コナジラミやアザミウマ、ハダニなどの害虫は何でも食べるが、捕食力はそれほど強くない。でもそこが山本さんのお気に入り。一人勝ちしないので、ほかの天敵とバランスを保つには最高の存在なのだ。

ケナガコナダニはあまり食べないので、米ヌカでは殖やせないのが欠点だが、花粉をよく食

ハウスピーマン山本さん①

第2図 土着のカブリダニが活躍する時期

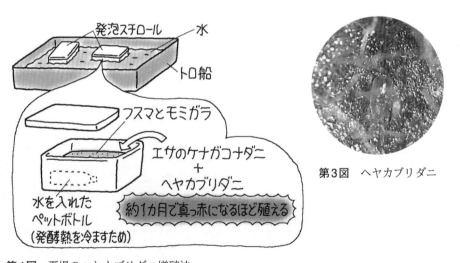

第3図 ヘヤカブリダニ

第4図 夏場のヘヤカブリダニ増殖法
①発泡スチロールにふすまとモミガラ（9：1の割合）を入れ、えさになるケナガコナダニを殖やす
②バンカーについたヘヤカブリダニをひとつまみ入れる
③セメントなどを混ぜるトロ船に溜めた水に発泡スチロールを浮かせると、温度も湿度も保てる。ヘヤカブリダニが外へ逃げることもない
④ピーマンの定植前に苗にふすまごとふる。米ヌカは苗がやけるので夏場はふすまがよい

べるのでピーマンの花が咲いていれば定着しやすい。

(3) アザミウマに強いニセラーゴ

コウズケ同様、ヘヤカブリダニが活動をやめてから活躍してもらう。アザミウマのスペシャリスト。春先にハウスのサイドを開放してから飛び込んでくるアザミウマも抑えてくれる。ハダニの捕食力が強いところも頼もしい。コウズケ同様、ケナガコナダニはあまり食べないが、花粉が常にあれば定着する。

どれもバンカーで採取できる

これらの土着カブリダニは、共通してハダニをよく食べる。バンカープランツとして植えているソルゴーなどにハダニがわくと、自然に集まってくるそうだ。

山本さんはこれらのカブリダニのうち、ヘヤカブリダニだけは意識的に殖やしている（第4図参照）。育苗ハウスで育てるピーマンの苗にくっつけたいからだ。そのほうが初期の害虫をしっかり抑えてくれる。定植後、月に一度くらい通路に米ヌカをふればハウスに定着してくれる。ただ米ヌカをふっても通路の湿度が高いとケナガコナダニが殖えないので、通路にはムギ

第5図　ピーマンの花にいるクロヒョウタンカスミカメ（A）
一つの花にクロヒョウタン1頭、ヒメハナカメムシ1頭、土着のカブリダニが3頭いるのが山本さんの理想

ワラを敷き、ピーマンの剪定枝なども置く。その上から米ヌカをふってジメジメさせないのがポイントだ。

コウズケやニセラーゴは、ハウス内に植えているソルゴーなどに自然につく。足りなければ天敵温存ハウスにいるものを運んでやれば定着してくれる。

もちろんこれらの土着カブリダニは農薬には弱いので、とくにダニ剤などの農薬を使わない

ハウスピーマン山本さん②

ヒメカメノコテントウの増殖法

ヒメカメノコテントウはアブラムシから、カイガラムシ、アザミウマ、コナジラミまで、やっかいな害虫をバクバク食べる。天敵製剤として販売もされているが、山本さんは秋になるとこれを殖やしてピーマンハウスに放飼する。

（『現代農業』2014年6月号「頼れる天敵、買うと一匹ウン十円!?　ヒメカメノコテントウをウジャウジャ殖やす」より）

第6図　ヒメカメノコテントウ
（以下すべてA）
体長は4mmほど

第7図　天敵を殖やすための専用ハウス
（天敵温存ハウス、約90m^2）
長さ10mほどのソルゴーのウネにアブラムシをわかせ、それをえさにカメノコを殖やす。右の米ナスには、コナジラミをわかせて、クロヒョウタンカスミカメなどを殖やす

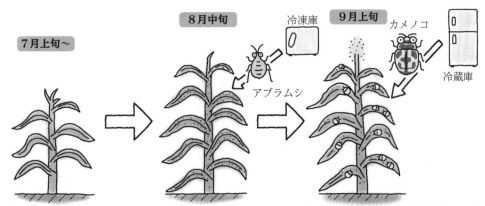

第8図　山本さんのカメノコ増殖法

7月上旬～
三尺ソルゴーのタネをまき、チッソ過多になるように育てる

8月中旬
ソルゴーの穂が出る前にアブラムシを放飼する。2週間ほどでかなり殖える（アブラムシはピーマンの作が終わる6月末にピーマンハウスで集め、タッパーに入れて冷凍庫で保存しておいたもの。1～2か月間は死なない）

9月上旬
そこへカメノコを100匹ほど入れる（カメノコも事前に採取して、空気穴のある容器に入れて冷蔵庫（8～10℃）に保存しておいたもの。冬眠したようになり、1か月間くらいは死なない）。カメノコは産卵数が多く、卵から成虫までの期間が10日ほどなので、1か月もすると爆発的に殖える

第9図　ソルゴーの葉や穂を叩き、白い発泡スチロール箱にカメノコを落とす
捕虫器ですぐに捕まえないと、発泡スチロール箱から逃げてしまう

第10図　カメノコ専用の捕虫器
パソコンのエアークリーナーを改造してつくった。赤いボタンを押すと掃除機のようにカメノコが吸われ、透明の容器に入る

第11図　捕虫器ごとピーマンハウスへもっていき、透明の部分を外して捕まえたカメノコを放飼する

こともポイントだ。そうすれば自然にわいてくるという。

ほかの天敵も支える土着カブリダニ

じつは山本さんがもっとも頼りにしている土着天敵はほかに3種類いる。クロヒョウタン、ヒメカメノコテントウ、ヒメハナカメムシ。これらの大型天敵たちがアザミウマやコナジラミなどをバクバク食べてくれるわけだが、土着カブリダニはこれらが追いつけないときに助けてくれて、さらにそのえさにもなる。いわば縁の下の力持ち。天敵たちのバランスを底辺で支えてくれる大切な存在なのだ。

山本さんはとにかく土着天敵が好き。タダで入手できるのはもちろん、購入天敵に比べて速効性があるからだ。そんな頼もしい天敵を野山で採取してきたり、温存ハウスで殖やしたりしていると、今まで知らなかった天敵の生態が見えてくる。それが楽しくてしょうがない山本さんなのである。

執筆　編集部
(『現代農業』2013年6月号「農薬要らずのピーマン栽培のために　土着カブリダニを年中飼いならす」より)

第3部　有機農業の共通技術

輪　作

ラクして病害虫が防げる輪作の組合わせ

執筆　大内信一（福島県二本松市）

有機栽培歴半世紀以上

16代続く農家の長男として生まれ、農業が好きで、65年前にほとんど迷いなく家業を継ぎました。ある夏の暑い日、妊娠中の妻と2人、いもち病防除の農薬を散布しているときにふと思いました。農薬は健康によいはずがなく、川に流れ、生きものを殺す。そうまでして米の多収を目指すことはないと、きっぱりその場で散布をやめ、以後半世紀以上、農薬を一切使っていません。

当時、福島愛農会グループの故村上周平氏らとともに有機農業を学んだのはよい思い出です。1979年に地域の仲間と「二本松有機農業研究会」を設立。現在は有機JAS認証も取得して、水田2ha、畑3haでダイズやコムギのほか、さまざまな露地野菜を栽培。約150軒の提携先に届けています。

カブは長ネギの後作で美肌に

無農薬ですから、品目によっては、病害虫対策に苦労することがあります。

たとえばカブ。野菜づくりを始めたばかりの土地ではとてもよくできるのですが、軟らかく甘味があって、葉もおいしいため、害虫も好むのでしょう。とくにキスジノミハムシの害が出やすく、白くきれいなカブをつくるのは至難の技です。根こぶ病も出ます。

どうにか被害を軽減しようと、いろんな作物との輪作を繰り返し試すなかで、数年前、長ネギのあとに作付けたカブが、とてもきれいに育つことに気がつきました。ネギには独特の辛味があり、人の病にも効果があり、免疫力を高めるともいわれます。それが病気や害虫を寄せ付けないのでしょうか。

ダイコンやニンジン、ホウレンソウにも長ネギ

私にとってネギは思い入れの深い、特別な野菜です。まず、多品目生産の私の畑では、輪作に欠かせません。タマネギやニンニク、ラッキョウ、ニラなど同じネギ属の野菜とは続けて作付けないよう気をつけますが、そのほかの野菜との輪作はほとんどよく、カブのほか、とくにダイコンやニンジン、ホウレンソウとは相性が

第1図　筆者
（写真撮影：高木あつ子）
16代続く農家の長男として生まれ、有機農業50年

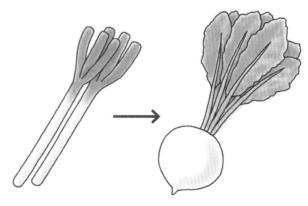

第2図　ネギとカブ
長ネギとの輪作でカブにキスジノミハムシの害が出なくなる

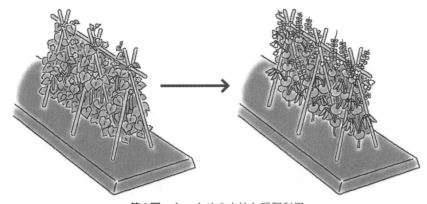

第3図　キュウリの支柱と残肥利用
キュウリの後作に、マメ類やトマトをつくる
支柱やネットがそのまま使え、耕す手間や元肥も省ける

いいようです。

　また、交雑が少ないので自家採種しやすいのも魅力です。品種は早生の'白妙ネギ'（夏から冬どり）と、晩生の'葉緑一本太ネギ'（冬から夏どり）。一本太ネギが分げつしたり、白根が短くなって病気に弱くなることもあるので、品種の特性を生かすようよい株を選んで母本とし、根気よく選抜を繰り返しています。

　そして、10年前の福島第一原発事故の折にも、ネギには助けられました。事故当時、私の畑ではネギとホウレンソウが生育していましたが、放射性物質が検出され出荷停止となったのはホウレンソウだけ。隣のネギはいくら測定しても検出されず、出荷できたのです。

　ホウレンソウは葉っぱをいっぱいに広げて、降ってくる放射性物質を受け止めたのに対して、ネギはスベスベした葉身でスクッと立っていたせいでしょうか。私はネギの出荷も諦めていましたから、本当に救われました。

キュウリの支柱と残肥利用

　地域は夏秋どり露地キュウリの大産地です。私たちも皆で研鑽しながら、無農薬のおいしいキュウリづくりに取り組んでいます（品種は'夏すずみ'と'ターキーグリーン'）。

　元肥チッソは少なめにしてこまめに追肥する、生育中期以降は適宜摘心摘葉を心がける、朝夕2回収穫し、ひどい曲がり果などは幼果のうちに摘果するなど、プロとして「無農薬だから曲がったキュウリが当たり前」という甘えを捨てなければ、技術の向上はないと考えています。

　キュウリは植付け後すぐに支柱立てが待っています。また、多肥を好み、栽培後の圃場に肥料成分が残ります。

　そこで、支柱立ての労力と残肥を生かすため、キュウリの後作にマメ類やトマトを栽培しています。

キュウリ―エンドウ―インゲン

　キュウリは4月上旬と6月中旬の2回播種で、6〜9月に収穫します。収穫が終わったら、10月下旬にエンドウ（サヤエンドウ'ゆうさや'やスナップエンドウ'スナック753'、グリーンピース'くるめゆたか'）をまきます。

　エンドウは翌年6月中旬に終わるので、片づけてすぐに今度はインゲンをまく。エンドウもインゲンもキュウリの支柱とネットをそのまま利用し、不耕起で無肥料栽培です。片づけ以外は手間もコストもかかりません。高温時はインゲンが実らないこともあるので、花豆やうずら豆、パンダ豆を作付ける場合もあります。

キュウリ―トマト

キュウリの支柱やネットをそのままにして、翌年に不耕起でトマトを定植するのもおすすめです。手間いらずでトマトがよく生育し、良品が多くとれます（私の大玉品種は'強力米寿'、中玉は'フルティカ'、ミニは'千果'）。

トマトは耕起して定植すると、チッソが吸われすぎるせいか栄養過多となり、茎ばかりが太くなり、実がとまらず、病気にも弱くなりがちです。キュウリの後作で、その残肥でスタートするくらいでちょうどいいのです。一番果がピンポン玉くらいの大きさになったら追肥します。

キュウリの後作には、ナスやピーマン、サヤインゲン（品種は'いちず'）もよい生育をします。

深掘りゴボウとナガイモは交互に

ゴボウは深く地中に入るので、肥沃で排水性のよい、河川の沖積土や火山灰土で耕土の深い土地が適します。適地は多くないので、どうしても連作となり、その結果、産地では土壌消毒が欠かせないといいます。

私の地方では昔から「ゴボウ、2年つくらぬバカ、3年つくるバカ」といわれます。ゴボウは毎年畑を替えると、掘取りに苦労します。2年までは連作してもよくできるので、1年でやめるのはバカ。しかし、連作に味をしめて3年目もつくると、まったくよいものが収穫できなくなるので、3年つくるのもバカ、というわけです。

そこで私は、ゴボウ（滝野川大長）の翌年に、

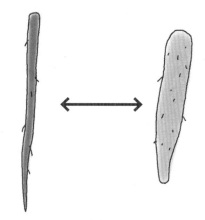

第4図　ゴボウとナガイモ
ゴボウの収穫は深く掘り起こすため、その後のナガイモはきれいに伸びる。ナガイモは植付け後に有機物でマルチし、上根を大事にするとよい

同じく地中深く育つナガイモ（とっくりイモ）を作付けています。ゴボウとナガイモを1年ごとに交互に作付ければ、どちらも良品がとれます。

*

原発事故の影響で、長年提携していた消費者も6割が離れていきました。福島の農産物は汚染されていて怖いという風評被害に、私たちはなす術がありませんでした。しかし有機農産物を扱う生協や業者は私たちの農産物を検査して、安全が確認できたものは取扱いを継続してくれました。福島を応援してくれる消費者もいて、以前より注文が増えたものもあります。全国の有機農家との交流にも励まされて、これからも農業を続けていきます。

（『現代農業』2021年8月号「ラクして病害虫が防げる　輪作の組み合わせ」より）

野菜も雑草も輪作する

執筆　桐島正一（高知県四万十町）

　私は鶏糞だけで有機・無農薬で年間60品目以上の野菜を育てている。同じ畑で同じ肥料を使い、育てる野菜も同じだと吸収する養分も同じになるので、畑の中の養分バランスがかたよってしまう。輪作して野菜を替えれば、いろいろな養分が吸収されて、かたよりを修復することができる。雑草を含めた輪作について、私なりのやり方をまとめておきたい。

あえて連作する野菜もある

　基本的には同じ野菜、同じ科の野菜を続けて植えないようにしているが、畑の状態によっては続けて育てる場合がある。たとえば、コブタカナ・ちりめんカラシナ・赤ジソ・青ジソなど畑に落ちたタネが"己生え"したものを収穫する場合で、そのほうが生育もよく、手間もかからない。味が悪くなってきたら場所を替えるが、同じ場所でだいたい3、4年とっている。

　もうひとつ、サツマイモも数年間同じ畑に植えている。サツマイモは赤土でやせ地を好むので、ほかの野菜のあとだと大きくなりすぎたり、樹ボケ（つるだけ伸びていもが太らない）して大きないもがつかなくなったりする。

　ただし、サツマイモも4、5年同じ場所で育てると味が悪くなってくる。そのときはいったん別の野菜を入れる。たとえば、ムギやトウモロコシなどやせ地で育つ作物を入れるか、あるいは草を1年生やして休ませてから植えるようにする。

連作すると味が落ちる野菜

　野菜の連作をしない大きな理由は味が落ちるからである。連作すると生長が悪くなる、病気や虫がつきやすくなるなどの症状も出てくる

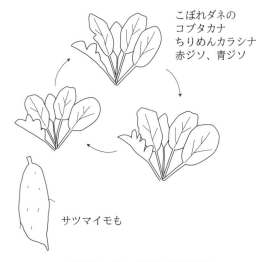

第2図　あえて連作する野菜

第1図　野菜の味が落ちてきたところやイネ科雑草が生えてきたところにムギを植える　　（写真撮影：赤松富仁、以下も）

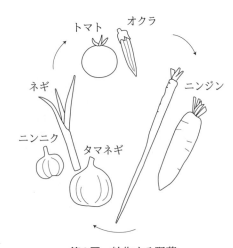

第3図　輪作する野菜

が、最初に出る問題は味がのらなくなることである。

とくに味が変わりやすい野菜は、ショウガ・ネギ・ニンニク・タマネギ・ゴボウ・ニンジン・オクラ・トマトなどである。これらはどれも独特の香りと風味をもち、それをお客さんも楽しみにしている野菜なので、連作で風味が悪くなると大事な魅力が失われる。この点は、全般的に冬野菜よりも夏野菜のほうが敏感だと思う。

同じグループ（科）の野菜でも、食べる部位がちがったり、タネをまく時期が違ったりすると、連作の影響が異なってくる。たとえば、セリ科の野菜でニンジンのように根を収穫する野菜は連作するとすぐに風味や甘味がなくなるが、葉を収穫するセロリーやパセリなどは少し多めに肥料を与えてやると2年以上、味を落とさずにつくることができる。

雑草を見て何を植えたらいいか決める

有機栽培といえば雑草との闘いでもある。しかし、私にとって、年間60種類もの野菜を育て、毎日10種以上切らさず収穫するために、雑草はとても大切な存在である。畑の状態を把握して、次に何を植えたらよいか、雑草が土の状態を教えてくれる。

その見方は、大きくは、イネ科を中心とした硬い草と、ナズナ・ハコベ・ホトケノザなどの軟らかい草とに分けて考える（第4図）。

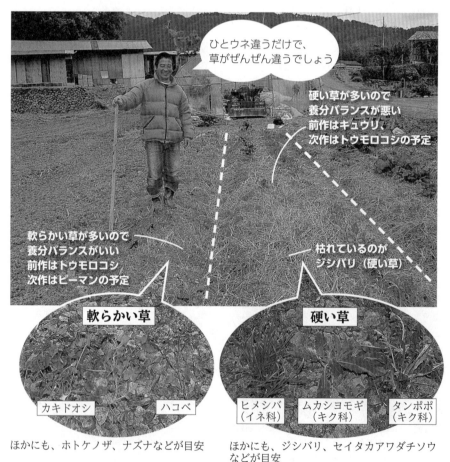

第4図　雑草が畑の状態と次の作目品目を教えてくれる

(1) イネ科雑草が生える土地には、ムギやトウモロコシを植える

イネ科の草はカヤやメヒシバ・ジシバリなどで、畑の土手や山などで地肌がむき出しの土に最初に生えてくる。イネ科のほか、タンポポやセイタカアワダチソウもそうで、これらの草が育っている場所は、養分バランスが崩れ、肥料分も少ないやせ地が多い。こういう畑はムギやトウモロコシなどのイネ科作物を育てるのに適しており、栽培によって土を改善していく。また、マメ科野菜・ソバ・オクラなどにも適している。

(2) ナズナなどが生える畑には多くの野菜がよく育つ

次に、イネ科以外の軟らかい草について。この辺りではナズナ・ハコベなどアブラナ科の草やホトケノザを多く見かける。とくにナズナが生えてくる場所には、ダイコンやハクサイ・ナバナなどのアブラナ科野菜を植えるとすごくよくできる。アブラナ科以外の野菜でも、ナス・ピーマン・キュウリ・スイカなどもよくできる。

ホトケノザやハコベが生える場所も野菜の育ちはよい。おおざっぱにいうと、丸い葉の草が育つところは野菜もよく育つという感じである。少し意識して観察すると、同じ丸い葉の草でも、場所によっては葉が細長いものがある。この違いの原因は土の養分バランスの違いだと思うが、葉がより丸みを帯びていて厚く、生長のよいところのほうが、野菜の育ちはよくなるようである。

雑草も輪作すると畑はよい状態になる

私は雑草も輪作のひとつと考えて、雑草を生やして畑を休ませることがある。休ませるのは、イネ科の草が多くなってきたところであるが、堆肥を少し多く入れて草に力をつけ、次作の野菜に備えるようにしている。草が元気に育ち、それをすき込めば、土の中の養分も多くなるからである。草を元気にしてからすき込むか、そうでないかでは、次に植える野菜の育ち方がまるで変わってくる。

このように休ませた畑では、一年で生えてくる草の種類が変わり、イネ科の草が多かったやせ地にもホトケノザやナズナなどが生えてくる。

自然界の循環がそうであるが、それぞれの草は自分の生長をよくしようとすることで、結果的に土壌の状態がよくなっていく、だから雑草も輪作の仲間にしてやれば畑はよくなっていくと思う。

畑というものは草や野菜によって守られているのに、今の農業ではひとつの畑でどれだけ多くとるかが重要なので、畑が悲鳴をあげている状態だといえる。とる必要があるならば、せめてうまく輪作して、ひとつの畑で同じ養分だけを抜かないようにして、少しでも長く使える畑をつくることが大切だと考える。抜けた栄養を測定して戻してやる方法もあると思うが……。

雑草も使って根こぶをなくす

野菜に根こぶが発生してきたとき、私は輪作で改善していくが、そのときの診断にも雑草が活用できる。たとえば、セロリーに根こぶがついた畑を、ナスやショウガをつくりやすいよい土に変えていこうという場合、まずはトウモロコシを植える。次にナバナを植えて、それへの根こぶ発生の有無を調べる。同時に、アカザやイヌタデなどの雑草がきれいな緑をして、黄色くなっていないかを観察する。さらに、アカザを抜いて根を見て、根こぶがついていなければ、改善は成功したと判断できる。

まだまだ私自身わかっていないことも多くあるので、雑草の種類や生長の程度によってどの野菜を植えたらよいかなど、もっと細かい見方ができると思っている。少しずつ積み重ねて、さらに適切な輪作ができるようにしていきたい。

(「農家が教える　桐島畑の絶品野菜づくり」(農文協刊)より抜粋。品目別編　野菜の記事も。)

輪作組合わせ

化学性からみた輪作の方法

輪作の目的は地域，時代によって異なるが，地力維持が各時代を通じて主目的になる。単一作物の連続栽培ではなく，数種の生態的特性の異なる作物を輪栽し，地力維持をはかりながら作物生産をつづけてゆくことにある。地力に対して種々の議論はあるが，土壌に適量の有機物や腐植を含むことが高地力のひとつの条件であり，また作物生育に必要な要素を適量に含むことも欠くことのできない条件である。窒素，リン酸，カリ，カルシウムなどが不足，あるいは過剰にあることは，作物生育に好ましくない。それら要素の土壌含有量，すなわち土壌の化学性は土壌の種類，作付作物の種類および施肥量によって規制される。したがって，土壌の化学性を良好に維持するには，栽培作物の養分収支特性を知って輪作を組む必要がある。

(1) 作物栽培と三要素収支

作物は発芽後根から各種養分を継続して吸収し生育を全うするが，それら養分は土壌と肥料から供給される。もちろん，マメ科作物では根粒菌によって空気中から固定された窒素も利用する。このばあい，理論的には作物の収量段階に応じて必要とする要素量を肥料によって供給すればよいことになるが，要素の種類によって雨水による流亡，土壌による固定などがあって作物の吸収量以上に施肥しなければならない。また，土壌から供給される要素量も考慮する必要がある。そのために，作物栽培跡地に残された要素量，すなわち「跡地土壌の養分収支＝（施肥量）－（吸収量－還元量）」は要素の種類によって異なる。この跡地土壌の養分収支は畑地が永続的に使用されることからして，輪作計画，施肥設計および地力維持上きわめて重要である。この養分収支の年次的積算によって各要

第1表 寒地畑作物の三要素収支
(kg/10a)

作物	N A-B	N A-C	P_2O_5 A-B	P_2O_5 A-C	K_2O A-B	K_2O A-C
ダイズ	-23.1	-20.4	6.1	6.6	-8.6	-4.1
アズキ	-14.9	-12.6	8.4	9.0	-1.2	3.0
サイトウ	-5.9	-4.0	6.3	9.0	1.9	3.3
春播コムギ	-0.2	-1.3	6.5	6.8	1.3	4.8
トウモロコシ	0.4	4.3	19.4	20.7	0.1	14.0
ジャガイモ	-3.0	0.2	19.3	20.0	-13.3	-6.5
テンサイ	0.2	7.7	17.3	20.2	-10.6	+4.3

注 西入らより計算
A：施肥量，B：全吸収量，C：収奪量を示す

素の蓄積動向を知ることができる。

窒素は土壌から供給される量が比較的多いので，作物の種類によって吸収量が施肥量を上回るばあいがあり，要素収支としては野菜類ではプラスになり土壌に蓄積されるが，ムギ，オカボ，トウモロコシなどイネ科作物ではマイナスになることが多い。イネ科作物に対して，栽培跡地土壌の窒素の要素収支がプラスになるほど施肥すれば倒伏し，減収するばあいが多い。

リン酸は土壌とくに火山灰土壌によって固定されやすく，すべての作物で吸収量より施肥量が多く，要素収支としてつねに蓄積過程にある。とくに火山灰土壌は，施肥水準が高いものの土壌に吸着固定され無効化するリン酸が多いので，要素収支としてプラスになり跡地に多く残る。たとえば10a当たり吸収量5～6kgに対して15～20kgは施肥しているのが実態である。

カリは窒素と同様に作物の種類，土壌肥沃度によって跡地土壌の要素収支がプラスになるばあいとマイナスになるばあいとが相半ばする。しかし，最近の多肥栽培では各作物の栽培跡地で蓄積傾向にあることを承知しておかなければならない。

(2) 輪作構成作物と三要素収支

作物栽培跡地の三要素収支は一般的には前述

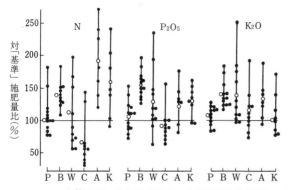

第1図 各作物施肥量と北海道基準施肥量との比較（芽室町報国，北農試畑作部調査，昭57）

のように要素の種類によって異なるが，さらに各要素について詳細にみるならば，輪作を構成する作物の種類，施肥水準によって異なる。

北海道地方における主要畑作物の三要素収支は第1表にみるように，窒素は根粒菌による固定を考慮していないためダイズ，アズキ，サイトウなど豆類はマイナスになっている。当地域におけるダイズの窒素固定量は10a当たり約12〜13kgと推定されているので，これを差し引いてもダイズ跡地ではマイナスになる。春播コムギも若干ではあるがマイナスになっており，生育量の大きい秋播コムギではさらにマイナスの程度が大になると考えられる。テンサイは地上部全部を還元すると考えれば，10a当たり7.7kg蓄積することになる。本試験のテンサイは窒素，リン酸，カリについてそれぞれ10a当たり15.0，25.0，15.0kgの標準施肥量であるが，農家では第1図にみるように標準施肥量をはるかに上回って施肥しており，倍量施用もまれではない。一方，肥料を30%増，あるいは倍量施しても吸収量はその比率で増加しないので，実際にはこの数値以上に蓄積している。

リン酸については，各作物とも要素収支はプラスであり，施肥量に比例してトウモロコシ，ジャガイモ，テンサイで多く，1作で蓄積量が20kgにも達している。このことは輪作体系における積算施肥量が土壌のリン酸肥沃度を規制することを示している。

カリについては，カリ吸収量の多いテンサイ，ジャガイモの要素収支がマイナスになっており，地上部全量を還元すればテンサイではプラスに転化する。ダイズは施肥量が10kgにすぎないためマイナスである。

次に暖地露地野菜の三要素収支を施肥量と吸収量から計算したのが第2表である。野菜類はリン酸はもちろんのこと窒素についても要素収支がプラスであって，いずれも10kg前後跡地に残る。この数値には外葉や根から還元される量が含まれていないので，それらを加味すればさらに残存量は多くなると考えられる。カリはその収支がバランスを保ち，わずかにプラスまたはマイナスになるていどである。一方，農家の施肥実態はこの計算に用いた標準施肥量よりはるかに多く，2〜3倍はまれではなく，連作

第2表 暖地露地野菜の三要素収支 (kg/10a)

作物	項目	N	P_2O_5	K_2O
ハクサイ	施肥量	33	16	28
	収穫量	23.6	8.0	25.3
	要素収支	9.4	8.0	2.7
キャベツ	施肥量	30	18	25
	吸収量	19.5	5.6	23.4
	要素収支	10.5	12.4	1.6
ダイコン	施肥量	22	14	18
	吸収量	12.8	5.0	17.0
	要素収支	9.2	9.0	1.0
ニンジン	施肥量	21	15	20
	吸収量	11	4	22
	要素収支	10	11	−2

注 松村らより計算

第3表 普通畑作物の連・輪作跡地における化学性

連・輪作	pH H₂O	pH KCl	置換酸度 y_1	全炭素 (%)	全窒素 (%)	C/N比	腐植 (%)	塩基交換容量 (me)	交換性塩基(me) CaO	MgO	K₂O	塩基飽和度 (%)	Al・P₂O₅ (mg/100g)
SSS	5.3	5.4	0.1	7.65	0.71	10.7	13.4	31.5	11.2	0.96	0.29	39.9	17.4
PPP	5.6	5.2	0.4	8.26	0.60	13.6	14.2	34.4	12.0	1.11	0.32	39.4	32.0
CCC	5.7	5.2	0.4	8.75	0.72	12.0	15.1	35.8	12.4	1.03	0.31	38.7	34.6
PSC	5.8	5.4	0.2	7.75	0.76	9.9	13.2	30.6	11.4	0.85	0.31	41.5	17.6
CPS	5.7	5.1	0.3	7.95	0.72	10.9	13.7	31.1	12.4	0.96	0.43	44.7	29.3
SPC	5.7	5.2	0.3	8.14	0.76	10.7	14.1	32.6	12.5	1.53	0.28	44.3	27.2

注 S：ダイズ，P：ジャガイモ，C：トウモロコシ，SSS：ダイズ3年連作，PCS：ジャガイモ―トウモロコシ―ダイズ

第4表 作付体系の相違による跡地の養分収支と土壌の化労性との相関 (尾崎，1969)

作付体系	NO₃-N	T-N	P₂O₅ (N/2CH₂COOH可溶)	交換性塩基 K	Mg	Ca
サイトウ中心の作付体系	+0.812**	+0.385	+0.336	+0.897**	+0.360	-0.141
ダイズ中心の作付体系	+0.711**	+0.262	+0.421	+0.900**	+0.109	-0.147
アズキ中心の作付体系	+0.781**	+0.176	-0.392	+0.779**	+0.602*	-0.116

注 *5％，**1％水準で有意

畑では生育量の低下をカバーするためさらに増肥されている。したがって，露地野菜輪作または連作畑では，リン酸はもちろんのこと窒素，カリも急速に蓄積する。事実，最近の露地野菜畑では，各種要素の過剰蓄積が大きな問題になり，野菜の品質低下の一因になっている。

(3) 輪作体系と養分収支

各作物の栽培跡地の養分収支は前述したが，それら作物を組み合わせた輪作体系，あるいは連作体系における養分収支の積算値が土壌の各要素の肥沃度を規制するものと考えられる。事実，第3表では，積算施肥量の多いジャガイモとトウモロコシ連作跡地は，施肥量の少ないダイズ連作跡地よりもリン酸含有量が多い。カリ含有量についても，要素収支がマイナスになるものの，施肥量が多く要素収支からみて土壌から吸収される量の少ないジャガイモおよびトウモロコシ連作跡地がダイズ連作跡地より多い。窒素については，数年間の収支では土壌分析値として現われにくい。

第4表は各種作付体系における養分収支と跡地土壌の化学性との関係をみたものであるが，NO₃-N，T-N，P₂O₅，K，MgおよびCaと養分収支との間には正の相関関係が認められ，作付体系における養分収支の積算値によって土壌中の肥沃度の動向をおおよそ知ることができる。第2図は各種輪作体系におけるリン酸の積算施肥量とアルミニウム型リン酸含有量との関係をみたものであるが，正の相関関係が認められ，積算施肥量の増加によって土壌中のリン酸の蓄

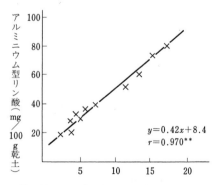

第2図 リン酸肥料の積算施用量とアルミニウム型リン酸含有量との関係
(山本ら，1966)

第5表 トウモロコシ(スイートコーン)と野菜との輪作における養分のバランス

① ニンジン→ダイコン→トウモロコシの輪作
窒素　12kg＋4kg＋(−11kg)＝5kg
カリ　3kg＋4kg＋(−20kg)＝−13kg
② ダイコン→ダイコン→トウモロコシの輪作
窒素　4kg＋29kg＋(−11kg)＝22kg
カリ　4kg＋25kg＋(−20kg)＝9kg

積をみることができる。すなわち、リン酸は施肥量に比べて吸収量がきわめて少なく、雨水による流亡もないため、積算施肥量が蓄積動向の指標になることを示している。

これらの事例は比較的施肥量の少ない普通畑作物についてみたものであるが、露地野菜連作あるいは輪作にも適用できる。すなわち最近、野菜畑で塩基の過剰蓄積が問題になっている事実は、多肥化の実態とともに野菜類の養分収支からも推定できる。

以上のことからして、養分収支特性の近似する作物の輪作あるいは連作は土壌中養分含量のバランスをくずし、また養分の過不足を生じさせる。たとえばムギあるいはトウモロコシの連作は窒素含量の低下を、野菜類の連作あるいは輪作は三要素の過剰蓄積を起こしやすい。

(4) 輪作の具体例

作物栽培跡地や養分収支は、土壌の化学性を規制するので、土壌養分のバランスを保ち化学性の改善をはかるには、養分収支特性の異なる作物の組合わせによる輪作を必要とする。したがって養分収支からみれば、跡地の養分収支をマイナスにするイネ科作物とそれをプラスにする野菜との輪作が合理的である。また、跡地に窒素を多く残すテンサイやジャガイモは、ムギやトウモロコシを組み入れた輪作をとることが土壌の化学性からみて望ましい。

たとえば第5表に示すように、ニンジンやダイコンの連作をやめて、トウモロコシと輪作したとすれば、窒素やカリの過剰蓄積が軽減できる。すなわち、①の例でニンジンを連作したとすれば、窒素は36kg以上の蓄積になるが、ダイコンを入れ、さらにトウモロコシを組み合わせることによって5kgに調節できる。②の例では、ダイコンの2年連作によって施肥量が増加して窒素が33kgも蓄積されたが、トウモロコシを組み入れることによって22kgまで軽減できた。もし3年連作したとすれば、さらに窒素の蓄積が増加して、養分の過剰蓄積をまねくことになる。これはあくまで試算であるが、現場の農家では、最近、野菜類とスイートコーン、あるいはソルゴーとの組合わせによって土壌養分の調節をしようとする事例が多くなってきた。これらの事実は、試算の正しいことを示唆するものである。

以上のように、輪作は土壌養分含量の動向を制御しうるものであり、養分収支特性の異なる作物の組合わせが、養分を過剰蓄積することなく養分バランスのとれた土壌を造成する。それがまた肥料資源の効率的利用を促進する。

最近の露地野菜畑では、リン酸はもちろんのこと窒素、カリ、カルシウムなどについても過剰蓄積が認められている。これは跡地に多くの養分を残す野菜を連作するとともに、連作による生育量の低下を軽減するために増肥することに起因している。このことは、北海道におけるコムギについても認められ、連作コムギは輪作コムギに比べ20～30％の増肥を行なっている。そのため風雨に伴う倒伏はつねに連作コムギにおいて多い。また、テンサイも短期輪作、あるいは連作になったため施肥効率が悪く、多肥化を余儀なくされている。そのため跡地に多量の養分を残すので、跡地に作付けする作物として多肥に耐えるジャガイモが多いが、輪作の合理性からいえばコムギ、または豆類の作付けが好ましい。しかし、コムギあるいは豆類を作付けすると過剰生育となり倒伏するので、やむをえずジャガイモを作付けしている。

要するに、連作は施肥効率が悪く、多肥になりがちであり、また、野菜連作あるいは野菜類だけによる輪作は養分の過剰蓄積をもたらすので、土壌養分含量、すなわち化学性を好適化するには野菜類とイネ科作物、あるいは養分吸収特性の異なる作物との輪作が必要である。

執筆　大久保隆弘(農業研究センター)

1987年記

土層改良からみた輪作の方法

(1) 作物による通気性の改良

わが国畑土壌の大半を占める火山灰土壌は比較的物理性が良好で，土壌の通気性はあまり問題にならない。しかし，東海，瀬戸内を中心に分布する鉱質土壌，あるいは機械開墾で表土が剥奪された畑では物理性が悪く，大雨が降ると滞水し，乾燥すると固くなり，作物の生育を規制する。また，ロータリ耕を連年行なうと，耕盤が形成され，火山灰土壌といえども通気性が悪くなる。したがって，通気性の良好な土壌条件をつねに保つことは，作物根の健全な発達を促し，作物生産上きわめて重要である。

土壌の通気性は耕起法とともに作付作物の種類の影響を強くうける。第1表にみるように，土壌の気相の割合は，ムギやサツマイモを栽培した普通作物跡地が有機物の施用の有無にかかわらずハクサイなど野菜栽培跡地より大である。すなわち，普通畑作物栽培跡地は野菜栽培跡地より通気性が良好である。ムギやサツマイモは野菜の葉菜類や果菜類に比べて根が深く分布し，下層の物理性を改良するとともに団粒構造を発達させ，通気性を良好にする。このことは牧草については古くから認められており，また，ダイズ，クローバなどマメ科作物も団粒形成作用が大きい。たとえば，多年生牧草を反転した年の畑地は気相，固相，液相の割合が平均しており，その後漸次固相が多くなる。すなわち，牧草畑は気相の割合が大である。さらに牧草は1年間栽培することによって相当量の団粒が形成されるものであって水分保持もよい。

第1表　普通畑作物，野菜跡地の三相分布(%)
(愛知農総試，1973)

跡地名		液相	固相	気相
普通畑作物	無有機物	20.3	44.7	36.0
	有機物施用	21.9	41.9	36.2
野菜	無有機物	24.7	55.4	19.9
	有機物施用	28.5	50.5	21.0

注　うねの中腹部調査

第2表　跡地土壌の団粒含量(風乾土，単位：%)
(出井ら，1964)

処理	採土位置	2.4mm以上	2.4〜0.54	0.54〜0.1	0.1mm未満
イタリアンライグラス跡	A	1.9	7.7	15.9	28.6
	B	4.3	7.2	15.4	29.8
	C	1.3	5.8	15.9	32.5
エンバク跡	A	1.7	5.9	16.2	30.9
	B	0.8	4.8	14.5	33.0
	C	0.6	3.9	14.6	34.8
カブ跡	A	1.2	5.2	15.2	35.7
	B	0.4	5.0	15.6	33.9
	C	0.7	4.6	15.6	36.2
コモンベッチ跡	A	2.3	7.2	16.1	32.0
	B	2.0	5.6	14.6	34.2
	C	1.0	5.8	15.3	35.2
裸地跡	A	0.6	3.0	12.0	35.4
	B	0.7	3.1	14.7	34.0

注　Aは作条下の0〜12cmの層，Bは作条下の12〜24cmの層，Cはうね間の0〜20cmの層である

(2) 作物による団粒形成

第2表は腐植のきわめて乏しい赤褐色土壌において，青刈冬作物を栽培した跡地土壌の団粒含量を示している。イタリアンライグラス，コモンベッチ跡地ではエンバクやカブ跡地に比べ，0.54mm以上の団粒が多く，団粒形成がすすんでいる。一年生の普通作物の栽培に伴う団粒の変化は多年生牧草に比べて小さい。しかし，裸地で休閑すると，土壌団粒は破壊されるものである。

(3) 作物による深耕

深耕が土壌の物理性を良好にすることはよく知られているが，深耕の方法にはふたつの方法が考えられる。そのひとつは，もちろんプラウ，サブソイラーなど機械力による深耕である。このばあい，機械が重装備で過重のばあいは深耕の効果が低下する。

他のひとつは，作物による深耕である。ダイズやトウモロコシの根系分布は，ハクサイ，レタス，スイカ，キュウリなどに比べて深く，下層の養分をよく利用するとともに，根を下層に多く残す。また，ナガイモやゴボウは収穫目的物が深層へと伸長しているので，その収穫作業を通じて土壌を深耕することになる。一方，ジ

ャガイモやサツマイモはうね立て栽培をするが，うね立てに伴う風化によって土壌が膨軟になるとともに，掘取り作業によって土壌を深く起こす。このように根系が深く分布する作物，収穫目的物が深層にある作物，あるいはうね立て栽培する作物は，直接的あるいは間接的に土壌に対して深耕的処理を与えることになる。すなわち，作物による深耕作用があり，プラウ耕の代替技術として活用できる。したがって，機械力による深耕と同様に，これら作物を3年に1回作付けすることによって，耕盤の形成を軽減することができる。

事実，ゴボウやナガイモを計画的に作付けし，土層を改良し，作土を深化させ，ニンジン，カブ，ダイコンなどの根菜類，レタス，プリンスメロン，スイカなどの多収化と品質改善を行なっている農家が少なくない。もちろんゴボウやナガイモの収穫にトレンチャーを用いるため，不良下層土の表層への反転混入はさけられず作物生育を阻害するので，有機物施用，リン酸質資材投入，家畜糞尿投入などの対策を講ずる必要がある。

（4）　輪作と土層改良

作物特性を活用した深耕は，物理的作用としての機械力による深耕とは異なる面をもつ。すなわち，下層に分布した根は，分解を通じて土壌の微生物相に影響を与えるとともに，孔隙をつくり土壌の通気性の改善に役だつ。

したがって，畑の輪作を組むにあたっては，プラウ耕による深耕の有無にかかわらず，深耕特性をもつ作物を3～4年に1回作付けするように作物の組合わせを考える。とくに葉菜類や果菜類の野菜畑では，土壌が固くなり，耕盤が形成され，通気性，透水性ともに不良になりがちであるので，イネ科作物や根菜類との輪作を組むようにする。その結果，土層が改良され，根の生長もよくなり，生育が安定し，良質の野菜類を生産することができる。

以上のような輪作技術は，排水が悪い重粘な転換畑にも適用すべきである。転換畑といえども作物の連作障害は発生するものであり，また，土壌の物理性は一般的に考えて普通畑より不良である。そのために，深耕特性をもつ作物による土層改良は，普通畑におけるより重要である。もちろん，ゴボウ，ナガイモなどは導入しうる転換畑が限定されるので，他の深耕作物を考える。

執筆　大久保隆弘（農業研究センター）

1987年記

ヒマワリやトウモロコシをうまく使おう
——菌根菌から見た効果的な輪作体系

執筆　有原丈二（北海道農業試験場）

VA菌根菌は、買わなくても勝手に殖える

最近、作物の養分（とくにリン）吸収に大きな役割を果たしているVA菌根菌が注目されています。

VA菌根菌は糸状菌の一種で、植物の根に侵入して定着し、植物から同化産物をもらい、代わりに菌糸で吸収した無機養分を植物に与えるという共生を行ないます。

その菌糸の長さは10cmにもなり、根毛よりはるかに広い範囲の土壌から養分を吸収できます。また、細いため、根毛が入り込めない小さな孔隙から養分を吸収できます。とくに、土壌中をあまり移動しないリンの吸収には大きな役割を果たしています。また、銅、亜鉛、鉄などの吸収にも効果があります。

このVA菌根菌を活用しようとして、作物への接種が行なわれていますが、市販されているVA菌根菌の値段は高く、広い面積で利用するにはむずかしい点があります。

しかし、VA菌根菌は作物さえちゃんと選べば、畑に栽培するだけで簡単に殖やすことができ、後作物はリン吸収が増えて、生育収量も簡単に改善できるのです。

ヒマワリ、トウモロコシ、ダイズのあとは、生育旺盛

まず、北海道農業試験場の火山性土壌での試験の例を見てみましょう。同じ施肥を行なった圃場に、トウモロコシ、ヒマワリ、ダイズ、ジャガイモ、春コムギ、ナタネ、テンサイを栽培し、また無作付けの区も設けました。その跡地にチッソ、リン酸、カリを、それぞれ10aに5、0ないし20、15kgを施肥して、トウモロコシを栽培し、前作の影響を見てみました。

第1図は収穫期のリン施用区のものですが、

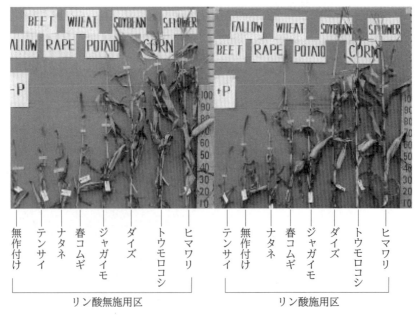

第1図　前作物が後作トウモロコシの生育に及ぼす影響

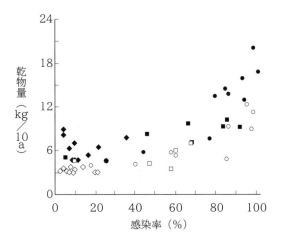

第1表	作物のVA菌根菌感染率およびVA菌根菌への依存度	
作物名	VA菌根菌感染率（%）	依存度（%）
ニンジン	66	99.2
エンドウ	89	96.2
ソラマメ	58	95.7
スイートコーン	88	94.7
トウガラシ	42	66.1
トマト	50	59.2
ジャガイモ	44	41.9
エンバク	79	0.0
コムギ	55	0.0
キャベツ	0	—
テンサイ	0	—

注　依存度：リン酸吸収をVA菌根菌に依存する割合が高いものは依存度が高い

このほかに菌根菌に依存する作物には、レタス、ゴボウ、フキ、シュンギク、アーティチョーク（キク科）、イチゴ（バラ科）、タマネギ、ネギ（ユリ科）、ナス、ピーマン（ナス科）、セルリー、パセリー（セリ科）などがある

第2図　VA菌根菌感染率とトウモロコシの初期生育との関係（1992年）

トウモロコシの生育は前作に大きく影響され、ヒマワリ、トウモロコシ、ダイズなどの跡地では旺盛で、ジャガイモ、春コムギ跡地ではややよく、テンサイ、ナタネ跡地および無作付け跡地では著しく悪くなっていました。

生育の悪いトウモロコシは4葉期ころから葉が紫色になるリン欠乏症状を示し、実際にもリン吸収量が大きく低下していました。

VA菌根菌の感染率を見ると、ヒマワリ、トウモロコシ、ダイズ跡では高く、ジャガイモ、春コムギ跡でやや高く、ナタネ、テンサイ、無作付け跡では低くなっており、生育もそれに応じて変化していました（第2図）。

このことから、前作を選べば、後作物のVA菌根菌感染率が向上し、リン吸収が増えて元気になり、収量も増大することがあきらかになりました。また、反対のことも起こります。

VA菌根菌とよく共生するもの・しないもの

それではなぜそのようなことが起こるのでしょうか。

第1表にあるように、作物はVA菌根菌と非常によく共生するものから、まったく共生しないものまでいろいろです。

VA菌根菌は植物の根と共生して、初めて繁殖できます。このため、VA菌根菌と非常によく共生するヒマワリ（キク科、ほかにレタスなど）、トウモロコシ、ダイズ、サイトウ、アズキなどの跡地ではVA菌根菌が殖え、共生しないアブラナ科（ナタネやキャベツ、ダイコン、ハクサイなどの野菜類が多い）、アカザ科（ホウレンソウ、テンサイがある）、タデ科（ソバがある）などの跡地では、著しく減ってしまいます。

こうしてVA菌根菌密度が変化すると、跡地で栽培される作物のVA菌根菌感染率に差が生

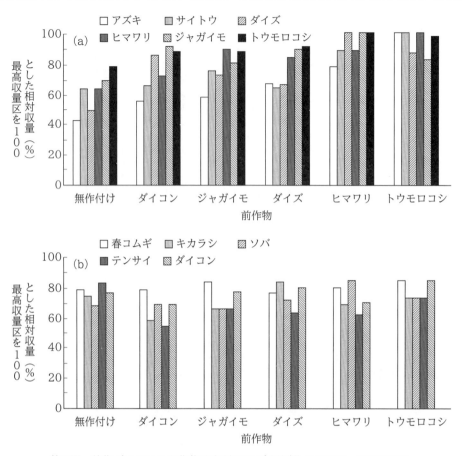

第3図　前作がいろいろな作物の収量に及ぼす影響（1992年、北海道農試）

じ、リン吸収量が変化するため、生育収量にも差が生ずるのです。

前作にあまり影響されない作物

ところが作物はトウモロコシのようにVA菌根菌に頼ってリンを吸収しているものばかりではありません。なかにはVA菌根菌なしでもやっていける作物もあります。そうなると、生育が前作に影響されやすい作物とされにくい作物があるはずです。それを代表的な畑作物で見てみましょう。

やはり均一な施肥をした圃場にトウモロコシ、ヒマワリ、ダイズ、ジャガイモ、ダイコンを栽培し、トウモロコシ、ヒマワリ、ダイズ、アズキ、サイトウ（VA菌根菌依存度高）、ジャガイモ、春コムギ（依存度中）、テンサイ、ダイコン、ソバ、キカラシ（VA菌根菌と非共生）を栽培し、作物によって前作の影響がどう変わるかを見てみました。肥料はいずれの年も各作物共通にチッソーリン酸ーカリを、10a当たり各15—20—15kgを施用しています。

ヒマワリ、トウモロコシ、ダイズ、アズキ、サイトウなどVA菌根菌とよく共生する作物は前作の影響を強く受けています。しかし、共生がやや弱いジャガイモでは影響がやや小さくなっています（第3図a）。共生がかなり弱い春コムギ、そしてまったく共生しないキカラシ、ソバ、テンサイ、ダイコンは前作によって収量がほとんど変わっていませんでした（第3図b）。

このようにリン吸収をVA菌根菌へ依存する

作物は、VA菌根菌と共生する作物のあとで生育がよく、共生の悪い作物のあとでは生育は悪化します。いっぽう、非共生作物は前作物の影響をほとんど受けず、共生のやや弱い作物は影響の受け方も中程度になります。

火山灰土壌や酸性土壌ではリンがアルミニウムや鉄と結合して作物の利用しにくい形になっています。このような土壌ではVA菌根菌の効果はとくに大きく、前後作の組合わせには注意が必要です。

土壌水分とおおいに関係あり

ところで、1991、1992年に大きく現われていた後作トウモロコシへの前作の影響は、1993年にはほとんど見られなくなりました。また、トウモロコシのVA菌根菌感染率はどの前作でも70％以上と高くなっていました。1993年の北海道は冷害に見舞われ、播種後約2か月間の降雨が著しく多くなり、どうもVA菌根菌の感染率は土壌水分が多いと高まるようでした。

そこで、各種作物の栽培跡地土壌を詰めたポットにトウモロコシを植え、灌水量を変えて栽培したところ、水分の多いほどVA菌根菌感染率が向上し、初期生育の差が見られなくなりました。VA菌根菌の休眠胞子密度は前作により差がありましたので、作物の生育初期に土壌水分が多ければ、VA菌根菌は効率よく感染し、前作への影響が小さくなることが確認できました。

北海道は春から初夏にかけて天候がよく、土壌は乾燥ぎみになるため、作物は前作の影響を受けてVA菌根菌感染率が変化し、リン吸収の違いから生育収量に差が生じます。

本州では6、7月は梅雨ですからVA菌根菌の感染効率が高そうですが、土壌が乾燥したり、温室条件では影響が強く出ますので、やはり前作には注意が肝要です。

第1表を参考にして、VA菌根菌依存の作物を栽培するときには、前作にもVA菌根菌共生作物をつくることが大事です。VA菌根菌を接種する以上の効果が期待できます。また、ヒマワリやアズキナなどの栽培跡地土壌を播種床にしても効果があります。安上がりの方法です。試して見てください。

（『現代農業』1996年5月号「前作にVA菌根菌を殖やす作物をつくれば、後作はリン酸が吸えて元気！」より）

ウネと通路を1作ごとに入れ替え
——菌根菌と根粒菌が殖える輪作畑

執筆　森　昭暢（広島県東広島市）

酒どころ西条の北東部、標高約250mの中山間地で、「安芸の山里農園はなあふ」を営んでいます。約2.7haの農地で約40品目の露地野菜とイネを、地域資源・自然のしくみを活かす自然農法で育てています。

私は大学で土壌微生物の一種であるアーバスキュラー菌根菌（以下、AM菌）の研究を行なっていました。卒業後、屋上の緑化やビオトープなどの仕事に携わっていましたが、食べ物と将来の暮らしへの疑問が生じて2011年に新規就農しました。

雑草と太陽は無限の資源

私の作物生産における一番のこだわりは土つくりです。自然のしくみを最大限に活かすことのできる無限の資源は何だろうと、考えに考えて行き着いたのが、雑草と太陽光でした。

地球上のあらゆる有機物は、元をたどれば太陽光から生まれています。その光エネルギーを地球上で利用できるカタチ（有機物）にできるのは、植物です。雑草や緑肥を通じて太陽エネルギーを圃場内に取り込み、物質循環を介してそのエネルギーを循環させていくことができれば、圃場生態系を豊かな方向に導くことができ、地力もアップするのではと考えました。

まず、新たに栽培を始める農地では、雑草や

第1図　筆者（42歳）
露地と雨よけハウスで2.7ha栽培

第2図　ジャガイモ畑
通路に雑草を生やして緑肥に。ホトケノザやハキダメギクが生える肥沃な圃場

緑肥を育て、その生育診断で土壌状況を推察します。雑草の種類（多様性）、草丈、葉色、大きさを指標とし、およその栄養状態から土壌の養分量、物理性などの地力を診断します。

たとえば、「イネ科とマメ科のほかに多様な科の雑草が生える土壌は総合的に地力が高い」、「生える雑草の種類が少なく草丈の低いイネ科が優占する土壌は総合的に地力が低い」「スギナやオオバコがよく生える土壌は酸性が強い」「草丈が低いエノコログサが生える土壌は作土が浅い」「ホトケノザの肥料切れが早い土壌は栄養バランスが崩れている」、などです。

作付け前に緑肥で地力アップ

そして、生育診断と併せて土壌診断（化学性分析、土壌断面調査など）を行ない、地力があると判断した土壌では、作物栽培をスタートします。一方、雑草や緑肥の生育がよくなかった圃場は、作物が健康に育つ状態ではないと判断し、緑肥を活用しての土つくりを進めていきます。

このとき重要なのは、地力が低い土壌ほど、イネ科→マメ科→その他の科（キク科など）の順に緑肥を導入していくことです。農地における雑草の植生遷移は、自然界における草本（イネ科など）〜低木（マメ科など）の植生遷移と、非常に似ています。農地においても自然界と同じような土壌の成熟過程があり、その過程に応じて優占できる植物があるものと考えています。

実際に、イネ科緑肥が旺盛に育つ土壌では、マメ科緑肥も十分に育ちます。イネ科やマメ科が旺盛に育つ土壌では、その他の緑肥も十分に育ちます。そして、緑肥作物の生育がよくなった時点を作物栽培に切り替える判断ポイントとします。

私の場合、雑草や緑肥のみでの土つくりは最短で半年、最長で4年を要したことがあります。それでも、植物のチカラで土壌有機物を増やして土つくりをすることが、総合的な地力アップの一番の近道であると考えています。雑草や緑肥がのびのびと育つくらい地力をアップさせてから作付けを開始することで、大きな失敗もなく、それが生産・経営の安定化につながっていると考えています。

ウネと通路で交互に作付け

実際の作物栽培においては、作物を優占させる「栽培」部分（ウネ）と、雑草や緑肥を優占させる「通路」部分を区分けし、それぞれ1mずつ交互に設けるパターンを作付けの基本型とする草生栽培（リビングマルチ）を行なっています。次作は、「栽培」部分と「通路」部分を入れ替える（中心を1mずらす）ことで、雑草・緑肥による継続的な土つくりが可能となります。

さらには、ウネ3作・通路3作の間で少なくとも1回はイネ科作物（ムギなどのイネ科緑肥を含む）およびマメ科作物（クローバなどのマメ科緑肥を含む）を組み込んでいます（「3-3式輪作」）。イネ科作物は土地を選ばず育ちやすく、根量が多く、多量の有機物を土に還元できるために、菌根菌をはじめとしたさまざまな土壌微生物の増殖が期待できます。

この輪作体系なら、アブラナ科などの作目を連続して植えても、通路にイネ科やマメ科を組み込めばよく、品目選択の自由度が高まります。それでいて、腐植（可給態チッソ）が増え、菌根菌・根粒菌などの有用微生物も殖えて、総合的な地力アップも同時にできます。

菌根菌と根粒菌を生かす

植物は、根から養水分を一方的に吸収するのではなく、光合成産物の約10％を根から分泌しています。その分泌物が及ぶ範囲（根圏）にはさまざまな土壌微生物が集まります。これらの微生物のなかには、分泌物を利用する一方で、植物の生育を促進する植物共生微生物がおり、そのなかでも植物に対して養分を供給する微生物がAM菌や根粒菌です。

AM菌は、土壌中の糸状菌の一種で、宿主となる植物との共生系を確立すると、土壌中に菌糸を張り巡らしてリンなどの栄養分（ミネラルやアミノ酸なども）や水を吸収し、宿主作物に供

ウネでの栽培作物が3作、通路での雑草・緑肥づくりが3作の計6作を1サイク
ルとする輪作。6作のなかに必ず1回はイネ科とマメ科の植物を組み込むことで、
AM菌や根粒菌の力を借りた土つくりが可能になる

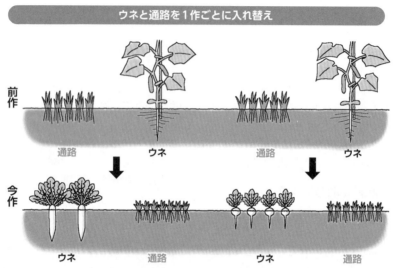

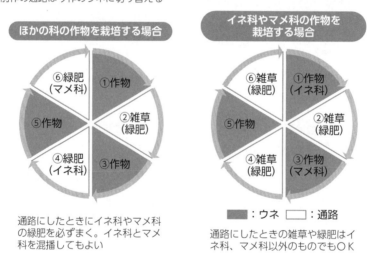

第3図 「ウネと通路で3-3式輪作」のしくみ

給します。植物の根が届かないエリアに菌糸を伸ばすことができるため、植物の根の延長として土壌中の埋蔵リンや水の利用が可能となります。

AM菌は、単独では増殖できないため、宿主となる植物（アブラナ科、ヒユ科、タデ科以外）を栽培して増殖させ、後作の良好な生育につなげることが重要です。しかし、非宿主植物を栽培したあとや、リンが十分にある土壌だと、減少していくため注意が必要です。

一方で、根粒菌はマメ科植物の根に棲み着く土壌細菌です。マメ科植物の根に根粒を形成し、共生系を確立すると、空中から固定したチ

ッソを植物に供給します。根粒菌も宿主となるマメ科植物を栽培すると殖えて、土壌が肥沃になり、後作の良好な生育につながります。ただし、チッソが十分にある土壌では、ダイズの根粒形成は抑えられます。

微生物視点で見る土壌診断

植物共生微生物の力を引き出すには、1）雑草や緑肥のすき込みによる有機物供給（腐植を増やす）、2）イネ科とマメ科を含む「3-3式輪作」（植物共生微生物を殖やす）と合わせて、3）土壌中の成分バランスを整えること（根と植物共生微生物の能力を高める）、このすべてがワンセットとして必要です。

そのため、土壌診断にもとづく施肥や土壌改良も重要なポイントとなります。私が、土壌診断でとくに注目している項目・視点は以下です。

1）土壌硬度：根の伸長の難易に影響。緻密度を下げる。

2）pH：作物・微生物の生育に影響。好適pHに調整する。

3）チッソ：根の伸長、根粒菌の増殖に影響。低〜中の濃度にする（目標値の下限値以下）。

4）リン：根の伸長、AM菌の増殖などに影響。低〜中の濃度にする（目標値の下限値以下）。

5）ミネラル：根の伸長、作物の健康（栄養状態）などに影響。バランスを適正に保つ。

6）腐植：可給態チッソ量、土壌微生物の増殖、土壌硬度などに影響。増やし続ける。

微生物の数と種類が圧倒的

私の施肥は、土壌診断の結果にもとづき、土壌成分（とくにミネラル類）のバランスをとるように試みています。使用する肥料は米ヌカ、ナタネ油粕、ゴマ油粕、オカラ、鉱物ミネラルなどで、可能な限り地域の食品副産物を利用しています。

追肥はこれらを組み合わせた自家製ボカシなどを使い、元肥は最小限で追肥に重点をおくようにしています。チッソやリンが不足する土壌環境で、作物の根をしっかり張らせ、微生物との共生関係を構築することを目指します。

第4図　雑草緑肥を粉砕後、ブロードキャスターで元肥（米ヌカや油粕など）を散布

実際に、このような栽培管理でAM菌や根粒菌をはじめとした有用な土壌微生物が殖えているのかどうか、2020年より調査を進めています。

2010年から私が有機・自然農法による栽培をしてきた圃場と、隣の農家が一般栽培をしてきた隣接圃場とで、土壌微生物の数、種類などの比較調査を行ないました。どちらの圃場も、2009年までは、同じ農家によって同じ作物が一般栽培で育てられていました。

その結果、有機・自然農法の土壌では、微生物数（糸状菌で3.9倍、細菌で約2.7倍多い）、種類（約1.5倍多い）ともに一般栽培よりも多い結果となりました。AM菌は有機・自然農法の土壌で103種（菌類の0.3％）存在していましたが、一般栽培の土壌では存在しませんでした。根粒菌は、有機・自然農法の土壌で725種（細菌の1.4％）、一般栽培の土壌で476種（細菌の1％）が存在していました。

葉色は淡いが大きく育つ

腐植や植物共生微生物が殖えた土壌では、土壌中の無機態チッソや無機態リンなどが少ないにもかかわらず、作物は健康に育ちます。作物は、根がよく発達し、さらにはAM菌や根粒菌が土壌中から幅広く養水分を集めて供給してくれるため、水やりも必要なくなります。また、

第5図　8月下旬、雨よけハウスでのミニトマト（4月定植）
通路のマルチムギが枯れて敷ワラになっている

第6図　11月中旬、ピーマン生育の様子（5月定植）
干ばつや霜に見舞われるも黒あざ果が少なく、出荷が続いた

作物の生育スピードはゆっくりと安定し、天候の影響を受けにくくなります。

実際に当農園では、露地栽培では無灌水、雨よけハウス栽培では定植後や播種後に1回の灌水のみです。作物は、施肥や灌水のタイミングで養水分を吸収するのではなく、必要なときに必要なだけ養水分を吸収しており、自立しているように見えます。

また、作物は葉色が少し淡い緑色になりますが、一般栽培と同様のサイズに育ちます。収量は、同じか若干（1～2割程度）下回りますが、えぐ味がなく優しい味で、香りがある農産物が得られます。このようにして栽培された農産物は、日持ちもよいのが特徴です。

異常気象でも安定生産

たとえば、昨夏の露地栽培ピーマンでは、標準の半分以下の施肥量で、11月まで出荷が可能となりました。収量は、長期どりとなったことで、地域の標準と同程度となりました。

この地域では9月の下旬から干ばつが続き、さらには10月の下旬からは霜が降りる日があり、黒あざ果の発生が多発していました。しかし、当農園のものは黒あざ果の発生が少なく、見学に来られた広島県の普及指導員の方々も驚かれていました。

また、今夏の露地栽培キュウリでは、標準の半分以下の施肥量で、5～6月の雨量が平年の2割程度であったにもかかわらず、終始、生育が安定しています。収量は7月からの適度な雨量も相まって、地域の標準と同程度かそれ以上となりそうです。

このように、作物は土壌中の栄養分が少なく直接的に利用できない状況であっても、有用な土壌微生物スタッフの力を借りることで、土壌中の膨大な量の埋蔵養分や水を利用して健康に育ちます。つまり、作物は「肥料」ではなく、総合的な「地力」で安定生産が可能なのです。気候変動による異常気象が増える昨今では、むしろ「地力」を活かした自然の栽培システムのほうが、より安定した作物生産が可能となるのではないでしょうか。

（『現代農業』2022年10月号「ウネと通路を1作ごとに入れ替え　菌根菌と根粒菌がじゃんじゃん殖える輪作畑」より）

土着菌根菌を活用したリン酸施肥削減
―― 再生可能農業への活用

(1) 土壌微生物利用で「より本質的」な有機農業へ

2021年5月に農林水産省は「みどりの食料システム戦略」を策定し，わが国の有機農業の拡大目標を定めた。

一方，国際的な委員会（コーデック委員会）では，有機農業を「生物の多様性，生物的循環及び土壌の生物活性等，農業生態系の健全性を促進し強化する全体的な生産管理システム」と規定している。昨今の地球温暖化や自然災害の激甚化，国連の持続的な開発目標（SDGs）など環境意識の高まりを背景に，「みどりの食料システム戦略」が，健康な食生活や持続可能な食料生産システムの構築をめざして策定されたことを踏まえると，そういった「より本質的な」意味での有機農業への転換をはかることが重要であろう。

そのためには，自然界の物質循環の仕組みを理解し，効率的に活用することで，低投入でも持続的・効率的な作物生産が可能な農業技術の確立が必要である。本稿ではその一例として，植物の養水分吸収を補助する土壌微生物の働きと活用方法について考えてみたい。

(2) アーバスキュラー菌根菌（AM菌）の特徴と機能

① AM菌とは

動物の腸管内に多くの微生物が共生して代謝を助けているのと同様，植物の根の周辺にもさまざまな微生物が生息している。そのような微生物のなかで，根の表面や内部に共生した菌類（カビの仲間）と植物の根が一体になって，植物の養水分吸収を担っている形態を「菌根（きんこん）」，菌根を形成している菌を菌根菌（きんこんきん）と呼ぶ。

なかでもアーバスキュラー菌根菌（以後AM菌と略す）は，陸上植物の8割以上の種と共生する，陸域生態系でもっとも普遍的な菌根菌である。

通常の植物—微生物の共生関係は，たとえばダイズの根にはダイズ根粒菌が共生するように，あるいはマツタケがアカマツの根にしか共生できないように，菌と植物の組合わせが厳密に決まっている（宿主特異性と呼ばれる）。

しかしAM菌の場合は，たとえばダイズに共生して増殖した菌が，トウモロコシ，タマネギ，コムギ，ジャガイモなど，ほかの作物とも共生することができる。つまり，宿主特異性がほとんど認められない。また，一般の糸状菌とは異なり宿主植物と共生しないと次世代の胞子を生産できないのも，AM菌の大きな特徴の一つであり，絶対共生性と呼ばれている。

② AM菌と植物の関係

AM菌の菌糸は，植物の根の届かない土壌中の領域（根の表面から離れた部位や根が入っていけない微細な隙間）まで伸長して，リン酸やチッソといった多量要素，亜鉛や銅などの微量ミネラル，および水分を吸収して植物に届ける。そのため，一般にはAM菌が共生することで植物の生育は促進される。

一方，AM菌はカドミウムなど植物生育を阻害する重金属に対して，植物地上部への移行を阻害するバリアとして機能することが知られている。また，AM菌が共生した植物では，病虫害への抵抗性が亢進する事例も多く報告されている。

③ AM菌がつくる巨大なネットワーク

前述したように，AM菌はほとんど宿主特異性を示さないため，生態系のなかで異なる複数の植物個体に同時に共生して，土壌中に網目のように広がる巨大なネットワークを形成する。

異なる植物個体がこの菌糸ネットワークを介して，土壌中に必ずしも均一に存在していない養分を互いに融通しあったり，たとえば「虫にかじられた」といった情報を共有して，実際に食害を受けた植物とは別の個体があらかじめ防御応答を発現するという報告もある。

さらにAM菌が豊富に存在することで，土壌団粒の形成が促進されることも知られている。

このようにAM菌の機能はじつに多面的で，単なる養水分の吸収促進に限定されないということは，AM菌の活用を考えるうえで重要である。

(3) AM菌の前作効果とその利用

①前作効果とは

ある作物の生育や収量が，その作物の前に栽培されていた作物（前作）の種類によって異なることは以前から知られており，土壌中のAM菌の量が関与していることが20世紀の後半に明らかにされてきた。

前述したように，AM菌はほとんどの種類の植物に共生できるものの，例外的にAM菌とは共生しない，「非宿主植物」が存在することが知られている（第1表）。コマツナ，ダイコン，キャベツ，ハクサイ，ブロッコリーなど，葉物を中心に多くの重要な野菜を含むアブラナ科は代表的な非宿主植物である。そのほか，ホウレンソウ，テンサイが含まれるヒユ科や，ソバが属するタデ科がAM菌の非宿主として有名である。

これらの非宿主作物を単一栽培した畑では，次世代の生産に宿主植物との共生が必須であるAM菌は増殖できず，土壌中のAM菌密度が減少する。そのような非宿主後の畑は，宿主植物の栽培によってAM菌密度が高く維持されている畑と比べて，作物の生育や収量が劣る。これが前作効果のおもなメカニズムである（第1図）。

②前作効果を利用してリン酸施肥量を削減

前作効果によって，非宿主植物の跡地では，トウモロコシ，ダイズ，コムギ，ジャガイモといった，宿主植物の収量が低下しがちであることがわかったとしても，そのことだけを考慮して作付け順序を決めたり，あるいは非宿主作物の栽培をやめたりすることはできない。そこで，前作効果を肥料削減に活用できないかを検討した。

第2図に農研機構北海道農業研究センターの圃場で，5年間にわたってさまざまな作物の栽培跡地でダイズのリン酸減肥試験を行なった結果を示す。ダイズの収量は，宿主跡地では，リン酸肥料の投入を標準施肥量の半分以下にしても，減収傾向が認められなかった。それに対し，非宿主跡地では，リン酸施肥を減らすにつれて収量が低下した。

標準施肥量は，それぞれの作物について，さまざまな圃場条件で実施した圃場試験にもとづいて設定されている。その結果を前作の種類で区別せずに解釈した場合，リスク回避の観点から，前作の種類で区別せずにより低収量な非宿主跡地の結果に合わせて標準施肥量が設定されている可能性がある。

宿主跡地ではより少ない施肥量で収量を確保できることを踏まえれば，輪作の順序をかえた

第1表 AM菌の宿主と非宿主植物の例

AM菌と共生する （宿主植物，Host Plant）	AM菌と共生しない （非宿主植物，Non-Host Plant）
イネ科：コムギ，エンバク，トウモロコシ，イネ[1] マメ科[2]：ダイズ，エンドウ，インゲン，ソラマメ，　アルファルファ，クローバなど ユリ科：ネギ，タマネギ，ニンニク，アスパラガスなど ナス科：ナス，ジャガイモ，トマト，ピーマンなど ウリ科：キュウリ，スイカ，カボチャ，ゴーヤーなど キク科：レタス，シュンギク，ゴボウ，ヒマワリなど セリ科：ニンジン，パセリ，セロリなど	アブラナ科：キャベツ，ハクサイ，　ダイコン，コマツナ，ブロッコリー，　ナタネ，シロカラシ，シロイヌナズ　ナ，など ヒユ科：ホウレンソウ，テンサイ タデ科：ソバ

注　1）イネは植物としては宿主であるが，水稲作ではAM菌は共生しない
　　2）ルピナスはマメ科のなかでは例外的に非宿主

輪 作

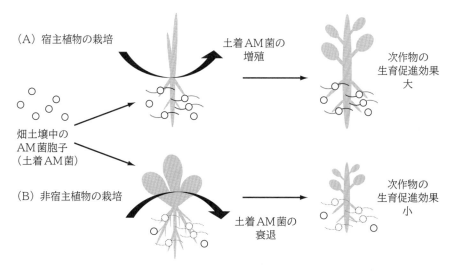

第1図　AM菌の前作効果の仕組み
(A) AM菌の宿主植物を栽培した場合：土着のAM菌密度が増加し，次作のAM菌依存性の作物の生育が促進される
(B) 畑がAM菌の非宿主で覆いつくされたり裸地のまま維持された場合：土着のAM菌密度は減少し，次作のAM菌依存性の作物の生育は促進されない

り非宿主作物を排除したりせずに，土壌中のAM菌の機能を活用することが可能になる。

ダイズでのこの結果は，生産者圃場での実証試験を経て，2015年から北海道の施肥ガイドに反映されている。すなわちAM菌宿主跡地で有効態リン酸が10～60mgP$_2$O$_5$/100gの場合は標準施肥量の70％，有効態リン酸が60mgP$_2$O$_5$/100gを超える圃場では60％のリン酸施肥を行なう，とされた。

(4) AM菌密度の新しい測定方法の開発

①施肥量調整はAM菌量の測定で

さまざまな生産者圃場で，ダイズへのAM菌感染実態を調査したところ，全体の平均値では，宿主跡地で非宿主跡地よりも高い感染率が認められた。しかし個々の事例をみると，例外的に宿主跡地のダイズが非宿主跡地の平均値より低いAM菌感染率を示したり，逆に非宿主跡地のダイズが宿主跡地のダイズより高いAM菌感染率を示す事例が散見された（第3図）。

もともとの畑にAM菌がいなければ，そこで宿主植物を栽培してもAM菌が増えることはな

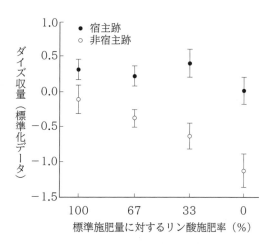

第2図　AM菌宿主と非宿主の跡地で栽培したダイズの収量傾向
リン酸施肥率は100％＝標準施肥量と同量施肥，0％＝無施肥
ダイズ収量は，年次ごとに標準化（各年の全データの平均が0，分散が1となるように指数化すること）したデータの5年分（2004～2008年）の値の平均値±標準誤差で示した

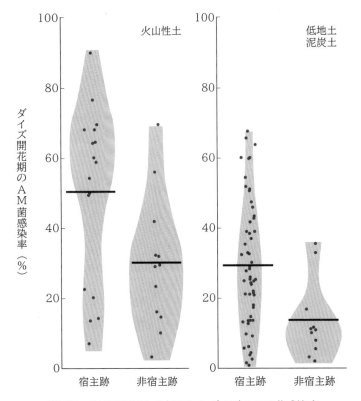

第3図　生産者圃場から採取したダイズのAM菌感染率
AM菌感染率：根の中でAM菌の感染が確認される部位の割合
各プロット：個々の圃場の最低3点以上の感染率の平均値
横線：それぞれの平均値
土壌によって感染率が異なったので，比較的感染率の高い火山性土とそれ以外に分けて図示。いずれの土壌でも平均値は宿主跡地で高いが，宿主跡地でも非宿主跡地の平均値より低い事例，逆に非宿主跡地でも宿主跡地の平均値よりも高い事例が認められる

い。逆に，非宿主植物は土壌中のAM菌を死滅させるわけではなく，増殖をサポートしないだけなので，もともとのAM菌密度が非常に高ければ，非宿主作物栽培後であっても十分なAM菌が残っているケースは十分に考えられる。

つまり，AM菌の効果を期待して肥料の量を調整する場合は，単に前作の種類で区別するのでなく，あらかじめ土壌中のAM菌量を測定し，十分なAM菌感染が期待できる圃場で減肥を行なうのが理想的である。しかし，AM菌は宿主植物に感染せず単独では増殖できないため，一般微生物のようにプレート法で密度を計測することができない。

② AM菌の感染開始点の密度を利用した予測法

従来，土着AM菌の感染力を推定する方法として，対象土壌で植物を数か月栽培したあとの感染率を指標にする方法や，対象土壌を滅菌土で希釈して，AM菌の感染が認められなくなる希釈率から，元のAM菌密度を推定する方法が使われていた。

しかし，これらは定量性がないことや，用いる植物によって結果が違う，あるいは操作が煩雑で時間がかかるといった欠点があった。そこで，短期間の栽培期間中に検定植物の根に形成されるAM菌の感染開始点の密度を，土壌中のAM菌密度の指標とする方法を考案した。

測定対象の土壌にミヤコグサやチャイブなどの実生を移植して，12日間栽培したあとの根を，AM菌組織を高コントラストで検出できる方法で染色し，実体顕微鏡でAM菌の感染開始点をカウントする。この値を格子交点法で求めた根の長さで割った，単位根長当たりのAM菌感染開始点密度は，土壌中のAM菌密度と比例することがわかった（第4図）。

この方法を用いて，生産者圃場でダイズ作付け前の土壌AM菌密度を測定し，それが開花期のダイズAM菌感染率とある程度相関することを確認した。この手法によってダイズへのAM菌感染程度を予測できるようになれば，圃場のAM菌感染力に応じた施肥対応が可能になると期待している。

(5) AM菌と協働する農業

①多様なAM菌の存在が自然界の「本来の姿」

前項までに紹介した一連の成果は，モノカル

チャーや化学肥料の多投入が標準となってしまっている慣行農法のなかで，「AM菌が少なくなった畑では十分なリン酸施肥をしないと収量が確保できない」事例を基準とし，「AM菌が十分存在するところではそんなに肥料を使わなくても収量を確保できる」ことを示してきたものである。

しかし，大部分の植物は，必ずしも必須ではないAM菌との共生システムを，4億年以上にわたる進化の歴史のなかで連綿と維持してきたことを考えると，「多様なAM菌が存在することでそれほど多くのリン酸を投入しなくても済む状態」こそが，自然界の「本来の姿」なのだ，ということを認識すべきだろうと考えている。そのような状態を維持するための農業技術が必要ではないか。

②植物とAM菌との共生を維持する農業技術の例

唐澤らは，非宿主であるキャベツの栽培後であっても，緑肥の導入によって土着AM菌の密度を維持できることを報告している。

たとえば，春〜夏にキャベツを栽培した翌春にトウモロコシを作付けする体系では，キャベツを収穫したあと，畑が雪で覆われるまでの数か月のあいだに，ソルガムやヒマワリなどAM菌の増殖に効果的な緑肥（主作物のあとに作付けするため後作緑肥と呼ばれる）を導入すれば，翌年のトウモロコシがキャベツの前作効果で減収する事態を回避できる。

また，7月にキャベツを収穫したあとすぐにコムギを作付けするという，後作緑肥を導入する時間的余裕のない場合は，キャベツのウネ間にクローバやヘアリーベッチなど，キャベツの生育を阻害しない背の低い緑肥（主作物のあいだに植える緑肥ということで間作緑肥と呼ばれる）を導入することで，非宿主のモノカルチャーによる土着AM菌密度の低下を防止できる。

③AM菌密度を減少させる農業技術の例

非宿主のモノカルチャー以外にも，現在実施されている農業技術のなかには，土壌中のAM菌密度を減少させてしまうような管理がいくつか含まれている（第2表）。

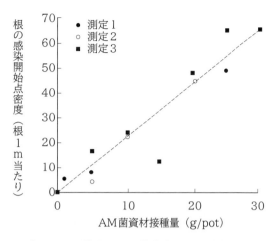

第4図 土壌中のAM菌密度と根の感染開始点密度は正比例の関係

500 mlのポリポットに異なる量のAM菌資材を混合した滅菌土を充填し，ミヤコグサを栽培して12日後の根の感染開始点密度を測定。同じ実験を3回繰り返したが，両者は再現性よく正比例の関係を示した

第2表 土壌中のAM菌密度に影響を与えうる環境要因とその例

環境要因	例
植生のないところにはAM菌はいない	火山噴出物堆積地，表土が除去された耕地
宿主植物がいないとAM菌は減少	非宿主の単一栽培，裸地管理
リン酸蓄積した土壌ではAM菌が減少	過剰な施肥（とくに化学肥料）
過剰な農薬の使用でAM菌が減少	過剰な農薬散布
過剰な耕起（菌糸ネットワークを寸断）によりAM菌が減少	過剰な耕起
嫌気的な環境でAM菌は減少	水田など湛水条件，水はけの悪い圃場，過度にち密な土壌，地下深く

たとえば，リン酸肥料の過剰な施用は，植物へのAM菌共生を阻害し，土壌中のAM菌密度を減少させる。植物は，養分を供給してもらう見返りとして，光合成で生産した炭素源をAM菌に供給する。植物自身が自由に養分を獲得で

きる環境では，AM菌が共生するメリット（土壌養分の獲得）よりもコスト（炭素源の供給）が高くなってしまうため，植物は生育に必ずしも必須ではないAM菌との共生をやめてしまう。

実際，われわれの生産者圃場での調査でも，リン酸施肥を標準施肥量の7割未満に抑えている圃場から採取したダイズのAM菌感染率は，それ以上のリン酸施肥を行なっている圃場と比べて有意に高かった。

また，近年育成された作物品種は，それ以前の品種に比べて，AM菌への依存性が低下している事例がトウモロコシなどで報告されている。作物品種の改良・選抜の過程で，十分施肥を行なった条件で栽培していることが，意図せずにAM菌に依存しない特性の選抜に関与していることが指摘されている。

そのほか，過剰な農薬使用は糸状菌であるAM菌の生育を直接阻害し，また過剰な耕起は地下部に張り巡らされたAM菌の菌糸ネットワークを破壊することで，それぞれ土着AM菌密度の減少を招くことが報告されている。

④再生可能農業へのAM菌の活用を

近年の地球温暖化に伴う気候変動の激甚化，あるいは原料資源の逼迫に伴う肥料価格の高騰を背景に，再生可能農業への期待が高まっている。第3表に，既往文献から引いた，再生可能農業で求められる行動原理について整理した。一見して第2表と第3表には共通項が多く，再生可能農業の推進によって土壌中のAM菌は増えるであろうことが，また再生可能農業の成立のうえでAM菌の機能が重要であることがみてとれる。

AM菌は植物に共生しないと増殖できない。つまり，ある土壌に多様で豊かなAM菌が存在するということは，過去にそれらの増殖をサポートした豊かな植生が存在したことの証左である。同時にAM菌の多機能を活用した，安定した植物生産が期待できることを示唆している。

土壌中のAM菌の量や種類を調べることで，その土地がどれだけ「本来あるべき姿」や「再生可能農業に適した状態」になっているかを判定できるような，そんな「土つくりの指標」としてAM菌を活用できないかと考えている。

執筆　大友　量（農研機構農業環境研究部門）

2024年記

第3表 再生可能農業を構成する行動原理，実例と土壌健全性や生物多様性への潜在的影響

行動原理	内　容	土壌健全性の回復	生物多様性喪失の改善
耕起の最小化	不耕起，省耕起	＊＊＊	―
土壌被覆の維持	マルチ，被覆植物	＊＊＊	＊
土壌炭素の増加	バイオ炭，堆肥，緑肥，家畜糞堆肥	＊＊＊	―
炭素の隔離	樹間農業，樹木作物	＊＊＊	＊＊
生物的養分サイクルの活用	家畜糞堆肥，緑肥，カバークロップ，化学肥料削減	＊＊＊	―
植物多様性の涵養	多品目輪作，複数の植物種によるカバークロップ，樹間農業	＊＊	＊＊＊
家畜の導入	輪換放牧，林間放牧，牧草生産	＊＊	？
農薬使用の低減	多品目輪作，複数の植物種によるカバークロップ，樹間農業	＊	＊＊＊
水の浸透促進	バイオ炭，堆肥，緑肥，家畜糞堆肥	＊＊＊	―

注　＊は多いほど影響が大きいことを示す。―は有意な効果なし。？は不明

窒素吸収根域の異なる作物の組合わせ

(1) 水系への窒素流出対策

21世紀は環境の時代といわれるほど，農業分野でも環境と生産をどう調和させるかが大きな問題としてクローズアップされてきた。この問題の一例として，近年，農地からの肥料成分の流出による水系（河川水および地下水）への汚染が指摘され，地下水の水質保全のために「硝酸性窒素濃度10ppm」が環境基準として設定された。

肥料は水，空気とともに作物生産のための重要な要素である。しかし，肥料の投入量が増加するにつれ，収量・品質が向上するものの，投入量が必要量を上回れば環境に流出してしまう。とりわけ，肥料窒素は土壌に残留する時間が短く，雨水とともに作土層から漸次深い土層に移動し，ついには水系に流出する。

水系に窒素を流出させない農地管理には，1）過剰な窒素（肥料および有機物）の施用は行なわない，2）作物の養分吸収に応じた分施や，溶出特性をもつ緩効性肥料の利用，3）裸地期間をできる限り短縮する，4）次作物に積極的に回収させるなどがあり，1）＞2）＞3）＞4）の順で重要度が大きい。ここでは，一般に窒素投入量が多いにもかかわらず，市場に搬出される窒素量が少ない露地野菜畑について，次作物に積極的に回収させる輪作の有効性を北海道の事例を中心に紹介する。

(2) 作物の窒素吸収根域

作物の根域はきわめて深い。たとえばキャベツは深さ80cm程度まで根を伸ばし，その土層内にある無機態窒素を吸収する。また，秋まきコムギは深さ120cm程度まで根を伸ばし，70～120cmの土層に残存していた無機態窒素をほぼ完全に吸収していた（第1図）。

そこで，深さ別の単位体積当たりの根長が2m/l以上存在する土層をその作物の窒素吸収根域と表現し，種々の作物の窒素吸収根域を第1表に示した。

一般に露地野菜の窒素吸収根域は浅く，なかでもタマネギ，ネギは40～60cmと浅い。また，大部分の露地野菜の窒素吸収根域は60～80cm程度である。しかし，ダイコンは露地野菜のなかでは深く100～120cmの窒素吸収根域をもっていた。一方，畑作物のうちマメ類，ジャガイモの窒素吸収根域は50～60cmと露地野菜とほぼ同等であった。これに対し秋まきコムギ，テンサイ

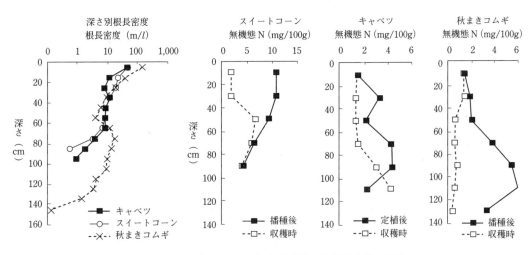

第1図　主要作物の深さ別の根長密度と無機態窒素の消長

（三木ら，1998）

は120～150cmと調査作物中最も深い窒素吸収根域をもつ。

なお，近年話題となっているケナフをハウスで3か月程度生育させたときの窒素回収土層は140cm程度とテンサイと同等の深さを示し，一般に緑肥作物として用いられているエンバクより明らかに深い。

これら深根性作物によるおおよその窒素回収量はダイコン15kg，秋まきコムギ20kg，テンサイ40kg，緑肥エンバク20kg/10a程度であり，ハウス条件のケナフで40～50kg/10aであった。

(3) 深根性作物による窒素回収

このような窒素吸収根域の異なる作物を輪作体系に取り組むことによって，下層に浸透流出する無機態窒素を回収できる。たとえば，葉茎菜主体の露地野菜・畑作物輪作畑では秋まきコムギを作付けすることによって，秋まきコムギの窒素吸収根域外である150cm以上の深さに流出する浸透水の硝酸態窒素濃度は10ppm以下まで低下し，この低濃度の傾向は翌年ないし翌々年の前半程度まで継続した。すなわち，この土壌では，窒素吸収根域の深い作物で一度深い土層までクリーンにすると，その土層に保持された水分量に相当する水が新たに加わるまで，硝酸態窒素をわずかしか含まないクリーンな水が地下に浸透することになる。

(4) 降水量・土壌タイプによる影響

それでは窒素の回収を目的とした深根性作物の利用がすべての土壌，地域に適応可能であろうか。肥料窒素（硝酸態窒素）を施用して，その後の降水量と施用窒素の1m土層内の残存率との関係を第3図に示した。なお，図は土壌群を黒ボク土，低地・台地土および未熟土に大別し，また低地・台地土を有効土層1m以上の土壌と，1m土層内に礫層，グライ層および飽和透水係数が10^{-6}～10^{-7}cm/secの難透水層など制限土層をもつ土壌に分けた。さらに降水量は調査

第1表 各種露地野菜，一般畑作物および一部緑肥作物の窒素吸収根域*

（三木ら，1998）

	作物名	調査土壌	窒素吸収根域
露地野菜	タマネギ	褐色低地土	40～60cm程度
	ネギ	褐色低地土	培土部分も含めて40～50cm程度
	ニンジン	黒色火山性土	60～70cm程度
	キャベツ	黒色火山性土	50～60cm程度
		放出物未熟土	80cm程度
	レタス	放出物未熟土	60～70cm程度
	スイートコーン	褐色低地土	60cm程度
	ダイコン	黒色火山性土	100～120cm程度
一般畑作物	ダイズ	褐色低地土	50～60cm程度
	アズキ	黒色火山性土	40～50cm程度
	ジャガイモ	黒色火山性土	培土部分も含めて50～60cm程度
	秋まきコムギ	各種土壌**	制限土層～120cm程度
	テンサイ	各種土壌**	制限土層～150cm程度
緑肥作物	エンバク	放出物未熟土	60～80cm程度
	ケナフ（ハウス）	放出物未熟土	150cm程度

注 *窒素吸収根域：平均根長密度が2m/l以上存在する土層深を示す
　**各種土壌：秋まきコムギは道央地域主要6土壌群9土壌，テンサイは3土壌群6土壌の集計

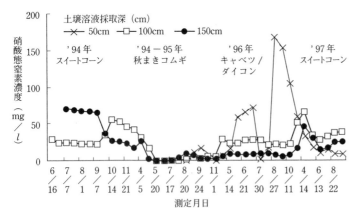

第2図 秋まきコムギ作付け後の土壌溶液中硝酸態窒素濃度の推移

（三木，1999）

（放出物未熟土で40cm以下土層は細粒質風化火山性土での例）

地点間のバラツキの影響を除くため，1m土層または制限土層までの全孔隙容量に対する降水量の比で示した。

砂質の未熟土では全孔隙容量と等量の降雨があった条件で，施用窒素の大部分が1m土層から流出した。これに対し，黒ボク土，低地・台地土および制限土層をもつ土壌では全孔隙容量と等量の降雨条件で平均30%以上が残留していた。

一方，冬期間の降水量が全孔隙容量の60%程度の条件では施用窒素の70～90%が1m土層内に残留する地域もあるが，残留する土層は40～60cm以上の深さである（第4図，図中の礫質放出物未熟土での降水量は全孔隙容量の1.4倍）。これら深い土層に移動した窒素の回収は露地野菜ではむりであり，深根性畑作物の輪作でしかできない。

以上のように，吸い残された施肥窒素，残渣の分解・無機化された窒素の翌春の残存量，残存土層深は降水量と土壌タイプに影響され，一様ではない。したがって，深根性畑作物の輪作がすべての地域・土壌に有効に機能するとは限らない。収量を期待しない緑肥作物では大きな問題とはならないが，換金作物である一般畑作物では収量，品質の低下は大きな問題となる。

深根性作物の残存窒素回収機能を十分発揮さ

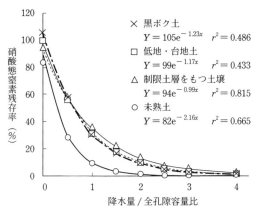

第3図　施用された肥料窒素の残存率と降水量/全孔隙量比の関係　　（三木ら，2000）

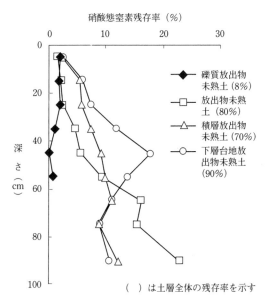

第4図　冬季降水量の少ない地帯における施用窒素の残存率　　（道立中央農試，2000）

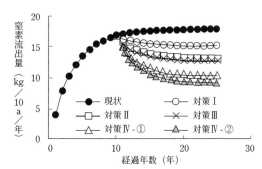

第5図　露地野菜年多回作畑における窒素流出モデルの一例　　（道立中央農試，2000）

第2表　露地野菜年多回作畑における改善項目別窒素削減可能量の一例　(kgN/10a)

（道立中央農試，2000）

	項　目	削減可能量
現状	総窒素投入量：　26.9kg/10a 市場搬出窒素量：　8.9kg/10a 投入超過量：　　18.0kg/10a	
改善方策	対策Ⅰ　畑作の窒素施肥量削減	1.7
	露地野菜の窒素施肥量削減	0.7
	対策Ⅱ　残渣窒素の評価*	1.9
	対策Ⅲ　牛糞堆肥窒素の肥料代替(30%)	0.2
	対策Ⅳ-①鶏糞搬入量の削減(現状の1/2)	2.4
	対策Ⅳ-②鶏糞搬入量の削減(現状の1/4)	3.6
	露地野菜跡への緑肥作物導入	検討せず

注　*スイートコーンは残渣窒素の10%，テンサイ，キャベツ，ハクサイは50%とした

せ，かつ収量・品質確保を両立させるためには，今後，環境保全型農業確立に向けて，深根性作物の窒素吸収根域に残留する無機態窒素量の予測を含めた土壌窒素診断の高度化がぜひとも必要である。

(5) 窒素流出の軽減

農地からの窒素流出量の削減は，基本的に農地内での窒素収支の改善を図ることであり，特効薬的な技術（たとえば脱窒能の高い微生物を検索・活用する）は現在のところ見あたらない。

個々の農家または地域での窒素流出量は，総窒素投入量（化学肥料，堆肥，有機質肥料および残渣窒素の合計量）と市場への窒素搬出量の差にだいたい相当する（第5図）。したがって，農地の窒素収支の改善は，1）深根性畑作物，露地野菜などの施肥改善，2）残渣の窒素評価，3）施用堆肥の窒素評価，4）堆肥投入量の改善，などの項目別に投入窒素削減量を設定して，窒素収支の改善を総合的に図る必要がある（第2表）。

なお，第2表の露地野菜跡への緑肥作物導入効果は具体的数値を示さなかった。しかし，緑肥作物による野菜の吸収し残した肥料窒素，残渣の分解によって放出される窒素の回収には大きな効果が期待できる（日高，1997）とされ，露地野菜畑における窒素流出削減のための重要な改善方策である。

執筆　三木直倫（北海道立中央農業試験場）

2000年記

参 考 文 献

日高伸．1997．日本作物学会関東支部会報．第12号．

三木直倫・安積大治・須田達也．1998．北海道土壌肥料研究通信．第44回シンポジウム．

三木直倫．1999．北海道農業と土壌肥料．

三木直倫・安積大治・橋本均．2000．日土肥誌．印刷中．

道立中央農業試験場．2000．平成11年度北海道農業試験会議成績会議資料．

茎葉処理の方法と注意点

畑作経営においては，家畜の減少によって有機物補給の供給手段がきびしいものになってきており，最近ではバーク堆肥，汚泥類およびコンポストなどが有機質資材として施用されている。したがって，毎年作付けられているテンサイ，トウモロコシ，ジャガイモ，コムギおよびマメ類などの収穫残渣物である茎葉部分についても有効な有機資源として位置づけ，充分に活用する必要があるものと考えられる。これら作物体茎葉残渣の積極的および効率的な利用をはかるために，その特徴と処理方法ならびに作物，土壌に及ぼす影響について北海道のばあいを例にして述べる。

(1) 作物体茎葉残渣の生産量および炭素率

作物体茎葉残渣の生産量（乾物kg/10a）は，第1表に示したように，テンサイ，ムギ類およびトウモロコシが約500kg，マメ類が半量の250kgていどである。

畑地にすき込まれた作物体の茎葉は，土壌中で微生物の作用によって分解され，作物に有効な養分として吸収利用される。これら茎葉の土壌中での分解難易度は，茎葉の炭素率によって異なっている。一般に，土壌にすき込まれる茎葉の炭素率が15以下か，あるいは窒素含有率が2.5％以上のばあいは分解が速やかに行なわれるが，炭素率が30以上で，窒素含有率が約1.2％以下のばあいは，有機化の度合が大きく分解の遅いことが経験的に知られている。

北海道の各地から集めた作物体茎葉残渣の炭素含有率と窒素含有率について第1表に示した。炭素含有率は40％前後で作物間の変動幅が小さいが，窒素含有率は0.25～2.96％と変動幅の大きい特徴がみられ，同一作物間でも含有率の差が大きい。このことから，茎葉の炭素率はおもに窒素含有率によって規制されていることがわかる。各作物体茎葉の炭素率を比較すると，ムギ類＞マメ類，トウモロコシ＞ジャガイモ，テンサイの順に高い傾向があり，これら茎葉の土壌中での分解度合は根菜類＞マメ類＞ムギ類の順で大きいことを示している。

茎葉残渣のすき込みと作物収量の関係についてみると，炭素率が小さく分解されやすい茎葉ほどすき込み後作物に対する効果も現われやすい。すなわち，第1図に示したように火山性土では，すき込み3年連用後の作物収量は，茎葉の種類がテンサイ，インゲン，トウモロコシの順に増収を示しているが，コムギ茎葉すき込みのばあいは窒素飢餓によって減収がみられる。また，茎葉すき込み3年後の残効をみると，コムギ茎葉すき込みによって堆肥と同程度に増収しており，有機化された窒素の無機化が起こって，それが作物に吸収利用されていることを示している。以上のことから，根菜類の茎葉は養分として速効的で肥料的価値が高く，一方，ムギ類の茎葉は土壌微生物のエネルギー源として

第1表 作物体茎葉残渣の種類と炭素率
（道立中央，十勝，北見の各農試，1973）

作物体茎葉残渣	点数	全炭素(%)	全窒素(%)	炭素率(C/N)	茎葉残渣生産量(乾物kg/10a)
テンサイ	68	34.8～44.1	1.09～2.96	12～34	500
ジャガイモ	20	37.4②	0.57～2.75	13～36②	100
秋播コムギ	29	33.0～45.0	0.25～0.87	45～180	500
春播コムギ	27	38.2～44.0②	0.47～1.27	51～98②	400
エンバク	27	46.0～55.4	0.34～0.84	58～145	500
トウモロコシ	49	39.6～45.3③	0.45～1.39	35～47③	500
インゲン	57	40.1①	0.69～1.43	43①	250
アズキ	21	38.5①	0.72～1.21	41①	200
堆肥	17	10.3～37.9	0.84～5.01	6～27	

注 ○印の数字は分析点数

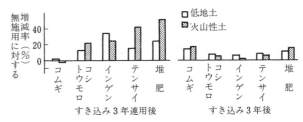

第1図 各種茎葉残渣のすき込みがエンバクの収量（子実）に及ぼす影響
（道立中央農試，1971）
残渣は炭素400kg/10a相当量

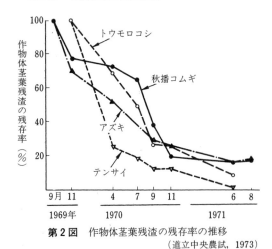

第2図 作物体茎葉残渣の残存率の推移
（道立中央農試，1973）

第2表 作物の養分吸収量
（道立農試のデータより推定）

作　物	茎　葉(kg/10a)			収穫物(kg/10a)		
	窒素	リン酸	カリ	窒素	リン酸	カリ
テンサイ	11.7	3.3	24.1	6.6	3.6	9.6
ジャガイモ	1.0	0.3	3.0	9.5	4.8	23.8
秋播コムギ	2.1	0.3	12.0	7.6	2.0	2.4
トウモロコシ	4.0	1.2	16.6	12.5	2.1	3.4
インゲン	2.3	0.6	5.5	6.6	2.6	4.4

重要であり，養分としては緩効的で地力を高める効果が高いといえよう。

（2） 茎葉処理の方法

茎葉残渣を処理するばあいの一般的な処理方法は，その炭素率をみながらすき込む深さや添加物の併用などを考慮しなければ目的とする効果は得られない。

作物体茎葉残渣のすき込みによる残存率の推移を第2図に示したが，炭素率の低いテンサイやマメ類のばあいは，その残存率からみて分解が速いが，コムギ茎葉は翌年の7月でもまだ65％残存しており，分解が緩慢で含有窒素の翌年における利用は困難である。

コムギ茎葉は，収穫後10〜15cmに切断し，地表面0〜25cmの深さにすき込むのが一般的であるが，前述したように炭素率が高く後作物に窒素飢餓をまねくおそれがあるので，それを防止するために炭素率を30以下にする必要がある。そのばあい，速効性の硫安や尿素の併用施用によって効果が認められるが，茎葉の分解は緩慢であり，過剰の施用窒素は硝酸などのかたちで流亡してしまうため，翌年の窒素の無機化は期待できないことが多い。施用窒素の流亡を防ぐにはCDUやUF−N（尿素とフォルマリンの縮合モル比が2.0）などの緩効性窒素肥料の施用がより有効で，比較的堆肥にちかい無機態窒素の消長を示し，後作物の生育のよいことが認められている。また，炭素率の調節方法としては，そのほかに，間作緑肥あるいは後作緑肥のすき込みやデンプン排液の散布などが考えられる。

炭素率を調節するための窒素施用量は，当然茎葉の炭素率によって異なるが，コムギ茎葉の炭素率は45〜180と大きな変動幅があり，たとえば炭素率が120と75の茎葉では炭素率を30にするのに，前者では10a当たり硫安20kgが必要であり，また，後者では硫安10kgで同じ効果があることになる。このように，同じコムギ茎葉でも施肥法や土壌の窒素肥沃度など栽培環境のちがいによって炭素率が異なるので，より効率的な炭素率の調整を考慮して有効利用をはかるべきである。

また，湿性火山性土（黒色火山性土）と乾性火山性土（褐色火山性土）とを比較すると，前者のほうが後者よりも茎葉分解に伴う無機態窒素の有機化が盛んで，その無機化も早く，量の多いことが知られている。

根菜類やマメ科のばあいは，茎葉の炭素率が比較的低いので，そのまま作土層にすき込んでも分解が早く，有効な養分として作物に吸収利用される。

なお，すき込む深さについてはこれまであまり検討されていないが，比較的浅いほうが地温も高く分解されやすいと推定されるので，すき込む茎葉に何を期待するかによってその浅深を考慮すべきものと思われる。たとえばコムギ茎葉では，浅くすき込むばあいは茎葉の分解を促進して養分としての有効化を早める。また，深くすき込むばあいは窒素飢餓などを防ぎつつ，茎葉の分解を徐々に行ない，1〜2年後の深耕

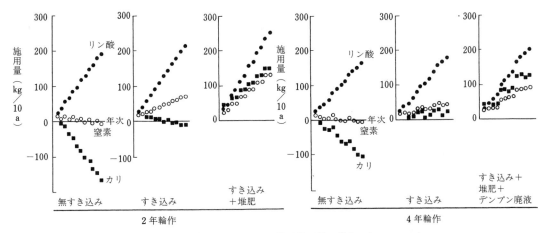

第3図　各有機物処理による養分施用量の推移（12年目まで）

によって土壌地力の増進をはかっていくという方法も考えられる。

（3） 茎葉すき込みによる養分収支

茎葉すき込みによる養分収支は，施用量（施肥量，茎葉および各種資材からの養分投入量）から収奪量（収穫物の養分吸収量）を差し引いたものである。養分の収奪量は作物の種類によって異なり，第2表に示したように，窒素はトウモロコシ，ジャガイモが多く，リン酸は各作物とも同程度である。カリはジャガイモが著しく多く，ついでテンサイが多い。また，茎葉の養分吸収量についてみると，窒素とリン酸はテンサイが他の作物より著しく多く，カリはテンサイ，ついでトウモロコシ，コムギが多い。

たとえば，作物の養分吸収量を茎葉と収穫物に分けて，茎葉の養分吸収量が全吸収量の60％以上のばあいを還元型，収穫物が全吸収量の60％以上のばあいを収奪型，それぞれが40〜60％のばあいを中間型とすると，テンサイは窒素，カリが還元型，ジャガイモは三養分とも収奪型，コムギとトウモロコシは窒素，リン酸が収奪型でカリが還元型，インゲンは窒素，リン酸が収奪型となる。

養分収支の例として，テンサイージャガイモの交互作と，テンサイージャガイモーコムギーインゲンの4年輪作における10a当たりの単年度施用量を，12年間について試算した結果を第3図に示した。なお，前年度施用量から収奪量を差し引いた残存養分量は次年度の施用量に加算した。

交互作における茎葉無すき込み区とすき込み区を比較すると，前者はカリの施用量が著しく減少し，窒素も漸減する。また，後者ではテンサイの窒素，カリの還元量が大きいため，窒素は増加し，カリは漸減傾向になる。茎葉すき込みに加え，さらにテンサイ栽培時に堆肥2tを施用すると，カリは著しく増加し，窒素も同様に増加する。一方，リン酸施用量は各処理区とも激増している。ここでは窒素，カリの流亡，あるいはリン酸の土壌による固定化などについては考慮していないが，茎葉すき込みが土壌養分の富化にとってきわめて有効なものであることがわかる。

4年輪作のすき込み区は交互作とほぼ同様な傾向を示すが，輪作年限が長くなるにつれて窒素，リン酸の増加傾向が小さくなり，一方，カリは漸減から横ばいの状態にかわり，施肥管理上，より好ましくなると推定される。また，農家圃場では，テンサイ作付け時に堆肥を2tていど，さらにコムギ茎葉すき込み時にデンプン廃液2tていどの散布などをしているばあいも多い。このようなばあいは，いずれの養分も施用量がかなり増加する。土壌に養分が過剰に富化されることは作物の品質や耐病性にとって好ましくないため，養分を多量に含有している各

種資材を施用するばあいには,当然,減肥の技術が導入されなければならない。とくに,リン酸の施用量は茎葉無すき込み区でもかなり増加しており,あるていど経年化した時点で,土壌診断あるいは作物栄養診断に基づいた減肥の可能性と指針についての検討が必要であろう。また,カリは茎葉や各種有機質資材施用の有無によって施用量が大きく変動する要素であることを考慮しておくべきである。

(4) 茎葉すき込みと土壌病害

土壌病害は,特定の作物の連作や短期輪作によって,つねに病原菌の増殖と生存を助長し,作物に障害をもたらすものである。アズキ落葉病 (*Cephalosporium gregatum*) は北海道十勝地方で発生し,連作がその要因である。インゲン根腐病 (*F.solani* f.sp. *phaseoli*) も同様で,作物残渣が有力な感染源である。このような土壌病害に対して,前者はトウモロコシ,後者はムギ類を輪作体系に組み入れることによって被害は軽減し,病土の菌量も急激に減少することが知られている。

作物の茎葉は程度の差はあっても罹病残渣であることが多く,その土壌病害を避けるためには4年以上の輪作体系をとることが基本的に必要なことである。やむをえず連作して,その罹病残渣を活用するばあいの例として,アズキ落葉病の豆がらで調製した罹病残渣堆肥は病害抑制効果が大きいという報告がある。この種の研究はまだ端緒についたばかりであり,処理を誤ると病土の拡大ということも考えられるので慎重な取扱いが必要であるが,罹病残渣の堆肥化による再利用という面から,今後,積極的な検討が期待される。

執筆 鎌田賢一（北海道北見農業試験場）

1986年記

第3部　有機農業の共通技術

有機物マルチ

有機物マルチ

　マルチとは「根を覆う」という意味。一般的なポリマルチ（フィルムマルチ）や生分解性マルチなどに対して、有機物を表面施用して土を覆い、根を守ることを有機物マルチという。

　大別すると、雑草草生やグラウンドカバープランツ、マルチムギなど生きた植物で覆うリビングマルチと、敷ワラや堆肥、落ち葉、モミガラや刈り草、米ヌカや茶ガラ、コーヒー粕……などさまざまなものを運び込んでマルチする方法とがある。有機物は基本的に生のままでよい。

　ふつうのポリマルチにも、草を抑えたり、地温を調節したり、水分を保持したりする効果があるが、有機物マルチにはさらに、微生物やミミズなどの小動物まで元気にする効果があるのが大きな特徴。

　土との接触面では、じわじわと土ごと発酵が起こって、いつのまにか土が団粒化してフカフカになり、土中のミネラルも作物に吸われやすい形に変わる。さらに、マルチに生えたカビが空中を飛んだり、土着天敵や小動物のすみかになったり、空中湿度を調節してくれたりもするので、病害虫が増えにくい空間にもなる。

　こうして、生育中は微生物や小動物による土壌改良・食味アップ・防除効果などが期待でき、作後は土にすき込むことで、ゴミも出ず、次作のために利用できる。外で堆肥をつくって圃場に運び込み、散布する、という重労働を省略できるのもいいところ。

　　執筆　編集部

第1図　有機物（敷ワラ）マルチをしたナス（7月中旬）
（写真提供：涌井義郎）
近くにエンバク（左奥）を栽培し、敷ワラをすると害虫被害はほとんどない。有機物マルチは天敵のすみかにもなる

畑で堆肥ができる、天敵のすみかも提供
―― 有機物マルチは一石何鳥!?

執筆　涌井義郎（鯉淵学園教授）

「混ぜ込む」のが土つくりではない

　土つくりとは、有機物を土の中に「入れる」こと、すなわち「混ぜ込む」ことだとつい考えてしまうように思います。しかし、畑の全面に有機物を混ぜ込むようになったのは、耕うん機やトラクタが登場してからのこと。昔は必ずしもそうではありませんでした。全面耕うんの歴史はせいぜい50年くらいの浅いものです。

　近年は、耕しすぎの害もあるように思います。東北や北海道のように低温期間の長い地域は別ですが、暖かい地域では、ひんぱんに耕すことで有機物の分解を早めて地力低下を促してしまいます。過度の耕うんは団粒を破壊し、土壌微生物の生息を一時的にかく乱することも知っておくことが必要です。

　きれいに耕されて雑草もない裸の土は、風雨の浸食を受けやすくなります。寒暖の差が大きく、紫外線にさらされ、乾燥しやすくて、団粒は壊れやすくなります。さまざまな昆虫や微生物にとって棲みにくい土であり、生物相は単純化して病害虫が発生しやすくなります。

マルチしながら堆肥ができる

　有機物は毎回混ぜ込む必要はありません。むしろ、最初は土の表面に敷いて表土保全に使い、その作が終わってからすき込むほうが土つくりに役立ちます。

　硬い地面にワラを厚く敷いておくと、数か月後にはワラの下のほうがほどよく分解し、ミミズが繁殖し、硬かった地面はいつのまにかフカフカと軟らかくなっていることをご存じかと思います。これは表土からの土つくり効果で、森林の「腐葉土に覆われた軟らかい土、団粒が発達した土」と同じ作用が働いたためです。ミミズや微生物が、分解有機物を土に混ぜ込んでくれるのです。この効果を畑でねらいます。

　一般に堆肥づくりは手間がかかります。そこで、堆肥材料をウネ間に敷いて畑で分解を促進させると、堆肥づくりを省略することができます。ワラや落ち葉、刈り草、生ゴミ、野菜クズなどいろいろな有機物をマルチに使うということです。土の表面にいる昆虫や微生物が下から少しずつ分解してくれて、栽培終了後にトラクタで耕うんすれば、堆肥施用と同じことになります。

　有機物マルチは土の寒暖の差を小さくし、土の過乾燥を防ぎ、雨風を遮断するので、表土での有機物分解菌の活動を促し、表土から団粒をつくってくれます。こうした効果はフィルムマルチ（ポリマルチ）では得られません。

　フィルムマルチと比べてどちらが合理的かは、栽培作物や地域、そして季節にもよるので総合的に考えますが、土つくりの観点からは有機物マルチを一考してみる価値があります。

草を抑える、生えても抜くのがラク

　銀色や黒色のフィルムマルチは雑草抑制効果が高くて便利ですが、一定のコストがかかり、廃棄処分も考えなくてはなりません。この点、有機物マルチは手間だけ考慮すれば、経費がかからず、雑草を抑え、天敵集めの効果もある。処分はすき込めばよく、土つくりには絶好で大きなメリットがあります。

　たとえば、野菜苗の周囲からウネ間にいたるまで、全面を有機物で覆ってしまいます。利用できるのは、ワラ、落ち葉、モミガラ、刈り草、堆肥などです。ただし、堆肥だけは土に近い性質なので、草の発芽を誘いやすい。堆肥を敷く場合は、この上に刈り草やワラを敷くとさらに効果的です。

　雑草種子の多くが発芽時に光を必要とする「光発芽種子」なので、有機物マルチによる光の遮断が発芽を抑えます。マルチの下で発芽す

る雑草があっても、その後の生育を物理的に邪魔します。たまたま隙間から伸び上がった雑草も、根はマルチのすぐ下で横に伸びるので比較的浅い。抜き取りはマルチを敷かない場合よりもずっと簡単です。

天敵、放線菌が殖えて病害虫防除

優れた農業技術の妙味は、一つの作業が複数の効果を生み出すところにあります。土つくりや雑草抑えのほか、有機物マルチは病害虫防除にも役立ちます。

ワラやイネ科の刈り草をマルチすると、野菜の栽培期間中に適度に分解するでしょう。これをすき込むことを継続すると、理想的な土ができます。とても軟らかくて団粒化に優れ、ケイ酸を多く含むために作物の耐病性を強めます。また、ミミズが増え、その糞を介した放線菌の増殖も期待できます。落葉樹の落ち葉マルチも同様に効果的です。

なお、これら炭素率の高い素材を使う際には、分解を早め、病原菌の繁殖を抑えるために、米ヌカや生ゴミ処理物などを薄く散布するのがコツかと思います。ダニや雑草の発生も少なくなるように思います。

有機物マルチの下には、ミミズのほかにも多くの小動物が棲みつきます。地面をチョロチョロ走る地グモが多くすみついて、コナガやハモグリバエなどの害虫を捕食します。ゴミムシ、オサムシ、ニワハンミョウ、コメツキなども増えてきます。これらの小動物はマルチにした有機物を食べるものと、その動物をえさにするために集まる天敵とが混在します。いずれにしても、こうした小動物の排泄物は微生物のえさになり、マルチ下の表土は有機物分解菌が多くなります。昆虫の死骸から供給されるキチン質は、拮抗菌（作物の病原菌に拮抗する菌）の一つである放線菌の増殖を促します。

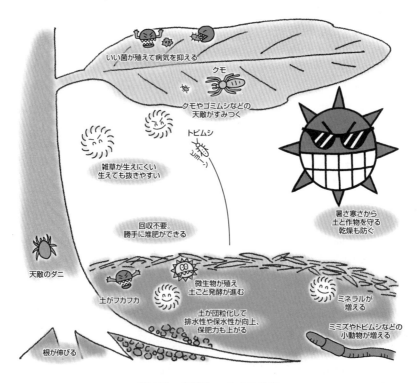

第1図　有機物マルチの効果

有機物マルチ、さまざまな使い方

（1）直まき野菜に切りワラマルチ

直まき野菜の場合は、切りワラマルチが便利です。インゲン、エンドウ、ダイズなどは、播種後のウネ上に薄く切りワラを被せ、ウネ間に多めに敷きます。ワラの間から発芽して茎が伸び上がったら、ウネ間のワラを株元に寄せます。土寄せを行なうときは、ワラの上に土を被せればよい。ダイコン、カブ、コマツナなどは芽生えが小さいからワラが発芽を邪魔するので、ワラはやはりウネ間に敷きます。ワラの細断作業が必要ですが、最終的にこれを堆肥づくりの手間と考えればよいのです。

（2）フィルムマルチと組み合わせて

果菜類では、早春から有機物マルチにすると地温が上がりません。関東以北では、春はウネにフィルムマルチ、ウネ間に有機物マルチするのがいいでしょう。初夏からはウネのフィルムも有機物マルチに替えれば、過度の地温上昇を抑え、土の適湿度を保てます。

（3）不耕起栽培には必須

また、こうした有機物マルチは、不耕起栽培には必須です。堆肥とワラ・刈り草・落ち葉のマルチングで、雑草抑制とともに表土からの施肥・土つくりができます。野菜クズ、果菜の剪定枝なども、そのまま貴重な有機物として活用できます。

（4）草生と組み合わせて

有機物マルチを草生と組み合わせると、さらに応用範囲が広がります。ウネ間にヘアリーベッチやマルチムギ、間作としてところどころにエンバクのウネをつくるなどすると、草の中にテントウムシやアブラバチなどの天敵を養えます。エンバクは伸び上がったら刈り取ってそのまま敷ワラに。これらムギ類は、株元10cmを残して刈り取ればまた伸び上がってくれます。

＊

フィルムマルチと比べて確かに手間はかかりますが、有機物マルチの効用は大きなものがあります。皆さんの、さまざまな応用を期待しています。

（『現代農業』2004年4月号「有機物マルチの効用と使い方」より）

調査
有機物マルチの農家圃場で、土壌動物がふえていた

ミミズ博士・中村好男さんに聞く

高知県檮原町の中越敬一さんは、米ナスの雨よけ栽培で有機物マルチを取り入れている。山草や収穫残渣をカッターで細かく切り、不耕起のウネにびっしり敷く。不耕起だから、有機物マルチが同時に施肥でもあるわけだ。そして、殺菌剤の回数はなんとゼロ、殺虫剤も月に1～2回ですんでいる（6～11月までのシーズン中に6～10回散布）。

その秘密を解き明かすべく、ミミズ博士として知られる愛媛大学教授の中村好男さんに同行してもらい、畑の土壌動物の調査をしていただいた。専門家から見て、中越さんの畑の土壌動物は種類がものすごく多いそうだ。同じ動物でもたくさんの種類がいた。それはズバリ、有機物マルチ（プラス不耕起）のおかげだという。有機物で被覆すると、土の表面が雨や太陽光、風から守られ、適度な水分も保てる。「ちょうど森林の土と同じようなこと」が起きて、たくさんの動物のすみかになるそうだ。

フトミミズがカルシウムやケイ酸を吸いやすくする

さて、その動物たちが農薬減らしにどうつながるのだろう？　中村さんの結論は明快だ。「病害虫がいたとしても、害が出にくくなると

いうことです。ミミズの働きでカルシウムとかケイ酸とかが吸収されやすくなって作物自体が強くなるし、いろんな土壌動物が直接病原菌を食べたりもするしで、結果的に病害虫が葉面や根に侵入・増殖しにくくなるのです」。

中越さんの畑では、フトミミズが多かった。有機物と土（鉱物）を両方食べるのが特徴で、その糞には細胞を硬くするといわれるカルシウムやケイ酸が作物に吸収しやすい形に変わって含まれている。フトミミズは中熟から完熟に近い有機物を好む（未熟だとシマミミズがふえる）ので、中越さんの畑は未熟有機物より中熟有機物の多い畑だといえるのだそうだ。

また、フトミミズに限らず、ミミズには直接的な殺菌力もある。ミミズの腸を通過すると、有用菌は殖えたり病原菌は死んだりする。さらに、ミミズの体の表面についている粘液にも殺菌作用があるそうだ。そして糞にはいろんな酵素や生長促進物質が含まれるという。

トビムシやササラダニが病原菌を食う

おもしろいことにミミズはまた、他の小動物をふやしてくれるそうだ。ミミズが動き回ったあとにできる孔や糞内部のすき間を、ほかの小動物たちがすみかにするのだ。この小動物たちも、いろんな病害虫を抑えることがわかっているという（第1表）。

中越さんの畑には、まずトビムシが多かった（第2表）。トビムシは有用菌や病原菌を含む、いろんな微生物を食べる。地下部だけでなく、地表や葉面に生息する種類もいるらしく、地上部の害虫も食べているのかもしれない。ササラダニは有機物とともに、いろんな微生物を食べるが、これも地下部だけでなく地上部に上がる

第1表　土壌動物が関与する病原微生物の生物防除

（いろいろな資料から中村さん作成）

抑制機構　働く動物〈関与の場〉→病気（＊和名不明のため似た病名）
A：病原菌を直接摂食するタイプ 　　　原生動物→芯腐病＊ 　　　ミミズ→大腸菌、サルモネラ菌、セラチア菌、ヒヤシンス黄腐病、 　　　　苗立枯病 　　　センチュウ→キュウリつる割病、ダイコン腐敗病菌 　　　トビムシ→キュウリつる割病、ダイコン萎黄病、白紋羽病、 　　　　コムギ立枯病、黒穂病菌 　　　ササラダニ→茶輪斑病 　　　キノコバエ幼虫→テンサイ苗立枯病
B：病原菌の拮抗菌を運搬するタイプ 　　　ミミズ→コムギ立枯病、アボカドの病気 　　　トビムシ→白紋羽病菌、ダイコン腐敗病菌
C：病原菌の生活条件を悪化させるタイプ 　　　ミミズ→根こぶ病、疫病、萎凋病、ショウガ腐敗病＊
D：病原菌の生活場を食べるタイプ 　　　ミミズ→リンゴ黒星病 　　　ワラジムシ→スイカズラ黒紋病＊ 　　　甲虫→クリにせ炭疽病＊ 　　　ササラダニ→モモせん孔病＊
E：作物（や土壌動物・拮抗菌）そのものの生活条件を強化するタイプ（環境型） 　　　ミミズ→コムギ立枯病＊

こともあるという。さらに、トビムシなどを捕食すると思われるダニや、センチュウもいた。センチュウ類には、根を害するセンチュウや有機物を分解する微生物などを食べるものがいるらしい。

つまりミミズの存在が、たくさんの防除効果を引き起こす「起爆剤」になっているのだ。ミミズを含む土壌動物をふやすには、表層に完熟堆肥を、その上に下草や枯れ葉、収穫残渣をのせて有機物マルチ（二重被覆）をすること、できれば中越さんのように不耕起にすることを、中村さんは提案している。

執筆　編集部
（『現代農業』2004年6月号「ポリのマルチを山草マルチに替えて、殺菌剤ゼロの米ナス」より）

第1図　ウネ断面
（写真撮影：すべて赤松富仁）
点線から上が有機物マルチ部分。地下10cmの地温は高く、取材時（4月1日）で16.5℃あった

第2図　フトミミズが多かった
このミミズが有機物と土を食べて、ケイ酸やカルシウムを作物に吸収されやすい形にしてくれる。同じく有機物を食べるヒメミミズもいた

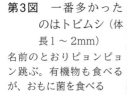

第3図　一番多かったのはトビムシ（体長1〜2mm）
名前のとおりピョンピョン跳ぶ。有機物も食べるが、おもに菌を食べる

第4図　ミミズの卵
両端が尖っている

第2表　中越さんの畑にいた土壌動物（土100m*l*当たりの個体数（2試料の平均））

試料	有機物マルチ部分5cm	その下の土部分5cm	内容の特徴
トビムシ	438	60	*Folsomia*など多数の種類を含む
ササラダニ	5	4	*Eohypochthonius*、*Scheloribates*、*Transoribates*、*Rhysotrtia*
ヒメミミズ	66	23	*Enchytraeus*主体、*Fridericia*少数
他ダニ	6	5	中気門類
センチュウ	多数	多数	菌食性らしき多数

注　フトミミズは省略。たくさんいた

ススキ＆カヤで、さよならポリマルチ

執筆　坂本重夫（広島県三原市）

畑の「脱プラスチック」

　私が有機農業を始めた40年前は、野菜栽培にポリマルチ（フィルムマルチ）などまったく使っていなかった。当時はイナワラを大量に集めて、土の表面に敷いて夏場の雑草対策にしていたものである。刈った草なども、マルチ代わりに使っていた。

　しかし面積を拡大し、現在の倍近い田畑でイネや野菜をつくるようになった約30年前からは、黒いポリマルチを多用するようになり、春先に地温を上げたいジャガイモやナス、タマネギなどで重宝していた。7年前に次男が就農。すぐ近くで有機農業を始め、私は面積をだんだん減らし始めたが、それでもポリマルチは省力化に欠かせず、そのまま使い続けていた。

　しかしここ数年、「脱プラスチック」が大きな社会問題となっている。私も生活のなかではその使用を減らすよう心がけているが、畑で使うプラスチックはなかなか減らせないのが実情である。畑のプラスチック製品とは、つまりマルチやセルトレイなどで、とくにマルチは使い捨てで、毎年、山のようにゴミとなるのが心苦しかった。

　脱ポリマルチするには、有機物によるマルチということになる。ようは昔のスタイルに戻ればいいだけなのだ。

マルチに向くのは「硬い草」

　しかしコンバインが普及した現在では、イナワラを確保するのがむずかしい。また、マルチに使う有機物は、できるだけ硬い草が向いている。軟らかい草では早く分解してしまい、雑草を抑える効果が弱くなるからだ。

　有機物マルチをやるには、この「硬い草」集

第1図　ナスの有機物マルチ
夏場の過乾燥や地温上昇を防いでくれる

第2図　筆者と次男の洋平（別経営）
（写真撮影：赤松富仁、以下Ａも）
イネ1.2haと野菜60a、平飼い養鶏300羽。少量多品目の野菜を消費者に直接届けている

第3図　ため池の法面に生えるススキやチガヤ（Ａ）
年に1度の草刈りのあと、集めて有機物マルチに使っている

めが難題だ。夏場に県道沿いの草を刈る業者から2t車10台分以上もらったこともあるが、空き缶やプラスチックゴミがあまりに交ざっていて、処分に辟易して数年でやめた。

そこで現在は、ため池の法面に生えるススキやチガヤを集めて使っている。私が住む瀬戸内はため池が多く、毎年秋に稲作関係者が約80人集まり、3つのため池の草刈りを行なう。以前は全部焼却処分していたのだが、そのうち2つのため池の草を集めて、私と次男とで使っているのだ。焼却処分せずにすむので、とても感謝されている。ほかにも小さいため池があり、面積にして1ha分ほどの草が集まる。そのほとんどは、C/N比（炭素率）が高く、硬いススキやチガヤなどである。

有機物マルチにはほかに、秋から冬に集めた落ち葉も使う。

置いてモアをかけるだけ

集めた有機物は適宜、畑に運ぶ。硬い草はチッパーで刻むのが面倒だが、わが家ではススキなどは切らずに畑に運び、そのままウネに敷く。その上にハンマーナイフモアを走らせれば草が適当に粉砕されて、早いしラクである。

有機物マルチは「補充」も必要だ。土が見えると、隙間から草が生えてきてしまう。そのため、春先にまずしっかりマルチしたら、夏場に田のあぜ草を刈って畑にもっていき、隙間を埋めるよう置いていく。

こうなると、やっかいものの草が必要なものとなり、貴重な存在ともなるから不思議である。

有機物マルチ VS ポリマルチ

有機物マルチには、ポリマルチでは得られないメリットが多い。乾燥を防ぎ、生物性を高めてくれる。長い目で見れば養分補給となり、排水性や保水性もよくなる。そして、景観もよい。

春先の地温上昇効果は劣るが、それもたいした問題とはならない。ナスで比較してみると、初期生育はポリマルチのほうがあきらかによいが、盛夏になれば追い付いてくる。4月下旬植えのキュウリでも同じで、収穫はポリマルチより約10日遅れるが、遅くまでとり続けることができ、トータルの収穫期間は長くなる。

逆に盛夏の地温抑制効果は高く、ナスやキュ

第3部　有機農業の共通技術

第4図　ハンマーナイフモアでラクラク有機物マルチ（A）
有機物をそのままウネに敷いて、その上からモアをかけるだけ

第5図　チッパーにかけなくても、適度な長さに切れる（A）

第6図　有機物ならなんでもマルチに（A）

ウリのほか、トマトやピーマンなどの果菜類は、有機物マルチのほうが生育がよい。長雨や過乾燥など、近年の異常気象にも強かった。土壌の生物相が豊かになるためか、病害虫も少ない。

ジャガイモやサトイモはポリマルチをやめ、以前のように管理機で中耕（土寄せ）する。春先の地温上昇効果はないが、収量は劣らず、かえって一つひとつ大きいイモに育つようになった。

不耕起でも土がフカフカ

また、一部の畑で続けている不耕起栽培には、有機物マルチが必須である。地表面を有機物で7〜8cmくらい常に覆うことによって、土は上からフカフカになる。耕す必要がないのである。そして、やはり病害虫が少なく、いいものができる。

タネまきや苗を定植するときは、有機物をかき分ける。ポリマルチと比べれば少しやりにくいが、慣れればむずかしくない。施肥は草の上から、米ヌカやボカシをふりまくだけ。ラクである。

草や落ち葉の補給は年に3〜4回、一年を通じて土が見えないよう覆うのがポイントである。土はどんどん軟らかくなり、4〜5年すれば、手がズボッと中に入っていくようになる。そうなれば、雑草が生えても、力を入れずに簡単に引き抜ける。なんでもよくできるようになり、根菜類も肌がキレイになる。

耕さなくても土が軟らかくなるのは、微生物の働きが活発になるからだ。有機物マルチをめくると白い菌糸が張っているのがわかる。土壌の団粒化が進み、排水性も保水性もよくなっていく。腐植が増えていくので、養分の保持力が上がり、ミネラルバランスもよくなる。その結果、肥料をあまりやらなくても、作物がよくできるようになる。

これが有機物マルチの効果である。やっかいなはずの雑草が、脱プラスチックにつながり、畑の土つくりに役立つ。一石何鳥にもなるわけだ。

有機物マルチ

第7図　有機物マルチしたエンドウ（A）
かき分けると、白い菌糸がビッシリ

第8図　分解が進んだ有機物（A）
イネ科の草は腐植の元となる

第9図　カボチャはウネに草マルチ、通路は
ヘアリーベッチでリビングマルチ

リビングマルチもおすすめ

　刈った草だけでなく、生きた草もマルチになる。「リビングマルチ」である。

　たとえばカボチャではマメ科のヘアリーベッチを使う。ウネ幅2mの中央60cmはカボチャを定植するので、草を敷く。2月下旬〜3月上旬、その両側にヘアリーベッチのタネをまくと、みごとに雑草を抑えてくれる。そしてカボチャのつるが伸びてくるころからベッチの勢いが弱まり、作物の邪魔はしない。

　ナスやキュウリなど、ウネ間の通路が広いところにはエンバクなどの緑肥をまいておく。緑肥の草丈が伸びてきたら、適宜、地上部を刈るだけ。夏場になれば自然と勢いがなくなり、作業の邪魔にはならない。

　リビングマルチも、雑草や落ち葉マルチと同じような効果がある。たとえば夏場、ポリマルチで覆っても畑は乾燥し、生物相は貧弱になる。緑肥をまいた畑は適度に湿って、さまざまな天敵がすみついている。生態的に豊かなのだ。根が土を耕してくれ、作物の収穫終了後、畑にすき込めば、貴重なチッソ源ともなる。

　有機農家の圃場でも、見学に行くと、ウネだけでなく通路もすべてポリマルチで覆っていることがある。草は1本もなく見た目はキレイだが、ちょっとがっかりする。省力化、効率化を求めた結果ではあるが、それだけのポリマルチを製造、処分するには、環境への負荷がどれだけかかるのだろうか、想像せずにはいられない。

　なにより、生きものの豊かさを感じられないのが寂しい。有機物マルチの畑では、さまざまな生きものと共存でき、身の回りにある自然の素材を最大限に活かせる。それこそが、持続可能な有機農業のあり方である。

　（『現代農業』2021年5月号「ススキ＆カヤさよならポリマルチ」より）

堆肥マルチに米ヌカふって炭酸ガスがモクモク発生

執筆　窪田陽一（三重県鈴鹿市）

第1図　牛糞バーク堆肥で分厚くマルチしたハウス　　（写真撮影：編集部）
農薬5割減で栽培

堆肥を表面施用

20年ほど前に近所の方から、コイン精米機の米ヌカの処理に困っていると相談され、引き受けるようになりました。そして、トマトの株元を米ヌカでマルチしました。米ヌカは微生物のえさとなり、土を肥やしてくれます。また、果菜類に使うと味がよくなるといいます。とにかくいいだろうと使い続けていました。

堆肥による有機物マルチに取り組み始めたのは12年前、ハウスを建て直したのがきっかけです。新しいハウスでは、重労働だった内張りフィルムの毎年の交換が必要なくなり、定植後の9月から1か月ほどヒマができました。

米ヌカはハウス全体にまけるほど量が確保できず、保肥力や保水力など物理性の改善には堆肥がいいと考えていたところでした。ヒマな間に、せっせと堆肥をまき始めたというわけです。

未熟堆肥から炭酸ガス

使っているのは牛糞バーク堆肥で、55aのハウスに毎年約100m^3（2tトラック約10台分。18m^3/10a）入れています。土中にはすき込まず、全量表面施用です。一輪車で運んでスコップでまくのでけっこうな重労働ですが、1か月かけて少しずつ作業しています。

堆肥は完熟でなく、あえて未熟や中熟堆肥を購入しています。有機物から出る「炭酸ガス（CO_2、二酸化炭素）」の効果をねらっているからです。堆肥を分解（発酵）するときに微生物が吐き出すのが炭酸ガスで、完熟より未熟のほうがたくさん出ます。1m^3で2,000円と、完熟堆肥の約半額で買えるため、フトコロにも優しい。ふつうはガス害が心配で避けますが、すき込まない有機物マルチなら心配いりません。

ハウスに敷き詰めた堆肥マルチの上から月1回、10a当たり260l（17袋）の米ヌカを散布してその発酵を促しています。

有機物マルチで脱灯油

炭酸ガスと水は作物の光合成に欠かせません。最近は新しい環境制御の考え方が普及して、灯油を燃やして炭酸ガスを発生させる機械を導入する農家もだいぶ増えてきました。私は、機械の代わりに、有機物から出る炭酸ガスを利用しようと考えたわけです。灯油を燃やすよりは安く、地球にも優しいはずです。

ただし、炭酸ガスは目に見えず、実際にどれくらいの効果があるかわかりませんでした。それが2年前、県の普及センターからの依頼で、ハウス内の炭酸ガスを実際に測ってみることになりました。

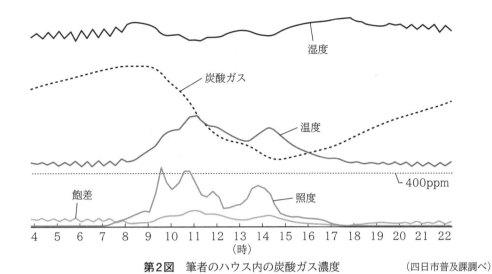

第2図　筆者のハウス内の炭酸ガス濃度　　　（四日市普及課調べ）

日中400ppmをキープ

結果はグラフ（第2図）のとおり。冬期の夜間で最大2,000ppm、夏場の昼間でも約400ppm程度ありました。夜間の数値が高いのはトマトが呼吸してCO_2を吐き出しているからですが、驚いたのは日中の測定値です。

大気中のCO_2濃度は年々上がり、現在は約410ppmあるそうです（気象庁）。夏場はハウスのサイドを大きく開けているので外から炭酸ガスが入ってくるわけですが、それでも作物にガンガン吸われて、ふつうのハウス内は250ppm程度まで下がってしまいます。

それが、機械に頼らなくても400ppmをキープできるとは驚きでした。有機物の炭酸ガス施用効果は侮れない、ということでしょうか。

マルハナバチが短命に！？

ただし、夜間の炭酸ガス濃度が高いためでしょうか、受粉用のマルハナバチの寿命が短いのが課題でした。飼うのが上手な人は2か月もたせるところ、うちは1か月しかもちませんでした。

現在は、巣箱を腰以上の高さに置くようにし（CO_2は重く低い位置に沈みやすい）、花粉や蜜を多めに与え、夏の暑さ対策など手厚く保護することで、2か月もつようになりました。

通路がフカフカ、膝に優しい

トマトの収量は盆過ぎ定植の越冬作で10a約20t。青枯病対策にナスの'台太郎'を使っているため、それほど多くはありません。ナス台木を使うと、トマトが小玉になりやすいからです。

私は収量よりも、直売のお客さん向けに食味重視で栽培しているため、高糖度トマトが安定してつくれるようになったことが収穫です。光合成量が上がって糖（光合成産物）が増えている証拠かもしれません。

また、堆肥を使い続けたことで土壌の物理性は確実によくなりました。「緩衝力」が上がったからか、追肥や灌水を忘れても生育が安定。通路は常にフカフカ、膝に優しいのも年を重ねてきた身にはありがたいことです。

堆肥は空気中の湿度調節にも役立ち、米ヌカをふると殖える土着菌が、トマトの病気予防にも活躍しているはず。いずれも、炭酸ガス発生装置にはない働きだと思います。

（『現代農業』2021年5月号「堆肥マルチに米ヌカふって炭酸ガスがモクモク発生」より）

モミガラマルチ 米ヌカふれば飛びにくい

岡山市の赤木歳通さんは、露地のサトイモやタマネギ、その他あらゆる野菜にモミガラマルチを大活用。軽くてまきやすいモミガラだが、マルチにすると強風で飛ばされる。赤木さんはこの問題を、もう一つのイネ由来資源・米ヌカで解決している。モミガラマルチの上に、雪のようにサラサラふって、軽く水をかけておけば、表面は糊で固めたようになる。これで風で飛ぶことはないし、草取りがうんと少なくなって、生えても抜きやすい。

「ヌカふって水をさっとかけてやれば、もうモミガラ飛ばないし、草をちゃんと抑えてくれますよ」

(『現代農業』2005年11月号「赤木流 モミガラ徹底活用術」より)

第1図 赤木さんのタマネギ畑
(写真提供:赤木歳通)
マルチだけでなく、ウネ内にも土改材として生モミガラを大量にすき込んでいる

羊毛クズ＆剪定枝マルチから炭酸ガスが大発生

和歌山県御坊市・山本賢さんのバラハウスの通路には、羊毛クズとバラの剪定枝がビッチリ。この有機物マルチの上に、12月から2月までの間、週に1回、ペットボトルに入れた米ヌカをパラパラふって歩く。10a当たり2～3kgとわずかな量だが、これが起爆剤となり、炭酸ガス濃度が急上昇。200～300ppmに下がっていた二酸化炭素濃度が、米ヌカをふった翌日には1,200ppmほどに上昇。効果は1週間続き、バラの光合成が高まるという。

(『現代農業』2004年10月号「何でもかんでもマルチする」、05年1月号「炭酸ガスと光合成」より)

第2図 山本賢さんの羊毛クズマルチ
(写真撮影:赤松富仁)
羊毛クズも剪定枝もタダで手に入る。羊毛にはチッソが豊富で、微生物の増殖・分解による肥料効果もねらえる

自作モミガラマルチャーでニンニクの有機栽培

兵庫県多可町・藤岡茂也さんは、ニンニクの有機栽培で大量のモミガラをマルチに利用。当初は収穫コンテナなどから手でまいていたが、現在は栽培面積が増え（無農薬栽培が5ha以上）、散布するモミガラも300kg入りのフレコンで約500袋分と大量になったため、トラクタに取り付ける「モミガラマルチャー」を自作・活用している。

詰まりやすいフレコンから直接落とすのではなく、ホッパーに一度溜めてから落とすため、落下量が安定する。さらに、その下にあるローター（羽根）のアッパー回転のおかげで、モミガラを厚さ5cmになるよう均一に散布可能。トラクタは時速2km、最高時速3kmで操作でき、10a当たりフレコン8袋のモミガラを1時間程度で敷くことができる。

（『現代農業』2024年5月号「大面積に均一に敷ける　改良型モミガラマルチャー」より）

第4図　モミガラマルチを敷いたニンニク圃場
（写真提供：藤岡茂也、下も）

穴のあるポリマルチより雑草抑制がラクだし、ゴミも出ない。モミガラは農協のライスセンターから無料でもらえる

第5図　11月上旬ごろ、播種済みのニンニクの上からマルチング

運転者（藤岡さん）と仕上がりを確認する後方作業者（息子）の2人で作業する

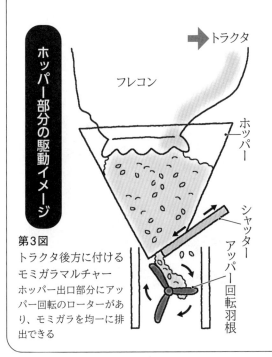

第3図　トラクタ後方に付けるモミガラマルチャー
ホッパー出口部分にアッパー回転のローターがあり、モミガラを均一に排出できる

竹パウダーマルチで、作物の大きさ1.5倍

　大量にすき込むとチッソ飢餓のリスクもある竹パウダーも、マルチに使えば問題ない。徳島県上勝町・藤田正さんがハツカダイコンやアスパラガスの栽培で比較してみたところ、竹パウダーマルチをしない場合より1.5倍大きく育ったという。土壌分析してみると、カリ、カルシウム、マグネシウムなどが多くなっていたそうだ。竹パウダー内で殖える乳酸菌や酵母菌がつくる、アミノ酸も効いたのだろうか。
　（『現代農業』2010年10月号「マルチに、鶏糞の発酵促進に、生ゴミ処理に、竹パウダー大活躍」より）

第6図　ハツカダイコンでの比較
（写真提供：藤田　正）
マルチ区のほうがあきらかに大きい。地上部も茎が太く、葉に厚みがあった

竹そのまんまマルチは猛暑に強い

　千葉県佐倉市・下村京子さんの畑では、毎夏せっかく植えたサツマイモ苗が、太陽で熱くなった黒マルチの上で焼けてしまい、植え直しが必要だった。そこで、「竹をそのまんま使うマルチ」に挑戦。支柱に使った古い竹を半分に割り、竹の内側を下にして、ウネに挿した苗を挟むように並べてみた。
　結果はみごと大成功。猛暑だったにもかかわらず、すべての苗が元気に育ち、無事に収穫できた。水やりの水が、竹の間からよく浸み込んでいったのもよかったと感じている。イモ掘りの際にマルチの竹をめくってみると、糸状菌の菌糸がビッシリ！　土の中からは、直径1cmほどの白くて丸い子実体（キノコ）もゴロゴロ出てきた。
　（『現代農業』2024年5月号「竹マルチ大成功　去年あんなに暑かったのにサツマイモが元気ピンピン」より）

第7図　竹マルチを敷いたサツマイモのウネ
（写真提供：下村京子）
もっとたくさん竹を並べたほうがよかったが、これだけでも乾燥や雑草対策になった

イタドリマルチの不思議効果

和歌山県新宮市・福本志津子さんはイタドリを刈り集めて扱いやすい大きさに切り、ウネの土が見えないくらいに敷き詰めた。キクにはいつもアブラムシやヨトウムシがついたり、病気で葉が白くなったりしていたが、イタドリを敷いたところは被害が減少。青空市のお客さんに「花の色がきれい」と褒められた。カボチャやスイカでも、敷いていないところと比べて病気が出にくかったそうだ。「イタドリは元から大好きでよく食べていたのですが、畑にも使えるなんて、ますます好きになりました」。

このほか、トマトの病気が減って皮が軟らかく、味が甘くなった、夏野菜が乾燥に負けずみずみずしく育ったなど、全国の農家からイタドリマルチの効果が続々と報告されている。

（『現代農業』2004年10月号、05年1月号「病害虫が減って、キクもカボチャもスイカも元気に」より）

イタドリマルチで味が変わる、病害虫が減る

世界農業遺産・徳島県剣山系の伝統農法に、ススキの刈り敷きがあるのは有名な話。ところがこの地域、ナスでは伝統的にイタドリを刈り敷いてきた。静岡大学の稲垣栄洋先生はこれに目をつけ、イタドリ刈り敷きの研究をしている。ススキを敷いた場合やマルチなしの場合に比べて、ナスの皮が軟らかくなり、糖度も高まるそうだ。トマトやズッキーニ、カブの糖度も高まるといい、「イタドリからにじみ出る成分が関係していると考えられます」とのこと。イタドリを刈り敷きした植物には「病害抵抗性誘導」と呼ばれる現象が見られ、病気にかかりにくくなる効果もあったという。

同大学大学院の豊田雄大さんの研究では、よくあるイナワラマルチに比べ、肉食性のゴミムシを呼ぶ効果が高いこともわかった。これは、イモムシを捕食する重要な土着天敵。マルチの下が、ゴミムシが好む低湿度で涼しい環境に保てることが関係しているのかもしれない。

（『現代農業』2021年5月号「イタドリのマルチでナスの皮が軟らかくなる」、24年5月号「糖度アップだけじゃない　イタドリマルチは土着天敵も呼び寄せる」より）

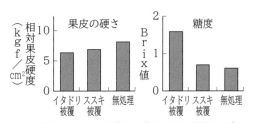

第8図　イタドリの被覆がナスの品質に及ぼす効果

試験は1区5株の果実を全量調査（6月12日〜8月3日）

ナスの品種は千両二号。イタドリは1株あたり、生鮮重20gを1日天日干ししたあとに被覆

静岡大学雑草学研究室の学生による研究

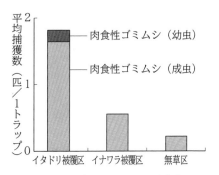

第9図　肉食性ゴミムシの平均捕獲数（5月11日〜7月13日）

第3部　有機農業の共通技術

太陽熱処理・土壌還元消毒

太陽熱処理・土壌還元消毒

　太陽熱消毒は1970年代、奈良県で開発された太陽熱によるハウス内の土壌消毒法。土壌病害やセンチュウ、雑草のタネを殺すのを目的に、湛水後、ビニール被覆してハウスを密閉し、太陽熱を利用して地温を上げるわけだが、事前に有機物を施用する人が多い。当初、イナワラと石灰チッソを入れる方法が普及したが、その後、米ヌカやビール粕、緑肥など微生物が食いつきやすい有機物を散布して発酵を促す方法が広がっている。土ごと発酵現象が起こり、「よい菌」が優占して「悪い菌」を抑える作用をする（悪い菌は比較的熱に弱く、よい菌は強い）。
　そこで『現代農業』ではこの技術を「太陽熱消毒」とは呼ばず、「太陽熱処理」と呼んできた。単なる「消毒」ではなく、「土をよくする技術でもある」という意味も込めてのことだ。
　なお、ビニール被覆前に、施肥・耕うん・ウネ立て・灌水をすませてから、処理後なるべく土を動かさないで作付けると効果が上がる（作ウネ後太陽熱消毒）。
　いっぽう、土壌還元消毒は、気温が低い北海道で1999年に開発された土壌消毒法。湛水処理と太陽熱消毒の長所を組み合わせ、大量の有機物と水で畑を還元状態にして土壌病害を防除する。土に米ヌカやふすまなど、微生物のえさになりやすい有機物を反当たり約1tまいて耕うん、たっぷり灌水してからビニール被覆すると、バクテリア（細菌）などが急増し、土壌中の酸素を奪って強還元状態となり、病原菌を死滅させる。殺センチュウ効果もある。
　太陽熱処理と似ているが、地温を高めることよりも強還元効果で殺菌することをねらう。地温30℃でも効果がある。ただし、処理後によく耕うんして酸素を入れてやらないと、根傷みなどの障害が出ることがある。
　より強い還元状態にするため、代かき湛水処理を組み合わせる農家もいる。また、米ヌカ・ふすまの代わりに液体の廃糖蜜を使うと、浸透しやすいためか深層まで強還元にできる（糖蜜消毒）。さらに、糖分を含んで分解されやすいスイートコーンの残渣を使ったり、分解時に殺菌成分を出すカラシナを使ったりする工夫も生まれている。
　近年では、土をよくすることに重きをおいて、堆肥と納豆菌、酵母菌を使う「太陽熱養生処理」という方法も登場した。
　　執筆　編集部

第1図　ビール粕を入れて太陽熱処理したマルチの下には菌がビッシリ
（写真撮影：赤松富仁）

太陽熱土壌消毒の方法と効果

　野菜・花卉類の栽培は連作による土壌病害の発生が安定生産上の大きな阻害要因となっている。なかでもフザリウム病は多くの作物で問題になり，その対策として奈良県農業試験場では1975～78年に太陽熱によるハウス内の土壌消毒法を開発した。この土壌消毒法は，栽培休閑期に太陽熱を利用し，ハウス内を密閉して比較的低い温度（40～45℃）を長期間（14～20日）持続させ，有害な病害虫を選択的に死滅させる方法である。この消毒方法が確立されて以来，奈良県ではイチゴ萎黄病の被害が激減し，現在では促成イチゴ栽培の必須技術として定着している。

　一方，イチゴの育苗圃では露地型太陽熱による土壌消毒が試みられたが普及せず，臭化メチルに依存した栽培が行なわれている。しかし，臭化メチルは2005年の全廃が決定しており，削減に備えた代替防除技術の確立が必要になっている。

　このような状況のなかで，太陽熱利用による土壌消毒は農薬以外の代替技術として見直され，より多くの地域，作物への適用が期待されている。そこで，ハウス内および露地の太陽熱消毒や中山間地域での適用事例を紹介し，参考に供したい。

(1) ハウス内での太陽熱土壌消毒

①消毒の方法と手順

　夏期のハウス密閉，地表面のビニール被覆と注水処理による土壌消毒は，各種土壌伝染性病害虫に有効で，施設栽培での病害虫の伝染環を遮断し，西南暖地の施設園芸にとって必須の技術になっている（第1図）。

　太陽熱消毒の手順は以下のとおりである。

　1) 前作物の資材や深根性作物の根を取り除き，十分に深耕してハウスサイド際の土を内側に寄せ，小うねを立てる。深耕によって土壌の孔隙量が高められ，小うねを立てることで地温上昇が図れる。また，耕うん前に稲わら1tまたは青刈り作物などの有機物を細断してすき込むと，処理中に活動が活発になる土壌微生物の炭素源となり土つくりにも役立つ。

　2) 土壌表面をビニールまたは古ビニールで隙間がないように全面を被覆する。特にハウスの隅々や破損箇所にはビニールを重ね，保温性を高める。

　3) うねの間に水を注ぎ込み，土中の粗孔隙を水で充満させる。水は熱の媒体として温度の上昇と蓄熱に役立つ。また注水によって土壌中の酸素が欠乏した条件では，病原菌やセンチュウは比較的低温で死滅する。なお，注水をたびたび行なったり，かけ流すと地温上昇が妨げられるので途中での注水はできるだけ避けたほうがよい。しかし漏水の激しい圃場では，ビニールの下に灌水チューブを敷いて地温が下がらない程度に途中で灌水しても良い。

　4) ハウスの外張りビニールや出入り口，換気扇口を昼夜とも密閉し，できるだけ高温を保つ。密閉期間は最も高温期である7月下旬から8月下旬の20～30日間が効果が高い。

　5) 終了後は外張りと地表面のビニールを取り除き，降雨に当てるようにする。被覆ビニールを早めに取り除くことによって有機物の腐熟が進み，土壌中の過剰な肥料分を洗い流すことができる。

　6) 消毒直後の圃場は周辺からの病原菌に再汚染されることがあるので浸冠水させないように注意する。また，処理後の良質の堆肥の施用は土壌微生物の回復を早め，消毒の効果を安定させる。

②病原菌の種類と致死温度

　植物病原菌の大半を占める菌類細胞は，60℃，10分間程度の短時間処理によって死滅する。イ

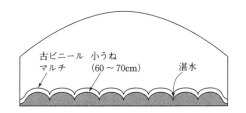

第1図　施設での太陽熱土壌消毒法

チゴ萎黄病やウリ類つる割病の原因となるフザリウム病菌は厚膜胞子を形成し，耐熱性が強いが，湿熱条件下では40℃で8～10日間，50℃では2日間で死滅する。イチゴ芽枯病を起こすリゾクトニア属菌や白絹病菌はこれよりも弱く，40℃で4～5日，45℃では6～12時間で死滅する。センチュウ類はさらに弱く，40℃の温湯で2時間で死滅する。

このように病害虫は乾燥状態では強いが，湿熱条件では比較的低温で死滅させることができる（第1表）。

さらに，デンプン（有機物）を添加して土壌微生物の活動を高め，酸化還元電位の低下した条件，すなわち酸素不足にすると，40℃以下の低温度域でも菌数が減少することが明らかにされている（第2表）。このように，太陽熱利用による土壌消毒は，湛水と有機物の分解を組み合わせることによって，土壌消毒の限界温度を40℃前後に下げることができる。

③ハウス内の太陽熱消毒による地温の上昇と防除効果

処理期間中の地温は地表面では60～70℃になり，地表下10cmでは40～50℃以上の温度を確保できる。地表下20cmになると最高地温は低下するが，地温の低下幅が小さく，土壌病原菌の死滅に有効な40℃以上の温度を長時間保つことができる（第2図）。

ハウス密閉処理による防除効果は，地表下20cmの40℃以上の積算時間が8～14日（192～336時間）で有効である。また，被覆後に有効死滅温度である40℃以上に到達するためには3～5日間かかるので，合計20～30日間の処理期間が必要となる。

イチゴ萎黄病多発圃場での処理効果は，無処理区の発病株が2か年ともに高率に発病したのに対し，処理区ではまったく発病せず，生育，収量ともに格段の差があり，高菌密度条件での実用性が実証されている（第3表）。また処理区ではイチゴの定植から収穫期にかけて萎黄病菌の復元は見られず，安定した効果が見られている。

防除効果の高い病害虫は，イチゴ萎黄病や炭疽病，バーティシリウム菌によるナス半身萎凋病，野菜・花類の苗立枯病，ピーマンやトマトの疫病類，ネコブセンチュウやネグサレセンチュウである。菌密度の軽減や発病抑制効果が期待できる

第1表 ハウスでの太陽熱土壌消毒が有効な病害虫の死滅温度と期間（湛水条件）　（小玉，1981）

病原菌	処理温度	有効処理期間	供試材料または処理条件
イチゴ萎黄病 ナス半枯病 キュウリつる割病 トマト萎凋病ほか	40℃ 45 50 55	8～14日 6日 2日 12時間	自然病土
イチゴ芽枯病 （ホウレンソウ株腐病ほか）	40 45 50	4日 6時間 30分間	菌糸および菌核
トマト白絹病 （その他の作物の白絹病）	40 45 50	5日 12時間 15分間	菌核 湛水条件
ネグサレセンチュウ （ネコブセンチュウ）	35 40 45	5日 2時間（12時間） —（1時間）	（ ）は畑状態

注　太陽熱処理の効果が高いその他の病害：ナス半身萎凋病，疫病類，トマト褐色根腐病，苗立枯病，菌核病，エンドウ茎えそ病（オルピディウム菌の媒介），チーラビオプシス属菌による花壇苗の根腐病，バラ根頭がんしゅ病，ジャガイモそうか病など

第2表 イチゴ萎黄病に対する湛水とデンプン添加の影響　（小玉ら，1979）

土壌温度 (℃)	デンプン (W/W%)	処理日数別検定菌数（10^2/g乾土）			
		2	4	8	14
30	0	46.8	71.9	47.5	57.5
	2.5	52.4	64.1	7.8	12.5
	5.0	70.2	33.4	7.8	2.0
35	0	41.6	48.1	14.3	17.6
	2.5	40.3	39.4	1.5	0.0
	5.0	46.8	44.2	0.1	0.0
40	0	50.3	16.0	3.9	0.0
	2.5	24.1	1.7	0.0	0.0
	5.0	13.5	1.5	0.0	0.0
45	0	4.8	1.3	0.0	0.0
	2.5	0.0	0.0	0.0	0.0
	5.0	0.4	0.0	0.0	0.0
標準無処理		53.3	56.3	43.5	63.0

注　標準無処理土は20℃保存，処理区は湛水条件

病害は，ウリ類のつる割病やトマト萎凋病，黒点根腐病である。一方，ナス科作物青枯病やトマト根腐萎凋病は深層まで病原菌が分布しているので効果が不十分であり，接ぎ木などの補完技術が必要である。

また，太陽熱利用によるハウス内の土壌消毒は，除草対策としても高い効果があり，処理後の雑草の生え具合は処理効果の目安になる。

④処理後の微生物相の変化

太陽熱処理の効果は土壌微生物に影響し，他の処理法と比較して，処理後の病原菌の増殖に顕著な差が見られる。

処理後土壌に病原菌を接種すると，無処理土壌やハウス密閉処理土壌が接種18日以降も菌数が著しく減少したのに対し，クロルピクリン剤消毒土壌や蒸気消毒土などでは減少程度が緩やかで，しだいに差が大きくなる。

処理後土壌に，イチゴ苗に萎黄病菌を接種して定植した。接種3日後定植ではどの消毒法ともに発病が激しくて差がなかったが，接種30日後定植では消毒法による差が大きくあらわれた。ハウス密閉土壌では発病を抑制したのに対し，クロルピクリン剤処理土壌では激しく発病し，蒸気消毒土壌と臭化メチル消毒土壌では中間であった（第3図）。このように太陽熱による土壌消毒は，その後の病原菌侵入に対して抑制的に働き，再汚染防止効果が高い。

処理後土壌では処理温度が高くなるにしたがって検出菌数が減少するが，45℃以上では *Talaromyces flavus*, *Thielavia terricola*, *Humicola fuscoatra*, *Eupenicillium javanicum* など耐熱性糸状菌の検出頻度が高い。一方，処理土壌中の細菌数もわずかに減少するが，細菌の種類が色素耐性菌から耐熱性細菌に変遷し，放線菌についても耐熱性菌の存在が見られる。これらの耐熱性菌は熱処理効果と同時に生物防除としての効果を発現し，処理によって病原菌が死滅するとともに，耐熱性菌を中心とした微生物相が新たな病原菌の侵入や残存した病原菌による発病を抑制

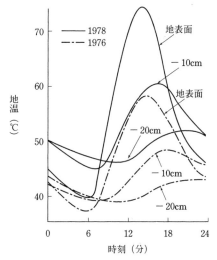

第2図 ハウス密閉処理中の地温の日変化
ly（ラングレー）：放射エネルギー密度で cal/cm²/分

年次	測定日	9時天気	平均気温	最高	最低	日射
1976	7月31日	○	27.0℃	33.1℃	21.0℃	550ly
1978	7月27日	○	28.9	36.0	21.8	578

第3表 ハウスでの太陽熱土壌消毒後のイチゴ萎凋病の発病株率（％） （小玉ら，1979）

	1976年			1977年			収量 (g/株)
植付け後日数	20(日)	40	70	20	40	60	
太陽熱消毒	0.0	0.0	0.0	0.0	0.5	0.0	216
無処理区	16.3	29.1	38.7	23.6	63.5	84.2	52

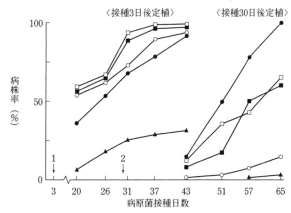

第3図 土壌消毒法および菌接種後の保置期間の違いによるイチゴ萎黄病の発病差 （小玉ら，1981）

○ハウス密閉処理土，●クロルピクリン処理土，■臭化メチル処理土，□蒸気消毒土，▲標準無処理土，↓イチゴ定植（1：接種3日後定植，2：接種30日後定植）

第4表 太陽熱土壌消毒と抵抗性台木接ぎ木栽培による半促成トマト青枯病の防除効果

うね位置	品種	接ぎ木の有無	調査株数	病株率（％）
ハウス中央	フローラ	自根	233	0.9
ハウスサイド（西）	フローラ	自根	26	3.8
ハウスサイド（東）	フローラ	接ぎ木	80	0.0
ハウスサイド（東）	試交品種	自根	153	18.3

注　太陽熱処理は7月13日から8月20日に実施し，イチゴ栽培後の翌年3月中旬からトマトを定植。接ぎ木台木はLS-89

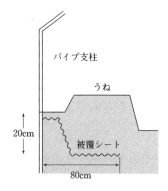

第4図　ハウスサイドうねの防根透水シートによる部分隔離

すると考えられる。

⑤太陽熱処理に用いる有機物の種類と使い方

ハウス栽培では有機物の消耗が激しいので10a当たり乾物で1～2tの粗大有機物や稲わら，青刈り作物を施用しておく。稲わら，ソルゴーのような易分解性有機物を施用すると，無機態窒素や腐植が増加し，物理性が向上する。しかし，おがくずのような難分解性有機物は窒素飢餓が起こりやすく，堆肥化した熟成おがくずであっても腐植の生成量は少ない。したがって難分解性の木質有機物を投入するときには，青刈作物の栽培前に投入し，腐熟させておくことが望ましい。また，家畜糞堆肥（10a当たり1～2t）や微生物資材などの施用は土壌養分の確保につながり，処理後に投入すると微生物相の富化による生物性の改善効果が期待できる。

ハウス密閉期間中の土壌はハウス密閉と湛水処理により，速やかに土壌の還元化が起こり，還元状態で推移する。硝酸態窒素は注水した水の落水とともに流亡し，アンモニア態窒素は処理終了後に徐々に硝酸態に移行する。

⑥土壌消毒の効果を高める方法，資材

ハウス密閉中の地温は中央うねで最も高くなるが，両サイドうねや端部はあまり高くならない。特に支柱際は外側の影響を強く受けて，菌の死滅温度に到達しないのでトマト青枯病に対しては効果が不十分である。それを補完する方法の一つにハウスサイドに防根透水シートを敷設して部分隔離する方法が行なわれている（第4図）。防根シートを根圏全体に敷き詰めるには多大な労力を要するが，この方法ではハウスの支柱際のみに敷くので比較的容易であり，太陽熱消毒の温度上昇が不十分な地表下20cm以下の層への根の進入を避けることができ，発病を回避することができる。

温度の上がりにくいハウスサイドうねの青枯病発生を防ぐには，抵抗性台木を使った接ぎ木苗を植え付けるのも有効である。太陽熱消毒と抵抗性台木を併用すると，抵抗性台木の効果を高める働きがあり，台木の罹病化を防ぐことができる（第4表）。このほか，微生物資材のなかには太陽熱消毒と併用すると効果が安定するものがあることも知られており，太陽熱消毒は各種防除手段の効力を補完する基礎技術として利用することができる。

（2）露地での太陽熱土壌消毒

①消毒の方法と手順

露地栽培の太陽熱利用による土壌消毒は，イスラエルなど亜熱帯性気候地域で行なわれているが，わが国ではハウスでの効果に比べるとやや不安定であり，効果を上げるためにさまざまな改善が検討されている。その手順は以下のとおりである。

1）処理時期は日射量の多い，7月5半旬～8月3半旬を挟む7～8月が最も適する。

2）石灰窒素と有機質資材，肥料を施用後，耕うんする。作付け予定の作物に応じてうね幅を決め，うねをできるだけ高くして地温の上昇を図る。

3）地表面を古ビニールフィルムまたはポリエ

チレンフィルムで全面を被覆し，うね肩まで一時的に湛水状態になるように注水または散水して，十分に湿った状態で被覆する。地温が40℃を確保できない場合にはビニールトンネルとマルチを組み合わせて二重被覆する。

4) 処理終了後はフィルムを除去または被覆状態で栽培する。処理後は不耕起としたほうが効果が高い。

②地温の上がり方と防除効果

露地の太陽熱処理はハウス内に比べて温度上昇が低く，病原菌の有効死滅温度域である40℃前後に達するのは地表下10～15cm以内に限られる。地表下10cmの最高地温は晴天日には40～50℃の状態が繰り返され，年次変動が少ない（第5図）。しかし，40℃以上の積算時間は年次変動が大きく，冷夏年には十分な時間数が得られないことがあるので，処理期間を長めにとる必要がある。

太陽熱消毒の効果は被熱時間と経過時間数で決定され，植物病原菌の90％致死率は37℃では2～4週間，47℃では1～6時間である（第6図）。

耐熱性は病原菌の種類によって異なり，地表下10cmでの40℃の継続時間数は苗立枯病で25時間，レタスビッグベイン病やハクサイ根くびれ病で120時間，萎凋病や根こぶ病では200時間が必要になる。

圃場では最高気温が30℃を超えると地表下10cmで40℃以上に達し，過去の気象データから処理日数が推定された結果，処理期間は苗立枯病で5～10日間，ハクサイ根くびれ病では20～30日間，アブラナ科野菜根こぶ病やホウレンソウ萎凋病では30～50日間が必要と考えられている（第5表）。なお，消毒効果は土壌が乾燥していると効果が劣るので，必ず湿った状態で実施する。

露地太陽熱消毒の効果は，ナス半身萎凋病やダイズ白絹病，レタスビッグベイン病には夏期の1か月間の湛水が有効で，高い実用効果がある。カブ根こぶ病には効果が十分ではないが，処理後土層を耕うんして再汚染させなければ実用的な防除効果が期待できる。ホウレンソウ萎凋病には1か月間の処理で地表下10cmの土壌ま

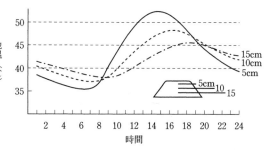

第5図 太陽熱消毒による地温の経時変化
（和歌山県川辺町，1983.8.4）（和歌山農試）

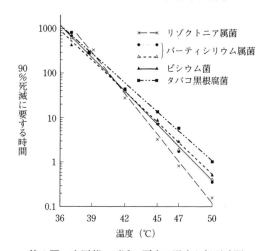

第6図 病原菌の死滅に要する温度と処理時間
（Pullman ら，1981）
病原菌はジャガイモ煎汁寒天培地で培養した菌株を供試

第5表 露地太陽熱消毒での適用病害の種類と処理期間　　（家村，1986）

病害名	地表下10cmでの40℃以上の継続時間	処理日数（日）	防除効果
野菜・花類苗立枯病（リゾクトニア属菌）	25	5～10	◎
ハクサイ根くびれ病	120	20～30	○
レタスビッグベイン病	120	30～50	○
エンドウ茎えそ病	120	30～50	○
アブラナ科野菜根こぶ病	200	30～50	○
ホウレンソウ萎凋病	200	30～50	○

注　◎：効果が高い，○：防除が可能

で有効で，収穫時まで発病が抑えられる。

本法は雑草防除にも有効で，7月下旬から15～30日間の処理で効果があるが，土壌表層に限られるので，処理後は不耕起とするか，深さ5cm程度の浅い耕うんにとどめる必要がある

(第6表)。

③土壌消毒の効果を高める方法，資材

露地の太陽熱消毒はハウスの太陽熱消毒ほど高地温が確保できず，冷夏年には消毒効果が劣るので，補完効果のある資材や有機物をできるだけ用いる。

資材による効果の発現程度は病害によって異なり，カブ根こぶ病には石灰窒素が有効で，100kg/10a以下の施用量が適し，乾燥牛糞3tを併用して消毒後もマルチを除去せずに栽培すると実用的な効果を期待できる。有機質資材の施用は防除効果よりも地力低下の防止に有効で，処理前に施用しておくと土壌の孔隙量が増加して物理性の改善につながる（第7表）。

有効温度の限界に近い露地の太陽熱処理の効果を高めるには，ダゾメット微粒剤との併用も有効である。室内実験によるとダゾメット剤の処理期間は25℃では1〜2週間かかるが，35℃，40℃で処理すると所定量の半量でそれぞれ7，1日後に効果が現われ，処理期間の短縮や温度不足を補う技術として実用化が期待できる。なお，ダゾメット剤は水分が不足すると効果が劣り，薬害を起こすことがあるのでガス抜きを十分に行なう。

露地の太陽熱土壌消毒は，消毒効果が深さが10〜15cmまでの土壌に限られるので深層の土壌を掘り起こすと再汚染するおそれがあり，処理後は土を移動させずに栽培したほうが効果が持続する。

(3) 中山間地域や条件不適地での太陽熱土壌消毒

中山間地域は夏期冷涼なため，地温が上がりにくく，また夏秋栽培が中心になるため処理期間が確保しにくい。さらに傾斜地が多く，水の確保が困難などの制約がある。このような地域での太陽熱処理は効果に限界があり，対象病害や処理時期を限定することや，補完技術が必要になる。

①中山間地域での太陽熱処理

奈良県宇陀郡は標高300〜400mの中山間地域で，夏ホウレンソウの産地として知られているが，リゾクトニア菌によるホウレンソウの発芽障害，苗立枯れや株腐病が問題となる。そこで，必ずしも処理適期ではない梅雨期に短期間の処理を行ない，効果を調べた。

汚染圃場にホウレンソウ栽培のためにうね幅120cmの平うねを立て，散水して圃場全面に透明ビニールを被覆し，6月上旬から中旬までの10日間ハウスを密閉した。効果を確認するために深さ5cm，10cm，15cmにおがくずで培養した病原菌

第6表 露地太陽熱消毒による雑草抑制効果
(信岡ら，1992)

試験区	15日間処理			30日間処理		
	耕起	不耕起	無処理	耕起	不耕起	無処理
湛 水	26a)	13	158	20	7	131
無湛水	22	10	319	3	0	273

注 a) 雑草数/m²，8月1日透明ポリフィルム被覆，9月27日調査

第7表 根こぶ病に対する露地太陽熱消毒での石灰窒素，有機物施用，不耕起栽培の効果
(滋賀農試，1984を改変)

処理方法	資材の利用	作物	被覆の有無	根こぶ病発病度	上物収量(kg)
太陽熱消毒	牛糞3t，石灰窒素100kgを施用	大カブ	継続	36.5	45.8
			除去	43.8	48.6
		小カブ	継続	20.5	14.3
			除去	31.0	8.8
		ハクサイ	継続	34.0	71.0
			除去	33.7	64.6
		キャベツ	継続	15.2	57.6
			除去	32.1	47.8
無処理	PCNB粉30kg	大カブ	―	49.2	20.7
		小カブ		52.7	5.2
		ハクサイ		52.3	55.3
		キャベツ		40.2	29.2
	牛糞3t，石灰窒素100kgを施用	大カブ	―	98.8	1.3
		小カブ		89.7	1.8
		ハクサイ		90.5	15.3
		キャベツ		82.3	18.0

注 上物収量は6m²当たりで示す

(リゾクトニア菌)を埋没し，その生死を確認した。その結果，深さ10cmまでの病原菌はすべて死滅したが，15cmになると死滅せず，効果は十分ではなかった。しかし，ホウレンソウの発病株率は，無処理区では収穫期に43％に増加したのに対し，熱処理区では播種後28日目に初めて発生が見られ，収穫期の発病株率は3％に止まり，高い土壌消毒効果が得られた。

一方，夏ホウレンソウの最重要病害である萎凋病に対しては，他のフザリウム属菌による病害と同様に，最も高温期に2週間以上の密閉処理が必要である。

②水の確保しにくい場所での消毒法

冷涼地での太陽熱処理は，前述の露地での太陽熱消毒を参考に，処理時期や期間を設定し，ダゾメット剤や各種資材を使って効力を安定させる必要がある。

また，山間地では水の確保しにくい場所があるが，土壌水分が20％以下にならない限り効果が期待できるので，散水するか，うねをあらかじめつくっておいて降雨を待ってフィルムで被覆して処理するとよい。

太陽熱利用による土壌消毒は現在，環境保全型農業や有機農業の有力な防除技術として期待され，熱処理後の土壌には生育促進効果も見られている。トマトの青枯病抵抗性台木や拮抗微生物のように，単独では効果が不安定な技術も太陽熱処理と併用すると効果が高まることが知られており，今後工夫によりさらに広い地域での展開が期待されている。

執筆　岡山健夫（奈良県農林部農産普及課）

1999年記

太陽熱消毒による線虫と雑草抑制

(1) この処理法のねらい

土壌中に生息する有害線虫は野菜生産の阻害要因として重要なものである。このため，野菜生産では，線虫防除を目的としてD-D，クロルピクリン，臭化メチルなどのくん蒸剤を中心とした農薬が広く使用されている。しかし，これらの薬剤利用は，強い人畜毒性のため，農家はもちろん混住化しつつある地域では人体に対する健康への影響が大きい。また，これらのくん蒸剤のうち2005年までに全廃される臭化メチルは，オゾン層の破壊が問題になっている。

したがって，減農薬による野菜栽培は，消費者の安全志向や生産物の差別化による有利販売だけでなく，地域や地球規模での環境負荷の軽減にもつながる。このようなことから，近年，野菜の生産阻害要因として重要な有害線虫の防除にあたって，化学合成農薬に代わる環境保全型の生産技術が求められている。

そこで，茨城県谷和原村の先進的な野菜農家で，農薬を使わずに有害線虫の発生を抑制するために実施している太陽熱消毒の技術について紹介する。この技術は，副次的に雑草発生をも抑制する効果があるため，ここでは有害線虫および雑草の発生抑制効果について示す。

(2) 露地太陽熱消毒による昇温効果

現地農家では，太陽熱消毒は，秋冬どりニンジンの播種前にあたる6月末から8月上旬にかけて実施されており，この時期は，梅雨中期から梅雨明けにあたる。

梅雨明けの晴天時には，12～13時頃にマルチ下の地表面および地表面下2cmの地温が60℃前後となり（日最高地温），19時以降は40℃以下になる（第1図）。一方，深層部ほど時間的なズレがみられ，地表面下10cmでは日最高地温が38℃前後で，19～20時頃に遅延する。

地温の日較差は表層付近では21～37℃であるのに対し，深層部ほど小さくなり，地表面下10cmでは約5℃である。

雨天の日には地温は急激に低下するが，梅雨時期でも晴天時には，表層付近の日最高地温が50℃以上になる（第2図）。一方，地表面下5cmおよび10cmでは，日最高地温が40℃以下になる日がほとんどである。また，これらの地温の推移のパターンは，日最高気温の推移のパターンと一致している。

このことに関連して，太陽熱消毒期間中の日最高気温と地表面下2cmでの日最高地温との関係をみると，両者は有意な正の相関関係にある（第3図）。この回帰式から日最高気温が33.7℃以上になると，地表面下2cmの日最高地温が55℃以上になることが推定される（片山ら，2000c）。

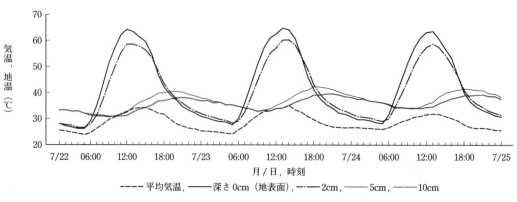

第1図 平均気温および太陽熱消毒による地温の推移
平成12年7月22日から24日まで，谷和原

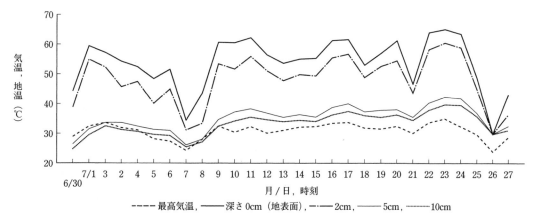

第2図 太陽熱消毒期間中の日最高気温および太陽熱消毒による日最高気温の推移
平成12年6月30日から7月27日まで，谷和原

(3) 線虫の抑制温度と処理期間

太陽熱消毒を実施すると，地表から深さ10cmまでの線虫密度が顕著に減少する（第4図）。

また，室内での土壌加温処理試験によると，キタネグサレセンチュウ（第5図）やサツマイモネコブセンチュウの密度抑制効果が期待できるのは，50℃では1時間以上，45℃では4～72時間（3日）以上，40℃では72～120時間（3～5日）以上が必要であり，35℃以下では処理効果は低い（皆川ら，1999）。

なお，土壌中のカビや細菌を食べる自活性線虫は，有害線虫が検出されなくなる処理条件でもしぶとく生き残る。このことから，土壌線虫の大多数を占める自活性線虫が検出されなくなれば，有害線虫は死滅したと判断できる（片山ら，2000b）。

(4) 雑草の抑制温度と処理期間

4年間の露地試験から，秋冬どりニンジン播種4週間後（マルチ除去して4週間後）の雑草発生程度をみると，除草剤を施用せず，太陽熱消毒を行なわない場合，ノミノフスマ，シロザ，カヤツリグサ，メヒシバ，スベリヒユ，イヌタデ，コニシキソウ，エノキグサなどの雑草が発生する。しかし，太陽熱消毒を実施すれば，ほとんどの雑草の発生が顕著に抑制される（第6

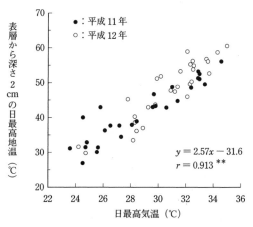

第3図 太陽熱消毒期間の日最高気温と太陽熱消毒された深さ2cmの日最高地温との関係
太陽熱消毒：平成11年は6月29日から7月27日まで，平成12年は，6月30日から7月27日まで，谷和原

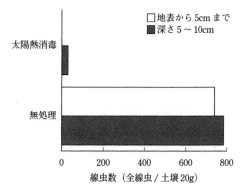

第4図 太陽熱消毒と土壌線虫の密度
平成9年，谷和原

第3部　有機農業の共通技術

図）（片山ら，2000c）。この雑草抑制効果は，除草剤を施用した場合とほぼ同等である。

また，室内での土壌加温処理試験から，雑草発生の抑制効果が期待できる条件は，55℃では6時間以上，50℃では48時間（2日）以上，45℃では168時間（7日）以上が必要であり，40℃以下での処理効果は低い（第7図）（片山ら，2000a）。

第5図および第7図の結果から，雑草発生の抑制のほうが有害線虫密度の抑制よりもやや高い温度を必要としていることがいえる。

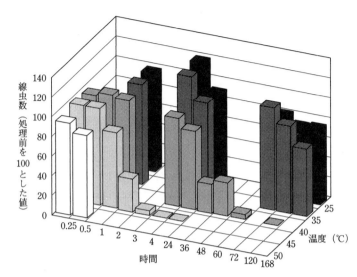

第5図　土壌の加温処理試験によるキタネグサレセンチュウ数の変化
加熱処理：ポリエチレン袋に入れた土壌を恒温水槽中で加温

(5) 地表からの深さと雑草抑制

ところで，2年間の露地試験から，地表から深さ2cmまでの表層では，55℃以上の積算時間は7時間以上に及ぶ（第1表）。これは，室内試験から55℃の雑草発生抑制には6時間以上が必要という条件にかなう。

雑草の種子は耕うんされた土層に均一に分布しているものと思われるが，この太陽熱消毒により少なくとも表層2cmに分布している雑草種子が影響を受け，そこでの雑草発生が抑制される。そのため，播種機によって深さ2cmに播種されたニンジンは，発芽から初期生育時期において雑草による影響をほとんど受けない。この太陽熱消毒の実施によりスベリヒユの発生は，無処理区に比べて15％以下，シロザとメヒシバは10％以下，カヤツリグサ，ノミノフスマ，コニシキソウなどは5％以下に抑制される。

実際，太陽熱消毒期間中には，マルチフィルムの下で，発芽した雑草が熱によって葉が褐変し枯死していることから，雑草密度は抑制されている。

また，深さごとの土壌を用いて雑草の発芽試験を行なうと，太陽熱消毒によって，地表から深さ2cmまでの土壌では雑草発生が抑制される

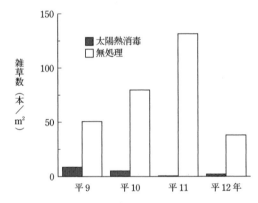

第6図　太陽熱消毒後4週間後の雑草の発生数
太陽熱消毒：平成9年は6月26日から8月1日まで，平成10年は6月30日から7月28日まで，平成11年は6月29日から7月27日まで，平成12年は6月30日から7月27日まで，谷和原

が，2cmより深い土壌では雑草発生が抑制されない（桑田，1997）。

これらのことから，太陽熱消毒による地温上昇によって，地表から深さ2cmまでの表層では，雑草発生が抑制できるといえる。

(6) 露地太陽熱消毒の実際

①露地太陽熱消毒の方法

秋冬どりニンジンの播種4週間前（6月末）に，

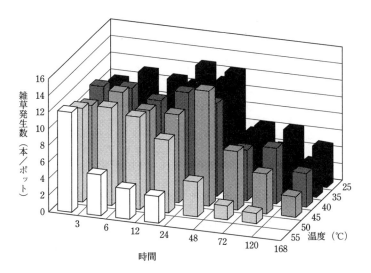

第7図 土壌の加温処理試験による雑草発生数の変化
加熱処理：ポリエチレン袋に入れた土壌を恒温水槽中で加温

第1表 太陽熱消毒の地表面下0, 2および5cmでの55, 50および45℃以上の積算時間
（平成11年，平成12年） （単位：時間）

深さ	年	55℃	50℃	45℃
0cm	平成11年	27	51	94
	平成12年	62	99	143
2cm	平成11年	7	26	50
	平成12年	23	58	102
5cm	平成11年	0	0	0
	平成12年	0	0	0
雑草抑制効果を及ぼす積算時間		6	48	168

第8図 フィルム被覆による太陽熱の処理のようす

施肥（無施肥の場合もある），耕うんおよびうね立てを行なう。マルチャーでうね面を厚さ0.03mmの透明なポリエチレンフィルムで被覆する（第8図）。

被覆はおよそ4週間行ない，フィルム除去後，耕うんせずにそのまま播種機でニンジンのコート種子を播種する。

②雑草抑制の範囲

露地の太陽熱消毒は，地温が高まりやすい盛夏に行なうことが一般的であるが，実際には圃場の立地条件や作付け体系などの制約を受ける。

茨城県谷和原村の先進的な野菜農家では，レタス—ニンジンの作付け体系のなかで，秋冬どりニンジンの播種前にあたる6月末から8月上旬にかけてマルチフィルムによる太陽熱消毒が実施されている。この時期は梅雨中期から梅雨明けにあたるため，地温が高まりやすい晴天日は限られる。このため，地表から深さ2cmまでの表層では有害線虫の死滅や雑草発生の抑制が期待できるが，地表面下5cmより深い土層では，有害線虫を死滅させたり，雑草の発生を抑制するほどの地温の上昇は期待できない。

また，雑草発生抑制効果もニンジン播種後約1か月までで，その後は雑草が発生し，除草が必要になる。

ニンジンの播種前に太陽熱消毒を行なうことで，播種前の殺線虫剤および播種時の除草剤施用は不要となるが，うね間の除草と，播種から1か月をすぎてからのうね面の除草は必要である。しかし，雑草の発生は軽微で除草剤施用量の軽減につながる。

③不耕起で播種

このように消毒土層が表層に限られるため，マルチフィルム除去後に耕うんしたり，うねを立て直

したりすると，未消毒の土壌が消毒土層に混入するため消毒効果は劣るようになる。太陽熱消毒後は，不耕起のほうが耕起よりも雑草抑制効果が優れている（信岡・細田，1992）ことから，マルチ除去後は，太陽熱消毒効果を持続させるためにも，不耕起でニンジン播種を行なう必要がある。

ニンジンの慣行栽培では灌水後あるいは降雨の後に播種が行なわれている。しかし，本消毒法は梅雨期に消毒を開始するため土壌水分は十分にあり，さらに不耕起で土層を攪拌しないことから無灌水で播種が行なえる。実際に，無灌水でも慣行栽培並みに発芽している。

（7）コスト比較と収量・品質

太陽熱消毒にかかるコストは慣行栽培に比べて半分以下になる（第2表）。特に慣行栽培では太陽熱消毒に比べて機械費が高く，また灌水装置費が新たに必要である。

ここで，太陽熱消毒に使うフィルムの除去は手作業を前提にしている。現地農家では，ニンジンの出荷量に合わせて収穫を行なうため，あらかじめ播種時期を順にずらしながら播種を行なっている。そのため，フィルム除去も小面積となり，高価なマルチはぎ機を必要としていない。

現地農家の一部では，同じポリエチレンフィルムを太陽熱消毒に2年間利用し，3年目にマルチ栽培に利用している。ポリエチレンフィルムの新しいものと古いものとで地温上昇効果の差は大きくない（相野ら，1987）ので，ポリエチレンフィルムを再利用することによって，さらにコストを節減することができる。

第2表 太陽熱消毒と慣行栽培に必要な資材費および機械費の比較
（円/10a）

	D－D剤	除草剤a)	フィルムb)	機械c)	灌水装置d)	計
太陽熱消毒（太）	0	750	9,594	20,643	0	30,987
慣行栽培（慣）	10,500	1,842	0	39,162	15,719	67,223

注 a)：（太）ジクワット・パラコート液剤750円，（慣）ベンチオカーブプロメトリン剤1,092円，ジクワット・パラコート液剤
b)：ポリエチレンフィルム
c)：8年耐久で計算，（太）人力噴霧器3,187円，平うねリッジマルチ機17,456円，（慣）土壌消毒機35,000円，人力散粒機975円，人力噴霧器
d)：ポンプを含む，8年耐久で計算

なお，ニンジンの収量および品質は，慣行栽培の場合と同じであることを確認している。

執筆　片山勝之（農業研究センター）

2001年記

参 考 文 献

相野公孝・坂本庵・神納浄・吉倉惇一郎・二見敬三・桑名健夫．1987．露地太陽熱利用によるハクサイ土壌病害防除第3報．体系化実証による実用性の検討．兵庫農総研報．**35**，71－74．

片山勝之・三浦憲蔵・皆川望・高柳繁．2000a．秋冬ニンジン作付け前の太陽熱処理による雑草防除効果．日作紀講要．**69**（別1），148－149．

片山勝之・皆川望・三浦憲蔵．2000b．太陽熱を利用して有害線虫と雑草発生を抑える．農研セニュース．**78**，6－7．

片山勝之・三浦憲蔵・皆川望．2000c．秋冬ニンジン作付前の太陽熱処理による雑草抑制の解明．日作関東支報．**15**，44－45．

桑田主税．1997．太陽熱利用による畑雑草防除．関東東海地域野菜研究会―露地野菜における環境保全型生産技術開発の現状と今後の方向―資料（1－5）．農業研究センター．5－1．

皆川望・片山勝之・三浦憲蔵．1999．太陽熱処理を想定した土壌の加温処理による線虫密度低減効果．日本線虫学会第7回大会講演予稿集．**18**．

信岡尚・細田陽子．1992．露地太陽熱処理による雑草抑制．奈良農試研報．**23**，50－51．

施設の施肥・作うね後太陽熱土壌消毒（改良型太陽熱利用土壌消毒）

 全廃される臭化メチルに代わる土壌消毒法として，ハウスなどの大面積を対象にする場合，太陽熱利用土壌消毒法（以下太陽熱消毒）が最も有望と考えられる。しかし，本法は非常に有効な消毒法と評価されることも多いが，消毒効果が低いと評価されている事例も少なくない。
 筆者らは，この効果の不安定さの原因を検討したうえで，消毒効果の安定する「改良型太陽熱土壌消毒法」を開発し，施設の野菜と花卉類を対象に普及に移している。

(1) 土壌管理体系の一環としての土壌消毒

①消毒できない場所の取扱いと土壌管理

 太陽熱消毒中の地温を，ハウスの中心部とサイド部で観測してみると，第1図のように中央部では十分温度が上がり，高温の持続期間も長いが，サイド部では低い地温で経過する。これは単棟ハウスでの調査であるが，連棟の施設では谷の下もサイド部と同じように温度が上がらないことが予想される。
 ところで，この温度の上がらない場所は，臭化メチル消毒をする場合でもトンネルのヘリにあたり，同じように消毒できない。つまり，どういう消毒法をとっても施設内には消毒できない場所が残る。この場所の土の取扱いが消毒効果の成否を分けることになる。土の取扱いは土壌管理の手順と関係する。

②土壌管理の手順からみた土壌消毒

 試みに，毎年ネコブセンチュウの被害を受ける圃場を使い，第2図の2つの土壌管理手順を経てメロンを栽培してみると，ネコブセンチュウの被害は第1表のような状況に分かれる。消毒した後に元肥施用やうね作りを行なう手順では被害が大きく，元肥施用やうね作りをした後に消毒する手順では被害が軽微である。
 この結果から，土壌管理手順と消毒できない場所の土の移動の関係が，第3図のように推測できる。
 以上のことを念頭に，現行の太陽熱消毒のやり方をみてみると，必ずしも適切な土壌管理体系の中で行なわれているとはいえない。
 ただ，葉菜類の場合は，年に数作栽培しない

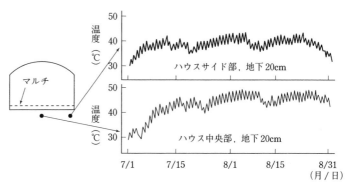

第1図 太陽熱利用土壌消毒でのハウス内の場所と地温の違い
(1996年調査)

第1表 土壌管理手順の違いとメロンのネコブセンチュウ寄生状況

土壌管理手順	調査株数（株）	寄生程度別株数（株）					寄生株率（%）
		無	少	中	多	甚	
消毒後に元肥施用・作畦	100	69	29	2	0	0	31.0
元肥施用・作畦後に消毒	100	98	2	0	0	0	2.0

注 「雅秋冬系」を9月2日に播種，収穫期の12月11日に調査
　 寄生程度は「野菜害虫殺虫剤圃場試験法」（日本植物防疫協会）による

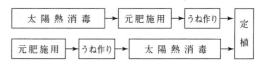

第2図 2つの土壌管理の手順
上は従来の太陽熱利用消毒の，下は改良型太陽熱利用消毒の土壌管理手順
施設内の地温が上がらない場所（消毒できない場所）の土の取扱いの違いが，どのような消毒法をとるにせよ，消毒効果を分けることになる。この土の取扱いは一連の土壌管理の手順と関係する

と経営的に引き合わないという都合上，果菜や花卉のような長期にわたる土壌管理体系はとられない。定植準備も，できることからどんどん片付けられていく。その成りゆき上，定植準備の最後に太陽熱消毒が配置される。この場合，消毒期間は短いけれども手順が適切に行なわれることがあり，それが効果のある事例として定着しているわけである。

③各種の土壌消毒法と土壌管理体系

問題は，果菜や花卉類の土壌管理体系である。第4図に，これらの品目での代表的な現行の土壌管理体系を示した。

A型は太陽熱消毒をせずに臭化メチルを使うやり方で，わが国の施設園芸の主流を成してきたが，やがて姿を消すことになる体系である。

ただ，この型の技術遺産として，土の移動をともなうすべての作業を終えてから消毒が行なわれてきたことをみておかなければならない。つまり，この手順こそが大切なのである。消毒の期間や時期を異にする別の消毒法を取り入れる場合には，作業の配置を見直して，新たな流れの土壌管理体系をつくり出す必要がある。

ところが，B～D型の体系をみると，いずれの型も元肥施用とうね作りを従来の時期に配置して，太陽熱消毒が組み込まれている。そのため，せっかくの消毒効果がご破算になることがあり，D型のように太陽熱消毒後に臭化メチル消毒が行なわれるケースも少なくない。

改良型太陽熱消毒とそれを包含する新しい土壌管理体系は，従来の太陽熱消毒を改善し，果菜と花卉類に適用できる土壌管理をめざしている。

(2) 改良型太陽熱利用土壌消毒の方法

①土壌消毒の考え方

土壌管理体系中の個々の作業は，それぞれねらいが異なるために，どの作業が重要でどの作業が重要でないというような単純な比較は成り立たない。しかし，施肥や整地の影響が生育や収量など作柄の善し悪しの領域にとどまることが多いのに対し，土壌消毒の影響は，ときに栽培が成立するかどうかという鋭い形で現われる。

別の言い方をすると，施肥や整地は取り返しのきく作業で随時フォローできるのに対し，土壌消毒ではそれがむずかしい。さらに，施設栽培の土壌や施肥に関しては膨大な技術的知見の集積があり，慣行法を変更するとしても大概のことなら対処できる。

そのため，土壌管理の各作業を配置する場合，土壌消毒を最も効果的な位置に優先的に配置しなければならない。つまり，高温を逃さない時期に十分な消毒期

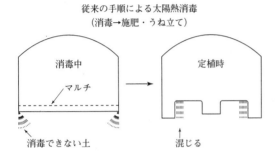

第3図 太陽熱消毒での土壌管理の手順と消毒できない土の動きとの関係

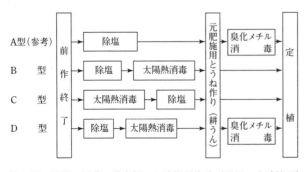

第4図 施設の果菜，花卉類の土壌管理体系（現行の土壌管理）

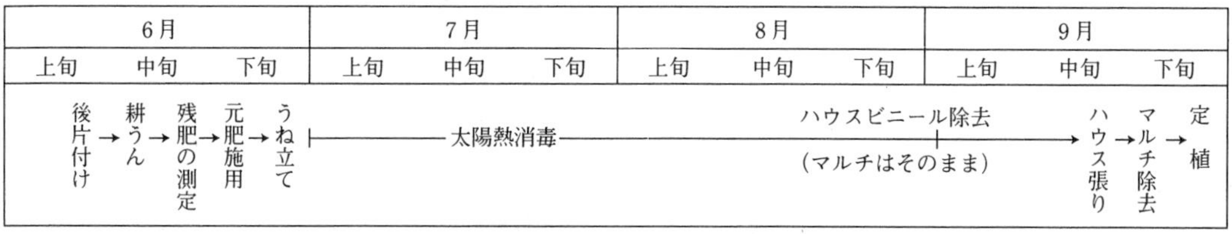

6月			7月			8月			9月		
上旬	中旬	下旬	上旬	中旬	下旬	上旬	中旬	下旬	上旬	中旬	下旬
後片付け→耕うん→残肥の測定→元肥施用→うね立て			←————太陽熱消毒————→			ハウスビニール除去（マルチはそのまま）			ハウス張り→マルチ除去→定植		

第5図 改良型太陽熱利用消毒を含む土壌管理体系の流れ

間を設け，消毒後は土を動かさずに定植する，という体系にする必要があるのである。

②土壌消毒の手順

以上の考え方から開発された方法が，第5図に示す土壌管理体系である。

この体系では，前作が終わったらすぐに元肥を施用する。施用量は従来と同じでよく，基準量から残肥を差し引いた量とする。肥料の種類も普通は変える必要がない。

元肥を施用したらうね立てをする。これは消毒用の仮のうねではなく，定植用の正式なうねである。このうねにマルチをして，太陽熱消毒を開始する。

ここまでの作業にかける日数は，第5図では余裕をもたせて記しているが，実際には2～3日ですませるのが省力的である。前作を片付ける日に，1日で一気にやってしまってもなんら差し支えない。

ハウスのビニールは台風襲来のときに取り除くが，マルチはそのままにしておき，新しいビニールを張った後除去する。

なお，緩効性肥料による局所施肥をする場合は，第5図の元肥施用のところでは石灰類や堆肥だけを施用し，肥料はマルチ除去後に施用すればよい（第7図）。

(3) 改良型太陽熱利用土壌消毒の効果

この土壌管理体系は，残肥を利用する施肥法にしたうえで，従来の定植準備作業の時期を大幅に移動させて太陽熱消毒を組み込んだ点が特徴であり，次のような利点がある。

①残肥を流さず，消毒期間を長くとれる

前作の残肥を流さないので，肥料代が節約できるし，河川や地下水を汚さない。

これまで除塩期間にあてていた前作終了直後に消毒を始めるので，最も地温の上がりやすい時期を逃すことがないし，台風の早期襲来にも対処できる。また，消毒期間を最長で定植時までとることができるので，有効処理温度の十分な積算が可能である。

②すぐれた殺草能力

雑草の種子を殺す作用にすぐれる。

一般に土壌消毒法の備えるべき条件として，土壌病害虫の発生をおさえる能力が必須とされる。ただ，土壌病害虫に対しては，品目によって抵抗性品種や抵抗性を持った台木の利用が可能である。したがって，品目によって土壌消毒に期待する度合や防除対象が異なる。

一方，どの品目にも共通する土壌消毒のねらいは雑草防除である。雑草防除作用の程度がその消毒法の値打ちを大いに左右する。臭化メチル代替剤として期待されている薬剤は，どれも十分な殺草能力を持っていない。これに対して改良型太陽熱消毒は，殺草能力にすぐれ，臭化メチル消毒でさえ防除が困難であったレンゲなどの硬い種子も殺すことができる。

雑草防除能力はどういう形の太陽熱消毒でも発揮されるが，改良型太陽熱消毒では十分な処理期間と適切な手順により，この能力を一層高めている。

③労力の分散

定植準備の労力が分散されるうえ，秋の不安定な天候によっても作業が手遅れになることがない。

秋から栽培が始まる作型では，育苗と本圃の定植準備が重なる秋口に労働が集中する（第8図）。この時期の作業は後にずらせない制約を持っており，悪いことに多くの地域でこの時期の天候が不順でもあるため，労働がいっそう集中しやすい。新体系では，この時期の本圃の作業

第3部　有機農業の共通技術

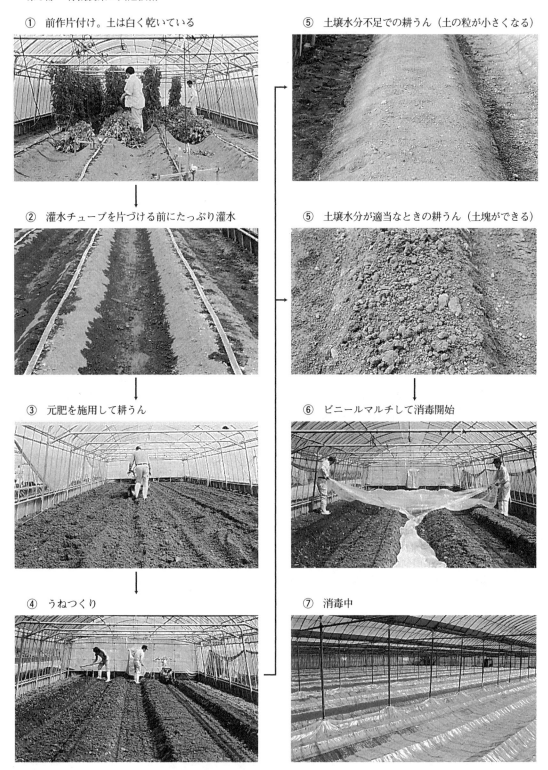

① 前作片付け。土は白く乾いている
② 灌水チューブを片づける前にたっぷり灌水
③ 元肥を施用して耕うん
④ うねつくり
⑤ 土壌水分不足での耕うん（土の粒が小さくなる）
⑤ 土壌水分が適当なときの耕うん（土塊ができる）
⑥ ビニールマルチして消毒開始
⑦ 消毒中

第6図　改良型太陽熱利用土壌消毒の手順

を前作終了直後に分散させることができる。

また，新体系では定植準備が早く整うので，定植期を決めにくい購入苗利用の栽培で特に都合がよいと考えられる。中でも，定植適期の幅の狭いセル成型苗を利用する場合に有利である。

(4) 改良型太陽熱利用土壌消毒での施肥

①元肥施用の考え方

すでに述べたように，この体系では除塩を行なわない。除塩は，前作が終わった時点での残肥が多すぎる，あるいは養分の偏りが生じていると判断される場合に行なわれる。

しかし，健全な生育のまま前作を終えたのであれば，除塩を必要とするほど残肥があるはずがない。養分バランスにしても同じであり，除塩を必要とするような養分バランスではないから，前作が健全な生育をしたのである。

残肥は悪玉のような印象をもたれているが，立派な肥料資源であり，利用しない手はない。そのためこの体系では，基準量から残肥を差し引いた量を元肥として施用することになる。

第7図 土壌消毒後の植え穴への局所施肥（黒木原図）

②EC値からの窒素量の算出

残肥量を知るには，三要素をそれぞれ測定するのにこしたことはないが，Nの状態だけを把握し，それをP_2O_5やK_2Oにも当てはめる。このやり方で実用上の問題はない。Nの残肥量も，いちいち定量分析をしなくても，EC値から推測する方法で十分である。

以上の考え方にしたがい，元肥の施用量を第2表のように決める。

なお，EC値からの窒素の算出式については，土壌によって適否が異なることが指摘されており，土壌の特性で若干の変更が必要となろう。

以上のような施肥法を行なっても，収量は臭化メチルを使用する従来の体系と同じで，なんら問題はみられない（第9図）。

第2表 改良型太陽熱土壌消毒での元肥施用量（EC値からの算出法）

元肥施用量の決め方

①跡地のECの測定を行なう
②その値を20倍して残肥窒素量を推定する
③施肥基準からこの量を差し引いて窒素施用量を決める
④他の肥料成分についても，施肥基準から同じ割合で施用量を減らせばよい

たとえば

― 元肥施用例 ―

（窒素）
EC測定値＝0.5であったとすると
0.5×20＝10（窒素残肥量）
施肥基準の元肥窒素施用量が25kgであれば，
25kg－10kg＝15kgを施用する
（これは施肥基準の60％にあたる）

（リン酸）
施肥基準の元肥リン酸施用量が30kgであれば，
30kg×60％＝18kgを施用する

（カリ）
施肥基準の元肥施用量が20kgであれば，
20kg×60％＝12kgを施用する

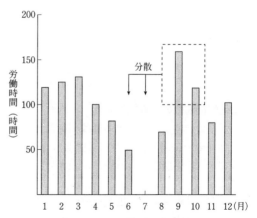

第8図 施設での年間労働時間の一例
（ミニトマトの10a当たり）
（宮崎県児湯農改センター）

第3部　有機農業の共通技術

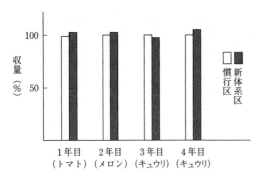

第9図 改良型太陽熱利用土壌消毒の土壌管理体系による果菜類の収量

慣行区を100とした比率。慣行区は臭化メチルを使用する従来の体系

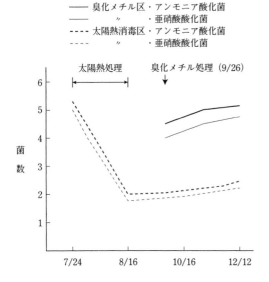

第10図 消毒法と硝化菌の動き
(黒木，1996)

菌数は乾土1g当たりの対数値
9月25日以降はキュウリを定植しての調査

③硝酸化成菌の菌数低下対策

ただ，この体系での土壌消毒は，臭化メチルを使う消毒や従来の太陽熱利用消毒に比べて，硝酸化成菌の菌数低下が著しく，回復も遅い（第10図）。

この点では今まで特に問題が起こったことはないが，より安全策をとるなら，元肥の窒素肥料の約5割が硝酸態になるような資材の組み合わせにする。あるいは，消毒後によく腐熟した堆肥を，定植する付近にぱらぱらと散布して微生物の復活をはかる。この手だてのどちらか一つを選ぶとよい。

(5) 土壌消毒実施上の留意点

宮崎県での施設の主要な作付け体系は，6月末に栽培が終わる。次の定植時期は品目でまちまちで，早いもので8月下旬，遅いもので10月になる。このいずれの場合も，7月から太陽熱消毒を行なうことができる。消毒期間については，定植まで継続することが可能である。

しかし，台風の襲来，長期間の高温による施設の傷みなど，早めに消毒を切り上げたい事情が発生することがある。こうした場合に備え，消毒に必要な期間，処理土層の厚さなどの一応の目安を知っておきたい。

①処理温度，処理深土の目安

熱消毒に有効な温度は40℃くらいからとされ，弱い種類の菌では40℃の4～5日の積算で死滅が観察される。ただ，この温度でおもな病原菌のほとんどが死滅するには20日くらいの積算が必要とされる。これが45℃になると，死滅に必要な積算日数はずっと短縮され，50℃くらいになると時間単位で死滅するようになる。

太陽熱消毒後の秋に作付けするおもな品目の定植後の栽培期間は，メロンやハウス抑制キュウリ，スプレーギクのように比較的短期のものでも100～120日を要する。ミニトマトやスイートピーなどは210～300日に及ぶ。これら長期の栽培を乗り切るためには，ある程度深い土層まで処理する必要があると考えられる。しかし，この点を念頭においても，深度20cmくらいを目標に処理すれば十分であろう。

その理由は，通常の耕うん深度では深い例でも20cmくらいまでに耕盤層が形成されており，根の大部分がそれより上層に分布するからである。また，これまで効果を発揮してきた臭化メチル消毒も，耕盤層より上層がおもなくん蒸範囲だと考えられるからである。

②処理必要日数の目安

第3表は，7月1日から8月31日まで太陽熱消毒したときの，地下10cmと20cmの旬別平均地

温である。

この表からわかるように、地下20cmの位置が有効温度で推移し始めるのに10日くらいみなければならないだろう。したがって、その後の20日間が処理必要日数になる。しかし実際には、40℃以上の温度で経過することが多いので、それ以前に処理が終了していることも予想される。

処理必要日数を考えるに当たって、もちろんその年の天候を考慮しなければならないが、10cmくらいまでの浅い層なら50℃以上の温度を示すことがあるから、必ずしも晴天が連続しなくてもよい。また深い層も、いったん温度が上がると天候の影響を受けずに高温で経過する傾向がある（第11図）。

以上を総合すると、よほど不順な天候の年でないかぎり、開始後1か月に処理終了の目安をおいていいのではないかと考えられる。あるいは、処理開始から梅雨明け宣言までは日数を数えずに、それ以降20日間を処理日数とすれば、万全であろう。

もっとも、事情がゆるせば定植まで処理を継続できる体系になっているから、耕盤層下の深層まで処理することが可能である。実際に、深層まで処理するやり方で改良型太陽熱利用土壌消毒法が普及し始めている。

なお、センチュウなどの虫は、病原菌に焦点をあてた処理条件内で防除できる。

以上に述べた処理効果は、改良型太陽熱消毒だから達成できるというものではなく、どのような太陽熱消毒法によっても当然同じ効果が期待できる。ただ、改良型太陽熱消毒は、せっかくの効果を不適切な土壌管理の手順で台なしにしないように工夫したものである。

③土壌の水分状態の目安

除塩のための湛水期間を設けないこの体系の

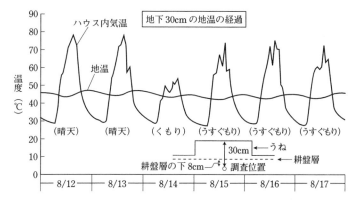

第3表 太陽熱消毒中の最高地温と最低地温の旬別平均（℃）
（1996年、宮崎県佐土原町）

測定場所、測定項目		7月			8月		
		上	中	下	上	中	下
地下10cm	最高地温	40.8	49.0	49.6	52.4	50.4	51.1
	最低地温	31.8	39.2	40.3	43.0	41.5	42.8
地下20cm	最高地温	36.4	44.4	45.6	48.3	46.6	47.6
	最低地温	32.1	39.8	41.2	43.9	42.5	43.8

第11図 天候・気温が深層の地温に及ぼす影響
（1998年、宮崎県西都市の現地ハウス）

土壌は、土塊が失われて小粒化に向かう傾向がある。これを防ぐには、土が乾いているときの耕うん作業を避け、ある程度湿った状態で耕うんすることが必要である。一方で、熱処理を斉一にするためにも土を湿らせることが必要になる。

この2つを達成するには、前作の灌水チューブを片付ける前に、チューブを使って十分灌水しておく。そして、消毒開始時に水分が不足したときだけ散水して湿らせるようにする（第6図）。

④適用できる品目

新体系を適用できる品目として、これまでに果菜類全般とスターチスを供試して実用性を確認している。生産現場ではミニトマト、メロン、キュウリ、ピーマンに導入され始めている。このうちミニトマトでは、臭化メチルで防除が困難であった青枯病に対する効果が確認されつつある。

執筆　白木己歳（宮崎県総合農業試験場）

1999年記

太陽熱処理の効果を見える化する「陽熱プラス」

執筆　橋本知義（農研機構中央農業研究センター）

化学農薬に頼らず、自然エネルギーを活用する太陽熱土壌消毒法への期待は高いのですが、「効果がその年の天気に左右される」「真夏の炎天下での作業は大変だ」など、導入メリットが見えにくいため、必ずしも現地普及が進んでいません。私たちは太陽熱土壌消毒法の広域普及を目指した「陽熱プラス」の研究を実施しています。

陽熱プラスとは、ウネ立て後の太陽熱土壌消毒に、温度記録計を利用した、消毒効果や養分供給効果の見える化や、新肥料の利用、生物相への影響評価を組み入れた、新しい圃場管理技術です。

今回は、陽熱プラスのポイントとなる「現場の地温の測り方」について紹介させていただきます。

おんどとりで地温が見える

地温の測定に必要なものは、以下のとおりです。
1) 温度記録計と記録センサー
2) データ集積機
3) 支柱と、1) を支柱に固定するためのビニールひも
4) 表計算ソフト（エクセルなど）がインストールされているパソコン

比較的安くて使いやすい温度記録計として、おんどとりがあります。付属するケーブル長は0.6mなので、実用性を考慮し、2mケーブルを追加装備。

測定したデータは、ポータブルデータ集積機で取り出し、パソコンに転送。地温データの解析を行ないます。データ集積機1台で、複数のおんどとり情報を集約できます（ここで紹介する組合わせ以外にも、多様な市販機器を利用できる）。

温度記録計の設置でもっとも重要なのは、センサーを埋め込む深さと方向です。

地温は、深さや位置により異なるため、計測方法を一定のやり方に揃えることが重要です。陽熱プラスでは、センサーをウネの表面から深さ15cmの、ウネの中心に設置。地面に対して水平、ウネに対して平行に埋めます。測定は、できるだけ圃場の中心で行ないます。

消毒効果も見える

太陽熱土壌消毒処理中の効果の目安は、消毒に必要な地温の積算時間です。病原菌によって、死滅するのに必要な積算温度は大きく異なりま

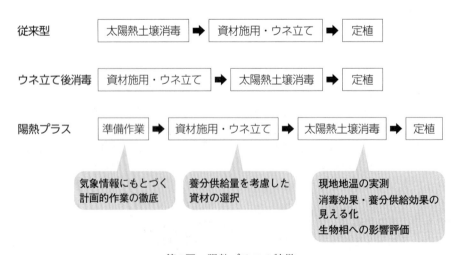

第1図　陽熱プラスの特徴

太陽熱処理・土壌還元消毒

第2図　土壌消毒中のハウスの地温を、温度記録計「おんどとり」で測定する
写真は試験のため2台あるが、実際は1台で測る。価格は2万円〜（税別）

第3図　おんどとりで計測したデータは、ポータブルデータ集積機（価格は3万2,000円〜、税別）で集め、パソコンに転送する
おんどとり、データ集積機のお問い合わせは（株）ティアンドデイまで（TEL. 0263-40-0131）

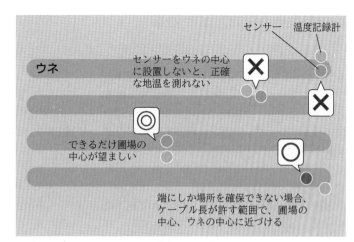

第4図　温度記録計とセンサーの設置場所

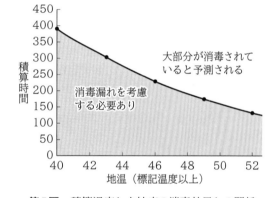

第5図　積算温度と立枯病の消毒効果との関係

すが、多くの菌では死滅するのに地温40℃以上が一定時間以上積算されることが条件となります。そこで陽熱プラスでは、地温が40℃以上となる時間数を足し上げたものを40℃以上積算時間として、消毒効果の目安にしています。

たとえば、立枯病菌の大部分が死滅するには、40℃が398時間、43℃だと309時間となります。これらの時間を超えているようであれば、大部分が消毒されていると予想されますし、それ以下であれば、消毒漏れを考慮する必要があります。このように、地温を実測すると、太陽熱土壌消毒効果がわかるため、消毒効果の「見える化」が期待できます。

また、ある圃場の地温実測値があれば、消毒期間が異なる近隣圃場の地温の上がり具合（40℃以上積算時間）についても、一定程度の目安を示すことができます。

これにより、「梅雨明け後晴天3週間」といわれる太陽熱土壌消毒処理実施期間について、ある程度の判断根拠が得られます。

皆さんも圃場の地温を測ってみませんか。

＊

センサーの設置方法を紹介した動画（DVD）、回収データの利用方法をとりまとめた技術資料集（CD）もあります。

問合わせ先：taiyoh@ml.affrc.go.jp

（『現代農業』2016年6月号「太陽熱処理の効果を見える化する「陽熱プラス」」より）

土壌還元消毒の方法と効果

施設栽培での土壌消毒は環境問題や全廃される臭化メチルに代わる技術として太陽熱消毒が改めて注目されており、太陽熱消毒単独、あるいは土壌消毒剤と併用して利用することで高い効果をあげている。また、太陽熱消毒の弱点であったハウスサイドの消毒が不完全になることも、処理手順を変えることで回避することが可能であるとも報告されている。しかし、北海道は本州以南と比較して気温が低く、太陽熱消毒を行なった場合、盛夏時でも十分に地温が上昇せず、期待したほどの効果が得られない場合が多い。

そこで、私たちは、*Fusarium oxysporum*による土壌病害であるネギ根腐萎凋病に対する還元消毒法を開発した。土壌還元消毒法は、気温の低い北海道において太陽熱消毒に勝る効果があり、特別な資材を使用せずに誰でも行なえる土壌消毒法を目指して開発した技術である。

(1) 限界のある寒冷地での太陽熱利用

太陽熱消毒は、40〜45℃以上の地温を維持することで各種土壌病害に効果を発揮する。根腐萎凋病菌について調べた結果では、土壌に十分な水分があれば40℃で14日以内に死滅する。これは根腐萎凋病菌以外の*Fusarium*菌についても同様である。

しかし、30℃程度の地温では28日以上経過しても*Fusarium*菌を死滅させることはできない。北海道は気温が低く、ビニールハウス内で地表面を透明ビニールで覆っても長時間地温を40℃以上にすることは困難である。そのため北海道や気温の低い高冷地では、熱にのみ頼る消毒では十分な効果が期待できない。

(2) 土壌還元消毒法の防除効果

薬剤によらない土壌病害に対する防除法としては、太陽熱消毒以外に湛水処理が古くから検討されている。湛水処理による防除効果は、フザリウム病に関しては効果が認められた例と認められない例があるが、水田のような水深の浅い湛水では土壌消毒のような十分な効果は得られていない。スイカのつる割病やアズキの萎凋病で湛水処理の一つとして水田化によって防除を試みた例では、3〜4か月程度の1作の水田化では効果は認められず、5年程度の水田化によってようやく発病が認められなくなる。

しかし、圃場に稲わらなどの有機物を投入して湛水を行なうと、早期にフザリウム菌が死滅するとの報告がある。私たちもネギ根腐萎凋病菌汚染土壌の水田化を試みたところ、3か月間の水田化では根腐萎凋病菌が検出された。しかし、稲わらを混和し、土壌を強い還元状態にした区では3か月目には検出限界以下となり、有機物の混和がフザリウム菌の死滅を促進することが確認された（第1図）。湛水土壌中に未分解の有機物を混和すると土壌が強い還元状態になることは、すでによく知られていることである。

以上のことから、湛水処理と太陽熱消毒を組み合わせた土壌消毒法として土壌の還元化に注目して試験を行なった結果、ふすままたは米ぬかを土壌に混和し、圃場容水量を維持するための十分な灌水量、30℃以上の地温の確保によって土壌が還元化され、根腐萎凋病菌が速やかに死滅することが確認された。

ただし、この処理方法はネギ根腐萎凋病菌には効果を認めているが、他の土壌病害について

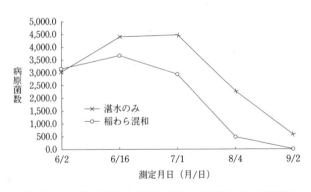

第1図 ネギ根腐萎凋病菌汚染土壌の水田化による病原菌数の変化

は未検討である。それぞれの病害に適した処理法をこれから検討する予定である。

なお，この消毒法は多量の灌水と土壌の還元化を促進させるため，除塩作用と脱窒作用がある。土壌中に蓄積した塩類や硝酸態窒素の量は明らかに低下し，施設栽培の問題点である塩類集積も回避することができる。

(3) 還元消毒に必要な条件

還元消毒では混和する有機物，土壌の水分条件，温度のすべてが満たされなければ十分な効果は発揮しない。必要な温度条件が太陽熱消毒よりも低い分，有機物と土壌水分条件が重要となる。

①有機物の種類

混和する有機物は分解が早く，微生物のえさとなりやすいことが重要である。いくつかの有機質資材を検討したところ，ショ糖，大麦粉末，ふすまを混和すると早期に根腐萎凋病菌を死滅させることができた（第1表）。このなかで扱い易さや価格などを考慮するとふすまが適当であると考えられた。第1表を見てわかるように通常太陽熱消毒で利用されることの多い稲わらと比較しても明らかに効果が高い。

実際に発生圃場で処理を行なった試験例では，稲わら2.0t/10a処理とふすまの0.5～2.0t/10a処理を比較したが，処理10日後までは明らかにふすま1および2t処理のほうが効果が高かった（第2表）。10日以降は非常に温度が高く推移したために他の処理法でも効果が認められた。しかし，処理後にネギを移植すると明らかな生育の差が認められ，ふすまの1.0t/10a処理以上で最も効果が高く，稲わらでは効果が劣った（第2図）。

なお，米ぬかの効果についても検討したところ，ふすま同様に高い効果が認められ，処理10日目には病原菌が死滅した（第3表）。

②土壌の酸化還元に必要な土壌水分

この土壌消毒法で病原菌が死滅するのは，土壌が強い還元状態になることによるものと考えられる。実際に，還元している条件でのみ根腐萎凋病菌が死滅

第1表 混和する有機物の種類と温度のちがいがフザリウム菌の死滅に及ぼす影響

培養温度(上) 培養日数(下)	30℃			35℃			40℃		
有機物の種類	7	14	21	7	14	21	7	14	21
稲わら	1,333	133	0	633	367	0	0	0	0
オオムギ	300	100	0	0	0	0	0	0	0
ふすま	200	33	0	0	0	0	0	0	0
セルロース	2,200	3,000	5,800	733	867	1,500	0	0	0
デンプン	1,500	900	67	0	0	0	0	0	0
ショ糖	100	0	0	0	0	0	0	0	0
無添加	1,767	2,567	5,300	2,233	233	367	67	0	0

注　数値は検出されたフザリウム菌数（/g乾土）

第2表 土壌還元消毒で施用する有機物の種類・施用量と処理後の病原菌数

処理（/10a）	処理10日後（7月10日）			処理17日後（7月17日）		
	含水率(%)	Eh(mV)	病原菌数(/g乾土)	含水率(%)	Eh(mV)	病原菌数(/g乾土)
稲わら 2.0t	32.5	116	1,422	31.7	−49	0
ふすま 0.5t	28.0	−75	117	30.4	−165	0
ふすま 1.0t	31.8	−117	0	31.0	−175	0
ふすま 2.0t	31.8	−138	0	30.7	−171	0
無処理	30.0	200	2,857	29.5	−18	110

注　処理期間：6月30日～7月17日

第3表 ネギ根腐萎凋病発生圃場で土壌還元消毒を行なったときの有機物の種類と処理後の病原菌数

ハウスNo.	有機物 (10a当たり)	処理10日後（9月10日）			処理20日後（9月20日）
		含水率(%)	Eh(mV)	病原菌数(/g乾土)	病原菌数(/g乾土)
4	ふすま 1t	37.8	−165	0	0
2	米ぬか 1t	39.5	−154	0	0

注　処理期間：8月31日～9月20日
　　処理前の病原菌数　ハウス2：1,581/g乾土
　　　　　　　　　　　ハウス4：3,168/g乾土

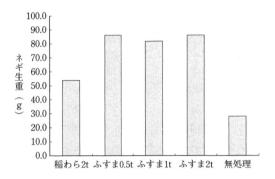

第2図 施用する有機物の種類とネギ根腐萎凋病発生圃場での土壌還元消毒処理後の生育

している。

土壌が還元状態に至るには，ふすまや米ぬかが嫌気的に分解しなければならず，そのためには土壌水分が重要である。もし，土壌とふすまを混和して，土壌水分の少ない状態で放置すると，ふすまはフザリウム菌のよいえさでもあるためフザリウム菌を増加させることにもなりかねない。

30℃以上の条件において土壌水分を変えて還元消毒実験を行なったところ，圃場容水量以上の条件で酸化還元電位が低下し，土壌が還元状態となる。そして，それに伴って根腐萎凋病菌が死滅する（第4表）。

このように，圃場を湛水状態にしなくても，圃場容水量を維持するだけで土壌を還元状態にできるということは，土壌消毒の作業上，非常に重要である。

③病原菌の死滅に必要な温度

土壌を還元状態にすると太陽熱消毒よりも低い温度でフザリウム菌を死滅させることができる。圃場容水量条件において，ふすまを混和して25℃から40℃で土壌を培養すると，30℃以上の条件で14日以内にフザリウム菌を死滅させることができた（第5表）。

25℃でも土壌は還元状態になっているが，21日以内では死滅しないことから，フザリウム菌を死滅させるには土壌の強い還元化と30℃以上の温度が必要と考えられる。水田化すると土壌の還元化は進行するが，それでもフザリウム菌が死滅しないのは温度条件が低すぎることも関わっていると考えられる。

（4）土壌還元消毒の方法と手順

①防除の可能な期間

実際の圃場で土壌還元消毒を行なう場合，まず処理を行なう時期が問題になる。この消毒法で必要な地温は30℃以上であり，北海道でそのための気温が維持できるのは7月上旬から9月上旬までである。アメダスの平均気温が15～18℃以上あれば可能であると推定しているが，場所により日照時間，日射エネルギー，日中の気温，

第4表 30℃条件での土壌水分と有機物のちがいが酸化還元電位と病原菌の死滅に及ぼす影響

土壌水分（％）	有機物	Eh (mV)			病原菌数（/g 乾土）		
		7日	14日	21日	7日	14日	21日
畑水分（18）	−	249	200	305	4,390	3,610	3,220
圃場容水量（26）	−	228	193	282	5,405	4,757	3,351
最大容水量（32）	−	192	183	193	5,529	3,059	4,353
湛水（40）	−				4,000	2,800	3,333
畑水分（18）	＋	184	110	310	14,244	13,171	8,171
圃場容水量（26）	＋	−120	−157	48	12,793	0	0
最大容水量（32）	＋	−128	−184	−145	1,294	0	0
湛水（40）	＋	−190	−217	−168	1,867	0	0

注 培養温度：30℃，有機物ふすま1％

第5表 圃場容水量条件における温度と有機物が病原菌の死滅に及ぼす影響

処理		Eh (mV)			病原菌数（/g 乾土）		
温度	有機物	7日	14日	21日	7日	14日	21日
25℃	−	87	204	300	4,108	4,649	4,432
30℃	−	85	167	83	5,405	4,757	3,351
35℃	−	99	164	54	6,784	108	108
40℃	−	55	131	105	108	0	0
25℃	＋	−83	−163	−51	28,216	757	4,324
30℃	＋	−162	−183	−24	12,973	0	−
35℃	＋	−195	−219	36	2,919	0	0
40℃	＋	−180	−172	50	216	0	0

注 圃場容水量条件：26％

夜温が異なるため、初めて処理する場合は処理中の地温を測っておくことが賢明である。

②処理の手順

圃場での還元消毒法の処理の手順をネギの簡易軟白栽培の例で説明する。

1）圃場は灌水ムラができないように乾きすぎないようにし、有機物としてふすままたは米ぬかを10a当たり1t散布する。均一に散布したらトラクターなどで耕起（耕起深15〜20cm程度）し、土壌と十分に混和する。このとき有機物と混和されない部分ができると消毒されない危険性があるので、ていねいに混和する。

2）灌水ムラができないように圃場を平らにし（太陽熱消毒のように小うねはつくらない）、灌水チューブを設置する（多くの施設栽培ネギのハウスには灌水チューブが使われているので、そのまま利用）。灌水チューブの間隔は60cm程度までが良好で、間隔を広げすぎて灌水されない部分ができないようにする。

3）透明なポリやビニール資材で全面を覆う。灌水チューブを多く設置できない場合は、圃場全面に灌水した後に被覆するが、灌水前に被覆するのが作業的に楽である。この被覆は地温を上昇させるためと土壌の水分を蒸発させないために行なっているので、何枚かの資材をつないで利用するときは、重ねる部分を十分とること、また、穴などは修理して水分が蒸発によって逃げないようにすることが大切である。

4）被覆が終わると灌水を行なうが、灌水量は100〜150mm（排水が悪く水分の多い土地は100mm、良好な土地は150mm）行なうため、100坪ハウスでは33〜50tにもなりやや時間がかかる。目安としては土壌に十分に水分が浸透し、それ以上浸透できずに表面に水が浮いてくる状態になれば適量と考えられる。

5）この状態で20日間ハウスを密閉し地温の上昇を促す。土壌中に十分に水分がある状態（圃場容水量以上）で地温が30℃以上に上昇すると、土壌の還元化が進み、7日前後で土壌からドブ臭がする。この状態になれば20日目には土壌消毒が完了する。

この防除法をより高い確率で成功させるためには次の点に注意する。

1）有機物は分解の進んだ堆肥や鶏糞などは利用しない。

2）ふすまや米ぬかはあらゆる微生物のえさとなることから、混和後灌水を行なわないと消費されてしまうため、有機物混和後ただちに灌水を行なう。

3）灌水が十分でないと$Fusarium$菌が増殖するおそれがあるので、しっかりと灌水する。

4）被覆は土地が乾燥しないように密着させる。

執筆　新村昭憲（北海道立道南農業試験場）

2000年記

糖蜜で土壌還元消毒

ふすまや米ヌカを使った土壌還元消毒は、価格も安く利用しやすいが、殺菌を必要とする下層（30cmより下の層）まで混ぜないと効果が劣る場合がある。

そこで土壌還元消毒法を考案した北海道の道南農業試験場が開発したのが、液状の有機物の糖蜜を使うやり方（写真）だ。

以下に紹介するのは、岐阜県のトマト産地・海津市の農家のやり方。青枯病に悩まされていた農家が県の普及員にすすめられた。

まず、糖蜜溶液を用意する。この農家は、前年に発病した5aに対して500lのタンク2つに糖蜜13缶、前日に溶かしておいた（写真①）。

前日には畑に灌水する。糖蜜をよく浸透させるために、土をよく湿らせた（写真②左）。

当日に糖蜜溶液をまく（写真③）。糖蜜は比重が重く下にたまりやすいのでタンクの中は自動撹拌。散布時間は1時間半くらいかかった。

すぐにポリマルチ（以下、マルチ）で覆い、湛水（写真④）。マルチは、ハウスの柱のまわりも隙間がないようにホチキスで留める。水がたまるのに6時間ほど。これで20日間処理する。

執筆　編集部

（『現代農業』2012年10月号「糖蜜消毒は青枯病対策の切り札だ」より）

低濃度エタノールを用いた土壌還元消毒法

(1) この処理方法のねらい

千葉県では，温暖な気候を利用し，キュウリやトマトなどの施設栽培が行なわれている。これらの野菜のネコブセンチュウなど土壌病害虫の防除には，臭化メチル剤による土壌消毒がきわめて有効であったが，2005年に不可欠用途を除き使用禁止になった。

このため，千葉県内の生産者は，クロルピクリン剤やD-D剤による土壌くん蒸処理，あるいはふすまや米ヌカを利用した土壌還元消毒に切り替えた。しかし，これらの消毒法は，処理時の臭気の発生などによって住宅地周辺では実施しにくいことや，薬剤や資材などが到達しない深層部に病害虫が残存して，消毒効果が不十分になりやすいことなどの問題があった。

そこで，この諸問題を解決する技術として，(独)農業環境技術研究所などと共同で，農林水産省の「新たな農林水産政策を推進する実用技術開発事業」を活用して，低濃度エタノールを利用した土壌還元消毒法を開発し，マニュアル化した（千葉県，2016）。その内容について紹介する。

(2) 処理方法の実際

①必要な資材など

処理に必要なものは，土壌還元消毒用のエタノール資材（市販品，成分濃度65v/v%），灌水チューブや液肥混入器などの灌水器具，それと土壌表面を被覆するためのフィルムである（第1表）。なお，土壌消毒用エタノールには，有機栽培された原料による有機栽培用とそれ以外の原料による一般栽培用があるので注意を要する。

このエタノールによる土壌還元消毒法でも，ふすまなどによる土壌還元消毒と同様に，通常の作物への灌水と比べると，かなり多量の水が必要である。初めて処理を行なう場合は，井戸の能力を超えて汲み上げてしまい，水が途中で出なくなることがあるので注意する。

灌水器具などは，とくに新しく用意する必要はなく，通常の栽培で使用しているものでよい。散布終了のタイミングを事前に知るために，量水器（水道メータ）を用意しておくと便利である。

作業の大まかな流れは第1図のとおりであり，エタノール散布から定植まで3～4週間必要になる。土壌くん蒸剤による処理より長めなので，定植作業が遅れないよう，日程に余裕をもたせた散布計画を立てる。

②前日までの作業

前作物の撤去後，耕うんしてウネを崩し，圃場を均平にする。ただし，ネコブセンチュウやトマト萎凋病を対象とする場合は，ウネの高さが15cmまでであれば，効果に差がないので残したままでもよい。

エタノールを正確な濃度で希釈するには，液肥混入器を用いることが望ましい。

液肥混入器がない場合は，井戸ポンプの手前にコックを取り付けて，そこからエタノール資材を吸引させる方法（第2図）や，動噴を利用してエタノール資材を灌水中に混ぜ込む方法で行なう。これらの場合は，事前に希釈倍数がおおむね正しくなるよう，コックの開け方や動噴の圧力を調整しておく必要がある。

エタノール希釈液の散布は，灌水チューブを用いる。前作で灌水に使用したものでよいが，

第1表 処理に必要な資材など（10a当たり）

土壌還元消毒用エタノール（成分65v/v%）	288～1,200l
水	75～200m^3
灌水チューブ	2,000m
エタノールを希釈するもの（液肥混入器など）	1台
農薬用タンク（500l程度のもの）	1台
量水器（なくても可能）	1台
被覆用の農業用ポリフィルムなど	1,000m^2

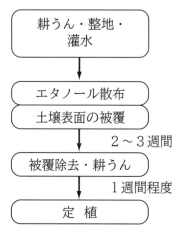

第1図　作業のフローチャート

第2図　吸引による希釈法

散布ムラができないよう，目詰まりを除去しておく。チューブ間隔は50cm程度と，ふだんの灌水より狭く配置すると散布ムラが少なくなる。ムラは少ないほうがよいが，既存の頭上配管や地上配管の灌水パイプでも散布は可能である。

黒ボク土や砂質土で水はけのよい圃場では，前日までに50mm（50l/m^2）程度灌水し，土壌を十分湿らせておき，散布した希釈液が容易に抜け落ちないようにする。

③当日の作業

液肥混入器を利用する場合は，エタノール資材を農薬用タンクに投入し，濃度1v/v％で処理するなら65倍，0.5v/v％なら130倍になるよう，液肥混入器の目盛りを合わせて希釈し散布する（第3図）。ポンプの能力やチューブの間隔にもよるが，面積1～数aに150l/m^{2}の量を散布するのであれば，2時間程度を要する。これより早く終わらせようと速度を上げると，散布液が土壌へ浸透しきれず地表面を流れてしまうので好ましくない。

散布後は，ただちに土壌表面を透明の農業用ポリフィルムなどで被覆する（第4図）。フィルムは，温室カーテンなどの再利用でかまわないが，穴があいている場合は必ず補修してから利用する。また，可能であれば，空気を入りにくくするために，フィルムの端を土中に埋めるか，水封マルチなどで重しをするなどの工夫をするとよい。

④施設の密閉

被覆後は施設全体を密閉し，2～3週間その状態を保って土壌の還元化を促す。ただし，真夏に施設を完全密閉すると高温になりすぎて，天窓制御器や灌水配管に悪影響が出るので，気温50℃を目安に適度な換気を行なう。

⑤被覆の除去，耕うん

処理期間が終わり，被覆フィルムなどを除去したら，還元状態を解消するために，圃場全体を耕うんする（第5図）。

消毒中に生成した酢酸などによる生育不良を回避するため，処理後の定植は，被覆フィルムの除去後1週間以上してから行なう。圃場の排水性が悪く，1週間たっても酸っぱい臭いやドブ臭を感じる場合は，もう一度耕うんし，何日かおいて臭気がなくなったあとに定植する。

湿害に弱いインゲン，エダマメなどのマメ科作物や，耕うんしにくい圃場の端にまで定植されるイチゴで障害が発生した事例があるので，これらの作物ではとくに注意し，耕うんから定植までの日数を2～3週間と長くとる。

第3図　液肥混入器を用いた希釈液の散布作業

第4図　土壌表面のフィルム被覆

第5図　被覆除去後の耕うん作業

(3) 夏秋どりトマト——促成キュウリの作付け体系での処理方法

①ネコブセンチュウの繁殖率と土壌消毒による密度低減効果

ネコブセンチュウの1世代の期間は温室内であれば，夏で1か月，冬で2～3か月であり，年間では8回程度の世代交代を繰り返す。ネコブセンチュウの繁殖力は旺盛で，トマトやキュウリの作付け圃場では，1世代で数～10倍程度に増加し，年間では10万～1億倍に増加することもあり得る。

一方，土壌消毒などによるネコブセンチュウの密度低減は，殺センチュウ粒剤で1/10，土壌くん蒸剤で1/1,000～1/10,000，ふすまを用いた土壌還元消毒法で1/100～1/1,000程度である。なお，低濃度エタノールを用いた土壌還元消毒法では，エタノール濃度や処理時の地温によって効果が異なるものの，ふすまを用いた土壌還元消毒法並みの1/1,000から，土壌くん蒸剤を超える1/100,000の密度低減効果が得られる（第2表）。

いずれの消毒法も同じことがいえるが，1回の処理では，年間のネコブセンチュウの増加分を減らすことができないので，長期の連作圃場では複数の消毒法との組合わせや，年2回の消毒が必要になる。

②年2作型での土壌消毒の時期

千葉県内の野菜栽培施設では，冬～春にキュウリ，夏もしくは秋にトマトを組み合わせて作付けすることが比較的多いので，この場合の効果的な消毒体系を検討した。

当然のことであるが，春と秋の年2回土壌還元消毒を行なうことで，消毒効果が高くなった。根こぶの着生が少なく，収量も薬剤（D-D）処理と変わらなかった（第3表）。

しかし，この方法では消毒経費がかかりすぎるため，春か秋のどちらか年1回消毒とした場合の効果を比較したところ，春より秋の土壌還元消毒で高い効果が得られた。

これは，トマトはセンチュウ害に比較的強く，キュウリと台木カボチャは弱いためであ

第2表 低濃度エタノールを用いた土壌還元消毒法で期待できるネコブセンチュウ密度低減率

地温	エタノール濃度	
	0.25v/v%	1v/v%
25℃以下	実用的効果なし	
30℃	1/1,000	1/10,000
35℃	1/10,000	1/100,000

注 2007〜2014（平成19〜26）年に行なった試験（黒ボク土）結果から推定
地温は深さ20cmで測定した処理期間中の平均値

第3表 夏秋どりトマト－促成キュウリの作付け体系での各土壌消毒法の処理時期の組合わせによる栽培終了時の根こぶ指数と収量

土壌消毒法	夏秋どりトマト		促成キュウリ	
	根こぶ指数	収量 (t/10a)	根こぶ指数	初期収量 (t/10a)
エタノール春秋処理	38.3	7.6	35.2	4.2
エタノール秋処理	71.9	6.7	40.4	3.6
エタノール春処理	43.8	7.2	72.5	2.5
薬剤春秋処理	60.9	7.5	43.8	4.0
薬剤秋処理	60.9	7.3	42.5	4.3
無処理	65.6	6.4	68.5	2.1

注 試験場所は千葉県農林総合研究センター内温室（黒ボク土）。土壌消毒法の春は2011（平成23）年5月6日に，秋は2010年9月14日と2011年9月16日に，春秋は春と秋の両方の時期に実施。エタノールは1v/v% 200l/m² 処理，薬剤はD-D20ml/m²
根こぶは夏秋どりトマトが2011年9月5日，促成キュウリが2012年1月18日調査
根こぶ指数＝Σ（各着生程度×株数）/（調査株数×4）×100
着生程度0：根系全体に根こぶを認めない，1：こぶをわずかに認める，2：こぶの数が中程度，3：こぶの数が多い，4：こぶの数がとくに多く，かつ大きい
収穫期間は，夏秋どりトマトが7月28日〜9月5日，促成キュウリが11月18日〜1月18日

る。キュウリでの大幅な減収を回避するためには，キュウリ栽培直前の消毒が優れている。

また，秋（9月ころ）の地温は30〜35℃であり，春（5月ころ）の30℃前後に比べて季節的にも地温が高く，消毒効果が高まることも期待できる。これらのことから，年1回消毒の場合は，秋が望ましい（第6図）。

③処理方法と濃度

この作付け体系では，キュウリとトマトのウネは同じ位置につくられる。また，トマトは平ウネが一般的なので，処理は基本的にトマトのウネを崩さずに，センチュウの大多数が生息するウネ部分のみに散布する処理でよい（この場合も土壌の被覆は全面に行なう）。

濃度はセンチュウ密度にもよるが，地温が徐々に低下する9月であれば，黒ボク土で0.5v/v%，砂質土では1v/v%程度の高めに処理するほうが安定した効果が得られる。

また，トマトで萎凋株が発生するくらいセンチュウ密度が高い場合には，キュウリの施肥・ウネ立て時に殺センチュウ粒剤を併用する必要がある。

④土壌病害が併発している場合

この作付け体系では，トマトの萎凋病（第7

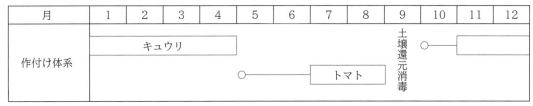

第6図 年1回消毒のときの低濃度エタノールを用いた土壌還元消毒法の望ましい処理時期

図）や青枯病，キュウリのホモプシス根腐病などの併発が考えられる。

トマト萎凋病には，前述のネコブセンチュウで用いた方法のままでよいが，青枯病には十分な効果が期待できないので，土壌還元消毒から土壌くん蒸剤（クロルピクリン）処理に変更するとともに，抵抗性台木に接ぎ木を行なうなど，一般的な青枯病対策が必要である。

キュウリのホモプシス根腐病は，ネコブセンチュウに比べると還元状態に強く，前述の方法でもある程度の発病抑制効果は得られるが，前年の発病程度が高いと実用レベルの効果に達しない。

この場合は，処理前にウネを崩して耕うんするとともに，濃度を2倍程度高くして処理を行ない，被覆期間も3週間以上に延ばすことで，還元化の持続期間を長くして効果を安定させる。

執筆　大木　浩（千葉県農林総合研究センター）

2024年記

第7図 トマト萎凋病（レース2）による葉の黄化

参　考　文　献

千葉県. 2016. 低濃度エタノールを用いた土壌還元消毒法実施マニュアル. https://www.pref.chiba.lg.jp/ninaite/seikafukyu/documents/h2707_etanoru.pdf

トウモロコシ残渣による土壌還元消毒

執筆　長坂克彦（山梨県総合農業技術センター）

土壌還元消毒は環境に優しい土壌消毒法として注目されています。しかし、山梨県は米麦生産量が少ないうえに消毒時期が5〜7月であることから、米ヌカやふすまの入手がむずかしく、安価な代替資材が求められていました。私たちは山梨県の主要野菜であるスイートコーンの残渣（茎葉部）に注目し、これを利用した土壌還元消毒法を確立しました。

第1図　残渣の刈倒しは収穫1週間後まで待つ

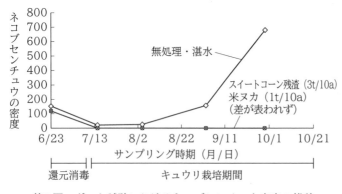

第2図　ポット試験におけるネコブセンチュウ密度の推移
密度は20g乾土当たりの頭数。すき込んだスイートコーン残渣は10a当たりの収穫後残渣全量に相当

甘い残渣で微生物が急速増殖

スイートコーン残渣を利用した土壌還元消毒のメカニズムは米ヌカやふすまを利用した場合と同じです。

地温30〜40℃で土壌に有機物が入ると、土壌微生物が急激に増殖し、湛水すると酸素が消費されて土壌は還元状態（酸欠）となり、また有機物から有機酸が生成されます。

センチュウや病原菌は酸欠や有機酸、および太陽熱や発酵熱による高温などの複合要因で防除できます。

スイートコーンの茎を搾った液をなめると甘さを感じます。その糖度を測ると10〜16％も含まれています。糖類は微生物のえさになりやすく、微生物が急速に増殖します。

その結果、ネコブセンチュウを対象としたポット試験や現地試験では、米ヌカを用いた土壌還元消毒法と同等かそれ以上の防除効果が確認されました（第2図）。土壌還元消毒が効果のあるそのほかの土壌病害虫にも、同様の防除効果があると考えています。

安くてラクで、環境に優しい

米ヌカやふすまも農薬に比べれば安いのですが、10aで2〜5万円（1t/10a施用）かかります。それに比べて、スイートコーン残渣ならばタダで使えます。

また、散布労力もかかりません。米ヌカやふすまを1t（10a当たり、以下も）散布するのは、とくに夏場の施設内では大変な作業になります。残渣はトラクタですき込むだけでいいのです。

さらにスイートコーン残渣は環境に優しい資材ともいえます。米ヌカやふすまにはリン酸、カリが含まれており、とくにリン酸含有量の値は高く、1t施用すると米ヌカでは50〜60kg、

ふすまでは20〜30kgと多くのリン酸が施用されることになります。野菜のリン酸の標準的な施用基準量は20〜40kgですから、米ヌカではこの施用基準を超えてしまいます。

スイートコーン残渣はどうでしょうか。スイートコーン残渣にもリン酸は含まれており、残渣全量を圃場にすき込むと10kg程度のリン酸が施用されることになります。しかし、スイートコーン残渣に含まれるリン酸は圃場から吸収されたリン酸なので、トータルの施用量はゼロということになります（土壌還元消毒が主目的の栽培ではスイートコーンに施肥していない）。

近年、野菜栽培圃場ではリン酸やカリ過剰の圃場が増えており、施用量を減らすことが求められています。このような圃場には、スイートコーン残渣を利用した土壌還元消毒法が適していると考えています。

ポイントはすき込むタイミング

スイートコーンの作付け期間は品種、作型や地域によって異なりますが65〜100日。土壌還元消毒の期間は20〜30日なので、この期間と対象作物の植付け時期を考慮して、スイートコーンの播種時期を決めます。

大事なのは、残渣をすき込むタイミングです。じつは、スイートコーンを収穫してすぐに残渣をすき込むのはもったいないことです。残渣の糖度は、収穫してすぐは6％程度ですが、10日程度おくと14％に倍増するからです（第3図）。

これは、スイートコーンでは雌穂が収穫されたあとも1週間程度は光合成による糖の生産を継続しますが、雌穂が収穫されたために糖が行き場を失って茎部に集積するためだと考えています。

ただし、原因はわかっていませんが、収穫後に2週間以上おくと枯れてきます。枯れてしまうと分解が遅くなるので、雌穂収穫からすき込みまでの期間は1週間程度がよいです。また、施設栽培の場合は、その1週間の間も灌水を行ない、枯れさせないことも大切です。

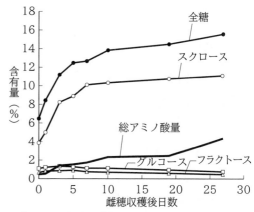

第3図　雌穂収穫後の茎搾汁液の糖類とアミノ酸含有量の推移（恩田・長坂、2007）

すき込んだら入水はすぐに

すき込み後入水までの期間は短いほどよいです。糖類は米ヌカやふすまなどに含まれる有機物より微生物のえさになりやすいので、すき込んでしばらくおくと、なくなってしまいます。えさがなくなると土壌が還元化せず効果が低減してしまいます。

植え付けるだけでもネコブが減る

スイートコーンの栽培には輪作効果もあります。施設野菜では同じ作物を連作する傾向にあります。連作は土壌病害虫が発生しやすい土壌環境になり、この対策として「連作を絶つ」、すなわち輪作が有効な耕種的な防除方法と考えられています。

スイートコーンのようなイネ科植物との輪作ではネコブセンチュウが減少することが報告されており、私たちもスイートコーンを栽培するだけでネコブセンチュウが減少することを確認しています。これまで連作している圃場ではスイートコーンを栽培するだけで「連作を絶つ」効果が現われ、土壌還元消毒の防除効果がさらに高まると考えられます。

（『現代農業』2013年7月号「トウモロコシ残渣による土壌還元消毒」より）

太陽熱養生処理のメカニズムと成功させるコツ

執筆　一般社団法人日本有機農業普及協会

太陽熱養生処理のねらい

(1) 短期間で土を団粒化する

太陽熱養生処理の目的は、短期間に土壌団粒を形成することです。土壌団粒の発達した土をつくるには、良質な堆肥を投入して土つくりをするのが基本ですが、それには時間がかかります。太陽熱養生処理なら、その土壌団粒の発達した土が速成でできあがります。

土壌が団粒化すると、水分が保たれ、排水性もよくなるので、根がしっかり呼吸できるようになります。よく分岐し、細かい根も増えるので、養分吸収も促進されます。さらに、処理中に嫌気性微生物（酵母菌やヘテロ型乳酸菌）がつくりだすアルコールや乳酸によって、雑草のタネの発芽や土壌病害菌の増殖も抑えてくれます。

土壌が団粒化する仕組み

(1) 堆肥を納豆菌が糖に分解し、酵母菌が出す二酸化炭素で土をほぐす

太陽熱養生処理で土壌が団粒化する仕組みはこうです（第1図）。

土壌に混和する堆肥や緑肥に含まれるセルロース（繊維）を、セルラーゼ酵素をもった納豆菌や枯草菌などの好気性微生物が分解し、オリゴ糖などの水溶性多糖類がつくられます。

その後、その糖類をえさに酵母菌やヘテロ型乳酸菌などの嫌気性微生物が増殖します。このとき、前述の嫌気性微生物がビールの泡のように二酸化炭素を発生し、硬い土壌を内部から膨張させ、ほぐしていくのです。

(2) 納豆菌と酵母菌の連携プレー

ところで、酒づくりでは、こうじカビの酵素を使って米のデンプンを糖に変え、その糖を酵母菌に食べさせてアルコールをつくる2段階発酵を行なっています。酵母菌はデンプンを糖に分解できないため、こうじカビのサポートなしでは活動できません。

畑でも同じで、酵母菌は堆肥の中のセルロースを溶かして糖をつくりだすことはできません。よって、消化酵素を積極的に分泌し、セルロースを溶かして糖をつくる菌が必要になります。太陽熱養生処理では、酵母菌のサポートとして納豆菌を利用します。納豆菌が堆肥中のセルロースから糖をつくり、酵母菌やヘテロ型乳酸菌が糖からアルコールと二酸化炭素をつくる

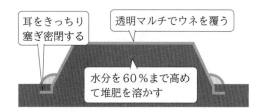

原料の木質やワラ、モミガラが発酵して溶け始めている堆肥を入れる。量は処理後につくる作物に合わせて決める。十分に灌水し堆肥を溶かしてからウネを立て、透明マルチで密閉。太陽熱で蒸す

第1図　太陽熱養生処理のポイント

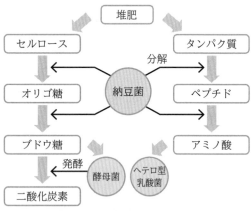

納豆菌が堆肥を糖に分解し、その糖から酵母菌が二酸化炭素をつくりだす。そのときの膨張圧力で土壌を破砕する

第2図　納豆菌と酵母菌が協力して、土壌を団粒化

という2段階発酵を進めるのです。

(3) のり状物質がほぐれた土をくっつける

二酸化炭素の発生によって土がほぐれるだけでは、団粒構造は完成しません。ほぐれて細粒化した土壌粒子を、つなぎ合わせて固める必要があります。その役割を担っているのが、堆肥のセルロースやタンパク質を分解してできたネバネバののり状物質（多糖体やポリペプチドなど）です。

太陽熱養生処理は、透明マルチでウネを密閉します。昼間は温度が上がるので水蒸気が発生し、酵母菌の働きで二酸化炭素も発生します。水蒸気や二酸化炭素はマルチのせいで地表に逃げ出せないため、下向きの圧力となり、菌が分解して水に溶けた糖類を地下に浸透させます。

夜になって温度が下がると、一時的に浸透は止まり、場合によっては水蒸気が水に戻るため真空に近い状態になるので糖類が少し上に引き戻されます。こうして糖類が昼夜の温度差で土中を上下することによって、肥料などが拡散均一化されます（初期からバランスのよい生育につながる）。

太陽熱養生処理が終わってマルチを剥がすと、土壌中に酸素が入り、好気性微生物（とくにポリペプチドを合成する納豆菌や枯草菌類）が活性化します。その好気性微生物がのり状物質（多糖体やポリペプチドなど）をつくり、膨張してほぐれた土壌粒子をくっつけ、粒状の団粒構造をつくりあげます。

作業手順と要点

太陽熱養生処理は、土壌を団粒化させる納豆

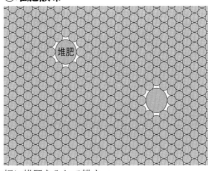
①堆肥散布
畑に堆肥を入れて耕す

②浸透
灌水して堆肥を溶かす

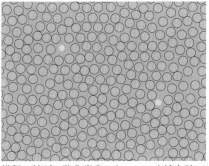
③膨張
堆肥の糖が二酸化炭素になって、土壌を破砕しゆるませる

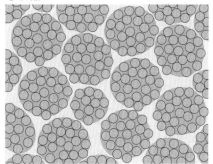
④収縮
堆肥の水溶性炭水化物がのりとなり収縮することで、団粒構造ができる

第2図　ベタベタ畑がフカフカ畑になるまで

菌と酵母菌が活動しやすい環境をつくる環境制御技術といえます。作業の手順と要点をみていきましょう。

(1) 堆肥はヌルヌルかネバネバ「オリゴ糖状態」がいい

堆肥は水によく溶けるものを選ぶ必要があります。手のひらに堆肥をひとつまみ載せ、少量の水を含ませて練ってみると判断できます。

手触りがザラザラしたら発酵不足の未熟堆肥で、サラサラしたら完熟堆肥です。使用に向いているものはヌルヌルしているか、ネバネバしているオリゴ糖状態の堆肥（中熟堆肥）です。

第3図 堆肥を手にとって、少量の水を加えて練ってみる
手触りがネバネバまたはヌルヌルなら合格。太陽熱養生処理に使える

ヌルヌルやネバネバの正体が、堆肥などのセルロース（繊維）が発酵分解してできたオリゴ糖やブドウ糖、ポリペプチド系物質です。前述した、土をほぐしてくれる酵母菌のえさであり、二酸化炭素の原料となるものです。糖類を多くした堆肥を使えば、より団粒化は進みます。

太陽熱養生処理後はウネを壊さず、そのまま定植や播種をしたほうが雑草の抑制、有用菌の安定につながります。よって肥料などは処理前にあらかじめすべて入れて、よく耕うんして均一化します。堆肥を散布するときには、いっしょに納豆菌（市販の納豆からつくった納豆菌液）や酵母菌（天然酵母と砂糖でつくった酵母菌液）のほか、ヘテロ型乳酸菌（乳酸菌飲料のラブレや乳酸菌入り菓子のビスコ）も施用することで、効果は確実なものになります。

(2) 雨が降るように水をたっぷりまく

太陽熱養生処理では、土の水分量を60％前後にするのがきわめて重要なポイントとなります。感覚的には、土を手で握って絞ると水があふれ出るくらいです。

ウネ間（通路）に水を流すやり方は厳禁です。水分は常に雨水のように上から散布することが太陽熱養生処理を成功させる原則です。堆肥や有機肥料の水溶性の糖類は上から灌水すれば土中深部まで浸透しますが、ウネ間から入れると水は下から上に向かって動くので水溶性の糖類が上に押し上げられてしまい、深部まで浸透しないのです。土の下層や耕盤に酵母菌やヘテロ型乳酸菌が浸透せず、団粒形成が不十分になってしまいます。

(3) ウネ立て後マルチの耳に土をかけ、ウネを密閉

しっかり水を入れると、すぐにはウネを立てられません。ウネ立ては土壌の表面が乾いて、ウネ立て機が入れるようになってからとします。

ウネ立てと同時に、空気が入らないようにマルチを張ります。マルチの耳にはしっかり土をかけてウネを密閉します。マルチの耳をふさがないと、土壌中で発生した炭酸ガスや水蒸気が下から上へ移動し、水に溶けた肥料がウネの表面に集積してしまうことがあります。マルチの耳をしっかり塞ぐことで、発生したガスは下方向へ動き、団粒を発達させ、耕盤を破壊してくれます。

作業中にできたマルチの穴もすべてテープでふさぎ、マルチの上に載った土はほうきで掃き落として、太陽光を妨げる影をなくします。

(4) 太陽熱養生処理の期間

太陽熱養生処理では、1日の最高温度が30℃まで上がれば、土壌団粒化が促進されます。45℃まで上がれば、病原菌となるカビの仲間が死滅します。50℃まで上がれば、雑草のタネが死滅します。養生中の地温を測るときは、表面から5cmの深さで調べます。

処理期間すなわちマルチを張っておく日数

は、地下5cmの1日の最高温度の積算で450〜900℃が目安です。すなわち、1日の最高温度が45℃なら10日で450℃となり、20日で900℃となります。

　土壌の団粒化に必要な期間は、太陽熱養生処理の前半の数日間です。それ以上に10〜20日にわたって処理を継続する理由は、マルチ密閉で酸欠・還元状態を保って、アルコールや乳酸を発生させて病原性のカビや細菌を抑制したり、根を食害するセンチュウや害虫を駆逐したり、雑草のタネを死滅させたりする副産物的な効果を発揮させるためです。

　処理後にマルチを剥ぐと、土壌に酸素が入り、好気性微生物の活動が再開します。とくにポリペプチド系物質をつくる微生物の働きで膨張してバラバラになった細かい土壌粒子が凝集され、団粒形成が完成します。

　太陽熱養生処理が成功すると、A/F（糸状菌数に対する放線菌数の割合）とB/F（糸状菌数に対する細菌数の割合）が高くなり、土壌病害抑制力の強い土壌がつくられます。

　処理が終わっても、土壌中に残熱が数日間あるので、温度が下がってから播種または定植をします。

（『現代農業』2019年7月号「太陽熱養生処理のメカニズムと成功させるコツ」より）

発生した二酸化炭素は下方向へ浸透していき、耕盤を破砕。深いところまで団粒化が進む

蒸発する水により、ウネの上部に塩類が集積し、濃度障害を起こすことがある。団粒化の効果も劣る

第4図　マルチの耳をきっちりふさぐ

第3部　有機農業の共通技術

土ごと発酵

土ごと発酵

たとえば作物残渣や緑肥などの未熟な有機物を土の表面に置き、米ヌカをふって浅く土と混ぜてみると、それだけのことで、土はいつの間にか団粒化が進み、畑の排水がよくなっていく。田んぼでも、米ヌカ除草しただけなのに、表面からトロトロ層が形成されていく。これは、表層施用した有機物が微生物によって分解されただけではない。その過程で微生物群が土にも潜り込みながら、土の中のミネラルなどをえさに大繁殖した結果。人がほとんど労力をかけなくても、自然に土は耕され、微生物のつくり出したアミノ酸や酵素・ビタミン、より効きやすいミネラルたっぷりの豊潤な田畑に変わる。このことを「土ごと発酵」と呼ぶ。

「土をよくするには一生懸命堆肥をつくり、苦労して運び込んで入れる」というかつての常識を打破。「土ごと発酵」は、外で発酵させたものを持ち込むのではなく、作物残渣や緑肥などその場にある有機物を中心に使う「現地発酵方式」なので、ラクで簡単、低コスト。有機物のエネルギーロスも少ない。超小力で究極の方法とも思える。

土ごと発酵を成功させるポイントは、1) 有機物は深くすき込まない。表層の土と浅く混ぜる程度か、表面に置いて有機物マルチとする。酸化的条件におくことが大事。2) 起爆剤には米ヌカが、パワーアップのためには自然塩や海水などの海のミネラルがあるとよさそう。どちらも微生物を急激に元気にする。

このほか、より効果を上げるには、土の水分条件（2週間は雨に当てないほか）、施用する有機物のC/N比の条件などが重要と考えられている。

執筆　編集部

第1図　米ヌカを表面施用した畑の土の断面（写真撮影：倉持正実）
土ごと発酵により土が上から耕され団粒化している

「土が発酵する」とはどういうことか？

執筆　薄上秀男（薄上発酵研究所）

土の中の元素を微生物が食べる

「土が発酵する」ということは、具体的にはどういうことだろうか。そのメカニズムはたいへん複雑であるが、簡単に言ってしまえば、土の中の元素を微生物が食べるということである。

生物が必要とする「元素（ミネラル）」は、炭素、水素、酸素、チッソ、リン、イオウ、ナトリウム、カリウム、マグネシウム、カルシウム、鉄、塩素、亜鉛、ケイ素、銅、マンガン、バナジウム、モリブデン、セレン、ヨウ素、スズ、クロム、コバルト、ホウ素、ニッケル、ストロンチウム、タングステンで、計27の元素が必須元素といわれている。これらの元素はすべて土壌中に含まれている。だが、その大部分は水には溶けにくく、ク溶性の形態で存在している。

この溶けにくい元素を溶かす方法が「土ごと発酵」である。微生物は、強い有機酸を出して、硬い土壌粒子を溶かし、元素を可溶化させ、体内に取り込む。土の主要な構成要素である粘土鉱物をも、微生物はケイ素とアルミニウムに分解して取り込むことができるのである。作物は、自らの根ではなかなか吸いきれない土の中の元素を、微生物の身体を通して吸収することになる。

その証拠に、土ごと発酵してトロトロ層の発達した水田のイネは、ケイ酸が効いて葉がしっかりと硬く立ち、病気にかからない生育になるのである。

微生物の身体の成分

土の発酵に関与する微生物は、有機栄養菌（従属栄養菌）で、糸状菌（カビ）・納豆菌（細菌）・乳酸菌・酵母菌・酢酸菌などである。これらの微生物の体を組み立てている元素は、ほかの動植物（人間も含む）と同じで、水分のほか、炭水化物・タンパク質・脂肪などの有機成分と、前述のミネラルなどの無機養分とからできている。

ところが発酵に関与する微生物は、炭水化物

第1表　土壌の中の元素の存在度（単位：％）

元素名と記号			元素名と記号		
酸　素	O	49.0	ニッケル	Ni	4×10^{-3}
ケイ素	Si	33.0	銅	Cu	2×10^{-3}
アルミニウム	Al	7.10	リチウム	Li	3×10^{-3}
鉄	Fe	3.80	コバルト	Co	8×10^{-4}
カルシウム	Ca	1.37	スズ	Sn	1×10^{-3}
ナトリウム	Na	0.63	亜　鉛	Zn	5×10^{-3}
カリウム	K	1.40	鉛	Pb	1×10^{-3}
マグネシウム	Mg	0.50	モリブデン	Mo	2×10^{-4}
チタン	Ti	0.50	ホウ素	B	1×10^{-4}
塩　素	Cl	0.01	臭　素	Br	5×10^{-4}
マンガン	Mn	0.085	ベリリウム	Be	6×10^{-4}
リン	P	0.065	ヒ　素	As	6×10^{-4}
炭　素	C	2.00	アンチモン	Sb	$n \times 10^{-4}$
硫　黄	S	0.07	カドミウム	Cd	6×10^{-6}
チッソ	N	0.10	タリウム	Tl	1×10^{-5}
フッ素	F	0.02	ヨウ素	I	5×10^{-4}
ルビジウム	Rb	0.01	水　銀	Hg	3×10^{-6}
バリウム	Ba	0.05	銀	Ag	1×10^{-5}
ジルコニウム	Zr	0.03	セレン	Se	2×10^{-5}
クロム	Cr	0.01	タングステン	W	—
ストロンチウム	Sr	0.03			
バナジウム	V	0.01			

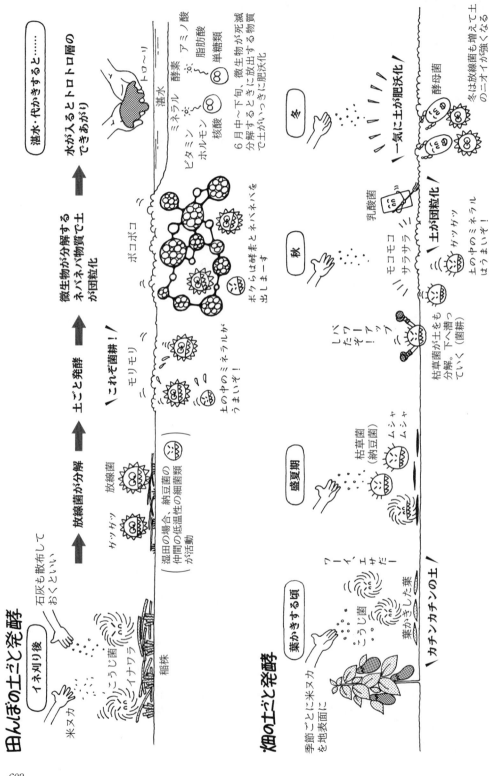

第1図　土ごと発酵で土が肥えていくしくみ

やタンパク質や脂肪などを、自分でつくることはできない。植物や独立栄養微生物がつくったものをいただいて、自らの菌体をつくることになる。だがその分、植物などが直接利用できない土壌中の元素を、強い有機酸を出して溶かし、発酵させて利用する力があるというわけである。

土ごと発酵のしくみ

（1）作物残渣や雑草＋米ヌカは、土ごと発酵スタートの最適資材

農作物の残渣や雑草を乾かして細断し、米ヌカなどと一緒に浅く耕うんすると、よく発酵して土が軟らかくなり、その後作が大変よかったという人がいる。

よく生育した農作物の体には、炭水化物やタンパク質、脂肪がたっぷり含まれている。さらに必須元素と生物活性素（核酸・ホルモン）がバランスよく全部揃っている。しかも植物体に吸収されているものは、元素をはじめ、栄養素はすべて可溶性である。残渣や雑草を利用するということは、これを発酵分解・吸収利用するわけだから、微生物が元気にならないわけがない。さらにすべての栄養素が同時にとれるわけで、この方法は、微生物にとってたいへん好都合である。

（2）ミネラルを体内に取り込んで菌がパワーアップ

この発酵に関与する微生物は数多くいて、順序正しく遷移しながら進んでいく。いずれの微生物も、養分を吸収して体内で代謝し、排出をしていく過程で、アミノ酸・脂肪酸・クエン酸・コハク酸・リンゴ酸などの多くの有機酸類が出る。微生物の活動が活発であればあるほど、有機酸は大量につくられる。

このとき、有機物が分解されて出てきたミネラルは、有機酸によってキレート化（錯体化）され、それが植物と微生物によって吸収利用される。吸収された元素は、植物と微生物それぞれのタンパク質の中に組み込まれ、無毒化され、キレート化される（金属元素、重金属元素

第2図　田んぼの土ごと発酵はトロトロ層をつくる

はそのままでは強い毒性があるが、メタロチオネイン〈有機金属化合物〉と呼ばれるタンパク質は、重金属のような毒物を無毒化して、酵素として働き、環境の浄化保全をはかる）。

金属が組み込まれた酵素は、組み込まれない酵素に比べて数千倍の働きがあるといわれている。実際に錯体化した酵母菌などは、何もしないのにむくむく動き出したり、ピンピンと2cmくらいは飛び跳ねる現象を示すくらいだ。

このようにして、カルシウムやマグネシウム、亜鉛や銅、鉄などのミネラルを食べて錯体化し、活性化された微生物は、強い分解酵素などを出して土壌までも発酵分解できるようになるというわけだ。

土のミネラルまで取り込んだ微生物は、ますます活性化して土を耕していく。微生物の出すネバネバ物質により、団粒化・トロトロ層化が進み、栄養たっぷりの微生物が世代交代を繰り返すことで、土壌はどんどん肥えていく（とくに酵母菌が死滅すると、土は一挙に肥沃化する）。

（3）木酢液や海水ですぐにパワーアップ

また近年、水稲に木酢液や海水（または天然塩）を利用する人が増えている。木酢液は有機酸であるので、土壌中のク溶性の元素が可溶化して、微生物が利用しやすくなる効果がある。海水（天然塩）の場合は、元素が可溶性の形態

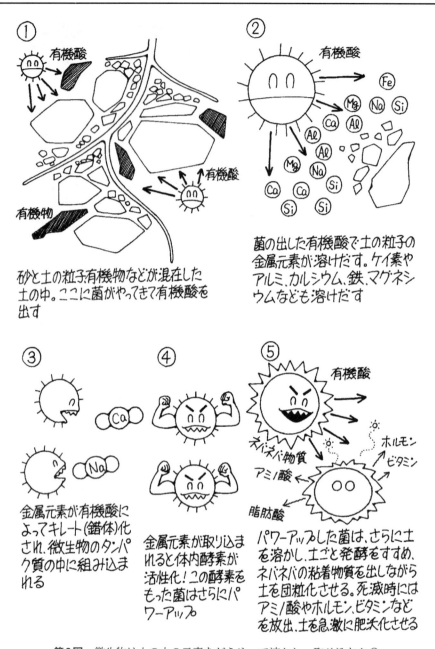

第3図　微生物は土の中の元素をどうやって溶かし、取り込むか？

であるので、微生物がすぐに利用でき、分解酵素が活性化する。それに海水には、すべての必須元素が揃っている。海水と米ヌカを田んぼにふると目に見えてトロトロ層ができるのは、代表的な「土ごと発酵」である。

ただ海水利用の問題は、塩分（塩化ナトリウム）が異常に多いので、毎年これを大量に利用すると塩分が集積し、塩害を起こす心配があること。それを防止するためには、塩分が高い状態で活動する好塩菌を利用して、塩分を分解さ

せる必要がある。

ちなみに、「土ごと発酵」させるとハウスにたまった塩類を低下させることもできる。しかし、このときに使用する菌が一般の微生物では、なかなか低下しない。塩類を好んで食べる習性のある「好塩菌」を利用することが大切である。同時に、好塩菌が活動しやすい環境づくりも重要である。

ミミズも元素を可溶化させる

また、土ごと発酵の過程は、ミミズの体内でも行なわれる。ミミズが食べた土の中に含まれる元素が体内消化酵素（有機酸）によって溶出、キレート化された状態で排泄されるため、元素が作物に吸収利用されやすくなり、土の団粒化もすすむ。

「土ごと腐敗」にならない？

また、とくに未熟なものを施用した場合、「土ごと発酵」が「土ごと腐敗」になってしまうことはないか、という質問がある。たしかに、土ごと全部が悪い方向に行ってしまったら、これはおおごとである。

しかし、米ヌカにせよ、堆肥や作物残渣にせよ、生の状態で土に深く入れないこと。そして土を踏みつけ固めないことに注意すれば、腐敗は起こらない。要するに、ボカシ肥づくりと同じで、水分過多にせず、酸素欠乏にしなければ、「土ごと腐敗」はまず起きないと思われる。

（『現代農業』2001年10月号「『土が発酵する』とはどういうことか？」より）

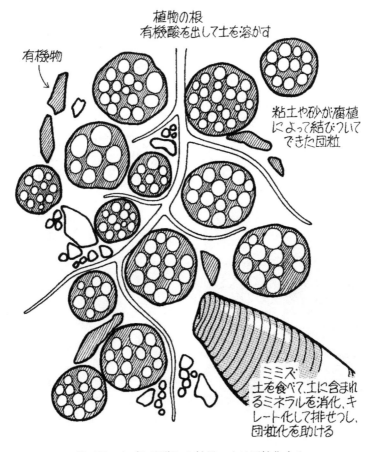

第4図　土ごと発酵した結果、土は団粒化する

未熟有機物を浅くすき込んだら、土も作物も爆発的に変わった

宮崎県都農町

成らせすぎてもブドウが着色、増収、病害虫に強い

「まさに"目からウロコ"でした」というのは都農町の黒木玲二さんだ。JA尾鈴のブドウ部会長である。2年ほど前から「土ごと発酵」に取り組んでいる。

収穫中の畑におじゃますると、袋かけされたブドウが等間隔にズラーッとぶら下がっていた。品種はキャンベルアーリー。最悪の場合はワイン用に出荷すればいいと思って、本来落とすべき房まで成らしたのだという。すると、ふつうは成らせすぎると着色が遅れ、赤い色のままで終わってしまうのだが、袋を開けてもらうと、真っ黒く完全に着色している。隣のベテラン農家も「えらい熟れちょるがや！」と驚いたそうだ。

玉伸びもよく、これなら地域の平均反収1.5tを軽く上まわり2tはいきそうだという。「価格低迷がつづくなか、収量が安定して上がるようになって本当にありがたい」と黒木さん。ブドウの糖度も確実に上がったという。

葉っぱはつやがあり、ぶ厚い。葉が元気なおかげか、ふつう毎回10a当たり150〜200lかける農薬量を50lまで減らしてみたが、それでも病気も虫も本当に少ないそうだ。また、今年は雨が極端に少ないので、果実がしなびてしまわないか心配だったというが、それもまったくない。

土を見ると、ハンマーナイフモアで粉砕したという雑草や剪定枝が黒ボク土に散らばっていて、ミミズ糞もあちこちに見える。においをかぐと山土の香りがした。

中熟の鶏糞を表層にすき込んだだけ

黒木さんのブドウを一変させた「土ごと発酵」とはどんなものか、やり方を聞いた。

収穫後の11〜12月、中熟の鶏糞を10a当たり2tふる。雨に当てないように、できるだけその日のうちに浅く10cmくらいロータリで耕うん。すると2〜3日で白く菌がふいてくる。10日か2週間したら、乾燥を防ぐために畑を鎮圧する。ここまでが第1段階で、2月にもう一度、同じことをくり返す。

この間、園地は草生とし、定期的にハンマーナイフモアで草を粉砕してそのまま放置する。剪定枝も落としたままとし、いわゆる有機物マルチにしている。

購入肥料は、鶏糞のほかは安い化成チッソのみ。肥料代はざっと10a当たり約2万円に減る──というものだ。

「若いころ、鶏糞をすき込むたびにブドウがまずくなったり、小さくなったりした経験があったんで、最初はかなり抵抗がありました。今思えば、あのときは鶏糞を深くすき込んだせいか、発酵じゃなくて腐敗させていたのかなぁ」と黒木さん。「50を過ぎてブドウをつくる楽しみがわかった」とニコニコ顔だ。

第1図　黒木玲二さん
つる先を垂らさず棚上にのせているため棚下が暗いが、着色はバッチリ

第2図 約10cm分の表層の土（耕うん層）を持ち上げても崩れない。土のパウンドケーキ

第3図 土ごと発酵させた内野宮さんの畑を踏んでみたときの足跡

第4図 雑草の茎をつまみ上げたら、つぶつぶの土がついてきた

表層10cmの土がパウンドケーキ状に

　ちょうど今、土ごと発酵している畑があるというので見せてもらった。ミニトマトをつくる宮崎県川南町の内野宮八洲雄さんのハウスだ。このシーズンは農薬散布は全部で3回（殺菌剤1回、殺虫剤2回）ですんだという。

　現在は中熟の鶏糞と牛糞堆肥を浅くすき込んで2週目の状態。遠めに見るととくに変わった様子はないが、ハウスに入ると、ちょうど霜柱を踏んだみたいに、サクッ、サクッと靴が数cm沈む。土を掘ってみると、10cmくらいの層に白い菌糸がビッシリ。鼻を近づけると、黒木さんの畑と同じく山土のにおい。土ごと発酵によって団粒化が進んでいるのだろう。

　試しに厚さ10cm分ほどの土を両手で掘り出してみると、土の粒子どうしが菌糸でつながっているせいか、30cmもの幅で崩れることなく持ち上がってしまった。ふわふわでパウンドケーキみたいだ。土から突き出ていた雑草の茎をつまんでみると、粒々の土がつながるようにくっついてきた。土が団粒化するというのは、このことをいうのだろうか。

菌が働くための4条件

　黒木さんたちに土ごと発酵をすすめたのは、地元三輪肥料店の三輪晋さんだ。三輪さんによると、そのねらいは、微生物による土の団粒化を進めて、カルシウム、マグネシウムなどのミネラルを効かせること。そのためには「微生物が生息できる環境づくり」として、次の四つの条件を整えることが大切だという。

　1）分解されやすい有機物……鶏糞など炭素率（炭素をチッソで割った割合）が低くチッソの多いもの

　2）分解されにくい有機物……木くずや牛糞の堆肥など炭素率が高くリグニンの多いもの

　3）粘土（ミネラル）……ゼオライトや赤土など

　4）水……これが微生物増殖のカギとなる

　使う有機物は地域にあるものなら何でもいいが、三輪さんが使うのはまず、微生物を殖やすための生に近い鶏糞。微生物はチッソが多く分解しやすい有機物が大好き。それがここでは地元で安く手に入る鶏糞だった。なければ、豚糞でも米ヌカでも油粕でも、また生ごみなどでもよい。

　次に、リグニンの多い木くずや牛糞堆肥（オ

ガクズ入りのもの)。こちらは微生物が食いつきにくいが、ゆっくり時間をかけて腐植を増やすことができる。ただし牛糞堆肥を入れすぎるとカリ過剰になり、ミネラルが吸収されにくくなるので注意が必要だ。土を団粒化させ、長もちさせるには、微生物が食いつきやすい有機物と食いつきにくい有機物、どちらもほしい。

三つ目のミネラルは土にもともとあるものだが、この地域は火山灰土壌のため不足しているので、ゼオライトや赤土を10a当たり200〜300kg投入する。これで微生物の動きがよくなるという。

雨に当てない、浅耕、鎮圧

これらの材料を散布したら、必ず10cmくらいに浅耕する。酸素の多い浅い層にすき込むことで、好気性菌による常温発酵を進めて、腐敗による土壌病害の発生を防ぐのだ。また散布後はすぐにすき込むこと。放置しておくとアンモニアガスなどが飛んでチッソ分がむだになる。ただし材料の水分が多いときは、散布後しばらく放置してからすき込む。

四つ目の条件である水は、ここ数年でわかってきた、土ごと発酵が安定するためのポイントだ。まず、材料をすき込んで3日間ほど雨に当てないこと。ここで雨が当たると水分過多で腐敗してしまうので、好天が3〜4日続くときにやる。

また、散布後10日から2週間たったら畑を鎮圧すること。火山灰土壌はとくに土が乾きやすい。軽い土を鎮圧することで土壌水分を保ち、微生物を安定して働かせるのだという。微生物をちゃんと働かせるには水分条件が大事なのだ。

夏で1週間、冬で2週間で団粒化

こうすると夏で1週間、冬で2週間程度で土ごと発酵は終わり、土が急激に団粒化するという。

土ごと発酵中は強烈なチッソ飢餓が起こるので、元肥は必ず発酵が終わってからふる。といっても地力が高まっているので、施肥する肥料は追肥を含めてほぼチッソだけで十分という。その結果、冒頭のブドウのように、農薬も肥料もあまり使わなくても収量がとれるようになる。

「そもそも土壌は、風化された岩石に有機物が混じり、微生物が活動してできあがったもの。ミネラルは土壌中にある。作物ではなく微生物のためのえさとして有機物を与えれば団粒化が進み、土のミネラルが吸われて、健全な作物体ができあがる」と三輪さん。

ワイン用品種の「バカどれ」から始まった

今、この土ごと発酵は地域全体に広がりつつあるが、始まりはワインづくりからだった。

この地域では戦後まもなくブドウ栽培が始まったが、1994年、地元産ブドウのみを利用してワインをつくろうと、都農町では第3セクター(有)都農ワインを立ち上げた。しかし雨が多い宮崎県で欧州種ブドウをまともにつくるのはむずかしかった。ところが2001年、土ごと発酵を取り入れると、土壌が団粒化して畑の水はけがよくなり、ミネラル吸収が高まったせいか、そのワイン用ブドウが「バカどれ」した。収量が4倍近く増えたうえ、糖度も高く香りもいいブドウがとれたのだ。そして、ついに2004年、世界的権威のあるワインの本で100選に選ばれるなど評価が高まり、山梨県などからの研修も始まっているという。

この情報が冒頭の黒木さんの耳に届き、試してみた結果、"目からウロコ"の変化に驚くことになったのだ。

執筆　編集部

(『現代農業』2004年10月号「未熟有機物の浅いすき込みで、爆発的に土が変わる、作物が変わる」、2005年10月号「中熟鶏糞の浅いすき込みで土ごと発酵」より)

都農ワインの土ごと発酵

第5図　1週間前に中熟鶏糞を2t入れて「土ごと発酵」させているワイン用ブドウ畑
（写真撮影：赤松富仁、以下の＊以外も）
都農ワインの赤尾誠二さん

第6図　中熟鶏糞を10a当たり2tまく
水分低め（30％程度）の鶏糞がよい
水分過剰の鶏糞だと腐りやすい

第7図　耕す深さはわずか10cm
酸素の多い表層に鶏糞をすき込むことで、発酵しやすくする。同時に、施用後3日間は雨に当てないことがとても大事。雨に当てると土を水分の膜で封じ込めてしまい、腐敗して悪臭が出る

第8図　ふつう500～800kgが標準のワイン用ブドウ「シャルドネ」が3t以上とれ、糖度も香りも抜群になった（＊）

第3部　有機農業の共通技術

土壌診断・微生物診断と減肥

熱水抽出で地力チッソを測って施肥設計

三重県名張市・福広博敏さん

分析に表われない有機態チッソ

福広さんは年間15品目の野菜を有機無農薬でつくり、おもに「らでぃっしゅぼーや」に出荷している。簡易土壌診断器具のDr.ソイルを使った土壌分析や堆肥栽培の名人だ。

「Dr.ソイルを使えば塩基類やリン酸などの分析はできるんですけど、チッソはわかりませんでした。化成肥料を使わない有機栽培の場合、アンモニア態チッソも硝酸態チッソも、基本的には数字に出てきません。チッソの施肥設計は経験と勘に頼るしかなかったんです」

有機質肥料や堆肥を使った栽培の場合、施用した有機物（有機態チッソ）が分解されて初めてアンモニア態や硝酸態のチッソ（無機態チッソ）として表われる。そして少しずつ発現するチッソも、作物に吸われたり微生物に取り込まれたりするため、分析に引っかからないのだ。

地力チッソ（分解される前の有機態チッソ）を測る手段も調べたが、分析機関に出せば結果が出るまで4週間かかる。短時間でできる方法もあるが、農家個人ではできなかったり、精度がイマイチだった。

熱水で抽出すれば分析できる

そこで5年前、自分たちでやり方を考えたのが熱水抽出法。土を水に入れて温め、溶け出したチッソ量を測定する方法だ（「有機栽培露地野菜畑の土壌窒素診断技術」の項参照）。CODパックテストによる簡易測定法（「自分でできる畑の地力チッソ簡易判定法」の項参照）を参考にしたやり方で、通常の分析では出てこないアンモニア態チッソや硝酸態チッソが溶け出て、数値としてちゃんと出てくるようになった。

研究機関にも協力してもらった結果、この方法で溶け出したチッソ量は、作付け後、3か月程度で作物に吸われる可給態チッソ（易分解性有機態チッソ）の量とだいたい同じということもわかった。福広さんも、これなら施肥設計に使えると考えた。

地力チッソは季節によって上下

「畑ごとに3年間データをとって、いろんなことがわかりました。まず、地力チッソが季節ごとに大きく変化していることに驚きました（第2図）。地力チッソは畑ごとに違うけど、年間通して一定だと思ってたので」

地力チッソの年間変動を見ると、冬場は高く、春に向かって下がっていく。夏に一度グッと上がって、秋に下がってからまた上がっていく。

春、暖かくなるにつれて有機物の分解とチッソの無機化が進み、同時に水に流れたり気化による流亡も増える。一方、夏は流亡する以上に分解が進むために数値が上がる、というのが福広さんの見立て。「5～6月はチッソ欠が出やすくて、7月にもち直す」という経験とも重なる。

第1図　福広博敏さん
（写真撮影：すべて赤松富仁）
ハウス50a、露地1.5haでコマツナやホウレンソウ、トマトなどを無農薬で堆肥栽培

土壌診断・微生物診断と減肥

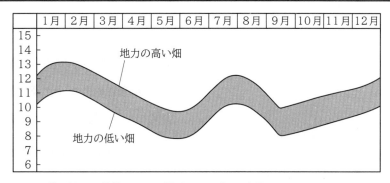

第2図　可給態チッソ（地力チッソ）の変化（単位：kg/10a）

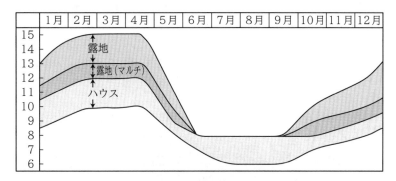

第3図　生育中のコマツナに必要な総チッソ量（単位：kg/10a）
必要なチッソ量は露地栽培かハウス栽培か、マルチの有無でも変わる。また、それぞれ1〜2kgの施用幅がある

生育ギリギリのチッソ量がわかった

地力チッソを測ったのは、おもに葉菜類の施肥設計をするためだ。

「コマツナやホウレンソウは、生育に必要なチッソ量ギリギリでつくりたいんです。チッソは旨味のモトだから大事ですが、適切量の幅が狭い。少なければ育たないし、多ければ病害虫やとろけの原因になります」

ギリギリのチッソでつくるための施肥量は、露地かハウスか、夏作か冬作かで大きく違い、これまでは「経験と勘」でそれを決めてきた。

それも、分析を繰り返して数値化することができた（第3図）。コマツナが適正生育しているところ、チッソ不足を起こしたところをそれぞれ定期的に測り、時期ごとに生育に必要なチッソ量を割り出したのだ。

コマツナに必要なチッソ量から地力チッソ（第2図）を引けば、播種時期ごとの施肥量がわかるわけだ。

たとえば、露地で2月に播種する場合、コマツナに必要なチッソ量は10a当たり13〜15kg（第3図）。2月に効く地力チッソ（可給態チッソ）が12kg（平均）なら、施肥するチッソ量は1〜3kgとなる。

福広さんはそこに、流亡分を考えて、1〜2kgプラスして施肥設計を立てている。

ちなみに、ハウス栽培のチッソ要求量が低いのは、高温乾燥で地力チッソがよく効くからだ。ハウスは露地より少ない施肥でいい、夏場は無施肥でいいものができる、そのわけもこれでよくわかる。

自作堆肥のチッソ量もわかった

次に施肥。化学肥料なら、必要量を補うように施肥すればいい。しかし、有機肥料や堆肥を

使う場合は、そのチッソ量も調べる必要がある。

「市販の有機肥料は、袋にチッソ成分が書いてあるんですけど、その作でどれくらい効くのかがわからない。自作の堆肥も、もちろんわからない」

福広さんは10年前から堆肥栽培で野菜をつくる。堆肥を土壌改良剤としてだけではなく、含まれる肥料成分を計算して、足りない成分だけを有機の単肥で補う栽培方法だ。

自作堆肥（原料はおもにオカラ、モミガラ、家庭から集めた生ゴミ）もチッソ成分だけはわからなかったが、熱水抽出法で分析した結果、可給態チッソの割合は0.2％（乾物成分）だということがわかった。

前述の露地コマツナ2月播種の場合なら、チッソを4kg（平均）やるのに、自作堆肥をちょうど2t（乾物換算）やればいいわけだ。

堆肥栽培で地力が上がる

地力チッソを測って施肥設計できるようになって4年、コマツナはより揃うようになり、肥切れ間近の理想的な状態で収穫を迎えられるようになった。

また、堆肥栽培を続けることで地力が上がるのが、数字の上でも確認できるようになった。

「地力測定を始めた4年前は、7月まで元肥をやっていたんですが、今は4月上中旬から9月中旬に播種する分は堆肥なしで栽培しています」

第4図　コマツナは収穫時に外葉1～2枚が黄色くなるくらいのチッソ量がベスト
硝酸態チッソが少なくて、病害虫にも強い

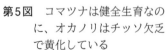

第5図　コマツナは健全生育なのに、オカノリはチッソ欠乏で黄化している
オカノリはコマツナより少しチッソ多めでいいことがわかる。この土を分析すれば、オカノリの生育に必要なチッソ下限量もわかる

地力がついて、無施肥でつくれる期間が広がってきたのだ。夏場は逆に、地力チッソの効きすぎが課題になってきたくらいだという。

ニンジンは有機態チッソが好き!?

福広さんは現在、ミズナやシュンギク、チンゲンサイのチッソ施用量はコマツナと同じ。ホウレンソウはコマツナより0〜1kg多く、オカノリは1〜2kg多く施用している。

逆に、結球レタスはコマツナより1〜2kg少なく、ニンジンやダイコン、カブは2〜3kg少なく施用する。

「それくらいでちょうどよく生育します。結球レタスやニンジン、ダイコンなどは、有機態の地力チッソを好んで吸っているようですね」

これらの作物は、分子が大きめの有機態チッソを吸収するという研究もある。コマツナに比べてチッソ要求量が少ないわけではないので、熱水抽出でも表われないチッソをよく吸っているということだろうか。

有機栽培と慣行栽培とで、味に一番違いが出るのもニンジンだという。

新規就農者に使ってほしい

熱水抽出法は、伊賀有機農業推進協議会の仲間と開発したやり方だ。

「地力チッソがわからなくても、冬は夏の2〜3倍堆肥を入れればいいとか、経験と勘でだいたいつくりこなしてきました。でも、新しい畑だったらわからないし、新規就農者にもわかるような目安が欲しかった」

福広さんのその思いは、じつはすでに活かされている。福広農園で1年8か月研修して2年前に独立した鯨岡恵さんは、畑を借りてさっそく熱水抽出法で土壌分析をした。

第6図　パプリカやトマト、葉物など有機無農薬栽培する鯨岡恵さん

「地力がぜんぜんないことが事前にわかって、植付け前に準備ができました。おかげで、1作目からそこそこちゃんと収穫できました」

鯨岡さんの圃場は福広さんの圃場のすぐ隣。Dr.ソイルなど、分析に必要な機材は福広さんから借りて、今も定期的な土壌分析を続けている。

「Dr.ソイルや電気ポットがあれば、新たに揃えるものはいくらもない。分析を繰り返してデータをとるのは手間だけど、グループをつくってやればいい。Dr.ソイルもみんなで買えば高くないからね」（福広さん）

このやり方は有機栽培でも慣行栽培でも使える。地力チッソは地域や土質によっても違うはずだから、部会や出荷グループで取り組んでもいいはずだ。

執筆　編集部

（『現代農業』2015年10月号「熱水抽出とDr.ソイルで地力チッソを正確に測れる、施肥設計できる」より）

第3部　有機農業の共通技術

簡易地力チッソ診断 福広式「熱水抽出法」のやり方

土を抽出液に入れて98℃設定で16時間保温し、溶け出た硝酸態チッソとアンモニア態チッソの量を測定する。アンモニア態チッソや硝酸態チッソのほか、今まで出にくかった鉄やマンガンも測れるようになる。

第7図　福広さんが使う測定器材
Dr.ソイルと電気ポット、耐熱試験管が必須

問合わせ先：
富士平工業(株)農産機器部　TEL. 03-3812-2276
Dr.ソイルは製造を終了。後継器材の「農家のお医者さん」は、器具セットが5万5,000円（税別）。その他、測定項目に応じて試薬を購入する

第9図
畑の四隅と真ん中から計5か所の土を集め、よく混ぜる

第8図　地表5cmを除いて、その下5〜10cmの土を均等に採取

第10図　広げてサラサラに乾かしたあと、土2ccをとる

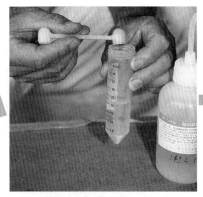

第11図　耐熱試験管に20mlの抽出液B（Dr.ソイルに付随）を入れ、とった土を加えてよく振り混ぜる

第12図
お湯をはった電気ポットに入れて98℃設定で16時間保温する
試験管が少ない場合は、倒れないように一緒に湯飲みなどを入れておく

第13図
ポットから出したら冷ましてからろ過する
冷ますときにフタをゆるめておかないと、内圧がかかって試験管が変形する

第15図
土壌液にDr.ソイルの試薬を加え、規定の時間静置する
試薬や静置する時間は測定する成分によって異なる

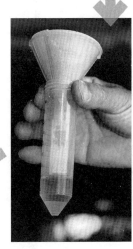

第14図
これが熱水抽出した土壌液
色が濃いほうが土壌チッソは豊富

第16図　比色計で数値を測定
Dr.ソイル用にデジタル測定機とソフトも販売されている

アンモニア態チッソと硝酸態チッソをそれぞれ測って足した数値が可給態の地力チッソ。高温期やハウスでは硝酸値が高く出る場合がある。その肥効は当てにならないので、5以上と出た場合は、5分の1〜10分の1にするといい。そのまま計算すると、施肥チッソ量が少なすぎてチッソ欠乏が出ることも

自分でできる畑の地力チッソ簡易判定法

執筆　上薗一郎（鹿児島県農業開発総合センター）

作物は無機態チッソと地力チッソの二つで生育する

　チッソは作物の生育、収量、品質にもっとも影響を及ぼす養分です。チッソが不足すると、作物は十分に生育できず満足な収量が得られません。

　一方、チッソが過剰にあっても作物は過繁茂になったり、軟弱徒長に生育してしまい、病害虫に対する抵抗性や、耐倒伏性が低下することによって、減収してしまいます。また、作物が吸収できなかった余分なチッソは、地下水汚染や温室効果ガスの発生源になるなど、環境にも悪影響を及ぼすことが知られています。

　このように、チッソは農業を営むうえでもっとも注意が必要な養分なのです。

　作物は施肥したチッソのほかに、土壌からのチッソを吸収して生育します。このため、土壌から供給されるチッソ量を想定したうえで、適切な量のチッソを施肥する必要があります。

　では、土壌から供給されるチッソの量は、どうやって知ることができるのでしょうか？

　それは、土壌診断をすることで知ることができます。土壌診断でチッソに関連する測定項目としては「無機態チッソ（または硝酸態チッソ）」と「地力チッソ（または可給態チッソ）」があります。無機態チッソは速効性のチッソ、地力チッソは土壌からゆっくりと作物に供給されるチッソで、どちらも重要な診断項目です。

地力チッソの測定には時間がかかった

　しかし、通常、無機態チッソは測定しますが、地力チッソを測定している土壌診断機関はほとんどありません。では、地力チッソはどうやって測定するのでしょうか？

　地力チッソは下の写真のような培養法によって測定します。

　培養法とは、実際の畑の状態を再現する方法です。畑の土を、水分や温度条件など、土壌中の微生物が活動しやすい環境に調整して30℃で4週間保ちます。すると、土壌に含まれる有機物の一部が微生物によって分解され、作物が吸収利用しやすい無機態チッソになります。その4週間の培養期間中に増えた無機態チッソ量を、地力チッソとしています。

　このように、培養で求めた地力チッソは、畑の状態を再現した方法ですので、作物の生育や収量と高い関係性があります。

　しかし、測定には時間がかかります。畑作の場合は、収穫してすぐに次作の栽培の準備が始まります。地力チッソの分析結果を待っているうちに次の栽培が始まっている、ということもあります。このため、畑の地力チッソを測定するためには迅速さが必要です。

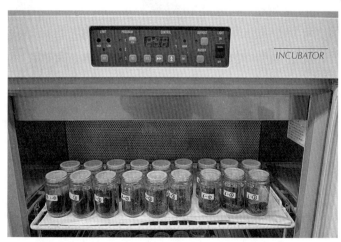

第1図　培養法による畑土壌の地力チッソ測定の様子

なお、北海道では迅速に測定可能な「熱水抽出性チッソ法」が用いられ、多くの畑作物に対するチッソ施肥対応技術が普及定着しています。しかし、可給態チッソ分析の定法である培養法との読み替えができないため、都府県では活用されていません。そこで、培養法で求める地力チッソを、迅速に、かつ簡単に推定できる簡易判定法「80℃16時間抽出法」を開発しました。

簡易測定キットを利用、16時間でわかる

容器に畑土壌を入れ、80℃の湯を注いで16時間保温し、湯に溶け出た有機物の量から地力チッソ量を求めます。溶出した有機物の量を測るのはむずかしいため、水質の指標である「COD」を測って推定します。CODの測定には簡易測定キットを利用します。

次ページに、地力チッソの簡易判定法に使う道具と手順を示しました。80℃の湯を使いますので、80℃保温機能付き電気ポットが必要です。そのほかに土壌の重さを測るためのはかりやタイマーなどを揃えると、1万8,000円程度の初期投資が必要ですが、ほとんどは日用品として利用できます。なお、土壌1点当たりの測定費用は、約150円です。

保温する16時間は、夕方5時から翌朝9時までを想定しています。土壌から溶出する有機物量は温度と時間で変化しますので、これらは守ってください。また、堆肥などの有機物を施用した直後の土壌は測定できません。

なお、水田の地力チッソは、畑とは違う培養法で測定するため、この方法は水田土壌には適用できません。

地力チッソの判定

一般に、露地畑の地力チッソの平均値は、乾土100g当たり3mg程度で、改善目標値は5mg以上です。色判定値と地力チッソの関係を次ページからの測定手順写真の下に示しました。

5倍に薄めた検査液で、反応液の桃色が濃い場合は、地力チッソは土壌100g当たり3mg以下なので、地力チッソはあまり高くなく、有機物施用による土つくりが必要でしょう。また、吸入した液が緑色になったら、地力チッソは改善目標値に達しています。

判定値の活用

畑の地力チッソを測ることによって、土つくりの計画や施肥チッソ量の加減の目安に活用してみましょう。

具体的には、畑が複数ある場合や新しく借りる場合、畑の地力レベルを揃えることで、栽培管理がやりやすくなります。地力チッソの低い畑を重点的に土つくりするなどして、品質の高い農産物の生産に役立ててください。

また、この地力チッソ簡易判定法の活用について、各県での取組みを紹介した「野菜作における可給態窒素レベルに応じた窒素施肥指針作成のための手引き」が、農研機構のホームページからダウンロードできますので参考にしてみてください。皆さんも、同じ作物を栽培する仲間と一緒に試して、肥培管理の違いによって地力チッソがどの程度異なるのかを実感してみてください。

*

簡易判定のくわしい手順は次ページから。
(『現代農業』2014年10月号「自分でできる畑の地力チッソ簡易判定法」より)

畑土壌の地力チッソ簡易判定の

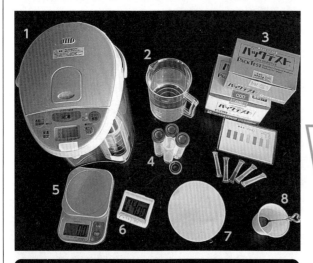

必要な道具

1. 80℃保温機能付き電気ポット
2. 水
3. COD簡易測定キット
4. 50ml容量のフタ付き容器
5. キッチンはかり
6. キッチンタイマー
7. ろ紙
8. カップとスプーン

1日目

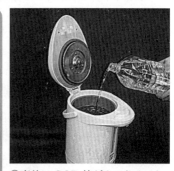

①事前にCOD値が0であることを確認した水を80℃に保温

2日目

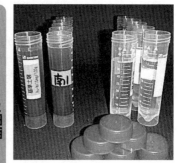

⑤80℃で16時間保温した翌朝に取り出して冷ます（約2時間、ときどき混ぜる）

土壌診断・微生物診断と減肥

手順（80℃16時間抽出法）

②畑の土壌を採取

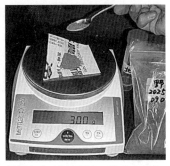

③測定する畑土壌を、生土を使う場合は4.0g、風乾土の場合は3.0g、50ml容量のフタ付き容器に入れる

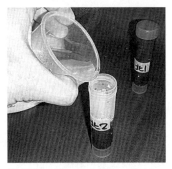

④80℃の湯50mlを注いでフタ。30秒間激しく振り混ぜ、80℃の温度で16時間保温（80℃の湯を使うので、取扱い時のやけどなどに十分注意）

⑥室温まで冷めたら、濁りを除くために食塩を約0.3g入れ、再び振り混ぜたあとにろ過
ろ過した液を水で5倍に薄める。5倍に薄めた液が検査液となる

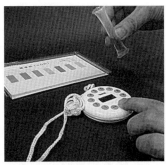

⑦COD簡易測定キット（共立理化学研究所：商品名「CODパックテスト」）を準備

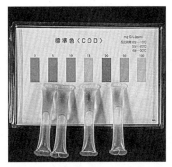

⑧付属の取扱説明書にしたがって、検査液のCOD値を測定
チューブ内に液を吸い込む動作や色の判定は、少々慣れが必要だが、コツをつかめば誰でも簡単に判定できる

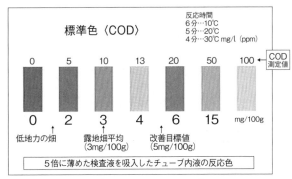

畑土壌の地力チッソの目安

地力チッソ (mg/100g) ＝
測定値×希釈倍率 ×
(100/ 土の重さg) ×
(50ml/1,000) × 0.03

＊通常、地力チッソは乾土当たりで表わす。乾土に換算するには、上で求めた値に 100/(100−土壌の水分%) を乗じる
さらに詳しくは、(独)農研機構中央農業総合研究センターのホームページを参照してください
http://www.naro.affrc.go.jp/narc/result_digest/files/snmanu.pdf

有機栽培露地野菜畑の土壌チッソ診断技術

(1) 有機栽培畑での窒素施肥の方向性

①有機栽培畑土壌の養分実態

有機栽培の大きな特徴として、化学肥料を使用せずに、堆肥や有機質肥料などの有機質資材を施用することが挙げられる。有機質資材の肥効は概して緩慢であるため、確実な肥効を求めて資材の多投入や過度の連用に陥るおそれがある。実際、北海道の有機栽培露地野菜畑を対象とした実態調査によれば、熱水抽出性窒素、有効態リン酸、交換性カリ・苦土が多い傾向で、有機質資材の過剰施用に伴う土壌養分の蓄積が示唆された（第1表）。

有機質資材を必要以上に施用すると、ビタミンや糖といった農産物の品質低下だけでなく、アンモニアガスや有機酸の発生に伴う生育障害、作物に吸収されない余剰窒素に起因する硝酸性窒素の溶脱、有機質資材コストの増大などの問題が生じる。土壌養分を適正に管理するためには土壌診断に基づく施肥対応が有効で、土壌分析によって土壌からの養分供給量を推定し、不足する分を有機質資材により補うことで、合理的でむだのない施肥が可能となる。しかし、これまでに有機栽培に適応した土壌診断技術はなく、客観的な基準に基づく施肥対応ができない状況にあった。

②窒素施肥の改善に向けた方策

有機栽培畑向けの土壌診断技術を検討するため、まず作物栄養にとってもっとも重要な窒素を取り上げて、有機栽培と慣行栽培での窒素吸収源について比較した（第1図）。栽培様式を問わず、窒素吸収源は土壌由来と施肥由来に2分されるが、施肥由来は慣行栽培が化学肥料由来である一方、有機栽培では有機質資材由来となる。有機質資材の肥効は概して化学肥料より劣ることから、有機質資材由来の窒素吸収量は慣行栽培での化学肥料由来の窒素吸収量より少なく見積もられ、より土壌由来の窒素吸収に依存するものと考えられる。

有機栽培露地野菜畑の土壌窒素診断技術確立のため、土壌からの窒素供給量を反映した窒素肥沃度指標を選定し、その指標の簡易測定法について検討した。続いて、選定した窒素肥沃度指標を基に、有機栽培露地野菜畑に適した窒素肥沃度（土壌窒素診断基準値）を設定し、その

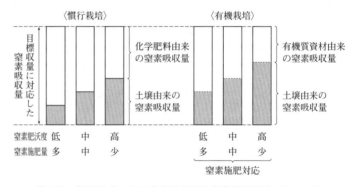

第1図 栽培様式による窒素吸収源と窒素施肥対応（イメージ）

第1表 北海道の有機栽培露地野菜畑における土壌化学性の実態（2004〜2006年, n＝32）

(道立中央農試, 2007)

	熱水抽出性窒素 (mg/100g)	トルオーグリン酸 (mg-P2O5/100g)	交換性塩基 (mg/100g)		
			CaO	MgO	K2O
平均値	8.0	110	452	76	61
範囲（最小〜最大）	1.8〜17.3	7〜236	134〜866	20〜124	17〜166
慣行栽培における土壌診断基準値[1]	3.0〜5.0	15〜30[2]	350〜490[3]	25〜45	15〜30

注 1) 北海道施肥ガイド2010, 2) タマネギは60〜80, ホウレンソウは20〜40, 3) 細粒質土壌の場合

肥沃度に見合った窒素施肥量（窒素施肥対応）を算出した。

(2) 窒素肥沃度指標の選定とその簡易測定法

①窒素肥沃度指標の選定

有機栽培での作物生産には，土壌に施用された有機物を分解する能力（有機物分解能）を適度にもち，作物の養分吸収パターンに見合った円滑な養分供給がなされることが重要と考えられるが，この有機物分解能は，土壌の窒素肥沃度と密接に関連することが指摘されている。有機物分解能を反映した窒素肥沃度指標が選定できれば，有機栽培における窒素肥沃度の概念に有機物分解能という側面が加味され，有機栽培畑の土壌診断にかかわる新しい切り口となり得る。

そこで，有機栽培野菜畑を対象に有機物分解能を反映した窒素肥沃度指標を検討した結果，熱水抽出性窒素は測定可能範囲が広く年次変動も小さかった（中辻ら，2008）。また，熱水抽出性窒素は無窒素区の作物体窒素吸収量と正の相関が認められたことから（第2表），土壌からの窒素供給量を的確に反映した指標と判断された。熱水抽出性窒素は，北海道の慣行栽培の畑作物や露地野菜を対象とした窒素肥沃度指標としてすでに利用されていることも考慮して，有機栽培露地野菜畑の窒素肥沃度指標として熱水抽出性窒素を選定した。また，その測定対象深は0～15cm程度の作土層とした。

②熱水抽出性窒素の簡易測定法

熱水抽出性窒素は，土壌に水を加えて105℃で1時間加熱して抽出される有機態窒素の量を評価している（定法）が，この有機態窒素を測

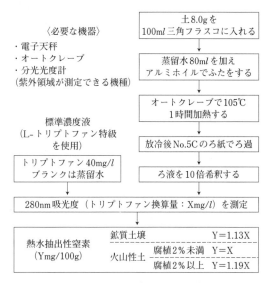

第2図 熱水抽出性窒素の簡易測定法

（坂口ら，2010を一部改変）

第2表 窒素肥沃度指標分析値と無窒素区の作物体窒素吸収量との相関係数（2008～2010年）

（道総研中央農試，2011）

窒素肥沃度指標	評価土層深	分析値[1] (mg/100g)	カボチャ (n＝16)	スイートコーン (n＝16)	レタス (n＝17)
熱水抽出性窒素[3]	0～15cm	2.7～13.4	0.70＊＊[2]	0.67＊＊[2]	0.86＊＊＊[2]
	0～30cm	2.6～10.0	0.72＊＊[2]	0.77＊＊＊[2]	0.84＊＊＊[2]
熱水抽出無機態窒素[4]	0～15cm	2.6～8.8	0.70＊＊[2]	0.77＊＊＊[2]	0.76＊＊＊[2]
	0～30cm	2.3～7.5	0.62＊[2]	0.81＊＊＊[2]	0.70＊＊[2]
保温静置培養法[5]	0～15cm	1.8～7.5	0.60＊[2]	0.59＊[2]	0.85＊＊＊[2]
	0～30cm	2.0～6.1	0.50＊[2]	0.46	0.79＊＊＊[2]
無機態窒素	0～15cm	0.4～2.3	0.62＊[2]	0.24	－0.09
	0～30cm	0.3～1.5	0.52＊[2]	0.34	0.08

注 1) 最小～最大を示す
　　2) ＊＊＊，＊＊，＊：0.1％，1％，5％水準で有意
　　3) 105℃，1時間オートクレーブ処理して抽出される有機態窒素量
　　4) 121℃，1時間オートクレーブ処理後，飽和KCl溶液で抽出されるアンモニウム態窒素増加量
　　5) 最大容水量の60％湿潤条件で30℃，4週間培養後の無機態窒素生成量

定するためには，強い酸である硫酸での分解を必要とする。この分解にさいしては，その過程で発生する有毒ガスを排気するための特殊な装置が必要で，危険と労力も伴う。

そこで，抽出液の色の濃さと定法による測定値との間に正の相関が認められたことから，その色の濃さを分光光度計で測定することで熱水抽出性窒素を推定できる方法を開発した。具体的には，熱水抽出液を10倍に薄めて280nmの吸光度を測定するもので，鉱質土壌と火山性土では熱水抽出有機物に質的な差があることから，それぞれの読み替え式を用意した（第2図，坂口ら，2010）。熱水抽出性窒素が実用域内（0～12mg/100g）で簡易法と定法との差が±2mg/100g以内となる割合は，鉱質土壌で約90%，火山性土で約70%であった。

本法の開発により，熱水抽出性窒素を安全かつ簡易に，短時間で測定することが可能となった。なお，本法は有機栽培だけでなく慣行栽培の土壌にも適用可能である。

(3) 窒素施肥対応の設定手順

農作物の施肥量は，目標収量を得るために必要な養分量から養分の天然供給量を差し引き，それを肥料養分の利用率で除することで求められる。これを窒素施肥量にあてはめると，目標収量を得るために必要な養分量は「目標収量に対応した窒素吸収量（以下，目標窒素吸収量）」，養分の天然供給量は「無窒素区の窒素吸収量」，肥料養分の利用率は「施肥窒素利用率」となり，これら3項目を算出することで窒素施肥量を設定できる（第3図）。

そこで，堆肥施用により広範な窒素肥沃度を作出した当試験場内の褐色低地土および褐色森林土を用いて，速効性の有機質資材を用いた窒素用量試験（無窒素（0N），慣行栽培の施肥標準窒素量（1N），施肥標準窒素量の2倍（2N））を実施した（第3表）。なお，対象作物には北海道の有機栽培で広く作付けされているカボチャ，スイートコーン，レタスを用い，栽培管理は有機JASに準拠した。

(4) 目標窒素吸収量

3作物の0N，1N，2Nにおける平均収量は，カボチャで1,706，2,042，2,133kg/10a，スイートコーンで755，1,266，1,396kg/10a，レタスで1,554，2,368，2,606kg/10aと，窒素施肥量の増加に伴って増加した。慣行栽培の施肥標準窒素量を施与した1Nの多くで，慣行

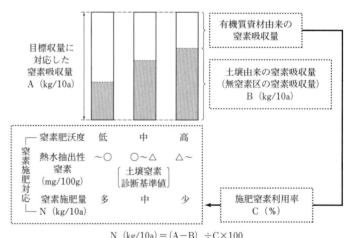

$N (kg/10a) = (A-B) \div C \times 100$

第3図 窒素施肥対応の設定手順

第3表 窒素用量試験の概要

作物名（品種名）	窒素施肥量（kg/10a）			施用した有機質資材	栽培期間（播種～収穫）
	0N	1N	2N		
カボチャ（こふき）	0	8	16	魚かすペレット[1]	5月中旬～8月下旬
スイートコーン（味来390）	0	12	24	なたね油かす[2]	5月中旬～8月中旬
レタス（エムラップ231）	0	12	24	魚かすペレット	5月上旬～7月中旬

注 1) C/N比：5.0，T-N：7.4%，2) C/N比：6.4，T-N：5.8%

土壌診断・微生物診断と減肥

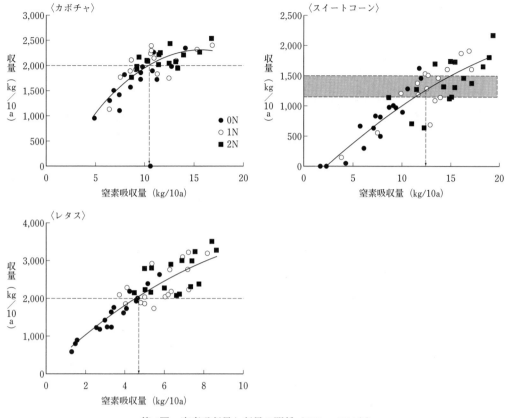

第4図 窒素吸収量と収量の関係（2008～2010年）

破線は目標収量
0N：無窒素，1N：慣行栽培の施肥標準窒素量，2N：施肥標準窒素量の2倍

栽培の基準収量（カボチャ2,000kg/10a，スイートコーン1,200～1,500kg/10a，レタス2,000kg/10a）以上の収量が得られた（第4図）。

収量が確保された第一の要因として，各作物の病害虫被害が少なかったことが挙げられる。カボチャとレタスは害虫などの防除をしなくても慣行栽培比で80％以上の収量が得られる有機栽培に適した作物である（赤池・窪田，2002）との報告があるように，本試験でもスイートコーンを含めた3作物の病害虫の発生程度は小さく，病害虫の被害が収量の制限要因になることはなかった。

第二の要因として，本試験で用いたマルチの効果が考えられる。マルチ栽培は土壌の保温効果や水分保持効果などにより窒素の無機化が促進されるだけでなく，雑草の発生を抑制して作物との養分競合を防ぐ効果も併せもち，有機栽培でのこれらの効果は小さくない。

このように，有機栽培でも作物の選択や栽培管理を適切に行なうことで慣行栽培並みの収量確保が可能であったことから，有機栽培での目標収量として，慣行栽培の基準収量を用いることにした。

次に，目標収量を得るために必要な目標窒素吸収量を検討した。各作物の窒素吸収量と収量との間には0.1％水準の有意な関係が認められたことから，この関係を基に目標収量に対応した窒素吸収量はカボチャ10.5kg/10a，スイートコーン12.5kg/10a，レタス5.0kg/10a程度と見積もられ，これらの値を目標窒素吸収量とした。

第3部　有機農業の共通技術

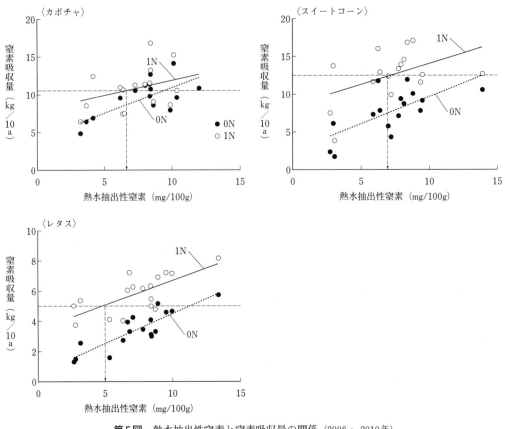

第5図　熱水抽出性窒素と窒素吸収量の関係（2008～2010年）
破線は目標窒素吸収量
0N：無窒素，1N：慣行栽培の施肥標準窒素量

(5) 露地野菜畑全般に適用可能な土壌窒素診断基準値

土壌診断基準値とは，標準的な施肥量で目標とする収量・品質を得るのに必要な土壌養分量を具体的な数値で示したものである。ここでの土壌窒素診断基準値は，窒素施肥量として現実的な1Nに相当する有機質資材を施用したときに目標窒素吸収量が得られる熱水抽出性窒素の範囲とした。窒素施肥量別の熱水抽出性窒素と窒素吸収量の関係を第5図に示した。1Nにおける熱水抽出性窒素と窒素吸収量との回帰直線と目標窒素吸収量の交点は，熱水抽出性窒素でカボチャ6.5mg/100g，スイートコーン7.1mg/100g，レタス4.8mg/100gと，おおよそ5.0～7.0mg/100gの範囲であった。

この範囲は，慣行栽培での土壌窒素診断基準値（熱水抽出性窒素3.0～5.0mg/100g）よりも2.0mg/100g高い値である。先に述べたように，熱水抽出性窒素は土壌の窒素肥沃度だけでなく有機物分解能を反映した指標（中辻ら，2008）で，施用有機物が適宜分解され，養分が円滑に供給されることが安定生産に結びつく有機栽培にとって，慣行栽培よりも土壌窒素診断基準値を高く設定することは一定の妥当性をもつと判断される。したがって，3作物の結果から導き出された熱水抽出性窒素5.0～7.0mg/100gを，露地野菜畑全般に適用可能な土壌窒素診断基準値として設定した。

(6) 無窒素区の窒素吸収量

前項で，1Nの窒素量を施用したときに目標

土壌診断・微生物診断と減肥

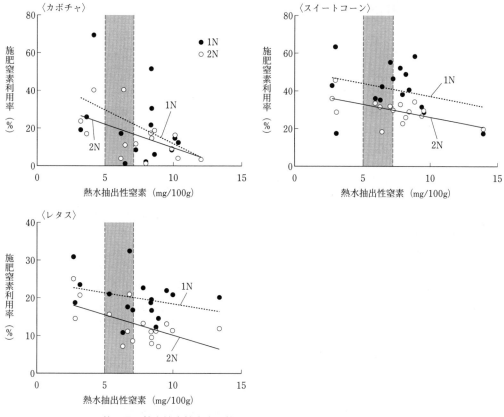

第6図 熱水抽出性窒素と施肥窒素利用率の関係（2008～2010年）
破線内が土壌窒素診断基準値
1N：慣行栽培の施肥標準窒素量，2N：施肥標準窒素量の2倍

窒素吸収量が得られる熱水抽出性窒素の範囲を土壌窒素診断基準値としたことから，その基準値から外れた窒素肥沃度での窒素施肥量を別途算定する必要がある。

そこで，窒素施肥量の算出に必要な無窒素区の窒素吸収量を，基準値未満および基準値以上について算出した。0Nでの熱水抽出性窒素と窒素吸収量との関係（第5図）を基に，基準値未満では熱水抽出性窒素を4.0mg/100g，基準値以上では熱水抽出性窒素を8.0mg/100gと仮定して無窒素区の窒素吸収量を推定した結果，カボチャは6.8（基準値未満），9.6（基準値以上），スイートコーンは5.3，8.2，レタスは2.1，3.7kg/10aと算出された。

(7) 有機質資材の施肥窒素利用率

有機質資材の施肥窒素利用率は，1Nおよび2Nの窒素吸収量と0Nの窒素吸収量との差を窒素施肥量で除して算出される，みかけの施肥窒素利用率として求めた。窒素施肥量を問わず，熱水抽出性窒素の上昇とともに施肥窒素利用率は低下した。また，2Nの施肥窒素利用率は1Nを下まわった（第6図）。

土壌窒素診断基準値とした熱水抽出性窒素5.0～7.0mg/100gにおける1Nの施肥窒素利用率を，熱水抽出性窒素と施肥窒素利用率との関係から推定するとカボチャ25％，スイートコーン45％，レタス20％程度であった。基準値未満で目標窒素吸収量を得るための窒素施肥量は1Nより多くなるため，その施肥窒素利用率

627

第4表　北海道における有機栽培露地野菜畑の窒素施肥対応[1]

作物名	目標収量 (kg/10a)	土壌窒素診断 (kg-N/10a)			備考
		基準値未満 (〜5.0) [2]	基準値内 (5.0〜7.0)	基準値以上 (7.0〜)	
カボチャ	2,000	12	8	5	
スイートコーン	1,200〜1,500	15	12	9	
レタス	2,000	14	12	10	
エダマメ	800〜1,000	2	2	2	タネバエなどの被害を回避するため、6月下旬〜7月上旬のうね間への施肥を可とする

注 1) 対象とする有機質資材は、窒素肥効が速効性のものとする（魚かす、菜種油かすなど）。本施肥基準は、2t/10a程度の堆肥施用を前提とし、この場合窒素減肥対応は行なわない
2) 熱水抽出性窒素（mg/100g）の範囲を示し、以上〜未満とする

は1Nの回帰直線の下方となる。一方、基準値以上で目標窒素吸収量を得るための窒素施肥量は1Nより少なくすむことから、その施肥窒素利用率は1Nの回帰直線の上方となる。

このように、窒素肥沃度に応じて窒素施肥量を増減させる施肥対応では施肥窒素利用率の変動は概して小さいことから、基準値未満および基準値以上の施肥窒素利用率として、本基準値の1Nの施肥窒素利用率（カボチャ25％、スイートコーン45％、レタス20％）を用いても大きな誤差は生じないと判断した。

(8) 有機栽培露地野菜畑の窒素施肥対応

これまでに求めた目標窒素吸収量と無窒素区の窒素吸収量、施肥窒素利用率を用いて、基準値未満および基準値以上における窒素施肥量を算出する。目標窒素吸収量から無窒素区の窒素吸収量を差し引き、それを施肥窒素利用率で除した値は、カボチャ14.6（基準値未満）、3.7（基準値以上）、スイートコーン16.0、9.6、レタス14.4、6.5kg/10aであった。これらの値は、慣行栽培での土壌窒素診断基準値未満および基準値以上の窒素施肥量と大差ないことから、慣行栽培での窒素施肥対応のうち、土壌窒素診断基準値を有機栽培向けに改訂したものを有機栽培露地野菜畑の窒素施肥対応として活用することにした（第4表）。

エダマメについてはこれまで説明を省略したが、根粒による窒素供給が大きく見込まれることから、初期生育の確保に必要な最小限の窒素施肥量に留めることにした。

本施肥対応は、試験で用いた魚かす、菜種油かすなどの窒素肥効が速効的な有機質資材を対象とし、堆肥施用量2t/10a程度までは、堆肥施用にともなう窒素減肥（堆肥1t当たり窒素1kg減肥）を行なわないものとする。なお、2t/10aの堆肥施用は北海道の露地野菜畑で地力を維持するための必要量であり（北海道農政部、2010）、資材の確保や施用労力の観点からも有機栽培において現実的な施用量と推察される。

(9) 窒素施肥対応の活用

露地野菜全般に適用可能な土壌窒素診断基準値を使って、第1表で示した道内の有機栽培露地野菜畑32地点の窒素肥沃度を区分し、その肥沃度分布を解析した。その結果、基準値内は9地点と3割弱にすぎない一方、基準値以上は14地点、基準値未満は9地点と多くは基準値から外れた。このことは、広範な窒素肥沃度レベルで有機栽培が実践されていることを示すとともに、窒素肥沃度の適正化が必要となる圃場が高い割合で存在することを示している。また、新規に有機栽培に取り組むさい、有機栽培に適した圃場を選ぶさいの参考としても本基準値を活用できるものと考えられる。

小野寺・中本（2007）は、各種有機質資材の窒素、リン酸、カリ供給特性に基づいた無化学肥料栽培法を開発している（第7図）。これまで紹介した窒素施肥対応と組み合わせることで、リン酸とカリ供給も考慮した有機質資材の選択とその施用量の設定が可能となり、有機栽

スタート	留意点
①土壌診断値に基づきカリウムの施用量を決定 （北海道施肥ガイドにおける各作物の施肥対応を参照のこと）	・窒素，リン酸は施肥標準量を目安
②堆肥の施用量を算出	・①で決定したカリウム施用量から堆肥の施用量を算出 ・完熟堆肥を使用 ・上限値は1作当たり2.5t/10a ・肥料代替量は現物1t当たり窒素1kgN，リン酸1kgP$_2$O$_5$，カリウム4kgK$_2$O を目安（牛糞麦稈堆肥）。ただし，カリウムは分析値を優先
③窒素・カリウム供給源の選択 　1) 窒素：多，カリウム：なし～少…魚かす，乾燥菌体，油かす類など 　2) 窒素：中，カリウム：少～中…脱脂米ぬか，発酵鶏糞など 　3) 窒素：少，カリウム：多…発酵副産肥料など	・②で不足する窒素，カリウムは，窒素の肥効を考慮しながら，1) と 2)，または 3) の有機質資材を組み合わせて施用 ・リン酸施用量が過剰にならないように資材の選択に留意
④リン酸供給源の選択 　（骨粉，リン酸質グアノなど）	・②～③で不足するリン酸は，リン酸のみを保証もしくは主成分とする有機質資材を施用

第7図　無化学肥料栽培での肥料成分施用法　　　（小野寺・中本，2007）

有機質資材の施用量は，1) 保証成分量，2) 製品に添付された分析例，3) 公定規格の最小限，4) 北海道施肥ガイドに記載されている堆肥類の減肥可能量を順に参照し，野菜別に設定されている施肥標準の肥料成分量に合致するように算出する

培露地野菜畑での総合的な施肥対応が可能となる。北海道で有機栽培向けの土壌窒素診断技術をさらに普及・定着させるためには，窒素施肥対応の対象作物を拡大するとともに，窒素施肥対応の実践によって有機農産物の安定生産と，窒素溶脱などの環境負荷の低減が両立しうることを実証することが重要と考えられる。

　執筆　櫻井道彦（地方独立行政法人北海道立総合研究機構中央農業試験場）

2013年記

参 考 文 献

赤池一彦・窪田哲．2002．高冷地で有機栽培が可能な露地野菜の品目と栽培時期．山梨総農試研報．11，35—44．

北海道農政部．2010．北海道施肥ガイド2010．

中辻敏朗・坂口雅己・柳原哲司・小野寺政行・櫻井道彦．2008．有機栽培野菜畑の窒素肥沃度指標とその簡易分析法．土肥誌．79，317—321．

小野寺政行・中本洋．2007．北海道における堆肥と各種有機質肥料を用いた露地野菜の無化学肥料栽培．土肥誌．78，611—616．

坂口雅己・櫻井道彦・中辻敏朗．2010．土壌熱水抽出性窒素の簡易分析法の比較とトリプトファンを指標物質とした紫外部吸光度法の確立．土肥誌．81，130—134．

道立中央農試，2007．有機栽培野菜畑の窒素肥沃度指標の選定とその簡易分析法．平成19年普及奨励ならびに指導参考事項．218．北海道農政部．

水田の可給態チッソの迅速診断にもとづく適正施肥

水田風乾土可給態チッソの簡易・迅速評価法

施肥の基本は，土壌に不足する養分を適切な時期に適切な方法で適量施用することである。したがって，土壌診断を行ない土壌の養分状態を知ることが，適正施肥の第一歩となる。

土壌養分のなかでも，土壌からゆっくりと作物に供給される窒素（地力窒素）は，作物の生産力を左右する重要な診断項目の一つである。堆肥などの有機質資材を施用し，地力窒素を維持・向上させることは重要であるが，地力窒素が必要以上に高まると，作物への窒素供給の調節がむずかしくなり，過繁茂・倒伏などが生じる。このため，地力窒素の多少に応じた窒素施肥や有機物施用が望まれる。

しかし，地力窒素の指標として使用されている可給態窒素（農林水産省「地力増進基本指針」における水田の改善目標値：乾土100g当たり8mg以上20mg以下）は，風乾土壌を4週間培養し測定することになっていることから結果を得るまでに時間を要し，また，この間の試料の調整に要する労力が必要なことなどが土壌診断実施の障害となっている。これまでにもさまざまな簡易推定法が提案されてきたが，黒ボク土での適用性が低いこと，他地域での検討が不十分であることなどにより広範囲に普及していない。

そこで，適用範囲が黒ボク土を含む広範な土壌や田畑輪換圃場の土壌に対応し，試験研究機関や民間の土壌分析機関で精度高く操作が可能な「絶乾土水振とう抽出法（迅速評価法）」，および普及指導機関などの現場で簡易な操作で評価が可能な「簡易乾熱土水抽出法（簡易評価法）」を開発した。

(1) 絶乾土水振とう抽出法（迅速評価法）

①手法の概要

絶乾土水振とう抽出法は，絶乾土（水分を含まない状態）に調整した水田土壌に25℃の水を加え，1時間振とう，ろ過し，ろ液の有機態炭素量（TOC）を測定して回帰式に当てはめて可給態窒素を推定する手法である。この測定法には，通風乾燥機や振とう機，TOC測定機器（COD（化学的酸素消費量）簡易測定キットでの代用も可）が必要であり，おもに試験研究機関や土壌分析機関などを対象とした迅速評価法である。

②開発の経過

供試土壌 全国23県にある29の公設農業試験研究機関の場内水田圃場および2か所の現地試験圃場から，肥培管理履歴が明確な合計100点の作土試料を採取した。全31地点のうち，灰色低地土が16地点，グライ土が10地点，黒ボク土が4地点，黄色土が1地点であった。また土性は，軽埴土が13地点，シルト質埴土が1地点，埴壌土が7地点，壌土が1地点，シルト質壌土が1地点，砂質埴壌土が4地点，砂壌土が4地点であった。全100点における栽培履歴は，水稲単作が89点，水稲・大豆の田畑輪換が2点，稲・キャベツ2毛作が4点，稲・麦2毛作が5点であった。これらに，長岡，上越，岐阜の田畑輪換および水稲連作圃場を加えた116点を供試土壌に用いた。

土壌採取後は，粉砕可能な含水率まで低下させた後，乳鉢・乳棒で粗く粉砕し，2mmのふるいを通したサンプルを，再度40℃の通風乾燥器に24時間入れ，風乾土とした。

方法 可給態窒素は，以下の方法で求めた。直径30mm，高さ120mmガラス製培養試験管に，風乾土約15gを入れ，蒸留水40〜50mlを加え，土塊がなくなるまで薬さじで攪拌した。

空気の層がなくなるまで蒸留水を足し,ブチルゴム栓で密栓し,30℃の恒温器内で,4週間培養を行なった。培養後のサンプルに10％塩化カリウム溶液を100ml加えて250ml容の振とう容器に移し,30分間振とう後ろ過し,ろ液中のアンモニア態窒素含量をオートアナライザー（BLTEC社製：QuAAtro2-HR）で測定した。培養終了時のアンモニア態窒素量から,培養前のアンモニア態窒素量を差し引き,無機化窒素量を求めこれを可給態窒素とした。培養実験はいずれも2反復で行なった。

TOCは,風乾土と絶乾土による抽出量の違いを検討した。絶乾処理は,105℃の乾燥器内で行なった。なお,105℃での乾熱時間は,TOCの測定値に影響するので,24時間とした（第1図）。水抽出は,50ml容のポリプロピレン広口びんに,風乾土壌および絶乾土壌をそれぞれ3g秤量し,25℃の蒸留水を50ml加え,25℃の恒温室内で1時間振とうした。振とう後,10％硫酸カリウム溶液を5ml添加し軽く撹拌した

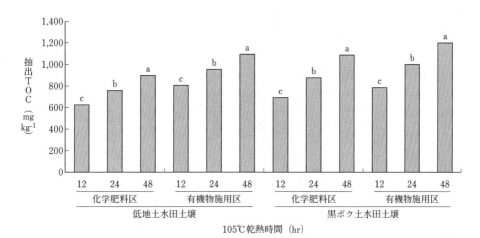

第1図　105℃乾熱時間（hr）の違いがTOCに及ぼす影響
図中の同一土壌に表示した異なるアルファベットは多重比較検定法（$p<0.05$）により有意差があることを示す（n＝5）

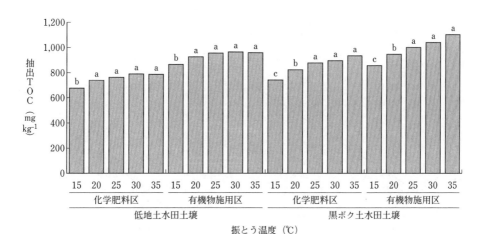

第2図　振とう温度（℃）の違いがTOCに及ぼす影響
図中の同一土壌に表示した異なるアルファベットは多重比較検定法（$p<0.05$）により有意差があることを示す（n＝5）

後，ろ過しTOC分析を行なった。また，振とう温度は±5℃の範囲では有意な差が認められなかったことから25℃とした（第2図）。

結果および操作手順のまとめ 風乾土について，25℃1時間水振とう抽出TOCと風乾土可給態窒素との関係を検討したところ，両者には，高い正の相関が認められた（第3図）が，絶乾土については両者の決定係数のほうが，さらに高かった（第4図A）。

これは，土壌の風乾調整時の温度条件により抽出されるTOCに違いが発生することが影響していると考えられる。土壌の乾燥温度と25℃1時間水振とう抽出TOCおよび風乾土可給態窒素との関係を第1表に示した。なお，各乾燥温度における風乾処理後の10サンプルの平均含水率は，30℃で0.025kg kg^{-1}，40℃で0.025kg kg^{-1}，50℃で0.022kg kg^{-1}と同程度であった。可給態窒素は30℃で乾燥させた土壌に対し，40℃で平均1.03倍，50℃で平均1.09倍と微増する傾向であった。一方，水振とう抽出TOCは，40℃で平均1.36倍，50℃で平均1.73倍と大きく増加し，同じ土壌サンプルでも，風乾温度の違いにより，さらに大きな差が生じた。また，乾燥温度の影響は土壌の種類によっても異なった。これらのことから，水振とう抽出TOCの迅速評価法には絶乾土を用いることとした。

絶乾土水振とう抽出TOCでは，原点を通過する回帰式（第4図A）と切片をもつ回帰式（第4図B）に表わすことができ，両者にはf検定により有意な差が認められた。このため決定係数が高く，RMSE（二乗平均平方根誤差：回帰モデルとして一般的な性能指標）が低い，切片をもつ回帰直線を適用した（第4図B）。また，この推定式は，黒ボク，田畑輪換履歴のある土壌

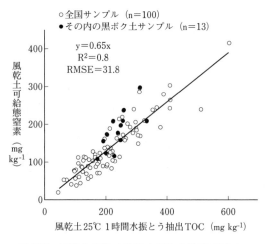

第3図 風乾土25℃1時間水振とう抽出TOCと風乾土可給態窒素との関係

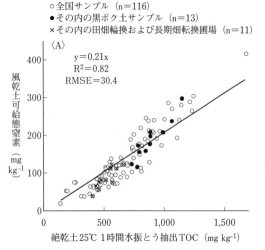
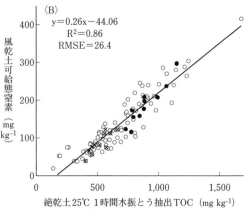

第4図 絶乾土25℃1時間水振とう抽出TOCおよび窒素抽出量と風乾土可給態窒素との比較（A：TOCとの回帰式切片無，B：TOCとの回帰式切片有）

土壌診断・微生物診断と減肥

第1表 乾燥温度の異なる風乾土の25℃1時間水振とう抽出TOCと風乾土可給態窒素との比較（2013年作付け前）

		30℃乾燥		40℃乾燥		50℃乾燥	
		可給態窒素 (mg kg^{-1})	25℃1時間水振とうTOC (mg kg^{-1})	可給態窒素 (mg kg^{-1})	25℃1時間水振とうTOC (mg kg^{-1})	可給態窒素 (mg kg^{-1})	25℃1時間水振とうTOC (mg kg^{-1})
庄内	化肥（対）	230	187	226 (98)	255 (137)	239 (104)	348 (186)
	化肥＋堆肥20t ha^{-1}	216	206	220 (102)	242 (117)	239 (110)	331 (161)
	現地須走	393	447	353 (90)	394 (88)	350 (89)	533 (119)
	現地酒田	271	214	270 (100)	248 (116)	280 (104)	324 (151)
富山	化肥（対）	113	160	124 (110)	193 (120)	129 (115)	275 (172)
	化肥＋堆肥残効	160	235	170 (106)	264 (112)	190 (119)	352 (150)
	化肥	106	153	105 (99)	181 (118)	120 (114)	252 (165)
岐阜	化肥（対）	58	92	62 (107)	160 (173)	65 (111)	160 (173)
	化肥＋稲わら	88	81	94 (106)	183 (226)	98 (112)	213 (263)
	化肥＋牛糞堆肥1t ha^{-1}	96	123	106 (111)	189 (153)	110 (114)	238 (193)
	全サンプル平均			(103)	(136)	(109)	(173)

注 括弧書きの値は30℃乾燥サンプルの可給態窒素および25℃1時間水振とう抽出TOCに対しての指数

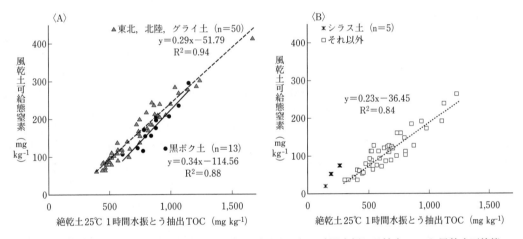

第5図 地域とグライ土，黒ボク土とを区分した絶乾土25℃1時間水振とう抽出TOCと風乾土可給態窒素との比較（2012年，2013年）

など，種類や圃場履歴にかかわらず，すべての土壌に適用できた。

さらに，精度を向上させるため，土壌サンプルを区分し，それぞれの絶乾土25℃1時間水振とう抽出TOCと風乾土可給態窒素との回帰直線を求めたところ，黒ボク土と冬期間に積雪があり，圃場が乾燥しにくい日本海側の東北，北陸，グライ土では，全サンプルの回帰直線に比べ傾きが大きくなった（第5図A）。また，黒ボク土は，回帰直線のX切片が他の区分に比べ増加した。それ以外の土壌では全サンプルの回帰直線に比べ傾きが小さくなった（第5図B）。このように各区分に分けて回帰式を作成したことでRMSEは減少し，可給態窒素の推定精度が向上した。

東北・北陸・グライ土や黒ボク土のように，

通年で水の影響を受けやすい圃場と，非作付け期間に比較的乾燥が進みやすい圃場とで湿潤土含水率に対する抽出TOCが異なり，それらの違いが水振とう抽出TOCと可給態窒素との回帰直線の傾きの違いとしても現われたことから，より高い精度で可給態窒素を評価するためには，地域性や圃場の乾湿条件を考慮して回帰直線を求めることが望ましいと考えられた。

以上のことから，水振とう抽出TOC土壌の種類や有機物施用履歴，田畑輪換などの作付け体系にかかわらず，迅速に高い精度で可給態窒素を推定できることが示された。

手法の詳細を第6図に示す。

(2) 簡易乾熱土水抽出法（簡易・迅速評価法）

①手法の概要

絶乾土水振とうTOC抽出法は，おもに分析機関を想定した手法であるが，簡易乾熱土水抽出法は普及指導機関などで通風乾燥機や振とう機が整備されていない現場などでも測定が可能となるように，熱風循環式の家庭用オーブンと振とう機を使わない抽出を組み合わせた簡易評価法である。水田土壌を，120℃に設定したオーブンで2時間乾熱し，冷却後に水を加えて手で攪拌した後，1時間静置してろ過し，ろ液の化学的酸素消費量（以下，COD）を測定して可給態窒素を推定する手法である。

②開発の経過

供試土壌 供試土壌には全国24県にある30の公設農業試験研究機関の場内水田圃場および山形県酒田市，鶴岡市の細粒強グライ土の現地試験圃場2か所から採取した肥培管理履歴が明確な合計100点の作土である。土壌は風乾後，2mmのふるいを通して試験に用いた。土壌の種類は灰色低地土が17地点，グライ土が10地点，黒ボク土が4地点，黄色土が1地点であった。有機物施用土壌は40点，有機物無施用土壌は60点であった。なお，定法の風乾土30℃4週間保温湛水静置法で求めた可給態窒素（以下，可給態窒素）は，平均値134mg kg^{-1}，最大値416mg kg^{-1}，最小値19mg kg^{-1}であった。

測定液の抽出

風乾土4〜5gを105℃24時間乾熱する
室温になるまで放冷する
絶乾土3gをポリプロピレン広口びんに秤取する
蒸留水50mlを添加する
室温（25℃目安）で1時間振とうする
10％硫酸カリウム液5mlを添加し，攪拌する
No.5Cろ紙でろ過する

TOCの測定

TOC測定機で測定する

可給態窒素の算出

可給態窒素量(mg kg^{-1})
= 0.26[1] × (TOC測定値 × 希釈倍率)
× (55(ml)/1000)[2] / (3(g)/1000)[2] − 4.41[3]

第6図　操作手順
1) TOC測定値を可給態窒素に換算する係数
2) キログラム乾土にするための式
3) TOC測定値を可給態窒素に換算する回帰式の切片の値

方法 まず，開発は，現場で振とう機がない場合を想定し，不振とう抽出について検討した。不振とう抽出は前述の絶乾土水振とうTOC抽出法（以下，絶乾土水振とう抽出法）における1時間振とうの代わりに，蒸留水添加後に手で30回（10秒弱）転倒攪拌後1時間静置しTOCを抽出した（以下，不振とう法）。不振とう法および絶乾土水振とう抽出法による抽出液のTOCを全有機態炭素計（島津社製TOC-L）で測定した。なお，抽出の前に，絶乾土水振とう抽出法に従い下記の風乾土試料を105℃で24時間乾熱処理した。抽出は反復なしで行なった。

次に，通風乾燥機による風乾土の105℃24時間乾熱処理の代わりに，家庭用オーブンレンジを用いて，以下の試験を行なった。

試験1：短時間での処理を目的に風乾土を150℃，180℃，200℃で15および30分乾熱処理した。

試験2：乾熱処理温度を下げ，風乾土を110℃，120℃，130℃で1時間および2時間乾熱処理した。

両試験とも乾熱処理は，熱風循環式オーブン機能をもつ家庭用オーブンレンジ（Panasonic NE-BS901）を用い，土壌を庫内に静置する前

第2表 乾熱処理温度と絶乾土水振とう抽出TOCおよび可給態窒素の関係

乾熱温度	比較手法	有機態炭素量(TOC)[1] (mg kg^{-1})	相関係数[2]	回帰式	決定係数
150℃	絶乾土水振とう抽出法[3] 保温静置培養法[4]	487	0.90＊＊ 0.87＊＊	y＝1.37x y＝0.36x－44.8	0.82 0.75
180℃	絶乾土水振とう抽出法 保温静置培養法	688	0.96＊＊ 0.90＊＊	y＝0.98x y＝0.28x－60.47	0.92 0.81
200℃	絶乾土水振とう抽出法 保温静置培養法	943	0.92＊＊ 0.87＊＊	y＝0.71x y＝0.19x－46.61	0.85 0.75

注 処理時間は，15分とした

乾熱温度	処理時間	比較手法	有機態炭素量(TOC)[1] (mg kg^{-1})	相関係数[2]	回帰式	決定係数
110℃	1時間	絶乾土水振とう抽出法[3] 保温静置培養法[4]	360	0.93＊＊ 0.93＊＊	y1＝2.08x y2＝0.58x－47.82	0.85 0.87
	2時間	絶乾土水振とう抽出法 保温静置培養法	397	0.93＊＊ 0.93＊＊	y1＝1.89x y2＝0.54x－52.08	0.85 0.86
120℃	1時間	絶乾土水振とう抽出法 保温静置培養法	497	0.92＊＊ 0.90＊＊	y1＝1.53x y2＝0.48x－74.58	0.84 0.82
	2時間	絶乾土水振とう抽出法 保温静置培養法	596	0.98＊＊ 0.94＊＊	y1＝1.28x y2＝0.4x－76.01	0.96 0.88
130℃	1時間	絶乾土水振とう抽出法 保温静置培養法	517	0.93＊＊ 0.93＊＊	y1＝1.46x y2＝0.44x－64.15	0.86 0.86
	2時間	絶乾土水振とう抽出法 保温静置培養法	617	0.96＊＊ 0.91＊＊	y1＝1.23x y2＝0.38x－71.08	0.91 0.83

注 1) 調査土壌の平均値。絶乾土水抽出TOCは671mg kg^{-1}
2) ＊＊は，1％水準で有意な相関があることを示す
3) 絶乾土水振とうで抽出したTOC量との比較
4) 風乾土を30℃ 4週間の保温湛水静置培養期間中に増加した無機態窒素量すなわち可給態窒素量との比較

後に予熱を行なった。乾熱処理後は不振とう法により土壌からTOC抽出を行なった。抽出液のTOCの測定方法は前述のとおりである。試験は反復なしで行なった。

以上の結果をもとに，普及現場で測定可能な水田土壌における可給態窒素の簡易評価法を検討するため，簡易乾熱処理と不振とう法による抽出液を上薗ら（2010a・2010b）の手法によりCOD簡易測定キット（パックテストCOD株式会社共立理化学研究所）を用いてCODを測定し，TOCおよび可給態窒素との相関を調べた。試験は2反復で行なった。

結果および操作手順のまとめ 不振とう法で抽出されたTOCは振とう法と比較し11％少なかったが，両手法の決定係数は0.96ときわめて高かった。この結果は，土壌の種類および有機物施用履歴にかかわらず不振とう法の値を振とう法の値に変換可能であることを示している。

オーブンレンジを用いた乾熱温度と処理時間の検討では，高温15分乾熱処理を行なった結果，いずれの処理区も絶乾土水振とう抽出法および可給態窒素と有意な相関を認めた（第2表上）。処理時間を30分に延長した場合，とくに150℃処理区と絶乾土水振とう抽出法との関係（回帰式：y＝1.12x R^2＝0.97），可給態窒素との関係（回帰式：y＝0.33x－70.16 R^2＝0.85）で高い正の相関関係が認められた。

しかし，これらの高温乾熱処理はサンプルを高温で扱うことから，熱傷などの安全性の問題があること，さらに常温までの放冷に時間を

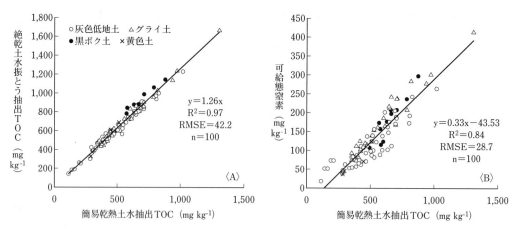

第7図　簡易乾熱土水抽出TOCと絶乾土水振とう抽出TOCおよび可給態窒素との関係

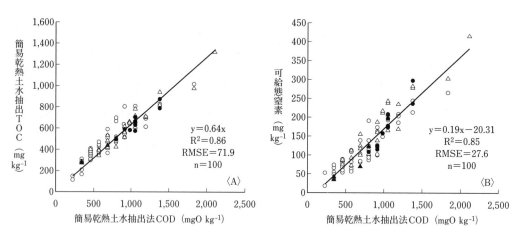

第8図　簡易乾熱土水抽出法によるCODとTOCおよび可給態窒素との関係

要することから，処理温度を下げ，乾熱時間を延長するほうが実用的と考えられた。そこで，110℃，120℃，130℃について，処理時間1時間，2時間におけるTOCを比較したところ，いずれも処理時間にかかわらず，絶乾土水振とう抽出法による抽出TOCおよび可給態窒素と有意な相関を認めた（第2表下）。これらの処理条件のなかでは120℃2時間処理区の決定係数がもっとも高かった。以上から，もっとも有効な乾熱方法は120℃2時間処理であることがあきらかとなった。

120℃2時間乾熱処理と不振とう法の組合わせ（以下，簡易乾熱土水抽出法）によるTOCは絶乾土水振とう抽出法によるTOCとy＝1.26x（R^2＝0.97），可給態窒素とy＝0.33x－43.53（R^2＝0.84）であり，ともに高い相関を示した。RMSEはそれぞれ42.2，28.7であった（第7図）。

普及現場で測定可能な水田土壌可給態窒素の簡易評価法としての実用性については，簡易乾熱土水抽出法によるCODとTOCとの決定係数は0.86と高かった（第8図A）。また，同法のCODと可給態窒素との関係は（回帰式：y＝0.19x－20.31）で表わされ，決定係数0.85と高い正の相関が認められた（第8図B）。

以上の結果から，通風乾燥機および振とう機

```
測定液の抽出
```
オーブン[1]を120℃で予熱[2]する
耐熱容器に風乾土4gを秤取し,庫内に入れる
再度,120℃で予熱する
120分間乾熱する
室温になるまで放冷する
乾熱土3gをポリプロピレン広口びんに秤取する
蒸留水50mlを添加,30回(10秒弱)転倒攪拌する
室温(25℃目安)で1時間静置する
10%硫酸カリウム液5mlを添加,約20回転倒攪拌する
No.5C ろ紙でろ過する

```
CODの測定
```
抽出液を5倍希釈する
COD簡易測定キットで測定する
測定値が13mg/lを超えた場合,さらに2倍希釈し再測定する

```
可給態窒素の算出
```
可給態窒素量 $(mg\ kg^{-1})$
　$= 0.19^{[3]} \times (COD測定値 \times 希釈倍率)$
　　$\times (55(ml)/1000)^{[4]}/(3(g)/1000)^{[4]} - 20.31^{[5]}$

第9図　操作手順
1) 熱ムラを防ぐため熱風循環式(コンベクション)オーブンを用いる
2) 予熱はオーブンの予熱機能を用いる
3) 簡易COD測定値を可給態窒素に換算する係数
4) キログラム乾土にするための式
5) 簡易COD測定値を可給態窒素に換算する回帰式の切片の値

が整備されていない普及指導機関などにおいても,家庭用オーブンと不振とう法を用いて得られた抽出液のCODを市販の簡易測定キットで測定することにより可給態窒素の推定が可能である。その操作手順と,COD測定値から可給態窒素を推定する回帰式を第9図に示す。

なお,本法は絶乾土水振とう抽出法をもとにしていることから,水田風乾土培養の可給態窒素について検討したものであり,湿潤土培養の可給態窒素については未検討である。また,より高い精度で可給態窒素を評価するためには絶乾土水振とう抽出法と同様に圃場の乾湿条件の違いなどを考慮し,地域ごとに第8図の回帰直線を求めることが望ましいと考えられる。

　　　　　　　　　＊

土壌の種類にかかわらず水田風乾土可給態窒素の簡易・迅速評価を行なうため,おもに試験研究機関や土壌分析機関などを対象とした絶乾土水振とう抽出法と,研究機器が整備されていない普及指導機関などの現場で活用が可能な簡易乾熱土水抽出法を開発した。これらの手法は,農研機構中央農業総合研究センターにおいて「水田土壌可給態窒素の簡易・迅速評価マニュアル」として発行されている。

　執筆　野原茂樹(富山県広域普及指導センター)
　　　　　　　　　　　　　　　　　2021年記

参考文献

東英男・高橋茂・加藤直人. 2015. 水田土壌の湛水培養無機化窒素量の特徴とその簡易迅速評価法の開発　第1報　無機化窒素量と土壌含水率,及び水稲収量との関係. 土肥誌. **86**, 175—187.

東英男・上薗一郎・野原茂樹・高橋茂・加藤直人. 2015. 水田土壌の湛水培養無機化窒素量の特徴とその簡易迅速評価法の開発　第2報　絶乾土水振とう抽出有機態炭素量による水田風乾土可給態窒素の迅速評価. 土肥誌. **86**, 188—196.

野原茂樹・高橋茂・東英男・加藤直人. 2016. 日本の水田土壌の湛水培養無機化窒素量の特徴とその簡易迅速評価法の開発　第3報　オーブンによる乾熱処理と不振とう水抽出およびCOD簡易測定による水田土壌の風乾土培養可給態窒素の簡易評価法. 土肥誌. **87**, 125—128.

農研機構中央農業総合研究センター土壌肥料研究領域. 2010. 畑土壌可給態窒素の簡易・迅速評価マニュアル.

農研機構中央農業総合研究センター土壌肥料研究領域. 2016. 水田土壌可給態窒素の簡易・迅速評価マニュアル.

農林水産省. 2008. 地力増進基本指針. http://www.maff.go.jp/j/seisan/kankyo/hozen_type/h_dozyo/pdf/chi4.pdf

上薗一郎・加藤直人・森泉美穂子. 2010a. 日本の畑土壌に対する80℃16時間水抽出法による可給態窒素簡易評価法の適用性. 土肥誌. **81**, 39—43.

上薗一郎・加藤直人・森泉美穂子. 2010b. 80℃16時間水抽出液のCOD簡易測定による畑土壌可給態窒素含量の迅速評価. 土肥誌. **81**, 252—255.

分光光度計とCOD測定用試薬セットによる簡易迅速評価

　水田土壌可給態窒素の迅速評価法として，絶乾土水振とう抽出により得られた抽出液中の有機態炭素（以下，TOC）量から可給態窒素を推定する手法が提案され（東ら，2015；農研機構中央農業研究センター，2016），畑土壌可給態窒素の簡易評価法（上薗ら，2010；適正施肥技術コンソーシアム，2020）と同様に，市販の簡易測定キット（株式会社共立理化学研究所製，パックテスト）を用いて測定した抽出液の化学的酸素要求量（以下，COD）から，可給態窒素をより簡易に推定する手法が提案されている（野原ら，2016；農研機構中央農業研究センター，2016）。これらにより，長期間の培養試験が必要で，かつ培養期間中の管理や窒素の分析に多大な労力が必要であった従来の培養法による評価に比べて，水田土壌の可給態窒素が簡易・迅速に評価できるようになってきた。

　しかし，TOCの測定には高額な分析機器が必要であり，普及指導機関はもとより公設農業試験研究機関においてもその整備が十分ではない。このため，TOCによる可給態窒素の推定が実施できない機関は数多く存在すると考えられる。

　一方，パックテストによるCODの測定は，生産現場により近い場面においても簡易かつ安価に実施可能な手法であるが，抽出液のCODを同梱される色見本（標準色）との比較により目視で判定する必要があるため，測定者間の分析精度の確保に留意する必要がある。さらに，パックテストCODの標準色は数値が連続的ではないため，目視により正確な濃度を判定することは非常にむずかしい。このため，パックテストにより判定したCODによる可給態窒素の推定では，操作の簡便性に重点が置かれ，推定精度は多少犠牲にせざるを得ないのが実状である。

　近年では，パックテストによる判定結果を数値化するための専用アプリケーションが，一部のスマートフォン向けに無償で公開され（共立理化学研究所，2020），測定者間の誤差の低減につながることが期待されている。さらに，反応させたパックテストのサンプルチューブをデジタルカメラで撮影し，得られた画像の色情報からCODを判定する手法も提案されており（阿部ら，2018），推定精度の向上に向けた下地が徐々に整いつつある状況にある。

　パックテストのほかにCODを簡易に分析する手法として吸光光度法によるCODの測定があり，測定に必要な試薬がセット化されて市販されている。畑土壌可給態窒素の簡易評価では，このCOD測定用試薬セットと簡易吸光度計を組み合わせ，可給態窒素を簡便に推定する手法が提案されており（金澤ら，2011），この手法を水田土壌可給態窒素にも応用することで，吸光度測定によりCODを細かく数量把握でき，TOCを用いた場合と同等の高い精度での可給態窒素の推定が期待できる。

　そこでここでは，公設農業試験研究機関や土壌分析機関の多くに整備されている分光光度計あるいは吸光度測定機能をもつ分析装置の利用を前提とし，COD測定用試薬セットを組み合わせ，絶乾土水振とう抽出液のCODを簡便かつ定量的に評価するための手法を開発したので，その詳細について解説する。

(1) 手法開発のねらいと分析条件

　開発した評価手法では，市販のCOD測定用試薬セット（共立理化学研究所製，水質測定用試薬セットNo.44COD；型式：LR-COD-B-2）を使用する。この試薬セットの標準的な測定方法（以下，標準法）では，アルカリ性過マンガン酸カリウム法によるCODの測定が採用されている。具体的には，25mlの測定試料に付属のR-1試薬（過マンガン酸カリウム溶液）0.5mlおよびR-2試薬（水酸化ナトリウム溶液（5％以下））1.0mlを加えて撹拌し，R-2試薬の添加から約10分後に反応液の525nmの吸光度を測定するものである。標準法では，試薬セット1箱当たり30試料が分析可能である。

　手法の開発にあたり，以下の点に着目して標

準法を一部改良した。第1に，本手法を広く普及するためには，分析に要する費用を可能な限り抑えることが重要である。標準法では比較的多くの液量を用いる必要があり，試薬セット1箱当たりの分析点数も限られることから，シッパー機能を備えた分光光度計などでの吸光度測定を前提として，反応系を約5分の1に縮小し反応液量を5mlに設定した。これにより，試薬セット1箱当たりの測定試料点数は約5倍に増加し，分析に要する費用も相応に低減することが期待できる。

第2に，分析を簡易かつ迅速に実施するためには，効率的な流れで分析が実施できることが望ましい。標準法では試薬の添加から約10分後に吸光度を測定するため，一人で発色操作と吸光度測定を行なう場合には，発色操作を10分未満で終えて吸光度測定操作に移る必要がある。発色開始から吸光度測定までの時間が延長できれば，分析操作1サイクル当たりの測定試料点数が増加し効率化につながると考え，本手法における反応時間は30分間に設定した。なお，CODの反応は反応時間や温度により大きく影響を受けることが知られていることから，反応時間は順守するとともに，一連の分析操作は室温および液温が25℃程度の条件下で実施することとした。

第3に，標準法ではR-1試薬を添加した後にR-2試薬を添加する順序としているが，アルカリ性過マンガン酸カリウム法によるCOD測定の一般的な方法では，アルカリ性条件下で過マンガン酸カリウムを添加することとされている。そこで，開発手法では標準法におけるR-1およびR-2試薬を添加する順序を入れ替え，R-1試薬の添加により反応を開始することとした。さらに，分析操作をより効率的に進めるため，すべての測定試料について事前に蒸留水，絶乾土水振とう抽出液およびR-2試薬を加えて攪拌した後，R-1試薬を15〜30秒程度の一定の間隔で加えて発色を開始し，反応後に同一の間隔で吸光度を測定する手順とした。これにより，分析操作1サイクル（2〜3時間程度）で50〜100点の試料が分析可能である。なお，吸光度の測定波長は525nmに設定した。

(2) 測定に必要な試薬および実験器具

本手法では，以下に示した試薬および実験器具を使用する。実験器具については，分析実施機関の汎用的な器具を使用しても差し支えないが，とくに標準液の調製やCODの反応のさいに使用する器具については，試薬と反応する有機物が残存していないよう留意する必要がある。

・COD測定用試薬セットのR-1試薬およびR-2試薬（第1図，試薬セット付属の試薬をそのまま使用する）

・蒸留水（CODが0であることを事前に確認する。イオン交換水などには試薬と反応する有機物が含まれる場合があるため留意する）

・グルコース（標準品として検量線の作成に使用する）

・遠沈管（15ml容，50ml容など，グルコース標準液の調製などに使用する）

・電子天びん（1mgが秤量できるものを使用する）

・試験管（15ml容など，5mlの液を確実に混合できるものを使用する）

・分注器（0.1ml，0.2ml，5mlが分取できるものを使用する）

・試験管ミキサー

・タイマー

・分光光度計などの吸光度測定機能をもつ分析機器（シッパー機能を備えた機器を使用する）

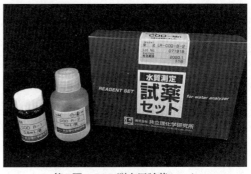

第1図　COD測定用試薬セット

(3) グルコースを用いた検量線の作成

本手法では，絶乾土水振とう抽出液のCODを，グルコース標準液を用いた検量線により定量する。グルコースのCODは理論上$1mg/l=1.0657mgO/l$であることから，これを用いて終濃度で$0～8mgO/l$の範囲で検量線を作成する。

本手法で採用した吸光度の測定波長（525nm）では，CODの増加に伴い液の赤色が退色し吸光度が低下するため，検量線は右肩下がりの直線となる（第2図）。検量線の作成範囲を終濃度で$0～8mgO/l$としたのは，本手法の測定条件では，グルコースのCODが$8mgO/l$を上まわる場合には吸光度の低下が緩やかとなり，検量線が直線的にならないことを確認したためである。

具体的な測定例として，筆者らが通常の測定で実施するグルコースを用いた検量線の作成方法を以下に示す。

1) $10,000mg/l$グルコース溶液を調製する。
（例：グルコース$0.100g$を蒸留水$10ml$に溶解する）

2) 理論値から$50mgO/l$グルコース溶液となるよう，$10,000mg/l$グルコース溶液を希釈する。
（例：$10,000mg/l$グルコース溶液$0.1ml$に蒸留水$21.215ml$を添加する）

3) $50mgO/l$グルコース溶液を用いて，終濃度で$0～8mgO/l$の検量線を作成する。
（例：第1表に記載したとおり，測定に使用する試験管に$50mgO/l$グルコース溶液および蒸留水を添加する。検量線の作成例は第2図のとおりである）

(4) 分析フロー

本手法の分析フローを第3図に示した。

実際の測定では，必要な本数の試験管を準備し，蒸留水と抽出液あるいはグルコース溶液をあわせて$4.7ml$となるよう分取する。抽出液の添加量を$0.1～0.2ml$とすることで，大半の試料が作成する検量線の範囲内に収まるものと考えられるが，可給態窒素が低すぎる，または高

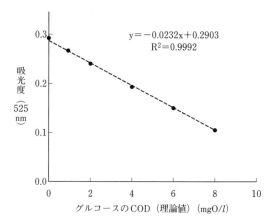

第2図 グルコースを用いた検量線の作成例

第1表 グルコースを用いた検量線の調製例

終濃度（mgO/l）	0	1	2	4	6	8
50mgO/lグルコース溶液	0	0.1	0.2	0.4	0.6	0.8
蒸留水	4.7	4.6	4.5	4.3	4.1	3.9
R-2試薬	0.2	0.2	0.2	0.2	0.2	0.2
R-1試薬	0.1	0.1	0.1	0.1	0.1	0.1
合計（ml）	5.0	5.0	5.0	5.0	5.0	5.0

すぎる場合には，抽出液の添加量を適宜加減する必要がある。

次いで，すべての試験管にR-2試薬$0.2ml$を添加し，試験管ミキサーでよく撹拌する。この操作までを事前に行なっておくことで，以降の操作を効率的に進めることができる。

反応時間が正しく判断できるよう，反応を開始する前にタイマーを用意し，R-1試薬$0.1ml$を添加すると同時にタイマーをスタートさせ，直ちに試験管ミキサーで撹拌する。以降は，15～30秒程度の間隔で，R-1試薬の添加および撹拌を繰り返す。R-1試薬を試験管に添加したさい，液中で試薬が均一に拡がらない事例がしばしば見られることから，反応の条件を整える意味でも，試薬を添加したあとには直ちに撹拌し，試薬を液全体に均一に拡げる必要がある。

分析操作1サイクル当たりの測定試料点数（検量線を含む）は，R-1試薬を添加する間隔により変わる。15秒間隔の場合は約100点，20秒間隔の場合は約75点，30秒間隔では約50点の試料が，分析操作1サイクルで測定可能であ

土壌診断・微生物診断と減肥

```
簡易・迅速評価法による抽出
```

水田土壌：絶乾土25℃1時間水振とう抽出（東ら，2015）
（畑土壌：風乾土80℃16時間水抽出（上薗ら，2010））

```
簡易・迅速評価法抽出液のCODの測定
（分光光度計とCOD測定用試薬セットを組み合わせた手法）
```

【試薬】
　R-1試薬（試薬セット付属のR-1試薬をそのまま用いる）
　R-2試薬（試薬セット付属のR-2試薬をそのまま用いる）
【測定方法】
1. 15ml容試験管に蒸留水4.5〜4.6mlを加える ┐すべての試料について
2. 簡易・迅速評価法抽出液0.1〜0.2mlを加える │事前に操作を行なう
3. すべての試料にR-2試薬0.2mlを加え，撹拌する ┘
4. R-1試薬0.1mlを加えて撹拌し，発色を開始する ┐一定の間隔（15〜30秒）
5. 正確に30分間反応後，525nmの吸光度を測定する ┘で操作を行なう

　蒸留水と簡易・迅速評価法の抽出液は，合計で4.7mlとなるように加える
　別途，同様の操作により，グルコースを用いたCODの検量線を作成し，抽出液のCODを求める
　グルコースを用いた検量線は，グルコースのCODの理論値（1mg/l＝1.0657mgO/l）をもとに，
　終濃度で0〜8mgO/lの範囲内で作成する
　操作は25℃程度の室温および液温にて行ない，反応時間は順守する

```
可給態窒素の算出
```

水田土壌の回帰式から，可給態窒素を算出する
（畑土壌の回帰式から，可給態窒素を算出する）

第3図　分析フロー

簡易・迅速評価法抽出液のCOD（mgO/100g）
　＝　検量線から求めたCOD（mgO/l）
　　　×5（ml）/測定に使用した抽出液の量（ml）[1]
　　　×100（g）/3（g）[2]
　　　×（50＋5）（ml）/1,000（ml）[3]

第4図　乾土100g当たりのCODへの換算式
[1] 希釈倍率
[2] 絶乾土水振とう抽出に用いた乾土重（3g）を乾土100g当たりに換算する係数
[3] 絶乾土水振とう抽出に用いた溶媒量（水50ml＋10％硫酸カリウム溶液5ml）を1l（1,000ml）当たりに換算する係数

る。

R-1試薬の添加から正確に30分間反応させた後，分光光度計などの分析機器で525nmの吸光度を測定する。このさい，R-1試薬の添加と同一の間隔で吸光度測定を繰り返すことにより，個々の試料の反応時間を正確に30分間とすることができる。

(5) 可給態窒素の推定

検量線から求めた絶乾土水振とう抽出液のCOD値（mgO/l）をもとに，第4図の換算式により乾土100g当たりのCOD値（mgO/100g乾土）を算出する。

水田土壌可給態窒素の場合，第5図に示したように絶乾土水振とう抽出液のCODと可給態窒素の間には強い正の相関が認められ，TOCによる推定とおおむね同等の精度で，CODによる可給態窒素の推定が可能であることを確認している。この回帰式を用いて，算出したCOD値をもとに可給態窒素を求める。

なお，測定時に絶乾土水振とう抽出液0.2mlを添加し，グルコースを用いた検量線を0〜8mgO/lの範囲で作成した場合には，40mg/100g程度までの水田土壌可給態窒素が推定可能である。

＊

本手法はTOCの分析装置が整備されていなくても，分光光度計や吸光度測定の機能をもつ分析装置を所有する分析機関などであれば活用が可能である．近年では，土壌分析機関などで広く活用されている土壌・作物体総合分析装置（富士平工業株式会社製，SFP-4i）に，新規分析項目として本手法が採用されており，より広範な活用が期待できると考えている．

なお，本手法は水田土壌可給態窒素の迅速評価法である絶乾土水振とう抽出法（東ら，2015；農研機構中央農業研究センター，2016）を用いた手法であり，オーブンによる乾熱処理や不振とう抽出法を組み合わせた簡便な抽出法（野原ら，2016；農研機構中央農業研究センター，2016）については，別途抽出液のCOD値と可給態窒素との回帰式を求める必要がある．

また，本手法は畑土壌可給態窒素の簡易・迅速評価法にも同様に適用が可能である．畑土壌可給態窒素を推定するための回帰式などの詳細については，「野菜作における可給態窒素レベルに応じた窒素施肥指針作成のための手引き」（適正施肥技術コンソーシアム，2020）を参照していただきたい．

執筆　和田　巽（岐阜県農業技術センター）

2021年記

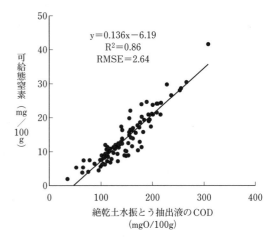

第5図　絶乾土水振とう抽出液のCODと可給態窒素との関係

参考文献

阿部倫則・佐々木次郎・金澤健二・駒田充生・高橋茂．2018．デジタル画像解析によるCOD簡易比色キット測定値の定量とそれを用いた絶乾土水振とう抽出法による水田土壌可給態窒素含量の推定．土肥誌．**89**，317—320．

東英男・上薗一郎・野原茂樹・高橋茂・加藤直人．2015．水田土壌の湛水培養無機化窒素量の特徴とその簡易迅速評価法の開発　第2報　絶乾土水振とう抽出有機態炭素量による水田風乾土可給態窒素の迅速評価．土肥誌．**86**，188—197．

株式会社共立理化学研究所．2020．スマートパックテスト．https://kyoritsu-lab.co.jp/smartpacktest

金澤健二・高橋茂・駒田充生・加藤直人．2011．簡易吸光度計を用いた畑土壌可給態窒素の定量分析．中央農業総合研究センター研究成果情報．

野原茂樹・高橋茂・東英男・加藤直人．2016．日本の水田土壌の湛水培養無機化窒素量の特徴とその簡易迅速評価法の開発　第3報　オーブンによる乾熱処理と不振とう水抽出およびCOD簡易測定による水田土壌の風乾土培養可給態窒素の簡易迅速評価法．土肥誌．**87**，125—128．

農研機構中央農業研究センター．2016．水田土壌可給態窒素の簡易・迅速評価マニュアル．https://www.naro.affrc.go.jp/publicity_report/publication/pamphlet/tech-pamph/062019.html

適正施肥技術コンソーシアム．2020．野菜作における可給態窒素レベルに応じた窒素施肥指針作成のための手引き．https://www.naro.affrc.go.jp/publicity_report/publication/pamphlet/tech-pamph/134396.html

上薗一郎・加藤直人・森泉美穂子．2010．80℃16時間水抽出液のCOD簡易測定による畑土壌可給態窒素含量の迅速評価．土肥誌．**81**，252—255．

和田巽・東英男・野原茂樹・棚橋寿彦・高橋茂・加藤直人．2017．日本の水田土壌の湛水培養無機化窒素量の特徴とその簡易迅速評価法の開発　第4報　分光光度計とCOD測定用試薬セットを組み合わせた手法による水田土壌可給態窒素の簡易迅速評価．土肥誌．**88**，124—128．

水田土壌の可給態チッソの簡易・迅速推定法—デジタル画像化したCOD簡易比色値による推定—

(1) 可給態チッソ含量の短時間,効率的推定が可能に

水田土壌の可給態チッソは,イネの生育に大きく影響するため,土壌肥沃度の重要な指標になっている。しかし,その測定には風乾土を30℃で4週間湛水培養しなければならず(土壌標準分析・測定法委員会,2003),手間と時間を要するため,生産現場では可給態チッソの分析はほとんど行なわれていないのが現状である。

水田土壌の可給態チッソを簡易・迅速に評価する方法については,これまでさまざまな検討が行なわれている。近年,絶乾土水抽出と化学的酸素要求量(COD)の簡易測定キットである「パックテスト®COD」(株式会社共立理化学研究所,以下,パックテスト)を用いる方法が開発され(東ら,2015;野原ら,2016),「水田土壌可給態窒素の簡易・迅速評価マニュアル」(国立研究開発法人農業・食品産業技術総合研究機構中央農業総合研究センター土壌肥料研究領域)としてホームページ上で公開されている(https://www.naro.go.jp/publicity_report/publication/pamphlet/tech-pamph/062019.html,2024年3月現在)。

この方法は,絶乾土に水を加え,1時間水振とう後にろ過する(絶乾土水振とう法)か,30回手で転倒撹拌,静置後にろ過し(絶乾土水不振とう法),パックテストを用いて測定したろ液のCOD簡易比色値(以下,COD値)で可給態チッソ含量を推定するものである。これにより,4週間の湛水培養を省略できるほか,TOC計や分光光度計といった高価な分析機器が不要になるため,生産現場への普及が期待されている。

しかし,パックテストは,発色後,目視によってチューブ内の液色を確認し,同梱された標準色板と見比べてCOD値を判断するため,測定値に個人差が反映されて誤差を生じやすい。また,パックテストの標準色は7色のみのため,液色が標準色と標準色の間にある場合は,正確にCOD値を判断することは困難である。

そこで,今回,目視のかわりにコンパクトデジタルカメラで撮影した画像を用いて,チューブ内の液色からCOD値を数値化する方法が開発され(阿部ら,2018),前述の絶乾土水振とう抽出法と組み合わせることによって,水田土壌の可給態チッソを精度高く効率的に推定することが可能になったので,その詳細について解説する。

(2) 可給態チッソ含量の簡易・迅速推定方法

①推定方法の概要

本分析法は,絶乾土水振とう法の抽出液を吸引して発色させたパックテストのチューブ(以下,発色チューブ)を,付属の標準色板と一緒にデジタルカメラ(以下,デジカメ)で撮影し,その画像の発色チューブと標準色のRGB値からCOD値を算出して,土壌の可給態チッソ含量を推定するものである。

撮影した1枚の画像の,COD濃度0〜20mg/lの5点の標準色のR値からG値を差し引いた値(以下,R-G値)は,それぞれのCOD濃度と有

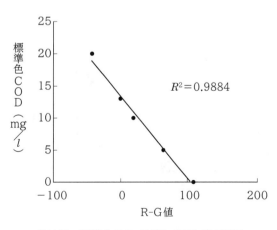

第1図 標準色のR-G値とCOD値の関係
(阿部ら,2018から引用)
COD値は標準色板に記載された値

意な負の相関関係にある（第1図）。このとき，R-G値を説明変数（X），COD濃度を目的変数（Y）とした一次回帰式を用いて，Xに発色チューブのR-G値を代入して得られる値（Y）に抽出液の希釈倍率を乗じることで，目視によらない精度の高いCOD値（以下，COD^{R-G}値）を得ることができる。

一方，COD^{R-G}値と水田土壌の可給態チッソ含量（mg/100g）との間にも有意な正の相関関係が成り立ち，COD^{R-G}値を説明変数（X），可給態チッソ含量を目的変数（Y）とする次の回帰式が得られる（阿部ら，2018）。

$Y = 0.15X - 3.83$

このXにCOD^{R-G}値を代入すれば，高い精度で可給態チッソ含量の推定値を得ることができる（第2図）。

具体的な手順は次のとおりである。

＊

RGB値とはコンピュータなどで色を指定する一方式。赤，緑，青の三原色の各色の強度を0〜255までの整数で表わし，その整数を組み合わせて色を指定する。RGBは赤（Red），緑（Green），青（Blue）の頭文字。

②推定の手順

・絶乾土水抽出液の振とう抽出

まず，風乾土を105℃で24時間加熱し，絶乾土とする。

次に，絶乾土3gに蒸留水50mlを加え，25℃で1時間振とう後，10％硫酸カリウム5mlを加えて手で20回程度攪拌する。10分程度静置後，No.5BまたはNo.6のろ紙でろ過し，絶乾土水抽出液とする。

・パックテストによる発色

準備する器材など 5倍に希釈した絶乾土水抽出液，パックテスト（標準色板，チューブ），標準色板と発色チューブを立てるためのスタンドと輪ゴム，デジカメ，タイマー，ゴム手袋，ピンセットなど。

発色操作 希釈した抽出液をチューブの半分まで吸引し，軽く振り混ぜ，取扱い説明書に記載された既定時間（数分程度）発色させる。

・画像撮影とR値，G値の取得

室内照明を点灯し，標準色板とチューブが同時に写るよう，標準色板，チューブ，デジカメを配置し，発色時間になったらデジカメのシャッターボタンを押す（第3図）。

撮影した画像を，画像中のピクセルごとのRGB値（各0〜255の範囲）が取得できる画像解析ソフトで開き（第4図），標準色（0，5，10，13，20mg/lの5点）と発色チューブの発色液部分のR値とG値を表計算アプリに入力する。

・R-G値によるCOD値と可給態チッソ含量の推定

表計算アプリで標準色のR-G値とCOD濃度の回帰式を求め，得られた回帰式に発色チューブのR-G値を代入し，得られた値を5倍（希釈倍率）してCOD^{R-G}値とする。

最後に，COD^{R-G}値を次式に代入し，可給態チッソ含量とする。

可給態チッソ含量（mg/100g）＝$0.15 \times COD^{R-G} - 3.83$

③推定方法の留意点

・土壌サンプル抽出とパックテスト

土壌サンプルの抽出については，「水田土壌可給態窒素の簡易・迅速評価マニュアル」の「絶乾土水振とう抽出法」に準じて行なう。

パックテストの使用にあたっては，色の変化が速く，室内温度によって発色時間も異なるため，事前に室温を計測し，取扱い説明書に記載

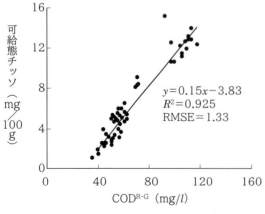

第2図 COD^{R-G}値と可給態チッソの関係
（阿部ら，2018を一部改変）

第3図　標準色板と発色チューブの撮影

第4図　画像解析ソフトによる標準色板と発色チューブのR値，G値の取得

された発色時間を正確に守る必要がある。

また，抽出液の吸引時にチューブからひも状の栓を抜くとき，チューブの穴を素手で触ると，汚染によってCOD^{R-G}値を正確に測定できない可能性があるので，作業時にはゴム手袋の着用とピンセットの使用を推奨する。

・デジカメによる撮影

デジカメによる発色チューブの撮影は，太陽光の反射や光量不足によって画像が不明瞭になるのを防ぐため，室内照明条件でフラッシュを使用せずに行なう。また，撮影条件を一定にするため，発色チューブの液面の背景が標準色板の余白部分になるよう，標準色板に固定して撮影する（第3図参照）。

なお，標準色のR-G値とCOD濃度の回帰式は撮影条件によって異なるので，発色チューブは必ず標準色板と一緒に撮影し，画像ごとに回帰式を得る必要がある。

画像サイズは，幅約5,200ピクセル，高さ約3,900ピクセル（約2千万画素），ファイルサイズは4～5MBを目安とする。

・画像解析ソフトについて

本分析法の検討では，画像のRGB値を取得するために使用した画像解析ソフト（アプリ）は「Color Picker」（株式会社ウィンシステム）であるが，画像上の指定した位置のRGB値が取得できれば種類は問わず，たとえばWindows標準アプリ「ペイント」でもRGB値の取得は可能である。

・分析の費用

分析に要するおもな費用は，2千万画素のデジカメは3～5万円程度，パックテストは1回約101円（税込価格5,060円／50回分）であり，「Color Picker」は無料で入手可能である（2024年3月現在）。

・可給態チッソ含量が16mg/100g以上の場合

なお，本分析法の検討に供試された土壌サンプルは，可給態チッソ含量が16mg/100g以下であったため，サンプルの可給態チッソ含量がこれより高い場合には，推定精度が低下する可能性があるので，COD^{R-G}値と可給態チッソ含量の関係について再検討が必要である。

(3) 可給態チッソ含量の簡易・迅速推定法の活用場面

宮城県では，水田土壌の可給態チッソ含量が8～12mg/100gを「土つくりの目標値」として設定している。

しかし，近年では田畑輪換によるダイズ作付け頻度が増加したり，家畜糞堆肥の投入機会が減少しており，可給態チッソ含量が目標値8mg/100gを下回る圃場が増加しているとの報告がある（石川ら，2022）。また，東日本大震災による被災水田では，復旧に伴う客土によって，土壌肥沃度が大きく低下した圃場の技術対策も課題である。

第1表　土壌群別の堆肥施用量の目安

土壌群	堆肥施用量（t/10a）
黒ボク土	1.0～1.5
灰色低地土	1.0～1.5
グライ土	1.0～1.2
黒泥・泥炭土	0.8～1.0

注　イナワラやモミガラ主体堆肥の施用量を示す

第2表　ひとめぼれ元肥量の土壌群別目安

土壌群	元肥成分量（kg/10a）		
	チッソ	リン酸	カリ
黒ボク土	3～5	8～10	8～10
灰色低地土	4～6	7～8	7～8
グライ土	3～5	7～8	7～8
黒泥・泥炭土	3～5	8～10	8～10

これらの圃場では，土壌肥沃度の評価が重要になるため，本分析法により可給態チッソを簡易・迅速に推定できることは非常に意義がある。

たとえば，推定した可給態チッソ含量が目標値8mg/100gを下回る場合は，堆肥など有機物を積極的に施用し，土つくりを行なうことが必要になる。第1表に，宮城県での土壌群別の堆肥施用量の目安を示した。目標値を下回らないように毎年この目安の量を施用する。

さらに，圃場の可給態チッソ含量を継続的に把握し，その増減に応じて元肥チッソ施用量を増減したり，圃場間の可給態チッソ含量を比較し，圃場ごとに適切な元肥チッソ施用量を決定することにも利用できる。また，第2表に示した'ひとめぼれ'の元肥量の目安を用いて，圃場ごとの可給態チッソ含量に応じた元肥チッソ施用量の決定に利用することもできる。たとえば，灰色低地土の圃場で，可給態チッソ含量が目標値である8～12mg/100gを下回る場合には，灰色低地土の元肥チッソ施用量4～6kg/10aでは，'ひとめぼれ'の収量目標550kg/10aが得られない可能性が高いので，増肥が必要と判断される。

本分析法は，比較的入手しやすい資材を用いており，試薬の調製も10％硫酸カリウムのみであり，なによりも短期間で可給態チッソの分析が可能なので，多くの方にご活用いただきたい。

執筆　小野寺博稔（宮城県古川農業試験場）

2024年記

参考文献

阿部倫則・佐々木次郎・金澤健二・駒田充生・高橋茂．2018．デジタル画像解析によるCOD簡易比色キット測定値の定量とそれを用いた絶乾土水振とう抽出法による水田土壌可給態窒素含量の推定．土肥誌．**89**，317―320．

東英男・上薗一郎・野原茂樹・高橋茂・加藤直人．2015．水田土壌の湛水培養無機化窒素量の特徴とその簡易迅速評価法の開発　第2報，絶乾土水振とう抽出有機態炭素量による水田風乾土可給態窒素の迅速評価．土肥誌．**86**，188―196．

土壌標準分析・測定法委員会．2003．土壌標準分析・測定法．博友社．

石川亜矢子・島秀之・横島千剛・宮本武彰・金澤由紀恵・鷲尾英樹・小山倫子・若嶋淳子・瀧典明．2022．宮城県における水田土壌化学性の推移．宮城県古川農業試験場研究報告．**16**，1―10．

野原茂樹・高橋茂・東英男・加藤直人．2016．日本の水田土壌の湛水培養無機化窒素量の特徴とその簡易迅速評価法の開発（第3報）オーブンによる乾熱処理と不振とう水抽出およびCOD簡易測定による水田土壌の風乾土培養可給態窒素の簡易迅速評価法．土肥誌．**87**，125―128．

有機栽培の土壌分析は体積法で

執筆　小祝政明（㈱ジャパンバイオファーム）

同じ土なのに分析依頼先で数値が違う？

「土を分析したら"肥料は十分にある"と結果が出た。しかし、目の前の作物は苦土欠が出ている。"石灰も十分にある"といわれていたのに、石灰欠乏から腐敗を起こしやすくなって長期貯蔵ができなかった」。現場を回っていると、そんな事例に数多く遭遇します。

作物をつくるうえで土壌分析が必要なことはいうまでもありませんが、「分析をして施肥設計をしたにもかかわらず、なかなかよい結果が出なかった」という話をよく耳にします。私はこの仕事に就き、約20年が過ぎましたが、実際にこのような場面に出くわしたことが幾度となくありました。

作物栽培は地域、季節、土壌の三相（物理性、生物性、化学性）が相互的に合致したときによい結果が出るわけで、そのどれか一つでもバランスを崩しては、よい結果は出ません。栽培環境の良否を判断するのに、一部の要素である化学性・土壌分析だけに偏ってしまっては不十分です。全体を把握しなければなりません。

しかし、「同じ土を違うところに分析を依頼したら数値が違った。どれを信用していいのかわからない」などの声をよく耳にします。これは、栽培環境の不十分な把握とは異なる問題です。そこで、今回は土壌分析に話を絞って私の見解を述べます。

土の比重が変われば分析値も変わってしまう

なぜ、同一土壌にもかかわらず、分析数値が違ってくるのでしょうか？　実際に20検体の土を2通りの分析機器にかけて出た苦土の分析値をみると、約2倍の数値になっていることがあります（第1表）。実際に私が経験した何千にも及ぶ分析の結果からも同様のことが起こっていました。

では、これは各分析機の違いや抽出法、発色、吸光、そのほかもろもろの要因で起こるのでしょうか？　いえ、そうではありません。それらは公定法にもとづいて調整されていますので、大きな違いは生じません。どこに原因があるのでしょうか？

土壌分析の数値は「mg/100g」という単位で表示されていることを皆さんはご存知でしょうか。これは「100gの土の中に何mg（1,000分の1g）の肥料があるのか」ということです。

ここで、ある実験をします。同一の土壌（比重1、つまり1g/cc）に、A区は肥料を単位面積当たり100mg散布します。B区はその土壌にモミガラを混ぜて比重を0.5に設定したあ

第1表　同じ土を異なる分析機器にかけて出た苦土の分析値

単位 試料	重量法 mg/100g	体積法 mg/100cc
1	46.5	25
2	58.8	30
3	50.6	30
4	40.3	20
5	27.5	15
6	62.1	35
7	37.4	25
8	61.3	25
9	43.1	25
10	77.8	35
11	64.6	30
12	57.8	30
13	55.1	30
14	46.2	25
15	47.5	25
16	59.8	25
17	33.5	20
18	71.3	30
19	45.8	30
20	29.6	15
平均値	50.83	26.25

注　重量法（SFP-3法）は風乾土、体積法は生土で分析

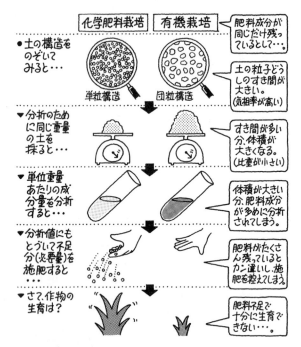

第1図　重量法による土壌分析の失敗パターン

と、同じ面積で同じ量の肥料を散布します。
　これを分析にまわすと、どちらも100gの乾燥した土壌が必要なので、A区は100cc、B区は土の重さが半分なので200ccの土が必要になります。つまり、B区のほうは2倍量の土が分析されることなり、土の中の肥料の量は、もしA区が100mg/100gだった場合、B区は200mg/100gという結果となってしまいます。

有機農業では土壌中に気相が多くなる

　堆肥、有機肥料などを施肥することにより、土壌団粒が形成され、気相（空気の相）が増加すると、比重がより軽くなる傾向が生じます。つまり有機栽培に近づけば近づくほど、分析値は大きくなる傾向が出てしまうということです。
　「比重を考慮して、逆算すれば正確な分析ができるではないか？」との意見もあるでしょう。しかし、土は分析する前にふるいにかけるため、ふるう前とふるったあとでは気相が大きく変化します。ふるいにかけたあとで、ふるいにかける前の実質比重を求めることは不可能ですから、逆算も不可能です。
　根は「根のまわりにどのくらいの濃度（mg/cc）の肥料があるか」で過剰症が出たり、欠乏症が出たりします。つまり「土の重量に対して」ではなく、「1本の根が触れている土の体積に対して」どのくらいの肥料があるかが重要ということです。これは土壌が濡れている場合でも同じです。一定体積中の肥料の量は土壌の乾湿によっても変化しないからです。
　つまり、農業が土壌中に腐植の少ない化学肥料栽培から、堆肥や有機肥料を使って腐植が多くなる環境保全型に移行しつつある今、分析法も重量法から体積法（容積法）へ移行しなければならないということでしょう。
　実際、この体積法による分析器が「Dr.ソイル」（後継器材「農家のお医者さん」）という製品名で日本で（弊社でも）販売されていることも、あわせてお知らせしておきます。

（『現代農業』2004年5月号「今の土壌分析は間違っている！　分析は重量法でなく、体積法でなければならない」より）

SOFIX（土壌肥沃度指標）による農地診断および施肥設計

(1) SOFIX（土壌肥沃度指標）の開発の経緯

　20世紀，革新的な科学技術が多方面にわたり出現した。エネルギー分野では，木材，鯨油，植物油などのバイオマス資源から，化石燃料である石油や石炭がエネルギーの中心となり，産業構造が大きく変わった。農業分野においても，石油やリン鉱石などの地下資源を原料として化学的に肥料を製造する新技術が開発され，化学肥料や農薬をつくる産業が出現した。これら科学技術の進歩により，農産物の収穫量は飛躍的に増え，人類は物質的な豊かさを享受できるようになった。その反面，化学肥料の環境流出や残留農薬などの生態系に及ぼす影響により，環境負荷や人への影響が増大した。また農産物の安全性の問題など，近年，負の側面が顕著化してきたのは間違いない。

　筆者らは，微生物を使い環境中に残留する化学物質の除去を行ない，環境浄化をする研究を行なってきた。石油の使用増大に伴い，世界中に広がる石油汚染土壌の浄化は，人手による除去や石油を用いて汚染土壌中の石油を燃焼させ浄化する，物理的処理が主流であった。しかし燃焼による浄化後の土壌は，汚染していた石油の除去だけでなく，土壌に含有していたすべての有機物や微生物が燃焼してしまうため，浄化された土壌にもかかわらず，植生の回復には2年近くも要した。

　石油で汚染された土壌を環境負担が少ない形で生物浄化をするため，自然環境から石油を分解する特殊微生物を多数分離してきた。これらの微生物を用いて，石油汚染土壌を浄化するバイオレメディエーション（微生物を用いた環境浄化技術）に取り組み，微生物の機能を用い環境負荷の少ない石油汚染土壌の浄化が可能となった。

　強力に石油を分解する微生物を土壌に投与すると，石油分解微生物が増殖し石油を分解する。しかし，石油分解微生物を投与しても石油分解微生物が増殖せず，石油を分解できない土壌があることが認められた。その後の研究から，石油分解微生物を効率よく増殖させ，それらの石油分解能を機能させるためには，土壌の肥沃度を向上させることが必須であることがわかった。これが土壌肥沃度向上の研究・開発のきっかけとなり，その後，環境微生物とその動きを指標とし，土壌の生物状況を正確に把握する技術である，「土壌肥沃度指標（Soil Fertility Index：SOFIX）」へ発展した。

　石油汚染土壌の浄化のために開発された土壌微生物の活性化手法であるSOFIXは，なぜ農業分野に展開されるようになったのか。

　欧米を中心として，環境負荷の少ない農業，有機農業への移行がかなりのスピードで進んでいる。日本では，欧米諸国に比べると有機農産物への意識はまだ低いが，有機農法や有機農産物の需要が高まっていることは間違いない。このような背景から，農業関係者より「農地の総細菌数を調べてほしい」「再現性のある有機農業とは」といった質問や問合わせが増えてきたことが，SOFIXの農業分野へ展開のきっかけとなった。

　農業分野では，微生物を増やすだけでなく，植物に適切な肥料供給を併せて考えていかなければならない。そこで，植物の生長に必須な「窒素」「リン」，そして「カリウム」の循環と微生物の研究を始めた。最終的に，従来から土壌分析で行なわれている化学指標や物理指標と併せ，新たに開発した「生物指標」の計19項目を解析する土壌肥沃度解析技術「SOFIX」が完成した（第1図）。土壌の肥沃度を的確に知り，そしてそれらの情報にもとづき確実に土壌改善・改良を可能とする「新しい土壌改善技術」に発展した。

第3部　有機農業の共通技術

```
化学性
  1. 硝酸態窒素
  2. アンモニア態窒素
  3. 交換性カリウム
  4. 可給態リン酸
  5. EC値
  6. pH
≪肥料成分量の情報≫
```

```
土壌バイオマス評価
  7. 全炭素量（TC）
  8. 全窒素量（TN）
  9. 全リン量（TP）
 10. 全カリウム量（TK）
 11. C/N比
 12. C/P比
≪土壌中の有機物量の情報：
  不足成分が明確になる≫
```

```
環境バクテリア量
（Environmental DNA；eDNA）
 13. バクテリア数
≪有機物の分解にかかわる情報≫
```

```
窒素循環評価
 14. アンモニア酸化活性
 15. 亜硝酸酸化活性
 16. 窒素循環活性
≪有機物から窒素供給の情報≫
```

```
リン循環評価
 17. フィチン酸分解活性
≪有機物からリン供給の情報≫
```

```
物理性
 18. 含水率
 19. 最大保水容量
```

第1図 SOFIX（土壌肥沃度指標）分析項目

(2) SOFIX分析における各項目の意味

SOFIX分析は，生物性を中心とし，化学性および物理性の19項目を測定し，土壌肥沃度を判断する。以下に各項目の意味を示す。

①総細菌（バクテリア）数

SOFIX分析において総細菌数の解析は，もっとも重要な分析項目の一つである。農地中には多くの微生物が生息しているが，微生物のなかでも細菌の数がもっとも多い。通常の農地では $1 \times 10^8 \sim 1 \times 10^{10}$ cells/g-土壌（1億〜100億個/g-土壌）程度の細菌が存在している。一方，土壌中の糸状菌（カビ）はバイオマス量としては多いが，細菌に比べ糸状菌数は1/1,000（1×10^6 cells/g-土壌）程度であり，糸状菌数としては少ない。

農地中において，2×10^8 cells/g-土壌（2億個/g-土壌）以上の総細菌数を示せば物質循環は動き，総細菌数が増えていけばその動きや活性はより活発になる。逆に，2×10^8 cells/g-土壌を下まわると，物質循環が滞り，検出限界以下（N.D., 6.6×10^6 cells/g-土壌以下）になると，ほとんど循環系が機能しなくなる。

これまでの研究から多くの農地では，およそ 6.5×10^8 cells/g-土壌（6.5億個/g-土壌）以上の総細菌数をもつ農地では，窒素循環やリン循環などの物質循環が活発になることから，この総細菌数が農地肥沃度の目安になる。逆に検出限界以下（N.D.）の総細菌数を示す農地では，有機物量の不足やアンバランス，また土壌くん蒸剤（殺菌剤）や農薬の長期使用が疑われる。

②炭素関連──全炭素量（Total carbon：TC）

土壌中の全炭素は，おもに堆肥，植物残渣，落葉などの有機物であり，土壌の有機環境を知る指標となる。化学農業を行なっている農地・作土層の全炭素（TC）は，有機物の施用がほとんどないため徐々に減少してくる。したがって，有機農業を実施している農地・作土層の全炭素（TC）は，化学農業を行なっている農地・作土層よりも高い傾向となる。また森林や樹園地は，落葉・落枝の蓄積などが多いため全炭素（TC）は高くなる。

SOFIXの全炭素（TC）データベースから，畑の全炭素（TC）平均値は，約32,000mg/kg-土壌であり，水田の平均値約15,000mg/kg-土壌よりも高い。一方，樹園地の全炭素（TC）平均値は約23,000mg/kg-土壌であり，80,000mg/kg-土壌を超える圃場も珍しくない。これは，果樹などの落葉・落枝による全炭素（TC）の蓄積によるものと考えられる。

③窒素関連──全窒素量（Total nitrogen：TN），硝酸態窒素，アンモニア態窒素

土壌中の窒素源は，微生物の生育基質になるとともに，植物の生育に必須な多量要素を担う非常に重要な物質の一つである。全窒素（TN）は，有機態と無機態の窒素（N）を合計した量である。硝酸態窒素（NO_3^--N）とは，多くの植物に吸収される硝酸イオン（NO_3^-）中の窒素（N）の量を示しており，同様にアンモニア態窒素（NH_4^+-N）は，アンモニウムイオン（NH_4^+）中の窒素（N）量を示すものである。

有機肥料を適切に施肥している農地では，

1,000～2,000mg/kg-土壌の全窒素（TN）が含まれている。一方，化学農業では，窒素源として硫安などを使い100mg/kg-土壌程度を施肥するが，有機肥料を投入しないことから，全窒素（TN）の値は低くなる。

④リン関連——全リン量（Total phosphate：TP），可給態リン酸

土壌中のリン源は，植物の生育に必須な多量要素を担う非常に重要な物質の一つである。全リン（TP）は，有機態と無機態のリン（P）を合計した量である。土壌中での有機態リンは，多くがフィチン酸の形で存在している。一方，無機態のリンは，リン酸（H_3PO_4）であり，水を加えるとPO_4^{3-}となり水によく溶ける。

可給態リン酸とは，植物が利用できるリンの形態のことをいう。植物は水に溶けているリン酸を吸収して生長する。植物が生長していくと，根からシュウ酸などの有機酸（根酸）を分泌し，土壌のpHが変化することで，土壌などと吸着しているリン酸が遊離してくることがある。

⑤カリウム関連——全カリウム量（Total potassium：TK），交換性カリウム

土壌中のカリウムは，植物の生理的調整を担う必須な多量要素の一つである。カリウムは，光合成や炭水化物の蓄積に関連し，開花・結実に効果があり，また植物体において根や茎を大きくする働きがあるため，根肥ともよばれている。

SOFIXシートの全カリウム（TK）は，土壌中に含まれているカリウムの総量である。有機態のカリウムは，土壌中にも生体中にもほとんど存在しない。また，生体内の細胞質や液胞中において，カリウムは不溶性の塩をつくらず，水溶性の無機塩や有機酸の塩を形成しイオンとして動いている。このようにカリウムは，窒素やリンと違い，細胞が破砕されることにより，容易にカリウムイオンとして抽出される。

交換性カリウムは，土壌に吸着したカリウムのことを意味し，植物が吸収できる形態である。交換性カリウムと水溶性カリウムは平衡関係にあるため，全カリウムと交換性カリウムの各量がわかれば，水溶性カリウム量を推定することができる。

⑥窒素循環関連

SOFIXの窒素循環活性は，微生物活性を考慮した新しい評価方法である。この手法では，硝化反応を担う「アンモニア酸化微生物」と「亜硝酸酸化微生物」の活性（それぞれアンモニア酸化活性と亜硝酸酸化活性）を解析し，さらに総細菌数を組み合わせて窒素循環を解析・評価している。

窒素循環活性の点数化は，総細菌数が2×10^8cells/g-土壌以下で0点，そして6×10^8cells/g-土壌またはそれ以上の菌数で100点をつける。アンモニア酸化活性および亜硝酸酸化活性も同様に0～100点で評価し，レーダーチャートの面積から窒素循環活性を点数化する。大きな三角形は窒素循環活性が高いことを示し，レーダーチャートの三角形を見ると直感的に窒素循環活性の大小を認識できる。

⑦リン循環関連

有機農業において，土の中のリンの流れは，窒素循環とともに非常に重要である。土壌中の有機態リンは約80％がフィチン酸であるため，リン循環活性測定の基質はフィチン酸を用いる。水分量を整え，一定期間，室温に置くと，土壌中に生息している微生物が産生するフィターゼ（フィチン酸分解酵素）により，フィチン酸は分解されリン酸を生成する。

リン循環により生成したリン酸は，土壌中のミネラル分であるカルシウム（Ca），鉄（Fe），そしてアルミニウム（Al）と化学結合して不溶性の塩を形成する。生成したリン酸は，土壌中のミネラル量と土壌pHにより大きく影響を受ける。この場合，土壌pHにより化学結合の度合いが異なってくる。新規に開発したリン循環活性は，有機物と微生物からリン酸が生成され，その後ミネラル成分や土壌pHからリン酸とミネラルの化学吸着を考慮して，植物が吸収できるリン酸の生成量からリン循環活性を評価するものである。

土壌中に微生物が豊富に存在する土壌環境では，有機態リンをよく分解し，多量のリン酸が

生成する。しかし，土の中にミネラル分が多く存在し，土壌pHがアルカリ性域または酸性域に偏ると，リン酸とミネラルが化学結合してしまう。その結果，リン循環活性の点数が低くなる。一方，ミネラル分が少ない土壌ではリン循環活性の点数が高くなる。

微生物が多く，また土壌中に有機態リンが多く存在しているにもかかわらず，リン循環活性値が低い土壌の場合，土壌pHがアルカリ性域か酸性側域にシフトしていることや，ミネラル成分が過多になっていることが考えられる。逆に，リン循環活性が100点に近い場合は，ミネラル成分が不足していることが多い。土壌中に適度にミネラル分が存在し，微生物が豊富に存在する土壌では，リン循環活性点が20〜80点の範囲になる。リン循環活性のデータからは，リン循環活性だけでなく，土壌中のミネラル量を予想することができる。

⑧ C/N比

C/N比は，土壌中の全炭素（TC）を全窒素（TN）で割った数値であり，窒素量に対する炭素量の割合を示している。窒素はタンパク質の成分であり，土壌中の微生物の生育にも不可欠である。微生物のなかでも細菌は，その生育において有機態の窒素を要求するため，窒素源の供給が生育に直結する。土壌環境中への窒素の投入は，タンパク質成分を多く含んだ資材，たとえば大豆かす，油かす，および魚粉などが効果的である。

また，土壌環境中の炭素と窒素の比率であるC/N比により，微生物中の細菌と糸状菌（カビ）の生育割合が変わってくる。具体的には，C/N比が10〜25程度であれば細菌が優勢になり，25を超える土壌環境では糸状菌の割合が多くなってくる。C/N比が25を超える炭素量が多い土壌環境では，糸状菌の生育に適した環境になる。植物病害は，*Fusarium*属などの糸状菌によるものが多い。C/N比が高くなるとこれらの糸状菌の繁殖が旺盛になるため，気をつけなければならない。

⑨ C/P比

C/P比は，土壌中の全炭素（TC）を全リン（TP）で割った数値であり，リン量に対する炭素量の割合を示している。C/P比は，C/N比ほど植物生長や微生物の動きに敏感に反応しないが，植物へのリン供給の指標になる。有機農業においてC/P比が高い場合，有機物のリンの割合が少ないことを意味し，リン循環活性の低下を引き起こす。土壌中のリン循環活性を適切に保つためには，まずC/P比と全リン量を適切に管理することが重要である。

⑩ pH

土壌pHは，植物の生育だけでなく，土壌微生物の生育，リンやミネラル成分の供給において重要な因子である。

植物生長において，弱酸性のpH6.5前後で一般的に生育が良好であるが，茶樹やブルーベリーのような酸性土壌を好む植物がある。一方，アルカリ性を好む植物種は少ない。微生物の生育においては，好アルカリ微生物や好酸性微生物も存在するが，多くの微生物はpH6.5〜7.5の中性域で旺盛に生育する。化学肥料を連用することにより，土壌pHが酸性側に偏ることがしばしば認められる。この場合，炭酸カルシウム，消石灰，苦土石灰，貝がら，くん炭など，カルシウムを含む資材を施用することで，酸性域に偏った土壌を中性域に戻すことができる。

⑪ EC

EC（Electrical conductivity，単位はdS/mまたはmS/cm）は，土壌中の電気伝導度を示すものである。電気伝導度は土壌中の電気の流れを示すもので，土壌中のイオン濃度の目安となり，数値が高いほど無機物（化学肥料や有機肥料中の無機成分）が多いことを意味する。

通常の土壌において，ECは硝酸態窒素との関連が強い。大まかな目安としてECが1dS/mであれば硝酸態窒素は250〜350mg/kg-土壌程度に相当する。化学肥料を施肥する場合，とくに窒素肥料を施肥するさいの目安になる。通常の農地のEC値は，0.2〜1.2dS/m程度である。

⑫ 含水率

含水率とは，土壌に含まれる水分の割合を示すものである。含水率には，重量基準と体積基準の含水率があるが，SOFIXで示している含

水率は重量含水率を示し，単位は％である。通常，含水率が20％以上で植物や微生物の生育には支障がでない。一方，含水率が15％以下になると，微生物の動きが著しく鈍る。土壌環境中の水分量は，含水率でおおよそ20〜30％が適切である。ただし，砂や粘土では最大保水容量が異なるため，注意が必要である。

⑬最大保水容量

最大保水容量は，土壌の物理性を示す指標である。土壌がどのくらいの水分を保持できるかを示し，単位はml/kg-土壌で表わされる。通常，400ml/kg-土壌以上を示す土壌は，保水性に優れている。砂質土壌系の最大保水容量は低く，黒ボク土系は高い傾向である。また同じ土質でも，有機物を施肥している農地の最大保水容量は高くなる。有機物が豊富で肥沃な土壌の最大保水容量は，1,000ml/kg-土壌を超える。このように，最大保水容量は有機物量により変化するため，農地の状況を把握する指標となる。

(3) SOFIX 分析および土壌診断の手法

①土壌の採取

診断したい農地土壌の作土層（表層から5〜15cm）を5か所採取し分析を行なう（第2図）。SOFIX分析は，微生物数や微生物活性など土壌の生物性を中心に分析するため，乾燥させない状態で土壌分析を行なう。採取した5か所の土壌は，分析センターで混合後，篩にかけ石などを除去したものを1サンプルとして扱い分析する（5か所の平均値として算出）。通常30a程度までは，5か所の土壌サンプリングを基本とし，農地面積が増えてきたら採取数を増やしていく。

② SOFIX 分析

SOFIX分析表の一例を第3図に示す。分析表は，「生物性に関する項目」と「化学性および物理性に関する項目」に分かれており，それぞれの測定項目には「推奨値」が記載されている。この推奨値は，畑，水田，樹園地で異なっている。化学性に関する項目は，一般的な分析

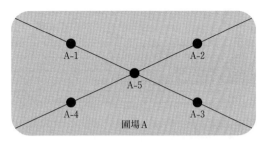

第2図　土壌サンプリング位置
A1〜A5の5か所の土壌をサンプリングする
サンプリングは表土から5〜15cm部分を行なう

手法に準じて行なわれ，乾燥土として表記しているが，生物性も考慮し水分を含む状態の値も併記している。

③ SOFIX パターン判定

SOFIX分析結果から土壌診断を行なうため，生物性を中心とした最重要な6項目の基準値（最低限必要な量）をもとに判断するパターン判定を実施する。第1〜3表に畑，水田，樹園地のパターン判定を示す。パターン判定の考え方は，有機土壌環境下において微生物活性による物質循環を考慮して判断している。もっとも重視している項目は細菌数であり，検出限界以下（N.D.）の場合は「D評価」，物質循環が機能しにくい細菌数である$2×10^8$cells/g未満の場合は「C評価」としている。逆に，6項目すべての項目において基準値を満たしている場合は，「特A評価」というように判断する（第4図）。

畑，水田，樹園地は土壌環境が異なるため，菌叢や要求する物質量が異なっている。それぞれの環境によってパターン判定の条件が違ってくるため，すべての農地が網羅できるパターン判定を作成した（第5〜7図）。この表には，各パターンの特徴を示している。

④有機資材の分析

農地を改善していくためには有機資材が必要であり，それらの成分を把握することが重要である。有機資材は，「発酵系有機資材」と「未発酵系有機資材」の大きく二つに分類される。発酵系有機資材は堆肥であり，未発酵系有機資材は油かすや骨粉などである。

第3部　有機農業の共通技術

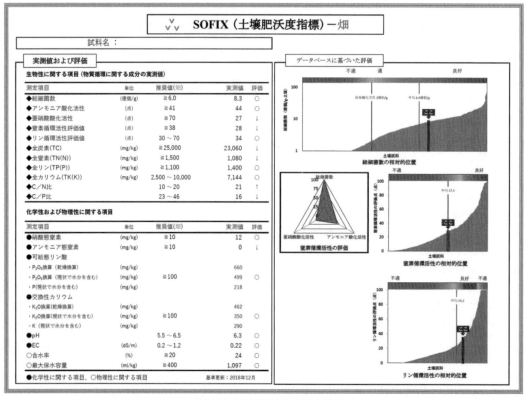

第3図　SOFIX分析結果の例

第1表　畑のSOFIXパターン判定基準値

項目	低い	適	高い
細菌数（億個/g）		≧2	
TC （mg/kg）		≧12,000	
TN （mg/kg）		≧1,000	
N循環 （点）		≧25	
P循環 （点）	<25	25〜80	>80
C/N比	<8	8〜27	>27

第3表　樹園地のSOFIXパターン判定基準値

項目	低い	適	高い
細菌数（億個/g）		≧4.5	
TC （mg/kg）	<15,000	15,000〜80,000	>80,000
TN （mg/kg）	<1,000	≧1,000	
N循環 （点）	<25	≧25	
P循環 （点）	<30	30〜80	>80,000
C/N比	<10	10〜27	>27

第2表　水田のSOFIXパターン判定基準値

項目	低い	適	高い
細菌数（億個/g）		≧4.5	
TC （mg/kg）		≧13,000	
TN （mg/kg）	<650	650〜1,500	>1,500
N循環 （点）		≧15	
P循環 （点）	<20	20〜60	>60
C/N比	<15	15〜30	>30

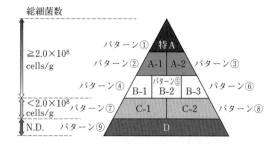

第4図　パターン判定にもとづく農地の評価（畑）

土壌診断・微生物診断と減肥

	項目	パターン 低い / 適 / 高い	判定	原因	土壌評価
1	細菌数 TC TN N循環 P循環 C/N比	全て「適」に✓	良好な有機土壌環境	非常にバランスのとれた有機環境土壌になっている。適切な管理により維持することが重要である。	《特A》
2	細菌数 TC TN N循環 P循環 C/N比	C/N比が「低い」●または「高い」★、他は「適」	基本的に良好な土壌環境であるが、有機物がやや蓄積傾向でバランスが悪い	全炭素量(TC)と全窒素量(TN)の比率が適切でない。C/N比を10～25の範囲に改善することが重要である。	《A-1》
3	細菌数 TC TN N循環 P循環 C/N比	P循環が「低い」●または「高い」★、他は「適」	基本的に良好な土壌環境であるが、リン循環が適正でない	下記のいずれかの原因が考えられる。 ・総細菌数は十分だが、ミネラル量が多い。 ・総細菌数は十分だが、ミネラル量が少ない。 ・総細菌数は十分だが、全リン(TP)が少ない。 ・総細菌数は十分だがリン循環を担っている細菌数が少ない。 ・pHが適正でない。	《A-2》
4	細菌数 TC TN N循環 P循環 C/N比	N循環「低い」✓	全炭素量(TC)・全窒素量(TN)は十分だが、物質循環活性が不適正	下記のいずれかの原因が考えられる。 ・微生物の働きが悪い傾向にある。 ・総細菌数は十分だが、全炭素量(TC)・全窒素量(TN)が少ない、またはそれらのバランスが悪い。 ・総細菌数・全炭素量(TC)・全窒素量(TN)は十分だが、以下の原因が考えられる。 　・pHが低い 　・水はけが悪い 　・ミネラルの過不足等	《B-1》
5	細菌数 TC TN N循環 P循環 C/N比	TN「低い」✓	全炭素量(TC)は十分だが、全窒素量(TN)が不足傾向	農産物による窒素の消費、または雨水などによる流出が考えられる。	《B-2》
6	細菌数 TC TN N循環 P循環 C/N比	TC「低い」✓	総細菌数は十分だが、有機物が不足傾向	化学肥料を用いる化学農法のため、有機物の施肥が少ないと考えられる。	《B-3》
7	細菌数 TC TN N循環 P循環 C/N比	細菌数「低い」✓、TC「低い」✓	総細菌数が少なく、循環系が悪い傾向	化学肥料を用いる化学農法のため、有機物の施肥が少ないと考えられる。化学肥料の多用や連作の可能性が考えられる。	《C-1》
8	細菌数 TC TN N循環 P循環 C/N比	細菌数「低い」✓	有機物量は十分だが、総細菌数が少ない傾向	下記のいずれかの原因が考えられる。 ・全炭素量(TC)と全窒素量(TN)のバランスが悪い。 ・耕転が十分に行われていない。 ・土壌燻蒸材等の農薬が残留している可能性がある。	《C-2》
9	細菌数 TC TN N循環 P循環 C/N比	細菌数「低い」✓	総細菌数が検出限界以下 (n.d. not detected) 6.6×10^6 cells/g 以下である	総細菌数がn.d.であるため、精密診断が必要である。	《D》

第5図　畑のパターン判定

第3部　有機農業の共通技術

	項目	パターン（低い／適／高い）	判定	原因	土壌評価
1	細菌数, TC, TN, N循環, P循環, C/N比	すべて適	良好な有機土壌環境	非常にバランスのとれた有機環境土壌になっている。適切な管理により維持することが重要である。	《特A》
2	細菌数, TC, TN, N循環, P循環, C/N比	C/N比が低い〜高い	基本的に良好な有機土壌環境であるが、有機物がやや蓄積傾向でバランスが悪い	全炭素量(TC)と全窒素量(TN)の比率が適切でない。C/N比が15〜30の範囲に改善することが重要である。	《A-1》
3	細菌数, TC, TN, N循環, P循環, C/N比	P循環が低い〜高い	基本的に良好な有機土壌環境であるが、リン循環が適正でない	下記のいずれかの原因が考えられる。 ・総細菌数は十分だが、ミネラル量が多い。 ・総細菌数は十分だが、ミネラル量が少ない。 ・総細菌数は十分だが、全リン(TP)が少ない。 ・総細菌数は十分だがリン循環を担っている細菌数が少ない。 ・pHが適正でない。	《A-2》
4	細菌数, TC, TN, N循環(低い), P循環, C/N比	N循環が低い	全炭素量(TC)・全窒素量(TN)は十分だが、物質循環活性が不適正	下記のいずれかの原因が考えられる。 ・微生物の働きが悪い環境にある。 ・総細菌数は十分だが、全炭素量(TC)・全窒素量(TN)が少ない、またはそれらのバランスが悪い。 ・総細菌数・全炭素量(TC)・全窒素量(TN)は十分だが、以下の原因が考えられる。 ・pHが低い ・水はけが悪い ・ミネラルの過不足等	《B-1》
5	細菌数, TC, TN, N循環, P循環, C/N比	TNが低い〜高い	全窒素量(TN)が適切でない	全窒素量(TN)が低い場合、農産物の窒素消費が考えられる。 全窒素量(TN)が高い場合、窒素固定菌の増殖が考えられる。	《B-2》
6	細菌数, TC(低い), TN, N循環, P循環, C/N比	TCが低い	総細菌数は十分だが、有機物が不足傾向	化学肥料を用いる化学農法のため、有機物の施肥が少ないと考えられる。	《B-3》
7	細菌数(低い), TC, TN, N循環, P循環, C/N比	細菌数が低い	有機物量は十分だが、総細菌数が少ない傾向	下記のいずれかの原因が考えられる。 ・全炭素量(TC)と全窒素量(TN)のバランスが悪い。 ・耕起が十分に行われていない。 ・土壌燻蒸剤等の農薬が残留している可能性がある。	《C》
8	細菌数(低い), TC, TN, N循環, P循環, C/N比	細菌数が低い	総細菌数が検出限界以下 (n.d. not detected) $6.6 \times 10^6 cells/g$ 以下である	総細菌数がn.d.であるため、精密診断が必要である。	《D》

第6図　水田のパターン判定

土壌診断・微生物診断と減肥

	項目	低い	適	高い			
1	細菌数 TC TN N循環 P循環 C/N比		✓ ✓ ✓ ✓ ✓ ✓		良好な有機土壌環境	非常にバランスのとれた有機環境土壌になっている。適切な管理により維持することが重要である。	《特A》
2	細菌数 TC TN N循環 P循環 C/N比	● (at C/N比)	✓ ✓ ✓ ✓ ✓	★ (at C/N比)	基本的に良好な有機土壌環境であるが、有機物がやや蓄積傾向でバランスが悪い	全炭素量(TC)と全窒素量(TN)の比率が適切でない。C/N比が10～27の範囲に改善することが重要である。	《A-1》
3	細菌数 TC TN N循環 P循環 C/N比	● (at P循環)	✓ ✓ ✓ ✓ ✓	★ (at P循環)	基本的に良好な有機土壌環境であるが、リン循環が適正でない	下記のいずれかの原因が考えられる。 ・総細菌数は十分だが、ミネラル量が多い。 ・総細菌数は十分だが、ミネラル量が少ない。 ・総細菌数は十分だが、全リン(TP)が少ない。 ・総細菌数は十分だがリン循環を担っている細菌数が少ない。 ・pHが適正でない。	《A-2》
4	細菌数 TC TN N循環 P循環 C/N比	✓ (at N循環)	✓ ✓ ✓ ✓ ✓		全炭素量(TC)・全窒素量(TN)は十分だが、物質循環活性が不適正	下記のいずれかの原因が考えられる。 ・微生物の働きが悪い環境にある。 ・総細菌数は十分だが、全炭素量(TC)・全窒素量(TN)が少ない、またはそれらのバランスが悪い。 ・総細菌数・全炭素量(TC)・全窒素量(TN)は十分だが、以下の原因が考えられる。 　・pHが低い 　・水はけが悪い 　・ミネラルの過不足等	《B-1》
5	細菌数 TC TN N循環 P循環 C/N比	✓ (at TN)	✓ ✓ ✓ ✓ ✓		全窒素量(TN)が不足傾向	農産物による窒素の消費、または雨水などによる流出が考えられる。	《B-2》
6	細菌数 TC TN N循環 P循環 C/N比	● (at TC)	✓ ✓ ✓ ✓ ✓	★ (at TC)	総細菌数は十分だが、全炭素量(TC)が適切でない	全炭素量(TC)が低い場合、化学肥料・農薬を用いる化学農法によるもの、または新規農地等が考えられる。 全炭素量(TC)が高い場合、落葉により、有機物が蓄積されていると考えられる。	《B-3》
7	細菌数 TC TN N循環 P循環 C/N比	✓ (at 細菌数)			有機物量は十分だが、総細菌数が少ない傾向	下記のいずれかの原因が考えられる。 ・全炭素量(TC)と全窒素量(TN)のバランスが悪い。 ・耕耘が十分に行われていない。 ・土壌燻蒸材等の農薬が残留している可能性がある。	《C》
8	細菌数 TC TN N循環 P循環 C/N比	✓ (at 細菌数)			総細菌数が検出限界以下 (n.d. not detected) 6.6×10^6 cells/g 以下である	総細菌数がn.d.であるため、精密診断が必要である。	《D》

第7図　樹園地のパターン判定

化学性	生物性
1. 硝酸態窒素	6. バクテリア数
2. アンモニア態窒素	7. 全炭素量（TC）
3. 水溶性カリウム	8. 全窒素量（TN）
4. 水溶性リン酸	9. 全リン量（TP）
	10. 全カリウム量（TK）
物理性	11. C/N比
5. 含水率	12. C/P比

第8図　MQI（堆肥品質指標）分析項目

まず，使用したい有機資材の成分を分析する。成分分析はSOFIXの土壌分析に準じて行なうが，有機資材の特徴を考慮し，「堆肥品質指標（MQI）分析」と未発酵有機資材の分析である「有機資材品質指標（OQI）分析」の手法で分析する。MQIの分析項目を第8図に示す。OQIは，未発酵資材のため細菌数の項目が削除されている。それぞれの有機資材は特徴があり，それぞれの農地環境により最適な有機資材を選定することが重要である。

(4) 土つくりおよび施肥設計の手順

①ヒアリングシートの作成

農地住所，農地概要［畑（露地，ハウス），水田，樹園地の別］，農地面積，栽培履歴，施肥履歴，農薬履歴，栽培予定，および栽培における希望や課題に関するヒアリングシートを作成する（第9図）。

② SOFIX分析，MQI分析，およびOQI分析

対象圃場のSOFIX分析およびパターン判定を実施する。使用予定の堆肥または有機資材のMQIまたはOQI分析を実施する。

③処方箋作成

SOFIXパターン判定がB評価以上の場合

SOFIXパターン判定の全炭素，全窒素，およびC/N比の数値が基準値内に入るよう，使用

SOFIX処方診断申込書　兼　問診票

申込者（企業名等）		依頼日	年　月　日
ご担当者（所属部署等）			
ご連絡先住所	〒		
TEL		E-mail	
連絡事項	ご希望などございましたら、こちらにご記入ください。		

【問診票】

対象圃場の名称		面積（a or m²）		
対象圃場の住所				
依頼の目的				
栽培カレンダー	春:	夏:	秋:	冬:
次作		植え付 / 播種の予定日		
現在の問題:（具体的に）	収量について	満足・低収量		
	品質について	満足・低品質		
	病害虫について	無・有（名前：　）（重症度：多・少）		
	その他（栄養素不足、など）	1. 2. 3. 4.		
地質	黒ボク土、沖積土（低地土：褐色低地土、灰色低地土、グライ土）、洪積土（台地土：褐色森林土、灰色台地土、グライ台地、赤色土、黄色土、暗赤土）、泥炭土、砂質土、造成土、その他（　）			
水はけ	とても良い・良い・普通・やや悪い・悪い			
圃場の分類	畑（露地 or ハウス）・水田・樹園地・前水田今畑・その他（　）			
施肥様式	化学のみ・ほとんど化学・ハイブリッド・ほとんど有機・有機のみ			
使用化学肥料	肥料名:			
	使用量（kg/10a）			
使用農薬、消毒	肥料名:			
	使用量（kg or L/10a）			

使用施肥・有機資材について
□ 使用していない
□ 使用している
➢ 分析結果(MQI・OQI)をお持ちでしたら試料番号を記載ください
（商品名：　、1回の施肥量　〔kg/10a〕）（試料番号：　）
（商品名：　、1回の施肥量　〔kg/10a〕）（試料番号：　）
堆肥・有機資材について情報・ご質問・ご要望などありましたらご記載ください。
（　）

農薬・土壌燻蒸について
□ 使用していない
□ 使用している
（商品名：　、使用量　〔kg/10a〕）（使用の目的等：　）
（商品名：　、使用量　〔kg/10a〕）（使用の目的等：　）

分析履歴　過去1年以内にSOFIX分析結果をお持ちでしたら、以下にご記入ください。		
SOFIX試料番号：	処方診断希望納期	年　月　日 ※分析をされていない場合は1ヶ月後を目安として下さい。

自由記述（圃場の状況が解り易い写真等もございましたら添付願います。）（診断に当たって記載できなかった情報・要望等ございましたら記載をお願いします。）

第9図　問診表

する有機資材の投入量を決めていく。全窒素が不足している場合は，窒素含有量・比が多い資材を選択し，炭素が不足している場合は，炭素含有量が多い資材を選択する。また，使用したい有機資材だけでは基準値に入らない場合がある。この場合，ほかの有機資材を検討するか，2～3回に分けて徐々に基準値に近づけていく手法をとる。

有機物施肥の場合，化学肥料と違い，炭素・窒素・リン・カリウムなどの混合物であるため，基準値に近づける効果的な組合わせを考えていくことが重要である。

SOFIXパターン判定がC評価の場合　C評価の農地は，細菌数が検出限界以上で2億未満の状況を示す農地である。この評価の農地は，細菌数が何らかの影響で減少している。そのため，B評価の場合に示した手法に加え，細菌数を増やす処方が必要である。具体的には未発酵の有機資材，たとえば大豆かすや油かすなどを併用することで細菌数が増えていく。

SOFIXパターン判定がD評価の場合　D評価の農地は，細菌数が検出限界（6.6×10^6cells/g-土壌）以下の農地を指す。これらの農地の共通点は，何らかの形で土壌くん蒸を行なっているところがほとんどである。この場合，有機資材だけでは細菌数を増やしていくことがむずかしい場合も多い。したがって，B評価やC評価の場合の処方に加え，土壌くん蒸の方法も併せて考慮していく必要がある。

具体的な有機資材量の算出方法は，1a/5,000の作土層の重量を4.5kgとして計算し，SOFIXデータ，MQIデータ，およびOQIデータから10a当たりの有機資材量を計算し，処方箋を作成する。

④診断録の作成

一度の処方で土壌肥沃度が回復・改善する農地もあれば，数年を要する場合もある。このように，農地によって施肥や農薬の使用状況による土壌環境が異なるため，再現性のある有機農業や物質循環型農業を実施するため，記録の作成が重要になる。このため，どのような処方を行ない，どのような施肥や農薬使用をしたのかを記録する診断録を作成する。具体的な診断録の様式を第10図に示す。

SOFIX診断録　　カルテID: ○○○

氏名・会社名	
圃場場所	
栽培作物	
農地区分	畑、水田、樹園地、その他（○で囲む）
土　質	（圃場場所から確定する）

年/月/日	診　断	処方・処置
診断士	○○○○　印またはサイン	

第10図　診断録

⑤根こぶ病分析・微生物多様性分析

植物病害の可能性がある場合は，事前に把握することでその対策を講ずることができる。現在，アブラナ科の植物に感染する土壌中の根こぶ病菌の胞子数を分析する手法が確立されている。一定数の根こぶ病菌が確認されれば，早期に農薬散布により発病のリスクを軽減させることが可能であり，検出されなければ防除の必要がない。

一方，細菌数が検出限界以下のD評価を受けた農地の場合，「微生物多様性の分析」をすることが有効な場合がある。細菌数が検出限界以下の農地でも少なからず微生物は生息しており，適切な有機物施肥を実施すれば回復する可能性がある。この可能性を見極めるため，微生物多様性分析を実施し，評価値から回復の可能性を知ることが可能となる。

一連の土つくり施肥設計の手順を第11図に示す。

(5) SOFIXによる農地改善事例

①炭素，窒素が不足している畑の改善例

化学農法主体の農地の場合，有機物が不足し

第3部 有機農業の共通技術

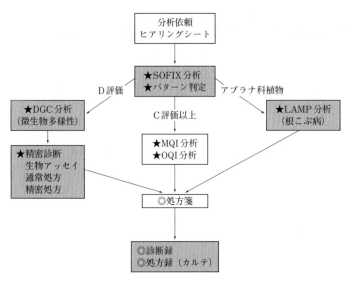

第11図 土つくり施肥設計の手順

第4表 全炭素と全窒素が不足傾向の農地のSOFIX分析（抜粋）（畑基準）（単位：mg/kg）

土 壌	全炭素（TC）基準値 ≧12,000	全窒素（TN）基準値 ≧1,000	全リン（TP）基準値 ≧800	全カリウム（TK）基準値 ≧1,000
改善前	10,500	900	850	1,050
改善後	13,540	1,080	950	1,280

第5表 畑改善処方で用いた堆肥のMQI分析（抜粋）（単位：mg/kg）

堆 肥	全炭素（TC）	全窒素（TN）	全リン（TP）	全カリウム（TK）
牛糞堆肥	342,000	20,000	11,000	26,000

第6表 全炭素が不足した水田のSOFIX分析（抜粋）（水田基準）（単位：mg/kg）

土 壌	全炭素（TC）基準値 ≧13,000	全窒素（TN）基準値 650～1,500q	全リン（TP）基準値 650～3,000	全カリウム（TK）基準値 2,000～10,000
改善前	11,000	800	850	2,000
改善後	13,400	920	1,010	2,090

第7表 水田の改善処方で用いた堆肥と有機資材のMQIおよびOQI分析（抜粋）（単位：mg/kg）

堆 肥 有機資材	全炭素（TC）	全窒素（TN）	全リン（TP）	全カリウム（TK）
バーク堆肥	483,000	6,610	700	6,170
米ぬか	450,000	23,000	30,000	16,000

ている傾向の農地が多い。とくに全炭素と全窒素が足りない農地が多い。第4表に典型的な全炭素と全窒素が不足している畑のSOFIXデータ（抜粋）を示す。

この畑の場合は，一般的な堆肥を適切に施肥することで基準値に到達できるため，第5表に示す牛糞堆肥を用い処方箋を作成した。具体的な処方は，牛糞堆肥を2,000kg/10a投入することにより，改善後は全炭素および全窒素の基準値を満たす結果となった（第4表の改善後）。

②炭素が不足している水田の改善例

日本の水田は，全国的にほぼ同じ農法が行なわれており，同じような水田環境が多い。堆肥などの有機物を継続的に施肥している水田は，全炭素が高い場合が認められるが，化学農法を行なっている水田では全炭素が不足しているものが多い。ここでは，有機物である炭素が不足している水田の改善を紹介する。

第6表に全炭素が不足傾向にある水田のSOFIX分析データ（抜粋）を示す。この水田は，炭素量のみ基準値に達していないため，炭素量が多い有機資材を選択した。

バーク堆肥は全炭素が多く，ほかの成分は比較的少ない（第7表）。したがって，バーク堆肥を中心に処方箋を作成した。その他，雑草の抑制効果や実入りを多くするため，また食味を向上させるため，リン成分を多く含む米ぬかを用い

た。具体的な処方は，バーク堆肥を1,000kg/10aと米ぬかを200kg/10a施肥することで，全炭素が改善され基準値を満たす結果を得た（第6表の改善後）。

③リンが不足している畑の改善例

第8表に全リンが不足している畑のSOFIX分析データ（抜粋）を示している。このような農地は，偏った有機物施肥の場合に見られ，リンを多く含んだ有機物の施肥が必要である。選択した有機資材は，比較的多くリンを含んだ馬糞堆肥と米ぬかを用い，処方箋を作成した。

具体的な処方は，第9表に示す馬糞堆肥を15,000kg/10a，米ぬかを300kg/10a処方することにより，全リンの基準値を満たす結果を得た（第8表の改善後）。

④炭素，窒素などが適切に処方されているが，細菌数が少ない畑の改善例

連作障害の対策で土壌くん蒸を繰り返す畑がある。土壌くん蒸を止め，適切な有機物施肥を行なっても，細菌数が回復しない場合が多い（第10表）。このような畑の細菌数を回復させるためには，通常の堆肥の施肥に加え，未発酵の有機資材を併用することが効果的である。

具体的な処方は，第11表に示す牛糞堆肥を1,000kg/a処方することに加え，未発酵の有機資材である大豆かすを200kg/aと米ぬかを200kg/a処方することであり，この処方により細菌数が大幅に改善された（第10表の改善後）。

執筆　久保　幹（立命館大学）

2020年記

第8表 全リンが不足した畑のSOFIX分析（抜粋）（畑基準）（単位：mg/kg）

土壌	全炭素（TC）基準値 ≧12,000	全窒素（TN）基準値 ≧1,000	全リン（TP）基準値 ≧800	全カリウム（TK）基準値 ≧1,000
改善前	18,000	1,200	700	1,250
改善後	20,900	1,360	810	1,450

第9表 畑の改善処方で用いた堆肥と有機資材のMQIおよびOQI分析（抜粋）（単位：mg/kg）

有機資材＼堆肥	全炭素（TC）	全窒素（TN）	全リン（TP）	全カリウム（TK）
馬糞堆肥	260,000	16,000	45,000	24,000
米ぬか	450,000	23,000	30,000	16,000

第10表 有機物が適切に処方されているが細菌数の少ない農地のSOFIX分析（抜粋）（畑基準）（単位：細菌数；cells/g，それ以外：mg/kg）

土壌	全炭素（TC）基準値 ≧12,000	全窒素（TN）基準値 ≧1,000	全リン（TP）基準値 ≧800	全カリウム（TK）基準値 ≧1,000	細菌数基準値 ≧2×10^8
改善前	23,500	1,300	900	1,100	N.D.
改善後	25,900	1,480	980	1,250	4.5×10^8

第11表 細菌数の少ない畑改善処方で用いた堆肥と有機資材のMQIおよびOQI分析（抜粋）（単位：mg/kg）

有機資材＼堆肥	全炭素（TC）	全窒素（TN）	全リン（TP）	全カリウム（TK）
牛糞堆肥	342,000	20,000	11,000	26,000
大豆かす	503,000	75,000	8,600	22,000
米ぬか	450,000	23,000	30,000	16,000

土壌微生物多様性・活性値診断と改善

(1) 豊かな土壌こそ，生産性の高い土壌

農業分野において「豊かな土壌」という表現を耳にするとき，一般的に思い浮かぶのは，天候やその他の環境変化，病害などに負けずに，毎年変わらず高品質の農産物をたくさん育てることができる，「生産性の高い」土壌を指すのではないだろうか。つまり，農地土壌の豊かさ診断を行なう場合，土壌のもつ肥沃さとその安定性を評価していることにほかならない。その意味で，多くの生産者や生産活動にかかわる人々が，最終的には収穫物の出来栄えによってつねに行なっている農地の性能評価を作物の生育を経ずに客観的にできないか，そしてその結果にもとづいて，農地をより豊かにすることにより，生産活動自体の安定性を向上させることを使命としているのが，土壌診断技術である。

本稿では，土壌の微生物の多様性と有機物分解力を診断し数値化した「土壌微生物多様性・活性値」と，その利用場面について紹介することで，農業生産の持続化・高品質化，それによる農業経営の安定化・高度化を目指している多くの生産者，農業関連産業従事者の期待に応えるものである。

(2) 豊かさを示す3つの視点

内容が核心に及ぶ前に，土壌に豊かさをもたらす要素として，一般的に確立されている3つの視点を概観しておきたい。それは，①物理性，②化学性，③生物性であり，それぞれ土壌に豊かさをもたらしている重要な性質についての情報を提供している（第1図）。

①物理性

土壌の主成分である土壌粒子の物理的な性質と，それによってつくられる土壌の三相「固相，液相，気相」構造の総合的物理状態を称して「物理性」と表現する。一番わかりやすい例としては，岩石が風化して形づくられる土壌粒子の粒状によって，その周辺を取り巻く液相も気相も変化する。たとえば，非常に細かい粒状をもった土壌では，固相が互いに強固に結合し液相や気相の介在を許さず，植物の根にとっては水分や酸素の吸収に困難をきたし，植物の生育には不適切な土壌となる。逆に，大きすぎる粒状の土壌粒子によって構成される土壌では，水分を土壌粒子間に毛管水として保持できずに結果として同様に植物の生育には不適切な物理性となってしまう。

このように，土壌の物理性は，作物生産の根幹にかかわる重要な性質であり，その多くが人間の視覚や触覚によっても評価ができるものが多く含まれる。生産現場で活躍されている篤農家や，トップクラスの土つくりの指導者の方々が，しばしば農地の土壌を手に取って，指で感触を確かめたり，握ったあとの状態を目で確認しているのを見ることがあるが，これは物理性の確認作業にほかならない。

②化学性

土壌の化学性は，文字通り土壌中に存在している化学物質の種類や量，そのバランスや，存在状態である。土のもつ肥料効果に直結すること，近年の化学分析技術の目覚ましい発達もあって，およそ「土壌診断」といわれた場合は，その代表として土壌の化学性分析を指すといっ

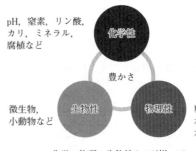

第1図 「土壌の豊かさ」とは

ても過言でない状態が長期に及んでいた。

一方,「化学」という呼称がいわゆる人工合成化合物のみを指すものではなく,有機栽培や自然栽培といった人工合成化合物を使用しないことを第一義とする農業形態においても,有機肥料はまぎれもない有機化学物質である。生命体自体についても,その構成物質はほかならぬ化学物質であることは自明であることから,すべてが化学分析の対象となることを考慮する必要がある。むしろ,有機や自然栽培に取り組もうとする者こそが,土壌の化学性診断の重要性を認識し,地道な科学的データに根差した,論理的農業技術の発展を心がけていただきたいと強く祈念している。

③生物性

土つくりの3つの視点の中で最後に登場するのが「生物性」であり,筆者がこの分野の研究に着手し始めたおよそ30年前は,ある程度人々の期待に応えられる診断結果を返すことができた①物理性,②化学性に比して,著しく情報が不足していた。生物性とは,読んで字のごとく「土壌中にどのような生物がどれだけの数生息し,何を行ない,植物の生育にどう貢献しているか?」を「あきらかにする」ことである。一部の土壌動物や昆虫類,比較的大型の原生動物や藻類,センチュウ類に関しては形態による分類やそれぞれの数の変化を把握することができたが,とくに,肉眼による観察が困難な糸状菌以下のいわゆる「土壌微生物」に関しては,どの専門書をひもといてみても「土壌微生物に関しては不可知」としか書かれていない時代だった。

唯一継続的に行なわれていたのは,土壌を段階的に希釈し,その希釈液を微生物の生育に適した栄養物を含んだ寒天平板培地上に塗布し,一定期間後に形成されたコロニー(菌叢)の数を計数することで,もとの土壌に存在した微生物の生菌数を計測する手法である。この手法により,土壌の全生菌数と,病原菌が選択的にコロニーを形成する培養(選択培地)によって計測される病原菌密度をモニタリングし,目的の病害の発生を予察する試みだった。

近年になって,さまざまな最新技術を活用した土壌生物性の解明努力が蓄積されつつある。たとえば,環境DNA測定技術の急速な発達により,土壌中に存在する微生物の定量化,分類情報の入手が比較的容易になりつつあることは,特筆に値する。

以下に紹介する,土壌中の微生物活動の主流である有機物分解の直接定量技術に着目した,土壌微生物群集による生命活動の包括的定量化技術「土壌微生物多様性・活性値」もその一つである。

(3) 土壌生物性診断の高度化の試み

筆者はこの科学的に極端に情報が欠落していた分野に,「分類群非依存型多様性」というまったく新たな多様性概念を数値化した尺度「土壌微生物多様性指数」での評価に挑み,土壌微生物群集の多様性と安定性との間には非常に高い相関があり,結果として難防除病害の筆頭にあげられる土壌伝染性病害の発病と土壌微生物多様性指数との間には,明確な負の相関が見られることを見出した。

しかし,本件には農業生産現場では避けて通れない後日談がある。残念ながら,現在,土壌微生物多様性指数診断(第2図)は行なわれていない。あれほどの眼から鱗のクリアな結果を示しながら,開発された技術は実用化されなかった。費用の問題である。実験機材と消耗品費,培養日数(1回の計測に7日間),その間の人件費を総合すると民間ベースでの1サンプル当たりの分析費用が数十万円から,エラー処理などを考慮したチェックを加味すると100万円を超えることがあきらかになり,この診断技術の現場実用を期待した生産者の方々から「非現実的」というレッテルを貼られたからだ。ただし,最後に彼らはこう付け加えてくれた。

「この技術は現場では使用不可能(現状,自分の農地一枚の診断に100万円かけられる農家は存在しない)だけれど,この技術の重要さは理解できる。何とか,この技術をふつうの農家が使用できる程度までダウンサイズしてください。私たちは,重要だと思うからこそ,そして

第3部　有機農業の共通技術

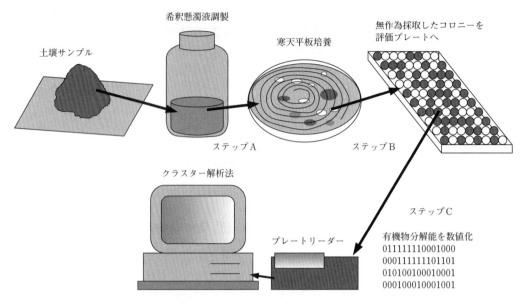

第2図　土壌微生物多様性指数法の実験手順

あなたにはそれができると思うからこそ，辛辣な評価をお伝えしたのですから……」。

(4) 土壌微生物多様性・活性値診断の誕生

結論から言ってしまえば，前述の生産者の言葉は，私の研究人生の決定的な道しるべとなった。どれだけ開発した技術の内容や能力を誇ったとしても，「使えない」技術では無価値であることを思い知った。それから，約10年弱を要したが，「非現実的」と酷評された「土壌微生物多様性指数」は，大幅な発想の転換と，測定技術の簡素化，自動化を遂げることで，現在，世界中で用いられている「土壌微生物多様性・活性値」として生まれ変わった。両技術の決定的違いを以下に述べる。

①個の微生物の測定からマス（微生物集団）の機能測定への転換

本技術では，土壌微生物研究の常識であるがゆえに測定過程の大部分を占め，技術を非現実化していた「土壌からの微生物分離」，「純化」，「個別培養」の部分を大幅にカットし，最新の自動計測技術を駆使することで，土の中で微生物が混在した状態のまま，土壌の主要な生物機

第3図　土壌微生物多様性・活性値の実験手順

能である「有機物分解」を測定する（第3図）。これによって，本来の土壌微生物が土壌内で行なっている自然な有機物分解機能を直接測定し，この有機物分解の増加，または減少として，土壌中の微生物の生理状態を直接的に把握することが可能になった。

さらに，土壌微生物のマスとしての有機物分解機能解析のための分解基質として，高分子，糖，糖誘導体，メチルエステル，カルボン酸，アミド，アミノ酸，ペプチド，核酸，アミン，アルコール，リン酸化糖類などに分類される95種類の異なる有機物を用い，それぞれの有機物分解反応の進行過程の時系列分解結果から，土壌中に存在する微生物の多様性と有機物分解活性情報を同時取得するシステムを確立し

た（第3図）。

言い換えれば，土壌から微生物をいったん取り出し，土壌でない環境で個別に機能を調べた結果を再結合することで間接的に，土壌中の微生物機能や状態を類推していたのがこれまでの診断である。今回の方法は土壌そのものの中での機能と状態をダイレクトに測定，数値化することで，土壌の生物性としての微生物多様性と活性について，より自然状態に近い値を得ることができる。かりに，診断している土壌内にいる微生物数や種構成が，短期的に大きく変化していない状態においても，突発的なさまざまな状態変化によって，微生物が不活化，あるいは逆に活動の急激な上昇が起きていたとしても，それをいち早く，今の有機物分解機能として把握することが可能になった。

②診断作業時のリスク低減

先の土壌微生物多様性指数では，ランダムではあるが，土壌からいったん未知の微生物を分離，増殖し，少なくとも実験に供試する間は実験室環境に保存し，終了後にすべて高圧滅菌処理して廃棄する。このことのどこにリスクがあるのかと思われるかもしれない。(2)③生物性のところで一部述べたが，30年前にほとんど科学的探究の及ばない未踏領域だった土壌微生物の世界は，地球最古の生命体で，生息環境としてこの惑星の全域をカバーしているという奥深さ，巨大さを鑑みれば，現時点でもわれわれの知見は非常に限られたものに過ぎない。これは極論でも何でもなく，厳然たる事実だと認識すべきである。百歩譲っても，天文学的数値分の一の確率かもしれないが，人類に不可逆的被害を与える能力をもった微生物がいないとはいえない。かといって，「土壌には危なくて近寄れない」と恐怖する必要はない。もしかりに通常の環境でわれわれに危害を加える微生物がありふれていたとしたら，人類はすでにこの地球上には存在しないはずだ。土壌中に散在している状態では，恐れるに足りない。

ただし，それを土から分離し，コロニー状態まで増殖させたとしたら，話はまったく違う。増殖過程に入った微生物は，あっという間に億を通り越し，兆を何乗もした数にまで数を増やすことができる。この状態で，不幸にも実験者体内や，周辺への逸脱が起きた場合，悲劇としか言いようがない。つまり，先の技術は，そのようなリスクも内在していたわけで，水面下で支払っていた潜在的コストは空恐ろしいものだったのかもしれない。これも，土壌微生物研究の困難さとして認識すべきかもしれない。

③土壌微生物群集を生きたシステムとして俯瞰

本項①でも一部述べたが，マスとしての生きた微生物群集で今起きている有機物分解機能（土壌生物性の本体）をリアルタイムで測定し，それを数値として俯瞰することができたら，土つくりへの応用メリットは計り知れない。このあたりを，より現実感をもって理解してもらうために，あえて視点を大幅に上げ，人間社会の経済活動を思い浮かべていただきたい。

世界の経済状態，さまざまな突発事象によって，われわれが暮らす人間社会の経済活動（マクロエコノミー）は，日々刻々と変化している。その中で，投資や会社経営を行なっている最前線の経済人はいうに及ばず，われわれ一般人でさえ，今後の社会情勢観測の一環として経済ニュースを見ているはずだ。その時，ニュースキャスターやコメントする専門家たちは，経済指標として何を用いているか？　その国の人種構成やそれぞれの人口数を話題にしているだろうか？　人口動態は確かにマクロ経済の先読みに重要ではあるが，今現在の経済指標として人口数や住人の履歴，プロフィールを長々と羅列する人はほぼ皆無だ。では，なにを論じているか。いわずと知れたGDP（国内総生産）値の変遷である。このGDPは，ある期間中，ある社会（経済システムと言い換えてもよい）が生産した（消費したと言い換えても可）富の総和である。その指数がつねに世界で上位の高い値を示し，さらに継続的に上昇する時，その社会，システムの経済状態，あるいは活動が非常に活発になっていることを端的に示している。逆に，GDPがいつまで経っても何十年も前の域を出ない国は，経済活動が低調で，それを誘導して

いるその国の経済政策が大失敗であることを客観的データが証明している。これは現代の世界の常識である。

再び，視点を一気に下降させて土壌微生物たちのシステムの中で行なわれている有機物分解機能の総和としての「土壌微生物多様性・活性値」を見るとき，これは農地土壌の中で行なわれている微生物たちのマクロエコノミーを俯瞰しているとは思えないだろうか？ 一年の仕事始めの時，土のDGP「土壌微生物多様性・活性値」を測ってみると，去年の同じ時期をはるかに下回っていたとしたら，昨年の貴方のとった土つくり政策，作付け，農地管理は見当違いだったと反省すべきだろう。もしかして，突発的事態として，夏の干ばつによって畑が干上がった経験があるとしたら，その対策として次年度に向けた強力な「土つくり」対策を発動すべきだったのではないだろうか？

まったく逆に，去年同時期の多様性・活性値をはるかに凌ぐ値だったら，あなたの土つくり，さらには生産活動自体が非常に優れていて，持続的な農業を行なっていた証拠といえるのである。このように，さまざまの場面で土壌に行なう人為的働きかけ（肥料・資材の選択，作付け体系，環境に安全な農薬の選定など）の成否を，その場で客観的数値として可視化すること，これが，30年以上の月日の結果実用化された，土壌の生物性診断技術「土壌微生物多様性・活性値」の真骨頂であると自負している。

(5) 使用例

①堆 肥

第4図に示すのは，農地と堆肥との相性の存在を示している。

同一メーカーの2種類の堆肥1および2を，本格施用に先立って，小規模の試験区に施用してみて，定期的に「土壌微生物多様性・活性値」を比較した結果，堆肥1では，施用後2週間後に微生物多様性・活性値が一気に減少する。その後，さらに4週間を経ると土壌の生物性は回復し，期待した生物性の増進は確認されたが，

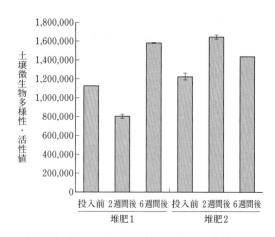

第4図 堆肥メーカーY社の農地との相性チェック
エラーバーは標準誤差

この堆肥の場合，施用後十分な放置期間が必要であることがあきらかになった。

一方，堆肥2では順調に多様性・活性値が増加し，土着の微生物群集との間の相性も上々であることがあきらかで，農地の有効活用のためにも農地所有者は堆肥2を選択した。

このように，以前は，長い場合は1年，短くとも1作の作柄を見ることでしか知ることができなかった堆肥と農地の相性を，事前にチェックすることが可能になり，資材の選択に間違いを犯す危険がほとんどなくなった。これによっても，一般に「土つくり10年」などといわれる長期を要する土つくりから，試行錯誤の「錯誤」の部分を取り去ることが可能となり，土つくりの高速化，効率化が可能になった。これでようやく，農家の継承に逡巡する若い次世代に，「大丈夫！ 一気に土つくり名人も夢じゃないから……」と自信をもって彼らの背中を押してあげることが可能になったと筆者は考えている。

②鶏 糞

昨今の風潮として，とくに若手や，新規就農者が目標にする農業形態に「有機農業による高付加価値で安定した収益性を持った農業」があげられているが，そのためにコスト・パフォーマンス比の高い，言い換えれば安くて肥料効果

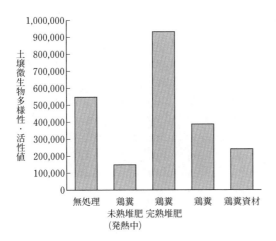

第5図 鶏糞肥料の土壌微生物群集への影響

の高い有機肥料の需要が高まっている。このような需要を満足させるために市場に投入されている有機肥料の筆頭格が，鶏糞資材ではないだろうか。その証拠に，「じつにさまざまなソースとルートを経て，生産者へのアプローチも行なわれている」というのが，実際に有機農業を始めようとしていた若手農家の言である。とくに，財政基盤の伴わない，新規就農若手農家にとっては，農地への資材投入のための機械設備も十分ではなく，涙を呑んで破格の肥料提案を見送ることも多かった彼らに，最近では「散布もメーカー側サービス」というありがたいオファーもあるそうで，思わず飛びついてしまうのもむりからぬことである。しかし，ちょっと待ってというべきデータが存在する。第5図である。

資材処理前の段階を示す「無処理」での「土壌微生物多様性・活性値」と比較してほしい。「完熟堆肥」を処理した土壌では，農地の生物性は倍増しており，「鶏糞堆肥」の土つくり効果は間違いない。しかし，「未熟堆肥」では逆に値は激減し，3分の1以下，あきらかに生鶏糞に含まれる高濃度のアンモニアなど土壌を荒廃させる物質による悪影響が前面に出ている。加えて，未熟有機物が土壌中で起こす二次発酵効果による発熱が，さらに土壌微生物を疲弊させている。こうなったら，いくら低価格な資材を手に入れたと一時有頂天になったとしても，その後の負の効果で資材施用のメリットはすべて帳消しとなり，むしろ大損といわざるを得ず，このような事前チェックが，また一つ若い生産者を救った例といえる。

③土壌消毒

前述した使用例2例にとり上げた有機農業での資材選びへの活用例が，土壌の生物性増加を期待したものであったことに対し，本例「土壌消毒」は，長期の連作や，それに伴う連作障害の対策として，病原微生物の一掃を目的として行なわれる。これも，現在の現実の農業現場に不可欠の技術である。真に肝心なのは，この技術の善悪，好き嫌いを述べ合うのではなく，「どうすれば，現実の農業現場を持続的に改善していくことができるか？」に対する冷静な「提案」である。そのためには，「土壌消毒」によって，土壌の生物性はどのような影響を受けているのかを，冷静に見極める必要が不可欠である。それを示すのが第6図である。

連作障害を抑止し，高品質な農作物と育てる豊かな微生物群集の目安となる多様性・活性値100万にあと一歩で到達する土壌（第6図右）にたった一回処理された土壌消毒剤によって，土壌の生物性はどうなったか？　一気に5分の1まで急落し（第6図左），土壌消毒を継続しなければさまざまな土壌病原菌の跳梁跋扈を許してしまうわが国でも最低のレベルを指している。これがまさに偽らざる土壌消毒技術の現実の姿である。この現実を，しっかりと胸に刻んでほしい。ただし，ここで議論しているのは，そのことの善悪では決してないことも併せて，胸に刻んでほしい。この現実を放置すれば，毎年，否，病害多発年には年間複数回の土壌消毒なしには農業が成立しないという，確かに悲劇的な未来に結びついていく。だが，今この現実を知って，その現実の改善を目指した対策を実行したとしたら，未来は決して悲劇には至らない。第4，5図に示したように，対象になっている農地に最適な土つくり資材の最適な導入により，病原菌密度を下げつつ，土の生物性は高い状態を保った「優良農地化」を最短期間に

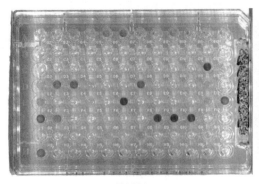
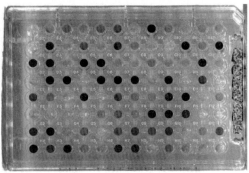

181,984
土壌消毒後

983,569
土壌消毒前

第6図　土壌消毒による土壌微生物への影響
プレートの穴には有機物が入っていて，土壌微生物による分解量に比例して赤紫に発色する。消毒前（右）は，95種類中70種類以上の有機物を分解（発色），その約半数で高い分解活性（濃厚発色）を示したが，消毒後（左）は，分解有機物は20種類以下で，そのほとんどが微弱な分解（淡い発色）に留まり，土壌の生物性の激しい劣化が客観的に定量された

達成することが可能になるのである。日々問題を引き起こす劣化農地にしがみついたり，半ば「中毒状態」になった生物性最低レベルの農地と生きていくよりも，土壌消毒により土壌を一旦リセットし，その後に続く科学的データにもとづく計画的土つくりで復活を目指すほうが，よほど未来に希望をもった農業生産を実現することが可能になる。これもすでに多くの実証例をもった事実である。

④微生物資材

使用例の最後として，高品質野菜栽培現場で頻発する連作障害を防止しつつ，さらに野菜の品質，具体的にいえば，味，風味，収量を同時に高めるために実際の生産現場で使用されている微生物資材として，納豆菌資材の効果の原因とメカニズムを彷彿とさせる一枚の写真が第7図である。

一言でいって，非常にシンプルである。連作によって土壌の生物性が疲弊し，根圏の発達が十分でなかった土壌に，納豆菌（*Bacillus subtilis*）菌体産物を処理することで，土壌の

611,275　　　1,303,391

第7図　土壌微生物による発根促進・高品質化
（株）DGCテクノロジー，（株）エーピーコーポレーション

生物性指標「土壌微生物多様性・活性値」が，約60万（第7図左上）→130万（第7図右上）と倍増した。これらの農地土壌，つまり連作土壌と，菌体処理土壌の両土壌から，単純に伐根した根圏の大きさがほぼ2倍程度の違いとなっている（第7図中央）。これにより，連作障害への抑止効果をもつ土壌微生物群集は，同時に植物の根圏生長を促進し，それによる微量要素の効率的吸収，細胞発達のバランス向上，植物

第8図　SOILブランド化プロジェクト

の病害抵抗性反応を司る二次代謝反応の促進など多くの要因の副次効果の一つとして，より深い味わいや風味の発露を誘発していると考察された。

(6) 生産者から消費者へアピールを

(4) 項で述べたマクロエコノミーに模した生きた土壌生物性「土壌微生物多様性・活性値」の段は，本質はまったく大真面目である。規模の大小ではなく，その国の国民が豊かで安定して生活できる国を誰もが憧れる。逆に，「働けど働けど，わが暮らし楽にならず……」と呟きながらじっと手を見るような生活をしたいだろうか。土つくりに関心をもつ生産者やその関係者が，真に目指すべきは，有史以来変わらず人類の生きる糧だった農地に対して真に適した働きかけを行なうことで，そのなかで正に営々として働く物言わぬ生命体に，旺盛な活力と安定した生命活動を持続させてやる，本当の意味での「正しい農業」を実体化させることではないだろうか？

生産者には本当に世界の安定と末永い発展に貢献する農業生産，それを自ら実践している自負を，生産手段を持たない（本当は絶対的に弱い立場にある）消費者に示してほしい。「これは，私が土を大切にしながらつくった本物の農作物です。あなたがこれを買うことが，あなたと，私と，そして世界を守るんだ！」と。そのことの気づきを確固とするために「土壌微生物多様性・活性値」を使ってほしい。筆者は高いレベルの土壌微生物多様性・活性値をもつ土で育った農産物に「SOIL」シールを貼って販売する「豊かな土の新指標：SOIL農産物ブランド化」（第8図）プロジェクトをスタートさせている。

執筆　横山和成（株式会社DGCテクノロジー）

2020年記

第3部　有機農業の共通技術

自家採種と育種，品種選び

第3部　有機農業の共通技術

自家採種の基本と心得

(1) 交雑させない採種法の普及が必要

伝統（在来）野菜の復活が叫ばれるようになってもう数十年になると思う。これに呼応するかのように各地で伝統野菜に関する出版物が出され，都道府県を含む地方公共団体，種屋さん，有志の団体などを中心に復活の動きが加速している。しかし，多くの地域で問題となっているのは，現在残っている品種がどうも本来の品種と違うのではないかということと，品種内の変異幅が大きすぎるのではないかということである。

筆者は，1997年度から広島県農業ジーンバンクで種子の収集，調製，発芽調査，増殖，特性調査，保存および配布の仕事をしてきた。その中で感じているのは，外国からのものも含めてとくに農家から収集した種子に，交雑によると思われる混種がきわめて多いという現実である（第1表）。

種子は一度交雑させてしまうと，それを元に戻すには多大の時間と労力が必要である。種子を交雑させない採種法の普及が必要だと痛感する。

(2) 固定種と交配種の違いとその特徴

「固定種」とは，他品種と交雑させずに採種すれば，親品種とほぼ同じ遺伝子構成の状態で維持できる集団をいう。固定種という言葉からは，遺伝形質がまったく同一な個体の集まりのように受け取られがちだが，現実はそうではな

第1表　交雑しやすい作物としにくい作物

交雑しにくい	米・ムギ・マメ類（ただしソラマメは，わずかに交雑する） ※米・麦は穎（モミガラ）が開いても非常に短い時間なのでほとんど自家受粉する。畑の中ほどで採種するとよい 赤米とかの古代米は，この限りではない（穎が開く時間が長い） ※マメ類は，花が咲く前に受粉している					
交雑する	障壁作物	ホウレンソウ				
	防虫網	ナス科（トマト）・レタス・ソラマメ				
	防虫網＋人工交配	シュンギク・ネギ類・アスパラガス				
	防虫網＋周辺同種株	アブラナ科	アブラナ属	N8	クロガラシ（だけ）	お互い交雑するものもある（第3図参照）
				N9	キャベツ・ブロッコリー・コモチカンラン・コールラビ	
				N10	カブ・ハクサイ・コマツナ……（多い）	
				N17	カリナータ	
				N18	タカナ類・カラシナ類	
				N19	西洋ナタネ・ルタバカ（スウェーデンカブ）	
			ダイコン属	N9	ダイコン・ハツカダイコン	
	雌花袋かけ＋人工交配	キュウリ，カボチャなどウリ類 トウモロコシ				

注　Nは半数染色体数。N8はn＝8を表わす

く，実用上問題のない程度の変異を含んだ集団をいう。このことは，変化の多い自然界を生きぬくための生物の知恵であり，自然の摂理でもある。

商品性を重んじる必要がある農作物では，変異の幅を小さい状態で維持しなければならないため，母本選抜をしながら採種する。

ところがこの作業を厳密に行ないすぎると，集団における遺伝子の幅が狭くなりすぎてよい種子が採れなくなってしまう。この現象を「内婚弱性」という。そのため，実用上問題にならない程度の変異をもった集団で維持するのがもっともよい。そういう作業を繰り返しながら維持されてきたものが「在来種」である。したがって，在来種はすべて固定種と考えてよい。

いっぽう，「交配種」というのは，主として雑種第1代を利用するいわゆるF_1のことである。雑種第1代では，両親の顕性形質（けんせいけいしつ，優性形質）のみが発現するため，個体間の変異が少なくよく揃う。そのため，多収性，高品質，耐病性，耐候性などの優良形質が顕性となるような組合わせを見つけることにより，生産性の優れた品種をつくり出すことができる。

しかし，交配種の第2代では，第1代で隠れていた潜性形質（せんせいけいしつ，劣性形質）が発現するため，個体間のバラツキが大きくなり，品種としての実用性が失われてしまう。

また，新品種育成の材料として考えた場合も，固定種の場合は，遺伝子の変異幅が小さい場合が多いため，選抜する期間が短くてすむが，交配種の場合は長くかかるため，育種材料としては利用しにくい。

(3) 種子繁殖と栄養繁殖について

品種のもっている特性を次の世代に伝えるための繁殖法は，種子を経由するものと，体の一部を増やすものとに分かれる。

前者を「種子繁殖」といい，雄と雌の生殖細胞を合体させることにより，それぞれがもっている遺伝子が合わさり，新しい個体が誕生する。この個体は，両親のもっていた遺伝子の一部を受け継ぐことになり，両親とは違った性質をもったものとなる。固定種のように両親のもっている性質が似ている組合わせの場合は，ほぼ両親に近い個体となる。これが種子繁殖である。

いっぽう，親の体の一部を増殖することによって，新しい個体を生み出すのが「栄養繁殖」である。栄養繁殖の個体は，親の体の一部を増やしているため，その遺伝子は親とまったく同じである。

栄養繁殖を行なう場合にもっとも気をつけなければならないことは，親のもっているウイルス病などの病害も新しい個体がそのまま受け継ぐ危険性があるということである。したがって，繁殖用に使う親植物は，病害に侵されていない（ふつう，ウイルスフリーという）ものでなければならない。

さらに，体の一部だけが突然変異を起こす「芽条変異（がじょうへんい）」によってできる変異株のチェックも必要な作業となる。栄養繁

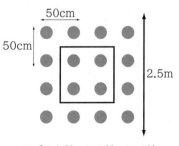
アブラナ科，セリ科，シソ科

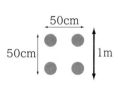
トウモロコシ，オクラ，レタス，ホウレンソウ，シュンギク，ネギ類

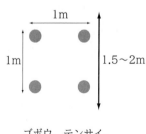
ゴボウ，テンサイ，アスパラガス

第1図　採種栽培の栽植密度

殖を行なう作物には、イモ類やネギ類のワケギ、ニンニク、ラッキョウ、アサツキ、さらにイチゴなどがある。

(4) 採種栽培の要点

①圃場づくり

採種栽培での在圃期間は品目によって異なるが、一般に青果栽培に比べはるかに長い。秋まきで翌春に開花結実する品目ではとくに長く、10か月を超えるものも稀ではない。春まきの果菜類では、青果栽培に近い品目が多いが、それでも5か月以上は必要である。

このように、長期にわたって正常に生育させるためには、しっかりした圃場づくりが必要である。肥料は、できるだけ長期間肥効が持続する有機質肥料の施用が望ましい。また、肥料分を流さず、空中湿度を高めずに雑草の発生を抑え、地温をコントロールするためにポリマルチを使用する。

有機質肥料を使用する場合は、その肥料が作物に吸収可能な状態にまで分解される必要があるため、播種または植付けの少なくとも1か月以上前に施用する必要がある。

②栽植密度

果菜類の場合は、青果栽培の場合とほぼ同じ栽植密度でよい。しかし、葉・茎・根菜類では、青果栽培に比べてはるかに広い条間や株間が必要である。十分根を張らせるためで、播種または植付け時から疎植にする必要がある（第1図）。

アブラナ科、セリ科およびシソ科では、約2.5mの床幅のウネに条間、株間ともに約50cmの4条植えとし、中の2条に網かけをする。

イネ科のトウモロコシ、アオイ科のオクラ、ヒユ科のホウレンソウ、キク科のレタス類（チコリやエンダイブを含む）やシュンギク、ネギ亜科のネギ類などはウネ幅を約1m、株間は約50cmを基準とし、ネギ類ではこれよりやや狭くする。

植物体が大きくなるキク科のゴボウ、ヒユ科のテンサイ（ビート）、キジカクシ科のアスパラガスなどでは、ウネ幅を1.5～2m、株間を約1mと広くする。

③雨よけ条件下での採種がとくに必要な品目

すべての作物にとって、開花結実期間中の降雨は、安定した結実を阻害するもっとも大きな要因である。そのなかでも熟果の品質が大幅に損なわれるメロン類（マクワウリを含む）やトマト、花房などが小花の集合体であるため腐敗しやすいシュンギクやネギ類は、ぜひ雨よけ条件下での採種をおすすめしたい。

④その品種独特の特性をもった母本の選抜

伝統野菜を含む在来野菜は、いずれも固定種である。固定種という言葉は、交配種（F_1）に対してできた言葉であり、先に述べたようにすべての形質が一定で不変であるという意味ではない。つまり、固定種には、実用的な範囲でかなりの変異がある。

そこで、採種用の母本には、その品種独特の形質をもった株を選ぶことが大切である。これを母本選抜という（第2図）。

母本選抜がむずかしいのは根菜類である。そ

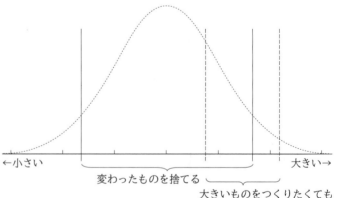

第2図　母本選抜のイメージ図

小さすぎるものや大きすぎるものを除き、中間の大きさの株のなかから変わったものを除いて選ぶ。多少のバラツキが必要で、選抜を厳密にしすぎると自家不和合性が起きて種が採れなくなってしまう。たとえば大きな株を残したくても、ある程度の幅をもたせるのがポイント

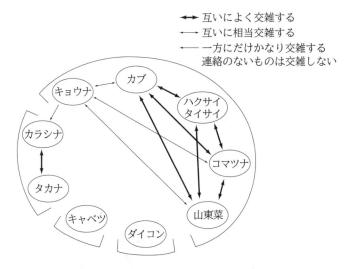

第3図 アブラナ科の交雑相関図
1)『野菜の採種技術』(そ菜種子 生産研究会編, 誠文堂新光社)より
2) 井上氏改写

第4図 アブラナ科の採種(広島菜)

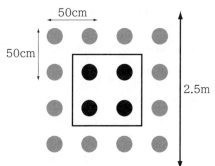

第5図 アブラナ科の採種(上からの見取り図)

の理由は，商品となる部分が土中にあって栽培中は見ることができないからである。その品種独特の性質をもった株を選ぶためには，株の特性が判定できる時期に抜き取って，選抜した株を採種用として別の場所に植え替える必要がある。

植替えの時期は，地温が発根に必要な15℃以上ある時期が望ましい。ふつうは秋植えがよい。秋植えができない場合は春植えにするが，春植えの場合は，発根と抽台が同時期に行なわれるため，発根が不十分となり，株が倒伏しやすいため支柱が必要な場合もある。また，採種量が少なくなることもある。なお，抜き取り前の栽培はふつうの青果栽培に準ずるが，やや早まきする。

⑤交雑防止対策

周辺部への背の高い障壁作物の栽培 風媒花であるホウレンソウでは，採種株の周辺部にムギ類などの背の高い作物を植えて，同一種類の花粉の飛込みを防ぐ。これに合わせて，周囲での同一種類の開花株の除去も有効である。家庭菜園などではムギ類を利用することは少ないが，つる性のエンドウや大型のソラマメなども障壁作物として利用できる。

防虫網で採種株全体を覆う「網かけ」 ナス科の花は，完全花で花粉は粘りが強く自家受粉率も高いため，採種用の株全体を防虫網で覆い，訪虫による異品種との交雑を防いで結実させる。網の中でも，周辺部に咲いた花では網の外からの吸蜜などによる交雑のおそれがあるため，網の内部で結実した果実から採種する。マメ科のソラマメもこのようにして採種する。

株の網かけと人工交配 シュンギクには自家不和合性の強い系統があり，これらは自分の花粉では結実しない。したがって，網かけによる異品種との交雑防止とともに，同一品種内の株間での花粉の交換が必要となる。

第3部　有機農業の共通技術

第6図　早朝に咲くキュウリの雌花

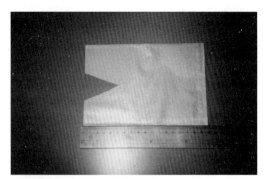

第8図　光を通しやすいグラシン紙でつくった袋を用いる

第7図　雌花に袋かけをする

第9図　袋の中で咲く雌花。交配後に日時を記入しておく

　シュンギクの花は頭状花序で，開花は一番外側の舌状花から始まり内側に向かって進む。1つ花で8割くらい開花したところで，花の上に積もった花粉残渣を口で吹き飛ばしてから当日咲いた別の株の花粉を交配する。花粉の寿命は開花後数時間しかないがめしべの受精力は1週間程度あるので，このような作業をすることで立派な種子が採れる。

　ネギ類の花粉は粘りが強く，風では飛びにくい。網かけをしただけでは株間の花粉の交換が不十分なので，人工交配の効果が高い。3～4日おきに坊主全体をなでてやるとよく結実する。

　アスパラガスは雌雄異株であるため，それぞれの株を網かけして，開花が始まったら数回人工交配し結実させる。人工交配は，花粉がその能力を保っている気温18℃前後の時間帯に行なうのがもっとも効率的である。

　網かけと周辺部への同種株の植付け　アブラナ科やセリ科，シソ科などは虫媒が主体だが，一部風媒もあるというまことにやっかいな種類で，これらは交雑の危険性がきわめて高い（第3，4図）。

　このような品目では採種の効率は悪くなるが，採種予定株を中心部に植え，それを取り囲むように周辺部にも同じ品種の株を植えるとよい（第5図）。

　この場合の作業は少し複雑である。まず，床幅2.5m程度のウネを立て，条間，株間とも50cm程度の4条に植え付ける。そして中の2条のみに網かけをする。網かけ作業は，周辺部の株がすべて開花を始めた時期に行なうが，このとき網かけをする採種予定株ですでに開花，結実している花や鞘をすべて取り除いたあとに網かけを行なう。そして採種は，網かけをした株のみから行なう。この場合，採種株での結実量

は周辺株の結実量に比べて大幅に少ないが，これは仕方のないことである。

したがって結実が終了したころを見はからって，周辺株はすみやかに除去する必要がある。養水分の収奪などで採種予定株の生育の邪魔になるため，この作業は必ず行なってほしい。

雌花への袋かけと人工交配 雌雄異花の品目で行なう。雌雄異花は，ウリ科（第6図），アスパラガス，トウモロコシ，ホウレンソウなどでふつうにみられる。

ウリ科では，着果予定部位での開花直前の雌花に袋かけし（第7図），同時に開花直前の雄花を採ってドンブリなどにいれ，乾かさないように上からラップをかけて室内に保存する。このときに使う袋はグラシン紙という光を通しやすい紙でつくったものを用いる（第8図）。大きさは18cm×12cm程度でよく，カボチャなどの大型の花の場合は花弁の半分ぐらいを切除して袋かけすればよい。袋内で結果した果実が肥大して袋が破れた時点で袋を取り外し，果実に交配月日を書いたラベルを付ける。

トウモロコシの交配は1日では終わらない。まず絹糸の抽出前の雌穂に丈夫なクラフト紙の袋をかけておき，絹糸の抽出が始まったら袋を取り除いて，すでに花粉を出し始めている雄花を叩いて授粉する。これを数日繰り返し，雄花の花粉が出なくなったらやめる。しかし，まだ雌穂では絹糸の抽出が続いており，新しく出た絹糸には受精能力があるため，絹糸の抽出が完全に終わり，受精能力がなくなるまで雌穂の袋を外してはならない。

⑥収穫時期の決定

一般の品目では，種子の入っている鞘（マメ科では莢）や朔，もしくは花被が褐色〜黒色に着色することで，収穫時期を決めることができる。しかし，ウリ科やナス科のナスなどは，果実の色だけでは種子の熟度の判定はできない。

そこでウリ科では，交配月日を記入したラベルを必ず付けておく（第9図）。またナスでは，果実の小さい時期に着果した日を大雑把に記入したラベルを付けるとよい。こうしておいて，その後の天候や果実の大きさなどから採果時期を決める。

おもな品目の交配後の採果時期は，キュウリは普通種で50日，大型種で60日，スイカは小玉種で25〜30日，大玉種で40日，メロンは55〜60日，マクワウリは40〜45日，カボチャは小型種で40日，大型種で65日，ナスは果実の大きさにもよるが，開花後60日を目安とする。トマトやトウガラシ類は，果実が完全に着色してから収穫する（第2表）。

（5）優良種子の調製と貯蔵

①収穫・調製と優良種子の選別

鞘（マメ科は莢）や朔に入っている種子は，鞘（莢）や朔の8割程度が着色したころに茎を付けたまま刈り取り，雨のかからない軒下もしくはハウス内などで乾かす。エダマメのように莢がはじけるおそれのあるものは，莢の着色したものをボウルなどに収穫し，その上から新聞紙などをかぶせた状態で乾燥させる。

よく乾いたら，鞘（莢）や朔を叩くかむいて種子を取り出し，ふるいにかけるなどして大きいごみを取り除き，その後風選または水選する（第10図）。

さらに，病害虫に侵されているものや発根しているもの，割れたもの，小型で未熟なものなどをピンセットで取り除く。

ウリ科では，収穫後数日間涼しい場所に置いて追熟の完了した果実から種子を取り出し，水

第2表 採種のための収穫時期（目安）

キュウリ	普通種	50日
	大型種	60日
スイカ	小玉種	25〜30日
	大玉種	40日
メロン		55〜60日
マクワウリ		40〜45日
カボチャ	小型種	40日
	大型種	65日
ナス		60日
トマト トウガラシ類	果実が完全に着色	

第10図　収穫した種子の水選（トウガン）

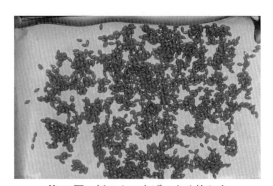

第11図　紙の上に広げてよく乾かす

中で種子の表面に付着している胎座の一部などの不純物を取り除き，カボチャを除いて，水中に沈んだ種子のうち正常な形をしたもののみをキッチンペーパーを敷いたボウル内に並べて乾燥する（第11図）。

カボチャの種子は比重が小さいため浮きやすく，水選による選別はむずかしい。したがって，浮いたものでも厚みのあるものは利用する。

ナス科では，品目によって果実からの種子の取り出し方に違いがある。トマトでは，熟した果実を潰してポリ袋に入れ，2～3日発酵させたのち，種子の表面についた胎座の残骸などを水中で取り除き，充実した種子のみを選別し乾燥する。

ナスは種子が果実全体に分散しており，そのままでは取り出しにくいため，ナイフなどで果実に平行に数本の切れ目を入れて日光で乾かし，半乾きになった状態で充実した種子のみを取り出して乾燥する。

トウガラシ類は，熟した果実から種子をそのまま取り出して乾燥させればよいが，辛味成分の多い品種の調製時に不用意に眼などをこすらないよう，注意が必要である。

水選した種子は，早く乾かさないと発根したり表面にカビが生えたりするおそれがあるため，水選種子の調製は晴天日の午前中に行なうのがよい。そして，その日のうちにあらかた乾燥させる。さらに，その後の数日間日陰で乾燥させる。貯蔵に適した種子の水分は8％程度といわれているが，これだけの水分状態にまで乾燥させることは，自然乾燥のみでは困難である。

乾燥にもっとも適した環境は冷蔵庫内である。のちに貯蔵のところでも述べるが，冷蔵庫内の湿度は，野菜室を除いて30％前後と低いため，紙や布など水分の移動しやすい素材の袋に入れて貯蔵すれば，種子の水分は低下する。

②種子の休眠打破

野菜の種子には，採種後の一定期間発芽しないものがある。これを休眠という。休眠の起こる原因は，採種直後の胚が未完成な状態にある場合で，休眠中の種子の内部では，発芽可能な状態になるよう準備が行なわれている。この間，胚を保護している種皮は，外から水やガスは入らないような構造になっていたり，大量の発芽抑制物質が蓄積されていたりする。

休眠のある種類は，アブラナ科，ヒユ科，キク科，セリ科などが主体であるが，ネギ亜科のニラにも認められており，ウリ科のメロンのなかにも深い休眠をもつ品種がある。

休眠を打破するには，一般に2～3時間の水浸後，水切りした状態で5℃程度の低温下に3～7日間置く。ヒユ科のホウレンソウやビートのような大型の朔に入った種子は，一晩程度低温の流水に浸漬後よくもむ。

③種子の発芽調査

採種した種子が高い発芽力をもっていることを確かめるためには，発芽調査を行なう必要がある。先述した休眠のある種子については，休眠打破の処理が必要になるが，休眠のない種子では選別直後に行なってよい。調査に必要な種子数は，ウリ科などの大型種子は20粒程度，

アブラナ科などの小型種子は40粒程度で十分である。

発芽調査の方法は，径10cm程度の小皿にティッシュペーパーを四つ折りにして敷き，これが十分に湿るだけの水を与える。この紙の上に，種子をほぼ等間隔に並べる。

大型種子の場合は，この上にさらに四つ折りにしたティッシュペーパーを置いて水を与える。大型種子は小型種子に比べて種子の吸水量が多いため，紙をサンドイッチ状にして種子に大量の水を与える必要がある。

超大型種子である大型のマメ類などでは，調査の途中に何度か給水する必要があり，使用する種子数も数粒に制限する。この方法とは別に，よく湿らせた砂床に種子をまいて発芽状況を調査する方法もある。

発芽温度は昼間30℃，夜間20℃，に適した品目が多いため，夏季の室温で十分に対応できる。しかしキク科，セリ科，ユリ科，ヒユ科などは，25℃を超えない温度でよく発芽するため，時期や場所を考えて行なう。

発芽調査の結果，80％以上の発芽率が確認されれば，保存が可能である。そしてこの種子は，冷蔵庫保存で発芽率が数年間高く保たれる。

④種子の保存

種子の消耗や活力低下を防ぐには，低温で乾燥した条件下で保存する必要がある。この条件を満たす身近にある保存場所は，家庭用の冷蔵庫である。

最近の家庭用冷蔵庫は大型化しており，冷凍室と冷蔵室が併設されているものがほとんどである。また，とくに機能性の優れたものでは，野菜室の湿度が60％程度と高く保たれているものもある。種子の保存場所として適しているのは，このような高湿度の場所ではなく，野菜室以外の棚やボックスなどである。野菜室以外の湿度は30％程度であるから，種子の保存場所として適している。

種子は通気性のいいクラフト紙か布の袋に入れた状態で保存する。決してプラスチック製の袋や容器に入れてはならない。どうしてもそのような容器に入れたい場合は，乾燥剤を必ず一緒に入れて，種子から放出される水分を吸着させる必要がある。

もう一つ大切なことは，袋の表面に採種年月日と品種名を必ず記入しておくことである。冷蔵庫内がいかに保存に適した環境にあるとはいえ，永久に種子の寿命が保たれるわけではない。いずれ発芽力の低下が起こることはまぬがれず，その時期までに使用する必要がある。

家庭用冷蔵庫内での野菜種子の有効保存期間は，その品目本来の発芽年限の長短に平行しているようで，入庫時の発芽率が80％以上の場合，ネギ類で4年程度，ダイコンで8年程度と考えられる。

(6) 地域の環境に適合してきた在来野菜の維持を

伝統野菜や在来野菜は，野菜流通の主流にはなり得ないが，長年にわたって地域内で栽培され地域の環境に適合してきた。多収性や耐病性，生育の均一性など，現在流通している品種がもっている普遍的適応性には欠けるが，ある栽培条件下では，独特の味や香りを含む食感と機能性を生み出す品種は多い。このような貴重な品種の特性を長期間にわたって維持し続けるためには，誰にでもできる交雑させない採種法の普及が急務である。この文章がそのための参考になれば幸いと思っている。

執筆　船越建明（元広島県農業ジーンバンク技術主幹）

2024年記

参 考 文 献

船越建明．2008．野菜の種はこうして採ろう．創森社．

自家採種で有機農業経営

(1) 有機農業44年

有機農業を始めて44年になる（第1図）。作付け面積は2.4haで、野菜を中心にコムギ、オオムギ、ダイズ、アズキなどの穀類、クリ、キウイフルーツ、イチョウ（ギンナン）などの果樹、合計80品目をつくっている。そのほか平飼いで鶏を150羽飼っている。生産した農産物は「身土不二」の考え方から、個人の消費者や提携するレストラン合わせて110軒に、自分で玄関まで配達している。なお、15軒は宅配便を使っている。

(2) 種苗交換会で有機農業に向く品種を広める

私が役員を務めている（NPO）日本有機農業研究会は、種苗交換会を毎年行なっている。有機農業の先駆者、故大平博四氏（東京都世田谷区）や故金子美登氏（埼玉県小川町）の発案で、1982年に関東地区で初めて開催した。

有機農業が普及しない原因の一つに品種の問題がある。市販の品種は農薬や化学肥料の使用が前提で、有機農業には向いていない品種が多い。農家には先祖伝来の自家採種し続けている在来種があり、農薬や化学肥料のない時代からつくられてきたものなので有機農業に向いている。その種苗を交換することで、有機農業に役立てようというのが交換会の目的である。

ブドウの'巨峰'を育成した故大井上康氏は「品種にまさる技術なし」という名言を残している。どんな技術よりも品種が作物の出来、不出来を決める。品種の違いは、色や形、味にもおよぶ。品種すなわち種苗がいかに大事か、痛感する。有機栽培にとって、有機農業に向く品種を用いることはきわめて重要である。この種苗交換会は全国で行なわれるようになり、自家採種は着実に広がっている。

(3) 自家採種（自家増殖）は60品種以上

わが家で栽培する品種数は、80品目で150品種以上になる（第1表）。そのうち60品種以上を自家採種（自家増殖）している。作付け面積でみると3分の2弱に相応する。ただし、最初からこれだけ採種・増殖していたわけではな

第1図 筆者
2.4haの畑で野菜、穀類、果樹など80品目を有機無農薬栽培

第1表 現在自家増殖している品目（品種）一覧

コムギ（農林61号）、オオムギ（6条）、ダイズ（小糸、黒在来）、ラッカセイ（ジャワ13号、おおまさり、郷の香）、アズキ（土用小豆）、ササゲ、インゲン（衣笠黒種、大平）、ソラマメ（打越）、オクラ（花、島、ダビデの星）、サツマイモ（関東八三号、種子島ムラサキ、シルクスイート、パープルスイートロード）、ジャガイモ（タワラムラサキ）、サトイモ（石川早生、土垂、唐の芋）、ヤーコン、ショウガ（在来）、ウド（愛知ムラサキ）、フキ（愛知早生、北海道）、ミョウガ（在来）、ヤマイモ（ダイジョ）、トマト（マスター2号、マイクロ）、ナス（深谷、翡翠）、キュウリ（バテシラズ）、スイカ（ヤワラ）、シロウリ（はぐら）、マクワウリ（バナナ）、カボチャ（鶴首、宿儺）、トウガン（コトウガン）、ゴーヤー（アバシ）、コマツナ（在来）、チンゲンサイ（中国）、ルッコラ、バジル、カツオナ、カキナ、キャベツ（ケール）、ダイコン（五木の赤大根）、ネギ（坊主知らず、金長、マチコ）、ニンニク（在来）、ラッキョウ（らくだ）、シュンギク（中葉）、オカノリ、ゴマ（金、黒）、シソ（青、赤）など

い。取り組みやすい作物から始めて徐々に増やしてきた（第2図）。

まず、もっとも取り組みやすいのは、栄養繁殖するジャガイモやサトイモやニンニク、株分けで増えるワケギやフキなど。

採種する品目のうち一番簡単なのは、収穫した可食部がそのまま種子になるイネ、ムギ、ダイズ、アズキ、ラッカセイ、ゴマなどである。

次にトマト、スイカ、カボチャなどの完熟果菜類。タネを取り出すのに手間はかかるが、完熟しているのでそのまま種子になる。

むずかしいのは、完熟までおかなければならないキュウリ、ナス、ピーマン、オクラなど未熟の果菜類。

そして、一番むずかしいのは、もともと花が咲いたら商品価値がなくなる葉物類や根菜類である。自家採種のために畑に長く置いて花を咲かせ、受精によって実をつけさせ、タネを採ることになる。

（4）自家採種の楽しみ

自家採種を、あまりむずかしく考えることはない。タネ採りはロマンがあって、じつに楽しくおもしろいものである。そうでないと長続きしない。自家採種の楽しみは自分なりの視点で選抜し、自分好みの品種に育成できることにある。欲しい品種のタネが市場に流通していなければ自家採種するしかないし、流通していたとしても、自分なりの視点で採種すれば、新しい品種ができる。

たとえば、熊本県の農家からいただいた'五木（いつき）の赤大根'は自家採種して20年くらいになるが、皮だけでなく、皮の内側が赤いものの選抜を繰り返すことで皮がより赤くなってきている。

その自家採種のやり方はこうである。秋に一度掘り出して、目的の親を選抜する。このとき、頭から先まで同じ太さだとスライスしたときに揃うので、丸い形より総太り形を選抜し、畑に並べる。並べたダイコンの表面をナイフで薄くスライスし、中が赤いものだけを母本選抜する。こうして同じ形質のものを毎年選抜していくのだが、2、3年を超えて長く続けていくと、近親交配で発芽や生育が悪くなる。

そこで、そうならないように毎年、中が赤く形が総太りではなく、丸いものを1割程度混ぜて、もう一度条件の悪い場所に植え直す。条件がいいと、たいしてタネをつけなくても遺伝子はつながっていく。逆に条件が悪いと「少しでも多くタネをつけないと遺伝子がつながってい

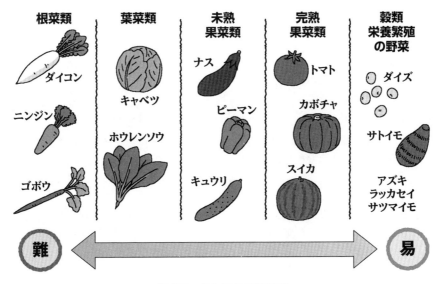

第2図　タネ採りの難易度

かない」と働くのである。そして，花を咲かせて実をつけさせる。これを毎年繰り返すことで自分の目指す「中が赤く，総太り」のダイコンになってくる。

理想の品種に育つだけでなく，自家採種をすればタネを買う必要がないことから，経費も節減できる。また，種苗会社のタネは半数以上が農薬で消毒されているが，有機圃場で自家採種すれば，安全性にもこだわったタネになるともいえる。

自家採種の欠点をあげれば，圃場を長く占有することと採種の手間がかかることである。

(5) 自家増殖の原則

自家増殖の基本は，どんな品種に育てたいかを考えながら，親を選ぶこと。つまり花を咲かせてタネを採る株＝母本の選抜が重要になる。多収性，耐病性，形や色や味のよさ，大きさ，早晩性など自分の気に入った形質で選ぶことが大切である。たとえば，今は核家族が多く，必ずしも大きければいいというわけではない。

(6) 栄養繁殖の作物

作物を自分で増やしてみたいのなら，まずは栄養繁殖する作物から始めることをおすすめしたい。作物は，受精によって繁殖する種子繁殖作物と受精によらない栄養繁殖作物に分けられる。栄養繁殖作物の場合は一般に自家増殖というが，広い意味では採種と考えてよい。

栄養繁殖の作物には，サトイモ，サツマイモ，ジャガイモなどのイモ類，坊主知らずなどネギ類の一部，ショウガ，ウコン，ウド，フキ，ラッキョウ，ニンニク，イチゴなどがある。株分けや根株，種球，種イモなどで増殖するので，種子繁殖に比べると簡単に採種できる。交雑の心配もない。

ジャガイモは当地では6月に収穫するが，翌年3月の植付けまでには休眠期間をすぎて発芽してしまうので，通常は秋収穫の北海道産（防疫検査済み）を使う。しかし，わが家ではウイルスに強い'タワラムラサキ'を自家採種している。収穫したイモは1℃の冷蔵庫に入れて保存すれば，休眠期間にかかわらず，翌春まで芽が出ず植え付けられる。

なお，ジャガイモはアブラムシなどによってウイルスにかかりやすく，国の防疫検疫を受けなければ，有償，無償にかかわらず，他人への譲渡が禁止されている（ただし北海道，青森県，岩手県，福島県，山梨県，長野県，岡山県，広島県，長崎県，熊本県のみ）。

サツマイモは5種類ほど自家増殖している。一部は農研機構の登録品種で，許諾を受けて増殖している。

ヤマイモ類ではダイジョ（別名台湾山芋）を自家増殖している。通常はジャガイモのように切って植えるが，ジャガイモと違って切り口が腐りやすく農薬で消毒するのが一般的である。だが，大きいイモのほかに小さい子イモがつくので，これを利用すれば，消毒することなく，翌年の種イモにできる。

ショウガやウコンは，イモ類と同じく，それ自体を種子とする。ウドやフキは株分けで増やす。ニンニクはラッキョウと同じように株分けするが，'ホワイト六片'など大型種はウイルスにかかりやすいので，在来種を使うようにしている。また，暖地向けの品種がインターネットなどで販売されている。イチゴはランナー（匍匐茎）で増殖する。

(7) 種子繁殖の作物

種子繁殖作物の場合，イネやムギ，雑穀，マメ類，キク科などは一般的な市販品種でも在来種・固定種が多いが，トウモロコシ，果菜類，キャベツ，ハクサイ，ブロッコリーなどは交配種（F_1）がほとんどである。

タネの袋にサカタ交配，タキイ交配，一代交配など「交配」と記載されているものは交配種で，親の形質がそのまま現われないので基本的にタネ採りはできない。

また種子繁殖は，品種ごとの隔離をせずに採種できる自家受粉と，交雑するため隔離して採種する他家受粉に分けられる。

①ナス科

ナス科のうちトマトは自家受粉が強く，距離

を数十m離せば他品種があっても交雑しないので、そのまま採種できる。完熟したトマトはへたをとり、手でつぶしてタネをゼリーごとボウルに入れる（第3図）。2日ほどそのままにしておくと、白いカビが出て発酵してくる。網ザルにあけて水の中で洗うと、皮や果肉は浮き、タネが下に沈むので、簡単に取り出すことができる。新聞紙に乗せて、日に干して乾燥させると採種が完了する。

発酵させると、タネについた病原菌を殺菌することになるともいわれ、また、タネから果肉がはがれやすくなる。

トマトに比ベナスやピーマンは交雑しやすいので、複数の品種を作付ける場合は袋かけで交雑を防ぐ。虫が袋の中に入らないので受精が弱く、実がつきにくくなるので、枝を手で強く振って受精を促す。トマトと違って未熟果を食べているので、ナスは実がついてから50日、ピーマンは赤くなってしわになるまでおいてから取り、1週間ほど追熟させてから採種。わが家では70mのウネの端と端の株から採種するようにしているので、袋かけはしていない。

トウガラシと伏見トウガラシ、万願寺トウガラシ、シシトウは近縁種で近くに作付けると交雑するので、袋かけで交雑を防止する。この場合、辛みの形質が優性なので、交雑したタネをまいて育てると、もともと辛みの少ない伏見トウガラシ、万願寺トウガラシ、シシトウも辛くなる（近くに植えた当年の果実が辛くなることはない）。

②ウリ科

ウリ科には雄花と雌花があり、人工交配で交雑を防ぐことができる（第4図）。夕方見回り、蕾の先が黄色くなり、翌朝には花が咲きそうな雌花に果実袋をかける。雄花は茎（花柄）で切って家に持ち帰り、コップに水を入れ挿しておく。

翌早朝、開花した雄花をもって、雌花の袋を外し、雄花と雌花の柱頭をこすりつける。雌花には再び袋かけをする。1週間ほどして袋を外すと、花は落ちて小さい実がついているので、目印に赤ヒモなどで縛っておく。

最低3個は人工交配しておき、完熟したら、その中から、形、色合い、食味から、1個を選び、

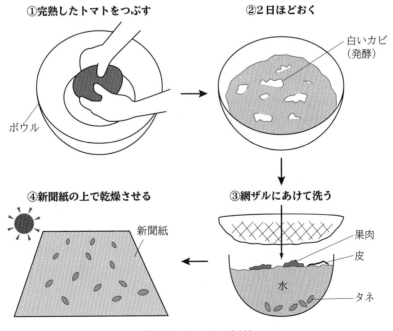

第3図　トマトの採種

採種する。

スイカ，キュウリ，カボチャなどはほかのウリ科の品目とは交雑しないので，1品種しか作付けしない場合は人工交配の必要がない。一方，マクワウリ，シロウリ，メロンは近縁種で，近くに作付けると交雑するので，1品種でも人工交配する必要がある。

タネ採りはトマトと同じ。タネのまわりがゼリー状のキュウリやマクワウリも，発酵させて採種する。考えてみると，トマトやウリ類は収穫せずそのままにしておくと，自然にカビが生えて発酵し，翌年には芽が出るのである。

③アブラナ科

アブラナ科はワサビ属，ダイコン属（食用として利用するのはダイコンのみ），アブラナ属，エルーカ属（ルッコラ）に分けられ，各属は交雑しない。

アブラナ属は染色体の数，配列によって交雑したりしなかったり非常に複雑である（「自家採種の基本と心得」の第1表参照）。キャベツ，ブロッコリー，カリフラワー，芽キャベツの一群は交雑するが，コマツナ，チンゲンサイ，キュウリ，ハクサイなどほかのツケナ類，カブなどとは交雑しない。カラシナはほかのアブラナ属と交雑しない。ダイコン，キャベツ，コマツナ，ルッコラを同じ圃場で採種しても交雑はしない。同じアブラナ科なのでまれに交雑することもあるが，気にする必要はない。

最初から採種しようとある程度まとまって作付ける場合と，収穫しようと作付けしたものから選抜して移植し，採種する場合がある。移植する場所は前述したとおり，やせ地や日当たりが悪いなど条件が不利なところが適している。ニンジンやダイコンなどの移植も同様である。

④キク科

キク科にはもともと交配種がなかった。しかし，おしべのない雄性不稔株が見つかり，今ではレタス，シュンギクにも交配種が一部ある。

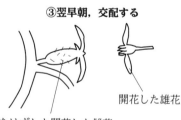

第4図　ウリ科（キュウリ）の採種

したがってレタスとシュンギクは，交配種以外の固定種から採種することになる。

結球レタスは気温と湿度の高い梅雨時期が採種時期となり，うまく採種できない（気温と湿度が低い長野県を除く）。シュンギクは9月に播種して，12月まで収穫したあとの株をそのままにする。寒さでいたんで冬を越すと春に新芽が出てくるので，花を咲かせて採種する。

⑤マメ科

一般的な市販品種は固定種である。なぜならマメ類は，人工的に交配したとしても，手間のわりに採れるタネの数は少ない。たとえば，ソラマメで3粒，インゲンでも10粒くらいである。種苗会社は手を出さないので，すべて固定種である。多くは花粉が外に飛び出さないといわれ，自家受粉なので品種間隔離する必要はない。ただし，ソラマメは交雑しやすいので複数品種をつくるときは間隔を離したほうがよい。

(8) タネの保存

タネにはそれぞれ寿命がある（第2表）。ただし冷凍保存しておけば20年以上，冷蔵庫でも数年は保存できる。

冷凍保存はタネを十分乾かしておき，天気のいい日に，缶やビンに薬局で売っている乾燥剤を一緒に入れてフタを固くしめ，口をテープで密封する。ラベルに品種名，タネ採りした年を書いて貼っておき，冷凍庫に入れておく。冷蔵庫は乾燥しているので茶封筒に入れてもよい。

数十種類のタネを毎年採るのは手間や時間がかかり，大変である。また，毎年採種しようと思っても，年によって天候の不順や台風の影響でタネがまったく採れないことがある。しかし冷凍・冷蔵保存をしておけば，タネ採りを毎年行なう必要はない。気候の適した年に充実したタネを多量に採ればいいわけである。

タネを冷凍庫から出すときは湿気に気をつけなければならない。冷凍庫から出してすぐに開封すると，外気との温度差から湿気を吸って二度と冷凍できなくなる。冷凍庫から一度冷蔵庫に移し，1〜2日たってから外に出し，さらに1〜2日たってから開封する。タネを取り出してテープで密封すれば，また冷凍保存できる。

(9) 有機農業の品種選び

現在は一代交配種（F_1品種）が普及していて，たいていの農家は毎年タネを買い続けている。一代交配種は種苗会社が高収益を得るためにつくり出したものともいえる。農家にとっては，経費がかかり，種苗会社に生産の根本の部分を握られることになり，農民の自立という観点からみれば非常に脆弱といえる。

慣行農法では，ダイコンといえば'耐病総太り'，トマトといえば'桃太郎'というように，特定品種に集中しがちである。土壌や気象条件など地域の多様性を無視し，農薬や化学肥料で生産の効率化を図っているのだ。

現代は流通が広範囲になり，トラックで輸送しやすい品種が好まれる。皮の薄いスイカはおいしいが，割れやすくて嫌われる。'三浦ダイコン'は煮て食べるとおいしいが，中太りといって，頭としっぽが細くて真ん中が太いので，うまく段ボールに入らないために好まれない。

市場流通では，中・外食産業が好む品種が望まれる。コンビニでは盆過ぎからおでんが売れるが，'三浦ダイコン'は切ったときに大きさがばらつくのでやはり嫌われ，頭からしっぽまで同じ太さの'耐病総太り'が好まれる。今のキュウリの品種は驚くほど21〜22cmに揃う。これは海苔のサイズが一辺20cmで，カッパ巻

第2表 品目別タネの寿命

タネの寿命	品 目
長命種子 （4〜6年， それ以上）	ナス，トマト，スイカ
常命種子 （2〜3年）	やや長命：ダイコン，カブ，ハクサイ，キュウリ，カボチャ やや短命：キャベツ，レタス，トウガラシ，エンドウ，インゲン，ソラマメ，ゴボウ，ホウレンソウ
短命種子 （1年）	ネギ，タマネギ，ニンジン，ミツバ，ラッカセイ

注 『種苗読本』（日本種苗協会）より

にしたときにちょうどうまく収まるからである。

そして、いずれの品目も野菜本来の味を薄くした品種が好まれる。味が濃すぎると、シェフが調理しにくいからである。また、辛味や酸味などは嫌われ、甘味の強いものが好まれる。

一方、有機農家の圃場には、地域ごとに伝わってきた在来種を含め、多種多様な品種が残っている。在来種は一般に、交配種に比べてコクがある。私の野菜を「提携」でとっている消費者の多くは、私がそのような在来種にこだわっていることを知っている。有機農業の場合は市場流通ではなく、おもに提携や直売で消費者に直接届けるので、品種選びの基準が違うのだ。

経済性にとらわれず、その地域に伝わってきた多種多様な固定種、在来種を発掘し、タネの自給、自家採種を進めていく必要がある。

（10）登録品種に注意して自家採種を楽しもう

2020年、登録品種の海外流失を禁止するという名目で種苗法が改定され、自家増殖が原則禁止されるようになった。新しい品種を育成するには労力や時間、経費などがかかるため、もちろん品種育成者の権利は守られなければならない。育成者権者にはそれなりの対価が払われるべきである。

しかし、種苗法の改定によって、自家採種そのものが禁止になったわけではない。まず、登録されていない品種はこれまでどおり自家増殖や種苗の交換が可能である。登録品種であっても、許諾の必要なく使用できるもの、許諾を得れば使用できるもの、許諾を得て許諾料を支払えば利用できるものなどがある。

登録品種には、タネ袋に「PVP（植物品種保護）」や「登録品種」と記載されているのでわかる。わからなければ、農水省の登録品種のホームページで検索もできる。種苗法に違反すれば、懲役や罰金が科せられる。細心の注意を払って、今後も楽しみながら自家採種を続けよう。

なお、品種登録はいつまでも続くわけではない。野菜で最大25年、果樹で30年である（2005年の改定以前の登録品種は野菜20年、果樹25年）。また、途中で登録を更新しないこともある。

（11）遺伝子操作技術のゆくえ

有機農業の推進に関する法律（有機農業推進法）では「化学的に合成された肥料及び農薬を使用しないことならびに遺伝子組換え技術を利用しないことを基本」となっている。みどりの食料システム戦略が発表され、種苗メーカーも今後は、今までやらなかった有機向きの品種開発に乗り出すと思われる。

しかし、ゲノム編集による品種開発は絶対に認められない。有機農業推進法が成立した当時は遺伝子組換え技術しかなかったが、今はゲノム編集など遺伝子操作が盛んに行なわれている。有機農業推進法は「遺伝子組換え技術を利用しないことを基本」ではなく「遺伝操作技術を利用しないことを基本」とすべきであった。

イネ、ムギ、ダイズの種子の生産や普及を都道府県に義務付けてきた「主要農作物種子法」が廃止され、「種苗法」の改定で自家採種が制限されるなか、次に危惧されるのは遺伝子操作の技術であり、それに伴う交雑の問題である。

世界の種子会社が、より大きいグローバル種子会社や遺伝子組換え技術を扱う化学薬品会社に買収されている。遺伝子操作技術の普及とともに、種子の知的所有（財産）権を強化し、自家採種そのものを禁止しようという世界的な動きも気になる。タネを支配すれば食料を支配し、世界を支配することになるのである。

執筆　林　重孝（千葉県佐倉市）

2024年記

タネをあやす

執筆　岩崎政利（長崎県雲仙市）

みんなであやす

40年近く有機農業に取り組み、50品種以上の野菜のタネを採り続けてきました。毎年7月の終わりに、5月後半から6月にかけて収穫して保存しておいたさまざまな野菜の鞘や果実からタネを取り出します。私はこの作業を「タネをあやす」と表現しています。

アブラナ科の野菜は、十分に乾燥させた鞘の束を左手で抱えて右手で触ってタネを取り出していきます。その姿が、小さな子どもを両手に抱いてあやす姿に本当によく似ているので。カボチャやキュウリ、ズッキーニなどの野菜は、水の中で両手でもんでタネを採ります。これも「あやす」。

昨夏も、'黒皮カボチャ'、'バターナッツ'カボチャ、地カボチャ、'平家キュウリ'、'熊本在来キュウリ'、'山口在来キュウリ'、無地皮スイカ、ズッキーニ、'バナナウリ'、'弘岡カブ'、'長崎赤カブ'、'金町コカブ'、'平家ダイコン'、'源助ダイコン'、'雲仙赤紫ダイコン'、しゃくし菜、五寸ニンジン、'大和真菜'、'雲仙こぶ高菜'、九条ネギ、アブラナ、チンゲンサイなど次々にあやしました。

この作業を以前は川の土手などへ行って一人でやっていました。これだけの野菜のタネを一人であやすと何日もかかってしまいます。しかし、この作業を体験してみたいという人が年々増えてきました。昨年は大学生50名と一般のサポーター10名が一緒にタネをあやしました。やはり、みんなでやればとても作業が早いと感じます。

ただ、天気だけは心配です。せっかく準備していても、その日が雨ではできません。前日が雨であってもダメです。鞘はすぐに水分を吸収してしまい、タネを落とせなくなりますし、タネがよく乾燥していないとカビが発生してしまいます。それでも、農業に日ごろあまり縁がない方、あるいは在来品種に関心のある方に、タネ採り作業の体験を通じて、年々消え行く在来品種のことやタネ採りの大切さをより知ってもらおうと続けています。

実際にタネをあやした方は、鞘のときにはたくさんあるように見えても、タネを落としてみるとその量がじつに少ないことを知って驚かれます。落としたタネから、さらに風で小さなタネを飛ばすとまた一段と少なくなります。それでも、昨年まいた両手いっぱいのタネが、今年も両手いっぱいのタネになって戻ってきたことを実感でき、タネを守っているという、いちばん大切なことが感じられる瞬間です。私も、参加者のたくさんの手に囲まれ、あやされながら、またタネが守られていくと感じる瞬間です。

同じ畑で育つことで、野菜は安心する

2017年12月、例年よりおよそ20日も遅れて、'源助ダイコン'を収穫しました。前年に採ったばかりのタネと、3〜4年前に採った少し古いタネの両方をまいたら、やはり新しいタネのほうが肥大が優れていました。わずか3年

第1図　筆者（68歳）
（写真撮影：赤松富仁）
地元に伝わる五寸ニンジンのタネ採りから始まった自家採種ライフはもう30年にもなる

くらいでこんなに違うものかと感じ、タネ採りは毎年手抜きができないのだなと思います。

収穫したら、その中からタネを採る株（母本）にするためのダイコンを選抜します。ぽっちゃりとかわいい姿のダイコンを選ぶようにしています。1回の収穫で選抜するダイコンは20〜30本。収穫3回ほどで必要な分を確保します。

選抜したダイコンは畑の脇に植え直します。風の吹返しがなく、強い風が当たらない場所がよいのですが、畑の中でもそういう場所は多くなく、だいたいいつも同じ場所になります。

十数年前からは、あえて前年と同じ場所に植え直すようにしています。野菜は同じ場所で暮らしていくのが安心なのか、繰り返し同じ場所でつくっているうちに、だんだんとよいダイコンになっていくからです。野菜自身がその畑のことを知り、風土にも適応していき、その野菜のいちばん素敵な姿になっていくのではないか、温暖化や異常気象のなかでも生き延びるタネになるのではないか、と思っています。

同じ場所でつくり続けることで、その畑にいちばんあったタネを育て、畑の中で守っていく。それができるのは、そのタネとその畑を知り尽くした生産者だからこそだと思います。

農家の思いに野菜が応える

野菜の多様性は私たち人間の社会にも似ています。いろいろな人間が共存して社会をつくっていますが、在来品種の世界も同じ。昔は当たりまえのように、さまざまな野菜がタネ採りされてつくられていました。今も在来品種のタネが市販されてはいますが、以前に比べて少なくなっています。

現在、畑の多くでは、つくられている野菜がみごとに揃い、一つ一つ同じように育っています。見栄えもたいへんよい品種が多くなり、伝統野菜のブームが多少あるとはいえ、多様性豊かな在来品種などは生きる場所がますます少なくなっています。

しかし、在来品種などの多様性豊かな野菜から、気に入ったものを選んでタネを採り続けていると、タネ採りした人が願う姿に、野菜のほうが近づいてくる気がします。逆に、人がついつい欲を出して、より大きいものにしよう、より美しいものにしよう、より収量が多いものにしようとすると、少し野菜が疲れて弱っていくこともありますし、太いものにしようか、細いものにしようかと迷いながらタネ採りすると、野菜もまた迷っているような姿になります。タネ採りを10年、20年と続けて、タネを守っていくうちに、自分もまた、自分が育て続けた野菜をいちばん上手に活かせる生産者へと変わっていくような気がします。

植物である野菜にとって、見栄えの違いや生育の不揃いは生き続けるための当たりまえのことだと思います。そう考えると多様性豊かな野菜こそ素敵なものに見えてきますし、じつは多様性の豊かさこそが、野菜のおいしさにもつながっているのではないかと思えてきます。

農家はタネ採りという営みを淡々と繰り返してタネを守る。その思いに応え、野菜はその地のその畑の風土になじみながら、少しずつ形や味を変え、やがてはその地の伝統野菜へと育っていく。タネを守るとは、多様な野菜から多様な味と食文化を育んでいくことだと感じます。

（『現代農業』2018年2月号「タネをあやす　農家としての幸せな世界」より）

岩崎さんに聞いたニンジン自家採種の実際

岩崎さんの自家採種のやり方、気をつけていることを、ニンジンを例に手順にそって見てみよう。

母本選抜……最初は厳密に、あとはほどほどに

自家採種は、自分の好きな親を選んで（母

本選抜）そのタネを残していく作業。自家採種の決め手はこの母本選抜だ。

母本選抜は収穫のときにやる。まず引き抜いたニンジンを、長い順になるべく多く並べる。長いものと短いものを除いた中間のものがその品種の特徴をもっとも表わしている部分だ。この中から好きな姿を選ぶ。岩崎さんは、姿の美しい株を女株、武骨なものを男株と呼び、母本選抜をしている。

1～2年目の母本は厳密に選んだほうがいいが、3～4年目からは美人の女ニンジンだけでなく、無骨で勢いの強い男ニンジンも入れてやることが大切だ。美人ばかりを選び、タネとりを繰り返していると、見栄えはよくなるが、とれるタネの量が減ってくる。

植替え……畑の隅に、なるべく肥料っ気の少ないところで

母本として選んだニンジンは、畑の隅、なるべく肥料っ気の少ないところに植え替える。タネ採り用に畑をあける必要はない。雑草が生えたアゼ、荒れ地、遊休地のようなところのほうがいい。厳しい条件のところでタネを採りつづけたほうが、生殖生長に向かうせいか、採れるタネの量も多い。まいた野菜は肥料が少なくても育つようになるし、発芽もよくなる。生命力が高まるのだ。

ニンジンに限らずほとんどの野菜は春になるといっせいに花を咲かせる。気をつけたいのは交雑。ニンジンもそうだが、ほかの品種と交雑してしまったら雑種ができてしまう。よく専門書にはどの作物は交雑しやすいから異品種とは何m離して植える、と書いてあるが、そんなに厳密にする必要はないと岩崎さんは思う。岩崎さんが気をつけているのは花の色。花の色が違えばほとんどは交雑しないはず、と考えて作付けしている（ハクサイ、コマツナ、カブ、チンゲンサイなど、菜の花を咲かせるアブラナ科はお互いに交雑するので離す）。それに、たとえ交雑してしまった

第2図 五寸ニンジンの母本選抜

タネが多少あって、変な姿の株（異株）ができても、わずかだから抜き取ればすむ。メーカーのようにタネを売るわけではないから、それでよい。

タネ採り……タイミングは鞘が黄色くなったとき

タネ採りは、鞘が黄色くなって、タネが完熟したときに株ごと刈り取る。ゴザの上で天日乾燥させ、鞘がパリッとしたら手でもみほぐし、タネをとる。またニンジンのタネは雨にあうと一晩で落ちてしまうので、雨よけをしたほうがよい。

保存……乾燥剤を入れて冷蔵庫に

採ったタネはポリ袋かビンの中に乾燥剤を入れ、冷蔵庫（5℃）に入れておく。こうすると5年ぐらいはもつ。

タネまき……50株以上を保つ

自家採種したタネをまくときは、50株程度から始める。少ない株数だと特定の株のなかだけで交雑し、次の代ではよいタネが採れなくなってしまう。自然界と同じように、ある程度雑多なものが集まっていたほうがいい。

こうして3年ぐらい、自家採種、選抜を繰り返すと、その畑にあった野菜ができるようになる。

執筆　編集部
（『現代農業』2001年2月号「固定種を自家採取して「私の野菜」をつくる」より）

小さい畑でもタネ採りをうまくやるワザ

執筆　竹内孝功（長野県長野市）

オクラで自家採種に目覚めた

私は家庭菜園や自給に向いた品種を選び自家採種しています。保管しているタネは132品種以上です。

自家採種歴は23年目。じつは、家庭菜園歴と同じです。初めて自分でタネをまいたオクラは、たった15cmしか育たなかったのですが、偶然にもタネが採れ、それを翌年まくと、無肥料でも1mを超えるほどよく育ちました。この経験で、自家採種によって植物が環境に適応して変わっていくことに気づきました。

以来、自家採種と菜園が切っても切れない関係になり、自然農法の採種農家研修も経て、少量多品目の家庭菜園でもできる自家採種について試行錯誤してきました。以下に、限られた面積を最大限に活用し、失敗なくタネ採りするためのポイントを紹介します。

第1図　筆者（42歳）
（写真撮影：依田賢吾）
自然菜園教室、オンラインセミナーなどを主宰。著書に『これならできる！自然菜園』（農文協）など

キュウリ支柱でつくるミニミニ採種ハウス

タネ採りでとくに課題だったのが、アブラナ科の野菜たちでした。アブラナ科の野菜は基本的に自家不和合性をもち、自分の花粉では受精せず、虫媒によりほかの株の花粉がつくと受精します。そのためカブ、コマツナ、ハクサイ、菜の花たちは、近くに植えていると交雑してしまいます。露地栽培で自然交雑を避けるには、ほかのアブラナ科との距離を数km離さないといけないといわれています。

プロの採種農家は、アブラナ科の採種専用ハウスを建て、ハウス内に虫が入らないようにし、人工受粉をします。とても大がかりなので、家庭菜園ではまねできません。

そこで私は、アーチ型のキュウリパイプ支柱の両端を約70cm切って背を低くしたものを使い、ミニミニ採種ハウスをつくっています。高さを1.3～1.5m程度に低くしたほうが寒冷紗（防虫ネット）を張りやすく、強風にも強くなります。

採種用の野菜にトウが立ってきたら、ハウスを建てて寒冷紗で覆って密閉します。裾もパイプなどでしっかり押さえ、虫が外から入らないようにします。あとは風によって仲間同士の株で受精しあうので、6～10株ほどあれば自然交雑を避けつつタネ採りできます。

ただし、ダイコンは花が少なく、風だけでは受精不良になりやすいので、花が満開の際に、1日だけ寒冷紗を開放し、埃取りブラシ（毛がフワフワとして静電気で埃を吸いつけるタイプ）で花をなでるようにゆらして人工受粉して、再度寒冷紗で覆います。

絶対交雑しない3種は混植してスペース節約

家庭菜園は多品目で小規模の畑なので、1品種ごとにミニハウスをつくるのも大変です。そこで思いついたのが、絶対に交雑しないカブ、ダイコン、ニンジンを組み合わせる混植タネ採

自家採種と育種，品種選び

第2図 小スペースタネ採り用に3種混植
採種用の3種を混植。寒冷地は株間にワラを敷いて防寒（ピンクのテープはシカよけ）

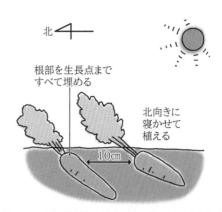

第3図 採種用株は凍結から生長点が守られるように首まで埋める
株間はニンジン10cm、カブ15～30cm、ダイコン15cm

第4図 春にミニミニ採種ハウスをかぶせる
花が咲く前にハウスをかぶせる。寒冷紗はサイド用とアーチ部用の2枚使用。人工受粉の際はアーチ部分だけを開ける。横支柱は切ったパイプをつなげてつくる

りです。ダイコンとカブは同じアブラナ科ですが、前者はダイコン属、後者がアブラナ属と属が違うので交雑しません。カブはコマツナやカラシナなどのほかのアブラナ属の野菜に替えてもOKです。

秋の収穫の際に、形がよい株をそれぞれ10株ずつ選び、ミニミニ採種ハウスの予定区画中に植え直します。春になったらミニミニ採種ハウスの支柱を立てて、開花前に全体を寒冷紗で覆います。

開花する前に、トウ立ちが早すぎる株や、異株（あきらかに見た目が異なる株）を取り除いておきます。

ダイコンは満開のときに人工受粉しますが、カブとニンジンは、自然の風だけでOKです。それぞれ6株以上あればちゃんとタネを実らせてくれます。

未熟果を食べる果菜のタネ採りを失敗しないコツ

果菜類は、食べる実の中にタネが入っているので、初心者も気軽にタネ採りできる野菜です。ただし、落とし穴もあります。私の家庭菜園教室の生徒さんがいちばんタネ採りで失敗しやすい御三家が、ナス、ズッキーニ、キュウリです。

トマトやスイカ、メロンは、完熟した果実を食べるので、食べたときにタネを採ればよいのです。ところがこの御三家は、タネが充実する前の未熟な果実を食べるため、完熟果の状態になじみがありません。ある程度大きくなったらタネが入ると勘違いしてしまい、せっかく採れたタネが発芽しないという失敗が後を絶たないのです。

(1) ナスは開花後65日で完熟

たとえば、開花から7日で食べごろになったナスは、さらに3週間もあれば大きなボケナスになりますが、まだタネに生命が入っていません。実際は、そこからさらに4週間後にようやく採種できるのです。

私の場合、小さな実になったときに、ピンクの毛糸を採種予定の実に印としてつけておき、ナスの樹の上で最低65日以上成らすようにしています。

さらに、収穫後5～10日くらいは、ハウスや家の中の風通しのよい場所でザルなどに入れて追熟させます（暑すぎず寒すぎない温度）。追熟することでタネが肉厚になり、双葉が大きくなるので、発芽後の初期生育が頼もしい限りです。もちろん充実したタネは発芽率も保存性も高いです。

(2) ウリ科は人工受粉から40～60日

他家受粉率の高いウリ科の場合、人工受粉した日からキュウリは40日以上、ズッキーニは

第5図　バテシラズキュウリの採種果
開花・人工受粉から40日後に収穫（収穫は10日先）

第6図　信越水ナスの食用の果実（左）と採種果（収穫はあと2～3週間先）
採種果の付け根には赤いヒモを付けておき、開花後65日たってから収穫

第7図　ズッキーニの採種果
人間の腕の太さくらいになる（写真の品種はコスタータロマネスカ）。立ち栽培だと重くて倒れるので地這い栽培に

60日以上、しっかり樹につけておきタネを育てます。収穫後はさらに7日以上追熟させてから採種します。

採種果は、樹がいちばん元気な収穫最盛期に、太く充実した枝についた果実を選びます。採種果を決めたら、その樹についている採種果以外の実や花をすべて摘んで、採種果の肥大を促します（採種果が大きくなったあとの花は残していい）。よく、収穫後半の樹が疲れた時期に採種果を着果させる人がいますが、実が充実しないうちに樹が枯れてしまい、良質なタネが採れないことがあります。

マメのタネは、ペットボトルの脱酸素保存で長持ち

小面積多品目栽培では、毎年すべてのタネを採ることは不可能です。そこで、タネを長期保存し、数年に一度ごとにタネ採りをして、順番にタネを更新する工夫が必要になります。

とくにマメ類は、寿命が1〜2年という短命種子が多く、アズキやインゲンのように虫がわきやすいものもあるので注意が必要です。私はペットボトル保存で2年以上維持しています。

1) 完熟したマメを収穫し、よく乾燥させてから、病虫害のない大粒を選んでペットボトルに詰めます。

2) フタを甘く閉めて半開きにして1か月置きます。タネが呼吸し、ペットボトルの底から二酸化炭素が充満していきます（二酸化炭素は空気より重いので下にたまる）。二酸化炭素が充満すると発芽抑制になり、虫もわかなくなります。

3) その後フタをきっちり閉めて冷暗所保存すれば2年目でも発芽率良好です。このやり方は、食べるマメの保存にも重宝します。

マメ以外のタネは、基本的に1品種ずつ紙封筒に入れ、さらに乾燥剤と一緒に密閉できる容器に入れ、常温保存を基本にしています。乾燥剤は1箱に2個使いますが、時期をずらして入れて、乾燥効果が常に持続するようにしています。

タマネギやニンジン、バジルなどの短命種子

第8図　マメはペットボトルで脱酸素保存
炭酸水用などの丈夫なペットボトルにマメを詰め、フタをゆるく閉めた状態で1か月置く。マメ自身の呼吸で二酸化炭素が充満し、虫がわきにくく長持ちする

第9図　保存にはタネ面を見分ける
「こうじいらず」大豆の選別。左の大豆はふっくら大きく肌がきれいなのでタネにする。ヘソが黒いものは残したくないので真ん中は食用にする。右は斑点病に感染しているので廃棄（食用にしてもよい）

は冷蔵庫に保存します。原原種（導入した当初のタネや元種）は確実に保存するために冷凍庫へ保存することもあります。ナスやトマトなどの長命種子は冷暗所に保存しています。

「タネ面（づら）」のいいタネを選ぶ

同じ野菜のタネでも厚みが薄いものは寿命が短い傾向があります。タネの表面が汚れているものは、カビなどにより保存中に発芽率が落ちやすい傾向があります。

そこで、自家採種したタネを保存する際は、

タネが厚く、汚れがなく肌のきれいなものを選抜して、元種や長期保存用として保管しています。選抜されなかったものは、翌年など早めに使い切るようにします。

なお、厚みのあるタネを採るためには、チッソをひかえめに栽培することがもっとも大切です。カボチャやダイズがチッソ過多でつるボケすると実をつくらないように、チッソが多いと栄養生長優先になり、タネの量も質も悪くなるのです。

採種用の株は、できるだけ無肥料栽培を心がけて、生育初期にしか米ヌカを補わないようにしています。

買ってきたタネは、3～4年連続でタネ採り

ある野菜を自分の畑で自家採種し続けると、年々確実に育てやすくなっていくことを実感できます。ソラマメのように、自家採種すると2年目で育てやすくなるものもありますが、基本は「土の上にも3年」です。植物は少しずつ適応していくからです。

タネを買ってきて栽培をはじめるときは、3年間毎年自家採種して、地域風土をタネに覚えさせます。

また、ただタネを採るのではなく、3年間「選抜する」ことが大切です。最後までよく育ったもの、おいしかったもの、悪い環境下でも生き残ったものなど、その地域風土（気候環境）にマッチングした株（母本）を選び、そこから自家採種を繰り返すことで「育種する」ことになります。

最近は大干ばつ、長雨、大雨、ゲリラ豪雨など、作物が育ちにくい天候不順が当たりまえになっているので、いろいろな天候をタネに学習させるねらいもあります。

被害者にも、加害者にもならないタネ採りを

遺伝子組換え（GM）・ゲノム編集作物の増

第10図　筆者のタネ保管ケース
タネを1品種ずつ紙袋に入れ、密閉容器に乾燥剤2個と入れておく（箱の底にも乾燥剤が入っている）

加により、こうした作物との交雑を避けるためのタネ採り技術が必須となってきました。

とくにトウモロコシやナタネなどは、遺伝子組換え作物の雑種が日本の国道などに自生していることが確認されています。伝統野菜のナバナ（GMナタネと交雑するセイヨウアブラナ品種）の地元での採種を断念した県もあります。

自分の育てた作物が意図せずにGM植物と交雑してしまうことはある意味被害ですが、そのタネを育てることで、知らず知らずに加害者になっていってしまう危険性も高い今日です（育成者権の侵害）。

これからは、自家採種の知識（自家受粉か他家受粉か、他家受粉の場合は交雑防止対策）を学びながら、GM植物などと交雑させずに自家採種をする必要があります。

家庭菜園でもよりよいタネを選抜し、地域の在来種を育成、保護していくことが、食の自給の上でも大切になってくると思います。

（『現代農業』2021年2月号「小さい畑でもタネ採りをうまくやるワザ、大公開」より）

農家がつくり続けている有機栽培におすすめの品種

日本有機農業研究会のみなさんに、長くつくり続けている品種を教えていただいた（編集部）

林重孝（千葉県佐倉市）

(1) 自家採種する60品種から厳選

有機農業を始めて40年になります（第1図）。自家採種にこだわり、現在60品種ほどは自分でタネを採っています（畑の面積約3分の2の作物に当たる）。

化学肥料や農薬を使わなくても育てられる品種はなかなか市販されていなかったり、売っていても価格が高かったり。また、有機JASでは、タネも有機で育てて採種することが望ましいとされていますが、しかし市販のタネはほとんどが農薬処理されています。有機農業をするうえで必要なタネは、自家採種するに限ります。経費を抑えることもできます。

さらに、採種するときにどれを親として選ぶのか（母本選抜）によって、畑に合った、自分好みの品種に育成していくことができます。これも自家採種の大きな楽しみの一つです（「自家採種で有機農業経営」の項参照）。

今回紹介するのはどれも、耐病性がある、虫害に強い、採種しやすいといった有機栽培に必須の特徴や、おいしくて栄養価が高い、とう立ちが遅い、耐寒性がある、収量が多い、端境期に収穫できるといった慣行栽培でも魅力的な特徴をもつ品種です。種苗が出回っている品種がほとんどなので、地元のタネ屋さんに聞いてみてください。

(2) 果菜類

トマト'マスター2号' 3年前までタキイ種苗から出ていた生果、加工兼用種で、おすすめでした（第2図）。しかし現在は販売されていないため、F_1品種ですが、私はこの品種からタネを採って、固定しているところです。雨よけもせずに露地で栽培しても、とにかく病気に強い品種で、皮が硬いのが欠点ですが、単に甘いだけでなく酸味もあり、トマトらしいトマトです。

マイクロトマト'マッツワイルドチェリー'
ミニトマトより一回り小さいです（第3図）。病気に強く甘い品種で、耐病性が強く、雨よけ

第1図 林重孝さん
（写真撮影：編集部）
2.4haで野菜を中心に穀類や果樹など計80品目の作物をつくるほか、平飼い養鶏150羽。身土不二の考え方から、提携するレストランや消費者130軒のうち110軒は自分で配達する

第2図 タキイから発売されていたマスター2号
（写真提供：以下、＊以外は瀧岡健太郎）
F_1品種だがタネ採りを続けて固定しているところ

せずに露地栽培できます。耐暑性も強く、高温でも花落ちせず、確実に着果します。膝くらいまでは風通しが悪いので側枝かきをしますが、それより上は側枝を伸ばし、収穫したらその果実の先を摘心します。小さいので一粒ずつ収穫するのでなく、ブドウのように房どりしています。

白ナス'翡翠（ひすい）' ナスには一般的な紫色の品種もありますが、白ナスがおすすめです。油で焼くととろけるおいしさで、病虫害にも強い。紫に比べると成りはよくありませんが、更新剪定しなくても10月まで収穫できます。

トウガラシ'伏見甘長トウガラシ' 伝統品種ですが、病虫害に強く多収で、ぜひつくりたい品種です。

オクラ'ダビデの星' 切り口が星形をしています。五角オクラに比べると成りは少し悪いですが、生で食べるとコクがあっておいしいです。背丈は2m50cmくらいになります。

カボチャ'鶴首カボチャ' 別名ヘチマカボチャ。ねっとり型の甘みの強い日本カボチャです。長さ80cm、太さ15cmの細長い形で、タネは成り口と反対のお尻のほうだけに入っていて、重さ3～4kgあります。スープに向いていますが、煮つけにしたり、味噌汁にも使えます。千切りにして生でも食べることができます。

育苗は一般のカボチャに準じますが、生育旺盛なので、植付け間隔はウネ間2m、株間3mと広めにします。整枝などせずに放任で十分収穫できます。晩生で、収穫期は9～10月になります。

カボチャ'宿儺（すくな）かぼちゃ' 飛騨地方の在来品種です。ホクホク型の西洋カボチャで、小さくても甘みが強く、当たり外れがありません。地元で商標登録をとっているため、同じ系統のタネが「飛騨カボチャ」などの名前で売られています。

(3) 根菜類

ジャガイモ'タワラムラサキ' 長崎県の故・俵正彦氏が育成した品種で、ウイルスに強く自家採種できます。中身は黄色ですが皮は紫で、ポリフェノールが多く含まれ、皮ごと食べると抗酸化作用があります。6月に収穫したものは10月に芽が出るので、翌年の種イモにするイモは2℃の冷蔵庫で保存します。

ヤマイモ'ダイジョ' 別名台湾ヤマイモ。粘りの強いヤマイモです（第4図）。だし汁でのばすとおいしいとろろ汁になります。南方系のヤマイモで、秋になっても枝葉は緑色のままですが、霜に当たると一晩で黒く枯れてしまいます。寒さに弱いので、霜に当たる前に掘り上げる必要があります。貯蔵温度はサツマイモと同じ13度。サツマイモと同様、暖かいところで保存します。

一般的なヤマイモは、ジャガイモのように小

第3図　マイクロトマト

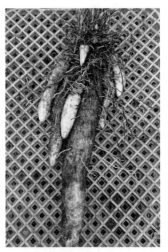

第4図　ダイジョ（＊）
小さな子イモが、そのまま切らずに種イモとして使えるので消毒いらず

さく切って種イモにしますが、切り口が腐りやすいので農薬を使わざるを得ません。しかしダイジョは、1株から600g前後の大きいイモと、100g前後の子イモが2～3個収穫できます。この子イモがそのまま切らずに翌年の種イモになるので、無農薬栽培にはとくに適しています。病虫害を考慮するなら、地這いではなく支柱（ネット）栽培します。

サトイモ'唐の芋' '八つ頭'と同じように赤芽で、親イモ、子イモ、ズイキ（茎）すべて食べることができます。サトイモより少しホクホクでおいしいです。親イモは1.2kg前後になりますが、'八つ頭'と違って形が丸いので、皮がむきやすい点もおすすめです。

サツマイモ'パープルスイートロード' 紫色で、甘みのあるイモです。ポリフェノールが多く含まれ抗酸化作用があります。天ぷらに揚げたときなどに、その見た目がキレイです。

ダイコン'五木' 赤ダイコン。自家採種して15年くらいになりますが、皮だけでなく、皮の内側が赤いものの選抜を繰り返すことで皮がより赤くなってきています。甘酢などで漬けるときれいな赤色になります。

ニンジン'黒田五寸' ニンジンはF₁品種が多数育種されていますが、この伝統的品種は外せません。色、味ともに優れています。

第5図　秋まきもできるインゲン'衣笠黒種'

(4) マメ類

インゲン'衣笠黒種' 長さ12cm前後の丸さやです（第5図）。枝葉の繁りは小ぶりですが多収で、子実は名前のとおり黒色です。秋まきもできます。

ダイズ'小糸' 千葉県の在来種です。ダイズは品種によって適地が限定されますが、'小糸'は汎用性があり、北陸や関西でも作付けしている人もいます。どちらかというとやせ地に向くので無肥料で十分育ちます。播種期は7月中旬から下旬。早まきすると、枝葉が茂って実つきが悪くなります。エダマメにしてもダイズにしてもおいしいです。エダマメは甘みがあり、茹でたときの香りが違います。きな粉や豆腐にしても甘みがあります。商標登録されているので、販売時にこの名前は使えません。

ビールのつまみとなると、夏に食べたくなりますが、俳句でエダマメは秋の季語です。本来、日本のダイズは夏まきの秋ダイズで、この時期につくれば病害虫が発生しにくいのです。

ちなみに甘酒は冬の飲み物と思われていますが夏の季語。ブドウ糖と同じくらい栄養価があり、江戸時代は夏バテ防止に引き売りされていたそうです。

(5) 葉菜類

①お気に入り固定種

ネギ'坊主不知' 坊主の出ない分げつで増殖する千葉県在来のネギです。5月に1本ずつ仮植し、3本前後に分げつした苗を1本ずつに分けて8月に本定植します。8～10本に分げつし、土寄せすればふつうの1本ネギのように白い部分が長くなります。一般的なネギがとう立ちする4月から6月ころまで収穫できます。

シュンギク'中葉シュンギク' 8月末にまいて、最初は株間を広げるように小さいものを地際で切って間引き収穫。大株になったものは摘心収穫し、順次腋芽を伸ばして収穫します。強い霜が降りる11月末まで長期に収穫できます。被覆材をかければ、収穫期間がさらに長くなります。

虫がつきにくいことも有機栽培に向いてお

り、春まきもできます。

チンゲンサイ '中国チンゲンサイ'　種苗交換会を開催したときに中国人からいただいたチンゲンサイで、私たち有機農業者仲間だけで栽培されていて、一般的には知られていない品種です（第6図）。特徴は耐寒性があり被覆材をかけなくても冬を越すことができ、とう立ちも遅いので9～10月まきで4月まで収穫できます。春まきも可能です。

ルッコラ　イタリア料理で使われるポピュラーなサラダ野菜。コマツナより播種時期が長く、私は真夏と真冬以外、周年で播種します。5cmくらいの小さい葉（ベビーリーフ）から蕾、花まで出荷します。

ワサビナ　ピリ辛で付け合わせに向く野菜です（第7図）。サラダに散らしてもいいし、肉と一緒に食べてもおいしいです。

②**市販固定種**

以下は、市販品種であっても有機に向いている固定種。多品種を自家採種すると交雑防止などに手間や時間がかかりますが、数百円で買うことができる市販品種もあります。

かつお菜　九州在来の葉物で、カツオのダシを使わなくてもおいしいのでこの名前が付いたそうです。広島菜など地方在来の葉物を各種試作しましたが、圧倒的に人気があったのはかつお菜でした。

ビタミン菜　大阪シロナときさらぎ菜の交雑から固定したもの。耐寒性があり、とう立ちが遅いので、3月にコマツナなどがとう立ちしたあとに収穫できます。

新晩生油菜　ビタミン菜同様に耐寒性があり、とう立ちが遅い。

みやまコカブ　野口種苗のカブ。大株にはなりませんが、おいしいカブです。

アブラナ　カキナ（第8図）、芯摘菜、宮内菜、晩生ちりめん油菜など名前は各種ありますが、いずれも北関東で栽培されている晩生のアブラナで、コマツナなどの葉物が春先にとう立ちした後、4～5月に腋芽を伸ばしながら蕾を食べる野菜です。

③**おすすめF_1品種**

また、残念ながら固定種でないため採種はできませんが、おすすめのF_1品種もあります。

ホウレンソウ 'ちぢみホウレンソウ'　秋にまいて4月に収穫できるホウレンソウ（第9図）。とう立ちが遅く、耐寒性があり、甘みの強い品種です。

ちぢみ菜　夏に収穫できるアブラナ科の葉物。コマツナやホウレンソウは夏は病害が発生しやすいので、エンサイやモロヘイヤなどが夏の葉物の中心になりますが、クセがあるため人

第6図　中国チンゲンサイ

第7図　ワサビナ

第8図　カキナ

第9図　ちぢみホウレンソウ

によっては食べにくかったりします。その点、ちぢみ菜は食べやすく、収穫期の生育が緩慢で収穫適期が長くなるのもありがたい品種です。

④ハクサイ・キャベツ・ブロッコリー

ハクサイを農薬を使わず栽培するための品種選びはどうしたらいいでしょうか。近年は温暖化により害虫の被害を受けやすく、育苗に寒冷紗などを使って防虫したとしても、播種期を遅らせる必要があります。家族の人数が減り、漬物にする需要も減っていることからミニハクサイがおすすめです。ミニハクサイなら播種期を9月中旬まで遅らせることができます。それでも大型のハクサイを栽培するなら、低温結球性に優れ耐寒性のある晩抽性品種がおすすめです。9月上旬に播種して2～3月中心の収穫になります。

キャベツは春まき、秋まきともに栽培しやすいですが、春まきは害虫の被害を受けやすい。被害を受けにくい品種は、少し硬いものの、腰高よりできるだけ扁平な品種です。

ブロッコリーは年内どりだけでなく、2～3月どりの品種も栽培したいところです。どちらの場合も、頂花蕾だけでなく側枝花蕾も収穫できる品種を選ぶと収穫期間がより長くなります。

（『現代農業』2021年3月号「有機栽培におすすめの品種　果菜・根菜・マメ類」、2021年9月号「有機栽培におすすめの品種　葉物・根菜類」より）

大塚一吉（群馬県高崎市）

コムギ‘農林61号’　コムギは品種改良が進み、多くの品種があるが、‘農林61号’は粉の風味もあり、群馬県内の製麺業者の評価も高い。「いまだに61号か」とまわりから言われても、これを凌駕する品種はなかなか現われない。

慣行農業では、トラクタによる条間約20cmの6条まきが多く、除草剤とのセット栽培が一般的。わが家でもトラクタを利用しているが、播種機の条間を32cm5条まきに改良している。播種時期は11月20日を目安とする。この時期にまけば、雑草はほとんど生えないが、中耕を兼ねて管理機を入れる。水田裏作にヘアリーベッチを播種した二毛作田では雑草が少ない。条間を32cmにすることで除草作業がしやすくなり、収穫前の倒伏を防ぐ効果もある。肥料は平飼い鶏舎の鶏糞を10a当たり約300kg程度、コムギの播種量は10a当たり約12kg、麦踏みは春までに最低3回は行なう。黒穂病対策として、種子の温湯消毒（55℃5分）をする。タネは自家採種。

トマト'パルト'（サカタのタネ） トマトの夏秋栽培は温暖化の影響でむずかしくなってきた。花が咲き、一段目着果のころ（7月初め）には気温が30℃を超える日が多くなり、収穫が見込めない。

わが家では数年前から播種時期をひと月早め、2月初旬とし、雨よけハウス内に3月下旬に定植することで、6月初めから収穫が可能になった。パルトは単為結果性があり、着果が安定している（第10図）。収穫の最盛期は約1か月半と短いが、この時期に大玉トマトをたらふく食べることで、私たちも提携消費者も季節外れのトマトは食べなくてすむ。

3間の雨よけハウスに4列に定植。株間は60cmとし、2本仕立てにすることで5段目まではよく採れるので、1株10段と同じ収穫が見込める。雨よけのポリフィルム被覆のほかに、側面を3穴のユーラックフィルム（古くてもOK）で簡単に囲うことでハウス内の温度低下と高温を防ぐ。着果が始まったら、樹勢を見ながら灌水チューブで灌水することで草勢を維持する。

キャベツ'いろどり'（カネコ種苗） 秋どりに向く品種で、定植後に高温が続いても安定した生育が期待できる（第11図）。10月下旬からの出荷も可能。9月中に他品種を3種、翌春、1種を播種することで盛夏以外は一年を通してキャベツが食べられる。'いろどり'は春系キャベツのように軟らかく食味もよい。

9月上旬定植苗（11月初旬に出荷可能分）は虫害予防にサンサンネットのトンネルがけを行なうが、9月15日以降の定植苗は資材を使用しなくてもOK。

育苗は、セルトレイなどは使用せず畑に苗床をつくって直まき。苗床は無肥料。ポリフィルムを張り、太陽熱消毒をすることで、雑草を抑え、シンクイムシなどの害虫被害、苗立枯れも防ぐことができる。

ニンジン'べにもり五寸'（渡辺農事） 芯は細めで食味がよい。吸い込み性が強く、耐寒性に優れ青首の発生が少ない（第12図）。わが家では、1月から3月に収穫。3月にはまとめて収穫し、低温貯蔵（2℃）することで端境期の4月から6月に出荷できる。

早まきはしないで、8月中旬以降に播種。間引きは少なめに。

芯摘み菜'三陸つぼみ菜'（渡辺採種場）'宮内菜'（カネコ種苗） 有機農業の端境期、3～4月に出荷できて重宝するナバナ。早生種の'三陸つぼみ菜'（第13図）、'宮内菜'の順で収穫ができる。両品種とも自家採種が可能。

両品種とも直まきの場合は10月初旬に播種、厚まきしないこと。定植の場合は9月中旬にセルトレイにまき、10月初旬に株間30cm、条間70cmで定植。定植したほうが長い期間収穫ができる。タネ採りは、2種が交配しないよう

第10図 トマト'パルト'（サカタのタネ）

第11図 キャベツ'いろどり'（カネコ種苗）

自家採種と育種，品種選び

第12図　ニンジン'べにもり五寸'（渡辺農事）

第13図　芯摘み菜'三陸つぼみ菜'（渡辺採種場）

に注意する。

佐久間清和（千葉県東庄町）

イネ'ハツシモ'　1953年（昭和28年）愛知の試験場から世に出された品種で晩生種（第14図）。大粒で噛みごたえがあり、ほどよい粘りのお米である。大柄で茎は太く、穂も大きめになる。

苗づくりの始まりは5月に入るころ。前もって塩水選をしておき、1週間くらい浸水し、芽が出かけのところで播種。苗箱はポット田植え機用のもの。土は田んぼの土をふるい、モミガラくん炭を混ぜたものを使う。苗代は田んぼの一角で、大雨でも水が被らないようにベッド状に平ウネとしておく。芽が出るまでは水をまくが、雨が多い年は省略。苗代には水を張らない。あまりにも乾燥が続くときは上から水をまく。陸（おか）苗代、畑苗代という感じで苗を育てる。

田植えは30cm×30cmで機械植え。太めの茎でよい苗に仕上がる。分げつは栽培の仕方にもよるが、立派になる性質がある。

出穂は9月10日くらいで、'コシヒカリ'などに比べるととても遅い。暑さのピークが過ぎたころで高温障害が出にくい。15年くらい前、'ハツシモ'をつくり始めたころは、寒くなるまでにモミが充実するかどうか気になったこともあったが、近年は温暖化によりまったく心配がなくなった。

収穫、イネ刈りは11月に入ったころ。初霜が降りるころに収穫という名前のとおり、寒い時期に刈り取り、天日に3週間くらい干す。

'コシヒカリ'や'コシヒカリ'の系統が多くを占める現在のお米だが、そうではない品種も必要と思う。イネの多様性を保つことが大事。'ハツシモ'は無肥料でも大柄な姿になり多収できる。有機栽培、自然農法、無肥料栽培に適する性質をもつ。イネ刈りが遅くなるので、農業者とその家族はその性質を受け入れることは必要。

サツマイモ'コガネセンガン'　40年ほど前、千葉県北東部に位置する東庄町辺りでつくられていた品種。当時、加工用デンプンイモとして栽培が盛んで、コメ袋よりはるかに大きなネット状の袋に詰めて路上に積み上げられていたのを思い出す。まだ近隣ではデンプン屋の屋号が残る。現在も九州では焼酎の原材料として栽培されていると聞く。加工用品種の性質から多収で、きめの細かいしっとりした肉質で、上品な甘味をもつ（第15図）。

加工用品種であっても、焼きいもや天ぷらでもとてもおいしく、ほかの品種に引けを取らない。ほくほく系としっとり系の中間で、栽培環

第14図　イネ'ハツシモ'

第15図　サツマイモ'コガネセンガン'

境により変化するように感じる。焼いたものは上品な和菓子のようだ、と表現した方もいた。

　栽培の初めは種いもを苗床に並べる。踏み込み温床に3月彼岸ごろ伏せこむ。5月下旬から7月いっぱいまで、田んぼの作業に区切りのよいとき、苗が伸びたら植え付ける。

　牧草のイタリアンライグラスの伸びた株元に、耕さないままイモづるを植える。当地では昔、ビール麦の株元にイモづるを植えていた、と聞く。原理は似ている。

　養分が多すぎると大きくなりすぎて、割れたりし、甘味が薄れるもとにもなる。サツマイモのための養分の追加もしない。8月につるが広がるころに大きくなった草を取り、反転して枯らす。つるをひっくり返して、根っこが伸びないようにする。

　10月に入ったころから順次収穫してゆく。スコップを使いながら傷を付けないようにていねいに掘る。栽培したところの地力により大きいものができたり、適当なものができたりする。加工用品種の特性で、クリーム色のイモがたくさんつく。

　ダイコン'みの早生ダイコン'　秋の初めや、春4月くらいにタネをまくと生育が早く、葉も根も軟らかく、長くなり、たくあん用にもなる。秋いちばんにまいたものは、早くにスが入りやすい。

　ジャガイモ'アンデスレッド'　春秋2回作付け可能。皮の赤いジャガイモで、イモの周りもうっすら赤くなり、茎葉も赤みがさす。草勢が強く多収で、とくに秋作はよい。ただし、保存中に芽が出るのが早い。

　チンゲンサイ'中国チンゲンサイ'　林重孝さんからいただいたもので、とう立ちが際立って遅く、長期間菜っ葉として収穫可能。春も栽培可能。シロ菜に似た草姿。

斎藤　昭（北海道白老町）

　インゲン'白老インゲン'　白老町の在来種。同じ団地に住む加藤さん（故人）からいただいたマメで、祖父母の代から百年以上にわたって栽培されてきたものです。種皮が硬く、黒光りし、重さもあるマメです（第17図）。栽培しやすく、収量も多いので、タネはたくさん採ることができます。

　高温多雨になると、葉に褐斑病、褐紋病が見られますが、この病気が出てきたら病気の葉、枯れ葉も完全に取り除けば防ぐことができます。つるが3mも伸びるので、鉄筋の棒を使って強風を防いでいます。

　ニンニク'フレノチウ'　北海道の在来種。収穫時にはピンク色で、乾燥するにつれて褐色

第16図　斎藤昭さん

第17図　インゲン'白老インゲン'

に変わっていきます（第18図）。'ホワイト6片'に比べてモザイク病に強く、香味があります。

植付けは事前に元肥として、自家製堆肥、酸度調整として木灰を入れておきます。凍害対策と追肥を兼ねて、雪が降る前までに豚糞堆肥を厚さ5cmほどウネ全体にかけます。その後は、追肥はしません。

ニンジン'札幌太'　北海道の在来種。長さ30cm、太さ7～8cmの大型ニンジンです（第19図）。特有の香りがします。自家採種でたくさんのタネが採れます。採種して4～5年たっても発芽力は低下していません。在来種であること、低肥料、冷蔵庫保管で発芽力低下を防いでいるためではないかと思います。

大型にすると裂根が多くなります。株間5cmくらいにすると裂根は少なく、大きさも均一になります。

ジャガイモ'さやあかね'　北海道で開発されたジャガイモで、疫病に強いことなどから有機栽培に向いている品種といわれてきました（第20図）。2006年に種イモとして植えてから、今も植え続けています。

そうか病にかかり、ほかのジャガイモに変えようと思ってきましたが、米ヌカがそうか病予防に効果があることがわかりました。米ヌカを株間にひと握り置くだけです。3～4年続けることにより、そうか病は改善されています。

ブルーベリー'ノースランド'　北海道の基幹品種の一つ。あまり気候変動の影響を受けない品種です（第21図）。他の品種の小果樹と同じように挿し木で大量に増やせます。

気温が上がるとたくさんの花を咲かせ、実をつけます。鳥の被害を防ぐためにネットが必要です。大きな毛虫もたくさんつきますが、捕殺で対応しています。

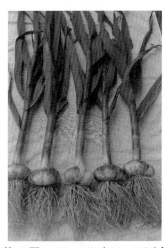

第18図　ニンニク'フレノチウ'

第19図　ニンジン'札幌太'

第20図　ジャガイモ'さやあかね'

第21図　ブルーベリー'ノースランド'

魚住道郎（茨城県石岡市）

トマト'有彩'（朝日アグリア）　完熟しても味のボケも少なく、酸味と甘味のバランスがよい。また、近年に問題となった黄化葉巻病に強い。

疫病対策のため、雨よけハウスを利用。盛夏では温度対策に遮光ネットも活用。また、オオタバコガが増えたため、ハウスのサイドにやむなく防虫ネットを張っている。

ダイズ'八郷在来'　食味、風味はとてもよい。青豆と呼ばれているが、うす緑色の秋ダイズ。10月上旬から中旬にかけてエダマメとしても、香り、食味バツグン。味噌、醤油、煮豆に好適。

40年近く自家採種してきたが、2024年は例年の3割程度に。異常高温対策に種まき時期を遅らせたことで、土が乾きすぎて発芽不良になった。6月末から7月中旬にかけ、種まきのタイミングを逃さないこと。地力のありすぎる畑では不稔になるので注意。

キュウリ'魚住キュウリ'　'さつきみどり''くろさんご''上高地''夏バテシラズ'の自然交雑を繰り返し、タネ採りしたもの（第23図）。食味、歯触り、風味がよい。初夏、盛夏、秋採りに対応。

交雑種のゆえに、果実の長さ、太さに多少のバラツキがあるが、これも特徴としておもしろい。低温から高温までに強い性質をもっているものとして、タネ採りを続けている。

ピーマン'あきの'（園芸植物育種研究所）　豊産種でつくりやすい。また、果実は大きくしてもさほど硬くならず、利用しやすい。8月に入ると、オオタバコガの幼虫の食害が出てくる。手でつぶすくらいで、とくに対策はない。

ジャガイモ'マチルダ'　疫病に強い。とな

第22図　魚住道郎さんと美智子さん
（写真撮影：佐藤和恵、以下Sも）

第23図　キュウリ「魚住キュウリ」(S)

りに'男爵'や'キタアカリ'が疫病で枯れても、青々として生き残る。収量も悪くない。芽も浅いので、調理ロスも少ない。食味もよい。果肉は浅黄色。

疫病に強い品種といっても、自家採種を続けているとイモがだんだん小さくなる傾向があるので、ときに更新する必要がある。厳寒期に果肉が黒くなるものが出るので、保管場所に注意。

大内信一（福島県二本松市）

インゲン'パンダ豆' 中国からパンダが初めて日本に来たころ、友人に「マメにもパンダがあるよ。パンダ豆というのだ。つくってみたら」とタネをもらってつくり始めました。インゲンは花豆とうずら豆をつくっていましたが、花豆は平地では花がよく咲くのですが、高温のため実になりませんでした。うずら豆は味がいまいちでした。パンダ豆はつくりやすく、味もとてもよく、すっかり気に入り、つくり続けています。つるあり種なので、サヤエンドウの後作やキュウリの後作として、前作のネットを使い、残肥も利用することで栽培が容易です。

また、マメ類は、混ぜて植えても交雑しないので、自家採種で長くタネを採っていくことができます。

しのぶ冬菜 古くから私の地方でつくられている冬菜です。おそらくコマツナが先祖で、福島の寒さに耐えるように選抜改良して定着したのだと思います。福島市周辺は信夫地方といわれており、この名になったと思われます。

9月中旬～10月上旬にまき、12月下旬～3月まで重要な冬の青菜として食べられており、凍豆腐とよく合います。福島市の今川種苗でタネが扱われているほか、自家採種もします。

夏まきニンジン'アロマレッド'（トーホク種苗） 私はまったく化学肥料と農薬を使わず、約50品種の野菜を年間自給し、一部販売していますが、10年ほど前、ニンジンの需要が高まり、年間通して販売するにはジュースにして販売しようということになりました。品種選びとなり、仲間全員が手分けして、栽培種を検討した結果、アロマレッドがよい結果となりました。ジュースにしても、生食でも味がよく、色もよく、栽培もしやすくて収量もあることからつくり続けています。

タネは7月からまきますが、平地では太りすぎて裂果も多くなるので、早期出荷するものはもっと早くまき、冬期出荷のものは8月中旬まきと、2～3回にまくのがよい。私は残肥利用で無肥料栽培としています。肥料が多すぎると、裂根など異常根も多くなるので気をつけます。7～8月播種と高温乾燥期には、夕立ちの害を防ぐため、播種と同時にモミガラ散布（1cm厚さ）も心がけてください。

サトイモ'土垂' ほとんどの農家が自給や販売用に作付けしているサトイモは、イネとともに南方から持ち込まれた、冬季にはなくてはならないイモです。

種イモは長く自家採種を続けていると細長いいもとなるので、丸いイモを種イモとして選ぶと良品がとれます。長年つくり続けると、その土（家）に合った美味なイモとなるようです。

栽培も容易ですが、できればやや湿った畑を選ぶことです。乾燥には弱いです。サトイモは5～6月に植え、秋遅くに収穫して、春まで貯蔵し、食用や種イモとします。私は、ビニールハウスの中に穴を掘り、親イモと子イモは離さず重ねてモミガラで覆います。東北では、貯蔵も技術の一つです。親イモも種イモとして使えます。

第24図　大内信一さん
（写真撮影：高木あつ子）

自家採種できるジャガイモ
―― 俵正彦さんが残した14品種

執筆　竹田竜太（長崎県雲仙市）

故・俵正彦さんとの出会い

新規就農3年目、少量多品目の露地野菜と黒米を主とした水稲を栽培しています。栽培する作物のほとんどがタネ採りできる在来種・固定種で、地元の伝統野菜を中心に有機農法で栽培しています。

個人育種家の俵さん（第1図）との出会いは4年前、その元で種ジャガイモをつくっている知人の紹介でした。私はその前に'タワラマゼラン'と出合っていて、その味、色、収量にびっくりさせられていたので、育種したのはどんな人だろうと思っていました。

初対面は寒い1月でした。俵さんはすでに現役を引退され、体調が思わしくないなか、畑を前にジャガイモについて1時間以上熱く話をしてくれました。農家や消費者にとって安全で、自然界にも負荷をかけないジャガイモをつくろうと考え、突然変異の品種を発見したこと。育種する際には、ジャガイモの生命力を高めるために、あえて青枯病やそうか病の出る畑で10回以上選抜することなど、貴重な話を聞くことができました。

そして2年前の春、種ジャガイモの検査に立ち会わせてもらったのが最後となりました。弱った体でお弟子さんの種イモ畑へ着くと、咲き誇る色とりどりのジャガイモの花を見て、私に「同じ品種の中から色の違う花を見つけて摘んできて」と頼まれました。訳もわからず花を摘んで渡しましたが、今思えばそれも突然変異を探すため。俵さんは、亡くなる直前まで新品種育成に情熱を注いでいました。

お弟子さんによると、俵さんが多くの新品種を生み出したのは「観察眼が素晴らしく、収穫したイモだけでなく、栽培中に葉や花の少しの違いに気づくことができたから」ということでした。

病気に強く、自家採種できる

俵さんが育成した品種は全部で14品種（うち登録出願したのは10品種）。基本的にいずれも青枯病やそうか病に強く、連作が可能です。ただし、シストセンチュウへの抵抗性はなく、種イモは国による検疫を受けています。

そして、すべての品種が自家採種できるのが大きな特徴です。俵さんは、ジャガイモには強い生命力があり、葉についたアブラムシを自ら葉を動かして払いのけようとしたり、環境に適応して色や形を変えたりして（突然変異して）、生き残ろうとしていると話していました。

ですから、種イモを買った農家が自家増殖することについても、個人で青果として出荷する分には賛成していたようです。とくに有機農家にとっては、自前の種イモは農薬使用の心配がなく、なにより種苗費がかからず経済的負担が

第1図　ジャガイモの民間育種家、俵正彦さん（故人）　（写真撮影：編集部）

ありません。また、自家採種を続けることで、タネがその土地（風土）の環境に適応してくるからです。

　私も今、タネを採る農家として自立して、農家の自家増殖を制限する動きについては反対です。たとえばタネを自分の子どもと同じように考えれば、自分が育てたからといって、自分のものではありません。タネは誰のものでもないのです。

残された品種の栽培を引き継ぐ

　俵さんが亡くなり、一番弟子の桑田博文さんから「俵さんの品種、種ジャガイモを一緒に残していこう」と声をかけられ、俵さんの息子さん（俵圭亮さん）を代表にして、去年、3人で「俵種苗農場」を立ち上げました。でも14品種すべての種イモ栽培となると桑田さんと2人では大変なので、まずは品種を絞っての栽培です。

　俵さんからジャガイモ栽培について、もっと

第2図　左から筆者、妻の真理、桑田博文さん　　（写真撮影：赤松富仁、以下すべて）

話を聞いておけばよかったと後悔しています。しかし、残された14品種を俵さんの子どもたちだと思って、栽培を通して、ジャガイモから学ぼうと思います（次のページから、それぞれの特徴を紹介します）。

（『現代農業』2020年2月号「自家採種できるジャガイモ　俵正彦さんが世に残した14品種」より）

第3図　種イモの生産圃場
すべて無農薬無化学肥料

◆俵正彦さんが育種した

グランドペチカ

'レッドムーン'（サカタのタネ）からの変異種。レスラーのマスクのような赤と赤紫のまだら模様で別名「デストロイヤー」。粘り気のあるしっとりとした食感と、ほどよい甘味と旨味。レッドムーンより生育旺盛で多収

タワラマゼラン

'グランドペチカ'の変異種。硬い土の栽培に向く。ジャガイモ、サツマイモ、クリを合わせたような深みのある甘味とホクホク感。煮崩れしにくいため、カレーやポテトサラダ向き

タワラアルタイル彦星

'タワラマゼラン'の変異種。タワラマゼランよりしっとりした食感。通称「金魚」というだけあって、皮色が白で赤色の斑点模様が入る。そうか病に弱い傾向がある

タワラワイス

もっちりとした食感。少肥でもよく育ち、肥大性もあり多収

タワラ小判

小判形で皮色が白。果肉がしまっていて煮崩れしにくい

タワラムラサキ

円形で薄い紫と白のまだら。肥大性があり多収で、そうか病に強い。俵さんが最初に育成した品種

サユミムラサキ

'タワラムラサキ'の固定中に出てきた品種。疫病に強く、肥大性あり

タワラポラリス北極星

'タワラムラサキ'からの変異種。外皮は鮮やかな夜空を思わせる紫色に、星のように白色が点在する。肥大性あり。きめが細かく味がしみやすい、あっさりとした食感

自家採種と育種，品種選び

ジャガイモ 14 品種◆

タワラヨーデル
'アンデス赤'からの変異種。粉質で煮崩れしやすい。'アンデス赤'より疫病、軟腐病に強く、休眠が長い

タワラマガタマ
'タワラヨーデル'の固定中にできた品種。濃い紫色で、古代のまがたま（勾玉）の形。身がしまっている

タワラヴィーナス
'タワラヨーデル'からの変異種。粉質でホクホク系。マッシュポテトやコロッケに向く。味はクリーミーで、熟成させると甘くなる。'メークイン'同様に休眠が長く、長期保存に向く。イモの着生位置が浅く、水田でも栽培可能

徳重ヨーデルワイス
まがたま形で赤い。タワラ品種のなかで唯一白い花を咲かせる

タワラ長右衛門宇内
長細い形状で、フライドポテトに向く。'メークイン'からの変異種。多収で休眠が90日と長い。地中に斜めに潜るようにイモがつくので、緑化しにくい

クワタルパン
桑田さんの名をつけた品種。外見は'グランドペチカ'に似る。ニンジン後などの肥沃な土に向く

《 種イモの注文は俵種苗農場あるいは筆者まで 》
・俵種苗農場（事務局「桑田自然農園」内）https://tawara-farm.com/
・竹田かたつむり農園 https://www.takedakatatsumuri.com/
　販売は現在、グランドペチカ、タワラ（アルタイル）彦星、タワラワイス、タワラマゼランの4品種。

第4部
農家の有機資材

第4部　農家の有機資材

モミガラ

モミガラ

　モミすりして玄米を取り出した残りがモミガラ。地域によっては焼却されることも多いが、ケイ酸を多く含む身近な有機質資材として大変重宝な存在である。

　独特の舟形が空気と水分を保ち、舟形の内側はわりと軟らかく微生物がすみつきやすい。土に混ぜると砂地は水持ちよく、粘土質は水はけをよくする力をもち、家畜糞や生ゴミなど水分の多いものといっしょに堆肥に積むと発酵を助け失敗が少ない。そしてこれらの効果は、モミガラ自体の発酵・分解に時間がかかるため、舟形が崩れにくく、長年持続する。

　モミガラにたっぷりの水と米ヌカを混ぜブルーシートで覆ってつくる堆肥を、育苗に、肥料に、有機物マルチにと何でも使い、「畑の万能選手」と呼んでいる農家もいる。最初は水分をはじく性質があるものの、一度吸収した水分を保持する能力は高く、野菜やイネの育苗に使うと、酸素たっぷりなのに水やりを忘れてもわりと平気な床土となり、ケイ酸効果も手伝ってか、根張りのよいしっかりした苗が育つ。軽いのもいい。

　発酵させることで引き出される不思議な力も注目されている。手づくり菌液に漬けたモミガラを少量散布してゴボウのヤケ症を克服した農家、発酵モミガラだけで無肥料栽培し、病気に強いイチゴやキュウリをつくる農家もいる。発酵させたりくん炭にしたりすることで、含まれるケイ酸分が作物に吸われやすい形になり、病気に強くなることはわかってきたが、まだまだ未知な部分が多い。

　うまく発酵させるためには、うまく吸水させる工夫が必要。粉砕する、練り潰す、石灰水を混ぜて納豆菌を優先的に繁殖させる、光合成細菌液や曝気屎尿に漬ける、真冬の寒さを利用して凍結処理する方法などが開発された。

　　　執筆　編集部

モミガラの五つの特徴

①軽い
育苗培土には欠かせない。苗が軽くなって作業ラクラク

②形がいい
独特の舟形。土や堆肥に混ぜても、空気や水を保って、通気性・排水性抜群に

③分解しにくい
一見、欠点のようだが、②の効果が長もち。それに微生物が一気に増殖することがないので、土中のチッソを横取りされる（チッソ飢餓）危険もない

④安い
というか、ほとんどタダ。日本に稲作がある限り、毎年生み出される地域資源

⑤ケイ酸を多量に含む
ケイ酸を20％近く含む身近な有機物はモミガラだけ。発酵させたりくん炭にすることで、このケイ酸が作物に吸われやすい形になり、病気に強くする

（写真撮影：倉持正実）

ガチガチの粘土質の土が モミガラで劇的改善

兵庫県丹波市・和田豊さん

ガチガチの粘土がサラサラ、フカフカに

「これが3年前までは田んぼだった土です」

和田豊（みのる）さん（76歳）はそう言って、転作田の黒ダイズの株元から両手いっぱいに土をすくい上げた。培土して寄せた土ではあるが、元はガチガチの粘土。それが今ではサラサラだ。昨年の冬に、10a当たり軽トラック山盛り10台分のモミガラを入れたというだけあって、モミガラがそのままの形でたくさん混じっている。

一方、同じ量のモミガラを2年に1度入れているというビニールハウスのほうも、やっぱり以前は田んぼ。それが、長靴のかかとでどんどん掘れるほど軟らかい。歩くと、足の裏に弾力を感じるくらいフカフカだ。モミガラ混じりの表土はコロコロに団粒化している。

ハウス11棟で、計44aつくる青ネギ・コマツナ・ホウレンソウ・ミズナなどの軟弱野菜は、隣町のスーパーがわざわざ直接仕入れに来るほどの人気。夏の間だけハウス1棟でつくるトマトは、直接買いに来るお客さんで売り切れてしまうとのこと。

これ、みんな、モミガラのおかげというのだ。

堆肥よりもモミガラ

このへんでは昔はどこの家も、近くの山からとった赤い粘土を壁土にした。田んぼの土も同じで、壁土に向くほど粘りが強く排水が悪い。昔、耕土を深くしようと耕うん機に犂を付けて起こしたら、犂の先が硬い粘土の塊に刺さって連結部が壊れたことが2回もある。それくらい硬いので、米はできても野菜はつくれないといわれてきた。

第1図 和田豊さん
モミガラを入れた転作田でみごとな黒ダイズ

和田さんが会社勤めをやめ、田んぼにビニールハウスを建てて野菜で食べていくことに決めたのが55歳のときだった。まず、水はけをよくしなければならない。ハウスとハウスの間の耕土を削ってハウスの中になるところへ盛り、ハウスそのものが大ウネになるようにした。そして赤土の粘土を改善するため、1年目は牛糞堆肥を10a2.5t、生鶏糞を同じく200kg入れ、ソルゴーをつくってすき込んだ。

2年目からは土つくりは牛糞堆肥だけ。肥料は有機肥料をEMボカシにして入れてきた。土がよくなったのは確かで、全体を高ウネにしても水がよくたまっていたのが横に抜けるようになった。メインの青ネギもそのほかの葉ものもよくできた。だが「だんだんに土がぼけてきた」。堆肥の施用を2年に1回とか3年に1回に減らしてみたが、収量はそこそことれても、病気が出る、よいものがとれない、という不満がたまってきた。

そんなとき『現代農業』の記事で知ったのがモミガラの効果だ。モミガラはライスセンターからタダでいくらでも手に入る。和田さんは初めから思い切った量を入れてみた。4aのハウスに、軽トラックに満杯のモミガラを4台分。

715

第2図 青ネギをつくるハウス
表面はモミガラ混じりでフカフカ。キノコが生えていたのは糸状菌が繁殖している証拠か。畑を耕うんするのはモミガラを入れるときだけで、施肥はEMボカシを表面施用

第3図 モミガラと一緒に団粒化した土が混じっている

EMボカシの材料
米ヌカ80kg、オカラ60kg、魚粕20kg、鶏糞灰20kgを混合、EM活性液で水分調整。これが青ネギのハウス1棟（4a）分

ハウス全面に10cm近く積もったモミガラをすき込むと、「完璧や！」というくらい、ものすごくきれいな野菜がとれるようになった。これが5年ほど前のことだ。

チッソ過剰の土が山の土に近づいた

和田さんが考えるモミガラの効用は三つある。
1) 空気と水を保持する
2) チッソなどの肥料成分をほとんど含まない
3) 腐敗菌が殖えない

モミガラを混ぜれば空気が入るのは誰でも想像がつくが、自分で実践してみると、水分を保持する効果もあるのがよくわかるという。とくに破砕したり、粉砕したりする必要はない。モミすりして出た、ただのモミガラだ。

腐敗菌が殖えないのは、かつて牛糞堆肥を入れていたときと比べても明らかだという。粘土質の土との兼ね合いか、堆肥の質も影響したのか、堆肥を入れていたころのハウスの土は臭いにおいがすることがあった。

「においは生命のはかりやいいですね。堆肥ではチッソが過剰になり、腐敗菌が殖えやすかったんだと思います。その点、モミガラは山の落ち葉や枯れ草と同じでチッソはあまりないし、悪い菌が殖えない。モミガラを入れるようになってから、肥料のバランス、微生物のバランスがとれて、ミミズやなんかの小動物がたくさん殖えてきました」

モミガラを入れてきた土は、山の土、キノコが生えるような土のにおいがする。実際、春や秋にはハウスの中にキノコが生えるそうだ。

耕作放棄田でも大成功

だが、モミガラの威力はそれだけではない。
和田さんは、公民館活動で高齢者の野菜づくりを指導しているが、そのために借りた畑もモミガラで変わった。やはり粘土質の減反田。基盤整備したものの5年ほどは草を生やしたまま

第4図 モミガラを入れてきたハウス内の土と、もとの土質に近いハウス外の土を水に入れてかき混ぜ、比較した

ハウス内の土はよく泡立ち、団粒化した土が沈んでいる。外の土は細かい粘土が堆積し隙間がない

茶こし実験

1mm目の茶こしに土をのせ、バケツの中でゆっくり上下させて団粒を見た

第5図 小石も混じっているが、指で押すと潰れる小さな土の塊が多数

第6図 茶こしに土が張り付き、水がなかなか落ちなかった

だった。生えていた草はヨモギやスギナ、チガヤなどで、こんな野原のようなところで野菜がうまくできるとは誰も思わなかった。

自分のハウスと同じ要領で、秋に軽トラ満杯のモミガラを1a当たり1台入れてトラクタで耕うん。作付け前に米ヌカやオカラを材料にしたEMボカシを入れ、ジャガイモを植えると、できたのは小さいイモばかり。だが、その後にダイコンやニンジン、葉ものをつくるとふつうにできたし、2年目のジャガイモはウソみたいに大きいのがゴロゴロとれた。しかもイモの肌がきれいだ。

「『手で掘れる！』いうてね、女の人たちは大喜びでした。このあたりは、根菜をつくると収穫のときに折れたりちぎれたりするいう土ですから、収穫がラクなのが年寄りの人たちにはいちばん喜ばれます」

モミガラで土がやせることはない

農業といえば米という地域だからモミガラはたくさん出る。でも、モミガラを入れると田んぼがやせるといってみんな使わないのだ。しかし入れてみると、こんなにいい土つくり資材はない。堆肥を入れすぎた土でも、ほったらかしの荒地でも土壌改良できる。

和田さんによると、最初は2年続けて、その後は様子を見ながら2年に1回くらい入れるのがよさそうだという。耕うんするのは、このモミガラをすき込むときだけで、施肥は、米ヌカ・オカラ・魚粕・鶏糞灰にEM活性液をかけてボカシにしたものを表面施用。量は、野菜の葉色が、自然の草と同じくらいにするのが目安だそうだ。モミガラを入れるからといって、とくにチッソ成分を多くしたりはしていない。

年をとってきて和田さんが思うのは、人間も植物も食べすぎは体に悪いということだ。ライ

オンは腹が減っていなければ、すぐそばに獲物がいても見向きもしないそうだが、人間はあればあるだけ食べて病気になっている。

少しの肥料で育った野菜は人の免疫機能を高めると聞く。肥料をやりすぎないことが健康な野菜をつくり、それを食べる人間も健康になる。モミガラを使うようになって、和田さんはますますそう思うようになった。

執筆　編集部
(『現代農業』2010年10月号「粘土質の悩み　モミガラでなんとここまで変わるか！？」、2016年12月号「モミガラでガラリッと変わった畑の団粒を見る」より)

生モミガラを入れてもチッソ飢餓にならない理由

ズバリ、チッソ飢餓は起きない

生のモミガラを田んぼや畑に入れるときには、「チッソ飢餓」が心配される。C/N比の高い有機物を土に入れると、その分解のためにチッソが微生物に横取りされ、作物がチッソ欠乏になる現象のことだ。

しかし「大量にモミガラを入れても全然問題ない」という人がけっこういる。実際はどうなのだろう。チッソ飢餓の問題にも触れながら、この事典に「シイタケ菌が生きたままの廃菌床は肥料にも土壌改良材にもなる」を書いている岩手大学農学部の加藤一幾先生に聞いてみた。

加藤先生は、微生物が専門ではないが、と前置きしたうえで、生のモミガラを土にたくさん入れても、作物がチッソ飢餓になるというのは常識的には考えられないという。なぜかといえば、モミガラは簡単には分解されないからだ。難分解性のセルロースやリグニンを多く含んでいるので、完全に分解されるまでには少なくとも2〜3年はかかる。つまり、モミガラだけ入れても、作物がチッソを横取りされるほどには微生物は一気に殖えないということだ。

ただし、米ヌカや未熟堆肥などを混ぜた場合は別。これらをえさに微生物が一気に殖えて、堆肥づくりと同様に土のなかでモミガラも速く分解が進む。このような状況下ではチッソ飢餓になる可能性がある。

糸状菌がゆっくり分解

一般に有機物を分解する微生物は、C/N比40を境に、これ以上なら糸状菌(こうじ菌やキノコ菌など)が、これ以下ならバクテリア(放線菌や納豆菌などの細菌類)が優占的に働くといわれている。バクテリアは有機物を素早く分解し、一度に大量のチッソを必要とする。それに対して糸状菌はゆっくり分解するという性質がある。大量のチッソは必要としない。

モミガラのC/N比は70〜80なので、糸状菌がゆっくり分解することになる。微生物の性質から見ても、チッソ飢餓は起こりにくい。

執筆　編集部
(『現代農業』2016年10月号「生モミガラを入れるとチッソ飢餓になるのか？」より)

米ヌカを加えてモミガラを堆肥化

福島県いわき市・東山広幸さん

大量の米ヌカで水分保持

モミガラは地元のライスセンターからもらい受け、袋に詰めて秋に軽トラで大量に運ぶ。狭い農道の崖下に、袋から開けて落とし、野積みして上からネットを掛けて貯めてある。

モミガラ堆肥をつくるのは冬から春にかけて。野積みしているあいだにモミガラが湿ってくればよいが、最初はまだ新鮮。乾いたモミガラ、水をはじくモミガラを使うときはどうするのか。

「もちろん、しっかり水をかけます。積み終わってからかけても、ほとんどしみ込みませんから、かけながら積みます。ただ、水分状態に関しては、それほど気をつける必要はなく、よほどの乾燥状態でなければ間違いなく発酵は始まります。また、水をかけすぎても、下に流れ落ちるだけで、過湿にはなりません」

モミガラ自体はすぐには水を吸わなくても発酵が始まるのは、材料を積んだ山全体をブルーシートで覆うことと米ヌカのおかげだ。東山さんは、ひと山、1回分の仕込みに15袋の米ヌカ（約240kg）を使う。この米ヌカは市街地のコイン精米所2か所から分けてもらう。

「米ヌカをモミガラの上に載せて、あとは混ぜるだけ。ガサ（容量）はモミガラが圧倒的だが、重さからすると米ヌカのほうが多いでしょう」

その按配は、経験を積むしかないとのこと。

第1図　モミガラ堆肥の切返し
軽いので手作業でもラクラク

早期完成には切返しが決め手

寒い冬場でも、材料を積んで4〜5日すると発酵温度は70℃近くなる。すると水分は、山の中心から外（上）へ向かい、シートの裏側に集まって、材料を積んだ山の中のほうはカラカラ、外側だけが湿った状態。このままでは中の

第2図　右がモミガラ堆肥の仕上がり状態
モミガラのとげとげした感じがない。左は発酵途中のもの

発酵が止まり、分解が進まない。

そこで1回目の切返しをして水分を調整。すると、こうじカビがつくった糖で乳酸菌が一気に殖え、甘酸っぱい、おいしそうな匂いになる。

このモミガラ堆肥を早くつくりたいなら、切返しをこまめに（3～4日に1回）。そうすれば20日で、施せる堆肥になるという。

「大事なのは、全体の水分を、いかにちょうどいい状態に長い時間保つか。そのために切返しをするということです」

しかし忙しいと、切返しもまめにはできない。温度が下がったまま放置したものは「再仕込み」するといい。再仕込みは、温度が下がってから、モミガラの分解をさらに進めたいとき、堆肥の肥料効果をさらに高めたいときにも行なう。要は、再度米ヌカを追加し（最初の仕込みの3分の1くらいの量）、切り返して水分を調整するだけのことだ。

ちなみに、東山さんのモミガラ堆肥の仕上がりの目安は、発酵が収まり、米ヌカがしっかり分解して形が見えなくなること。モミガラは黒く軟らかくなり、とげとげしさがなくなる。

モミガラ堆肥は「万能選手」

モミガラ堆肥は多品目栽培に欠かせない。以前はこの堆肥だけで野菜を栽培していた時期もあった。今でも春のダイコンやニンジンはモミガラ堆肥だけで栽培するし、寒い時期で生の肥やしが効きにくいときも即効性の肥料として活用する。ニラなどの草よけ・泥はねよけのマルチ資材としても有用で、もちろんついでに追肥にもなる。東山さんの経営を支える「万能選手」だそうだ。

執筆　編集部
（『現代農業』2010年10月号「畑の'万能選手'モミガラ堆肥のつくり方」より）

石灰水で簡単、モミガラ堆肥づくり

福島県喜多方市・芳賀耕平さん

アスパラガスは完熟堆肥がたっぷり必要な作物。1.2haでアスパラガスを栽培する芳賀さんは、6年前まではイナワラで堆肥をつくっていたが、栽培面積が増えるにつれて材料が足りなくなってきた。そこで目をつけたのがモミガラ。形が崩れないモミガラ堆肥なら、粘土質が強い水田転換畑の物理性も改善してくれそうだ。

自分の田んぼから出るモミガラだけでは足りなかったので、近所で大きく田んぼをやっている農家に声をかけてみると、「処分に困っていた」と、大喜びで、14ha分のモミガラを提供してくれた。

長年堆肥づくりをしてきた芳賀さん、「モミガラ堆肥もお手のもの」のはずだったが、イナワラと違ってモミガラはなかなか水を含まない。発酵がうまく進まず温度も上がらない。モミガラを使うようになって、いまいちの堆肥しかできなくなった。

そんなとき目にとまったのが『現代農業』2008年10月号の「石灰水でモミガラが吸水しやすくなる」という記事。さっそく材料を混ぜながら消石灰の400倍液をかけると、下からしみ出す水がいつもより少ない！

2週間後、最初に切り返した瞬間に「大成功」を直感したという。十分な発酵熱で、切り返すたびにもうもうと水蒸気が上がりちっとも前が見えない。水をかける手間を削るため、雨降りの日を選んで切り返したのもよかった。一度も水を加えずに4回の切返しを完了した。

こうしてできたモミガラ堆肥は、いやなニオイもしないし、水不足で焼け肥になっているふうでもない、「今までで一番の出来」というみごとな完熟堆肥だった。

執筆　編集部
（『現代農業』2009年11月号「石灰水で簡単　アスパラのモミガラ堆肥、『温度が上がらない』が解決」より）

糖蜜で殖やした菌液でモミガラ堆肥、ゴボウのヤケ症も克服

千葉県千葉市・菅野明さん

ゴボウのヤケ症を克服

千葉市でニンジンとゴボウをつくる菅野明さんのモミガラ堆肥は、10aにわずか60lまいただけだが、なんとも不思議なことが次々と起こった。

畑がフカフカになって、ゴボウがラクに収穫できた。ゲリラ豪雨の翌日でも畑に機械が入れるほど水はけがよくなった。ゴボウは軟らかくなってえぐみがなくなり、ニンジンはびっくりするくらい甘くなったなどなど……。

そのなかでもとくに菅野さんがビックリしたのは、ゴボウの連作障害で困っていた畑が復活したこと。ゴボウを隔年作付けしていた畑で「ヤケ症」と呼ばれる連作障害が出ていた。ゴボウに黒いアザがつくものだ。一時は土壌消毒ではどうにもおさまらない状態にまで陥ったゴボウ畑を救ったのが、このモミガラ堆肥だった。ヤケ症が一番ひどい畑に入れて、2年間休ませてみたところ、ヤケ症はみごとに激減。おまけに前述のような不思議な現象までついてきた。

糖蜜培養液に漬ければ1か月で堆肥化

発酵させるには時間がかかるモミガラを、なんとか早く発酵させられないかと試行錯誤して、菅野さんが見つけた方法は、たっぷりの菌液に漬けるというもの。これなら1か月以内で堆肥化できるという。

しかもこの方法、特別な微生物資材を使うわけではなく、糖蜜などを溶かした水をエアーポンプでぶくぶくやるだけ。空気中にいる酵母菌などの土着菌を取り込んで殖やすのでお金がかからないというところも魅力的だ。

このモミガラ堆肥を使うようになってから、菅野さんのニンジンとゴボウは直売所や市場ですこぶる評判がよくなった。

執筆　編集部

(『現代農業』2009年11月号「10aたった60lのモミガラ堆肥でゴボウのヤケ症も克服」より)

第1図　水槽に水を張り、糖蜜やゼオライト（粘土鉱物）水溶液の上澄み液などを加えてエアーポンプで空気をおくると、空気中の酵母菌などが飛び込んで殖える。ここに布袋に詰めたモミガラを10日間ほど漬けてから引き上げ、水を切る
（写真撮影：小倉隆人、以下も）

第2図　木枠の中でモミガラの体積の2割ほどの米ヌカをまぶす。翌日から毎日切返し

モミガラを急速分解するには？

執筆　原　弘道（元茨城大学農学部）

曝気した屎尿に漬けて発酵モミガラ！？

よく知られているように、モミガラは分解しにくく、畑地や水田に施用しても柔細胞層がわずかに分解するだけで、クチクラ層にケイ酸やリグニンを含んで強固に発達した外皮はほとんど分解されない。ところが『現代農業』2005年11月号の記事（1か月でできる『発酵モミガラ肥料』の秘密）には、人間の屎尿を曝気（エアレーション）した液に漬込み処理をして、その後酵素を加え好気発酵を促すことによって、1か月で完熟させる、とあった。この記事に刺激され、発酵モミガラの科学的裏付けや製造法の改良について検討を始めた。

モミガラのケイ酸が溶け出した

まずあきらかになったのは、屎尿を曝気処理した液にモミガラを漬け込むとモミガラのケイ酸が溶解しクチクラ層が破壊されること、ただし、屎尿曝気液をモミガラに噴霧した程度ではケイ酸の溶解はなかなか進まないこと、である。

ケイ酸が集積したモミガラ外皮の破壊は、人の屎尿の曝気液でも家畜の糞尿を曝気した液でも起こる。また、下水処理場で得られる殺菌後の放流水も試してみたところ、2～3日の漬込み処理では気がつかないような進行の遅い反応だったが、3か月ほど経過（軽く水切りをして、軽く封をしたまま常温で放置）して、電子顕微鏡で観察してみると、やはりケイ酸が溶解し、クチクラ層が破壊されていた。試行錯誤の結果、この放流水にある種の酵素や微生物を加える（以下、新処理水）ことでも、糞尿・屎尿曝気水と同等の効果を得ることにも成功した。

第2図は、この新処理水に24時間浸漬したモミガラの表面である。ケイ酸を含む外皮が溶解し、外皮の下のクチクラ層がもろくなっている状態が観察できる。

それにしても、下水道、浄化槽で環境基準を満たして殺菌までされた放流水中のいったい何が、モミガラの硬い外皮を溶解・破壊しやすくするのか？　糞尿・屎尿曝気水による処理と共通するのは、下水処理場にも屎尿が流れ込んでいることであるが、ここにヒントがあるのかもしれない。

発酵モミガラの製造過程

以下、新処理水を利用した場合の発酵モミガラの製造過程を示す。

（1）処理液浸漬操作

モミガラを12～24時間以上漬け込むことが肝要（これは、糞尿・屎尿曝気液でも同じ）。

（2）発酵促進機に投入

処理液から取り出し、水切りしたモミガラを発酵促進機へ。米ヌカと酵素資材を加え運転開始。材料が攪拌され、3時間程度で45～50℃に上昇するが、これは発酵熱ではなく、モミガラの摩擦によって生じたもの。発酵促進機から取り出して堆積したときが自然発酵のスタートとなる。

発酵促進機の代わりにコンクリートミキサーのようなもので攪拌してもよいが、温度上昇のスタートは遅くなる。また、添加するのは米ヌカだけでも発酵するが、やはり温度上昇が遅れやすい。

（3）堆積と切返し

50℃程度になったモミガラを発酵促進機から取り出して円錐形に積み上げておくと、およそ2日後には中心部の温度が60℃を超え、発酵を確認できる。その後は1～3日ごとに切返し。発熱による乾燥で水分が低下すると温度も低下する。適宜、水分を補給し、切返し後に65℃以上の温度を保つ。堆積を始めてから2週間が経過したら、水分補給をせずに切返しのみを続け、40℃以下になったら堆積の山を崩

して乾燥。

（4）注意点

色が変わったり、形が崩れていることだけでは完熟状態とは判断できない。前述の操作を行なえば、3週間後には、チッソ1.5％前後、炭素・チッソ比（C/N比）が20〜25となり、形が残っているモミガラでも指で簡単に押しつぶせる程度にもろくなっている。臭気はほとんど感じられない（はずである）。

生ゴミと混ぜて堆肥に──生育、団粒化を促進

このようにして製造した発酵モミガラは、単独で使用してもよいが、ほかの資材と組み合わせることによってさらに大きな能力を発揮する。一例をあげると、発酵モミガラは吸水能力が高く、生ごみ処理剤としても優れた能力をもっている。

生ごみと容量比1：1で混合、高速で攪拌すると40分程度でおよそ50℃に達する。これを取り出して、切返しをしながら8週間ほど堆積する。

私は大学在職中から、生ごみ堆肥の評価にかかわる自治体との共同研究を行なってきたが、この生ごみ堆肥には、発酵モミガラ由来の水溶性ケイ酸による生育促進効果がある。また、土壌の団粒構造を発達しやすくする効果もある。

低温で焼いたモミガラくん炭と併用すればケイ酸の効果はいっそう高まるだろう。ケイ酸は過剰施用害の報告がない唯一の資材でもある。

　（『現代農業』2009年11月号「ケイ酸がよく効く発酵モミガラ　ポイントは尿尿・糞尿曝気液への漬け込みだった」より）

第1図　完成した発酵モミガラ

第2図　下水処理場の放流水に酵素・微生物を加えた処理水に24時間浸漬したモミガラの外皮（電子顕微鏡写真）
尿尿・糞尿の曝気液でも同様になる

第4部 農家の有機資材

モミガラくん炭

モミガラくん炭

　モミガラを炭に焼いたもの。単に「くん炭」ともいう。モミガラ同様、いろいろに使える農家の基本資材。保水性・通気性の確保に役立ち、微生物のすみかとなって、土の微生物相を豊かにする。ケイ酸分などのミネラルが豊富で、作物の耐病性を高める効果もある。くん炭を毎年入れてきた田んぼでは、イネの葉先を握るとバリバリと感じるほど丈夫になるという。

　イネや野菜の育苗培土によく使われ、くん炭を覆土したレタス苗は生育が明らかに促進されるという研究もある。炭に光が当たると微生物が交信しあって殖えることも明らかになっており、くん炭覆土の下で肥料を分解する微生物が活発化したのでは、とも考えられている。くん炭はバチルス菌を殖やし、抗菌物質をつくり出すという研究もある。また、くん炭を使った培土は軽くて、苗の移動・運搬がラクになるのも魅力だ（くん炭育苗）。

　くん炭の焼き方では、保米缶を使った簡単な方法が人気がある。倉庫に眠っている保米缶を活用して焼き、消火の際は軽く水をかけたらビニール被覆して酸素を遮断。サラサラで粒ぞろいのよい美しいくん炭ができる。

　なおモミガラくん炭は、地球温暖化対策として注目される「バイオ炭」の一種でもある。

　　執筆　編集部

第1図　高さ90cm、直径70cmの5俵缶を使って焼く宮城県の白石吉子さん
（写真撮影：倉持正実、右も）

第2図　ジョウロ3分の1くらいの水をかけて温度を下げたら、すぐにビニールでフタ

モミガラくん炭をうまく使う方法

くん炭を焼く方法

くん炭製造器……円筒型の燃焼容器に煙突を取り付けてある。上から着火し、下に火種が移動。最後は蒸し焼き状態になって自動消火される。焼きムラがなく、少々の風や天候を気にせずにつくれる。

保米缶焼き……野焼きの手軽さと、くん炭製造器の便利さ（風に強い、消火がラク）や品質のよさの両方を取り入れた折衷型。

野焼き……「くん炭器」という簡単な道具の中で燃やした火種がモミガラに移り、下から上へ、中から外へと徐々に黒くなる。一般的には水をかけて消火する。

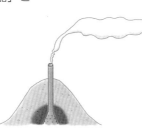

くん炭の特徴

(1) 排水性も、保水性もよくなる

くん炭を焼くと、原料の生モミガラの容積に対して60〜70%に縮まる。モミガラの形（舟形）が維持されており、畑の排水性をよくする。一方、くん炭内部の断面は蜂の巣状の多孔質（気相率80%）だから、保水性も兼ね備える。

(2) 高pHのアルカリ資材

燃焼の過程でチッソ分は消失するが、カリやリン酸、カルシウム、マグネシウムは含まれ、pHを上昇させる。一般にはpH7〜9とされるが、高温で長時間燃焼すると灰化が進み高pHとなる。

第1図　低温で焼いた高品質のモミガラくん炭
タールなどの親油性物質が揮発せずに残るため、ガンメタリック（照りのあるダークグレー）に輝くのが特徴

第1表　モミガラくん炭の化学性（単位：mg/l、ケイ酸を除く）

pH	EC (dS/m)	交換性塩基			可給態リン酸
		石灰	苦土	カリウム	
7.47	0.14	46.5	9.3	361.2	6.65

(3) ケイ酸が効く

モミガラの成分の20%近くがケイ酸。くん炭にすると50%近く、灰にすると90%近くがケイ酸となる。ただし800℃以上の高温で焼くと結晶化し、クリンカー（塊）と呼ばれる植物が吸えない形となるが、低温で焼く農家の手づくりくん炭には可溶性ケイ酸が豊富。

くん炭の使い方と効果

(1) 野菜苗や花苗のくん炭育苗に

排水性も保水性もよく、無菌状態のくん炭は、苗の床土資材として最適。高pHを中和するには山土やピートモスに20〜30%混ぜる。くん炭を50〜100倍量の水で洗い流したり、過リン酸石灰を加えてpH矯正する方法もある。なお、カリが多いので、くん炭の割合が多い培土では拮抗作用による苦土欠を引き起こす

こともあり得る。

(2) イネの育苗培土にも使える

市販の培土にくん炭を混ぜると、苗箱が圧倒的に軽くなる。30％混ぜるだけでも6kgの苗箱が4kgほどになるが、なかには100％くん炭で育苗する人もいる。

イネは酸性植物で、育苗期はpH4.5～5.5が適正といわれる。そのため畑育苗でくん炭培土を使うと苗が焼けたり、障害を受けることがある。おすすめはプール育苗。水で塩基が洗われるので、高pHを心配しなくてよい。プール育苗の苗箱は重くなるが、その欠点も解消される。

(3) くん炭で病気・害虫に強くなる

科学的根拠ははっきりしないが、「くん炭は病気や害虫の防除、ネズミ除けにも役立つ」と確信をもって語る農家がたくさんいる。

たとえば、シシトウや甘長トウガラシのハウスに来るアブラムシ対策に。定植後、株間に一握りずつモミガラくん炭を置いていくと、「炭のニオイを嫌ってアブラムシが寄ってこない」という。

また、チェーンポットでつくるネギ苗の培土にくん炭を半分混ぜると、「軟腐病やカビ予防の殺菌剤を使わなくても苗に病気が出ない」「根張り抜群、培土半分で経費節減にもなる」という。

(4) くん炭で微生物の力を引き出す

レタス苗にくん炭覆土すると、不思議な効果が表われる。第3図の左はくん炭覆土したレタス苗、右は慣行区の苗。有機液肥で育てると生育差が歴然。くん炭覆土により温度が上昇して苗の生育が促進したわけではない。くん炭覆土したほうは無機態チッソの量が増えており、培地表面のくん炭に光が当たると微生物による有機液肥の分解活性が活発化し、植物に吸収されやすい無機態チッソ（硝酸態チッソ）がたくさん生成されるのではないかと考えられる（野菜茶業研究所・佐藤文生氏）。

炭の音波、超音波が微生物を元気にする、という研究もある。太陽からの赤外線や遠赤外線、電磁波など、さまざまな波動が炭に当たって音波や超音波に代わり、これが微生物を元気にするという説もある（東京大学名誉教授・松橋通生氏）。

近畿大学の阿野貴司教授による最近の研究では、くん炭が大好きなバチルス菌（IA株）が、苗立枯病を引き起こすカビ（リゾクトニア菌）に対する抗菌物質をつくることもわかっている。

執筆　編集部

（『現代農業』2018年1月号「そもそも、くん炭ってなに？」より）

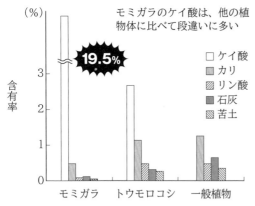

第2図　モミガラは特異的にケイ酸を多く含む（伊藤純雄氏調査）

第3図 レタス苗に対するくん炭覆土の効果
同日に播種した定植前のレタスの苗。左がモミガラくん炭を覆土、右は慣行区

第2表 くん炭覆土をしたレタス苗の移植後の初期生育と1株収量

（野菜茶業試験場・佐藤文生、第3図も）

処理区	移植後14日目の株の乾物重（mg/株）			相対生長率[2] （mg/mg/日）	収穫時の結球重 （g/株）
	茎葉部	根 部	（うち根鉢外側）[1]		
覆土区	290.7	98.8	(69.1)	0.113	496.2
慣行区	158.2	53.1	(32.4)	0.085	429.5

注 1) 根鉢の外に伸びた根量。活着程度を表わす
　　2) 植物体1mgが1日に生長して増えた重量

くん炭で増えるバチルス菌が病原菌を抑えた

執筆　阿野貴司（近畿大学生物理工学部）

植物の生長をどんなふうに促進する？

稲作では収穫されるモミのうち約2割がモミガラとなり、国内の排出量は年間約200万tと見積もられています。世界的に循環型社会への関心が高まっていて、農業においても環境保全型農業が推進されている現在、こうした農業廃棄物をいかに活用するかが課題だといえます。

一方、日本では古くからモミガラをくん炭にして土壌改良材として有効利用してきました。くん炭を土壌に施用することで、ミネラルの供給やpH調整ができるだけでなく、くん炭中の豊富な微細孔が土壌の排水性や通気性、保水性の改善といった物理性を改善することが知られています。

微細孔はさらに、菌根菌や根圏微生物といった有用微生物のすみかとなり、作物の生産性を向上させると考えられています。しかし、くん炭が土壌中の有用微生物を刺激して植物の生長を促進する詳細なメカニズムは、まだほとんどあきらかにされていません。

くん炭があると殖える細菌

初めに、くん炭があると生育が促進される微生物を環境中から探しました。くん炭を添加（5g/l）してつくった寒天培地でさまざまな微生物を培養し、くん炭の有無による微生物の増殖面積を比較しました。その結果、くん炭培地で特異的に増殖するバチルス（バシラス）属の細菌「IA株」が得られました。バチルス属は土壌中にも一般的に見られる細菌です。

くん炭を添加した培地と添加していない培地での増殖面積を比較すると、その差は培養2日目から生じ、培養5日目にはくん炭培地での増殖面積が非添加培地の3倍にもなりました（第1図）。くん炭があるとIA株の増殖、運動性が向上することがわかりました。

同様に液体培養もしてみました。くん炭を添加（5g/l）した液体培地と添加していない液体培地にIA株を植菌して5日間培養し、IA株の生菌数をそれぞれ測定しました。すると、くん炭を添加することで、生菌数が10倍も増加することがわかりました。

また、くん炭を添加することでIA株の胞子形成率は0.2％から75％まで上昇しました。これは、IA株が十分に増殖し、一部の菌が胞子化（生き残るために休眠すること）したことを示しています。

くん炭が多いほど抗菌物質が増えた

バチルス属細菌はさまざまな抗菌物質を生産することが知られています。そこでIA株も抗菌物質を生産しているか調べました。

IA株を培養後、菌体を取り除いた培養液（培養上清液）が、苗立枯病を引き起こすカビ、リゾクトニア菌の生長を抑制するか試験したところ、第2図のように、みごとに増殖を抑制しました。くん炭を添加しなかったIA株培養液の上清（上澄み液）ではリゾクトニア菌が全面に広がったのに対し、くん炭を添加した培養液の

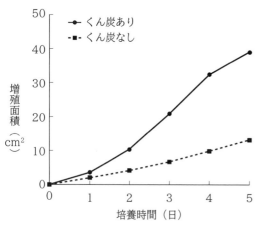

第1図　くん炭を添加した寒天培地におけるIA株の増殖のしかた

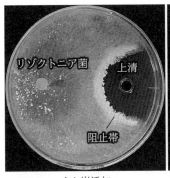
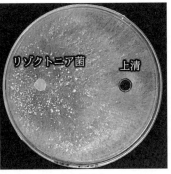

くん炭添加　　　　　　　　くん炭なし

第2図　IA株の抗菌物質が病原菌（リゾクトニア菌）を抑えた
くん炭を添加しなかったIA株培養液の上清（上澄み液）ではリゾクトニア菌が全面に広がった（右）のに対し、くん炭を添加した培養液の上清ではリゾクトニア菌の増殖を抑える「阻止帯」が形成された（左）

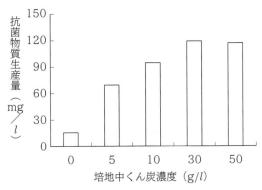

第3図　くん炭の濃度がIA株の抗菌物質生産に及ぼす影響

上清では、リゾクトニア菌の増殖を抑える「阻止帯」が形成されました。IA株はリゾクトニア菌の生育を抑える抗菌物質を生産しており、その生産量はくん炭を添加することで増加することがあきらかになりました。

さらに、くん炭の量を増やしたらどうか。IA株を培養する培地に添加するくん炭を増やして、その抗菌物質生産濃度を測定しました。その結果、くん炭添加量が増加するにつれて抗菌物質の生産量も増加し、30g/lのときに最大量を示しました（第3図）。これは、くん炭を添加せずに培養した時の8倍の生産量です。

本研究により、くん炭が存在すると生育が促進されるバチルス属細菌IA株を単離することに成功しました。そして、このIA株はくん炭を添加した培地において、1）運動性が上がる、2）増殖が促進される、3）抗菌物質の生産が促進される、といった特徴をもつことがわかりました。農家の皆さんが実証してきた「くん炭を施用すると植物が病気にかかりにくくなる」といった現象と、密接に関係すると考えられます。
（『現代農業』2018年1月号「くん炭が病気を抑えるメカニズムを解明!?　バチルス菌IA株を発見」より）

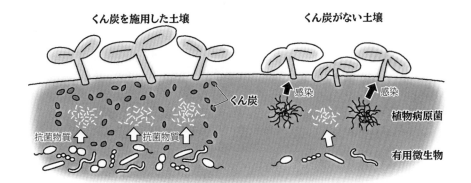

第4図　土壌にくん炭を施用することで作物の病害を抑制するメカニズム（模式図）

第4部　農家の有機資材

米ヌカ

米ヌカ

玄米を精米したときにでるヌカ。イネの種子は表皮部、胚芽部、胚乳部と、それらを保護するモミガラからできているが、このうち胚芽と表皮部を合わせたものが米ヌカとなる。胚芽は芽、つまり次代に受け継ぐ命そのもの。そしてこれを生かすためにデンプンというエネルギーを蓄えているのが胚乳部（白米）である。

米ヌカはリン酸やミネラル、ビタミンなどに富み、昔からスイカなどの味のせ肥料として重宝されてきた。イネに使えば米のマグネシウムが増えて食味がよくなる。

そして米ヌカの最大の魅力は、発酵を進める力がとても強いこと。おいしいヌカ漬けができるのは、米ヌカによって酵母菌や乳酸菌などの有用微生物が増殖するからだ。田んぼにまけば表層の微生物が繁殖、土ごと発酵でトロトロ層ができ、畑にまけば土の団粒化が進む。米ヌカで元気になった微生物は土のミネラルなどを有効化し、米ヌカの成分と合わさって作物の生育を健全にし、病原菌の繁殖を抑え（米ヌカ防除）、味・品質をよくする。水田の米ヌカ除草も、微生物の急速な繁殖を活かすやり方だ。

農業生産のためにこれほど大量の米ヌカが使われるようになった背景に、1993年の大冷害をきっかけとした米の産直の広がりがある。それまでは、米ヌカの大半は米油用も含めて都市に向かい、農家の手元には少量しか残らなかった。ほとんどがヌカ漬けの床用で尽きてしまっていたのではなかろうか。しかし、米の産直で農家自身が精米まで引き受けるようになってからは、米ヌカは農家が自由に大量に使えるものに変わった。以来、米ヌカで田畑を豊かな発酵空間にしていく動きが急速に広がっている。

執筆　編集部

第1表　北陸地域の米ヌカ中の肥料成分含有率（単位：現物%、例）

試料	水分	チッソ (N)	リン酸 (P2O5)	カリウム (K2O)	カルシウム (CaO)	マグネシウム (MgO)
1　富山、コシヒカリ 1996年産米 有機栽培 （不耕起、堆肥）	14.3	1.77	2.35	2.94	0.89	1.83
2　石川、かがひかり 1997年産米 慣行栽培	12.6	2.33	3.67	3.03	0.78	0.95
3　石川、コシヒカリ 1997年産米 カルシウム肥料施用	12.3	2.63	4.40	2.55	0.96	1.49
4　石川、雑品種 1997年産米 慣行栽培	14.6	2.19	4.02	3.47	0.78	2.77

緩効性の肥効を活かした米ヌカの使い方

執筆　東山広幸（福島県いわき市）

格安で手に入る米ヌカ

　私はもともと北海道の専業農家の生まれだが、大学院修了後の28年前に、ここいわき市で百姓を始めた。当初から無農薬・無化学肥料栽培で多種類の野菜やイネを栽培し、おもに宅配販売で生計を立てている。

　いろいろな有機肥料を使ってきたが、現在使っているのは格安で手に入る米ヌカと魚粉。米ヌカはコイン精米所の管理者からタダで譲ってもらったり、格安で売ってもらっている。魚粉はふつうに買うと非常に高価だが、食品工場から出た廃棄物（おもに削り節の粉）を仲間の農家から、米ヌカと交換というかたちで譲ってもらっている。

　ラクに安く手に入る肥やしがこの二つであったわけだが、どちらも人が食べても大丈夫な安全性があり、作物の味をよくする二大肥料でもある。しかし米ヌカは、元肥とする際にそのタイミングがむずかしい。

きわめて緩慢な肥効

　肥料の3要素の成分比（チッソ・リン酸・カリ％）でいうと、米ヌカが2―4―2、魚粉が7―7―0ぐらい。魚粉にカリ成分がほとんどないという違いはあるが、有機肥料としては比較的リン酸リッチという部分は似ている。

　ところが、この二つの肥料はまったく似て非なるものである。それは肥効の出方に如実に表われる。

　米ヌカはその多くが胚乳由来のデンプンであるが、肥料成分の多くは削られた皮や胚の部分に由来する。その米ヌカを生で畑に施用すると、まずこうじカビなどがデンプンを分解しな

第1図　筆者
米ヌカ栽培したタマネギは信じられないほど甘い。植付けが気温が低い時期なので、生米ヌカを植付け前に振ってもいい。ただしタネバエ対策に、すぐウネを立ててマルチをかける

がら繁殖し、カビの出す酵素で米ヌカの成分が糖やアミノ酸に分解される（季節にもよる）。

　これらをえさに細菌なども繁殖し、さらに分解が進む。そして、肥料成分は土壌に吸着されるだけでなく、菌体内部にも蓄えられる。

　チッソの効き方はその時期の気温や水分状態にも左右されるが、米ヌカのタンパク質は動物性のものに比べてかなり分解されにくいようで、肥効にはっきりしたピークはない。

　しかし施肥直後は微生物が大発生、時期によってはタネバエなども発生するため、作付けできない期間がかなりある。

　これに対して、魚粉などの動物性有機は単純である。畑に施用するとタンパク質成分はすぐに分解が始まり、チッソの肥効はすぐに出る。

　米ヌカと違って植物にアタックする微生物が増えないせいか、魚粉は施用直後に作付けしても、多くの場合、障害は出ない。心配なのはタネバエぐらいである。

　ただし、米ヌカのような肥効の持続性はなく、化学肥料的な効き方で、施肥量が少ないほど肥切れが早い。

第4部　農家の有機資材

第4図　米袋1袋分の米ヌカは12～16kg
袋ごと抱えて揺らしながら振っていく。背抜きのゴム手袋を着けると滑らず疲れない

第2図　サトイモに障害を出さないようウネ間に振った米ヌカ
ほかにネギなどウネ間の広い野菜の追肥に有効

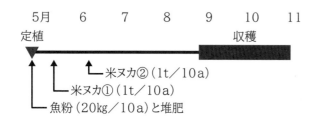

第3図　サトイモ栽培における米ヌカと魚粉の肥効

一石三鳥、米ヌカの「予肥」

　米ヌカは病原微生物やタネバエが怖く、晩秋に定植するニンニクやタマネギ以外、施用直後に作付けできるものはほとんどない。これを逆手にとったのが「予肥」（よごえ）としての利用法だ。

　予肥とは私がつくった言葉で、元肥よりも早い時期に施す肥料のこと。「先肥」といってもいいかもしれない。米ヌカ施用後はすぐに作付けできないのなら、早めに振って耕起し、分解を促して作付けを待つという考え方だ。

　この方法は夏まきのニンジンとダイコンがヒントになった。根菜類は、未熟有機物をすき込んだ直後に播種すると又根になりやすい。すき込まれた雑草も又根の原因になるため、草を生やしてはおけない。このため草の出る畑では、作付け前に何度もロータリをかけておかなくてはならない。

　ところが、米ヌカを振ってロータリをかけておくと、しばらく草が生えず、耕起前にあった比較的大きな草も分解が進む。さらに分解後には肥料として長く効いてくれるという一石三鳥を狙える。

　このやり方はあまり肥えた畑には適用できないが、根菜類はやせた砂畑のほうがきれいなものがとれるので、そうした畑には最適な方法といえる。

1か月前に振って、週に1回ロータリ

　夏の根菜類の予肥は播種1か月前である。米ヌカを畑に均一に振って、作付けまで1週間ぐ

らいおきにロータリをかける。多くの場合、肥やしはこれだけで十分だ。

施用量は土質や品種で大きく異なる。花崗岩が母岩となるやせた砂地では、ダイコンで500kg/10a、ニンジンで同1tほどだが、たいていの畑ではそれより少なくて十分だ。

真冬の菜っ葉では彼岸前に

予肥をさらに進化させたのが、冬の肥効を狙ったものだ。

真冬にキャベツやブロッコリー、菜っ葉などをとろうとすると、冬になって肥切れすることがある。しかし有機肥料をこの時期に追肥しても、すぐには効いてくれない。速効性の魚粉でさえムリだ。

だから最初から肥効を切らさない。それを狙ったのが作付け前の予肥である。作付け1か月以上前の7～8月に米ヌカを振って、キャベツなどの苗を定植する。地温が下がると分解が進まないので彼岸前に施用する。10月定植の菜っ葉では、定植2か月以上前に予肥をやることもある。

夏まきのニンジンやダイコンの場合と違うのは、冬どり野菜の場合は定植時に元肥もちゃんとやることだ。予肥の米ヌカを1t/10a程度振るので、これだけでチッソ成分は20kg/10aにもなる。しかし、翌年の夏に次の作目が育つころになってから効く分も少なくないので、元肥・追肥（魚粉）は普段の8割以上やったほうがいい。

予肥の米ヌカは、真冬に抜群の効果を発揮する。気温が下がると有機の肥効も落ち、アントシアン着色が強くなって生育も止まるものだが、予肥をやった畑では、肥切れがまったく出ない。さらに耐寒性も強くなるように感じている。12～3月ころに収穫するものには、ぜひともお勧めしたい。その作だけでは肥やしを使い切らないので、夏に肥食いの果菜類を栽培するとむだがない。

ウネ間施用で除草効果も

生の米ヌカによる障害が起きないように使うには、株元から離して施用する方法もある。たとえばサトイモやネギなどウネ間の広い野菜に追肥として振る方法だ。このとき中耕しておくと、肥やしとなるだけでなく草をきれいに分解し、しばらくは雑草の発芽も抑制してくれるので、その後の土寄せが非常にラクできれいにできる。

ただし、草や米ヌカがほぼ分解されてから土寄せしないと、根腐れや生育不良の原因となるおそれがあるから注意が必要だ。

稲作でも米ヌカ予肥

また、予肥は畑だけでなく稲作でも使える。ここ（いわき市）で晩秋から3月にかけて、田んぼに300kg/10a振って耕起しておけば、初夏になってからチッソが効いてきて、コシヒカリにちょうどいい程度の肥効となる。秋に振っても流亡しないのが不思議だ。

ただし、代かき前に振るのはよくない。この辺りでは中早生になるコシヒカリでは、幼穂形成期ころから急激に肥やしが効き始め、茎が130cmにも伸びて倒伏。小さな田んぼだからよかったものの、刈取りに苦労したことがある。嫌気条件では米ヌカの分解はますます遅くなるから、肥効の発現は想像以上に遅い。

だが、代かき直後に田面に散布する場合（200～300kg/10a）は分解が速やかで、生育は理想的なへの字型になり、ついでにヒエの発生を完全に防止する。これは浅水管理でも効果は完璧。ほかの一年生雑草にもある程度、抑草効果が見られる。

（『現代農業』2015年3月号「魚粉は速効性、米ヌカは緩効性『予肥』」、2015年6月号「畑でも効果抜群米ヌカ除草」、2016年4月号「米ヌカマスター東山さんの生の米ヌカでも失敗しない使い方」より）

発酵米ヌカでチッソ発現が遅い問題を解決

執筆　涌井　徹（株式会社大潟村あきたこまち生産者協会）

農家は自分で肥料をつくれる

　私たちは稲作農家として、「安全でおいしいお米」をお客様にお届けするために、栽培方法のみならず、乾燥・保管・流通などの方法までさまざまな研究を繰り返してきました。「米ヌカ発酵肥料」も、肥料について研究したなかから生まれたものです。さまざまな有機肥料について、安全性、食味に対する影響、購入の安定性などを検討しましたが、私たちが望むすべての条件が満たされるものは見つかりません。いっそのこと自分たちでつくってしまおうという話になりました。

　原料の素性があきらかで、安全性が高く、安定して入手できる……。お米の産直を続けていた私たちの手元には、じつはこうした条件をすべて満たす有機肥料がありました。米ヌカです。

　ただ、当初は米ヌカの有機肥料をつくる技術も未熟で失敗の連続でした。2年目から、元秋田県農政部に勤務されていた須田雄悦さん（須田技術士事務所所長）にご指導いただき、成分・形状ともに、現在市販されている米ヌカ有機肥料としては最高水準の肥料が完成しました。

生ヌカはチッソ発現が遅い

　米ヌカは玄米収量の約1割とれます。含まれる成分は、ほかの有機質肥料に比べてリン酸、カリ、マグネシウム、ビタミンB群が多い。作物の肥料として必要な成分を総合的に含んでいます。ところが、油脂分を18％含むうえ、炭素含量が多い（C/N比が高い）ために分解が遅いこと、発酵臭が激しくなりやすいことなどから、有機質肥料としてのランク付けは非常に低いものでした。

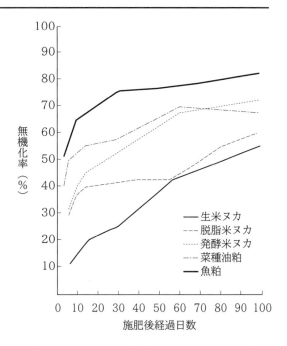

第1図　米ヌカ発酵肥料とほかの有機質肥料の無機化率の比較

米ヌカ発酵肥料の肥効発現（無機化率）は、生ヌカや脱脂ヌカより早く、菜種油粕に似た肥効を発揮。60〜70日間にわたって肥効が持続

第1表　米ヌカ発酵肥料の特性

〈成分含有量（％）〉

チッソ全量（内アンモニア態チッソ）	全リン酸（内水溶性リン酸）	水溶性カリ	全苦土（内水溶性苦土）	水分
5.2 (2.3)	9.0 (5.5)	3.5	2.5 (1.2)	12

〈微生物含有量〉

放線菌	細菌	糸状菌	酵母
5.3×10^6	6.7×10^6	2.2×10^5	6.8×10^7

注　一般の有機質肥料に少ないカリを十分含むほか、苦土、ビタミンB群などの生理活性物質も多く含む。微生物の面では酵母を多量に含むのが特徴

　野菜類の味が向上することが注目されて、従来からスイカなどの味付け肥料としては利用されていました。タバコ産地でも、葉が厚くできるために使われていました。

　しかしイネに使おうと思うと、チッソの発現

（無機化率）が遅いことが問題でした。私たちの研究では、生の米ヌカは施肥後60日ころに肥効発現のピークが現われます。元肥に入れても、肥効は、イネがチッソ肥料をいちばん必要とする時期以降まで続きます。そのため倒伏やいもち病多発の原因にもなりました。脱脂米ヌカを使ってもほぼ同様です。

また、分解が遅いためにネズミが寄りついて、作物に被害を与えることもあります。米ヌカが分解するときに出る物質が、作物の生育を阻害することもあります。

米ヌカ発酵肥料のみの栽培が実現

こうした問題を解決したのが発酵米ヌカです。

水田10aからとれる米ヌカは約60kg。これを完全発酵させると8割ほどに減るので、10a当たり45kgほどの米ヌカ発酵肥料ができます。自分の栽培した米から米ヌカ有機肥料をつくり、その肥料で有機米を栽培する。最高品質の有機肥料が自給生産されることになります。

以前の試作品の試験では、ペースト肥料の側条施肥と組み合わせることで、茎数確保が良好、無効分げつが少ない、未熟粒が少なくて整粒歩合が高い、食味が良好、といった結果が得られていました。元肥に施した米ヌカ発酵肥料は、追肥・穂肥の役割まで十分に果たすことが確認されていました。

しかしその後、肥効の発現を早めた結果、側条施肥に頼らなくても米ヌカ発酵肥料の元肥だけで茎数確保が促進されるようになりました。

大潟村の水田ではもともと後期のチッソ発現が多いという事情も影響しているでしょうが、施肥量は10a当たり30～60kgのみ。米ヌカ発酵肥料だけで循環持続的な米づくりが可能になります。

（『現代農業』1999年10月号「米ヌカ肥料工場をつくって、最高級の有機肥料を自給」より）

第4部　農家の有機資材
ワラ・カヤ

ワラ・カヤ

　イナワラやムギワラ、カヤは、いずれもチッソの含量が少なく、炭素率（C/N）が高いことが特徴だ。これを直に土にすき込むと、微生物は自分の体をつくるために土壌中のアンモニア態や硝酸態のチッソを体内に取り込むことになる。そのためチッソ飢餓が起こりやすい。また水田では、酸素の少ない状態で分解するため強い還元状態になり、有機酸を生成して根腐れなどを招くことがある。

　したがって、ワラやカヤなど炭素率でいえば20以上になる有機物は、土中にすき込まずマルチとして利用したり、すき込む場合でも、浅耕することで酸素に触れやすい表層にとどめたほうがよい。あるいは堆肥の材料として利用する。

　イナワラ・ムギワラの炭素率は、栽培条件によっても異なるが、イナワラよりもムギワラのほうが炭素率が高い。また、ムギのなかでもコムギワラはオオムギワラよりチッソ含量が低く、炭素率は100を超える。イナワラはムギワラに比べてケイ酸含量が多いことも特徴だ。

　一方、カヤとは茅葺き屋根によく使われてきた草を指す総称で、乾地に生えるススキと湿地を好むヨシがその代表格。そのほかチガヤやオギ、カリヤス、スゲなどもすべて「カヤ」だ。カヤは、屋根材のほか田畑の肥料、牛馬のえさとして、農村ではなくてはならない草だった。

　「カヤ場」というのはたいがい入会地で、草山の維持に欠かせぬ春先の野焼きは、集落総出の一大仕事だった。

　カヤの炭素率についての記述は少ないが、ススキで62というデータが見つかった。

　執筆　編集部
（『農業技術大系土壌施肥編』第7-①巻「藁稈類、山野草」より）

第1表　炭素率が高い有機物のおもな成分組成

種類	水分率	全炭素	全チッソ	C/N比	リン酸	カリ	石灰	苦土
モミガラ	10	34.6	0.36	96	0.16	0.39	0.04	0.04
オガクズ	30	47.1	0.06	785	0.02	0.13	1.70	0.03
イナワラ	10	38.0	0.49	77	0.17	1.88	0.51	0.14
オオムギワラ	10	45.2	0.49	98	0.21	2.18	0.50	0.16
コムギワラ	10	41.2	0.32	129	0.18	1.76	0.36	0.10

注　畜産整備機構など、堆肥施用コーディネータ養成研修テキスト（2）（2001）、成分は乾物％

微生物のため、ブドウ園にイナワラを全面マルチ

長野県上田市・飯塚芳幸さん

光の反射で、結実が安定

春、果樹は花を咲かせて実を結ぶ。この時期にピッタリの資材、それがイナワラだ。

今ではもう珍しい光景かもしれないが、飯塚芳幸さんのブドウ園では、毎年決まってイナワラが敷き詰められる。それも大量に、隙間なくビッシリと。まさに、全面「ワラマルチ」状態といえそうだ。試しに上を歩いてみると、足元がフワフワするし、また、光の反射でかなりまぶしい。

「園全体が明るくなるでしょ。光が十分ブドウの房に当たるんで、雄しべも雌しべも発達しやすい。そのうえ、温度も上がり、花粉管の伸長速度も速くなる。おかげで確実に結実。とくに巨峰の有核（種あり）栽培で効果がありますね」

だからワラを敷くのは開花前がいい。飯塚さんは、5月下旬から6月上旬、本葉が8枚か9枚開いたころを目安としている（本葉10～11枚で花が咲く）。

ワラで減農薬!?

「イナワラには枯草菌がいるからね。これがまたよい働きをするんです」

「よい働き」とはつまり、病原菌との拮抗作用のことである。とくに花カスから広がる灰色かび病。その被害を食い止めてくれるという。

「微生物農薬の『ボトキラー』も枯草菌が主成分でしょ。理屈は同じですよ」

しかもハウスの場合、ワラが空気中の水分を吸着し湿度管理までしてくれる。それだけでもう灰色かび病にはかかりにくいのだ。

「通常、うちのハウスではカーテンに水滴が

第1図　まず、イナワラをカッターで切る

ついて、まるで雨降りのようにボトボト落ちてきます。だけどワラを敷くとそれがまったくない。湿気をコントロールしてくれるからです。ビショビショのカーテンに葉が触れてよけいに病気が広がる、なんてこともなくなります」

灰色かび病防除は開花期の1回きり、それ以降は、薬剤散布をしなくてすむという。じつは飯塚さん、「ワラで減農薬」も見越していたのだった。

草を抑える、微生物を守る

もちろん、ワラにはマルチとしての働きもある。まず夏草が抑えられる。それでも伸びだす草は乗用草刈り機で対応すればいい。

「除草剤だけは絶対に使いたくありません！　あれは微生物の繁殖を阻害し、土中をアンバランスにしますからね。するとブドウの味もてきめんに悪くなります。やはり微生物の生み出すアミノ酸がおいしさに直結しているんです」

また、ワラマルチは土壌に日陰をつくり、過乾も過湿も避けるので、水分状態が安定する。これなら微生物にとっても居心地がよい。ブドウの樹にとっても都合がよい。

第3図　切ったワラを棒で広げていく

第2図　飯塚芳幸さん
露地、雨よけ、ハウスあわせてブドウ1.1haの経営。そこに、田んぼ1.5ha分以上のワラを敷く。ワラは近所の稲作農家から購入

重粘土が団粒化

最後、ブドウが落葉したら肥料を施し、ワラもろともロータリですき込んでいく。当然、有機質の補給になるし、微生物のえさとしても期待できる。

「腐植も増えて、そのなかにあるフミン酸が『接着剤』となり、土壌の粒子と粒子をつなぎあわせます。つまり、団粒構造がどんどん発達していく……ってことですね。そうそう、ワラがあるとミミズも増えますよ」

じつは飯塚さんのブドウ園は、「雨降りゃグチャグチャ、乾けばカチンコチン」の重粘土。その物理性をも改善してくれるのである。

さらに、ワラにはケイ酸も含まれており、それがブドウの樹に吸われると、「硬く健康に」育つという。

なんとも多岐にわたるその効果。

「ワラは偉大な資材です」

執筆　編集部

（『現代農業』2015年5月号「ワラは偉大な資材だ！　微生物のため、ブドウ園に全面マルチ」より）

土着菌を活かすカヤの堆肥で有機無農薬の大玉トマト

熊本県宇城市・澤村輝彦さん

天恵緑汁・土着菌で有機無農薬の道へ

　澤村さんは、有機JAS認証を取得してトマトを5ha、米を4.5ha、そのほか野菜を6.5haも栽培している農家です（肥後あゆみの会代表）。30歳を境に、本格的に有機無農薬農業の道を歩き始めました。

　2004年には趙漢珪先生の提唱する「韓国自然農業」に巡り合い、天恵緑汁などをつくる農業を始めます。「自然農法は理想ですし、今もそれを目指し日々努力しています」とのこと。イネはジャンボタニシの力を借りて無除草、無肥料、無農薬で楽勝。東北の農家には申し訳ないが、自然農法でただどりができてしまう。ただ、こと果菜類だけは、経営を維持するほど収量がとれず、自然農法だけでは太刀打ちできないといいます。

　澤村さんは、裏山の竹やぶから取ってきた白い土着菌の塊を種菌に、魚の乾燥粉末、カキガラ、カニガラ、昆布など海の物を入れ、米ヌカ、ナタネ粕、それに土を混ぜて発酵させてボカシをつくります。エアレーション設備付きの施設で、毎月1回のペースで7tほどつくり、肥料としてトマトのウネの肩や通路に施用していくのです。

　天恵緑汁も春先のクレソンに始まり、タケノコ、夏場のクズ、トマトの芽、海藻、ヒジキなどを瓶に仕込んで、15～16℃に空調された貯蔵庫で熟成させています。天恵緑汁は、趙漢珪先生の自然農法に巡り合ってから、ずーっとつくり続けています。これをやることで、植物の生育が活性化するのがわかるのです。とくにトマト

第1図　3月定植で7月末のトマト（品種：りんか）

（写真撮影：すべて赤松富仁）

現在6段目に入るところで、見事ななりっぷり。12月中旬まで収穫する。産山村にある長期どりの圃場

の樹勢が強くなると、葉っぱからも芽が出て花が咲き、葉の先に実がなったりするそうです。

カヤの堆肥でトマトの収量が伸びた

澤村さんは、自然農法を始めて、いかに土を汚さないものを圃場に入れるか思案していたとき、たまたま河川敷のカヤを刈っているところに遭遇しました。そして、ススキやヨシなどカヤ類の野草を圃場に入れれば土にストレスを与えることはないだろうと思ったのでした。

毎年トラック1,000台以上の野草を野積みし、3年ほど野ざらしにし、土のような状態になった野草堆肥を反当4〜5t入れます。圃場に入るのは、米ヌカ主体のボカシと3年物の野草堆肥だけ。野草を入れるようになって早18年、トマトの収量も伸びていて、1本の樹で2ケース（8kg）収穫する目標にも届きつつあるそうです。

土壌病害の抑制に堆肥を植え穴施用

しかし、有機JAS栽培に使える農薬も限られるなか、病害虫には悩まされるのでは？　と聞くと、「トマトに入る病気は決まっているんですよ。うどんこ病、灰色かび病、疫病の三つです」。

うどんこ病とサビダニは硫黄でよい。葉かび病は樹勢バランスが落ちたときに入るから、樹勢コントロールで考えればいい。灰色かび病は酢の葉面散布で大丈夫。疫病が一番問題だったが、これもどんぶり1杯の野草堆肥を植え穴に入れ、最初に出てくる根が堆肥の中を通って出るようにしたことで、生育が安定。2条植えから1条植えにして光と風が通るようにしたこともあって、疫病が入らなくなったといいます。

萎凋病や褐色根腐病の土壌病害で悩まされていた重粘土の圃場でも、どんぶり1杯の野草堆

第3図　野ざらし3年目
土はいっさい入っていないが腐植土壌のようになっている。切返しは年1回、野草堆肥の場所を移動するだけ

第2図　カヤなどを半年ほど野ざらしにした野草堆肥の山

第4図　タケノコと黒砂糖を混ぜてつくる天恵緑汁の瓶
タケノコ以外にもクレソンやトマトの芽などそれぞれの瓶がある

ワラ・カヤ

第5図　トマト圃場の通路下の断面
1番上がカヤ、その下がボカシ肥料、その下に厚さ5cmほどの野草堆肥を入れている

第6図　定植前に植え穴に野草堆肥をお椀1杯分入れる

肥を植え穴施用。同時に、水はけの悪い通路にはドリルで深さ50cmの穴を掘り、野草堆肥や竹パウダーを入れて土中深くまで微生物の層をつくることを心がけたことで、克服できているそうです。

高EC圃場の尻腐れも出なくなった

野草堆肥の能力を一番実感したのは、海岸に近い、ECが4〜5もある圃場でのこと。いつも尻腐れで悩まされていたのですが、反当10tほどの野草堆肥を入れ、植え穴にどんぶり1杯の野草堆肥を入れる方式でやったところ、カルシウム資材など一切入れなくても尻腐れが出なくなったのです。

また、阿蘇山麓にある産山村の圃場は、借りる前はネコブセンチュウが多発していたところでしたが、野草堆肥やボカシ肥料を入れてつくるとセンチュウ害は出ず、3月末に植えるトマトが12月中旬まで収穫できています。

もう一つ、八代では産地の存亡がかかっている黄化葉巻病。ウイルス媒介するコナジラミ対策は？と聞くと、澤村さん、涼しい顔で、天敵のタバコカスミカメでシャットアウトできているといいます。

平場の宇城市の圃場と高原の産山村の圃場とで、天敵リレーをして、完全に防いでいるそうで

第7図
定植時は苗の肩を4分の1出してやや浅植え

す。お邪魔した産山村のハウスでは、タバコカスミカメが増えすぎて、トマトをかじられる被害が出て、天敵の密度減らしに苦労しているとか。

澤村さんはいいます。自然界の生態系のバランスと同じようなバランスをハウス内に取り込むと、お金も使わず、ラクにトマト経営ができる。その鍵になるのが、腐植化した野草堆肥のようだと。

執筆　赤松富仁（カメラマン）
（『現代農業』2022年11月号「野草堆肥とボカシで有機無農薬の大玉トマト」より）

トマトの青枯病を抑えるカヤ堆肥のつくり方

執筆　染谷　孝（佐賀大学名誉教授）

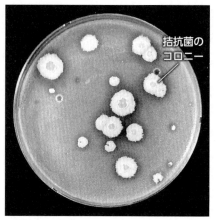

第1図　青枯病菌が全体に広がった培地にカヤ堆肥の懸濁液を接種し培養
青枯病菌の発育を阻止する円（コロニー）ができ、拮抗菌が堆肥にいることがわかった

カヤ堆肥で病気が出にくくなった！？

　熊本県の阿蘇地域では昔から草原のカヤ（ススキなど）を秋に刈り取り、ロール状にして野外に一冬以上放置、腐熟させた野草堆肥（カヤ堆肥）を土つくりに活用しています。この堆肥を施用した畑では、なぜか病害が発生しにくいことを阿蘇の農家たちは経験的に知っていましたが、その理由は長い間謎でした。

　2015年から6年間にわたる研究の結果、阿蘇のカヤ堆肥には植物病原菌を抑制する拮抗菌が高密度に含有されていることが判明しました。どのような菌に有効なのかというと、フザリウムやピシウム、ラルストニアなどです。フザリウムとピシウムは糸状菌（カビ）で、ラルストニアは細菌に分類されます。これらはさまざまな作物に病害を引き起こし、とくにラルストニアは、トマトなどナス科作物に青枯病を起こす病原菌として知られています。

青枯病の拮抗菌が高密度で存在！

　調査の結果、カヤ堆肥に含まれる主要な拮抗菌は、バチルス属細菌と放線菌だと判明しました。しかも、拮抗作用を示すバチルス属細菌はバチルス・アミロリキファシエンスという1菌種だけで、放線菌もストレプトマイセス・ビオラセンスという1菌種のみ。阿蘇のさまざまな場所でつくられたカヤ堆肥からこれらの菌が見つかりました。カヤ堆肥やそれを施用した土壌には、菌種としても遺伝子的にもごく限られた拮抗菌が阿蘇地域の広範囲にわたって高密度で生息しているということです。

　これらの拮抗菌は、ある種の抗生物質を生産し、トマトの青枯病菌を含むさまざまな種類の植物病原菌の増殖を抑えます。また、植物の全身獲得抵抗性（病原菌に対する免疫反応のような性質）を強化する作用もあるようです。カヤ堆肥を土壌に入れることで拮抗菌が土壌中に移動して定着し、病原菌の増殖を抑えることが実験的に確認されています。

　カヤ堆肥を長期間連用した畑では、CEC（陽イオン交換容量）が高くなっていました。CECとは土壌中のカリウムやカルシウム、マグネシウム、アンモニウムなどの陽イオンを吸着保持する土壌の性質を示す指標で、腐植物質が多いほど値が高くなります。腐植物質は堆肥や土壌中の微生物、とくに放線菌によってつくられる高分子有機物で、カヤ堆肥にも放線菌である拮抗菌が高密度で含まれていることと関係していると考えられます。CECが高く肥料持ちのいい畑では、作物が適切な濃度の肥料成分を吸収して、健康に生長します。これも、病害に強くなる理由だと考えられます。

切返し不要、保湿しながら腐熟

　では、どのようにカヤ堆肥をつくればよいでしょうか？　じつは阿蘇でもその製造法は農家によってさまざまで、統一された方法はありませんでした。そこで、良質なカヤ堆肥を省力的

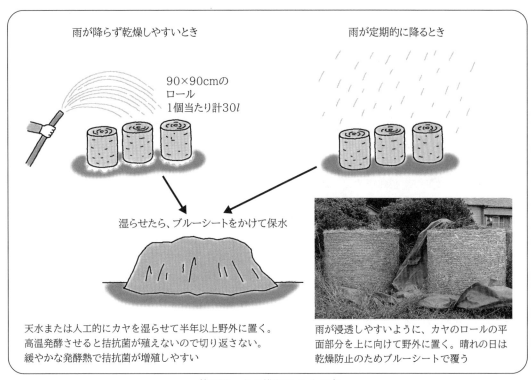

第2図　カヤ堆肥のつくり方

につくる試験をしました。

　乾燥したカヤにも拮抗菌はいますが、その菌密度は乾燥重量1g当たり数千〜数万細胞で、けっして高くはありません。ところが、水で湿らせて15〜30℃に置くと、1〜2週間で拮抗菌が数万〜数十万倍に殖えて、細胞数は数億〜数十億に到達。その菌密度は数か月以上維持されることが判明しました。

　草原や河川敷に生えたカヤはロールにして集めることが多いですが、カヤ堆肥づくりにそのまま使えます。ロールの平らな部分が空を向くように置いて、降雨を待ちます。晴天が続く場合には、水道水や井戸水、川の水などをロール1個当たり（90×90cm）30l散水するやり方もあります。ただしロールの底から水が漏出したら、一度散水を停止し、翌日以降にまた水をかけて計30lになるまで続けます。

　加水されたカヤロールにはブルーシートをか

第3図　十分に腐熟したカヤ堆肥
白い点は放線菌の塊。この状態なら、作付け前にすき込んでもチッソ飢餓は起きない

けて自然乾燥を防ぎます。それでも夏など気温の高い時期は乾燥してくるので、適宜散水して加湿します。万一乾燥しても、いったん殖えた拮抗菌は休眠するだけで死滅しないので、あまり神経質になる必要はありません。なお、カヤ堆肥は「堆肥」とは呼びますが、通常の堆肥とは違って切返しをしません。そのため高温にならずほんのり温かい程度に発熱します。

このようにして秋から翌年の初夏まで半年以上野外に置いたカヤは、腐熟が進み形が崩れてきて暗色になります。放線菌特有の匂い（腐葉土の匂い）がするようになり、白く粉を吹いたような放線菌の菌体が肉眼でも観察されるようになります。こうなれば、カヤ堆肥として使用できます。

半年ものは通路マルチに、1年以上たったものはすき込める

製造期間が数か月程度のカヤ堆肥は腐熟がまだ進んでおらず、易分解性有機物（微生物が容易に分解できる有機物で、糖類やタンパク質、脂質など）が残っています。そのため、播種や定植前に直接施用すると、チッソ飢餓や還元障害を招くおそれがあります。このような場合は、通路にカヤ堆肥を施して、次作の際に作土と混合します。いっぽう、野外で1年以上腐熟させたものは、黒色で軟らかい外観を呈しています。このようなカヤ堆肥は土壌に直接すき込んでもまず問題ありません。

施用量は10a当たり0.5〜1tを目安にして、様子を見ながら量を増減してください。

まだ十分な情報は得られていませんが、阿蘇以外の地域のカヤ堆肥にも拮抗菌が高密度でいることを確認しています。さらには、草原ではなく河川敷のカヤでもいいことがわかっています。ただし、カヤ堆肥内の拮抗菌はフザリウムに対する拮抗作用があることは一般的ですが、ピシウムやラルストニア（青枯病）に対しては

カヤによって地域性があるようです。どのような病原菌に有効であるかを調べるには、研究レベルの検定が必要です。まずはカヤ堆肥をつくって、自分の畑やハウスではどのような病害に有効なのか、見きわめながら使用してください。

高温発酵では殖えない

太陽熱消毒の際に、有機物として腐熟していないカヤ堆肥を使用することも可能です。バチルス属細菌の拮抗菌は芽胞をつくるため、高温や嫌気条件での耐久性が高く、このような消毒操作にも影響を受けにくいのです。

カヤ堆肥を牛糞などと混合して堆肥化してから施用することもできます。この場合も、高温発酵しても拮抗菌は死滅しません。ただし高温だと拮抗菌が増殖しないので、徐々に菌密度が低下します。そこで、牛糞堆肥の堆肥化の中盤以降に、ある程度腐熟の進んだカヤ堆肥を添加して仕上げるやり方がいいようです。

野草と共生関係が成り立っている？

カヤ堆肥に含まれる拮抗菌は、もともとは草原に自生するススキなどの葉に付着しています。草原のススキは広範囲に自生し、しかも毎年生育しています。これは単一作物を連作しているのと同じ。ススキにも連作障害があってもおかしくないのに、そのような兆候は見られません。野草と共存している拮抗菌は、あるいは野草の連作障害を回避しているのかもしれません。

つまり、野草と拮抗菌の共生関係が成り立っている可能性があります。自然界の巧妙な仕組みに驚くとともに、私たち人間はそれを少し利用させてもらってる、ということなのでしょう。

（『現代農業』2024年6月号「拮抗菌リッチなカヤ堆肥の作り方」より）

カヤと世界農業遺産

傾斜地農法「コエグロ」

徳島県にし阿波地域、2018年登録。

徳島県の剣山系では、カヤ（ススキ）を「コエ」と呼ぶ。秋にススキを刈り取り、地面に立てた棒を中心に円錐形にススキ束を立てかけたものが「コエグロ」だ。

カヤを腐らせず春まで保存するのが目的で、春に細かく切って、急傾斜地の畑に運び、野菜を植えたあとにマルチ代わりにたっぷり敷く。防草や霜よけ、乾燥防止の役割をする。

夏の終わり、野菜を収穫したら、カヤマルチはそのまますき込む。するとカヤが、急傾斜地の畑から土壌や肥料が流出するのを防いでくれるのだ。

第1図　徳島県美馬市渕名集落のコエグロ
（写真提供：林　博昭）
地面に立てた棒に20束ほどのススキを立てかけてつくる

採草・野焼きでススキを維持

熊本県阿蘇地域、2013年登録。

世界最大級のカルデラ周辺約2万2,000haの草原は、はるか昔から農家が毎春に野焼きをすることで維持されてきた。貴重な動植物を育む草原とそれを維持する持続的農業が評価されている。

この大草原で目立つのがススキなどのカヤ。

第2図
阿蘇の野焼きの様子
（写真撮影：橋本紘二）
野焼きをして管理しているところには、写真に見えるようなススキが群生する

採草地だと年に数回刈り取るので、翌年のススキが適度に弱り、多様な野草が共生する。また、年に一度春先に野焼きをして維持管理しているところには、おもにススキが勢いよく群生する。

2008年、阿蘇市のNPO法人九州バイオマスフォーラムが事務局となり、近隣の若手農家10人で「草原再生オペレーター組合」が発足した。刈り取ったススキをロールベーラーで「野草ロール」にして、園芸農家や家庭菜園の土つくり用に販売している。「作物が病気や高温に強くなる」とリピーターが多いそうだ。

茶草場農法

静岡県掛川周辺地域、2013年登録。

掛川市東山地区のお茶農家・松浦勝男さん（70歳）は、毎年冬に10a当たり2tトラック山盛り1杯分のカヤ（ススキやササ）を5cmほどにカットして、茶畑のウネ間に入れる。年8回の施肥のたびに浅い耕起で酸素を入れてやることで、腐敗することなく分解されるという。「土はカステラみたいにふかふかになるし、山の香りがする茶になるだよ」とのこと。

お茶のためのカヤを刈るカヤ場を「茶草場」と呼ぶ。松浦さんの茶草場は茶園とほぼ同じ2.3ha。畑の法面や休耕畑を利用している。

執筆　編集部
（『季刊地域』2014年秋19号「うちの畑にカヤは絶対欠かせない」より）

第4部　農家の有機資材

竹パウダー・竹チップ

竹パウダー・竹チップ

　生長期の竹は1日に1m以上伸びる。タケノコの節には細胞を増殖生長させるホルモンが豊富に含まれているといわれ、旺盛な生長をするためには、非常に効率的な酵素反応が行なわれているといわれる。

　その竹を粉砕してつくるフワフワした粉が竹パウダー。「竹肥料」「竹粉」などとも呼ばれる。竹には、糖分やケイ酸、ミネラルが豊富に含まれていることもあり、竹パウダーは微生物の食いつきがきわめてよい。竹パウダーを使った作物には、おいしくなったり、収量が増えたり、病害虫に強い体質になったり、といった効果が現われている。高価な粉砕機の代わりに、チップソーを何枚も重ねた手づくりの粉砕機が普及したことで身近な手づくり資材になった。

　当初は土の表面に有機物マルチとして使うのが一般的だったが、竹パウダーをポリ袋などで密封して乳酸発酵させたうえ、少量（10a 50kg程度）を土中にすき込んでも効果が期待できることがわかってきた。竹パウダーにはチッソはわずかしか含まれていないので、大量に施用するときはチッソ飢餓を起こさないよう硫安などとセットで使ったほうがいいが、乳酸菌たっぷりの発酵竹パウダーを少量すき込む分にはそれほど気にしなくてもよさそうだ。

　なお、竹パウダーほど細かくしない竹チップを堆肥化して使う方法もある。また、竹林は土着菌の宝庫であり、表面の枯れ葉を少しのけると、こうじ菌などの白い菌糸のかたまり「ハンペン」がすぐ見つかる。

　執筆　編集部

◆竹（孟宗竹）の成分◆

チッソ…0.3%　⎫
リン酸…0.2%　⎬ ※1
カリ　…0.7%　⎭
ケイ素…10g/灰100g ⎫
カリ　…8g/灰100g　⎬ ※2

※1）大気中での自然乾燥重量当たり。『有用竹と筍』上田弘一郎著より
　2）灰は竹の全乾物重量の1～2％を占める。『簡易炭化法と炭化生産物の新しい利用』谷田貝光克ほか著より

節に白く吹き出しているのがケイ酸（ケイ酸塩）。若い竹に見られる

竹パウダーでミニハクサイの元肥半減、収量3割アップ

茨城県行方市・稲田満雄さん

発芽率と収量が30％アップ

屋敷の裏に竹やぶがうっそうと茂る。50年ほど前に稲田満雄さん（74歳）がお婿さんで当家に来たときも、「変わらずこんな感じ」だったそうだ。

「いやー、これを切ってもってくるのは疲れるよー」

今、稲田さんは手つかずだった竹やぶから竹を切っては運び、粉砕して竹パウダーにしている。一人でコツコツやり始め、20a弱あるうちの3分の1程度を伐採。「3年かけて、きれいに整備したいなー」と声を弾ませる。

2022年の夏のこと。18棟あるハウスの一部に竹が侵入して困っていたとき、タネや資材の購入先である「タネのハシモト」の会長、橋本和夫さん（84歳）から竹パウダーにして土に還すことを勧められた。さっそく、橋本さんからチッパーシュレッダーを借りて竹を粉砕。豚糞などと一緒にハウスにまき、ロータリで20〜25cmすき込んだ。これをポリマルチで覆い、1か月ほど太陽熱処理をする。

そして、8月の盆過ぎ。やはり、橋本さんの勧めで元肥を半分（化成でチッソ6.4kg/10a）に減らし、ミニハクサイのタネをまいた。「一人で楽しく楽に、ラクラク農業」をモットーにする稲田さんは、育苗の手間を減らすためにハクサイを直まきしている。夏の猛暑のなかで播種するこの作型は、発芽率が悪く例年は6割ほどだ。それがこの年、なんと9割を超えた。播種後4、5日して「これは違う！」と手ごたえをつかんだ稲田さん、すべてのハウスに竹パウダーを投入することにした。

おかげで秋まきのミニハクサイも育ちがよ

第1図 直まきのミニハクサイのハウス
（2024年2月1日）
（写真撮影：佐藤和恵、以下も）
秋まきの一番つくりやすい作型だが、夏まきの作でも生育がビシッと揃うようになった

太陽熱処理での投入資材
竹パウダー　300kg/10a（以下同）
発酵豚糞　45kg
ケイ酸カルシウム　60kg
微生物資材（トーマスくん）　3l（水150lに溶かす）

く、いつもより揃いがよい。大玉率が向上し、収量、売上げともに約30％アップ！2回作付けするハウスの数を減らしたのに、例年どおり3,500箱ほど出荷できた。

微生物が活性化、土壌水分が安定

「今考えると、水もちがよくなったのかもなー」感覚的な話だが、2〜3日に1回だった灌水

第2図　自宅裏の崖にある竹やぶから青竹を切って運ぶ稲田さん
ハウス18棟（45a）で、秋冬のハクサイ、夏のメロンを中心に、ミニトマト、ズッキーニなどを栽培

第3図　チッパーシュレッダーで竹を粉砕
1日100本ほど粉砕することもある

第4図　竹パウダー

第5図　10日ほど前に仕込んだ竹パウダーと米ヌカボカシ
温度60℃、切り返すと湯気が立つ。10日後にメロンハウスに投入

が、3～4日に1回程度に減っていたかもしれない。土壌水分が安定した分、発芽率も向上したというわけだ。おそらく、竹パウダーのおかげで土壌中の微生物が活性化し、有機物の分解と土の団粒化が促進されたのだろう。橋本さんを通じて測った土壌微生物の多様性・活性値を示す数値も大きく向上したそうだ。

土に目に見える変化はなかったというが、ハウスに案内してもらうと、靴底からふわっとした感覚が伝わってきた。試みに支柱を挿してもらう。

「いや、変わんないよ。ロータリで20cmくらい耕してるからそのくらいだべ」

いざ、挿してみる。ズズズッ、あれれ……、なんと80cmも入っていくではないか。

稲田さんも、一緒にいた橋本さんもビックリ。初めて挿したので比較はできないが、土中深くまで耕盤がないことは確かだ。その後、隣

の露地サツマイモ畑で試してみると、20cmほどしか挿さらなかった。

ケイ酸効果!? で棚もち改善

もともと味には自信があった。

「葉っぱ一枚一枚が薄くて、口に残らない。これ食べたら普通のハクサイが食べられなくなるよ」。そんな自慢のミニハクサイだが、竹パウダー栽培に変えて市場関係者に聞いてみると、「いつもの年より棚もちがよくなった」との返答がきた。竹のもつケイ酸やミネラルが日もちに影響しているのかもしれない。

また、竹にはほとんど肥料成分がないが、元肥を半分に減らしたのに収量がアップしたのはなぜだろうか？

「細かいことはわからないけど、竹パウダーには乳酸菌がつくよね？ ヤクルトと同じで、悪いことはない。ここはハウスだから、雨で養分が流れない。今まで蓄積されたり動かなくなっていた肥料分が動いて、土の体力がついたのかもしれない」

肥料もち、水もちがよくなったおかげか、「栽培管理が鈍感になれる、神経をピリピリさせなくてもよくなった」と稲田さん。「ラクラク農業」に、もはや竹パウダーは欠かせない存在だ。

収穫前のメロンがバテない

さて、ハクサイの後作ではメロンを作付ける（品種は青肉'パンナ'と赤肉'レノン'、ともにタキイ種苗）。

「これがまた、おもしろいことになったのよ」
稲田さんは、摘果なしで1株から5〜6個の果実を収穫するが、メロンは収穫直前の5月下旬になると、全力で果実に栄養を送り込み、糖度を上げる。株は精魂尽き果ててバテてしまい、哀れな姿になる。ところが、2023年は収穫直前でも株がピンピンとしている。1か月後には、二番果も1株につき3〜4個実った。

第6図 ミニハクサイを袋詰め中

第7図 ミニハクサイの娃々菜（トキタ種苗）
1箱（650gサイズで約12玉）1,000円程度で市場出荷

二番果はタネの部分が多くて果肉が薄く、青果では売れないが、十分おいしいから収穫して、今年はほしい人や加工向けに販売しようと目論む。

なお、2023年のメロンには2月中旬の定植前に竹パウダーを70〜80kg/10aまき、ハクサイ同様に元肥は半分（チッソ6kg/10a）に減らした。2024年の作では米ヌカと竹パウダーを発酵させたボカシをつくり、定植前に反当150kgほど入れることにしている。

執筆　編集部
（『現代農業』2024年4月号「竹パウダーでミニハクサイの元肥半減、収量3割アップ」より）

第4部　農家の有機資材

竹粉砕機は手づくりできる

徳島県鳴門市・武田邦夫さん

　竹から竹パウダーをつくるには、市販のチッパーシュレッダーを利用するほかに竹粉砕機を自作する方法もある。

　第1図は、荒れた竹山から竹パウダーをつくれないものかと考えた徳島県の武田邦夫さんがつくった竹粉砕機。一番の特徴は、刈払い機のチップソーを重ねた粉砕部。初めは15枚くらいだったが、35～40枚重ねに増やした。電動のモーターで回転するこの粉砕部に竹を押しつけると、硬い竹がどんどんパウダーになっていく。直径25cm、長さ2mほどの竹もおよそ5分で粉砕完了。

　素人ではどうすることもできないシャフト（回転軸）だけは鉄工所に頼んだが、それ以外は全部一人で組み立てた。

　執筆　編集部
　（『現代農業特選シリーズ4　竹徹底活用術』「竹粉砕機は手作りできる」より）

第4図　左が武田邦夫さん

第2図　粉砕部はチップソー35～40枚重ね
（外径255mm、刃数68の竹切り用）
刃先の超硬チップの厚みで隙間ができるので、各チップソーの間にはスペーサーとして丸い鉄板を挟み、ナットで締め付けている

第1図　武田さんがつくった竹粉砕機

第3図　竹はチップソーの粉砕部に斜めに、ゆっくり回転させながら押し当てていく

乳酸発酵タケノコ液肥

執筆　川原田憲夫（三重県津市）

タケノコの生長ホルモンを抽出

もとは緑地環境にかかわる企業の技術者でしたが、55歳で早期退職。その後、勤めていたころに研究した養液土耕のハウスイチジク栽培に取り組みながら、液肥の開発をしていました。

乳酸発酵タケノコ液肥も私が考案したもので、息子に液肥の製造方法を教え、縁があった茨城県の肥料販売代理店などで販売してもらい、使っていただいた農家から実証体験を集めました。

あるとき、ふと「1か月間で7～8mにも生長する竹はとても特殊な植物ではないか」との思いに至り、竹の生長エネルギーを作物に取り込んでみようと、タケノコ液肥の発想が浮かびました。そして、身近にある乳酸菌でタケノコを発酵させ、生長ホルモンを抽出する方法へ行き着きました。

使うときは布で濾して、基本1,000倍で散布します。タケノコに豊富に含まれる生長ホルモンによって作物が栄養生長に向かい、地上部の生長促進に力を発揮します。

葉物野菜がぐんぐん大きくなる

ホウレンソウやコマツナなどの葉物野菜の生長点に散布すると、葉が大きく伸び、一度の散布で収穫が3日ほど早まります。たとえば、発芽してから2週間程度と、その1週間後の2回散布すると、収穫が1週間ほど早まります。また、夏場の猛暑で生育が停滞したときなどに散布すると、元通りかそれ以上に葉が伸びます。

キャベツやハクサイ、玉レタスなど玉になる葉物には、定植後から1週間ごとに2～3回散布します。葉が巻き始めてからは生長点が覆われ、この液肥を使うと外葉だけ大きくなってしまうので散布しません。

散布直後は生長に養分を多く回すので味が落ちますが、散布から1週間経つと生長速度が落ち着き、味も戻ります。

果菜類や果樹には、果実が肥大する時期にアミノ酸、ミネラル、糖質を加えて散布します。よく肥大して、味もいいバランスの取れた果実になります。

（『現代農業』2021年10月号「生育限界を打ち破る！　乳酸発酵タケノコ液肥＆カルシウム液肥」より）

乳酸発酵タケノコ液肥のつくり方

◆材料（15*l*容器に10*l*分）
- タケノコ……5kg（背丈ぐらい伸びたものでもいい）
- ヨーグルト……10g
- 黒糖……300g
- 水……5*l*

◆つくり方
1. タケノコの皮をむき、乱切りにして容器に詰める。土がついたり変色したりしている部分は取り除く。
2. 雑菌が入らないようすぐにヨーグルト、水、黒糖を加えてふたをする。
3. 日陰で4か月置いて、タケノコが容器の底に沈めば完成。

注　節の部分は3～4cmくらいの厚さで切る。硬い根のあたりは、分解しやすいよう少し細かく刻む

第1図　4年前につくった乳酸発酵タケノコ液肥
乳酸発酵がうまくいくと、透き通った琥珀色で紹興酒のようないい香りがする。持っているのは息子の育生

各地から引き合い大、竹チップ堆肥のつくり方

執筆　矢野丈夫（大分県東国東郡森林組合）

大量に利用するには竹堆肥

　私たちの住んでいる大分県、そのなかでも国東半島は全国でも有数の竹資源の豊富な地域です。しかし近年は、プラスチック製品などに代表される竹の代替品の進出と外国産の安価な竹材の輸入拡大により、国内産竹材の需要は低迷してしまいました。生産が停滞した竹林はどんどん荒廃していくばかりか、周囲の森林や農地、宅地にまで侵入してしまっています。

　私ども東国東郡森林組合では、森林整備の一環として伐採した竹材の有効活用を図ろうと、2005年度に「自走式チッパーシュレッダー」を導入し、竹の堆肥を生産するようになりました。

竹は発酵しやすいが尿素でC/N比を調整

　堆肥にするには、まず伐採した竹をチッパーシュレッダーで数mm程度の大きさに粉砕しチップ状にします。竹は発酵しやすいので、チップを堆積しておくだけでもまもなく発酵が始まり、竹特有の甘い香りがします。色も最初は薄緑色ですが、放っておけば濃い緑色や茶褐色、黒色に変色します。

　しかし堆肥にするときは、チップ状にした竹を広げ、発酵に必

第1図　伐採した竹はその場でチップ状に
自走式チッパーシュレッダー（新ダイワCSD250-DCK、能力：2m³/時、約300万円）を利用

第1表　竹仙人の分析結果（現物当たり）

仮比重現物	水分(%)	pH	EC(mS/cm)	チッソ(%)	リン酸(%)	カリ(%)
0.3	30.3	7.4	1.7	1.33	0.37	0.55

石灰(%)	苦土(%)	亜鉛(ppm)	銅(ppm)	炭素(%)	C/N比
0.72	0.41	48	9	29.62	22.3

注　竹仙人は20ℓ入り500円で販売

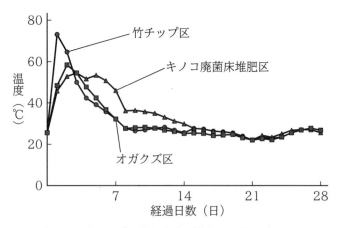

第2図　竹チップは堆肥化時の温度上昇効果が大きい
　　　（佐賀県畜産試験場）

4kgの搾乳牛糞（水分85.1%）に竹チップ、キノコ廃菌床堆肥、オガクズをそれぞれ1.6kgずつ混ぜて堆肥化

要な水分を補給するため灌水。そこにC/N比を30以内に抑えるためのチッソ分として尿素を（竹チップ20m³に対して尿素160kg)、さらに発酵期間を短縮するための発酵促進剤（微生物・微生物活性剤・および栄養源の3種類を調合したもの）をそれぞれ適量加え、攪拌して高く積み上げます。

その後は定期的に攪拌。温度は最高で75℃程度まで上がりますが、温度が上がらないようであれば攪拌時に灌水します。何度か攪拌を繰り返し、夏場であれば約4か月、冬場であれば約6か月でほぼ完熟堆肥となり、20ℓ単位で袋詰めすればできあがりです。

なお、尿素を加えるため、最初の1～2週間はアンモニア臭がしますが、発酵が進むにつれてにおいもなくなり、完成したときはまったく無臭です。

キュウリ・トマト・ナスが無農薬で増収

竹チップを発酵させ、あらかじめチッソ分（尿素）を加えることでチッソ飢餓のおそれはなくなります。また堆肥としてすき込むことにより土壌改良材としての効果が高まると考えています。イネの試験では、分げつが増え、したがって根量も多くなり、結実がよくなるなどの効果が認められました。

2006年1月には肥料の生産、3月には肥料の販売業務の許可を得て、2007年6月にこの堆肥を「竹仙人」の名称で商標登録することができました。2009年現在では、大分県内だけでなく九州各地、遠くは新潟県からも注文をいただき生産が追いつかない状況です。ミカンなどの果樹やイチゴそのほかの野菜、米などの多くの作物に使われています。とくにキュウリ・トマト・ナスでは、無農薬でも病気にならず収穫量が増えています。

（『現代農業』2009年4月号「使いやすさなら竹チップ堆肥」より）

竹チップ＋腐敗ミカンで堆肥

執筆　砂岡廉
（NPO法人周防大島ふるさとづくりのん太の会）

これまで伐採した竹の先端部や枝葉はチッパーで刻んで竹林にまき散らし、自然に腐食させる方式で処理をしていたが、腐食したチップの下からカブトムシの幼虫が大量に発見されたことをヒントに、農業用資材として竹チップの堆肥化を検討することにした。

この堆肥化には次のような特徴がある。

1）副原料に腐敗ミカンを利用：ミカン選果場で出る腐敗ミカン。水分調整を兼ね、初期発酵を促進させると考えた。

2）発酵菌には朽ちた竹に付いている土着菌を利用：発酵鶏糞や発酵牛糞堆肥中の菌、市販の腐植菌などでも試したが、どの種菌でもよさそう。

3）チッソ源として米ヌカ・尿素を添加：材料を混合、堆積して3か月までは月に2回切り返し、その後は月に1回切返し。切返し時には、水分状態を見ながら水を補給する。発酵による温度上昇は最高65℃まで達した。腐敗ミカンは竹チップの容量の2割程度加えており、その糖分や水分が初期の発酵促進に役立ったと見られる。

堆積6か月後の堆肥を分析してもらった結果、チッソ含量は牛糞堆肥や鶏糞堆肥にくらべてやや少ないが、発芽試験の結果も良好な堆肥であるとの評価を得た。のん太の会の会員による栽培試験（10a当たり2t施用）でも生育に障害はなく、収穫物の質・量も良好との報告が寄せられている。

（『現代農業』2009年4月号「竹チップ＋腐敗ミカンで堆肥」より）

第4部　農家の有機資材

落ち葉

落ち葉

落ち葉には、1）チッソ源やエネルギー源を加えなくても発酵が進む、2）カルシウム、マグネシウムなどのミネラルに富む、3）多種多様な土着微生物が付着している、などの特徴があり、落ち葉マルチなど、その利用が見直されている。

落ち葉マルチの下の土はふかふかだ。葉についた微生物などが表面から土を耕し、雑草の生育も抑制する。また、落ち葉を表土にすき込むことで、多発していたネコブセンチュウを抑え、キュウリの収量を上げた例もある。家畜糞尿に混ぜれば発酵が進みやすくなるので、落ち葉を利用する堆肥センターもある。これらはみな、落ち葉が土着菌の宝庫であり、素晴らしいえさでもあることの証だ。

かつてはサツマイモ苗や野菜苗の踏み込み温床の発熱素材として広く使われてきたが、電熱温床の普及で、やる人は少なくなった。落ち葉かきは手間がかかる仕事だが、山を荒らさないためにも、地域の力を活かして復活させたい。

執筆　編集部

第1表　C/N比が発酵に適している（単位：%）

有機物名	炭素 （T-C）	チッソ （T-N）	炭素率 （C/N比）
麦稈	40〜45	0.5〜0.7	60〜80
イナワラ	40〜45	0.7〜0.9	50〜60
落ち葉	40〜45	0.8〜1.5	30〜50
牛糞	35〜40	1.5〜2.0	15〜20
豚糞	40〜45	4.0〜4.5	8〜10
鶏糞	30〜35	5.0〜5.5	6〜8
糸状菌			9〜10
細菌、放線菌			5〜6

注　出典：藤原俊六郎．1986．堆肥づくりの基本と応用．農業技術大系土壌施肥編．第7—①巻，資材51—60．

第2表　カリ・カルシウム・苦土に富む（単位：%）　　（鈴木、1977）

材料	水分	N	P_2O_5	K_2O	CaO	MgO	SiO_2
水稲ワラ	14.3	0.63	0.11	0.85	0.26	0.19	5.49
陸稲ワラ	14.3	0.97	0.10	0.85	0.31	0.24	5.94
小麦稈	14.3	0.48	0.22	0.63	0.27	0.11	3.10
大麦稈	14.3	0.64	0.19	1.07	0.33	0.12	2.34
トウモロコシ稈	15.0	0.48	0.38	1.64	0.49	0.26	1.31
クヌギ葉	13.2	1.07	0.18	1.98	1.78	0.35	1.47
ササ	10.9	0.54	0.09	0.23	0.43	0.02	6.49

畑に雑木林を取り込んだら土に、根に、味に落ち葉効果

執筆　早川憲男（長野県長野市）

雑木林の落ち葉がマルチに見えた

　秋にはキノコ狩り、春には山菜狩りにと、わたしはよく山へ出かけます。雑木林を歩いていると、地面には落ち葉がたくさん敷き詰められていて、毎年、新しい落ち葉が積もっていくのがわかります。あるとき、その積もった落ち葉の表面には草が生えていないことに気づきました。すると急に、落ち葉がマルチに見えてきたのです。

第1図　筆者
（写真撮影：赤松富仁、以下＊以外も）
勤めのかたわら、16aの畑でとれた野菜を地元スーパーのインショップで販売

第2図　落ち葉マルチしたインゲンのハウス（＊）

第3図　落ち葉運搬用の軽トラ
荷台はダンプ式なので下ろすのはラク

　手でかき分けてみると、落ち葉の下の土の表面は湿っています。そしてなんと、そこには周囲の小さな木の細い根が縦横に広がり、ミミズが何匹も元気よく動いているではありませんか。
　「これだ！」とわたしは思いました。そのころ困っていたトマトやキュウリの畑の雑草対策に、落ち葉を使ってみようと思いついたのです。
　実際、使ってみると効果は期待したとおり、いえ、それ以上でした。落ち葉の力は、草を抑えることだけじゃなかったんです。

特製の軽トラックで7〜8台分、厚さ5cmの落ち葉マルチ

　思いつきはしたものの、「マルチ」になるほど畑を覆うには、たくさんの落ち葉が必要です。運搬には軽トラックを使いますが、通常の荷台のままでは少ししか運ぶことができません。
　そこで落ち葉を高く積み重ねられるよう、ベニヤ板のコンパネを加工して枠をつくって荷台に載せました。大きさは180×130×90cm。運転席の後部には透明のアクリル板を加工して取り付けて、積載してないときには後ろが見えるようにしてあります。
　落ち葉集めの時期は、晩秋と早春です。林道・公園・神社など、どこにいっても落ち葉があります。舗装された林道の側溝や道路のすぐそばの斜面には、風で吹き集められた落ち葉が厚く積み重なっていて、集めるのが簡単です。

ただ、毎年同じところで集めると新しい落ち葉ばかりになってしまうので、なるべく古い落ち葉が積もっているところを選ぶようにしてきました。

掘ってみるとわかりますが、落ち葉は上から枯れ葉、白っぽいカビが付いた古くて軟らかい葉、分解して堆肥のようになった葉、腐葉土の順に積み重なっています。古い落ち葉のほうが微生物も多そうだし、カラカラの枯れ葉より湿り気がある葉っぱのほうが、マルチに向くのではないかと思ったわけです。事実、使ってみると、古い葉のほうが葉っぱどうしがくっつきやすく、風に飛ばされにくい利点がありました。

3年前、はじめて落ち葉を運び込んだ畑は8aでした。そこに、特製の軽トラックで7～8台分の落ち葉をマルチしてみました。当初のふかふか状態でのマルチの厚さは5cmくらいはあったと思います。

落ち葉の不思議な効果

実際、落ち葉マルチした畑は、トマトでもキュウリでも草はほとんど生えてきませんでした。

この畑は、それまで13年間アスパラをつくっていた畑でした。牛糞堆肥を入れ続けて肥えた畑なので草の生長もよく、いつも"雑草畑"になって困っていたところです。収穫が始まると、毎日収穫して袋詰め。それを毎朝スーパーへ直接もっていくうえ、別に勤めもあるので、草と格闘している時間はありません。その雑草の問題から解放されたわけですから、たいへんラクになりました。

それに、落ち葉マルチの効果は雑草抑制だけではなかったのです。まとめてみると、こんなにあります。

1）落ち葉の下は日陰となるので草が生えにくい
2）土が乾燥せず、つねに湿気がある
3）落ち葉には養分が微量にある。とくにブナの落ち葉が養分が多いと聞くが、手に入らないので、ナラ・クヌギの雑木林の落ち葉を集めている

第4図 落ち葉を伝うように伸びるキュウリの根

4）落ち葉には多くの微生物が含まれる。その落ち葉に、オカダンゴムシやミミズなどが集まってくる
5）腐葉化した落ち葉に小動物が集まり、自然な環境ができてくる
6）地上付近に根を張るキュウリは、腐葉化した落ち葉を抱き込むように細かい根を伸ばす
7）多少の風が吹いても落ち葉は飛ばされない。ちゃんとマルチの役目を果たしてくれる
8）収穫後は、マルチした落ち葉を堆肥として土に施せる

落ち葉には、いろいろな効果があるものですね。

新しい川砂が菌の働く土に

落ち葉と微生物や小動物との関係を実感したのは、やはり3年前にこんなこともあったからです。

「野菜つくりには川砂の土が適している。土が軟らかく、水はけも水持ちもよい。耕うんもラクで、そこに堆肥を入れると味のある野菜ができる」。あるとき、千曲川沿いで野菜をつくる農家にこんな話を聞きました。

それがきっかけで、私は8aの水田を畑にしようと、川砂の土で40cmくらい土盛りすることにしました。半分の4aに入れたのは、長イモをつくっていた畑の川砂だったので有機質が入っていました。しかし残り4aに入れる川砂は、深さ4mのところから掘り出してきたもの

だったので、有機質はまったく含まれていません。これでは、野菜が育つのに大事な微生物もほとんどいないと思いました。

最初に考えたのは牛糞堆肥を入れることです。しかし牛糞堆肥には生の鋸クズやバークが入っています。もともと微生物がたくさんいる畑だったら、うまく分解が進むでしょうが、新しい土ではなかなか分解せずに残りつづけて、悪影響を与えるのではないかと心配でした。

ここで思いついたのも山の落ち葉でした。山の落ち葉には鋸クズやバークを分解する微生物（多種類のキノコの菌）が十分に含まれていて、野菜栽培に適した土壌に変えてくれるのではないかと考えたわけです。そこで牛糞堆肥といっしょに落ち葉を土に施しました。

これは昨年も繰り返しています。そして今年の春は、土の上から落ち葉をたくさんマルチして、その畑にはじめてキュウリとトマトを植えてみました。

いまや落ち葉の下の土にはオカダンゴムシなどの小動物、とくにミミズがわんさかです。私はうれしくてたまりません。

土の色も、白い川砂の色から有機質をたくさん含んだ茶色に変化してきました。もとが田んぼだったせいか、いくら上が川砂でも、当初は雨が降ると長靴がはまってしまうほど水はけが悪かったのが、それも変わってきています。落ち葉の効果が徐々に出てきたようです。

細根いっぱいのキュウリ

キュウリの畑では、落ち葉の上からビニールチューブで灌水をします。苗が小さいときは、太陽の日差しが直接落ち葉に当たって表面は乾燥していますが、落ち葉をかき分けると、下のほうの葉と土の表面はかなり湿っています。そして、キュウリが生長するにしたがって、細い根が、地表と落ち葉の腐葉化したところに張りめぐらされていくのです。

こんなふうに根が広く張ると、広い面積からたくさん養分と水分と酸素を吸収して、おいしいキュウリがつくれます。朝、スーパーの店頭にキュウリを並べると、お客さんは並べるそばから手を出して、買い物かごに次々入れていってくれます。

灌水が減らせる！　コクのあるトマト

トマト栽培では屋根に雨よけのビニールを張ります。トマトでは、苗の植付け時に灌水しますが、落ち葉マルチしてあるとその後はほとんど必要ないことがわかってきました。

消毒や液肥の葉面散布でときどき水が供給されるうえ、トマト自身が地下から水分を吸い上げます。それで水分は足りるようです。落ち葉にも土の表面にも湿気は少ないのですが、少し土を掘るとちゃんと湿気があるのです。

余分な水はチッソの吸収を過剰にして、トマトが繁茂しすぎてしまいます。落ち葉マルチにより水分がひかえめとなり、コクのある甘味のトマトができるようになりました。

自然のしくみを生かした技術

落ち葉集めは朝に限ります。なぜかというと、朝の山の空気は清々しく、ときおり静けさのなかから聞こえてくる鳥の声も気持ちいいからです。ホーホケキョ――疲れを癒やしてくれるウグイスのきれいな声に、ふと手を休めて聞き惚れてしまうこともあります。

集めた落ち葉を軽トラックの荷台に山積みしては足で踏み込み、その上にさらに山積みする。これを何度も繰り返して荷台の枠の上まで踏み固めます。けっこうたいへんですが、1回の積み込みは1時間くらいで終わります。

同じ長野県内、小川村の農家が、畑の隅で落ち葉堆肥をつくっているのを見かけました。昔の農法には、自然のしくみを生かして工夫を重ねた技術がたくさんあったと聞きます。いつまでも土を守りながら、味に自信のある野菜をつくっていきたいと思います。

（『現代農業』2004年11月号「畑に雑木林を取り込んで実感、土に、根に、味に表われた落ち葉効果」より）

落ち葉集めに小型ロールベーラー大流行

岡山県新見市・田中隆正さん

落ち葉集め、再燃！

　豊永地区に住む田中隆正さん（70歳）は元JA営農指導員。30年ほど前に率先してピオーネなどの大粒ブドウを導入。以来、地区のブドウ農家は増え続け、いまや100戸のブドウ団地になった。

　この豊永でずーっと毎年欠かさず続けられているのが、落ち葉かき。12月下旬〜3月の農閑期に山で落ち葉を大量に集め、5月になったら畑にまくのだ。

　「ここの土はもともと赤土系で粘土っぽい。何もせずほうっておくとギュッと締まって固まってしまうんや。だからみんなクヌギなんかが生えている持ち山から落ち葉を取り込んで、土つくりをする習慣がある。そうすれば日照りにも大雨にも強い畑になるけんな」と田中さん。

　しかし、かさばる落ち葉を集めるのは重労働。晴れの日が続いて落ち葉が乾燥しているときを狙って山に行き、2人以上でフレコンに入れて踏み込んで、大きい袋を軽トラに載せて運ばなければならない。最近では「落ち葉をたくさん入れたくても、とてもやりきれんなあ」という高齢の農家も増えてきた。

　そこで田中さんが注目したのが、自走式のロールベーラーだ。本来はワラや牧草を圧縮して糸で巻いてロールにする機械だが、「メーカーから借りて試しに落ち葉を入れてみたら、たった3分でボンッときれいな落ち葉ロールが出てきた。こりゃあいいなあと思って、まず地区の部会の4人がそれぞれ買ったんよ」。

　あっというまに評判が広がって買う人が続出。部会で共同利用できるものも購入した。

　「落ち葉って本当にロールになるの!?」と、最初は半信半疑に思う人も多いそうだが、実際、ひもをひっぱっても崩れることなく、非常にコンパクト。なるほどこれなら一人でも簡単につくれるし持ち運べる。

目安はブドウ畑3倍分の落ち葉

　7月、田中さんのブドウ畑を訪れた。足を踏み入れると、ふかふかでビックリ。灌水したばかりだというのにまったくベチャベチャしていない。田中さんはなんと、10a当たり30a分の山の落ち葉、つまり畑の3倍の面積の落ち葉を入れている。

　「入れすぎもよくないんよ。地温が上がらなくなるから。3倍くらいがちょうどいい」

　田中さんの集め方はこうだ。まず山に入ったら、刈払機で下草を刈る。次に、ブロワーで山の上から下に向かってバーッと吹いて、下草ごと落ち葉を寄せる。長い草が混じったほうがバラバラした落ち葉をまとめやすい。

　そして梱包。ここで、軽トラに載せて運び込んだ自走式ロールベーラーが登場する。熊手で落ち葉をかき寄せながらベーラーにかければ、たった3分で1個のロールができあがる。ロ

第1図　田中隆正さん
（写真撮影：赤松富仁）
雨よけブドウ70a（おもにピオーネ）。落ち葉ロールは直径約45cm、高さ60cm

ール4個が1tのフレコン分に相当するそうで、「作業効率は雲泥の差」とのこと。

山の中は軽トラが入れるように、かなり上のほうまで作業道が張り巡らされている。

ロールなら湿った落ち葉でもOK

ロールのよさはほかにもある。フレコンに詰めていたころは、落ち葉が乾いてないととても重くて持ち上げられなかった。畑にもって帰ったあとも、フレコンから落ち葉を取り出す作業が大変だった。

「その点、ロールベーラーなら落ち葉が濡れとっても問題ない。むしろ少し湿っぽいほうがきれいに巻ける。畑にもってきたあとも、木の周りに必要な数だけボンボンと置いておくだけなので手間いらず」

ブドウの木1本につきロール12個分（1t用フレコンで3袋分）の落ち葉を入れる。まくのは5月の連休の「ちょうどブドウの根がウズウズ動き始めたころ」。ロールのひもをバチバチッと切るだけで落ち葉がバサッと崩れるので、あとは熊手でサアッと広げるだけでいい。

落ち葉の上からカヤも

田中さんは、落ち葉の上にカヤもまく。落ち葉が風で飛んでしまうのを押さえるためだ。

カヤの量は、ブドウ畑10a当たり10a分。田中さんはこのために休耕田をカヤ場にして栽培している。カヤは11月ころに根元から切り、乾燥させてからブドウ畑に持ち帰る。カッターで約10cmに切って、10a分ごとにやはり野積みにしておく。落ち葉をまいたら、すぐにカヤを手で表面に振る。こうして落ち葉とカヤで厚さ20cmもの層ができる。

「これだけ入れてもどんどん分解して、収穫が終わる10月ころには、もうほとんど下の土と同じふうになる」

サンダル履きで作業、草も病気も抑える

それにしても、毎年山から落ち葉をもってくるのはひと手間だ。それなのに豊永地区では、

第2図 ブロワーや熊手で落ち葉を寄せ集める
（写真撮影：佐藤和恵、以下も）
斜面の上から下へ

第3図 ヤンマーの自走式小型ロールベーラー（YRB70D、約140万円）
軽トラに載せて運べる。クローラタイプなので林内でも移動しやすい

こんなにも落ち葉にこだわる人が多いのはなぜだろう。田中さんは次のように話す。

「じつはね、いっちばんイイって思っとるのは、つっかけで仕事に行けること。誘引でも間引きでも、私らみんなサンダル履き。足に泥が付かんということはこんなにもラクなんかとビックリするで。ひざをついても汚れんし。落ち葉とカヤが雑草も抑えてくれるから、除草の手間もいらない」

「足に泥が付かんということは、ブドウの樹にも泥の跳ね返りがないってこと。土の中にはよい物質もあるんじゃけど病原菌もいる。そういう悪いものが樹や葉に付かなければ、病気の予防になると普及所の先生方からも言われる。

たしかに、ここらではモンパが大発生することはないし、昨年全国的にはやった晩腐病も全然出なかった」

水の管理がラク、細根もビッシリ

以前は11月に小型バックホーで木の周りを1mくらい掘って溝切りしたり、穴肥えもよくやった。「でも重労働だし土を埋め戻すのも大変でなあ。毎年落ち葉を表面に施用してれば、土が勝手にできあがる。だから秋に深く掘ることはもうしよらんですよ」と田中さん。

肥料代も減った。以前は春先に堆肥を大量に入れていたが、いまは落ち葉が分解しやすいようにちょっとまくぐらい。それでも土壌診断すると、腐植率は5％以上もあるという。

「落ち葉が腐植層に変わって、いろんな菌が棲みついて、畑全体を耕してくれているんかな」

田中さんの畑で表層をかき分けると、すぐに白い菌糸がブワーッと広がった落ち葉が出てくる。なんだか、山土のようなよいにおいもする。そして落ち葉と土との境目にはブドウの細根がビッシリ。

「これはブドウの根っこがいつも生えやすい環境にあるという証拠。今年のように空梅雨でも保水性があるから常に湿っている。灌水設備はあるけど、落ち葉が小さい根っこを守ってくれているから、精神的にもすごくラク」

粒張りがよくて収量アップ

注目は収量だ。豊永のブドウは「粒の大きさが違う」と評判で、4割以上は東京で取引きされる。

「ほかの地区は反当たり1.5～1.8tが平均だが、豊永では2tいきます。色の出もよい。1

第4図　乾燥中のカヤ
田中さんはカヤ場を80aもっており、ブドウ1本（1a）当たり1a分のカヤを使う

粒の重量も平均16gといわれるが、ここでは25g、大きいのは30gいく。糖度も18度以上。10aの売上げは200万円。落ち葉による土つくりのおかげで、そういう底上げができていると実感してます」

落ち葉ロールは大反響で「これがあったらもう手詰めなんかできんね」というのが豊永地区の結論。この3年で35台も導入された。とはいえ140万円くらいする機械なので、誰でも買えるわけじゃない。豊永ではここ10年間で14組の新規就農者がやってきた。地区の農家は山を無償で貸して落ち葉取りをさせているが、ロールベーラーも共同購入したものを使わせたり、個人的に貸したりしている。

「豊永全体でブドウの売上げは6億円以上。山の一部からいただいた落ち葉が、それを支えているといっても過言じゃない。やっぱり落ち葉はやめられんなあ」

執筆　編集部
（『現代農業』2017年12月号「落ち葉ロールという手があった！　小型ロールベーラー大流行のブドウ集落」より）

こんな落ち葉の活用法は？

腐葉土の材料としてすぐに名前があがるのはクヌギ・コナラの落ち葉。葉に厚みがあるため、苗土に使ったりしたとき水はけがいいことがいちばん喜ばれる。だが、ほかの樹種の落ち葉でも、それぞれ特徴を活かした利用法がある。

サクラ……福島県山都町・小川光

私のメロン栽培はサクラの落ち葉なしでは考えられない。毎年、12tほどの落ち葉を集めて堆肥にしているのだが、メロンにはサクラの落ち葉中心の堆肥を入れている。

サクラの落ち葉は発酵が速く、集めて袋に入れておくだけですぐに40℃ぐらいの熱をもつ。ほかの落ち葉ではこうはならない。これはサクラの葉がチッソを多く含むからだろう。チッソを多く含む葉にはほかにハギとかフジのようなマメ科の樹があるが、サクラほどたくさんの落ち葉を集めるのはむずかしい。

また、サクラの落ち葉はクマリンというアルカロイド物質を含み、本圃で使えば病原菌の繁殖を抑える効果が期待できる。以前、サクラの落ち葉の堆肥をやめて購入堆肥にした途端、うどんこ病が大発生したことがある。ただし、クマリンは発芽抑制物質でもあるので播種床には使えない。

マツ……愛知県豊橋市・水口文夫

落ち葉といえば広葉樹ばかりがもてはやされるが、私はマツ葉を愛用している。分解が遅いから、有機物マルチとして株際に施用するのにもピッタリだし、以前はよく、排水をよくするのに、ウネ下に溝を掘ってマツ葉やヨシを入れて「土中マルチ」をやっていた。マツ葉は1年たっても原形が見られることもある。畑の排水をよくする機能はとても高い。

また、土着菌を採取するのにもマツ葉はたいへんによい。スイカは連作するとつる割病で全滅するので接ぎ木するのがふつうだが、かつて、アカマツ林を開墾してスイカを5年間も自根で連作していた人がいた。そこで実験。アカマツ林の落ち葉の下から土着菌をとって、スイカの育苗床土や定植後の株元に施用したのだ。すると2か月後、対照区は全滅してしまったのに土着菌区は2割しか発病せず、最終的にも4割しか枯死しなかった。これは、マツ葉の下の土着菌に、フザリウムを食べる放線菌が多いせいだと思う。

第4部　農家の有機資材

第1図　マツ葉を利用した堆肥でつくるキュウリを「松キュウリ」としてブランド化した龍神茂さん（和歌山県美浜町）

マツ葉堆肥でミミズがよく増え、土が団粒化して、キュウリの生育がよくなった

第2図　地元の煙樹ヶ浜で集めたマツ葉に、モミガラを3分の1ほど混ぜて堆肥に

どちらも硬い素材だが、3回切り返しながら1年ねかせるとふかふかの堆肥になる

ツバキ……福島県いわき市・薄上秀男

　落ち葉はどれもよいものなのだが、いちばんよいのは、ツバキや茶の葉のような光る分厚い葉だろう。分解しにくいので腐葉土になるまでに長く時間がかかるが、よいものができる。繊維が多く、マルチに使っても、土を膨軟にして水はけや水持ちをよくする力は強いだろう。
　また、病害虫に強くするという機能性を求めるならササが一番。

イチョウ……徳島県阿波市・宮田昌孝

　かつて8月定植のキュウリをハウス栽培していたとき、ウネ間の通路にイチョウの落ち葉を敷き詰めていた。12月のはじめ、近所の神社仏閣の庭掃除をさせてもらいながらもらってきたものを10aに750kg、トラック4台分を入れていた。寒い冬でも地温が確保できてキュウリの生育がよくなり、足が冷えるのも防いでくれた。

第3図　キュウリのハウスにイチョウの葉を敷き詰めた様子

さらに泥の飛び跳ねを防ぎ、灰色かび病など病気の予防に役立つ。害虫も来にくいように感じた。イチョウは光を乱反射するので、害虫が嫌がるのかもしれない。雑草を抑える効果もある。

ナラやクヌギの落ち葉も使っていたが、通路は台車などが行き来するので1か月もたたずにボロボロになってしまう。その点、イチョウは分解しにくく最後まで通路を覆ってくれる。

翌年1月にキュウリの収穫を終えると、管理機で通路のイチョウをウネに跳ね上げ、トラクタですき込む。イチョウは5年ほどかけてじわじわ分解して、土をよくしてくれた。

クスノキ

クスノキは常緑広葉樹。4～5月の新緑直後の時期に、大量の葉を落とす。佐藤洋一郎著『森と田んぼの危機』（朝日選書）には、この枯れ葉を土にすき込んでみると、雑草の発生が抑制されたという記述がある。

クスノキは関東以西に見られ、公園・神社・仏閣によく植えられているが、枝葉の成分を蒸留すると樟脳になる。樟脳といえば衣類の虫除けとして使われてきたものだ。防虫効果だけでなく、殺菌・除菌効果があることもわかっている。そうした成分が雑草抑制にも働くのだろうか。

執筆　編集部

（『現代農業』2004年11月号「こんな落ち葉の活用術は？」、2014年8月号「松葉野菜をブランド化」、2017年12月号「イチョウ　ボロボロにならず、最高のマルチに　冬はあったか　夏すずしい」より）

踏み込み温床

(1) 先人の英知が詰まった技術

魚住農園では，多くの野菜を直播きせず，育苗してガッチリ育ててから圃場に定植している。雑草や害虫にスタートで負けないためのやり方で，大苗定植は有機農業の基本技術の一つである。そして，まだ寒い時期から始める夏野菜の育苗には「踏み込み温床」が欠かせない。

踏み込み温床とは，落ち葉や米ヌカなどの有機物を積み重ね，適度な水分を加えて踏み込んで，その発酵熱を育苗に利用する方法である。温床として使い終わったあとは，良質な腐葉土として育苗培土の材料となる。

踏み込み温床は電気も使わず，さまざまな作物の育苗に長期間使える，先人の英知が詰まった至極の技術である。最近は有機農家でも電熱線を使う人が増えてきたが，踏み込み温床には，電熱温床にはないメリットがたくさんある。しかし面倒だと思われがちなので，本稿では手間減らしの技術も紹介したい。

(2) 落ち葉集めは「縁農」とトラクタの力を借りる

育苗の準備は例年2月から，自宅近くの雑木林で落ち葉を集めることから始めている。魚住農園では2～3日かけて計700コンテナほどの落ち葉を集める。1コンテナに約10kg入るので，トータル7tもの落ち葉となる。家族だけで集めるのは本当に大変なので，例年，20～30人の縁農（援農）の人たちに手伝ってもらうイベントとしている。

集めたうち500コンテナを「踏み込み温床」に使い，そのほかは雨よけハウスの落ち葉マルチ用，鶏小屋の敷料としてそれぞれ100コンテナずつ確保している。

私が落ち葉を集める雑木林には，おもにクヌギやコナラ，カシやコブシ，山ザクラやササ，篠竹が生えている。なるべくさまざまな樹木の落ち葉が混ざっているのがいいと考えている。

熊手で落ち葉を集める際，ササや篠竹などの下草があると引っかかって，思うようにはかどらない。しかし，踏み込み温床にササや篠竹が入っていれば，温床に積み込んだときに細い枝や茎が交差して空気層を保持，長期間にわたって好気性発酵を維持できる。

また，分解後に「腐植」として残るのは，ササや篠竹などイネ科の植物だけだという（阿江教治・松本真悟著『作物はなぜ有機物・難溶解成分を吸収できるのか』農文協，2012）。

そこで，21馬力のトラクタ（4駆）にフレールモアを付けて雑木林の樹間を走り，事前に下草を軽く粉砕しておく。これで落ち葉集めが格段にラクになる。

モアは浅くかけるのがポイントだ。落ち葉を粉々にしすぎると，熊手で集めにくくなってしまう。

ちなみに，落ち葉を集めるのは雨上がりをおすすめする。落ち葉が適度に濡れていたほうが，作業時にホコリが上がらないし，コンテナに踏み込んで回収する際にもおさまりがいい。そして，温床へ踏み込む際も，水分の吸収がよいのである。

(3) 踏み込み温床は可動式が便利

踏み込み温床の枠は手づくりで，簡単に持ち上げて移動できるようになっている。ハウスのスペースに合わせて「温床枠」を3～5組，直列に並べて使う。これはのちのち，腐葉土づくりの際にラクをするためである。

温床枠のサイズは2.7m×1.8～2m×30～40cm（高さ）で，よく踏み込めば，そこにコンテナ100杯分近くの落ち葉が入る。

まず，10コンテナ分の落ち葉を枠内に広げ，水をまんべんなくかけていく。十分な水（70％程度）を落ち葉に浸み込ませないと，発酵ムラの原因となり乾いた部分の分解が進まない。

次に落ち葉を踏み込みながら，上から自家製の鶏糞ボカシをコンテナ0.3～0.5杯分，さらに米ヌカ（同量）をまんべんなく隅々までまいて，その間も散水を続ける。

踏み込み温床づくり

第1図　雑木林で落ち葉を集める前に、フレールモアをかける。これで作業効率が格段に上がる　　（写真撮影：依田健吾、＊以外すべて）

第2図　熊手に引っかかるササや篠竹（下草）を、フレールモアで事前に粉砕しておく。土が混ざりすぎないよう、地面に届くかどうかの浅さで砕く

第3図　あとは熊手でかき集めるだけ

第4図　「縁農」に来た消費者に落ち葉を集めてコンテナに詰めてもらう

（＊写真提供：平島芳香）

第5図　広葉樹の落ち葉とともに、ササや篠竹も集める。腐植の形成にはこれらイネ科の植物が必要

第6図　落ち葉をひっくり返すと白い菌糸が張っている。土着菌も一緒に採取する

第4部　農家の有機資材

第7図　魚住農園の踏み込み温床。可動式（移動式）の温床枠を並べて設置。2.7×1.8mの枠にコンテナ100杯分の落ち葉が入る

第8図　温床枠の素材はなんでもよい。これは木材に廃パイプを渡してワラを挟んで壁にしている。軽いので片手でもち上がる

第9図　ミミズやカブトムシの幼虫が落ち葉を分解してくれる

第10図　温床枠の役目を終えた落ち葉は極上の腐葉土になる。可動式の温床枠を外して、ロータリで落ち葉を粉砕する。ロータリを3速（高速）、トラクタを微速（クリープ）で2往復

第11図　粉々にした腐葉土はバケットで押し集めて山積みしておく。すべて機械で作業できる

第12図　できた腐葉土に山土やモミガラくん炭を混ぜて育苗培土に用いる

ここまでを1層分として、同じ作業を8〜10回繰り返す。積み重なった落ち葉は高さ30〜40cmとなるはずだ。

なお、2月末のまだ寒いときなら10層に、3月中旬なら8層くらい、4月上旬では6〜8層でよい。たくさん踏み込んだほうが発酵熱は上がりやすく、また持続しやすくなる。

（4）失敗する場合は踏み込みすぎ

やり方はだいたい以上の通り。これが正しいというわけではなく、材料や気温に合わせて、自分の体で覚えていくのが正解である。

失敗はそうないが、踏み込み方だけは、よく加減する必要がある。落ち葉を強く踏みすぎると、空気層が減って嫌気性発酵となり、まるでサイレージのような酸味のある乳酸発酵臭がしてくる。温度が上がらず、踏み込み温床としては失敗である（落ち葉にササや篠竹が含まれていると、強く圧縮されにくい）。前述の分量で踏み込んだあとに、高さ30cm以下となれば、それは踏み込みすぎである。

また、踏み込みが軽すぎても発熱は持続できず、発酵が進むにつれて容積が急に減って沈み込み、表面がデコボコになりがちだ。踏み込みが不均一で、中心だけ沈んで、周辺部が高くなったままということもある。

（5）自然な温度変化でガッチリ苗

うまく踏み込めたら、2〜3日で発熱してくる。育苗箱は踏み込んだ当日、または翌日に並べて、発熱が始まるまではトンネルやハウスを閉めて管理する（外気温を考慮しながら）。

温床の温度は30℃前後あれば十分である。電熱温床と違って、踏み込み温床はその温度変化が自然で、作物の生育に合っている。昼は温かくて、夜は枯れない程度まで、ほどほどに冷める。適度に低温に当たるので、発芽後の苗がガッチリ育つ。

また、落ち葉の分解が進み、発酵も終盤になると全体の温度も少しずつ下がってくる。電熱温床でも、定植に向けて少しずつ温度を下げていくが、その理想の温度管理が自然にできるわけだ。さらに、踏み込み温床の苗は乾きにくく、豊富な炭酸ガスも供給される。

遅霜がなくなる5月上旬には、耐寒性も秘めた、非常にいい苗に仕上げることができる。

（6）あっという間の腐葉土づくり

最後に温床の片付けと、残った落ち葉による腐葉土づくりについて紹介する。

踏み込み温床というと、普通は杭を地面に打ち込んで壁をつくる、固定式である。しかしこれは、最後に中の落ち葉をフォークやスコップで取り出さなければならず、時間もかかるし大変だ。

その点、可動式の温床枠なら、持ち上げて外すだけ。落ち葉（腐葉土）だけがそこに残る。私は残った腐葉土の上にトラクタを走らせて、ロータリをかけて粉砕、攪拌してから片隅に寄せて保管している。圧倒的にラクで、あっという間に終わる。

山積みにした腐葉土は、翌年の播種培土、育苗培土となる。ハウスの中なので、雨にさらされず、養分の溶脱はあまりないはず。むしろ時間がたつにつれて容積が減って、肥料濃度は上がっていく。そこで育苗培土として使う際には、山土（または田んぼの土）やモミガラくん炭を混ぜている（だいたい腐葉土3：山土1.5：モミガラくん炭0.5の割合）。

この極上の育苗培土には土着菌がたっぷりで、苗は病気にも強く育つ。

お金がかからず、失敗しにくく、作物が健康に育つ。そして里山を守る。一石何鳥にもなる踏み込み温床は、少し手間はかかるものの、有機農業を志す若い新規就農者にこそ必須の技術だと考えている。

執筆　魚住道郎（茨城県石岡市）

2024年記

第4部　農家の有機資材

廃菌床

廃菌床

　廃菌床とは、菌床栽培で育てたキノコを収穫し終わったあとに残るブロック状の培地残渣。菌床キノコ農家にとっては処分に困る廃棄物だが、まだまだ元気なキノコ菌の塊だ。

　チッソ、リン酸、カリなどの成分が豊富で、とくにキノコ菌の菌体タンパクは土壌微生物の最高のえさとなる。菌床の素材はオガクズ主体（シイタケ用）とコーンコブ主体（エノキ・エリンギ用）のものとがあるが、廃菌床のC/N比はそれぞれ30～50、18程度。いずれもキノコ菌に分解されて土になじみやすい状態になっており、田畑にすき込むと腐植が増えて土の団粒化が進む。

　京都市のネギ農家、重義幸さんは、エノキの廃菌床を堆肥化したものを水田転換畑に入れたところ排水性がよくなり、夏の猛暑と豪雨が続くなかでもネギを出荷し続けることができた。一方、広葉樹のチップやオガクズをおもな原料とするシイタケ廃菌床では、堆肥化せずシイタケ菌が生きたまま圃場に施用することで、肥料効果も土壌改良効果も発揮させることができる、という知見もある。

　また、廃菌床の抽出液を散布、もしくは廃菌床を培土に混和することで、キュウリの炭疽病、うどんこ病、黒星病、斑点細菌病などが顕著に抑制されるなどの効果も明らかになっている。病害抵抗性誘導の一種という。

　　　執筆　編集部

第1図　シイタケ菌が生きたままの廃菌床を畑に施用する試験の様子

転作田ハウスの土がフカフカ、トマトの青枯病も出なくなった

執筆　佐竹成雄（福井県美浜町）

キノコの力を土つくりに活かす

　地方公務員を早期退職し、2007年から夫婦2人で農業に取り組んでいます。自分自身が「面白くて生きがいを感じる農業経営」を実践しようと、稲作に加え、ブドウと野菜のハウス栽培、菌床キノコ栽培の複合経営を開始しました。

　私の栽培するキノコは越前カンタケとウスヒラタケの2種類です。越前カンタケは、名前のとおり12〜2月の気温の低い時期に発生するヒラタケの仲間。秋と春に発生するウスヒラタケと組み合わせることで、長く直売所に出荷できます。毎年、合計400個の菌床を使用しています。

　キノコは「自然界の掃除屋」といわれており、木材や枯れ葉に寄生し、植物繊維までも分解して良質の堆肥に変えてくれます。私はこのキノコによる循環の働きを、畑の土つくりに活かすことができないかと考えました。以前はそのまま廃棄していた廃菌床を、10年ほど前からは全量をそのままブドウや野菜ハウスに還元するようになりました。

廃菌床をブロックごと投入

　野菜ハウスに菌床をすき込むのは、トマトの定植前（4月ごろ）と、葉物野菜の定植前（10月）の年2回。1ウネ（約15m）当たり約80lのバケツ1〜2杯分の菌床ブロックを、塊のまま投入します。

　併せて、モミガラくん炭、米ヌカ、ブドウの剪定枝チップ、モミガラ牛糞発酵堆肥などの有機物資材も同様に、バケツ1〜2杯ずつ投入。

第1図　伏せ込み栽培中の越前カンタケ。12月から2月にかけて2週間程度の間隔で周期的に発生

第2図　廃菌床を割ると、軟らかく明るい色のオガクズが現われる

小型耕耘機で20〜25cm程度、耕起します。塊のままだった菌床は、耕起することでほとんど砕け、ほかの資材とよく混ざりますが、大きな塊が目立つようであれば踏んで崩すこともあります。

　ブドウハウスには、葉が落ち切った12〜1月ごろにすき込みます。樹と樹の間に廃菌床やそのほかの有機物を投入し、太い根を傷つけないよう15cm程度の深さに耕起します。

　廃菌床をすき込んだハウス内の土壌は、2日目ごろから地温が上昇。手を入れてみると、ボカッとした温かみを感じます。微生物による廃菌床や米ヌカの分解、発酵熱と考えられます。2週間待ってから定植します。

土壌が団粒化、青枯れが出ない

もともと水田だった場所に建てたハウス内の土壌は、当初は貧栄養でカチカチでした。しかし有機物を投入し続けていくと、2年3年と年を追うごとに土壌の団粒化があきらかに進みました。土がフカフカになり、水はけが非常によくなり、有用微生物が年々増加していることを実感します。

トマトでは青枯病が多く発生した時期もありましたが、今はほとんど見られません。有機質不足で排水性が悪いと出やすいと聞きますが、かなり土壌改良されたものと思われます。カルシウム不足が原因とされる尻腐れも、今では見られなくなりました。

販売は直売が主ですから、良し悪しの評価はすぐ返ってきます。ブドウやミディトマトの糖度

第3図　筆者（68歳）とミディトマト「華小町」。その甘さが地元で大好評

は非常に高く、農業体験に来る小学生も「甘い甘い」と競って食べます。近年は固定客も増え、売り上げが計算できるようになってきています。
（『現代農業』2017年10月号「キノコもつくって廃菌床も自給　小さい農家の循環ハウス」より）

廃菌床が病害抵抗性を引き出す

執筆　尾谷　浩（鳥取大学農学部）

病害抵抗性を誘導するエリシター

植物は、病原菌の攻撃を受けると病害抵抗性を発現して感染を阻止する能力を備えています。

病害抵抗性には、病原菌の攻撃部位に速やかに発現する局部的な抵抗性と、その後、植物全体に発現する全身的な抵抗性の2種類があり、全身的な抵抗性は数週間以上持続することが知られています。

また、植物に病害抵抗性の発現を誘導する物質はエリシターと呼ばれており、あらかじめ植物の一部に全身的な抵抗性を誘導するエリシターを処理して耐病性を強化すると、一定期間、病害の発生を抑えることができます。

豊富なエリシター源としての廃菌床

植物病原菌の多くは菌類です。菌類の攻撃に対し、植物は菌類の細胞壁などから切り出された成分をエリシターとして認識して病害抵抗性を発現します。一方、キノコも菌類の仲間です。植物はキノコの成分もエリシターとして認識するものと思われます。キノコの菌床栽培（第1図）では、収穫後の廃菌床はゴミとして大量に廃棄されますが、廃菌床内にはキノコの菌糸が

第1図　ハタケシメジの菌床栽培。収穫後の廃菌床は通常は廃棄されるが、抵抗性誘導に役立つエリシターを豊富に含む

第2図　第1本葉に熱水抽出液（上）、水（下）をそれぞれ浸漬処理。1週間後に炭疽病菌を全体に接種して、上位葉の病斑形成を観察した。下のキュウリは黄色い病斑が出ているが、上の熱水抽出液を処理した葉は病斑形成が顕著に抑制されている

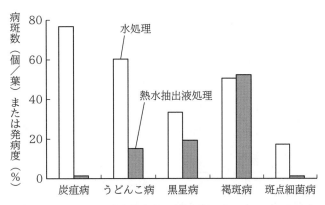

第3図　ハタケシメジ廃菌床熱水抽出液処理によるキュウリ各種病害の抑制効果

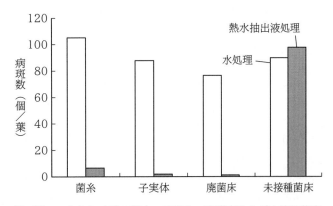

第4図　ハタケシメジの菌糸、子実体、廃菌床および未接種菌床の熱水抽出液処理によるキュウリ炭疽病抑制効果の比較

充満しており、豊富なエリシター源として活用できるのではないかと考えました。

ハタケシメジの廃菌床熱水抽出液による実験

実験には堆肥化していないハタケシメジの廃菌床（菌糸成分を多く含む）を用いました。

まず、廃菌床に100g（新鮮重）当たり300mlの割合で水を加えて攪拌し、耐熱性のポリ袋に入れてオートクレーブ（高圧蒸気滅菌器）で熱処理（121℃、30分）することで、菌糸からエリシターを溶出しました。これをガーゼと濾紙で濾過した廃菌床熱水抽出液を使い、実験を行ないました。

（1）キュウリ炭疽病の抑制効果

まず、全身的な病害抵抗性発現のモデルとして知られているキュウリと炭疽病菌を用いて、抽出液の病害抑制効果を検討しました。

ポットの育苗土で2～3週間栽培したキュウリの発芽苗の第1本葉に抽出液を浸漬処理（噴霧処理でも同様の効果があることがわかっている）しました。処理したキュウリを一定期間栽培したあとに炭疽病菌を全体に接種して、上位葉の病斑形成を観察しました（第2図）。

その結果、病斑形成の抑制は、抽出液処理4日後接種のキュウリから顕著になり、処理2週間後接種のキュウリまで安定して認められました。その後は、徐々に病害抑制効果は減少しま

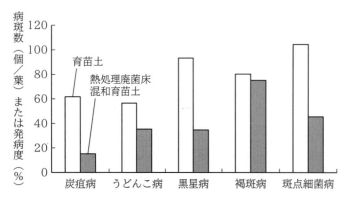

第5図 ハタケシメジ熱処理廃菌床混和によるキュウリ各種病害の抑制効果

したが、処理後約1か月間は有意に効果を持続しました。

（2）その他の病害の抑制効果

同様に処理したキュウリを一定期間栽培したあと、菌類のうどんこ病菌、黒星病菌、褐斑病菌、さらに細菌類の斑点細菌病菌を全体に接種して、上位葉の病斑形成を観察しました。

その結果、褐斑病菌以外の病斑形成はすべて抑制され、抽出液処理が各種病害に広く抑制効果を示すことがあきらかになりました。しかし、褐斑病のように効果を示さない病害も存在し、対象病害のさらなる検討が必要です（第3図）。

（3）エリンギ廃菌床でも効果あり

エリンギの廃菌床の抽出液でも同様に、炭疽病菌による病斑形成を調べました。その結果、エリンギ廃菌床の抽出液でも病斑は顕著に抑制されました。抽出液はキノコの種類に関係なく病害抑制効果を示すものと思われます。

（4）抑制効果は菌糸成分が引き起こす

さらに、ハタケシメジの菌糸、子実体、廃菌床およびハタケシメジ未接種の菌床から、それぞれ抽出液を得て、それらで処理したキュウリで炭疽病の抑制効果を調べると、菌糸、子実体、廃菌床の抽出液は顕著な抑制効果を示しました。しかし、菌糸を含まない未接種菌床の抽出液ではまったく効果がみられず、病害抑制効果は、廃菌床内の菌糸成分によって引き起こされることがわかりました（第4図）。

（5）全身抵抗性の発現が明らかに

なお、抽出液自体は病原菌にまったく抗菌活性を示さないので、抽出液の病害抑制効果は病原菌への直接的作用によるものではありません。そこで、キュウリにおいてすでに報告されている全身的抵抗性関与遺伝子の発現についても解析しました。

その結果、抽出液処理キュウリの上位葉では、病原菌の接種直後に急激な遺伝子の発現がみられ、病害抑制効果は全身的抵抗性の発現によることがあきらかになりました。

熱水抽出後の廃菌床による実験

さらに、熱水処理で、抽出液を採取したあとの廃菌床にも病害抑制効果があるか調べました。

まず、体積比で育苗土：熱水処理後の廃菌床＝2：1となるように混和し、2～3週間キュウリ苗を栽培したあと、全体に各種病原菌を接種して病害抑制効果を調べました。

その結果、混和土壌で育てたキュウリでも、抽出液処理より効果は若干劣るものの、炭疽病菌、うどんこ病菌、黒星病菌および斑点細菌病菌による病斑形成が抑制されました。また、本実験でも褐斑病菌による病害は抑制されませんでした。実験には抽出液を採取したあとの熱処理廃菌床を用いましたが、抽出液を含んだままの熱処理廃菌床を用いることで、より安定した病害抑制効果が得られるものと思われます（第5図）。

（『現代農業』2017年3月号「廃菌床が病害抵抗性を引き出す」より）

シイタケ菌が生きたままの廃菌床は肥料にも土壌改良材にもなる

執筆　加藤一幾（岩手大学農学部）

シイタケ菌が生きたまま施用すれば、チッソ飢餓は起きない

廃菌床は無料で手に入ることが多く、自分で運搬すればコストはほとんどかからない。また、廃菌床のみで野菜を栽培すれば、将来的に有機野菜としてのブランド化も可能である。

シイタケ菌床の80〜90％程度は広葉樹のチップやオガクズでできており、それ以外は小麦のフスマや米ヌカなどが原料である。シイタケ菌は難分解有機物であるリグニンを分解する白色腐朽菌である。したがって廃菌床には植物の生育に必要な栄養分が豊富に含まれている。チッソ形態は大部分が有機態であり、廃菌床1個当たり約4gのチッソが含まれている（第1表）。C/N比は30〜40程度と比較的高く、pHは4程度と低い。

廃菌床は完熟堆肥とは異なり、未分解物質を多く含む未熟な有機物である。そのため、廃菌床を直接施用すると、チッソ飢餓が起こる可能性がある。チッソ飢餓とは、微生物によって簡単に分解される有機物が土壌に存在すると、土壌中の微生物が一斉に増殖し、その際に土壌中のチッソを利用するため、植物へのチッソ供給が阻害されて生育が著しく抑制される現象である。

廃菌床の場合は、シイタケ菌が死滅した状態の廃菌床を施用することや、施用後に死滅しやすい条件下で栽培することでチッソ飢餓が起こる。逆にいうと、

第1図　シイタケのオガクズ廃菌床

廃菌床の中でシイタケ菌が生きていれば、チッソ飢餓は起きないのである。廃菌床の施用効果を得るためには、シイタケ菌が死なないように施用・管理することがもっとも重要である。

ただし、廃菌床の成分には発芽抑制物質が含まれている可能性があり、シイタケ菌が生きていても、直接播種する葉菜類などの場合は注意が必要だ。

粗めに砕いて高ウネ内または表層混和

圃場に施用する際は、シイタケ菌は水に弱いことから、高ウネにしたりマルチを張ったりして好気条件を保ち、シイタケ菌が死なないように栽培する。廃菌床をすき込む際も土中深くまで入らないようにし、ウネ内、もしくは地表か

第1表　シイタケ廃菌床に含まれる主要成分の含有率

	全チッソ	硝酸態チッソ	アンモニア態チッソ	リン酸	カリウム	カルシウム	マグネシウム	全炭素
含有率（％）	1.3	0.0	0.0	2.1	0.6	1.5	0.9	45.6
廃菌床1個当たり（g）	4.0	0.0	0.1	6.6	2.0	4.8	2.9	143.2

注　廃菌床1個の乾物重は約314g
　　菌床の原料は、80〜90％が広葉樹のチップやオガクズ、それ以外はフスマや米ヌカ

ら10cm程度で混和したほうが、シイタケ菌の土壌での生存率を高められる。

また、廃菌床を細かくしすぎると、シイタケ菌の土壌中での生存率が落ちることから、チッソ飢餓が起こりやすくなる。施用するときは数cmの大きさに砕いたほうがシイタケ菌の生存率が上がり、長期的に植物に栄養分を供給できる。

実際には、トラクタに付けたバケットマニアで廃菌床を砕きながらウネ位置に落とし、それを覆うように土を盛ってウネ内施用をしている。もしくはウネ位置に廃菌床を置き、ロータリをかけて砕きながら土壌と浅く混ぜ合わせたあとにウネ立てする方法でもよい。畑が小規模な場合は手で砕いてから施用し、その上にウネを立てる方法が確実である。廃菌床が農機により細かくなりすぎる場合は、化学肥料を通常施用の半分程度混和することでチッソ飢餓は軽減される。

必要量以上の廃菌床を施用すると、土壌に栄養分や無機塩類が過剰に蓄積することから、品目ごとに適切な施用量を明らかにする必要がある。目安としては、廃菌床で施用するチッソ量が一般的なチッソ施肥量の2倍程度とし、次作からは徐々に減らしていく。また、土壌微生物が少ない土壌や、初めて廃菌床を施用する場合は、微生物相を拡大するためのスターターとして堆肥やボカシ肥、市販の微生物資材を併用すると効果が出やすい。

速効性があり、ゆっくりも効く

廃菌床の施用例として、作土層が除去された被災農地におけるスイートコーン栽培について紹介する。

廃菌床によるチッソ施用量が約40g/m^{2}のとき、無施用の場合と比べて草丈は生育初期から高く、生育促進効果が認められた。このことから、廃菌床は速効的な肥料効果があることが示された。また、生育・収量は化学肥料によるチッソ施用量が20g/m^{2}の試験区と同程度であり、収穫時まで肥料効果が続いていたことが示された(第2表)。このとき廃菌床は数cmの大きさで施用しており、シイタケ菌が死滅することなく、徐々に廃菌床が分解されることで、植物へ栄養分が供給されたことが考えられる。

団粒化の促進、微生物の多様化・増大

一方で、廃菌床を施用すると土壌の物理性が改善され、土がフカフカになった。透水性も増し、土壌の団粒化が進んでいることが確認できた。土壌の団粒構造は分解の進んだ有機物と微生物からの粘質物から形成される。したがって、廃菌床を直接施用すると、シイタケ菌を含む土壌中の微生物群が増殖し、土壌の団粒化を促進したと考えられた。

そこで、土壌微生物の状態を確認するために、(株)DGCテクノロジー社に土壌分析を依頼し、土壌微生物多様性・活性値を測定したところ、完熟堆肥を施用しても値は変わらなかったが、シイタケ廃菌床を施用すると値が著しく向上した。これは、土壌の微生物が多様化し、

第2表 シイタケ廃菌床の施用がスイートコーンの生育・果実重へ及ぼす影響

試験区	地上部重(g)	地下部重(g)	草丈(cm)	主茎径(cm)	株当たりの分げつ数	葉色(SPAD)	果実重(g)
廃菌床	509	84	162	2.4	0.7	48.7	318
化学肥料	648	93	158	2.7	2.0	49.3	317
対照	310	39	165	1.9	0.0	42.1	179

注 すべての試験区に堆肥を施用。対照区は堆肥のみで栽培。地上部重、地下部重、果実重はそれぞれ新鮮重

増大したことを示している（第2図）。この結果は、土壌中に存在する有機物の分解能力の上昇だけでなく、土壌中の微生物から生成される粘質物の増大も示していると考えられ、やはり、土壌の団粒化が廃菌床の施用により促進されたといえる。

なお、完熟堆肥で生物性が向上しなかった理由としては、堆肥化の過程をすでに経ているため、土着菌の「えさ」となる未分解物質が供給できなかったことが考えられる。廃菌床には「えさ」が豊富にあるため、土着菌や完熟堆肥中の微生物の増大につながり、生物性が向上したと考えられる。

CECが向上、腐植も増える

シイタケ廃菌床の施用は、土壌の物理性・生物性の向上だけでなく、化学性の向上にも効果がある。第3表のとおり、地力チッソは完熟堆肥を施用しても向上するが、シイタケ廃菌床を施用することで、地力チッソがさらに増大する。これはシイタケ廃菌床に含まれるチッソのほか、微生物の増大により菌体タンパク質が増加し、それに伴い易分解性の有機態チッソが増加したためと推測される。

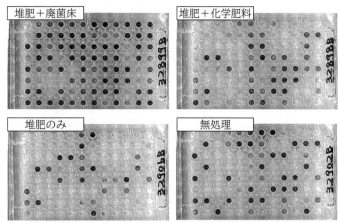

第2図 シイタケ廃菌床の施用が土壌の生物性に及ぼす影響
色が濃いほど分解能が高く、色がついた丸の数が多いほど分解できる有機物の種類が多いことを示す

第3表 シイタケ廃菌床の施用が土壌の物理性・生物性・化学性へ及ぼす影響

試験区	土壌硬度 (mm)	間隙率	土壌微生物多様性・活性値	熱水抽出性チッソ (mg/100g乾土)	CEC (meq/100g乾土)
堆肥＋ シイタケ廃菌床	6.2	0.62	1,340,000	10.3	11.2
堆肥＋化学肥料	9.2	0.54	587,000	7.7	9.6
堆肥のみ	9.6	0.54	590,000	8.0	9.4
無処理	10.3	0.48	684,000	6.6	9.6

注　土壌硬度：値が低いほど土が軟らかい
　　間隙率：値が高いほど透水性がよい。三相（固相・液相・気相）のうち固相以外の割合
　　土壌微生物多様性・活性値：値が高いほど有機物の分解能力が高い
　　熱水抽出性チッソ：地力チッソの指標
　　CEC：陽イオン交換容量。保肥力の指標

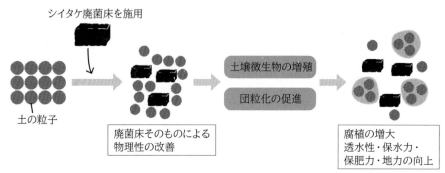

第3図　シイタケ廃菌床施用による土壌改良効果

また、CECも向上していることから、保肥力も向上することがあきらかとなっている（完熟堆肥を施用してもCECは変化しなかった）。さらに、廃菌床を施用することで腐植含量も増大することがわかっている。これらの結果はどれも、シイタケ廃菌床の施用によって、化学性が向上し、土壌の「地力」が増大することを示しているといえるだろう。

オガクズ廃菌床は効果が長持ち

菌床で栽培できるキノコには、シイタケ、エノキタケ、エリンギ、ブナシメジ、ナメコ、マイタケなどがある。これらのキノコの菌床は、広葉樹や針葉樹のオガクズ、コーンコブミール（トウモロコシの穂軸の粉砕物）などを主原料とし、米ヌカやフスマなどを主栄養源として、ミネラルなどを添加したものでつくられている。また、マッシュルームは馬糞やイナワラを主原料とした菌床である。

これまで、キノコ廃菌床を堆肥化し利用した栽培試験としては、エノキタケやエリンギ廃菌床（コーンコブミールが主原料、C/N比25程度）を用いた報告がある。しかし、キノコ廃菌床を堆肥化の工程を経ずに用いた露地での野菜栽培としては、われわれのシイタケ廃菌床を用いた栽培以外には、ヒメマツタケ廃菌床（サトウキビの搾り粕が主原料で、堆肥の性質に近く、C/N比も18〜20）のナス栽培、マッシュルーム廃菌床の施用効果が報告されているのみである。

ヒメマツタケやマッシュルームのようにC/N比が小さいキノコ廃菌床は、分解速度が速く、チッソ飢餓も起こりづらいため、堆肥と同じように扱っても大きな問題は起きないことが多い。また、キノコ菌による分解過程で土壌微生物の増加や土壌の団粒化が見込めるため、完熟堆肥よりは土壌改良効果が得られることが期待できる。

ただし、C/N比が小さいキノコ廃菌床は炭素量が少なく、微生物のえさが不足することから、その効果はC/N比が大きい廃菌床よりも限定的であると考えられる。その点、オガクズが原材料でC/N比が30〜40程度と比較的大きいシイタケ廃菌床の場合、木質の未分解物質がかなりの割合で残っている。C/N比が小さい廃菌床よりも分解期間が長く、持続的な肥料効果と土壌改良効果がいっそう期待される。

このように、シイタケ廃菌床は、完熟堆肥にはない肥料効果や土壌改良効果を持っている。一方で、土壌の種類、土壌水分、土壌微生物、栽培品目などさまざまな要因で、廃菌床の施用効果は異なることが考えられるため、実際に利用する場合は事前に検討が必要である。

（『現代農業』2016年10月号「廃菌床　シイタケ菌が生きたままの施用で肥料にも土壌改良にもなる」／『現代農業』2016年12月号「オガクズ廃菌床で土壌フカフカ、微生物が多様化、保肥力もアップ」）

第4部　農家の有機資材
堆　肥

堆　肥

　家畜糞尿、イナワラ、生ごみなどの有機物を堆積し、微生物の働きで好気的に分解させたものを堆肥という。かつては、イナワラや落ち葉など植物性有機物をおもに堆積したものを堆肥、家畜糞尿を主原料としたものを厩肥と区分していた。しかし近年は多様な材料を混合して堆肥化することが多くなったため、材料で区別することなく堆肥と呼ぶことが一般的となっている。

　堆肥の分類として完熟、未熟、中熟という分け方がされる。完熟堆肥とは、素材の有機物がよく分解・発酵した堆肥のこと。未熟有機物を施用すると、土の中で急激に増殖する微生物がチッソ分を奪って作物にチッソ飢餓を招いたり、根傷みする物質を出したりすることがある。また、家畜糞中に混じっている雑草の種子を広げてしまうなどの可能性があるため、有機物は発酵させて堆肥にして施用する方法が昔から広く行なわれている。

　何をもって「完熟堆肥」と呼ぶのか意見が分かれるが、完熟は「完全に分解しつくした」という意味ではなく、土に施しても急激に分解することなく、土壌施用後もゆるやかに分解が続く程度に腐熟させたもの、という解釈が一般的。有機物の中の「易分解性有機物」は分解したが、分解しにくいものはまだ残っている状態といえる。堆肥の温度が下がり、切り返しをしても温度がさほど上がらず、成分的には、有機物のチッソの大部分が微生物の菌体またはその死骸となり、C/N比が15～20になったものをいう。

　いっぽう「未熟堆肥」とは、易分解性有機物が未分解の状態で、表面施用や土ごと発酵には向いているが、土に深くすき込むと害が出る可能性が高い。「中熟堆肥」とは、易分解性有機物がまだ少し残っている状態で、施用してから作付けまで少し期間をあけるなどの注意が必要。

　ジャパンバイオファームの小祝政明さんは、完熟一歩手前の中熟堆肥こそが「力のある堆肥」だという。完熟堆肥は発酵が終わっているので微生物の量が意外に少ないのだが、完熟になりきる手前で発酵を切り上げた中熟堆肥は微生物の量が多い。納豆菌、放線菌、酵母菌などの有用菌がもっとも多くなるのもこの時期で、堆肥には土壌病害虫抑止力がある。もちろん未分解の微生物のえさもまだ多い状態なので、土に施用後も勢力を拡大できるとのこと。

執筆　編集部

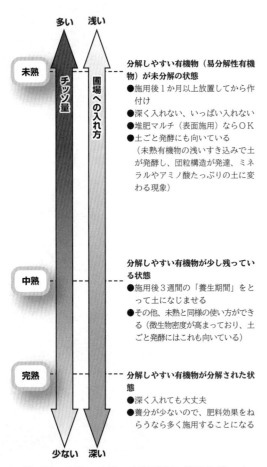

第1図　未熟・中熟・完熟堆肥の特徴と使い方

堆肥と微生物の関係

元明治大学特任教授・藤原俊六郎さん

堆肥施用の主目的は物理性改善

堆肥の材料は有機物。有機物とは、正確にいえば「炭素を含む化合物」という意味ですが、一般的には「生物由来の物質」を指しています。つまり、植物や動物、微生物などの生物と、その生産物（や排泄物）のこと。有機物は炭素（C）、酸素（O）、水素（H）と肥料成分（チッソやリン、カリ、その他のミネラルなど）から構成されていて、微生物によって分解されると、ほとんどの有機物は肥料に生まれ変わります。

ただし、肥料にしやすい物としにくい物があります。一般に「動物質資材」（魚粕や骨粉、鶏糞や豚糞など）はチッソとリン酸が多くてカリが少なく、分解が速いので肥料効果が出やすいのですが、「植物質資材」（ワラやモミガラ）はカリが多くてチッソとリン酸が少なく、分解も遅いので肥料効果は劣ります。

有機物を肥料にすると、微生物の分解によって肥料効果が現われるため、どれもゆっくり効くと思われがちです。しかし中には、速効性のものもあります。速効性有機肥料の代表格は乾燥鶏糞。一方、肥料効果よりも土つくり（おもに物理性改善）に期待したいのなら、繊維質の多い落ち葉堆肥や馬糞堆肥、牛糞堆肥がよいでしょう。

堆肥は、家畜糞尿やイナワラ、生ごみなどの有機物を積み上げて、微生物に分解してもらったものです。積み上げると60℃以上に温度が上がり、分解に伴ってチッソ成分の一部が揮散するので、完成した堆肥のチッソ成分は1〜3％程度。施用目的は、どちらかといえば物理性改善が主ですが、肥料成分の多い鶏糞堆肥や豚糞堆肥、生ごみ堆肥などでは、肥料効果も期待できます。

微生物の働きを活かした有機肥料にはボカシ肥もあります。こちらは肥料として使うのが主

第1図　堆肥づくりの様子。発酵熱により白い蒸気が上がっている

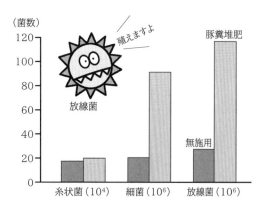

第2図　堆肥の施用で微生物が殖える
（小松、1976）

豚糞堆肥を10a5t施用後の微生物の殖え方。細菌や放線菌は何倍にもなる

目的。堆肥もボカシ肥も微生物の力を利用してつくる点、施用すると畑の微生物が殖えるという点は同じです。

畑に入れるとなぜ微生物が殖えるのか

堆肥もボカシ肥も非常に多くの微生物を含んでいます。田畑に堆肥を入れると、その環境に適さない微生物は土着菌などに殺されたりしますが、生き残るものもいます。それは、新たな土着菌となるわけです。

また、堆肥には有機物が多くあり、それをえさに、もともといた土着菌も殖えます。堆肥の中の死んだ微生物もえさとなります。

面白いことに、堆肥を投入すると、土壌中にもともとあった有機物の分解も進みます。これは「プライミング効果（起爆効果）」と呼ばれる現象で、チッソをはじめ多くの養分が放出されます。土壌微生物が殖えて、蓄積された有機物まで分解し始めるんですね。

堆肥の中にいる微生物

堆肥には非常にさまざまな微生物がいます。堆肥の材料を積み込むと、まずこうじ菌などの糸状菌（カビ）が糖類やタンパク質、アミノ酸などを分解します。糸状菌は増殖速度が他の微生物より速く、スタートダッシュが非常によいスターターです。有機物の分解が急激に進んで堆肥の温度が上がります。ところが、糸状菌は高温に弱く、あまり温度が上がると活動できなくなってしまいます。

次に殖えるのは高温に強い放線菌で、糸状菌が食べられなかったセルロースやヘミセルロースなど、やや硬い繊維質を分解します。堆肥はこの時期がもっとも高温で、条件がよければ60℃以上に上がります。放線菌には抗生物質をつくるものが多く、病原菌を抑制する役割もあります。

えさが少なくなると放線菌もおとなしくなり、代わりに細菌（バクテリア）が殖えて、軟らかくなった繊維を食べます。

最後に残ったリグニンは、キノコ菌などやや大型の微生物が分解。このころになると、堆肥の中にミミズのような小動物が見られるようになります（第3図）。

以上のような糸状菌→放線菌→細菌のリレーは、主として働く菌を単純化して示しているだけです。実際には堆肥化のすべての過程で、すべての種類の微生物が働いています。堆肥化はこうじ菌など好気性菌が主体ですが、部分的には乳酸菌や酵母など嫌気性菌も働いています。リレーの選手のほかに、応援団もいっぱいいるというわけです。

微生物の呼吸で熱が出る

堆肥をつくるときに熱が出るのは微生物が呼吸しているからです。私たち人間の体温は、呼吸による熱エネルギーを利用して保たれています。狭い部屋に多くの人を閉じ込めておくと、室温がどんどん上昇しますね。堆肥化の過程では、これと同じことが起こっています。

微生物も人間と同じように酸素を吸って、二

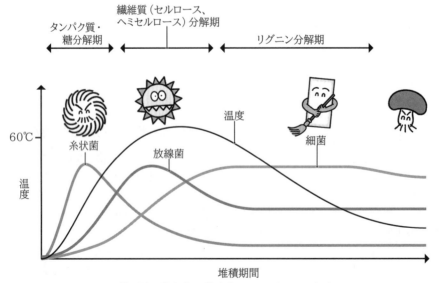

第3図　堆肥化の微生物リレー（イメージ図）

酸化炭素を吐いています（炭素を二酸化炭素に変えてエネルギーを得ている）。たとえば成人男子は1時間当たり18lくらいの酸素を必要としますが、微生物がかりに人間くらい大きくなると、その100倍もの酸素を使うといわれています。酸素の消費量と熱エネルギーの発生量は比例します。堆肥の中では微生物が盛んに呼吸、有機物を分解しているため、あれだけ熱くなるわけです。

病原菌や雑草のタネを殺すためにも、堆肥化の過程で温度を上げることは必須ですが、あまりにも高温が長時間継続すると、有益なタンパク質などの物質が変性したり一部が炭化したり、堆肥の質が落ちてしまいます。温度が高ければよいというわけではなく、堆肥の場合は60℃以上が2週間も継続すればよいでしょう。

完熟堆肥にも微生物はいる

完熟堆肥の菌は減っているように見えますが、胞子を形成したり休眠したりして活動を停止した数多くの微生物が存在しています。これらの微生物は環境が変わって、えさがあれば目覚めて、再び急激に殖えていきます。

高温になった堆肥だからといって、微生物がいなくなったわけじゃありません。

また、大部分の菌は、体外に酵素を出して有機物を分解しています。その酵素は、微生物が死んだ後も土壌中に残ります。ただし、酵素も有機物なので、他の微生物により分解され、いずれ消滅してゆきます。

土壌中の菌を殖やすには未熟有機物のほうがよい？

完熟堆肥ではなく未熟有機物を土にすき込んで土中で発酵（分解）させる方法もあります。未熟堆肥には、土着微生物のえさとなる有機物が豊富です。それを利用したのが「土ごと発酵」です。たとえば残渣や緑肥などの未熟な有機物を土の表面におき、米ヌカをふって浅く土と混ぜておくと、土壌表面で微生物が働いて、いつの間にか団粒化が進むという方法です（第4図）。

ただし、未熟有機物をいきなり土に深くすき込むと、病原菌が殖える危険性もあります。とくに未熟有機物が好きなピシウム菌などが殖えると、作物に立枯病が出ます。ピシウム菌は、ナス科やウリ科、イネの苗立枯れの病原菌ですね。堆肥を完熟させてから使うのは、そうした危険を回避するためでもあります。

未熟堆肥や中熟堆肥を使う場合は、熟成期間として、すき込んで2週間以上たってから作物を植えるようにします。

執筆　編集部
（『現代農業』2019年1月号「堆肥についての素朴なギモン」より）

第4図　「土ごと発酵」のしくみ

堆肥つくりのポイント

元明治大学特任教授・藤原俊六郎さん

水分

堆肥をつくる際に働く微生物が、増殖するのに最適な水分含量は55～60％。水分が少なすぎると微生物は活動できなくなり、逆に多すぎると嫌気発酵状態になります。嫌気性菌が活躍すると、有機酸などの生育阻害物質、硫黄化合物や揮発性脂肪酸などができて悪臭が発生することがあります。一般的にはこれを「腐敗」と呼んでいます。

水分含量55～60％の目安は、積み込んだ材料を手で硬く握って、わずかに水がにじむ程度。それが水分60％くらいです。

握って、手に湿り気を感じなければ40％程度。乾燥気味なので、水を足してください。

反対に水が滴り落ちるようであれば水分過多なので、乾いたイナワラやモミガラ、オガクズなどを混ぜて調整してください。オガクズを利用する場合は広葉樹がおすすめです。針葉樹の中では、マツ類の分解が速いようです。また、キノコの廃菌床もいいですね。キノコ菌がリグニンの分解を進めていて、フスマなど栄養分も含み、非常に堆肥化しやすい材料です。含水率はやや高めですが、全体を軽くしてくれ（比重を下げる）、通気性の改善に役立ちます。

腐敗してしまった堆肥は土にすき込んでよくかき混ぜ、2週間以上は土壌中で分解を進めるといいでしょう。

通気性

水分が多く酸素不足の状態が続くと、やはり嫌気性菌の活動が活発になります。しかし隙間があきすぎていては、堆肥の温度が十分に上がりません。適切な通気性の目安になるのは比重（容積重）です。含水率が50～60％で、通気性が十分あるときの比重が0.5。そこに合わせればいい。

比重を計るのは簡単です。10l容量のバケツに堆肥を詰めて重さを計り、それが5kgなら比重0.5。適切です。6kg（比重0.6）以上あった場合は、乾燥したオガクズや廃菌床を混ぜて比重を下げる。逆に軽い場合は水を加えて調整します。

こうして適切な水分量、比重で堆肥を積み込んでも、積みっぱなしにしていると内部の水分や通気性が変わってしまいます。有機物が分解して二酸化炭素と水になるからです。また内側と外側では、分解の程度が違います。そこで時々切り返して、中に空気を入れながら混ぜてやるわけです。

たとえば家畜糞堆肥なら、積み込んで2～3週間後に1回切り返して、さらに3～4週間後にもう1度切り返す。これで夏なら3か月、冬なら4～5か月で完成です。

分解しにくい剪定枝が材料の場合は、毎月1回切り返して半年程度で完成。とくに硬くて葉が少ない冬の剪定枝や針葉樹が多い場合は、1年程度かけて堆肥化します。途中で水分が減ってくるので時々散水も必要です。

材料のC/N比に気を付ける

堆肥の材料とはつまり微生物のえさです。微生物のエネルギー源となる炭素（C）と、体をつくるチッソ（N）が欠かせません（その他リン酸などのミネラル類も必要）。

チッソはタンパク質を構成する物質で、微生物の体は主としてそのタンパク質からできています。また、微生物が活動するためのエネルギーは炭素化合物から呼吸によって取り出しています。炭素とチッソは、微生物にとってのご飯（エネルギー）とおかず（肉や魚などのタンパク質）のようなものと考えましょう。

堆肥の材料となるすべての有機物には炭素もチッソも含まれていますが、素材によって炭素が多めのもの、チッソが多めのものとがあります。その割合を表わしたのがC/N比（炭素率）です。

堆肥

微生物が分解しやすいかどうかは、有機物のC/N比と分解性による。
基本的にC/N比が高いほど分解しにくく、低いほど分解しやすい

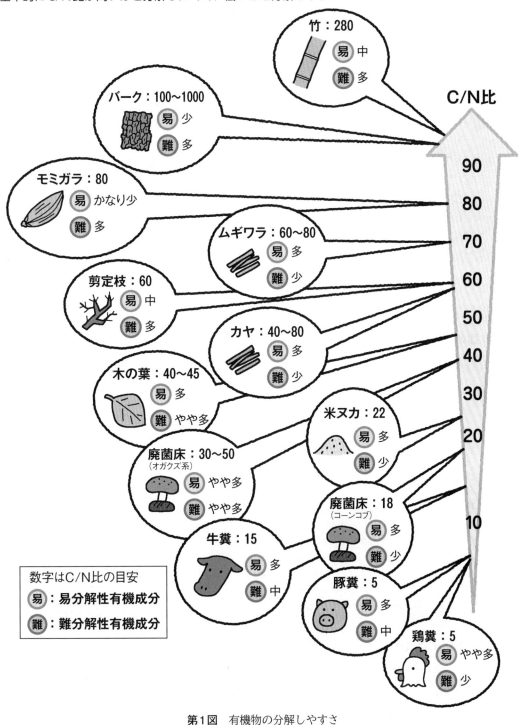

第1図　有機物の分解しやすさ

微生物が一番よく分解し活動できる理想的なバランスはC/N比20～30。つまり炭素がチッソの20～30倍含まれているえさです。それより炭素が多い（C/N比が高い）と食べにくく（分解しにくい）、チッソが多い（C/N比が低い）と食べやすい（分解しやすい）えさといえます。第1図の中でいえば、竹やバーク、モミガラはかなり分解しにくく、鶏糞や豚糞などはかなり分解しやすいえさですね。

ただし、ムギワラと剪定枝を比べると、ムギワラのほうがC/N比は高いのに、微生物にとっては剪定枝よりも分解しやすい有機物といえます。ムギワラにはタンパク質や脂質、ヘミセルロースといった分解されやすい「易分解性有機物」が多く、剪定枝はセルロースやリグニンといった分解されにくい「難分解性有機物」に覆われているからです。分解されにくい材料も、チップに粉砕するなどすれば微生物が食いつきやすくなったりします。

C/N比の調整法

C/N比が高い有機物をそのまま土にすき込むと、それらを分解する微生物は自分の体をつくるために土壌中のチッソを使います。いわゆる「チッソ飢餓」が起きるわけです。また、C/N比が高い有機物をただ積み上げておいても、なかなか分解されず、堆肥化しません。そこで堆肥をつくる時は、C/N比が高い材料と低い材料を混ぜて、全体のC/N比をなるべく20～30の理想値に近づけます（第2図）。

C/N比が高い材料の場合、手っ取り早いのはチッソ（尿素など）を混ぜる方法です。たとえば、1tのイナワラ（C/N比40以上）に対してチッソ4～5kgを加えるとC/N比25程度となり、ちょうど分解しやすくなります（第3図）。

堆肥もボカシ肥も作物栽培に使う資材です。畑に入れても問題ない、とくに作物の根に障害が出ない状態になれば完成ということになります。

抽象的な表現ですが、人間の感性も植物の感受性も似たようなものなので、ひとつかみして手触りがよく、においを嗅いで不潔感がなくなった状態なら大丈夫でしょう。不安なら堆肥1に土2の割合で混ぜて、コマツナを発芽させてみるといいでしょう。

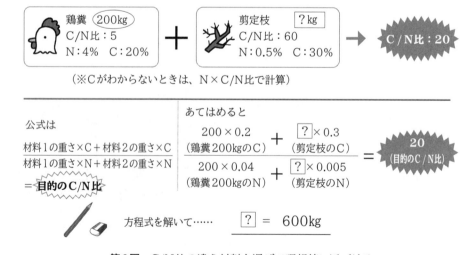

第2図 C/N比の違う材料を混ぜて理想値に近づける

C/N比が高い材料にチッソを加えてC/N比を30にする場合の計算式は──

$$C / 30 - N = x$$

材料の炭素　　目標の　　　材料のチッソ　　必要なチッソ
（％）　　　C/N比　　　　（％）　　　　　（％）

おもな有機物と必要なチッソ量の例

有機物名	全チッソ（％）	全炭素（％）	C/N比	材料1tに必要な チッソ量（kg）
オガクズ	0.1	53	534	16.7
モミガラ	0.5	40	80	8.3
イナワラ	0.7	40	57	6.3
ダイズ（稈）	1.0	48	48	6.0

全炭素は変動幅が小さいが全チッソは肥培管理による差が大きいのでC/N比も幅がある
（『農業技術大系　土肥編』などから編集部作成）

第3図　C/N比の調整に必要なチッソ量の求め方

　最初20〜30あったC/N比は堆肥化につれて下がり、材料によっても違いますが、「完熟堆肥」はC/N比15〜20程度になっているのが理想です。

　執筆　編集部
（『現代農業』2019年1月号「今さら聞けない
　　堆肥のつくり方」より）

第4部　農家の有機資材

堆肥栽培実践ガイド

元明治大学特任教授・藤原俊六郎さん

堆肥の肥料成分を活かす

堆肥に含まれる肥料成分を計算して施用量を決め、不足成分を化成肥料などで補う栽培を、ここでは「堆肥栽培」と呼ぶ。

昔は堆肥といえばイナワラなどが主体で、肥料成分を考える必要がない「土壌改良材」の位置づけでよかったが、近年は家畜糞などがおもな材料となることが多く、肥料分リッチな存在に変わっている。

堆肥栽培は、肥効がゆっくりで、気温の上昇とともにだんだん効いてくるというのもいいところ。作物の生長スピードと釣り合うことが多く、とくに堆肥稲作では「への字」型生育が実現。高温障害にも強くなることが確認されている。

実際の施肥設計の際は、堆肥の中にどのくらいの肥料成分が含まれているか、それが施用した年にどのくらい効くか（肥効率）を計算しないといけない。とはいえ相手は堆肥。材料によって、発酵状態によって、実際の数値はかなり変わってくるはずだ。目安は目安とわきまえて、少しアバウトな気持ちで作物の様子を見ながら自分なりの使い方をつかんでいくことこそが堆肥栽培の要諦だろう。

堆肥のチッソの効き方

家畜糞堆肥の効き方は畜種によって異なる。単年の大まかな効き方のイメージを示したのが第1図だ。

堆肥はゆっくり分解しながら、一部が1年目の肥料になる。分解されずに残った分は、翌年にまた一部が分解されて養分を供給する。だから、堆肥は連年施用すると、分解されにくい有機物が土に蓄積され、土壌有機物（地力チッソ）となって長期的な養分供給力がしだいに高まっていく。

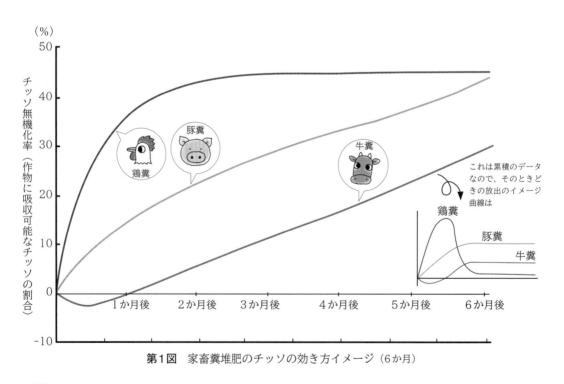

第1図　家畜糞堆肥のチッソの効き方イメージ（6か月）

第2図は、家畜糞を連用したときのチッソ放出率の変化を示したもの。たとえば、牛糞の場合、1年目に出るチッソは30％で、100％に相当する量が出るには13年かかる。ただしこれは生の場合なので、堆肥化されればもっと時間がかかる。

堆肥を連用すればチッソ放出率が高まるが、実際は雨で流れたりするので作物が育たないほど過剰になることはまずない。チッソよりもリン酸やカリなどが過剰になる場合があるが、それは土壌診断すればわかる。同じ堆肥ばかり使うと成分が偏るので、量を減らすか堆肥の種類を替えてみるとよい。

「肥効率」を計算に入れる

第1表は、堆肥を施用した年に、含まれる肥料成分のどのくらいの割合が効くかという「肥効率」を示したもの。この目安は、堆肥を毎年入れている連用土壌のもので、これまで堆肥を入れていない土では数値ほど効かない。

堆肥は年々蓄積していくが、チッソやカリは雨などで流れる分が多いので、肥料成分につい

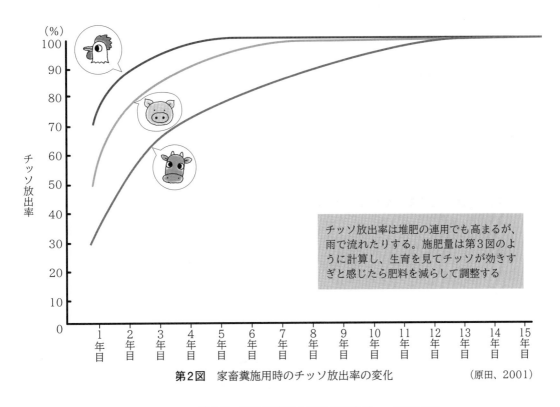

第2図　家畜糞施用時のチッソ放出率の変化　　　（原田、2001）

第1表　家畜糞堆肥の肥効率推定値　（藤原試案）

	処理形態	牛	豚	鶏
チッソ	生・乾燥糞	30〜40%	50〜70%	50〜70%
	糞主体堆肥	20〜30	40〜50	40〜50
	オガクズ混合堆肥	10〜20	20〜40	20〜40
リン酸		60〜70%		
カリ		70〜80%		

第4部 農家の有機資材

	チッソ	リン酸	カリ
堆肥（現物）中の成分含量（％）	0.7	0.9	1.0
成分量（kg）	14	18	20
肥効率（％）	20	60	70
作物に吸収される量（kg）	約3	約11	14

堆肥2t

差し引く

いずれもkg

	チッソ	リン酸	カリ	
施肥基準（元肥）	15	15	15	オール15の高度化成で100kg ← 一般的な方法
堆肥から供給される量	3	11	14	⎫ 堆肥栽培
差し引き（必要施肥量）	12	4	1	
肥料（現物）	尿素26	重焼リン13	硫加2	単肥で41kg

尿素はチッソ成分46％、重焼リンはリン酸成分35％、硫酸カリウムはカリ成分50％

第3図　堆肥栽培の施肥量計算例

ては蓄積は考えず、毎年この表を目安に計算すればよい。もし、生育を見てチッソが効きすぎたと感じたら肥料を減らす。

堆肥栽培を補う施肥量の計算例

第3図は、表中の成分の牛糞堆肥を2t入れた場合の施肥量の計算例だ。

（1）まず、堆肥に含まれる肥料成分を計算

チッソを例に計算すると、堆肥2tの中に含まれているチッソは

2,000kg×0.7％＝14kg

牛糞堆肥の肥効率を20％とすると、

14kg×20％＝2.8kg

作物に吸収されるチッソは約3kgということになる。

（2）堆肥の肥料成分を考えた施肥量を計算

元肥にチッソ、リン酸、カリがそれぞれ10aに15kg必要とすると、チッソ3kg、リン酸11kg、カリ14kgが堆肥から供給されるので、その分を差し引いて施肥すればいい。チッソ12kg、リン酸4kg、カリ1kgを肥料で補えばいいことになる。

執筆　編集部
（『現代農業』2009年10月号「堆肥栽培実践ガイド」より）

堆肥材料の炭素・チッソ・微生物・ミネラル分類と各種堆肥づくり

(1) 堆肥に対する考え方

「有機物や堆肥で土つくり」などと称して，「堆肥で簡単に土つくり」ができるような甘い考え方があるが，実際には施用量や使い方によっては野菜が病気で枯れたり，窒素過多になってイネが倒れたり，害虫が大発生したりする。また有機農法といえども，養分過剰では硝酸態窒素が過剰になる。その結果，堆肥や有機物はだめだという烙印を押すことになってしまう。また，畜産農家と耕種農家を結びつけ，家畜糞とわらを交換するという「耕畜連携」も，糞尿処理的な面が強くなると耕地は糞の捨て場となり，その量が過剰になると地下水汚染と生育障害を引き起こす。

また，おがくずなどの木質の副資材を使用した家畜糞堆肥では，毎年おがくずが土中に蓄積して，野菜の旨味を低下させ，さらに窒素飢餓を引き起こすことにもなる。緑肥も多量にすき込むと消化不良を引き起こし，長雨が続くと土壌が腐敗することもある。

これらは有機物や堆肥という生物エネルギーの価値や内容を知らずに使っているということであり，病虫害の発生も多くなり非常に危険なことである。つまり，「堆肥を使えば無農薬で栽培は簡単」ということにはならないのである。そこで，堆肥の性質を，養分の濃さと完熟度の二つの側面から整理・分類し，その使い方を考えてみる。

①養分の濃さから見た堆肥

堆肥を養分の濃さから見ると，第1表のように「養分堆肥」と「育土堆肥」に分けることができる。養分堆肥は養分が多いので肥料として使えるもので，育土堆肥は肥料としての効果よりも，土壌の物理性や生物性を良くするために使用するものである。

養分堆肥は育土堆肥と併用することができる。また，生ごみ堆肥は養分堆肥と育土堆肥の双方の性質をもっている。

②完熟度と完熟要求度

堆肥は多種類の有機物を混合して微生物によって発酵分解・熟成させるため，完成まで短期間でも3か月，長期では1～2年を要する（第1図）。

堆肥は研究者の間では「中熟後半」が生物的，物理的，化学的に効果的でもっとも良いといわれている。完熟堆肥は，完全に微生物に分解されて「かす」だという研究者もいる。しかし，完熟した堆肥には養分がまったくないわけでは

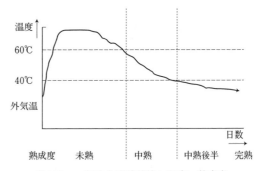

第1図　一般的な発酵状態と温度，熟成度

第1表　養分の濃さから見た堆肥の分類

分類	種類	使用方法	用途
養分堆肥	土ボカシ，ボカシ肥料，発酵鶏糞，豚糞堆肥，生ごみ堆肥，有機肥料[1]	養分が多く土壌や野菜の肥料（化学性[2]）として使用	基肥または追肥として利用
育土堆肥	落ち葉堆肥，牛糞バーク堆肥，草質堆肥，籾がら堆肥，バーク堆肥，チップ堆肥	水はけなどの物理性[3]や，有益な微生物が生息できる生物性[4]を良くするために使用	基肥またはマルチとして利用

注　1）有機肥料とは油かす・大豆かすなどのように，微生物分解を受けず，原料を乾燥・蒸製したもの
　　2）化学性とは，N・P・KやCa，Mgなどの養分，pH（酸性・アルカリ性），EC（電気伝導度），CEC（陽イオン交換容量）
　　3）物理性とは，水はけ，透水性，保水性，空隙率，団粒構造の有無・多少
　　4）生物性とは，土壌中の微生物の種類や生息数。良質菌と病原菌の関係

なく，水につけても腐敗せず安定しているため，施用すればすぐにタネまきや苗の定植ができるなど作業性の良さがある。現場にとって必要なことは，堆肥の完熟度の評価ではなくて，作物にとって完熟が要求される度合である。完熟が要求される度合（順番）は次のようになる。

1）育苗，2）根菜類（直根類），3）葉菜・果菜類，4）根菜類（塊茎類），5）果樹類やチャ，6）マルチ。

(2) 堆肥材料の分類

堆肥づくりでは混合する資材の比率が，水分や空隙の調整とともに重要な条件である。いろいろな種類の材料を混合することで微生物による発酵状態が良くなり，養分のバランスや品質も高まる。堆肥をつくるときの材料の混合比率を容易にするために，有機物の分類を考えた。

1) C：炭素資材C/N比50以上
水を加えても腐敗しないもの。
戸外で野積みしておいても腐敗しにくい資材（養分は流亡する）。

2) N：窒素資材C/N比50以下
水を加えると腐敗するもの。
水を含むと発酵や腐敗が始まるので，乾燥する場所に保管するかすぐに利用。乾燥すれば貯蔵可能。

3) B：微生物資材
発酵を促す多種類の微生物。
地域に棲んでいる微生物を，落ち葉や植物の根から収集。
また，種菌として完熟堆肥を混合することも可能。

4) M：ミネラル資材
微量要素を豊富に含んだもの。
山の土や岩石から海水まで，多様な素材を集める。
地域でふだんから堆肥の材料となるものを探しておく。できれば，ただで手に入り，お互いに喜ばれるものがよい。分類ごとの材料を第2表にまとめた。

(3) 有機物の種類と特徴

堆肥に利用できる有機物や無機物には多種多様なものがあり，これらの特質を理解しておくことが堆肥づくりの材料の配合のさいには重要である。植物系資材と動物系資材，そしてミネラル資材がある。

①植物系資材
〈籾がら〉
1）ケイ酸が多く，酸性で腐敗しにくい。ただし，嫌気状態で経過すると褐色に分解する。
2）空隙があるので，微生物に棲家を与え土壌を膨軟にする。
3）家畜糞の堆肥化に有用な資材である。

〈草〉
1）イネ科雑草や野草がC資材として有効利

第2表　堆肥材料の分類

資材名	手に入る材料
C：炭素資材（C/N比50以上）	おがくず，チップ，剪定枝，ソバがら，籾がら，秋以降のススキやアシ，小麦わら，バーク（樹皮），樹木やタケの粉砕物 （C資材は雨にあててもよいが，水分調整剤として利用する場合は屋根下に置くこと。バークやチップ，おがくずで水分が多いときにはN資材を5％ぐらい加えて発酵させて乾燥させることも可能）
N：窒素資材（C/N比50以下）	畜糞（鶏糞，豚糞，牛糞），魚粉，魚のアラ，海草，生ごみ，おから，コーヒーかす，茶がら，廃食油，ビールかす，野菜残渣，米ぬか，キノコ廃おが，油かす （N資材は雨や日光には，あてないこと。腐敗や酸化を防止すること）
B：微生物資材	落ち葉（いろいろな種類），腐葉土，完熟堆肥，雑草や野草類の根 （土着菌を野原，竹林から落ち葉として収集する）
M：ミネラル資材	麦飯石，貝化石，カキがら，貝・カニ・エビがら，ゼオライト，草木灰，山土，海水，ニガリ，かわら屋根の壁土の再利用

注　廃食油は，容積比で米ぬか30倍に吸収させてから堆肥に利用
　　廃食油：米ぬか＝1：30以上。1：3で少し混ぜてから全体に混合することで均一に混ぜられる

用ができる。

2) 夏までの春夏草はN分が多いのでN資材，秋以降はC資材として利用する。

〈落ち葉〉

1) ふつうは広葉樹を利用する。ただし，タケの葉やマツは栄養も多く分解が早くて使いやすい。

2) スギやヒノキは全体量の約5％を超えて混合しない。微生物の活動を抑制するからである。

3) 落ち葉はチップなどと混合して用いると成分バランスが良くなり，分解も早くなる。

〈チップ，バーク，おがくずなど〉

1) N分はきわめて少ない。N分の多い生ごみや家畜糞尿処理に用いる。

2) 堆肥の発酵分解を進めるには，繊維がよく出るように押しつぶしてカットする。

3) 堆肥材料中の混合比率が高いと野菜の味や旨味を悪くするので，投入量を10～20％に加減する。

4) 土壌中での分解がおそいので貯金状態となり，N飢餓を発生させるため要注意。

〈生ごみ〉

1) 生ごみのC/N比は10～12程度と低く，腐敗しやすい。

2) 多様な食材が入っているので，堆肥材料としては有用である。

3) 牛糞と混合，堆肥化されることが多い。

〈米ぬか〉

1) 発酵分解の推進役として有用な資材である。

2) 糖分，タンパク，ミネラルに富み，微生物の繁殖には欠かせない。

3) 高価（10～15円/kg）であるが，少量でも使用したい資材である。

4) 米ぬかは新鮮なものを第一として，カビの発生や腐敗などしていないものを用いる。

〈油かす〉

1) 菜種，綿実，ゴマなどの油かすがある。

2) N分やP分などが多く「ボカシ肥料」に用いる。

3) 堆肥材料としては高額な資材である。

〈タケ類〉

拡大を続ける孟宗竹や篠竹など小竹類を粉砕したチップは，堆肥材料としてとても有効である。また，作物の生長も良くなり，タケ類に含まれている物質によって病原菌に対して抗菌的な作用があるといわれる。

②動物系資材

〈家畜糞尿〉（第3表）

鶏糞，豚糞，牛糞の成分は，エネルギー（養分量）として考えると，鶏糞3，豚糞2，牛糞1の比率となる。

1) 鶏糞

・N，P，Kが高く，栄養豊富である。

・多量に使用すると養分過多になる（病虫害の発生につながり，また野菜の品質も悪くなり，腐敗しやすくなる）。

・バーク堆肥や籾がら堆肥など，副資材にC分の多い資材と混合する。

・豚糞，牛糞といっしょに混合して発酵分解すると良質になる。

2) 豚糞

・養分が高い。

第3表 「家畜ふん堆肥の項目別推奨基準値」との比較

基準項目および値	本技術処理による生成物の畜種別値	鶏 糞	豚 糞	牛 糞	三種混合
有機物	（乾物当たり60％以上）	82.5	87.6	86.4	84.7
炭素・窒素比（C/N比）	（30以下）	9.25	15.07	30.31	15.10
窒素（N）全量	（乾物当たり1％以上）	4.82	3.39	1.75	3.35
リン酸（P_2O_5）全量	（乾物当たり1％以上）	3.69	3.01	1.75	3.08
カリ（K_2O）全量	（乾物当たり1％以上）	2.30	1.32	1.65	1.75
水 分	（現物当たり70％以下）	0.20	1.00	0.70	0.30
電気伝導率（EC）	（現物につき5mS/cm以下）	4.76	4.54	4.43	4.56

注 比較資料出所：「有機質肥料等推奨基準」に係る認証要領（全国農業協同組合中央会）

・Cuの含有が多いので植物生長に害を与えるといわれる。
・N資材として利用する。

3）牛　糞
・酪農牛と肥育牛では養分，水分成分などが異なる。
・酪農牛糞は水分が多いので，尿分離が重要である。
・混合するC資材としては籾がら，バーク，おがくず，チップがある。

〈海産物〉
1）魚，カニ，エビ，貝などの肉の部分（廃棄物）は栄養豊富だが，腐敗しやすい。
2）ミネラルも豊富で有用な資源である。
3）魚類は油脂が多いので，分離した魚かすが堆肥には使用しやすく，生のアラも高温で発酵している堆肥に投入すると腐敗しない。

〈汚泥類〉
1）汚泥のなかで，安全に堆肥に使用できるものは食品汚泥である。
2）尿尿汚泥や下水汚泥は重金属などの点で注意が必要である。
3）汚泥は好気性微生物によって分解された微生物の遺体がほとんどで，動物性ともいえる。
4）水分も多く，堆肥化にはもっとも困難な資材である。
5）浄化槽で良い管理がなされるとまったく腐敗臭がしない（好気性微生物による微生物分解）。

③ミネラル資材
〈山　土〉
1）バージンの山土や壁土には豊富なミネラルが含まれている。

2）とくに壁土などの粘土鉱物は，堆肥化中にミネラルの供給，CECを高めるため，必要な資材である。

〈海産物〉
・カニ，カキがら，貝類，エビ，海藻類など海産物はミネラルの宝庫である。
・珊瑚も良い有機Ca資材である。
・海水やニガリも利用できる。

〈岩　石〉
花崗岩などの岩石にはミネラル分が多く含まれているので，粉砕または粉状になったものを堆肥化のときに混合すると，発酵中の有機酸によって微量であるが徐々に溶出する。

(4) 堆肥づくりの基礎技術

①籾がら堆肥

籾がら堆肥は籾がら6にN資材を4入れ，土を10％混合して発酵させたものである。軽量なので扱いやすく，発酵温度は70～80℃になる（堆肥の山の7合目付近，深さ30cmで測定する）。空隙が多く乾燥しやすいので注意する（第4表）。

場所　籾がら堆肥は水はけが良いので，戸外でもつくることができる。発酵中はカーペットなど通気性のあるものでカバーするが，30℃を切って結露しなくなったら防水カバーで覆う。

つくり方　1）籾がらを広げる。2）その上におから，鶏糞，土を広げる。3）2回ほど混合して水分を50～60％に調整する。4）混合したら山積みしてカーペットでカバーする。

切返し　1回目は10日後，2回目は20日後，3回目以降は1か月に1回。温度が40℃を切ったら熟成させる。

高品質籾がら堆肥　堆肥が常温になったあと，米ぬかをもう一度3～5％混合し，水分を50％にする。発酵温度は60～70℃になり，1回目と同様に切返しをする。温度が低下して常温になれば使用可能である。

完熟の判定　籾がらが指でつぶれれば使用できる。7～12か月で完成する。

用途　育苗・マルチ・野菜全般。

第4表　籾がら堆肥の材料および基本配合割合

その①		その②	
籾がら	6	籾がら	6
おから	4	鶏糞	2
山　土	1	米ぬか	2
落ち葉	1	山　土	1
生おからの水分で水は不要		水分を60％にする	

注　計測は一輪車で行なう

②土ボカシ

土ボカシは籾がら1，N資材2に対して，粘り気のある土3を混ぜ合わせ，水分を60％にして発酵・熟成させたものである。完成までに4～6か月かかる（第5表）。

おから，鶏糞，米ぬかの代替品として，油かす，生ごみ，豚糞などを使用してもよい。計測は一輪車で行なう（第2図）。大量であればバケットローダーで計る。

つくり方 1）籾がらを広げる。2）米ぬか，鶏糞，おから，落ち葉を広げる。3）1～2回混ぜて，その上に土を広げる。4）全体を混合して水分60％を手で判断する。少なければ加える。水分60％は両手で強く握って指間から水がにじむ程度。5）山積みし，カーペットをかぶせて発酵させる。

切返し 毎週1回切り返し，温度が40℃を切ったら寝かせる。

完熟の判定 空きビンに入れて腐敗試験をする。アンモニア臭や刺激臭がない。

用途 水田，野菜全般，シバ，花木，花。培養土には20％混合するとよい。

施用量 平均3ℓ/m²。完熟しているので，施用してすぐにタネまき，定植が可能である。

③腐葉土（落ち葉堆肥）

冬から春にかけて集めた広葉樹の落ち葉に，米ぬか，籾がら，土を混合して水分調整を行ない，発酵させてつくる。落ち葉堆肥は完熟するまで1～2年を要する（第6表）。

松葉など針葉樹が多いときには米ぬかの量を多くする。籾がらは葉と葉がつかないように入れる。

つくり方 1）あらかじめ落ち葉を雨などで湿らせておく。2）落ち葉を広げて，その上に米ぬか，籾がら，土を広げる。3）混合して水分を60％に調整する。水分60％は両手で強く握って指間から水がにじむ程度。4）山積みしてカーペットをかぶせる。

切返し 1回目は10日後，2回目は20日後，3回目以降は30日に1回。40℃になったら放置して熟成させる。

完熟の判定 落ち葉を手で軽くもむとボロボロになっている。

用途 腐葉土は堆肥の王様である。ミネラル豊富で野菜に使うと味が良くなり，培養土にも利用する。また，樹木医が天然記念樹や老木の再生に利用している。また，抗生物質を出す菌が多く，病害の出やすい土に入れて土壌病害を改良できる。果菜の定植のときにひとつかみ入れると，良い根圏微生物層になる。

④草質堆肥

草質堆肥は，野草や刈り草に米ぬか，籾がら，土などを混合して発酵・熟成したものである。長いままでは空気が入りすぎ，切返しが困難で「焼け堆肥」になるので細断する（第6表）。

5月から8月にかけての軟らかい草は米ぬか2～3％でよく発酵するが，9～11月の硬い草には5～7％の米ぬかを混合する。このとき，落ち葉（全量の5～10％）や鶏糞を少量入れ

第5表 土ボカシの材料および基本配合割合

土	3	粘りのある土，壁土，屋根の壁土
米ぬか	1	新鮮なもの
おから	1	腐敗しやすいのですぐ混合する
籾がら	1	乾燥したもの。堆肥の空隙をつくる
落ち葉	0.5	多種類の落ち葉。手で押さえて計る
鶏糞	0.3～0.5	乾燥鶏糞が扱いやすい

注 おから，鶏糞，米ぬかの代替品として，油かす，生ごみ，豚糞などを使用してもよい

第2図 土ボカシの材料および基本配合割合
計測は一輪車で行なう。大量であればバケットローダーで計る

第6表 腐葉土（落ち葉堆肥）と草質堆肥の材料および基本配合割合

〈腐葉土（落ち葉堆肥）〉		〈草質堆肥〉	
落ち葉	8	刈り草	8
米ぬか	0.5～1	米ぬか	1
土	1	土	0.5～1
籾がら	0.5～1	籾がら	0.5
		落ち葉	1

注 計測は一輪車で行なう

ると品質が良くなる。発酵温度は60～75℃に上がるので雑草種子はすべて死滅する。

つくり方 1) 草はあらかじめ10～20cmに細断しておく。2) 籾がら，米ぬか，落ち葉，土を混ぜる。3) 1) の上に2) を均等においで混合し水分を60％に調整する。4) 山積みしてカーペットをかぶせる。

よく乾燥しているときには，山の上から十分水をかけて温度が上昇するまでブルーシートか古ビニールをかける。発酵温度が上がれば，その後通気性のあるカーペットに交換する。

切返し 1回目は10日後，2回目は20日後，3回目以降は30日に1回。40℃になったら熟成させる。

完熟の判定 常温になり黒褐色になる。5～6か月で完成する。

用途 野菜全般・育苗用や果菜類の定植に利用できる。高温で雑草種子が消滅しているので，安心して施用ができる。

⑤改良畜糞堆肥

地域に出てくる牛糞・豚糞堆肥を利用して改良した堆肥である。同じ畜糞ばかり施用すると土壌中の微生物が偏り，病虫害が出やすいといわれている。また糞尿ばかりでは野菜の味が落ちてくるので，おいしい良質資材を混合して再び発酵させた改良堆肥である（第7表）。

配合比率は，地域で発生する畜糞を主体にして他の材料を混合すればよい。草や落ち葉，剪定枝，生ごみに米ぬかなどを加えると品質が高まり，野菜の味も良くなる。とくに牛糞だけではカロリーが少なく発酵が進まないので，鶏糞を適量混合することが必要である。

つくり方 1) 材料を軽い順番に重ねていく。籾がら，牛糞バーク堆肥，鶏糞，米ぬか，土の順である。2) 水分調整を行ない，山積みしてカーペットでカバーする。3) 土は粘りのある山土がよいが，なければ畑の土や田んぼの土でもよい。かわら屋根のリサイクル壁土でもよい。

切返し 1回目は7～10日後，2回目は20日後，3回目は30日後。4回目以降は1か月に1回で，40℃になるまで切り返す。水分が低下すれば水を混合する。

用途 野菜全般，水田，果樹，チャなど。

⑥木質堆肥

木質堆肥は，おがくずやチップ，剪定枝，バークなどに米ぬか，鶏糞，土などを混合して発酵・熟成したものである。繊維が出るように押し潰し，粉砕したりカッターで切ると微生物の分解が容易である。切返しを行なうとき，高温で水分60～70％の嫌気状態に放置することでセルロースが分解される（第8表）。

剪定枝・チップなどは，粉砕したあと約1年間雨にあてて野積み放置したあと，配合して堆肥化を行なったほうが，微生物による発酵分解が行ないやすい。またN分が少ないので，生ごみや家畜糞の堆肥化の副資材として利用されている。水分の吸収や悪臭防止に役立っている。

つくり方 1) 木はあらかじめ破砕機で細断しておく。2) 米ぬか，鶏糞，落ち葉，土を混ぜる。3) 混合して水分を60％に調整する。4) 山積みしてカーペットをかぶせる。

よく乾燥しているときには，山の上から十分水をかけて温度が上昇するまでブルーシートか古ビニールをかける。発酵温度が上がれば，その後，通気性のあるカーペットに交換する。

切返し 1回目は10日後，2回目は20日後，3回目以降は30日に1回。40℃になったら熟成

第7表 改良畜糞堆肥材料および基本配合割合
（牛糞堆肥を中心とした改良堆肥）

牛糞バーク堆肥	4	牛糞おがくず堆肥	4
籾がら	2	籾がら	2
鶏 糞	1	豚糞堆肥	1～2
米ぬか	1	鶏 糞	1
土	1～2	米ぬか	1
落ち葉	1	土	2

注　計測は一輪車で行なう

第8表 木質堆肥の材料および基本配合割合

チップなど	6
米ぬか	1
鶏 糞	3
落ち葉	1
土	1

注　計測は一輪車で行なう

させる。

2回目の堆肥化 常温になった木質堆肥に、米ぬか・鶏糞を全体量の15〜20％混合して、再度発酵させると早く熟成する。

完熟の判定 常温になり黒褐色になる。1年から1年6か月で完成する。高温で木の実が消滅しているので、安心して施用ができる。

用途 木質堆肥は主として果樹類や茶木に用いる。野菜全般・育苗用に利用できるが、全体施肥量の20％前後にするほうがよい。1cmのふるいをかけて、粗い木質堆肥は再び堆肥化の材料として用いる。

(5) 堆肥は微生物が生きている肥料

昔から堆肥は水はけをよくするため、土を軟らかくするための土壌改良剤として使われてきた。その理由は、野菜栽培にとって理想的な土壌の団粒構造を増やすためである。また最近では、土壌の空隙の確保や通気性、水はけなどの物理性の改善とともに、有用菌の利用による機能性堆肥などの生物性の改善に関心が高まっている。「微生物耕うん」のための微生物資材の散布や、放線菌による病原菌の抑制などである。

施用量は堆肥の重量で10a当たり2〜3t、容積では3〜5m³ぐらいである。行政の技術普及や指導では、化学肥料と併用で平均2tといわれている。その堆肥の多くは牛糞バーク堆肥などのような家畜糞堆肥（厩肥）が多く、養分もあり、また高温で完熟していない堆肥もあるので、使い方を誤ると病気や虫害の発生につながり、旨味の低下、農作物の貯蔵性が悪くなることがある。

堆肥の効果は、物理性、化学性（養分）、生物性の3つの観点から見ることができる。多様な効用をもった生きた微生物が多く含まれる堆肥の基本的な利用の仕方は次のとおりである。また第3図には、具体的な施用方法をまとめた。

浅く施用 土つくりは上層（表層）から行なう。酸素（空気）や光がある程度入る深さ5〜7cmで耕す。これなら、未熟から中熟の堆肥でも微生物が好気的に分解する。

森林でも表層の落ち葉がカビや多様な昆虫、ミミズなどに分解されて腐植化し、微生物によって土壌団粒化が進み、植物に必要なミネラル溶出が行なわれている。

土つくりは「表層から、微生物によって耕してもらうもの」である。ただし、硬く締まった土壌や、硬盤のできた圃場では、深く耕起したあと、堆肥を表層施用して浅く耕すとよい。

まとめて施用 生きた微生物の働きを考えると、まとめて施用することで、有用微生物がコロニーをつくりやすく、団粒化や病原菌の抑制に効果的である。施用量も全面施用に対して50〜60％で同じ養分効果が現われる。

紫外線にあてない 堆肥は、微生物が生きた肥料のため、紫外線による死滅を防ぐため、朝夕か曇りの日または施用後すぐに耕うんする。

基肥が主体 土性や作物によって施用量は加減するが、m²当たり約3l、10a当たり3m³（バケットローダー山盛り3台）が基準である。堆肥の種類によって異なるが、土ボカシなどは追肥後4〜10日ぐらいで肥効が現われ葉色が変化する。

葉もの、根菜類では基肥を主体とする。キュウリやナスなどの果菜類では基肥と、何度かに分けての追肥で補う。

(6) 地域の有機物の循環と堆肥化

私は1977年以来、試験的に化学肥料、農薬を使用しない栽培方法を体験してきた。それは化学肥料の替わりに、いくつかの堆肥を使用する方法である。最初の7〜8年間は、訳もわからず鶏糞や牛糞の家畜糞堆肥と、米ぬかや油かすの有機肥料で栽培してきたが、毎年病虫害が増えて収穫皆無になることが増えてきた。養分の高い肥料で野菜をつくること自体に危険をはらんでいたことを思い知らされることになった。

そこで、長年自然農法によって農業している人たちの教えを受けることになった。彼らは、野菜の病虫害の原因は「肥料中毒にあり、土壌は腐敗している」と体験的に話すのであった。そしてその解決策として、土そのものを活か

第4部　農家の有機資材

〈全面施用〉
ばらまいてから耕し，ベッドをつくる
ダイコン，ニンジン，コカブ，サツマイモ，マメ類，ミズナ，キャベツなどの葉菜類

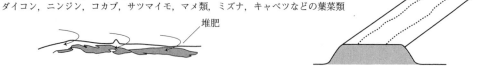

〈局所施用〉
1) うね（ベッド）施用：ベッドだけに使用する。全面施用量に比較して60％でよい
　　ホウレンソウ，ブロッコリー，レタス，キャベツ，ハクサイなどの葉菜類，根菜類

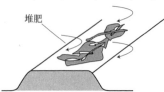
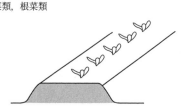

2) 溝条施用：溝に沿って堆肥を入れる。50％施用で同じ効果
　　サトイモ，ジャガイモ，ネギ，ニンニク

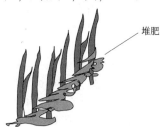
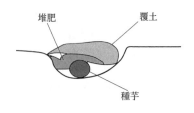

3) 穴肥（スポット）：穴に入れて使用する。追肥や不耕起栽培で使う。30〜50cm離してスポット的に施用するが，
　　　　　　　　　　養分効果は認められる

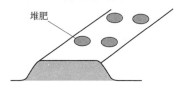

4) マルチ施用：ベッドに基肥を入れたあと，表層に堆肥の被覆をする。徐々に微生物分解を受けて効く
　　　　　　　その後は追肥で対応する
　　ナス，ピーマン，キュウリなど果菜類
　　基肥には，籾がら堆肥，土ボカシ，草質堆肥などをブレンドして多種類の堆肥を利用する

5) 待ち肥：スイカなど初期に養分が効くとつるボケする作物は，生育中期から効果が出るように待ち肥を施用する
　　スイカ，カボチャ，マクワウリ，トウガンなどウリ科類

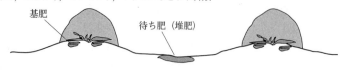

第3図　私の堆肥の使い方

し，完熟堆肥をつくり施用することを学んだのである。

私は教えられたように堆肥をつくり始めたが，4回つくってもすべて堆肥が60℃以上にならず腐敗してしまったのである。諦めかけた私にM先生が講習に来てくださって，はじめて高温発酵することがわかり，その堆肥でキャベツやコカブをつくることで，病虫害に侵されることのない健康な野菜ができることを学んだのである。

土壌の豊かさは，最終的には土壌への「えさ」の問題である。それは多様な微生物がバランスよく土壌を形成しているかということでもある。堆肥として多様な材料を提供するか，また栽培する植物を輪作や混作により，土壌の「えさ」供給の多様化を図るかである。耕作地は自然界から見たら，土壌養分が異常に多く，単純植生であり，また農薬（殺虫・殺菌剤や土壌消毒剤，除草剤）などの無数の化学物質によっていためつけられているのである。

土壌の健全性を確保するために，できるだけ多くの材料で堆肥をつくることが土壌中の生物多様性を図る技術となる。

以前から行政は，畜産農家の家畜糞を水田農家など耕種農家に施用して，替わりにわらを受け取るという「耕畜連携」を推進してきた。しかし，畜産農家が排出する堆肥が良質であれば耕種農家も有機物が補給されて化学肥料分が減少するのでよいが，堆肥が未熟だったり腐敗していれば作物に悪影響が出て，病虫害の発生を招き，減収となる場合も出てくる。こうした堆肥の品質は，畜産農家も耕種農家も，よほどのことがないかぎり問題視することはなく，悪くいえば糞尿の捨て場としてばらまかれてきたようである。

地域には夏場のたくさんの草，落ち葉，剪定枝，廃材木があり，ごみとして処分されることが多く，一般家庭の生ごみは約97％収集・焼却処分されている。また，籾がらやわらも時には燃やされることもあり，収穫残渣や出荷調製残渣も畑の隅に廃棄されていることが多い。

私はこのような，処理に困っている地域の有機物を処理する目的で堆肥をつくるのではなく，健全な土壌を育てるために，有機物をCNBMに分類して，それらを組み合わせて養分バランスのとれた配合比率を，試行錯誤しながら産み出してきた。そして堆肥を「生きた肥料」として効果的に少量使う技術もできあがってきた。私たちが堆肥をつくるのは，有機物の処理が目的ではなく，土壌の健全性を育てながら，収穫の安定と健康な農作物をつくり，人間の健康長寿を図ることが目的である。

こうした技術を民間に伝授するために「コンポスト学校」を開催している。受講生の職業は農業から公務員，会社員，主婦，医学研究者などさまざまである。また，2000年から始まった食品リサイクル法によって企業の生ごみ堆肥化が促進されてきた。私がこれまでにかかわった企業は12社であるが，堆肥化技術だけではなく，生ごみの適正処理，副資材の選定，高温発酵堆肥化，堆肥による有機栽培などトータルな指導を行なってきた。

地産地消運動が全国で盛んになったが，地域の有機物の循環「地循」を図らないと片手落ちである。その地循を進めるのが堆肥化技術である。化学肥料の原材料の輸入が減少・高騰するなかで肥料の確保は必須であり，地域の有機性材料のコーディネイターと堆肥化技術，堆肥センターの設置・分配，堆肥の効果的な施用技術などを行政が促進する必要がある。

執筆　橋本力男（堆肥・育土研究所）

2010年記

第9表　私の経営内容

名称	堆肥・育土研究所。野菜に関しては農家3軒で「菜遊ファーム」を名乗っている
住所	〒515-2603　三重県津市白山町川口6583-1
畑	70a，野菜40種類
水田	マコモ4a
販売	野菜，野菜苗，堆肥
その他の収入	講演・学校講義・企業のコンサルタント
販売方法	消費者45軒の家庭直売＝おまかせパック方式

第4部　農家の有機資材
ボカシ肥

ボカシ肥

　米ヌカ、油粕、魚粕などの有機質肥料を発酵させてつくる肥料。有機物を分解させることで初期のチッソが効きやすくなる。かつて、油粕や魚粕など、チッソ成分が比較的多い材料が中心だったころは、山土や粘土、ゼオライトなどを混ぜ、アンモニアなどの肥料分を保持して肥効が長もちするようにした。米ヌカが材料の中心となった近年は、土を入れないボカシ肥が一般的になっている。

　1995年の食管法廃止で米販売が自由になり、農家精米、産地精米が増えると、入手しやすくなった米ヌカ中心のボカシ肥つくりが急速に広がった。米ヌカは、水を加えるだけでも発酵してボカシができるが、EM菌などの市販微生物資材を使う人も多い。また、竹林などから採取した土着菌を入れれば、その地域の有用微生物が豊富な土着菌ボカシができる。加える素材も油粕や魚粕だけでなく、おからや茶ガラなどの食品廃棄物、カキガラ、海藻、自然塩などの海のミネラル……。農家がつくるボカシ肥は、材料もつくり方の工夫もどんどん広がっている。

　ボカシ肥には、微生物がつくるアミノ酸やビタミンなども含まれる。これを根まわりに施すことで、根圏の通気性をよくするとともに、根圏微生物相を豊かにし土壌病害を抑える効果も期待できる。ボカシ肥に含まれる乳酸菌はフェニル乳酸という有機酸をつくり出し、発根も促す。ボカシ肥は、土の化学性、物理性、生物性をよくする総合的な肥料だ。

　なお、福島県の薄上秀男さんは、1）糖化、2）タンパク質の分解、3）アミノ酸の合成という3段階の発酵を経て、こうじ菌、乳酸菌、納豆菌、酵母菌、放線菌などの自然の微生物の働きを十二分に引き出してつくった肥料を「発酵肥料」と名づけた。発酵肥料もボカシ肥の一種だが、微生物とアミノ酸・ビタミンなどの成分をより豊富に含むと考えられる。

　執筆　編集部

第1図　米ヌカでボカシをつくる作業の様子

ボカシ肥

竹やぶのハンペンで土着菌ボカシ

土着菌ボカシと踏み込みベッドでおいしいキュウリを40年連作してきた茨城県古河市の松沼憲治さん。ボカシ肥づくりには竹やぶで見つかる菌のかたまり（通称ハンペン）を利用する。

執筆　編集部

第1図　竹林の落ち葉の中に見つかるハンペン
（写真撮影：橋本紘二、以下も）

種菌をつくる

①ハンペン5つかみと同量くらいのご飯（40℃）を混合

②米ヌカ1袋（15kg）と混ぜる。米ヌカの重さの3分の1の水を加え水分調整

③こもをかけておくと、白い菌糸がまわって発熱してくる

④発熱したら米ヌカを足して再び水分調整、こもで覆う。10～15日おいてパサパサに乾燥してきたら種菌のできあがり

ボカシ肥（300kg）をつくる

⑤ハウスの湿った土の上に、米ヌカ150kgを広げ、そこにナタネ粕60kg、骨粉20kg、種菌30kg、赤土50kg、モミガラくん炭10kgを平らになるように加えていく。中心部分を少し掘り、水100ℓを加えて水分調整しこもをかけておく。水の量は必ず材料の合計の3分の1とする

第2図　材料を加えていく

⑥1日1回ずつ切り返す。だんだん乾燥が進み、2週間したら極上ボカシのできあがり。湿り気が残っているときは、そのまま2～3日おくとよい

第3図　できあがり。表面に白い菌糸がビッシリ出ている

（『現代農業』2000年1月号「土着菌ボカシと踏み込みベッドで40年連作キュウリ！」より）

米ヌカなどを低温嫌気発酵させる保田ボカシ

執筆　西村いつき
（NPO法人兵庫農漁村社会研究所）

大自然の法則にもとづいて考案

保田ボカシは、有機農業の推進に努める神戸大学名誉教授の保田茂農学博士が、「天地有機」（大自然には人間の力を借りなくても植物が立派に育つ仕組みがあり法則がある）の考え方にもとづいて考案したものです。栽培試験を繰り返しながら、農作物が健全に育つ有機資材の材料や配合割合、そして誰でも簡単につくれる方法を考えて開発されました。

材料の配合割合は、容量比で米ヌカ6、油粕3、魚粕2、有機石灰（カキガラ石灰）1、水2です。これらを乳酸発酵（低温発酵）させ、乳酸菌を中心とした多種類の有用微生物を殖やすのが特徴です。

なお、水は地元の谷水（山から流れる沢水など）を使います。そこには土着菌が含まれているからです。谷水が入手できない場合は、水道水を一昼夜放置してカルキ抜きしてから使います。

嫌気性発酵で乳酸菌を殖やす

そもそもボカシとは、伝統的な有機肥料のことで、先人の知恵として昔からつくられてきました。鶏糞や魚粕のように肥効の強いものを土などと混ぜて発酵させ、肥効を和らげて（散らす、ぼかす）、生育障害を招かないように工夫した資材です。

このボカシをつくるとき、通常は材料を切り返し、好気性発酵（高温発酵）させることが多いのですが、保田ボカシは材料を混ぜた後にポリ袋などに密閉し、嫌気性発酵させます。すると、乳酸菌主体のボカシとなります。材料を混ぜて密閉後、夏場で2週間、冬場なら4週間で、甘酸っぱいにおいがしてきたら完成です。

成分は第1表の通りです。化学肥料のように速効的に効くのではなく、ゆっくり優しく効く肥料となります。

保田ボカシの三つの特徴

特徴は大きく三つあります。

(1) 乳酸菌で毛根を守る

ひとつは乳酸菌の有効利用による効果です。乳酸菌は植物の根毛を守る働きをするので、植物の健康状態がよくなります。

その仕組みは人間の体を考えるとわかりやすいかもしれません。人間の小腸にある柔毛は植物の根毛と同じような働きをしています。小腸の柔毛は乳酸菌によって守られ、栄養が吸収さ

第1図　保田ボカシのつくり方

〈混合割合（ひしゃくで）〉
米ヌカ　　　：6杯
油粕　　　　：3杯
魚粕　　　　：2杯
カキガラ石灰：1杯

＊ひしゃくは口の直径が15cmのもの。一輪車の上で混ぜるとやりやすい

〈手順〉
①一輪車のバケットの上で材料を混ぜた後、中央に穴（窪み）を掘る
②穴に水を2杯入れ、ダマがなくなるまでよく混ぜる
③ポリ袋（肥料袋）に小分けにする
④袋の空気を抜いて口を丸めながらたたみ、逆さまにして積み重ねて保存。夏場は2週間、冬場は1か月で完成

れやすい最適な環境がつくられています。これと同じように植物の根毛も乳酸菌で守られることにより、養分が吸収されやすい環境がつくられ、生育が安定するわけです。

(2) 低コストで手間がかからない

保田ボカシのおもな材料は米ヌカで、他の材料も身近なものなので安価です。また、空気を遮断するだけで発酵が進む嫌気性発酵のため、好気性発酵のように切り返す手間が不要で比較的簡単につくれます。

(3) 施肥量が少量で経済的

これまで試験して見えてきた最適な施肥量は、野菜で10a当たり240kg（チッソ成分で約6.5kg。基本的にどの野菜も同量）、水稲で10a当たり90kg（チッソ成分で約2.1kg）です。

特別栽培農産物表示ガイドラインにもとづく兵庫県の地域慣行レベルでは、たとえばピーマンでチッソ成分5.8kg、水稲で8.5kgなので、これらに比べても少量で経済的です。

ウネ内に局所施用

保田ボカシは使い方にも特徴があります。乳酸菌などの有用菌が根毛近くに集まるように、表層への全面施用ではなく、ウネ内に2層に分けて局所施肥します。

2層の局所施用が段階的に効いてくるため、追肥の必要はありません。この方法はどの野菜でも同じです。直売所向けや家庭菜園のようにさまざまな野菜を小面積で栽培する場合にとくに適しています。

なお、保田ボカシをウネ内施用するときは、ボカシの下に堆肥を入れ、さらにウネ上には草マルチをすると、生育がより安定します。草は河川敷のアシ（ヨシ）などが最適です。抑草効果があるだけでなく、乾燥にも強くなるので灌水回数が減らせます。

兵庫県下の7か所で開催されている有機農業教室では、毎年、保田先生や県の普及指導員などが講師となってこのボカシづくりの講習会を行なっています。年間240人ほどの方が参加

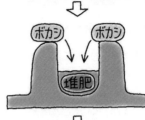

ウネを立て、中央に穴を掘る。穴の下に堆肥を入れ、土を少し入れる

ウネの両肩にボカシを載せ、片方のボカシを入れたら少し土を入れ、もう片方のボカシを入れる

最後にふたをするように土を入れて完了

第2図　保田ボカシの施肥方法

第1表　保田ボカシの成分

水分	33.8%
pH	6.6
EC	2.23
C/N比	10.6
チッソ全量	2.72%
アンモニア態チッソ	0.07%
リン酸全量	2.32%
水溶性リン酸	0.21%
カリ全量	1.35%
水溶性カリ	0.63%

注　保田ボカシ（正式名：HYS低温発酵有機資材保田ぼかし。商標登録済み）の化学分析結果

しており、各地で保田ボカシをつくる農家が増えてきました。

（『現代農業』2016年4月号「米ヌカを低温発酵させる保田ボカシ」より）

発酵肥料のつくり方

執筆　薄上秀男（薄上発酵研究所）

納豆菌の活躍で良質の発酵肥料ができる

　極上の発酵肥料（ボカシ肥）をつくるには、最初に糸状菌（カビの仲間であるこうじ菌）による糖化作用、続いて納豆菌によるタンパク質やアミノ酸などの分解作用、最後に酵母菌によるアミノ酸やタンパク質などの合成作用という3段階の発酵作用を必要とする。その中で、とくに第2段階の納豆菌による分解作用が十分に行なわれたかどうかが、良質の発酵肥料づくりのカギを握っているといっても過言ではない。

　大豆粕や魚粕、骨粉などの材料を考えた場合、いずれの素材も一個一個の細胞は強い細胞膜に包まれている。それらはいずれも分解のしにくいセルロースやヘミセルロースなどで、これらを分解してやらない限り、中に含まれているタンパク質やアミノ酸、さらには生物に活力を与える核酸や酵素、ビタミン、ホルモンなどを取り出すことができない。

　この点、納豆菌は糸状菌などの力を借りながら、これらの難分解性の素材をみごとに分解していく。

活力の高い納豆菌をつかまえる

　納豆菌は、高温（40〜45℃が適温、70℃までは活動する。とくに難分解性のものを分解する時はこの高温が大切）多湿とアルカリ性（pH7〜8が最適）、豊富な栄養素（とくに糖分と良質タンパク）、十分な酸素を好み（好気性菌）、直射光線を嫌う。

　自然界では至るところに棲息しているが、とくに河川、湖沼、水田などの水分の豊富なところで、夏季に盛んに活動し、9〜10月にかけて盛んに胞子を飛散させる。それがイナワラやヨシなどの植物に付着し、越冬する。

　活力の高い納豆菌を選定するためには、極力農薬を使用していない新しいイナワラを使って材料を覆いたい。イナワラのない人はヨシやカヤでもよい。

　発酵材料の中でとくに忘れてならないものは、アルカリ性で良質タンパクの大豆粕と、アルカリ性でミネラルが豊富な木灰（ない場合は熔リン）である。

土着納豆菌を取り込む仕掛け

　最初に発熱発酵してくるのが糸状菌（こうじ菌）だが、この菌と納豆菌はまったく正反対の特性をもっている。そのことを十分に頭に入れて堆積する必要がある。

　糸状菌は酸性を好むので、pHの低い米ヌカを材料とし、さらにpHを低下させるために発酵促進材のコーランを加え、それに少量の水（水分50％以内）を加え、混合攪拌する。これを第1混合物とする。

　これに対して納豆菌は、中性からアルカリ性を好むので、菜種油粕、大豆粕、骨粉などを主体に、水分をやや多め（最初は70％程度）に加え、混合攪拌する。ただし、木灰だけは堆積後表面に散布する。

　堆積の形が、ちょうどおにぎりに梅干しを入れたように、中心に酸性の第1混合物が入るようにし、周りは中性からアルカリ性の材料で包み込むようにするのがポイントである。さらに表面には、ごま塩をまぶしたように木灰をふりかけて堆積終了。

　最後にイナワラ、こも、むしろなどをかけ、さらに水分の蒸散を防ぐために新聞紙（または紙の肥料袋を開いたもの、ポリ、ビニールなど通気性のないものはダメ）などで被覆する。

　このおにぎり方式の堆積によって、2〜3日後には最初はこうじ菌（糸状菌）による分解（糖化作用）で中心部より発熱し、菌は表面に向かって増殖、発熱していく。それに伴って発散する水蒸気は、あらかじめ散布しておいた木灰によってアルカリ性になっていく。こうして、発酵肥料の表面は高温、多湿、アルカリ性、たっぷりの栄養素と酸素、という納豆菌が好む

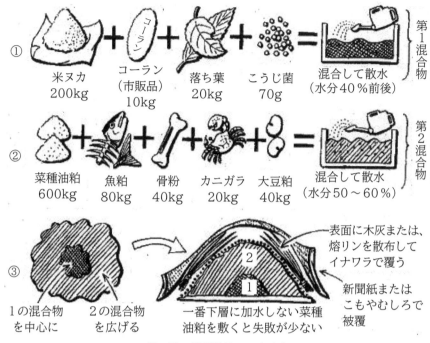

第1図 発酵肥料のつくり方

薄上秀男さんは、糖化、タンパク質の分解、アミノ酸の合成という3段階の発酵を経たボカシ肥を「発酵肥料」と名づけた。微生物とアミノ酸、ビタミンなどの成分をより豊富に含む。第1図の③のように材料を積むとこのように発酵が進む。

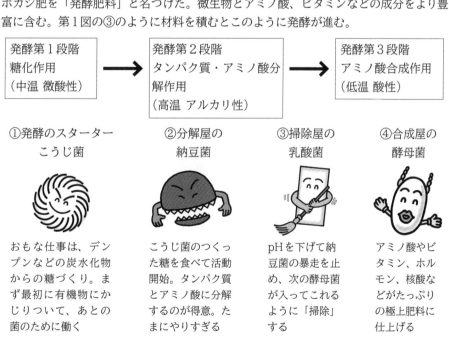

第2図 発酵肥料（ボカシ肥）をつくるときにおもに働く微生物

条件が全部揃う。50℃を超えると、イナワラの中で眠っていた納豆菌が目を覚まして活動を始めることになる。

　あとは発酵材料全体に菌が蔓延するように水分を補給し、中心部の温度が70℃を超えたら切り返す。さらに2〜3回切り返すと、その後の温度は下降の一途。第2段階のタンパク質やアミノ酸の分解が始まる。切り返しをするたびに醤油のようなアミノ酸臭がただよい、色は暗褐色に変わる。菌がアルカリ性のタンパク分解酵素を盛んに分泌し、米ヌカなどの酸性材料をアルカリ性に変換してゆく時期である。pHが7.4〜7.5になれば終了。

　45℃より低下すると第3段階。乳酸菌による成酸作用、酵母菌によるアミノ酸合成作用が行なわれ、白と黒が混合した、いわゆるごま塩状の発酵肥料が完成する。

（『現代農業』1996年12月号「極上発酵肥料は納豆菌の取り込みがポイント」より）

乳酸菌の分泌物・フェニル乳酸が発根促進

執筆　眞木祐子（雪印種苗・北海道研究農場）

第1図　乳酸菌培養液の灌注でキャベツの苗の根量が増えた

ボカシ肥を科学する

農業の現場を歩いていると、生産者の皆さんが経験にもとづいてさまざまな技術を磨いていて、その技術がまさに科学的な「理」に適っている場面に多く出会います。それは、研究者が理屈をこねなくても、生産者がプロの目で見て経験してきたことが事実であることを示しています。

「ボカシ肥」（ボカシ肥料）は、そんな日本のプロたちが脈々と受け継ぎ、磨いてきた技術の一つです。有機質原料を発酵させてから施用すると、生のまま畑に投入すると生じる害を避けるだけでなく、「発根が促進される」「節間が短くなる」といった植物の生長をコントロールするような作用があることが感覚的に知られていました。

科学的なメカニズムはほとんど解明されていないものの、そこに何かしらの「事実」があるに違いないと考え、研究を始めました。

乳酸菌がつくる発根促進物質

ボカシ肥づくりには生産者独自の技が光りますが、1）土壌や落ち葉などの土着微生物や微生物資材を利用する、2）発酵ステージによって嫌気条件と好気条件を使い分ける、といった共通する点があります。私たちはこのうち、嫌気発酵の初期段階に重要な働きをするといわれる乳酸菌に着目しました。

まず、ボカシ肥の中に乳酸菌が存在することを確認するため、おから主体の原料に土壌を混ぜて嫌気発酵させました。すると、ラクトコッカス・ラクティスやラクトバチルス・カゼイなどが確認され、ボカシ中で確かに乳酸菌が増殖していることがわかりました。

次に、乳酸菌による発酵が植物に与える影響を検証するため、乳酸菌の培養上清（上澄み液）をキャベツの育苗時に灌注施用しました。

すると、対照区と比較して、根量が増加しました（第1図）。この結果、乳酸菌が何らかの発根促進物質をつくることが推測されました。

そこで乳酸菌培養液の中から発根促進物質を探したところ「フェニル乳酸」という物質が見つかりました。フェニル乳酸は多くの乳酸菌がつくる代謝産物で、ヨーグルトなどの乳製品や食酢、サワーブレッド、蜂蜜などに含まれている物質です。

フェニル乳酸はオーキシン！？

そのフェニル乳酸がどのように働くのか知るため、発根を司る植物ホルモン「オーキシン」との関係性を検証しました。まず「オーキシンがあると光る植物」（遺伝子組み換えでクラゲの蛍光タンパク質を導入したシロイヌナズナ）にフェニル乳酸を投与したところ、光が強くなることが確認されました。つまりフェニル乳酸を投与すると、オーキシンを投与されたのと同じように植物が反応したのです。フェニル乳酸はオーキシンなのでしょうか？

次に酵母を使って、フェニル乳酸がオーキシン応答を誘導するかどうか検証しました。その結果は、予想に反して「誘導しない」というも

819

のでした。「フェニル乳酸はオーキシン応答を誘導しないのに、フェニル乳酸を与えた植物はオーキシン応答を強くする」という矛盾が生まれました。

そこで、植物体内でフェニル乳酸がどのように変化しているかを追跡してみました。すると、フェニル乳酸は植物に吸収された後、「フェニル酢酸」という別の物質に変換されていることがわかりました。フェニル酢酸は、もともと植物がつくるオーキシンの一種です。つまりフェニル乳酸は、植物体内でオーキシンに変換される「材料」だったのです（第2図）。

オーキシンは強い発根活性を示すと同時に、除草剤として使われるほど植物に対して強い薬害を示すことがあります。一方、フェニル乳酸は300ppmという比較的高い濃度で施用しても薬害を示しませんでした。これは、フェニル乳酸自身がオーキシンなのではなく、植物体内でジワジワと変換されて活性をもつためだと考察しています。

インドール酢酸とのダブル効果

ボカシ肥の重要な効果の一つとしてアミノ酸がいわれていますが、有機物を構成するアミノ酸20種とフェニル乳酸との関係を調べたところ、「トリプトファン」というアミノ酸とフェニル乳酸を混用した際に、その発根活性が高まることがわかりました。

トリプトファンはオーキシンであるインドール酢酸（IAA）の原料となる物質です。ボカシ肥はフェニル酢酸とインドール酢酸のダブルの力によって発根を促進していると考えられました。

乳酸菌培養液で発芽促進

稲作の省力化技術として、直播栽培が注目されています。一方で、苗立ちの不安定さから、むずかしいイメージがあることも事実です。この弱点を補うためにさまざまな技術開発が進んでいますが、乳酸菌培養液を役立てられないか検証しました。

種モミを乳酸菌培養抽出液と水（対照）でそれぞれ催芽処理し、水田土壌を入れたポットに播種したところ、乳酸菌培養抽出液で処理したポットは出芽までの速度が速まることがわかりました。このメカニズムには、フェニル乳酸とは別の物質がかかわっていることが示唆されています。

菌が死んでも効果は継続

乳酸菌が植物の生育に与える効果の一端をご紹介してきました。しかし、じつは自然界では、乳酸菌が他の菌に対して優占的に生存している環境はあまり見当たりません。「生きて腸まで届く」タイプの乳酸菌株なども、土壌中や葉面上で定着することは期待できないのです。農業で乳酸菌を利用する場合は、まず人の手で十分に増殖したものを利用することが重要だと考えます。

今回ご紹介した乳酸菌の効果は、「乳酸菌がつくった物質」による効果なので、たとえ乳酸菌が死んでいても効果が継続します。ただし、フェニル乳酸は葉面に施用しても、植物体内で移動しにくいことがわかっているので、しっかり根に触れるよう施用することが必要です。

（『現代農業』2022年1月号「乳酸菌の分泌物・フェニル乳酸の力」より）

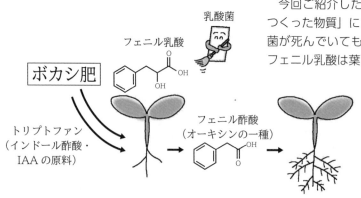

第2図　ボカシ肥が作物の発根を促進する仕組み（モデル図）

各種ボカシ肥料の特性比較

(1) はじめに

近年，ボカシ肥料は緩効的に作用し，流亡や揮散の少ない，いわゆる環境保全型肥料として注目されている。ボカシ肥料には「数種の有機質肥料に山土や粘土を混ぜて発酵させた肥料」や「単に数種の有機物を発酵させた肥料」があり，多種多様な製品が調製されているが，調製後の製品の成分含量の把握のみで，化学特性はほとんど検討されてない。

ここでは，和歌山県日高地域でのミニトマト栽培用ボカシ肥料を中心にその化学特性の概要を紹介する。

(2) ボカシ肥料の自家調製方法

①ボカシ肥料の作成工程

和歌山県内で使用されているボカシ肥料は以下の工程により農家が共同でつくっている。

①原料を混合させながら山積みにする（第1図）。

②水を散布しながら原料を混合し，水分補給する（第2図）。

③水分補給後，堆積し，むしろをかけ，発酵を促進させる（第3図）。

④発酵処理が終了するまで，②と③を繰り返して空気を堆積内に取り入れ，好気発酵を促進させる。

県内で「ボカシ肥料」と称せられる製品の代表的な調製方法は，原料の種類や養分吸着剤（山土・粘土）添加処理および発酵方法などで区別すると，第1表のように7つのグループに分類される。このなかで分類I（a, b, c, d）がミニトマト栽培用ボカシ肥料の調製方法である。

②養分補充処理

養分補充処理は，分類I（a, b, c, d）とeが硫酸カリによりカリを補充し，hが尿素により窒素を補充し，mが硫酸アンモニウムにより窒素を，リン酸マグネシウムによりリン酸を補充していた。特に，fは有機質配合（8-8-8）により三成分を補充している点が特徴的であ

第1図　原料の混合処理

第2図　水分補給処理

第3図　むしろによる発酵促進処理

第4部　農家の有機資材

第1表　和歌山県内ボカシ肥料の調製方法（概要）

分類	調製方法（概要）	供試肥料	有機質原料	山土・粘土の添加	発酵処理	養分補充
I	有機質＋山土，好気発酵＋無機成分	a,b,c,d	菜種油かす，米ぬか，籾がら，魚粉，骨粉	山土	VS菌 好気発酵	発酵処理後硫加添加
II	有機質＋バーミキュライト，好気発酵＋無機成分	e	菜種油かす，魚粉，骨粉	バーミキュライト	同上	同上
III	有機質＋バーミキュライト，好気発酵	f	有機質（8-8-8），魚粉，骨粉，カニがら，カキがら	バーミキュライト	好気発酵	なし
IV	有機質，嫌気発酵	g	菜種油かす，魚粉，骨粉，米ぬか，糖蜜	なし	EM菌 嫌気発酵	なし
V	発酵済み有機質＋有機質，尿素	h	調製済みの製品g 魚粉，菜種油かす，牛ふん堆肥	なし	なし	尿素を有機質原料に混合
VI	有機質，好気発酵	i	牛ふんチップ，籾がら，米ぬか，稲わら	なし	VS菌 好気発酵	なし
VI		j	鶏ふん，籾がら			
VI		k	籾がら			
VI		l	菌床使用済みバーク堆肥		好気発酵	
VII	有機質＋無機成分	m	落ち葉堆肥（落ち葉＋米ぬかで半年間の堆肥化） カニがら	なし	カルス菌 好気発酵	発酵前に硫安，リン酸マグネシウムを添加

る。

③養分保持剤（山土や粘土）添加処理

I～IIIのボカシ肥料は養分保持剤としての山土や粘土鉱物を添加しているが，IV～VIは添加していなく，養分保持剤を添加し調製する一般的なボカシ肥料とは異なった製品である。特に，VIグループのkは単体の有機物を発酵させたもので，単なる有機堆肥である。

④発酵方法

発酵方法は好気発酵が主流であるが，gのみが嫌気発酵で，hは発酵した製品gに有機質の原料を混合したものである。

以上の調製方法を一般的なボカシ肥料に共通する3つの項目（①数種の有機質の使用。②山土や粘土などの養分保持剤の添加。③発酵処理）に照らし，不足養分の補充を考慮すると，分類IとIIが所与の条件を満たしている。

(3) 自家調製品と市販品の化学特性

自家調製した製品（第1表）と市販品の化学特性を第2表に示す。

①成分含量

成分含量では分類Iの製品が窒素約4％，リン酸約5％，カリ約3％であり，試料による各成分含量差は少なく，リン酸が多い山型の成分比を示している。eは有機質の原料が分類Iと同じであるが，窒素4.5％，リン酸6％で，カリが6％と分類Iよりも多量である。

fは窒素2.2％，リン酸6.0％，カリ2.1％で，原料の有機配合の窒素8％，リン酸8％，カリ8％よりもチッソとカリの成分が少なくなり，リン酸が多くなっている。この原因としては，リン含

量の多い骨粉を原料に使用したことが考えられる（農文協編，1991）。また，無機成分などにより養分の補充がなく，有機質のみを使用している製品（f, g, h, i, j, k）ではカリが著しく少なく，これらの製品はカリが集積した圃場に施用するか，施用するさいにカリを補充する必要がある。

他方，市販品は窒素が4.7〜5.8%，リン酸が3〜8%，カリが2〜4%の範囲である。

②炭素率

自家調製での炭素率はi, j, kが20以上と高く，iが60と著しく高い。一般に植物が窒素を無機化できる炭素率の境界値は20〜30とされるので（米林，1993），炭素率20以上の製品は好ましくなく，炭素率60のiは施用により窒素飢餓を起こす可能性があり，肥料として使用するには不適である。逆に，分類Ⅰと市販品は有機態の炭素が20%以上で地力維持に効果的であり，炭素率は7以下と低く，窒素飢餓を起こす可能性は低いと判定される。

以上，三要素の成分含量と含量比および炭素率の面から，分類Ⅰ（a, b, c, d）の製品と市販品が施用に好ましいボカシ肥料である。

(4) 各種養分の溶解特性

ボカシ肥料の特性の一つとして緩効的な肥効があり，成分の溶けにくさがその一要因として推察される。そこで，いわゆるボカシ肥料の調製方法に一致し，成分含量や炭素率が施用に適している製品a, b, c, dと市販品での，ボカシ肥料からの養分の溶け具合を比較した。

①抽出液での溶解性

肥料からの養分は抽出する溶液により溶け方

第2表　自家調製と市販ボカシ肥料の一般特性　（乾物当たり）

供試肥料		EC (1:10)	pH (1:2.5)	成分含量 (%)						炭素率
				窒素	リン酸	カリ	石灰	苦土	炭素	
自家調製製品	a	7.0	6.2	4.1	5.2	3.4	5.1	1.2	24.2	5.9
	b	8.2	6.2	4.7	5.7	3.7	5.6	1.2	26.2	6.1
	c	7.2	5.7	4.1	5.2	3.3	4.6	1.2	29.1	7.0
	d	4.1	5.8	4.5	5.9	3.8	5.2	3.2	31.7	7.0
	e	1.3	5.7	4.5	6.0	6.0	5.9	1.9	24.7	5.4
	f	9.3	7.6	2.2	6.0	2.1	17.2	2.1	12.1	5.4
	g	3.5	6.1	3.4	5.4	1.7	2.2	1.3	40.4	11.7
	h	5.4	7.9	7.8	4.4	1.3	3.3	0.9	41.0	5.3
	i	2.0	8.1	0.5	0.7	1.0	1.0	0.5	32.3	60.8
	j	3.2	7.4	1.3	2.6	0.3	4.6	0.7	35.6	27.2
	k	1.5	7.4	1.5	3.5	0.2	5.2	0.9	35.6	23.9
	l	6.2	6.2	4.9	4.8	4.4	4.3	1.8	30.7	6.2
	m	-	-	1.7	5.5	2.5	12.4	3.5	16.8	9.7
市販品	n	8.4	7.5	4.7	6.4	2.3	8.4	1.4	30.5	6.4
	o	2.9	8.5	5.0	3.0	4.2	4.9	2.2	26.8	5.3
	p	2.3	9.1	5.8	8.0	2.7	7.0	1.3	38.3	6.5

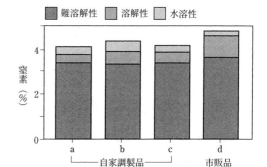

第4図　ボカシ肥料における窒素の溶解性別含量
（橋本，1995）

水溶性：水抽出，溶解性：中性リン酸塩緩衝液抽出，
難溶解性：成分全含量−（溶解性＋水溶性）

が異なり，すぐに溶ける速効性の部分を水溶性，各種溶液（易分解性窒素やく溶性リン酸および緩衝液に溶けるカリ・石灰）に溶ける部分を溶解性，それ以外の部分を難溶性とする。

窒素は自家調製品および市販品とも水溶性（無機態窒素）が少なく，大部分が難溶性，すなわち難分解性の有機態窒素であり，この窒素が徐々にボカシ肥料から分解・無機化し，肥効が徐々に現われる（第4図）。

リン酸において，自家調製品は水溶性が少なく，徐々に溶ける部分がほとんどであるが，市

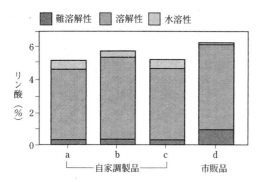

第5図 ボカシ肥料におけるリン酸の溶解性別含量
(橋本, 1995)

水溶性：水抽出, 溶解性：く溶性,
難溶解性：成分全含量－（溶解性＋水溶性）

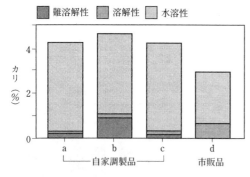

第6図 ボカシ肥料におけるカリの溶解性別含量
(橋本, 1995)

水溶性：水抽出, 溶解性：酢安抽出,
難溶解性：成分全含量－（溶解性＋水溶性）

販品はリン酸の難溶性の比率が自家調製よりも高く，原料・発酵方法などの調製方法が異なることによるものと考えられる（第5図）。

カリにおいて，自家調製品は硫酸カリを養分補充として添加していたので，大部分が水に溶けやすい速効性である（第6図）。

これらのことから，ボカシ肥料から窒素やリン酸は徐々に溶け出し，カリはすぐに溶け出すと判明した。

② pH変化での溶解性

雨水や施用肥料および土壌改良材などの影響により土壌のpHが変化し，その結果として土壌での塩基類やリン酸の溶解性が変化する。そこでpH変化による塩基とリン酸の溶け具合を検討する（第7図）。

石灰はその大部分が難溶性であるが，抽出液のpHが低くなると溶けやすくなり，pHが高くなると溶けにくくなっている。この傾向はリン酸でも同じである。逆に，カリの溶出にpHは無関係である。

(5) リン酸と石灰の溶出の比率

各養分の溶解特性でリン酸はカルシウムとの関連が強く，抽出液のpHを変えた場合での両成分の溶出比率を第8図に示す。

自家調製品はリン酸とカルシウムの溶出率が比例関係にあり，両成分はpH5の酸性で溶けやすくなる塩として存在すると推定される。他方，市販品はpH9のアルカリ性で溶出率が各試料により変動し，塩としての形態が原料や調製方法により左右されるものと推定される。

(6) ボカシ肥料の保肥力

ボカシ肥料は有機質が多く，地力の増強・維持効果があげられ，その要因としての保肥力（CEC）の特徴を第9図に示す。

自家調製，市販品ともpHにより保肥力は変化し，pHがアルカリ性になると強くなり，逆にpHが酸性になると弱くなる。このような反応は腐植の保肥力にみられ（$COOH \rightarrow COO^- + H^+$），ボカシ肥料の有機炭素は腐植として養分を保っているといえる。

(7) 望ましいボカシ肥料のつくり方

県内において各種の調製方法でボカシ肥料が使用されている状況下で，ボカシ肥料の肥効特性を理解する必要性が生じ，調製方法と成分含量および養分の溶解特性について検討した。養分が徐々に作用するというボカシ肥料の特徴は，養分の溶解特性と腐植の保肥力に起因すると推測される。そして，腐植由来の保肥力や養分の溶解特性の変動要因である原料の種類や発酵方法などの調製方法に対する検討もまた，ボカシ肥料の品質評価方法を確立するうえで必要不可欠であると思われる。

以上のような観点から分類Iのボカシ肥料が最も望ましい製品であると判断でき，その調製

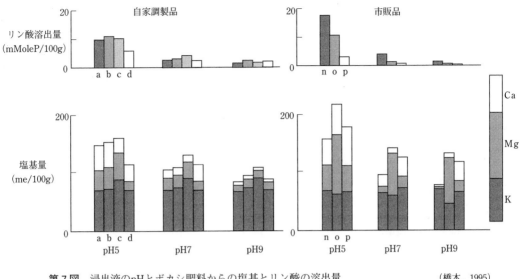

第7図 浸出液のpHとボカシ肥料からの塩基とリン酸の溶出量 （橋本，1995）
浸出液は酢酸アンモニウムを用い，そのpHは5，7，9にそれぞれ調製した

方法を紹介すると以下のとおりになる（第10図）。

①有機質（菜種油かす：240kg，米ぬか：200kg，籾がら：60kg，魚粉：180kg，骨粉：90kg）を山土（約200kg）に混合する。

②水分を全重量の25％に調節する

③堆積後むしろで覆い，約1か月間好気発酵（温度管理は40～45℃）させる。

④発酵終了後，カリ成分の補充に硫加40kgを添加する。

(8) 今後の課題

今後のボカシ肥料の課題は以下のとおりである。

①原料の種類・含量や発酵方法による成分含量の変動の解明

②ボカシ肥料の品質評価方法の確立（発酵熟度程度の判定）

③ボカシ肥料由来養分の土壌中での動態の解明

④効率的肥培管理技術の確立

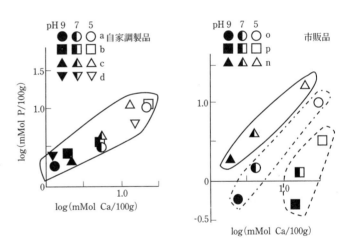

第8図 数種のボカシ肥料でのカルシウムとリン酸の溶出挙動
（橋本，1995）
浸出液は酢酸アンモニウムを用い，そのpHは5，7，9にそれぞれ調製した

⑤ボカシ肥料の肥料取締法での位置づけ

このなかで①と②はボカシ肥料の定義づけにつながるものである。この2点は各地域で独自のボカシ肥料が調製されている現状下では困難であるが，⑤の肥料取締法との関連のもとで進めていく必要がある。また，品質評価方法ではCEC，リン酸と石灰溶出挙動の解析が有望な手法と思われる。

第4部 農家の有機資材

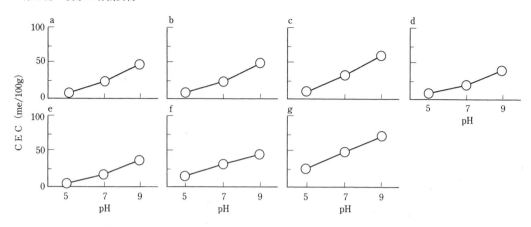

第9図 浸出液のpHとボカシ肥料の保肥力(CEC)　　　(橋本, 1995)
浸出液は酢酸アンモニウムを用い，そのpHは5，7，9にそれぞれ調製した
a, b, c, d：ミニトマト栽培用の自家調製品，e, f, g：市販品

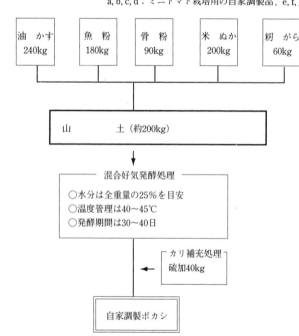

第10図 ボカシ肥料の自家調製法

さらに，③と④は使用するうえで必要なことであるが，養分のなかで，窒素については有機態が主体であることから微生物と作物間の取り合いが特に問題になり，この点は今後研究を進めていく予定である。

執筆　橋本　崇（和歌山県農業試験場）

1996年記

引用文献

農文協編．1989．ボカシ肥のつくり方・使い方．pp. 24—27.

(財)自然農法国際研究開発センター．1995．救世EM1有効微生物群土壌改良資材使用説明書．pp. 13—14.

米林甲陽．1993．土壌の辞典．pp. 242—243.

第4部　農家の有機資材

土着菌
（土着微生物）

土着菌（土着微生物）

　世の中は菌であふれている。身のまわりの自然、山林や竹林、田んぼなどから菌はいくらでも採取できる。たとえば林の落ち葉やササをどかすと真っ白な菌糸の塊（これを「ハンペン」と呼ぶ）が採取できるので、これをボカシ肥などのタネ菌として利用する。かつて、さまざまな市販微生物資材が一世を風靡した時代もあったが、最近では、その土地に昔からあり、その地域環境に強く、しかも特定なものでなく多様な土着菌こそが大切であるという考え方が広がっている。

　土着菌は、採取する場所によって、あるいは季節によって性格が少しずつ違い、その活用には観察眼と技術がいるが、それがまた土着菌のおもしろさでもある。その土地に合っているせいか、市販の微生物資材にはないパワーを発揮することもよくあるし、もちろんおカネがかからないのもいいところだ。

　採り方は、山の落ち葉の下に菌糸が見つかればそれを集めればいいが、見つからないときは腐葉土の中へ硬めのご飯を入れたスギの弁当箱を置く。5、6日後にはご飯に真っ白のこうじ菌、もしくは赤や青などの色とりどりの菌（ケカビの仲間）が生えるので、それを採取する。秋、イネを刈り取ったあとの稲株の上に、やはり硬めのご飯を詰めたスギの弁当箱を伏せて置いてもよい。

　採取した土着菌に黒砂糖や自然塩・にがりなど海のミネラルを加えてパワーアップさせたり、家畜の発酵飼料に使って糞尿のニオイをなくしたり糞出しを減らしたり、農家の土着菌利用はますます深みと広がりをみせている。

　地球上で自分の土地にしかいない菌をわが手で採取・培養・活用できるのが、土着菌の醍醐味である。

　　執筆　編集部

第1図　スギの弁当箱に詰めたご飯で採取した土着菌　（写真撮影：倉持正実）

土着菌(土着微生物)

土着菌ボカシ

神奈川県南足柄市・千田富美子さん、正弘さん

「ハンペン」の大物に遭遇

千田富美子さんが夫の正弘さんと有機農業を志して、ここ神奈川県南足柄市に越してきたのは、今から18年ほど前。以来ずっと田畑にはボカシ肥やモミガラなど、身近にあるものを入れて、微生物いっぱいの空間にしてきた。また、家ではこうじをつくって味噌を仕込んだり、漬物用のヌカ床を世話したりと、日々「菌と共に生きている」という。

そんな千田さん夫婦は、毎年イネ刈りが終わって一息つく10～11月に、ボカシ肥の原料となる「土着菌」を探しに行く。向かった先は畑から歩いてすぐの雑木林。中は薄暗くて、落ち葉が積もっている。

「土着菌は背の低い広葉樹が生えてるところによくいます。木漏れ日がチロチロ入り、雨がバシャバシャ当たらない、そういう場所ですね」と正弘さんが教えてくれた。すると、さっそく「あった！」という富美子さんの声。拾った小枝の先には、白いカビのようなものがついていた。その後も富美子さんは、「わたし、白ければ何でも拾っちゃうんですよ」とか、「これがゴールドのほうの『キン』だったらなぁ」とかいいながら、菌糸で覆われた落ち葉を集めて、バケツに入れていく。

一方、はいつくばるようにして目を凝らしていた正弘さんも何かを発見した様子。白い菌糸の塊「ハンペン」だ。ハンペンといってもおでんの具ではない。雑木林や竹林など、その土地にいる土着菌の菌糸がマット状に発達した塊のこと。落ち葉と土が接するあたりにでき、白くて平べったいのでそう呼ばれている。

地面からはがすと、片手では持てないほどの大きさで、しかも分厚い。そのあとも大小さまざまなハンペンが見つかり、最後にこの日一番

第1図　土着菌の塊であるハンペンを発見した千田さん夫婦
（写真撮影：すべて田中康弘）

の大物に出くわした。「ハンペンどころか、座布団みたい」と富美子さん。「この土地の主だな、主」と正弘さん。大興奮であった。

土着菌で「腐れモミガラ」に

野菜づくりを担当している富美子さんによると、土着菌は時期を問わず、畑でも普通に見かけるそうだ。たとえば、地面に散らばっている有機物の破片や、雑草と化したミントの根元などにも白いカビがついていることがある。

「そういうのを見つけたら、とりあえず野積みしているモミガラの中に突っ込んじゃう。いずれまた何かの菌が殖えるんじゃないかと思って……」

実際にその場所を掘ってみると、パラパラだったはずのモミガラが集合して、いくつもの塊になっていた。白くて長い菌糸でつながっているようにも見える。富美子さんはこれを「腐れモミガラ」と呼び、雑木林のハンペンと合わせて、ボカシ肥のタネ菌をつくる。樽の中で米ヌカと混ぜて培養するのだ。

「毎日かき混ぜてると、3、4日で熱がポヤーッと出てきて、50℃まで上がります。菌が生まれてるってことがわかって、ますます親近感

829

第2図 タネ菌をつくるため、米ヌカにハンペンを加えているところ。タネ菌もボカシ肥も木製の樽で仕込む

◆タネ菌のつくり方◆

米ヌカ（ハンペンの5倍量）と米のとぎ汁（米ヌカを握ったとき崩れる程度の量）を混ぜ、そこにハンペンを加えて再び混ぜる。湿気が逃げないようにワラと米袋を被せ、樽をビニールで覆う。2週間、じょれんで毎日かき混ぜる。

◆ボカシ肥のつくり方◆

仕込む前々日、鶏小屋で穴を掘り、米ヌカを入れ、水をたっぷりかけ、鶏糞を被せ発酵させて発酵米ヌカ鶏糞をつくる。

仕込むときは、樽の中で、米ヌカ（米袋1袋）、油粕（20kg）、モミガラ（米袋半分）、モミガラくん炭（米袋半分）、カキ殻（2ℓ鍋1杯弱）、タネ菌（米袋1/4）を混ぜ、その真ん中に穴を掘り、発酵米ヌカ鶏糞（米袋1/4）を埋め熱源にする。あとの処理はタネ菌と同じ。約2か月で完成。

が湧きますね」

2週間ほどして温度が下がったら、タネ菌の出来上がり。これを紙袋に入れて保存しておき、冬場にボカシ肥を仕込むときに使う。

夫婦それぞれのボカシ肥づくり

ボカシ肥を仕込むときもタネ菌の培養と同じ樽を利用。木製なので、湿度のコントロールがうまくいく。ただ、数が一つしかないので、まずは正弘さんが田んぼに使うボカシ肥をつくり、次に富美子さんが畑に使うボカシ肥をつくる。お互い考え方が違うので、「絶対、干渉しない」という。

たとえば、正弘さんの場合。イネの育苗用は、いくらかチッソを多めにしたいので油粕を主体とし、pHを上げると生育が悪くなるので鶏糞やカキ殻を使わない。追肥用は、米ヌカをベースにし、その土地の微生物の働きにも期待して、田んぼの土も混ぜる。これらのボカシ肥のおかげで、イネが順調に育ち、産直のお客さんから「味が年々よくなっている」と喜ばれているそうだ。

一方、富美子さんの場合。米ヌカ、油粕、モミガラ、モミガラくん炭、カキ殻など、なんでもありで、さらに出来たてホヤホヤの発酵米ヌカ鶏糞も加えて湯たんぽ代わりにし、その熱で発酵を促す。毎日かき混ぜて、2か月ほどで完成。

「最初は甘いにおいがして、発酵のスターターであるこうじ菌が働いてるなってわかるんです。醤油の香りに変わったら、納豆菌が来たと想像しています」

畑では元肥なしで苗を植え、ある程度育ったら追肥としてボカシ肥をふる。富美子さんとしてはその速効性に注目している。土着菌が、ボカシ肥の原料の油粕やモミガラなどを作物の根が吸いやすい状態にまで分解してくれている、と感じているからだ。しかも、地元にいる菌だから畑でも大いに活躍してくれる。

執筆　編集部
（『現代農業』2019年1月号「土着菌がいっぱいだ　雑木林の主、巨大ハンペンをゲット」より）

土着菌の採取法と培養法

執筆　薄上秀男（福島県いわき市）

ボカシ肥をつくるときにおもに働いてくれる菌は、こうじ菌、納豆菌、乳酸菌、酵母菌などです。これらの菌が順次、ボカシ肥の材料をえさにして分解し、発酵肥料をつくってくれるのです。これらの身近な有効微生物（土着菌）の採取法、培養法について、私の行なっている方法を紹介します。

第1図　微生物は甘いものに目がない
菌採取の4～5日前に薄い砂糖液をかけてこうじ菌を呼び寄せておくとよい

こうじ菌は山が大好き

こうじ菌は酸素をほしがる好気性菌で、空気のきれいな山野を好みます。夏の暑さには弱く、木陰の落ち葉などの下で休んでいます。季節が巡り、秋風が吹いてくるころになると元気を回復し、活発に活動を始めます。

一般的に微生物はジメジメしたところを好むようにいわれますが、こうじ菌は水分50％くらいのサラッとしたところを好みます。そのため落ち葉の下で生活しているものが多いようです。低温には強く、真冬でも雪の下の落ち葉の中ではほとんど休みなく働いています。

このような習性を持っているので、こうじ菌を採るのは、涼しくなった秋からぽかぽか暖かくなり始めた早春がよいわけです。白い菌糸が見えるところの落ち葉と土をひと握り程度採取します。

納豆菌は田んぼがすみか

一方、納豆菌は暖かい平坦部を好み、原野の窪地や湿気のやや多い田畑、水田の畦畔やイネ刈り跡の田んぼの土などを好んで棲みます。

納豆菌はこうじ菌とは反対の性格で、寒さにはきわめて弱く乾燥も嫌います。そのため自然界では冬はほとんど活動しませんが、夏の高温多湿にあうと猛烈に繁殖を始めます。

納豆菌は水田やため池の水の中にも生息し、毎日泳ぎ回っています。8月に入ると水温も急激に上昇し、時には40℃を超す日も続きますが、納豆菌の仲間はこのとき急激に増殖していきます。

しかし、秋風が吹き、気温が急激に低下するころになると胞子を形成し、イナワラや土の中で冬を越す準備をします。したがって、ボカシ肥をつくる際に表面をイナワラで覆っておけば自然と納豆菌がボカシ肥の中に増殖していきます。

菌の習性を利用して採取する方法

（1）微生物は甘いものに目がない

山に入ってこうじ菌を採るといっても、菌糸やコロニー（集団）があれば見ながら集めることができますが、時期が悪いと全然見えないときもあります。そんなとき、間違いなくこうじ菌が集まっている落ち葉や土を採るためには、採取4～5日前に黒砂糖液や白砂糖の甘い液を10倍に薄めたものをあらかじめ散布しておくとよいのです。

（2）三杯酢入りおにぎりで採取

山や田んぼから採ってきた落ち葉や土からこうじ菌を繁殖させたい場合は、三杯酢（酢＋醤油＋砂糖、酢をいくぶん強めたほうがよい）を混ぜたご飯でおにぎりをつくり、それに落ち葉や土をまぶします。これを段ボールに入れ納屋などに置きます。

酢を使って酸性を強めることで、ほかの菌が

増殖するのを防ぎます。こうじ菌は酸に強く、pH2.5とか3といった酸性でも生きられます。

こうして採ったこうじ菌を培養するには、菌糸が発生してきたときに、米ヌカと混ぜて水分を50%くらいにします。このとき少し砂糖を加えるとうまくいきます。また、三杯酢を10倍に薄めたものを水のかわりに使って水分を調整すると、こうじ菌の大量培養ができます（第2図）。

(3) 納豆菌はすき焼きや豚汁をエサに

納豆菌の採取は、人間が食べ残したすき焼きか豚汁（砂糖を若干入れる）を10倍に薄めてカメに入れ、表面に木灰か消石灰を薄くふり、和紙か段ボールでフタをして、暖かい部屋に置きます。木灰や消石灰で弱アルカリ性にして、空気中の納豆菌を取り込むのです。

さらに培養して殖やすには、仕込んで2～3日後に上澄み液を取り、大豆粕で拡大培養します（油粕を使うときは木灰や石灰を少量加える）。このときの水分は70～90%にします。納豆菌は水田やため池を泳ぎまわる菌なので水分は多めがよいのです（第3図）。

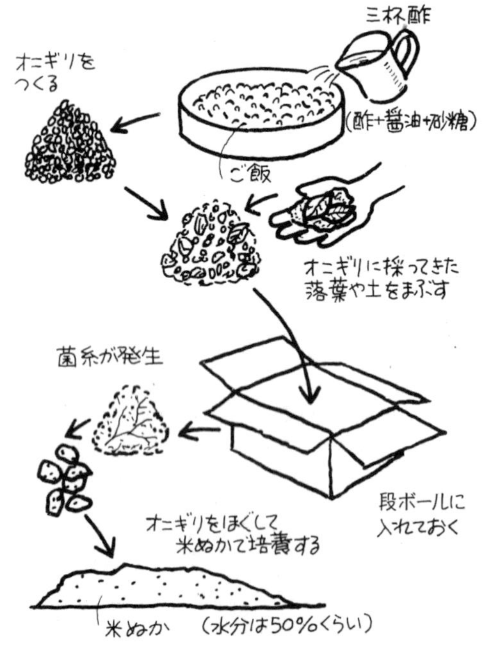

もっとも納豆菌を取り込むには、こんな面倒なことをしなくても大豆粕をイナワラで包んでおくだけでもOKです。

(4) 酵母菌は酒粕やブドウから

酒の酵母を殖やすには、酒粕から拡大培養することができます。ご飯を炊いて、こうじを入れ、65～70℃で甘酒をつくり、30℃以下になったら酒粕を混ぜて培養すればよいのです。

しかし自然のものから酵母を採りたい場合は、ブドウ1kgをつぶし、砂糖200～300gを加えて発酵させれば純粋な酵母菌が採れます。砂糖を入れて甘くしたほうが強い菌が採れます。

(5) 乳酸菌は熱い豆乳で

ボカシ肥づくりの途中で腐敗したという人がいますが、それは乳酸菌がうまく増殖しなかったからだと思います。

乳酸菌は乳酸を出して防腐剤の働きをします。自然の乳酸菌を純粋に培養するには、大豆をよく煮て、それに少量の砂糖を加え、ミキサーにかけて豆乳をつくります。この豆乳を熱いうちに滅菌した広口ビンに入れて密閉。そのまま冷蔵庫に入れておくと、ビンの中で液体と固体が分離します。これが純粋な自然の乳酸菌です。

乳酸菌は殻をかぶっているので高温には滅法強い。100℃の温度にも耐えられます。空気中のほかの菌が飛び込んでも熱で死んでしまいますので、乳酸菌だけを採取・培養できるのです。

ボカシが腐敗するという人は、この乳酸菌を薄めて使います。2～3回切り返したあと、醤油のにおいがしてきて、温度が50℃以下になって切り返したときにふることで、ボカシ肥が失敗なくできるようになります。

(6) オールマイティーのヌカ味噌利用

台所には有益な発酵菌がいっぱい棲んでいます。キャベツやキュウリを刻んで塩漬けをつくり、2～3日もすると夏は冷蔵庫の中でも酸っぱくなります。たいていの人は「悪くなった」

第2図　こうじ菌の培養法（三杯酢方式）

といって捨ててしまいますが、これが乳酸菌と酵母菌の発酵したものなのです。

それよりももっとすばらしいものが、ヌカ味噌です。ヌカ味噌にはこうじ菌や納豆菌、酵母といった有効菌が生息しているので、それをタネ菌にするだけで完全なボカシ肥が出来上がります。

米ヌカに若干の砂糖（米ヌカの10分の1程度）を入れたもので拡大培養すればボカシの素ができます。このときの水分含量は、手で握って固まり、手を開くと崩れる程度の水分含量とします。あとは普通の方法でボカシをつくればよいのです。

イネ・野菜を元気にする土着菌の採取地

イネはケイ酸を多量に吸収する特性を持っています。ケイ酸はイネの体をヨシのように硬く丈夫にします。そして、イネよりもケイ酸を溶かして吸収する能力が高いのが、笹や竹、ヨシやカヤです。自らの根が出す根酸だけでなく、周辺に生息する微生物が出す有機酸によってもケイ酸が溶かされ、吸収されるのです。これらの植物の根元には、ケイ酸を溶かす力の強い菌がいっぱいいるのです。この落ち葉や土から微生物を採取して田んぼに使えば、イネにとって大きな力になります。

一方、畑に使う微生物の採取には、その地域

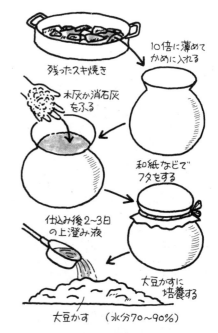

第3図　納豆菌の培養法（すき焼き方式）

によく群生している植物が、もっとも生育のよいところの腐葉土を利用します。新開地の牧草地などでは、まず初めにカヤ類などが生えます。そしてクローバーなどと混じって生えているところに、特別に生育のよいところがあるものです。そこに畑作に向くよい菌がいます。

（『現代農業』1995年10月号「土着菌のユニーク採取法、培養法、増強法」）

天恵緑汁

1. 天恵緑汁のねらい

「天恵緑汁」とは，身近な植物を黒砂糖に漬け込み発酵させ，植物のエキスを抽出した液体のことで，韓国自然農業研究所の趙漢珪氏が名付けたものである。現在では韓国だけでなく，日本でも日本自然農業協会の会員を中心として工夫が積み重ねられ，天恵緑汁に木酢液を加えたり，ニンニクを加えたりして，発芽をよくするための種子処理，発育促進，病害虫抑制などの目的で利用されている。

その作用機作は，新芽や蕾などを発酵させることで，植物体内の生長ホルモンや酵素，そのほかにも含まれているミネラル・ビタミンや栄養分を抽出し，それらを発酵の過程ではたらく乳酸菌や酵素とともに植物に散布したり家畜に与えることで活力を高めるとされる。

2. 天恵緑汁のつくり方

基本的なつくり方は次のとおりである。

① 材料は洗わずに刻む。表面積が大きいほうが汁が出やすく，発酵も早い

② かめに材料を詰める。髙田さんは，黒砂糖をまぶしながら詰めていく。黒砂糖の量は，材料の重さの1/3～1/2

③ 一番上まで詰め終わったら，残しておいた黒砂糖を表面にたっぷりと散布

④ 仕込みが終わったら，かめの口から虫などが入らないように，新聞紙や和紙でしっかりふたをする。約1週間で完成

第1図 天恵緑汁のつくり方

（写真撮影：倉持正実，協力：髙田幸雄）

(1) 材料の採取

早朝、日の出前に採取するのがよいとされる。太陽が昇る前が一日のなかでもっとも栄養分に富むからである。採取した材料は、泥がついたまま、洗わずに使う。植物に付着している微生物を活かすためである。

(2) 材料と黒砂糖を混ぜる

材料をたらいやビニールシートの上に広げ、材料の重さの1/3～1/2量の黒砂糖を加えてよく混ぜ合わせる（黒砂糖の4分の1は（3）の工程で使うため残しておく）。黒砂糖が固まっているようなら、木槌で砕いてから混ぜ合わせるとよい。

(3) 発酵させる容器に詰める

混ぜ合わせた材料をかめや桶に詰める。このとき、できるだけしっかりと押さえるようにして詰め、材料の隙間にある空気を追い出しておく。詰め終えたら、一番上に（2）で残しておいた黒砂糖をたっぷりまぶし、その上に落としぶたを置き、重石を乗せる。最後に和紙で口を縛っておく。仕込んだ日時を容器に張っておくとあとあと便利である。

発酵させる場所は冷暗所がよく、翌日には材料が沈むので、重石は取り除く。春だと約5～7日間でできあがる。ちょっと酸味があり、アルコール味が加わったときが完成。カビがはえても、取り除いて利用できる。完成したらざるでこすか、ポンプで汲み上げて、不透明のビンなどに詰めて冷蔵庫内で保存する。残ったかすは圃場に散布する。

3. 天恵緑汁利用の実際

(1) 熊本県宇城市：作本弘美さん

作本さんの天恵緑汁の材料は、春であれば土手のクローバ、家のわきのヨモギを刈り、裏の畑のニンニクなど、身の回りにある植物。

作本さんは、さらに天恵緑汁の力を高めるため、漢方で使用される当帰（トウキ）や甘草（カンゾウ）、桂皮（ケイヒ）などの薬草を天恵緑汁と同様に漬け込んだ「漢方栄養剤」などもつくり、組み合わせて利用する。

主力の甘夏に天恵緑汁（300倍に薄めたもの）を散布。このとき、同時に漢方栄養剤（500倍に薄めたもの）、さらにニンニク入り木酢（500倍に薄めたもの）も混ぜて散布。3月下旬に第1回目を散布して以降は、温州ミカンと甘夏に10日に1回、甘夏の天恵緑汁を300倍にして散布する。

(2) 千葉県我孫子市：高田幸雄さん

天恵緑汁の素材にする植物は、季節に応じてその時期に一番勢いのあるものを使う。高田さんは、菜の花類のほか、ヨモギ、タケノコ、スギ、マツ、トマトやキュウリの腋芽、イチゴのランナーなど、季節に応じて20種類以上の天恵緑汁をとる。作物にかけると葉が厚くなったり、活力アップしたりするのは、生長が盛んな植物からとった天恵緑汁が、栄養生長を盛んにする効果があると感じているからだ。

つくり方は同じでも、イチゴやブドウ、アケビやカリン、パイナップルなどの果実からとるエキスを、「果実酵素」と呼ぶ。果実そのものからとるだけあって、作物にかけると、実を大きくしたり登熟をよくしたりと生殖生長を助ける役割をする。

そのほかにも、高田さんは、トウキ、ニッキ、カンゾウなどの漢方生薬を焼酎に漬け込んだ「漢方栄養剤」も手づくりする。

高田さんの散布方法は、たとえば、最初に天恵緑汁をかけたら、その3日後に漢方栄養剤＋玄米酢、さらに3日後に果実酵素、その3日後に漢方栄養剤＋玄米酢……といった具合に、天恵緑汁か果実酵素などの発酵ものと、漢方薬や酢を交互にかけるのが基本である。

執筆 編集部　　　　　　　　　　2007年記

第4部　農家の有機資材

木酢液

木酢液

　木材を炭化（熱分解）するときに立ちのぼる煙を冷却して得られる液体。炭化する素材や炭化の方法によって淡い赤色から濃い褐色、黄色みがかったものまで色はさまざまだが、総じて燻製に似た酸っぱいニオイがする。採取したばかりは木タールなどが混ざっているので、静置濾過して用いるのが一般的。仲間に「竹酢液」や「モミ酢液」がある。

　主成分は酢酸、蟻酸など有機酸類が中心だが、要は「樹のエキス、樹の細胞液を引っ張り出したもの」（日本炭窯木酢液協会・三枝敏郎さん）と考えればよい。

　それ自体にも殺菌や殺虫、あるいは栄養補助的な効果もあるが、作物葉上や土中の微生物を活性化したり、いっしょに混ぜた資材の散布効果を高めるなどの脇役的な働きが非常に強い。そのため防除や施肥、作物品質の向上など、多様な活用が可能な農家の基本資材となっている。

　たとえば農薬と混用して防除効果を上げるなどは、代表的な例。またニンニクやドクダミ、トウガラシ、魚のアラ（魚腸木酢）など身近な素材を漬け込み、それらの成分を抽出して相乗効果をねらう人も多い。あるいは木炭を畑にまいたうえで葉面散布すると、作物の上からと下（根）からの両方の微生物活性が見られ、生育促進効果が高い。蒸留精製したものを家畜のえさに混ぜて肉質を上げたり、ニオイの少ない良質堆肥づくりに役立てている畜産農家もいる。

　木酢液（竹酢液も含む）は特定防除資材（特定農薬）には指定されていないため、防除効果をうたうことはできないが、使用者が自己の責任において用いるのは差し支えない。一方、有機JAS規格では「肥料および土壌改良資材」として認められている。

　　執筆　編集部

第1図　木酢液の採取の様子。斜めに長く伸びているのが、採取のために煙を冷やす冷却筒（煙突）

木酢液の農業利用の歴史

執筆　岸本定吉（炭やきの会会長、元東京教育大学教授）

　炭窯で木炭を焼くときに採れる木酢液の農業への利用は三つの方向がある。一つは殺菌剤としての利用で、二つ目は生長促進剤としての利用、三つ目は畜産・養鶏への利用である（ここではその二つ目まで取り上げる）。

殺菌剤として

　殺菌剤として土壌に使われだしたのは、米国の報告からである。米国のMIT（マサチューセッツ工科大学）では、1932年に木酢液の土壌殺菌効果の実験を行なった。この報告を、第2次大戦後に東京都目黒区の国立林業試験場化学部が入手した。さっそく当時の浅川実験林の野原勇太さんが実験林の圃場でヒノキ播種床について実験した。次いで長野県のアカマツ、カラマツについても実験を重ね、木酢液は立枯病菌にすこぶる有効であることを確認、日本林学会誌に発表した。この研究で野原勇太さんは、農林大臣賞を受賞された。野原さんはその後、山形県、秋田県でもスギその他の樹種で実験され、多数の報告がある。

　木酢液については、林業試験場の保護部の研究室でも基礎的研究が行なわれ、その効果が確認された。しかし当時、土壌殺菌剤には水銀製剤、塩素系薬剤など強力な殺菌剤が使用され、木酢液は見向きもされなかった。ところがその後、このような強力殺菌剤は人体に有害であり、残留性も大きいということで使用が禁止されてしまった。そこで、マイルドな効果がある木酢液がもう一度、諏訪部明さん（神奈川県）、横森正樹さん（長野県）ら篤農家に取り上げられ今日に至っている。

　木酢液は30倍くらいまでの濃い濃度の液は殺菌性があるが、濃度が低いものを土壌に施すと、これをえさとする微生物が増えてくる。人畜無害どころか有益な理想的農薬で、こんな有益な自然農薬が、なぜ、農薬として市販できないか、むしろ不思議である。

生長促進剤として

　前述、野原さんのヒノキ播種床での実験によって、木酢液は立枯病に著効があることははっきりした。ところがさらに、木酢液を使用した苗床の苗は一般に生長がよく、緑色が濃い。また、木酢液を田んぼに使用した例では、その田んぼのイネの背丈が高く、いつまでも緑が濃い。ほかの稲田が黄色くなってもなお緑が残っている。当時（1959年）、著者も東京都日野市の平野武良さんの田んぼでその例を見た。これは木酢液が土壌の微生物を増殖し、地中の腐植質を分解するためと推測された。

　1984年、中外製薬（株）では、イネのモミ種を木酢液の希釈培養液中で培養したところ、ある濃度の木酢液では、イネの根に多数の根毛が発生する現象を確認し、特許1250452号をとった。この実験を担当された小山軍乃助さんは、林試の保護部を退職した研究者である。その後、1989年、この生長促進成分が、ガンマー・プチロラクトンであることが森林総合研究所（前林業試験場）の谷田貝光克博士により確認された。

　（『現代農業』1991年7月号「炭、木酢利用研究の歴史（5）」より）

第4部　農家の有機資材

木酢液の効用と使い方

木酢液は木炭を焼くときに採れる液体。自分で採取することもできるし市販品もあるが、濃度を変えたり他の材料を混ぜていろいろな使い方ができる。

まとめ　編集部
(『現代農業』2003年4月号「中本弘昭さんが案内する木酢液の世界」より)

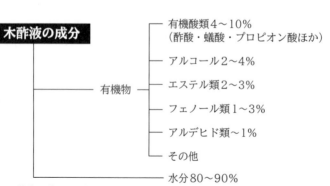

木酢液の効用——作物と微生物のヘルパー役

- 作物の生理代謝を助ける
  ☆酢防除効果
  ☆"血液"サラサラ効果
- いろんなものの肥料成分、薬効成分を溶かし込む
- 有用微生物の増殖を促す
- 木酢液の有機酸が土中のミネラルをキレート化・錯体化。作物への吸収を促したり、有用微生物をますますパワーアップする

木酢の効果は濃度によって変わる
- 〜100倍…殺菌
- 200〜300倍…生育抑制・徒長防止
- 500倍〜…生育促進・生殖成長促進

木酢液の成分

有機物
- 有機酸類 4〜10%（酢酸・蟻酸・プロピオン酸ほか）
- アルコール 2〜4%
- エステル類 2〜3%
- フェノール類 1〜3%
- アルデヒド類 〜1%
- その他

水分 80〜90%

※竹酢の成分もほとんど同じ。木酢に比べると蟻酸が多い

木酢液の成分は200種類以上。水を除くと、一番多いのは酢酸
(写真撮影：赤松富仁)

木酢液

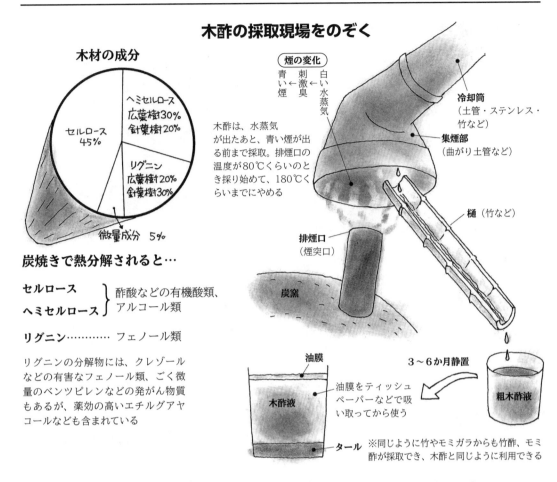

木材成分の熱分解の進み方と採取温度による木酢の使い方
(三枝敏郎氏らによる)

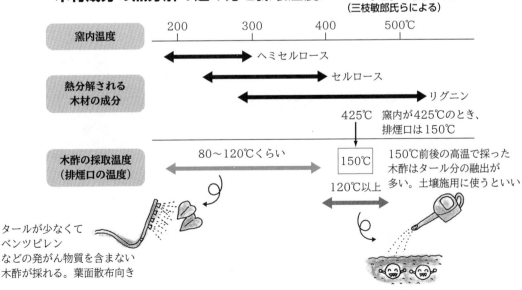

第4部　農家の有機資材

いろいろ漬け込んで使う―
熊本県玉名市・中本弘昭さんの場合

ミカンに木酢液を使いこなす中本さんが、中でもいちばん気に入っているのが「魚腸木酢」。魚屋さんからもらったアラを木酢液に漬け込んだものだ。以前は8度とか9度、よくて10度がやっとだったミカンの糖度が12、13度が当たり前に。しかもコクのある味になったという。

中本さんの基本資材・魚腸木酢。近くのスーパーでもらうアラを木酢に漬け込む。3か月もすると骨まで溶ける

魚腸木酢などの木酢エキスのつくり方

魚腸木酢	木酢液と魚のアラを3:1の割合で、約6か月漬け込む
ニンニク木酢	木酢液20ℓに2kgのニンニクを約3か月漬け込む
キトサン木酢	150～200gのキトサンに木酢液20ℓを混ぜて2日程かけて溶かす
トウガラシ木酢	木酢液20ℓに50～70gのトウガラシを約3か月漬け込む
カキガラ木酢	木酢液20ℓに約3か月漬け込む

※それぞれ別につくって使うときに混ぜる

カキガラを漬ければカルシウム散布剤のできあがり

第1表　木酢エキスの散布のしかた（ミカンの場合）

時期（月）	混ぜる割合	倍率	ねらいと散布の頻度の目安
1～2	魚腸木酢1 木酢9	400～500	花づくり 1/25～2/5に1～2回
3～4	魚腸木酢3 ニンニク木酢7	400～500	芽づくり 約2週間おきに3回
5～6	魚腸木酢3 キトサン木酢7	400～500	花かすをきれいに落とす （灰カビ予防）1週間～10日おき
7	魚腸木酢2 ニンニク木酢8	400～500	樹に栄養を与える 1週間～10日おき
8～9	魚腸木酢1 トウガラシ木酢9	400～500	アカダニが出たときに
9	カキガラ木酢	300	カルシウム剤　9月中に2回
収穫後	魚腸木酢5 木酢5	400～500	お礼肥として 収穫後すぐ、1回

注　チッソ肥効もある魚腸木酢は、3～6月に濃度を上げる。反対に休眠期や二次落果以降は濃度を下げる

夏の間にトウガラシ木酢をまいておけば、秋ダニの被害も抑えられる

隔年結果なし。浮皮のない、中身が充実したおいしいミカンができる

木酢液

炭といっしょに使う

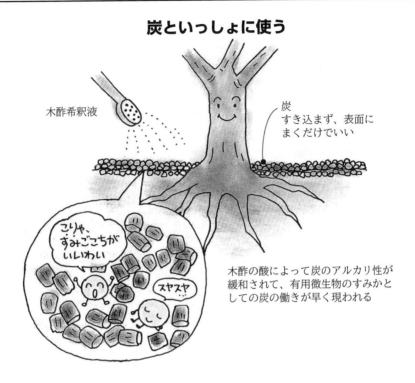

農薬に混ぜて使う方法もある

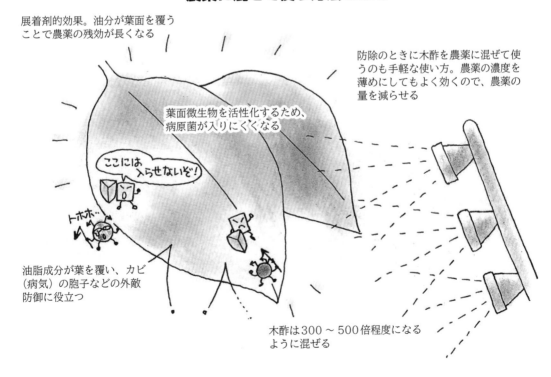

木酢はなぜ効く、何が効く

日本炭窯木酢液協会会長・三枝敏郎氏に聞く

木酢は「農薬」ではない

　木酢液を原液とかそれに近い濃い濃度でかければ、それなりの殺菌力はあります。カビには200倍くらいまでか。だけどそれだって、農薬みたいには効かないし、それ以上の濃いものを突然かけたら薬害を起こす危険もあります。

　虫については殺虫効果はまずない。かけるとカイガラムシやハダニがいなくなる効果は確認してるけど、殺しているわけではないと思う。

　それに、だいたいの虫は葉裏につくでしょ。木酢液をかけると葉が立つから、葉裏にまで日当たりがよくなって虫はとまるところがなくなる。それで減るということもあると思う。

　忌避効果は確かにあるみたいですね。ハウスのすみずみまでかけておけば、アブラムシが入ってくるのが1週間は遅れる。この1週間ってバカにできない。ウイルスにかかる危険もそれだけ減るわけだし。だけど、中に黄色い花とか

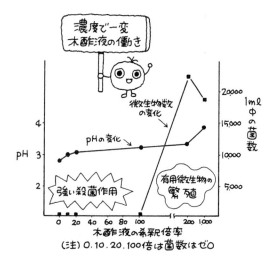

第2図　木酢液は濃いと殺菌作用を示し、うすめると200倍で一気に微生物が繁殖する―木酢液希釈倍率とpH、微生物の変動―　（栃木農試・木嶋利男）

があれば、それを目指して死にものぐるいでやってくるから、そういう勢いには勝てないでしょう。

　農薬と同じ発想では木酢液は使えません。農薬とはそもそも考え方が違う。木酢は「絶滅」を目指してない。

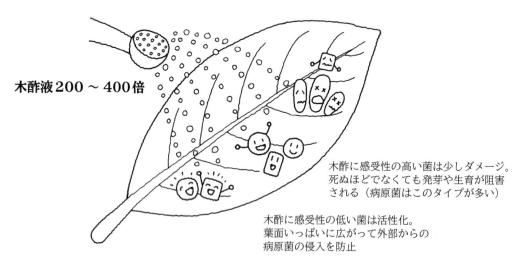

第1図　木酢は予防で使うと菌体防除的効果がある
元栃木農試・木嶋利男先生によると、フザリウムなどは木酢に感受性が高く、トリコデルマ、ペニシリウムなどは感受性が低い（『現代農業』1997年6月号）

病気も害虫も皆殺しにしなくたっていい。いいものもあれば、悪いものもある。それが自然。少し残して、つきあいながらやっていく。腹八分の農業ですね。

また、木酢をかけてセンチュウが抑えられるというのは、センチュウの天敵になるカビが殖えたせいでしょう。

木酢＋チッソがおもしろい

木酢によって作物の地上部の病気が減るのも、直接の殺菌力というより、そういう葉面微生物どうしの拮抗作用が働いている面が大きいようです。たとえば、木酢だけでは病気に効いてるように見えなかったところに、魚のはらわたを5％くらい漬け込んだ「魚腸木酢」をかけてやると、これが効く。病気に顕著に効くようになる。

本当は尿素でもいい（木酢180lに尿素100gくらい）んだけど、有機農業では魚がいい。チッソ入り木酢をかけると、チッソに関係あるような菌がわっと出て、葉面のバクテリアの構成が変わるのかね。

ふつうは「チッソ過剰だと病気になる」って思うから、チッソを入れると病気に強くなるなんて何だか不思議だけどね、この現象は確か。

「木酢やると作物が硬くなる」って嫌がる人もいるけど、これも、チッソをちょっと入れてやると軟らかくなる。イグサは、木酢だけだと硬くなりすぎて台風で折れて困るといってたんですが、魚腸木酢にしたら、弾力のある丈夫なものができて成功している。大豆や豆乳混ぜてる人も成功してる。

いろいろ混ぜてパワーアップ木酢液

防除に使おうと思う場合もほかのものと混ぜて、たとえばニンニクやトウガラシを漬け込むのが基本。木酢だけだとほとんど殺菌殺虫力はないけど、漬け込むものによっては相当にパワーアップします。

キトサンも木酢くらいの弱酸性によく溶けて相性がいいし、カキガラを溶かしてカルシウム

第1表 木酢液で土壌中の微小生物が増殖―分離時間16時間の検出数―（三枝、1993）

土壌動物	木酢液25倍液で処理	無処理（水）
センチュウ	1,736	1,705
ミズケムシ	622	0
ウズムシ	69	0
ワムシ	17	0
ゾウリムシ	14	0
クマムシ	10	0
ヒルガタワムシ	3	0

注　1. 畑土1kg（水分約28％）に300cc注入24時間放置（1993年8月）
　　2. 土壌50g当たりをベルマン法で検出
　　3. クマムシはこの検出法では大部分土壌内に残留（90％以上）

センチュウ以外の土の中の微小生物が木酢で顕著に増えた。これはつまり、この微小生物のえさとなる微生物がものすごく増えたということだ

第3図 魚のアラを木酢に漬け込んだ魚腸木酢

補給に使っている人もたくさんいる。これは効きますよ。いろいろなものを溶かしたのを目的別にそれぞれつくっておいて、散布するときに混ぜるといいと思います。

混ぜるといえば、農薬と混ぜて使ってる人が一番多いでしょう。展着剤代わりに使って農薬の効きをよくしたり、農薬の濃度を薄くしたりして薬代を半分以下に節減できるのも木酢のいいところです。

基本は土壌微生物と根の強化

　木酢液の本質は、土の中の微生物を増やすことにあると思うんです。葉面散布しても、実際は下へ落ちるぶんのほうが多い。有機物があって、腐植があって、生物のすみかがたくさんある畑でないと、効果が出にくいということはあると思います。

　土の中には、動物か植物か区別つかないような微小生物がたくさんいて新陳代謝しています。うまくいけば、48時間で、長さ0.001mmの細菌1個が地球より大きくなるくらいの量に増殖したりする。生物が殖えて、死んで、土に穴があいて、そこに根が張る。木酢のミネラルを好んで、チッソと炭素を取り込んで殖える微小生物は、皆、すみかとしての腐植が頼りなんです。腐植が足りないと、いくら木酢があっても、微生物のパワーが発揮できない。

　木酢で微小生物が殖えれば、土が変わって根の張りが良くなる。それに、木酢が根酸となじみ、根酸の働きを助け、強化するということもあるでしょう。おかげで栄養吸収力が上がったり、根圏微生物が元気になったりする。土に過剰にたまった肥料が、木酢をかけると自然に減っていったりするのも、微生物と根の両方が強化されたからじゃないかな。

　1,000倍液とかの薄い木酢液を毎日灌水でかけてると、植物は確実に健康になります。微生物も喜んで殖えるから、だんだん土に粘りが出てくる。水もちがよくなって作物がしおれなくなるから、灌水の回数が減る。

木酢の酢酸は、作物体内でクエン酸効果を発揮

　それからもう一つ、木酢液で生育が変わることの原因が、クエン酸効果。木酢には体内養分の流れをスムーズにする効果があるんじゃないかと私は思ってるんです。

　木酢の主成分は酢酸だけど、水で薄めると、この酢酸が不思議なことにクエン酸・リンゴ酸・コハク酸・フマル酸などの有機酸に変わってしまう。これは何か所かの分析結果を見ているので確かなこと。ふつうの氷酢酸を水で薄めたときはこうならないから、木酢の酢酸は、やっぱり根本的に化学合成の酢酸とは違うものなのだと思うね。

　木酢を散布するときは水で希釈するので、すでにクエン酸やリンゴ酸ができているはず。植物体にはその状態で吸われるわけで、体内ではクエン酸効果をもたらしているはずです。

　クエン酸は人間のがんをも治すという酸だよね。動脈硬化を改善して、血液サラサラ効果があるといわれています。植物でも同じで、目には見えないけど、体内の篩管・導管の節部の目詰まりに作用しているんだと思う。人間も家畜も、木酢飲むと血液サラサラ効果があるらしいから、同じことだよね。

木酢をやると、作物は……

　まわりに微生物が増えたり、血液サラサラになった作物の姿

第4図　魚腸木酢のほか、ニンニクやトウガラシなどを漬け込んだ「木酢エキス」を混ぜてミカンに散布。熊本の中本弘昭さん　　　　　　　　　　　　（写真撮影：赤松富仁）

にいえるのは、まず毛茸が鋭くなる。キュウリなど、痛くて収穫に困るほど。

それから葉が立つ。これも顕著で、日当たりがよくなるから徒長や病害虫が減るし、リンゴの葉摘みがいらなくなるのは有名だよね。

糖度も上がる。これは、細胞液が濃くなることだと思う。不思議に品質も揃う。ネギもダイコンも、畑全体の生育がビターッと揃ってくる。

それから、木酢やったソバは実のつきがいい。倒れたらムリに起こさないで、根元へ木酢をかけておくと起きてきます。

山菜にもとてもいい。タラの芽やウド栽培には肥料より木酢らしい。山の木どうし、合うのかな？

濃度によって効果が変わる

濃度によっても効き方が違う。濃い（200倍とか）と生育を抑える方向に働くみたいだね。トウモロコシは丈が低くなる。エダマメも節間が詰まるけど収量は変わらない。

薄い（500倍以上）と生育が早く、大きくなる。開花が早いとか実つきがいいとか。ナスのおしべの長さは、やったのとやってないのとで差がつきます。

濃くかけても薄くかけても「何だか作物体が硬くなる」というのは、100人が100人いいますね。だけど調理すれば、かえって軟らかくておいしいんです。

「生育がよくなる」というのと「硬くなる」というのは、矛盾するようだけど、実際両方の効果が同時的に見られます。がっちり、大きく育つということかな。

実つきがよくなるのは、木酢の補酵素的な働きといったらいいかな。木酢の中には、アルコールと有機酸が結びついたいろんな種類の「エステル」がたくさん入っていて、発芽・生長とか作物の働きそのものを促進する作用がある。ネギのタネは2年もたつと発芽しなくなるけど、古タネを木酢に漬けたら発芽した、なんていう話は、このエステル効果じゃないか。

個々の成分ではなく全体として効く

木酢液には、採取の仕方によっては、ほんのごくごく微量の「発がん物質」といわれるものが含まれることがあります。これらはリグニンが熱分解するときに出てくるものなので、日本炭窯木酢液協会が基準にしているように採取時の排煙口の温度を120℃以下にすれば発がん物質は混じりません。

ただ、木酢はいろんなものが複合的に合わさることで、全体としてパワーを発揮する。200種以上入っている成分の一つ二つを取り出して、「あれが効く」「これがいいみたいだ」「こいつは有害だ」などといっても始まらない。

もっといえば、フェノールだとか、メチルアルコールだとか、ホルムアルデヒドだとか一つ一つ取り出すと、殺菌効果をもつものや、多すぎると毒性を発揮するものも、木酢液には入っている。だけどこれらも含めて樹木の恵み。それに、ふつうのホルムアルデヒドやフェノールの薬品を、木酢と同じく200倍とかに薄めてかけてもたいした殺菌力はないが、木酢からこれらを除くと効き目が落ちる、ということもある。樹木の恵みに含まれるホルムアルデヒドは、化学合成品とは違うのではないか。

フェノールなどは、植物が厳しい環境に出合ったときに体内でつくり出す成分だといいます。活性酸素を除去するポリフェノール類（バニリンやグアイヤコール）なども、木酢の重要成分。そういうもの全部含めて木酢。成分を取り出して議論するのはナンセンスです。

よく「木酢の有効成分は何か？」みたいなことがいわれるけど、私は「木酢の有効成分は木酢です」といいたい。

それに、木酢液はあくまで農家の自給資材であることを大事にしたい。そういう意味では、モミガラからとれるモミ酢もいいですよね。

執筆　編集部

（『現代農業』2003年4月号「もっと知りたい木酢液　三枝敏郎先生に聞く」より）

第4部　農家の有機資材

えひめAI

えひめAI

　材料は納豆・ヨーグルト・イースト・砂糖・水と、すべて食品。誰でも簡単に手づくりできて不思議な効果がある発酵液（パワー菌液）だ。

　暮らしのなかでは、台所の汚れ落とし、トイレや生ゴミの消臭、河川や湖沼の水質浄化などに使う人が多い。

　農業現場でも、作物の育ちをよくしたり、病害虫を抑えたり、牛のえさに混ぜると乳量アップしたり下痢や病気がなくなったり……と各地から報告が届いている。ちなみに病気を抑制したいときは、とくに納豆を多めに使ってつくると納豆防除の効果が発揮されるようだ。

　製造過程では、砂糖をえさにまず酵母菌が増殖し、その後、酵母菌がつくったアミノ酸などをえさに乳酸菌や納豆菌が殖えると考えられている。乳酸菌が出す乳酸の影響で液体のpHが3～4になったら完成。時間がたつにつれ容器の下にはオリが沈殿するが、これには微生物の死骸（菌体タンパク）や酵素、それらが分解してできたアミノ酸、ペプチド、ビタミン、ホルモンなどが豊富に含まれている。オリを畑に入れると、その畑の土着菌を元気づけるようで、肥料として使う農家も多い。

　効果の秘密は「納豆菌の脂肪・タンパク分解力」や「乳酸菌のアンモニア中和力」「酵母菌が合成するアミノ酸や酵素」など、それぞれの菌の力もあるが、たくさん増殖した菌の死骸が植物の病害抵抗性を誘導したり、散布された先にもともといた土着菌を元気にしたりする効果も大きいと考えられる。

　執筆　編集部

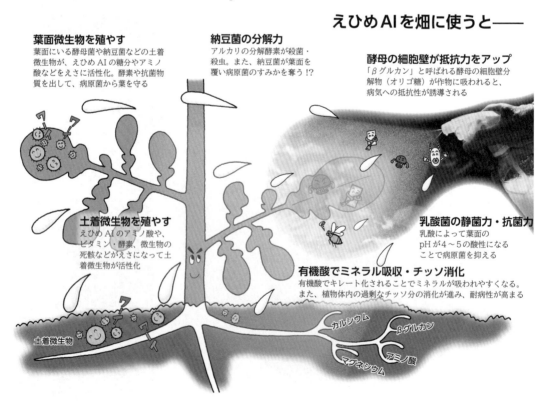

えひめAIを畑に使うと――

えひめAIで食品残渣・米ヌカ肥料がパワーアップ

執筆　小松義人（高知県室戸市）

開発者の職場まで押しかけた

　私とえひめAIの出会いは2009年2月。親交のあった地元の議員さんから、「テレビで見たんだけど、海の磯やけも改善できるいいのがあるよ！」と声を掛けてもらったのが最初でした。いいと聞いたら試してみたくなる性分で、さっそくインターネットで検索してみたら、なんと！製造方法が公開されているではありませんか。できあがったえひめAIを持って、その開発者である曽我部義明先生のいる愛媛の職場まで押しかけてしまいました。

　当初は、環境保全にうってつけな資材とだけ考えていたのですが、曽我部先生のていねいな説明を聞くうちに目からウロコ……。えひめAIは農作物を元気にし、その味もよくする資材だというのです。だったら、現在使っている私の有機肥料をパワーアップできないかとひらめきました。

肥料に混ぜてまく、葉面散布する

　わが家では10年ほど前から、取引先の食品スーパーさんから出る食品残渣を使って自家製有機肥料にしています。食品残渣はチッソ・リン酸・カリの3要素に加え、有機由来の必須元素も豊富に含む優れた肥料原料です。これを粉砕、乾燥したものに米ヌカを混ぜて作物に使います。

　以前は発酵のために市販の微生物資材をいろいろ試していました。しかし、もともとその場所にすみついている土着の微生物に勝るものはないと気づいてからは、畑の外で発酵させるのはやめました。食品残渣と米ヌカを配合しただけの状態でまき、そのまま畑で発酵させます。えひめAIも土着の微生物を活性化させることが役目だと曽我部先生から聞いて、そこに一緒に混ぜて使っています。

　えひめAIの容器の底にたまった沈澱物（オリ）ごと混ぜて使います。オリは酵母やアミノ酸の塊で土着微生物のえさにもなると思っています。食品残渣などの有機肥料を攪拌するときに、肥料500kgに対してえひめAIを1lほどまいて混ぜたり、苗の植付け時の灌水に水で1,000倍に薄めたりして使います。そのほか、1,000倍液を生育後半に葉面散布したり、散水に添加したりして使ってみました。

発根よし、甘いイモが たくさんついた

　2年間使ってみましたが、植付け時の灌水に使うと、発根が促進されます。サツマイモの植え傷みも軽減されるようになり、1株当たりのイモの数が多くなっています。

　食品残渣主体の自家製有機肥料は効きめが遅いのが欠点でしたが、えひめAIを使うようになってから無機化が早まり、初

第1図　掘りたてのサツマイモとえひめAI入りペットボトルを見せる小松さん一家。筆者は左後ろ

第4部　農家の有機資材

期生育がよくなっています。なお、肥料に魚粉などが入ると手や服にニオイがついて気になっていましたが、それもなくなって、くさい有機肥料が苦手な息子や洗濯をする妻が喜んでいます。

2010年は春先の遅霜や低温、短い梅雨のあとの猛暑や干ばつなど天候不順が連続。農作物には厳しい年でしたので「えひめAIで目を見張るような結果！」というわけにはいきませんでしたが、条件が悪いなかでも堅実な収穫につながっています。取引先のどこのお店からも甘さや食感がよいと評価していただいています。厳しい気象条件の年こそ、土の力が試されると感じているところです。

（『現代農業特選シリーズDVDブック　えひめAIの作り方・使い方』「えひめAI　畑にも暮らしにも大活躍」（2011年記）より）

◆小松さんのえひめAIのつくり方（20ℓ分）◆

①材料をポリタンクに入れてよくかき混ぜる（発酵すると泡が出て吹きこぼれるので、ぬるま湯の量は容器の3分の2くらいに）

②ヒーターを使って35℃で発酵させる。ガス抜きのためフタは閉めないでタオルをかぶせておく。夏は4日、冬は1週間ほど

③pH測定器で液体の酸度を測り、pH4前後になればOK。容器いっぱいまでぬるま湯を足して完成

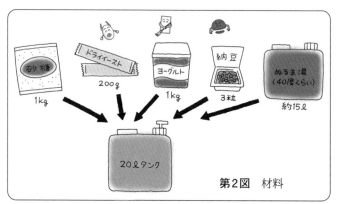

第2図　材料

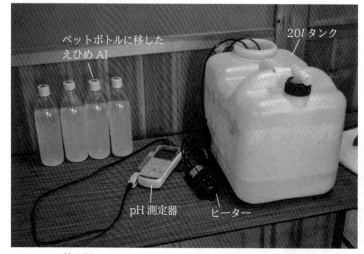

第3図　えひめAIをつくるときに使う容器と道具

第4図　オリも混ぜて使う

堆肥の発酵促進、葉面散布で病害抑制効果も

執筆　前田　洋（三重県伊賀市）

第2図　トマトは灰色かび病、うどんこ病、立枯病が出ない

堆肥の切返し時、灌水にも混ぜる

ナシ2haと水田70a、直売所用の有機無農薬野菜10aを栽培しています。肥料代を抑えることも考えて年間60tの堆肥を使用します。

堆肥づくりには1年半かけ、発酵を促進させるために、もっとも経済的で負担の少ない手段として、えひめAIを使用しています。年間3、4回の切返しを行ない、そのたびにえひめAI原液4lを使用しています。

野菜圃場には、pH調節とカルシウム補給を兼ねて、卵殻の粉末を10a当たり60kg入れたうえ、えひめAIで十分発酵させた完熟堆肥1～2tをすき込みます。

定植後は、作物の種類に合わせ一番安価なペレット鶏糞（20kg100円）を使用。キャベツ、ハクサイなどは、定植後、株間にひと握りを目安に施します。肥料あたりを回避するため、ペレット鶏糞は土中に入れず、土上に置きます。さらにえひめAIの500倍液を10日おきに3回程度灌水することにより、ペレット鶏糞の発酵が促進され、作物がうまく吸い上げて生長します。

病気対策に葉面散布

また、病気対策の目的でも500～600倍液を10日間隔で葉面散布しますが、万が一、病気が出始めたときは、300倍と濃いめに散布。これでほぼ止まります。

私のトマトは8年連作していても灰色かび病、うどんこ病、立枯病におかされたことがありません。ホウレンソウも同様、ニラも大丈夫。キャベツもよく育ち、菌核病も出ていません。ナスも元気に育っています。タマネギも今年は大きな玉がとれました。

お客様からは「キャベツ、ハクサイ、ホウレンソウの甘みが最近増したように感じる」との声が増えてきました。えひめAIの効果だけとは断定できませんが、これからもいろいろと研究したいと思っています。

（『現代農業』2009年10月号「えひめAIで大助かり、びっくり野菜が育ちます」より）

第1図　筆者

えひめAIで野菜の接ぎ木苗にカビが出なくなった

執筆　高橋　博（山形県寒河江市）

接合部から病気に

山形県寒河江市で、おもにトマトやキュウリ、ナスなどの接ぎ木苗を年間30万本ほど生産・販売しています。

二十数年前、セルトレイの普及に伴い、従来の割り接ぎや断根挿し接ぎから幼苗接ぎ木に全面的に切り替えました。接ぎ木後の馴化養生が小さい面積でも大量にでき、省力的な育苗が可能となり、年々生産本数を伸ばして規模拡大を図ってきました。

ところが、幼苗接ぎ木を始めた時から、接ぎ木して2日目、3日目、4日目と日を追うごとにカビ系の病気に悩まされ続けました。症状としては、台木と穂木の接合部がカサブタのようになり黒ずんできます。

馴化中の気温25～28℃、湿度90％以上、光2,000lx（接ぎ木後3～4日）という条件は、接合部の癒着には絶対必要ですが、それが同時にカビの発生しやすい環境でもあるのです。また、幼苗接ぎ木はたくさんのセルトレイをまとめて管理するので込みやすく、あっという間に病気が広がってしまいます。苗に使える農薬は限られていて、耐性菌も出てきたりして、農薬代が年々高額になっていきました。

温室内にいい菌がすみつく!?

そんなとき、『現代農業』2013年1月号のえひめAI特集で、作物が病気にかかりにくいという記事を読み、さっそく地元のスーパーで材料を購入しつくってみました。100倍に希釈して、ミストノズルで馴化中の苗の湿度を保つように連日散布。鉢上げから定植までの期間も7～10日間隔で散布しました。すると、まったくといっていいほど病気が出なくなりました。

第1図　筆者
年間30万本もの野菜苗を生産

第2図　接ぎ木前のトマト苗にえひめAIを散布
接ぎ木後の養生や馴化の最中は、湿度確保を兼ねて毎日数回散布する

えひめAIを使い始めて8年ほどになりますが、わが家の2,000坪の温室には、造り酒屋に酵母菌がすみつくように、納豆菌と乳酸菌と酵母菌がすみつき、カビ系やウイルス系の病原菌から植物を守るバリアを張り巡らせているのを実感しています。現在は経営の中心を息子夫婦が担っていますが、私と同様、えひめAIのよさを実感しているようです。

また、わが家は'シャインマスカット'も35a栽培しており、えひめAIの100倍液を10～14日おきにスピードスプレーヤで散布しています。殺菌剤の散布回数が従来の半分ほどになり、経営的にもコスト削減に大きく貢献しています。

（『現代農業』2021年4月号「接ぎ木の極意　えひめAIで野菜苗のカビがまったくなくなった」、2021年6月号「息子にも飲み友達にも、えひめAI増殖中」より）

第3図　トマトの接ぎ木苗
右は健全だが、左はうまく癒合せず生育が悪い。このような症状が普通は1割ほど出るが、えひめAIの散布でごくわずかですむ

◆高橋さんのえひめAIのつくり方◆

①バケツに三温糖1kg、ヨーグルト1kg、ドライイースト50g、納豆3粒を入れて、ハンドミキサーでかき混ぜる
②20lの容器にぬるま湯15lと①を入れて混ぜる
③小屋などに1週間ほど置き、pH3.5前後になったら完成
④20日ほどで使いきれなかったら、微生物のえさとして味の素を足し、再び発酵

注　1）三温糖の代わりに普通の白砂糖でもOK。味の素を入れなくても効果はある
　　2）山形県には、日本三大納豆菌の一つ「高橋菌」を製造する企業があると知り、必ず地元産の納豆を使っている

第4部　農家の有機資材

えひめAIで働く微生物

納豆とヨーグルトとイーストと砂糖で、えひめAIを仕込むと……

（1）プクプク……

まず、濃い砂糖水の中でも元気に活動できる酵母菌が増殖。糖分と水の中のミネラルをえさに、プクプクと炭酸ガスを盛んに出しながら、すごい勢いで殖える。酵母菌はバランスよくアミノ酸を合成するのが得意。

（2）オリが沈む

30分〜1時間もすると、微生物は第1世代が終わる。アミノ酸たっぷりの酵母菌の死骸がオリとして沈み始める。それもえさにしながら、また次の世代の酵母菌がどんどん繁殖。徐々に糖分が薄くなってくると、今度は乳酸菌や納豆菌も急増。糖とアミノ酸がたっぷりあるので、液の中は微生物天国のようになる。

（3）pH低下

乳酸菌が増殖しながらどんどん乳酸を出すので、全体のpHが低下。pH3〜4の酸性の液体になっていく。糖分を食い尽くすと、とりあえず酵母菌・乳酸菌も活動が収まって、「えひめAI完成」となる。アルカリ好き・酸素好きの納豆菌は表面に集まってコロニーをつくり、休眠状態に。えひめAIの中は、微生物が棲み分け状態。

完成時には、納豆菌が3兆個、乳酸菌が1億〜10億個、酵母菌が1億個に殖えている。ちなみに有機物の多い土壌1ml中の微生物の数は10億個とか

乳酸たっぷりの酸性の菌液。微生物の分泌物や酵素、抗酸化物質がいっぱい

オリには、酵母菌・乳酸菌・納豆菌の死骸（菌体タンパク）と酵素、それらが分解してできたアミノ酸・ペプチド・ホルモン物質などが豊富！

えひめAIをつくる微生物①
酵母菌

性格
- ニックネーム ▶ 合成屋
- カビと細菌のあいだの仲間
- 好きなpH ▶ 酸性
- 好きな温度 ▶ 25〜35℃のわりと低温

泡の正体は炭酸ガス ビールの泡も

酵母菌は「合成屋」とも呼ばれる。アミノ酸をバランスよく合成することができ、人間が自分でつくり出せない必須アミノ酸などもつくり出すことができる。

酵母菌のえさは糖類。糖が好きな微生物は雑菌も含めてたくさんいるが、酵母菌ほど高濃度の糖分に耐えられる菌はなかなかいない。えひめAIづくりでも、まずは酵母菌が優占的に糖をえさに殖えて、プクプクと炭酸ガスを出す。酸素があってもなくても活動できるが、水の中のように酸素が少ないときにはアルコールをつくる（よい香りのもとになるエステルなど）。

酵母菌がたくさん殖えたあとに死ぬと、分解されてアミノ酸やペプチド、ホルモン、核酸、ビタミンなどが出てくる。微生物の死骸の中でも酵母菌の死骸は、ことのほか作物の栄養に有用とされる。えひめAIをつくったときに容器の底にたまるオリにはこれらが豊富で、土にまくと土着微生物が殖えて、土が肥沃になるといわれている。

第4部　農家の有機資材

えひめAIをつくる微生物②
納豆菌

性格
- ニックネーム▶分解屋
- 細菌の仲間
- 好きなpH▶アルカリ性
- 好きな温度▶45〜70℃の高温

有機物や汚れなど
酵素

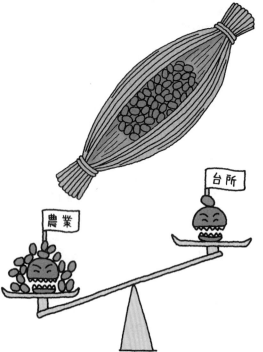

　納豆菌は「分解屋」とも呼ばれる。タンパク質でも、デンプンでも、脂肪でも、アルカリのネバネバ分解酵素を出して、分解することができる。「世界で一番強い菌」と呼ばれるほど、熱などに強い。
　名前のとおり、納豆をつくるときに働く菌。大豆のタンパク質を分解してアミノ酸に変える。アミノ酸がアンモニアにまで分解されてしまうと、アンモニアが出て、えひめAI自身がくさくなる。「えひめAIには納豆は1粒でいい」「まわりのネバネバだけ入れれば十分」などといわれるのは、このため。
　だが、えひめAIを農業に使うなら、多少ニオイがあっても納豆菌が多いほうがいい。有機物の分解に役立つのはもちろん、納豆のネバネバ粘液を水に溶いて葉面散布するとさまざまな病気を抑える、と実感する農家が多い（「納豆防除」の項参照）。

えひめAIをつくる微生物③
乳酸菌

性格
- ■ニックネーム ▶ 掃除屋
- ■細菌の仲間
- ■好きなpH ▶ 酸性
- ■好きな温度 ▶ 30〜45℃の中温

乳酸菌は「掃除屋」とも呼ばれる。分解はあまり得意ではないが、分解時に乳酸などの有機酸をたくさん出すことが特徴。乳酸はpHが低く、強力な抗菌・殺菌力がある。おかげで病原菌などが繁殖しにくくなる。酸性条件でも繁殖できるため、酵母菌とも相性がいい。

えひめAIがpH3〜4になるのは、乳酸菌が出す乳酸のため。酸性のものはアルカリ性のアンモニアを中和できるため、堆肥センターで問題となるアンモニアガスを乳酸アンモニウムと

雑菌

して堆肥に閉じこめ、ニオイを抑えて腐熟促進させる、などの成果があがっている。

えひめAIは酸性好きの乳酸菌とアルカリ好きの納豆菌が同居していて、ニオイや有機物の分解などをどちらもやる、両刀使いといわれる。

執筆　編集部

(『えひめAIのつくり方・使い方』(農文協刊) より)

第4部　農家の有機資材

光合成細菌

第4部　農家の有機資材

光合成細菌

　赤い色がトレードマーク。湛水状態で有機物が多く、明るいところを好む嫌気性菌。べん毛で水中を活発に泳ぎ回り、土にも潜る。田んぼやドブくさいところに非常に多く、イネの根腐れを起こす硫化水素や悪臭のもとになるメルカプタンなど、作物に有害な物質をえさに高等植物なみの光合成を行なう（酸素は出さない）異色の細菌。

　一説によると、地球が硫化水素などに覆われていた数十億年前に光合成細菌やシアノバクテリア（酸素を出す）が現われ、現在の地球環境のもとをつくったそうだ。

　空中チッソを固定し、プロリンなどのアミノ酸や核酸のウラシル・シトシンをつくるため、作物の味をよくしたり土を肥沃にしたりする。赤い色の元であるカロテン色素によって果実のツヤや着色をよくする効果もある。菌体にはタンパク質やビタミンも豊富で、家畜や魚のえさにすると、生育が早まったり、産卵率が上がったりする。田んぼのガスわき対策に施用する人が一番多い。

　酵母菌やバチルス菌などの好気性菌と共生すると、相互に働きが活性化される。ダイズの根につく根粒菌も、光合成細菌と共生すると活性が長く維持される。

　光合成細菌は買うと高価な資材だが、田んぼや水たまりから土着の光合成細菌を採取する人もいるし、市販の種菌から自分で培養して簡単に殖やせる。

　　執筆　編集部

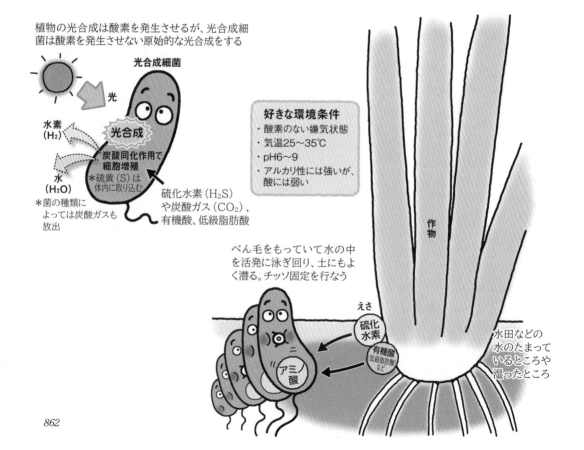

光合成細菌とはどんな微生物か、いかに農業に役立つか

小林達治氏に聞く

光合成細菌は田んぼにいる

　光合成細菌は、水田はもちろん、沼、ドブ、下水処理場など、有機物があって水がたまっているところならどこにでもいます。塩分にも強いから海にもいます。

　農業の現場によく出かけたころ、農家に「素足で田んぼに入って足の裏が泥に付いたとき、ヌルッと感じる田はお米がとれる。1tくらいとれる」とよく話しました。こういう水田は、光合成細菌が田面の泥にビッシリ生えたようにいる、と思ってまちがいない。肥沃な水田ほどたくさんいます。

　ただ、その数はイネの生育に応じて変化します。栄養生長期のイネというのは根の伸張も盛んで、葉や茎から取り込んだ酸素を根によく送るので、根のまわりは酸化状態です。ところが幼穂形成が始まるころから根に送られる酸素が減ってきて、急に還元状態になってくる。すると根のまわりでも硫酸還元菌がよく働いて硫化水素をつくる。これが激しい水田ではイネの根の呼吸が著しく阻害されるので「秋落ち」現象が現われます。自然の光合成細菌は、ちょうどこの幼穂形成から出穂のころにかけて急激に殖えるんです。硫化水素をえさにするからです。

　泥がヌルッと感じるような水田なら光合成細菌が多いので、硫化水素の害が出にくい。お米もよくとれます。一方、それほど肥沃でない水田なら、硫化水素が盛んに生産される前に光合成細菌を入れてやれば、根の障害を防げるというわけですね。光合成細菌は、イネにとって一番の正念場である生殖生長期の根の生理活性を高める「救いの神」です。

硫化水素をえさにする

　この細菌は、名前のとおり光エネルギーを使って炭酸ガスや有機酸などの炭素を同化して光合成をします。それで自分の体を殖やしていきます。植物の光合成は、炭酸ガスと水（H_2O）から炭水化物をつくりますね。光合成細菌の場合はこの水の代わりに硫化水素（H_2S）を使うんです。

　硫化水素以外に、有機物が還元状態で分解してできる有機酸のなかにもイネにとって有害なものがあります。光合成細菌はこれらをいずれもえさにしてしまう。水に溶けた有機酸などの有機物をどんどん取り込んで自分の体にしていくので、水を浄化することにもなるわけです。

光合成細菌が好む環境は

　光合成細菌がよく増殖するpHは7〜8の高めの状態です。光合成細菌を使って反収1tどりをめざす稲作を指導したときは、堆肥といっしょに消石灰を入れるのを勧めました。ただ、増殖のスピードは遅くなりますが、酸性側のpHでも耐えることはできます。

　よく増殖する温度は30℃くらいですが、温度やpH以上に重要な条件は酸素と光です。光合成細菌は、酸素がない嫌気状態で、明るいところほどよく殖えます。色素も酸素が少ない状態ほどよくつくられるので赤色が濃くなります。

　もっともこの嫌気・明条件も、光合成細菌の種類によって多少違います。光合成細菌は、紅色硫黄細菌・紅色非硫黄細菌・緑色硫黄細菌の大きく3タイプに分類されます。そのうち紅色硫黄細菌と緑色硫黄細菌の増殖には嫌気・明状態が条件ですが、紅色非硫黄細菌の場合は嫌気・暗状態でも、あるいはある程度好気的な条件でも増殖できる。

　また、紅色硫黄細菌や緑色硫黄細菌が行なう硫化水素を無害化する働きは光がなくても進むので、暗い土中でも根を守ることができます。光合成細菌はべん毛をもっていて水の中を活発

に泳ぎまわります。土にもよく潜ります。

それに、今まで話したことと矛盾するようですが、いろいろな場面で光合成細菌を実用的に利用しようと思うと、紅色硫黄細菌を活かすときであっても酸素はある程度必要なんです。

好気性菌と共生して力を発揮

汚水処理の例で説明しましょう。先ほどふれたように、光合成細菌は水に溶けた有機物を体に取り込んで殖えていきます。そのため汚水を浄化できるのですが、このときに働くのは光合成細菌だけではありません。

たとえば酵母。酵母がいると光合成細菌の調子がいいんです。酵母が殖えるためには酸素があったほうがいい。一方で、酵母がいれば酸素を消費するので、酵母のまわりには嫌気的な環境がつくられる。それで光合成細菌も増殖できるんです。

こういうときの光合成細菌は、赤というよりボヤッとした紫色をしてます。好気性菌と共存・共生して働くので、酸素もある程度あったほうがいいわけです。それは田んぼの場合も同じです。

堆肥の施用が大事な理由

私は学生時代に、光合成細菌が田んぼにいるか、田んぼで空気中のチッソ固定の働きをしているか、をテーマに研究を始めました。当時は、文献を見ても「光合成細菌は嫌気・明条件で生育できる」という記述しかありませんでした。

たしかに単独で培養するときは嫌気・明条件でいちばん増殖します。最高のチッソ固定をするんです。ところがイネの根圏微生物相を調べているあいだに、おもしろいことがわかってきました。光合成細菌が好気性の有機栄養微生物（有機物を分解して栄養を得る微生物）と共存すると活性が急上昇して、酸素があるところでもチッソ固定力が高まるんです。

好気状態でチッソ固定力が一番高まるのは、バチルス・メガテリウムという枯草菌・納豆菌の仲間と共存・共生したときでした。この菌は

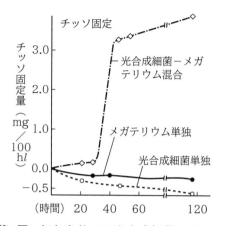

第1図 好気条件での光合成細菌とバチルス・メガテリウムの共生効果

光合成細菌は紅色非硫黄細菌のロドシュードモナス・カプシュラータ、バチルス・メガテリウムは枯草菌・納豆菌の仲間。グリセロール培地で好気的振とう培養

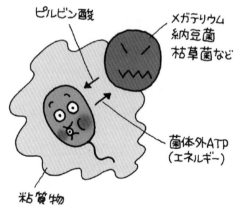

第2図 納豆菌などとの共生で嫌気状態をつくる

どこにでもふつうにいる菌で、堆肥の中などにもたくさんいます。

メガテリウムほどではないにしても、相手が納豆菌や枯草菌であっても同じようなことが起こります。乳酸菌と共生したときもチッソ固定力が高まりました。だから、自然の光合成細菌

が多い水田というのは肥沃なんです。堆肥が重要なんです。

　私が研究を始めたころ、嫌気・明条件というのは自然にはないから光合成細菌のチッソ固定には意味がないといわれました。しかし、好気性の有機物分解菌といっしょに存在するという、自然のなかではいくらでも起こりうる状態で、光合成細菌はチッソ固定を行ないながら増殖していたわけです。

粘質物を出して嫌気状態に

　光合成細菌とメガテリウムが共生した状態を顕微鏡でのぞいてみると、光合成細菌はメガテリウムが出した有機酸（ピルビン酸）をえさにしていることがわかりました。しかも光合成細菌のほうは、自分の体のまわりに大量の粘質物を出して周囲の酸化還元電位を低下させているんです。自ら嫌気的な条件をつくり出していた。こういう共生関係が、チッソ固定力だけでなく炭酸同化作用も大幅に高めることがその後の研究であきらかになっていきました。それが汚水処理への応用につながったわけです。

　空気中のチッソと、有機物分解菌がつくる有機酸などを栄養に、どんどん自分たちの体を増殖させていく。汚水中の有機物を菌体に変え沈澱させていくわけです。この水処理の過程では、水中の有機物がだいぶ減ってくると、今度はクロレラなどの藻類が増殖して浄化の主役になっていきます。

光合成細菌は極上のアミノ酸肥料

　光合成細菌の農業利用については以下のような効果を確認しています。

　昔、私が行なった実験では、光合成細菌の菌体をイネの出穂3週間前に施用したところ、1穂着粒数が増えるという結果が得られました。富有柿やミカンでも光合成細菌の施用で収量と糖含量が増えています。

　植物の花芽形成や着果のときには、体内でアミノ酸のプロリンや核酸のウラシル・シトシンの合成が増えます。生殖生長のために必要だということです。その点、光合成細菌が分泌するアミノ酸にはプロリンが多い。その菌体にはウラシル・シトシンも含まれている。イネでは根の活性を維持する効果もあるわけですが、このアミノ酸・核酸の効果も加わって、作物の収量や糖含量の増加につながったと考えられます。

　それに、光合成細菌の赤い色のもとのカロテン色素は、いったん分解されたのち、作物に吸収され、再合成されて、ミカン・トマト・イチゴ・スイカ・メロンなどの着色やつやをよくしていることを確かめています。

　光合成細菌は、完全な湛水状態でなくても、湿ったような条件のところならすみつくことができます。連作障害対策や除塩のためハウスに水を張る農家がいますが、湛水期間中に光合成細菌が増殖することは十分に考えられます。連作障害対策ではなく、光合成細菌を殖やす目的で、年に1度、必ずハウスに水をためるという野菜農家もいます。

　水がなくなって畑に戻れば光合成細菌は生きていけなくなりますが、光合成細菌の菌体があると、それをえさに放線菌がよく殖えます。放線菌は、野菜の病気の原因になるフザリウムと拮抗関係にある有益菌です。

動物のえさにもなる

　肥料だけでなく、家畜や魚の飼料としても優れています。ニワトリや牛に光合成細菌で処理した水を飲ませるとよく太る。成長が早い。卵の黄身の色もよくなります。汚水処理で沈澱した菌体は家畜の最高のえさです。光合成細菌の菌体はタンパク質が豊富だからです。アミノ酸組成のバランスもとれている。ビタミンのなかでもとくにB_{12}が多いのが特徴です。

　それに将来、食料危機のような事態になったとき、光合成細菌は、悪臭の原因になる有機廃棄物を人間の食料に変える力をもっています。

　　執筆　編集部
（『現代農業』2008年8月号「小林達治先生にきく　光合成細菌は好気性菌との共生で力を発揮する」より）

田んぼの泥から光合成細菌を自家培養、少チッソでもイチゴの反収5t以上

佐賀県多久市・陣内真彦さん

炭疽病対策がきっかけ

イチゴづくり30年になる陣内真彦さん（50歳）は農協のイチゴ部会長を8年間務めてきたベテランだ。裏山の土着菌でボカシをつくったり、酵母菌、乳酸菌、納豆菌の活性菌液「えひめAI」をつくったり、微生物の研究には力を入れてきた。

そんな陣内さんが光合成細菌に惚れ込んだのは4年前のこと。田んぼを基盤整備して建て替えた200坪のハウスに異変が起きた。9月中旬に植えたイチゴの苗が炭疽病で次々に枯れていったのだ。もう必死になって、やられていないハウスの株のランナーから苗を採り、植え直す日々。ようやく本数が確保できたのは12月の終わりになっていた。

「ワラにもすがる思いでしたからね。植え替えながら灌水のたびに放線菌入りの資材を流したんです。放線菌は炭疽病を抑えるっていうでしょう。1ℓ1万円もしたけどかなり流しました。このとき光合成細菌も使ってみたんです。あの菌は死ぬと放線菌のえさになって放線菌が殖えるっていうでしょう」

光合成細菌資材も高価なものだったが、背に腹は代えられない。しかし懸命な対処のおかげで、植え替えた株は枯れることなく順調に生育。春先は驚くほど元気になり、次々に大玉がとれた。結果的には全体（750坪＝25a）の収穫量が落ち込むこともなく、平年並みにとれたのだ。

元菌は秋の田んぼの溜まり水

悪夢のような事態を救ったのは放線菌入り資材の効果もあっただろうが、光合成細菌の力も大きいと陣内さんは思った。しかも光合成細菌なら、高価な資材を買わずとも、やろうと思えば自分で培養できそうだ。田んぼにいる土着菌でもあることも魅力だった。

10月下旬ころ、イネ刈りを終えた田んぼに行くと、コンバインで踏んだ溝に水が溜まっていた。それが赤っぽく見えたのだ。近づいてみると油が浮いたような赤茶色の水。柄杓ですくってにおいを嗅いでみると、なんと光合成細菌特有のドブくさいような感じ。「これは使えるかも」と、すぐに1.5ℓのペットボトルにその水を汲み、本に書いてあった魚エキス（アルギンゴールド）をえさに培養してみた。

2週間ほどして、色がだんだん赤らんできた。ふたをあけると、あの強烈なにおい。市販の光合成細菌と同じだ。「これならいけるって確信しました」

羊水と同じ環境で培養

元菌は田んぼから採れることがわかった。次は培養だ。陣内さんはいろいろなえさでテストしてみた。いちばん使いやすいのが魚エキスだ

第1図　陣内真彦さん

った。

また、一度つくった菌液で拡大培養するときは大概うまくいくのだが、田んぼの泥水から殖やすときは、資材屋さんに密かに教えてもらったというポリペプトン（微生物を培養する薬品）をほんの少し入れてやる。すると菌が一気に殖えるのだ。

もう一つ欠かせないのが天然塩で、2000倍の水に溶かしたなかに、元菌やえさを入れてやる。じつはこの濃度に秘密があるそうで「お母さんのお腹の中の子どもを包む羊水と同じ」。つまり、生命がもっとも誕生しやすい環境にしてやるわけだ。真水でやるより格段に早く培養できるという。

ほかの菌と混ぜるとパワーアップ

培養した光合成細菌は灌水チューブからイチゴへ流すが、このとき陣内さんは自家培養したえひめAI（酵母菌、乳酸菌、納豆菌の菌液）も一緒に混ぜる。

なにせ「光合成細菌は酵母菌と一緒になると活発に働くようになり、納豆菌や乳酸菌と一緒になるとチッソ固定力が高まる」と光合成細菌研究の第一人者・小林達治先生の本に書いてあった。ということは、光合成細菌とえひめAIはとても相性がよく、単体で使うよりパワーが増すはずだ。

陣内さんは750坪のハウスに2つの菌液をそれぞれ3lくらい、使う前日に桶に混ぜて曝気しておき、水と一緒に流すようにしている。

日照不足にジベなしでも着色する

本格的に使うようになって3年目の今年、その威力を強く感じたのが冬場の果実の着色だった。「さがほのか（以下、ほのか）」は1月2月の厳寒期に着色しにくいといわれている。さらに今年は1月から3月まで異常なほど曇天が続いた。「実がなっても色が着かないから、ちぎれない。白ろう果（白いまま発酵する）ばっかり」という人が多かったなか、陣内さんのイチゴは開花して40～50日（適正成熟日数）でちゃんときれいに着色した。しかも玉肥大もいい。

「ふつう着色をよくするためにジベをかけて果梗を長くするけど、かけなくてもちゃんと着色するんです。ジベをかけると地上部と根っこのバランスが崩れやすくなるでしょう。でも光合成細菌を使えばジベなしでいけますね」

たしかに光合成細菌は赤色のもとのカロテン色素が、いったん分解されて、作物に吸収され、再合成されて、果実の着色をよくするといわれている。

チッソ年間6.5kgの高速回転イチゴ

さらに陣内さん、光合成細菌を使うようになってから、思いきって肥料の量を減らしてきた。元肥は10aチッソ成分で1.5kg。追肥と合わせても6.5kgだけ。地域の標準は20kgというから3分の1以下。それでも収量は5t以上とれている（佐賀平野の今年の平均は3.6tくらい）。

肥料が少ないのは不耕起のせいもあるのだが、光合成細菌と納豆菌によるチッソ固定力の働きもありそうだと陣内さんはにらんでいる。

「肥料を減らすと花芽が順調に上がりやすいんです。ほのかはひとつの果房になる実が少ない（8～10個くらい）から、回転率を高めないと収量が上がらない。いかに回転率を上げられるかが勝負どころです」

陣内さんの今年のイチゴは一番果房と二番果房の内葉数が2枚、そのあとはずっと3枚できた。肥料を多く入れると内葉数は5枚6枚と多くつき、「収穫は1か月以上お休み」なんてこともある。かつてはそういうこともあったが、いまは高速回転イチゴになりつつある。

執筆　編集部
（『現代農業』2010年8月号「田んぼの泥から採った光合成細菌で高速回転イチゴ⁉」より）

プールで培養、原液散布、無施肥でジャガイモの収量4.5t

北海道帯広市・薮田秀行さん

ジャガイモ価格が高騰した2021年。要因の一つに北海道で40日以上続いた大干ばつがある。減収した農家も多いなか、無施肥で反収4.5tとった農家がいるという（慣行栽培での平均は3t）。なんでもハウスにつくったプールで、光合成細菌を大量培養して畑にまいているおかげらしい。

ハウスにつくったプールで大量培養

帯広市愛国町の薮田秀行さんは、ハウス内に約2tのプールを掘り、光合成細菌を大量培養しているという。

光合成細菌と聞いて真っ先に思い浮かぶのは、ドブのようなニオイと真っ赤な菌液だ。いったいどんな光景が広がっているのだろうか……。十二分にニオイを感じるためにマスクをずらし、いざハウスの中へ入ってみると、目の前にはため池のような青緑色のプール。ニオイもあまり感じない。これが光合成細菌！？　と首をかしげる横で、薮田さんがポンプを使ってプールの底から菌液を汲み上げた。あれれ？　バケツの中には目の前のプールの緑とはぜんぜん違う赤褐色の液体が注がれている。驚きながらプールとバケツに鼻を近づけると、どちらの色の液も、たしかにドブのようなニオイがする。どうやら、この培養プールは表層が緑色、下のほうは赤色の液体で満たされているようだ。

「仕込み始めはプールの色が赤くなって、そのうち上のほうが緑になるんだ。また、赤にもどることもある」

薮田さんはどちらも同じ光合成細菌と考え、色は気にせず使っているという。

豚糞大量施用では雑草に負けた

大阪府出身で近畿大学の農学部を卒業し食品工場へ就職したものの、農業へのあこがれが捨てきれずに帯広市が募集した2年間の農業塾に参加。39歳のときそのまま移住して就農した。

車で20分ほどのところで知人が養豚をやっていたので、簡単に手に入る豚糞を毎年大量にまいて、有機栽培を始めたのだが、予想以上に大変な世界だった。大きくおいしい野菜がとれるいっぽうで、日に日に雑草が増えていく。一番手を焼いたのが、最大2mにもなるアカザだ。いつしかキャベツ畑は一面アカザのジャングルに変わり、カルチをかけ、鎌で刈り、大きくなりすぎたアカザはノコギリで手刈り……。当然、体がもたなくなってしまった。

雑草は克服できたがとれない

雑草との闘いに負け、有機栽培は7年ほどで挫けた。そして、自然栽培に出会う。豚糞をやめて無施肥、無農薬、不耕起の自然栽培に切り替えた。すると、堆肥の残肥とともに雑草は徐々に減ってゆき、3年ほど経つとあれほど手を焼いたアカザはほとんど見なくなった。しかし、野菜の収量もジャガイモは10a当たり2tから約1.5tに減ってしまった。

第1図　2tの培養プールと薮田秀行さん。2m×1.5m×深さ0.6mの穴を掘って防水シートを敷き、プールの上には保温のためのトンネルを張る

（写真撮影：すべて下段丞治）

第2図　薮田さんから培養方法の指導を受けた幕別町の岡坂ひろ子さんの15tプール

その後、夢中になったのが光合成細菌だ。

米ヌカ0.1％でお手軽大量培養

薮田さんが光合成細菌のえさとして試した材料は、粉ミルクや昆布、糖蜜、米のとぎ汁などさまざま。どの培養実験も小さいサイズなら成功したが、大量培養するには大量の材料が必要でお手軽とはいい難かった。4年ほど試行錯誤を続け、19年、ようやく米ヌカだけで超簡単に培養できる方法にたどり着く。米ヌカの分量は培養液の0.1％。2tプールにたった2kgだ。これより少ないと光合成細菌がうまく殖えず、多すぎると他の菌が繁殖して腐敗する。材料が多いとその分お金もかかるし、手間もかかる。0.1％はさまざま試して見つけた最適量だ。

「えさが少ないと思うのか、たくさん入れる人がいる。2％くらい入れたくなるが、それだと多すぎる。失敗したと連絡をくれる人のほとんどは、米ヌカを入れすぎなんだ」

4月はじめ、米ヌカを0.1％入れた水に3％の種菌を加える。2週間ほどおくとドブのようなニオイになって完成する。

干ばつでもジャガイモ4.5tとれた

使い方はとても簡単で、種イモの植付け直後に培養した原液を1回だけ散布する。トラクタに菌液を入れたローリータンクを取り付け、塩ビパイプでつくったノズルでウネの中央に100l/10aまいていく。以降の管理は、植付けから3週間おきにカルチで2度の中耕培土をするだけ。草の手取りは必要ない。

原液散布を始めたら驚きの効果があった。なんと、自然栽培のときは1.5t/10aしかとれなかったジャガイモが、19年は2t、20年は3tとれるようになったのだ。芽1本当たりイモが5〜6個つき、1個100g以上とサイズもちょうどいい。無施肥なのに、地域の慣行栽培の収量約3tと遜色ない。

第4部　農家の有機資材

　21年は大干ばつにより周りの農家が平均反収約2tに落とすなか、過去最高の4.5tを記録（面積66aの平均）。「干ばつのほうが雑草が少ない分、イモがよく育つ。むしろ干ばつのほうがいい」と話す薮田さん。笑いが止まらない。光合成細菌がもつ、干ばつに強くなる効果がバッチリ効いているのかもしれない。

肥えた土に変わった

　増収以外に変化したことがもう一つあった。堆肥の投入をやめたときに減ったアカザが、原液散布をするようになったら増えたのだ。「アカザはチッソ分などの肥料っ気のあるところが好きなんだ。だから、光合成細菌をまいたら微生物が殖えてアカザ好みの土になったんだ」と薮田さんは考えている。

　ただ、ウネの上や通路に雑草は生えるが、生育はそれほど早くなく、カルチで初期除草するだけで十分抑えられている。光合成細菌の肥料効果は、豚糞よりもゆっくりなのかもしれない。

　プールの菌液が半分以下に減ったら、米ヌカと水を足して再培養する。菌液をプールに残したまま冬を越せば、翌春に種菌を拡大培養する必要もない。超手軽な管理方法だ。

執筆　編集部
（『現代農業』2022年9月号「プールで培養、原液散布、無施肥でジャガイモの収量4.5t」より）

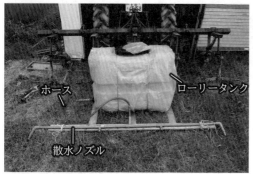

第3図　トラクタの後ろに、ローリータンク（300l）を載せ、塩ビパイプでつくった散水ノズルにホースで繋ぐ。4ウネ同時散布できる

第4図　4月に植え付けたメークイン（6月下旬撮影）。1株5〜6芽立て、各芽に100g以上のイモが5〜6個付く。細根が多い

作物の耐干ばつ性、耐寒性も高める光合成細菌の力と培養のコツ

佐々木健氏、佐々木慧氏（広島国際学院大学）に聞く

広島国際学院大学前学長の佐々木健先生は微生物培養（生物工学）が専門で、光合成細菌の研究は、もう40年以上続けている。息子の慧先生もこの菌の力に魅せられ、研究を引き継ぎ、今は365日培養しているという。お二人に光合成細菌の耐ストレス性を高める効果や培養のコツを伺った。

作物の耐ストレス性を強化

光合成細菌の作物に対する効果はさまざまあります。光合成細菌を肥料として定期的に与えると、まず増収します。イネだと2～3割は増えます。ほかにもカキの着色がよくなったり、イチゴの日もちがよくなったり、いろいろあります。

近年、とくに注目されているのは、作物があらゆるストレスに強くなるということです。光合成細菌を肥料として少し与えると、耐寒性や耐塩性、耐干ばつ性、耐低日照性などが強化されることがわかってきました。天候不順とか日照不足のなかでも安定して収量が得られるということです。

たとえば耐干ばつ性では、サウジアラビアの砂漠でデーツという植物（ヤシの一種）に光合成細菌入りの肥料を使って、それまではできなかった緑化に成功しています。耐寒性では、中国の標高2000m級の山間地で薬草栽培に光合成細菌入りの肥料を使ったら、それまで少ししかとれなかった薬草がたくさんとれるようになったとか、標高1000mの台湾の高山茶の生育が非常によくなったとか、さまざま報告されています。

身近なものをえさにして培養するときの例

18l（液肥のポリ容器）の水に対して
元菌　2l前後
えさ
- 粉ミルク　45g
- 重曹　20～40g
- クエン酸　20～40g
- だしの素　20～40g

※『現代農業』を見て佐々木先生がよさそうだと判断したもの

5-アミノレブリン酸（ALA）の実力

ストレスに強くなる理由は光合成細菌が生み出す5-アミノレブリン酸（ALA）という物質の生理作用によるものだということがわかってきました。ALAと呼ぶんですが、アミノ酸の一種で葉緑素をつくる原料みたいなものです。これを肥料として少し与えると、葉緑素がすごく増えて光合成能力が上がります。それと、ALAは活性酸素を除去するペルオキシダーゼという酵素をたくさんつくり出す。植物は強いストレスを感じると、活性酸素を出して生育を止めたりするわけですが、活性酸素を取り除くのでストレスにも強くなるといわれています。

さらに最近わかってきたのが、耐塩性、耐寒性、耐干ばつ性など、それぞれのストレスに応じてALAが特殊な物質をつくって対応しているということです。たとえば耐塩性では、植物の根の表面にペプチドグルカン類というコンニャクみたいな粘性物質をつくる。浸透圧の調整をするようになるそうです。普通だったらナトリウムが入ってくるところが入ってこないんです。

ALAは化学合成してつくり出すこともできますが、すごく手間とコストがかかります。しかし、光合成細菌はこれをじゃんじゃん生産し、安くつくれるわけです。私たちは、実用レベルでのALAの生産に世界で初めて成功し、

今は大量生産できるようになりました。ALA入りの特殊肥料も販売されています。ただ、光合成細菌をかければ同じ効果が得られます。農家であれば、自分で培養できるといいと思います。

失敗しないためにはコンタミ防止が重要

光合成細菌の培養の失敗で一番多いのが、雑菌が入ってしまうコンタミ（コンタミネーション）です。

光合成細菌はほかの菌に比べて培養に時間がかかります。たとえば試験管で乳酸菌や納豆菌を培養すると12時間ほどで培養が完了しますが、光合成細菌は24時間かかります。だから、ほかの菌に先に繁殖されやすい。

コンブなどの海藻も光合成細菌を培養する際のえさになりますが、海岸で拾ってきて半日くらい外に置いておくだけで雑菌がびっしりつきます。そういうものは使えない。

培養に使う容器もきれいに水洗いしておきます。種菌とえさは一緒に入れます。光合成細菌は塩素に強いので、水は水道水で大丈夫です。

培養の成功、失敗の判断基準は、大きくは色とにおいです。色は深紅の色といいますか、赤くなればOKです。あまり強いにおいはしません。そもそも田んぼの泥の中にいる菌なので、いい香りはしませんが、きついドブ臭はしません。においがきついものは雑菌が多いということです。

培養するときのポイントや注意点

（1）温度を40℃以上にしない

光合成細菌が好きな温度は25～35℃です。気をつけたほうがいいのは夏場です。40℃以上になるとかなり弱ってきて、45℃以上になると死んでしまいます。暑い時期に培養するときは、密閉できる容器なら水の中に入れるのもいい。

（2）暗いところでは電球を吊るす

この菌が生息するために光が必要です。ハウスの中で培養する方がいますが、仕込む時間帯は夕方より朝のほうがいい。最初に光が当たると菌の立ち上がりがよくなるからです。もしも納屋などの暗いところで培養する場合は、電球を吊るすといい。紫外線が好きなので蛍光灯やLEDより白熱灯のほうが効果が高い。

（3）pHをチェックする

pHメーターをもっているなら途中でpHをチェック。光合成細菌（紅色非硫黄細菌）はアルカリが好きでpH6～9までなら繁殖します。7から6に下がるようなときは危険です。そういうときは重曹を少し入れるといい。20lの容器だったら30gくらい入れると、pHが少し上がって安定します。

（4）種菌は1～2割入れる

雑菌の入りやすさは、種菌の量によっても変わります。蓋が閉まっている容器（ペットボトルやポリ容器など）なら全体量の1割ほど、雑菌が外から入りやすい、ふたが開いている容器（桶や水槽、衣装ケースなど）なら2割ほど入れると、最初から種菌が多いので、ほかの菌が入る余地がなくなります。

種菌を2割入れると、うっすらと赤くなりますが、それが数日でどんどん濃くなります。早くて2日、4日もすれば赤くなります。4日で赤くなっていなかったら失敗です。それ以上は続けないほうがいい。

光合成細菌のえさにいいもの

私たちが培養するときのえさには薬品を使いますが、『現代農業』で紹介されていた事例でいいと思うものは四つありました。粉ミルク、重曹、クエン酸、だしの素です。粉ミルクは栄養バランスがいい。クエン酸も光合成細菌がよく食べます。だしの素はグルタミン酸で、これは私たちも薬品として培養に必ず使います。重曹はpHを上げるためのもの。重曹やクエン酸は掃除用の商品が安く売られています。

執筆　編集部

（『現代農業』2016年8月号「本当に効く光合成細菌の培養法＆ALAの実力」より）

納豆、豆腐、重曹で培養液

執筆　仁科浩美（岡山県高梁市）

光合成細菌の培養には、豆腐を使った自作の培養液を使っています。『現代農業』2016年8月号で光合成細菌と納豆菌は仲がよいことを知りました。タンパク質が豊富な豆腐が溶けた液は、納豆菌や光合成細菌が殖えるのにちょうどいいはずです。豆腐を溶かした液に納豆を加え、さらにえさとして「ほんだし」を加えた豆腐納豆液を培地にしてみたところ、購入した培地と同じように培養できました。

（『現代農業』2022年9月号「納豆、豆腐、重曹　台所にあるもので、土着の光合成細菌を採る、殖やす」より）

◆培養液のつくり方◆

1. 鍋に水4l、くだいた豆腐150g、重曹40gを入れて沸騰させる。
2. 豆腐が溶けて白濁してきたら火を止めて冷ます。
3. ペットボトルに移し、納豆水（納豆1パック分を洗った水）20ml、または納豆を数粒入れる。
4. 数日で上澄みと澱に分離するので、上澄みを別のボトルに移し、ほんだしと米粒程度の種菌を入れる。日光の当たる場所に置いておく。

第1図　豆腐、納豆、重曹でつくった培養液。数日置いて澱が分離したら、上澄みだけを培養液として利用する

エビオス錠とLED電球で超簡単培養

執筆　山本武宏（京都府京都市）

『現代農業』で「トマトの色づきがよくなる」という記事を読んで光合成細菌に興味を持ち、自分でも培養してみました。

使うのは、メダカ飼育用の種菌と水道水、エビオスだけです。水道水はカルキ抜きなしでも問題なく培養できます。とにかく簡単！ エビオスの粒を数えるのが一番の手間です。

昼の太陽光に加えて、夕方から朝方までLED電球で照らしてやると、4〜5日で色づきます。照明なしだと倍の時間がかかりました。

（『現代農業』2022年9月号「エビオス錠とLED電球で超簡単培養」より）

◆培養液の材料（1l培養する場合）◆

- 種菌500ml（メダカ飼育用。安定してきたら200〜250mlでも培養可能）
- エビオス錠8錠
- 水500ml（水道水をそのまま利用）

＊エビオス錠とは
アサヒビールが開発したビール酵母由来の胃腸・栄養補給剤。酵母エキスは光合成細菌と相性がよく、実験室的培養での培地（菌のえさ）にも使われる。

第4部　農家の有機資材
タンニン鉄

タンニン鉄

　鉄は生きものにとって最重要なミネラルの一つだが、自然界ではすぐに酸化して、水に溶けずに沈澱するので、循環しにくい。しかし、アミノ酸や有機酸が鉄を包み込んでキレート化（錯体化）すると、水とともに循環し、植物の根から吸収されやすくなる。従来、自然界での主要なキレート剤は、森の腐葉土に含まれるフルボ酸と考えられてきたが、より人間生活に身近なタンニンも鉄のキレート剤であり、鉄分循環のカギを握る物質として注目されだした。

　元京都大学の野中鉄也（一般社団法人鉄ミネラル）さんは、茶の主成分であるカテキン（タンニンの一種）は鉄をキレート化する力が強いことに気づき、お茶に鉄を入れて真っ黒に変化した、タンニン鉄を含む液体（「鉄ミネラル液」と命名）の農業利用をすすめている。タンニン鉄を収穫1週間前の野菜の株元に灌注すると、不思議なことに葉っぱや果実につやが出て、渋味やエグミは消え、甘味と旨味、シャキシャキ感が生まれる。

　野中さんによると、広葉樹の伐採や河川改修などの影響で、自然界でのタンニン鉄やフルボ酸鉄の循環が滞り、日本中の畑が鉄分不足による貧血状態に陥っている。そのため、タンニン鉄を直接畑に補給すると、野菜が本来もっている「昔の野菜の味」が戻ってくるのだという。

　鉄分が植物に補給されると、生命体を維持するための酵素が効率的につくられたり、細胞内でエネルギーをつくり出すミトコンドリアの能力が飛躍的に向上する。そのため、代謝が改善し、植物は低燃費でラクに生きられるようになる。余ったエネルギーは糖度アップや、細胞壁を強くするのに利用されるという。

　　執筆　編集部

青柿と鉄を材料につくったタンニン鉄。タンニンは茶葉のほか、青柿やクリの新葉、ヤシやブシの実などにも豊富

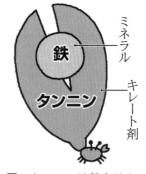

第1図　タンニンは鉄をはさみ込んでキレート化し、鉄イオンが水中に放り出されるのを防ぐ

水出し茶に鉄を入れるだけ タンニン鉄で育てる鉄ミネラル野菜

執筆　新谷太一（京都府京都市）

第1図　筆者（45歳）。タンニン鉄を投入している田んぼの前で。鉄の供給源は使い古しのロータリ爪

フルボ酸鉄とタンニン鉄

　私は2011年から京都市左京区大原で田んぼを借りて、タンニン鉄を利用した農法を実践しています。3年前に新規就農し、現在は田んぼ20aと畑30aを耕しています。

　鉄には、就農以前から関心がありました。前職で日本酒やワインの仕入れの仕事をしていたことと、白ワイン好きが高じて、それに相性のよいカキの産地巡りを始めました。知識を深めたいと出会った本が、「森は海の恋人」運動で有名な畠山重篤さんの『牡蠣礼讃』（文藝春秋）。森（広葉樹林）の水が運ぶミネラル分が海中のプランクトンを育成しカキをおいしく育てる。なかでも重要なミネラルが、腐葉土に含まれるフルボ酸と反応した鉄分であると述べられています。

　そして2011年に京都市内で開かれたある講演会で、偶然隣の席に座った京都大学の野中鉄也氏との雑談のなかから、タンニン鉄もまた同じ仕組みで発生することを教わりました。お茶に浸かった鉄釘は、数分もあれば溶け出します。最初、黒いモヤモヤしたものが現われて、やがてお茶が真っ黒になります。この真っ黒の正体がタンニン鉄、つまり、森（広葉樹林）の力そのものです。

　広葉樹の腐葉土に含まれるタンニン（ポリフェノール）が地中の鉄分と反応し、動植物に吸収されやすい形（タンニン鉄）となって沢に流れ込み、すべての生物の活力となるというのが野中氏の考察です。私はフルボ酸鉄によるミネラル循環を肯定していますが、それにも増して野中氏のタンニン鉄説に魅力を感じました。

少量の茶葉と鉄があればOK

　理由の一つは、再生（つくり方）が簡単だから。水出しのお茶に鉄を入れるだけで、森の力を再生できる点です。

　お茶の葉は、京都府内の製茶工場から出るクズ茶を使っています。鉄は、鋳物があれば最良ですが、ない場合はすり減ったロータリ爪を使います。私の場合、500lタンクに茶葉5kg、ロータリ爪は10～15本投入しています。

　数日でタンク内の溶液が漆黒に変化します。それを、畑全体に散布して耕うんし、定植後にも株元に直接注ぎ込みます。さらに収穫の1週間ほど前にも株元に注ぎます（収穫期間の長い果菜類は、ピークを過ぎたころにもかける）。

　森の力を再生するために大量の落ち葉・腐葉土を用意しなくても、タンニンの抽出目的で比較的少量の乾燥茶葉を使うのみです。私のように新規就農で労働力が一人であっても、無理なく取り入れられます。

ミネラル循環の一端を担う

　二つ目の理由は、タンニン鉄が人間の生活文化に溶け込んでいたことです。

　興味深い事例をあげると、温暖で腐葉土が形成されにくい亜熱帯の沖縄では、昔、タンニンを多く含むマングローブの樹皮から煮汁をと

り、漁網を浸け込んでその耐久性を上げていたそうです。これは、鉄ミネラルを使う私からすれば、こう解釈できます。

日々の生活のなかで知らず知らずのうちにタンニンを抽出し、漁をしながら川や海に拡散させる。そこに自然界の鉄分が反応して、生物に吸収されやすい形状のタンニン鉄へと変容させていた。

つまり、ミネラル循環の一端を人間が担っていたのです。同様にタンニン豊富な柿渋もさまざまな生活場面で使われていました。泥染め、なめし、お歯黒、黒インクなどはタンニンと鉄の反応そのものです。

おそらく日本人に鉄分不足が多いのも、戦後に生活スタイルが大きく変化し、タンニン鉄との関係が薄れたことに原因があるのではないでしょうか？　その最たるものが、鉄分を循環させる動力源であった広葉樹林が針葉樹の植林事業によって激減したことだと思います。

ミネラル循環の崩壊が、人の鉄分不足や沿岸漁業の漁獲減少の一因ではないか。そう考えると、農業で鉄ミネラルを使うことは、品質の高い作物をつくる目的のほかに、人間の生活とミネラル循環との良好な関係を再生させる一つのアプローチにもなると思うのです。

野菜本来の甘味、旨味が出る

さて、これまで試行錯誤しながら、お茶のタンニンと鉄を反応させた鉄ミネラルを、自分の農業に活用してきました。もっとも大きな効果は、食味の変化、あるいは葉や果実のはり・つやといった質感の違いです。

とくに食味に関して私の野菜では、渋味、エグミのない透明感のある後味と野菜本来のもつ

第2図　株元に鉄ミネラル液を注ぐ

第3図　ピーマンも生でもエグミがない。先端から付け根、タネまでみずみずしくておいしい

第4図　しば漬けの発祥の地とされる京都・大原の赤シソは、平安時代からの特産品。鉄ミネラル液をかけると葉っぱの発色がよく肉厚で、味が濃厚になる

甘味や旨味が素直に感じられます。おそらく、植物に吸収された鉄分が、渋味、エグミのもとであるタンニンと反応することで、野菜の味を変化させていると考えられます。鉄分が野菜の中の酵素を活性化させて細胞壁を強くする効果もあり、シャキシャキ感が増すとともに、野菜の日もちもよくなります。

実際にウネごとにタンニン鉄をまいた野菜、そうでない野菜をつくり、そのことを伏せたまま第三者に味見してもらうと、みなさん味に大きな違いがあるのに驚かれます。

田んぼではラン藻・浮き草が元気に

水稲に活用する場合は、洗濯ネットに10a当たり20kg程度の茶葉と鉄（ロータリ爪5～10本）を入れ、代かき時に水口に置いておきます。2週間もすれば、ラン藻や浮き草が旺盛に発生します。

これらを利用した抑草法を実験中ですが、水稲の生育初期段階で遮光され水温が上がらないリスクもあります。したがって私の場合、抑草効果よりはラン藻による酸素供給とチッソ固定を期待し、施肥を少量に抑えながら根を張らせる効果に重点をおいて使用しています。

摂取するものから、巡るものへ

収穫した野菜や米は、おもに個人宅配中心で販売しています。現在の配達先は40軒ほどあり、毎週、おまかせ＆定額で6～7種類の野菜を届けています。宣伝は一切していませんが、口コミで鉄ミネラル野菜は広がっています。

実際、購入のきっかけは「鉄分不足による体調管理が必要だから」という方が多く、ほとんどのみなさんがその後も継続的に購入を続けています。

ちなみに私の家内も、もともと日常生活に支障が出るほど貧血がひどくて鉄剤を服用していましたが、なかなか改善されませんでした。鉄剤から鉄ミネラル野菜の摂取に切り替えて、半年ほどで貧血による諸症状が緩和してきました。こうした事例を目の当たりにすると、鉄は錠剤として摂取するものではなく、森から畑、野菜、人間へと巡るものだと実感します。

ここまで、タンニン鉄の扱い方や鉄ミネラル野菜の性質について書いてきましたが、この農法は野菜本来の味を超えて極端に食味を向上させたり、姿形をとびきり大きくさせたりする技術とは、また違うところに位置する農法だと思います。

鉄ミネラル技術の本質は、循環の経過で生物本来の活性を取り戻すところにあります。土にまけば、鉄ミネラルをえさに微生物が活性化する。その微生物がつくり上げた健全な土に根を広げた植物もまた鉄を吸収して育ち、それを食べる動物が生命の糧にする。

この農法は、滞ったミネラル循環の流れを、野菜やイネの力を借りて潤滑に巡らせる作業だといえるかもしれません。

（『現代農業』2019年10月号「水出し茶に鉄を入れるだけ　かんたん液肥でつくる鉄ミネラル野菜」より）

第5図　田んぼでは大きな洗濯袋に茶葉とロータリ爪を入れて、水口に設置。時期になると水口にホウネンエビやカブトエビが大発生

リン酸が効く、光合成能力アップ、微生物バランス改善 タンニン鉄のマルチな効果

執筆　野中鉄也（一般社団法人鉄ミネラル）

植物によく吸収される

　農業用の鉄資材には、いろいろなものがある。二価鉄、フルボ酸鉄、クエン酸鉄、EDTA鉄、そしてタンニン鉄など。このなかでタンニン鉄の特徴を簡単におさらいする。

　まず、今の地球環境では酸素が十分にあり、鉄は三価の鉄、多くの場合は酸化鉄として存在する。植物はこの三価の鉄を根から直接吸収することができない。イネ科の植物は、根からキレート物質を放出し、キレート鉄に変えて吸収する。イネ科以外の植物は、根から放出する化学物質や根の酵素の力で鉄を還元し、二価の鉄に変えて吸収する。

　タンニンは化学的な分類ではフェノール酸に属する。これは、イネ科の植物が放出するキレート物質と同様の働きをする。タンニンは複数の腕で、カニのはさみ（ギリシャ語で「キレート」と呼ぶ）のように鉄元素を抱え込み、キレート鉄（タンニン鉄）をつくる。タンニン鉄は、農業現場の実績で植物によく吸収されることが確認されている。

リン酸鉄を引き離す

　タンニン鉄の特徴は、鉄がイオンとして溶け出しにくいことである。鉄がイオンの状態で土壌中に溶け出すと、すぐに肥料成分のリンと化学反応を起こし、不溶性のリン酸鉄になる。そのため、効かないリン酸が土壌中に蓄積する問題が起きる。

　EDTA（エチレンジアミン四酢酸）という化学薬品を使ったキレート鉄が、水耕栽培液で使われている理由も鉄イオンが溶け出さないからである。EDTAは日本ではなじみが薄いが、ヨーロッパでは石鹸に使われている。ヨーロッパの水は硬水が多く、そのままでは石鹸が泡立ちにくい。硬水に含まれるカルシウムやマグネシウムなどの金属イオンが石鹸の成分と反応して沈澱するからである。そこで、石鹸にキレート剤（金属封鎖剤）を入れることによって、ミネラル分を「殺して」石鹸を泡立たせる。

　タンニンはこれに近い性質をもつ。鉄分を金属封鎖することで、肥料成分のリンとの化学反応を防ぐのである。そればかりか、リン酸鉄として土壌中に固定された鉄分を引き離す効果もある。自由になったリンは肥料として再生し、植物に吸収される。

　なお、フルボ酸やクエン酸もキレート鉄をつくるが、これらは水中で鉄イオンを放出しやすい。同じキレート鉄でもタンニン鉄とは性質が異なり、化学的分類では、食酢、木酢液と同じカルボン酸に属する。

銅やマグネシウムも溶かす

　さて、お茶などのタンニン資材と鉄を組み合わせてタンニン鉄をつくろうとすると、すぐに発酵してタンク内に異臭が発生する。季節によっては、ボウフラがわくなどの問題が起きる。そんなときは銅板を入れると簡単に解決できる。金属イオンは、多かれ少なかれ、殺菌効果をもつ。銅イオンの抗菌作用は有名で、農業の現場ではボルドー液として長く使われてきた。

第1表　銅とマグネシウムの溶出試験

	抽出液	溶出量
銅（Cu）	水	1.3
	お茶	53
マグネシウム（Mg）	水	10
	お茶	150

　注　溶出量の単位はmg/l。お茶そのものに含まれるMgは7.4mg/l。銅は検出されなかった
　　銅とマグネシウムの試薬をそれぞれ水とお茶に浸けて抽出した成分値。お茶で抽出すると銅もマグネシウムも数値が高くなった

ここで気になるのが、タンニンは鉄と同様に銅も溶かす能力があるかという点である。結論は、銅も大量に溶かす。つまり、タンニン酸銅としてキレート化し、その一部はイオン化するので、殺菌力のある銅イオンも供給する。葉緑素の材料となるマグネシウムの場合も同様に溶け出る。工夫をすれば、ボルドー液のような機能や、マグネシムを強化したタンニン鉄資材をつくることもできる。

光合成には鉄が必要

　光合成というと葉緑素の中心元素であるマグネシウムが思い浮かぶが、鉄もそれ以上に重要な働きをしている。ちょっとむずかしい話になるが、鉄は葉緑素の合成に必要なだけでなく、「光合成明反応」と呼ばれる、光合成に必要なエネルギーを生み出す「光合成電子伝達系」に必須のミネラルである。「Zスキーム」と呼ばれる、電子の移動によってエネルギーをつくり出す部分に、多くの鉄化合物が使われている。

　「電子伝達系」といえば、人間を含む動物や植物の細胞の中のミトコンドリア内にも存在する。エネルギー物質を量産するには、ミトコンドリア内の電子伝達系に鉄をどんどん供給し、化学反応を進めることが不可欠である。しかし、ミトコンドリアの働きを示す一般的な図には鉄が描かれていないため、エネルギー代謝における鉄の存在は忘れられがちである。

　同様に、葉緑素の中にある光合成電子伝達系の図にも鉄が明示的に描かれておらず、鉄の存

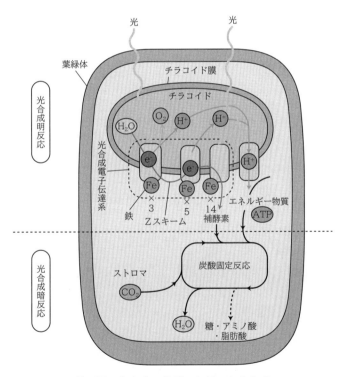

第1図　光合成の仕組みと鉄のかかわり
光合成は光エネルギーをエネルギー物質や補酵素に変換する「光合成明反応」、そのエネルギー物質を使って炭酸ガス（CO_2）と水（H_2O）を反応させて糖などをつくり出す「光合成暗反応」（炭素を固定する）に大別される。明反応を行なうチラコイド膜で電子（e^-）を移動させながら水素イオン（H^+）を送り続け、エネルギー物質（ATP）をつくり出すのが「光合成電子伝達系」。その化学反応（電子の受け渡し）を進めるために22個の鉄元素が使われており、鉄以外にこの仕事ができる金属はない

在が忘れられがちだが、光合成でエネルギーを量産するには、やはり鉄が不可欠である。

以上のことから、鉄とマグネシウムとを同時に供給できる資材が、光合成を活性化させるために有効なことがわかる。鉄やマグネシウムだけでなく、「ケイカル」「ミネカル」といったミネラル資材とタンニンを組み合わせれば、さらに多くのミネラルを効率よく供給できることも予想できる。

微生物バランスを整える

タンニン鉄を土壌に散布すると、植物が鉄を吸収できるようになるだけでなく、土壌微生物も鉄を吸収できるようになる。

土壌微生物と鉄の関係は、微生物の中の酵素に注目するとわかりやすい。微生物は酵素の力で生きていて、酵素は生命を維持するために分解や合成を担当する「ミニ化学工場」のような存在である。おもにタンパク質でできているが、化学反応を起こす触媒としてミネラル（金属元素）を取り込んでいる。

土壌微生物が繁殖する場合、まず自分の体内にある酵素のコピーをつくる必要があり、酵素の部品であるミネラルが必要になる。よって、ミネラル不足の土壌では微生物が殖えることはできない。微生物バランスが崩れて、特定の病原菌が繁殖しやすくなる。

タンニン鉄を散布するといろいろな病気の発生が抑えられるとの現場実践がある。その理由は、鉄分の供給やリン酸の解放によって、土壌微生物がミネラルを利用して本来のバランスを保ちやすくなるためだと想像できる。

（『現代農業』2022年10月号「リン酸が効く、光合成能力アップ、微生物バランス改善　タンニン鉄のマルチな効果」より）

◆タンニン鉄のつくり方◆

500lタンクにロータリ爪＋クズ茶　京都市●新谷太一さん

京都府内の産地からもらった廃棄茶葉（製茶機に詰まった粉状のもの）5kg分ほどを洗濯ネットなどに入れて容器内の水に浸す（依田賢吾撮影、以下Y）

鉄の供給源は使い古しのロータリ爪。500lタンクに10～15本入れる（Y）

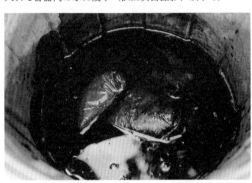

各畑の隅に容器を設置し、水に鉄とお茶パックを入れている。タンニン鉄ができて水の色が漆黒になる（Y）

重機の部品を使うことも。これなら500lタンクに1、2個入れれば十分（Y）

20lタンクに釘＋緑茶パック　兵庫県豊岡市●由良 大さん

1日目　5日目

鉄ミネラル液は20lのポリタンクで作製。緑茶パックと釘と水を仕込んで5日もすれば黒色の液に変化する。常時5つのタンクで液をつくり、ストックしている（写真提供：由良大）

材料は緑茶パック3つと長めの釘10本ほど

完成した鉄ミネラル液

（『農家が教える鉄とことん活用読本』より）

第5部
無農薬・減農薬の技術

第5部　無農薬・減農薬の技術
納豆防除

納豆防除

納豆に水を加え、ミキサーなどで攪拌したドロドロの液体（納豆水）を、希釈して作物にかけると、さまざまな病気の発生や進行を抑える効果がある。愛知県田原市の小久保恭洋さんがキクの白さび病で試験を繰り返して効果をつきとめると、その後花農家を中心に各地で広がり、カーネーションの斑点病や、トマトの葉かび病、キュウリのうどんこ病などのほか、さまざまな病害への効果が報告されている。

納豆に含まれる納豆菌（バチルス・ズブチリス・ナットー）が作物上で活躍、病害を抑制していることが推測されるが、そういえば市販の防除用微生物剤ボトキラー水和剤やインプレッション水和剤の主成分もバチルス・ズブチリス菌で、納豆菌の仲間だ。バチルス菌全般はとくに繁殖力が強いので、作物表面で優先的に増殖し、病原菌のすみかとえさを奪っている（静菌作用）と考えられる。またネバネバ物質を出すのも特徴で、そこに含まれる抗菌物質も効果を発揮しそうだ。納豆防除を勧めている（株）ジャパンバイオファームの小祝政明さんは、納豆菌が分泌するセルロース分解酵素が糸状菌の細胞膜を分解するとも説明している。

手づくりパワー菌液の代表格「えひめAI」（えひめAIの項を参照）にも納豆が使われており、とくに農業利用の場合は納豆の量を多めにつくると病気抑制力が強くなると実感する人が多いようだ。また、納豆を患部に巻いてリンゴのフラン病を治したり、バラの根頭がんしゅ病に納豆ボカシをのせておくと治ったり、以前から納豆で病気を治す人はいた。

何せ納豆は、抗生物質のなかった時代、日本海軍でコレラやチフスの「薬」として重宝されていたほどの抗菌力をもつ。

執筆　編集部

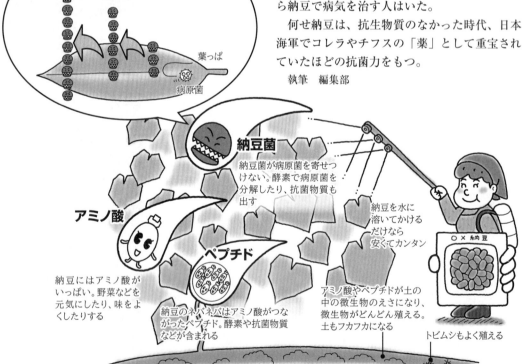

納豆でキクの白さび病を封じ込めた

愛知県田原市・小久保恭洋さん

納豆2粒で熱帯魚の水槽の水がきれいになる!?

「子供のころ熱帯魚マニアだったんですよ。いまでもインターネットで熱帯魚のサイトをよく見ますけど、キクづくりにも役立つ情報が結構あるんです」

小久保さんが納豆に興味をもったのも熱帯魚のサイトだった。「納豆2粒のネバネバで水槽の水がすぐにきれいになる」という書き込みを見て、キクづくりにも使ってみようと思ったのだ。

最初はなんで納豆？と不思議に思ったが、考えてみれば納豆は菌の塊。熱帯魚を長生きさせたり、水槽の水を浄化させる目的で使う光合成細菌（「PSB」という熱帯魚用の資材）は、小さいころからの愛用品。納豆も光合成細菌のように微生物資材と考えれば同じだ。これでいいキクができれば儲けもの。そう思ってかけてみたのがはじまりだった。

第1図　小久保恭洋さん。約1.2haのハウスで輪ギクを周年栽培

（写真撮影：すべて田中康弘）

白さび病が消えた……納豆菌が食べた!?

小久保さんは何でも試験するときは10aと決めている。スーパーで買った3パック100円くらいの納豆を、4～5パック分（1パック50gほど）ドロドロになるまでミキサーにかけ、400lほどの水に溶かして頭上灌水装置からかけた。

ハウスの中はほのかな納豆のにおいに包まれた。微生物資材はふつう散布してすぐに変化が

第2図　自動の頭上灌水装置で納豆水を散布。納豆菌が減らないように、殺菌剤との混用や白さび病に効くといわれる次亜塩素酸、二酸化塩素との併用も避けている

見えるものではないのだが、2日目に驚くことが起きた。そのハウスは白さび病が少し出ていたのが、白い病斑がきれいになくなっている。白さびがチラホラあった一帯のキクの葉を次々めくっても、どの葉にも病斑が見えない。

「信じられない！」

小久保さんの経験では、これまで白さび病はどんなに高価なクスリをかけても病斑まで消えることはなかった。消えるとすればナメクジが活躍したときくらい。ナメクジは白さびのカビが大好きで、きれいにカビを食べるのだが、今回もまるでナメクジが大量発生したかのようだ。

「納豆恐るべし……」。小久保さんの探究心に火がついた。

納豆によって菌が違う

納豆の力を知るために、自分で試験をしながら、10人くらいの仲間にも声をかけて納豆散布を試してもらった。とにかくたくさんのデータを集めたかったからだ。

仲間から寄せられた声は「確かに効く」と「効かない」の二つ。自分のハウスでは効いているのだが、「効かない」という人もいる。なぜか。もしかすると自分が使った納豆と「効かない」という人が使った納豆は菌が違うのではないか。

そう思って小久保さん、スーパーで目につく納豆を片っ端から買い込み、さらに試験。と同時に、あらゆるアンテナを立て、納豆菌の情報収集をした。そうしてわかってきたのが、日本で製造している納豆のおもな元菌は三つだけで、多くの納豆メーカーがそのどれかを使っているということ。三つとは、「宮城野菌」「成瀬菌」「高橋菌」。小久保さんは三つの種菌（粉状）を直接メーカーから取り寄せた。どのメーカーも小分け販売してくれた。

そして今度は届いた元菌で納豆をつくった。元菌を粉のまま使おうとも思ったが、白さび病を劇的に治したのは粉ではなく納豆。ちゃんと大豆に食いつかせ、納豆として使ったほうがいい。しかも納豆は簡単にできる。大豆を煮て、納豆菌を混ぜ、タッパーに入れて爬虫類用のヒーターで30度に温めると、24時間で糸を引くようになり、2日もかからないうちに立派な納豆が完成した。

納豆によって効果も違う!?

さて、それぞれ違う菌で三つの納豆をつくった小久保さん、さっそくそれらをキクにかけてみた。すると白さび病に対する効果は確かに少し違ったのだという。

「僕の感覚では、宮城野菌と成瀬菌は予防効果はありますが、治療効果まではないようです。でも高橋菌は治療効果まであるような感じです。おそらく最初に使った納豆は高橋菌が多かったんじゃないかな……」

菌の違いもわかってきた小久保さん、次は、スーパーで買った納豆がどんな菌を使っているかも調べてみた。製品ラベルに書いてある製造工場に尋ねると教えてくれる。するとどうやら、大手メーカーは自社で菌を開発しているところも多いことがわかった。また、高橋菌を使った納豆が手に入らないときには、1種類だけでなく、なるべくいろいろな菌が混じるように数種類の納豆をブレンドするといいこともわかってきたそうだ。

納豆防除の効果

(1) アルカリ皮膜をつくることで予防？

ところで納豆菌はカビを食べる（？）だけでなく、葉にアルカリ皮膜をつくって病気を予防すると小久保さんは考えている。

「納豆をミキサーでドロドロにした液のpHを測ってみると8前後なんです。納豆菌はアルカリ性が好き。でも病原菌の多くはpH5.5〜6.5で繁殖しやすいっていうでしょう。弱酸性が好き。だから葉っぱをあらかじめ納豆でアルカリ性にしておけば、病原菌が飛んできても繁殖しづらくなると思うんです」

(2) 病気を防ぐだけじゃなく土もよくする

ただし、アルカリ皮膜をつくるというなら石灰防除のほうがラクにやれそうだ。石灰ならか

◆防除用納豆水の作り方◆

第3図 まず納豆をミキサーに入れる。10aに使う納豆は4～5パック（1パック約50g）

第4図 水を七分目くらいまで入れてミキサーをかける

第5図 納豆の粒がなくなるまで約1分。白っぽくなり泡立ってくる

第6図 ドロドロになった納豆水を、バケツで適当に水を足して薄めてから、ざるにキッチンペーパーを敷いて濾す。動噴のノズルが詰まらないようにするため。濾した納豆水は少し粘り気がある。散布量はキクの草丈によって変えるが、10a当たり300～500lの水に溶かして散布。葉の表面がしっかり濡れるように

けるだけでいい。でも小久保さんもそれは重々承知の上。ミキサーでドロドロにするなどの手間が多少かかっても、納豆にはそれだけの価値があるのだという。

「病気を防ぐだけじゃなくて、微生物のえさになって土もよくしてくれるんですからね」

小久保さんは土の状態の良し悪しをトビムシがいるかいないかで判断しているのだが、納豆をかけるとトビムシが爆発的に殖えるのだという。トビムシは土の中で腐植や菌をえさに殖える小さな虫だが、土を一握り手のひらにのせてのぞくと、たくさんいるときはピュンピュン動くからよくわかるという。

「トビムシをえさにしているトゲダニなんかも殖えるんですけど、あいつらね、手のひらから体のほうまでどんどん上がってくるんです。まるでホラー映画の世界（笑）。そういう土は団粒がどんどんできますよ。ベッドの上を歩くとフワフワした弾力があるからよくわかる。キクの生育もよくなります。

結局は土だと思うんです。僕のキクづくりの最終目標は土壌消毒（DD）をしない栽培法を確立することですから」

なるほど、小久保さんの納豆防除は土つくりも射程に入れたものなのだ。ちなみに小久保さん、光合成細菌やえひめAIも自家培養し、もっぱら土つくりのために散布している。これらをかけた後もやはりトビムシが殖えるのだそうだ。

殺菌剤が半分！

納豆の魅力にとりつかれて3年。小久保さんはいま、約1・2haあるハウスのうち10aで殺菌剤をいっさい使わない栽培に挑戦している。防除は週1回の納豆水散布のみ。ちょうど1年通したところだが、今のところ白さび病やほか

第7図　通路には敷きワラ。納豆菌との相性は抜群

の病気で困ったことはない。

ほかのハウスでは殺菌剤を以前の半分に減らして納豆を併用。おもに使うのは保護殺菌剤のエムダイファー水和剤だが、ふつう500倍のところをギリギリまで薄く。散布回数も以前の週1回から、いまは納豆水散布を間に挟むので2週に1回程度。おかげで農薬代もずいぶん安くなった。

ところでこの納豆水、家庭菜園でおばあちゃんがつくるダイコンにもかけたことがある。葉っぱにさび病のような白い斑点がついて困っていたのだが、納豆水をかけたら病斑がきれいに消えてしまった。おばあちゃんもビックリの納豆パワーなのである。

執筆　編集部
（『現代農業』2011年6月号「納豆でキクの白サビ病を封じ込めた」より）

灰色かび病に強い納豆菌の見つけ方

下の写真は、有機栽培技術（BLOF理論）の研究と普及を進める（株）ジャパンバイオファームの小祝政明さんに提供していただいた写真。シャーレ内の寒天培地上に、左に納豆菌の仲間（バチルス属）を、右にカビ（糸状菌）を置いて変化を見たものだ。左に納豆の粒、右に灰色かび病が出た野菜の葉などを置けば、病気に強い納豆が見つかるという。

カビを抑える拮抗作用のある菌では、カビに対して阻止帯（空白域）が形成されるが、効果のないものはその阻止帯が見られない。それどころか糸状菌に覆われてしまっている。

農家それぞれがこういう実験をして、自分の作物に出ている病気を抑える納豆菌を探そうというのが小祝さんの提案だ。

病気に強い納豆菌の殖やし方、使い方

病気に強い納豆菌（納豆）が見つかったら、それを増殖させる手順は次のとおり。

（1）黒砂糖を重量で3％溶かした液を用意。
（2）この黒砂糖液に、増殖させる納豆菌（納豆）を少量入れる。温度は25～30度になるように保温。
（3）4～5日たって、茶色の液が白濁してきたら完成。

小祝さんが勧めるのは、こうしてつくった納豆菌液を市販の超音波加湿器（超音波で水を微細な粒子にして放出する）に入れて放出させる方法。それを、暖房機の風にのせてハウス内に広げれば手間がかからない。納豆菌液を薄めて動噴で作物に直接散布してもかまわない。

執筆　編集部
（『現代農業』2009年6月号「ジャパンバイオファーム・小祝政明さんにきく納豆防除」より）

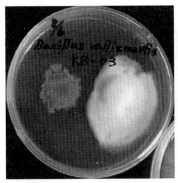

第1図　カビを抑える効果が認められた納豆菌の一種（左）

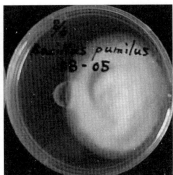

第2図　カビを抑える効果なし（カビに飲み込まれてしまっている）

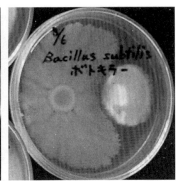

第3図　納豆菌の一種を資材化したボトキラー（バチルス・ズブチリス）の場合。右のカビをいかにも抑え込んでいるという感じ

◎カビを抑える拮抗作用のある菌は、カビとの間に阻止帯（空白域）をつくって、カビが均等に広がるのを邪魔する（黒い紙の上にのせると見やすい。撮影：ジャパンバイオファーム・浅野）

第5部　無農薬・減農薬の技術
米ヌカ防除

第5部　無農薬・減農薬の技術

米ヌカ防除

　通路や作物などに米ヌカをふって病気や害虫を防除すること。米ヌカは肥料としてでなくカビを殖やすためにまくので、量は少しでよい。まいた米ヌカにいろんな色のカビが生え、結果として灰色かび病などの病気が減る。

　米ヌカ防除は、水和剤などの農薬散布と違って湿度を高めることがない。耐性菌もつかず、雨の日にも散布できるため、農家に大きな安心感をもたらす。また通路に米ヌカがふってあれば、葉かきした葉っぱをポイ捨てしてもすぐに分解されて肥料になるため、外へ運び出す手間がいらない。

　米ヌカで病気が減るしくみはよくわかっていないが、生えたカビが空中を飛び、作物の体に付着することで病原菌のすみかを先取りしたり、抗菌物質を出したりすることによると考えられる。

　ボトキラー水和剤などの微生物防除剤は、特定の菌で特定の病原菌を抑えることが知られているが、米ヌカ防除は多様な菌でいろんな病原菌を抑えるしくみだといえる。

　虫への効果を言う人もいる。ナスやコネギのスリップス害が顕著に減って無農薬でもピカピカの野菜になったり、埼玉県の狭山茶の産地では茶樹に米ヌカをまくと難敵・クワシロカイガラムシにカビが生えて死ぬという現象が見られ、米ヌカ人気が高まった。米ヌカは水で溶いて散布したほうがよく樹にかかるということで、散布機を開発した人もいる。

　執筆　編集部

米ヌカ防除のしくみ

〈米ヌカで病気が減るしくみ〉
米ヌカをパラパラふると――
　①米ヌカで殖えた菌が空中に飛び、病原菌が殖える前に葉面を占拠する
　②病原菌に寄生して抑制。灰色かび病菌に寄生するトリコデルマ菌など
　③pHを変化させて殺菌

　＊その他、米ヌカで殖えた菌が抗菌物質を出したり、作物の病害抵抗性を誘導したりするともいわれている。

〈ポイント〉
・土をよく湿らせる。カビの発生に水分は不可欠
・病気が出る前に予防散布する
・土壌消毒せず、発酵肥料（ボカシ肥）などを前もって施用して、畑によい菌を殖やしておくといい

通路に米ヌカふって灰カビを抑える！

滋賀県八日市市・安村佐一郎さん

第1図 安村佐一郎さん（写真撮影：赤松富仁、以下すべて）

第2図 通路に米ヌカを散布。安村さんは1反に約7kgを5日に1回ふる

米ヌカをふると病気を増やすのでは

そんなアホな！？ 病気で困っているときにわざわざハウスにカビを増やしてどないする！

滋賀県八日市市の安村佐一郎さん（62歳）は、キュウリのハウスに灰色かび病が多発、困り果てているところに、ある人から米ヌカをまけば防げるかもしれないといわれ、思わずそうどなり返した。

「ヌカふってカビが出れば、ハウスにカビの病気が増えるに決まってる。ずっとそう思うとったんや」

だが、生の米ヌカを試しに2〜3通りの通路にふってみたところ、確かにそのまわりだけ灰色かび病が減った。それ以来、安村さんは何度も米ヌカをふってその効果を実感。今では仲間の部会員や周辺市町村のキュウリ農家にまで、この米ヌカ防除が広がっている。

米ヌカを通路にふると、通路の土やキュウリにいったいどんなことが起きるのだろうか。

5日に1回、反にたった7kg

まず、安村さんのやり方をみてみよう。

米ヌカをまき始めるのは、1月定植の半促成キュウリで2〜3月ころ、8月定植の抑制キュウリで10月ころから。いずれも湿度が高まり灰色かび病が出やすくなる前から予防的にまく。やり方は、5日に1回、2反あるハウスにちょうど1袋（15kg）の米ヌカを通路にまいていく。反当たりにしてたった7kgほどだ。

灰色かび病が侵入できない！？

2月末の午前9時すぎ、二重カーテンを開ける前なので、ハウス内は湿度たっぷり。通路も黒く湿っていた。見ると、カビは通路にビッシリと生えていた。種類は多く、赤、青（灰色っぽい）、緑、黄、黒などが見えた。そしてよく見ると、頭の黒い胞子が見えるものがある。安村さんは、この胞子がハウスの中を飛んで、キュウリの株全体に付着していると、灰色かび病菌が侵入できず、発病しないのではないかという。だから、胞子が絶えてしまわないように、5日に1回ぐらい米ヌカを散布にしているのだ。

また、この胞子が飛んで灰色かび病を抑えていれば、着果せず流れてしまったキュウリの花や摘葉した軸（葉柄）のところなどに、真っ白いカビが付着していることがあるという。灰カビであれば、文字どおり灰色のカビがつき、しだいにキュウリが腐っていく。しかし、この白いカビがついたキュウリは腐らず、乾いたままなのだそうだ。これが、灰カビが止まった証拠だ。

米ヌカ防除の効用

（1）気持ちがとてもラクになった

灰カビが止まる。農薬をかけても耐性菌が出

たりして、なかなか防ぎにくいあの灰カビが米ヌカで止まる。このやり方で、安村さんは本当にラクになった。

なにしろ農薬をかけても完全には防ぎきれず、菌が移って親づるの節に入ると一晩で一気に蔓延、樹がバタバタと倒れる。2反のハウスに植わっている2,400本のうち1,000本が倒れてしまったこともあった。だから、灰カビを防ぐためにはあらん限りの手を打っていた。たとえば、収穫が終わったあとにもう一度ハウスを回ってキュウリの花や軸（果実をもいだあとの果梗）、摘葉した軸（葉柄）を取ってまわったり、ダコニールやトップジンを片っ端から筆で塗ってまわったりした。今ではそれをしなくてもよくなったのだ。

（2）曇天でも防除できる、1日たったの10円

米ヌカは農薬と違って耐性菌が出ないので、もし灰カビが止まらずその後に農薬を使うとしても、安い薬がしっかり効く。それに米ヌカは作物を濡らさずにすむ。曇天続きで灰カビなどが心配され、農薬散布をしたくてもできないとき、米ヌカなら作物やハウス内の湿度を上げずに防除できるのだ。

それから何といっても米ヌカは安い。安村さんは、自分の田んぼから出る米ヌカだけでは足りないので肥料屋から50袋をいっぺんに買うのだが、これで5,000円。1袋（15kg）100円だ。5日に1回、反7kg使うから、日割りすると、反当たり1日たった10円しかかからない。

当然、農薬散布回数も減った。これまで1週間に1回は当たり前だったのが、10日に1回くらいですむようになった。

乾きやすい圃場は効果が出にくい、有機物を豊富に

ただし、米ヌカはどんな条件でも効果があがるとはいえないようだ。安村さんと同じ部会員の中でも、乾きやすい圃場でキュウリをつくるある農家は、米ヌカの効果がわからないという。こうした圃場では米ヌカがかびにくいので、効果が劣るのかもしれない。

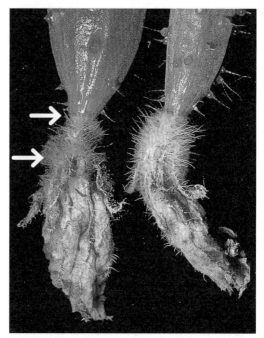

第3図　右は安村さんが「灰カビが抑えられているときに出る」という真っ白いカビ。左は「灰カビ（下矢印）と真っ白いカビ（上矢印）が闘っているところ」（薄上秀男さんの解説）という

また、あらかじめ圃場に微生物のえさとなる有機物が十分入っていることも大切なようだ。安村さんは、ハウスに二十年来、馬糞堆肥を年間9～10t（反当たり）入れている。センチュウ防除の土壌消毒にネマトリン粒剤を使ってはいるが、土壌中の微生物は比較的豊かなようだ。米ヌカ防除を実践して安村さん以上に農薬散布が少なくてすんでいるキュウリ農家は、発酵豚糞とモミガラ堆肥を使い、10年前から太陽熱処理をしている。太陽熱処理は土つくりにもなるといわれているから、微生物の活動がより活発なのかもしれない。

執筆　編集部
（『現代農業』2000年6月号「通路に米ヌカふって灰カビを抑える！」より）

米ヌカ防除はなぜ効くか？

執筆　薄上秀男（福島県いわき市）

米ヌカで殖える菌が農作物をガード

米ヌカで農作物の病害虫予防（防除）をしていこうという動きがある。米ヌカそのものは農薬ではないので、そのままの状態では目的は達成できない。米ヌカに何らかの変化や働きが付与されなければならない。

田畑やハウスの中に生の米ヌカを散布すると、雨・露で濡れ、数日を経過して白いカビのようなものが発生する。よく見ると、場所や時期によっては赤・青・黄・緑・黒などさまざまな色が見られる。これらは、土の中や空気中などに生息浮遊していたカビ類が、米ヌカをすみかとして、またえさとして繁殖したものである。

自然界にはウイルスをはじめ、細菌、菌類など、私たちの目には見えない微生物がたくさん生息している。微生物をマクロな視点で観察すると、生育中の農作物に寄生し病害を引き起こす活物寄生菌と、米ヌカや油粕などの死物に繁殖する死物寄生菌とがいる。死物寄生菌は、生きている植物はおびやかさない。そればかりでなく、反対に活物寄生菌（病菌）の攻撃から農作物をガードしてくれる特性がある。これが菌体防除法の原理の一つである。

有機物をえさにする菌が田畑に足りない

さらにこの死物寄生菌の特性を大きくわけて考えると、無機物のみをえさとして増殖する独立栄養微生物と、有機物をえさとする従属栄養微生物とに大別することができる。

昔は各地でまつりごとが多く、神仏へのお供えがあった。これが従属栄養微生物のえさとなり、発生の拠点となった。さらに農村には味噌、醤油をはじめ、納豆や漬物類、お酒や食酢などの発酵食品が多かった。田畑には堆厩肥を

第1図　「米ヌカは葉面にまいたほうがもっと効く」という筆者（写真撮影：倉持正実）

はじめ、下肥、米ヌカなど発酵材料が多く、有機質肥料の施用が多かったので、日本古来の死物寄生菌で従属栄養微生物であるこうじ菌や納豆菌、乳酸菌、酢酸菌などの微生物の増殖がきわめて活発で、日本国中が善玉菌で満ち満ちていた。

ところが戦後、わが国では化学肥料や農薬など無機物を主体とした化学農法に転換した。田畑にはアンモニア化成菌や、硝酸化成菌、硫黄細菌など無機物のみをえさとして増殖する独立栄養微生物が増加し、その活力を高めている。

化学肥料ばかりの畑には少しずつ

菌には拮抗作用がある。独立栄養微生物が増加するということは、有機物をえさとする従属栄養微生物の増殖を抑制することである。従属栄養微生物の活力が低下しているところに、いきなり生の米ヌカを散布しても、良質の微生物の増殖とその活動は期待できない。

米ヌカによる菌体防除を志す人は、前もって発酵肥料などをつくり、従属栄養微生物群を計画的に増殖して田畑やハウスなどに施用し、圃場にタネ菌を増やしておいたほうがいい。そして、米ヌカの散布量は最初は少なく、徐々に増加してゆくことが肝要である。一時に大量にやると、腐敗して悪臭を発するだけでなく、土壌の悪化を招くおそれがある。

米ヌカで殖えたカビが胞子を飛ばす

まいた米ヌカのところに殖えるカビ類は糸状菌で、菌糸が枝分かれして増殖する。米ヌカの上を伸長するとき、または米ヌカの中に入るときには、養分を吸収するために基中菌糸（栄養菌糸ともいう）を伸ばす。2～3日経過し、米ヌカの中が栄養菌糸でいっぱいになると、今度はコロニーや胞子を形成するために気菌糸（生殖菌糸ともいう）を出す。この気菌糸は、米ヌカの表面から空気中に向かって伸長し、無数の胞子を飛ばす。

葉上のpH変化で殺菌

作物の葉面からは糖分やアミノ酸、ミネラル、ビタミン、有機酸などが汁液とともに分泌されている。これを栄養素として、空気中を浮遊していたさまざまな微生物の胞子（菌糸）が葉面に定着し活動を始める。その中にはこうじ菌や納豆菌、乳酸菌や酵母菌、酢酸菌や放線菌なども含まれる。

これらの微生物は葉上栄養素を吸収利用するために、酸性あるいはアルカリ性の分解酵素を分泌している。納豆菌や放線菌はpHを8以上に上げるし、乳酸菌や酵母菌、酢酸菌はpH4.5以下に低下させる。

一般的に農作物に寄生し、病気を引き起こす活物寄生菌の活動最適pHは、5～6.5の微（弱）酸性である。pH4.5以下の強い酸性や、pH7以上のアルカリ性になると、ほとんどの活物寄生菌（病菌）は活動できなくなる。

pHが弱い場合は静菌作用として働くが、強くなれば殺菌作用もある。ちなみに、微生物の力で葉が強酸性や強アルカリ性になっている時間はたったの3秒くらいなものなので、植物体への影響はない。植物は自らすぐに中和剤を出して、pHの中和を図ろうとする。しかし病原菌のほうは、この一瞬のpH変化の影響を受けて、殺菌されてしまうのだ。

とくに酢酸菌は超好気性菌でpHが3前後に低下するので、葉面散布菌として好適である。

第2図　米ヌカ葉面散布はハスモンヨトウの1～2齢幼虫にも効く。左の大きい幼虫は平気だが、右の小さい幼虫はミイラ化して死んでいる。「米ヌカ散布でpHを変動させる強力な菌が葉に繁殖し、そういう葉を食べた虫の体内に何らかの影響が出るのでは」と薄上さん
（写真撮影：赤松富仁）

また放線菌の中には抗生物質をつくるものもあるので、その働きのあるものは殺菌（静菌）作用が強くなる。なお担子菌類（キノコ類）のトリコデルマ菌のように病菌を食ってしまうしまう（寄生）ものもあるので、今後はそのような菌の探索もする必要がある。

ワラマルチはとても大事

以上、米ヌカを通路に散布した場合の有効微生物の活動内容について述べたが、このときもっとも重要な事項の一つに有機物マルチがある。

菌糸の弱点として、直射光線にはきわめて弱い。この直射光線をさえぎり、胞子の形成、飛散を助長するような手段、すなわち、敷ワラなどの有機物マルチをして、直射光線をさえぎっておくことがきわめて大切である。1週間に1回程度の間隔で、敷ワラの上から米ヌカを散布し、軽く灌水をしておけば、しだいに胞子形成力は高まり、途切れることなく微生物は増殖を続け、胞子を飛散するようになる。この胞子飛散中は、極端な高温多湿にならない限り、ハウスなどでは極力開放をするのを避け、胞子のハウス外への放出を防ぐことが大切である（やや

多湿のほうが胞子の活力は高い)。

葉面にも米ヌカをふりかけよう

葉面栄養素は、化学肥料栽培の作物よりも有機栽培のほうが多い。当然これら有効微生物の生息密度や活性も高まってくる。これが有機栽培をすると病気の発生が少なくなる大きな理由の一つと思われる。

以上の現象と作用をより積極的に進めたものが、米ヌカの葉面散布である。極力微量の米ヌカを葉の表裏に平均に着生するように手散布する(散粉機を利用すればより効果的)。散布時期は曇天の日か夕方がよい。米ヌカ散布により葉上栄養素の含有量が高まり、有効微生物の活動はより活発化して、その効果は一段と高まる。散布間隔は1週間に1回程度とする。

この米ヌカの葉面散布にも若干の問題点はある。もし葉面に微生物が定着していなかったり、あるいは定着していても、散布した米ヌカが乾燥したままの状態であった場合にはその効果は低下する。その欠点を補うために米ヌカを一度有効微生物で発酵させ、菌が活動している溶液を葉面散布する方法がある。ここにはその具体的な手法として、米ヌカでつくる酢酸菌体防除液のつくり方、使い方を図示する。

(『現代農業』2000年6月号「米ヌカ防除はなぜ効くか?」より)

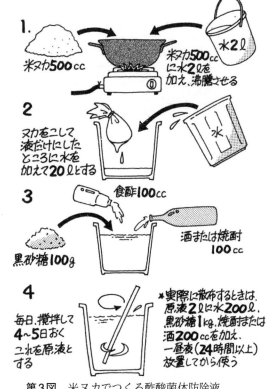

第3図　米ヌカでつくる酢酸菌体防除液
(原液のつくり方)

茶のクワシロカイガラムシにも米ヌカ防除

埼玉県入間市・坂本宗司さん
鹿児島県霧島市・西利実さん

雌成虫が黒く干からびて死んだ

茶農家が頭を悩ますクワシロカイガラムシ（以下、クワシロ）。葉層の下に潜んでいるので農薬が届きづらい。そのくせ殻を被れば農薬を寄せつけないし、防除適期である幼虫歩行期もごくわずか。まさに難防除害虫の筆頭である。

さあ、どうしようというなか、農家の間でにわかに注目されはじめているのが、なんとあの米ヌカ。狭山茶の産地、埼玉県入間市では米ヌカが不足するほどの事態だという。

（株）坂宗商店は創業明治38年の老舗。お茶地帯の中心に位置するだけあって、扱う資材も、肥料、農薬、被覆資材と、どれも茶農家向け。そのうえ社長の坂本宗司さんは「五つ星お米マイスター」の顔ももっているので、自社で精米も手がけ、米や米ヌカも販売している。

「米ヌカは品薄も品薄、ぜんぜんないですよ。自分んとこでは月に100袋ぐらいの米ヌカが出るんですが、さらに仲間の米屋からも集めている状況です」。やはり、米ヌカ不足の噂は本当であった。

米ヌカの威力を発見したのは、坂本社長が行なう防除適期見極め代行サービスで、茶農家のお客さんがもち込んだ茶樹の枝だった。

「米ヌカをかけた状態の枝をもってきた人がいたんです。ビックリしました。黒くかびてるんですよ、クワシロが。カイガラをめくってみると、あのオレンジ色の雌成虫も黒く干からびて死んでいる。全滅です。ただ、米ヌカがかかっていない枝の下のほうはちゃんと生きていました」

そんなことがあって以来、坂本社長は「米ヌカがクワシロに効くことはまちがいない」と思うようになった。

コツはいかに幹に付着させるか

「クワシロは防除時期がものすごく限られるんですが、なかなか農家が自分で適期を判断するのはむずかしいと思います。肉眼では見えづらいので、大半の人が気づかないんです。生育が悪くて、茶株をあけてみたらまっ白、ということもよくありますからね。その点、米ヌカなら手の施しようがない茶園にも対処できる。気がついたときに散布すればいいんです」

ただし、カビの発生が少ない冬場はあまり効果が期待できない。なんといっても米ヌカに集まるカビが大事だと坂本社長は考えている。それに、どうやって米ヌカをかけるか。クワシロのいる幹に付着させるには、米ヌカを水で溶い

第1図　クワシロカイガラムシの被害箇所に米ヌカをスポット散布。水をかけた後に散布し葉を手で揺らすと、内部の枝によく付着する

て、ジョウロで流すのが一番いい方法だという。

大面積の有機茶園で米ヌカ防除

鹿児島県霧島市で有機栽培茶園を70ha経営する西利実さんは、前述の坂本宗司さんの記事を読んだ瞬間、「これだ！」と思ったそうだ。それまで、一番茶後にクワシロを高圧洗浄機で一本一本水洗いしていた西さん。雨後に濡れている茶樹にさっそく手で米ヌカをまいてみたところ、たしかに効果的。そこで米ヌカに水を加えて動噴で散布したが、米ヌカがダマになり、噴口が詰まってしまった。

そこでつくったのが「米ヌカ散布機」だ。市販の茶専用乗用防除機を改造した。散水ノズルでしっかり株を濡らしたら、すぐ後ろの噴口から勢いよく米ヌカを噴射。茶園を走るだけで散水と散布が一気にできて、米ヌカを茶樹に付着させられる。米ヌカ300kg、水700lを積み込んで、1回で茶園20aの作業が可能となった。

3年間でクワシロが1匹も出なくなった

2018年3月、西さんの茶園を見せてもらった。乾燥した環境が好きなクワシロは、風通しがよいウネの端に多く付くはず。葉をかき分けてのぞき込んだが、クワシロで白くなった枝は1本もない。

「一度まいたところは、もう出なくなる。同じ株に2回まいたところはないよ」

幹についた米ヌカは1か月ほど張り付いたままで、徐々に白っぽくなりながら、パリパリに乾燥。気づいたころには幹から自然と剥がれ落ちて、クワシロもいなくなっていたという。クワシロは幹に定着するとロウ物質の殻をかぶって薬剤をガードするが、米ヌカなら殻の上からでも防除効果がある。

「米ヌカはいつでもまける。俺の中では、クワシロはもう敵じゃないよね」

じつは、ここ3年間70haすべての茶園でクワシロが1匹も出なくなった。そのため自慢の米ヌカ散布機も、今は西さんの工場に茶を出荷する系列農家への貸し出しがメインとなってい

第2図　坂宗商店が農機メーカーと開発した米ヌカ散布機。米ヌカを水に溶いた液を100lずつ動噴で茶樹内に噴射できる

第3図　茶専用乗用防除機を改造してつくった米ヌカ散布機。散水ノズルで枝を濡らしたところに米ヌカを散布

る。産地からクワシロが消える日も夢じゃない。
　　執筆　編集部
（『現代農業』2010年6月号「茶のクワシロカイガラムシにも米ヌカ防除が大流行」/2011年6月号「枝に付着しやすい米ヌカ散布機を開発」/2018年6月号「20aの茶園に一気にまける米ヌカ散布機」より）

第5部　無農薬・減農薬の技術
石灰防除

石灰防除

　安くて身近な石灰（カルシウム）を、積極的に効かせて病気に強くする防除法。石灰は肥料であり、農薬でないのにきわめて病気によく効いて「究極の防除法」との呼び声も高い。

　斬新だったのは、作物の頭からバサバサと粉状の石灰を散布する「石灰ふりかけ」の技だ。福島県の岩井清さんは、花が咲いたころのジャガイモに粉状消石灰をまいて、腐れやそうか病のない肌のきれいなイモをとる。イモの糖度が増すというオマケまでついた。

　水に溶かして葉面散布する手もある。苦土石灰1,000倍液の上澄みを散布してダイコンの軟腐病を抑えたり、モミ酢にカキガラを溶かした有機酸石灰液を愛用する人もいる。

　石灰散布で病気に強くなる理由はいくつか考えられる。

　1）細胞壁が強くなる……石灰はペクチン酸と結びついて「ペクチン酸カルシウム」として細胞壁を形成している。石灰が吸収されれば細胞壁が強化され、さらに病原菌が出すペクチン分解酵素の活性を弱めて病原菌の侵入を防ぐ。

　2）作物の「頭」がよくなる……作物体内に石灰が多いと、病原菌からの刺激に対して敏感に反応し、眠っていた病害抵抗性が誘導・発現されやすくなる。

　3）高pHや活性酸素で病原菌を抑制……石灰をふると、葉面・地表面のpHが上昇。強アルカリで病原菌の細胞壁を溶かしたり、糸状菌など高pHが苦手な菌の繁殖を抑える。

　また、病原菌（軟腐病菌などの細菌類）が情報交換するときに使う物質（クオルモン）の分解酵素を石灰が活性化し、病原菌が集団になれず作物に侵入できないという研究もある。

　　　　　　　　　　　　執筆　編集部

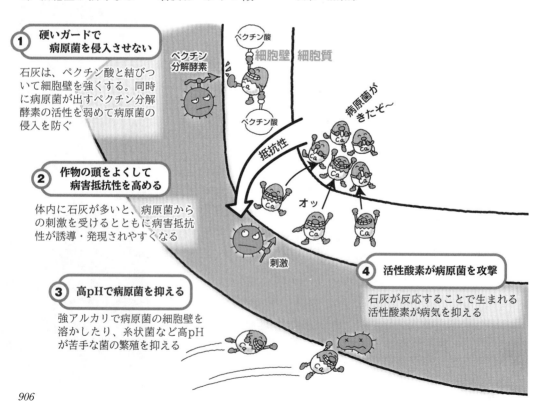

安くてよく効く石灰防除、炭疽も褐斑も葉カビも抑える

茨城県常陸大宮市・大越望さん

「いやー、すごくいいよ。石灰使ったらもうクスリなんて要らなくなっちゃうね」

大越望さんはイチゴの炭疽病対策に苦土石灰を苗の上からバサバサかける。おかげで約2万本の苗のうち、炭疽病が出たとしても多くて30本程度。今シーズンも苗はほぼ枯れることなく、イチゴもいたって快調だ。

野菜3品目での石灰防除の効果

(1) ハクサイの軟腐病が消えた

そもそも大越さんが石灰を防除に使い始めたのは20年も前のこと。まず、自家用のハクサイの軟腐病に試してみた。

外葉が黒くとろけ始めた株の上から苦土石灰をバサッと一つかみかけた。すると黒い部分がだんだんとなくなり、病気がピタリと止まった。いつもなら萎れてしまうところが、しっかり結球していいハクサイがとれたのだ。

同じように軟腐病で困っている近所のお母ちゃんに話すと、さっそく試したそうで、やはり効果は絶大。大いに喜ばれたそうだ。

(2) キュウリの褐斑病は上澄み液でも

次にキュウリ。大越さんは数年前まで夏は夏秋キュウリを出荷していたのだが、褐斑病やべと病にはいつも手をやいていた。とくに褐斑病は発病すると農薬をかけても治まらない。ひどいときは1週間で全滅したこともある。そこで石灰。葉表まで病斑が見えている株に、葉の表面が白くなるくらい苦土石灰をかけると、やはりピタリと止まった。褐色の病斑の跡は残るのだが、病斑のふちが硬く固まって、そこからは広がらないのだ。

ただ、ひとつ困ったことに、キュウリの場合は収穫が始まってから石灰をかけると実が白く

第1図 イチゴを定植して約1か月。苦土石灰を手散布する大越さん
(写真撮影：すべて倉持正実)

第2図 石灰をふりかけて株全体をしっかりガード

汚れてしまう。そこで石灰を水に溶かし、その上澄み液を使うことにした。これがまたバッチリと効いた。

以来、大越さんは、キュウリを定植してから最初の花が咲き始めるころまでは苦土石灰を粉のまま散布し、実がなり始めてからは上澄み液をかけるようにした。予防を兼ねて1か月に1〜2回を目安に散布したら、褐斑病やべと病はもう怖くなくなった。

(3) トマトの葉かび病も一発で止まった

キュウリで味をしめて自家用のトマトにもかけてみたら、なんと葉かび病も一発で止まった。キュウリの褐斑病と同じで、病斑の跡は残るが、その後広がらずに治まってしまう。

そんな話を聞いた近所のトマト農家が試してみると、やはり効果は同じ。ビックリしていたそうだ。

イチゴの炭疽病には常に予防散布

さて本業のイチゴでは、もっとも困るのが炭疽病などによる苗の立枯れだ。大越さんはナイアガラ方式で6〜7月ごろに苗を採取して、雨よけハウスにビニールを敷いて土を入れ、隔離した地床に仮植して育苗する。

9月上旬定植だから、それまでの2〜3か月間が育苗期間。この時期、大越さんは苦土石灰を最低でも4回はかける。2週間に1回くらいが目安というが、苗だけでなく、よく歩く場所やハウスの入り口、ハウスの外周りもグルリとかけておく。

「イチゴの炭疽はおっかないからね。どこから飛んでくるかわからない。キュウリの褐斑とかトマトの葉カビだったら病気が出てからでも効くけど、炭疽の場合は株の内部まで菌が入るから、出てからじゃあ石灰をかけてもダメだね。菌を入れないための予防だよ」

第3図　動力散布機で散布することもある

育苗中だけでなく、親株のときから石灰を定期的にまき、本圃に定植してからもまく。9月上旬といえばまだ暖かく、炭疽病菌も繁殖しやすい時期。本当は本圃でも年中かけたいところだが、マルチを張ってからだとイチゴが汚れてしまうので、10月下旬のマルチ張りまでに2回ほどかける。通路やハウスの外周りもきちんとかける。とにかく徹底的に石灰のバリア網を張りめぐらせて、炭疽病菌の侵入を防ぐのだ。

手散布と動力散布機の両方で

粉でかける場合、たいていは手でバサバサとかけるのだが、動力散布機を使うこともある。細かい粉が勢いよく噴き出すので、葉柄や葉裏にもかかりやすい。散布量も手散布に比べると3分の1程度ですむ。ただ、ハウスの中に石灰粉が蔓延するのでマスクが必需品となる。少し面倒なので、その日の作業具合や気分で使い分けるそうだ。

散布量は厳密に決めているわけではないが、かけたところの「表面がうっすらと白くなる程度」でいいと考えている。

散布した後は必ず灌水

重要なことは石灰を散布した後、必ず灌水すること。上から灌水してやると、水と一緒に石

灰が流れ落ち、葉と葉の間や地際のクラウン部など、手散布ではかかりにくい部分にも付着してくれる。病気が入りやすい場所をしっかりガードできるというわけだ。

土壌診断しても問題なし

ところで、これだけ石灰をかければ、石灰過剰や高pHで、土や作物がおかしくなってしまわないかと心配にもなってくる。昨年、ある資材屋さんが大越さんの話を聞きつけて、何度も苦土石灰を散布した育苗床の土壌診断をしたのだが、結果はpH6.5と適正範囲で、石灰成分は若干不足ぎみと出た。これには資材屋さんもビックリしたそうだ。

「表面がうっすらと白くなる程度」の石灰散布であれば、pHが一時的に上がるだけで、土や作物をおかしくすることはないようだ。

安く使えて、気楽にかけられる

この石灰散布、農薬散布に比べると、なんといっても値段が安い。大越さんが約2反のイチゴで年間に散布する苦土石灰の量は10袋ほど。1袋で600円くらいだから、年間でも6,000円足らずだ。

さらに、散布するときの気持ちも違う。農薬の場合はカッパを着て、マスクをかけて、気合を入れる。でも石灰は気楽に素手でもかけられる。それでいて病気に絶大な効果がある。

執筆　編集部
（『現代農業』2007年6月号「苦土石灰ふりかけが、炭疽も褐斑も葉カビも抑える」より）

第4図　粉状の苦土石灰

◆大越さんの上澄み液のつくり方◆

200lのタンクに苦土石灰を20kg入れ、そこに水をタンク一杯になるまで入れる。10分もすれば苦土石灰が沈澱するので、その上澄み液を使う。残った苦土石灰に繰り返し水を入れ、4〜5回は使う。

作物や時期によっては、上澄み液を使うと薬害が出ることもあるという。そこで用心のため、この割合でつくった上澄み液をまずは倍くらいに薄めて使ってみるのがいい。なお、粉のまま散布して薬害や障害が出たことはないそうだ。

改造ブロワーでラクラク散布

愛知県田原市・小久保恭洋さん

300坪のハウスが5分で真っ白

ブン、ブォンブォーン――。轟音とともにすごい勢いで噴出される石灰。煙のような石灰は循環扇の風に乗って見る間にハウス全体に広がる。5分もしないうちに10m先も見通せないほど、視界が真っ白になった。

「いちいち手で散布して回らなくても、これならあっという間にハウス全体に石灰散布できます」というのは小久保恭洋さん。改造ブロワーを使って散布するのは、ハウス屋根に吹き付ける簡易遮光資材として売られている炭酸カルシウム（10kg1,600円）だ。

小久保さんが石灰散布を始めたのは2年前。キクの大敵、白さび病を含む糸状菌の多くはpH5～6の弱酸性の環境を好むことから、葉面のpHを上げればいいと考えて石灰を使うことにした。

キクを白さびから守るアルカリ皮膜

ブロワー散布後、しばらくするとハウス内のモヤモヤもおさまってきた。キクの葉面を見ると白い点々がある。「灌水すればこの炭カルが溶けて、葉面に高pHのアルカリ被覆ができます」とのこと。キクに葉面散布している液肥のpHは5～6。そのままの状態なら葉の表面は病原菌が増えやすい状態になるが、そこに炭酸カルシウムの粒があることで、高pHを保ってくれると考えている。

1回に散布するのは約300坪のハウスでわずか4lくらい。葉面に降り積もった石灰は点のような小さな粒だ。1回の灌水で流れ落ちてしまいそうだが「こいつらは意外にしぶとくて、逆に流れ落ちなくて困るくらいです」と小久保さん。

だから散布は一作につきだいたい2回。キクが10cmくらいになった時と、30cmくらいになった時。それ以降に散布すると、石灰の点々が落ちきらずに葉面に残ってしまうことがあるそうだ。

ブロワーの改造は簡単

それにしても面白いのはその散布方法だ。左手でブロワーを操り、右手でじょうごに石灰を注ぎ入れると、ブロワーから送り出される風に

第1図　ブロワーの噴筒に取り付けたじょうごに石灰（炭酸カルシウム）を入れながら吹き飛ばす　（写真撮影：すべて田中康弘）

第2図　上が4ストロークのエンジンブロワーを改造したもの。穴（矢印）にじょうごを差し込んで使う。散布量に応じて2lのペットボトルや500mlのペットボトルを差し込むこともある。下の小型電動ブロワーは、ペットボトルをつけてスポット散布に使用

石灰防除

第3図　改造ブロワーで一気に散布。約300坪のハウスに石灰4lをまくのに5分とかからない

引っ張られるように石灰が吸い込まれ、猛烈な勢いで噴口から飛び出す。

使っているブロワーは4ストロークエンジンの手持ちタイプ（マキタ製）。重い動力散布機を背負って歩く必要もなく、むしろ石灰を遠くまで飛ばすことができるので入り口からの散布ですんでしまう。新品を買っても4万円ほどだ。

改造といっても、噴筒の途中に穴をあけ、そこにじょうごをはめるだけのシンプル構造で誰にでもできる。穴をあけるのに使うのは直径3cmのホールソー。じょうごはホームセンターでぴったり合うものを探した。穴をテープで塞げば、ふつうのブロワーとして機械の掃除などにも使える。

「じょうごに石灰を注ぐとき、穴を完全にふさいじゃうと逆に噴き出して自分が石灰をかぶることになります。じょうごの壁を沿わせるように、石灰をちょっとずつ入れるのがコツです」

第4図　入り口から散布すると、石灰は循環扇の風に乗って、見る間にハウス全体へと広がった

全国の「石灰愛好家」にはたまらない道具となりそうだ。

　執筆　編集部
（『現代農業』2013年6月号「改造ブロワーでラクラク石灰防除」より）

ネギにエダマメに石灰防除

執筆　山田憲二（愛媛県松山市）

私は愛媛県のJAで営農指導員を38年間続けました。2014年に定年退職後は、農事組合法人ほのぼの農園の栽培アドバイザーとして働くほか、自分の畑でつくる年間30品目の野菜をスーパーや直売所で販売しています。JA勤務時代から農家に勧めるようになったのが石灰防除です。栽培指針にも導入してきました。ここでは白ネギとエダマメについてその方法を報告します。

白ネギ　雨と高温を乗り切れる

白ネギの作型は3～4月播種（チェーンポット育苗）、4～5月定植、12～3月収穫です。栽植本数は10a当たり4万8,000本。栽培上の問題点は高温期（6～8月）の欠株と白絹病対策で、ひどい年は半作になることもあります。夏場は根が伸長しないので、追肥も土寄せもできません。

そこで、消石灰を6月に株元へたっぷりふりかけ（10a当たり60kg）、8月に降雨後とか朝露のあるときをねらって葉に付着するようにふりかけます（10a当たり40kg）。また、微生物資材を植付け時、500倍液を灌水代わりに株元灌注し、その後、10日おきに（月3回）、1,000倍液を葉面散布。梅雨期と高温期を乗り越えれば、秀品率が上がり収量もとれて所得向上につながります。

白絹病はもちろん、大雨による根傷み、カルシウム欠乏による葉先枯れ、また、ネギアザミウマやネギハモグリバエの被害も少なくなりました。ネギの襟（葉の分かれ目）が締まり、根張りもよく、倒伏防止になり、2L率の向上につながりました。石灰（カルシウム）と微生物のおかげだと私は思っています。

エダマメ　根傷みしても回復

エダマメは2～4月播種のトンネル露地栽培です。栽培上の問題点は着莢率の向上と白絹病、うどんこ病、莢の黄化防止です。1作に2回、消石灰と微生物資材を使用しています。

1回目は初生葉（子葉の次に出る葉）から本葉1枚時。消石灰を全面にふりかけます（10a当たり40kg）。黒マルチが白くなるほどで、そうすると、消石灰が雨で株元に流れ込みます。微生物資材は500倍液を株元灌注（1株に約50ml、10a当たり300l）。活着も初期生育もよくなりました。

2回目は開花初期から着莢初期。この時期は株が大きくなって葉が茂るので、消石灰の量を増やして葉面ふりかけ（10a当たり60kg）。微生物資材のほうは1,000倍液を葉面散布し（10a当たり150l）、その後、収穫まで10日おきに殺虫剤と混用しています。

粘土質土壌で、レタスの後作として栽培しているので、基本的に元肥は入れません。大雨でウネ肩まで水が溜まり、根傷みによる葉の黄化、生育不良が目立ち始めてから、消石灰と微生物資材を使ったところ、生育が回復し、ビックリしました。葉が緑色になり、盛んに光合成し、食味も良好でした。立枯れや白絹病の発生もありません。

（『現代農業』2017年10月号「消石灰ふりかけと菌液散布の威力にビックリ」より）

第1図　6月、ネギの株元に消石灰をたっぷりふりかける　　（写真撮影：編集部）

消石灰で防除　品目別事例

イネいもち病　熊本県八代市・宮村誠さん

イネに消石灰を散布すると、あきらかにイネの葉が硬くなります。水田に入ると葉の外側のザラザラ部分でズボンが破れることがあるほど。肥料が多くてできすぎたイネを引き締めて、いもち病を抑える効果があります。

散布は、イネの出穂直前を見計らって1回、その後、穂がナギナタ状に傾き始めたころにもう1回。長さ40mのナイアガラホースを使います。散布量はせいぜい反当2kgほど。

朝いちばんの朝露のあるときに、葉に石灰が十分につくように散布することが大事です。農薬の粉剤よりも比重が軽いので、風があるときに散布すると舞い上がり、効果がないばかりか近所迷惑になります。

カボチャの菌核病　茨城県稲敷市・吉田ときいさん

カボチャを30年以上連作しており、年によって菌核病などに悩まされていました。定植後40日ぐらいで株元に雄花が咲き始めるころ、気温が上がるとともに湿度も高くなると、雄花が乾かないで株元にへたりついて菌核病がつきやすくなります。そこで以前は、マルチを張る前に定植位置あたりにモミガラくん炭をまいておいたり、株元に重点的に予防剤を散布していました。

そんなとき、キュウリ農家がウリ類特有の病気で悩み、石灰（記事は苦土石灰）で対処しているのを『現代農業』で読んで、応用してみようと思いました。

カボチャの定植後1か月くらいのころ（雄花が咲き始める前）、株元に消石灰を一つかみずつかけてみました。すると株元が石灰で覆われて乾くので菌がつきません。おかげで以来、菌核病に困ることはなくなりました。

葉の上から全面散布するとうどんこ病の予防にもなります。ウリ類全般に応用できると思っています。

以上、執筆　編集部
（『現代農業』2013年10月号「病気に強くするケイカル浸み出し液vs石灰防除」より）

アスパラ立枯病・株腐病、消石灰灌注で回復

アスパラの立枯病・株腐病は、多発すると欠株になり、更新してもまた発生する厄介な病気です。一般的な発生後の対処法としては、ベンレート水和剤の散布、トリフミン水和剤の灌注などがあり、私もそうしてきました。しかし期待したほどの効果は上がりません。

石灰を試したのは、2007年に立枯病・株腐病が大発生し、とくに促成用の1年株が60％以上も使いものにならなくなったときです。原因となるフザリウム菌は、未熟な有機物を施用した圃場ほど生息密度が高いと言われています。この年は、モミガラ堆肥を未熟なまま使用したことが発生を助長したようです。

被害が出た一部の圃場で、粒状の消石灰を10a当たり40kgほど、ウネの肩にすじ状にまいてみました。すると株が元気を取り戻したようで、それなりに収穫を続けることができたのです。

翌年は圃場を替えて新植しましたが、やはり発生が始まりました。そこで6月下旬、石灰の浸透をさらによくしようと消石灰200倍の濁り液をつくり、新植したすべての株元に約1lずつ灌注してみました。

すると病気の進行が止まったのか、1週間ほどで再び青い新芽が出始めました。そして秋には促成栽培の伏せ込み用の株が、1株重2.5kg前後、糖度25度前後（県の基準は1株重2kg以上、糖度20度以上）にまでなりました。

執筆　芳賀耕平（福島県喜多方市）
（『現代農業』2009年6月号「アスパラ立枯病・株腐病は消石灰かん注で回復する」より）

葉やけ、石灰過剰の心配はないか？

『現代農業』の記事を見て石灰防除を試した読者の中には、わずかながら石灰をふって「葉がやけた」という人がいる。ICボルドーで知られる石灰メーカーの井上石灰工業によれば、石灰による葉やけはごくまれにしか起こらないが、pHが高い、葉の濡れ時間が長い、葉が若いなどの条件が重なったときに起きる可能性があるとのこと。

そこで編集部でも、キュウリのポット苗を使って実験してみることにした。農家が石灰防除によく使う消石灰と苦土石灰を使って、ふりかける量や薄める水の量を変えて、合計8パターンで実験してみた。

消石灰の濁り液だけは様子がおかしい

翌日はどのポットもこれといった変化はなし。しかし3日目、1株だけ様子がおかしい。消石灰の濁り液を散布したポット苗だ。葉っぱがしおれたように垂れている。翌日には、回復の見込みがないほどに完全に枯れてしまった。

他のポットは、枯れも葉のやけもなく、順調に生育。なぜ消石灰の濁り液だけに症状が現われたのだろう。もしかしたら苗質に問題があったのかもしれない。そこでもう一度、別の苗で消石灰の濁り液だけを試験。2回目は枯れるほどのことはなかったが、何となくしおれぎみで調子はよくなさそうだった。

消石灰の濁り液だけに症状が出て、上澄み液のほうは何も問題は起きていない。pHはどちらも12.5。濁り液のほうは粉がまだ水中に浮遊している状態なので、ポットの中には消石灰の粉がより多く入ることにはなるだろう。しおれの症状は、葉より根に影響が出た結果かもしれない。

一方、苦土石灰の濁り液のほうは何も問題なく生育している。消石灰よりも苦土石灰はpHが低く、反応がゆっくりだからだろう。

葉やけは出なかった

結局、葉やけは7日たってもまったく見られなかった。石灰の粉をバサバサと多量にふりかけた苗は少しはやけそうな気もしたが、そういうことはなかった。濁り液や上澄み液でも同じ。消石灰の濁り液の苗以外は、むしろ無処理区より健康に見えた。葉やけは、そう簡単に起

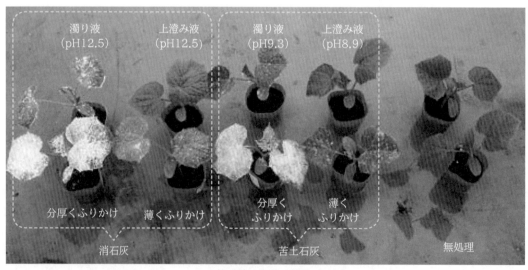

第1図　実験の様子

第3図　散布4日後。苦土石灰を分厚くかけた苗だが葉やけはない

第2図　消石灰の濁り水をかけたポット
9cmポットに約300ml散布。他の濁り液、上澄み液も量は同じ

きるものではないことはわかった。

土壌診断をするに越したことはないが…

　では、土壌が石灰過剰になる心配はないだろうか。読者の中にも「ブロッコリーの根こぶ病に困っているので石灰を使いたいが、土のpHをあまり上げすぎてしまうと、鉄やマンガンなど微量要素の欠乏が心配だ」という声があった。

　和歌山県印南町のトマト農家・原眞治さんは、石灰を追肥で効かせることで殺菌剤はほとんど使わずにすんでいるという方だが、一作を通じて石灰だけではなくカリや苦土をバランスよく効かせることを大事にしているので、土壌診断を欠かさないそうだ。

　ただし、作付け前に石灰を全層施肥するのと違って、上からふりかける石灰防除ではそうたいした量をまくわけではない。「生育途中の作物の頭上から粉をふりかける」とか「株元に石灰水溶液を灌注する」など、生育中に部分施肥するようなやり方だ。これだと畑の一部のpHを一時的に上げることはあっても、畑全体のpHを持続的には上げられない。石灰の蓄積も、心配するほどではないはずだ。

　むしろ、作物の生育中にふりかけたり株元灌注する石灰防除・部分施肥は、石灰を効率的に吸収させ、過剰蓄積にはつながらないやり方なのではないだろうか。

　　執筆　編集部
（『現代農業』2008年6月号「葉やけ実験やってみた」「土が石灰過剰にならないか？」より）

第5部　無農薬・減農薬の技術

酢防除・酢除草

酢防除・酢除草

食酢や木酢液、モミ酢などで防除すること。酢にはそれだけで殺菌作用のあることが知られているが、酢がもつ作物体内の代謝をすすめる働きを利用して、作物そのものを病害虫にかかりにくい体質にすることを「酢防除」と呼んでいる。

チッソ（硝酸）が過剰にたまった作物が病気にかかりやすいことは農家の実感だが、酢に含まれる酢酸や有機酸には、葉にたまった硝酸を消化（同化）する働きがある。また、有機酸は石灰や苦土などのミネラルをキレート（カニバサミではさんだ状態）化して、作物体内での移動をスムーズにする働きもある。近年は、酢酸が植物の乾燥耐性能力を上げる遺伝子を活性化させることもわかってきた。その結果、病気が出にくくなったり、味がよくなったり、乾燥に強くなったりする。

「酢をかけるとなんだか作物が元気」という話はよく聞くが、そのわけはじつに深い。

酢は買うと結構高くつく。柿酢など家でとれた果物から果実酢をつくり、手づくり防除資材として利用するのもおもしろい。

また、イネやネギでは、作物と雑草で酢酸に対する耐性が異なることを利用して「酢除草」も行なわれている。これは酢防除で酢を使うよりずっと高濃度の酢を散布する。

執筆　編集部

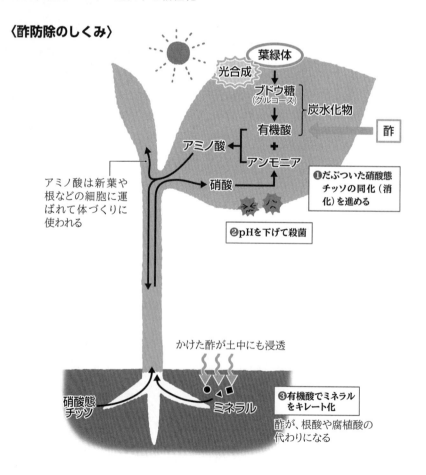

〈酢防除のしくみ〉

モモもリンゴも柿酢のおかげで殺菌剤半減

執筆　河部義通（愛知県新城市）

健康飲料・柿酢が殺菌剤として大活躍

　私はまわりを山にかこまれた果樹園で、おもにリンゴ、モモ、カキを栽培している。しかし、リンゴは適地ではなく、愛知県での栽培はめずらしい。当然、病気には弱いはずだが、防除回数が少なくても甘くて病気にやられない果物ができるのは、柿酢のおかげではないかと思っている。

　柿酢は、健康飲料として飲んだり、料理酢として使うために十数年前からつくっている。材料のカキは自分のところでいくらでも用意できるので、7～8年前からは薄めて果樹園に散布している。木酢、竹酢を散布すると病気に抵抗力がつく、と聞いて、同じ酢なら柿酢でも同様の効果があると考えたのだ。消毒用の殺菌剤として柿酢を使っているが、自分の身体と樹の健康、両方の面から見ても申し分ない「益薬」だと思う。

モモのせん孔細菌病を抑えている？

　たとえばモモの場合、愛知県の防除暦の防除回数は14回であるが、私は発芽前の石灰硫黄合剤も含めて8回にしている。農薬散布したうち3回は柿酢を150倍に薄めて、反当たり300lほど混用した。

　モモ栽培で一番困る病気が、せん孔細菌病である。この病気にやられて出荷できないモモがたくさん出てしまった農家も多い。しかし、私の園ではほとんど被害はなく、縮葉病もまったくといっていいほどなかった。防風用のネットを張るなどの対策はとくにしていないにもかかわらず、である。

　この地方では7月下旬に収穫する‵勘助白桃'の場合、1箱20玉平均で、反収はせいぜい1tだが、私の園では大玉果が多く、平均16玉で反収3tほどであった。これも柿酢を連年使用した効果と考えている。

健康で同化作用の高い葉に

　また2002年は、モモの収穫を終えた8月下旬と9月中旬にも単用でそれぞれ300l、タップリ散布した。すると、モモはふつう10月中旬に入ると落葉を始めて11月には樹が裸になってしまうが、11月上旬まで葉が青々と繁り、

第2図　柿酢を散布したカキの葉は大きくツヤがある
（写真撮影：赤松富仁）

第1図　筆者は、柿酢を飲むだけでなく、殺菌剤のように散布
（写真撮影：赤松富仁）

第5部　無農薬・減農薬の技術

下旬まで残っていたのでびっくりした。葉が遅くまで残って光合成を行なっているので、そのぶん翌年の貯蔵養分も多く蓄積され、生育もよくなるのではなかろうか。

以前は収量ほしさにずいぶん肥料を入れていた。すると、ダラーンと垂れた、平べったい葉になっていた。生理落果も激しく、味も落ちるし、甘味がのらない。耐病性がなくなるのか、カキの'富有'などは炭疽病にかかりやすかった。

だが、柿酢により健康で同化作用の高い葉になったのだろう。今は、大きく厚い葉になり、葉脈もビチッと筋が立っている。カキもパリッと立った舟形の葉になり、玉伸びもよく、2002年は3L、4Lなど大玉果がほとんどだったので、さらに柿酢利用の自信を深めた。

もちろん、柿酢散布だけですべてよくなっていたわけではなく、低樹高の仕立てを実践していることも関係している。だが、こうしたチッソ過多のマイナス面をプラスに変えるのに、柿酢はたいへん有効だと思う。昔に比べると、今は肥料代が4分の1前後に減っているが、収量は昔より増えた。

柿酢の散布は展葉後

柿酢を使うのは、葉が展葉して、青く「硬く」なってからにしている。10年ほど前、試験的にモモの新芽が開き始めたころに10倍液を散

①よく熟したカキを容器に入れる
河部さんは飲用の柿酢は皮をむきヘタをとる（皮をむいたり、洗ったりしないで拭くだけにする人も多い）。防除用柿酢はそのまま。渋柿でも甘柿でもよいがなるべく熟した糖度の高いものを。発酵が不安な人は、イーストやこうじなど発酵のスターターを入れるとよい

②半年以上ねかせる
カキの糖分がアルコール、そして酢酸へと発酵してゆく

Q「コンニャク」ってあのコンニャク？
ここでいう「コンニャク」とは酢をつくったときにできた、酢酸菌の膜。時間がたつにつれ、厚みを増し、コンニャクやゼリーのような質感になる。くれぐれも本物のコンニャクを入れないように

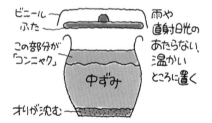

③中ずみ液をすくい、濾しながら容器にうつす
中ずみ液をすくい、消毒した容器（一升瓶など）に濾しながらうつす。「コンニャク」の部分は残しておき、来年の柿酢をつくるときに入れる

④再び熟成させる
数年ねかせる。ねかせるほど酸味が増し、風味ある酢になる

第3図　柿酢のつくり方

布したら、新芽がチリチリになってしまった。

このことから、葉が若いうちは散布しないほうがよいのではないかと思っている。もっとも、このときは柿酢の倍率がわからず、10倍という高い濃度で散布してしまったせいもある。今は、5月中下旬になってから150倍液を散布するようにしている。

ただ、カキは、もともと葉が厚く、防除回数が少ないので、5月初旬から混用散布している。

収穫後は、樹種にもよるが、1〜3回柿酢を単用散布している。葉を最後まで健康に保ち、病気の密度を低くしておくねらいがある。モモなどでは通常、収穫後にボルドー液を散布するが、自分で配合、調製するのに手間がかかる。その点、柿酢なら「今日散布しよう」と思えばすぐ使えて、手間がかからない。

いずれは病気に関しては殺菌剤ではなく、なるべく柿酢でいきたいと考えている。高い農薬を買うよりも自分でつくったほうが安上がりだからだ。なにより柿酢なら「健康な身体で、安全でおいしい果物づくり」が実現できそうだ。

（『現代農業』2003年6月号「手づくり柿酢で、樹も人も健康！　モモもリンゴも殺菌剤半減」より）

玄米黒酢のイネいもち病に対する効果

執筆　池田　武（新潟大学農学部）

100倍液でいもち菌の発芽が止まる

2003年、石山味噌醤油株式会社の養田氏が、ガラス上でのいもち病菌胞子の発芽状況を、対照区（水だけ）と、倍率を変えた玄米黒酢希釈液とで比較する試験を行なった。その結果が第2図である。24時間後、水だけの対照区と1,000倍液区では付着器が形成されていたが、100倍液区においてはほとんど変化が認められなかった。

この結果から、イネの葉面に玄米黒酢100倍希釈濃度の環境をつくることによって、いもち病菌が付着しても発芽を抑制し、発病を防ぐ可能性が高いことが示唆された。しかし濃度を薄くしていくとその効果も薄れ、1,000倍液ほどになると逆に玄米黒酢の栄養素がいもち病菌の栄養となるのか、発芽・付着器形成を助長する傾向が見られた。

ただし、植物に酢をかける場合は植物そのものが元気になって、いもち病にかかりにくくなる可能性もあるので、一概に1,000倍液が悪いというわけではない。

実際の田んぼでも効果が出た

2003年8月に秋田県大潟村を訪ねた。海に近くて風が強く、あまりいもち病は出ないとのことであったが、中央道路沿いにポプラ並木があり、その近辺は風が弱く、たまたまいもち病が出ていた。そこで、その場所に田んぼを持つ早津さん（早津農園）に頼んで、玄米黒酢をかけてもらった。

秋に結果を聞くと、玄米黒酢の100倍液と50倍液をそれぞれかけてみたところ、50倍液区でいもち病の出方が少ないようであるとのこと。無処理と100倍液区には穂いもちが見ら

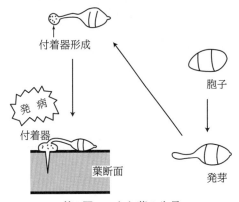

第1図　いもち菌の生長

れたが、50倍液区にはあまり見られないとのことであった。

また、岐阜県輪之内町の戸谷保夫さんは、悪天候の2003年もいもち対策の農薬は使わず、玄米黒酢のみで防除を行なったという。酢は出穂の前後に4回（1回目は300倍液、あとの3回は100倍液）散布。収量は7俵あまりと例年よりは少なかったが、あの天候で無農薬でつくれたので、「黒酢は使える」という感想を持ったとのことであった。

以上の例から、ある程度の濃度の玄米黒酢をかければ、いもち病の抑制につながることが示唆された。

玄米黒酢の酸度4.5％が全量酢酸と仮定すると、100倍液の酢酸濃度は0.045％となる。氷酢酸濃度0.03％でいもち病菌の発芽が完全抑制されることが、以前に新潟大学農学部内山教授より報告されている。

ただ、どうしようもないくらいのいもち病の激発水田では、どんなに濃い玄米黒酢をかけてもどうにもならないことを述べておきたい。

玄米黒酢700倍液でイネの生育がよくなった

第3図は新潟大学農学部作物学教室で行なわれた試験で、石山味噌醤油（株）の玄米黒酢（ふつうの米酢よりアミノ酸が多い）をかけたイネの茎数の推移を示したものである。茎数については、最高分げつ期には400、500倍液区が多かったが、最終的に700倍液区が多くなった。別の年の試験でも同じように700倍液区がよい結果を得た。

また、イネの葉身、葉鞘、稈、穂の各乾物重を調べたところ、そのいずれの部分でも700倍液がもっとも重くなった（稈、穂については第4図）。収量および収量構成要素については700倍液区がもっとも穂数が多く、収量が高まった（第1表）。

以上の試験結果より、玄米黒酢を散布することによって植物の生育がよくなることは明らかである。700倍液などの比較的薄い倍率でも、イネが元気になり、抵抗力がつくことから、いもち病にかかりにくくなるものと考えられる。

（『現代農業』2004年6月号「玄米黒酢100倍液はイモチ菌を抑える、700倍液はイネの生育をよくする」より）

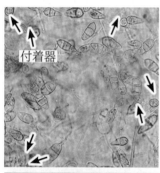

対照区
（水だけ）
いくつかの付着器が形成されている

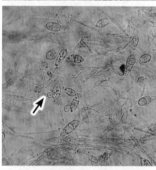

玄米黒酢
100倍液区
付着器はほとんど認められない

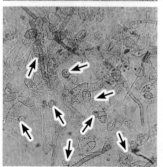

玄米黒酢
1000倍液区
水だけの場合よりも多くの付着器ができている

第2図　実験を始めて24時間後

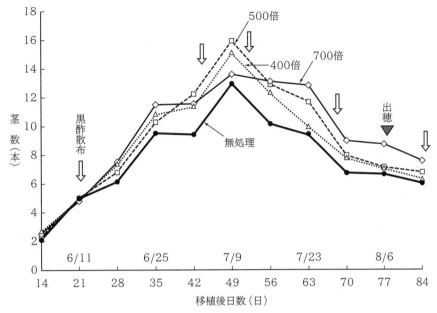

第3図 1株当たりの茎数の推移　　　　（日作記、1999）

移植：5月21日

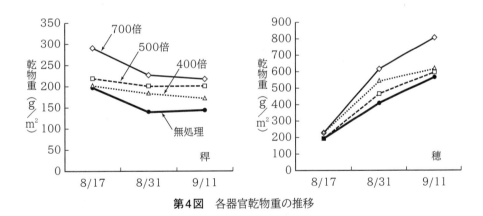

第4図 各器官乾物重の推移

第1表 収量と収量構成要素

処理区	収量 (g/m²)	穂数 (本/m²)	一穂籾数 (粒)	登熟歩合 (%)	玄米千粒重 (g)
700倍液区	731	444	93.0	87.5	21.22
500倍液区	644	413	93.4	86.6	20.63
400倍液区	638	387	95.0	88.1	21.13
無散布区	582	396	70.0	89.2	21.40

酸度と倍率と効果

酢にはたくさん種類があってそれぞれ「酸度」が違う。酸度とは「酸の濃度」を表わした値。濃度なので、10倍に薄めれば値は10分の1になる。酸度が食酢の4倍弱ある15％酢酸を使う場合、食酢よりも4倍弱余計に薄くしてやる必要があるというわけだ。

それを踏まえてつくってみたのが第1表。各酸度の酢と倍率によって、どんな効果が期待できるかひと目でわかるようにした。

「高酸度酢」「農業用酢」など酸度の高い酢も市販されている。酸度当たりの価格がとってもおトクなので、上手に希釈して使いこなしたい。

なお、作物の状態（障害程度や生育ステージ）、散布の時間帯や温度、酢に含まれる微量要素などによって、同じ濃度や倍率でも、効果は左右される。第1表は目安として、最終的には「実際にかけてみて、感覚をつかむ」ことが大事になりそうだ。

〈倍率の換算式〉

酸度A％の酢をB倍で使うところ、酸度C％なら何倍で使えばいいかは、次の式で求められる。

C÷A×B＝「Cの希釈倍率」

たとえば、4.2％ 70倍から15％に変更する場合、もとと同じように使うには「15÷4.2×70＝250」となり、250倍程度に薄めればいい。

執筆　編集部

（『現代農業』2021年8月号「ところで酸度と倍率と効果の話」より）

第1表　各種酢の倍率換算表（希釈後の酸の濃度は、横一列ですべて同じになる）

期待できる効果	酸度（当てはまるおもな酢）			
	4.2％ （食酢、木酢液[1] など）	10％ （農業用酢、酢 除草剤など）	15％ （農業用酢、五倍 酢、食品加工用 酢など）	99％ （氷酢酸）
栄養生長の促進	100倍以上	240倍以上	350倍以上	2,350倍以上
高温・乾燥耐性の付与[2]	70倍	170倍	250倍	1,650倍
湿害で傷んだ根の修復	30〜50倍	70〜120倍	110〜180倍	700〜1,200倍
濃度障害による除草	5倍以下	12倍以下	18倍以下	120倍以下

注　1）木酢液は酸度3〜7％。多種の有機酸が含まれる
　　2）高温・乾燥耐性の付与は酢酸の持つ働き。酸度はほかの有機酸も含めて表わした値だが、市販の酢のほとんどは酢酸なので（食酢で8割）、酸度を酢酸濃度の指標として考えて問題なさそうだ

酢をかけるとなぜ病気に強くなるのか

執筆　薄上秀男（薄上発酵研究所）

硝酸態チッソがたまったホウレンソウ

　ここでは、有機栽培に取り組む、今どきのハウスホウレンソウ農家を例にとって話を進めてみたい。

　初めてハウス栽培を試みる人はだれでも、技術的にわからない点が多いので、先輩や業者、指導者の話をよく聞いてまめに実行する。だから初年度のとくに１作目はだいたい成功する。ホウレンソウの生育はすばらしく早く順調だ。色つやも青々として新鮮そのもの。日もちもよく、市場からはたいへん好評を博す。消費者からも「甘い」「味が濃い」「やわらかい」「本当においしい」「生でも食べられる」などと絶賛される。収量は上がるし単価は高いので万々歳である。

　ところが、何作か続けると、どうもホウレンソウの生育が気に入らなくなってくる。つやがだんだんなくなり、生育日数が長くかかり、収量が上がらなくなってくる。何作も続けたので肥料分が不足してきているのではないかと考え、大量の有機質肥料を投入する。

　生育・収量はやや回復してくるが、色つやがいまいち気に入らない。最初は葉色も薄い。液肥を追肥してみたところ、葉色は青黒くなるが、伸びが遅い。いじけた感じだ。日もちも悪い。

　市場で分析調査をしたところ、硝酸態チッソの含量が異常に高いということだ。え！　そんなはずはない、有機栽培ですよ!!　硝酸態の肥料なんか使っていないのに――。

硝酸態チッソ過剰の原因

（１）ミネラル不足

　このような現象はひとりホウレンソウだけに限った問題ではない。トマトやキュウリはもとより、水稲でもみられる現象である。野菜の場合は、水田転換畑に発生することが多い（普通畑の場合は排水不良か、灌水不適当で発生）。

　原因はいろいろあるが、大きく分けて二つある。日照不足、大量の有機質肥料投入からくる（１）ミネラルの不足（２）作物そのものの代謝不良である。時期は梅雨期（秋の長雨どきも）を中心にその前後に多い。

（２）過湿による根の機能低下

　大量の有機質肥料を投入したときが運悪く梅雨期（秋の長雨）であったり、真夏で極端に大量の灌水をした場合、長期間水が停滞し、過湿となってくる。過湿になるとホウレンソウの根群形態が変わってくる。排水性・保水性がよい場合には毛根がきわめてよく発達する（これを私は羽毛根と呼んでいる）が、土壌水分が多くなると、この羽毛根がなくなり、ズボーっとした太い根に変わってくる。

　羽毛根でないと、いくら土壌中にアミノ酸があっても、作物はアミノ酸の形態では吸収ができなくなる。と同時に、下層のほうから過湿のためにアミノ酸がアンモニア態チッソにどんどん分解してくる。畑作物はアンモニア態チッソでは吸収できない。そのため、ホウレンソウは一時的に肥料不足を起こし、生育は遅れる。

　そのうち、アンモニア態チッソは亜硝酸態から硝酸態チッソに順次変化をしながら、毛管水によって表層に集積してくる。その結果、ホウレンソウは一時的に大量の硝酸を急激に吸収し体内に集積するのである。

（３）日照不足で有機酸が不足

　こうした代謝不良のとき、効果が高いのが有機酸の補給である。私はこの現象をトマトで何回も経験した。

　梅雨期に入ると露地トマトは水分過多となり、過剰にチッソを吸収する。茎は太くなり、

青大将のように伸びる。そのうちチッソの集積した茎のところが裂けてくる。俗にいうトマトの窓あき現象（異常茎、めがね）である。あわてて硝酸還元酵素を活性化させるモリブデンとホウ素の葉面散布を行なう。これで問題は解決すると思ったが、そう簡単に問屋は卸さなかった。「チッソの受け皿である有機酸」が少ないからだ。

植物体内でチッソは有機酸と合体して初めてアミノ酸となる。その有機酸が不足しているのである。原因は日照不足だ。梅雨期は曇天・長雨が続く。当然、同化作用が低下して糖分（炭水化物）が不足、その結果、有機酸の生成量も少なくなる。ハウス栽培でも同じだ。ビニールで被覆するだけでも日照不足になる。ビニールが汚れている場合は、その被害は大きくなる。

日照不足を起こすとなぜ有機酸が不足するのか。有機酸が不足するとなぜチッソ過多の現象を起こすのか。そのしくみは植物の体内に次のような代謝機構があり、機能しているからである（第1図）。

TCA回路が有機酸をつくり、代謝を進める

作物は太陽のエネルギーを活用して、炭酸ガスと水で糖分（ブドウ糖、グルコース）をつくる。つくられた糖分は、やがて各細胞の中にあるミトコンドリア（細胞内の精密機械工場といわれている）に送られる。この中には糖分を分解する解糖系があり、複雑な分解経路を経過して、ブドウ糖からピルビン酸ができる。

ここからはいろいろな有機酸をつくるTCA回路に組み込まれ、多くのATP（アデノシン三リン酸というエネルギーを出すところ）と各種の有機酸がつくられる。

この解糖系とTCA回路でつくられた各種有機酸と、前記の根から吸収されたアンモニア態チッソとが同化して、アミノ酸がつくられる。このアミノ酸が10個以上集まったものがポリペプチド、100個以上集まったものがタンパク質（植物体）である。

このように曇天、長雨、低温、また反対に極端な高温乾燥などにあうと、作物の生育は抑制される。当然、体内養分の製造供給が不足かアンバランスになる。とくに糖分をつくったり、有機酸をつくったりする代謝と呼ばれる作用は、作物生理の出発点であると同時に、もっとも重要なサイクルなのである。

酢で有機酸を補給、糖分、ミネラル、アルコールも

最近、米酢やモミ酢などを作物にかける農家が増えているが、たいへんよいことだ。米酢やモミ酢などに含まれる有機酸が先のTCA回路に働きかけ、回路をより早く回すことができるからである。

できれば、これに糖分とミネラルを加えて散布できれば、さらによい結果が得られる。

糖分がつくられる代謝部分はすべての代謝のスタートとなる部分であり、糖分が多ければそ

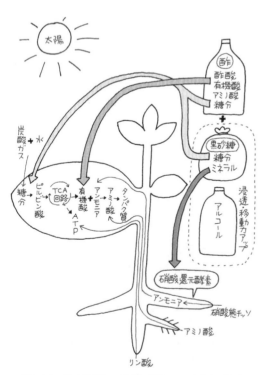

第1図　酢が植物の代謝に働いて病気に強くするしくみ

れだけ代謝がよく進む。

　またミネラルはチッソ代謝にかかわる。硝酸態チッソが集積するということは、循環が止まった、すなわち新陳代謝がスムーズにいっていないという証拠だ。順調であれば、体内で再びアンモニア態チッソに変わり利用されるところである。これが変化しないということは硝酸還元酵素が活性化していないということになる。硝酸還元酵素を活性化させるのはモリブデン・ホウ素なので、ミネラル不足であるということだ。

　とくにミネラルでは先のモリブデンとホウ素（天然塩に多く含まれる）のほかに、作物の生理代謝、とくに酵素との関係、作物の耐病性の関係から重要と考えられる、カルシウム、マグネシウム、マンガン、鉄、銅、亜鉛を含んだ総合液を利用したい。また、これらのミネラルは黒砂糖や海藻類、天然塩に多く、酢に黒砂糖を混ぜることはこの点からもふさわしい。

　欲をいえば、アルコールも添加したい。アルコールは浸透性を高め、体内溶液の流れを早める作用がある。さらに細胞圧を高めて葉や果実にテリを出したり、果実や花の寿命を長くして日もちをよくする効果もあるようだ。

　耐病性のことを考えた場合、酢は葉面散布だけではなく、土壌灌注もしたい。私が実践しているブドウ酢防除液のつくり方と使い方を第2図に示したので参考にしていただきたい。

（『現代農業』2002年6月号「酢をかけるとなぜ病気に強くなるのか」より）

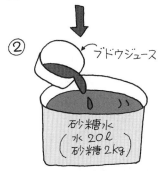

第2図　ブドウ酢防除液のつくり方と使い方

イネに酢除草、コナギ、ホタルイ、オモダカも枯れた

執筆　佐々木拓郎（宮城県石巻市）

散布後1時間で葉が黄変

2014年から一部の圃場で有機無農薬栽培での稲作を始め、米ヌカ除草・複数回代かき・チェーン除草など草との闘いを続けてきましたが、決定的な方法を見つけられずにいました。とくに厄介だったのがコナギで、叩いても叩いても出てくるうえにチッソを奪い続け、圃場も乾きにくくなり、四苦八苦してきました。そんななか、『現代農業』の記事で酢除草を知り、「これはおもしろい！」と思い、すぐに実行に移しました。

まずは、近所のドラッグストアで一番安い食酢を買ってきて散布してみることに。酸度4.5％程度の一般的な酢だったので、イネに影響がないよう酸度2.5％（100倍）程度に希釈して田んぼの1か所だけジョウロで散布してみました。1時間後に様子を見てみると、青々と元気に生い茂っていたコナギの葉が黄変。夕方には見事にその部分だけ茶色く枯れていました。あまりの効果に大変驚き、早く圃場全体に散布しようと思い、急いで業務用サイズの酢（20l）をネットで注文しました。

除草剤と変わらないコスト

というのも前述の試験をしたのはお盆前で、すでに穂ばらみ期から出穂期に入り始めていたからです。『現代農業』の記事には、酢が穂にかかるとイネにもダメージを与えてしまうとありました。

注文したのは酸度15％の高酸度醸造酢。ネット価格送料込みで1l約240円でした。6倍に希釈して10aに50l散布すると、10a当たり2000円ほど。除草剤とさほど変わらないコストで散布できる点にも魅力を感じます。

いざお盆の晴れた昼時に、10aの圃場に動噴（キリナシ噴口）で散布してみました。すると期待したコナギだけでなく、ホタルイやオモダカまでどんどん弱々しくなっていき、翌日にはすっかり枯れていきました。かかりの甘い箇所は草が残っていたので、ていねいに散布することが重要だと感じます。危惧していた出穂後のイネへのダメージもありましたが、それは酢がかかった穂だけで、穂にかかってさえいなければ効いていない印象でした。もちろん出穂前のイネにはノーダメージ。

おかげさまで散布した圃場は、収穫時に草が

第1図　筆者。石巻市でイネ15ha（うち有機無農薬で1ha）とハウスで小ネギ60aを栽培

コンバインに引っかかることなく、順調にイネ刈りすることができました。肝心の収量は前年比0.5俵増。もちろん酢除草によるものなのかどうか一概にはいえませんが、そう思ってしまうほど十分な効果を感じました。

チェーンやカルチと組み合わせて

この結果を踏まえ、2021年も酢除草を取り入れながら無農薬圃場の除草体系を考えていこうと思っています。2020年まではチェーンやカルチのみで、除草作業が草の生長に追いつけず繁茂してしまいました。2021年は乗用の除草機を導入したので初中期まで除草機で対応しながら、出穂前の仕上げに酢除草を取り入れようと考えています。酢の初中期利用も可能性を探ろうと思っています。低コストで安全性も高い酢の利用に非常に可能性を感じています。

(『現代農業』2021年8月号「コナギ、ホタルイ、オモダカがみるみる枯れた　イネに酸度2・5％の酢除草」より

コナギのほか、ホタルイやオモダカも見えるところに、昼12時前に酢を散布

コナギやホタルイ、オモダカも黄色く変色し始めた

いずれの雑草も茶色く枯れた。一部、酢がかからなかったホタルイが枯れずに残った

第2図　酢除草の効果

ネギの酢除草　酸度3％で株間除草ができた

執筆　横山和彦（長野県坂城町（株）土あげ商店）

第1図　ネギが植えてある列のみにスジ状に散布するのがよい

> **ネギ酢除草のメリット**
> ネギの広葉雑草に効く除草剤にはロロックス水和剤があるが、栽培期間中に1回しか使えないうえ、ネギの生育停滞リスクもある。また、夏場は土を動かすと根が切れてネギが軟腐病になりやすいため、土寄せでの雑草対策はひかえたい

酸度3％で10a150l作条散布

2020年9月ごろより、ネギ畑で酢除草の試験を始めました。ネギ農家の悩みの種ナンバーワンが雑草です。夏になると「草がどうしようもないね」という言葉があいさつ代わりになるほど、とにかく皆さん困っています。しかも、ネギの雑草対策は技術的進歩が少なく、画期的な除草剤もありません。

『現代農業』の酢除草の記事では、イネは枯れずにほかの雑草はけっこう枯れるとあり、「もしかしたら、ネギも枯れないかも！」と思いました。

3年にわたって、埼玉県と長野県で条件を変えて試験を行なった結果、高温・乾燥時に、酸度3％の酢を10a当たり100〜150l作条散布（ネギが植えてある列のみにスジ状に散布）すると高い除草効果が得られることがわかりました。ネギの薬害症状はほとんどありません。

散布後の雑草は、葉が焼けるように枯れます。枯れるスピードは速く、高温晴天時は1時間ほどで枯れ始めます。ただし茎や根はほとんど枯れないので、復活が早いのは残念です。

効果が出やすい雑草の種類

おもに、葉肉が薄く、散布液が付着しやすい広葉雑草によく効く印象です。畑地だとアカザ、クローバ、ドクダミ、田んぼだとコナギ、オモダカなど。キク科雑草にも多少効果が見られます。

一方で、薬剤が付着しづらい、または水分を多めに含んでいる雑草には効きづらいようです。そのためネギにも効かないのかと思われます。具体的にはイネ科雑草、カヤツリグサ科雑草全般、スベリヒユなど。また、広葉雑草でも大きくなるほど効きづらくなってしまいます。

副次的な効果

濃い酢を作条に散布すると、除草以外にもネギにとって嬉しい効果がたくさんあります。
・病害虫を忌避する
・高温乾燥に強くなる
・根張りがよくなる
・ガッチリする

除草剤と違って使用回数制限がないことや、土に優しい成分であることも魅力的かと思います。

散布量、タイミングを守る

「やってみたけどあまり効かなかった」という声もたくさんあります。その場合は、以下の2点にご注意ください。

①**散布量を守る**…ネギへかかることをおそれず、たくさんかけましょう。作条散布で10a当たり100〜150l必要なため、ウネ間も含めて全面散布をする場合は、400〜500lほど必要となります。作条散布で株元除草とするほう

が現実的です。

②散布条件が悪いときを避ける…気温が20℃以下や曇天時、雑草が湿っているタイミングは効果が劣るので散布をおひかえください。乾燥しているときがお勧めです。

その他の注意点

ネギの葉が少しだけ焼けてしまう場合もあります（とくに葉先付近）。心配な場合は展着剤をひかえたり、極端な高温乾燥時を避けること。とくに葉ネギなど、青葉全体も販売する場合はご注意ください。

薬害を心配される場合は、ほかの薬剤などとの混用はひかえたほうがいいでしょう。ただし、展着剤の混用は雑草への効果が高まるため、多少の薬害リスクを許容できる場合はアリだと思います。「アプローチBI」など薬害が起こりづらいものを推奨します。

散布後は散布器具を速やかに洗浄すること。洗浄せずに放置すると劣化するおそれがあります。

（『現代農業』2023年6月号「埼玉・深谷ネギ　酸度3％でネギの株間除草ができた」より）

第2図　酸度3％、10a150lの作条散布の前後の変化（展着剤なし）

散布タイミング
・20℃以上の晴天時の日中（できれば25℃以上で乾燥しているとき）
・定植後15日以降、収穫15日前まで（においが残るため）
・雑草が10cm以下のとき（小さければ小さいほど効くので、先手必勝！）

第5部 無農薬・減農薬の技術

高温処理・ヒートショック

第5部　無農薬・減農薬の技術

高温処理・ヒートショック

　栽培中の作物を一時的に高温にさらすことで病害虫を減らす方法。温度コントロールだけで農薬使用量を大幅に減らすことができる。

　高温処理による病害虫防除の多くは、高温（熱）が病害虫に直接作用し、効果をもたらす。手段は熱水、蒸気、太陽熱、ハウス密閉などさまざまあるが、いずれも害虫や病原菌に、生育限界を超える温度に遭遇させる方法である。イネのいもち病やばか苗病などを防ぐ種モミの温湯処理や、ハウス内の土壌病害虫や雑草を防ぐ太陽熱消毒などがよく知られている。イチゴでは、苗に寄生する病害虫の本圃への持ち込みを防ぐために温湯浸漬する技術が開発されている。

　また、高温処理は、病害抵抗性誘導により作物の抗菌活性を高めることもわかっている。

　神奈川農総試では夏場、キュウリハウスを密閉して内気温を45℃まで上げることで、ヨトウムシ、アブラムシ、ハモグリバエ、うどんこ病、べと病など、ダニ類以外の病害虫はかなり抑制できることを発表しており、これにはキュウリの「全身獲得抵抗性」が関与している、と開発者の佐藤達雄さんはみている。

　その後、佐藤さんは茨城大学に移り、イチゴに50度の温湯を散布（20秒）する方法で同様の効果を引き出すことに成功。うどんこ病、炭疽病、灰色かび病に対して抵抗性が高まり、温湯が直接かかることでアブラムシ、コナジラミに対する殺虫効果も認められている。

　執筆　編集部

トウモロコシのアワノメイガ対策に、直接お湯をかける農家もいる。無農薬で糖度が上がったり、吸収力も高まるという（写真撮影：倉持正実）

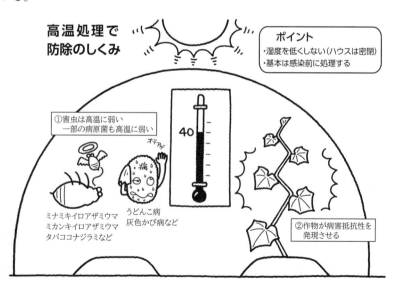

高温処理で防除のしくみ

ポイント
・湿度を低くしない（ハウスは密閉）
・基本は感染前に処理する

①害虫は高温に弱い
　一部の病原菌も高温に弱い

ミナミキイロアザミウマ
ミカンキイロアザミウマ
タバココナジラミなど

うどんこ病
灰色かび病など

②作物が病害抵抗性を発現させる

ハウスキュウリのアザミウマはヒートショックで駆除

執筆 酒見宗茂（佐賀県神埼市）

農薬と天敵だけでは防除困難

私は、3年前に新規就農し、現在キュウリの施設栽培19a、米2.5haの新米農家です。キュウリは8月定植で年末までの収穫、1月定植で6月までの収穫の年2作です。

キュウリ栽培当初より、私の圃場ではアザミウマ（ミカンキイロアザミウマ主体と思われます）による不良果の発生に困っており、農薬散布や天敵生物などの技術を併用しながらなんとか対応していました。しかしながら私の地域では、近年、これらの方法は一時的な抑制効果しか認められず、年々対策が困難になっているように感じます。

そこで、もっとラクで効果的な方法はないかと調べて見つけたのが、ハウス密閉高温処理、「ヒートショック」とよばれる技術です。地区の普及センターの方にお願いして過去の文献を集めてもらい、さっそく自身の圃場で、栽培終了直前のキュウリに試してみることにしました。

ヒートショックで99％以上駆除！ただしキュウリも焼けた

従来のヒートショックは、「まず1週間ほどかけて40℃以上の高温に慣れさせたあと、ハウス内を密閉して45℃以上で1時間キープ、その後、ただちに換気して温度を下げる」という方法が紹介されています。この方法は、アザミウマ類だけでなく、べと病、うどんこ病、アブラムシ、オンシツコナジラミなど、多種の病害虫の駆除ができるとあります。

私の圃場でも、1回の処理で、大発生していたアザミウマの99％以上を駆除することに成功し、ほとんど見られなくなりました。ただ、この方法には多くの問題があることも判明しました。それは、キュウリの株元から上段をすべて45℃ピッタリに保つことは不可能で、温度ムラが発生しやすいこと、それによって50℃近くになった部分が少なからず焼けるということです。結局、キュウリに大きなダメージを与える結果となってしまいました。

42℃、5〜10分でも十分な効果

一方で私は、この試験で温度を上昇させていく過程において、アザミウマは38℃付近になると、慌ただしく動き回る、逆に動かなくなる、飛び立つなどの異常行動を見せ、40℃を超えたあたりになると、2〜3分で1匹の姿も見えなくなることに気づきました。このことから、アザミウマのみをターゲットにした場合は、40℃程度の温度で、しかも数分のヒートショックでも十分な効果があるのではないかと推測するに至りました。その後、2年間にわたって数回のテストを続け、現在の方法に至っています。

この方法だと基本的にコストはゼロで、管理棟内で1〜2時間ほど制御盤をときどき操作するだけの簡単操作でアザミウマ防除がすんでしまいます。昨年は、ほぼこの密閉処理のみでアザミウマを駆除しています。そして何よりも、アザミウマを大発生させてしまったあとでも大きな効果があるという点が、従来の防除法と違います。

実際の処理の手順は次のとおりです。私の方法では、高温に慣れさせるような事前準備はしません。

第1図 筆者

1) 前日に十分な水やりをする。
2) 当日、通路にたっぷり散水する。
3) アナログ式温度計（ガラス棒温度計）を、温度がもっとも低い地上部付近と、もっとも高いキュウリ上段付近に設置。ハウスのサイドなど温度が低い可能性がある場所があれば、そこにも設置する。
4) ハウスを閉め、カーテンも閉めて、送風（加温機を利用）しながら温度を上昇させ、42℃を5〜10分間保持。炭酸ガス発生機があれば使用する。
5) 天窓とカーテンを徐々に開け、温度・湿度を少しずつ下げる。

第2図は、2年前に行なった事例です。このときはまだ、温度の上昇のさせ方や保持時間について試行錯誤の時期で、現在とはやや違いますが、温度の上昇スピードによって、アザミウマの動きおよび死に方に違いが見られるようでした。また、異常行動を示してから、アザミウマが確認できなくなるまでが2℃程度の範囲内に収まっていることがわかります。

処理のポイント① 温度ムラをなくす

温度ムラをなくして葉焼けをなくし、かつ駆除効果を上げるために考えたのが加温機の送風機能を使うという方法です。送風せずに、そのまま閉め込むだけでは、私の圃場だとキュウリ上部と下部で10〜12℃もの温度差ができて

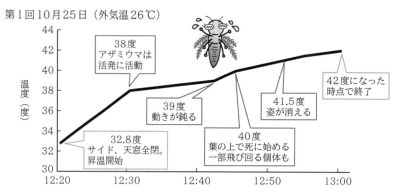

昇温開始から終了まで40分間。晴天で温度上昇が早いと飛び立つ個体は少なく、葉上で死ぬ

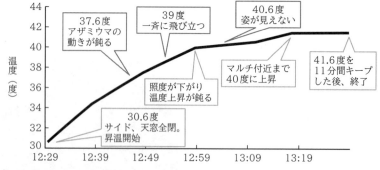

曇りがちで、昇温開始から終了まで1時間を要した。上昇に時間がかかるとほとんどの虫が飛び回り、葉上には姿見えず

第2図　ヒートショック処理の実施例

しまいます。それが、送風することによって2℃程度の温度差に留めることができ、葉焼けもなくなりました（第3図）。

なお、この温度を測るのに、ハウス制御盤やプロファインダーなどのセンサータイプの温度計のみで判断してはいけません。それらは機器ごとに測定値が微妙に違うため、アナログ式温度計で確実に処理温度に達したことを確認する必要があります。

最終的には、マルチ付近の最下段に付けた棒温度計の温度が42℃以上になる必要があります。キュウリの最上部付近にも設置するのは、温度ムラを確認してキュウリが焼けるのを防ぐためです。

なお、「プロファインダーの示す温度」と「棒温度計」の表示温度の差を事前に調べておけば、処理中にたびたびハウス内に入る必要はなく、外の管理棟で制御盤を操作するだけですみます。また、温度が1℃低いだけでまったく効果がない可能性もあるので、温度の測定には十分注意してください。

処理のポイント②　湿度を保つ

この方法で失敗しやすいのは、昇温時ではなく温度を下げるときです。42℃の処理が終わったあと、一気に天窓やカーテンを開けると、湿度が急激に下がり、葉がしおれてキュウリに大きなダメージを与えてしまうことがあるので注意が必要です。私の場合だと、30分ほどかけて湿度・温度を常温に戻します。

処理のポイント③　7日以上おいて2回処理

このハウス密閉処理は、土の中にいる蛹などには効果がありません。そのため、一度の処理で効果があっても、翌日からはまた大量のアザミウマが羽化して増加してきます。そのため、とくに大発生させてしまったときには、1回目の処理と、蛹がおおよそ羽化して成虫になった

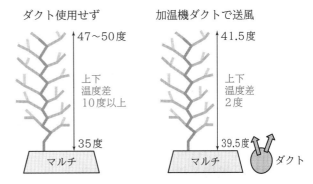

第3図　送風で温度ムラをなくす
送風ダクトなしでは、上部付近を50℃以上にしないとマルチ付近を40℃以上にできない

時の2回目の処理を1セットと考えたほうがよいと思います。

第2図は、2年前にアザミウマを大発生させてしまった際に行なった例で、1回目で99％以上のアザミウマの駆除に成功しました。しかし、3日もすると羽化したアザミウマが再度増加したため、5日後に2回目の処理を行ないました。羽化日数を考えれば、1週間は間隔をあけたかったのですが、この時期はヒートショックが実施できるような晴天日が少なく、この日をはずすと、いつになるかわからないような状況でした。

ただ、結果は良好で、2回目でも99％以上の駆除に成功し、これ以降、樹を片付ける12月末までの2か月程度の間、とくに対策をとることもなく、アザミウマの被害はゼロでした。

減収はなかったが、炭酸ガスが不足するかも

40℃以上に温度を上げることにより、収量が減るのをおそれる方がおられるのではないかと思います。私もそれがもっとも不安でした。しかし私の数回のテスト結果では、とくに収量の減少は見られませんでした。

ただ、私の場合は炭酸ガスを供給しているからかもしれません。というのは、プロファインダーで温度上昇中の炭酸ガス濃度の変化を見ると39℃付近までは炭酸ガス濃度が急激に減少しており、かなりの高温下でも光合成は行な

われているようです。しかし40℃を超えると、炭酸ガスの消費が急にストップします。この状態を長く保つと、収量が落ちる可能性が高いと思われます。

炭酸ガスの供給手段がない密閉ハウス内では、外気からの二酸化炭素供給がないため、温度上昇に時間がかかるほど、その分の収量が減る可能性があると思われます。

処理温度・時間はキュウリの品種にもよるか……

当初テストしていた時点では、40℃、2～3分間の保持でほぼ駆除できていましたが、その後のテストでは、この温度・処理時間では駆除できない場合が多いことがわかってきました。原因は、外気温や日照などの環境要因により、昇温時間に差があることや、アザミウマの種の違いによるものなどが考えられますが、現時点ではハッキリしません。そのため、念のため42℃まで温度を上げ、それ以上の温度を5分以上キープするという方法にしています。

また、私自身は経験がありませんが、キュウリの品種によっては急激な温度上昇に耐えられないものがあるかもしれません。

ほかの害虫でもテストしたい

この処理はほかの病害虫にも応用できるかもしれません。アザミウマ以外で私が試したものでは、オンシツコナジラミがありますが、50℃近くまで上げても50％以下しか殺すことができず、これには使えないと判断しました。うどんこ病やヨトウムシ、ガなどに対しては効果がありそうな気がします。機会があれば今後テストしていきたいと考えています。

以上、この方法がキュウリだけでなく多くの作物に応用され、減農薬や作業の省力化に役立てばと思い、紹介いたしました。実施には不安を抱かれる方が多いだろうと思います。実際、葉焼けのリスクもあるので、まずは栽培終了時に試すことをお勧めします。

(『現代農業』2016年6月号「大発生しても効くキュウリのアザミウマ　ヒートショックで99％駆除」より)

湿度を下げないことがコツ

執筆　山口仁司（佐賀県武雄市）

私は2016年ころより、ハウスを閉め切って高温にし、アザミウマやコナジラミを防除しています。ハウス内の温度をアザミウマで42℃、コナジラミで44～45℃まで上げると死滅させることができます。

温度を上げる際、乾燥状態で上げていくと上位の葉が焼けてしまいます。湿度を95％以上保ちながら温度を上げていき、目標温度に達したら湿度を保ちながら徐々に温度を下げていくのがポイントです。

急激に温湿度を抜くと葉焼けの原因となり、上位3分の1の部分が真っ白になって葉焼け（脱水）症状が起こり、一時的に樹勢が低下してしまいます。その後しばらく（5日以上）すると、葉焼けした枝から新芽が出て徐々に回復してきます。

いずれにしてもヒートショックを実施すると、その翌日は収量が半減します。その原因はヒートショック時の高温で光合成が阻害されるためですが、減収は通常1日のみで回復します。

2021年、私の7月中旬定植のキュウリも定植後アザミウマが入り始め、しばらくすると黄化えそ症状が現われ、殺虫剤での防除ではなかなか効果が見られませんでした。そこでヒートショックによる防除に切り替えた結果、予定より少し早めに作が終了したものの、殺虫剤散布より防除効果は高く、思ったより長く収穫できました。

(『現代農業』2022年6月号「湿度を下げないことがコツ　黄化えそ病を切り抜けた！」より)

高温処理で高温耐性と病害抵抗性が誘導されるしくみ

執筆　佐藤達雄（茨城大学）

病原菌が侵入した部位に活性酸素→サリチル酸→抗菌物質が集積

　高温処理（ヒートショックあるいは熱ショック）による作物の病害抵抗性誘導のメカニズムはいまだ解明されていない部分が多いが、一種のストレス交差耐性によるものと考えられる（第1図）。

　植物が病原菌の侵入を受けると、感染部位に活性酸素種（スーパーオキシドアニオンラジカルや過酸化水素など）が生成し、これが引き金となってサリチル酸が集積する。モデル植物を使った実験では、サリチル酸はメチル化されて体内外を移動するシグナルとなり、全身的にさまざまな抗菌反応を引き起こす。この結果、病害抵抗性が後天的に誘導される。

　これは「全身獲得抵抗性」（Systemic acquired resistance；SARとよばれる）として知られている現象である（Ross, 1961）。品種改良によって病害抵抗性を遺伝的に改良する場合は、生育中の植物を病気に強くするという点で対照的である。

サリチル酸集積がシグナルとなって高温耐性も誘導

　植物の体内では活性酸素種は常に生成しているが、通常はペルオキシダーゼ、カタラーゼ、スーパーオキシドディスムターゼなどの活性酸素種消去系酵素群が分解するため集積することはない。しかし植物に熱ショック処理を施すと、処理された部位には活性酸素種が集積する。熱ショックによって直接的あるいは間接的に活性酸素種消去系酵素群の働きが一時的に抑制されることが原因と考えられる。

　活性酸素種の集積はサリチル酸集積のシグナルとして作用し、最終的には、細胞壁の強化などを通じて高温耐性の誘導にも寄与すると考えられている。全身獲得抵抗性もサリチル酸がシグナルとなって誘導される（Metraux et al., 1990）。

　このように引き金はそれぞれ別であっても、一連の反応を伝達するシグナルが共有されているため反応の交差が起こり、その下流では高温耐性の誘導と病害抵抗性誘導の2つの反応が同時に起こると考えられる。

（『農業技術大系野菜編』第3巻「熱ショック処理による病害抵抗性誘導」（2015年記）より抜粋）

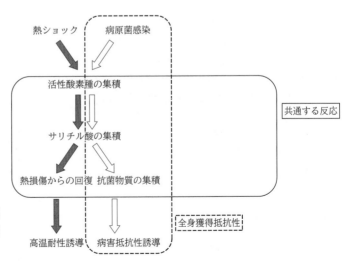

第1図　熱ショックによる病害抵抗性、高温耐性誘導の交差性の模式図

ハウス密閉＋被覆でニラのネダニ99％減

執筆　八板　理（栃木県農業試験場病理昆虫研究室）

黄化・腐敗症状はネダニが原因

近年、栃木県内のニラ産地で、葉が片側にねじれ、筋状に黄色くなり腐敗する症状（黄化・腐敗症状）が発生して問題となっていました。発症ニラ株には高密度にネダニ類の寄生が確認され、黄化・腐敗症状の主要因はネダニ類であることがあきらかとなりました。

ネダニ類はユリ科作物のりん茎部に高密度で寄生し、生育不良による品質や収量の低下をもたらす害虫です。体色は乳白色で、連作により圃場内の密度が高まりやすい特徴があります。

一般的に農薬による防除が行なわれていますが、使用できる農薬の種類が少ないことから同系統のものが長年使用されており、農薬に対する感受性が低下する懸念があります。

ネダニは高温に弱いが、温水処理は手間

当場ではこれまで農薬のみに頼らない防除体系の確立のため、まず温水処理について検討しました。これは、高温に弱いネダニ類の性質を利用した防除方法です。塩ビ配管を用いて50℃の温水を流量5l/分で60分間、ニラ株上からスポット灌水することにより、処理前と比較してネダニ密度を1％未満にまで低減できました。また処理によるニラの障害は認められませんでした。

しかしながら、この方法には、大量の水が必要なこと、圃場全面の処理に時間と労力がかかること、専用の処理機械が必要となることなど課題が多くあり、生産現場にはほとんど普及しませんでした。

株を残したまま密閉＆被覆

そこで、より簡便なネダニ類対策として、次作への持ち越しを防ぐため、作付け終了後に株を残したまま、ハウス開口部の閉め切りによる密閉（以下、ハウス密閉）と地表面のビニール被覆を組み合わせた高温処理を行ない、その防除効果を検証しました。

場内のネダニ類の密度が高いハウスにおいて、ニラ地上部を刈取り後、厚さ0.1mmの農業用ビニール（ハイヒット21、タキロンシーアイ（株））で地表全面を被覆するとともにハウス密閉を行ないました。処理前から1週間ごとにネダニ類密度を調査し、あわせて株元および地下5cmにおける地温も記録しました。

処理は2019年3月中旬から4月上旬までの21日間で行ないました。処理期間中の天候は晴天が15日、曇雨天日が6日で、平均気温は7.9℃でした。

2週間で1％に減った

その結果、ネダニ類の密度は、ハウス密閉も地表被覆も行なわない圃場が調査期間を通じて高密度であったのに対して、処理した圃場では、処理開始7日後には処理前と比べて約8％、14日後には約1％まで抑制されました。

ネダニ類は株元から地下5cm付近でとくに多いと考えられますが、処理期間中の被覆区の土壌温度は、株元で最高70.6℃、地下5cmで最高51.1℃まで上昇していました。また過去の成果から、ネダニ類は40℃以上の温度帯

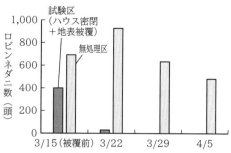

第1図　処理期間中のネダニ類密度の推移（ニラ10茎、根圏土壌500ml当たり）
試験開始から14日後の3月29日には、試験区の密度は処理前の1％まで減少した

高温処理・ヒートショック

が30分以上続くことで100％死滅することを確認しています。処理期間中に地下5cmでは、40℃以上が最大6時間維持されていました。

なお、地下5cmの土壌温度が40℃以上で30分間持続したのは晴天日に限られ、曇雨天日は持続できませんでした。天候が優れない時期には効果が十分得られない可能性があるため注意が必要です。

（『現代農業』2020年6月号「ニラのネダニ　ハウスを密閉し、地表を被覆するだけで99％減」より）

ハウス密閉または被覆でニラのネギネクロバネキノコバエ9割減

群馬県農業技術センター環境部

群馬県ではハウスのニラ栽培でネギネクロバネキノコバエが問題となっており、高温処理で高い防除効果があった。

やり方は、ニラ栽培終了後、農ポリ（0.03mm）によるウネの被覆またはハウス密閉処理を3日間実施するのみ。すると地温は30℃以上になり、次作のネギネクロバネキノコバエの寄生数は約9割低下した。処理後にはニラの株全体が白く軟弱化するが、この状態が防除効果の目安になる。

頭上灌水設備があるハウスでは、密閉による高温で灌水チューブなどが変形するおそれがあるため、ウネの被覆のみにしたほうがいい。

ネギネクロバネキノコバエは近年問題となっている害虫で、幼虫がおもに地下部を食害する。埼玉県のネギやニンジンにも被害が出ている。

執筆　編集部

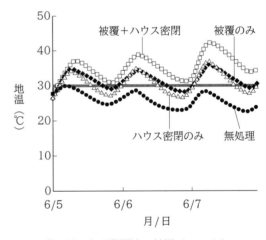

第2図　処理期間中の地温（2020年）

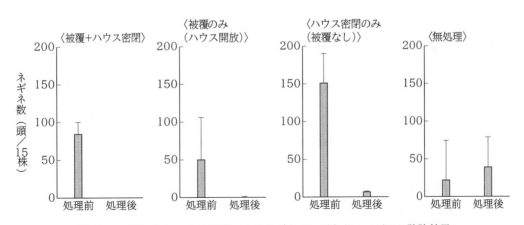

第1図　被覆またはハウス密閉によるネギネクロバネキノコバエの防除効果

晴れの日1日ビニール1枚敷きでマメハモグリバエ防除

執筆　西口真嗣（兵庫県病害虫防除所）

神戸市西区では、1994年ころより軟弱野菜にマメハモグリバエ（通称エカキムシ）が発生し、対策に苦慮していました。そんななか、大阪府農林技術センターの田中寛さんから太陽熱を利用した殺虫法、「晴れの日1日ビニール1枚敷き」のことを教えていただきました。この方法は、簡単にできて短時間で効果があがることから、現場に普及しています。

蛹を退治、晴天日に3時間で効果あり

この方法は、太陽熱により土中にいる蛹を退治します。蛹は44℃で6時間以上、46℃で3時間以上、48℃では30分で死滅します。

やり方は、第1図のとおりです。太陽熱消毒というと、10日以上さらには1か月も処理する必要があると考えがちですが、この方法だと1日でできます。朝ビニールを敷いて、夕方にはずしても効果があります。

一般に、軟弱野菜のように年間5〜7作も栽培する作物では、収穫が終わるとすぐに耕うんし、次作の播種を行なうので、あまり長い間消毒を行なうと年間の作付け数が1作くらい少なくなってしまいます。その点、この方法なら1日処理ですみ、心配ありません。

キスジノミハムシにも効く

また、キスジノミハムシなどマメハモグリバエ以外の土中で生息する害虫にも大きな効果があります。

3〜4月の初発時から処理

いくつか注意しておかなければならない点があります。

第一点は、少発生のときから処理を行なうということです。軟弱野菜では、前作で発生した幼虫が蛹になって次作の播種後に成虫になり、双葉や本葉に卵を産みつけます。そして大きくなった幼虫が、蛹、成虫となり、大きくなった軟弱野菜にもう一度卵を産みつけます。そして、収穫前から収穫中に幼虫となり「エカキ」の被害を与えます。

「晴れの日1日ビニール1枚敷き」（第1図）はこの土中にいる蛹を退治するのが目的です。しかし、実際にはハウスの端のほうなどビニールのかけられない部分もありますし、隣のハウスから入ってくる成虫もありますので、発生が少ないうちから始めないと効果がないというわけです。

通常、軟弱野菜では3月中旬から4月中旬ころにかけて初発が見られますが、この時期でも太陽の出ている日であれば十分効果はあります。ハウスを密閉した場合、地下1cmの地温は、4月上旬から10月中旬の間、最高48度以上になります。この方法は、盛夏でなくとも効果があるわけです。

---

①収穫しながらビニールを敷いていく。ビニールは古いのでも新しいのでもよい（収穫しながらがむずかしいときは、収穫が終わってからでもよい）

⇩

②収穫残渣はハウスの外に持ち出し、1か所に集めビニールで覆っておく

⇩

③収穫が終わったら、土が見えないようにハウスの端から端までビニールを敷き詰める。ハウスのサイドは閉めても閉めなくてもよい。曇りならもう1日蒸し込む

⇩

④ビニールをとり、元肥散布、耕うん後、次の作付けを行なう。被害があれば次作終了後も実施

第1図　「晴れの日1日ビニール1枚敷き」の手順

0.8mm以下の防虫ネットを必ず張る

　第二点に、必ずハウスのサイドと入り口に防虫ネットを張ってください。第一点のところで述べたように、外から入ってくる成虫にはまったく効果がありませんので、防虫ネットで外からの侵入を防ぐわけです。その際マメハモグリバエが通ることのできない0.8mm以下の目合いを使用するといっそう効果が高くなります。

収穫終了後、耕うんしないですぐにビニール被覆

　第三点に、収穫が終わったら耕うんせず、すぐにビニールを敷いてください。この方法では、マメハモグリバエが死ぬのに必要な地温50℃以上に上がるのは地下2cmまでです。蛹は大部分が地表付近にいるので効果はありますが、耕うんすると、蛹が地下2cm以下に潜ってしまうのです。

　ただ欠点もいくつかあります。まず、晴天の太陽が出ている日でないと効果がありません。ですから、菜種梅雨や梅雨どきのような雨天や曇天の続く時期には、晴れるまで何日間も処理する必要があります。また、ハウス内で、重たく、ひっつきやすいビニールを敷きつめるのはかなりの重労働です。ある農家は、ビニールの代わりにポリで行ない、重労働を軽減しています。
（『現代農業』1999年6月号「マメハモグリバエを熱で叩く　晴れの日1日ビニール1枚敷き」より）

ハクサイダニは透明ポリのトンネルがけで95％死滅

執筆　東山広幸（福島県いわき市）

冬は天敵にも頼れない

　2013年の年末から、私の畑では冬季にハクサイダニという害虫が猛威をふるっている。

　この害虫が一般の害虫ともっとも違うのはごく低温で活発に活動することだ。氷点下でも敏捷に動き回る野菜の害虫は、このハクサイダニ以外にはいないのではないだろうか。もともと農薬には弱いらしいが、私のような有機農業では農薬は使わない。通常、物理的防除がむずかしい微小害虫に対してはおもに天敵頼みであるが、残念ながら厳冬期はほとんど活動してくれない。このため有機栽培では非常に厄介である。

第1図　ミブナの葉の基部に群生するハクサイダニの成幼虫（写真撮影：木村裕）
体の大きさは約0.7mmで、胴体は黒色、暗赤紫色の足を4対もつ

第2図　3月17日、透明ポリでトンネルがけ
葉裏の温度は32度まで上昇

35℃で痙攣、38℃で死滅

低温に適応しているハクサイダニは、体内の酵素反応から考えると、高温に弱い可能性がある。そこで、ハクサイダニの高温耐性の実験をしてみた。

まず、畑でハクサイダニを捕獲し、これを熱伝導率の高い金属のボウルに入れ、湯煎により温度を徐々に上げていって、ハクサイダニの状態を見るという単純な方法。

その結果、30℃ぐらいから痙攣を起こすものが現われ始め、35℃ではほとんどの個体が痙攣を起こし、動かなくなるものも出始めた。38℃では短時間でほとんどの個体が死亡した。

人肌程度の温度にしただけで、有機リン剤をかけたのと同様の効果があると考えられる。ハクサイダニが夏は休眠卵で越夏しなくてはならないのも道理である。

となれば、ハクサイダニをたたくには温度を高くすればいいだけということになる。通常、植物は40℃ぐらいではビクともしないし、45℃近い高温でも短時間ならほとんど問題はないはずだ。

具体的には二つの方法が考えられる。

1）お湯をかける。逃げる間もないので確実に殺虫できそうだが、お湯の用意がたいへん。

2）暖かい快晴の日に透明ポリで蒸し上げる。葉裏や株元まで温度が上がるかが問題。冬は暖かい日が少ないのも難点。

比較的多くの面積で適用可能な方法として、2）を試してみた。ハクサイダニは葉裏の涼しいところに逃げ込むので、葉裏の温度を測った。

みごと、32℃でも95％が死滅！

2月でもたまには気温が20℃を超える日があるくらい温暖な私の地域だが、今年の冬は10℃を超える日すらあまりなく、実験に適する日はなかなか訪れなかった。2月12日は、13℃ほどまで上がったので、ちぢみ菜に透明ポリをべたがけしたが、葉裏で29℃ほどにしか上がらず失敗。

3月17日、気温が20℃まで上がったので、今度は透明ポリのトンネルがけで再挑戦。翌日も17℃ほどまで上がったので、2日連続で蒸し上げた。その結果、どちらの日も葉裏は32℃前後だったが、大きな殺ダニ効果を上げた。見えている個体の95％以上が死に、残りも痙攣を延々と続けているものが多かった。一方、高温処理をしなかったちぢみ菜では、すべての個体が活発に動いていた。

32℃程度でもかなりの効果が期待できるようである。ただし、2日後には動いている個体が増えていたので、土に潜って避難したのもいたようだ。

ちぢみ菜以外の、株元まで日差しが入りやすい草姿の菜っぱでは、さらに強力な殺ダニ効果が期待できるだろう。

翌年の発生を減らす適期は12月か

島根県の農業技術センターの報告によれば、ハクサイダニはひと冬に2世代の発生があり、2世代目はもちろん、1世代目（休眠卵から孵化した世代）でも休眠卵を産む個体があるらしい。翌年の発生を防ぐべく休眠卵の産卵を防ぐには、1世代目の孵化が終わり、作物がまだ大きくなる前の12月ごろにたたくのがよさそうである。しかも、このころなら菜っ葉も小さいので、株元まで温度も上がりやすい。昨年の12月は非常に寒かったのだが、例年なら蒸し上げるチャンスは十分ありそうだ。

ちなみにハクサイダニの好む野菜は、好むものから順番にミブナ＞ミズナ＞ちぢみ菜＞コマツナ・ハクサイ＞ホウレンソウ＞芽キャベツ＞キャベツ・ブロッコリー・ナバナ・ネギ類などとなっている。ハクサイダニの発生が予想される畑ではハクサイダニの好まない野菜を中心に作付けする耕種的方法が考えられる。

まず耕種的な対策を行ない、それでも発生したときには高温処理でたたけば有機農業でも十分対応は可能だろうと思う。

（『現代農業』2015年6月号「ハクサイダニ　ヒートショックでやっつけられる」より）

温湯・蒸熱処理に役立つ道具

イチゴ・クリ・ラッキョウ・ショウガも使える温湯処理器「湯芽工房マルチタイプ」（(株)タイガーカワシマ）

ショウガの根茎腐敗病は、発病すると大きな被害をもたらすやっかいな病気だ。土壌消毒剤の代わりに温湯処理で効果がある。その処理機がこちら。ショウガ以外の作物にも使える汎用機。排水部分に詰まりを防ぐフィルターもあり、ラッキョウのような泥付きの作物でも大丈夫。湯の温度は0.1℃単位で36〜65℃まで設定可能。

第1図 幅134×奥行111×高さ120cm、容量500ℓ。価格は56万9,800円（税込）。問い合わせはお客様窓口 TEL.0276-55-3001まで

第1表 温湯防除の例

作物	処理時期	病気・害虫	湯の温度と処理時間
イチゴ	空中採苗ランナー	うどんこ病	50℃・3分または46℃5分
クリ	収穫物	炭疽病	50℃・30分
		クリシギゾウムシ	
		クリミガ	
ラッキョウ	種球	赤枯病	47℃・30分
		ネダニ	47℃・30〜60分
ショウガ	種ショウガ	根茎腐敗病	51.5℃・10分

高温の蒸気でナミハダニ・うどんこ病を撃退するイチゴ苗の小型蒸熱処理装置が完成（農研機構九州沖縄農業研究センター）

育苗中のイチゴ苗に、高温の水蒸気を短時間あてて殺虫・殺菌する蒸熱処理。以前から研究は行なわれており、効果も確認されていたが、大型の処理装置が必要となる点が課題だった。

そこで、農研機構と機器メーカーの(株)FTHらが小型装置を共同開発。

この装置を使って、育苗中の苗を葉温50℃の状態で10分間処理することで、ナミハダニやうどんこ病に対して高い防除効果が得られる。イチゴの生育に影響が出ることもない。ダニは事前の気門封鎖剤散布と組み合わせることでさらに防除効果が高まる。

くわしいやり方は『九州を中心とした暖地向けイチゴ苗蒸熱処理防除マニュアル2017』が公開されている。農研機構ホームページ（http://www.naro.affrc.go.jp）で「イチゴ苗蒸熱マニュアル」と検索。

第2図 プレハブ冷蔵庫内などにコンテナを積んで処理を行なう。価格はおよそ150万円〜。装置に関する問い合わせはエモテント・アグリ株式会社（TEL.092-926-9221）へ

第5部　無農薬・減農薬の技術

病害抵抗性誘導

病害抵抗性誘導

　植物は、病原菌の攻撃から自分の体を守るしくみを備えている。しかし、その防壁のようなしくみをかいくぐる菌がいるために作物に病気が出るのだが、病原菌の侵入前にあらかじめ体内に「指令」を出して防壁を強化しておく（抵抗性を増す）方法が「病害抵抗性誘導」である。

　病原菌に侵された植物が抵抗性を発揮することは、病斑がついた葉のあとに出た新しい葉には同じ病気がつきにくかったり、ほかの病気も抑制されたりする現象から発見された。このしくみを応用して、植物が病原菌に侵入されたと錯覚させる物質を使って病害抵抗性を高めておくことができるのである。

　たとえば、イネのいもち病に使われるオリゼメートは、いもち病菌を直接殺菌するわけではなく、イネの病害抵抗性を誘導する成分を利用した農薬である。農薬以外でも、キチン（カニガラなどの成分、キトサンの原料）は、病原菌の主要構成成分でもあるため、植物が病原体と認識して抵抗性を誘導することがわかっている。

　最近の研究では、微生物発酵液にも同様の効果があることがわかってきた。植物病原菌の多くは菌類。菌類の攻撃に対し、植物は菌類の細胞壁などの成分を誘導物質（エリシター）として認識して病害抵抗性を発現するといわれている。えひめAIなどの菌液（酵母菌の死骸）、ボカシ肥（乳酸菌の分泌物）で病気が抑えられたという事例があるのも、病害抵抗性誘導の効果なのかもしれない。廃菌床を入れた畑で育てると病気が少ないと聞くのも、キノコも菌類の仲間であるから同様の効果が引き出されているのだろう。

　病害抵抗性の誘導物質は何も菌類に限らない。酢や高温処理・温湯散布などの幅広いストレスによっても抵抗性誘導が起こるといわれる。ここではジャスモン酸、サリチル酸といった物質が働くことがわかっている。

　　執筆　編集部

第1図　イネのいもち病（慢性型病斑）。防除に使われるオリゼメートは病害抵抗性を誘導する成分の農薬　　　　　　　　（写真撮影：新井眞一）

アミノ酸による作物の病害抵抗性誘導

およそ25年も前のことになるが，微生物発酵液で減農薬を実現しようとする農家技術がすでにあった。早藤巌著『葉果面散布で無農薬をめざす黒砂糖・酢農法』(農文協，1988年初版発行) である (早藤，1988)。その図書の最後に「研究者からのコメント」を筆者は依頼された。当時の筆者は，微生物発酵液で病害が抑制されることが信じられなかった。したがって，自分なりに少しの実験をし，文献も調べたが，慎重な表現しかできなかった。

しかし近年になって，当時不明であった微生物発酵液の病害抵抗性誘導効果を筆者自身が肉眼ではっきりと確認できる試験結果を得た。また，早藤さんの考えを裏付ける科学的知見も一部得られたのでその概要を紹介する。

なお，本文と図表のなかの専門用語の説明は第1表にまとめた。参考にしてほしい。

1. アミノ酸発酵副生液によるイチゴうどんこ病抑制効果

試験に用いた資材は，味の素 (株) のアミノ酸発酵副生液 (アミノ酸を取り出したあとに残る発酵液) に，必要な微量元素など肥料成分を添加して作製した葉面散布肥料である。商品名を「アジフォル®アミノガード®」という。この製品はブラジル (第1図) やタイなど海外ではすでに葉面散布肥料として使用されている。現地生産者から「病害抑制効果もある。少なくとも農薬低減効果がある」とのことで，その真偽確認を依頼され，3年間効果確認試験を実施した。以下はその結果の一部である。

対象作物はイチゴとした。品種は'章姫'で，試験区は次の4区を設けた (各ベンチごと4反復)。T1：対照 (水施用)，T2：アジフォル200倍液散布，T3：アジフォル400倍液散布，T4：農薬 (モレスタン水和剤) 散布。それぞれの資材を2012年1月24日に散布し，翌日別途準備したうどんこ病罹病株を4株に一つずつ置き，うどんこ病の感染を促した。各区ともその後，毎週1回，水または各資材を散布した。2月下旬から果実でのうどんこ病の発病を確認し，1回目の発病調査を3月14日に，2回目を4月6日に行なった。2回目の調査果実を第2図に，発病度のとりまとめ結果を第3図に示す。

肉眼でも葉面散布剤のうどんこ病発病抑制効果が確認できた。罹病株の設置数が多かったため，農薬散布区でもうどんこ病の発病が認められたが，アジフォルも十二分にうどんこ病の発病を抑制していた。

2. 病害抵抗性関連遺伝子の消長・持続時間

病原体の感染に対する抵抗性の発現過程では，さまざまな遺伝子の発現変動が生じている。味の素 (株) が実施しているシロイヌナズナを用いた網羅的遺伝子発現解析，DNAマイクロアレイを用いた2万4,000遺伝子の解析結果から，病害抵抗性関連遺伝子の消長を第4図に示す (Igarashi et al., 2010)。この図で注目したいのは，遺伝子発現の順序と強度，そして持続時間である。遺伝子発現順序は第5図に示すようなシグナル伝達経路の研究に重要である。

他方，持続時間は葉面散布剤の効果持続時間に関係する (第4図)。まず，アジフォル散布後，短時間にWRKY6の遺伝子が増加している。キチナーゼ遺伝子の発現も早い。そして少し遅れてPR2 (β1,3-グルカナーゼ)，PAD3，PR4，PR5やWRKY18遺伝子などが発現し，PR1遺伝子はその後に活性が高くなっている。これら抵抗性誘導に関与する遺伝子の発現が葉面散布後数時間でピークになり，長くても2日程度で低下している。このことは非常に重要で，これら遺伝子から合成された酵素も葉面散

第5部　無農薬・減農薬の技術

第1表　用語説明

DNAマイクロアレイ	「DNAチップ」ともいわれる。数万から数十万に区切られたスライドガラス，またはシリコン基板上にDNAの部分配列を高密度に配置し固定したもの。この器具を用いれば，数万から数十万の遺伝子発現を一度に調べることが可能である。たとえば，ヒトの遺伝子数は3万～4万といわれているが，これらのすべての遺伝子断片が1枚のガラス基板上に固定されており，このプローブと呼ばれる遺伝子断片と，ターゲットと呼ばれるヒトの細胞から抽出したメッセンジャーRNA（mRNA）を逆転写酵素で相補的DNA（cDNA）に変換したものとをハイブリダイゼーションすることによって，ヒト細胞内で発現している遺伝子情報を網羅的に検出することが可能である たとえば，アフィメトリクス製のマイクロアレイを利用する場合，1種類のサンプルからmRNAを抽出し，逆転写によって合成したcDNAをビオチン標識して，基板上のDNAとハイブリダイゼーションを行ない，専用スキャナーで蛍光強度を読みとる。この蛍光色素に特有の波長をもつ光を照射し，発光量の割合を測定することで，mRNAの発現量を観測することができる（ウィキペディアより）
WRKY	4つならんだアミノ酸の略号（トリプトファン＝W，アルギニン＝R，リジン＝K，チロシン＝Y）に由来している。シロイヌナズナにはアミノ酸配列*WRKY*を含む転写因子が72種存在する。イネでは約100種存在する。*WRKY*遺伝子が作物の抵抗性誘導の転写因子になっていることは広く認められている（Pandey, 2009）
転写因子	遺伝子のスイッチで，その制御を司るDNA配列に特定のタンパク質が結合することによりオンやオフとなる。このスイッチの役割を担うタンパク質を転写因子という。防御関連遺伝子の発現は，遺伝子の転写活性化による。遺伝子の5'上流領域にその遺伝子の転写を制御しているシス配列（タンパク質と結合する部位）がある。*WRKY*ファミリーは，シグナル伝達物質であるサリチル酸などの応答にかかわる転写因子で，*PR1*や*PR10*などを活性化する
WRKY型転写因子	特定のDNA配列（W-box配列［TTGAC (C/T)］）に結合し，隣接した遺伝子の発現を制御する
WRKY6	害虫が植物を食害するときに，唾液に含まれているアミノ酸と脂肪酸の結合物に反応して現われるとの報告がある（Skibbe *et al.*, 2008）。アジフォルが多くのアミノ酸を含むことと無関係ではないと思う。なお肥料分野では，ホウ素欠乏でWRKY6の発現が増加することが知られている（Kasajima *et al.*, 2010）
PAD3	シロイヌナズナの主たるファイトアレキシン（Camalexin）を生合成する酵素の遺伝子の一つ（Schuhegger *et al.* 2006）
PRタンパク質	病原菌に感染を受けた植物細胞はPRタンパク質（pathogenesis-related protein）と総称される一群の防御タンパク質が誘導される。PRタンパク質には，17グループある。これらには，糸状菌の細胞壁を分解するキチナーゼ（PR3, 4, 8），グルカナーゼ（PR2）や卵菌に対して抗菌性を示すPR1がある。卵菌は，フィトフィトラ属菌やピシウム属菌，べと病などを含む。亜リン酸肥料がこれら卵菌に対して顕著な発病抑制効果を発揮する。亜リン酸はPR1増強効果が高い（Eshraghi *et al.*, 2011）
エリシター	病害抵抗反応の誘導活性をもつ物質の総称。発酵液中の細胞膜断片，多糖類，ペプチド，タンパク質，脂質などがエリシター作用をもつ。ウイルスでは外皮タンパク質，細菌では鞭毛タンパク質がよく知られている。無機物である銅，銀，亜鉛，ニッケル，さらには紫外線もエリシターになる
受容体	エリシターに結合し，情報を核に伝える物質。とくに細胞壁には活性酸素生成システムやエリシター応答性の各種酵素が存在する
過敏感反応死	病原体に対する細胞の防御過程は，過敏感反応といわれるが，まず活性酸素が発生する。それにより，防御関連タンパク質群が誘導され，抗菌作用を示すようになるとともに，細胞死による病原体の封じ込めも生じる。細胞は殺されたのではなく，自ら死ぬ。最強の防護手段であるが，このことを過敏感反応細胞死という
ファイトアレキシン	植物が各種ストレスに応答して新規に合成する抗菌性物質の総称。広範囲の病原に対して有効で，植物種ごとにさまざまな化合物が存在する
NADPHオキシダーゼ	形質膜に存在し，細胞内のNADPHから供給された電子により細胞外の酸素分子を還元しスーパーオキシドアニオン（O_2^-）を生産する。耐病性誘導のスイッチとして働く低分子量Gタンパク質（GTPアーゼ）が，本酵素に直接作用し，活性酸素生成を制御している。活性酸素種は，1）細胞内情報伝達系におけるセカンドメッセンジャー，2）細胞壁構造タンパク質の架橋や細胞壁のリグニン化，3）細胞膜に存在する脂質過酸化，4）病原菌に対する直接的な攻撃などの役割をもつ。植物は病原体の侵入を感知するときわめて迅速に活性酸素を生産する。1回だけではない。その後もそれぞれの段階において活性酸素が発生し，病原体に対抗するさまざまな応答が開始される

病害抵抗性誘導

第1図 ブラジルでの葉面散布剤・アジフォルの活用例 （写真：味の素株式会社）

布後1，2日でその活性が高くなり，しだいに低下することを示している。農薬登録されているMeiji Seikaファルマ（株）の抵抗性誘導剤，オリゼメート粒剤の場合はコーティングされており，徐々にオリゼメートを放出し継続的に抵抗性が誘導されるように工夫されている。コーティングされていないアミノ酸発酵副生液の葉面散布剤の場合は，1週間に1回，少なくとも10日に1回程度，散布を継続する必要がある。

第2図 2回目の発病調査を行なった全果実
左より，T1：対照（水施用），T2：アジフォル200倍希釈液，T3：アジフォル400倍希釈液，T4：農薬（モレスタン）

第5図に現在考えられているアミノ酸発酵副生液の病害抵抗性応答反応の作用機序を示す。発酵副生液中に含まれる物質がエリシターとなり，植物体の細胞核内にある転写因子（*WRKY*遺伝子）に働きかけ，糸状菌の細胞壁を分解するβ1，3-グルカナーゼやキチナーゼの活性を増加させている。

病原菌侵入の緊急シグナルである活性酸素を出すオキシダティブバーストでは，その下流へのシグナル伝達に伴う一群の防御関連遺伝子の発現が変動するとともに，生成した活性酸素消去にかかわる遺伝子の発現が上昇することは広く知られた現象である。抵抗性発現の背景には，複雑な遺伝子発現の変動が存在する。

発酵副成分中の何が効いているか，また一部明らかになっている抵抗性発現機構については後述する。ここではまず，少なくとも，兵庫県

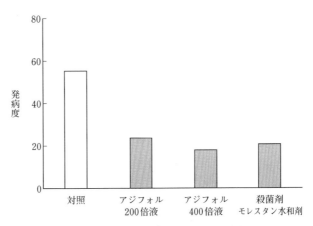

第3図 葉面散布剤によるイチゴ'章姫'の発病抑制効果
発病度＝（3A＋2B＋C）／（3×調査数）×100
3段階評価：A；41％以上，B；21～40％，C；1～20％，D；0％
調査数はA～Dの果実数

立農業大学校ではアミノ酸発酵副生液でつくられた肥料の葉面散布により，イチゴ'章姫'で顕著なうどんこ病抑制効果が確認できたことを示した。

『現代農業』でよく紹介されている古くは「黒

951

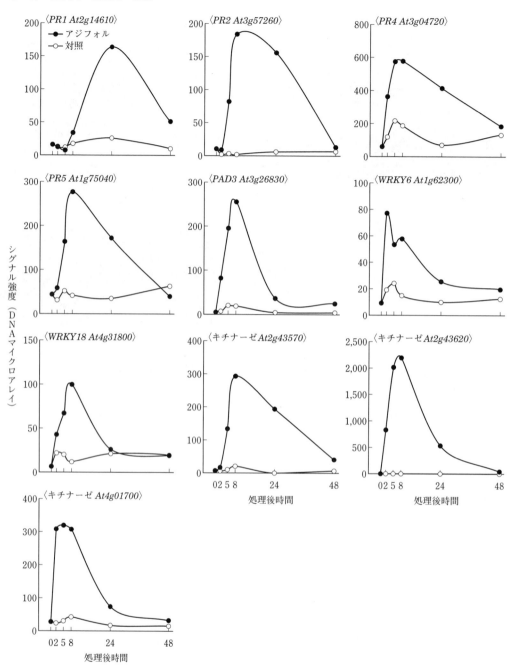

第4図 アジフォル処理による病害抵抗性関連遺伝子の発現増加

(Igarashi *et al*., 2010)

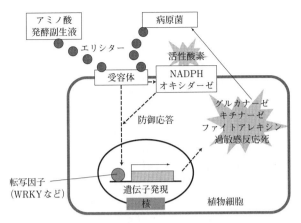

第5図　植物の病害抵抗性応答反応
(原図：味の素株式会社)

アミノ酸発酵副生液もエリシターとなり、植物がもっている免疫機能を活性化する。活性酸素は細胞の過敏感反応死の誘導、遺伝子へのシグナル伝達にも大きく関与している

砂糖・酢農法」、現在では「光合成細菌」や「えひめAI」のような発酵液を農家が作製し、病害防除効果があることが報告されている。しかし、防除効果が確認できないとの報告もある。ここで述べたように、これらの発酵液による発病抑制持続期間は短い。したがって、1週間から長くても10日間ごとの継続した葉面散布が必要と考えられる。

3. えひめAIに病害抵抗性誘導効果を付加する方法

(1) キュウリうどんこ病の抑制試験

えひめAIとは、納豆、ヨーグルト、イースト、砂糖と水でつくる微生物発酵液である(『現代農業』2013年1月号参照)。このえひめAIの病害抵抗性誘導効果について農文協編集部から試験依頼があった。幸い、筆者が教鞭をとる兵庫県立農業大学校で研修中の安永周平さんの協力が得られ、試験を実施した。しかし、えひめAIのキュウリうどんこ病の抑制効果は低かった。では、この微生物発酵液をどのようにすれば病害抵抗性誘導効果が強くなるのかを考察しながら、ここでは執筆する。

安永さんは、ビニールハウスで栽培中のキュウリで試験を行なった。品種は'夏王みどり2号'(山陽種苗)で、2012年8月7日播種、8月25日に定植した。9月下旬にはすでに収穫も始まっていた。うどんこ病は9月22日に初発を観察、発生葉を除去し、9月24日にはサプロール乳剤を散布していたが、抑えきれず、ちょうどうどんこ病防止薬剤を検討中であった。

そこで、えひめAIを急きょ入手し、10月1日には試験を開始した。試験区は無処理区とえひめAIの500倍希釈液週1回散布区を複数とって、そのほか100倍の高濃度施用区、1,000倍の低濃度施用区、灌注区、500倍液の2日ごと散布区を設置した。灌注区を入れたのは、イネなどでは葉面散布より、根から吸収させたほうが病害抵抗性が強く誘導されることが味の素(株)の研究で明らかになっているためである(角谷ら、2012)。

散布翌日から4、5日は、えひめAI施用区は、うどんこ病の発生を抑えている感じがした。とくに100倍施用区は葉がつやつやとしてきれいであった。10月6日から3日間連休後、9日朝、筆者はキュウリを見て、驚いた。うどんこ病が各処理区とも蔓延してしまっていた。10日に急きょ発病指数を調査した結果が第6図である。

えひめAIの1,000倍希釈区は無処理より被害が拡大しているが、ほかは若干だが抑制効果は認められた。しかし、実用的には下位葉の平均発病指数が3で、葉の1/4〜1/2がうどんこ病に覆われている。悲惨なものである。全身獲得抵抗性誘導を利用した病害防除試験は、病害発生前に資材を散布すべきだった。すでに感染が進行している状態でえひめAIを散布したのがいけなかった。

事実、第6図の上位葉調査結果が示すように、感染がまだ進んでいない部分では明らかに発病抑制効果が出ている。500倍の2日間隔の多施用区が週1回施用区より効果が劣るのは1,000

第5部　無農薬・減農薬の技術

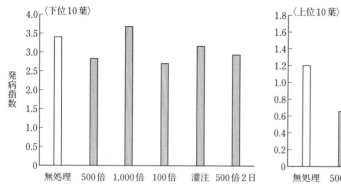
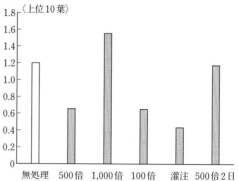

第6図　えひめAIのうどんこ病への影響

発病指数は，0：発病なし，2：病斑面積が葉の4分の1未満，3：病斑面積が葉の1/4から1/2未満，4：病斑面積が葉の2分の1以上
調査は無処理5株×4連，500倍区は5株×2連，ほかは5株×1連。したがって，調査葉数は上位葉，下位葉それぞれ最大200枚，最小50枚。図の発病指数はそれらの平均値で示した

倍希釈液施用区と同じように，うどんこ病菌の飛散を促進させたためと考えられる。少なくとも上位葉ではえひめAIの効果は認められた。

(2) えひめAIの耐病性遺伝子発現力

味の素（株）がえひめAIの病害耐性遺伝子の誘導活性を調べたのが，第7図である。キチナーゼは病原菌の細胞壁を分解する酵素である。ペルオキシダーゼはシグナル伝達物質として発生した活性酸素の一種，過酸化水素を分解する酵素で，いずれも活性の高いほうが植物の病害抵抗性活性が高くなる。アミノ酸発酵副生液にはかなわないが，無処理の対照区よりえひめAIは，これら酵素生成のもとになる遺伝子の活性が微量であれ増加している。

(3) 酸性下での加熱利用

味の素（株）の角谷直樹さんに教えていただいたのだが，アミノ酸発酵副生液の病害抵抗性誘導活性に関する研究過程をみると，えひめAIの活性をより高くする方法がみえてくる。第8図は，同社の五十嵐大亮さんらの論文（2010）からの引用であるが，縦軸は，病害抵抗性誘導酵素の一例，キチナーゼやβ1,3-グルカナーゼの活性を示している。もっとも活性の高いHAは発酵菌体の懸濁液をpH3.2の酸性下で121℃，20分間加熱している。Hは加熱のみ，Aは酸性化のみ，NTは発酵菌体の懸濁液

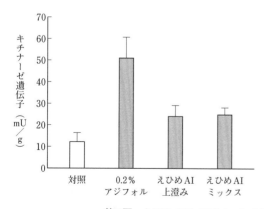
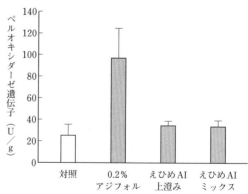

第7図　えひめAIとアジフォルの耐病遺伝子の誘導活性（キュウリ）
味の素（株）による分析

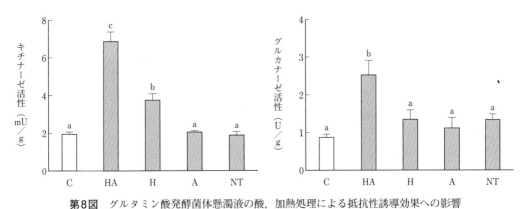

第8図　グルタミン酸発酵菌体懸濁液の酸，加熱処理による抵抗性誘導効果への影響

(Igarashi et al., 2010)

C：対照，HA：酸性化後加熱処理，H：加熱のみ，A：酸性化のみ，NT：無処理
酸性化は20％硫酸を添加しpH3.2に，加熱は121℃20分間オートクレーブ処理
誘導酵素活性は葉面散布処理，14時間後の値
Cの対照には水だけでなく展着剤が入っている。この実験では，展着剤はすべての処理区に入っている。NTは無処理の発酵菌体の懸濁液に展着剤を加えたもの

である。Cは対照で，展着剤と水の散布である。この実験ではすべての散布処理に展着剤を添加している（兵庫県立農業大学校で実施した試験はどの区も展着剤は使用していない）。

この図によると，菌体懸濁液は酸性下で加熱したほうがエリシター活性は高くなる。えひめAIは発酵終了時にはpH4になっている。病害抵抗性誘導のためには加熱して利用したほうがよい。

もちろん，えひめAIを堆肥の腐熟促進などに使用する場合は生きた菌のまま使用するほうがよい。また有機養液栽培（Shinohara et al., 2011）で知られているように生きた菌の魅力もある。酸性下で加熱する理由の一つは次に説明するが，タンパク質を加水分解してアミノ酸やペプチドの形態にするためである。

4. 病害抵抗性誘導作用の引き金となる物質

(1) グルタミン酸

味の素（株）のグルタミン酸発酵副生液中には，高濃度のグルタミン酸が存在している。総アミノ酸量は約17％だが，グルタミン酸は9.61％も含まれている。同社の角谷ら（2012）の新発見だが，アミノ酸発酵副生液，とりわけグルタミン酸発酵副生液の発病抑制作用を引き起こす有機物の一つはアミノ酸であるグルタミン酸であった。うま味調味料「味の素」の主原料であるグルタミン酸ナトリウム10mM（1.69g/l）でもグルタミン酸カリウムでもグルタミン酸でも同様に効果がある。アラニンやスレオニンの共存もグルタミン酸の発病抑制効果を高める。

味の素（株）の分析によると，試験に使用したえひめAIにはごく微量しかアミノ酸は検出されなかった。これは，使用したえひめAIがつくって間もないものであったからだと考えられる。えひめAIの病害防除効果を高めるには，アミノ酸含有量を増やすために時間をかけて発酵させるなどの工夫が必要だろう。

グルタミン酸発酵副生液に含まれる遊離アミノ酸は，約17％でそのうちグルタミン酸は9.61％も含まれている。したがって，アジフォルの500倍希釈液はグルタミン酸を0.19g/l（1.1mM）含有している。もし，グルタミン酸ナトリウムをえひめAI希釈液に0.18g/l加えると「アジフォル®アミノガード®」500倍希釈液と同量のグルタミン酸濃度になる。散布液10lならグルタミン酸ナトリウム1.8gだ。市販の味の素でグル

第5部　無農薬・減農薬の技術

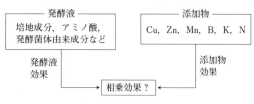

第9図　アジフォルの構成と効果

タミン酸の効果を確認するのもおもしろい。

(2) 微量元素

筆者の図書（2009）にも記載しているが，病害抵抗性誘導をするのは微生物の死骸など有機物だけではない。微量元素である亜鉛や銅もエ

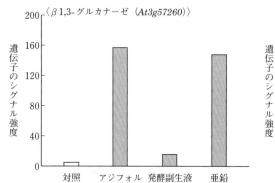
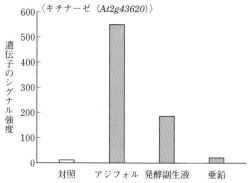

第10図　発酵副生液，亜鉛，アジフォルの遺伝子誘導活性の一例
Igarashi et al. (2010) の実験1。24時間後データより渡辺作図

第2表　アジフォル，発酵副生液，硫酸亜鉛処理による抵抗性関連遺伝子の発現

(Igarashhi et al., 2010)

	遺伝子	AGIコード	シグナル強度							
			実験1				実験2			
			対照	アジフォル	発酵副生液	硫酸亜鉛	対照	アジフォル	発酵副生液	硫酸亜鉛
5時間後	PR1	At2g14610	11.1	7.7	5.9	11.9	6.3	6.1	21.6	10.9
	PR2	At3g57260	2.6	82.1	11.3	119.9	5.1	37.4	14.4	205.4
	PR4	At3g04720	216.6	574.1	777.8	794.5	280.3	703.6	760.2	628.1
	PR5	At1g75040	52.6	163.1	134.4	337.8	50.3	177.5	143.7	295.3
	PAD3	At3g26830	8.0	143.7	42.2	133.3	19.7	194.7	5.9	87.7
	キチナーゼ	At2g43570	10.2	134.1	21.9	79.9	7.8	105.4	23.9	100.3
	キチナーゼ	At2g43620	27.2	2011.8	2352.8	434.8	15.1	1978.4	3291.4	1117.5
	キチナーゼ	At4g01700	29.3	318.7	303.9	88.7	24.2	53.5	40.5	29.0
	WRKY6	At1g62300	24.2	53.5	40.5	29.0	16.4	42.7	32.4	37.6
	WRKY18	At4g31800	20.5	67.0	65.4	47.3	24.0	91.6	41.0	50.5
24時間後	PR1	At2g14610	25.8	163.8	32.0	400.8	3.3	265.6	19.3	80.2
	PR2	At3g57260	5.6	156.0	15.7	148.1	1.1	145.2	9.3	76.8
	PR4	At3g04720	71.3	413.9	113.5	365.9	132.5	589.9	151.9	130.7
	PR5	At1g75040	35.3	171.9	72.2	151.9	19.9	140.8	43.3	46.3
	PAD3	At3g26830	5.3	65.6	7.0	22.2	4.4	36.3	0.8	12.1
	キチナーゼ	At2g43570	0.5	193.0	25.5	95.2	0.7	247.7	21.0	64.2
	キチナーゼ	At2g43620	10.5	547.7	183.3	21.8	8.5	493.3	194.8	47.1
	キチナーゼ	At4g01700	16.8	72.3	36.6	16.7	9.9	25.4	22.4	10.0
	WRKY6	At1g62300	9.9	25.4	22.4	10.0	18.7	26.2	13.3	22.3
	WRKY18	At4g31800	22.0	26.4	21.1	17.2	10.9	27.3	26.7	29.7

注　2週齢のシロイヌナズナにアジフォル0.2%，発酵副生液0.2%，硫酸亜鉛1.5mM（Zn98ppm）処理
　　AGIコードはシロイヌナズナのゲノム符号。なお各処理とも展着剤（アプローチ）を使用している

リシターとなる。展着剤も種類によっては若干だが病害抵抗性誘導を示す。海外で市販されているアジフォル®には葉面散布肥料として微量元素である亜鉛も入っている（第9図）。

Igarashi *et al.*, (2010) の論文では，2万4,000遺伝子を網羅的に解析している。亜鉛1.5mM (98ppm) の病害抵抗性遺伝子活性を発酵副生液 (0.2%) と比較すると，発酵副生液で510遺伝子が活性化されるのに対し，亜鉛では262遺伝子が活性化され，そのうち141遺伝子が重複していた。一例を第10図，第2表に示す。発酵副生液と亜鉛の抵抗性誘導機作は一部は共通するものの，すべてが同じではない。両者が共存することにより，抵抗性誘導をさらに確かなものにしている。

黒砂糖・酢農法でも微量元素は添加されていた。亜鉛だけでなく銅も同様の効果がある。えひめAIも，亜鉛や銅など微量元素を添加すると発病抑制作用が期待できる。ただ，希釈後の最終濃度は亜鉛は50ppm，銅は20ppmまでがよい。それ以上の濃度になると，作物の種類によっては過剰障害が生じる場合があるためである。

なお，これらミネラルの使用には注意点がある。同じ銅や亜鉛でも，硫酸塩は塩化物より過剰障害が生じにくい。鉄ではキレート（EDTA）との結合体では過剰障害が発生しやすくなる（渡辺，2006）。しかも有機物が混合された状態と，試薬単独との過剰障害発生程度は異なる。有機物と混合された状態では過剰障害が発生しにくい。筆者らは「アジフォル®アミノガード®」の200倍，400倍希釈液で試験を実施した。「アジフォル®アミノガード®」には0.9%の銅が入っている。200倍希釈では45ppmになるが，銅による過剰障害の発生は認められなかった。ここでは安全も考え20ppmまでとした。

第11図 タバコでのアジフォル処理によるウイルス発病抑制
（写真：味の素株式会社）
左：無処理区，中：アジフォル1%液区，右：アジフォル2%液区

第3表 アジフォルの発病抑制範囲

	糸状菌	バクテリア	ウイルス
トマト		青枯病	CMV
タバコ		立枯病	CMV, TMV
トウガラシ			CMV
イ ネ	いもち病	白葉枯病	
キュウリ	炭疽病 うどんこ病		
イチゴ	うどんこ病		

注 CMV：キュウリモザイクウイルス，TMV：タバコモザイクウイルス

5. ウイルスに対する効果

全身獲得抵抗性誘導の特徴は，農薬に比較すると効果は弱いものの，バクテリアや糸状菌だけでなく，ウイルスにも効果があることである（第11図）。ウイルスでは，公益財団法人・岩手生物工学研究センターと味の素（株）の共同研究で明らかになっている。第3表にアジフォルの発病抑制スペクトル（発病抑制を示す範囲）を示す。ウイルス防除に役だつのもうれしい。食べ物であるヨーグルトや納豆，パン酵母

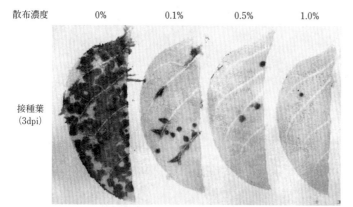

第12図 タバコでの発酵副生液処理によるウイルスの発病抑制
(関根ら,未発表)

赤紫色の沈着がCMVの蓄積を示す
dpiは接種後日数の意味

と砂糖でできるえひめAIも,さらに工夫することで病害虫抑制効果をもたせることは可能と思う。

なお,アミノ酸発酵副生液のウイルスに対する効果については『現代農業』の読者(元JA全農兵庫の入江克美さん)からノーベル賞級の発見では,との質問もいただいた。通常は薬剤によるウイルス直接の増殖抑制はむずかしいためである。

角谷ら(2012)によると,タバコ,トマト,トウガラシに発酵副生液を散布し,2日後カーボランダムを用いてCMV(キュウリモザイクウイルス)またはTMV(タバコモザイクウイルス)を接種し,Tissue Printing Immunoassay法(病斑葉をメンブランフィルターに押しつけて組織汁液を染み込ませ,ウイルス抗体と反応させる検定法)で評価している。その結果,第12図に示すように発酵副生液の濃度に依存するように感染サイト数の減少が確認された。また発酵副生液を処理したタバコでは,モザイク病斑が現われるまでの時間が著しく遅延している(第11図)。

ウイルスに対する全身獲得抵抗性(SAR)誘導は,植物に人為的に導入された遺伝子がはじめは働いていたのにしだいに機能しなくなる転写後ジーンサイレンシング(PTGS)現象と同じである。干渉作用のメカニズムは,短い2本鎖RNA鎖がハサミとなって対応するウイルスmRNA鎖を切断するRNAi(RNA interference)によることが現在明らかになっている(Meiji Seikaファルマ(株))。

RNAiの発見については2006年にノーベル生理学・医学賞が授与されている。

このRNAiにRNA依存RNAポリメラーゼ(RdRp)が関与している。RdRpはサリチル酸で誘導され,*RdRp*遺伝子の発現を抑制した植物では複数のRNAウイルスに対する感受性が高まる(島本ら,2004)。アミノ酸がどの経路を活性化するかは植物によって異なる。タバコでは明確にサリチル酸経路が活性化することを角谷らは確認している。

6. アミノ酸による病害抵抗性誘導の機作

現在日本で農薬登録されている病害抵抗性誘導剤には,プロベナゾール(オリゼメート粒剤など),チアジニル(ブイゲット粒剤など),イソチアニル(ルーチン粒剤など)の3種があり,過去にはアシベンゾラルSメチル(ベンゾチアジアゾール誘導体)があった。いずれも対象病害はイネいもち病であるが,いもち病以外に野菜類の細菌病害にも有効である。また,いずれの薬剤も浸透移行性にすぐれており,根部から吸収されて速やかに全身に分布するため,根部に施用しやすい粒剤で使用されている。

アミノ酸発酵副生液もイネでは根部施用のほうがいもち病への抵抗性誘導効果が高い。筆者が根部施用にこだわるのは,毎週1回の葉面散布はやはり面倒である。また,ケイ素による抵抗性誘導も葉面散布でも土壌施用でも発現する(渡辺,2006)。粒状化できれば,土壌施用のほうが便利である。

(1) グルタミン酸による病害抵抗性誘導

グルタミン酸がアジフォルの抵抗性誘導の主因子であることを，角谷ら（2012）は3種の異なった実験から確認している。

第1の実験は，発酵副生液の成分分析から，発酵副生液を再構成し，そこから類似する物質群を差し引くオミッションテストを実施している。そこで予想に反し，タンパク質を構成するアミノ酸7種の混合液がイネいもち病に抵抗性を示した。次いで，どのアミノ酸が重要なのかを明らかにするため，7アミノ酸から1アミノ酸ずつを差し引くオミッションテストを行ない，混合液中もっとも濃度の高かったグルタミン酸が病害抵抗性を誘導していることが判明した（第13図）。

第2の実験は，18種のアミノ酸をすべて10mMに揃えて根部施用と葉面散布でのイネいもち病防除効果を検討している。その結果の一部が第14図である。葉面散布より根部施用のほうが防除効果が高い。また，グルタミン酸，アスパラギン，アスパラギン酸，スレオニン，アラニンの効果が高い。一方，フェニールアラニンや図には示していないがヒスチジンの効果は低い。また，キュウリを用いた同様のオミッションテストでもアミノ酸の効果があった。この実験でアラニンとスレオニンがグルタミン酸の効果を高めることを発見している。アジフォルの病害抵抗性誘導の主要な因子の一つはグルタミン酸であったが，グルタミン酸に次いで多く共存するアラニン，スレオニンの相乗作用もある。

第3の実験は，発酵副生液を分画していくことで，活性成分を単離，同定している。植物体にはタバコを用い，病害応答遺伝子の発現上昇を観察しながら，カラムを用いての精製を進めたところ，非常に活性の高い画分が得られた。

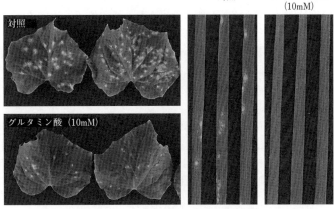

第13図　グルタミン酸の病害抑制効果

（角谷ら，2012）

左：キュウリ炭疽病，右：イネいもち病

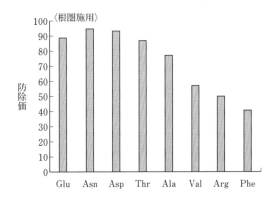

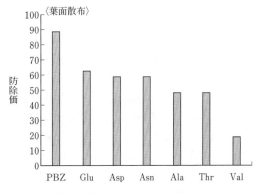

第14図　各種アミノ酸のいもち病防除効果

（角谷ら，未発表）

PBZはプロベナゾール。各アミノ酸濃度は10mM
Glu：グルタミン酸，Asn：アスパラギン，Asp：アスパラギン酸，Thr：スレオニン，Ala：アラニン，Val：バリン，Arg：アルギニン，Phe：フェニールアラニン

その画分をq-MS（四重極型質量分析計）を用いて分析し，グルタミン酸と推定されるピークを検出している。そこで，グルタミン酸をタバコに処理し，指標としている遺伝子の顕著な発現誘導を確認している。また，タバコでもアラニンとスレオニンのグルタミン酸との相乗効果を確認している。

以上のように3種の植物を使用した独立実験から，発酵副生液中に含まれるタンパク質構成アミノ酸が抵抗性誘導の一因となっていることを，詳細な検証を行ない発見している（角谷ら，2012）。

味の素の主成分であり，日本人にはなじみ深いふつうのアミノ酸であるグルタミン酸が植物の病害抵抗性に直接関与しているとの世界初の発見は，化学物質とはいえ，人間が経口摂取できる物質であり，葉面散布利用上からも非常に喜ばしい。

(2) イネでの抵抗性誘導機構

角谷らはさまざまな濃度のグルタミン酸溶液をイネの根に処理し，約48時間後にいもち病菌を接種したところ，5mM以上から明確な効果が確認され，10mMでは病斑はほとんど観察されなくなった。そこで，イネの根に10mMのグルタミン酸を処理し，根と第4葉での病害応答遺伝子の発現を経時的に観察した。その結果，根では処理後3時間で，葉では根にやや遅れ，処理後6〜8時間にWRKY45の転写活性が上昇し，その後OsPR1bの発現が誘導されることが明らかとなった。

根組織で発現している遺伝子の一部分のみが葉組織で活性化していること，両現象に数時間の時間差があることから，グルタミン酸と直接接触する根組織で急速な応答が起こり，その後シグナルが地上部に伝わった結果，葉組織で新たな遺伝子発現誘導が起こっている。葉でのグルタミン酸をはじめ他のアミノ酸の経時的濃度変化はとくに認められず，グルタミン酸自身がシグナルとなっている可能性は低いと考えられた。

WRKY45はイネの病害抵抗性に重要な役割を果たしている（Shimono et al., 2007）。高辻ら（2007）は，イネいもち病の抵抗性誘導剤（ベンゾチアジアゾール）の作用に必須の役割を担う転写因子WRKY45を見出している。そして，WRKY45を過剰発現させたイネが，いもち病および白葉枯病にきわめて強い抵抗性を示すことを明らかにしている（オリゼメートの場合はWRKY45はあまり活性化しないが，いもち病抑制効果は大きい（梅村，2012））。

WRKY45だけでなく，サリチル酸経路の遺伝子がグルタミン酸で顕著に発現する。そこで，サリチル酸分解酵素NahG遺伝子を導入したイネにグルタミン酸を処理した後，いもち菌を接種した。その結果，予想に反し，NahG株でもグルタミン酸処理によって病斑数が顕著に減少している。このことは，グルタミン酸による全身的な抵抗性誘導に，サリチル酸以外の経路も関与していることを示している。

ジャスモン酸欠損変異株でも同様の実験をしているが，シグナル伝達にジャスモン酸以外の経路が関与していることを示した。

農薬による病害抵抗性誘導の研究は近年非常に進歩しており，その多くはサリチル酸を経由してシグナル伝達されていることが，前記（NabG株）のようなシグナル伝達経路が機能しなくなった変異植物体を用いることによって解明されている（Meiji Seikaファルマ（株））。しかし，イネはシロイヌナズナやタバコと異なり，常に生体内のサリチル酸濃度が高く維持されている。アミノ酸によってWRKY45の発現は上昇するためサリチル酸経路も活性化しているのだが，他の経路も重要な役割を果たしていると考えられる。興味深い発見と思う。

(3) アミノ酸の魅力と利用上の注意

アミノ酸を多く含むアジフォルは，葉面散布肥料である。肥料であるにもかかわらず，病害抵抗性誘導に関与している。ちょうど，ケイ素が土つくり肥料であるにもかかわらず，病害抵抗性誘導に関与しているのと同じである。

さらに，単純なアミノ酸がイネのケイ素の吸収を促進するとのインドの研究者による報

告もある。ヒスチジン，リジン，イミダゾール，グルタミン酸，グリシン，グルタミンを圃場（4.8m^2）では1.5mMを4回（田植え時，分げつ期，幼穂形成期，登熟期），ポット（直径45cm）では0.5mM，500mlを2回処理することによってサンカメイチュウやいもち病被害を抑制する。そのうち，リジン，イミダゾール，グルタミン酸，グルタミンは葉のケイ素含有率を高めていた（Voleti et al., 2008）。

一方，角谷ら（2012）は，アミノ酸によるイネの病害抵抗性誘導効果はケイ素吸収とは無関係でも生じることを確認している。圃場条件では両者の効果が相乗的に現われることも期待できる。タイでは古くから，味の素（株）の現地工場の発酵副生液を水田や畑に液肥として流し込んで利用している。「病害抑制効果がある」との多くの現地情報とまさに整合する。

なお，アジフォル利用上の注意点が1点ある。それは，ここで示した多くの試験結果は，使用濃度が高いことである。とくにウイルスの発病遅延効果はアジフォルの100倍希釈液で効果が確認されている。アミノ酸単独による病害抵抗性誘導実験もほとんどが，10mMでの結果である。市販のアジフォルの推奨使用濃度は，通常500～1,000倍希釈である。アジフォルの500倍希釈液にはグルタミン酸はおよそ0.19g/l（1.1mM）含まれるのみである。それにもかかわらずイチゴで400倍希釈，週1回たっぷり散布で，うどんこ病抵抗性増強効果が観察されるのは，おそらくアラニンやスレオニンなどのその他のアミノ酸や，発酵菌体由来のエリシター，亜鉛や銅といったアジフォルに添加されているミネラル成分など，複数の因子による複合的な効果によるものだと思われる。

現在のアジフォルは農薬でなく肥料である。高濃度のアミノ酸が持続的に根圏に供給されるような製剤ができると，農薬登録もされるであろう。現在はその前段階である。

執筆　渡辺和彦（兵庫県立農業大学校・東京農業大学）　　　　2013年記

参考文献

Eshraghi, L., J. Anderson, N. Aryamanesh, B. Shearer, J. McComb, G. E. StJ. Hardy, P. A. O. Brien. 2011. Phosphite primed defence responses and enhanced expression of defence genes in Arabidopsis thaliana infected with Phytophthora cinnamomi. Plant Pathology. 60, 1086—1095.

早藤巌. 1988. 葉果面散布で無農薬をめざす黒砂糖・酢農法. 農文協.

Igarashi D., T. Takeda, Y. Narusaka and K. Totsuka. 2010. Glutamate fermentation by-product activates plant defence responses and confers resistance against pathogen infection. J. Phytopathol. 158, 668—675.

角谷直樹・武田泰斗・北澤大典・五十嵐大亮. 2012. アミノ酸による病害抵抗性誘導とその機構解明, 平成24年度植物感染生理談話会「植物ー病原微生物の相互作用研究の新展開」講演要旨.

Kasajima, I., Y. Ide, MY. Hirai and T. Fujiwara. 2010. WRKY6 is involved in the response to boron deficiency in Arabidopsis thaliana, Physiologia Plantarum. 139, 80—92.

Meiji Seika ファルマ（株）. Dr.岩田の「植物防御機構講座」. http://www.meiji-seika-pharma.co.jp/agriculture/lecture/activator.html

Pandey, S. P. and I. E. Somssich. 2009. The Role of WRKY transcription factors in plant immunity. Plant Physiology. 150, 1648—1655.

Schuhegger, R., M. Nafisi, M. Mansourova, B. L. Petersen, C. E. Olsen, A, Svatos, B. A, Halkier and E. Glawischnig. 2006. CYP71B15 (PAD3) Catalyzes the Final Step in Camalexin Biosynthesis. Plant Physiol.. 141, 1248—1254.

島本功・渡辺雄一郎・柘植尚志監修. 2004. 分子レベルからみた植物の耐病性. 秀潤社.

Shimono, M., Sugano S, Nakayama A, Jiang C-J, Ono K, Toki S, Takatsuji H. 2007. Rice WRKY45 plays a crucial role in benzothiadiazole-inducible blast resistance. Plant Cell. 19, 2064—2076.

Shinohara, M., C. Aoyama, K. Fujiwara, A. Watanabe, H. Ohmori, Y. Uehara and M. Takano. 2011. Microbial mineralization of organic nitrogen into nitrate to allow the use of organic fertilizer in hydroponics. Soil Sci. Plant Nutr. 57, 190—203.

Skibbe, M., Qu N, Galis I, Baldwin IT. 2008.

Induced plant defenses in the natural environment: *Nicotiana attenuata* WRKY3 and WRKY6 coordinate responses to herbivory. *Plant Cell.* **20**, 1984—2000.

高辻博志・霜野真幸・菅野正治・中山明・姜昌杰・林長生・加来久敏. 2007. イネの誘導抵抗性に関わる転写因子WRKY45の発見とその利用. 平成19年度の主要な研究成果. 生物資源研究所. 8—9.

梅村賢司. 2012. プロベナゾールの発見と施用法に即した各種製剤開発およびユニークな活性について. 第29回農薬生物活性研究会シンポジウム. 講演要旨.

Voleti, S. R., Padmakumari, A. P., Raju, V. S., Babu, S. M., and Ranganathan, S. 2008. Effect of silicon solubilizers on silica transportation, induced pest and disease resistance in rice (*Oryza sativa* L.). *Crop Protection.* **27**, 1398—1402.

渡辺和彦. 2006. 作物の栄養生理最前線. 農文協.

渡辺和彦. 2009. ミネラルの働きと作物の健康. 農文協.

渡辺和彦. 2012. 微生物発酵液は病害抵抗性を誘導する. 現代農業12月号. 186—189.

渡辺和彦. 2013. えひめAI試験からわかったこと. 現代農業1月号. 108—115.

アミノ酸が病害抵抗性を高める
――トマト青枯病を例に

執筆　瀬尾茂美（農研機構生物機能利用研究部門）

第1図　L-ヒスチジンの溶液に2日間浸したあと、青枯病菌を接種したトマト。接種後7日目

第2図　対照区。蒸留水だけを与えたトマトに青枯病菌を接種した

病原菌が通水組織内で増殖

　青枯病は、トマトやナス、ピーマンなど多くの作物に発生する重要病害の一つです。根の傷や自然開口部から侵入して茎に移行し、水分などが通る組織内で増殖します。水分の吸い上げが悪くなったりして葉や茎が緑色のまましおれ、最終的に作物は枯死します。トマト栽培では、青枯病菌の増殖が活発になる夏に発生しやすく、近年は温暖化の影響などもあり高緯度地方や高所地でも発病する事例が見られます。

　トマト青枯病に有効な農薬は今のところ土壌くん蒸剤以外ありません。そこで、有効な農薬の開発につながる素材を探しました。微生物や植物からは抗生物質などの医薬品や生活に役立つ有用な物質がたくさん見つかっており、植物ホルモンから既存の農業資材まで十数点の素材を調べたところ、ある酵母抽出液に発病を抑える効果を発見しました。

L体のヒスチジンに抑制効果

　その有効成分はアミノ酸の一種であるL-ヒスチジンであるとわかりました。第1図は、あらかじめL-ヒスチジンの溶液に浸したトマトに青枯病菌を感染させて1週間後の状態を撮影したものです。第2図の蒸留水だけを与えた場合と比較して、発病が抑えられることがわかります。

　アミノ酸は鏡を挟んで対になる二つの形があり、片方をL体、もう片方をD体と呼んで区別しています。トマト青枯病を抑える効果はヒスチジンのL体のみに認められ、D体には効果がありませんでした。アミノ酸はタンパク質のもとであり、生命の大黒柱ともいえますが、そのほとんどはL体です。一方、工業的に生産されるアミノ酸にはD体も高い割合で含まれます。なぜL体のヒスチジンにだけ効果があるのかは今のところわかりませんが、トマトはL体とD体の違いを正確に認識していると考えられます。

　さらに興味深いことに、L-アルギニンやL-リシンなど、ほかのアミノ酸のL体でも青枯病の発病を抑える効果があるとわかりました。

　L-ヒスチジンなどのアミノ酸がどうやってトマト青枯病の発病を抑えているのか？　調べた限りではアミノ酸による殺菌効果は認められません。しかし、病気への抵抗力が高まり、発病の抑制に寄与していることがわかりました。

　病原菌を直接殺さずに、植物が本来有する病害抵抗力を高める物質のことを、病害抵抗性誘導物質と呼びます。これには薬剤耐性菌が出ないといわれており、環境保全型の病害防除技術として注目されています。

　国内ではオリゼメートなど数種類の病害抵抗性誘導剤が販売・利用されていますが、対象となる病害はイネいもち病などに限られています。アミノ酸はそのような病害抵抗性誘導剤の素材として利用できる可能性があり、実現できればトマト青枯病などに効く新しい剤の開発につながると期待されます。

（『現代農業』2017年6月号「トマト青枯病　アミノ酸が病害抵抗性を高める」より）

酵母の細胞壁による抵抗性誘導，増収，微生物相改善効果

（1）ビール酵母の死骸を活用

酵母とは土壌や河川，植物体表面などあらゆる環境にいる微生物の一種で，とくにアルコール生成能力に優れ，ビール醸造に利用されるものを「ビール酵母」と呼びます。

アサヒグループでは，ビール醸造後の副産物として大量の余剰酵母が発生します。ビール酵母は麦汁中の豊富な栄養分を取り込んでいて，ビタミンB群や必須アミノ酸，ミネラル，食物繊維などの多様な栄養素を含む天然素材です。アサヒグループでは医薬部外品の「エビオス錠」や，調味料や培地原料の「酵母エキス」として有効活用しています。

一方，酵母エキスを抽出したあとの「酵母の細胞壁」（酵母の死骸）は，飼料などに使われているものの十分には活用されていませんでした。

酵母細胞壁の主成分は多糖類です。長年の研究により，これが人間や動物の免疫力を高めることがあきらかとなっていたので，それなら植物にとってもいいだろうという発想から，植物用「バイオスティミュラント」としての開発を始めました。

まず，ダイズ疫病菌由来のグルカンオリゴ糖がダイズの防御反応を誘導することが知られていたので，ビール酵母細胞壁の構成成分であるβ-グルカンに着目しました。

ただし，酵母細胞壁は水に溶けません。分解方法を検討した結果，リン酸，カリウムを添加して高温・高圧条件下で過熱水蒸気を用いて加水分解（水熱反応）することで可溶化に成功（第1図）。同時に還元性を示す（電子供与機能がある）という，ほかに類を見ないユニークな機能をもつバイオスティミュラント（以下，CW1）の開発に成功しました。

（2）抵抗性誘導と側根誘導

CW1を施用すると，植物は病原菌に感染したと勘違いし，身を守るために抵抗性（免疫力）を引き上げます。ビール酵母細胞壁のβ-グルカンと植物病原菌のβ-グルカンは構造が非常によく似ているためです。

生存の危機を感じた植物は次に，子孫を残す

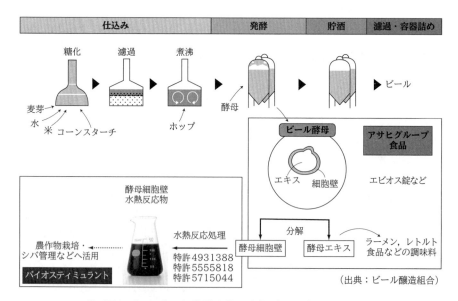

第1図　ビール酵母細胞壁水熱反応物（CW1）の製造方法

準備を始めます。側根量を増やして栄養分を盛んに吸収し，花を咲かせ，タネを残そうとします。その結果，生育促進や収量の増加という効果が得られます。

第4葉が展開したイネの根をCW1の500倍希釈液に浸漬したところ，7日後に根の乾燥重量が有意に増加し（第2図），側根量もあきらかに増えました（第3図）。

そのイネの植物ホルモン応答性遺伝子を解析したところ，処理後1日目に病害抵抗性遺伝子の発現量が増加しました。そして処理後5日目からIAA（インドール酢酸，オーキシン）応答性遺伝子，および側根形成に関与する遺伝子の発現量が増加。逆に側根形成を阻害するサイトカイニン応答性遺伝子の発現量は低下しました。

つまり，CW1を処理すると初期段階で病害抵抗性を誘導し，次にIAAの合成が促進されて（第4図）側根の量が増えることがわかりました。さらに，同時に二価鉄の吸収力が向上し，その結果クロロフィル含量が増加することもあきらかとなっています。

（3）ジャスモン酸誘導で増収

増収効果も確かめました。ジャガイモの生育初期，開花直前，収穫約3週間前の計3回，CW1を200倍に希釈して葉面散布した結果，対照区と比べて顕著な増収効果が確認できました（第5図）。

さらに，ジャガイモ表皮に含まれる植物ホルモンを分析すると，ジャガイモ塊茎の「ジャスモン酸」やその前駆体であるOPDA（12-オキソフィトジエン酸），葉内のOPDA含量が有意に上昇していました。

ジャスモン酸類にはジャガイモの塊茎形成誘導活性があることから，CW1による増収効果はその働きによるものであると推察しています。

また，栽培現場から「CW1を使うと貯蔵時の腐敗が少ない，

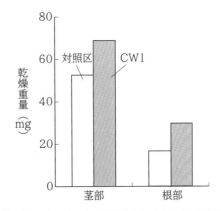

第2図　CW1に7日間浸けたイネの根の重量

発芽が抑制されている」との感想が多く寄せられています。これらもジャスモン酸が関与していると考えています。

（4）土壌還元消毒への応用

CW1には土壌を還元する作用があります。これはビール酵母細胞壁を水熱反応させることで初めて加わるほかに類を見ない機能で，アサヒグループホールディングス（株）が特許を取得しています。

「土壌還元消毒法」は微生物の増殖が不可欠で，低温時などは効果が十分に得られないのが課題です。しかしCW1の還元性を利用すれば，微生物に依存せず土壌を消毒できると考え検証

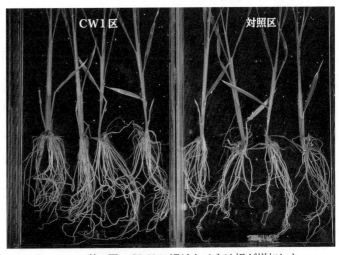

第3図　CW1に浸けたイネは根が増加した

第5部　無農薬・減農薬の技術

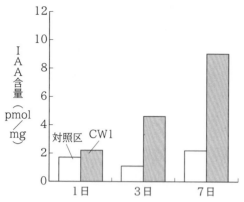

第4図　CW1に浸漬したイネのIAA（インドール酢酸）含量の推移

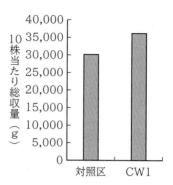

第5図　ジャガイモの増収効果

しました。

黒ボク土に萎凋病に罹病したトマトの茎を埋め、1）CW1を1％、2）CW1を2％、3）ふすま1％を混ぜ、最大容水量の80％の水を加えました。水のみを添加した区を対照区、供試土のみの区を無処理区とし、17日間30℃で保持しました。

すると、処理後の土壌の酸化還元電位はCW1区で−147〜−109mV（マイナスになるほど強い還元状態を表わす）、ふすま区で−70mV、対照区（水）は＋268mVでした。ふすま区では強いドブ臭が発生しましたが、CW1区のドブ臭はわずかでした。これは酸化還元電位の低下が、微生物の増殖に依存していないことを示しています。

二価鉄の生成を示すジピリジル反応はCW1区、ふすま区で陽性で、対照区（水）は陰性。

萎凋病菌の殺菌率は、無処理区では0％、対照区（水）で平均28％、ふすま区で平均63％、CW1区では平均80〜98％でした（第1表）。

このようにCW1による土壌還元は、ふすまと比較して、トマト萎凋病菌に対して高い防除効果があることがわかりました。

これらの殺菌効果は、土壌還元により二価鉄が生成されたことによるものと考えられます。そこで、栽培でCW1を使用するときは、殺菌効果をより確実にするため、二価鉄資材との混合施用を推奨しています。

(5) ジャンボタニシの食害を軽減

イネにCW1を施用すると二価鉄の含有量が増え、スクミリンゴガイ（ジャンボタニシ）の被害が防げることもわかりました。

田植え3日前、育苗箱にCW1の1,000倍希釈

第1表　CW1による土壌還元消毒の効果

試験区	酸化還元電位(mV)	ジピリジル反応	萎凋病殺菌率(％)
CW1（1％）	−109	＋	80
CW1（2％）	−147	＋	98
ふすま（1％）	−70	＋	63
対照（水）	268	−	28
無処理	/		0

注　数値はいずれも反復試験の平均。対照区（水）でわずかに殺菌効果が認められたのは、罹病茎に含まれる有機物の分解により局所的に還元状態になったためと考えられる

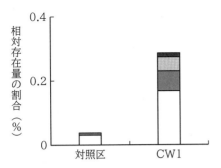

第6図　CW1区と対照区のバチルス属菌の相対存在量
色の違いはバチルス属の中の種の違いを表わす

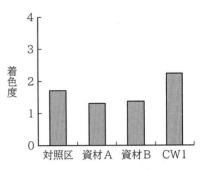

第7図　宮川早生での着色促進効果

液を施用，田植え3日後に10a当たり200mlのCW1とキレート鉄500gを混ぜて，前年にジャンボタニシの食害で全滅した水田に散布したところ，被害がなくなり，無処理区と比較し約10～20％の増収となりました。食味も良好で，試験を行なった大分県の農家は，食味コンクール都道府県代表部門で金賞を受賞されました。

ジャンボタニシを含む軟体動物は，二価鉄を体内に取り込むと自身の細胞内の過酸化水素と反応し，猛毒の活性酸素ヒドロキシルラジカルが発生，大きなダメージを受けます。CW1施用により二価鉄が蓄積したイネはジャンボタニシが避けるため，食害を回避できたと推察しています。

(6) 土壌微生物相の改善

連作圃場の微生物多様性を向上させ土壌を健全化させる，そんな効果があることもあきらかになりました。

埼玉県のネギ農家で，土壌消毒をしていない5連作目の圃場を試験区に，輪作している圃場（前作はサトイモ）を対照区として試験しました。

試験区は7月の定植直前にCW1の1,000倍液を散布，定植後は1か月に1回，同1,000倍液と二価鉄資材の混合液を計4回散布しました。すると，5連作目にもかかわらず，近隣で大発生していた軟腐病などの発生もなく，対照区と比較して生育も旺盛でした。

10月の収穫時に土壌を採取し，多様性活性値の測定，および土壌フローラの解析をしました。一般に連作を続けると多様性は低下しますが，多様性活性値（100万以上で病気が出にくい）は対照区約127万に対し，試験区は5連作目であるにもかかわらず約139万と高い数値を示しました。

また試験区の土壌フローラは，有用菌として知られるバチルス属菌が有意に増加していました（第6図）。

そのほか，カンキツの着色促進（第7図）や浮皮軽減効果もあきらかになりました。これらも，ジャスモン酸誘導によるものと推察しています。

本稿では，ビール酵母細胞壁水熱反応物（CW1）による，植物の病害抵抗性誘導や発根促進作用，土壌微生物相の改善効果などについて紹介しました。今後もデータを蓄積し，生産者の持続可能な農作物栽培にお役に立てるような情報を発信していきたいと考えています。

執筆　北川隆徳（アサヒクオリティーアンドイノベーションズ（株））

(『現代農業』2022年1月号「抵抗性誘導，増収，微生物相改善　酵母の死骸資材の驚くべき効果」より)

CW1を原料とした資材は，「セルエナジー」「エクストラターフ」（清和肥料工業），「バイオスター」（サンアグロ），「ぐんぐん伸びる根」（双日九州），「BY-100」（ふるさと），「ネオエスプラス」（ストロー）として販売されている。

（編集部）

第5部　無農薬・減農薬の技術

月のリズムに合わせて栽培

月のリズムに合わせて栽培

　月の満ち欠け（月齢）は、潮の干満だけでなく、人間の出産をはじめ生きものの体内リズムにも影響を与えているとよくいわれる。それを農家が作物の栽培に利用してきたことは江戸時代の農書にも記述がある。月齢が作物の栄養生長、生殖生長のリズムを変えたり、害虫の産卵・孵化に影響することを利用するのだ。

　たとえば「大潮防除」。虫（害虫）は、満月か新月の前後に当たる大潮の時期に産卵することが多く、孵化直後のまだ弱い一齢幼虫をねらえることから、害虫に対する防除効果が高いといわれている。同じ大潮でも満月の時のほうが効果があると感じている農家が多い。とくに満月の3～5日後の防除が、孵化直後に当たるせいか、もっとも効果的だと感じている。

　栄養生長と生殖生長のバランスを保ちながら長期間栽培する果菜類では、新月になると栄養生長に傾いて、病気が発生しやすくなる。そこで、新月の前に防除や微量要素などの葉面散布で対処するという考え方もある。

執筆　編集部

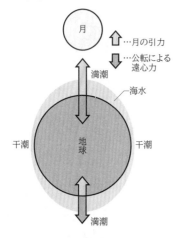

第1図　月の引力と満潮・干潮の関係
月の側では、月の引力が勝り、反対側では地球の公転による遠心力が勝るので満潮になる。地球は1日で1回転（自転）するので、1日2回ずつ満潮・干潮が起こる

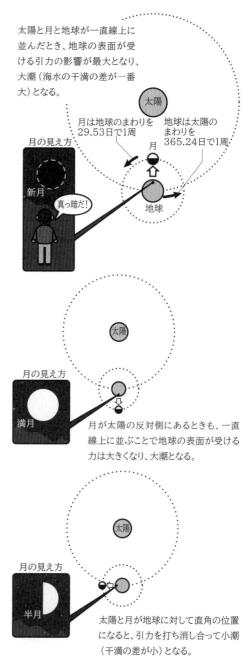

第2図　月の位置と地球からの見え方

大潮の最後から3日間が防除適期

執筆　鈴木正人（静岡県御前崎市）

子どもの出産時間を叔父が当てた

私がどうして潮の満ち引きに興味をもち始めたのかというと、いちばん下の子ども（現在中学1年生）が生まれたときに、出産日の時間がだいたいいつごろになるかというのを、叔父が当てたことからです。叔父の言ったとおり、ちょうど満潮の時間帯でした。潮の満ち引きにはスゴイものがあるって思いました。もっと前のことでしたが、人間が息を引きとるのは潮が引くときだという話を聞いたこともありました。

それで「これって人間だけかな？」と素朴な疑問をもったのがきっかけです。とはいえ、最初のうちはそれほど本気で考えていたわけではありません。それが、10年ほど前に、減農薬を求める声があっちこっちで出てきたり、一方ではお茶の反収入が頭打ちになり始めたとき、「このままでは……」と自分の栽培法を考え直すようになって、潮の満ち引きとお茶の栽培との関係を考えるようになったのです。

細かい防除適期予測をしたい

親父から茶業を受け継いだころは、防除のしかたも液肥の使い方も親父のやり方そのままでした。しかし、親のやっていた方法に疑問が出始めて、減農薬でしかもむだのない方法を、と考えだしたのもこのころでした。

以前から減農薬はこころがけていたものの、散布時期についてはまわりの畑の人たちの様子を見ながらです。人には言えませんが失敗も計り知れないほどしてきました。身体は疲れるし、防除適期をはずして害虫にやられる。畑で汗だくになって働きながら、要点をついていない。こんなバカバカしくて頭にくることはありません。

肥料屋さんや農協から、害虫や病気の防除予測の通知が来ますが、これはおおまかな予測です。もっと細かく、「何日から何日のあいだ」という予測ができなければ、農業をやっている醍醐味がないと思うようになりました。私は農家も「職人」だと思っています。農業という職

第1図　筆者茶園

第5部 無農薬・減農薬の技術

へのこだわりです。

日の出・日の入りの3時間以内がよく効く

それからというもの、虫を徹底的に観察することから始めました。朝・昼・夜と、虫はどういう動きをしているのか？　昼と夜では、虫のいる場所が違うのか？　早朝だとどうなのか？　あるいは雨降りでは？　虫はどんなところにすみついていて、どのくらいの行動範囲があるのか？　温度が低いとき、高いときは……といった具合です。ときには1匹の虫に印をつけて、1日にどのくらい動くかを調べたこともあります。あるときは、茶園のウネ間に寝ころがって観察していて、眠ってしまったこともありました。

虫はさまざまな行動をするものです。こんなことをくり返しているうちに、虫が茶園の表面や表面に近いところ、葉の表にいる時間帯がわかってきました。だいたいですが、夜の9時ごろから朝の10時ごろが、いちばん上のほうに出てきます。季節にもよりますが、いちばん活発に動いているのは、だいたい日没の3時間後から日の出の3時間後までです。虫の防除もこの時間帯がベストであることがわかってきました。

害虫の孵化・発生は大潮に集中

とはいっても、仕事の都合上、2日間くらいで農薬散布を片づけたいときもあります。そうなると昼間の時間帯もやらないと間に合わない。じゃあ、防除の効果が上がりやすい発生初期、虫が卵から孵ったばかりの時期はいつなのか、それを知るにはどうしたらいいか？　仕事をするあいだも、このことが頭を離れませんでした。

ある日、県の茶業試験場に遊びに行ったときのことです。病害虫の先生に害虫の発生状況などの話をしてもらい、過去の状況も教えてもらっているあいだに、虫の発生のサイクルにある共通点を発見しました。過去何年かのデータの共通点だけをノートに書いて、自分なりに調べていくと、虫の発生（孵化）時期が必ず大潮の時期と合致しているのです。子どもの出産で潮のことを気にしていたときだったのでビックリ！　大発見でした。

大潮の最後から3日間が適期だ

大潮には満月の時期と新月の時期があります。それに、3日間で終わる大潮や、4日間ある大潮もあります。防除するには、そのうちのいつが最適なのか？　これが次の課題でした。

月の満ち欠けとそれに合わせ

第2図　筆者が大潮の時期を知るのに利用している「潮時表」

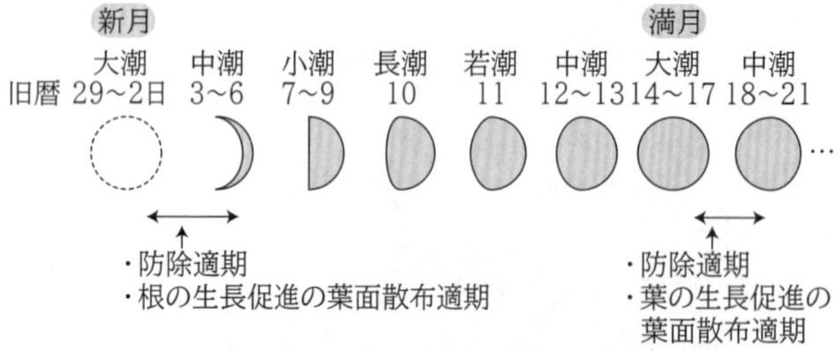

第3図　大潮に合わせたお茶の管理

潮は大→中→小→長→若→中→大のサイクルで変わる。大潮は、干満の差が一番大きくなるときで、それが小さくなるのが小潮、中潮はその中間。小潮のあと干満の差がさらに小さくなるのが長潮、そのあと再び干満の差が大きくなり始める時期が若潮

て変化する潮の満ち引きは、ほぼ1か月（29.5日、旧暦の1か月）単位で変わります。それから5年間くらいは、大潮の初日から防除してみたり、中日くらいから防除したり、満月の大潮、新月の大潮と試してみました。その結果、行き着いた結論は、満月の大潮でも新月の大潮でも、いちばんの防除適期は大潮の最後の日から3日間くらいだということです。この時期が、ちょうど虫が卵から孵ったばかりの時期、農薬がいちばん効きやすい時期に当たるようなのです。

潮時表は、釣具店に行けばたいがい置いていると思います。大潮の最後から3日のあいだ、しかも先ほどの防除に最適な時間帯に農薬散布すると、サーッとかかるだけで十分に効果が出ます。

葉面散布も気孔が開く大潮に

農薬散布といっしょに行なうのが液肥などの葉面散布ですが、潮の満ち引きと葉の状態、とくに気孔の状態や葉の細胞の状態を知りたくて、倍率の高い顕微鏡をもっている研究施設にも通いました。

気孔がいちばん開く時期、葉の表面に付着した液肥がいちばん浸透しやすい時期がいつかを調べると、やっぱり大潮の時期でした。そして、液肥が葉の生長を促進させるような作用は、とくに満月の大潮のときに効果がはっきり現われることもわかりました。一方、根の生長を促進したいときは、新月に葉面散布をするほうがよいような感じがしています。

昨年（2004年）のお茶の害虫の発生の8割は満月の大潮の時期でした（8月のサビダニ、ホコリダニの発生時期は新月の大潮だった）。したがって、一番茶の萌芽時期から秋整枝までの期間の防除と葉の生長促進の葉面散布は、満月の大潮の最後の日から3日間くらいが最適だと思います。ただ、新月の大潮に発生することもあるので油断は禁物です。

（『現代農業』2005年3月号「不思議とよく効く！大潮を目安にお茶の防除」より）

ピーマンのヨトウムシ、大潮防除でBT剤がばっちり効く

執筆　中村一弘（宮崎県宮崎市）

私は約80aのハウスでピーマンの促成栽培をしています。8月の育苗時期に怖いのが、ヨトウムシなどの鱗翅目害虫です。1～2日で葉を丸裸にされてしまい、大量の苗をダメにしてしまったこともあります。

減農薬栽培なので、鱗翅目害虫には微生物農薬のBT剤を使用していますが、老齢幼虫には効果が低く、若齢幼虫の早期発見が課題でした。

そんなとき、『現代農業』の記事で、害虫の孵化・発生が大潮の時期（満月・新月の周辺の3～4日間）に集中しているという記事を読みました。これが本当なら、孵化に合わせてBT剤が散布できて、ヨトウムシを抑えられるのではと思い、さっそくその年のピーマンの育苗で試してみました。

BT剤は安全性の高い微生物農薬ですが、使用回数は4回以内と限られています。私は大潮になったら葉裏を注意深く観察し、産卵・孵化を発見したときだけ、すぐに圃場全体にBT剤を散布しています。

結果は、ほとんどBT剤のみで育苗中のヨトウムシ被害を抑えることができています。種の保存のためか、産卵時期がずれる虫も多少いるので、散布後も葉裏を観察して、卵や幼虫を見つけたら手でつぶしています。

（『現代農業』2009年6月号「ピーマンのヨトウムシ、大潮防除でBT剤がばっちり効く」より）

月のリズムと生育診断

執筆　高橋広樹（みずほの村市場・植物対話農法学会）

新月に栄養生長、満月に生殖生長

私たちの硝酸イオンメーターや糖度計を利用した生育診断では、硝酸過剰でジベレリン活性が強いと栄養生長傾向になり、硝酸がうまく同化されサイトカイニン活性が強いと生殖生長傾向になることがわかっています。また、正常に生育している作物は、生長点に近い葉のほうが糖度が高く、株元の葉のほうが低くなります。糖度差が1.5度より大きければ栄養生長傾向、差が1度以下ならば生殖生長傾向です。

一般的に、トマト・キュウリ・ピーマン・ナスなど長期にわたり栽培する作物は栄養生長と生殖生長の周期があります。これまで多くの作物を測定するなかで、新月のころに栄養生長傾向に、満月のころに生殖生長傾向になることがわかってきました。

新月のころに糖度計を使って生長点に近い葉と最下葉の糖度を比べてみると、糖度の差は開き気味になり、花の糖度は低い傾向です。硝酸イオンメーターで測定すると高めの硝酸値を示し、栄養生長傾向であることがわかります。

逆に満月のころは、生長点と最下葉の糖度差が縮まり、花の糖度は高めになります。硝酸イオンは低めの値を示し、生殖生長傾向なのがわかります。

潮汐力が影響か

新月と満月でなぜこう変わるのでしょうか？

月の引力が潮の満ち引き（潮汐）や生命に影響を与えているのは事実です。月や太陽の引力により、潮汐を引き起こす力のことを潮汐力といいます。地球から見て、新月は月が太陽側に位置し、潮汐力は大きく、満月は太陽の反対側になり、潮汐力は新月より若干弱くなるため、植物の生長にも影響しているようです。

たとえば、重力に関係するホルモンとしてオーキシンがあります。植物が重力に対して反対方向に伸びるのも、根が重力方向に伸びるのも、オーキシン濃度によります。この性質を重力屈性と呼びます。

科学的に解明されているわけではありませんが、新月のときはオーキシンやジベレリンの活性が高まり、細胞を大きく長く伸ばす方向に働いて栄養生長傾向になり、満月のときにはサイトカイニン活性が高まり細胞分裂を促進し、花芽分化や着果促進方向に働いて生殖生長傾向になるのかもしれません。また新月の闇夜と満月の光も影響しているかもしれません。まだ未解

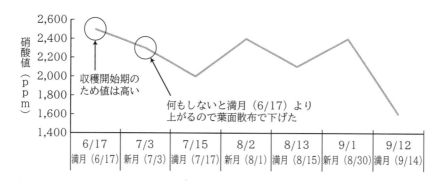

第1図　夏秋ミニトマト硝酸値の変動と月のリズム
今年のわが家のミニトマトの測定値。追肥や葉面散布でコントロールしているので、生育前半は新月のほうが硝酸が下がっており、理論どおりではない。後半は新月後の追肥の対応が遅れて満月のころに硝酸が下がり過ぎ、生長点が弱くなり過ぎた

第1表　新月・満月と植物の生長

	硝酸	生育傾向	播種	定植	害虫	病気	ホルモンバランス
新月	高め	栄養生長	発根量少ない	活着良好	産卵少ない	多い	ジベレリン活性高まる　エチレン活性弱い
満月	低め	生殖生長	発根量多い	活着不良	産卵多い	少ない	サイトカイニン活性高まる　エチレン活性強い

明な部分が多いですが、経験的には月の影響は大きいといえます。

新月にミネラル、満月前はチッソも

　新月と満月での生長の違いは、栽培管理に応用することができます。

　新月のころは栄養生長傾向になるので、硝酸過剰になりやすくなります。そこで硝酸を同化させるための葉面散布を新月の前に行ないます。また、リン酸・カリ・ミネラル類を追肥や葉面散布で効かせて生殖生長の方向へ矯正します。硝酸過剰でエチレン活性が弱くなり、病気になりやすくなっているので、ボルドー液の散布によりエチレン活性を高める方法もあります。

　一方、満月のころは生殖生長傾向で、花が多くなり、生長点の生育が弱く、心どまりになることもあるので、満月の前にはミネラル以外にチッソも追肥や葉面散布すると収穫の波ができにくくなります。

播種は満月の前、定植は新月の前

　また播種は、満月に向かう時期のほうが発芽がゆっくりで発根量が増えます。新月前にまくと勢いのいい発芽になりますが、根量は減ります。移植や定植は新月に向かう時期のほうが活着がよくなります。

　とはいえ満月と新月は29.53日に1回ずつしか来ません。実際の栽培では、満月に合わせて播種したり、新月に合わせて定植したりできないことも多いでしょう。

　新月ごろに播種するときは、低温発芽や浸種をしっかり行ない、発根量を増やすようにします。移植や定植が満月ごろになってしまう場合は、発根剤を入れたドブ漬けと、移植後の根じめの水をしっかり行ない、株元灌水を数回やって、活着を促進します。

害虫防除は満月から4〜5日後

　害虫の発生にも月の周期が影響しているようです。満月ごろのサンゴの産卵は有名ですが、虫についてもとくに有翅昆虫は満月のころに産卵し、3〜4日後に孵化して食害を始めることが多いようです。そこで、防除は満月から4〜5日後に行なうと効果が高いです。この時期にうまく防除ができない場合、新月に向けて葉の硝酸が増えると食害も多くなってしまいます。

　1か月かからずに卵から成虫になる害虫では、月の周期に当てはまらない場合もありますが、やはり満月前後に増えることが多いようです。

　（『現代農業』2019年12月号「月のリズムと生育診断」より）

第5部　無農薬・減農薬の技術
RACコード

RACコード

　RACコードとは、化学農薬を作用機構（作用機作、効き方）ごとに分類したもの。「ラックコード」と読む。たとえば殺虫剤なら有機リン系は［1B］、ネオニコチノイド系は［4A］など、すべてに「IRACコード」がある。同様に、殺菌剤なら「FRACコード」、除草剤なら「HRACコード」で分類される。なお、それぞれの頭文字はInsecticide（殺虫剤）、Fungicide（殺菌剤）、Herbicide（除草剤）からである。

　同じ農薬を繰り返し使うと害虫や病原菌、雑草に抵抗性（耐性）がついてしまうが、異なるコードの農薬を順番に使えば、その心配がグッと減らせる。いわゆる「系統」と同義なのだが、RACコードは、より厳密に分類された国際基準である。ちなみに、「RAC」とはResistance Action Committee（抵抗性対策委員会）の略で、RACコードは、世界的な農薬企業の国際団体CropLife Internationalが定めている。

　農薬が効きにくい病害虫や雑草は各地で問題になっている。抵抗性（耐性）がつくのを遅らせるには、天敵利用や物理的防除などを組み合わせて農薬の使用を減らす、または正しくローテーション散布するしかない。

　しかし従来の農薬には、系統すら記載されていなかった。「薬剤抵抗性をつけないように、違う農薬でローテーション防除しましょう」というスローガンは昔からあるが、農家にとっては、どれが同じでどれが違う農薬なのか、ラベルを見てもわからなかったのだ。

　そんな農家の声に押されたのか、農水省は2016年に各農政局に対して「農薬名には作用機構分類（RACコード）を併記してローテーション散布を指導すべし」という通達を出した。翌年には、農薬工業会（現CropLife JAPAN）も各メーカーに対して「RACコードをラベルに記載しましょう」とガイドラインを出した。

　農薬ラベルへの記載が進んだり、都府県が「病害虫防除指針」に掲載したり、一部のJAやホームセンターが店頭やカタログに掲載したり、RACコードは近年、一気に身近になってきた。

　たとえば殺菌剤の［M］剤、［P1］や［P2］などPがつく剤は万能の「予防剤」、除草剤の［3］や［15］は土壌処理剤、［1］や［9］は茎葉処理剤など、農薬の性格を把握するのにも役立つ。農薬をしっかり活用して、ピシャッと効かせる。RACコードは、減農薬のための新たなツールといえる。

　　執筆　編集部

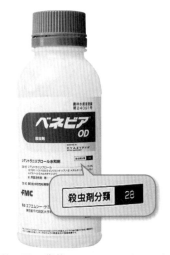

第1図　農薬ラベルのRACコード

RACコードで、農家も農協職員も農薬がわかる！

JA邑楽館林「あぐり西邑楽」・戸ヶ崎勇紀さん

すべての値札にRACコード

群馬県邑楽町、JA邑楽館林の資材店「あぐり西邑楽」（邑楽町）に入って左側、農薬コーナーを覗くと、棚の上のRACコード一覧がまず目に入る。殺虫剤や殺菌剤のそれぞれの値札にも、RACコードが大きく表示してある（第1図）。

店舗係長の戸ヶ崎勇紀さんによると、始めたのは3～4年前。当時はRACコードをラベルに記載していない製品もまだまだ多く、農家の農薬選びの参考になればと始まったそうだ。西邑楽の管内はハクサイや露地ナス、ニガウリ（ゴーヤー）の生産者が多い。ハクサイではその数年前に、ジアミド系殺虫剤（IRAC［28］、フェニックスやプレバソンなど）が効かない「スーパーコナガ」が問題になっていた。JAとしても、薬剤抵抗性の回避が課題になっていたわけだ。

現在はほかに、春と秋に回覧する管内向けの農薬注文書にもRACコードを記載する。

「若い農家のなかには、RACコードがもう頭に入っていて、会話のなかですらすら出てくる人もいます。少しずつ浸透してきましたかね」

年配層の認知度はいまいちだが、農薬について聞かれたときに説明している。たとえば春先、アブラムシが出てきたと相談された場合——。

「定植のときにネオニコ系、IRAC［4A］のアドマイヤーを使ったよねえ。じゃあ次は同じ［4A］のアルバリンじゃなくて、［23］のモベントでもどう？ 成虫には効きにくいけど残効性と浸透移行性があって、出始めの時期に使うといいよ」

といった感じなんだとか。値札のRACコードを見ながら説明すれば、農家に伝わりやすい。

職員も農薬がわかるようになる

「あぐり西邑楽」では、殺虫剤だけでも約100種類の製品を扱っている（剤型の違いを含む）。そのうち店舗に並ぶのは約60種類だが、戸ヶ崎さんたち職員にとっても、すべての特徴を把握するのは至難の業だ。

しかしRACコード別なら、よく売れる殺虫剤はネオニコ系［4A］やジアミド系［28］、アベルメクチン系［6］や有機リン系［1B］など、せいぜい10種程度におさまるだろう。［4A］はアブラムシ類などカメムシ目の害虫が得意で、［28］はチョウ目によく効く、［1B］は天敵にも効いてしまうなど、例外はあるものの、ざっくり特徴がつかめるのだ。

新剤が出ても、たとえば［4C］のトランスフォームは［4A］と同じ「4」なので、ネオニコの親戚だとわかる。新しい作用機構をもつが、得意なのはアブラムシ類やコナジラミ類など、やはりカメムシ目の害虫なのだ。

新人の職員にとってカタカナだらけの名前は覚えにくく、とっつきにくいが、RACコードを活用すれば、農薬がわかるようになるわけだ。

執筆　編集部

（『現代農業』2022年6月号「RACコードで、農家も職員も農薬がわかる！」より）

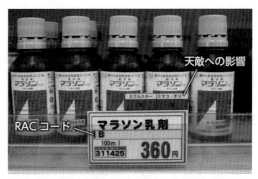

第1図　農薬の値札にRACコードを記載し、ひと目でわかるようにしている

写真はマラソン乳剤。［1B］有機リン系の殺虫剤。あぐり西邑楽では、天敵への影響も明記。天敵栽培が増えてきた露地ナス農家にも喜ばれている

RACコードでイネや野菜の脱ネオニコ

執筆　高林優一（北海道安平町）

第1図　筆者
70haの圃場で水稲やコムギ、ダイズやカボチャ、スイートコーンなどを栽培

家族のアレルギーを治したい

北海道の南部、安平町で水稲やコムギ、ダイズやカボチャ、スイートコーンなど70haで栽培しています（第1図）。コムギやダイズ、カボチャやゴボウなどは一部（計7ha）、有機栽培でJAS認証も取得しています。

私は2016年に脱ネオニコ宣言し、一切のネオニコチノイド系殺虫剤の使用をやめました。妻の食物アレルギーを治したくて、いろんな本を読んで、たどり着いたのが農薬でした。そして、出荷先の（株）マルタやアグリシステム（株）の研修会などで、ネオニコが子どもたちに増えている発達障害の一因になっている可能性があることを知りました。

ネオニコに関しては、国内外でさまざまな研究が行なわれています。浸透移行性のネオニコは作物にごく微量ながらも残留することがわかっていて、北海道大学の研究では、生まれたばかりの赤ちゃんの尿から、アセタミプリド（モスピラン）の成分が検出されました。お母さんの胎盤にも浸透し、赤ちゃんの体内に入り込んでいるというのです。

木村-黒田純子、黒田洋一郎先生や、（独）北海道がんセンター・西尾正道先生の本も読み、使っていた農薬に、恐ろしさを感じ始めました。

RACコード活用で脱ネオニコ

ちょうどそのころ、「除草剤ってどうして枯れるの」と人に聞かれ、答えられませんでした。殺虫剤が害虫に効く仕組みもわかりません。農薬のことを、全然知らないで使っていたのです。

農薬をゼロにはできなくても、効率よく使えば、使用量を減らすことはできます。本を読んで勉強し、薬剤抵抗性のリスクを減らすための「RACコード」も知りました（第2図）。農文協の「ルーラル電子図書館」で自分が使っている農薬のRACコードをすべて調べ、さまざまな系統の農薬を上手に使えば、ネオニコに頼らなくても栽培できそうだということもわかりました。

脱ネオニコは、水稲から始めました。水稲の農薬はネオニコや、トンボのヤゴに影響のあるフェニルピラゾール系（プリンス。IRACコード［2B］）を含んでいることが多く、そのどちらも含まない薬剤を探しました。

使っているのは「フェルテラチェス箱粒剤」（ジアミド系［28］とIBR系［9B］の混合剤）など。野菜類も「ディアナ」などのスピノシン系［5］やピロール系の「コテツ」［13］などで上手にローテーションを組めば、ネオニコに頼らなくても害虫は防げます。

今はまだ一部で有機リン系［1B］の殺虫剤も使っていますが、やはり毒性が高いため、今後はやめていきたいと考えています。

一方、ネオニコをやめたことで、スイート

コーンのアブラムシは問題になりました。現在は有機JASでも使える資材（大朗物産の「ウインドスター」など）も利用して、なんとか抑えています。

農家にとってまず大事なのは、自分が使っている農薬をよく知ることだと思います。その近道になるのがRACコード。私は地域の農協にもRACコード活用を提案し、農薬のとりまとめ注文書などに記載されるようになりました。

土壌環境を見直し殺菌剤もやめた

脱ネオニコをする以前に、じつは殺菌剤はすでにほぼ使わなくなっていました。（株）マルタの大会で山川良一さん（「ヤマカワプログラム」の提唱者）の講演を聞いて、2013年から取り組み始めました。

山川さんの教えは「自然と人間との調和」です。人間が手をかけ過ぎると、土壌微生物のバランスが崩れ、耕盤層ができたり、作物が病気になったりします。人間は微生物が調和するきっかけ（光合成細菌など）を与えることで、土を自然の状態へと戻し、作物が子孫を残すお手伝いをするだけでよい。そう教わりました。

光合成細菌の散布のほか、プラウをやめたり、緑肥を積極的に取り入れたり、輪作を徹底したり。どれも土壌微生物が住みやすい環境を整える（環境を壊さない）やり方で、おかげで作物が本当によく育つようになりました。作物が健全に生育すれば、病気は出ません。結果として、殺菌剤の使用もほぼいらなくなってきました。

田んぼに赤トンボが帰ってきた

殺菌剤を減らしネオニコをやめ、水稲栽培では箱処理剤以外の農薬散布はすべてやめました。グリホサート系除草剤の使用もやめています。

そのおかげでしょうか、かなり減ってしまったトンボの姿を、水田でまたよく見るようになりました。とくに赤トンボが増えてきました。生きものがよく働くからでしょうか、作物の味もよくなってきました。

私はエコファーマーやグローバルGAPなどに管内でいちばん早く取り組み、2020年に有機JAS認証も取得しました。農家に求められているのは、一方的に与えられる情報だけでなく、自分で進んで学ぶことだと思います。農薬のメリットもデメリットも知ったうえで、何を使うか使わないか、自分で考えて決めることではないでしょうか。

（『現代農業』2021年8月号「イネや野菜の脱ネオニコ　RACコードとヤマカワプログラムのおかげ」より）

第2図　市場に出回るネオニコチノイド系殺虫剤（IRACコード［4A］）
以前は見分けがつかず、ネオニコ系を連続して使う農家もいた

第6部
話題の有機栽培

BLOF理論
——ミネラル先行施肥で炭水化物優先の育ちにもちこむ

1. BLOF理論とは

　私たちが有機栽培を実践するうえで基本となる理論を「BLOF理論」と呼んでいる。「BLOF」とは、「有機栽培」の英語の直訳であるBio LOgical Farmingの大文字部分を取り出して名づけたもので、私たちは「生態系調和型有機栽培理論」と呼んでいる。

　有機農業はともすれば一般の化成栽培に比べて収量が上がらないし安定しない、品質がばらつく、病害虫に弱い……などといった課題にぶつかる。しかし、このBLOF理論を踏まえた技術を栽培に落とし込むことで、一般の化成栽培以上の成果を上げることができるし、実際にそのような有機栽培農家も多い（第1図）。

　このBLOF理論は、特別な資材を使った特殊な考え方を表現した理論ではなく、植物の生長（植物生理）をそのまま技術に落とし込んだものである。だから考え方そのものは至ってシンプルなものであり、有機農業初心者にも納得しやすく、実績も上がりやすい。

　以下、BLOF理論の前提となっている植物生理とBLOF理論の内容について紹介する。

2. 植物の生長の基本となる炭水化物

（1）光合成でつくられる炭水化物は植物が生きていく基本

　植物が生長するために行なっていることは大きく分けると2つある。

　水と二酸化炭素を吸収し、光のエネルギーを利用して炭水化物を合成すること（光合成）。そして、こうしてつくられた炭水化物を材料とエネルギー源として使って、葉や根、茎を伸ばし、養水分を吸収し移動させ、花を咲かせ、実を結び、子孫を残す。つまり植物は、光合成によって炭水化物をつくり、その炭水化物を活用することで生長し子孫を残している。これが植物の生長ということだ。

　この炭水化物は根から吸収したチッソと結びついてタンパク質となり、さらに細胞となっていく。炭水化物がたくさん結びついたセンイ（セルロース、ヘミセルロース、リグニンなど）が細胞壁をつくって多くの細胞を守り、植物のからだを支える。

　つまり、光合成によってつくられる炭水化物は植物が生きていくための基本となる物質なのだ。そして農業は植物の能力をできる限り生かして、光合成による炭水化物生産を効率よく最大化し、そこからできるだけ多くの収穫を得ようとする営みでもある。

第1図　BLOF理論を実践した成果
1節から数本のナスが成っている

(2) 細胞づくりとセンイづくり

①細胞をつくり，センイで守る

植物が生長するということは，植物の体，つまり細胞をつくっていくことが基本である。細胞はタンパク質から，タンパク質はアミノ酸からつくられ，アミノ酸はチッソを原料としている。このように細胞をつくる役目は基本的にチッソが担っている。農業の場面では，そのチッソの大部分は肥料として供給される。

そして，自然界でこの細胞が生き続けていくためには，風雨や害虫，病原菌などの外敵から身を守らなければならない。動物のように移動して外敵から逃れることのできない植物は，細胞のまわりにセンイで外壁＝細胞壁をつくった。この細胞壁で細胞を守り，植物のからだを支えている。このセンイは光合成でつくられた炭水化物が直鎖状に2,000～4,000もつながったものだ。

②センイづくりに必要なミネラル

細胞壁をつくるセンイの原料は炭水化物で，植物が光合成によってつくり出す。光合成がしっかりと行なわれることが，センイづくりのためにも，植物が自然界で生きていくためにも不可欠なのである。

そして，光合成をはじめとする植物体内の生化学反応をスムーズに進め，生命を維持するためには，肥料の三要素であるチッソやリン酸，カリ以外に，マグネシウム，カルシウム，マンガン，鉄，銅，塩素といったミネラルが必要である。ミネラルは土壌や肥料などから供給される。作物の施肥を考えるときには，センイづくりや生命維持のためのミネラルと，細胞づくりのためのチッソをベースに考えていくことが大切なのである。

③センイづくりに並行して細胞づくりを進める

センイづくりのミネラルと細胞づくりのチッソが植物の生長のベースとなるのだが，センイづくり（ミネラル）と細胞づくり（チッソ）には優先順位のようなものがある。

植物が健全に生育しているときのチッソとミネラルのバランスに対して，チッソがミネラルより相対的に多くなると，細胞は大きくなるものの，センイは薄くなる。植物は軟弱徒長し，センイでつくられている表皮（細胞壁）などが弱くなり，病虫害を招き，不順な天候にも弱くなる。そして収量や品質の低下を招いてしまう。

植物を健全に生育させるには，センイづくりがきちんとできたうえで，それと並行して細胞づくりを進めていくことが大切で，ミネラルをきちんと吸収したうえで，それに見合ったチッソが吸収されていくことが重要なポイントになる（第2図）。BLOF理論ではこのような状態を「ミネラル優先，チッソ後追い」と表現している。

3. ミネラル優先の施肥の前提は団粒構造の発達した土

(1) 団粒構造をつくり，維持する

①根まわりに十分な酸素を確保

有機栽培では，自然界に比べて植物（作物）から多くの収穫物を得ようとする。自然界の物質循環とは異なり，土には多くの資材が投入され，作物は多くの仕事をしなければならない。体を大きくして収量を増やし，品質を高めるといった仕事である。

その仕事を支えるためには，生命維持に不可欠なミネラルや細胞をつくるチッソがスムーズ

第2図 ミネラルがしっかり効いているホウレンソウ
葉が厚く，テリがある

に吸収されなければならない。そのときにベースになるのが，養水分を吸収する仕事をしている根であり，その仕事のエネルギーをつくり出している根の呼吸である。根が呼吸によって酸素を取り入れることで，作物は光合成でつくられた炭水化物をエネルギー源として養水分を吸収する仕事をすることができる。そして吸収した養水分をもとに生長していく。

このように多くの養水分を吸収し利用するためにも，根が広く深く張り，その根まわりに十分な酸素が必要になる。有機栽培に適した土壌というのは，根まわりに適度な気相が確保されている土，団粒構造が下層まで発達した土なのである。

BLOF理論では，「ミネラル優先，チッソ後追い」の施肥を実現する前提として，土の物理性，土壌団粒に富んだ土壌をつくることが重要なポイントだと考えている（第3図）。

②栽培期間中，土壌団粒を維持する

ただ，栽培期間中には，畑を耕うんしたり，畑に人や機械が入ることで土壌の団粒構造はしだいに壊れていく。また，根が養水分を吸収することで土を締めてしまうこともある。作付け時に団粒構造ができていても，しだいに崩れていくのがふつうだ。

このような状態になると，根まわりに十分な酸素がなくなるので，作物は健全な生長を維持できない。つまり，有機栽培では，栽培期間中ずっと根の呼吸を保つために，土壌団粒が崩れないよう，あるいは崩れても立て直す手立てを講じることがポイントなのである。そのため，BLOF理論を実践している有機農業者は，栽培期間中に堆肥を追肥するなどの手立ても講じている。

土壌団粒の維持・確保，つまり土の物理性が第一に考慮されなければならない。

(2) 有機栽培の施肥，ふたつの原則

以上のように考えてくると，有機栽培の施肥にはふたつの原則があることがわかる。

ひとつは根が呼吸しやすい環境をつねに保つこと。土壌団粒をつくり，維持し続けること。

ふたつは細胞の守り手であるセンイづくりを担うミネラルがつねにチッソに優先して効くようにすること。

つまり，「土の物理性優先の施肥」と「ミネラル優先，チッソ後追いの施肥」というふたつの原則である。

そして，このふたつの原則には優先順位があって，第一が「土の物理性優先の施肥」であり，次が「ミネラル優先，チッソ後追いの施肥」ということである。

4. ミネラル優先を実現する手立て

(1) 容積法の土壌分析とミネラル優先の施肥設計

必要なミネラルが吸収されやすい状態で過不足なくあることで，植物の生長の基本となる光合成がきちんと行なわれるようになる。しかし，土壌中のミネラルがどのくらいあるかを知り，不足分をどのくらい肥料として施用すればよいかがわからなければ，過不足のない状態をつくることはできない。

BLOF理論では容積法による土壌分析を行ない，その数値からミネラル優先の施肥が実現できる施肥設計ソフトを開発して，有機栽培農家に活用してもらっている。

なお，通常行なわれている土壌分析は重量法という方法だが，有機栽培の土壌は有機物が多く施用されているので，土が軽くなり，重量法

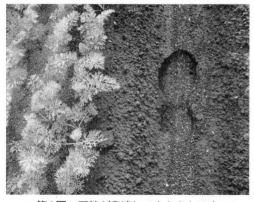

第3図 団粒が発達してふかふかの土

の土壌分析では分析値が高く出てしまい，結果として施肥量が少なくなることが多い。詳しくは「有機栽培の分析は体積法で」の項を参照。

(2) 容積法の分析機器「Dr.ソイル」

①土壌マスに土の硬さを再現する

土壌分析を容積法で行なうためには，容積法にもとづいた分析機器が必要になる。そのような分析機器としてDr.ソイル（現在の後継機器は「農家のお医者さん」）という土壌分析機器を農家には勧めている。これは多くの土壌分析と同様，採取した土を薬品で処理，含まれている肥料養分や化学的指標を比色によって測定する。

その最大の特長は，採取した土を土壌マス（プラスチック製の小さな計量スプーン）に指で詰めるときに，押し込んで詰めすぎず，採取した畑の土の硬さで行なうこと。スプーンすり切り一杯分の「容積」に含まれる土の肥料養分を分析するのである（第4，5図）。

②誤差は初めての人でも±7%程度

「採取した畑の土の硬さで計量する」ということに不安があるかもしれない。しかし，土の気相は15〜25%程度である。いくらギューッと押し込んでも，気相全部をなくすことはできないので，気相なしで測定したとしても誤差は最大で気相分の程度（15〜25%）である。

実際，採土するときに土の硬さを指で押して確かめておけば，初めて土壌分析をする人でも，分析値の誤差は±7%程度に収まっている。

経験を積めば，さらに誤差は小さくなる。

③生土で分析できる

また，土壌マスに採取する土は，畑にあるそのままの土，生土でよい，というのも大きな特長である。重量法で分析する土は「乾土」で，採取した土を乾かさなければならないうえに，乾かし方の程度の判断がむずかしい。その点，生土なら畑の土そのままなので，分析経験の少ない農家でも容易に対応できる（第6図）。

容積が基準になるので，土に含まれている水分の多少は関係ない。採土した土を土壌マスに詰めるときに，そのときの土の硬さを再現すれば，一定容積の土の分析ができるからだ。

(3) ミネラル優先を組み込んだ施肥設計ソフト

①ミネラル優先の設計ができるソフトを開発

施肥設計は，土壌分析値からCEC（陽イオン交換容量）を推定すれば，施肥量の上限値・下限値を計算することができる。当初はそんな理論値から計算した推定CECを基準に施肥設計を行なっていた。

しかし，そのような施肥設計で栽培すると，

第5図　土壌を採取する土壌マス（プラスチック製の小さな計量スプーン）

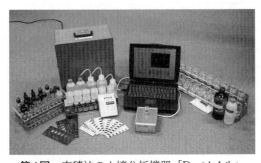

第4図　容積法の土壌分析機器「Dr.ソイル」
現在の後継機器は「農家のお医者さん」。富士平工業（株）製

第6図　土壌分析の講習会の様子

生長は速いのだが軟弱ぎみで，灰色かび病や疫病などの病気や害虫の被害が出たり，葉色の落ち方が速かったりして，健全な生育にならなかった。

有機栽培では，チッソ肥料としてアミノ酸肥料を施用する。アミノ酸肥料は吸収されると細胞づくりにただちに利用されるので，作物の生長は速くなる。十分なミネラルが土壌中になければ，チッソ優先の生育になりがちだ。そのためセンイづくりが遅れて病害虫の発生につながったのだ。

そんな経験から，ソフトの補正を繰り返して，ようやくミネラル優先の施肥が実現できる土壌分析ソフトをつくることができた。この土壌分析ソフトは，有機栽培農家に協力していただき，およそ15年間，14万件以上のデータをもとに，つくり込みを繰り返して仕上げたものだ（第7図）。

②物理性優先の施肥は設計者が行なう

有機栽培の施肥の原則の「ミネラル優先，チッソ後追い」の施肥をソフトに組み込むことができたが，より基本的な施肥の原則である「土の物理性優先の施肥」は，このソフトには組み込んではいない。土の物理性の改善は，後述する中熟堆肥の施用や太陽熱養生処理などによって行なうことになる。

土壌分析ソフトで数字あわせをすれば，一応の土壌分析はできる。しかし，よい成果を得るには，土の物理性優先の手立ては欠かせない。

（4）ミネラル優先で光合成を最大化

①過不足ないミネラル施肥で光合成を高める

土壌分析と土壌分析ソフトを使うことで適切なミネラル施肥ができ，光合成を最大化することができる。光合成によって炭水化物生産が最大化できれば，その炭水化物を使って植物はさまざまな仕事をすることができる。チッソを原

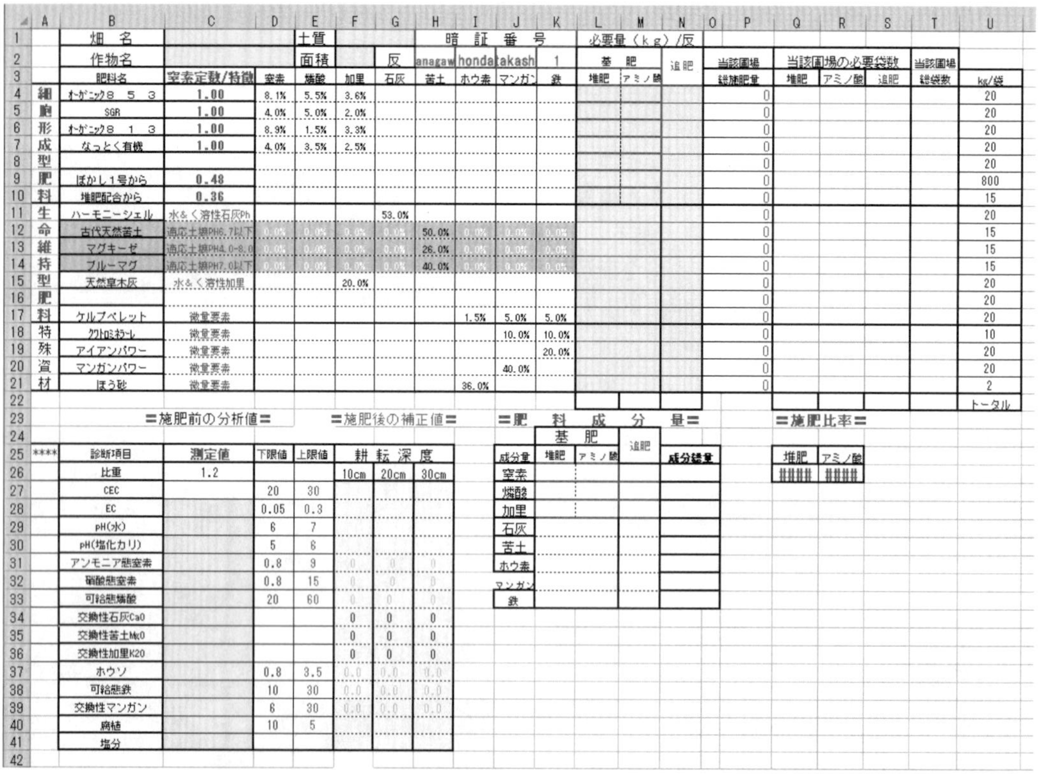

第7図　土壌分析ソフトの設計画面

料に細胞づくりに，また直鎖状につなげてセンイづくりに活かすことができる。そのほか，生長するためのさまざまなエネルギー源としても使うことができる。

②ミネラルを肥料として位置づける

これまでミネラルというと，土壌改良の目的で石灰や苦土の施用が勧められてきた。しかし，植物を健全に生長させ，光合成による炭水化物生産を最大にするためには，必要なミネラルを肥料として施用することが肝心なのである。肥料としてのチッソ肥料と同様，ミネラル肥料として過不足なく施用することが光合成を最大化するためには必要になる。

植物の生長に必要なミネラル（必須ミネラル）はリン酸やカリをはじめ，石灰や苦土，鉄，マンガン，亜鉛など多くあり，どれひとつ不足しても健全に生長することはできない（第8図）。

③追肥の前に土壌分析，施肥設計

栽培当初に設計ソフトを使ってミネラル肥料を適切に施肥した場合でも，栽培途中で農作物に吸収されて少なくなる，あるいは雨や灌水などで流亡するミネラルも出てくる。そのため，生育途中で追肥をするときには事前に土壌分析をして，施肥設計ソフトを使って不足しているミネラルの追肥をしていく必要がある。

BLOF理論では土壌分析と施肥設計によって，土壌中のミネラルの過不足を知り，ミネラル肥料を生育期間を通して適切に施肥することで光合成を最大化し，有機栽培を成功に導くことができるのである。

5. チッソ肥料としてのアミノ酸肥料

(1) チッソ吸収から細胞・器官ができる工程

では，細胞づくりの肥料であるチッソについて見てみよう。

肥料の三要素としてもっとも重要な肥料成分であるチッソは，細胞づくりに欠かせないタン

第8図 ミネラルの苦土がしっかり効くと双葉も豆葉も収穫まで枯れない（コマツナ）

パク質をつくる基本的な材料である。一般の化成栽培ではチッソ肥料として硫安や塩安，尿素，リン酸・カリも含んだ化成肥料が施用されている。

化成栽培の場合，根から吸収されたチッソがどのようにして細胞になるか見ておこう。

根から吸収されたチッソ，無機態チッソ（硝酸）は酵素によって亜硝酸，アンモニアと順次変換されていく。こうしてつくられたアンモニアと，光合成によってつくられた炭水化物がいっしょになってアミノ酸が合成される（第9図上段）。

こうして合成されたアミノ酸が作物体内を移動して生長点の細胞に送り込まれ，さらに複数のアミノ酸，炭水化物が結合してタンパク質がつくられていく。そして細胞分裂によって新しい細胞が次々生まれ，各種の器官がつくられていく。

このように作物は，根から吸収した無機態チッソと光合成でつくられた炭水化物を使ってアミノ酸をつくり，そのアミノ酸を組み合わせてタンパク質をつくり，生長しているといわれてきた。

(2) 有機のチッソも吸収されている

①植物は大小多様な有機態チッソを吸収

以前は，有機物を施用しても，土の中の微生物によってアンモニアや硝酸という無機のチッソにまで分解されてから作物に吸収されるとさ

れていた。しかし，近年，有機態のチッソを植物が吸収していることが明らかになっている。

BLOF理論をもとにした有機栽培では，醤油や味噌のようなアミノ酸臭がするくらいまで発酵させた有機質肥料を施用して，収量・品質ともに優れた農産物を生産している。これも有機態チッソの効用だと考えている。

研究成果や現場の事例から考えると，分子量8,000というタンパク様チッソからペプチド，アミノ酸など水溶性の有機態チッソまでを作物は吸収できると考えられる。

②アミノ酸とアミノ酸肥料

BLOF理論では，土壌中に有機物の分解物として存在し，作物に直接取り込まれ，からだづくりの素材として，あるいは作物のエネルギー源として使われる有機態のチッソを総称して「アミノ酸」と呼んでいる。

アミノ酸という場合，植物生理における化学変化では狭い意味の文字どおりのアミノ酸だが，土壌中での働きなどで使っている場合は，広い意味の有機態チッソのことをアミノ酸と呼んでいる。有機態チッソは低分子のアミノ酸の複合物あるいは変形物と考えられ，土壌中，作物中では似たような働きをしていると考えられるからだ。なお，BLOF有機栽培の実際の場面では，有機肥料やボカシ肥料のことを「アミノ酸肥料」と呼んでいる。

6. 有機栽培の発想とアミノ酸肥料

(1) アミノ酸は炭水化物をもったチッソ肥料

化成栽培での作物体内でアミノ酸からタンパク質，細胞，器官がつくられる過程は先に述べたとおりである。

有機栽培の場合，アミノ酸肥料を施肥すると作物は直接アミノ酸を吸収することになる。化成栽培の無機のチッソ吸収からアミノ酸合成までの工程を飛び越えて，いきなりアミノ酸から細胞づくりの工程がスタートすることになる。根について考えてみると，吸収されたアミノ酸がただちに根の細胞をつくることに利用される。そのため，有機栽培では根が速く伸びていくことになる（第9図下段）。

アミノ酸肥料には，その構成から，炭水化物がそのままの形ではないが，形を変えて含まれていると考えてよい。アミノ酸肥料はチッソ肥料としての面と，炭水化物が作物の体内で行なっている役割の面とを併せもっているということになる。つまり，アミノ酸肥料は炭水化物をもったチッソ肥料ということになる。

(2) じつにシンプルな有機栽培の発想

①アミノ酸の直接吸収で炭水化物を節約できる

有機栽培理論であるBLOF理論の発想というのは，じつは非常にシンプルなものだ。

作物のからだがタンパク質でできていて，タンパク質の原料がアミノ酸であるならば，アミノ酸を直接根から吸収利用できれば，作物が吸収した硝酸を光合成炭水化物を使って順次，亜硝酸，アンモニアに変え，さらに光合成炭水化物を組み合わせてアミノ酸をつくる過程が省略できる。各過程では光合成でつくられた炭水化物がエネルギー源として使われるが，その炭水化物を節約できる。さらに，アミノ酸をつくるための材料としての炭水化物も節約できる（第10図）。

しかもアミノ酸は炭水化物部分ももち合わせているので，光合成でつくられる炭水化物の補いにもなる。

②有機栽培は化成栽培より炭水化物量が多くなる

化成栽培が硝酸を吸収してアミノ酸をつくる場合と有機栽培でアミノ酸を吸収した場合の炭水化物量を比較してみる。すると有機栽培のほうが化成栽培に比べて，アミノ酸肥料に含まれる炭水化物部分と，化成栽培で硝酸からアミノ酸をつくる工程で使われる炭水化物が使われない分とで，炭水化物が多くなることがわかる（第11図）。

植物はアミノ酸肥料の直接吸収によって，細胞合成に使われる炭水化物を節約でき，さらに

	1	2	3	4	5	6
化成栽培	硝酸態チッソの吸収	亜硝酸へ還元	アンモニアへ還元	アンモニアと炭水化物でアミノ酸の合成	葉から根へ転流	根の細胞が増え伸びる
有機栽培	アミノ酸態チッソの吸収	この工程を省略できる！				根の細胞が増え伸びる

第9図　チッソ，アミノ酸の吸収と作物の生長

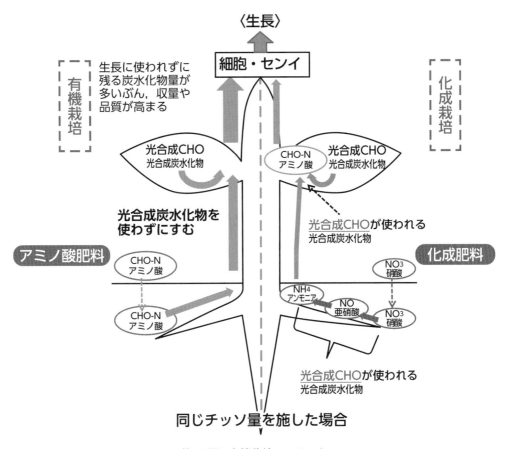

第10図　有機栽培のメリット

光合成によってつくられる炭水化物以外の炭水化物を得ることができることになる。

このようにアミノ酸肥料を使った有機栽培では，作物が利用できる炭水化物の総量が多くなり，作物は生長に使ってもまだ残る炭水化物をさまざまな面に利用できることになる。

③炭水化物リッチな生育を実現

アミノ酸肥料を使った有機栽培では，炭水化物総量が多くなる。炭水化物はからだづくりの材料であると同時に，エネルギー物質でもあるから，作物は生長に使って残った余剰炭水化物を，収量・品質の向上や病害虫に負けないからだづくり，悪天候への対策などに役立てること

第6部　話題の有機栽培

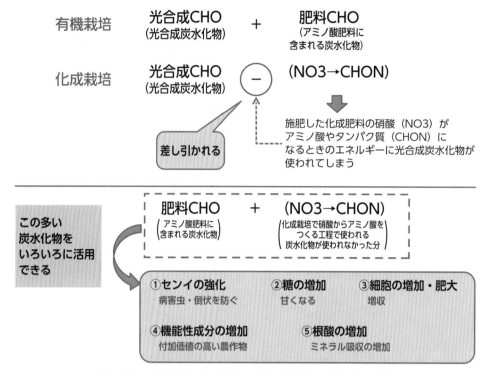

第11図　有機栽培と化成栽培の炭水化物量の比較（引き算）
施肥するチッソ成分量，光合成でつくられる炭水化物が同じだとして

ができることになる。

BLOF理論はこの炭水化物リッチな生育を実現する技術として組み立てたものなのである。

(3) 収量・品質の向上に生かせる

節約できた炭水化物と，アミノ酸肥料の炭水化物部分は次のような農業生産の場面で生かすことができる。簡単に列記する。

・センイを強化して病害虫・倒伏に対する抵抗力を増す。
・糖分が増える。
・増収が見込める。
・栄養価・機能性成分が増加する（後述）。
・根酸が増加しミネラル吸収がスムーズになる。
・うま味成分が増える。

(4) 悪天候に強くなる

さらに，気象条件が悪いなかでも収量・品質の低下を最小限に食い止めることができる。

たとえば低温寡照条件下では光合成による炭水化物生産は低下してしまう。あるいは猛暑，高夜温では呼吸によって炭水化物が消耗してしまう。その結果，生育の停滞，収量・品質の低下，病害虫の発生などが生じる。

このようなときでも，施肥したアミノ酸肥料のもっている炭水化物部分を作物の生育に振り向けることで，気象条件の悪化に伴う炭水化物生産の低下を補い，健全な生育に近づけることができる。

(5) アミノ酸肥料の種類と施用時の注意

アミノ酸肥料とは，有機物をアミノ酸ができるくらいまで十分に発酵させてつくった発酵肥料・ボカシ肥や，食品工場の副産物などを加熱・圧搾してアミノ酸を取り出した有機のチッソ肥料のことをいう。前者を「発酵型アミノ酸肥料」，後者を「抽出型アミノ酸肥料」と呼ぶ。

発酵型アミノ酸肥料には，発酵に関連した有

用微生物と，発酵過程でつくられる有機態チッソのほかに，ビタミンやホルモン様物質，病原菌を抑える抗生物質などが含まれていることがある。

抽出型アミノ酸肥料は，基本的に無菌の状態で製品化されている。微生物はもちろん，微生物由来の発酵生成物は含まれていないが，有機物が分解してできるさまざまな物質を含む。

注意したいのは，抽出型は無菌状態で製品化されているため，施用すると土壌病原菌のえさとなりやすく，かえって土壌病原菌を増やすおそれがある。そのため納豆菌や放線菌などの善玉菌が多い良質な堆肥といっしょに施用することが大切である（発酵型アミノ酸肥料でも良質堆肥との施用を勧めている）。

7. 堆肥の施用と有機栽培

(1) 堆肥の効用を炭水化物視点で見ると

堆肥というと，土を軟らかくする，土壌病害を抑える，肥料を保持・供給する，といった働きがいわれ，そうした土の総合的な力を高めるために施用するものとされてきた。このような捉え方はまちがいではないが，BLOF理論にもとづく有機栽培では，堆肥を炭水化物の活用という視点から見る（第12図）。以下，簡潔にそのポイントを紹介しておく。

堆肥中の発酵有機物中の炭水化物　堆肥中には糞やオガクズなどの有機物（タンパク質やセンイなど）が発酵・分解された物質として，アミノ酸や大小さまざまな大きさのペプチドやタンパク質（菌体タンパクも含む）のほか，いろいろな有機酸や糖類やセルロースなどの炭水化物，微生物の分泌物（ビタミンなどを含む）や遺骸などが含まれている。

土壌団粒をつくるのり状の炭水化物　土壌団粒の接着剤の役割を果たしている物質が堆肥に含まれているのり状の炭水化物である（詳しくは「太陽熱養生処理のメカニズムと成功させるコツ」を参照）。

有機のチッソの供給源　堆肥には有機物の発酵・分解によって生じる有機態チッソが含まれ，それらを作物は吸収利用することができる。

腐植によって高まる保肥力　堆肥にはさまざまな有機酸や大小の炭水化物，センイ類などからなる有機物の発酵分解物の集合体である腐植が含まれており，保肥力の源泉となっている。

腐植酸・有機酸がミネラルの吸収を促す　堆肥にはキレートをつくってミネラルの施用効果を上げることのできる腐植酸などの有機酸が含まれている。

(2) 水溶性炭水化物が地力の源

①作物に吸収される水溶性炭水化物

さらに堆肥の施用効果として重要なのが，堆肥に含まれている水溶性炭水化物の肥料としての効果である（炭水化物肥料）。堆肥の発酵過程で生まれる水溶性の炭水化物は，土壌団粒の接着剤的な働きをするだけではない。水に溶けた形で作物に直接吸収され，光合成によってつくられた炭水化物と同じように作物体内で働いていると考えている。

②不順天候下での炭水化物生産を補う

これまで，「1980年代前半にあった冷害の年でも有機栽培のイネは減収を免れた」といった話をよく耳にしてきた。その理由として，堆肥が多く入れられているので地温が高かったとか，地力があったので早期に茎数確保ができた

第12図　フロントローダーで切り返し中の堆肥
有機栽培に向くのは中熟堆肥

から，というような説明がされてきた。

最近は冷害より猛暑をどう乗り切るかが大きな課題となっているが，不順な天候下では，光合成による炭水化物生産が低下したり，あるいは炭水化物が生産されても高夜温下の呼吸によって消耗してしまう。

有機栽培によって水溶性の炭水化物が土壌中に多く存在していれば，農作物はそれを吸収して，悪天候による光合成の低下による炭水化物の減収分を埋め合わせることができる。いわば全天候型の栽培が有機栽培では可能になるのである。

③「地力」の本体

冷害や猛暑などの天候不順，そのほかいろいろなストレスのなかでも作物が健康に生長するように支える土の力を「地力」と呼ぶなら，それは，地力チッソというようなチッソではなく，土壌中にある炭水化物でなければならない。炭水化物こそ作物（植物）の生きる力であり，生命活動の源だからである。

このようなことから，土壌中の水溶性炭水化物こそ地力の本体であると考えられる。良質堆肥を施用することは，水溶性炭水化物を施用することでもあり，その意味で地力を高めることにつながる。この水溶性炭水化物による地力の増大こそ，堆肥のもっとも優れた，ほかの資材にはない特長なのである。

そして，先にあげた数々の堆肥の効用を実現するための堆肥として，もっとも適しているのが中熟堆肥である。

8. 中熟堆肥が有機栽培にもたらす効用

(1) 施用後に有用微生物が増殖できる堆肥

①完熟堆肥のよさ

一般に堆肥というと「完熟」がよいというイメージがあるが，有機栽培には完熟の手前の「中熟」堆肥が適している。

未熟な堆肥では，土壌病害を招く危険性があり，未熟な有機物の分解に土壌中のチッソが使われてしまうチッソ飢餓，さらには根腐れの原因ともなる。

いっぽう，完熟堆肥の場合，未熟堆肥に見られるようなチッソ飢餓や根腐れの原因になるような未熟有機物はほとんどない。先に述べたように，完熟堆肥には地力の源泉である水溶性の炭水化物も多く，土の物理性を向上させ，腐植酸・有機酸の効用，保肥力の向上などが見込める。

②土壌病害虫を抑えるには力不足

しかし，完熟堆肥では，いま多くの畑で問題になっている土壌病害やセンチュウを抑えることはむずかしい。土壌病害虫を抑えるしくみは団粒構造や保肥力ではないからである。

完熟堆肥には，有用微生物のえさとなるタンパク質や炭水化物類が発酵の過程で消費されて少なくなっている。そのため，堆肥施用しても，えさがないために有用微生物は土壌病害虫を抑制するほど土壌中で増殖することができない。

有機栽培に向いた堆肥は，土に入れたときに有用微生物を増殖させる力，つまり体づくりのえさ（水溶性のタンパク質や炭水化物類）をもっていることが大切である。

③中熟堆肥はもっとも力の強い堆肥

そこで完熟する前の，堆肥中にまだ多くの水溶性タンパク質や炭水化物が残っている状態の堆肥，中熟堆肥の活用が有機栽培成功のポイントになる。

中熟堆肥には微生物も多く，同時に分解物で微生物のえさとなる比較的分子の小さなタンパク質や炭水化物類なども多い。いってみれば，堆肥の発酵過程の中でもっとも力の強い時期なのである。このような状態の堆肥を広げて放冷・乾燥させ，発酵を止めて仕上げたのが中熟堆肥である。完成した中熟堆肥は，含まれている水溶性の炭水化物（オリゴ糖などの糖類）によって少し粘り気のある性状のものになる。

発酵を止めていた中熟堆肥を土に施用すると，土壌水分を得て微生物は再び活性化，中熟堆肥に含まれているタンパク質や炭水化物をえさにして増殖，土壌病害虫を抑制することがで

きる。同時に，土壌団粒の形成といった堆肥の数々の効用も促進することができる。

(2) 土壌病害虫を抑える中熟堆肥

無農薬が基本の有機栽培では，土壌病害虫対策は大きな課題である。土壌病害虫を抑えることのできる堆肥の条件は次の3点が重要になる。

①微生物の種類も数も多いこと

土壌病害虫に対抗する微生物は，なにも土壌病害虫を直接攻撃する種類である必要はない。微生物の種類・数を多くして勢力争いで土壌病害虫が作物を害さない程度に抑え込めればよい。

②土壌病害虫の増殖を抑えられる微生物

堆肥に土壌病害虫を抑えてくれる力をもった微生物が増殖していれば大きな力になる。

たとえば，土壌病害の多くは糸状菌（カビの仲間）である。この糸状菌の細胞膜はセルロースでできている。つまり，セルロースを分解するような力（酵素のセルラーゼ）をもっている納豆菌（バチルス菌）の仲間なら，糸状菌の土壌病害を抑えることが可能だ。糸状菌を直接抑えるだけでなく，残根や残渣など土中に残る未熟有機物をセルラーゼで分解し，糸状菌のえさを奪うことで増殖を間接的に抑えることもできる（納豆菌の仲間はこのほかに，タンパク質を分解するプロテアーゼという酵素ももっている）。

また，土壌動物のセンチュウやトマトに青枯病を起こすフザリウム菌，さらにはコガネムシなどの甲虫類はキチン質の細胞膜や表皮をもっているので，キチン質を分解する力（酵素のキチナーゼ）をもった放線菌なら，これらの病害虫に食い入って増殖を抑えることも可能である。

納豆菌や放線菌といった土壌病害虫を抑える力をもった微生物をできるだけ多く増殖させることで，土壌病害虫抑制型の堆肥をつくることができる。

③有用微生物が増殖できるえさをもった堆肥

納豆菌や放線菌などの有用微生物が土の中でも増殖できるえさをもっていることが重要である。

堆肥の施用量は10aに1tからせいぜい3t程度だが，田畑全体の作土から見たら，その量は微々たるものだ。耕うんすれば，微生物の密度はさらに薄くなる。これでは，はびこっている土壌病害虫を駆逐することはむずかしい。

しかし，堆肥に微生物のえさもいっしょに付けてやれば，微生物はそのえさで増殖することができ，土壌病害虫を抑え込むことができる。そしてこの有用微生物のえさが一番多くつくられるのが中熟堆肥の時期にあたる。つまり中熟堆肥を田畑に施すということは，有用微生物とえさとを同時に施すということなのだ。

ただ，堆肥の施用から有用微生物が田畑全体に広がるまでには少し時間がかかる。「養生期間」と呼んでいるが，堆肥施用から一定の時間をおいてから作付けする必要がある。

(3) 機能性堆肥の製造

土壌病害虫抑制型の堆肥のつくり方を簡単に紹介しておく。

①フザリウム菌，センチュウを抑える放線菌堆肥

放線菌をとくに増やして病害虫の抑制効果を高めたのが放線菌堆肥である。

つくり方は，カニガラやエビガラを好む放線菌がより増殖しやすいように，それらを5％程度堆肥原料に加えて堆肥づくりを進める（第13図）。あとは好気性菌である放線菌が増えやすいようにエアレーションを少し強めにかけるようにするのがポイントである。

②糸状菌の病害を抑える納豆菌堆肥

糸状菌の病害を抑える納豆菌堆肥の具体的なつくり方は，堆肥原料に納豆の原料である大豆（くず大豆で十分）を5〜10％ほど混ぜて中熟堆肥をつくればよい。煮るか砕いてやると納豆菌がとりつきやすく，土壌病原菌を抑え込む力の強い堆肥を製造できる。なお，大豆の量を増やせば，納豆菌のプロテアーゼによってつくられるアミノ酸の量が増えて，有機のチッソも多くなり，肥料的な効果も期待できる堆肥になる。

第6部　話題の有機栽培

第13図　堆肥に仕込むためにエビやカニの殻のエキスを抽出

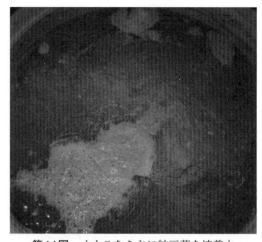

第14図　オカラをえさに納豆菌を培養中

第15図　太陽熱養生処理中の畑
太陽熱養生処理によって棒が1m以上も差し込めるほど団粒構造が発達

　裏技として，市販の納豆を1〜2％くらいの砂糖水に混ぜて，ときどきかき混ぜながら2〜3日おいたものを堆肥材料に最初から混ぜておく方法もある（第14図）。

9．太陽熱養生処理の効果

　BLOF理論を活かして有機栽培を成功に導くには，まず何より団粒構造の発達した土をつくることが大前提であることは先述した。基本は良質な堆肥を投入して土つくりを行なうことである。しかし，土つくりは時間がかかる。そこで考案したのが「中熟堆肥＋太陽熱養生処理」という方法である（第15図）。

　なお，太陽熱養生処理の方法と，土壌団粒がつくられる仕組みなどについては「太陽熱養生処理のメカニズムと成功させるコツ」の項を参照。以下では病害虫と雑草の抑制という2つの効果に絞って紹介する。

（1）太陽熱養生処理で病害虫・雑草を抑制

　太陽熱養生処理は当初，土壌団粒をつくる目的で行なってきたのだが，病害虫の被害が激減することがわかってきた。さらに積算温度を800℃以上にすると雑草も抑える効果があるこ

とがわかった。

①病害虫を太陽熱による高地温が襲う

太陽熱養生処理ではマルチ被覆した直下の地温は，季節にもよるが50～60℃前後まで上昇する。このような高温下では，土に潜んでいる害虫の卵や蛹，幼虫，病原菌は生きていられない。

病害虫を抑えるには太陽熱によって地温（地表面から5cm下の地温を測定）がある程度上昇することが必要である。目安としては，地温55℃以上を3日以上維持し，そのうえで積算温度800～900℃を確保することがポイントである。

②熱に強いカビの胞子も発芽時の高温と有用菌で死滅

問題は病原性のカビの胞子である。胞子は熱にきわめて強く，太陽熱養生処理の50～60℃程度の熱では生き残ってしまう。

それでも太陽熱養生処理が土壌伝染性のカビ病にも効果が高いのは，カビの性質，弱点をうまく突くことができるからだ。

太陽熱養生処理を開始して，温度が25～30℃くらい，水分90％程度の状態になるとカビの胞子は発芽して，菌糸を伸ばしはじめる。

カビが発芽して菌糸が伸びだすときは，菌糸の細胞壁はまだ薄くて弱い。抵抗力も弱く，有用微生物群のかっこうのえさとなる。その主役は，タンパク質やセンイを分解する力のある納豆菌（バチルス菌）の仲間である。

さらに目覚めたカビは，50～60℃の高温に直面。胞子では耐えられる温度でも，菌糸の状態では耐えられない。とくに伸びはじめのころの菌糸は熱に対する抵抗力も弱いので，簡単に死滅してしまう。カビだけでなく，病原性の細菌なども同様である。

③地上部の病害にも効果

地上部を冒すカビ病は，地表1～3cmくらいに残っている胞子が感染源になるものが多い。作付け後，この胞子が灌水や雨，風などによって作物に付着し，胞子が発芽して感染する。とくに葉物野菜のべと病など胞子が大きいものは，一度でも発生すると次作以降も同じ病気に悩まされることになる。そんな場合でも，太陽熱養生処理は地表に残ったカビの胞子を死滅させ，作付けを続けることができる。太陽熱養生処理は土壌病害虫だけでなく，地上部の病害にも効果がある。

④センチュウも熱で弱り放線菌が襲いかかる

センチュウも同じように抑えることができる。センチュウや甲虫類，カビの仲間のフザリウム菌は体の表面がキチン質で覆われている。太陽熱養生処理によってこのキチン質を分解するキチナーゼ酵素をもった放線菌が増殖し，これらの病害虫を抑えることができる。

センチュウはカビの胞子のように熱に強くはない。太陽熱養生処理では，熱でセンチュウにダメージを与え，抵抗力も低下したところに放線菌が襲いかかることになる。

⑤雑草の抑制

太陽熱養生処理を行なうことで雑草を抑制することもできる。

太陽熱＋マルチ密封による高温によって，土の中にある雑草種子が死滅，あるいは出芽率を大幅に低下させることができる。ただし，養生処理中の積算温度を800～900℃程度にする必要がある。500～700℃程度では十分な抑草効果は期待できない。また，高温による雑草抑制は地表に近いほど大きいため，太陽熱養生処理後に耕うんを行なってしまうと，埋まっている雑草種子を掘り上げてしまうことになるので注意が必要だ。

(2) 養生処理で生じたアルコール，酢の効用

①アルコールによる殺菌効果も

太陽熱養生処理では，施用する堆肥に含まれるブドウ糖が嫌気的条件下で微生物（酵母菌など）によって分解を受け，二酸化炭素が発生，土塊をほぐす。このことが土壌団粒の形成に結びついていくのだが，そのときに二酸化炭素だけでなくエチルアルコールも発生する。エチルアルコールは殺菌効果が高く，医療現場などでもアルコール消毒として広く使われている。

つまり土壌団粒がつくられる過程で，二酸化

炭素と同時に殺菌作用をもつ物質＝エチルアルコールが発生している。二酸化炭素発生時の嫌気的環境と殺菌作用をもつエチルアルコールが土壌病害虫を抑制しているのではないかと考えている。

②好気的条件下で酢に変化

土壌団粒形成過程の嫌気的条件下で発生したアルコールはやがて酢に変化する。マルチを剥いだり，マルチに定植穴を開けると，土壌中の気相と外気とがつながり，嫌気的環境から好気的環境に変化し，好気的環境を好む酢酸菌が働き出してアルコールを酢（酢酸）にする。

酢の分子は簡単に書くと$C_2H_4O_2$となる。この分子が3つ集まると$C_6H_{12}O_6$＝ブドウ糖になるので，根から吸収することで光合成の生産物であるブドウ糖をつくることができる。

作物は，光合成でつくられた炭水化物に加えて，根から吸収した酢が原料の炭水化物を利用できるようになる。体を大きくし，表皮を厚くして病害虫対策に，さらには果実の糖度を上げるなどの効果にもつながる。

③酢で炭水化物，ミネラルの補給

これまでも次のような酢の活用は，農家にも勧めてきた。

アミノ酸肥料はチッソに炭水化物部分のついたチッソ肥料だが，酢はアミノ酸からチッソを取り除いた形をしている（例：アミノ酸のグリシンは$C_2H_5O_2N$，対して酢酸は$C_2H_4O_2$）。そこで曇雨天時など光合成が低下する場面で酢を施用すると，炭水化物だけを補給した形になり，曇雨天時になりがちなチッソ優先の生育に陥らないようにできる。

また，酢は土壌中のミネラルと化合すると，ミネラルを水に溶けやすい形のキレートにすることができる。光合成が低下して根酸の分泌が少なくなったときに根酸を補って，作物にミネラル吸収を促すこともできる。葉面散布や灌水のときに酢に石灰や苦土を溶かし込んで施用すれば，炭水化物だけでなくミネラルも供給できる。さらに酢の散布で，植物体内の硝酸態チッソのアミノ酸への同化を進めることもできる。

酢はチッソの効き方をコントロールすることができる資材であり，光合成が低下したときの頼もしい助っ人としても活用されてきたのだ。

④高温・乾燥耐性遺伝子も活性化

酢の活用は以上のような対症療法的な対応が主だった。BLOF理論を実践した有機栽培では，冷害や猛暑の年でもほかの栽培法に比べて収量や品質が安定していた。酢と関連していえば，酢が端的に光合成による炭水化物生産の補いとして機能しているからだと考えていた。

しかし，東大などの研究で，酢の吸収によって植物ホルモンの一種のジャスモン酸の合成を促進し，高温・乾燥耐性遺伝子を活性化，その結果，植物が高温・乾燥に強くなる，ということが明らかになった。

この効果は酢の葉面散布によっても誘導され，各地で猛暑に負けない栽培の実績が生まれている。BLOF理論による有機栽培では，団粒形成時の酢の生成が高温・乾燥の年でもよい成果を上げている理由の一端を担っていると考えられる。

⑤ザンビアでの実践

根からの酢の吸収が高温・乾燥という環境下で成果を上げている例としてアフリカのザンビアでの例を紹介しておく。この「ザンビアバイオプロジェクト」は日本有機農業普及協会（JOFA）が主導したプロジェクトで，2019年の国連総会でSDGsパイオニア賞の第一位表彰を受けている。以下は同プロジェクトの説明である。

第16図　ザンビアバイオプロジェクトの成果
左2つがプロジェクトのもの，右が従来のもの

「ザンビアの土壌を調べたところ，リン酸を吸着して放出しない性質があることが判明しました。このため，土壌でリン酸欠乏症が発生し，作物が育ちにくくなります。その解決策として，リン酸肥料を鶏糞で包むと，鶏糞から出た有機酸がリン酸を溶かし，リン酸が有効化します。その結果，トウモロコシの収穫量は平均2.5t/haから9t/haに増加しました。多くの場所では13t/haを記録しました（第16図）。

さらに，酢酸を生成する乳酸菌を含む鶏糞を土壌に投入すると，土壌中の微生物によって鶏糞が分解され，酢酸と水が生成されます。そのため，作物は干ばつに強くなります。」(https://unga-conference.org/awards/)

酢酸を生成する乳酸菌とはヘテロ型乳酸菌のことで，有機物を分解して乳酸だけでなく酢酸と水も生成することができる。この乳酸菌・水を活かすことで高温・乾燥，つまり干ばつにも強い有機栽培が可能になり，収量・品質ともに大きな成果を上げることができた。飢餓をなくすというSDGsのひとつの目標に近づいたことが評価され受賞となった。

10. BLOF理論による農産物の高品質多収

日本有機農業普及協会では毎年徳島県と共催で『オーガニック・エコフェスタ』を開催している。そのなかで栄養価コンテストを行ない，各地の農産物を出品してもらっている。そこで明らかになったのが，BLOF理論による有機農産物の驚異的な品質である。

（1）あまりに違う品質の背景に炭水化物

①4項目について化学分析

コンテストには野菜を中心に果物も含めて多くの農産物が出品される。それぞれの農産物に対して4つの項目について科学的分析にかけて，一般の農産物のデータと比較する形で評価している。

評価する項目は糖度（Brix糖度），硝酸イオン，ビタミンC，抗酸化力（DPPH法）の4つ。

これらは（株）メディカル青果物研究所で分析しているもので，研究所には15年以上，25,000検体以上のデータベースがあり，そのデータの平均値と比較してコンテストを行なっている。研究所のホームページによると各項目について次のような説明がある。

Brix糖度：光合成の指標　光合成が適切に行なわれている野菜では，糖分（炭水化物）の蓄積が十分に行なわれ，糖度が高くなると考えられます。

硝酸イオン：チッソ代謝（同化）の指標　硝酸イオンは野菜にとって大切なチッソ源ですが，アミノ酸，タンパク質に合成していく過程が妨げられると，植物体内に蓄積してしまいます。旬の野菜の値を参考に，チッソ代謝がきちんと行なわれているかどうかを見える化します。

ビタミンC：糖代謝の指標　野菜は光合成により糖分（炭水化物）を生成します。ビタミンCは糖から合成されることが知られています。

抗酸化力：チッソ代謝（同化）や糖代謝の指標　抗酸化物質は，紫外線などによる植物体の酸化ストレスに応答して生成され，植物体を守る働きをしています。

②コンテスト優秀者に見る傾向

コンテストでは4項目について平均値とサンプルの値をプロットしたレーダーチャートが示される。コンテスト優秀者には同じ傾向が見て取れる（第17図，第1表）。

すなわち，硝酸イオンは平均値より極端に少なく，ほかのBrix糖度，ビタミンC，抗酸化力は軒並み平均値より高いという傾向である。

たとえば硝酸イオンの数値などは研究者から見ると「この数値では植物は育たないレベル」というものがコンテストで上位になるのである。

③炭水化物の総量が増大することの反映

なぜ，このような数値が生まれるのか。

メディカル青果物研究所のホームページの各項目についての説明から，Brix糖度，ビタミンC，抗酸化力について，これらの数値が高くなるためには光合成が適切に行なわれ，ブドウ糖

第6部　話題の有機栽培

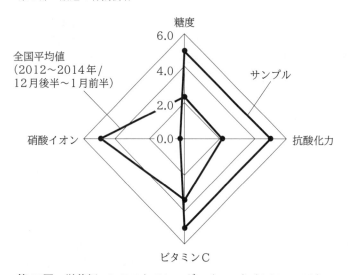

第17図　栄養価コンテストのレーダーチャート（ホウレンソウ）

第1表　グランプリ（ホウレンソウ）の4つの数値（12月後半～1月前半のものと比較）

	糖度 （%）	抗酸化力 （μg/ml）	ビタミンC （mg/100g）	硝酸イオン濃度 （mg/100g）
グランプリ	17.5	227.3	101.3	85
平均値	8.3	99.8	69.6	1991

第18図　BLOF理論による高糖度多収のニンジン

ソルゴー堆肥のほかにアミノ酸肥料，ミネラル肥料を施用。糖度13.5（6～8），反収10t（5～6t），硝酸イオン100ppm（1,000ppm），A品率90%を実現した。（　）内の数値は平均値

などの炭水化物生産を高めることが重要であることがわかる。

BLOF理論による有機栽培では，ミネラル肥料の適正な施肥設計による光合成の最大化によって炭水化物生産が増大する。加えて，根からアミノ酸肥料の炭水化物部分と中熟堆肥のもつ水溶性炭水化物が吸収される。このようにBLOF理論による有機栽培では炭水化物の総量が多くなる。その結果，糖度が高く，ビタミンCも多くなり，抗酸化力が高くなるのである。

ちなみに抗酸化物質として知られているビタミンEやβ-カロテンなどの分子式はそれぞれ$C_{29}H_{50}O_2$，$C_{40}H_{56}$というように，炭素（C）を多くもっている。この炭素は炭水化物由来の炭素でもあることから，抗酸化力を高めるためには炭水化物の総量が多いほうがよいといえる。

④硝酸イオンの少なさの理由

ほかの3項目とは反対に，硝酸イオンはグンと少ない数値になる。硝酸イオンは葉の細胞内で還元されてアンモニウムイオンになり，その後，さまざまな有機酸と結びついてさまざまなアミノ酸になり，さらにアミノ酸が多数結合するとタンパク質になる（チッソ同化）。測定される硝酸イオンは，通常は細胞内の液胞に取り込まれていて，これが必要に応じて使われていく。硝酸が多いとえぐ味が強くなるなど食味の面でもマイナスになるといわれている。

硝酸イオンが非常に少ない値だということは，かりに硝酸イオンがかなりの量，体内に取り込まれたとしても，炭水化物の総量が多いために，スムーズにチッソ同化が進む。硝酸がチッソ同化の工程にどんどん取り込まれて，硝酸イオンの分析値が低くなる。研究者から作物が育たないほどレベルの低い硝酸イオンの値だといわれても，農作物が健全に生長していること

から，チッソ同化がスムーズに進んでいることの証左といえる。

(2) 高糖度・多収を実現した

炭水化物の総量が多いためにチッソ同化がスムーズに進むということは，核酸といった複雑なものを含むタンパク質がどんどんできていくこと。細胞はタンパク質からできているのだから，チッソ同化が進むということは，細胞が増えること，つまり農作物の収量が増えていくということを意味する。

あわせてBrix糖度が高く，硝酸イオンの値が低い，ということは，収穫物の糖度が高く，おいしいということである。

BLOF理論を踏まえた有機栽培でどのような高品質多収が実現できるかを春ニンジンの例で示したのが第18図である。これは高糖分ソルゴーという飼料作物を栽培し，それを材料に堆肥化して活用した例である。一般のニンジンに比べて糖度・反収ともに2倍の成果を上げることができた。このような例は各地で見ることができる。

11. BLOF理論をまとめると

(1) BLOF理論による有機栽培のねらい

BLOF理論の核心は，いかに多くの炭水化物を農作物に利用させるか，ということに尽きるといっても過言ではない。

炭水化物は光合成によってつくられ，植物のあらゆる生命現象を支える基本的な物質である。BLOF理論は，その炭水化物を光合成の場面でいかに多く生産できるか，さらに農作物の外界から供給できるようにするためにはどうしたらよいかということを，植物生理を踏まえた農業技術として，多くの農家の協力を得て練り上げられてきた。

光合成によってつくられる炭水化物生産を最大化するためのミネラル肥料，炭水化物とチッソを同時に含むアミノ酸肥料，そして水溶性炭水化物の供給源でもある中熟堆肥。これら有機栽培の3つの資材と太陽熱養生処理などの技術を使って，光合成で作物自らがつくり出す炭水化物生産を高め，さらに施用した資材のもつ炭

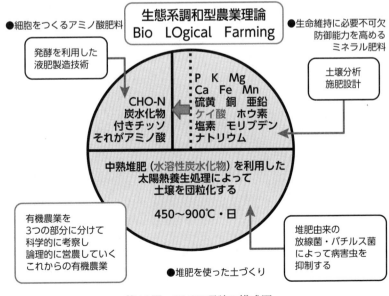

第19図　BLOF理論の構成図

水化物を根から吸収・利用することで病害虫に強く、収量・品質ともにすぐれた作物生産を実現しようというのがBLOF理論による有機栽培のねらいなのである。

(2) 3つの側面から科学的に構成した有機栽培理論

BLOF理論の構成について、これまでの内容を簡潔に示したのが第19図である。

円の下の半円は、団粒化促進による「生育・施肥を支える土壌」、上の半円の右側は必須ミネラルによる「生命維持に不可欠なミネラル」、半円の左側はチッソ、有機栽培ではアミノ酸による「細胞をつくるアミノ酸」をイメージしている。

3つの部分はそれぞれ有機栽培を実践していくうえでの要となる考え方と実践の方向を示している。

①栽培の土台となる土の要素

もっとも重要なのは下の半円で、中熟堆肥の施用、太陽熱養生処理といった手法で土壌の団粒化促進を図る。団粒の発達した土壌中で広く深く張る根をつくることで、バランスのよい養水分の吸収を実現する。また中熟堆肥のもつ水溶性炭水化物の地力としての効果が得られ、さらに太陽熱養生処理を行なうことで土壌病害虫や雑草の抑制にもつながる。このような土壌をつくることなしに、上の半円にあるミネラル肥料やアミノ酸肥料の施肥効果が発揮されることはない。

②ミネラルがもつ生命維持の要素

続いては生命維持に必要な必須ミネラル。ミネラルが適切に働かなければ光合成はもとより、生命を維持していくあらゆる生化学的な反応を進めることはできない。

③炭水化物をもっているチッソ肥料

アミノ酸肥料は有機栽培のチッソ肥料であり、細胞づくりはもちろん、生長していくために欠かせない。アミノ酸肥料は炭水化物部分をもっていることが化成肥料とは根本的に異なり、根から吸収されると、その炭水化物部分は光合成の補いとなり、植物はその炭水化物をさまざまな用途（細胞の増加＝多収、糖分の増加＝高品質、センイの強化＝病害虫予防など）に使うことができる。

④ミネラル優先の施肥と技術テーマ

そして上部の半円で右側の必須ミネラルの部分がアミノ酸の部分より大きくなっているのは、「ミネラル優先・チッソ後追い」という有機栽培の施肥の基本を表わしている。そのミネラルとチッソ（アミノ酸）の施肥を支えているのが下の半円で示されている土壌（団粒）という構造になっている。

それぞれ3つの要素のとなりにある四角の枠には、それぞれの要素を実現するための技術テーマが示されており、「土壌⇒ミネラル⇒アミノ酸」という順に、3つの要素の技術テーマを洗い出し、解決していくことで、有機栽培を成功に導くことができるのである。

執筆　小祝政明（(一社)日本有機農業普及協会（JOFA））・本田耕士（柑風庵編集耕房）

2024年記

菌ちゃん農法
——木質有機物と菌糸ネットワークで無肥料・無農薬栽培

　1996年，10年間勤めた長崎県の農業改良普及員を退職し有機農業に新規参入。土つくりを試行錯誤するなかで病害虫のつきにくい健康野菜を育てる具体的方法を確立。徐々に売上を伸ばしていき，2019年に法人化，株式会社菌ちゃんふぁーむ（長崎県佐世保市）を設立。現在社員11名，アルバイト5名で，約3haでおもに露地野菜を栽培している。

　畑の面積の約7割は，1作ごとに緑肥を育てて浅くすき込み，ボカシ肥料を加えて育てている。残りはモミガラや竹や落ち葉，木のチップ，麻袋など身近にある未利用資源を使って，無施肥で育てている（以下に詳述）。

　後者の方法は，化学肥料どころか有機肥料も不要。にもかかわらず，初年目から施肥栽培と比べても収量は遜色なく，さらに干ばつに大変強いうえ，不耕起で栽培するため雨が続いていてもスケジュールどおり植付け可能で，経営的にとても有利なことがわかった。近年では「菌ちゃん農法」の呼び名でも知られるようになり，私も指導にあたり，実践者が各地に増えている。最初のウネづくりに労力がかかるため，菌ちゃんふぁーむでも，空いた時間に作業を進めながら，年々，無施肥栽培の面積を増やしつつある。

1. 無農薬でなぜ病虫害が減ったのか

　この無施肥栽培を続けると，土の団粒構造が発達し，有用微生物が増え，野菜がより健康に育つようになり，病虫害もどんどん減少してきた。それでも病虫害が発生した箇所としなかった箇所がみられ，その違いを比較検討するなかで，病虫害に強い野菜が育つ理由がつかめてきた。

　簡潔に述べると，虫たちは本来死体を食べ

第1図　薪や丸太などの有機物をベッドの肩部に入れて高ウネを立てる。直径10cm以上の木は半分以下に割って入れる
（写真撮影：曽田英介）

第2図　筆者
（写真撮影：曽田英介）

分解者であり，元気な生命体がもつビタミンCやポリフェノールなどの抗酸化成分を分解するための消化システムは不要なため，それらが多いと消化困難になる。だから，生育に適した土壌環境や微生物環境，栄養状態などのもと，とても健康に育ち，抗酸化物質などより高分子の成分をつくることのできた野菜，つまり人にとっては栄養豊富で美味しい健康野菜ほど，虫は食べることができず，反対に酸化腐敗しやすく人にはまずく思える野菜ほど虫は好んで食べる。

とても「ムシのいい話」に聞こえるが，アオムシ・ヨトウムシ・カメムシ・アブラムシ・ダニなどで実際にその傾向が明確に現われる。

では，どうすればそのような栄養豊かな健康野菜が育つのか。いろいろな観点があるだろうが，私が一番心がけているのは，畑の土が十分ミネラルを含んでいることと，土中の微生物をいっぱいにすることの2つだ。

第3図　ウネの表層に入れる木質チップ
糸状菌の菌糸が広がっている

2. 無施肥でなぜ野菜がまるまると育つのか

(1) 硬くて分解の遅い有機物を投入

畑に入れる有機物は，薪，枝，落ち葉などの木本類や竹が最適。カヤ，ダンチク，ヨシ，セイタカアワダチソウなど硬くて分解の遅い草，モミガラ，綿100％の衣類，麻製品などの有機物もよい。畑に棲むおもにキノコ菌などの糸状菌にこれらを食べさせることで，多くの植物は健康に育つ。そのときに必要なチッソ分は空気中にあるチッソ（空中チッソ）から供給される。

(2) 糸状菌（菌根菌）・根粒菌・植物の根のネットワーク

マメ科野菜は肥料を与えなくてもよく育つ。これは，マメ科野菜の根に，根粒菌という空中チッソを固定する細菌が共生しているからだ。

また，パンダが竹だけを食べて筋肉隆々なのは，おなかの中にチッソ固定細菌が棲んでいるからだ。チッソ固定細菌は外部からエネルギーをもらうことで，空中チッソを硝酸やアミノ酸に変える。

同じことが，糸状菌とチッソ固定細菌の間にも起っていると私は考えている。前述の硬くて分解の遅い有機物を畑に入れると，糸状菌がそれらを分解し，大量のエネルギーが得られる。しかし，糸状菌が増殖するにはチッソ分が不足している。そこで，チッソ固定細菌が糸状菌にくっついて，糸状菌からエネルギーをもらいながら空中チッソを固定し，その一部を糸状菌に与えることで，両者は共生し，どちらも順調に増えていく。

自然界ではそうやって多くの種類の糸状菌たちが細菌たちと共生しながら地中に広がってネットワークができている。

糸状菌のなかには，菌根菌のように植物と共生関係を結ぶものもいる。それらは植物の根に侵入し，植物にチッソをはじめ必要な成分を渡す。その結果，植物が生育を進め，光合成により炭水化物が十分つくられるようになると，その一部を菌根菌に渡す。そうやって，やはり，植物と糸状菌は互いに助けあいながら生長を続けていける。

森の中の樹木と糸状菌の共生について研究が進んでいる。私の無施肥栽培は，森で起こっていることを畑で再現した方法と考えている。実際，無施肥栽培の圃場にはチッソ固定細菌が存在することが確認できている。

なお，このような原理による農法は，昔からカヤ農法，炭素循環農法と呼ばれて実践されている。

3. 無施肥栽培の手順と失敗しないポイント

(1) 高ウネで空気を確保，マルチで雨から守る

無施肥栽培の成否のカギは，畑の土中に糸状菌の菌糸が伸びていくかどうかにかかっている。糸状菌は水浸しの中では生きていけない。そのため，どんなに雨が降っても土が水浸しにならないように工夫する。

具体的には，ウネを高く上げて（砂土や急斜面でない限り45cm以上が目安），その頂上に糸状菌の食べものとなる有機物を広げるように置く。

オガクズのように小さかったり薄かったりする有機物は，空気を含みにくいため，表層部の土とよく混ぜ合わせる。

有機物が乾きすぎていると，糸状菌は分解できないので，有機物の上に2～3cm薄く土を被せたら，いったん降雨を待つ。降雨後，表面の土が雨でたたかれて空気の通りにくい薄い層ができるので，これをレーキなどでたたいて崩し，ウネ全体を黒マルチで覆って以後は雨が入らないようにする。さらに，マルチの上に20～30cmほどの間隔で重しの土を置くことで，マルチの中の土が乾きすぎず濡れすぎない箇所が確保でき，糸状菌の繁殖が進む。

(2) ウネ上の有機物は菌糸の張ったものをふんわりと

土を仕込んだら，できるだけ短期間で植付けしたい。無菌に近い土ではなく，いろいろな細菌類がもともとたくさんいる土のほうが，糸状

第4図 竹を入れたベッド
長期間に渡って菌の食べものとなる

菌がよく伸びるので，早く植付けできる。また，糸状菌の食べものとなる有機物は，最初から菌糸の張っているものをある程度含ませ，かつ1～数cmのチップ状にしておくと表面積が大きいので菌糸がよく伸びる。たとえば落ち葉，とくにスギの葉は，表面積が大きく，葉と葉の間に空気をよく含むので最適だ。

(3) あらかじめ，薪や枝などを長いまま仕込んでおく

植付け開始後1年間は，有機物を補充しなくても3作までは連続して栽培できる。その後はウネの表層に有機物の補充が必要だ。追加する量を減らすことができたら，省資源で植付け作業も楽になる。そのためには，最初のウネづくりの段階で，薪や枝のような大きな有機物を土中にあらかじめ仕込んでおくといい。1～数年後も菌の食べものとなり，有機物の補充作業が少なくてすみ，場合によっては数年間補充なしでも栽培が可能になる。ただし，糸状菌が有機物を分解するためには空気が必要となるので，有機物は必ずウネの側面近くに仕込む。

(4) ウネ間にムギをまいて耕盤破砕

多くの圃場は，耕うん機などによって地下20cmくらいのところに耕盤層ができて，そこに有機物が貯まって腐敗層になっている。そこから下には植物の根はいかず，空気も水も通ら

45cm以上の高ウネを立て，表層に有機物を入れるので完成時の高さは50〜55cmになる。3か月以上経ったら，重しの土をどかし，植え穴を開けて定植する

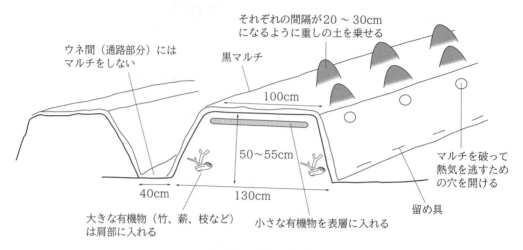

第5図　ウネの立て方

第6図　カヤやモミガラなどの有機物はウネの表層に入れる　（写真撮影：曽田英介）

第7図　完成したウネ
マルチの上におく土の重みで毛細管現象が起こって土壌水分が集まり，適度な水分状況が保たれる

ない。逆に，この層を壊せば，植物の根圏は格段に深くなって干ばつにも非常に強くなる。

そのために，ウネ間（通路部分）の雑草はできるだけ刈らない。またはウネ間の中央にムギ類を1条まく。植物の根が土壌を貫通する力はすさまじいものがあり，ムギの根が耕盤層を崩すことで数年後にはウネ間に雨水が貯まらなくなる。ムギが育つと大きくなるが，たとえ草丈70cm程度まで伸びても，ウネを高くしておくことで野菜の生育には影響がない。

(5) マルチには穴をあけておく

植付けの際は、植え穴の中にある有機物を周りによけ、穴底を握りこぶしで押し付けて、土が硬くしまった状態で播種や苗の定植を行なう。

さらに、植付け穴だけでなく、たくさんの穴をウネに開けておく。そこから雨水がある程度入ることで、夏の土の過乾燥を防ぐ。とくに栽培初年目は、菌糸が十分に土中深く伸長していないのでこの穴の働きが必要になる。

また初夏の晴天時、黒マルチの下の熱い空気が植付け穴から出て、小さい野菜にダメージを与えることが多い。植え穴の周りに別の穴があると、熱気がそこから抜けてくれる。

第8図 植え穴の近くに熱気を逃がす用の穴を開けておく

4. 労力がかかるのは最初だけ

短所は、最初のウネづくりに大変労力がかかること。大規模にやる場合は土揚げ機が必要だ。

だが、長所はじつに多い。

肥料を入れないので過剰な養分が環境を汚さない。温室効果があるとされる亜酸化チッソの発生源にならない。地下水の汚染源にならない。

無駄に燃やされていた地域の未利用資源が活用できる。肥料が高騰していることから、かなりのコスト低減になる。

根圏域が深くなるので、干ばつに強くなると同時に長雨にもとても強くなる。

雨後に土を動かすと団粒構造が壊れやすい。とくに無農薬栽培の場合、雨後にすぐ耕うんすると、その後は病害虫の発生が格段にひどくなるため、雨が多いときは耕すタイミングがとれなくて作付けも遅れてしまう。しかし、このやり方なら耕す必要はないので、長雨に関係なく雨が止んだらすぐにでも植付けできる。農業経営において重大な長所である。

執筆　吉田俊道（長崎県佐世保市・(株)菌ちゃんふぁーむ）　　　　　　　　2024年記

第6部 話題の有機栽培

ヤマカワプログラム
──「土のスープ」と堆肥，緑肥で耕盤を抜く

1. 微生物に働きかける3点セット

(1)「土のスープ」で耕盤が抜ける!?

「ヤマカワプログラム」は，ゲリラ豪雨や長雨が頻発し，畑に湿害が発生しやすくなった北海道で生まれた。

『現代農業』に初登場したのは2012年10月号。耕盤の土を煮出した液「土のスープ」，光合成細菌，酵母エキスの3点セットを畑に散布するだけで「耕盤が抜けた」（排水性がよくなった）という北海道の農家の声を紹介する内容で，全国の読者に衝撃を与えた。

考案者の山川良一さん（第1図）によれば，これは耕盤が「壊れる」というよりは，微生物によって何らかの変化が起きた，ということなんだとか。

にわかには信じがたい話なのだが，現場では結果が本当に出ていた。北海道栗山町のタマネギ畑では，ガチガチだった粘土質の畑に棒が深く刺さるようになったり，ドブ臭かった耕盤層の土が森の土のようなニオイに変わったりと，さまざまな変化が起きた。なによりタマネギの根が耕盤層の下まで伸びるようになり，干ばつや大雨の影響を受けにくくなったという（第2～6図）。

(2) 3点セットの中身と働き

実際に排水性が劇的に改善した畑を掘ってみると，耕盤はある。3点セットを散布しても耕盤が消えてなくなるわけではないようだ。

山川さんによると，3点セットを散布するのは，微生物の活動を活発にして，耕盤を軟らかくしてもらうため（やり方は第7～9図）。硬く締まった耕盤層にも微生物はいて，3点セッ

第1図　ヤマカワプログラムの考案者，山川良一さん
（写真撮影：佐々木郁夫，以下Sも）

トは，微生物を活性化させるいわばトリガー（引き金）の役割があるという。

耕盤層の土を煮るのは「耕盤層にいる微生物と親和性がある」土だし，えさになるものが含まれているから。だからこれは必ず，自分の畑の土でなければならない。

酵母エキスは，酵母菌を培養してアミノ酸やミネラルを抽出したもので，微生物の培養にはよく使われる。これも微生物のえさになる。

そして，山川さんが重視しているのが光合成細菌だ。光合成細菌に含まれるアミノ酸は作物の栄養としても，放線菌などのえさとしても欠かせないという。

それぞれは3,000倍に希釈して，10a当たり100lをまく。散布液はずいぶん薄いし，量も少ない。しかし「トリガー」にはこれで十分なんだとか。そして，微生物が安定して活動するようになれば「3点セットも必要なくなる」という。先駆者のなかには実際，畑の状態が改善して，3点セットを卒業している農家もいる。

第3図 収穫を待つばかりのタマネギ（S）
干ばつ年だったが，10a平均約5tとれた

第4図 北海道栗山町のタマネギ農家，武田孝さん（S）
手にしたトラバーピンが刺さるようになったのが嬉しくてしょうがない

第2図 粘土質でガチガチに硬い畑だったが，タマネギの根が耕盤層の下まで伸びるようになった。ドブ臭も消えた（S）

第5図 土壌表面の様子（S）
乾いているもののひび割れたりはしていない

第6図 乾燥で土がひび割れ，新葉の葉先が枯れ始めている（S）

土のスープのつくり方

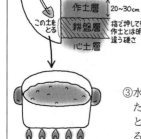

第7図
① 耕盤層の土を1kg掘り出す
② 10lの水で煮る。グツグツしてから30分で火を止め、一晩静置する
③ 水に溶けなかった成分が沈澱したら灯油ポンプで上澄み液をとってペットボトルに。保存する場合は冷凍する

第8図　煮出す鍋はステンレス（右）を使う
（写真撮影：編集部、以下編も）アルミ鍋で煮ると成分が反応して沈澱、上澄み液が透明になって効果が薄くなる（左）。鉄鍋も避ける。また、土のスープは散布する畑ごとにつくる

散布のやり方

第9図　毎年堆肥を入れるなどして微生物が多い畑の場合は、酵母エキスなしでもよい（S）
① 土のスープ、光合成細菌、酵母エキスの3点セットをそれぞれ100mlずつとって混ぜる
② 300lの水で薄める（3,000倍にする）
③ 反当たり100lを畑に散布。散布は雨の前日に行なう

2. 堆肥で腐植と土壌団粒を増やす

(1) 切返し不要の「ヤマカワ堆肥」

　山川さんが3点セットと同時にすすめるのが堆肥と緑肥だ。堆肥は微生物に分解されて腐植の材料となり、土壌団粒をつくる。しかし北海道は経営面積が大きく、堆肥をまききれない農家も多い。

　そこで堆肥といっても、山川さんが指導する通称「ヤマカワ堆肥」は、つくるのも、散布するのもすこぶるラクだ。

　牛糞を畑の片隅に積み上げて、米ヌカや光合成細菌、そして「畑の土（表層土）」を適量（ごく少量、適当）ずつ、ホタテガイの殻を堆肥1tに対して20kg、それぞれ上からまき散らすだけ。混ぜたり切り返したりはせず、だいたい1か月以上おけば散布できる状態になる（第10〜12図）。ニオイもない。

　酪農家であれば、まず畜舎の敷料に光合成細菌（3,000倍液）を散布する。ひんぱんにまけば、これで牛舎のニオイも劇的に減る。その敷料入りの牛糞を堆肥場に運んだらモミガラ（体積の約10％）、カキガラ（同約1％）を混ぜて、上から畑の表層土（表面から10cm）をスコップ数杯、適当に振りかけるだけ。あとは切返しも必要ない（第13、14図）。

　切り返すと堆肥の温度が上がり、高温に強い好気性菌ばかりが増えてしまう。切り返さないほうが、多様な微生物に働いてもらえるという。

　なお、発酵促進用の微生物資材などは使わず、堆肥を散布する畑の表層土を使う。畑では、土着の微生物に勝る菌はいないからだ。農薬をひかえた畑の土なら、1g中に数億以上の微生物が生きている。堆肥はそのえさである。pH調整用のホタテガイは、微生物の住処ともなる焼成ガラ。米ヌカや光合成細菌も、微生物を活発にする目的だ。

(2) 散布量は10aに1tだけでいい

　ヤマカワ堆肥は、圃場への散布量も10aに1tでよい。山川さんはむしろ「1t以上やるな」という。それも、深くすき込んだりはせず、地表面10cmに浅く混ぜ込むだけ。農家は堆肥をそれぞれの畑の隅に分けてつくるので、運搬の手

第10図 北海道安平町・高林優一さんのビート畑に積み上げられたヤマカワ堆肥（編）
牛糞とモミガラを積んで，米ヌカを散布。畑の表層土をスコップで数杯振りかけて，表面にホタテガイの殻をまいてある。光合成細菌の3,000倍液を散布したら終わり。切返しはしない

第11図 ホタテガイの殻を砕いたもの（編）

第12図 堆肥の山を崩すと，内部には白い菌糸が張っている（編）

第13図 北海道南富良野町・鹿野牧場の堆肥場（S）
ほとんどニオイがしない

第14図 約3か月後のヤマカワ堆肥（S）
麦稈の繊維はまだ残っているが，地表10cmの「分解層」に浅くすき込むことでちゃんと分解される

間もない。1日に倍以上の面積を散布できるようになる。

10aに1tとは少なめだが，これも自然を考えれば当たり前なんだとか。山の表面にある落ち葉は10a当たり300〜400kg程度で，微生物のえさとして考えれば，堆肥も10aに1tやれば十分。

そして，ヤマカワ堆肥をまいた畑には3点セットを散布する必要がないという。たとえば酪農家からもらったヤマカワ堆肥を散布した場合，その上から土のスープ（耕盤層の土2kgを水10lで煮出した液体）を3,000倍でまくだけ。

山川さんによると，これで3点セットをまくのと同じ効果があるという。光合成細菌は堆肥に入っているし，微生物のえさとしていた酵母エキスは堆肥があれば不要というわけだ。

これで農家は十分な効果を実感。おかげで酪農家がつくったヤマカワ堆肥は人気を呼び，年に数回は堆肥舎がまったく空になることもあるそうだ。糞尿の行き場に困っている畜産農家が聞けば，驚くような売れ行きだ。

第6部　話題の有機栽培

第15図　前年，高さ2m近くに積んだモミガラの山を，翌年6月に一部崩してみたところ（S）
表面から20cm下まで腐熟化が進んでいる

第16図　白い層になった菌糸（放線菌）（S）
この菌糸が，モミガラを下から腐熟化しているように見えた

第17図　左手がヤマカワ式モミガラ堆肥（S）
右手はただ積んだだけで濡れたモミガラ（同じように山を崩した内部）

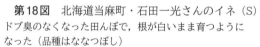

第18図　北海道当麻町・石田一光さんのイネ（S）
ドブ臭のなくなった田んぼで，根が白いまま育つようになった（品種はななつぼし）

(3) 田んぼにはモミガラでヤマカワ堆肥

　稲作農家には，モミガラでつくるヤマカワ堆肥も人気だ。北海道には100ha規模の稲作農家も少なくない。彼らにとってモミガラは，すき込んでもなかなか分解しないし，堆肥化するにも手間と時間がかかるやっかいものだったりする。畑で焼くしかないという農家も多い。

　その点，山川さんの教えるやり方は簡単で早い。まず，田畑の表層10cmから土をとってきて，積み上げたモミガラの山の上から振りかける。次に米ヌカを少量まいて，3,000倍に薄めた光合成細菌を散布するだけ。それぞれ量は適当，切返しもやはり不要だ。

　たったこれだけの作業で，秋に積んだモミガラが，春にはまけるようになる。第15図は，積んで数か月後のモミガラ山。一部を崩してみると，ケーキの断面のように，色の違う層が現われる（第16図）。表面に近い部分は乾いたモミガラ，その下に濡れたモミガラ，そのさらに

第19図　北海道幕別町の横山琢磨さんの圃場（編）
まだ芝生ほどの高さの緑肥をディスクハローですき込む

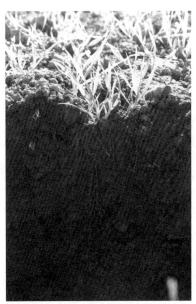

第20図　掘ってみると，地上部より根のほうが長く伸びている

第21図　ヘアリーベッチ（左）と野生エンバクを混播

下には褐色に変化したモミガラの層がある。

褐色の層にはちらほら白いものがある。よく見ると綿のようで，モミガラを覆うようにまとわりついている。山川さんによると，これは放線菌がモミガラに食いついて，セルロースやリグニンを分解しているところだという。積んだモミガラ山は，内側から堆肥化していくのだ（第17図）。

モミガラをただ積んでおくだけはふつう，数年おいてもこうはならないそうで，指導を受けた稲作農家はみな一様におどろく。

山川さんによれば，田畑の表層10cmは分解が得意な菌がたくさんいる場所。そして光合成細菌には，モミガラの「自己消化」を始めるスイッチを入れる役割がある。

自己消化とは聞きなれないが，生物が自分の体内にある酵素によって自分の体を分解すること。動物や微生物の死後に起こる現象だが，山川さんによれば，モミガラでも同じことが起きているという。

身を守る力が強くてなかなか分解しにくいモミガラも，自己消化のスイッチが入れば，放線菌などに分解されやすくなるというわけだ。

このモミガラ堆肥を使った水田では，ガスわきも根傷みもなくなり，きれいな白い根のイネが育つようになった（第18図）。

3. マメ科とイネ科の緑肥を短期栽培

(1) 緑肥は短くてもよい

緑肥の活用は，北海道でも少しずつ広がっている。ただ，ネックになるのがその作付け期間だ。北海道の夏は短く，緑肥を十分な長さまで育てるには，作物の栽培を休む必要がある。また，粉砕してからディスクで土と混ぜて，プラウですき込む。その手間と時間も惜しい。

山川さんが指導するのは，それらの課題を軽

第6部　話題の有機栽培

第22図　秋まきコムギを春に混播した北海道
　　　　由仁町・片桐邦博さんのジャガイモ畑
　　　　（7月下旬）（S）

第23図　コムギの根がジャガイモやその根に
　　　　しっかり絡んでいる（S）

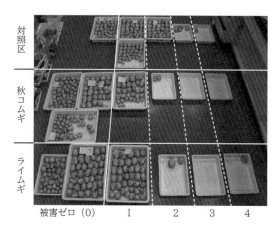

第24図　十勝農業改良普及センター・船戸知
　　　　樹氏（2014年当時）によるそうか病
　　　　の指数別調査（そうか病の発生を0～4
　　　　の5段階に分類）

秋まきコムギとライムギの春混播を試験。対照区に
比べ、緑肥区は病イモ・発病度、ともに少なかった

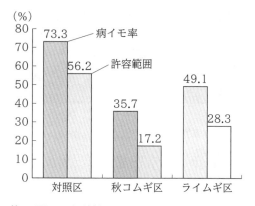

第25図　イネ科緑肥によるそうか病抑制効果
　　　　（第24図に同じ）

やかにクリアする緑肥の使い方だ。

　播種はジャガイモの収穫後でも間に合う9月以降で、10月中下旬にはもうすき込んでしまう（第19図）。緑肥の地上部はほとんど育たないが、掘ってみると、根はその地上部より長く育っている（第20図）。マメ科緑肥の根には、根粒菌もちゃんとついている。北海道の秋は短く、寒くなるのが早いため地上部の育ちは遅い。いっぽう地温が下がるのはゆっくりなので、根の生育は進むのだ。

　地上部が小さいので、すき込み作業もあっという間。プラウなど必要なく、ディスクハローでごく浅く耕せばいいだけ。面積を何倍もこなせる（詳しくは「緑肥は短くてもいい」の項参照）。

（2）ヘアリーベッチと野生エンバクを混播

　また、イネ科の野生エンバク（アウェナストリゴサ）とマメ科のヘアリーベッチを混播するのも特徴だ（第21図）。イネ科とマメ科はそれぞれ根圏の微生物が違い、緑肥による輪作効果が高まるという。以前は年ごとにイネ科緑肥とマメ科緑肥を輪作するようすすめていたが、同時にまけばいいと考えたそうだ。

　イネ科緑肥とマメ科緑肥の混播は今、指導機関も研究している。それによると、片方が風よ

第26図 ブラジル国パラナ州ロンドリーナ市の果樹農家, グンジ農場にて
(写真提供：高林優一, 以下Tも)
前列中央でトラバーピンを持っているのが高林優一さん

第27図 ヤマカワプログラムに興味をもってコンタクトをとってくれたヨシズミさん（サンパウロ州イビウナ市）(T)
野菜や果樹など計80haのうち30haがオーガニック

第28図 サンパウロ州モジ・ダス・クルーゼス市の農村組合で3時間の講演(T)
高林さんの話に40人が熱心に耳を傾けた

けになって越冬性が改善したり，つる性のマメ科緑肥が直立性のイネ科緑肥に這い上がって受光態勢がよくなりバイオマス量が増える，雑草抑制効果が上がるなどのメリットもあるという。

混播にはいっぽうで，タネ代が増えるというデメリットもある。しかし山川さんの指導では，播種量がかなり少ない。通常エンバクだけで10a当たり計15kgまくところ，野生エンバクが3kg，ヘアリーベッチが1.5～2kgでよいという。疎植のほうが，根がよく育つからだ。

タネはブロードキャスタでバラまくが，これくらいならあっという間に終わる。播種もすき込みもラクラクだが，土壌の団粒化や根耕による透水性改善，土壌侵食（土壌流亡）の防止や連作回避の効果は十分に期待できるという。

4. ジャガイモそうか病に秋まきコムギの春混播

農業の常識を覆すようなアイデアをもつ山川

さん。ジャガイモのそうか病対策でも妙案で農家を驚かせた（第22，23図）。

ジャガイモ畑にムギをまいて、微生物相を豊かにすることでそうか病を抑える方法だ。イネ科の作物は根量が多く、ジャガイモそうか病の原因となる病原性放線菌と拮抗する細菌類（グラム陰性）が豊富につく。「ムギ草（雑草）が生える畑のイモはキレイ」という農家の経験にも則るやり方だ。

ただし、雑草のように繁茂してジャガイモと競合するようでは困る。そこで、秋まき品種のコムギを春にまく。春まきコムギをまけばジャガイモと競合してしまうが、冬の低温にあたらないと穂が出ない秋まきコムギを春にまけば、茂った葉も夏の暑さでやがて（約45日で）枯れる。作業の邪魔にもならない。

途中で枯れることで、微生物相はより豊かになるという。同じコムギの根につく菌でも、生きた根に集まる菌と、枯れた根に集まる菌とは違うからだ。

作業もラクでコストもかからない。安いくず小麦を10a当たり15kg程度、ブロードキャスタでばらまくだけでいい。

なお、このやり方は、普及センターの試験栽培でも結果が出ている（第24，25図）。

5. 世界に広がるヤマカワプログラム

(1) 中南米に講師農家を派遣

『現代農業』にて10年近く追いかけてきたヤマカワプログラム。その噂は海を渡り、なんと地球の反対側まで届いている。

高い関心をもったのは日系ブラジル人の農家たち。同国最大の経済都市であるサンパウロ市では、2015年から学校給食に有機食材の使用を義務化し、2026年までに有機農産物の100％使用を目指している。しかも個人経営の農家の農産物だけで、それを達成するという。

しかし大規模化と有機農業に取り組む小規模経営（といっても日本に比べれば大きいが）との二極化が進んでいて、いずれも化学肥料と農薬で土壌が疲弊して、目下、その再生に取り組んでいるところだったのだ。

2021年には日本と中南米をインターネットで結んで勉強会を開き、山川さんが講義を行ない、日本の農家が実践を紹介。

翌2022年には中南米から10人の農家が来日。山川さんと日本の農家の畑を回り、一緒に土を掘り、耕盤の見つけ方や、緑肥の重要性を学んだ。

そして2023年には飛行機に乗らない（乗れない）山川さんに代わって、安平町の農家、高林優一さんがブラジルに渡り、計14日間で延べ120人の農家にヤマカワプログラムを紹介してきた（第26～28図）。

ブラジルも日本も、畑の耕盤による排水性の悪化や土壌流亡、干ばつによる作物生産の不安定化など、課題は同じ。中南米と北海道の農家同士の技術交流は、現在進行中だ。

(2) 光合成細菌で地球を再生したい

ヤマカワプログラムの考案者である山川良一さんは2024年5月に惜しくも亡くなられた。3点セットをはじめ、山川さんの理論には謎も多いままだが、多くの農家が効果を実感しているのは確かだ。そしてその遺志は、少なからぬ農家が引き継いでいる。

山川さんはもともとキノコ（担子菌）の研究者だった（マイタケやシイタケの無臭エキス抽出法などで複数の特許をもつ）。キノコを探して歩き回った山の森林土壌には、多種多様な菌類や小動物がいて、自然界の調和が保たれていた。

その視点で地元、十勝平野の畑を見てみると、その土壌は微生物にとって過酷な環境に映ったという。山川さんは農薬や化学肥料をけっして否定しなかったが、目指したのは、自然界の調和が保たれた土壌環境である。農薬や化学肥料は極力減らし、過度な土壌攪拌も避ける。堆肥や緑肥も土壌微生物のためで、散布する光合成細菌には、35億年前に生まれ、今日まで地球環境をつくり続けてきた、その役割を期待していた。

執筆　編集部

付　録

有機農業に関連する農薬情報, 法令など

天敵等に対する殺菌剤の影響の目安 （日本生物防除協議会 2024年4月作成・第31版を農薬の系統別）

●殺菌剤

作用機構	グループ名	FRACコード	種類名	ラバチ マ	コレマンアブ 成	残	ミヤコカブリダニ 卵	成	残	チリカブリダニ 卵	成	残	ククメリスカブリダニ 卵	成	残
細胞骨格とモータータンパク質	MBC殺菌剤（メチルベンゾイミダゾールカーバメート）	1	トップジンM	◎	◎	-	-	-	-	○	×	3	○	×	3
		1	ベンレート	◎	◎	0	-	-	-	◎	△	21	◎	△	21
	N-フェニルカーバメート	10	ゲッター	-	-	-	-	-	-	-	-	-	-	-	-
		10	スミブレンド	-	-	-	-	-	-	-	-	-	-	-	-
		10	ニマイバー	-	-	-	◎	◎	14※1	◎	◎	14※1	-	-	-
呼吸	SDHI殺菌剤（コハク酸脱水素酵素阻害剤）	7	アフェット	-	-	-	-	◎	-	-	-	-	-	◎	0
		7	カンタス	-	◎	0	-	◎	0	-	-	-	-	-	-
		7	パシタック	-	-	-	-	-	-	-	-	-	-	-	-
		7	ベジセイバー	-	-	-	-	-	-	-	-	-	-	-	-
	QoI殺菌剤（Qo阻害剤）	11	アミスター	-	-	-	-	-	-	◎	◎	0	-	-	-
		11	シグナム	-	-	-	-	◎	0	-	-	-	-	-	-
		11	ストロビー	-	◎	0	-	◎	0	-	◎	0	-	-	-
		11	ナリア	-	◎	0	-	◎	0	-	◎	0	-	-	-
		11	ファンタジスタ顆粒水和剤	-	◎	0	-	◎	0	-	◎	0	-	-	-
	QiI殺菌剤（Qi阻害剤）	21	ランマンフロアブル	◎	◎	0	-	◎	0	-	◎	0	-	◎	0
アミノ酸およびタンパク質生合成	AP殺菌剤（アニリノピリミジン）	9	フルピカ	◎	-	-	-	◎	0	-	-	-	-	-	-
	ヘキソピラノシル抗生物質	24	カスミン	-	-	-	-	-	-	-	-	-	-	-	-
		24	カスミンボルドー	-	-	-	-	-	-	-	-	-	-	-	-
シグナル伝達	PP殺菌剤（フェニルピロール）	12	セイビアー	-	-	-	-	-	-	◎	◎	0	-	-	-
	ジカルボキシイミド	2	スミレックス	◎	0	0	◎	0	0	-	-	-	◎	◎	0
		2	ロブラール	◎	◎	0	◎	◎	0	-	-	-	-	-	-
脂質生合成または輸送/細胞膜の構造または機能	AH殺菌剤（芳香族炭化水素）	14	リゾレックス	-	-	-	-	-	-	-	-	-	-	-	-
細胞膜のステロール生合成	DMI殺菌剤（脱メチル化阻害剤）（SBI：クラスI）	3	アンビル	-	◎	-	-	-	-	◎	◎	0	-	◎	0
		3	オーシャイン	-	-	-	-	-	-	-	◎	0	-	-	-
		3	サプロール	◎	◎	0	◎	◎	0	◎	◎	0	◎	○	7
		3	サルバトーレME	-	-	-	-	-	-	-	◎	0	-	-	-
		3	スコア	-	-	-	-	-	-	-	-	-	-	-	-
		3	チルト	◎	◎	-	-	-	-	◎	◎	-	-	-	-
		3	トリフミン	◎	◎	0	◎	◎	0	◎	◎	0	-	-	-
		3	ラリー	-	-	-	-	-	-	-	◎	-	-	-	-
		3	ルビゲン	◎	◎	0	◎	◎	0	◎	◎	0	-	-	-
	KRI殺菌剤（ケト還元阻害剤）（SBI：クラスIII）	17	ジャストミート	◎	◎	0	-	-	-	◎	◎	0	-	-	-
細胞壁生合成	ポリオキシン	19	ポリオキシンAL	-	-	-	-	-	-	-	-	-	-	-	-
	CAA殺菌剤（カルボン酸アミド）	40	フェスティバル	-	◎	0	-	-	-	-	◎	0	-	-	-
多作用点接触活性化合物	多作用点接触活性	M1	キノンドー	-	-	-	-	-	-	-	-	-	-	-	-
		M1	銅剤	-	◎	0	-	-	-	-	◎	0	-	-	-
		M1	ヨネポン	-	-	-	-	-	-	-	-	-	-	◎	0
		M10	モレスタン	◎	◎	-	-	△	-	×	×	28	-	◎	0
		M3	アントラコール	-	◎	-	-	-	-	×	×	7	-	△	-
		M3	チウラム	◎	◎	-	-	◎	-	○	○	0	△	◎	-
		M3	ジマンダイセン	◎	◎	0	◎	◎	0	◎	◎	0	-	◎	0
		M4	オーソサイド	-	-	-	-	-	-	-	-	-	-	-	-
		M5	ダコニール	◎	◎	0	◎	◎	0	◎	◎	0	-	◎	0
		M5	パスポート	◎	◎	0	-	-	-	-	-	-	-	○	0
		M7	ファンベル顆粒水和剤	-	-	-	-	◎	0	-	◎	0	-	-	-
		M7	ベフラン	-	-	-	-	-	-	-	-	-	-	-	-
		M7	ベルクート	-	◎	-	-	-	-	-	-	-	-	◎	0
		M9	デラン	-	◎	-	-	◎	-	-	◎	-	-	-	-

付録　有機農業に関連する農薬情報，法令など

に整理・改変）

	スワルスキーカブリダニ			タイリクヒメハナカメムシ			アリガタシマアザミウマ			オンシツツヤコバチ			サバクツヤコバチ			イサエアヒメコバチ ハモグリコマユバチ			クサカゲロウ類			ハモグリミドリヒメコバチ			ボーベリアバシアーナ	パーティシリウムレカニ	バチルスズブチリス	エルビニアカロトボーラ	マルハナバチ	
	卵	成	残	幼	成	残	幼	成	残	蛹	成	残	蛹	成	残	幼	成	残	幼	成	残	成虫	分生子	胞子	芽胞	菌	巣	残
	−	△	7	◎	◎	0	◎	◎	−	◎	×	14	◎	◎	0	−	◎	0	−	◎	0	−	△	−	◎	◎	◎	0
	−	−	−	◎	◎	0	◎	◎	−	◎	◎	0	◎	◎	0	◎	◎	0	◎	○	−	◎	×	△	◎	◎	◎	0
	−	−	−	−	−	−	◎	◎	0	−	−	−	−	−	−	−	−	−	−	−	−	−	△	−	◎	◎	◎	0
	−	−	−	−	−	−	−	−	−	−	−	−	−	−	−	◎	◎	−	−	−	−	−	−	−	◎	◎	−	−
	−	◎	−	−	−	−	−	−	−	−	−	−	−	−	−	−	−	−	−	−	−	○	○	○	7	−	−	−
	−	◎	0	−	−	−	−	−	−	◎	◎	0	−	−	−	−	◎	0	−	−	−	−	−	−	−	−	−	−
	−	−	−	−	−	−	−	−	−	−	−	−	−	−	−	−	−	−	−	−	−	−	−	−	◎	◎	○	1
	−	◎	0	−	−	−	−	−	−	◎	◎	−	−	−	−	−	−	−	−	−	−	−	−	−	−	−	◎	0
	◎	−	−	−	−	−	◎	◎	−	◎	◎	−	−	−	−	◎	◎	0	−	−	−	◎	×	−	◎	◎	◎	1
	−	◎	0	−	−	−	−	−	−	◎	◎	−	−	−	−	−	−	−	−	−	−	−	−	−	−	−	−	−
	−	◎	−	◎	−	0	−	−	−	◎	◎	−	−	−	−	−	−	−	◎	◎	0	−	−	△	−	−	−	−
	−	−	−	−	−	−	−	−	−	−	−	−	−	−	−	◎	◎	0	−	−	−	−	−	−	−	−	−	−
	−	◎	0	−	−	−	−	−	−	◎	◎	−	−	−	0	−	−	−	◎	◎	−	−	−	−	−	−	◎	0
	−	−	−	◎	◎	0	−	−	−	◎	◎	−	−	−	−	−	−	−	◎	◎	−	−	−	−	−	−	◎	0
	−	◎	0	−	−	−	−	−	−	◎	◎	−	−	−	−	−	−	−	◎	◎	−	−	−	−	◎	◎	×	−
	−	−	−	−	−	−	−	−	−	−	−	−	−	−	−	−	−	−	−	−	−	−	−	−	◎	◎	◎	−
	−	−	−	−	−	−	◎	◎	−	−	−	−	◎	◎	0	−	−	−	−	−	−	◎	×	−	−	−	◎	−
	−	−	−	◎	△	0	◎	◎	−	◎	◎	0	◎	◎	0	−	◎	0	◎	◎	0	−	○	○	◎	◎	◎	0
	−	−	−	◎	◎	0	◎	◎	0	◎	◎	0	−	◎	−	−	◎	0	−	◎	0	−	−	○	水◎	◎	◎	0
																								×	−	◎		
	−	−	−	◎	−	−	−	−	−	−	−	−	−	−	−	−	−	−	◎	◎	0	−	−	×	−	−	◎	−
	−	−	−	◎	◎	0	◎	◎	−	−	−	−	−	−	−	−	−	−	−	−	−	◎	−	−	−	−	◎	−
	−	−	−	−	−	−	−	−	−	◎	◎	−	−	−	−	−	−	−	−	−	−	◎	−	−	−	−	◎	−
	−	−	−	−	○	−	−	−	−	◎	◎	−	−	−	−	−	−	−	−	−	−	◎	−	×	−	−	◎	−
	−	◎	−	◎	◎	0	○	◎	−	◎	◎	0	◎	◎	0	−	−	−	◎	◎	−	◎	△	−	◎	◎	○	1
	−	−	−	◎	−	−	−	−	−	◎	◎	0	◎	◎	0	◎	◎	0	−	−	−	○	○	−	◎	◎	◎	0
	−	−	−	−	−	−	−	−	−	◎	◎	0	−	−	−	◎	◎	0	−	−	−	−	×	−	◎	◎	◎	0
	−	−	−	◎	−	0	◎	◎	−	−	−	−	◎	◎	0	−	−	−	−	−	−	◎	−	−	◎	◎	◎	0
	−	−	−	◎	−	0	−	−	−	◎	◎	0	−	−	−	−	−	−	−	−	−	−	−	−	−	×	◎	◎	0
	−	−	−	◎	◎	0	−	−	−	◎	◎	−	−	−	−	−	−	−	◎	○	−	−	−	−	−	−	◎	−
	−	−	−	◎	◎	0	−	−	−	◎	◎	−	−	−	−	−	−	−	−	−	−	−	−	−	−	−	◎	−
	−	×	−	◎	−	0	△	◎	−	◎	△	5	−	−	−	◎	○	0	△	△	−	◎	−	×	◎	−	×	3~5
	−	×	−	−	◎	−	−	−	−	◎	×	28	◎	◎	0	−	×	−	◎	◎	−	−	×	○	×	−	○	1
	−	−	−	◎	○	−	○	◎	−	◎	△	7	◎	○	7	◎	◎	0	◎	◎	0	−	−	×	×	−	◎	−
	−	−	−	◎	◎	0	−	−	−	◎	◎	−	−	◎	0	◎	△	−	◎	◎	0	−	△	×	◎	×	◎	−
	−	◎	0	◎	◎	0	−	−	−	◎	◎	−	−	◎	0	◎	◎	0	−	−	−	◎	−	×	×	−	◎	−
	−	◎	0	−	−	−	◎	◎	−	◎	−	0	−	−	−	−	−	−	−	−	−	−	−	−	−	−	◎	−
	−	−	−	−	◎	−	−	−	−	◎	◎	−	◎	−	0	−	−	−	−	−	−	◎	×	−	◎	◎	◎	−
	−	−	−	−	−	−	−	−	−	−	◎	−	◎	◎	0	−	−	−	◎	◎	−	−	−	△	−	×	◎	−

作用機構	グループ名	FRACコード	種類名	コレマンアブラバチ			ミヤコカブリダニ			チリカブリダニ			ククメリスカブリダニ		
				マ	成	残	卵	成	残	卵	成	残	卵	成	残
宿主植物の抵抗性誘導	ホスホナート	P7	アリエッティ	−	−	−	◎	◎	0	◎	◎	0	−	−	−
作用機構不明	不明	27	カーゼートPZ	−	−	−	−	−	−	−	△	−	−	−	−
		U18	バリダシン	−	−	−	−	−	−	−	−	−	−	−	−
		UN	イデクリーン	−	−	−	−	◎	−	−	◎	−	−	−	−
		UN	イオウフロアブル	○	○	−	−	−	−	◎	◎	0	−	−	−
		UN	園芸ボルドー	−	−	−	−	−	−	◎	−	−	−	−	−
未分類	不明	NC	カリグリーン	◎	◎	0	◎	◎	0	◎	◎	0	◎	◎	0
		NC	ハーモメイト	−	−	−	−	−	−	−	−	−	−	−	−
		−	サンヨール	◎	◎	0	−	◎	0	◎	−	0	−	○	0

注）卵：卵に，幼：幼虫に，成：成虫に，マ：マミーに，蛹：蛹に，胞子：胞子に，巣：巣箱の蜂のコロニーに対する影響
残：その農薬が天敵に対して影響のなくなるまでの期間で単位は日数です。数字の横に↑があるものはその日数以上の影響がある農薬です。
＊は薬液乾燥後に天敵を導入する場合には影響がないが，天敵が存在する場合には影響がでる恐れがあります。
記号：天敵等に対する影響は◎：死亡率0〜25%，○：25〜50%，△：50〜75%，×：75〜100%（野外・半野外試験），◎：死亡率0〜30
マルハナバチに対する影響は◎：影響なし，○：影響1日，△：影響2日，×：影響3日以上
マルハナバチに対して影響がある農薬については，その期間以上巣箱を施設の外に出す必要があります。影響がない農薬でも，散布にあたっては蜂を
※1：産卵に対して影響がなくなるまでの期間

・表中のエルビニア カロトボーラは乳剤との混用はできませんが，3日以上の散布期間であれば近接散布可能です。またバチルス ズブチリスは混
・表中の影響の程度及び残効期間はあくまでも目安であり，気象条件（温度，降雨，紫外線の程度及び換気条件等）により変化します。
上記の理由により，この表が原因で事故が発生しても当協議会としては一切責任を負いかねますのでご了承の上，ご使用下さい。

付録　有機農業に関連する農薬情報，法令など

スワルスキーカブリダニ			タイリクヒメハナカメムシ			アリガタシマアザミウマ			オンシツツヤコバチ			サバクツヤコバチ			イサエアヒメコバチハモグリコマユバチ			クサカゲロウ類			ハモグリミドリヒメコバチ	ボーベリアバシアーナ	パーティシリウムレカニ	バチルスズブチリス	エルビニアカロトボーラ	マルハナバチ	
卵	成	残	幼	成	残	幼	成	残	蛹	成	残	蛹	成	残	幼	成	残	幼	成	残	成虫	分生子	胞子	芽胞	菌	巣	残
-	-	-	◎	-	-	◎	◎	-	-	◎	-	-	-	-	-	◎	0	-	-	-	-	◎	×	×	×	△	2
-	-	-	-	-	-	-	-	-	-	○	-	-	-	-	-	-	-	-	-	-	◎	-	-	-	-	-	-
-	◎	-	-	-	-	-	-	-	-	-	-	-	-	-	-	-	-	-	-	-	-	-	-	-	-	-	-
-	-	-	◎	◎	0	-	-	-	◎	○	3	◎	△	7	-	△	7	◎	◎	-	△	◎	×	◎	◎	◎	0
-	◎	-	-	-	-	-	-	-	-	-	-	-	-	-	-	-	-	-	-	-	-	-	-	-	-	-	-
-	-	-	◎	◎	0	-	-	-	◎	○	-	◎	-	-	◎	◎	0	-	-	-	-	-	-	◎	×	◎	0
-	-	-	-	-	-	-	-	-	-	-	-	-	-	-	-	-	-	-	-	-	○	-	-	-	-	-	-
-	◎	0	◎	◎	-	-	-	-	◎	◎	0	-	-	-	-	-	-	-	-	-	-	-	-	◎	-	◎	0

%，○：30～80%，△：80～99%，×：99～100%（室内試験）

巣箱に回収し，薬液が乾いてから活動させて下さい。

用できない剤とでも，翌日以降の近接散布は可能です。

天敵等に対する殺虫剤・殺ダニ剤の影響の目安 (日本生物防除協議会・2024年4月作成・)

●殺虫・殺ダニ剤

農薬の系統名	IRACコード	種類名	コレマンアブラバチ マ		成	残	ミヤコカブリダニ 卵	成	残	チリカプリダニ 卵	成	残	ククメリスカブリダニ 卵	成	残	スワルスキーカブリダニ 卵	成	残	タイリクヒメハナカメムシ 幼	成	残
カバーメート系	1A	オリオン	−	−	−	−	−	−	−	−	−	−	×	−	−	−	−	×	−	−
		バイデート(粒)	−	◎	−	−	−	−	◎	◎	0	◎	◎	0	−	−	−	−	×	−
		ミクロデナポン	−	×	−	−	−	−	−	14	−	×	56	−	−	−	−	×	×	14↑
		ランネート	×	×	84	−	−	−	△	×	28	×	×	56	−	−	−	×	×	84
有機リン系	1B	エンセダン	−	−	−	−	−	−	−	−	−	−	−	−	−	−	−	×	×	56
		オルトラン(水)	−	×	−	−	×	21	−	×	28	×	×	28	−	−	−	×	×	−
		オルトラン(粒)	−	−	−	−	−	−	−	−	−	−	−	−	−	×	42	−	−	−
		ガードホープ(液剤)	◎	◎	0	◎	◎	0	◎	◎	0	◎	◎	0	−	−	−	◎	◎	0
		カルホス	−	−	−	−	−	−	−	−	−	−	−	−	−	−	−	−	−	−
		ジメトエート	×	×	−	−	×	−	−	×	56	×	×	84	−	−	−	×	×	−
		スミチオン	−	−	−	−	−	−	−	−	−	−	×	56	−	−	−	−	−	−
		ダーズバン	×	×	−	−	△	14	◎	△	7	×	×	56	−	−	−	−	○	−
		ダイアジノン(乳・水)	×	×	−	−	○	14	◎	◎	7	◎	×	21	−	−	−	−	×	−
		ダイアジノン(粒)	−	−	−	−	−	−	−	−	−	−	×	−	−	−	−	−	×	−
		トクチオン	−	−	−	−	−	−	−	−	−	−	−	−	−	−	−	−	×	−
		ネマトリン(粒)	−	−	−	−	−	−	◎	◎	0	−	−	−	−	−	−	−	−	−
		ネマトリンエース(粒)	◎	◎	0	◎	○	21	◎	◎	0	◎	◎	0	−	−	−	◎	◎	0
		マラソン	×	×	84	−	−	−	−	×	14	×	×	84	−	−	−	−	−	−
ピレスロイド系	3A	アーデント	−	−	−	−	−	−	−	−	−	×	×	21↑	−	×	−	−	−	−
		アグロスリン	×	×	84	−	−	−	−	×	84	×	×	84	−	−	−	×	×	84
		アディオン	×	×	84	−	△	−	−	×	84	×	×	84	−	−	−	×	×	84
		サイハロン	−	−	−	−	−	−	−	−	−	−	−	−	−	−	−	−	−	−
		除虫菊	−	−	−	−	−	−	◎	◎	7	◎	◎	7	−	−	−	◎	◎	0
		スカウト	−	−	−	−	−	−	−	−	−	−	−	−	−	−	−	−	−	−
		テルスター(煙)	−	−	−	−	−	−	−	○	7	−	−	−	−	−	−	−	−	−
		テルスター(水)	×	×	84	−	−	−	−	×	84	×	×	84	−	−	−	×	×	84
		トレボン	−	−	−	−	−	−	−	○	−	−	−	−	−	−	−	×	×	14↑
		バイスロイド	×	×	84	−	−	−	−	×	84	×	×	84	−	×	84	×	×	84
		ペイオフ	−	−	−	−	−	−	−	○	42	×	×	−	−	−	−	−	−	−
		マブリック(煙)	−	−	−	−	−	−	−	−	−	−	−	−	−	−	−	−	×	−
		マブリック(水)	−	○	−	×	×	−	−	○	42	×	×	−	−	−	−	−	×	−
		ロディー(煙)	−	−	−	−	−	−	−	−	−	−	−	−	−	−	−	−	−	−
		ロディー(乳)	×	×	84	−	−	−	−	×	84	×	×	84	−	−	−	×	×	84
ネオニコチノイド系	4A	アクタラ(粒)	−	−	−	−	−	−	−	−	−	−	−	−	−	−	−	−	−	−
		アクタラ(顆粒)	−	−	−	×	×	14	−	×	14	−	−	−	○	○	28	−	−	−
		アドマイヤー	×	×	−	◎	◎	0	◎	◎	0	◎	◎	0	△	−	−	×	×	14↑
		アドマイヤー(粒)	◎	◎	0	◎	◎	0	◎	◎	0	◎	◎	0	−	−	−	−	−	−
		スタークル/アルバリン	−	−	−	−	−	−	−	−	−	−	−	−	−	○	0	−	−	−
		ダントツ	−	−	−	◎	◎	0	◎	◎	0	−	−	−	−	−	−	−	−	−
		バリアード	−	−	−	◎	○	−	△	△	−	−	−	−	−	−	−	−	−	−
		ベストガード(水)	−	−	−	△	○	−	×	×	5	−	−	−	−	−	−	−	−	−
		ベストガード(粒)	−	−	−	−	−	−	−	−	−	−	−	−	−	−	−	−	−	−
		モスピラン(煙)	−	−	−	−	−	−	−	−	−	−	−	−	−	−	−	−	−	−
		モスピラン(水)	−	◎	−	○	○	−	○	○	−	−	◎	◎	0	−	△	7	×	−
		モスピラン(粒)	−	−	−	−	−	−	−	○	7	−	−	−	−	−	−	−	−	−
スルホキシイミン系	4C	トランスフォーム	×	×	−	−	−	−	◎	◎	−	−	−	−	◎	◎	−	−	×	−
スピノシン系	5	スピノエース	−	−	−	△	△	−	△	△	−	−	−	−	×	×	14	−	−	−
アベルメクチン系 ミルベマイシン系	6	アグリメック	−	−	−	−	−	−	−	−	−	−	−	−	×	14	−	△	28
		アニキ	−	−	−	−	×	3	−	−	−	−	×	3	−	×	3	−	◎	0
		アファーム	◎	×	7	×	×	−	×	×	−	◎	○	6	−	×	−	−	×	7
		コロマイト	−	−	−	−	−	△	1	△	−	−	×	7	○	×	1	−	◎	0
		コロマイト(水)	−	−	−	−	−	△	1	−	−	−	−	−	−	×	1	−	−	−
		コロマイト(乳)	−	−	−	−	−	△	1	−	−	−	×	7	−	×	1	−	◎	0
ピリプロキシフェン	7C	ラノー	−	−	−	−	−	−	◎	◎	0	−	−	−	−	○	−	◎	◎	0
ハロゲン化アルキル	8A	D−D	−	−	−	−	−	−	−	−	−	−	−	−	−	−	−	−	−	−
クロルピクリン	8B	クロルピクリン	−	−	−	−	−	−	−	−	−	−	−	−	−	−	−	−	−	−
メチルイソチオシアネートジェネレーター	8F	ガスタード(粒)	−	−	−	−	−	−	−	−	−	−	−	−	−	−	−	−	−	−
		ディ・トラペックス	−	−	−	−	−	−	−	−	−	−	−	−	−	−	−	−	−	−

付録　有機農業に関連する農薬情報，法令など

第29版を農薬の系統別に整理・改変）

	アリガタシマアザミウマ			オンシツツヤコバチ			サバクツヤコバチ			ハモグリコマユバチ			イサエアヒメコバチ			クサカゲロウ類			ヨトウタマゴバチ類			ハモグリミドリヒメコバチ	ボーベリアバシアーナ	パーティシリウムレカニ	バチルスズブチリス	エルビニアカロトボーラ	マルハナバチ	
	幼	成	残	蛹	成	残	蛹	成	残	幼	成	残	幼	成	残	幼	成	残	蛹	成	残	成虫	分生子	胞子	芽胞	菌	巣	残
−	−	−	−	−	−	−	−	−	−	−	−	−	−	−	−	−	−	−	−	−	−	−	−	−	−	◎	×	−
−	−	−	−	○	◎	0	−	−	−	−	◎	0	−	○	0	−	−	−	−	−	−	−	−	−	−	−	×	14
−	−	−	−	△	×	28	−	−	−	−	×	−	△	×	28	×	×	−	−	−	−	−	×	×	−	×	×	3
−	−	−	◎	×	×	70	×	×	84	×	×	84	×	×	84	×	×	84	−	−	−	◎	◎	◎	◎	◎	×	−
−	−	−	◎	−	−	−	△	−	−	−	×	−	−	−	−	−	−	−	−	−	−	−	−	−	−	−	×	−
◎	△	−	×	×	28	×	×	28	−	×	28	−	×	28	○	×	−	×	◎	△	◎	−	×	10〜20
−	−	−	−	○	×	30	−	−	−	−	×	49	−	−	−	−	−	−	−	−	−	−	−	−	−	−	×	14〜30
−	−	−	◎	◎	0	−	−	−	−	○	22	−	−	−	−	−	−	−	−	−	−	−	−	−	−	−	−
−	−	−	×	−	−	−	−	−	−	×	49	−	−	−	−	−	−	−	−	−	−	−	−	−	−	14
−	−	×	×	84	−	−	−	−	−	−	−	×	−	84	×	×	42	−	◎	◎	◎	−	×	20↑
−	−	−	△	−	56	−	−	−	−	−	−	△	−	−	×	×	70	×	×	×	◎	−	×	20↑
−	−	−	△	−	84	−	−	−	−	−	−	×	×	84	×	−	28	−	◎	△	◎	−	×	30↑
−	−	−	○	×	42	−	−	−	−	×	−	×	×	28	×	×	14	◎	◎	×	◎	×	15〜30
−	−	−	−	−	−	−	−	−	−	−	−	−	−	−	−	−	−	−	−	−	−	−	−	−	−	30
−	−	−	−	−	−	−	−	−	−	×	−	42	−	−	−	−	−	−	−	−	◎	−	−
−	−	−	◎	−	−	−	−	−	−	○	19	−	−	−	−	−	−	−	−	−	−	◎	−	−
−	−	−	×	×	84	×	×	84	−	×	84	−	−	−	×	×	84	×	◎	△	◎	−	×	30
−	−	−	−	−	−	−	−	−	−	−	−	−	−	−	−	−	−	×	−	◎	◎	−	×	3
−	−	−	×	×	84	×	×	84	−	×	84	×	×	84	×	×	84	−	−	◎	◎	水◎乳×	×	20↑
−	−	−	×	×	84	×	×	84	−	×	84	×	×	84	×	×	84	−	−	◎	◎	水◎乳×	×	20↑
−	−	−	−	−	−	−	−	−	−	−	−	−	−	−	−	−	−	−	−	−	−	◎	水◎乳×	×	4
−	−	−	◎	×	3	−	−	−	−	×	7	○	○	7	−	×	−	−	◎	−	◎	◎	×	△	2
−	−	−	−	−	−	−	−	−	−	−	−	−	−	−	−	−	−	−	−	−	−	−	◎	◎	△	2
−	−	−	◎	×	36	×	×	84	−	×	84	×	×	84	×	×	84	−	◎	−	◎	◎	×	30
×	△	−	−	×	35	−	−	−	△	×	21	−	−	−	−	−	−	−	−	−	−	−	◎	−	20↑
−	−	−	×	×	84	×	×	84	×	×	84	×	×	84	×	×	84	−	−	−	−	◎	−	−
−	−	−	×	×	−	−	−	−	−	−	−	○	−	−	×	×	−	−	−	−	−	−	−	×	28
−	−	−	−	−	−	−	−	−	−	−	−	−	−	−	−	−	−	−	−	−	−	−	−	2〜3
−	−	−	−	○	×	7	×	×	−	−	−	×	×	−	×	×	42	−	◎	−	◎	−	×	2〜3
−	−	−	−	−	−	−	−	−	−	−	−	−	−	−	−	−	−	−	−	−	−	−	×	14
−	−	−	×	×	84	×	×	84	−	×	84	×	×	84	×	×	84	−	−	◎	◎	×	×	14
−	−	−	−	−	−	−	−	−	−	−	−	−	−	−	−	−	−	×	−	−	−	−	×	21
−	−	−	−	×	21	−	−	−	−	−	−	−	−	−	−	−	−	×	◎	−	◎	−	×	42
△	△	−	◎	△	35	−	−	−	◎	×	14	−	−	−	−	−	−	−	−	−	×	◎	−	◎	×	30↑
−	−	−	◎	×	30	◎	◎	0	−	◎	21	◎	◎	0	◎	◎	0	−	−	−	−	◎	×	35↑
−	−	−	−	◎	×	−	−	×	−	−	−	−	−	−	−	−	−	−	◎	−	◎	◎	−	−
−	−	−	−	−	−	−	−	−	−	−	−	−	−	−	−	−	−	×	−	◎	−	◎	−	−
−	−	−	−	×	3	−	−	−	−	−	−	−	−	−	○4000	−	×	−	◎	−	−	−	−
×	×	−	△	×	30	−	−	−	−	−	−	−	−	−	−	−	−	×	−	−	−	−	×	10↑
−	−	−	○	×	28	−	−	−	−	−	−	−	−	−	−	−	−	−	−	−	−	−	×	30↑
−	−	−	△	×	24	−	−	−	−	−	−	−	−	−	−	−	−	−	−	−	−	−	○	1
×	△	−	△	×	24	−	−	−	−	△	−	−	−	−	−	−	−	○	◎	−	◎	−	○	1
−	−	−	△	−	−	−	−	−	−	−	−	−	−	−	−	−	−	−	−	−	−	−	−	1
×	△	−	−	×	42	−	−	−	−	−	−	−	−	−	−	−	−	×	◎	−	◎	◎	×	3〜7
−	−	−	−	×	21	−	−	−	−	−	−	−	−	−	−	−	−	−	−	−	−	−	−	−
−	−	−	○	×	28	◎	−	0	−	○	3	−	−	−	−	−	−	×	−	−	◎	−	△	2
×	×	−	−	×	21	−	−	−	−	×	−	−	−	−	−	−	−	×	−	−	−	−	−	−
◎	×	−	−	−	1	◎	−	0	−	−	3	−	−	−	−	−	−	?	−	−	−	−	−	−
−	−	−	−	−	1	◎	−	0	−	−	3	−	−	−	−	−	−	?	−	−	−	−	−	−
−	−	−	◎	−	1	−	−	−	○	◎	−	◎	◎	0	−	○	−	○	−	−	−	−	◎	0
−	−	−	−	−	−	−	−	−	−	−	−	−	−	−	−	−	−	−	−	−	−	−	×	28
−	−	−	−	−	−	−	−	−	−	−	−	−	−	−	−	−	−	−	−	−	−	×	×	28
−	−	−	−	−	−	−	−	−	−	−	−	−	−	−	−	−	−	−	−	−	−	−	×	21
−	−	−	−	−	−	−	−	−	−	−	−	−	−	−	−	−	−	−	−	−	−	−	×	28

1023

農薬の系統名	IRACコード	種類名	コレマンアブラバチ			ミヤコカブリダニ			チリカブリダニ			ククメリスカブリダニ			スワルスキーカブリダニ			タイリクヒメハナカメムシ		
			マ	成	残	卵	成	残	卵	成	残	卵	成	残	卵	成	残	幼	成	残
ピリジンアゾメジン誘導体	9B	コルト	-	-	-	-	-	-	-	-	-	-	-	-	-	○	14	-	-	-
		チェス	◎	◎	0	◎	◎	0	◎	◎	0	◎	◎	0	◎	◎	-	○	○	-
クロフェンテジン ヘキシチアゾクス ジフロビダジン	10A	カーラ	◎	◎	0	-	◎	0	◎	◎	0	◎	◎	0	◎	◎	0	-	-	0
		ニッソラン	◎	◎	0	-	◎	-	◎	◎	0	◎	◎	0	◎	◎	0	◎	◎	0
エトキサゾール	10B	バロック	-	-	-	×	◎	-	×	◎	-	-	-	-	-	-	-	-	-	-
Bacillus thuringiensis と殺虫タンパク質生産物	11A	サブリナフロアブル	-	◎	-	-	-	-	-	-	-	-	-	-	-	-	-	◎	◎	-
		ゼンターリ	-	-	-	-	-	-	-	-	-	-	-	-	-	-	-	-	-	-
		デルフィン	-	-	-	-	◎	-	-	◎	-	-	-	-	-	-	-	-	-	-
		BT剤	◎	◎	0	◎	◎	0	◎	◎	0	◎	◎	0	◎	◎	-	-	◎	0
プロパルギット	12C	オマイト	◎	△	-	-	△	-	×	△	0	-	×	-	-	-	-	-	△	-
テトラジホン	12D	テデオン	-	○	-	-	-	-	-	◎	-	◎	◎	0	-	-	-	-	-	-
ピロール	13	コテツ	-	-	-	-	-	7	-	-	-	◎	×	6	-	-	-	◎	◎	0
ネライストキシン類縁体	14	エビセクト	○	×	-	-	-	-	-	○	7	-	○	-	-	-	-	-	-	-
		パダン	-	-	-	-	-	-	-	-	-	-	-	-	-	-	-	-	-	-
ベンゾイル尿素系	15	アタブロン	◎	◎	0	◎	○	9	◎	○	1	◎	×	9	-	-	-	×	×	14↑
		カスケード	-	◎	-	△	◎	0	◎	◎	0	◎	◎	0	◎	◎	0	△	◎	28
		デミリン	◎	◎	0	◎	◎	0	◎	◎	0	◎	◎	0	◎	◎	0	◎	◎	0
		ノーモルト	◎	◎	0	◎	◎	0	◎	◎	0	◎	◎	0	◎	◎	0	×	◎	14
		マッチ	-	-	-	-	-	-	-	-	-	-	-	-	-	-	-	△	△	14
ブプロフェジン	16	アプロード	◎	◎	0	◎	◎	0	◎	◎	0	◎	◎	0	-	◎	-	○	◎	0
シロマジン	17	トリガード	◎	◎	0	◎	◎	0	◎	◎	0	◎	◎	0	-	-	-	-	-	-
ジアシル-ヒドラジン系	18	ファルコン	-	-	-	-	-	-	-	-	-	-	-	-	-	◎	-	-	◎	-
		マトリック	-	-	-	◎	◎	0	◎	◎	0	◎	◎	0	-	-	-	-	◎	-
		ロムダン	-	-	-	-	-	-	-	-	-	-	-	-	-	-	-	-	-	0
アミトラズ	19	ダニカット	-	-	-	×	21	×	×	21	-	×	28	-	-	-	-	○	△	21
アセキノシル	20B	カネマイト	◎	-	-	◎	◎	0	◎	◎	0	◎	◎	0	-	-	-	-	-	-
ビフェナゼート	20D	マイトコーネ	-	-	-	◎	◎	0	◎	◎	0	◎	◎	0	-	-	-	-	-	-
METI剤	21A	アプロードエース	-	-	-	-	-	-	-	-	-	-	-	-	-	-	-	-	-	-
		サンマイト	-	×	-	-	△	-	-	-	-	-	×	-	×	△	-	×	×	14
		ダニトロン	-	-	-	-	-	-	-	-	-	-	-	-	-	-	-	-	◎	0
		ハチハチ	-	-	-	-	14	-	-	-	-	-	14	-	×	36	-	-	×	-
		ピラニカ	-	-	-	×	×	14	×	×	-	-	×	-	-	-	-	-	×	7
オキサジアジン	22A	トルネードエース	-	-	-	-	-	-	◎	◎	7	◎	◎	7	◎	◎	0	-	◎	7
β-ケトニトリル誘導体	25A	スターマイト	-	-	-	◎	◎	0	◎	◎	0	◎	◎	0	-	-	-	◎	◎	0
		ダニサラバ																		
ジアミド系	28	エクシレルSE	◎	◎	0	◎	◎	0	◎	◎	0	◎	◎	0	◎	◎	0	◎	◎	0
		フェニックス	◎	◎	0	◎	◎	0	◎	◎	0	◎	◎	0	◎	◎	0	◎	◎	0
		プリロッソ（粒）	◎	◎	0	◎	◎	0	◎	◎	0	◎	◎	0	◎	◎	0	◎	◎	0
		プレバソン	-	◎	0	◎	◎	0	◎	◎	0	◎	◎	0	◎	◎	0	◎	◎	0
		ベネビア	◎	◎	0	◎	◎	0	◎	◎	0	◎	◎	0	◎	◎	0	◎	◎	0
		ベリマーク	◎	◎	0	◎	◎	0	◎	◎	0	◎	◎	0	◎	◎	0	◎	◎	0
		ミネクトデュオ（粒）	-	-	-	◎	◎	0	◎	◎	0	◎	◎	0	◎	◎	0	-	-	-
フロニカミド	29	ウララDF	◎	◎	0	◎	◎	0	◎	◎	0	◎	◎	0	◎	◎	0	◎	◎	0
フロメトキン	34	ファインセーブフロアブル	○	△	-	◎	◎	0	◎	◎	0	◎	◎	0	◎	◎	0	-	×	7
作用機構不明	UN	ハッパ	-	-	-	-	-	-	○	0	-	-	-	-	-	-	-	-	-	0
		プレオ	-	-	-	◎	◎	0	◎	◎	0	-	-	-	-	-	-	-	-	-
		モレスタン	-	-	-	-	-	-	-	-	-	-	-	-	-	-	-	-	-	-
	UNF	ボタニガード	-	-	-	-	-	-	-	-	-	-	-	-	-	-	-	-	-	-
	UNM	マシン油	-	-	-	○	28	-	△	-	-	-	-	-	-	-	-	-	◎	-

付録　有機農業に関連する農薬情報，法令など

アリガタシマアザミウマ			オンシツツヤコバチ			サバクツヤコバチ			ハモグリコマユバチ / イサエアヒメコバチ			クサカゲロウ類			ヨトウタマゴバチ類			ハモグリミドリヒメコバチ	ボーベリアバシアーナ	パーティシリウムレカニ	バチルスズブチリス	エルビニアカロトボーラ	マルハナバチ	
幼	成	残	蛹	成	残	蛹	成	残	幼	成	残	幼	成	残	蛹	成	残	成虫	分生子	胞子	芽胞	菌	巣	残
−	−	−	−	−	−	−	−	−	−	−	−	−	−	−	−	−	−	−	−	−	−	−	−	−
◎	◎	−	◎	◎	0	◎	◎	0	◎	◎	0	◎	◎	0	◎	◎	0	◎	◎	−	◎	◎	◎	−
−	−	−	◎	◎	0	◎	◎	0	−	◎	0	◎	◎	0	◎	◎	0	−	−	◎	−	−	○	1
◎	◎	−	◎	◎	0	◎	◎	0	−	◎	0	◎	◎	0	◎	◎	0	−	−	○	◎	◎	○	1
△	◎	−	−	−	−	−	−	−	−	−	−	−	−	−	−	−	−	◎	−	−	◎	◎	−	−
−	−	−	◎	◎	−	−	−	−	◎	◎	−	−	−	−	◎	◎	−	−	−	−	−	−	−	−
◎	◎	−	−	−	−	−	−	−	−	−	−	−	−	−	◎	◎	−	−	−	−	◎	◎	−	−
−	−	−	−	−	−	−	−	−	−	−	−	−	−	−	−	−	−	−	−	−	−	−	−	−
−	−	−	◎	◎	0	◎	◎	0	◎	◎	0	◎	◎	0	◎	◎	0	−	−	−	−	◎	◎	−
−	−	−	△	◎	7	−	−	−	−	△	−	◎	◎	0	−	−	−	−	−	○	◎	×	◎	−
−	−	−	◎	○	7	−	−	−	−	◎	0	◎	◎	0	−	◎	14	○	−	−	△	◎	−	○	1
△	△	−	−	−	−	−	−	−	−	×	−	−	−	−	−	−	−	×	−	−	◎	◎	×	9
−	−	−	○	○	7	−	−	−	−	○	×	−	○	−	−	△	◎	14	−	−	◎	−	◎	×	3
−	−	−	−	−	−	−	−	−	−	×	21	−	−	−	−	−	−	−	−	◎	−	◎	×	3
−	−	−	◎	◎	0	−	−	−	◎	◎	0	−	−	−	◎	◎	0	−	−	−	◎	−	×	4
×	◎	−	◎	◎	0	◎	◎	0	−	◎	0	△	×	−	−	◎	0	−	−	−	◎	−	△	2
−	−	−	◎	◎	0	−	−	−	◎	◎	0	×	△	−	◎	◎	0	−	−	−	◎	−	×	−
×	◎	−	◎	◎	0	◎	◎	0	−	◎	0	×	△	−	−	◎	0	−	−	−	◎	◎	○	1
×	◎	−	◎	◎	0	−	◎	0	−	−	−	×	◎	−	−	−	−	−	−	−	−	◎	−	−
◎	◎	−	○	◎	7	◎	◎	0	◎	◎	0	△	△	7	◎	◎	0	−	−	−	−	◎	−	○	1
−	−	−	○	○	0	◎	◎	0	◎	◎	0	×	×	−	◎	◎	0	−	−	−	−	◎	−	○	1
−	−	−	−	−	−	−	−	−	−	−	−	−	−	−	−	−	−	−	−	−	−	−	−	−
−	−	−	◎	◎	0	−	−	−	−	−	−	◎	−	−	−	−	−	−	−	−	◎	◎	−	−
−	−	−	×	×	21	○	○	14	−	−	−	−	◎	−	○	×	28	−	−	−	△	−	◎	−
◎	◎	−	−	−	−	−	−	−	−	−	−	−	−	−	−	−	−	−	−	−	−	−	−	−
−	−	−	−	−	−	−	−	−	−	−	−	−	−	−	−	−	−	−	−	−	−	−	−	−
−	−	−	△	×	21	−	−	−	○	△	21	−	◎	−	−	−	−	○	−	−	◎	◎	×	1〜4
◎	◎	−	−	−	−	−	−	−	−	×	−	−	−	−	−	−	−	△	−	−	◎	−	○	1
−	−	−	−	×	−	−	×	−	−	−	−	−	−	−	−	−	−	×	−	−	◎	−	○	5
△	◎	−	−	−	−	−	−	−	−	○	−	−	○	−	−	−	−	×	−	−	−	−	○	1
−	−	−	◎	◎	14	−	−	−	−	−	−	−	−	−	−	−	−	◎	−	−	−	−	×	6
−	−	−	◎	◎	0	−	−	−	◎	−	0	−	−	−	−	−	−	−	−	−	−	◎	−	−
−	−	−	−	◎	0	−	◎	0	−	◎	−	◎	◎	−	◎	◎	0	−	−	◎	−	−	−	1
−	−	−	−	◎	0	−	◎	0	−	◎	−	−	◎	−	−	◎	0	−	−	◎	−	−	◎	1
−	−	−	−	◎	0	−	◎	0	−	◎	−	−	◎	−	−	◎	0	−	−	−	−	−	◎	0
−	−	−	−	◎	0	−	◎	0	−	◎	0	−	◎	−	−	◎	0	◎	−	−	−	−	◎	1
−	−	−	−	◎	0	−	◎	0	−	◎	−	−	◎	−	−	◎	0	−	−	−	−	−	◎	1
−	−	−	−	−	−	−	−	−	−	−	−	−	−	−	−	−	−	−	−	−	−	−	×	(定植後) 21
−	−	−	◎	◎	0	−	−	−	◎	◎	0	−	−	−	−	−	−	−	−	−	−	−	−	−
−	×	7	◎	◎	1	◎	◎	1	−	◎ハイ	1ハー	×	◎	−	◎	−	1	−	−	◎	◎	◎	◎	1
−	−	−	−	−	−	○	○	0	−	○	0	−	−	−	−	−	−	−	−	−	−	−	−	−
−	−	−	−	−	−	−	−	−	−	−	−	−	−	−	−	−	−	◎	−	−	−	−	−	−
−	−	−	−	−	−	−	−	−	−	−	−	−	−	−	−	−	−	◎	−	−	−	−	−	−
−	−	−	−	−	−	−	−	−	−	−	−	−	−	−	−	−	−	△	−	−	−	−	−	−
−	−	−	◎	◎	0	−	−	−	−	△	−	◎	◎	0	−	−	−	−	−	−	◎	−	○	1

農薬の系統名	IRACコード	種類名	コレマンアブラバチ			ミヤコカブリダニ			チリカブリダニ			ククメリスカブリダニ			スワルスキーカブリダニ			タイリクヒメハナカメムシ		
			マ	成	残	卵	成	残	卵	成	残	卵	成	残	卵	成	残	幼	成	残
未分類	−	アカリタッチ	◎	◎	0	◎	○	−	◎	◎	0	◎	−	−	−	−	−	◎	◎	0
	−	オレート	−	−	−	◎	◎	0	◎	◎	0	−	−	−	−	−	−	−	−	−
	−	サンクリスタル	−	○	0	−	◎	0	−	◎	−	−	○	0	−	○	−	◎	◎	−
	−	粘着くん	×	−	*	◎	−	*	◎	−	*	◎	−	*	−	−	*	◎	△	0
	−	ペンタック	−	−	−	−	−	−	−	△	14	−	△	28	−	−	−	−	−	−
	−	マイコタール	−	−	−	◎	−	0	◎	−	0	◎	−	0	◎	○	−	◎	○	−

注）卵：卵に，幼：幼虫に，成：成虫に，マ：マミーに，蛹：蛹に，胞子：胞子に，巣：巣箱の蜂のコロニーに対す
残：その農薬が天敵に対して影響のなくなるまでの期間で単位は日数です。数字の横に↑があるものはその日数以上
＊は薬液乾燥後に天敵を導入する場合には影響がないが，天敵が存在する場合には影響がでる恐れがあります。
記号：天敵等に対する影響は◎：死亡率0〜25％，○：25〜50％，△：50〜75％，×：75〜100％（野外・
マルハナバチに対する影響は◎：影響なし，○：影響1日，△：影響2日，×：影響3日以上
マルハナバチに対して影響がある農薬については，その期間以上巣箱を施設の外に出す必要があります。影響がない
・表中のエルビニア カロトボーラは乳剤との混用はできませんが，3日以上の散布期間であれば近接散布が可能です。
・表中の影響の程度及び残効期間はあくまでも目安であり，気象条件（温度，降雨，紫外線の程度及び換気条件等）
上記の理由により，この表が原因で事故が発生しても当協議会としては一切責任を負いかねますのでご了承の上，ご

付録　有機農業に関連する農薬情報，法令など

アリガタシマアザミウマ			オンシツツヤコバチ			サバクツヤコバチ			ハモグリコマユバチ			イサエアヒメコバチ			クサカゲロウ類			ヨトウタマゴバチ類			ハモグリミドリヒメコバチ	ボーベリアバシアーナ	パーティシリウムレカニ	バチルスズブチリス	エルビニアカロトボーラ	マルハナバチ	
幼	成	残	蛹	成	残	蛹	成	残	幼	成	残	幼	成	残	幼	成	残	蛹	成	残	成虫	分生子	胞子	芽胞	菌	巣	残
◎	◎	0	-	-	-	-	-	-	◎	◎	-	-	-	-	-	-	-	-	-	-	◎	-	-	◎	-	-	-
-	-	-	◎	◎	0	-	-	-	◎	◎	-	-	-	-	-	-	-	-	-	-	◎	-	-	◎	-	○	1
-	-	-	-	-	-	-	○	-	-	○	-	◎	-	-	○	-	-	-	-	-	-	-	-	-	-	-	0
△	×	-	◎	△	0	◎	△	0	◎	○	0	-	-	0	◎	-	0	◎	-	0	◎	-	-	◎	-	◎	-
-	-	-	-	-	-	-	-	-	-	-	-	-	-	-	-	-	-	-	-	-	-	-	-	-	-	-	-
-	-	-	◎	◎	0	-	-	-	◎	-	0	-	-	-	-	-	-	◎	-	-	◎	-	-	◎	-	-	-

る影響
の影響がある農薬です。

半野外試験），◎：死亡率0〜30%，○：30〜80%，△：80〜99%，×：99〜100%（室内試験）

農薬でも，散布にあたっては蜂を巣箱に回収し，薬液が乾いてから活動させて下さい。
またバチルス ズブチリスは混用できない剤とでも，翌日以降の近接散布は可能です。
により変化します。
使用下さい。

有機農業の推進に関する法律

第一条　この法律は、有機農業の推進に関し、基本理念を定め、並びに国及び地方公共団体の責務を明らかにするとともに、有機農業の推進に関する施策の基本となる事項を定めることにより、有機農業の推進に関する施策を総合的に講じ、もって有機農業の発展を図ることを目的とする。

第二条　この法律において「有機農業」とは、化学的に合成された肥料及び農薬を使用しないこと並びに遺伝子組換え技術を利用しないことを基本として、農業生産に由来する環境への負荷をできる限り低減した農業生産の方法を用いて行われる農業をいう。

第三条　有機農業の推進は、農業の持続的な発展及び環境と調和のとれた農業生産の確保が重要であり、有機農業が農業の自然循環機能（農業生産活動が自然界における生物を介在する物質の循環に依存し、かつ、これを促進する機能をいう。）を大きく増進し、かつ、農業生産に由来する環境への負荷を低減するものであることにかんがみ、農業者が容易にこれに従事することができるようにすることを旨として、行われなければならない。

2　有機農業の推進は、消費者の食料に対する需要が高度化し、かつ、多様化する中で、消費者の安全かつ良質な農産物に対する需要が増大していることを踏まえ、有機農業がこのような需要に対応した農産物の供給に資するものであることにかんがみ、農業者その他の関係者が積極的に有機農業により生産される農産物の生産、流通又は販売に取り組むことができるようにするとともに、消費者が容易に有機農業により生産される農産物を入手できるようにすることを旨として、行われなければならない。

3　有機農業の推進は、消費者の有機農業及び有機農業により生産される農産物に対する理解の増進が重要であることにかんがみ、有機農業を行う農業者（以下「有機農業者」という。）その他の関係者と消費者との連携の促進を図りながら行われなければならない。

4　有機農業の推進は、農業者その他の関係者の自主性を尊重しつつ、行われなければならない。

第四条　国及び地方公共団体は、前条に定める基本理念にのっとり、有機農業の推進に関する施策を総合的に策定し、及び実施する責務を有する。

2　国及び地方公共団体は、農業者その他の関係者及び消費者の協力を得つつ有機農業を推進するものとする。

第五条　政府は、有機農業の推進に関する施策を実施するため必要な法制上又は財政上の措置その他の措置を講じなければならない。

第六条　農林水産大臣は、有機農業の推進に関する基本的な方針（以下「基本方針」という。）を定めるものとする。

2　基本方針においては、次の事項を定めるものとする。
一　有機農業の推進に関する基本的な事項
二　有機農業の推進及び普及の目標に関する事項
三　有機農業の推進に関する施策に関する事項
四　その他有機農業の推進に関し必要な事項

3　農林水産大臣は、基本方針を定め、又はこれを変更しようとするときは、関係行政機関の長に協議するとともに、食料・農業・農村政策審議会の意見を聴かなければならない。

4　農林水産大臣は、基本方針を定め、又はこれを変更したときは、遅滞なく、これを公表しなければならない。

第七条　都道府県は、基本方針に即し、有機農業の推進に関する施策についての計画（次項において「推進計画」という。）を定めるよう努めなければならない。

2　都道府県は、推進計画を定め、又はこれを変更したときは、遅滞なく、これを公表するよう努めなければならない。

第八条　国及び地方公共団体は、有機農業者及び有機農業を行おうとする者の支援のために必要な施策を講ずるものとする。

第九条　国及び地方公共団体は、有機農業に関する技術の研究開発及びその成果の普及を促進するため、研究施設の整備、研究開発の成果に関する普

及指導及び情報の提供その他の必要な施策を講ずるものとする。

第十条　国及び地方公共団体は，有機農業に関する知識の普及及び啓発のための広報活動その他の消費者の有機農業に対する理解と関心を深めるために必要な施策を講ずるものとする。

第十一条　国及び地方公共団体は，有機農業者と消費者の相互理解の増進のため，有機農業者と消費者との交流の促進その他の必要な施策を講ずるものとする。

第十二条　国及び地方公共団体は，有機農業の推進に関し必要な調査を実施するものとする。

第十三条　国及び地方公共団体は，国及び地方公共団体以外の者が行う有機農業の推進のための活動の支援のために必要な施策を講ずるものとする。

第十四条　国は，地方公共団体が行う有機農業の推進に関する施策に関し，必要な指導，助言その他の援助をすることができる。

第十五条　国及び地方公共団体は，有機農業の推進に関する施策の策定に当たっては，有機農業者その他の関係者及び消費者に対する当該施策について意見を述べる機会の付与その他当該施策にこれらの者の意見を反映させるために必要な措置を講ずるものとする。

　　　附　　則

1　この法律は，公布の日から施行する。

2　食料・農業・農村基本法（平成十一年法律第百六号）の一部を次のように改正する。
　　第四十条第三項中「及び食品循環資源の再生利用等の促進に関する法律（平成十二年法律第百十六号）」を，「食品循環資源の再生利用等の促進に関する法律（平成十二年法律第百十六号）及び有機農業の推進に関する法律（平成十八年法律第百十二号）」に改める。

3　農業の担い手に対する経営安定のための交付金の交付に関する法律（平成十八年法律第八十八号）の一部を次のように改正する。
　　附則第九条中第四十条第三項の改正規定を次のように改める。

付録　有機農業に関連する農薬情報，法令など

　　第四十条第三項中「食品循環資源の再生利用等の促進に関する法律（平成十二年法律第百十六号）」の下に「，農業の担い手に対する経営安定のための交付金の交付に関する法律（平成十八年法律第八十八号）」を加える。

JAS法（日本農林規格等に関する法律）
有機農産物　JAS1605

1 適用範囲
この規格は，有機農産物について規定する。

2 引用規格
次に掲げる引用規格は，この規格に引用されることによって，その一部又は全部がこの規格の要求事項を構成している。これらの引用規格は，その最新版を適用する。
JAS 1606 有機加工食品
JAS 1607 有機飼料
JAS 1608 有機畜産物

3 用語及び定義
この規格で用いる主な用語及び定義は，次による。

3.1 有機農産物
箇条5に従い生産された農産物（飲食料品に限る。）

3.2 転換期間中のほ場
5.1.2a)に適合するほ場への転換を開始したほ場であって，5.1.2a)に適合していないもの

3.3 転換期間中有機農産物
有機農産物のうち，転換期間中のほ場において生産された農産物

3.4 使用禁止資材
肥料及び土壌改良資材（表A.1のものを除く。），農薬（表B.1のものを除く。）並びに土壌，植物又はきのこ類に施されるその他資材（天然物質又は化学的処理を行っていない天然物質に由来するものを除く。）

3.5 化学的処理
次のいずれかに該当する処理
a) 化学的手段（燃焼，焼成，溶融，乾留及びけん化を除く。以下同じ。）によって，化合物を構造の異なる物質に変化させること。
b) 化学的手段によって得られた物質を添加すること（最終的な製品に当該物質を含有しない場合を含む。）。

3.6 組換えDNA技術
酵素等を用いた切断及び再結合の操作によって，DNAをつなぎ合わせた組換えDNA分子を作製し，それを生細胞に移入し，かつ，増殖させる技術

3.7 栽培場
きのこ類の培養場，伏込場又は発生場所及びスプラウト類の栽培施設（ほ場を除く。）

3.8 採取場
自生している農産物を採取する場所

3.9 苗等
苗，苗木，穂木，台木その他の植物体の全部又は一部（種子を除く。）で繁殖の用に供されるもの

3.10 ぬか類
穀物を精白した際に出る果皮，種皮，胚芽等の穀物の表層部分
注釈1 ぬか類には，米ぬか，大麦のぬかである麦ぬか，えん麦のぬかであるオートブラン，とうもろこしのぬかであるコーンブラン，とうもろこしの胚芽，皮等であるホミニーフィード等が含まれる。

3.11 菌床栽培きのこ
おが屑にふすま，ぬか類，水等を混合してブロック状，円筒状等に固めた培地に種菌を植え付ける栽培方法によって栽培したきのこ

3.12 耕種的防除
作目及び品種の選定，作付け時期の調整その他の農作物の栽培管理の一環として通常行われる作業を有害動植物の発生を抑制することを意図して計画的に実施することによる有害動植物の防除

3.13 物理的防除
光，熱，音等を利用する方法，古紙に由来するマルチ（製造工程において化学的に合成された物質が添加されていないものに限る。）若しくはプラスチックマルチ（使用後に取り除くものに限る。）を使用する方法又は人力若しくは機械的な方法による有害動植物の防除

3.14 生物的防除
病害の原因となる微生物の増殖を抑制する微生物，有害動植物を捕食する動物若しくは有害動植物が忌避する植物
若しくは有害動植物の発生を抑制する効果を有する植物の導入又はそれらの生育に適するような環境の整備による有害動植物の防除

4 有機農産物の生産の原則
有機農産物は，次のいずれかに従い生産する。
a) 農業の自然循環機能の維持増進を図るため，化学的に合成された肥料及び農薬の使用を避けることを基本として，土壌の性質に由来する農地の生産力（きのこ類の生産にあっては農林産物に由来する生産力，

スプラウト類の生産にあっては種子に由来する生産力を含む。）を発揮させるとともに，農業生産に由来する環境への負荷をできる限り低減した栽培管理方法を採用したほ場において生産すること。
b) 採取場において，採取場の生態系の維持に支障を生じない方法によって採取すること。

5 生産の方法
5.1 ほ場
5.1.1 周辺から使用禁止資材が飛来し，又は流入しないように必要な措置を講じているものでなければならない。
5.1.2 次のいずれかに該当するものでなければならない。
a) 多年生の植物から収穫される農産物にあってはその最初の収穫前3年以上，それ以外の農産物にあってはは種又は植付け前2年以上（開拓されたほ場又は耕作の目的に供されていなかったほ場であって，2年以上使用禁止資材が使用されていないものにおいて新たに農産物の生産を開始した場合は，多年生の植物から収穫される農産物にあってはその最初の収穫前1年以上，それ以外の農産物にあってはは種又は植付け前1年以上）の間，5.4，5.7，5.10及び5.11に従い農産物の生産を行っていること。
b) 転換期間中のほ場にあっては，転換開始後最初の収穫前1年以上の間，5.4，5.7，5.10及び5.11に従い農産物の生産を行っていること。

5.2 栽培場
5.2.1 周辺から使用禁止資材が飛来し，又は流入しないように必要な措置を講じているものでなければならない。
5.2.2 土壌において栽培されるきのこ類の栽培場にあっては，栽培開始前2年以上の間，使用禁止資材が使用されていないものでなければならない。

5.3 採取場
5.3.1 周辺から使用禁止資材が飛来又は流入しない一定の区域でなければならない。
5.3.2 当該採取場において農産物採取前3年以上の間，使用禁止資材が使用されていないものでなければならない。

5.4 ほ場に使用する種子又は苗等
5.4.1 5.1，5.3，5.7及び5.10～5.13に適合する種子（コットンリンターに由来する再生繊維を原料とし，製造工程において化学的に合成された物質が添加されていない農業用資材に帯状に封入されたものを含む。以下5.4において同じ。）又は苗等でなければならない。
5.4.2 5.4.1にかかわらず，5.4.1の種子若しくは苗等の入手が困難な場合又は品種の維持更新に必要な場合は，使用禁止資材を使用することなく生産されたものを使用してよい。
5.4.3 5.4.1及び5.4.2にかかわらず，5.4.1及び5.4.2の種子若しくは苗等の入手が困難な場合又は品種の維持更新に必要な場合は，種子繁殖する品種にあっては種子，栄養繁殖する品種にあっては入手可能な最も若齢な苗等であって，は種又は植付け後にほ場で持続的効果を示す化学的に合成された肥料及び農薬（表A.1又は表B.1のものを除く。）が使用されていないものを使用してよい（は種され，又は植え付けられた作期において食用新芽の生産を目的とする場合を除く。）。
5.4.4 5.4.1～5.4.3にかかわらず，5.4.1～5.4.3の苗等の入手が困難な場合であり，次のいずれかに該当する場合は，植付け後にほ場で持続的効果を示す化学的に合成された肥料及び農薬（表A.1又は表B.1のものを除く。）が使用されていない苗等を使用してよい。
a) 災害，病虫害等によって，植え付ける苗等がない場合
b) 種子の供給がなく，苗等でのみ供給される場合
5.4.5 5.4.1～5.4.4の種子又は苗等は，組換えDNA技術を用いて生産されたものであってはならない。

5.5 種菌
5.5.1 5.2，5.3，5.8，5.10，5.11及び5.13に適合する種菌又は次のa)～d)のいずれかに適合する種菌でなければならない。
a) 5.8.1に適合する資材によって培養された種菌
b) a)の種菌の入手が困難な場合は，栽培期間中，使用禁止資材を使用することなく生産された資材を使用して培養された種菌
c) a)及びb)の種菌の入手が困難な場合は，天然物質又は化学的処理を行っていない天然物質に由来する資材を使用して培養された種菌
d) a)～c)の種菌の入手が困難な場合は，次の種菌培養資材を使用して培養された種菌
 1) 酵母エキス
 2) 麦芽エキス
 3) 砂糖
 4) ぶどう糖
 5) 炭酸カルシウム
 6) 硫酸カルシウム
5.5.2 5.5.1の種菌は，組換えDNA技術を用いて生産されたものであってはならない。

5.6 スプラウト類の栽培場に使用する種子
5.6.1 5.4.1に適合する種子でなければならない。
5.6.2 5.6.1の種子は，組換えDNA技術を用いて生産されたものであってはならない。
5.6.3 5.6.1の種子に対し，表D.1の次亜塩素酸水及び

次亜塩素酸ナトリウム以外の資材を使用していてはならない。

5.7 ほ場における肥培管理
5.7.1 当該ほ場において生産された農産物の残さに由来する堆肥の施用又は当該ほ場若しくはその周辺に生息し，若しくは生育する生物の機能を活用した方法のみによって土壌の性質に由来する農地の生産力の維持増進を図らなければならない。

5.7.2 5.7.1にかかわらず，当該ほ場又はその周辺に生息し，又は生育する生物の機能を活用した方法のみによっては土壌の性質に由来する農地の生産力の維持増進を図ることができない場合は，次のものを使用又は導入してよい。
a) 表A.1の肥料及び土壌改良資材
b) 当該ほ場又はその周辺以外からの生物（組換えDNA技術が用いられていないものに限る。）

5.8 きのこ類の栽培場における栽培管理
5.8.1 次のa)～c)の資材以外の資材を用いて生産してはならない。
a) 樹木及び竹に由来する資材[1]にあっては，過去3年以上，周辺から使用禁止資材が飛来せず，又は流入せず，かつ，使用禁止資材が使用されていない一定の区域で伐採され，伐採後に化学物質によって処理されていないもの
注1) 原木，おがこ，チップ，駒，竹粉等
b) 樹木及び竹に由来する資材以外の資材にあっては，次のものに由来するもの
1) 農産物（箇条5に従って生産されたものに限る。）
2) 加工食品（JAS1606の箇条5に従って生産されたものに限る。）
3) 飼料（JAS1607の箇条5に従って生産されたものに限る。）
4) 家畜又は家きん（JAS1608の箇条5に従って飼養されたものに限る。）の排せつ物
c) 廃菌床（箇条5に従って生産された菌床栽培きのこの生産に使用されたものであって，菌床栽培きのこの収穫後に化学物質によって処理されていないものに限る。）

5.8.2 5.8.1にかかわらず，土壌において栽培される堆肥栽培きのこの生産において5.8.1a)～c)の資材のみを用いた栽培が困難な場合は，表A.1の肥料及び土壌改良資材を使用してよい。

5.8.3 5.8.1にかかわらず，土壌において栽培される堆肥栽培きのこ以外の堆肥栽培きのこの生産において5.8.1a)～c)の資材のみを用いた栽培が困難な場合は，5.8.1a)～c)の資材に加えて，表A.1の肥料及び土壌改良資材を使用してよい。

5.8.4 5.8.1にかかわらず，菌床栽培きのこの生産において，5.8.1b)の資材の入手が困難な場合は表A.1の食品工場及び繊維工場からの農畜水産物由来の資材に適合するぬか類及びふすまに限り，栽培が困難な場合は表A.1の炭酸カルシウム及び消石灰に限り使用してよい。

5.9 スプラウト類の栽培場における栽培管理
5.9.1 次のa)及びb)に従い生産しなければならない。
a) 水のみを用いて生産すること。
b) 人工照明を用いないこと。

5.9.2 5.9.1に従い生産されたスプラウト類が農薬，洗浄剤，消毒剤その他の資材によって汚染されないように管理を行わなければならない。

5.9.3 5.9.1及び5.9.2に適合しないスプラウト類が混入しないように管理を行わなければならない。

5.10 ほ場又は栽培場における有害動植物の防除
5.10.1 耕種的防除，物理的防除，生物的防除又はこれらを適切に組み合わせた方法のみによって有害動植物の防除を行わなければならない。

5.10.2 5.10.1にかかわらず，ほ場にあっては，農産物に重大な損害が生ずる危険が急迫している場合であって，耕種的防除，物理的防除，生物的防除又はこれらを適切に組み合わせた方法のみによっては有害動植物を効果的に防除することができないときは，表B.1の農薬に限り使用してよい。

5.11 一般管理
土壌，植物又はきのこ類に使用禁止資材を施してはならない。

5.12 育苗管理
5.12.1 育苗を行う場合（ほ場において育苗を行う場合を除く。以下同じ。）は，周辺から使用禁止資材が飛来し，又は流入しないように必要な措置を講じ，その用土は次のもの以外のものを使用してはならない。
a) 5.1又は5.3に適合したほ場又は採取場の土壌
b) 過去2年以上の間，周辺から使用禁止資材が飛来又は流入せず，かつ，使用されていない一定の区域で採取され，採取後においても使用禁止資材が使用されていない土壌
c) 表A.1の肥料及び土壌改良資材

5.12.2 育苗を行う場合は，5.7，5.10及び5.11に従い管理を行わなければならない。

5.13 収穫，輸送，選別，調製，洗浄，貯蔵，包装その他の収穫以後の工程に係る管理
5.13.1 5.1～5.12に適合しない農産物が混入しないように管理を行わなければならない。

5.13.2 有害動植物の防除又は品質の保持改善は，物理的又は生物の機能を利用した方法（組換えDNA技術を用いて生産された生物を利用した方法を除く。以下同じ。）によらなければならない。

5.13.3 5.13.2にかかわらず，物理的又は生物の機能

を利用した方法のみによっては効果が不十分な場合は，次の資材に限り使用してよい。ただし，a)の資材を使用するときは，農産物への混入を防止しなければならない。

a) 有害動植物の防除目的で使用する表B.1の農薬，表C.1の薬剤並びに食品及び添加物（これらを原材料として加工したものを含み，農産物に対して病害虫を防除する目的で使用するものを除く。）

b) 農産物の品質の保持改善目的で使用する表D.1の調製用等資材

5.13.4 放射線照射を行ってはならない。

5.13.5 5.1～5.12及び5.13.1～5.13.4に従い生産された農産物が農薬，洗浄剤，消毒剤その他の資材によって汚染されないように管理を行わなければならない。

6 表示

6.1 有機農産物の名称の表示は，次の例のいずれかによる。c)～g)のいずれかの表示を行う場合は，"○○"には，当該農産物の一般的な名称を記載しなければならない。

a) "有機農産物"
b) "有機栽培農産物"
c) "有機農産物○○"又は"○○（有機農産物）"
d) "有機栽培農産物○○"又は"○○（有機栽培農産物）"
e) "有機栽培○○"又は"○○（有機栽培）"
f) "有機○○"又は"○○（有機）"
g) "オーガニック○○"又は"○○（オーガニック）"

注記1 a)又はb)の表示を行う場合は，食品表示基準（平成27年内閣府令第10号）第18条又は第24条の規定に従って，当該農産物の名称の表示を別途行わなければならないとされている。

6.2 転換期間中有機農産物にあっては，名称又は商品名の表示されている箇所に近接した箇所に"転換期間中"と記載しなければならない。

6.3 6.1にかかわらず，採取場において採取された農産物にあっては，6.1a)，c)，f)及びg)の例のいずれかによって記載しなければならない。

附属書A
（規定）
肥料及び土壌改良資材

箇条5に規定されている肥料及び土壌改良資材を表A.1に示す。

表A.1－肥料及び土壌改良資材

肥料及び土壌改良資材a)	基準
植物及びその残さ由来の資材	植物の刈取り後又は伐採後に化学的処理を行っていないものであること。
発酵，乾燥又は焼成した排せつ物由来の資材	家畜及び家きんの排せつ物に由来するものであること。
油かす類	天然物質又は化学的処理（有機溶剤による油の抽出を除く。）を行っていない天然物質に由来するものであること。
食品工場及び繊維工場からの農畜水産物由来の資材	天然物質又は化学的処理（有機溶剤による油の抽出を除く。）を行っていない天然物質に由来するものであること。
と畜場又は水産加工場からの動物性産品由来の資材	天然物質又は化学的処理を行っていない天然物質に由来するものであること。
発酵した食品廃棄物由来の資材	食品廃棄物以外の物質が混入していないものであること。
バーク堆肥	天然物質又は化学的処理を行っていない天然物質に由来するものであること。

表A.1－肥料及び土壌改良資材（続き）

肥料及び土壌改良資材[a]	基準
メタン発酵消化液（汚泥肥料を除く。）	家畜ふん尿等の有機物を，嫌気条件下でメタン発酵させた際に生じるものであること。ただし，し尿を原料としたものにあっては，食用作物の可食部分に使用しないこと。
グアノ	－
乾燥藻及びその粉末	－
草木灰	天然物質又は化学的処理を行っていない天然物質に由来するものであること。
炭酸カルシウム	天然物質又は化学的処理を行っていない天然物質に由来するもの（苦土炭酸カルシウムを含む。）であること。
塩化加里	天然鉱石を粉砕又は水洗精製したもの及び海水又は湖水から化学的方法によらず生産されたものであること。
硫酸加里	天然物質又は化学的処理を行っていない天然物質に由来するものであること。
硫酸加里苦土	天然鉱石を水洗精製したものであること。
天然りん鉱石	カドミウムが五酸化リンに換算して1kg中90mg以下であるものであること。
硫酸苦土	天然物質又は化学的処理を行っていない天然物質に由来するものであること。
水酸化苦土	天然鉱石を粉砕したものであること。
軽焼マグネシア	－
石こう（硫酸カルシウム）	天然物質又は化学的処理を行っていない天然物質に由来するものであること。
硫黄	－
生石灰（苦土生石灰を含む。）	天然物質又は化学的処理を行っていない天然物質に由来するものであること。
消石灰	上記生石灰に由来するものであること。
微量要素（マンガン，ほう素，鉄，銅，亜鉛，モリブデン及び塩素）	微量要素の不足によって，作物の正常な生育が確保されない場合に使用するものであること。
岩石を粉砕したもの	天然物質又は化学的処理を行っていない天然物質に由来するものであって，含有する有害重金属その他の有害物質によって土壌等を汚染するものでないこと。
木炭	天然物質又は化学的処理を行っていない天然物質に由来するものであること。
泥炭	天然物質又は化学的処理を行っていない天然物質に由来するものであること。ただし，土壌改良資材としての使用は，野菜（きのこ類及び山菜類を除く。）及び果樹への使用並びに育苗用土としての使用に限ること。
ベントナイト	天然物質又は化学的処理を行っていない天然物質に由来するものであること。
パーライト	天然物質又は化学的処理を行っていない天然物質に由来するものであること。
ゼオライト	天然物質又は化学的処理を行っていない天然物質に由来するものであること。
バーミキュライト	天然物質又は化学的処理を行っていない天然物質に由来するものであること。
けいそう土焼成粒	天然物質又は化学的処理を行っていない天然物質に由来するものであること。
塩基性スラグ	トーマス製鋼法によって副生するものであること。

付録　有機農業に関連する農薬情報，法令など

表A.1－肥料及び土壌改良資材（続き）

肥料及び土壌改良資材[a]	基準
鉱さいけい酸質肥料	天然物質又は化学的処理を行っていない天然物質に由来するものであること。
よう成りん肥	天然物質又は化学的処理を行っていない天然物質に由来するものであって，カドミウムが五酸化リンに換算して1kg中90mg以下であるものであること。
塩化ナトリウム	海水又は湖水から化学的方法によらず生産されたもの又は採掘されたものであること。
リン酸アルミニウムカルシウム	カドミウムが五酸化リンに換算して1kg中90mg以下であるものであること。
塩化カルシウム	－
食酢	－
乳酸	植物を原料として発酵させたものであって，育苗用土等のpH調整に使用する場合に限ること。
製糖産業の副産物	－
肥料の造粒材及び固結防止材	天然物質又は化学的処理を行っていない天然物質に由来するものであること。ただし，当該資材によっては肥料の造粒材及び固結防止材を製造することができない場合は，リグニンスルホン酸塩に限り，使用してよい。
その他の肥料及び土壌改良資材	植物の栄養に供すること又は土壌を改良することを目的として土地に施される物（生物を含む。）及び植物の栄養に供することを目的として植物に施される物（生物を含む。）であって，天然物質又は化学的処理を行っていない天然物質に由来するもの（組換えDNA技術を用いて製造されていないものに限る。）であり，かつ，病害虫の防除効果を有することが明らかなものでないこと。ただし，この資材は，この表の他の資材によっては土壌の性質に由来する農地の生産力の維持増進を図ることができない場合に限り，使用してよい。

注[a]　製造工程において化学的に合成された物質が添加されていないもの及びその原材料の生産段階において組換えDNA技術が用いられていないものに限る。

附属書B
（規定）
農薬

箇条5に規定されている農薬を表B.1に示す。

表B.1－農薬

農薬[a]	基準
除虫菊乳剤	除虫菊から抽出したものであって，共力剤としてピペロニルブトキサイドを含まないものに限ること。
ピレトリン乳剤	除虫菊から抽出したものであって，共力剤としてピペロニルブトキサイドを含まないものに限ること。
なたね油乳剤	－
調合油乳剤	－

表 B.1 － 農薬（続き）

農薬[a]	基準
マシン油エアゾル	－
マシン油乳剤	－
デンプン水和剤	－
脂肪酸グリセリド乳剤	－
メタアルデヒド粒剤	捕虫器に使用する場合に限ること。
メタアルデヒド剤	捕虫器に使用する場合に限ること。
硫黄くん煙剤	－
硫黄粉剤	－
水和硫黄剤	－
石灰硫黄合剤	－
シイタケ菌糸体抽出物液剤	－
シイタケ菌糸体抽出物水溶剤	－
炭酸水素ナトリウム水溶剤	－
銅水和剤	－
銅粉剤	－
硫酸銅	ボルドー剤調製用に使用する場合に限ること。
生石灰	ボルドー剤調製用に使用する場合に限ること。
天敵等生物農薬	－
性フェロモン剤	農作物を害する昆虫のフェロモン作用を有する物質を有効成分とするものに限ること。
クロレラ抽出物液剤	－
混合生薬抽出物液剤	－
ワックス水和剤	－
展着剤	カゼイン又はパラフィンを有効成分とするものに限ること。
二酸化炭素くん蒸剤	保管施設で使用する場合に限ること。
ケイソウ土粉剤	保管施設で使用する場合に限ること。
燐酸第二鉄粒剤	－
炭酸水素カリウム水溶剤	－
炭酸カルシウム水和剤	銅水和剤の薬害防止に使用する場合に限ること。
ミルベメクチン乳剤	－
ミルベメクチン水和剤	－
スピノサド水和剤	－
スピノサド粒剤	－
還元澱粉糖化物液剤	－

付録　有機農業に関連する農薬情報，法令など

表 B.1－農薬（続き）

農薬[a]	基準
カスガマイシン液剤	－
カスガマイシン粉剤	－
カスガマイシン水溶剤	－
カスガマイシン粒剤	－
エチレン	パイナップルの開花誘発に使用する場合に限ること。
次亜塩素酸水	－
重曹	－
食酢	－
その他の農薬[b]	有効成分としてこの表の他の農薬に含まれる有効成分のみを2つ以上含有するものに限ること。

注[a]　組換えDNA技術を用いて製造されていないものに限る。
注[b]　硫黄・銅水和剤，炭酸水素ナトリウム・銅水和剤，脂肪酸グリセリド・スピノサド水和剤等が該当する。

附属書C
（規定）
薬剤

箇条5に規定されている薬剤を表C.1に示す。

表 C.1－薬剤

薬剤[a]	基準
除虫菊抽出物	共力剤としてピペロニルブトキサイドを含まないものに限ること。また，農産物に対して病害虫を防除する目的で使用する場合を除く。
ケイ酸ナトリウム	農産物に対して病害虫を防除する目的で使用する場合を除く。
カリウム石けん（鹼）[軟石けん（鹼）]	農産物に対して病害虫を防除する目的で使用する場合を除く。
エタノール	農産物に対して病害虫を防除する目的で使用する場合を除く。
ホウ酸	容器に入れて使用する場合に限ること。また，農産物に対して病害虫を防除する目的で使用する場合を除く。
フェロモン	昆虫のフェロモン作用を有する物質を有効成分とする薬剤に限ること。また，農産物に対して病害虫を防除する目的で使用する場合を除く。
カプサイシン	忌避剤として使用する場合に限ること。また，農産物に対して病害虫を防除する目的で使用する場合を除く。
ゼラニウム抽出物	忌避剤として使用する場合に限ること。また，農産物に対して病害虫を防除する目的で使用する場合を除く。
シトロネラ抽出物	忌避剤として使用する場合に限ること。また，農産物に対して病害虫を防除する目的で使用する場合を除く。

注[a]　薬剤の使用に当たっては，薬剤の容器等に表示された使用方法を遵守しなければならない。

附属書D
（規定）
調製用等資材

箇条5に規定されている調製用等資材を表D.1に示す。

表D.1－調製用等資材

調製用等資材[a]	基準
二酸化炭素	－
窒素	－
エタノール	－
活性炭	－
ケイソウ土	－
クエン酸	－
微生物由来の調製用等資材	－
酵素	－
卵白アルブミン	－
植物油脂	－
樹皮成分の調製品	－
エチレン	バナナ，キウイフルーツ及びアボカドの追熟に使用する場合に限ること。
硫酸アルミニウムカリウム	バナナの房の切り口の黒変防止に使用する場合に限ること。
オゾン	－
コーンコブ	－
次亜塩素酸水	－
次亜塩素酸ナトリウム	食塩水（99％以上の塩化ナトリウムを含有する食塩を使用したものに限る。）を電気分解したものに限ること。
食塩	－
食酢	－
炭酸水素ナトリウム	－
ミツロウ	製造工程において化学的処理を行っていないものに限ること。
炭酸カルシウム	－
水酸化カルシウム	－

注[a] 組換えDNA技術を用いて製造されていないものに限る。

制定文、改正文、附則等（抄）
○令和6年7月1日農林水産省告示第1280号
令和6年7月31日から施行する。ただし、改正規定（クロレラ抽出物液剤、ワックス水和剤及びケイソウ土粉剤の項を削る部分に限る。）は、令和7年1月1日から施行する。

附則
1　ナス科及びウリ科の果菜類の生産において種子からの栽培が困難な場合並びにこんにゃくいもの生産においてこの告示による改正後の有機農産物の日本農林規格（以下「新有機農産物規格」という。）5.4 の基準に適合する苗等からの栽培が困難な場合は、当分の間、同項の規定にかかわらず、植付け後にほ場で持続的効果を示す化学的に合成された肥料及び農薬（新有機農産物規格表A.1及び表B.1に掲げるものを除く。）が使用されていない苗等（組換えDNA技術を用いて生産されたものを除く。）を使用することができる。
2　たまねぎの育苗用土に粘度調整のためにやむを得ず使用する場合は、当分の間、新有機農産物規格 5.12 の規定にかかわらず、ポリビニルアルコール、ポリアクリルアミド及び天然物質に由来するもので化学的処理を行ったものを使用することができる。
3　新有機農産物規格表A.1に掲げる肥料及び土壌改良資材のうち、植物及びその残さ由来の資材、発酵, 乾燥又は焼成した排せつ物由来の資材、油かす類、食品工場及び繊維工場からの農畜水産物由来の資材並びに発酵した食品廃棄物由来の資材については、その原材料の生産段階において組換えDNA技術が用いられていない資材に該当するものの入手が困難である場合は、当分の間、表A.1の規定にかかわらず、これらの資材に該当する資材以外のものを使用することができる。

JAS法（日本農林規格等に関する法律）
有機加工食品　JAS1606

1 適用範囲
この規格は，有機加工食品について規定する。

2 引用規格
次に掲げる引用規格は，この規格に引用されることによって，その一部又は全部がこの規格の要求事項を構成している。これらの引用規格は，その最新版（追補を含む。）を適用する。
JAS 0018 有機藻類
JAS 1605 有機農産物
JAS 1607 有機飼料
JAS 1608 有機畜産物
JISZ 8305 活字の基準寸法

3 用語及び定義
この規格で用いる主な用語及び定義は，次による。

3.1 有機加工食品
箇条5に従い生産された加工食品であって，原材料（食塩及び水を除く。）及び添加物（加工助剤を除く。）の重量に占める農産物（有機農産物を除く。），畜産物（有機畜産物を除く。），水産物（有機藻類を除く。）及びその他5.1b)の飲食料品並びに添加物（有機加工食品として格付された一般飲食物添加物及び加工助剤を除く。）の重量の割合が5%以下であるもの

3.2 有機農産物加工食品
有機加工食品のうち，原材料（食塩及び水を除く。）及び添加物（加工助剤を除く。）の重量に占める農産物（有機農産物を除く。），畜産物，水産物及びその他5.1b)の飲食料品並びに添加物［有機加工食品（有機農産物加工食品に限る。）として格付された一般飲食物添加物及び加工助剤を除く。］の重量の割合が5%以下であるもの

3.3 有機畜産物加工食品
有機加工食品のうち，原材料（食塩及び水を除く。）及び添加物（加工助剤を除く。）の重量に占める農産物，畜産物（有機畜産物を除く。），水産物及びその他5.1b)の飲食料品並びに添加物［有機加工食品（有機畜産物加工食品に限る。）として格付された一般飲食物添加物及び加工助剤を除く。］の重量の割合が5%以下であるもの

3.4 有機農畜産物加工食品
有機加工食品（有機農産物加工食品及び有機畜産物加工食品を除く。）のうち，原材料（食塩及び水を除く。）及び添加物（加工助剤を除く。）の重量に占める農産物（有機農産物を除く。），畜産物（有機畜産物を除く。），水産物及びその他5.1b)の飲食料品並びに添加物［有機加工食品（その他有機加工食品を除く。）として格付された一般飲食物添加物及び加工助剤を除く。］の重量の割合が5%以下であるもの

3.5 その他有機加工食品
有機加工食品のうち，有機農産物加工食品，有機畜産物加工食品及び有機農畜産物加工食品以外のもの

3.6 有機酒類
有機加工食品のうち，日本農林規格等に関する法律（昭和25年法律第175号。以下"法"という。）第2条第2項第1号ロに規定する酒類に該当するもの

3.7 有機農産物
JAS1605の箇条5に従い生産された農産物（飲食料品に限る。）

3.8 有機畜産物
JAS1608の箇条5に従い飼養された家畜若しくは家きん又はJAS1608の箇条5に従いこれらから生産された畜産物

3.9 有機藻類
JAS0018に従い生産される藻類

3.10 一般飲食物添加物
一般に食品として飲食に供されている物であって添加物として使用されるもの

3.11 化学的処理
次のいずれかに該当する処理
a) 化学的手段（燃焼，焼成，溶融，乾留及びけん化を除く。以下同じ。）によって，化合物を構造の異なる物質に変化させること。
b) 化学的手段によって得られた物質を添加すること（最終的な製品に当該物質を含有しない場合を含む。）。

3.12 組換えDNA技術
酵素等を用いた切断及び再結合の操作によって，DNAをつなぎ合わせた組換えDNA分子を作製し，それを生細胞に移入し，かつ，増殖させる技術

3.13 転換期間中有機農産物
有機農産物のうち，JAS1605の5.1.2b)に規定する転換期間中のほ場において生産された農産物

4 有機加工食品の生産の原則

有機加工食品は、原材料である有機農産物、有機畜産物及び有機藻類の有する特性を製造又は加工の過程において保持することを旨とし、物理的又は生物の機能を利用した加工方法を用い、化学的に合成された添加物及び薬剤の使用を避けることを基本として、生産する。

5 生産の方法

5.1 原材料及び添加物（加工助剤を含む。）

次のa)～e)のもの以外のものが使用されていてはならない。ただし、b)のものにあっては、使用する原材料と同一の種類の有機農産物、有機畜産物、有機藻類又は有機加工食品の入手が困難な場合に限る。

a) 次のうち、当該農林物資又はその包装、容器若しくは送り状に格付の表示が付されているもの（その有機加工食品を製造し、又は加工する者によって生産され、法第10条又は第30条の規定によって格付されたものにあってはこの限りでない。）

1) 有機農産物
2) 有機畜産物
3) 有機藻類
4) 有機加工食品

b) a), c), d)以外の飲食料品（次のものを除く。）

1) 原材料として使用した有機農産物、有機畜産物、有機藻類及び有機加工食品と同一の種類の農畜水産物及び加工食品
2) 放射線照射が行われたもの
3) 組換えDNA技術を用いて生産されたもの

c) 食塩

d) 水

e) 有機酒類以外の有機加工食品にあっては表A.1、有機酒類にあっては表B.1の添加物

5.2 原材料及び添加物の使用割合

原材料（食塩及び水を除く。）及び添加物（加工助剤を除く。）の重量に占める5.1b)及び5.1e)（有機加工食品として格付された一般飲食物添加物及び加工助剤を除く。）のものの重量の割合が5%以下でなければならない。

5.3 製造、加工、包装、保管その他の工程に係る管理

5.3.1 製造又は加工は、物理的又は生物の機能を利用した方法（組換えDNA技術を用いて生産された生物を利用した方法を除く。以下同じ。）によることとし、添加物を使用する場合は、必要最小限度としなければならない。

5.3.2 原材料として使用される有機農産物は、その受入れから製造又は加工前までの間、JAS1605の5.13に従い、JAS1605の表D.1の調製用等資材を使用してよい。

5.3.3 原材料として使用される有機畜産物は、その受入れから製造又は加工前までの間、JAS1608の5.7に従い、JAS1608の表K.1の調製用等資材を使用してよい。

5.3.4 原材料として使用される有機農産物、有機畜産物、有機藻類及び有機加工食品は、他の農畜水産物又はその加工食品が混入しないように管理を行わなければならない。

5.3.5 有害動植物の防除は、物理的又は生物の機能を利用した方法によらなければならない。ただし、物理的又は生物の機能を利用した方法のみによっては効果が不十分な場合は、表C.1の薬剤並びに食品及び添加物（これらを原材料として加工したものを含み、農産物に対して病害虫を防除する目的で使用するものを除く。）に限り使用してよい。

この場合は、原材料、添加物及び製品への混入を防止しなければならない。

5.3.6 5.3.5にかかわらず、5.3.5の方法のみによっては有害動植物の防除の効果が不十分な場合は、有機加工食品を製造し、若しくは加工し、又は保管していない期間に限り、表C.1の薬剤以外の薬剤を使用してよい。この場合は、有機加工食品の製造若しくは加工又は保管の開始前に、これらの薬剤を除去しなければならない。

5.3.7 有害動植物の防除、食品の保存又は衛生の目的での放射線照射を行ってはならない。

5.3.8 5.1、5.2及び5.3.1～5.3.7に従い製造され、又は加工された食品が農薬、洗浄剤、消毒剤その他の資材によって汚染されないように管理を行わなければならない。

6 表示

6.1 名称の表示

6.1.1 有機加工食品の名称の表示は、次の例のいずれかによる。"○○"には、当該加工食品の一般的な名称を記載しなければならない。

a) "有機○○"又は"○○（有機）"
b) "オーガニック○○"又は"○○（オーガニック）"

6.1.2 その他有機加工食品のうち、"○○"に記載する一般的な名称が、有機農産物加工食品、有機畜産物加工食品又は有機農畜産物加工食品の一般的な名称と同一となるものにあっては、食品表示基準の別記様式1の枠外に、有機農産物加工食品、有機畜産物加工食品又は有機農畜産物加工食品でないことが分かるように記載しなければならない。

注記1 指定農林物資以外の農林物資については、法第63条第2項の規定に従って、当該指定農林物資に係る日本農林規格において定める名称の表示又はこれと紛らわしい表示を付してはならないとされてい

る。

6.1.3 転換期間中有機農産物又はこれを製造若しくは加工したものを原材料として使用したものにあっては，6.1.1の例のいずれかによって記載する名称の前又は後に"転換期間中"と記載しなければならない。

6.1.4 6.1.3にかかわらず，商品名の表示されている箇所に近接した箇所に，背景の色と対照的な色で，JIS Z 8305に規定する14ポイントの活字以上の大きさの統一のとれた活字で，"転換期間中"と記載する場合は，6.1.3の記載を省略してよい。

6.2 原材料名の表示

6.2.1 使用した原材料のうち，有機農産物，有機畜産物，有機藻類又は有機加工食品にあっては，その一般的な名称の前又は後に"有機"等の文字を記載しなければならない。

6.2.2 6.2.1にかかわらず，使用した原材料のうち，有機農産物，有機畜産物，有機藻類又は有機加工食品にあっては，"有機"等の文字に代えて有機を示す記号を記載してよい。この場合は，有機を示す記号に関する説明を食品表示基準の別記様式1の枠外に記載しなければならない。

注記1 記号には，"＊"や"＃"などが考えられる。

6.2.3 使用した原材料のうち，転換期間中有機農産物又はこれを製造若しくは加工したものにあっては，6.2.1又は6.2.2によって記載する原材料名の前又は後に"転換期間中"の文字を記載しなければならない。

6.2.4 6.2.3にかかわらず，使用した原材料のうち，転換期間中有機農産物又はこれを製造若しくは加工したものにあっては，"転換期間中"の文字に代えて，転換期間中を示す記号を記載してよい。この場合は，転換期間中を示す記号に関する説明を食品表示基準の別記様式1の枠外に記載しなければならない。

注記1 記号には，"＊"や"＃"などが考えられる。

6.2.5 6.2.3及び6.2.4にかかわらず，商品名の表示されている箇所に近接した箇所に，背景の色と対照的な色で，JIS Z 8305に規定する14ポイントの活字以上の大きさの統一のとれた活字で，"転換期間中"と記載する場合は，6.2.3及び6.2.4の記載を省略してよい。

附属書A
（規定）
添加物（有機酒類以外の有機加工食品）

箇条5に規定されている添加物（有機酒類以外の有機加工食品に係るもの）を表A.1に示す。

表A.1－添加物

INS 番号[a]	添加物[b]	基準
330	クエン酸	pH調整剤として使用するもの又は野菜の加工品若しくは果実の加工品に使用する場合に限ること。
331iii	クエン酸ナトリウム	ソーセージ，卵白の低温殺菌又は乳製品に使用する場合に限ること。
296	DL-リンゴ酸	農産物の加工品に使用する場合に限ること。
270	乳酸	農産物の加工品に使用する場合，ソーセージのケーシングに使用する場合，凝固剤として乳製品に使用する場合又はpH調整剤としてチーズの塩漬に使用する場合に限ること。
300	L-アスコルビン酸	農産物の加工品に使用する場合に限ること。
301	L-アスコルビン酸ナトリウム	食肉の加工品に使用する場合に限ること。
181	タンニン（抽出物）	ろ過助剤として農産物の加工品に使用する場合に限ること。

付録 有機農業に関連する農薬情報，法令など

表A.1－添加物（続き）

INS 番号[a]	添加物[b]	基準
513	硫酸	pH調整剤として砂糖類の製造における抽出水のpH調整に使用する場合又はpH調整剤として藻類の加工品に使用する場合に限ること。
500i	炭酸ナトリウム	菓子類，砂糖類，豆類の調製品，麺・パン類又は中和剤として乳製品に使用する場合に限ること。
500 ii	炭酸水素ナトリウム	菓子類，砂糖類，豆類の調製品，麺・パン類，飲料，野菜の加工品，果実の加工品又は中和剤として乳製品に使用する場合に限ること。
501i	炭酸カリウム	果実の加工品の乾燥に使用する場合又は穀類の加工品，砂糖類，豆類の調製品，麺・パン類若しくは菓子類に使用する場合に限ること。
170i	炭酸カルシウム	畜産物の加工品に使用する場合は，乳製品に使用するもの（着色料としての使用は除く。）又は凝固剤としてチーズ製造に使用するものに限ること。
503i	炭酸アンモニウム	農産物の加工品に使用する場合に限ること。
503 ii	炭酸水素アンモニウム	農産物の加工品に使用する場合に限ること。
504i	炭酸マグネシウム	農産物の加工品に使用する場合に限ること。
508	塩化カリウム	野菜の加工品，果実の加工品，食肉の加工品，調味料又はスープに使用する場合に限ること。
509	塩化カルシウム	農産物の加工品の凝固剤及びチーズ製造の凝固剤として使用する場合又は食用油脂，野菜の加工品，果実の加工品，豆類の調製品，乳製品若しくは食肉の加工品に使用する場合に限ること。
511	塩化マグネシウム	農産物の加工品の凝固剤として使用する場合又は豆類の調製品に使用する場合に限ること。
－	粗製海水塩化マグネシウム	農産物の加工品の凝固剤として使用する場合又は豆類の調製品に使用する場合に限ること。
524	水酸化ナトリウム	pH調整剤として砂糖類の加工若しくは藻類の加工品に使用する場合，食用油脂の製造に使用する場合又は穀類の加工品に使用する場合に限ること。
525	水酸化カリウム	pH調整剤として砂糖類の加工に使用する場合に限ること。
526	水酸化カルシウム	農産物の加工品に使用する場合に限ること。
334	L-酒石酸	農産物の加工品に使用する場合に限ること。
335 ii	L-酒石酸ナトリウム	菓子類に使用する場合に限ること。
336i	L-酒石酸水素カリウム	穀類の加工品又は菓子類に使用する場合に限ること。
341i	リン酸二水素カルシウム	膨張剤として粉類に使用する場合に限ること。
516	硫酸カルシウム	凝固剤として使用する場合又は菓子類，豆類の調製品若しくはパン酵母に使用する場合に限ること。
400	アルギン酸	農産物の加工品に使用する場合に限ること。
401	アルギン酸ナトリウム	農産物の加工品に使用する場合に限ること。
407	カラギナン	畜産物の加工品に使用する場合は，乳製品に使用するものに限ること。

表A.1－添加物（続き）

INS 番号[a]	添加物[b]	基準
410	カロブビーンガム	畜産物の加工品に使用する場合は，乳製品又は食肉の加工品に使用するものに限ること。
412	グァーガム	畜産物の加工品に使用する場合は，乳製品，缶詰肉又は卵製品に使用するものに限ること。
413	トラガントガム	－
414	アラビアガム	乳製品，食用油脂又は菓子類に使用する場合に限ること。
415	キサンタンガム	畜産物の加工品に使用する場合は，乳製品又は菓子類に使用するものに限ること。
416	カラヤガム	畜産物の加工品に使用する場合は，乳製品又は菓子類に使用するものに限ること。
440	ペクチン	畜産物の加工品に使用する場合は，乳製品に使用するものに限ること。
307b	ミックストコフェロール	畜産物の加工品に使用する場合は，食肉の加工品に使用するものに限ること。
322	レシチン（植物レシチン，卵黄レシチン，分別レシチン，ヒマワリレシチン）	漂白処理をせずに得られたものに限ること。また，畜産物の加工品に使用する場合は，乳製品，乳由来の幼児食品，油脂製品又はドレッシングに使用するものに限ること。
553ⅲ	タルク	農産物の加工品に使用する場合に限ること。
558	ベントナイト	農産物の加工品に使用する場合に限ること。
559	カオリン	農産物の加工品に使用する場合に限ること。
－	ケイソウ土	農産物の加工品に使用する場合に限ること。
－	パーライト	農産物の加工品に使用する場合に限ること。
551	二酸化ケイ素	ゲル又はコロイド溶液として，農産物の加工品に使用する場合に限ること。
－	活性炭	農産物の加工品に使用する場合に限ること。
901	ミツロウ	分離剤として農産物の加工品に使用する場合に限ること。
903	カルナウバロウ	分離剤として農産物の加工品に使用する場合に限ること。
－	木灰	天然物質又は化学的処理を行っていない天然物質に由来するものから化学的な方法によらずに製造されたものに限ること。また，沖縄そば，米の加工品，和生菓子，ピータン若しくはこんにゃくに使用する場合又は山菜類のあく抜きに使用する場合に限ること。
－	香料	化学的に合成されたものでないこと。
941	窒素	－
－	酸素	－
290	二酸化炭素	－
－	酵素	－

付録　有機農業に関連する農薬情報，法令など

表A.1－添加物（続き）

INS 番号[a]	添加物[b]	基準
－	一般飲食物添加物	カゼイン及びゼラチンについては，農産物の加工品に使用する場合に限ること。また，エタノールについては，畜産物の加工品に使用する場合にあっては，食肉の加工品に使用するものに限ること。
－	次亜塩素酸ナトリウム	農産物の加工品に使用する場合［食塩水（99％以上の塩化ナトリウムを含有する食塩を使用したものに限る。）を電気分解したものに限る。］又は食肉の加工品に用いる動物の腸の消毒用又は卵の洗浄用に限ること。
－	次亜塩素酸水	農産物の加工品に使用する場合又は食肉の加工品に用いる動物の腸の消毒若しくは卵の洗浄に使用する場合に限ること。
297	フマル酸	食肉の加工品に用いる動物の腸の消毒用又は卵の洗浄用に限ること。
365	フマル酸一ナトリウム	食肉の加工品に用いる動物の腸の消毒用又は卵の洗浄用に限ること。
－	オゾン	農産物の加工品に使用する場合又は食肉の消毒若しくは卵の洗浄に使用する場合に限ること。
460 ii	粉末セルロース	ろ過助剤として農産物の加工品に使用する場合に限ること。

注[a]　食品添加物の国際番号付与システムによって付与された添加物の番号
注[b]　組換えDNA技術を用いて製造されていないものに限る。

附属書B
（規定）
添加物（有機酒類）

箇条5に規定されている添加物（有機酒類に係るもの）を表B.1に示す。

表B.1－添加物

INS 番号[a]	添加物[b]	基準
330	クエン酸	－
296	DL-リンゴ酸	－
270	乳酸	－
300	L-アスコルビン酸	－
301	L-アスコルビン酸ナトリウム	－
181	タンニン（抽出物）	－
500i	炭酸ナトリウム	－
500 ii	炭酸水素ナトリウム	－
501i	炭酸カリウム	－
170i	炭酸カルシウム	－
503i	炭酸アンモニウム	－
504i	炭酸マグネシウム	－

表B.1－添加物（続き）

INS 番号[a]	添加物[b]	基準
508	塩化カリウム	－
509	塩化カルシウム	－
511	塩化マグネシウム	－
334	L-酒石酸	－
336i	L-酒石酸水素カリウム	－
341i	リン酸二水素カルシウム	－
516	硫酸カルシウム	－
401	アルギン酸ナトリウム	－
407	カラギナン	－
412	グァーガム	－
414	アラビアガム	－
558	ベントナイト	－
－	ケイソウ土	－
－	パーライト	－
551	二酸化ケイ素	－
－	活性炭	－
－	木灰	－
－	香料	化学的に合成されたものでないこと。
941	窒素	－
－	酸素	－
290	二酸化炭素	－
－	酵素	－
－	一般飲食物添加物	－
－	アルゴン	－
－	酵母細胞壁	－
220	二酸化硫黄	－
224	ピロ亜硫酸カリウム（亜硫酸水素カリウム液を含む。）	－

注[a]　食品添加物の国際番号付与システムによって付与された添加物の番号
注[b]　組換えDNA技術を用いて製造されていないものに限る。

付録　有機農業に関連する農薬情報，法令など

附属書C
（規定）
薬剤

箇条5に規定されている薬剤を表C.1に示す。

表C.1－薬剤

薬剤[a]	基準
除虫菊抽出物	共力剤としてピペロニルブトキサイドを含まないものに限ること。また，農産物に対して病害虫を防除する目的で使用する場合を除く。
ケイソウ土	－
ケイ酸ナトリウム	農産物に対して病害虫を防除する目的で使用する場合を除く。
重曹	－
二酸化炭素	－
カリウム石けん（鹸）［軟石けん（鹸）］	農産物に対して病害虫を防除する目的で使用する場合を除く。
エタノール	農産物に対して病害虫を防除する目的で使用する場合を除く。
ホウ酸	容器に入れて使用する場合に限ること。また，農産物に対して病害虫を防除する目的で使用する場合を除く。
フェロモン	昆虫のフェロモン作用を有する物質を有効成分とする薬剤に限ること。また，農産物に対して病害虫を防除する目的で使用する場合を除く。
カプサイシン	忌避剤として使用する場合に限ること。また，農産物に対して病害虫を防除する目的で使用する場合を除く。
ゼラニウム抽出物	忌避剤として使用する場合に限ること。また，農産物に対して病害虫を防除する目的で使用する場合を除く。
シトロネラ抽出物	忌避剤として使用する場合に限ること。また，農産物に対して病害虫を防除する目的で使用する場合を除く。

注[a]　薬剤の使用に当たっては，薬剤の容器等に表示された使用方法を遵守しなければならない。

有機JASで使える農薬一覧 (編集部作成, 2024年10月)

農　薬	基　準	商品名
除虫菊乳剤およびピレトリン乳剤	除虫菊から抽出したものであって，共力剤としてピペロニルブトキサイドを含まないものに限ること	ガーデンアシストピレスプレー，ガーデントップ，除虫菊乳剤3，パイベニカVスプレー
なたね油乳剤		ハッパ乳剤
調合油乳剤		サフオイル乳剤
マシン油エアゾル		ボルン
マシン油乳剤		アタックオイル，エアータック乳剤，機械油乳剤95，キング95マシン，高度マシン95，スピンドロン乳剤，スプレーオイル，特製スケルシン95，トモノール，ハーベストオイル，マシン油乳剤95，ラビサンスプレー
デンプン水和剤		粘着くん水和剤
脂肪酸グリセリド乳剤		アーリーセーフ，アーリーセーフスプレー，ガーデンアシストパームスプレー，サンクリスタル乳剤
メタアルデヒド粒剤	捕虫器に使用する場合に限ること	ジャンボたにしくん，ジャンボタニシ退治粒剤，スクミノン，スネック粒剤，ナメキット，ナメクリーン，ナメトックス，ナメナイト，マイマイペレット，メタペレット3，メタレックスRG粒剤
硫黄くん煙剤		硫黄粒剤
硫黄粉剤		硫黄粉剤50，硫黄粉剤80
硫黄・銅水和剤		イデクリーン水和剤，園芸ボルドー，クリーンワイドフロアブル
水和硫黄剤		イオウフロアブル，カジランSフロアブル，クムラス，コロナフロアブル，サルファーゾル
石灰硫黄合剤		石灰硫黄合剤
シイタケ菌糸体抽出物液剤		レンテミン液剤
炭酸水素ナトリウム水溶剤		重曹（特定農薬），ハーモメイト水溶剤
炭酸水素ナトリウム・銅水和剤		ジーファイン水和剤
銅水和剤		ICボルドー，KBW，Zボルドー，キュプロフィックス40，クプロザートフロアブル，クプロシールド，クミガードSC，グリーンドクターⅡ，コサイド3000，コサイドDF，コサイドボルドー，サンボルドー，ドイツボルドーA，ドイツボルドーDF，ビティグラン水和剤，フジドーLフロアブル，フジドーフロアブル，ベニドーDF，ベニドー水和剤，ポテガードDF，ボルドー，ムッシュボルドーDF
銅粉剤		Zボルドー粉剤DL，撒粉ボルドー粉剤DL

付録　有機農業に関連する農薬情報，法令など

農　薬	基　準	商品名
硫酸銅	ボルドー剤調製用に使用する場合に限ること	粉状丹礬，硫酸銅
生石灰	同上	ボルドー液用生石灰，ボルドー液用粉末生石灰
天敵等生物農薬		◆殺虫剤 <微生物> エコマスターBT，エスマルクDF，クオークフロアブル，サブリナフロアブル，ジャックポット顆粒水和剤，ゼンターリ顆粒水和剤，チューリサイド水和剤，チューレックス顆粒水和剤，チューンアップ顆粒水和剤，デルフィン顆粒水和剤，トアロー水和剤CT，トアローフロアブルCT，バイオマックスDF，バシレックス水和剤，ファイブスター顆粒水和剤，フローバックDF，レピクリーンDF，センテヒッショウ，ボタニガード水和剤，バイオリサ・カミキリ，パストリア水和剤，バイオトピア，バイオセーフ，パイレーツ粒剤，プリファード水和剤 <ハチ> アフィパール，コレトップ，コレパラリ，イサパラリ，ヒメトップ，マイネックス，エルカード，サバクトップ，エンストリップ，ツヤトップ，ツヤトップ25，ツヤパラリ，ギフパール，チャバラ，ベミパール，ミドリヒメ <カブリダニ類> キイトップ，ククメリス，ククメリスEX，メリトップ，システムスワルくん，システムスワルくんロング，スワマイト，スワルスキー，スワルスキープラス，システムミヤコくん，スパイカルEX，スパイカルプラス，スパイカルプラスUM，ミヤコスター，ミヤコトップ，スパイデックス，スパイデックスバイタル，チリガブリ，チリカ・ワーカー，チリトップ，チリパック，ミッチトップ，リモニカ <カメムシ類> オリスターA，タイリク，トスパック，リクトップ，バコトップ <テントウムシ類> カメノコS，テントップ，ナミトップ，ナミトップ20 <アザミウマ類> アカメ，アリガタ <その他> カゲタロウ，ハスモン天敵，ハマキ天敵

（次ページへつづく）

農　薬	基　準	商品名
天敵等生物農薬		◆殺菌剤 青枯革命, アグロケア水和剤, インプレッションクリア, インプレッション水和剤, エコショット, エコホープ, エコホープドライ, エコホープDJ, エコメイト, 京都微研キュービオZY-02, セレナーデ水和剤, タフパール, タフブロック, フィールドキーパー水和剤, ボトキラー水和剤, バイオワーク水和剤, バチスター水和剤, バイオキーパー水和剤, ベジキーパー水和剤, ベニカBT殺菌粒剤, マスタピース水和剤, ミニタンWG, モミホープ水和剤, ラクトガード水和剤 ◆殺虫殺菌剤 ゴッツA, ボタニガードES, マイコタール ◆殺菌植調剤 タフエイド
天敵等生物農薬・銅水和剤		クリーンカップ, ケミヘル
性フェロモン剤	農作物を害する昆虫のフェロモン作用を有する物質を有効成分とするものに限ること	◆交尾阻害 オキメラコン, ケブカコン, コナガコン, コナガコン―プラス, コンフューザーV, コンフューザーAA, コンフューザーR, コンフューザーN, コンフューザーMM, ラブストップヒメシン, ナシヒメコン, シンクイコン―L, スカシバコンL, ノシメシャット, パナライン, ヨトウコン―S, ハマキコン―N, ボクトウコン―H, ヨトウコン―H, ヨトウコン―I ◆誘引 オキメラノコール, カシナガコール, サキメラノコール, ニトルアー＜アメシロ＞, フェロディンSL
クロレラ抽出物液剤		農薬としての販売なし
混合生薬抽出物液剤		アルムグリーン
ワックス水和剤		農薬としての販売なし
展着剤	カゼインまたはパラフィンを有効成分とするものに限ること	アグロガード, アビオン―E, ステッケル, ペタンV
二酸化炭素くん蒸剤	保管施設で使用する場合に限ること	エキカ炭酸ガス, くん蒸用炭酸ガス, 炭酸ガス
ケイソウ土粉剤	同上	農薬としての販売なし
食　酢		食酢（特定農薬）
燐酸第二鉄粒剤		スクミンブルー, スクミンベイト3, スラゴ, フェラモール, ナメクジキラーFエース, ナメクジ退治, ナメトール
炭酸水素カリウム水溶剤		カリグリーン
炭酸カルシウム水和剤	銅水和剤の薬害防止に使用する場合に限ること	アプロン, クレフノン

付録　有機農業に関連する農薬情報，法令など

農　薬	基　準	商品名
ミルベメクチン乳剤		コロマイト乳剤，マツガード，マツガードクイック，ミルベノック乳剤
ミルベメクチン水和剤		コロマイト水和剤，ダニダウン水和剤
スピノサド水和剤		サービスエース顆粒水和剤，スピノエース顆粒水和剤，スピノエースフロアブル，スピノエースベイト，ノーカウント顆粒水和剤
スピノサド粒剤		スピノエース箱粒剤，ゼロカウント粒剤
還元澱粉糖化物液剤		あめんこ，キモンブロック液剤，ベニカマイルド液剤，ベニカマイルドスプレー，ガーデンアシストピュアスプレー
次亜塩素酸水	塩酸または塩化カリウム水溶液を電気分解して得られるものに限ること	次亜塩素酸水（特定農薬）

付録　関連資機材＆団体情報

（掲載順）

「くん炭ペレット」——土壌改良剤 [有機JAS]
「光合成細菌」「バチルス菌」——微生物資材
「緑肥作物」——品種
「腐植活性水セット」——腐植酸・フルボ酸入り活性水 [有機JAS]
「光合成細菌」——微生物資材
「防除用　紫外線UV-B波長　LED電球」「防虫用（コナジラミ）　青色LED電球」
　　——病気・害虫対策資機材
「ニームオイル」——害虫忌避資材／「インド産 ニームケーキ」——有機質肥料
「新・黒い瞳」——高濃度腐食酸特殊肥料 [有機JAS]
「新ハイデール®〈119〉」——普通肥料／「ドッキンググリーン〈357〉液」——鮮度増収活性剤
「ソイルボーン」——新世代型有機肥料 [有機JAS]
「農産発酵こつぶっこ」「Botanical Garden（ボタニカル ガーデン）」——水稲用有機質肥料 [有機JAS]
「PCT35（pH/EC計）」——ポケットマルチテスター（多機能計）
「自然育苗用土」「自然育苗養分」「水稲用ユキパー」「ライズ」——水稲用有機質肥料 [有機JAS]
「土壌の健康診断」——土壌分析・診断
「BLOF（ブロフ）理論」「BLOFware®.Doctor」——有機栽培営農支援クラウドサービス
「厚木自然栽培農学校」——有機農業の栽培技術指導
「バイオスター」——葉面散布・灌水用液肥

[有機JAS] は有機JAS対応の製品です。

畑の必需品!! 自然由来の土壌改良剤 「くん炭ペレット」 有機JAS

粒状で扱いやすい撒きやすい！微生物菌の働きが活性化

北海道森町
みよい農園

有機JAS認証を取得（登録番号：JASOM-240103）しているので、安心・安全に使用できます。

表　主な成分等

窒素 全量 (N)	0.86
りん酸 全量 (P)	0.30
加里 全量 (K)	0.68
炭素 (C)	42.7
炭素率 (C/N)	49.8
けい酸 全量 (SiO_2)	90.8
pH（乾物：水＝1:10）	7.3

（分析：千葉県農林総合研究センター）

　炭は、土壌を豊かにする自然由来の資材として、古くから農業で活用されてきました。最近ではその効果が再評価され、持続可能な農業を実現するための重要な資材として、農家にとって欠かせない存在となっています。そんな中、「くん炭ペレット」は、炭の持つ力を最大限に引き出し、より使いやすく進化させた製品として注目されています。

■大手鉄鋼会社向けの実績が証明する高品質

　「くん炭ペレット」は、大手鉄鋼会社向けに世界品質の特殊鋼を製造するためのバイオ炭として長年にわたり供給されてきました。この実績は、厳しい品質管理基準を満たしていることの証明です。農業用としても、安心してご使用いただける高品質な製品です。

■「くん炭ペレット」の特徴

　「くん炭ペレット」は、土壌環境を改善し、作物の健全な成長をサポートする様々な特徴を持っています。

　くん炭の多孔質構造は、通気性を上げたり、保水性や保肥性を上げるといった土壌改良効果や、無数の小さな穴（多孔質構造）が土壌微生物菌を吸着し、土壌微生物菌の繁殖力を高めます。土壌微生物菌が増えると栽培に適した環境になるほか、有害微生物の繁殖を抑えられるため根腐れや連作障害の抑制にもつながります。

　さらに、くん炭にはケイ酸が豊富に含まれ、作物の根・茎・葉を硬く丈夫にする効果も期待できます。この結果、耐病性や耐害虫性が向上し、品質や収量の向上にもつながります。

■使用のメリットと推奨方法

　ペレット化されているため、従来の粉状のくん炭に比べて以下の利点があります。

散布が簡単：均一な形状で散布機による作業が容易。

飛散防止：風による飛散が防げるため、狙った場所に効果的に施用可能。

　堆肥や緑肥と組み合わせることで効果がさらに向上します。堆肥中の微生物が活性化し、土壌全体の生態系バランスが整うため土がふかふかになり、肥料の効き目が向上。結果として病気になりにくい作物を育てる土壌になります。

■持続可能な農業への貢献

　「くん炭ペレット」は、土壌微生物を活性化し、自然の循環を取り戻す手助けをします。時間はかかりますが自然の生態循環に従うことは長期的な目で見ると農作物の品質や生育を守るためには重要なことです。

大口農家様お待ちしております！

（お問い合わせ）
ECサイトはこちらから→

池澤加工株式会社
〒297-0201　千葉県長生郡長柄町上野204
TEL 0475-35-3724　　FAX 0475-35-3302
https://www.ikezawa-kako.jp/

低コストで安心、高品質
農業環境改善の強い味方
「光合成細菌」「バチルス菌」

有機農業には環境ストレスに強くなる「光合成細菌」が決め手

■「光合成細菌」とは

太陽エネルギーを利用して生育する30億年前から生存する細菌で、地球上に広く分布し、特に水田、溝、河川、湖沼、海岸、活性汚泥、土壌中いたるところに生息しています。環境条件によって多面的な機能（炭酸固定、炭酸ガスの放出、窒素固定、脱膣作用、硫化物の酸化など）を発揮し自然界における炭素、窒素、硫黄の循環に大きな役割を果たしています。

■豊潤な土壌は農業環境の大きな資産
　――土壌の良否は微生物の種類と数

　土壌中の微生物（バクテリア、菌類、原虫、微細昆虫など）のうち光合成細菌の多募が良否を大きく左右します。また水田土壌と畑作土壌では水分の多い水田が圧倒的に優れています。
　温暖で四季のある日本の水田は前述のとおり国の宝です。稲作3千年の歴史でも嫌地現象のないことも証拠の一つです。光合成細菌の有用性は次の3点に集約されます。なお、光合成細菌の有効性は農薬にみられる繰り返し使用にも耐性はありません。
①古細菌の仲間で毒性はなく他の微生物が分解した硫化水素、アンモニア、有機酸など有害産物を分解します。したがって他の微生物にも良い環境となります。
②菌自体の産物が農産物に有効に作用します。（ビタミンB₁₂、カロチン、5-ALA[5-アミノレブリン酸]など有用物質を豊富に含有）
③土壌中の放線菌のエサになり、菌界のバランスを保ちます。この働きは堆肥や汚水処理でも同様です。

■"低コストで安心、高品質"自分で増やせる光合成細菌は農業環境改善の強い味方
①地元の水田土壌から分離した菌が主体で簡単に実用培養が可能です。
②マウスを飼育して安全性も確認しています。
③実用培養は10種類の食品添加物などを使用して、ペットボトル、衣装ケースなど身近な容器で年間を通してどこでも可能です。
④低コストなので大量に使えます。2回目からは20ℓが660円で増やせます。

ご利用は広範囲にわたっております。

> 水田、ハウス、果樹、花卉、芝生、畜産、水産、食鳥処理場、産業廃棄物処理、ボカシ製造、有機肥料製造、生ごみ処理、浄化槽、酵素風呂、ゴルフ場の芝の管理等。

　農作物などの効果として、環境ストレス耐性（乾燥、高温）、ガスわき防止、品質向上、疾病予防（カビ対策）、連作障害、農薬減、肥料の効率化、土壌の団粒化などが期待されます。

■価格（消費税込、送料別、代金後払）

- 光合成細菌元菌20ℓ ……………… 5,500円
- 光合成細菌材料20ℓ×20回分 … 13,200円
- バチルス菌元菌20ℓ×20回分 … 9,900円
- バチスル菌材料20ℓ×20回分 … 3,850円

＊価格は消費税率10％込、2025年1月時点のものです。

（お問い合わせ）
【販売元】㈲青山商店
TEL 0564-51-9331　FAX 0564-53-3600
〒444-0825 愛知県岡崎市福岡町字大唐田21番地2
https://aoyama-shoten.com/

【製造元】三河微生物研究所　さとう研究所
TEL 0564-48-2466　FAX 0564-48-3260

雪印種苗の「緑肥作物」
「土づくり」「病虫害抑制」「環境保全」「景観美化・養蜂資源」「作物の保護」などに

様々な営農の現場に対応できるよう多彩な緑肥作物を取り揃えております

　緑肥作物を導入して得られる効果は多岐に渡り、求める効果に応じて緑肥作物の商品を使い分ける必要があります。緑肥作物の選び方、各地域における導入体系や播種量など、詳しくは弊社ホームページをご参照ください。本項では弊社の代表的な緑肥作物を紹介いたします。

■アウェナ ストリゴサ[イネ科]
「品種 ヘイオーツ」

（品種　ヘイオーツ）

　弊社を代表する緑肥作物である「ヘイオーツ」は、根物野菜の大敵であるキタネグサレセンチュウの対抗植物であると同時に、アブラナ科野菜根こぶ病やジャガイモそうか病、ダイコンバーティシリウム黒点病などの発病を軽減する効果を持ち合わせています。そのため、様々な野菜や畑作物との相性が良く、初めて緑肥作物を栽培する方にとっても導入がしやすい商品です。

■パールミレット[イネ科]
「ネマレット（品種ADR300）」

　夏の緑肥作物である「ネマレット」は生長スピードが早く、短期間で粗大有機物を得ることができます。北海道でも7～8月の播種体系で利用されています。大柄な作物のすき込みには大型の機械を要しますが、「ネマレット」は茎葉が軟らかいため大型の機械でなくともすき込みがしやすく、さらにすき込み後も土壌中での分解が早いのが特徴です。また、キタネグサレセンチュウおよびサツマイモネコブセンチュウの抑制効果を合わせ持っています。

■ヘアリーベッチ[マメ科]
早生品種：「まめ助（品種 ナモイ）」
　　　　　「藤えもん（品種 マッサ）」
晩生品種：「寒太郎（品種 サバン）」
　　　　　「雪次郎（品種 ハングビローサ）」

　ヘアリーベッチはマメ科の緑肥作物の中でも作物体中の窒素含有量が高く、栽培してすき込むことで土壌中に窒素が付加されます。そのため後作物の窒素減肥もしくは無窒素栽培が可能です。水稲での導入事例は多く、ヘアリーベッチのみの養分で水稲の無化学肥料栽培を実現し、米のブランド化につなげている地域があるほどです。従来、水田に導入する緑肥作物はレンゲが主流でしたが、ヘアリーベッチはほふく性で生育量が多いためすき込まれる窒素量がレンゲよりも多くなります。窒素の過剰投入による水稲の倒伏などを考慮する必要がありますが、窒素源としての高いポテンシャルを有しています。湿害には強くないため、水稲収穫後に播種する際には、明渠などの湿害対策を講じてください。水稲のみならず大豆の前作としても相性が良いです。もちろん野菜の前作として導入し、地力向上に役立てることも可能です。ヘアリーベッチは早生品種と晩生品種があり、東北地方南部より以西で水稲の作付が早い場合には生育の早い早生品種を、高冷地や中山間地で根雪となる地域では耐寒性の高い晩生品種を選びます。

雪次郎（品種　ハングビローサ）

（お問い合わせ）
雪印種苗株式会社　事業本部
〒261-0002　千葉県千葉市美浜区新港7番地1
TEL 043-243-7555　　FAX 043-243-7553
https://www.snowseed.co.jp/

付録　関連資機材＆団体情報

有機農業で注目される腐植酸・フルボ酸を自宅で製造・活用できる「腐植活性水セット」 有機JAS

有機農業で腐植酸・フルボ酸を気軽に活用していきたい方におすすめ

近年、有機農業において腐植酸・フルボ酸が評価されています。これらの有機酸は、pHの緩衝作用、陽イオン交換容量（CEC）の向上、土壌団粒化の促進、生理活性効果などを持ち、土壌環境を整え、作物の健全な生育をサポートします。また、キレート作用によりミネラルの吸収効率を高め、特にリン酸肥料の有効利用や農作物の増収・品質向上が期待できます。

「腐植活性水セット」は、これらの腐植酸・フルボ酸を含む腐植活性水を自宅で簡単に作れるキットです。セットに含まれる腐植ペレットは、有機JAS別表1適合資材で、有機農業でも

腐植活性水セット
［セット内容］ディフューザー　1個／腐植活性水製造用腐植ペレット15kg　1袋／ペレット充填用ネット　2枚

使用可能です。他の腐植資材と比較してコストパフォーマンスに優れ、1袋のペレットから高濃度の腐植活性水を大量に製造できます。

腐植活性水は、灌水、灌注、葉面散布、種子浸漬など様々な方法で使用でき、作物や時期を選ばずに施用可能です。

（お問い合わせ）
エンザイム株式会社
〒143-0016　東京都大田区大森北2-3-16
第一かぎわだビル4F
TEL 03-5493-2771　　FAX 03-5493-2776
https://www.enzyme.co.jp

おかげさまで選ばれて年間20t以上の出荷実績！高純度・低臭、良質なアミノ酸を生成する「光合成細菌」

光合成細菌は色々な化学成分を作り出します。その中には植物の生育にとても有用なアミノ酸や核酸系成分（シトシン、ウラシルなど）も含まれています。それらの成分が作物の花や芽、果実などの成長を促します。

光合成細菌の培養液を畑に大量に施用し、液体肥料として使用される方、また、光合成細菌を使って肥料を作るとアミノ酸がたっぷり産出されるので、作物にとって高栄養なアミノ酸肥料として使用される方もいらっしゃいます。

- ●食味向上　　●色艶、日持ちの向上
- ●天候不順対策　●連作障害、土壌病害に

■使い方は簡単！

200倍〜500倍に薄め、灌水や葉面散布するだけです。おすすめは葉面散布。週1〜2回を目安に行ってください。水稲の場合10aあたり10ℓを目安に流し込んでください。

- ●光合成細菌
  （生菌数40億/mℓ以上
  2024年3月無作為に自社測定）
  1ℓ 1,000円 〜 18ℓ 5,800円
- ●PSB培基（培養のえさ）
  100mℓ 550円（10ℓ分）〜 1ℓ 3,300円
- ●PSBT（光合成細菌＋バチルス）
  葉物・イチゴ・大豆・ブロッコリー・果樹等におすすめ！
  500mℓ 1,980円〜 10ℓ 11,000円

＊価格は消費税10％込、2025年1月時点のものです。

（お問い合わせ）
有限会社イーエムテックフクダ
〒566-0072　大阪府摂津市鳥飼西2-18-23
TEL 072-654-1855　　FAX 072-654-2111
E-mail info@emtec-fukuda.com
http://www.emtec-fukuda.com/

「防除用 紫外線UV-B波長 LED電球（果菜・野菜・花卉・果樹類）」

うどんこ病、灰カビ病、ハダニ対策に

JM-UVB100-PHD-PAR18W

糸状菌をはじめとするうどん粉病や灰カビ病に対し、発生前から紫外線B波（UV-B308nm）を照射することで植物の免疫力を高め生理障害が菌感染の抑制をさせる効果を目的とした製品です。

紫外光の入らない室内や閉鎖型の環境下ではUV-Bの適度な照射は植物・動物の生理障害の抑制や病気の予防、生育に好影響を与えます。植物に有効な紫外光をUV-B LED電球にて補填することにより免疫力を活性化させ、うどんこ病等糸状菌の病気抑制、ハダニ等の害虫増殖抑制が可能となります。

薬剤耐性のついた菌類に対し紫外線の光防除は減農薬に寄与する新しい防除技術となります。効果を高めるために地面への反射シートの設置を推奨しています。

【製品の特長】6面体の立体基板とレンズの組み合わせにより、UV-B有効放射強度を向上させ、従来品の2倍のUV-B強度を実現。本来樹脂に吸収されてしまうUV-Bを95％透過する特殊樹脂を独自開発。透過度と耐久性を両立した透明樹脂カバーにより防水性能も併せ持ち、アルミ放熱盤は効率よく製品の放熱を促し、圃場での耐久性を高めました。口金E26仕様ですので、簡単に導入できます。

【使用方法】午後9時〜深夜2時の間に人のいない圃場で点灯させ作物全体に紫外線を照射します。設置間隔は約3mに1台、設置高さは作物の成長点から約1m前後の高さにします。

（お問い合わせ）※下段参照
株式会社ジャパンマグネット　アグリ事業部

「防虫用（コナジラミ）青色LED電球」

吊り下げるだけで減農薬を可能にする

アグリボールブルー 470-30W

コナジラミ類は作物への食害やウイルスの媒介被害を引き起こします。一般的には殺虫剤の散布等によって防除しますが、薬剤の繰り返しの使用による薬剤耐性や、人体や環境に対する影響も問題視されています。現在、光の波長によって行動を抑制する効果があることもわかってきました。青色の狭範囲波長470nmを当てると、コナジラミ成虫への行動、繁殖、飛翔行動の忌避効果があり、個体数を増やさない効果が確認できます。また消毒や天敵防除材との併用で効果的に防除をすることができます。

【製品の特長】
①吊り下げるだけの簡単設置
②AC100V-200Vで使用可能
③防水仕様で散水や農薬散布の影響を受けない

【使用方法】日の出1時間前には点灯し、日の入り1時間後に消灯するまでの日中約12〜14時間点灯させます。設置の推奨間隔は5m〜10mに1台ですが、間隔が短いほど効果があります。防虫ネット・反射シートの併用をすることで光のムラがなくなり防虫効果が高くなります。

（お問い合わせ）
株式会社ジャパンマグネット
アグリ事業部
〒392-0021　長野県諏訪市上川1-1646-2
JAPANビル2F
TEL 0266-75-1734　　FAX 0266-57-1530
E-mail　agri@japanmagnets.com
http://www.japanmagnetsagricultureled.com

昆虫への忌避効果のある「ニームオイル」
窒素分をたっぷり含んだ天然有機質肥料「インド産 ニームケーキ」

有機農業、減農薬農法を目指している農家の皆様に最適

　ニームとは常緑広葉樹の「インドセンダン」のことでインド原産です。良質のニーム種子を圧搾して抽出したニームオイルの成分、アザディラクチン（窒素加工物）は草食昆虫（害虫）に対する食欲減退、摂食障害、生殖抑制効果物質としての作用があり接触した虫はやがて活動をやめ餓死にいたります。また、このにおいは虫に対して忌避効果があります。さらに圧搾・抽出した過程でできる植物油粕（ニームケーキ）は、窒素分を豊富に含んだ肥料として元肥、追肥、ぼかし肥料にご使用いただけます。

■ニームオイル　500㎖～
【使用方法】害虫被害状況により300～1,000倍に希釈して5日1度程度散布する。（貯蔵有効期間18ヵ月。冷暗所に保管、直射日光は避ける）

■ニームケーキ　パウダー，ペレット：20kg～
【使用方法】10a当たり40～60kgを全面散布し、土中5～10cmに混入してできるだけ浅く耕す。畝上の苗の仮植の場合は直接撒く。
★ドラム缶、コンテナ単位での注文も承ります。

表　インドニームケーキ成分

アザディラクチン	1,200ppm
窒素	6.30%
リン酸	1.00%
カリウム	1.92%
カルシウム	0.50%
マグネシウム	0.50%
硫黄分	0.10%

ニームパウダー　ニームペレット
ヒ素・カドミウム・鉛・水銀：不検出
平均検査値（最低値）

（お問い合わせ）
幸友貿易株式会社
〒650-0001　兵庫県神戸市中央区加納町4-9-17
TEL 078-391-2864　　FAX 078-321-0820
E-mail kobe@koyu.info　https://www.koyu.info/

発酵腐植酸特殊肥料「新・黒い瞳」 有機JAS

★業界初★　発酵で高濃度の腐植酸含有資材の商品化に成功

　「新・黒い瞳」は、鶏糞と焼酎廃液を連続散布混合する特許技術により、活性化した微生物が作り出す発酵由来の腐植酸やフルボ酸を高濃度に含有し、地力増進の3つの機能をはじめ、以下の特徴を併せ持つ画期的な資材です。

【微生物叢の改善（土壌の生物性）】
発酵による腐植酸の効果により、土壌の微生物が多様化、病害に強い土になります。

【保肥力の増進（土壌の化学性）】
腐植物質の負荷電により保肥力が向上します。

【土壌の団粒化（土壌の物理性）】
団粒構造が形成され、保水性、排水性、通気性が向上します。

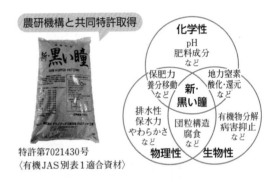

特許第7021430号
〈有機JAS別表1適合資材〉

【根の成長促進】土壌の地力回復と作物の根の成長促進による収量の増加が期待できます。
【肥効の向上】土壌の微生物が活性化されるため、有機質肥料の肥効が向上します（有機窒素の無機化促進等）。

（お問い合わせ）
株式会社テクノマックス南日本
〒890-0008　鹿児島県鹿児島市伊敷7-9-2
TEL 099-298-5276　　FAX 099-298-5278
E-mail info@tmm-ty.com
https://www.tmm-ty.com

国際特許BSタケミ菌によるバイオ肥料
新バイオ技術超伝導栽培®農法
普通肥料「新ハイデール®〈119〉」
鮮度増収活性剤「ドッキンググリーン〈357〉液」

還元聖水®

異常気象対策　バツグンな鮮度

ヒドリドイオン（水素陰イオン）含有

普通肥料
（登録番号　生第107440号）
「新ハイデール®〈119〉」

鮮度増収活性剤
「ドッキンググリーン〈357〉液」

**農作物の酸化・劣化・老化を阻止セーブ
耐病性、糖度・旨味・ミネラルのUPで
抜群な鮮度に！ 高品質・増収・増益!!
21世紀の異常気象対策はバイオ肥料で**

　地球生命体は水素元素で構成され、電荷、酸化、劣化、老化のプラスの陽イオン（プロトンH^+）、マイナスの還元イオン（ヒドリドイオンH^-）で出来ております。

■世界で唯一のバイオ肥料「還元聖水®」
──磁性多元素共存半導体イオン肥料

　当社のバイオ技術は、亜硝酸生成菌、硝酸生成菌の増殖を阻止し、人体の酸素欠乏を引き起こす有害な硝酸態窒素や亜硝酸態窒素を安全なタンパク質・アミノ酸である有機態窒素に変換します。この窒素同化作用は植物の生理活性を促進し、バチルス・サブチルス・タケミ菌（BSタケミ菌）は、その代謝産物（核酸関連物質、アミノ酸、有機酸、ビタミン、ホルモン、酵素・補酵素、キチン、キトサン、キトサンオリゴ糖、多元素ミネラル低分子、耐病性物質など）が土壌内で肥料工場的役割を果たし、昼夜太陽のでない曇りや雨の日でも植物が生長する環境をつくります。農作物が本来持っている能力をフルに引き出し、農産物の成り疲れなく、花芽落ちせず増収・増益となり、21世紀の食物連鎖への豊かな健康革命®農産物となります。異常気象の障害を改善する、世界で唯一のバイオ肥料「還元聖水®」となります。当社バイオ肥料の肥効は約180日持続（約30日は地力増進）します。

■連作障害を改善するBSタケミ菌

　BSタケミ菌※はバチルス・サブチルス属であり、納豆菌（枯草菌）の一種です。31分で世代交代し、1個のBSタケミ菌が24時間で6兆個にまで増殖する好気性菌。土壌中では有害微生物を抑えて有効微生物の絶対数を増やし、連作障害を短時間で改善します。

※ Bcillus subtills takemi の名称で国際特許を取得。遺伝子分析により、一般納豆菌と98.5％相同性がありますが、1.5％がキトサンオリゴ糖で毒素系微生物の増殖を阻止し解毒・改善します。

■農薬の必要性を遠ざける──ヒドリドイオン（水素陰イオン）超活性水素により活性酸素を解毒！ 細胞液を「還元聖水®」に変換

　地球生命体である微生物、植物、動物、人間の全細胞に共存するミトコンドリアは、過酸化水素、活性酸素を発生させ、鉄をも錆びさせるエネルギーを持っています。ヒドリドイオンH^-陰イオンは、酸化・劣化・老化を発生させるプラスの電気陽イオン・プロトンH^+を解毒化、細胞液を還元聖水®に変換します。

　その効果・還元聖水®の成果は、異常気象による高温・低温、乾燥、冠水などの生理障害阻止─植物体内の冷暖房溶液となり、酸化・劣化・老化を阻止し、鮮度を強化します。有害菌・害虫は農作物をエサとしますが、難消化になり消化不良でエネルギーにならず、農作物に有害菌・害虫が寄り付かない環境を保持し、農薬の必要性を遠ざけます。鮮度の高い米・ごはんは、難消化になり、糖尿病予備軍の方には血糖値を上げにくい効果があります。

新バイオ技術超伝導栽培®農法の詳細、資料請求は下記まで

（お問い合わせ）
ゴールド興産株式会社
〒989-6117　宮城県大崎市古川旭5-3-26
TEL 0229-22-1546　　FAX 0229-24-2428
https://www.goldkousan.co.jp/

土が蘇る 新世代型有機肥料「ソイルボーン」

高窒素を維持しながら 臭いの少ない硬いペレット化に成功

JASOM-201108

■ソイルボーン (SOIL BORN) とは

保証成分が窒素4％、リン酸2.5％、加里2.0％で、普通肥料登録済みの有機質100％のペレット肥料です。有機JAS使用可能資材としても登録されております。原料は鶏糞ですが、一般的な発酵鶏糞とは全く異なります。通常、鶏糞を発酵させると植物の主要な養分である窒素がアンモニアとして揮発して悪臭の原因となるとともに、肥料としての窒素の成分値は低くなります。しかし、ソイルボーンは、EUの新技術により、鶏舎の排熱を利用して新鮮鶏糞を2日間で乾燥させることで、高窒素を維持しました。水分率は15％以下となり、臭いが少なく、硬いペレットになります。また、リン酸やカルシウムが濃縮されることもないため、窒素が高いL型の肥料として使いやすい製品です。

■70℃で1時間殺菌で安心安全な肥料

ペレット成型後には、70℃で1時間、殺菌されるため、サルモネラや大腸菌の心配がなく安心安全です。EUの畜産先進国では農場周辺の悪臭問題を改善するため、発酵方式に代わってこの技術が生まれました。環境問題に対し、新しい技術を積極的に取り入れ、持続可能な畜産を目指しています。

■長期間続く肥料効果

窒素の大部分は有機態です。微生物の働きにより無機態となって植物に利用されます。含有される全窒素の内、約7割が土壌施用後1ヵ月間で溶出し、それから3ヵ月後までにさらに約1割が溶出します（図1）。施用から1年以降も約1割の窒素は土壌に残り地力となります。

施用の際は圃場へ均等に散布し、土壌に混和して栽培してください。また土壌診断や施肥設計に基づき適正に散布してください。

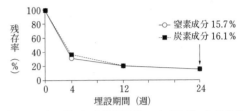

図1 ソイルボーンの分解特性：ソイルボーンの各埋設期間後の窒素残存率と炭素残存率
※図中のバーは標準誤差を示す（n=4）
※埋没時を100とした
（出典：岐阜大学植物生産管理学研究室）

■栽培例

水稲の栽培では、施用する窒素量の50％や100％をソイルボーンに置き換えた場合に、慣行区と変わらない収量を得られました。コマツナでのポット試験でも、明らかな生育阻害は見られませんでした（図2）。その他に、ホウレンソウ、キャベツ、レタス、ニンジン、カブ、ネギ、キュウリ、レンコン等、様々な作物でご使用いただいております。

対照区(35日目)　100％SB区(35日目)　100％硫安区(35日目)

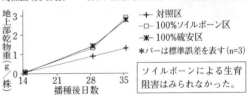

図2 コマツナの生育結果：ソイルボーン施用したコマツナの各生育調査日での地上部乾物重
（出典：岐阜大学植物生産管理学研究室）

（お問い合わせ）
株式会社クレスト
〒485-0802 愛知県小牧市大字大草5995
TEL 0568-79-2448　　FAX 0568-78-0019

有機水稲栽培は雑草対策が決め手
「農産発酵こつぶっこ」 有機JAS
「Botanical Garden」 有機JAS

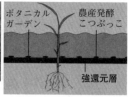

雑草の無い有機栽培水田

水田抑草対策有機質肥料 30年以上の実績

有機質肥料の分解特性を応用して、雑草の発芽と成育を抑制します。稲には影響なく、もちろん元肥として生育を促し、すくすく育ちます。

施肥（田植え同時機械施肥 60kg/10a）
↓
溜水管理
↓
強還元層
↓
雑草抑草

■元祖「農産発酵こつぶっこ」
《保証成分量(%)：全N 5.5　全P 3.5　全K 1.5》

田植え機の側条施肥機のパイプを上で外して、田植えと同時に施用でき、大規模水稲生産者での取組みが進んでいます。水溶性の魚粉アミノ酸で強還元層を形成し、雑草を抑えます。

■新発売「Botanical Garden」 固結や臭い無し
《保証成分量(%)：全N 5.3　全P 2.5　全K 2.0》

ボタニカルガーデンは側条施肥機で田植えと同時施用でき、雑草抑草と病害虫軽減に期待されています。水溶性の糖が強還元層を作り抑草に成功しています。糖が先行のため、（窒素過多がなく）下葉の虫の被害が無く、収穫時には周りの田んぼはカメムシ被害が多かったのですが、試験区は被害なしでした。

（お問い合わせ）
大和肥料株式会社
〒661-0967　兵庫県尼崎市浜1-2-30
TEL 06-6499-6826　FAX 06-6499-6829
E-mail info@daiwa-ism.com
https://daiwa-ism.com

詳しくはパンフレットをお求めください。

ポケットマルチテスター 「PCT35（pH/EC計）」

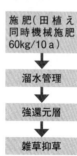

土壌は農業の基本！ pH、ECの診断が重要です

作物の生育に及ぼす土壌条件の影響は複雑ですが、なかでもpH、ECの及ぼす影響が大きいため、これらを診断することは重要です。EC（電気伝導度）は肥料分の濃度を示します。ECが高くなる場合、概して硝酸態窒素量が比較的多く存在しています。ECを目安に元肥の施肥量を加減します。ECが高すぎると塩類濃度障害を起こしやすいため、注意が必要です。

また、植物には好まれるpH（水

土壌の測定
①測定容器に水を入れる：B線まで
②測定土壌を加える：A線まで
③測定：上澄み液を測定

素イオン濃度）値の範囲があります。土壌のpH値は降雨や施肥、作物の吸収によって変化しますので、適正に直す必要があります。

マルチテスターPCT35は、1つでpHとECが測定できます。ボタン操作だけで、pHとECの測定値が切り替わります。また、付属の容器を使えば土壌を乾燥させて重量を計測する手間がなく、採土してすぐに測定できます。

（お問い合わせ）
株式会社竹村電機製作所
〒171-0021　東京都豊島区西池袋2-29-11
TEL 03-3984-1371　FAX 03-3988-1638
https://www.demetra.co.jp

有機稲作・有機JAS規格適合肥料「自然育苗用土」「自然育苗養分」「水稲用ユキパー」「ライズ」 有機JAS

美味しい有機米が作れます

当社の有機JAS規格に適合する有機培土、有機肥料、稲わら処理・土づくり用微生物資材による有機稲作で美味しい有機米が作れます。

■ **自然育苗用土：健苗が育ちます**
肥効が良い有機培土です。健苗が育ちます。

■ **自然育苗養分：自然土に約10％混ぜて「自然育苗用土」を手作り**
肥効が良い有機肥料です。健苗が育ちます。

■ **水稲用ユキパー：元肥と追肥に使える有機肥料**
速効性の有機肥料です。元肥と追肥に使えます。食味が向上します。徒長を抑えます。

■ **ライズ：稲わら・もみ殻を微生物で水田へ還元**
微生物資材です。稲わら・もみ殻とライズをすき込んでライズ菌が分解。土づくり。ケイ酸の補給にもなります。

（お問い合わせ）
有限会社花巻酵素
〒025-0001　岩手県花巻市天下田48-4
TEL 0198-24-6521　　FAX 0198-24-2528
E-mail　yuki@hana-ko.co.jp
https://www.hana-ko.co.jp/

当社にお任せください！「土壌の健康診断」

DNA分析を用いて微生物の組成を解析し、わかりやすくご説明します！

■ **こんなことができます！**
- 「微生物」への影響を考慮した肥料・農薬・農法の開発を支援します
- 土壌の健康診断・土壌改良に基づく病害発生抑制・収量UPを支援します
- 有用な微生物を特定し、微生物を利用した農業資材の開発を支援します

お客様の目的に応じて適切な方法で解析し、わかりやすく説明します。

図　微生物組成の解析例

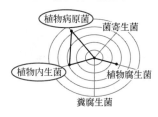

図　有用微生物を利用した製品開発例
①微生物組成解析　②有用微生物抽出・培養
③有用微生物施用

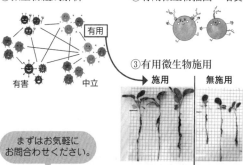

まずはお気軽にお問合わせください。

（お問い合わせ）
サンリット・シードリングス株式会社
TEL 070-2646-4314
E-mail info@sunlitseedlings.com
https://www.sunlitseedlings.com/
【本社】〒606-8307　京都府京都市左京区吉田上阿達町17番地　Lab Tech 3F
【中央研究所】〒525-8577　滋賀県草津市野路東1-1-1　立命館大学BKCインキュベータ204

ホームページ 　　お問い合わせ

「BLOF（ブロフ）理論」
有機栽培営農支援クラウドサービス
「BLOFware®.Doctor」

科学的根拠に基づいた有機農業を！

■有機栽培のメカニズム、知識と技術を体系化した「BLOF理論」

有機農業で生計を立てるためには有機栽培のメカニズムを正しく理解し、実践することが必須です。植物はどういうメカニズムで成長しているのか？どういったことをすれば病害虫を防げるのか？どういったことをすれば多収穫が出来るのか？どういったことをすれば美味しくなるのか？これらに対して科学的な知識や技術を身に付ける必要があります。

㈱ジャパンバイオファームではそれらの知識と技術を体系化し有機農業を科学的根拠に基づいて理解できるように「BLOF理論」という形にまとめ上げました。

「BLOF理論」を要約すると
①植物の要である葉緑素や細胞（根、茎、葉、実）を作るアミノ酸の働き
②光合成や補酵素としてのミネラルの働き（品質、収穫量、耐病害虫性）
③アミノ酸やミネラル吸収を促進する土壌団粒を作る高炭素水溶性堆肥

図　BLOF理論
●細胞をつくるアミノ酸　●生命維持に不可欠なミネラル

- 発酵を利用した液肥製造技術
- アミノ酸　CHO-N　炭水化物　付き窒素
- 必須ミネラル　P K Mg Ca　Fe Mn 硫黄 銅　亜鉛 ケイ酸 ホウ素　塩素 ナドリウム　モリブデン その他
- 土壌分析　施肥設計
- 土壌の団粒化促進
  - 土壌病害菌の抑制
  - 土中炭水化物供給（酸性型水溶性）
  - 中熟堆肥（多糖体）を利用した
  - 太陽熱養生処理
  - 積算温度900℃

1：嫌気性＆好気性微生物で団粒形成
2：拮抗微生物と土壌環境改善によって病害虫を抑制

■BLOFware®.Doctor

㈱ジャパンバイオファームによる独自の20年以上に及ぶ土壌分析データと現場での作物診断の実績から生まれた、有機栽培で多収穫・高品質を可能にする世界初の有機栽培営農支援クラウドサービス「BLOFware®.Doctor」をリリースしました。

このソフトウェアにより勘と経験だった有機栽培の様々な問題の解決をサポートします。

https://agri.mynavi.jp/blof-ware/

■有機栽培に必要な3つの肥料

また有機栽培には3つの肥料が必要です。
①アミノ酸肥料
②ミネラル肥料
③堆肥

一般的に肥料成分が同じなら栽培結果も同じになると思われがちですが、肥料原料の違いや加工方法で栽培の結果は大きく違ってきます。弊社ジャパンバイオファームでは土壌の様々な状況を鑑み、それに合致する独自の肥料の開発をしてまいりました。

その結果、驚くような多収穫、高品質、耐病害虫性を達成しました。

有機栽培でお悩みの方、ぜひ一度弊社のインストラクターにご相談ください。

（お問い合わせ）
株式会社ジャパンバイオファーム
〒396-0111　長野県伊那市美篶1112
TEL　0265-76-0377　　FAX　0265-76-9005
E-mail　home@japanbiofarm.com
https://japanbiofarm.com

「厚木自然栽培農学校」
NATURAL FARMERS' COLLEGE 厚木校

**週末は厚木の農園で癒し♡
リフレッシュ♪エクササイズ！
私たちと一緒に
自然栽培をはじめてみませんか？**

厚木自然栽培農学校（NATURAL FARMERS' COLLEGE 厚木校）は、菊子自然農園が、農園と農学校を一体運営しています。農学校は、都市（神奈川県厚木市）、地方（秋田県湯沢市）、海外（米国・ハワイ島）にあり、学費無料で自然栽培が学べる、世界で唯一のカレッジで、3拠点で交流を行っています。

■私たちの想い

農家の高齢化、肥料・農薬等の高騰による赤字経営で離農する農家が増える一方、日本は世界トップクラスの農薬大国です（国連食糧農業機関調べ）。

この増え続ける耕作放棄地を、地球にも身体にも優しい、自然＆有機農園に再生し、新しいスタイルの農業に挑戦していきたい。

自然・有機農園を広め、"農業の松下村塾"を理想とし、無農薬でみんなが楽しんでできる農業。そんな、新しい農業の姿を作ってゆきたいと思っています。

■農学校と援農

農学校では講師による座学と畑での実習、両方で学びます。

【2025年のスケジュール】9～12時：座学
13～15時：実習
【募集人員】60名（先着順）

農園での援農にご協力いただくことで、農学校の授業料を原則無料としています（別途開催されるワークショップ等は実費負担あり）。

授業料は無料ですが、年会費が1万円（税込）必要です。新規入会には、副学長・学長面談がありますので、あなたの農業への想いをぜひお聞かせください。

学長　菊子晃平プロフィール

秋田県湯沢市の農家（稲作＋酪農、野菜、シイタケ栽培）の次男として生まれる。全国農業協同組合連合会（JA全農）に4年間勤務後、世界の農業を自分の目で見たいとの思いから単身渡米。30代で当時アメリカ最大の農業協同組合の日本法人を設立、代表に就任。のちアジア代表も兼任。

2012年より、自然・有機農業を始める。現在、菊子自然農園12カ所、グループ農園と合わせて6ha。神奈川、秋田、アメリカに自然栽培農学校を3校開校。環境保全型農業を志す農家を応援するためのビジネスコンテストを開催するエンジェル投資家でもある。
- 早稲田大学大学院中退、農学士、厚木市有機農業推進協議会会長、秋田県湯沢市ふるさと応援大使
- 著書『儲かる農業への挑戦　アグリルネッサンス　週末は畑へ』（幻冬舎）

プロフェッショナルコース（就農、経営拡大等）もありますので、気軽にお問い合わせください。

> 「有機農業の栽培技術の指導を受けることができる機関」として関東農政局のホームページで紹介されました。

（お問い合わせ）
菊子自然農園（神奈川県厚木市）
E-mail　k.kikuko7@gmail.com
https://www.koheikikuko.com/

ビール酵母細胞壁の分解物（β-グルカン）配合 葉面散布・灌水用液肥「バイオスター」

注）「即効」とは、不対電子が即時に反応することを指します。

サンアグロが独自技術で開発したバイオスターは、ビール酵母細胞壁を特殊加工した「還元性肥料」（アサヒグループホールディングス株式会社が研究開発）を配合した葉面散布・灌水用肥料です。

バイオスターは、育苗期から生育特性にあわせて使用することにより植物を健全に生育させる効果が期待できます。

＊本製品は生きている微生物資材ではありません。

アサヒバイオサイクル株式会社は、ビール酵母細胞壁水熱反応物[※1]にRCS（活性炭素種：Reactive Carbon Species）[※2]が存在することを発見しました。

RCSは細胞に接触すると、活性酸素の発生を促進します。適量の活性酸素によるストレスが"ポジティブストレス"となり、植物ホルモンが内生されます。それが植物の免疫性を高め、発根を促進し、収量増や可食部が肥大するなどの効果につながると考えられます。

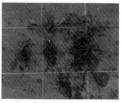

<試験事例>ダリア
左・中：対照区（液肥）
右：バイオスター区

※1　ビール酵母細胞壁を沸点を超える温度に加熱した蒸気を用い、高温・高圧の水が共存する条件で化学反応させたもの。
※2　炭素原子に由来する反応性の高い分子群。

（お問い合わせ）

サンアグロ株式会社

〒103-0016　東京都中央区日本橋小網町17番10 日本橋小網町スクエアビル3階
TEL 03-6311-4314　　FAX 03-4223-0632

みんなの有機農業技術大事典　共通技術編

2025年3月5日　第1刷発行

農 文 協 編

発行所　一般社団法人　農山漁村文化協会

郵便番号　335-0022　埼玉県戸田市上戸田2-2-2
電話　048(233)9351(営業)　　振替　00120-3-144478
　　　048(233)9355(編集)

ISBN978-4-540-24106-2　　　印刷／藤原印刷㈱
検印廃止　　　　　　　　　　製本／㈱渋谷文泉閣
Ⓒ農文協 2025　　　　　　　【定価は外箱に表示】
PRINTED IN JAPAN　　　　　（分売不可）